Gesamtband

... und seine Elemente

Schwerpunktvorhaben/Projekt „Biologie angewandt“:

fokussiert Inhalte aus verschiedenen Kapiteln unter einem ganzheitlichen, anwendungsbezogenen Aspekt

Einstieg aus **Mindmap** als Strukturierungshilfe und **Motivationstext**

Einführungstext: stellt das Thema in den Gesamtzusammenhang

Basisinformationen weisen auf obligatorische Inhalte aus den Kapiteln hin

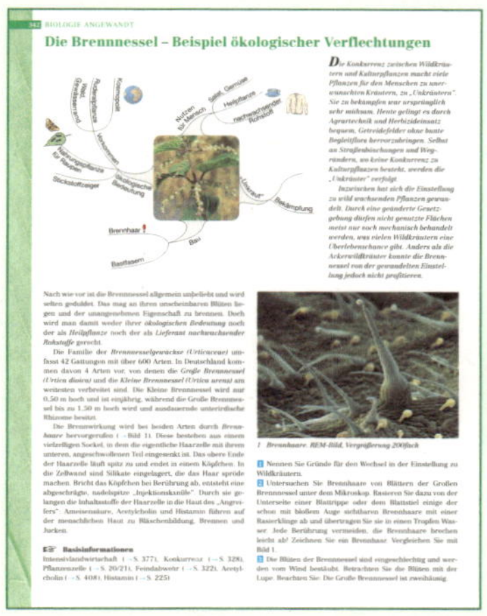
Die Brennnessel – Beispiel ökologischer Verflechtungen

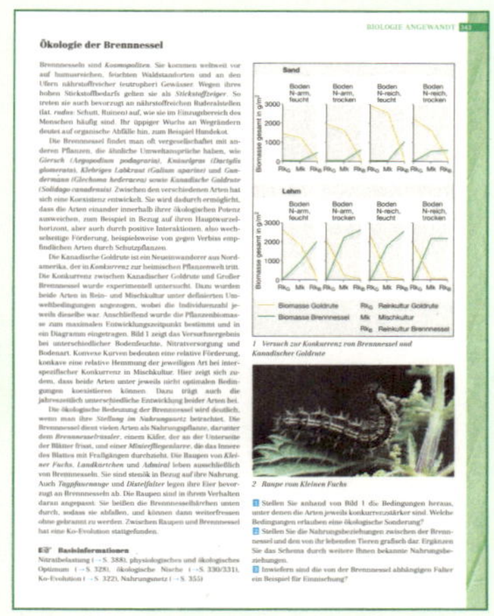
Ökologie der Brennnessel

Sachtext zu ausgewählten Einzelaspekten

Aufgaben zur selbstständigen Erarbeitung der Inhalte

Schülerversuche als **Praktikumskurs**: Einüben fachspezifischer Arbeitsweisen

Untersuchungen zum Standort der Brennnessel

Vom Nutzen der Brennnessel

Berücksichtigung von **Gesundheitsaspekten**

Vorstellen von **Verfahrenstechniken**

... und zum Nachschlagen:

Glossar wichtiger Fachbegriffe

ANNA VON DALLWITZ

Biologie Oberstufe

Gesamtband

Cornelsen
VOLK UND WISSEN

Biologie Oberstufe
Gesamtband

Herausgegeben von
Prof. Ulrich Weber, Süßen

Autoren:
Heike-Solweig Bleuel, Tübingen
Anne Born, Dortmund
Axel Brott, Cornebarrieu
Dr. Brigitte Engelhardt, Bonn
Dr. Stefanie Esders, Stuttgart
Dr. Andrea Gnoyke, Essen
Gabriele Gräbe, Sprockhövel
Dr. Walter Kleesattel, Schwäbisch Gmünd
Reiner Kleinert, Hanau
Dr. Henning Kunze, Minden
Wolfgang Ruppert, Dreieich
Dr. Frank Scholz, Priesendorf
Prof. Dr. Michael Succow, Greifswald
Prof. Ulrich Weber, Süßen
Dr. Karl Wilhelm, Bann

Beratung:
Prof. Dr. Hans-Heiner Bergmann, Bad Arolsen
Dr. Sabine Hild, Erfurt
PD Dr. Bernhard Huchzermeyer, Hannover
Bernd Langnäse, Magdeburg
PD Dr. Wulf-Dieter Lepel, Greifswald
Dr. Johannes Thielen, Oberhausen

Redaktion:
Christine Braun, Maren Glindemann, Natascha Kohnen, Jutta Waldow
Elke Schirok (Bildbeschaffung)

Technische Umsetzung:
Christoph Berten, Berlin

Basislayout: Knut Waisznor

Einbandfoto: NAS/D. Faulkner/Okapia

Nautilus (Perlboot)
Dieser Verwandte der Tintenfische lebt als nachtaktiver Bodenjäger am Grund tropischer Meere. Er ernährt sich von Krebsen. Nautilus gilt als lebendes Fossil. Ganz ähnliche Formen sind aus dem Erdaltertum bekannt. Von der ganzen Gruppe sind heute nur fünf Arten übrig geblieben. Ihr etwa 20 cm langes Gehäuse ist wie bei fossilen Ammoniten gekammert.

www.cornelsen.de
www.vwv.de

1. Auflage, 9. Druck 2007/06

Alle Drucke dieser Auflage sind inhaltlich unverändert und können im Unterricht nebeneinander verwendet werden.

Druck: CS-Druck CornelsenStürtz, Berlin

ISBN 978-3-464-17150-9

Inhalt gedruckt auf säurefreiem Papier aus nachhaltiger Forstwirtschaft.

Inhaltsverzeichnis

ÖKOLOGIE

INFORMATIONSVERARBEITUNG, REGELUNG UND VERHALTEN

Kennzeichen des Lebens

1 Frisch geschlüpfter Schmetterling. In der Puppenhülle hat sich aus der Raupe ein erwachsenes Tier entwickelt.

3 Die Flugfrüchte des Löwenzahns dienen der Ausbreitung. Sie enthalten die Fortpflanzungseinheiten: die Samen.

Bereits die Philosophen der Antike beschäftigte die Idee, dass alle Phänomene auf der Erde – Lebewesen ebenso wie Gesteine, Luft oder Feuer – aus gleichartigen Teilchen aufgebaut sind, den so genannten *Atomen* (von griech. *atomos*: unteilbar). Ihre Vorstellung davon, wie diese kleinsten, unteilbaren Einheiten aussehen, entsprach allerdings nur zum Teil dem, was wir heute unter Atomen verstehen.

Auch in der Biologie versuchte man schon früh kleine Einheiten zu finden, auf die sich die Vielfalt der Organismen zurückführen lässt. Zunächst hielt man Körner und Fasern, später Gewebe für diese kleinsten Einheiten. In der Mitte des 19. Jahrhunderts erkannten der Botaniker MATTHIAS SCHLEIDEN und der Mediziner THEODOR SCHWANN die *Zelle* als das „Elementarteilchen" der Lebewesen.

Grundeigenschaften des Lebendigen. Bei allen Organismen, vom Bakterium bis zum Menschen, stellt die Zelle die Grundeinheit dar. Der Aufbau aus Zellen ist jedoch nur *eine* der Eigenschaften, die Lebewesen kennzeichnen und von unbelebter Materie unterscheiden. Es gibt eine Reihe weiterer Merkmale, die zusammen nur bei Lebewesen vorkommen und als *Kennzeichen des Lebendigen* gelten.

2 Die Venusfliegenfalle hat durch das blitzschnelle Zusammenklappen ihrer Blätter eine Fliege erbeutet.

Gestalt. Lebewesen haben eine *charakteristische Gestalt*. Es ist kein Problem einen Vogel von einem Hund zu unterscheiden, eine Pflanze oder einen Pilz zu erkennen. Die Gestalt eines Lebewesens ist typisch für das Individuum, aber auch für die Art, zu der es gehört. Häufig stehen die Körpergestalt und die Form einzelner Körperteile direkt mit ihrer Funktion in Zusammenhang: Der Flügel hat die Form einer Tragfläche, der spindelförmige Fischkörper eignet sich für die Fortbewegung im Wasser, die Blütengestalt zur Anlockung von bestäubenden Insekten …

Entwicklung. Diese Gestalt ist zwar genetisch festgelegt, aber dennoch wandelbar. Sie verändert sich im Lauf der *Entwicklung* vom Ei oder Samen zum ausgewachsenen Lebewesen, bis sie zuletzt mit dem Tod aufgelöst wird. Die Entwicklung folgt ebenfalls bestimmten Mustern, die charakteristisch sind für Arten und Verwandtschaftsgruppen. Bei manchen Tiergruppen, beispielsweise Insekten und Amphibien, sind die einzelnen Entwicklungsstadien klar voneinander getrennt.

Wachstum. Mit der Entwicklung des Individuums ist stets auch *Wachstum* verbunden. Es ist nur dadurch möglich, dass Zellen sich teilen können. Aber auch Einzeller würden bei jeder Teilung in ihrer Größe halbiert, wenn sie nicht anschließend wieder auf ihr Normalmaß heranwachsen würden.

Stoffwechsel. Die Energie für Entwicklungsprozesse und Wachstum gewinnen Lebewesen entweder aus der Nahrung oder – wie im Fall der grünen Pflanzen – indem sie andere Energieformen nutzen, zum Beispiel Licht. Der *Stoffwechsel* dient dazu, die aufgenommene Energie in eine für den Organismus nutzbare Form umzuwandeln. Zusätzlich benötigt der Körper bestimmte Substanzen, aus der er körpereigene Materie aufbaut. Auch im ausgewachsenen Zustand werden die vorhandenen Stoffe ständig ausgetauscht und erneuert. Beim Menschen beispielsweise werden täglich die obersten zwei bis drei Zellschichten der Haut abgestoßen und aus darunter liegenden Schichten ersetzt. Durch den lebenden Organismus fließt also ein andauernder Strom von Stoffen und Energie.

Bewegung, Reizbarkeit, Verhalten. Die Fähigkeit zu *Bewegung* ist ein offensichtliches Merkmal von Lebewesen – zumindest der Tiere. Doch selbst die fest eingewurzelten, scheinbar regungslosen Pflanzen bewegen ihre Blätter und Sprosse in die Richtung des einfallenden Lichts. Manche Arten winden sich um Teile anderer Pflanzen herum. Einige Pflanzenorgane wie die Blätter der Venusfliegenfalle können sogar blitzschnelle Bewegungen ausführen. Die Pflanze reagiert damit auf die Reizung ihrer Fühlhaare auf den Blattinnenseiten. *Reaktionen auf Reize* aus der Umwelt sind ebenfalls typisch für Lebewesen. Bei Tieren wird die Gesamtheit aller Handlungen und Reaktionen als *Verhalten* bezeichnet.

Fortpflanzung, Vermehrung. Alle Lebewesen *pflanzen* sich *fort*. Dies geschieht zum Beispiel durch die Verschmelzung von Geschlechtszellen zweier Individuen. Viele Organismen pflanzen sich aber auch ungeschlechtlich fort, zum Beispiel durch Zweiteilung, Knospung oder Ableger. Fast immer ist mit der Fortpflanzung auch *Vermehrung* verbunden.

1 Äußerliche Ähnlichkeit beruht auf Vererbung.

Vererbung. Dabei kann man beobachten, dass aus einem Organismus stets ein gleichartiger Organismus hervorgeht. Aus einem Löwenzahnsamen wächst immer wieder eine Löwenzahnpflanze aus, niemals eine Birke. Dies liegt daran, dass der Same die Erbinformation für den Organismus enthält. Durch *Vererbung* werden die Eigenschaften eines Organismus auf seine Nachkommen übertragen.

Evolution. Trotz der Vererbung von Eigenschaften sind Arten nicht konstant. Im Laufe langer Zeiträume treten immer wieder Veränderungen in der Erbinformation auf, deren Auswirkungen sich in den Wechselbeziehungen der Lebewesen untereinander und mit ihrem Lebensraum durchsetzen können. Alle heute existierenden Arten sind das Ergebnis einer viele Millionen Jahre dauernden stammesgeschichtlichen Entwicklung. Die Entstehung neuer Arten wie auch ihr Aussterben prägen die Geschichte des Lebens, die *Evolution*.

Organismen sind offene Systeme. In jedem Lebewesen wirken die Grundeigenschaften in geordneter Weise zusammen. Man kann einen Organismus daher als *System* bezeichnen. Das System Organismus hat die Fähigkeit, den eigenen Zustand wahrzunehmen, ihn mit einem für ihn richtigen Wert zu vergleichen und wenn nötig zu korrigieren. Man bezeichnet diese Fähigkeit als *Regulation*. Verlieren wir zum Beispiel bei heißem Wetter oder beim Sport viel Wasser durch Schwitzen, dann meldet sich der Körper: Wir bekommen Durst. Durch Trinken wird der Flüssigkeitshaushalt des Körpers ausgeglichen und der Durst verschwindet. Nur durch ständige Regulation können Organismen trotz wechselnder Umwelteinflüsse einen stabilen Zustand aufrechterhalten.

2 Im Frühtertiär – hier ein Fossil aus der Grube Messel – lebten Urpferde, deren Körperlänge rund 1 m betrug.

Dieser stabile Zustand ist jedoch nicht statisch. Lebewesen stehen dauernd in Wechselbeziehungen mit ihrer Umgebung. Da sie Energie und Materie mit der Umwelt austauschen, bezeichnet man Lebewesen als *offene Systeme*. Dabei gleicht der Organismus Schwankungen in der Aufnahme und im Verbrauch der Stoffe so aus, dass deren Konzentration weitgehend konstant bleibt. Diesen ausbalancierten Zustand nennt man *Fließgleichgewicht*. Der menschliche Körper zum Beispiel hält seine Temperatur mit ganz geringen Schwankungen bei etwa 37 °C, auch wenn wir aus der geheizten Wohnung ins Freie gehen oder kalte Getränke und warme Nahrung zu uns nehmen.

3 Um Hitzeschäden zu vermeiden, dreht der Eukalyptus die Blätter so, dass nur die Kanten der Sonne zugewandt sind.

Organisationsebenen des Lebendigen

Untersucht man Lebewesen genauer, erkennt man ihre komplexe Ordnung. Im Unterschied zu Kristallen oder auch zu Maschinen, die ebenfalls ein hohes Maß an Ordnung aufweisen, sind Lebewesen in vielen *Strukturebenen* organisiert. Ein Organismus kann demnach in verschiedenen Dimensionen betrachtet werden. Je nachdem, ob man eher den Aufbau der Moleküle, bestimmte Stoffwechselprozesse, das Verhalten oder die Lebensgemeinschaft des Organismus untersuchen will, erfordert dies verschiedene Methoden und eventuell auch technische Hilfsmittel. Wer beispielsweise die Blätter der Wasserpest unter dem Mikroskop betrachtet, kann zwar den Aufbau der Zellen erforschen, er erfährt jedoch nur wenig über die Ansprüche der Pflanze an ihren Lebensraum.

Atome und Moleküle. Die Betrachtung der Lebensprozesse kann auf der Ebene der *Atome* einsetzen. Ihre Eigenschaften bestimmen Struktur und Reaktionsweise der *Moleküle*, aus denen Lebewesen aufgebaut sind. Einen Teil der Moleküle nehmen Organismen aus ihrer Umgebung auf. Andere werden im Stoffwechsel erst hergestellt. Dabei handelt es sich zum großen Teil um organische Stoffe. Das gemeinsame Kennzeichen organischer Moleküle ist ihr Grundgerüst aus Kohlenstoff. Dabei sind Kohlenstoffatome miteinander zu Ketten und Ringen verbunden. Die Moleküle des grünen Blattfarbstoffs Chlorophyll bestehen aus Kohlenstoff-, Wasserstoff-, Sauerstoff- und Stickstoffatomen sowie einem Magnesium-Ion (→ Bild 1). Die Abbildung vermittelt einen Eindruck von der komplexen Gestalt organischer Moleküle.

Lange Zeit herrschte die Überzeugung, dass solche organischen Stoffe nur von Lebewesen selbst gebildet werden können. Dem Chemiker FRIEDRICH WÖHLER gelang es jedoch 1828, im Reagenzglas Harnstoff zu erzeugen. Dies war die erste künstlich hergestellte organische Verbindung.

Organellen. Die Moleküle sind im Organismus nicht zufällig verteilt, sondern bilden Einheiten höherer Ordnung wie zum Beispiel Membranen oder andere Strukturen, die im Elektronenmikroskop sichtbar gemacht werden können. Aus diesen Strukturen setzen sich *Organellen* zusammen. Diese „Organe der Zelle“ nehmen jeweils ganz bestimmte Aufgaben wahr. So dienen Geißeln an der Oberfläche von Einzellern der Fortbewegung. Der Zellkern enthält die für den Aufbau und den Stoffwechsel der Zelle notwendigen Informationen. Enzymhaltige Bläschen im Zellplasma dienen dazu, die aufgenommene Nahrung zu verdauen. In den Zellen grüner Pflanzenteile findet sich Chlorophyll nur in den Chloroplasten (→ Bild 2). Diese wandeln die Energie des Sonnenlichts so um, dass sie für die Herstellung organischer Stoffe nutzbar wird.

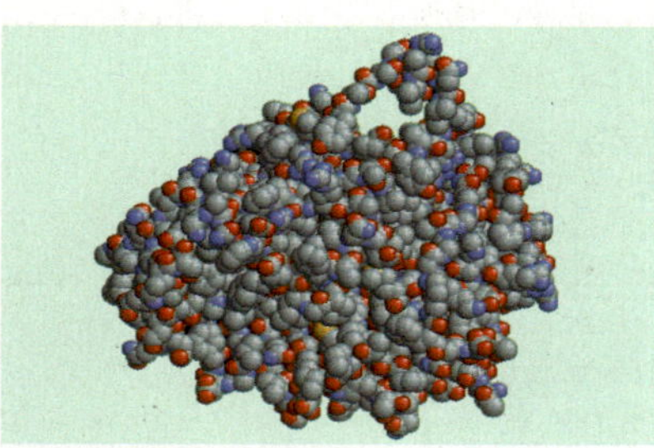

1 Der Blattfarbstoff Chlorophyll – hier das Kalottenmodell eines Moleküls

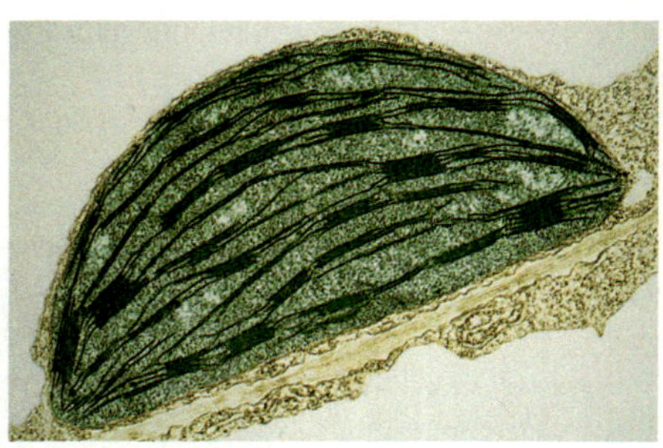

2 In Chloroplasten wird Licht in speicherbare chemische Energie umgewandelt.

Zellen. Die einzelnen Zellbestandteile wie der Zellkern und die Zellmembran besitzen für sich allein nicht die Eigenschaften des Lebendigen. Erst aus dem geordneten Zusammenwirken aller Zellorganellen entsteht ein lebendes System. Die *Zelle* ist das Organisationsniveau, auf dem erstmals eigenständiges Leben möglich ist. Viren beispielsweise erfüllen dieses Kriterium nicht: Sie weisen zwar einige Bauelemente der Zelle auf, haben aber keinen Stoffwechsel und können sich daher nicht ohne die Hilfe lebender Zellen vermehren.

Im vielzelligen Organismus unterscheiden sich die einzelnen Zellen stark in ihrem Aussehen. Das liegt daran, dass sie auf bestimmte Aufgaben spezialisiert sind. In den Blättern der Buche sind bestimmte Zellen für die Umwandlung von Lichtenergie in chemische Energie zuständig. Andere dagegen dienen der Wasserversorgung, dem Verdunstungsschutz oder der Regulation des Gasaustauschs (→ Bild 3). Häufig sind gleichartige Zellen zu *Geweben* zusammengeschlossen.

Organe. Das Pantoffeltier verdaut seine Nahrung innerhalb von kleinen Bläschen im Zellplasma. Diese Nahrungsvakuolen enthalten Verdauungsenzyme, die die Nahrung abbauen. Bei vielzelligen Organismen finden sich dieselben Lebensfunktionen wie beim Pantoffeltier. Sie laufen aber jeweils in *Organen* ab, die aus verschiedenen Geweben bestehen. Speicheldrüse, Zähne, Speiseröhre, Magen, Galle, Leber, Darm … – beim Menschen sind eine Vielzahl von Organen an der Verdauung beteiligt. Diese sind zu einem *Organsystem*, dem Verdauungssystem, zusammengefasst. Es stellt nur eines von mehreren Organsystemen des Menschen und auch vieler Tiere dar.

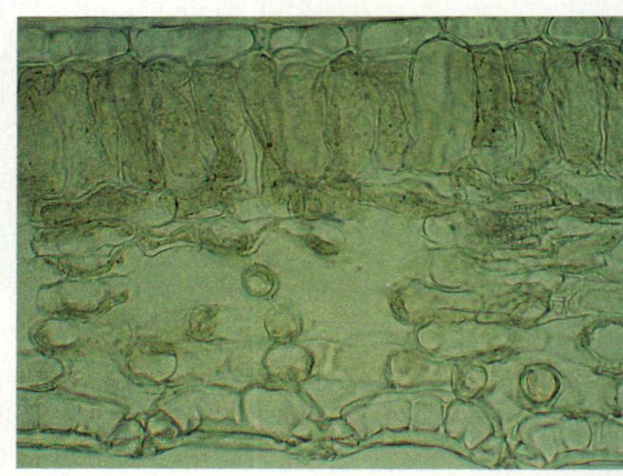

3 Die Zellen in den Blättern sind auf verschiedene Funktionen spezialisiert.

Im Körper der Buche ist die Hauptaufgabe des Organs Blatt die Fotosynthese (→ Bild 4). Durch die gezielte Abgabe von Wasserdampf halten die Blätter außerdem den Transport von Wasser und gelösten Stoffen im Pflanzenkörper in Gang.

Allerdings gibt es auch sehr einfach gebaute Vielzeller, bei denen keine Organe ausgebildet sind. Beim Süßwasserpolypen zum Beispiel lassen sich nur zwei Zellschichten unterscheiden: Die äußere Zellschicht oder Epidermis bildet die Körperdecke, die innere Zellschicht oder Gastrodermis kleidet den Darmraum aus. Dazwischen liegt eine stützende Gallertschicht. Beide Zellschichten enthalten zahlreiche Zelltypen, die für verschiedene Aufgaben zuständig sind. Die unterschiedlich spezialisierten Zellen sind auf dieser einfachen Stufe der Mehrzelligkeit noch nicht zu Geweben und Organen zusammengeschlossen.

Organismus. Der *Organismus* ist die Einheit, an der sich alle Merkmale des Lebendigen offensichtlich erkennen lassen. Er funktioniert nur durch das Zusammenwirken aller seiner Organisationsebenen, also der verschiedenen Moleküle und Organellen beim Einzeller beziehungsweise der Moleküle, Organellen, Zellen, Gewebe, Organe und Organsysteme beim vielzelligen Organismus. Während die kleinsten einzelligen Lebewesen nur Bruchteile von Mikrometern messen, werden Blauwale als größte lebende Vielzeller über 30 m lang. Dies entspricht einem 100millionenfachen Größenunterschied. Dementsprechend sind auch für die Untersuchung der Organismen ganz unterschiedliche Methoden erforderlich.

4 Blätter sind die Organe der Fotosynthese und des Gasaustauschs.

5 Der Organismus funktioniert durch das Zusammenwirken aller Strukturebenen.

Lebensgemeinschaft. Die Organisationsebenen des Lebendigen gehen jedoch über den Organismus hinaus, da ein Lebewesen in den seltensten Fällen alleine vorkommt. Meist lebt es gemeinsam mit anderen Individuen derselben Art in einem Lebensraum. Diese lokal begrenzte Gruppe bezeichnet man als *Population*. Zusammen mit Populationen vieler anderer Arten bildet sie eine *Lebensgemeinschaft* oder *Biozönose*, die zusammen mit dem Lebensraum ein *Ökosystem* darstellt. Wie zwischen den Organellen einer Zelle oder den Organen eines Vielzellers bestehen auch zwischen den Arten einer Lebensgemeinschaft zahlreiche Wechselbeziehungen und Abhängigkeiten. So setzen zum Beispiel im Wald Pilze und Bakterien durch den Abbau der Laubstreu Nährstoffe frei, die wieder neues Pflanzenwachstum ermöglichen (→ Bild 6).

Da der belebte Bereich der Erde, die *Biosphäre*, auch unbelebte Bereiche wie die Lufthülle beeinflusst, betrachten einige Wissenschaftler die Erde als „Superorganismus".

Das Ganze – mehr als die Summe der Teile. Jede Organisationsebene des Lebendigen weist Eigenschaften auf, die auf der darunter liegenden Ebene nicht vorhanden sind. Diese neu auftretenden Qualitäten, auch *emergente Eigenschaften* genannt (von lat. *emergere*: auftauchen), beruhen auf Wechselwirkungen zwischen den einzelnen Bestandteilen. Erst die spezielle Anordnung der Atome im Chlorophyllmolekül ermöglicht es, Lichtenergie „einzufangen" und auf weniger energiereiche Stoffe zu übertragen. Erst das geregelte Zusammenwirken vieler Moleküle bildet die Grundlage für Bewegung, Stoffwechsel, Teilung und andere Kennzeichen der Zelle. Besonders deutlich wird diese zusätzliche Qualität an den Leistungen des Organismus, die weit über die Funktionen seiner einzelnen Organe hinausgehen.

6 Die Elemente einer Lebensgemeinschaft stehen miteinander in Wechselwirkung.

Beispielsweise ist die Fähigkeit einer Buche, einen Standort zu besiedeln, sich dort zu behaupten, Beschattung durch andere Bäume zu ertragen, Parasiten abzuwehren, Fressfeinden zu widerstehen und sich fortzupflanzen, eine Leistung des ganzen Organismus. Organsysteme und Organe wie Wurzeln, Stamm, Krone, Blätter und Blüten leisten dazu spezifische Beiträge, die sich in einem engmaschigen Funktionsgeflecht gegenseitig bedingen. Blätter können nur mit Wasserzufuhr aus der Wurzel Stoffe erzeugen, die ihrerseits wieder Funktion und Wachstum von Stamm und Wurzeln, aber auch Blüte und Samenbildung bedingen. Ähnlich vernetzte Abhängigkeiten finden sich auch auf den anderen Organisationsebenen. So wird die Fotosyntheseleistung der Blattzellen durch die Zahl und die Leistung ihrer Chloroplasten bestimmt. Diese hängt wiederum von den vorhandenen Chlorophyllmolekülen ab.

Die Kompliziertheit lebender Systeme macht es zwar fast immer notwendig, sich bei ihrer Untersuchung auf einzelne Dimensionen wie Gestalt, Stoffwechsel, Entwicklung oder Vererbung zu beschränken. Auch methodische Gründe sprechen dafür, die verschiedenen Strukturebenen getrennt zu behandeln. Ein Lebewesen lässt sich jedoch nur verstehen, wenn man alle seine Organisationsebenen im Blick behält und es als Ganzheit betrachtet.

Wissenschaft vom Leben

Unter den anderen Lebewesen ragt der Mensch nicht durch seine körperlichen, wohl aber durch seine *geistigen Fähigkeiten* hervor. Sein – wie CHARLES DARWIN meinte – „gottähnlicher Verstand“ befähigt ihn zum *Erkennen* der Welt:

- Durch *Wahrnehmung* rekonstruieren wir aus Sinneseindrücken, die unsere Sinnesorgane und unser Nervensystem verarbeiten und interpretieren, ein inneres Abbild der Welt. Dieses „Modell“ empfinden wir als Realität.
- *Erfahrung* erweitert unsere Erkenntnis. Sie ermöglicht uns bewusst zu unterscheiden, zu ordnen und in Sprache zu fassen. Sie kann Wahrnehmung bestätigen oder korrigieren.
- *Wissenschaft* steigert Erkenntnis durch gezieltes Gewinnen von Informationen, deren Abstraktion, logische Verknüpfung und Theoriebildung. Wo der Wahrnehmung durch die Sinne Grenzen gesetzt sind, können wir diese teilweise mithilfe von Geräten wie dem Mikroskop überwinden.

Dieser dreistufige Prozess der Erkenntnis beruht jedoch letztlich auf *hypothetisch postulierter Realität.* Er kann nie zu völlig sicherem, endgültigem Wissen führen. Auch auf der Stufe der Wissenschaft gewonnenes Wissen ist daher immer nur „Vermutungswissen“ und damit vorläufiges Wissen.

Naturwissenschaft Biologie. Um 1800 waren die Erkenntnisse über die Natur so weit fortgeschritten, dass das Interesse daran wuchs, Lebewesen und Lebenserscheinungen gesondert zu erforschen. Unabhängig voneinander schlugen LAMARCK und der Arzt TREVIRANUS 1802 für diese *Wissenschaft vom Leben* die Bezeichnung *Biologie* vor. Stand zu Beginn die spezielle Biologie einzelner Lebewesen und die Abgrenzung von Botanik und Zoologie im Zentrum, setzte sich bereits in der zweiten Hälfte des 19. Jahrhunderts die Vorstellung durch, dass eine allgemeine Biologie den Gemeinsamkeiten der Lebenserscheinungen aller Organismen am besten gerecht wird.

Entwicklung der Biowissenschaften. Die Wissenschaft vom Leben war ursprünglich eine ordnende und beschreibende Wissenschaft. Sie ging aus von den unmittelbar erfahrbaren Organisationsebenen *Organismus* und *Organ.* Mit der Entwicklung leistungsfähiger Mikroskope dehnte sich die Forschung auf die Ebene der *Zellen* und *Organellen* aus. Die Fortschritte der Physik und Chemie ermöglichten vor allem im 20. Jahrhundert die *Lebensvorgänge* immer erfolgreicher zu analysieren. Seit vor rund 50 Jahren die Struktur der Erbsubstanz DNA aufgeklärt wurde, durchdringt die *Molekularbiologie* zunehmend alle Gebiete der Biologie. Gleichzeitig rückt aber auch in den Blickpunkt, dass alle Organismen als Mitglieder von Populationen und Lebensgemeinschaften mit ihrer *Umwelt* untrennbar verflochten sind.

Längst sind nicht nur die Grenzen zwischen Botanik und Zoologie durchlässig geworden, sondern auch die zwischen Biologie, Biochemie, Pharmazie und Medizin. Sie werden heute als *Biowissenschaften* zusammengefasst.

Methoden der Biologie. Biologie ist eine *Erfahrungswissenschaft.* Sie gewinnt ihre Erkenntnisse durch Beobachtung, Experiment und Vergleich.

- *Beobachtung* ist das Erfassen von Objekten oder Vorgängen mit den Sinnen, ohne sie zu beeinflussen. Der Einsatz von Beobachtungshilfen ändert am Prinzip der Methode nichts: Jede Beobachtung wird durch die Leistung der Sinne oder der Instrumente gefiltert und begrenzt.
- Wie die anderen Naturwissenschaften ist Biologie eine *Experimentalwissenschaft.* Sie schafft im Experiment Situationen, durch die sie die Natur „nötigt auf die Fragen zu antworten, die man ihr vorlegt“ (IMMANUEL KANT, Philosoph). Dabei entscheidet die richtige Fragestellung darüber, welche Erkenntnisse das Experiment zu liefern vermag. Sie basiert auf einer Vermutung oder Hypothese, die wiederum meist auf Beobachtungen zurückgeht.
- Der Vergleich kennzeichnet die Biologie als *historische Wissenschaft*: Jedes Lebewesen ist „nichts als ein Glied in einer Evolutionskette sich wandelnder Formen“ (MAX DELBRÜCK, Biologe und Nobelpreisträger). Der wissenschaftliche Vergleich ermöglicht es, diese Evolutionskette teilweise zu rekonstruieren. So lassen sich historische Ursachen der Merkmale von Organismen erklären.

1 Ordnung und Beschreibung des Lebendigen kennzeichnen die Biologie im 19. Jh. (HAECKEL: Kunstformen der Natur)

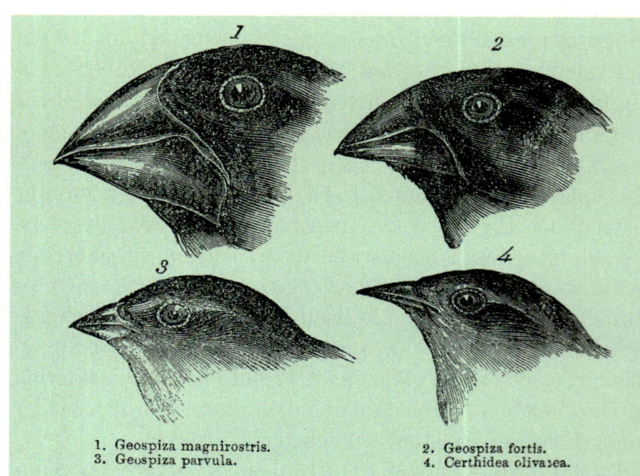

2 DARWINS Evolutionstheorie ist das theoretische Fundament der Biologie. (DARWINS Reisebericht: Galapagosfinken)

Besonderheiten der Biologie. Lange hielt man Biologie für „unvollkommene Physik". Ihre Erkenntnisse sind weniger allgemein gültig, selten als „Gesetze" formulierbar und kaum mathematisch zu beschreiben. Zudem lassen sich biologische Sachverhalte oft nicht kausal erklären. Das Verhalten biologischer Systeme vorherzusagen, ist schwierig oder unmöglich. Inzwischen hat sich das Verständnis durchgesetzt, dass sich diese Besonderheiten der Lebenswissenschaft zwangsläufig aus den speziellen Eigenheiten ihrer Gegenstände ergeben:

- Organismen sind die *kompliziertesten Systeme*, die wir kennen. Sie sind nicht nur aus einer unvorstellbar großen Zahl von Bauelementen wie Molekülen, Organellen und Zellen aufgebaut. Diese sind selbst auch komplex strukturiert und miteinander durch vielfältige Wechselwirkungen verknüpft: „Einfache Systeme kennt die Biologie überhaupt nicht" (GERHARD VOLLMER, Wissenschaftstheoretiker und Naturphilosoph).
- Als komplexe Systeme können Lebewesen in *größter Verschiedenheit* existieren. Millionen verschiedener Arten und eine nicht zu beziffernde Zahl unterschiedlicher Individuen zeugen davon.
- Leben kann es ohne *Information* nicht geben. Die in den Molekülen der DNA gespeicherte Erbinformation programmiert nicht nur die „bewundernswerte Regelmäßigkeit und Ordnung, die in der unbelebten Materie nicht ihresgleichen findet" (ERWIN SCHRÖDINGER, theoretischer Physiker, Nobelpreisträger), sie garantiert auch den Fluss des Lebens von Generation zu Generation. Diese Information hindert lebende Organismen daran, sich – wie leblose Objekte – dem Gleichgewichtszustand völliger Unordnung oder maximaler Entropie zu nähern. Dem hohen Ordnungsgrad lebender Systeme entspricht ihre *niedrige Entropie*.
- Die Information lebender Systeme ist darauf angelegt, sich selbst zu erhalten. Damit hat sie einen *Zweck*.

Dies ist der Grund, warum es in der Biologie – und unter allen Naturwissenschaften *nur* in der Biologie – Sinn macht, nach der Funktion eines Sachverhalts zu fragen: „Wozu aber hat das Vieh diesen Schnabel?" (KONRAD LORENZ, Verhaltensforscher, Nobelpreisträger). Jedes biologische Phänomen hat in seiner Ausstattung mit Genen, Enzymen, Zellen und Organen begründete unmittelbare oder *proximate Ursachen*. Dahinter stecken jedoch mittelbare oder *ultimate Ursachen*, die durch seine Evolution bedingt sind. Sie wirken letztlich systemerhaltend und in diesem Sinn „zweckdienlich".

Wohin führt die Biologie? Die Biologie berührt mit ihren Erkenntnissen immer auch uns selbst. Keine andere Wissenschaft hat seit dem Zeitalter der Aufklärung das *Bild vom Menschen* so revolutioniert wie sie. Manche Menschen empfinden biologische Erkenntnisse wie die unserer Abstammung, angeborener Grundlagen unseres Verhaltens oder unserer ökologischen Abhängigkeit noch immer als „Kränkungen".

Besonders in den letzten Jahrzehnten hat sich das Wissen über Lebewesen und Lebensvorgänge explosionsartig vermehrt. Ein Ende des Wissenszuwachses ist nicht absehbar. Die Stimmen mehren sich, die – aus Furcht vor möglichen Folgen biowissenschaftlicher Erkenntnisse – der Forschung in Gentechnik, Biotechnologie, Fortpflanzungsmedizin, Virus- oder Gehirnforschung Grenzen setzen wollen. Nicht erst heute ist jede wissenschaftliche Erkenntnis *ambivalent*, lässt sich also sowohl zum Nutzen gebrauchen wie zum Schaden missbrauchen. Zweifellos haben die Biowissenschaften inzwischen ein Potenzial erreicht, das eine klare *Trennung von Wissen, Können und Handeln* erfordert.

Viele Menschen haben die Vorstellung, dass sich die *Normen* für unser Tun aus der Wissenschaft selbst ergeben. Die Wissenschaft vom Leben kann jedoch aus der Kenntnis des „Natürlichen" nicht ableiten, was gut oder böse ist. Sie kann aber fundiertes Wissen liefern, mit dessen Hilfe sich *Ziele ethisch verantworteten Handelns* festlegen lassen. Und sie kann dazu beitragen, Ziele wie die folgenden zu erreichen:

- Erhaltung einer dauerhaft lebensfähigen Biosphäre,
- Sicherung der Menschenwürde,
- Gewährleistung menschlicher Ernährung und Gesundheit.

1 Mit ihrem Modell der DNA-Struktur schufen WATSON und CRICK die entscheidende Grundlage der Molekularbiologie.

2 Biologische Erkenntnisse, wie die der von LORENZ begründeten Ethologie, berühren fast immer auch uns selbst.

Zelle – Gewebe – Organismus

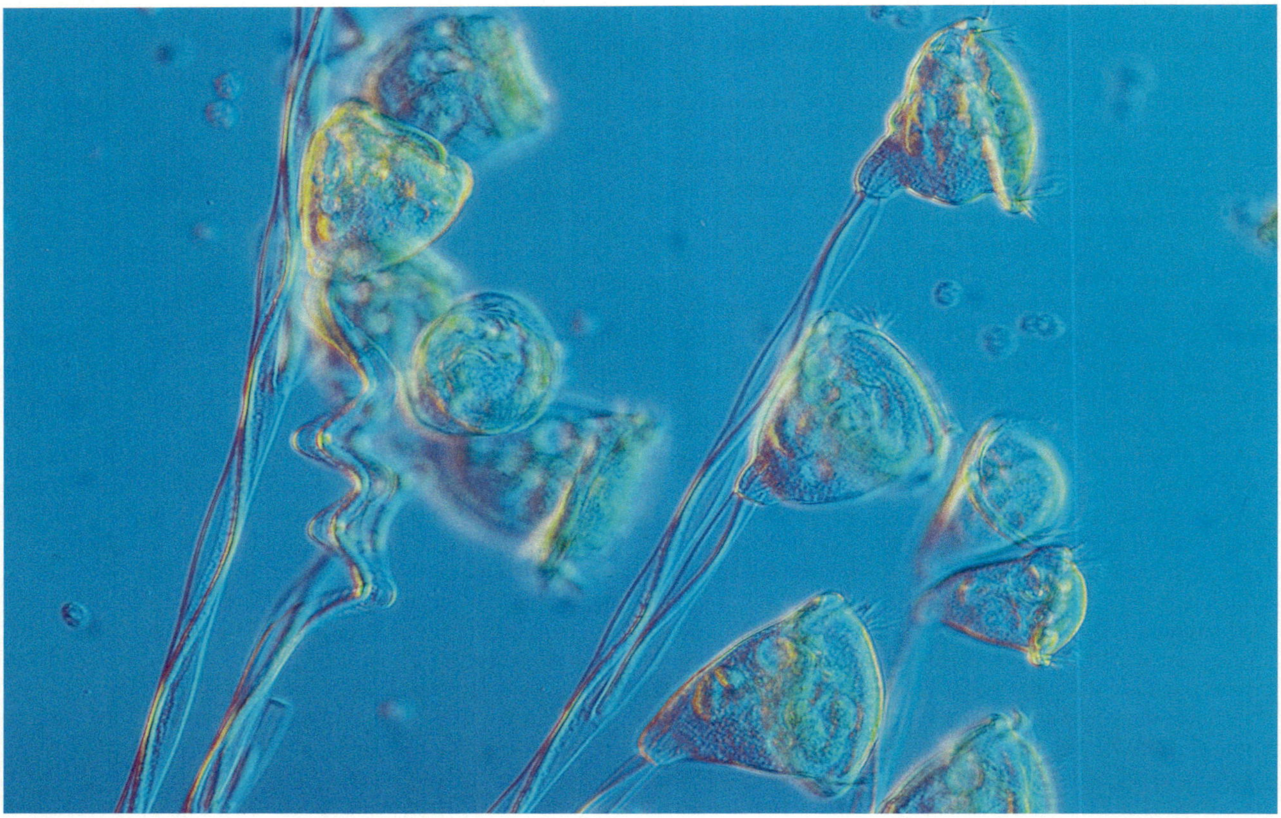

1 Der Einzeller Zoothamnion gehört zu den Wimpertieren. Er bildet Kolonien, die aus einer einzelnen Zelle entstehen.

Zoothamnion ist ein Einzeller. Er lebt in Zellkolonien, die rasenartig am Grund von Gewässern wachsen. Die beweglichen Stiele der Einzelzellen sind untereinander verwachsen. Bei Störungen knicken die Stiele der gesamten Kolonie blitzschnell ein, um so Fressfeinden auszuweichen. Die Tiere ernähren sich von Kleinstlebewesen, die sie aus dem Wasser herbeistrudeln. In der Kolonie besteht eine einfache Form der Arbeitsteilung: Einzelne, auffällig große Zellen nehmen selbst keine Nahrung auf, sie werden von den anderen Zellen miternährt. Diese Einzeltiere können sich aus dem Verband lösen und an anderer Stelle ansiedeln. Durch vielfache Längsteilungen entsteht aus ihnen eine neue Kolonie.

Im Blickpunkt:
- die Zelle als Einheit des Lebens
- Entwicklung der Zellbiologie: Forschung im Mikrokosmos
- Präparation tierischer und pflanzlicher Gewebe für die Untersuchung im Lichtmikroskop
- Arbeitsteilung und Spezialisierung: Veränderung der Zellgestalt entsprechend der Funktion im Organismus
- Zellteilung als Bedingung für Lebensprozesse
- der Zellzyklus: Abfolge von Wachstum und Teilung
- Erfolgskonzept Einzeller: Anpassungen der Zelle an unterschiedliche Lebensbedingungen
- Entstehung von Vielzelligkeit

Die Lebewesen auf der Erde sind äußerst vielgestaltig. Mehr als 1,2 Millionen Tier-, 320 000 Pflanzen-, 80 000 Flechten- und Pilzarten sowie über 5000 Bakterienarten besiedeln unterschiedlichste Lebensräume. Der Vielfalt im äußeren Erscheinungsbild entspricht im mikroskopischen Bereich eine große Einheitlichkeit: *Alle Lebewesen sind aus Zellen aufgebaut.*

Die *Zelle* ist die *kleinste lebens- und vermehrungsfähige Einheit*, ein Elementarorganismus, an dem sich alle Merkmale des „Lebendigseins“ untersuchen lassen. Größe und Gestalt der Zelle hängen von ihrer spezifischen Funktion ab. Während beim Einzeller eine einzige Zelle sämtliche Lebensfunktionen erfüllt, sind im vielzelligen Organismus die meisten Zellen spezialisiert, wodurch eine sehr effektive *Arbeitsteilung* erreicht wird. Zellen gleicher Funktion sind zu *Geweben* zusammengeschlossen. Unterschiedliche Gewebe bilden ein *Organ*, das seinerseits Teil eines *Organsystems* ist. Alle Organsysteme zusammen begründen die Eigenschaften eines *Organismus*.

Die *Zellbiologie* oder *Cytologie* ist ein Forschungsbereich mit enormem Wachstum. Ihre Erkenntnisse über den Aufbau und die Funktionsweise von Zellen beeinflussen fast alle biologischen Fachrichtungen. Auch moderne medizinische Diagnoseverfahren machen sich zellbiologische Methoden zunutze. Die Ergebnisse molekularbiologischer und genetischer Forschung tragen wiederum dazu bei, die komplexen Vorgänge in der Zelle besser zu verstehen.

Geschichte der Zellbiologie

Die Fortschritte in der Zellbiologie sind eng verknüpft mit der Erfindung neuer optischer Geräte. Um 1600 entwickelten die Brüder JANSSEN, zwei holländische Brillenmacher, durch die Kombination von mehreren Linsen das erste Mikroskop.

Die Geburtsstunde der Zellbiologie selbst lässt sich auf das Jahr 1665 datieren. Der englische Physiker ROBERT HOOKE untersuchte mit einem weiterentwickelten Mikroskop, das eine 30fache Vergrößerung ermöglichte, die Rinde von Korkeichen. In dünnen Schnitten erkannte er kästchenförmige Strukturen, „little boxes". Da ihn diese Kästchen an Bienenwaben erinnerten, bezeichnete er sie als *„cells"*. HOOKE führte auch eine neue Untersuchungsmethode in die Biologie ein: Er hielt alle Beobachtungen in Form von Zeichnungen und Skizzen fest. 1667 veröffentlichte er das erste Lehrbuch zur Mikroskopie.

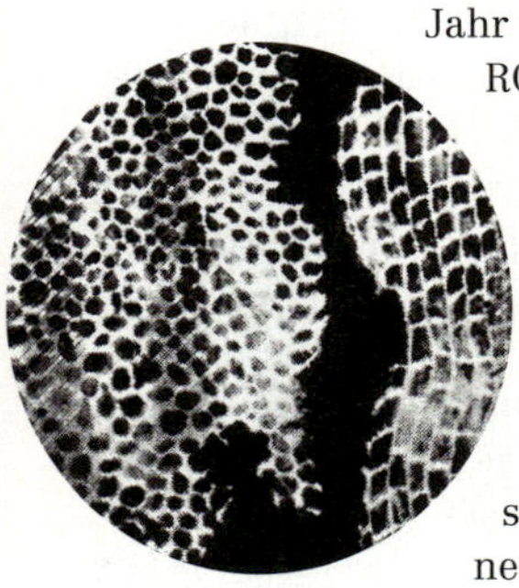

HOOKES „cells"

Etwa zur gleichen Zeit konstruierte der Holländer ANTONI VAN LEEUWENHOEK einlinsige Mikroskope mit extremen Linsenkrümmungen. Er erreichte bis zu 200fache Vergrößerungen. Damit war es ihm möglich, winzige Lebewesen in Wassertropfen zu entdecken: die *Einzeller*. Bei der Untersuchung eines menschlichen Zahns fand er mehr Kleinstlebewesen, „als es Untertanen in einem Königreich gibt". Darüber hinaus beschrieb LEEUWENHOEK rote Blutkörperchen und „Samentierchen" (Spermien).

In den folgenden Jahrzehnten verbesserten sich die optische und mechanische Qualität der Mikroskope, sodass nach und nach mehr Zellbestandteile im mikroskopischen Bild sichtbar wurden. Rund zwei Jahrhunderte nach den Entdeckungen von HOOKE und LEEUWENHOEK zogen die Biologen MATTHIAS SCHLEIDEN und THEODOR SCHWANN aus den Beschreibungen verschiedenster Zellen die entscheidende Schlussfolgerung. Sie erkannten, dass der Aufbau von Einzellern sowie allen tierischen und pflanzlichen Zellen grundsätzlich gleich ist. Die Bedeutung der *Zelle als strukturelle und funktionelle Einheit aller Lebewesen* hielten sie 1838/39 in der allgemeinen Zelltheorie fest. Diese Theorie wurde 1855 durch den Berliner Arzt RUDOLF VIRCHOW erweitert. Aus der Beobachtung von Zellteilungen folgerte er, dass alle Zellen immer nur aus schon vorhandenen Zellen entstehen: *Omnis cellula e cellula*.

Zwei Jahrzehnte später erkannten die Zellbiologen, dass sich bei der Zellteilung die Chromosomen genauso verhalten, wie es GREGOR MENDEL für die „Erbfaktoren" vorausgesagt hatte. Durch die Fortschritte in der Zellbiologie wurde es möglich, die chemische Natur der Erbsubstanz aufzudecken.

Trotz immer ausgefeilterer Technik – durch die Ausnutzung physikalischer Effekte und den Einsatz von Färbemethoden konnten gezielt einzelne Strukturen sichtbar gemacht werden – gelangte die Lichtmikroskopie an eine Grenze. Erst die Entwicklung des Elektronenmikroskops 1931 ermöglichte es, den Feinbau der Zellbestandteile zu untersuchen.

1 Nachbau von HOOKES Mikroskop, nach einer Abbildung in seinem Buch „Micrographia"

2 Mikroskop aus dem frühen 19. Jahrhundert

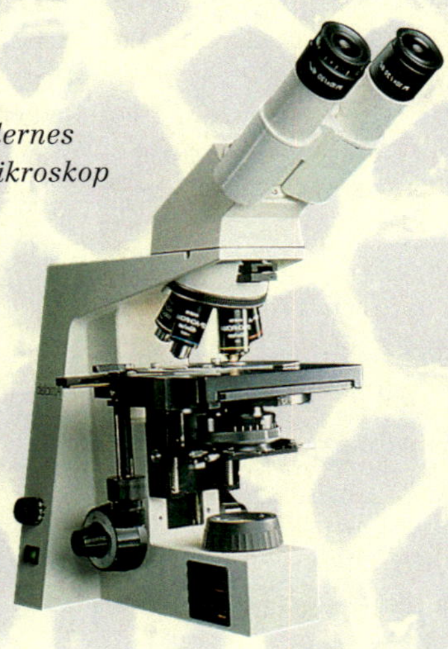

3 Modernes Lichtmikroskop

Das Lichtmikroskop

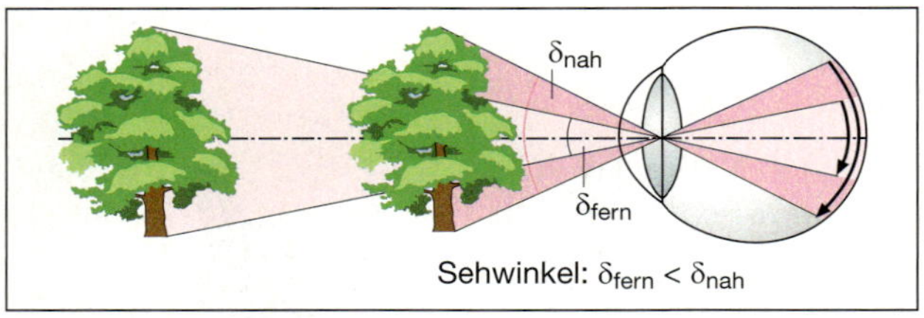

1 Perspektivische Vergrößerung: Je näher ein Gegenstand kommt, desto größer wird er auf der Netzhaut abgebildet.

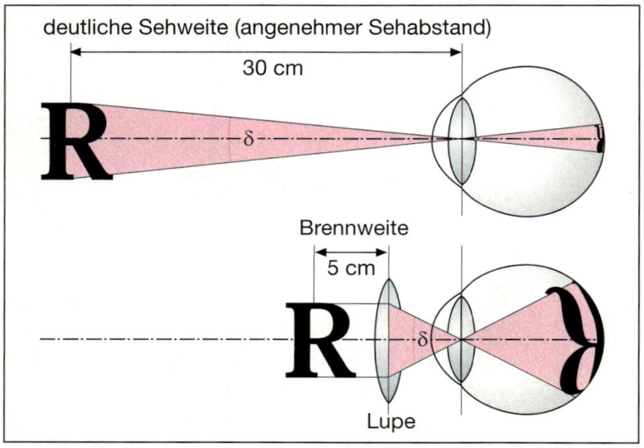

2 Lupenvergrößerung: Die „Brechkraft" der Lupe bewirkt, dass auch sehr nahe Objekte noch scharf abgebildet werden: kleiner Abstand → großer Sehwinkel → großes Netzhautbild.

Grenzen des Auflösungsvermögens

Betrachtungsmittel	noch sichtbar	Auflösungsgrenze
Auge	Haardurchmesser	0,1 mm =100 µm
Lichtmikroskop	Zellen	5–10 µm
mit UV-Licht	Bakterien	0,25 µm
Elektronen-mikroskop	Viren, Makro-moleküle	0,001 µm = 1 nm
Röntgenstrahlen	Bau von Molekülen	0,1 nm

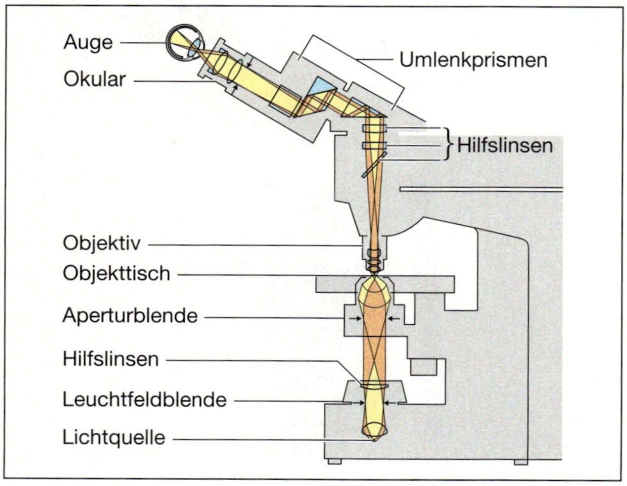

3 Strahlengang im Lichtmikroskop

Physikalische Grundlagen. Unser Auge nimmt nur solche Objekte wahr, die ein ausreichend großes Abbild auf der Netzhaut entwerfen. Dabei hängt die Größe des Netzhautbilds vom *Sehwinkel* ab, das heißt von der Größe des Gegenstands selbst und von seiner Entfernung zum Auge. Sehr kleine oder weit entfernte Objekte erkennen wir bestenfalls als Punkt. Je näher ein Objekt dem Auge kommt, desto größer wird es abgebildet *(perspektivische Vergrößerung).*

Die maximal erreichbare Größe wird vom *Nahpunkt* bestimmt. Dies ist die kleinste Entfernung zum Auge, bei der die Linse gerade noch ein scharfes Bild auf der Netzhaut erzeugt. Bei geringerer Entfernung kann die Linse die von einem Objektpunkt ausgehenden Lichtstrahlen nicht mehr auf denselben Punkt auf der Netzhaut brechen. Das Bild wird unscharf.

Der Sehwinkel ist auch ein Maß für das *Auflösungsvermögen* des Auges. Es bezeichnet die Fähigkeit, zwei nahe beieinander liegende Punkte auf gerade noch voneinander getrennten Bereichen der Netzhaut abzubilden. Aus einer Entfernung von 30 cm betrachtet, müssen die Punkte mindestens 0,1 mm Abstand haben. Dies entspricht einem Sehwinkel von 50 Bogensekunden.

Mithilfe von optischen Geräten wie einer Lupe ist es möglich, den Sehwinkel zu vergrößern. Da sich die „Brechkraft" von Auge und Lupe addieren, können Objekte näher an das Auge herangeführt werden. Dadurch entsteht ein größeres Bild auf der Netzhaut. Durch das Hintereinanderschalten von mehreren Linsen lässt sich die Vergrößerung weiter steigern.

Eine Linse vergrößert umso mehr, je stärker sie gekrümmt ist. Mit der Krümmung nehmen jedoch auch die für Linsen charakteristischen Abbildungsfehler, die *Aberrationen*, zu. Parallele Strahlen, die auf eine Sammellinse fallen, werden im Randbereich stärker gebrochen als im Zentrum der Linse, es kommt zu Unschärfen *(sphärische Aberration).* Fällt weißes Licht auf eine Sammellinse, werden die blauen Anteile stärker gebrochen als die roten *(chromatische Aberration).* Beide Fehler können durch eine geeignete Kombination von Sammel- und Zerstreuungslinsen korrigiert werden.

Das Lichtmikroskop. Der vergrößernde optische Apparat besteht aus zwei Linsensystemen: dem *Objektiv* und dem *Okular*. Unterhalb des Objekttischs befindet sich der Kondensor, ein System aus Hilfslinsen mit Blende. Er dient zur Regelung der Bildhelligkeit und einer möglichst gleichmäßigen Ausleuchtung. Ein Untersuchungs*objekt*, das auf dem Objekttisch liegt, wird von unten her durchstrahlt. Das Objektiv erzeugt im Tubus ein *vergrößertes Zwischenbild* des Objekts (Primärvergrößerung). Dieses wird vom Okular wie von einer Lupe nochmals vergrößert (Sekundärvergrößerung). Mit Grob- und Feintrieb lässt sich die Entfernung zwischen Objekttisch und Objektiv so verändern, dass im Auge eine scharfe Abbildung entsteht. *Das Produkt der Vergrößerungen von Objektiv und Okular ergibt die Gesamtvergrößerung des Mikroskops.*

Entscheidend für die Leistungsfähigkeit des Geräts ist jedoch sein Auflösungsvermögen. Es hängt außer von der Qualität der Linsen von der Art der Lichtquelle ab. Die theoretische Auflösungsgrenze des Lichtmikroskops liegt bei etwa 0,2 µm.

Präparationstechniken. Objekte, die im Lichtmikroskop untersucht werden sollen, müssen für Lichtstrahlen durchlässig sein. Bei sehr dünnen, lichtdurchlässigen Objekten ist keine Präparation erforderlich. Sie werden in einen Wassertropfen auf dem Objektträger eingebracht und mit einem Deckgläschen abgedeckt. So lassen sie sich auch im lebenden Zustand beobachten. Dickere Objekte müssen erst geschnitten werden, zum Beispiel mit einer Rasierklinge. Im Labor werden spezielle Schneidegeräte, *Mikrotome*, verwendet, mit denen sich Schnitte in großer Zahl und in gleicher Dicke herstellen lassen (→ S. 38). Das Untersuchungsobjekt wird abgetötet, gefärbt, in Paraffin oder Kunststoff eingebettet und im Mikrotom mithilfe einer Metallklinge geschnitten. Für die Herstellung von *Dauerpräparaten* werden die Objekte zusätzlich fixiert und entwässert um die Zersetzung zu verhindern. Die fertigen Schnitte werden mit Kunstharz versiegelt.

Lichtmikroskopische Untersuchungstechniken. Die gängigste Methode, die sich auch mit einfacher Ausrüstung in der Schule realisieren lässt, ist die Untersuchung im *Hellfeld*. Hierbei fängt das Objektiv das durch das Präparat fallende Licht direkt auf. Bei geeigneten Immersionsobjektiven kann ein Tropfen Immersionsöl, das die gleichen Brechungseigenschaften hat wie Glas, Reflexionen am Deckglas verhindern. Da viele biologische Objekte nicht pigmentiert sind und das Licht daher nur wenig absorbieren oder brechen, zeigen die Abbilder nur geringe Kontraste. *Farbstoffe*, die sich an unterschiedlichen Zellstrukturen anlagern, verstärken die optischen Unterschiede.

Alle anderen Untersuchungstechniken erfordern spezielles Zubehör oder andere Mikroskoptypen.

Bei der *Dunkelfeldmikroskopie* lenkt ein Dunkelfeldkondensor den Beleuchtungsstrahl am Objektiv vorbei. Nur das vom Untersuchungsobjekt abgelenkte Streulicht gelangt zum Auge des Betrachters. Dadurch erscheinen die Objekte hell leuchtend vor dunklem Hintergrund. Diese Technik ermöglicht es, auch sehr feine Strukturen ohne spezielle Färbung sichtbar zu machen.

Im *Polarisationsmikroskop* sorgt ein Polarisationsfilter dafür, dass die Lichtstrahlen, die das Präparat beleuchten, in einer Ebene schwingen. Ein zweiter Filter absorbiert das polarisierte Beleuchtungslicht. Liegt kein Präparat auf, so bleibt das Bild völlig dunkel. Ein durchstrahltes Objekt dreht jedoch die Schwingungsebene der Lichtstrahlen. Lichtbrechende Strukturen sind im Bild als Aufhellungen zu erkennen. Unter bestimmten Umständen können physikalische Effekte, so genannte Interferenzen, entstehen. Dadurch erscheint das Präparat farbig leuchtend.

Lebende, ungefärbte Objekte sind oft so transparent, dass sie das durchfallende Licht kaum absorbieren. Sie „bremsen" die Lichtwellen jedoch ab, sodass sich deren Schwingungsrhythmus verschiebt. Das *Phasenkontrastmikroskop* setzt diese Verschiebung der Schwingungsphase mithilfe von Phasenkontrastkondensoren und -objektiven in Helligkeitskontraste um. Die Helligkeitsunterschiede im Abbild entsprechen den Dichteunterschieden innerhalb des Objekts.

Die *Interferenzkontrastmikroskopie* nutzt ebenfalls die Dichte- und Dickenunterschiede des Objekts aus. Unterschiedliche Brechungseigenschaften werden in Farbunterschiede umgewandelt. Die spezielle Lichtführung erzeugt ausgesprochen plastisch wirkende, farbige Abbilder.

Im *Fluoreszenzmikroskop* bestrahlt man Objekte mit ultraviolettem Licht. Manche Substanzen geben einen Teil der absorbierten Energie als Fluoreszenzstrahlung wieder ab. Durch Behandlung mit fluoreszierenden Farbstoffen, die an biologische Substrate wie Antikörper oder Genmarker gekoppelt sind, lassen sich gezielt bestimmte Strukturen hervorheben.

Die *Rasterkonfokaltechnik* basiert darauf, dass Einzelbilder im Computer zu einem Gesamtbild vereinigt werden. Mithilfe von Laserstrahlen und Spezialobjektiven werden die einzelnen Ebenen eines Objekts punktgenau abgetastet. Der Rechner setzt die Rasterpunkte Zeile für Zeile zu einem Schnittbild zusammen. Aus der Schnittserie errechnet er ein dreidimensionales Bild des Objekts.

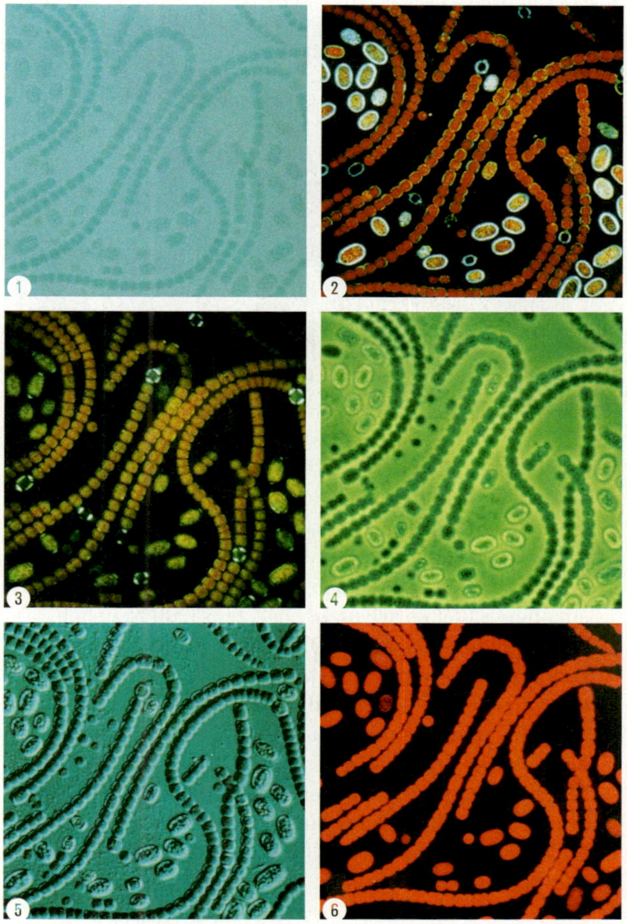

1–6 Aufnahmen der Blaualge Anabaena variabilis bei unterschiedlicher Mikroskopiertechnik.
1: im Hellfeld; 2: im Dunkelfeld; 3: in polarisiertem Licht; 4: im Phasenkontrast; 5: im Differenzial-Interferenz-Kontrast; 6: im Fluorenszenzmikroskop

Material – Methode – Praxis: **Der Einsatz des Lichtmikroskops**

Das *Lichtmikroskop* erlebt eine Renaissance. Durch die Kombination zellbiologischer Verfahren mit *gentechnischen* und *immunbiologischen Methoden* ist es möglich geworden, einzelne Krebszellen in gesundem Gewebe zu erkennen und ihre Herkunft aufzukären. Außer in der medizinischen Diagnostik werden Lichtmikroskope nach wie vor in der biologischen Forschung eingesetzt sowie zur Kontrolle der Wasser- und Bodenqualität.

Doch nicht nur in medizinischen und biologischen Labors gehören Lichtmikroskope zur Standardausrüstung. Auch bei der industriellen Fertigung von Mikrochips, wie sie in Computern, Fernsehern und zahlreichen Haushaltsgeräten verwendet werden, oder in der Werkstoffentwicklung ist die mikroskopische Überprüfung ein unverzichtbares Mittel der Qualitätskontrolle (→ Bild unten). Darüber hinaus kommen so genannte *Stereomikroskope* auch bei mikrochirurgischen Eingriffen wie Augen- und Herzoperationen zum Einsatz.

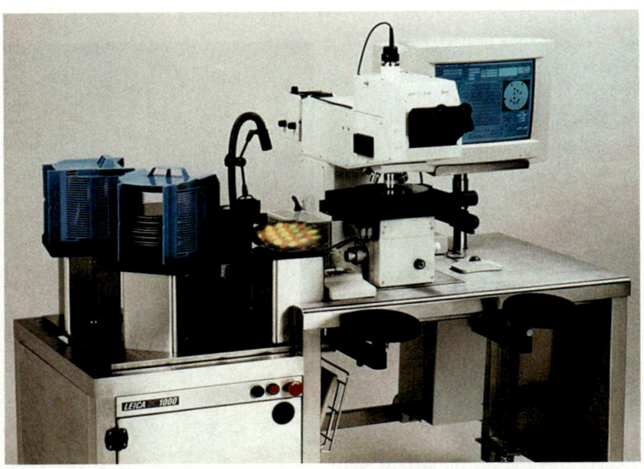

Um beim Mikroskopieren verwertbare Ergebnisse zu erzielen, sollten einige Grundregeln beachtet werden:

- Immer sauber arbeiten. Objekte stets mit einem Deckgläschen abdecken.
- Den Kondensor in die höchste Stellung bringen, zunächst mit offener Blende arbeiten; höchstens halb zuziehen.
- Immer mit dem kleinsten Objektiv beginnen, auf das Einrasten der Objektive am Objektivrevolver achten und bei jeder neuen Vergrößerung die Schärfe nachstellen.
- Beim Scharfstellen mit dem Grobtrieb den Objekttisch immer vom Objektiv wegbewegen (Gefahr von Glasbruch)!
- Durch Fokussieren – leichtes Drehen am Feintrieb – einen räumlichen Eindruck des Objekts gewinnen.

Von allen Untersuchungen sollte grundsätzlich ein Protokoll angefertigt werden. Darauf ist der eigene Name, das Datum, das Präparat und die Untersuchungsmethode zu vermerken. Die Zeichnung wird mit Bleistift ausgeführt, sorgfältig beschriftet und mit einem Maßstab versehen. Bei komplizierten Objekten kann eine Übersichtsskizze sinnvoll sein. Im Textteil werden Methode und eigene Beobachtungen genauer beschrieben.

Das Abziehpräparat

Material: Küchenzwiebel, Mikroskop und Zubehör (Objektträger, Deckgläser, Pinzette, Pipette, Präpariernadel, Messer, Rasierklinge, Leitungswasser, Haarpinsel)

Durchführung: Bringen Sie mit der Pipette einen Wassertropfen auf einen sauberen Objektträger. Ritzen Sie die konkave Innenseite einer Zwiebelschuppe mit der Rasierklinge rechteckig ein. Ziehen Sie das dünne Häutchen ab und legen Sie es auf den Objektträger. Gegebenenfalls muss das Gewebestück mit Präpariernadel und Haarpinsel glatt gestrichen werden. Das Deckgläschen wird nun am Rand des Wassertropfens angesetzt und vorsichtig abgesenkt. Überschüssiges Wasser saugen Sie mit Filterpapier ab. Falls zu wenig Wasser vorhanden ist, geben Sie mit der Pipette von der Seite einen Tropfen zu. Nutzen Sie dabei die Kapillarwirkung. Legen Sie das Präparat auf den Objekttisch und skizzieren Sie bei schwächster und stärkster Vergrößerung.

Das Quetschpräparat

Material: Mikroskop und Zubehör, Banane

Durchführung: Bringen Sie ein dünn geschnittenes Stückchen Fruchtfleisch einer Banane auf einen vorbereiteten Objektträger. Zerquetschen Sie das Fruchtfleisch mithilfe eines zweiten Objektträgers, indem Sie die Glasscheiben vorsichtig gegeneinander verschieben. Dabei werden die Zellen der Banane teilweise zerstört. Färben Sie das Präparat mit einer Iod-Kaliumiodid-Lösung an. Skizzieren und beschreiben Sie Ihre Beobachtungen.

Besorgen Sie sich in einer Metzgerei tierisches Gewebe (zum Beispiel Knochenmark, Hoden) und stellen Sie wie oben beschrieben ein Quetschpräparat her. Nach einer geeigneten Färbung (wie etwa Azur-Eosin nach GIEMSA) untersuchen Sie das Objekt unter dem Mikroskop.

Das Abstrichpräparat

Material: Mikroskop und Zubehör, Holzspatel oder Löffelstiel

Durchführung: Schaben Sie mit Holzspatel oder Löffelstiel vorsichtig über die Oberfläche der ausgestreckten Zunge. Hierdurch lösen sich eine große Zahl Schleimhautzellen ab und bleiben am Spatel hängen. Bereiten Sie einen Objektträger vor und bringen Sie die Zellen in den Wassertropfen ein. Das Präparat wird mit einem Deckglas versehen und wie oben beschrieben mikroskopiert.

Um Zellgrenzen und Zellstrukturen besser zu erkennen, färben Sie das Präparat an: 0,1%ige Methylenblaulösung an den Rand des Deckglases tropfen und mit einem Filterpapier unterziehen. Beobachten Sie bei stärkster Vergrößerung und halten Sie Veränderungen fest.

Das Zupfpräparat

Material: Mikroskop und Zubehör, Wasserpest

Durchführung: Zupfen Sie mit einer Pinzette ein Blättchen der Pflanze ab und bringen Sie es auf einen vorbereiteten Objektträger in einen Wassertropfen. Legen Sie ein Deckglas auf. Mikroskopieren und skizzieren Sie bei stärkster Vergrößerung.

Dünnschnitte mit der Rasierklinge

Material: Mikroskop und Zubehör, junge Triebe der Waldrebe

Durchführung: Schneiden Sie den Trieb etwa 15 cm unterhalb der Knospe quer durch. Mit einer Rasierklinge werden nun – wie in den Fotos rechts gezeigt – möglichst dünne Querschnitte hergestellt. Die Scheibchen müssen nicht vollständig sein, selbst kleinste „Fetzen" genügen. Ziehen Sie die Klinge stets parallel zur Tischkante und fertigen Sie immer mehrere Schnitte an. Vergleichen Sie Ihr Präparat mit dem Gesamtquerschnitt im Bild unten. Zeichnen Sie mehrere Zellen aus dem Randbereich des Marks.

Das Ausstrichpräparat

Material: Mikroskop und Zubehör, Tierblut

Durchführung: Vorsicht! Menschliches Blut darf nicht verwendet werden. Besorgen Sie sich beim Schlachthof Schweineblut. Bringen Sie einen Tropfen Blut auf einen gut gereinigten, fettfreien Objektträger auf, etwa 1 cm vom Rand entfernt. Mit einem schräg angesetzten zweiten Objektträger oder einem Deckglas wird das Blut möglichst ohne Druck verstrichen, sodass ein dünner Film entsteht. Den fertigen Ausstrich an einem staubfreien Ort lufttrocknen lassen. Anschließend in einer flachen Glaswanne mit Eosin-Methylenblau oder Azur-Eosin nach GIEMSA färben, erneut trocknen lassen und mit oder ohne Deckglas mikroskopieren. Die Präparate sind, in staubdichten Kästen aufbewahrt, ohne weitere Fixierung gut haltbar.

Das Dauerpräparat

Grundsätzlich lässt sich aus jedem Präparat ein Dauerpräparat anfertigen. Zunächst sollte das Präparat sorgfältig unter dem Mikroskop betrachtet werden um seine Güte zu kontrollieren. Danach stellt man das Präparat mit Deckglas in eine Glaswanne, die so weit mit 80- bis 95%igem Alkohol gefüllt ist, dass eine Kante des Deckglases in die Flüssigkeit eintaucht. Meist fällt nach kurzer Zeit das Deckglas ab, andernfalls muss es vorsichtig mit einer Rasierklinge als Hebel entfernt werden. Führen Sie das Präparat nun zum Entwässern eine aufsteigende Alkoholreihe entlang. Anschließend wird das Präparat mit Kunstharz bedeckt und mit einem Deckglas versehen.

Für vorübergehende Haltbarmachung reicht es aus, die vollständig getrockneten Präparate durch einen Lackring am Deckglasrand zu verschließen.

1 Zur Herstellung von Dauerpräparaten ist die vollständige Entwässerung notwendig. Warum?

2 Weshalb sollte in der Schule nicht mit menschlichem Blut experimentiert werden?

3 Bestimmen Sie die mittleren Zellgrößen der untersuchten Präparate anhand Ihrer Skizzen. Achten Sie dabei auf den Maßstab! Vergleichen Sie pflanzliche und tierische Gewebe.

Stichworte zu weiteren Informationen

Immunhistochemie, Stereomikroskop, Mikrochips, Blattepidermis, Schleimhaut, Stärke, Spross, Blut

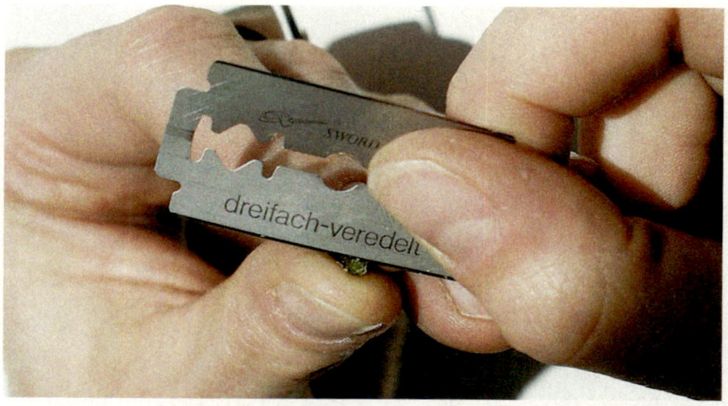

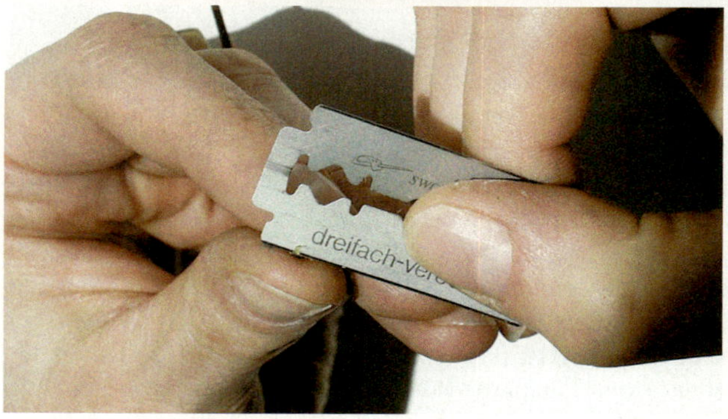

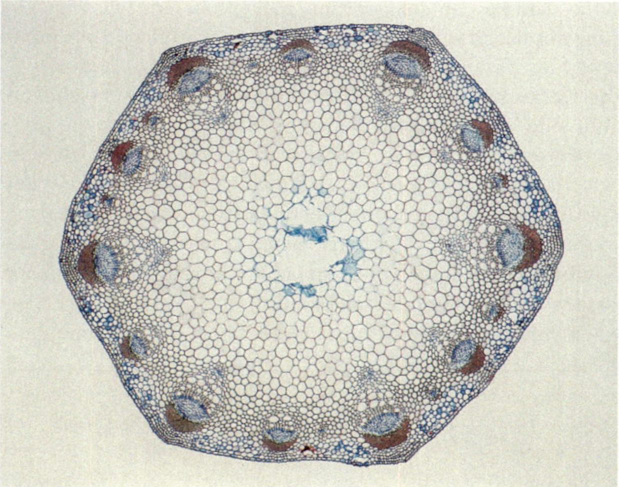

Häufig verwendete Färbemittel in der Lichtmikroskopie und ihre spezifischen Nachweise

Methylenblau	Zellkern
Hämatoxilin-Eosin (HE)	Zellkern und Cytoplasma
Karmin-Essigsäure	Chromosomen
GIEMSA	Chromosomen
Iod-Kaliumiodid-Lösung	Stärkekörner
Phloroglucin/Salzsäure	Lignin (Holzstoff)
Neutralrot	Zellsaftvakuole
Chlorzinkiod	Cellulose
Sudan-III-Glycerin	Cuticula
GRAM-Färbung	Bakterienzellwand

Das lichtmikroskopische Bild der Zelle

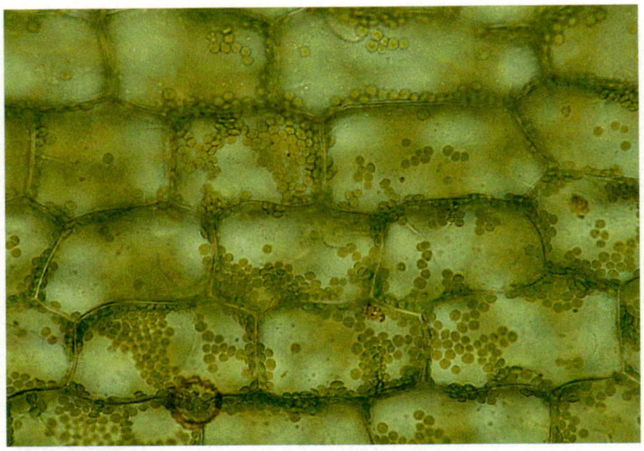

1 Zellen der Wasserpest im Lichtmikroskop

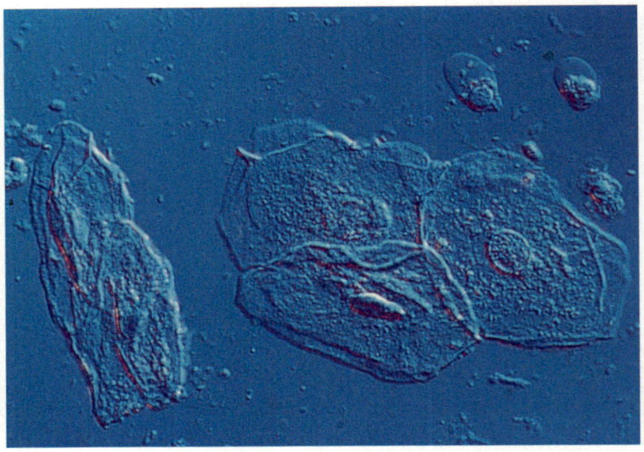

2 Zellen der menschlichen Mundschleimhaut

Die pflanzliche Zelle. Beim Mikroskopieren von Wasserpestblättchen fällt die regelmäßige Struktur des Gewebes auf. Die *Zellwände* treten als Zellgrenzen deutlich hervor. Im Innern sind die *Chloroplasten* zu erkennen, die sich in der lebenden Zelle mit der Plasmaströmung bewegen. Das *Cytoplasma* scheint relativ strukturlos. Der *Zellkern* ist als meist rundlicher, etwas dunklerer Körper nur schwer zu erkennen. Die vom Cytoplasma umgebene *Zellsaftvakuole* kann durch Farbstoffe sichtbar gemacht werden. Sie enthält eine wässrige Lösung aus organischen und anorganischen Stoffen. Eine Membran, der *Tonoplast,* begrenzt sie gegen das Cytoplasma.

Die tierische Zelle. Zellen der menschlichen Mundschleimhaut sind unregelmäßig geformt. Da sie nur durch die *Zellmembran* begrenzt sind, erscheinen die Zellgrenzen undeutlich. Das Cytoplasma ist fein granuliert. Im Zentrum liegt der Zellkern. Nur bei sehr hoher Vergrößerung werden im Plasma weitere Strukturen sichtbar: *Nahrungsvakuolen* und *Zellorganellen*. Ihr Aussehen ist im Lichtmikroskop nicht genauer zu erkennen. In der intakten Mundschleimhaut sind die Zellen zu einem Gewebe, dem *Plattenepithel* (→ S. 29), verbunden.

Zellgröße. Pflanzliche Zellen sind meist zwischen 10 und 100 µm groß, tierische Zellen sind mit 10 bis 30 µm deutlich kleiner. Allerdings gibt es auch Ausnahmen: Das Eigelb des Straußeneies, das einer einzigen Zelle entspricht, misst 7,5 cm im Durchmesser; Nervenzellen großer Tiere können sogar mehrere Meter lang werden.

Zellen können jedoch nicht jede beliebige Größe annehmen. Die lebende Zelle ist vom Stoffaustausch mit der Umgebung abhängig. Durch ihre Oberfläche tritt eine bestimmte Menge an Molekülen hindurch. Je größer die Zelle, desto ungünstiger wird das Verhältnis der Oberfläche zum Volumen, das versorgt werden muss. Mit der Zellgröße wächst auch der Weg der Moleküle von der Oberfläche zum Zellinnern. In kleinen Zellen dagegen sind die Diffusionswege kurz (→ S. 46), der Austausch mit der Umgebung wird begünstigt.

Zu den kleinsten Zellen gehören die *Mykoplasmen*, wandlose Bakterien mit Zelldurchmessern von 0,2–0,3 µm. Diese Gebilde enthalten gerade noch genügend Erbinformation und andere Zellbestandteile um alle Stoffwechselprozesse aufrechtzuerhalten.

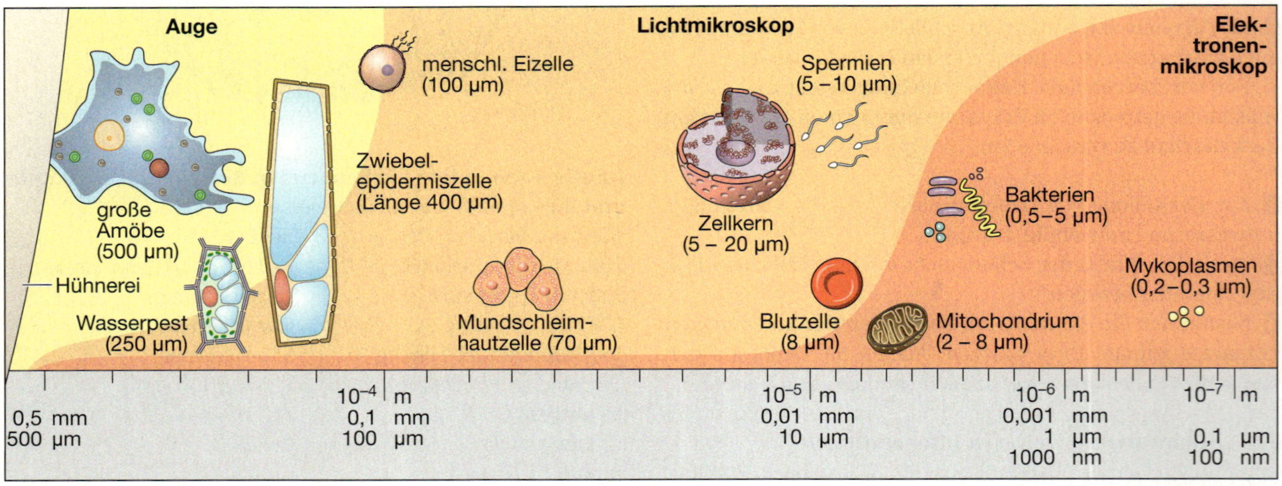

3 Größenvergleich verschiedener Zelltypen und -bestandteile im lichtmikroskopischen bzw. elektronenmikroskopischen Bild

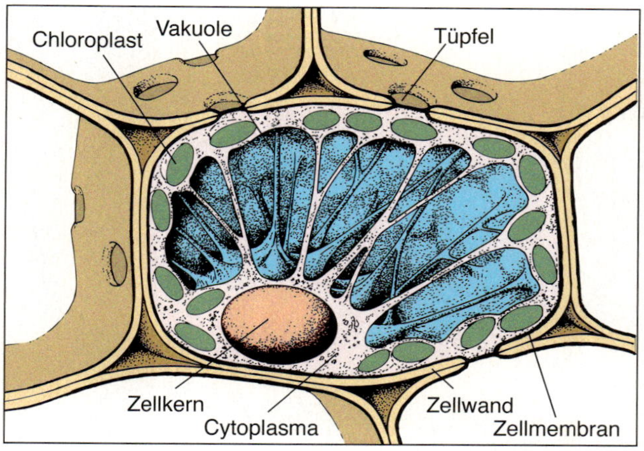

1 Im Lichtmikroskop sichtbare Strukturen der Pflanzenzelle

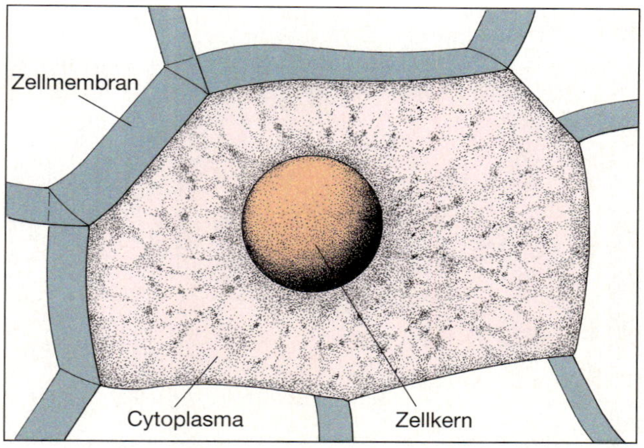

2 Im Lichtmikroskop sichtbare Strukturen der Tierzelle

Tier und Pflanzenzelle im Vergleich. Die einzelnen Zellbestandteile, denen jeweils eine bestimmte Struktur und Funktion eigen ist, werden *Organellen* genannt. Obwohl einige Organellen nur in pflanzlichen Zellen vorkommen, ist die Funktionsweise von Tier- und Pflanzenzelle sehr ähnlich.

Plastiden gibt es nur in pflanzlichen Zellen. Je nach der Funktion des Gewebes können Plastiden unterschiedlich ausgebildet sein. Die Zellen grüner Pflanzenteile enthalten *Chloroplasten,* denen eine besondere Funktion bei der Fotosynthese zukommt (→ S. 122). *Chromoplasten* sind Träger roter und gelber Farbstoffe. Sie sind für die Färbung von Blüten, Früchten und Blättern verantwortlich. Die Farbveränderung beim Reifen von Früchten oder in Herbstlaub kommt dadurch zustande, dass sich Chloroplasten in Chromoplasten umwandeln. Die farblosen *Leukoplasten* dienen als Speicherorganellen zum Beispiel für Stärke. Sie kommen in ungefärbten Pflanzenteilen wie Wurzeln und Getreidekörnern vor.

Zellsaftvakuolen finden sich nur in pflanzlichen Zellen. Neben ihrer Bedeutung für den Zelldruck (*Turgor* → S. 46), der die Zelle und den gesamten Pflanzenkörper festigt, dienen sie auch der Stoffspeicherung.

Der Zellleib oder *Protoplast* der Pflanzenzelle ist von einer festen *Zellwand* aus Cellulose umgeben (→ S. 53). Sie wird von der Zellmembran nach außen abgegeben und gehört nicht zu den Organellen der lebenden Zelle. Die Zellwand verleiht der Zelle eine unveränderbare Form. Lichtmikroskopisch erkennbare Aussparungen, die *Tüpfel*, ermöglichen direkte Verbindungen zwischen den Protoplasten benachbarter Zellen.

Die *Zellmembran* ist im Lichtmikroskop nicht deutlich sichtbar. Für die tierische Zelle stellt sie die einzige Begrenzung dar. In der Pflanzenzelle liegt sie der Zellwand direkt an. In beiden Fällen begrenzt die Zellmembran den Protoplasten als physiologische Barriere.

Auffälligstes Organell in beiden Zellarten ist der Zellkern *(Nucleus)*. In seinem Innern finden sich oft ein oder mehrere Kernkörperchen oder *Nucleoli* (Einzahl *Nucleolus*), die bei gefärbten Präparaten in eine netzartige Struktur, das *Chromatin*, eingebettet sind. Das Chromatin enthält die Erbinformation.

Im Lichtmikroskop kaum mehr zu erkennen sind die *Mitochondrien*, kugel- bis stäbchenförmige Organellen von etwa 10 µm Größe, die in Pflanzen- und Tierzellen vorkommen. Ihr gehäuftes Auftreten in besonders stoffwechselaktiven Zellen – Leberzellen zum Beispiel enthalten bis zu 1000 Mitochondrien – deutet auf ihre Beteiligung an der Zellatmung hin (→ S. 100).

Die Dreidimensionalität des Zellkörpers. Ähnlich wie in der Fotografie werden im Mikroskop nur solche Strukuren scharf abgebildet, die in der Schärfeebene liegen. Da die Schärfentiefe jedoch sehr gering ist, entsteht ein zweidimensionaler Eindruck. Um zu einer räumlichen Vorstellung von der Zelle zu kommen, müssen die Bilder der unterschiedlichen Schärfeebenen zu einem dreidimensionalen Gesamtbild zusammengefügt werden.

1 Stellen Sie die Merkmale von Tier- und Pflanzenzelle zusammen und vergleichen Sie.

2 Erklären Sie die Bedeutung der Zellwand. Überlegen Sie, warum tierische Zellen ohne Zellwand auskommen.

3 Mehrere Zellfäden der Fadenalge Spirogyra. Erst aus der Projektion verschiedener Schärfeebenen lässt sich ein räumliches Bild der Zelle gewinnen.

Der Zellzyklus

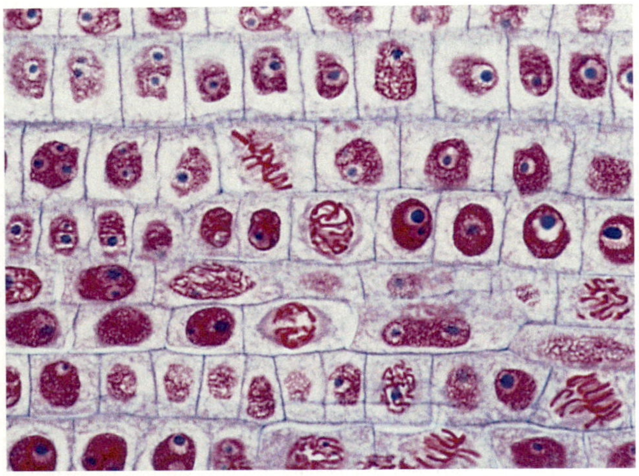

1 *Zellen in verschiedenen Phasen des Zellzyklus*

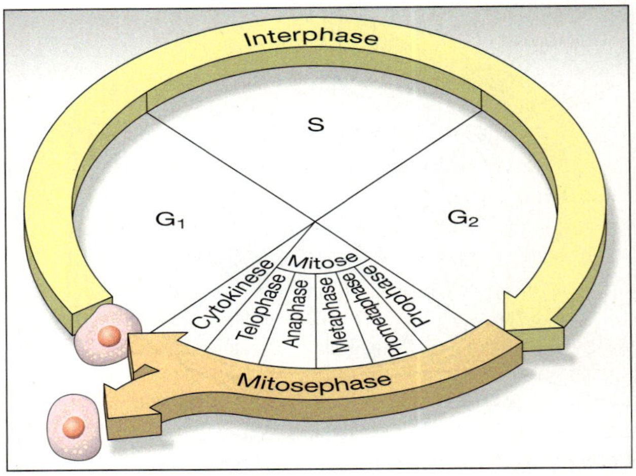

2 *Die Phasen des Zellzyklus*

Vielzellige Lebewesen entwickeln sich in der Regel aus einer einzigen Zelle, der befruchteten Eizelle. Während des Wachstums laufen eine Vielzahl von Zellteilungen ab. Im ausgewachsenen Organismus dient die Zellteilung zur Erneuerung und Reparatur. Der Körper eines erwachsenen Menschen beispielsweise besteht aus etwa 60 Billionen Zellen, von denen täglich rund 2% absterben und wieder ersetzt werden. Ohne die Fähigkeit zur Zellteilung wären Organismen nicht in der Lage sich zu vermehren, zu wachsen und sich zu regenerieren.

Teilungsfähigkeit verschiedener Zellen. Im Labor können Zellen unter idealen Wachstumsbedingungen kultiviert werden. So lässt sich die *Teilungsfähigkeit* verschiedener Zellen gut vergleichen. Einzeller teilen sich sehr schnell, sie verdoppeln ihre Anzahl innerhalb von 1 bis 2 Stunden. Bei Säugetierzellen dauert die Zellteilung dagegen zwischen 10 und 24 Stunden. Die *Zellteilungsaktivität* verschiedener Gewebe eines Organismus ist sehr unterschiedlich. Leberzellen des Menschen zum Beispiel teilen sich nur sehr selten, sie werden in der Regel erst durch eine Schädigung zur Teilung angeregt. Manche Darmepithelzellen, die einem hohen Verschleiß unterliegen, teilen sich dagegen mehrmals pro Tag. Die Zellen des Herzmuskels und der Augenlinse sowie Gehirnzellen haben ihre Teilungsfähigkeit verloren.

Der Zellzyklus. Aus der Zellteilung gehen zwei *genetisch identische* Zellen hervor. Dazu werden die Zellbestandteile zusammen mit dem Cytoplasma gleichmäßig auf die Tochterzellen verteilt. Die DNA nimmt hierfür eine *Transportform* ein, sodass sie bei der Aufteilung auf die Tochterzellen weniger leicht beschädigt werden kann. Die Moleküle kondensieren dabei so stark, dass die genetische Information nicht mehr abgelesen werden kann. Der Zellstoffwechsel kommt dadurch weitgehend zum Erliegen.

Damit jedoch überhaupt genetisch identische Zellen entstehen können, muss die Erbsubstanz zuvor verdoppelt werden. Dies setzt eine intensive Stoffwechselaktivität der Zelle voraus. Die Verdopplung der DNA ist ebenso wie Zellwachstum nur dann möglich, wenn die im Zellkern enthaltene genetische Information abgelesen werden kann, die DNA also in ihrer *Arbeitsform*, nicht in der Transportform vorliegt.

Das Wachstum und die Teilung von Zellen erfordern demnach unterschiedliche Prozesse, die nur zeitlich voneinander getrennt ablaufen können. Die regelmäßige Abfolge dieser Prozesse wird als *Zellzyklus* bezeichnet. Der Zellzyklus gliedert sich in zwei Abschnitte: die Wachstums- oder *Interphase* und die Teilungs- oder *Mitosephase*. In der Mitosephase lässt sich die Kernteilung *(Mitose)* von der eigentlichen Zellteilung *(Cytokinese)* unterscheiden (→ Bild 1, S. 25).

Interphase. Die weitaus längste Zeit liegen Zellen in der Interphase vor, die im lichtmikroskopischen Bild ruhig und ereignislos erscheint. Tatsächlich ist die Zeit zwischen zwei Zellteilungen eine „Arbeitsphase" mit intensiver Stoffwechselaktivität. In einem mittleren Zeitabschnitt der Interphase wird die Erbinformation verdoppelt. Dieser Abschnitt heißt *S-Phase* (S für Synthese, gemeint ist die Synthese von DNA). Die direkt vor und nach der S-Phase liegenden Abschnitte werden als G_1- beziehungsweise G_2-*Phase* bezeichnet (G für engl. *gap*: Lücke). Während dieser Zeit wachsen die Zellen stark. Hierfür wird die genetische Information abgelesen und in Proteine umgesetzt. Bei teilungsaktiven Zellen macht die Interphase zeitlich oft mehr als 90% des Zellzyklus aus (→ Tabelle). Im vielzelligen Organismus haben die meisten Zellen ihre Teilungsaktivität sogar ganz eingestellt und verharren in der Arbeitsphase. Dieser Zustand wird als G_0-Phase bezeichnet.

Ungefähre Dauer der Phasen des Zellzyklus bei menschlichen Körperzellen
(in Stunden)

Zelltyp	Gesamtzyklus	G1	S	G2	M
Knochenmark					
(Bildung der Blutzellen)	13	2	8	2	1
Dünndarm	17	6	8	2	1
Dickdarm	33	22	8	2	1
Haut	1 000	989	8	2	1
Leber	10 000	9 989	8	2	1

Mitosephase. In der Mitosephase entstehen durch Kern- und Zellteilung zwei neue Zellen. Im Lichtmikroskop kann man verfolgen, wie sich der scheinbar strukturlose Kerninhalt allmählich verdichtet, sodass die Chromosomen sichtbar werden. Die Schwesterchromatiden jedes Chromosoms werden auf die beiden entgegengesetzten Zellpole verteilt (→ S. 24).

Cytokinese. Nach der Kernteilung findet die eigentliche Zellteilung oder Cytokinese statt (→ Bild 1). Tierische Zellen werden im Bereich der Zellmitte durchgeschnürt. Hierfür sind *kontraktile Fasern* aus *Aktin* und *Myosin* verantwortlich (→ S. 53). Diese Proteine spielen auch bei der Muskelkontraktion eine Rolle (→ S. 111). Aktin- und Myosinfilamente bilden unter der Zellmembran einen Ring, der die Membran nach innen zieht, bis die Tochterzellen vollständig getrennt sind.

In Pflanzenzellen, die von einer festen Zellwand umgeben sind, teilt sich das Cytoplasma, indem senkrecht zwischen den entstehenden Tochterzellen eine Zellwand aufgebaut wird. Hierbei lagern sich im Innern der Ursprungszelle membranumhüllte Bläschen zusammen, die „Baumaterial" für die neue Zellwand enthalten, und verschmelzen zu einer Platte. Aus den Membranbestandteilen der Zellplatte gehen die Zellmembranen hervor, zwischen denen die neue Zellwand entsteht.

Kern- und Zellteilung sind normalerweise gekoppelte Vorgänge. Nicht immer jedoch folgt auf die Kernteilung auch automatisch eine Zellteilung. Während der Embryonalentwicklung der Fruchtfliege zum Beispiel entstehen Zellen mit bis zu 6000 Kernen; erst nachträglich teilt sich auch das Cytoplasma.

Steuerung und Regelung des Zellzyklus. Ein vielzelliger Organismus kann nur bestehen, wenn der Zellzyklus einer Kontrolle unterliegt. Dies bedeutet, dass die *Vermehrung der einzelnen Zellen eingeschränkt* ist und nur *bei Bedarf aktiviert* wird. In Experimenten mit Zellkulturen wurde eine Reihe von Faktoren ermittelt, die den Zellzyklus beeinflussen. Fehlen zum Beispiel wichtige *Nährstoffe*, erfolgt keine Zellteilung. Aber auch bei optimaler Nährstoffversorgung teilen sich die Zellen nur, wenn zusätzlich ein als *Wachstumsfaktor* bezeichneter Regulatorstoff vorhanden ist. Ein solcher Wachstumsfaktor wird zum Beispiel von Blutplättchen freigesetzt, die in der Nähe einer Wunde zerfallen. Dieser löst bei den Zellen, die den Wundverschluss bilden, Zellteilungen aus.

Auch eine zu hohe *Zelldichte* hemmt die Zellteilung, was dazu beiträgt, dass in Geweben die Anzahl der Zellen einer Sorte annähernd konstant bleibt. Umgekehrt regt die Abnahme der Zelldichte die Teilung an. Starker Blutverlust hat zum Beispiel zur Folge, dass verstärkt Blutzellen gebildet werden.

Der korrekte Ablauf des Zellzyklus ist für das Überleben eines Organismus von entscheidender Bedeutung. In der Zelle finden offenbar am Übergang von einer Phase zur nächsten „Qualitätsprüfungen" statt. Diese *Kontrollpunkte* werden nur dann passiert, wenn der vorhergehende Arbeitsschritt vollständig und korrekt ausgeführt wurde. Als Taktgeber für diese Übergänge dienen molekulare „Schalter". Dabei handelt es sich um spezielle *Enzyme* (→ S. 64), die in einer inaktiven Form in der Zelle vorliegen. Sie werden durch Regulatorstoffe aktiviert, die jeweils in der vorhergehenden Phase des Zyklus entstehen. Erst dann setzen die Enzyme den nächsten Arbeitsschritt in der Zelle in Gang. Durch die Kontrollpunkte ist sichergestellt, dass die einzelnen Prozesse korrekt und in ihrer festgelegten Reihenfolge ablaufen.

Ein solcher Kontrollpunkt befindet sich am Ende der G_1-Phase. Hier wird „geprüft", ob die Zelle groß genug ist. Die Zelle nimmt ihre Größe offenbar indirekt über das Mengenverhältnis von Cytoplasma zu Zellkern wahr. Erreicht dieses Verhältnis einen bestimmten Schwellenwert, überschreitet die Zelle den so genannten *Restriktionspunkt* und tritt in die S-Phase ein. Die DNA wird verdoppelt und die Zelle teilt sich. Entspricht die Zelle jedoch nicht den für eine Teilung notwendigen Kriterien, verlässt sie am Restriktionspunkt den Zellzyklus und tritt in den G_0-Zustand ein.

Ein weiterer „Schalter" liegt am Ende der G_2-Phase. Die Zelle kann nur dann in die Mitosephase eintreten, wenn zuvor die gesamte DNA verdoppelt wurde. Die Zellgröße spielt hier ebenfalls eine Rolle.

Zellalterung. In Zellkulturen setzen die Körperzellen von Tieren ihre Vermehrung nicht unbegrenzt fort, selbst wenn das Medium genügend Nährstoffe und Wachstumsfaktoren enthält. Dabei ist die Zahl der Teilungen von der Art und vom Alter des Tieres abhängig, dem die Zellen entnommen wurden. Menschliche Bindegewebszellen aus einem Embryo durchlaufen in Kultur etwa 60 Zellzyklen, diejenigen eines 80-Jährigen teilen sich nur noch rund 30-mal. Die Zyklen verlaufen immer langsamer und kommen schließlich zum Stillstand. Dieses Phänomen wird als *Zellalterung* bezeichnet.

Bei Tumorzellen sind die *Regulationsmechanismen des Zellzyklus außer Kraft* gesetzt. Sie reagieren nicht mehr auf äußere und innere Signale, die normalerweise die Zellteilung unterbinden. In Kultur teilen sie sich unbegrenzt weiter. Tumorzellen sind *potenziell unsterblich*.

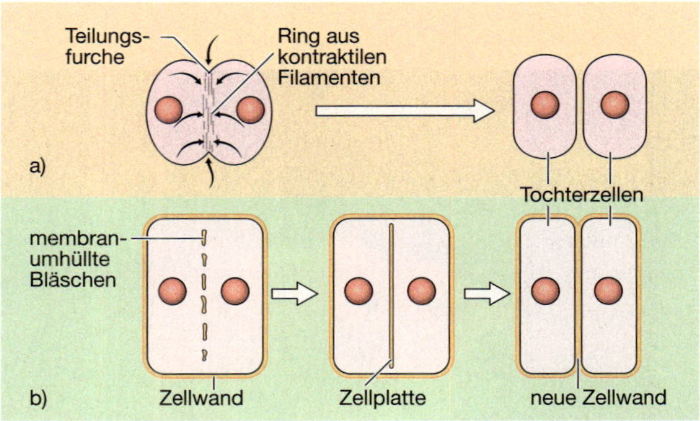

1 Cytokinese bei tierischen und pflanzlichen Zellen

1 Erklären Sie, wodurch sich die Chromosomen in G_1- und G_2-Phase der Interphase voneinander unterscheiden.

2 Welche Faktoren spielen eine Rolle dafür, dass die Zelle die Kontrollpunkte im Zellzyklus überschreitet?

3 Erstellen Sie ein Schema, das verdeutlicht, welche Einflussgrößen an der Steuerung des Zellzyklus beteiligt sind.

Der Ablauf der Mitose

Die Ablauf der Mitose lässt sich anhand lichtmikroskopischer Aufnahmen gut rekonstruieren (→ Bild 1 auf der nächsten Seite). Um den an sich kontinuierlichen Prozess besser beschreiben zu können, wird er in die Abschnitte *Prophase*, *Prometaphase*, *Metaphase*, *Anaphase* und *Telophase* unterteilt.

Prophase. In der Prophase beginnt sich das Chromatin zu verdichten, sodass einzelne fadenartige Strukturen, die *Chromosomen*, erkennbar werden. Ihre Anzahl ist typisch für die jeweilige Art. In diesem Stadium besteht jedes Chromosom aus zwei identischen Hälften, den *Chromatiden*. Die Verbindungsstelle, an der die beiden Schwesterchromatiden zusammenhängen, heißt *Centromer*.

Da das Chromatin stets in der gleichen Weise „aufgewickelt" wird, sind alle Chromosomen gleich dick. Ihre Längen unterscheiden sich allerdings – sie sind dem DNA-Gehalt proportional. Durch die Kondensation der Chromosomen entstehen kompakte, gut zu transportierende Einheiten. Dadurch wird die Gefahr, dass bei der Kernteilung Teile des DNA-Moleküls abreißen, so gering wie möglich gehalten.

Im Lauf der Prophase lösen sich die Nucleoli und die Kernhülle auf.

Prometaphase. Während der Prometaphase treten die Chromosomen allmählich deutlicher hervor. Oft sind heftige, unregelmäßige Bewegungen zu beobachten. Dabei werden die Centromeren zur Zellmitte hin verlagert.

Metaphase. Die Metaphase ist ein bewegungsarmes Stadium. Alle Chromosomen sind in der Zellmitte in einer Ebene, der *Äquatorialplatte*, angeordnet. Man spricht auch von *Metaphaseplatte*. Die Chromatiden haben ihre maximale Verkürzung erreicht. In diesem Stadium kann der Chromosomenbestand gut untersucht werden, indem man den weiteren Ablauf der Mitose zum Beispiel durch Colchicin blockiert (→ S. 27).

Anaphase. Auf ein Signal hin – wahrscheinlich handelt es sich dabei um einen Anstieg der Ca^{2+}-Konzentration – löst sich gleichzeitig bei allen Chromosomen die Verbindung der Schwesterchromatiden am Centromer. Die Chromatiden bewegen sich auf die entgegengesetzten Pole der Zelle zu. Dabei beträgt ihre Geschwindigkeit etwa 1 µm pro Minute.

Telophase. Die Chromatiden sind an den Zellpolen angekommen. An jedem Pol liegt nun der *vollständige Satz Einchromatid-Chromosomen* vor. Die Chromosomen entspiralisieren sich und gehen von der lichtmikroskopisch erkennbaren Transportform wieder in die scheinbar unstrukturierte Arbeitsform des Chromatins über. Die beiden neuen Kernmembranen bilden sich, nach und nach werden die Nucleoli wieder sichtbar. Die Telophase entspricht also weitgehend einer Umkehrung der Prophase.

Gleichzeitig bildet sich zwischen den beiden neu entstandenen Tochterzellen etwa auf der Höhe der ursprünglichen Äquatorialplatte eine neue Zellmembran aus – ein Prozess, der im Lauf der Cytokinese abgeschlossen wird. Damit ist die Zellteilung beendet.

Die Mechanik der Chromosomenbewegung. Für den Transport der Chromatiden bei der Mitose ist der *Spindelapparat* verantwortlich (→ Bilder 1 u. 2). Diese Struktur aus Proteinfasern (*Mikrotubuli* → S. 53) bildet sich zu Beginn der Prophase und wird nach Beendigung der Kernteilung wieder abgebaut. Die Fasern gehen von einem Organisationszentrum aus, dem *Centrosom*. Noch während der Interphase teilt sich das Centrosom. Mit Beginn der Prophase rücken die Tochtercentrosomen auseinander und bewegen sich zu den Zellpolen hin. Von dort aus „wachsen" die Spindelfasern in Richtung Zellmitte. Von beiden Seiten heften sie sich an die Centromeren der Chromosomen an. Andere, als *Polfasern* bezeichnete Mikrotubuli verbinden sich im Bereich der Zellmitte mit Fasern vom gegenüberliegenden Pol. Die Trennung der Schwesterchromatiden in der Anaphase kommt dadurch zustande, dass sich die Spindelfasern verkürzen; die Chromatiden werden zu den Zellpolen hin gezogen. Gleichzeitig „schieben" die überlappenden Fasern die Pole auseinander.

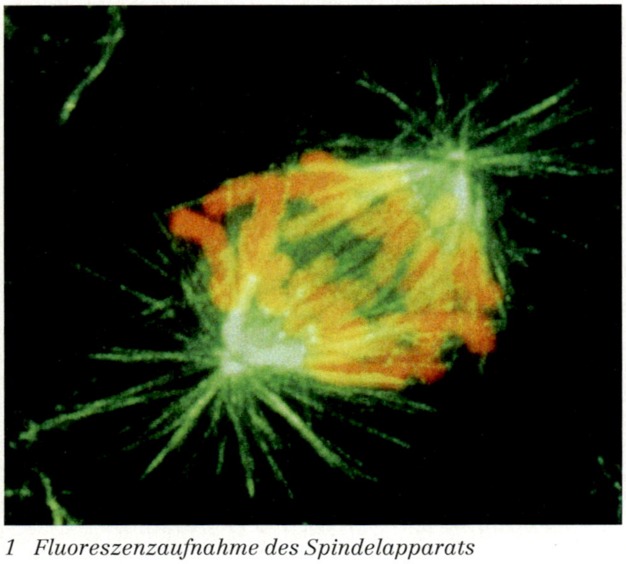

1 *Fluoreszenzaufnahme des Spindelapparats*

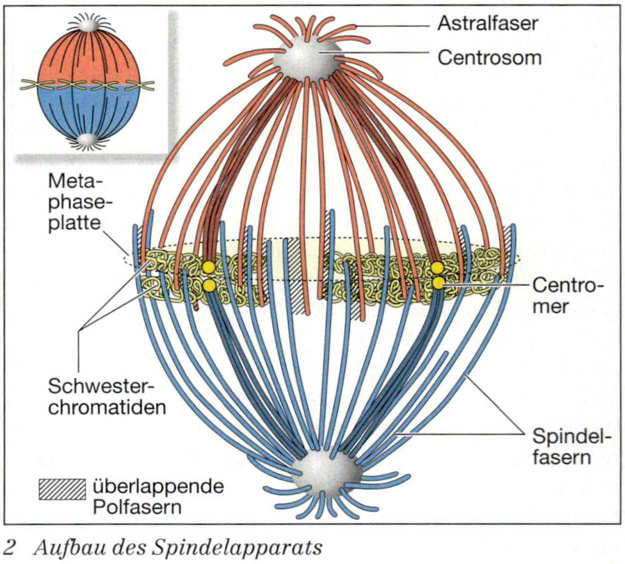

2 *Aufbau des Spindelapparats*

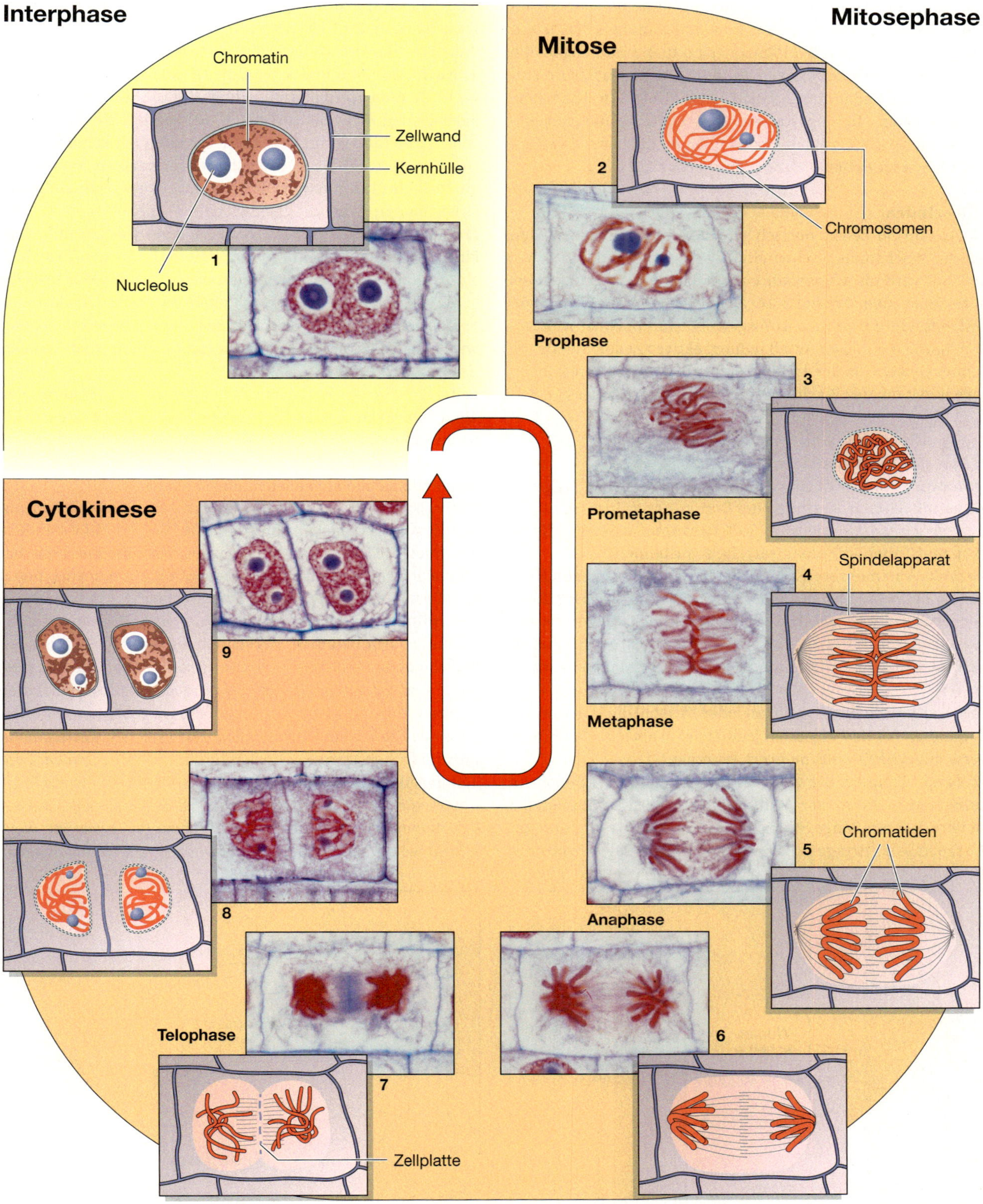

1 Die Phasen des Zellzyklus in der Übersicht am Beispiel der Küchenzwiebel Allium cepa. Die Darstellung berücksichtigt nicht die Zeitdauer der einzelnen Stadien.

Material – Methode – Praxis: **Untersuchung von Mitosestadien**

Zellteilungen lassen sich besonders gut in denjenigen Teilen eines Organismus beobachten, die durch ständiges Wachstum gekennzeichnet sind. Bei Pflanzen sind dies zum Beispiel die so genannten *Vegetationspunkte*, die Spitzen von Spross und Wurzel. Hier findet man nebeneinander Zellen in den unterschiedlichsten Teilungsstadien. Als Untersuchungsobjekte eignen sich die Wurzeln der gewöhnlichen Küchenzwiebel, da diese leicht zu ziehen und zu präparieren sind.

Mitoseindex

Die Anzahl der Zellen, die sich in Teilung befinden, ist ein Maß für die Wachstumsgeschwindigkeit des betreffenden Gewebes. Sie wird als *Mitoseindex* ausgedrückt. Der Mitoseindex bezeichnet den Prozentsatz an Zellen, deren Kerne ein Teilungsstadium zeigen. Krebsgewebe zum Beispiel weist einen deutlich höheren Anteil teilungsaktiver Zellen auf als gesundes Gewebe. In der Tumordiagnostik wird der Mitoseindex verwendet um das Wachstum einer Zellkultur zu messen.

Mitoseindex im Wurzelgewebe der Küchenzwiebel

Material: mehrere Küchenzwiebeln, Bechergläser, Reagenzgläser mit Stopfen, Karmin- oder Orcein-Essigsäure *(Achtung: Dämpfe ätzend!)*, Essigsäure 50 % *(Achtung: ätzend!)*, Mikroskop und Zubehör (Fotoaufsatz, falls vorhanden)

Anzucht. Von mehreren Zwiebeln werden die trockenen Hüllblätter entfernt. Die Zwiebeln werden so auf wassergefüllte Bechergläser gesetzt, dass die Wurzelscheiben gerade die Wasseroberfläche erreichen. Bei Zimmertemperatur haben sich nach 3 oder 4 Tagen einige Zentimeter lange Wurzeln gebildet.

Vorbereitung. Schneiden Sie an jeder Zwiebel die Wurzeln ab. Behandeln Sie im Folgenden jede Zwiebel als einzelne Probe. Verwenden Sie jeweils mehrere Wurzeln.

Färbung. Trennen Sie zunächst mit einer Rasierklinge die äußersten 1–2 mm der Wurzelspitzen ab. Entnehmen Sie weitere 1–2 mm lange Stückchen in der Wurzelmitte und am Wurzelansatz. Bringen Sie jeweils mehrere Stücke getrennt nach Wurzelspitze, -mitte und -ansatz in verschiedene Reagenzgläser. Jedes Glas wird mit einem Tropfen Färbelösung (Karmin- oder Orcein-Essigsäure) versehen und verschlossen.

Nach etwa 24 Stunden wird die Lösung einmal kurz aufgekocht. Achten Sie dabei unbedingt darauf, dass die ätzende Färbelösung nicht herausspritzt! Verwenden Sie Siedesteinchen. Arbeiten Sie mit Schutzbrille, atmen Sie keine Dämpfe ein. Benutzen Sie Reagenzglashalter und achten Sie darauf, die Reagenzglasöffnung vom Körper weg und nicht auf einen Mitschüler zu richten!

Präparation. Die gefärbten Wurzelspitzen werden mit einer Pipette (nicht mit dem Mund pipettieren!) aus den Reagenzgläsern entnommen und zu mehreren – drei bis vier pro Objektträger – nebeneinander auf einen sauberen Objektträger aufgebracht. Legen Sie ein Deckgläschen auf. Die Färbelösung wird möglichst vollständig abgesaugt und durch einen Tropfen Essigsäure ersetzt.

Decken Sie das Präparat mit mehreren Lagen Filterpapier ab und zerquetschen Sie die Wurzelspitzen durch einen kräftigen Daumendruck. Achtung: Deckgläschen dabei nicht verschieben! Herausgequetschte Flüssigkeit absaugen und gegebenenfalls neue Essigsäure hindurchziehen.

Untersuchung im Mikroskop. Betrachten Sie die Präparate zunächst bei 100facher Vergrößerung. Welche Mitosestadien erkennen Sie? Zeichnen Sie für jedes Stadium eine Zelle bei 400facher Vergrößerung. (Gegebenenfalls können auch Fotos angefertigt und später ausgewertet werden.)

Ermitteln Sie für 100 Zellen, in welcher Phase des Zellzyklus sie sich befinden. Berechnen Sie den Mitoseindex der verschiedenen Wurzelabschnitte (Anzahl der Zellen in Teilung : Gesamtzahl der Zellen). Welche Schlüsse bezüglich des Wurzelwachstums ziehen Sie aus Ihren Ergebnissen?

Hinweis: Die Zwiebelwurzelzellen teilen sich vor allem nachts und am frühen Morgen. Um den Einfluss der Tageszeit auf die Teilungsaktivität zu ermitteln, fixieren Sie Zwiebelwurzeln zu unterschiedlichen Uhrzeiten mit Alkohol-Eisessig-Gemisch (3 Volumenanteile Alkohol, 1 Volumenanteil Eisessig). Verfahren Sie mit den fixierten Präparaten wie oben angegeben.

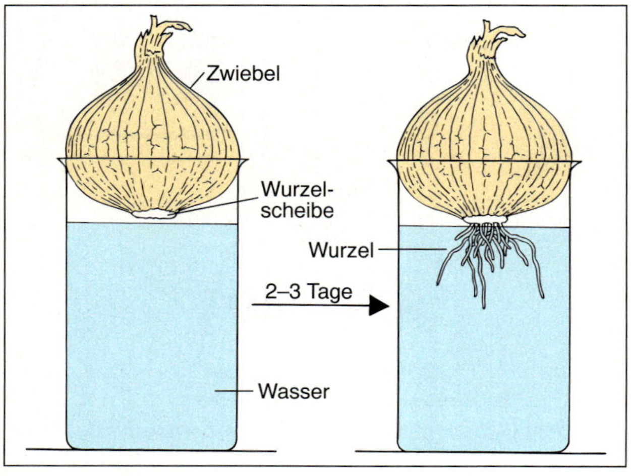

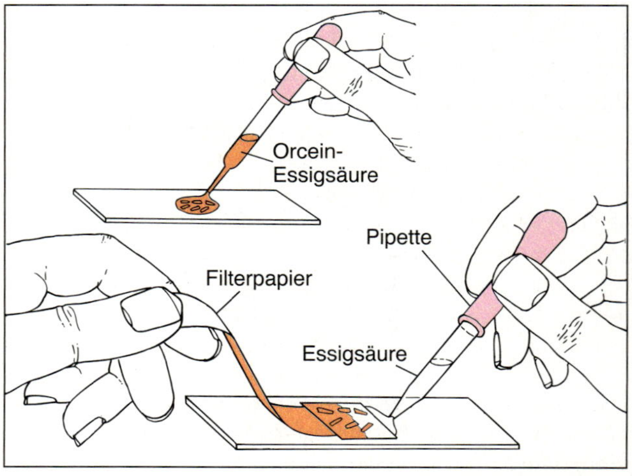

Karyogramme

Zellen, die sich in Teilung befinden, werden auch dazu herangezogen, die Chromosomen eines Organismus näher zu untersuchen. Mithilfe so genannter *Karyogramme* können die Zahl der Chromosomen und deren Struktur – Größe, Lage des Centromers und weiterer Einschnürungen, Länge der Schenkel – ermittelt werden.

Für die Darstellung in Karyogrammen eignen sich besonders die Metaphasechromosomen. Dazu werden sich teilende Zellen mit Colchicin, dem Gift der Herbstzeitlose, behandelt. Da Colchicin den Aufbau des Spindelapparats hemmt, kommt es nicht zur Trennung der Chromatiden. Die Chromosomen liegen in der typischen X-Form vor. Anhand von Mikrofotos des Chromosomensatzes werden die Chromosomen zu Paaren geordnet und nach ihrer Größe sortiert. Das Bild rechts zeigt das Karyogramm der Pferdebohne.

Karyogramme werden beispielsweise in der Pflanzengenetik dazu verwendet, den Erfolg bei der Züchtung von Pflanzen mit vervielfachtem Chromosomensatz zu überprüfen. Menschliche Karyogramme dienen dazu, Erbkrankheiten festzustellen, die durch Veränderungen der Anzahl oder in der Struktur einzelner Chromosomen erkennbar sind. Sie spielen bei der genetischen Beratung eine Rolle.

Karyogramm der Küchenzwiebel

Material: wie oben, 0,1%ige 8-Hydroxychinolin-Lösung (als Ersatzstoff für das stark giftige Colchicin)

Durchführung: Ziehen Sie mehrere Zwiebeln an wie im Versuch links angegeben. Wenn die Wurzeln etwa 1 bis 3 cm lang sind, setzen Sie die Zwiebeln für 24 Stunden auf Bechergläser mit Hydroxychinolin-Lösung. Fertigen Sie anschließend von den äußersten 1–2 mm der Wurzelspitze wie links beschrieben Quetschpräparate an.

Untersuchen Sie zunächst bei 100facher Vergrößerung. Welche Mitosestadien erkennen Sie? Erklären Sie Ihre Beobachtungen. Versuchen Sie zu ermitteln, wie groß der Chromosomensatz der Zwiebel ist. Falls Sie die Möglichkeit haben Ihr Präparat zu fotografieren, fertigen Sie anhand eines Fotos ein Karyogramm an.

1 In der Grafik oben sind typische Abschnitte des Zellzyklus mit Buchstaben bezeichnet. Ordnen Sie diese Abschnitte den Phasen des Zellzyklus zu, ermitteln Sie deren ungefähre Dauer und beschreiben Sie, wodurch die einzelnen Phasen gekennzeichnet sind. Um welchen Zelltyp handelt es sich? Vergleichen Sie mit den Angaben in der Tabelle auf Seite 22.

2 Vergrößern Sie den menschlichen Chromosomensatz (→ Bild rechts) mit dem Kopierer, schneiden Sie die Chromosomen aus und versuchen Sie sie zu einem Karyogramm zu ordnen. Handelt es sich um die Chromosomen eines Mannes oder einer Frau?

Stichworte zu weiteren Informationen

Meristem, Zellkultur, mikroskopische Färbemethoden, Hemmung der Chromosomenbewegung, genetische Beratung

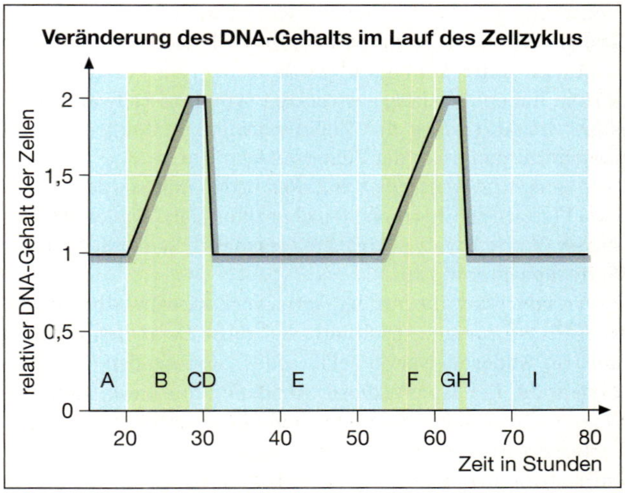

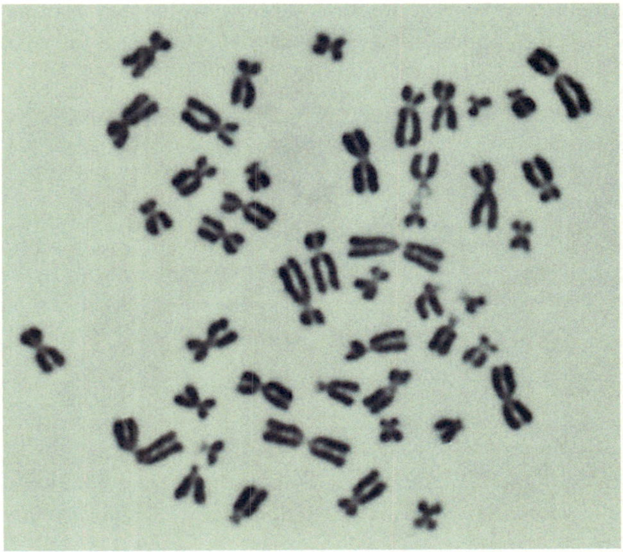

Zell- und Gewebetypen

In der Regel entstehen bei einer Zellteilung zwei identische Tochterzellen. Anders bei den Zellteilungen, die in der frühen Embryonalentwicklung stattfinden: Aus der Zygote gehen durch rasche Teilungen Zellen hervor, die bereits Unterschiede in der Größe aufweisen. Dies ist der erste Schritt einer *Differenzierung*: die Zellgestalt entwickelt sich so, dass sie der Funktion der Zelle entspricht. Durch weitere *asymmetrische Zellteilungen* entstehen Zellen, die sich in ihrer Gestalt und Struktur stark unterscheiden. Aus diesen unterschiedlich differenzierten Zellen gehen die verschiedenen *Gewebe* eines Organismus hervor. Als Gewebe bezeichnet man einen Verband von Zellen mit ähnlicher Größe, Form und Funktion.

Zelltypen. Die Gestalt einer Zelle ist ihrer spezifischen Leistung angepasst: Pflanzenzellen, die der *Wasserleitung* dienen, haben zum Beispiel einen deutlich größeren Durchmesser als andere Gewebezellen. Sie sind extrem lang gestreckt, oft verbinden sich sogar viele Zellen zu Gefäßen. Ihre Zellwände sind an bestimmten Stellen verstärkt. In voll funktionsfähigen Gefäßen sind die Querwände der aneinander stoßenden Zellen durchbrochen. Die Zellen sterben dann ab.

Auch *Faserzellen*, die dem Pflanzenkörper Festigkeit verleihen, haben eine lang gestreckte Form. Ihre Zellwand ist so stark verdickt, dass der Zellinnenraum im Vergleich zum Gesamtdurchmesser der Zelle winzig erscheint.

Fotosynthese betreibende Zellen in den Blättern sind durch eine Vielzahl an Chloroplasten charakterisiert. *Speicherzellen* in der Wurzel weisen dagegen vermehrt Leukoplasten zur Stärkespeicherung auf.

Nervenzellen, die nur bei Tieren vorkommen, haben lange, vielfach verzweigte Ausläufer. Über diese *Dendriten* nehmen sie von anderen Nervenzellen oder Sinneszellen Informationen auf. Der längste dieser Ausläufer, das *Axon*, steht mit anderen Nervenzellen, Drüsen und Muskeln in Verbindung.

Rote Blutkörperchen *(Erythrocyten)* sind im reifen Zustand durch eine abgeflachte Form charakterisiert. Sie enthalten weder einen Zellkern noch andere Organellen. Ihr Hauptbestandteil ist Hämoglobin, was sie für die Funktion des Gastransports optimiert. Da Erythrocyten sehr biegsam sind, können sie selbst durch die engsten Kapillaren „schlüpfen".

Bestimmte *Zellen aus dem Dünndarm* sind für Transportaufgaben zuständig. Sie sind asymmetrisch gebaut: Die Zellmembran bildet auf der dem Darm zugewandten Seite Tausende fingerförmige Ausstülpungen, so genannte *Mikrovilli*. Dadurch wird die Zelloberfläche etwa 30fach vergrößert. Diese Oberflächenvergrößerung erhöht die Transportkapazität für Moleküle aus dem Dünndarm erheblich.

Gewebetypen bei Pflanzen. Anders als Tiere zeigen Pflanzen ein lebenslanges Wachstum. Allerdings behalten nur die Zellen bestimmter Gewebe dauerhaft ihre Teilungsfähigkeit. Diese Gewebe heißen *Meristeme*. Sie befinden sich unter anderem in den Spitzen von Wurzel und Spross. Die Zellen sind annähernd würfelförmig (isodiametrisch), haben nur dünne Zellwände und kaum Vakuolen. Oft lassen sich in ihnen Zellteilungen beobachten. Diese wenig differenzierten Zellen entwickeln sich zu den ausdifferenzierten Zellen der *Dauergewebe*.

Grundgewebe oder *Parenchyme* sind die am wenigsten spezialisierten pflanzlichen Gewebe. Sie finden sich in allen Organen der Pflanze. Die anderen Gewebe sind in das Parenchym eingebettet.

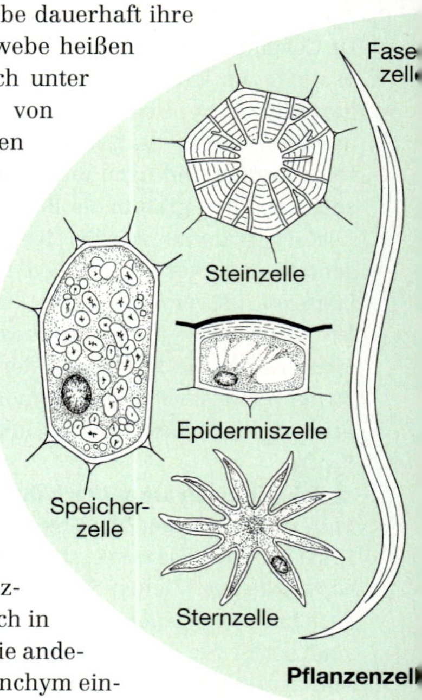

1 Differenzierung von tierischen und pflanzlichen Zellen

Vor allem bei ausdauernden, großen Pflanzen spielen *Festigungsgewebe* eine wichtige Rolle. Sie verleihen dem Pflanzenkörper Stabilität gegenüber Zug- und Druckbelastung. Festigungsgewebe bestehen aus Zellen mit stellenweise oder vollständig verdickten Wänden. Häufig sind die Zellen abgestorben, vor allem wenn die Zell-

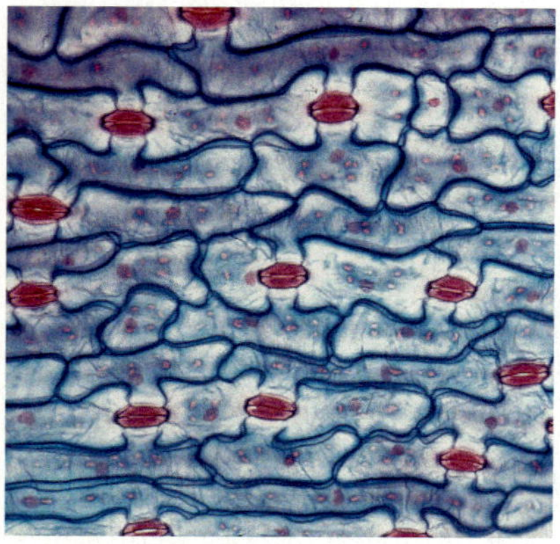

2 Blattepidermis der Tulpe mit Spaltöffnungen (Aufsicht)

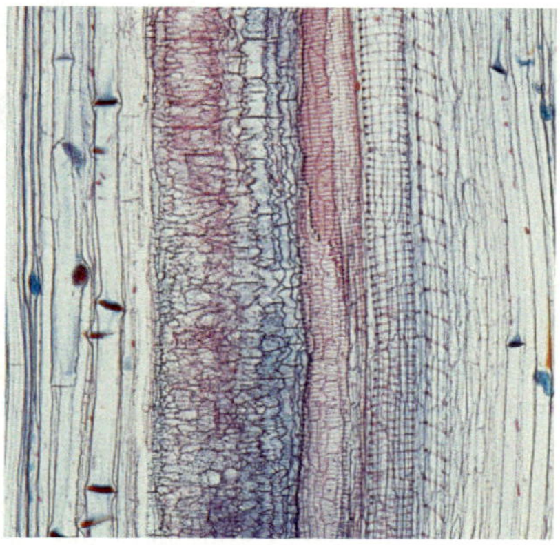

3 Leitgewebe des Kürbis im Längsschnitt

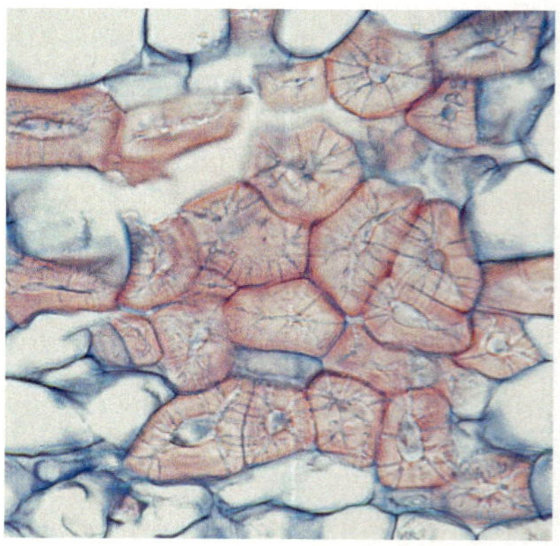

4 Steinzellen im Fruchtfleisch der Birne haben Festigungsfunktion.

wände durch Einlagerung von Kristallen oder anderen Stoffen zusätzlich verfestigt sind. Solche Zellen bilden zum Beispiel die harte Schale von Nüssen und Samen.

Festigungselemente wie beispielsweise Faserzellen sind jedoch auch im *Leitgewebe* enthalten, das den gesamten Pflanzenkörper durchzieht. Es dient zum einen der Versorgung der Pflanze mit Wasser und darin gelösten Mineralstoffen, zum anderen dem Transport von Fotosyntheseprodukten.

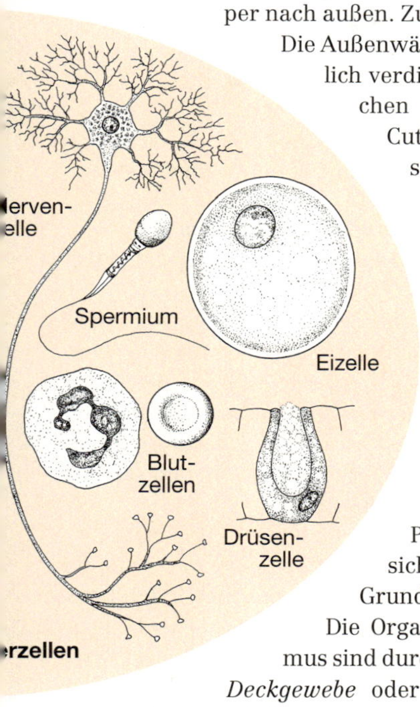

Die *Abschlussgewebe* begrenzen den Pflanzenkörper nach außen. Zu ihnen zählt die Epidermis. Die Außenwände der Zellen sind oft deutlich verdickt und mit einem zusätzlichen Verdunstungsschutz, einer Cuticula aus wachsartiger Substanz, versehen. Epidermiszellen der Wurzelhaare sind dagegen dünnwandig und ermöglichen so die Aufnahme von Wasser und darin gelösten Nährsalzen.

Gewebetypen bei Tieren. Die Vielfältigkeit der Zellen und Gewebe bei höheren Tieren ist deutlich größer als bei den Pflanzen. Trotzdem lassen sich die Gewebe wenigen Grundtypen zuordnen:

Die Organe des tierischen Organismus sind durch ein- oder mehrschichtige *Deckgewebe* oder *Epithelien* begrenzt. Zur Außenwelt hin ist häufig eine Cuticula in Form einer Hornschicht oder Kalkschale aufgelagert. Zu den Epithelien zählen neben der Haut auch Drüsen und die Auskleidung der Blutgefäße.

Dem *Bindegewebe* kommen vielfältige Aufgaben zu, entsprechend verschiedenartig kann es ausgeprägt sein. Meist enthält es in unterschiedlichen Anteilen Zellen und Fasern, die in eine Grundsubstanz eingebettet sind. Zum Bindegewebe zählen Bänder und Sehnen, die auf Zugfestigkeit und Elastizität hin ausgelegt sind, aber auch Knorpel- und Knochengewebe.

Das *Muskelgewebe* besteht aus lang gestreckten Muskelzellen, die in ihrem Cytoplasma eine Vielzahl von kontraktilen Fasern aufweisen. In glatter Muskulatur, wie sie in der Haut oder in den inneren Organen vorkommt, finden sich einzelne, oft verzweigte Zellen. Bei der quer gestreiften Skelettmuskulatur dagegen spricht man von Muskelfasern; die Zellen sind zu einem vielkernigen Gebilde „verschmolzen“ (→ S. 110).

Nervengewebe dient der Signalübermittlung. Während die Nervenzellen auf Erregungsleitung spezialisiert sind, dienen andere Zellen deren Schutz und Versorgung mit Nährstoffen.

Spezialisierung und Arbeitsteilung. Die Ausbildung verschiedener Zell- und Gewebeformen ermöglicht dem Organismus eine effektive Arbeitsteilung. Beim Menschen unterscheidet man zum Beispiel mehrere Hundert Zelltypen. Insgesamt nimmt mit der Organisationshöhe der Organismen auch die Vielfalt der Gewebetypen zu. Diese Verschiedenartigkeit bei gleicher genetischer Ausstattung kommt dadurch zustande, dass bei verschiedenen Zellen jeweils andere Gene aktiv sind; die restlichen Gene bleiben passiv.

Die Differenzierung ist meist ein irreversibler Vorgang und mit dem Verlust der Teilungsfähigkeit verbunden.

1 Im Bild links sind neben den oben beschriebenen Zelltypen weitere Zellen dargestellt. Beschreiben Sie ihre spezifischen Merkmale und versuchen Sie diese mit der Funktion der Zellen im Organismus in Zusammenhang zu bringen.

2 Stellen Sie in einer Tabelle die grundsätzlichen Veränderungen der Zellgestalt zusammen, die zu den unterschiedlichen Zelltypen bei Tieren und Pflanzen geführt haben.

3 Auf welche Merkmale der Zellen lassen sich die wesentlichen Unterschiede zwischen pflanzlichen und tierischen Vielzellern zurückführen?

4 Informieren Sie sich, welche Zellen und Gewebe pflanzlicher und tierischer Herkunft als natürliche Rohstoffe Verwendung finden.

1 Quer gestreifter Muskel im Längsschnitt

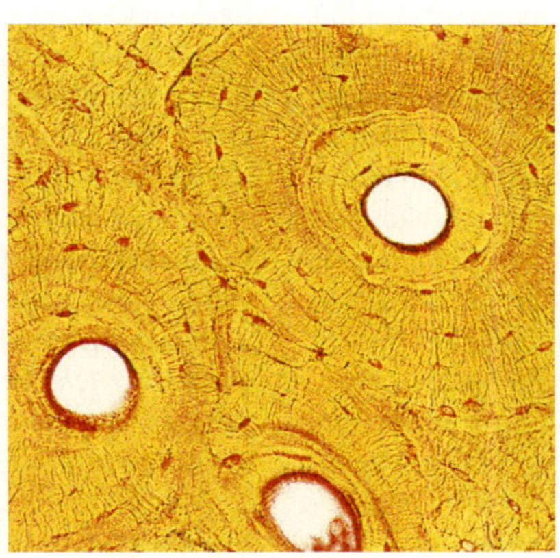

2 Knochenzellen in einem Röhrenknochen, umgeben von Grundsubstanz

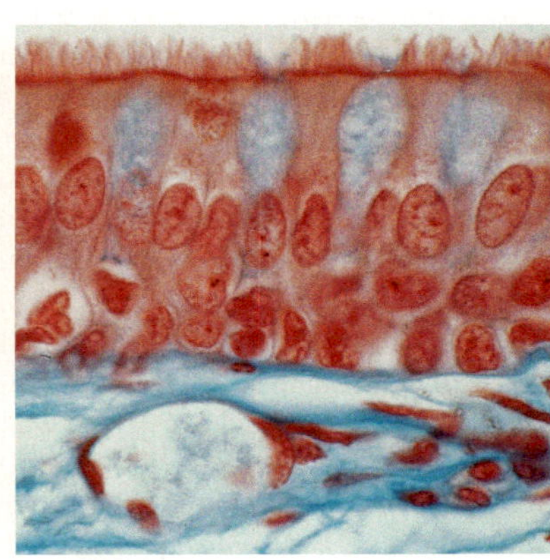

3 Beim Frosch ist der Gaumen mit einem Flimmerepithel ausgekleidet.

Einzeller

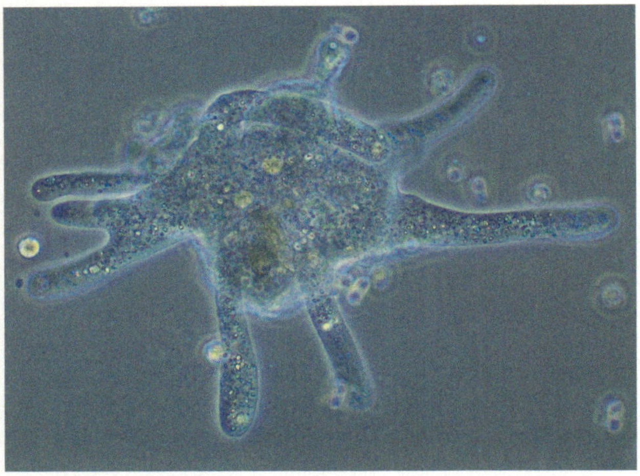

1 *Amoeba proteus bewegt sich mithilfe von Scheinfüßchen fort, den Pseudopodien.*

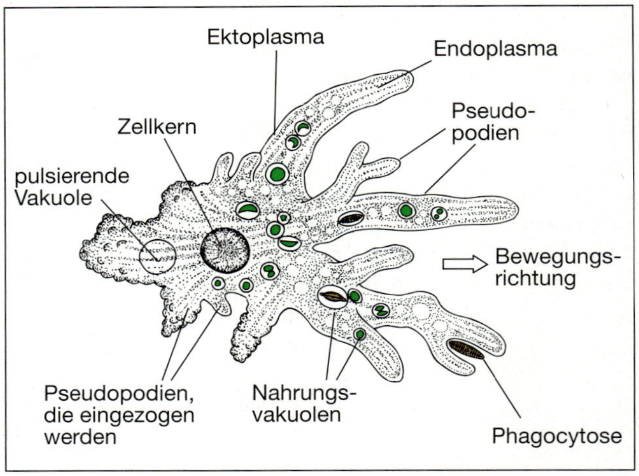

2 *Das Cytoplasma enthält neben den verschiedenen Zellorganellen in Vakuolen eingeschlossene Nahrungspartikel.*

Bei *Einzellern* finden alle Lebensvorgänge innerhalb der einzigen Zelle statt. *Die kleinste selbstständige Einheit des Lebens ist damit die Zelle.* Während Vielzeller ihre Leistungsfähigkeit durch Arbeitsteilung zwischen verschieden differenzierten Zellen erzielen, zeigen Einzeller Differenzierungen innerhalb der Zelle, zum Beispiel besondere Zellorganellen.

Es gibt sehr viele verschiedene Arten von Einzellern. Sie leben vor allem im Süßwasser, in wassergefüllten Hohlräumen im Boden sowie im Meer. Früher wurden sie vor allem nach der äußeren Gestalt klassifiziert: *Amöben* besitzen Plasmafortsätze, Scheinfüßchen oder Pseudopodien genannt, die zur Bewegung und Nahrungsaufnahme vorgeschoben werden können. Einzeller mit Geißeln wurden als *Geißelträger* zusammengefasst, mit Wimpern bedeckte Einzeller als *Wimpertiere*. Die Erforschung der tatsächlichen Verwandtschaftsbeziehungen ist aber noch längst nicht abgeschlossen.

Am Beispiel der besonders gut untersuchten einheimischen Süßwasseramöbe *Amoeba proteus* wird deutlich, dass Einzeller alle Kennzeichen des Lebens aufweisen:

Zellaufbau und Gestalt. Mit 0,5 mm Größe ist *Amoeba proteus* mit bloßem Auge gerade noch erkennbar. Wie alle Amöben hat sie keine feste Körperform, sondern verändert ihre Gestalt ständig. Sie wird deshalb auch Wechseltier genannt. Die Zelloberfläche stülpt sich an manchen Stellen zu *Pseudopodien* aus, in die Teile des Cytoplasmas einfließen, während sich anderswo das Plasma zurückzieht. Direkt unter der Zellmembran liegt das klare, durchsichtige *Ektoplasma*. Das zentral gelegene *Endoplasma* ist körniger und trüber. Es enthält den Zellkern und die übrigen Zellorganellen.

Stoffwechsel. Zur Nahrungsaufnahme umfließen die Pseudopodien kleinere Einzeller, Algen oder Pflanzenreste und schließen diese wie in einer Höhle ein. Diesen Vorgang nennt man *Phagocytose* (→ S. 49). Es entstehen dabei von Zellmembran umgebene *Nahrungsvakuolen*. Sie wandern ins Zellinnere und verschmelzen dort mit *Lysosomen*, kleinen Zellorganellen, die Enzyme zur Verdauung von Fett, Eiweiß und Kohlenhydraten enthalten (→ S. 51). Die Nährstoffe werden dann über die Vakuolenmembran ins Cytoplasma abgegeben. Die Vakuolen selbst wandern zur Zellmembran und befördern die unverdaulichen Reste über die Zellmembran nach außen (*Exocytose* → S. 49). Flüssigkeit wird durch *Pinocytose* aufgenommen. Dabei stülpt sich die Zellmembran ein und schnürt kleine flüssigkeitsgefüllte Vakuolen ab.

Da der osmotische Druck innerhalb der Amöbe höher ist als im umgebenden Süßwasser, dringt ständig Wasser in die Zelle ein. Durch die *pulsierende Vakuole,* ein besonderes Organell bei im Süßwasser lebenden Einzellern, wird eingedrungenes Wasser unter Energieverbrauch rhythmisch wieder nach außen gepumpt.

Fortbewegung. Amöben bewegen sich mithilfe der Pseudopodien fort, die an jeder Stelle der Zelloberfläche entstehen können. Einzelne Pseudopodien greifen nach vorn, heften sich am Untergrund an und ziehen den übrigen Zellkörper nach. Die amöboide Bewegung wird durch lokale *Kontraktion von Mikrofilamenten* des Cytoskeletts bewirkt (→ S. 53), die ein Strömen des Cytoplasmas zur Folge hat.

Reizbarkeit. Amöben überfließen Sandkörner, Pflanzenreste, Bakterien und andere Einzeller. Dabei können sie zwischen Nahrung und anorganischem Material unterscheiden. Sie reagieren sowohl auf chemische Reize wie auf Lichtreize. Auch Berührungsreize und Temperaturreize werden mit entsprechenden Reaktionen beantwortet.

Wachstum und Fortpflanzung. Hat eine Amöbe eine bestimmte Zellgröße erreicht, kugelt sie sich ab. Der Zellkern teilt sich, anschließend schnürt sich der Zellleib durch. Durch *ungeschlechtliche Vermehrung* sind so zwei Tochteramöben entstanden, die bald zur Größe der Mutterzelle heranwachsen. Sexuelle Fortpflanzung kommt nur in Ausnahmefällen vor.

Alle diese Kennzeichen des Lebens sind *Systemeigenschaften*, die erst durch das Zusammenwirken der verschiedenen Zellbestandteile entstehen. Sie sind nur am lebenden Einzeller, nicht aber an isolierten Zellbestandteilen zu beobachten.

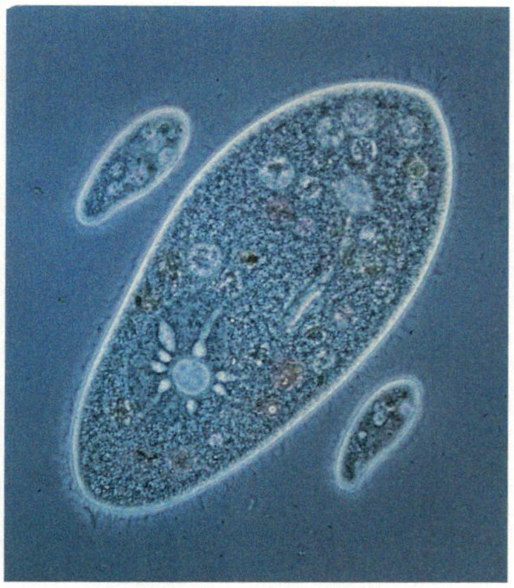

1 *Bei Paramecium caudatum ist die Lage der Organellen festgelegt.*

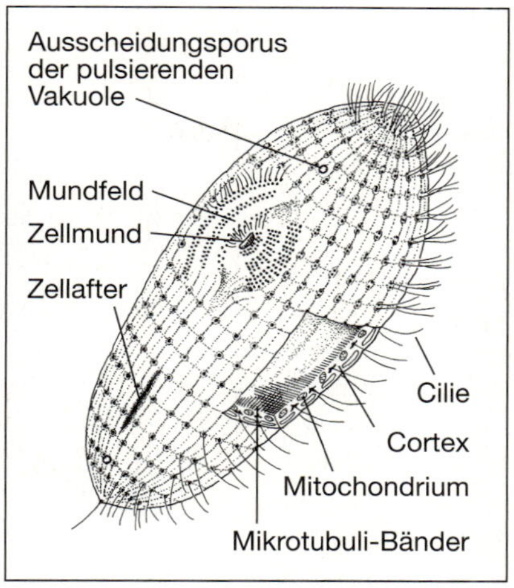

2 *Der Cortex verleiht den Wimpertieren eine arttypische Zellgestalt.*

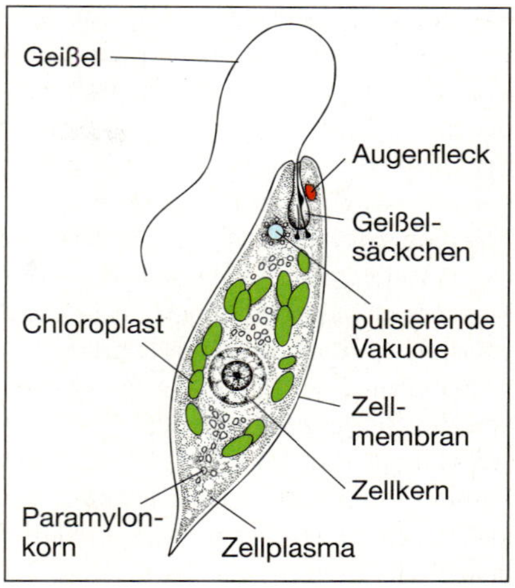

3 *Euglena viridis – ein fakultativ autotropher Einzeller*

Viele Einzeller haben eine höchst *komplexe Zellstruktur*. Sie steht in Zusammenhang damit, dass bei ihnen die einzelne Zelle bewerkstelligen muss, was bei vielzelligen Organismen unterschiedlich spezialisierte Gewebe leisten.

Beispiel Pantoffeltier. Das Pantoffeltier *Paramecium caudatum* gehört zu den Wimpertieren. Es wird bis 0,3 mm lang und lebt in allen Gewässern, in denen genügend Bakterien – seine Nahrung – vorkommen. Wie alle Wimpertiere hat es eine konstante, arttypische Zellgestalt. Sie wird durch die äußere Cytoplasmaschicht, den *Cortex*, bewirkt, in dem neben den Wurzeln der *Wimpern* zahlreiche weitere Festigungselemente enthalten sind, zum Beispiel längs und quer verlaufende *Mikrotubuli*-Bänder (→ S. 53). Auch zahlreiche Mitochondrien (→ S. 52) finden sich hier.

Paramecium ist von Tausenden von Wimpern oder *Cilien* bedeckt, die in Längsreihen stehen. Ihr fortwährender rhythmischer Schlag treibt die Zelle durch das Wasser. Bis zu fünfzigmal in der Sekunde holt eine einzelne Wimper zum Ruderschlag aus. Unter dem Mikroskop sieht man, wie über die Zelloberfläche des dicht bewimperten Pantoffeltiers Schlagwellen verlaufen, die an ein Getreidefeld im Wind erinnern. Dadurch entsteht eine vorwärts gerichtete Drehbewegung.

Wimpern um das *Mundfeld*, eine trichterförmige Vertiefung, strudeln Bakterien herbei. Am Grund der Vertiefung befindet sich der *Zellmund*, ein Bereich ohne die Festigungselemente des Cortex. Nur hier ist *Phagocytose* möglich. Die entstehenden Nahrungsvakuolen verschmelzen mit Lysosomen und wandern auf einer festen Bahn durch die Zelle. Dabei wird die Nahrung verdaut. Unverdauliche Reste scheidet Paramecium am *Zellafter* durch *Exocytose* aus. Wasser wird über den *Porus* der pulsierenden Vakuole ausgeschieden.

Bei starker Reizung stößt Paramecium lange, pfeilförmige Proteinfäden aus den *Trichocysten* aus. Diese im Cortex liegenden Organellen dienen vermutlich der Feindabwehr.

Für Wimpertiere sind zwei oder mehr Zellkerne typisch sowie eine besondere Form der *geschlechtlichen Fortpflanzung*, die *Konjugation*. Paramecien haben einen diploiden *Kleinkern* und einen *Großkern*, in dem die Gene vielfach vorliegen. Bei der Konjugation legen sich zwei Paramecien längs aneinander. Zwischen ihnen bildet sich eine Cytoplasmaverbindung. Die Großkerne werden aufgelöst, die Kleinkerne teilen sich mehrfach (Meiose). Ein Teil dieser Kerne geht zugrunde. Am Ende liegen jeweils zwei haploide Kleinkerne vor. Über die Plasmaverbindung wird je ein Kleinkern ausgetauscht. Er verschmilzt mit dem stationären Kleinkern. Die Konjugation entspricht also einer *wechselseitigen Befruchtung*. Nach der Trennung der Konjugationspartner entsteht je ein neuer Großkern. Er steuert den Zellstoffwechsel. In der Regel *vermehrt* sich Paramecium *ungeschlechtlich* durch Querteilung.

Beispiel Euglena. Während sich Pantoffeltier und Amöbe durch Aufnahme organischer Nahrung *heterotroph* ernähren, lebt der begeißelte Einzeller *Euglena viridis* normalerweise *autotroph* (→ S. 122). Er besitzt *Chloroplasten* und betreibt Fotosynthese. Dabei entsteht das stärkeähnliche *Paramylon*. Bei längerer Dunkelhaltung im Labor werden die Chloroplasten farblos oder verschwinden ganz. Euglena ernährt sich dann heterotroph wie viele nah verwandte begeißelte Einzeller, die keine Chloroplasten besitzen. Euglena lässt sich weder den Pflanzen noch den Tieren eindeutig zuordnen.

Euglena bewegt sich durch den schraubenförmig kreisenden Schlag einer langen *Geißel* vorwärts. Die Geißel entspringt – zusammen mit einer zweiten, ganz kurzen – in einer sackförmigen Vertiefung am Vorderende der Zelle, dem *Geißelsäckchen*. Innerhalb des Geißelsäckchens ist die Geißel an einer Stelle verdickt. Dieser Bereich ist *lichtempfindlich*. Ein *Augenfleck* aus Fetttröpfchen, die mit Carotinen rot gefärbt sind, sitzt an der Wand des Geißelsäckchens. Er schirmt Licht ab. Durch den Beschattungsgrad nimmt Euglena die Richtung des einfallenden Lichts wahr. Sie bewegt sich zum Licht hin.

Als weitere Organellen besitzt Euglena ebenfalls *pulsierende Vakuolen*.

Euglena vermehrt sich *ungeschlechtlich* durch Längsteilung.

Material – Methode – Praxis: **Bedeutung und mikroskopische Untersuchung von Einzellern**

Weit mehr als 27 000 verschiedene Arten von Einzellern sind wissenschaftlich beschrieben. Die kleinsten unter ihnen messen nur wenige Tausendstelmillimeter, die größten erreichen bis zu 13 cm. Sie besiedeln alle Gewässer-Lebensräume der Erde, selbst wassergefüllte Bodenporen und die Körper anderer Lebewesen. In Boden und Gewässern der Polargebiete kommen sie ebenso vor wie in heißen Quellen.

Bei vielen Arten gibt es unmittelbare Bezüge zum Leben des Menschen: Einzeller haben an der Selbstreinigung der Gewässer wie auch an der Abwasserreinigung in Kläranlagen großen Anteil. Sie bilden als Planktonorganismen den Anfang von Nahrungsketten, ermöglichen Wiederkäuern die Verdauung von Cellulose und sind über die Humusbildung wesentlich an der Bodenfruchtbarkeit beteiligt. Nicht zuletzt spielen sie als Krankheitserreger in weiten Teilen der Welt eine beachtliche Rolle.

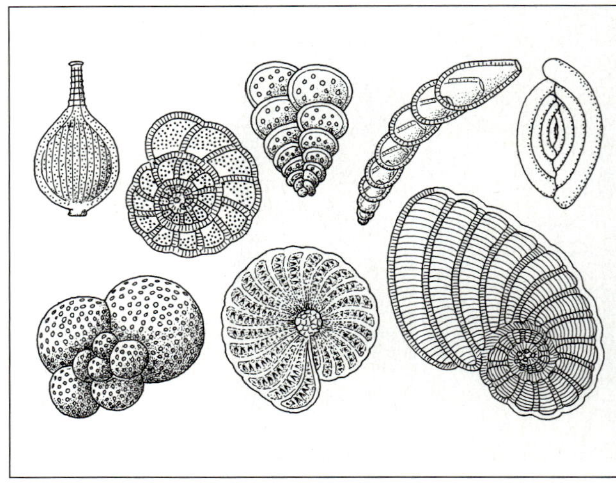

Sukzession im Heuaufguss

Material: 1–2 g Heu, 1-*l*-Glas mit Leitungswasser, Glasplatte als Abdeckung, Tümpelwasser, Mikroskopierausrüstung

Durchführung: Geben Sie das Heu in das Glas mit Leitungswasser. „Impfen" Sie dann den Aufguss mit wenig Tümpelwasser. Im Heuaufguss treten ständig neue Einzellerarten auf. Auch ihre Häufigkeit ändert sich. Planen Sie möglichst eine Versuchsdauer von zwei bis drei Monaten ein und mikroskopieren Sie Proben aus dem Heuaufguss etwa alle drei Tage. Sie können dazu einfach ein Deckgläschen auf die Kahmhaut an der Oberfläche des Heuaufgusses legen. Mehrere Stunden liegen lassen, dann erst mikroskopieren! Häufig vorkommende Arten lassen sich mit dem Bild unten näherungsweise bestimmen. Ziehen Sie zusätzlich Bestimmungsbücher heran, wenn nötig. Protokollieren Sie Ihre Beobachtungen.

Mit exakten quantitativen Protokollen, wie sie dem Diagramm unten rechts zugrunde liegen, kann man die Veränderung des „Mini-Ökosystems" Heuaufguss belegen. Die Veränderung eines Ökosystems von einem Ausgangszustand zu einem Endzustand wird allgemein als *Sukzession* bezeichnet. Werten Sie das Diagramm aus. Was lässt sich danach über den Verlauf einer Sukzession aussagen?

Foraminiferen

Kammerlinge oder *Foraminiferen* sind Einzeller mit gekammertem Gehäuse. Sie leben im Meer, meist in Bodennähe. Ihre Gehäuse (→ Bild oben) bestehen oft aus Kalk. Durch zahlreiche Poren ragen beim lebenden Tier lange, dünne Pseudopodien (→ Foto). Sie dienen zum Schweben im Meerwasser und zur Nahrungsaufnahme.

Foraminiferen kommen in großer Formenfülle besonders im Meeresschlamm vor. 90 % der bekannten Foraminiferenarten sind fossil, darunter Riesenformen aus der Gruppe der Nummuliten mit bis zu 32 cm Durchmesser. In warmen Flachmeeren bildete sich aus den abgelagerten Schalenskeletten der Nummulitenkalk, ein Sedimentgestein, das zum Beispiel als Baumaterial für die ägyptischen Pyramiden diente. Die fossilen Arten eignen sich als *Leitfossilien* beim Vergleich von Sedimenten aus verschiedenen Erdteilen und haben für die Erdölsuche große Bedeutung.

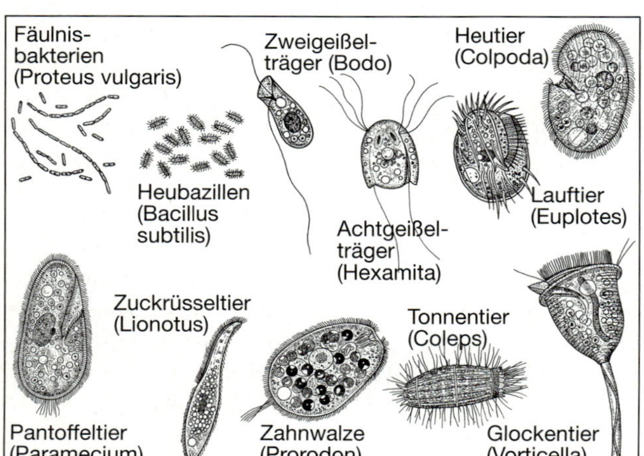

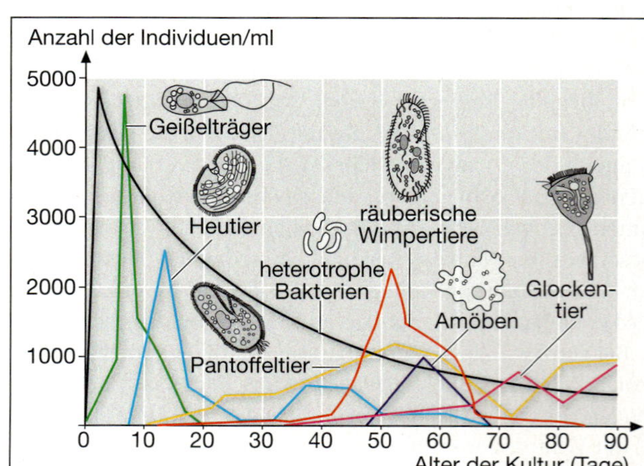

Beobachtungen an Paramecien

Material: Mikroskopierausrüstung, Stereomikroskop, Pantoffeltierkultur, Pipette, Konstantandraht, Netzgerät mit Stromkabel und Krokodilklemmen, Hefe, Kongorot, $KMnO_4$ (Kaliumpermanganat), Watte, Heu und Tümpelwasser

Durchführung: Steht keine Reinkultur zur Verfügung (zum Beispiel von biologischen Laboratorien zu beziehen), muss man erst eine Kultur anlegen. Einzelne Pantoffeltiere werden aus einem schon länger stehenden Heuaufguss isoliert. Dann wird eine geringe Menge Heu (ca. 2 g) im Trockenschrank kurz auf 120 °C erhitzt und danach in einen Erlenmeyerkolben mit Wasser gegeben. Nun fügt man die vorher isolierten Pantoffeltiere hinzu. Sie vermehren sich rasch.

Um die Beobachtungen zügig durchführen zu können, sind weitere Vorbereitungen nötig: Ein erbsengroßes Stück Hefe wird in einem Reagenzglas mit 2%iger Kongorot-Lösung kurz aufgekocht. Basteln Sie auch die Apparatur zum Nachweis der Thermotaxis vorab: Ein 0,2 mm starker Konstantandraht wird auf einem Objektträger festgeklebt und über Krokodilklemmen und Kabel mit dem Netzgerät verbunden (→ Bild unten).

Protokollieren Sie Ihre Beobachtungen.

Bewegung. Geben Sie mit der Pipette einen Tropfen der Paramecienkultur auf den Objektträger. Bringen Sie zuvor einige Wattefäden auf um die Bewegung der Tiere einzuschränken. Decken Sie das Präparat mit dem Deckglas ab und betrachten Sie bei stärkster Mikroskopvergrößerung.

Nahrungsaufnahme. Zu einem Tropfen der Paramecienkultur auf dem Objektträger gibt man einen Tropfen der erkalteten, angefärbten Hefeaufschwemmung. Das Einstrudeln der Hefezellen lässt sich ebenso beobachten wie die Bildung von Nahrungsvakuolen. Ändert sich die Farbe der Nahrungsvakuole beim Transport durch die Zelle? Erklärung?

Pulsierende Vakuole. Beobachten Sie bei einem ruhig liegenden Pantoffeltier das Auffüllen und die Kontraktion der pulsierenden Vakuole. Achten Sie auch auf die Zuführungskanäle.

Chemotaxis. Geben Sie zu einem Tropfen der Pantoffeltierkultur auf dem Objektträger einen kleinen $KMnO_4$-Kristall. Beobachten Sie unter dem Stereomikroskop, welche Zonen der $KMnO_4$-Konzentration gemieden werden.

Thermotaxis. Geben Sie einen großen Tropfen der Paramecienkultur auf die Apparatur zum Nachweis der Thermotaxis. Legen Sie für wenige Sekunden 2 V Spannung an um den Konstantandraht aufzuheizen. Beobachten Sie unter dem Stereomikroskop die Reaktion der Pantoffeltiere.

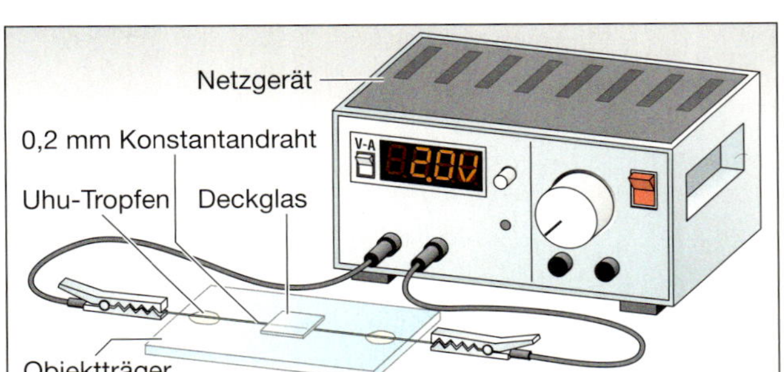

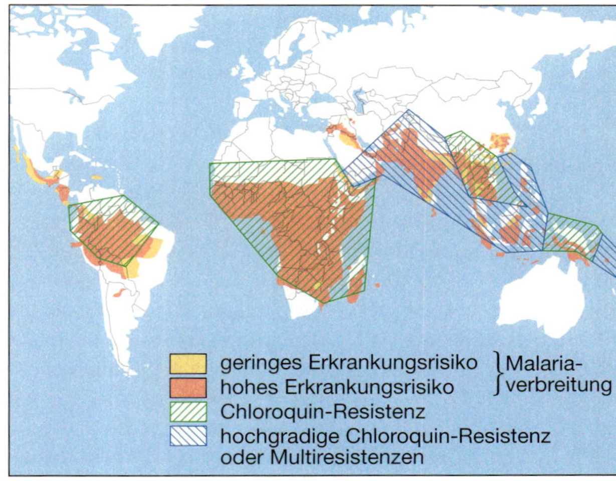

Malaria – von Einzellern verursacht

Jährlich erkranken rund 250 Millionen Menschen an Malaria, vor allem in den Tropen. Allein in Afrika sterben 500000 Kinder pro Jahr an der Krankheit. Der Malariaerreger, der Einzeller *Plasmodium*, wird durch Stechmücken der Gattung Anopheles in den menschlichen Blutkreislauf übertragen. Zunächst befallen die Einzeller Leberzellen und vermehren sich dort ungeschlechtlich. Dann dringen sie in rote Blutkörperchen ein, wo sie sich erneut ungeschlechtlich vermehren (→ Foto). Nach 48 Stunden platzen die Blutzellen auf und entlassen neue Erreger, die weitere Blutzellen befallen. Als äußeres Symptom erleidet der an Malaria Erkrankte einen Fieberanfall. Dieses *Wechselfieber* wiederholt sich in unregelmäßigen Schüben so lange, bis das Abwehrsystem des Menschen oder ein Medikament die Erreger eindämmt oder der Infizierte stirbt.

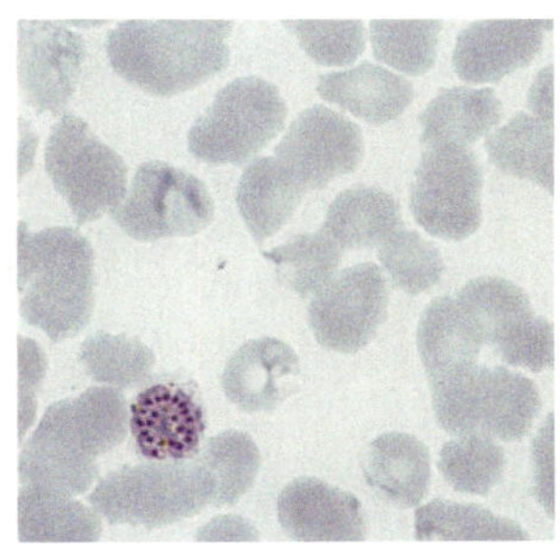

Wer in tropische Gegenden reisen will, sollte sich unbedingt *rechtzeitig* bei einem Institut für Tropenmedizin (Adressen nennt der Hausarzt) über die aktuell für das Reisegebiet vorgeschlagenen Prophylaxemaßnahmen informieren. Mit der vorbeugenden Medikamenteneinnahme muss frühzeitig begonnen werden!

1 Foraminiferen und andere Meeres-Einzeller besitzen keine pulsierende Vakuole. Versuchen Sie dies zu erklären.

2 Gegen Malaria gibt es bislang keine Impfung, sondern nur verschiedene Medikamente. Begründen Sie mithilfe der Karte oben, weshalb man sich vor jeder Reise in tropische Gebiete neu über Vorbeugungsmaßnahmen informieren muss.

☞ Stichworte zu weiteren Informationen

Abwasserreinigung, Sukzession, Erdölentstehung, Leitfossilien, Tropenkrankheiten, Malaria-Prophylaxe, Resistenz

Vom Einzeller zum Vielzeller

Die große Zahl heute lebender Einzeller zeigt, dass die unterschiedliche innere Differenzierung einer Einzelzelle ein erfolgreiches Konzept darstellt. Dennoch überwiegen insgesamt die Vielzeller bei weitem.

Wie soll man sich die Entwicklung zu den ersten vielzelligen Organismen vorstellen? Die Betrachtung heute lebender Arten aus den Gruppen der *Grünalgen* und der *Kragengeißelflagellaten* kann dazu Hinweise und Modellvorstellungen liefern.

Grünalgen. *Chlamydomonas* ist eine *einzellige Grünalge.* Sie hat zwei Geißeln zur Fortbewegung, einen roten Augenfleck und einen becherförmigen Chloroplasten. Ihre Zellwand ist von einer schleimigen Gallertschicht umgeben. Bei der ungeschlechtlichen Vermehrung entstehen in zwei Teilungsschritten vier Zellen. Sie werden kurzzeitig von der gemeinsamen Gallerte zusammengehalten, trennen sich aber dann.

Die Grünalge *Gonium* bildet eine flache Scheibe aus 4 bis 16 chlamydomonasähnlichen Zellen. Die Zellen sind durch eine gemeinsame Gallerthülle dauerhaft zu einer *Zellkolonie* verbunden. Dabei ist jede Zelle weitgehend eigenständig und kann durch Zellteilung ihrerseits eine Tochterkolonie bilden. Untereinander zeigen die einzelnen Zellen keine Differenzierung. Zwischen ihnen sind aber Plasmodesmen (→ S. 45) ausgebildet, sodass sie zu gemeinsamer Leistung fähig sind. Beim Schwimmen schlagen ihre Geißeln synchron. Werden die Zellen getrennt, ist jede für sich allein lebensfähig.

Die Grünalge *Volvox* steht an der Schwelle zum Vielzeller. Bei ihr bilden bis zu 20 000 chlamydomonasähnliche Zellen einen *Zellverband.* Die innen mit Schleim ausgefüllte Hohlkugel erreicht einen Durchmesser von 0,5 bis 2 mm. Die einzelnen Zellen sind durch breite Plasmodesmen miteinander verbunden. Zwischen den Zellen besteht eine *Arbeitsteilung.* Die meisten dienen als *Körperzellen* dem Stoffwechsel und der Fortbewegung. Sie sind nicht mehr teilungsfähig und haben eine *beschränkte Lebensdauer.* Wenige Zellen der hinteren Kugelhälfte sind deutlich größer und als *Fortpflanzungszellen* zur Teilung fähig. Meist teilen sie sich ungeschlechtlich und wachsen im Innern der Mutterkugel zu neuen Volvoxkugeln heran. Erst wenn die Mutterkugel zerfällt, werden sie frei. Volvox weist damit bereits einige für Vielzeller typische Merkmale auf:

- Stoffaustausch und Erregungsleitung zwischen den Zellen werden durch Plasmodesmen ermöglicht.
- Eine Differenzierung in Körperzellen und Fortpflanzungszellen ist vorhanden.
- Die Körperzellen sterben den Alterstod.

Kragengeißelflagellaten. Auch im Tierreich gibt es Hinweise darauf, dass die Entwicklung vom Einzeller zum Vielzeller über das Stadium der Zellkolonie geführt haben könnte. So finden sich in der Gruppe der *Kragengeißelflagellaten* sowohl Einzeller als auch Zellkolonien. Die *Schwämme*, sehr einfach organisierte vielzellige Tiere ohne echte Gewebe und Organe, enthalten in ihrem Innern *Kragengeißelzellen*, die den Kragengeißelflagellaten sehr ähnlich sehen (→ Bild 1). Ob zwischen den Schwämmen und den Kragengeißelflagellaten jedoch tatsächlich verwandtschaftliche Beziehungen bestehen, ist bislang ungeklärt.

1 Grenzen Sie Zellkolonien nach Struktur und Funktion von echten Vielzellern ab.

2 Begründen Sie, weshalb man heute lebende Zellkolonien und einfach organisierte Vielzeller nur als Modelle für die Entwicklung zu vielzelligen Pflanzen und Tieren betrachten darf.

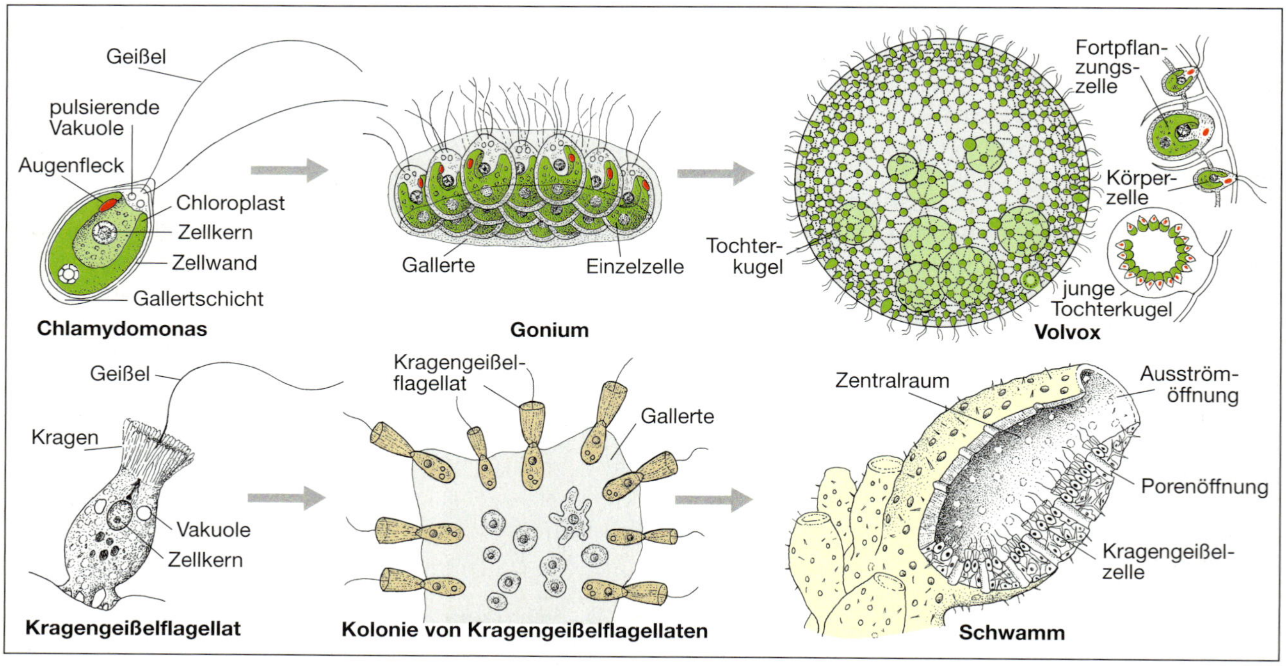

1 Heute lebende Arten können Modellvorstellungen für die Entwicklung vom Einzeller zum Vielzeller liefern.

Überblick

- Im Jahr 1665 entdeckte ROBERT HOOKE mit einem einfachen Lichtmikroskop in Eichenrinde Strukturen, die er als „cells" bezeichnete. Er begründete damit die Zellbiologie. → S. 15
- Die Zellen von Tieren und Pflanzen stimmen in ihrem Aufbau grundsätzlich überein. Zellwand, Vakuole und Plastiden kommen nur bei pflanzlichen Zellen vor. → S. 15, 20, 21
- Mithilfe von Lupe und Mikroskop lässt sich der Sehwinkel des Auges so erweitern, dass Objekte vergrößert auf der Netzhaut abgebildet werden. → S. 16
- Im Lichtmikroskop können nur sehr dünne, lichtdurchlässige Präparate betrachtet werden. Meist werden die Objekte mithilfe von Mikrotomen geschnitten. Spezielle Färbetechniken und Beleuchtungsarten ermöglichen es, einzelne Strukturen hervorzuheben. → S. 17
- Je nach Art des zu untersuchenden Gewebes sind unterschiedliche Präparationstechniken erforderlich. → S. 18, 19
- Pflanzliche Zellen sind im Durchschnitt größer als tierische Zellen. Zellen können jedoch nicht beliebig groß werden, da sie vom Stoffaustausch mit der Umgebung abhängen. → S. 20
- Im mikroskopischen Bild erscheinen Zellen zweidimensional. Eine Vorstellung von ihrer Dreidimensionalität erhält man durch die Kombination mehrerer Bildebenen. → S. 21
- Die Zellteilung ist die Voraussetzung für Wachstum, Vermehrung und Regeneration der Organismen. → S. 22
- Die regelmäßige Abfolge von Wachstums- und Teilungsphasen wird als Zellzyklus bezeichnet. → S. 22
- Der Zellzyklus erfordert eine genaue Steuerung. Chemische Signale lösen den Beginn der einzelnen Phasen aus. → S. 23
- Bei der Mitosephase unterscheidet man fünf Abschnitte: Prophase, Prometaphase, Metaphase, Anaphase und Telophase. → S. 24
- Der Spindelapparat sorgt während der Mitose für die Verteilung der Schwesterchromatiden auf die beiden entstehenden Zellen; diese sind genetisch identisch. → S. 22, 24, 25
- Nur in bestimmten Geweben wie den Vegetationspunkten der Pflanzen finden regelmäßige Zellteilungen statt. Anhand geeigneter Präparate lassen sich die Chromosomenzahlen ermitteln und Karyogramme erstellen. → S. 22, 26, 27
- In vielzelligen Organismen haben die Zellen unterschiedliche Aufgaben. Zellen ähnlicher Größe, Form und Funktion sind zu Geweben zusammengeschlossen. → S. 28, 29
- Bei Einzellern laufen alle Lebensvorgänge in einer einzigen Zelle ab. Sie sind auf wässriges Milieu angewiesen. Nach ihrer Gestalt werden Einzeller als Amöben, Geißelträger und Wimpertiere klassifiziert. → S. 30
- Einzeller sind vor allem als Nahrung für andere Organismen und als Zersetzer von Bedeutung. Einige Arten sind Krankheitserreger des Menschen. → S. 32, 33
- Vielzellige Organismen sind vermutlich aus Einzellern entstanden. Über Zellkolonien aus gleichartigen, weitgehend eigenständigen Zellen entwickelten sich allmählich Zellverbände mit Differenzierung und Arbeitsteilung. → S. 34

Aufgaben und Anregungen

1 Erläutern Sie anhand der Abbildung unten die Kennzeichen des Lebendigen. Welche weiteren Merkmale von Organismen kennen Sie?

2 Nennen Sie die wissenschaftlichen Erkenntnisse, die zur Formulierung der allgemeinen Zelltheorie notwendig waren. Welche Bedeutung hat diese Theorie für die Biologie?

3 In welchen wesentlichen Eigenschaften unterscheiden sich die rechts abgebildete Alge und der tierische Einzeller?

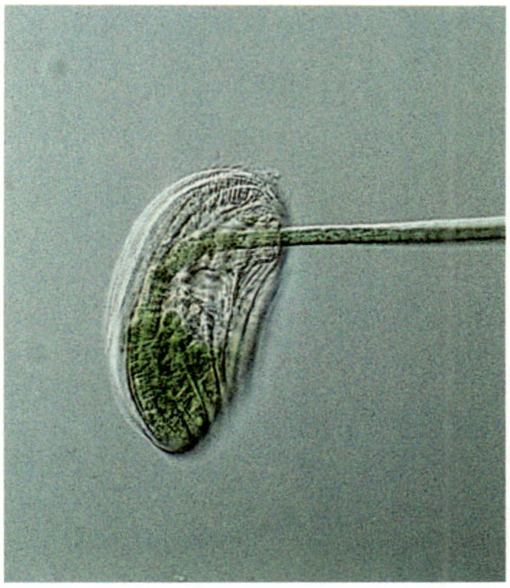

4 Bei Tumorzellen sind die Regulationsmechanismen des Zellzyklus außer Kraft gesetzt. Erläutern Sie die Konsequenzen. Weshalb werden in der Krebstherapie Medikamente eingesetzt, die den Aufbau der Mikrotubuli stören?

5 Definieren Sie die Begriffe Gewebe, Organ und Organismus. Führen Sie jeweils mehrere Beispiele an.

6 Größe und Gestalt einer Zelle sowie ihre Ausstattung mit Organellen hängen mit der Funktion der Zelle im Organismus zusammen. Nennen Sie Beispiele für verschiedene Zelltypen. Erklären Sie, wie die jeweilige Struktur und die Funktion der Zellen wechselseitig voneinander abhängen.

Bei Vielzellern können auch tote Zellen eine Funktion im Organismus erfüllen. Belegen Sie dies mit Beispielen aus dem Tier- und Pflanzenreich.

7 Die Grünalge Volvox ist ein einfacher Vielzeller. Seine Körperzellen gehen nach einiger Zeit zugrunde. Die Zellen von Chlamydomonas sind dagegen potenziell unsterblich. Erläutern Sie den Zusammenhang. Nennen Sie weitere Unterschiede zwischen den Einzelzellen eines Organismus und einem Einzeller. Welche Zellen eines Vielzellers sind ebenfalls potenziell unsterblich?

8 Fertigen Sie eine Skizze eines Pantoffeltiers an. Beschriften Sie die im Lichtmikroskop sichtbaren Strukturen und nennen Sie deren Funktion.

9 Der Geißelträger Euglena lässt sich weder den Pflanzen noch den Tieren eindeutig zuordnen. Begründen Sie anhand der Eigenschaften des Einzellers.

Feinbau der Zelle

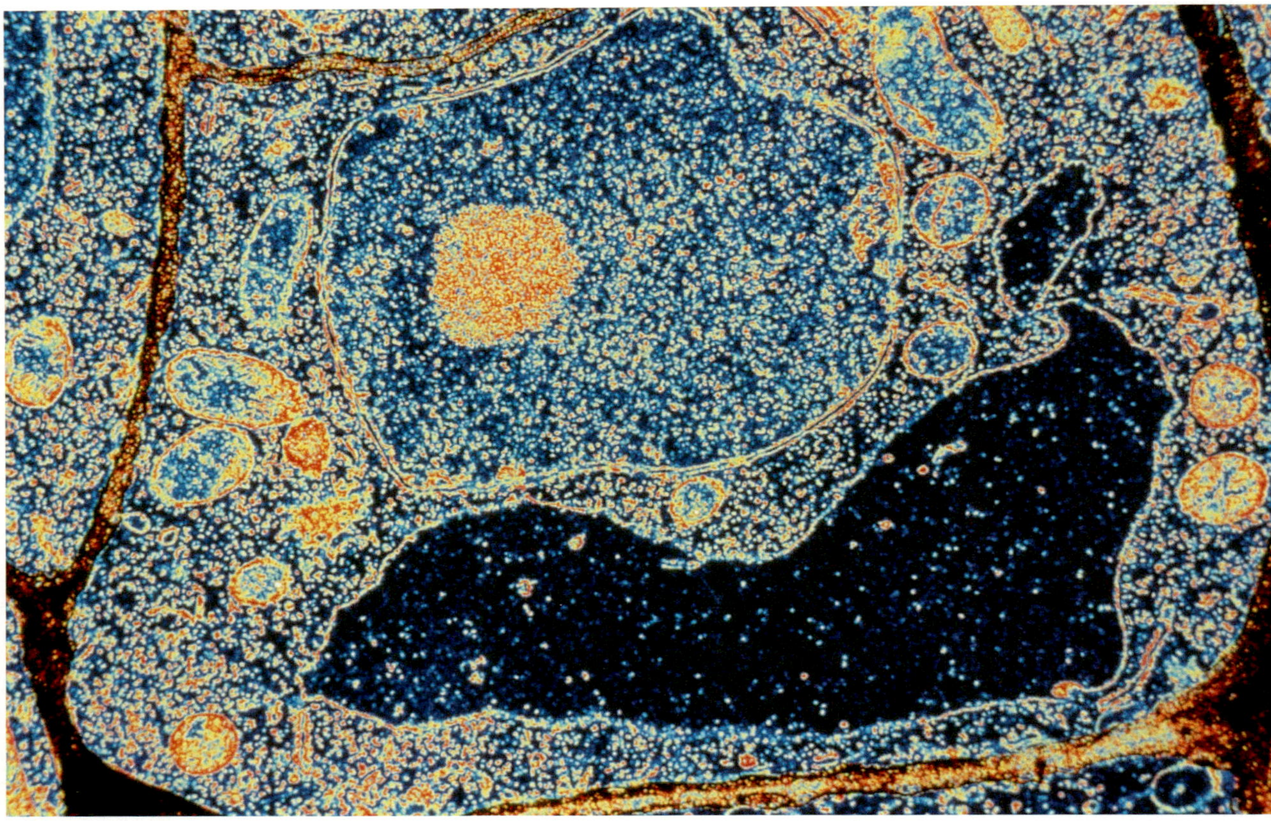

1 *Im EM-Bild einer Wurzelzelle sind Zellwand, Zellkern, Vakuole, Mitochondrien und andere Organellen zu sehen.*

Die elektronenmikroskopische Aufnahme zeigt eine Zelle aus der Wurzelspitze der Schotenkresse Arabidopsis thaliana. Im Vergleich zum lichtmikroskopischen Bild sind deutlich mehr Einzelheiten und feine Strukturen zu erkennen. Auffällig sind die als helle Linien sichtbaren Membranen.

Das Elektronenmikroskop liefert nur Hell-Dunkel-Bilder. Sie kommen dadurch zustande, dass die einzelnen Zellstrukturen die Elektronenstrahlen unterschiedlich stark ablenken. Die Farbe in der Aufnahme oben wurde am Computer erzeugt, indem den verschiedenen Helligkeitswerten jeweils unterschiedliche Farbwerte zugeordnet wurden.

Im Blickpunkt:

- Feinbau der Zelle: die Ultrastruktur im elektronenmikroskopischen Bild
- Kompartimentierung der Zelle durch Membranen
- Lipide und Proteine als Bausteine für Biomembranen
- Wie Forschung funktioniert – Aufstellung von Hypothesen und Modellbildung am Beispiel der Biomembran
- Eigenschaften der Biomembran, ihre Bedeutung für Transportvorgänge und für die Kommunikation zwischen Zellen
- Mechanismen des Stofftransports
- Struktur und Funktion der Zellorganellen
- die Entwicklung der Eukaryotenzelle aus Prokaryoten

Elektronenmikroskopische Aufnahmen zeigen, dass das Cytoplasma jeder Zelle von einer *Membran* umgeben ist. Im Cytoplasma liegen *Organellen* und Zelleinschlüsse, die im lichtmikroskopischen Bild nicht sichtbar sind. Anhand dieser „neuen" Strukturmerkmale lassen sich weitere Einzelheiten in der Funktionsweise der Zelle erklären.

Membranen als Strukturmerkmal der Zelle. Das Innere der Zellen ist durch zahlreiche Membranen untergliedert. Sie grenzen Organellen voneinander ab, die jeweils bestimmte Funktionen in der Zelle erfüllen. Membranen steuern den Austausch von Stoffen innerhalb der Zelle, aber auch den Kontakt der Zelle mit ihrer Umgebung. Zur Unterscheidung von technisch erzeugten Membranen werden die Membranen der Zelle auch als *Biomembranen* bezeichnet.

Ähnlich wie die Erbinformation sind auch die Membranen aller Lebewesen *grundsätzlich gleich* aufgebaut. Die spezifischen Eigenschaften der Membranen lassen sich nur auf der Grundlage ihrer molekularen Bestandteile erklären.

Zellorganisation und Evolution. Man geht davon aus, dass die Entstehung von Membranbläschen, die gezielt Stoffe aufnehmen und abgeben konnten, einer der ersten Schritte zur Entwicklung der Lebewesen war. Im Lauf der Evolution wurde die Gliederung der Zelle zunehmend komplexer. Der Bau der Organellen und die Zusammensetzung der Membranen erlauben es, die Evolution der Organismen zu rekonstruieren.

Das Elektronenmikroskop

Das *Auflösungsvermögen* von Mikroskopen ist durch die *Wellenlänge* der verwendeten Strahlung begrenzt. Um die lichtmikroskopisch erreichbare Auflösungsgrenze zu unterschreiten, war es notwendig, Geräte zu konstruieren, die mit kurzwelligen Strahlen arbeiten. Dies gelang ERNST RUSKA und seinen Mitarbeitern in den 30er-Jahren des 20. Jahrhunderts mit der Entwicklung des *Elektronenmikroskops.*

Anstelle von Lichtstrahlen werden *Elektronenstrahlen* benutzt. Als Elektronenquelle dient normalerweise eine Wolfram-Glühkathode. Die aus der *Kathode* austretenden Elektronen werden durch eine sehr hohe Spannung beschleunigt. Je höher diese Beschleunigungsspannung ist – bei Hochspannungselektronenmikroskopen bis zu 3000 kV –, desto kleiner ist die Wellenlänge der Elektronen. Entsprechend nimmt das Auflösungsvermögen zu. Die Grenzauflösung liegt dabei im Bereich von 0,1 Nanometer, was dem Abstand von Atomkernen in chemischen Verbindungen entspricht. Moderne Elektronenmikroskope erreichen etwa die 1000fache Leistung eines Lichtmikroskops, sie vergrößern bis zu 2 000 000fach.

Das Transmissionselektronenmikroskop (TEM). Das *TEM* funktioniert im Prinzip ähnlich wie das Lichtmikroskop. Damit die Elektronenstrahlen jedoch nicht absorbiert werden, muss das Präparat extrem dünn geschnitten sein. Das Bild kommt dadurch zustande, dass die Elektronen durch die Atome des Objekts abgelenkt, *„gestreut"* werden. Um die Streuung biologischer Präparate zu verstärken, werden diese meist mit *Schwermetallsalzen* behandelt. Die angelagerten Schwermetallionen erhöhen die *Kontraste* zwischen den Zellstrukturen. Da Elektronenstrahlen für das Auge unsichtbar sind, kann das Bild nur indirekt auf einem Leuchtschirm betrachtet werden.

Statt Glaslinsen dienen *Elektromagnete* zur Ablenkung und Bündelung der Strahlen: Ringförmige Spulen erzeugen elektromagnetische Felder, die die parallel einfallenden Elektronenstrahlen in einem Brennpunkt sammeln. Durch Veränderung der Stromstärke lässt sich die Brennweite und damit die Vergrößerung variieren. Da die Elektronen durch Zusammenstöße mit Luftmolekülen abgebremst und abgelenkt würden, muss bei allen Untersuchungen im *Hochvakuum* gearbeitet werden.

Das TEM wird hauptsächlich in der Zellbiologie eingesetzt um die *Ultrastruktur von Zellen und Zellorganellen* zu untersuchen.

Das Rasterelektronenmikroskop (REM). Das *REM* eignet sich besonders zur Analyse von *Oberflächenstrukturen.* Die Untersuchungsobjekte werden nicht durchstrahlt, sondern mit einem gebündelten Primärelektronenstrahl zeilenförmig abgetastet. Dadurch werden aus der dünnen Goldschicht, die das Präparat überzieht, *Sekundärelektronen* freigesetzt. Ein seitlich angebrachter Kollektor, eine *Anode*, saugt diese Sekundärelektronen ab. Ein Rechner setzt die Zahl der herausgelösten Elektronen in Helligkeitswerte um und fügt diese Punkt für Punkt zu einem *Rasterbild* zusammen. Es entstehen Bilder von extrem großer Schärfentiefe, die einen räumlichen Eindruck von den Oberflächenstrukturen vermitteln.

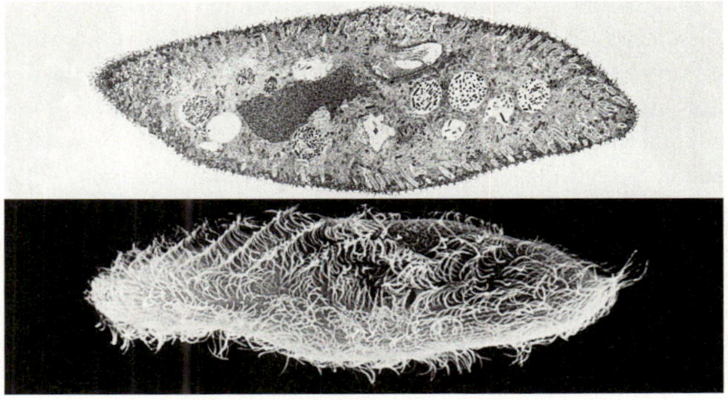

1 Paramecium, oben im TEM-, unten im REM-Bild

1 Stellen Sie tabellarisch die einander entsprechenden Teile von Licht- und Elektronenmikroskop gegenüber.

2 Erklären Sie, weshalb die Präparate bei der Arbeit im Hochvakuum vollständig entwässert sein müssen.

3 Eine kreisförmige Struktur von 0,1 nm, die im Elektronenmikroskop gerade noch auflösbar ist, erscheint auf dem Bildschirm etwa so groß wie ein Stecknadelkopf (rund 1 mm). Welchen Durchmesser hätte das Bild eines Stecknadelkopfs bei gleicher Vergrößerung?

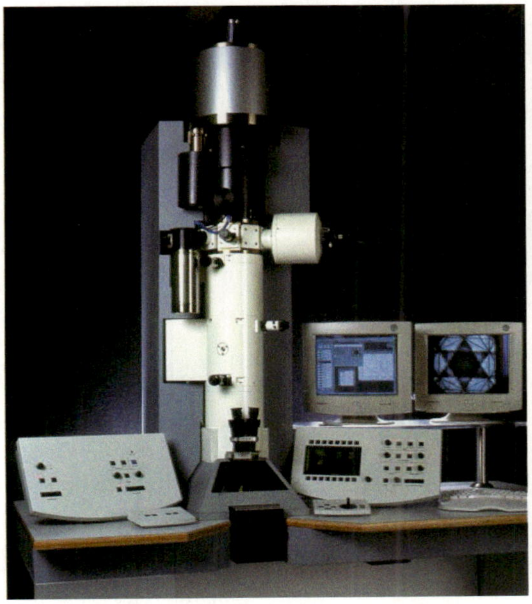

2 Moderne Elektronenmikroskope werden über einen Computer gesteuert.

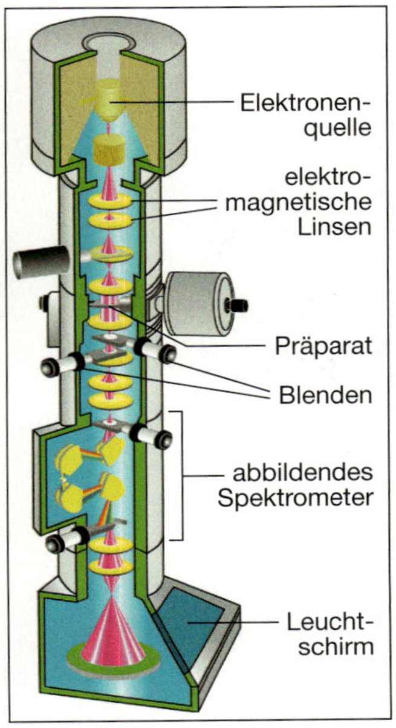

3 Strahlengang im Transmissionselektronenmikroskop

Material – Methode – Praxis: **Elektronenmikroskopische Präparationsmethoden**

Elektronenmikroskope werden vor allem in der *Grundlagenforschung* eingesetzt. Elektronenmikroskopische Aufnahmen dienen zum Beispiel dazu, die Struktur unbekannter Moleküle aufzuklären. Mithilfe von goldmarkierten Antikörpern können seltene Krankheitserreger identifiziert werden. In der biologischen Forschung ermöglicht die Ultrastruktur einzelner Zellen Rückschlüsse auf die Verwandtschaft von Tiergruppen oder die Entwicklung bestimmter Organe. Aber auch einige Industriezweige wie die *Materialentwicklung* oder die *Halbleiterindustrie* nutzen elektronenmikroskopische Techniken.

Ultradünnschnitttechnik

Selbst einzelne Zellen sind viel zu dick um im Elektronenmikroskop durchstrahlt zu werden. Die Schnitte sollten *zwischen 20 und 80 nm dick* sein. Eine Zelle der menschlichen Mundschleimhaut zum Beispiel muss dazu in 1000 Scheiben geschnitten werden. Zunächst wird das Objekt jedoch *fixiert* und vollständig *entwässert*, zum Beispiel in reinem Alkohol oder in Aceton. Anschließend bettet man es in festes, elastisches Material ein, beispielsweise in Epoxidharz. Dann wird das in Kunstharz eingeschlossene Präparat mithilfe eines *Ultramikrotoms* in extrem dünne Scheiben geschnitten. Hierbei wird das Objekt an der frischen Bruchkante eines Glasmessers vorbeigeführt und nach jedem Schnitt automatisch nach vorn geschoben (→ Bild unten). Die Schnitte gelangen in eine kleine, wassergefüllte Wanne, die an dem Glasblock befestigt ist, und schwimmen auf der Wasseroberfläche. Von hier werden die Schnitte auf Kupfernetze übertragen.

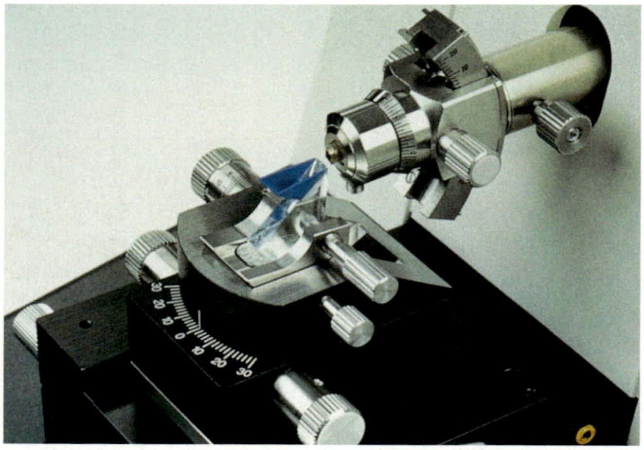

Gefrierbruch und Gefrierätzung

Das Gefrierbruchverfahren dient dazu, plastische Eindrücke von *Oberflächenstrukturen* zu gewinnen. Das Objekt wird extrem schnell auf bis zu –196 °C abgekühlt. Dadurch bleiben die Zellstrukturen weitgehend erhalten. Dann wird das Präparat im Vakuum mit einem tiefgekühlten Messer aufgebrochen, nicht geschnitten. Die *Bruchfläche* verläuft dabei oft an den Grenzen der Zellorganellen. Die Oberfläche wird mit einer feinkörnigen Kohle-Platin-Schicht bedampft. Diese Schicht gibt wie eine Matrize alle Strukturen der Oberfläche wieder. Lässt man das Präparat nach dem Aufbrechen einige Zeit ste-

hen, so sublimiert das Eis an der Oberfläche. Dieser als *Ätzen* bezeichnete Vorgang verstärkt die Reliefunterschiede. Die Kohle-Platin-Schicht wird vom Objekt abgelöst, gereinigt und kann dann im Elektronenmikroskop als *Abdruck* der aufgebrochenen Oberfläche betrachtet werden.

1 Vergleichen Sie die Herstellung von Präparaten für Licht- und Elektronenmikroskop. Erklären Sie die Unterschiede.
2 Ein Blatt Papier ist rund 0,1 mm dick. In wie viele Scheiben müssten Sie es für eine Untersuchung im TEM schneiden?

☞ Stichworte zu weiteren Informationen
elektromagnetische Wellen, Fixierung, Immun-Elektronenmikroskopie, Rastertunnelmikroskop, Rasterkraftmikroskop

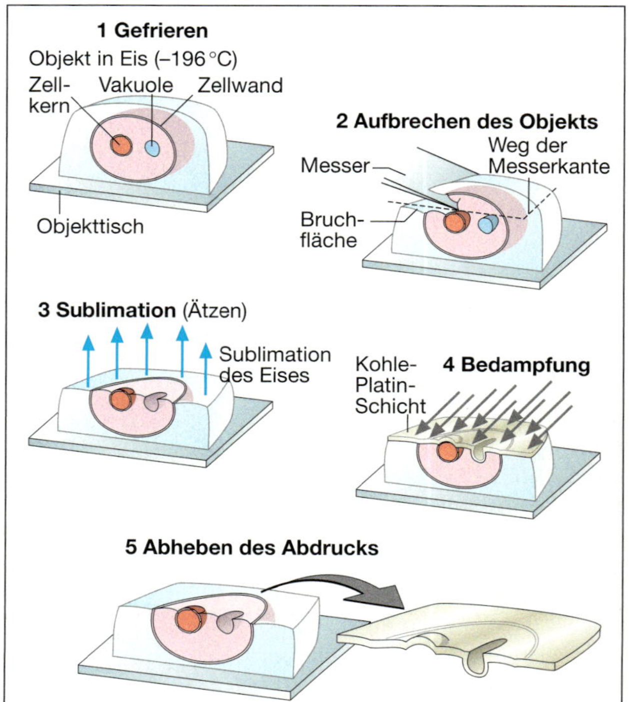

Kompartimentierung durch Membranen

Das elektronenmikroskopische Bild zeigt, dass nicht nur die Zelle als Ganzes, sondern auch viele Zellorganellen von Membranen umgeben sind. Das Cytoplasma ist von einem ausgedehnten Membransystem durchzogen. Dadurch wird das Zellinnere in zahlreiche voneinander abgegrenzte Räume, die *Zellkompartimente*, untergliedert. Membranen können bis zu 90 % der Trockenmasse einer Zelle ausmachen. Daran zeigt sich, welche enorme Bedeutung die Kompartimentierung für die Abläufe in der Zelle hat.

Funktionen von Membranen. Membranen haben unterschiedliche Aufgaben. Die Zellmembran grenzt die Zelle nach außen, gegen den extrazellulären Raum, ab. Sie ist sowohl eine *Barriere* gegen die Umgebung, die unbelebt sein kann oder aus Nachbarzellen besteht, als auch ein *Vermittler* zwischen der Außenwelt und dem Zellinnern.

Membranen im Innern der Zelle schaffen *„Reaktionsräume"*, die jeweils unterschiedliche Stoffwechselprozesse begünstigen. Dies geschieht zum einen dadurch, dass Membranen den Stoffaustausch regulieren. Die Konzentration an gelösten Teilchen und damit der pH-Wert unterscheiden sich zum Teil stark zwischen den einzelnen Kompartimenten. Die Kompartimentierung ermöglicht, dass in der Zelle gegenläufige Prozesse zur gleichen Zeit ablaufen. Während beispielsweise in bestimmten Zellorganellen Eiweiß aufgebaut wird, kann in anderen Organellen der gleichen Zelle ein Eiweißabbau erfolgen. Zum anderen sind Membranen über eingelagerte *Enzyme* auch direkt am Stoffwechselgeschehen beteiligt.

Die Untergliederung der Zelle in Kompartimente trägt dazu bei, die *innere Oberfläche* der Zelle beträchtlich zu vergrößern. Bei Zellen, die große Stoffmengen aus der Umgebung aufnehmen, ist auch die *Zelloberfläche* durch feine Ausstülpungen, die *Mikrovilli*, vergrößert. Dadurch ist ein schneller und effektiver Stoffaustausch möglich. Je nach ihrer Funktion unterscheidet sich die Durchlässigkeit von Membranen für verschiedene Stoffe.

Die Struktur der Biomembran. Elektronenmikroskopische Bilder von Zellmembranen zeigen bei starker Vergrößerung einen *dreischichtigen Aufbau*: Eine mittlere helle Schicht ist von zwei dunkleren Schichten umgeben (→ Bild 2). Auch die Membranen, die die Zellorganellen gegen das Cytoplasma abgrenzen, zeigen diese Grundstruktur, bei der zwei elektronendichte, dunkle Linien von jeweils 2 bis 3 nm Dicke eine helle Linie von etwa 3 bis 4 nm Dicke umgeben.

Mithilfe der *Gefrierbruchtechnik* kann die Oberfläche einer Membran sichtbar gemacht werden. In der Aufsicht sind dann zahlreiche unregelmäßig angeordnete Partikel zu erkennen (→ Bild 3). Da alle Membranen im elektronenmikroskopischen Bild sowohl im Querschnitt als auch in der Aufsicht einen prinzipiell gleichen Bau zeigen, spricht man auch von der *Elementar-* oder der *Einheitsmembran* (engl. *unit membrane*).

Wie man aus Untersuchungen an Erythrocyten weiß, bestehen Membranen hauptsächlich aus Lipiden und Proteinen.

1 Neben der Abgrenzung gegenüber der Umgebung haben Membranen weitere wichtige Funktionen. Was bedeutet in diesem Zusammenhang der Struktur-Funktions-Aspekt?

2 Erklären Sie, welche biologische Bedeutung der Untergliederung der Zelle in Kompartimente zukommt.

3 Vielzellige Organismen sind in Kompartimente untergliedert. Nehmen Sie Stellung zu dieser Aussage.

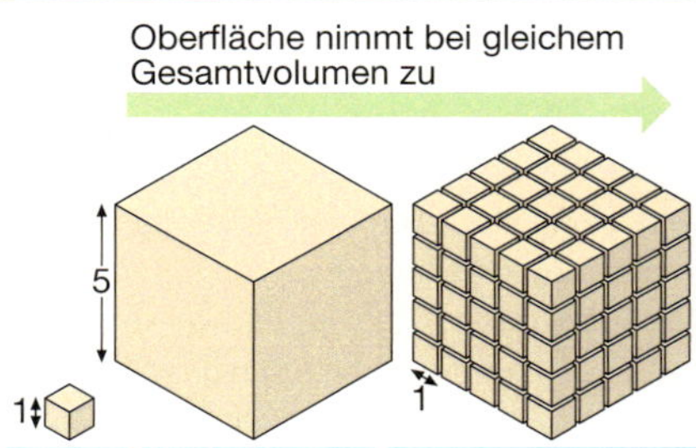

Gesamtvolumen (Höhe × Breite × Länge × Zahl der Würfel)	1	125	125
Gesamtoberfläche (Höhe × Breite × Zahl der Seitenflächen × Zahl der Würfel)	6	150	750
Verhältnis von Oberfläche zu Volumen (Fläche : Volumen)	6	1,2	6

1 Die Untergliederung der Zelle in Kompartimente bewirkt, dass die Transportwege zwischen den „Reaktionsräumen" klein sind. Gleichzeitig wird die Oberfläche, über die der Austausch stattfindet, vergrößert.

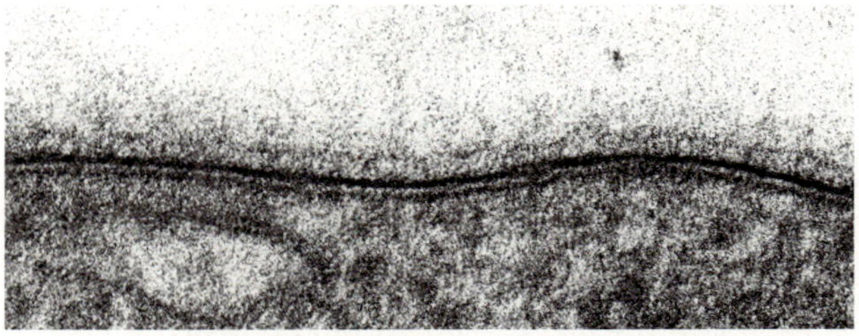

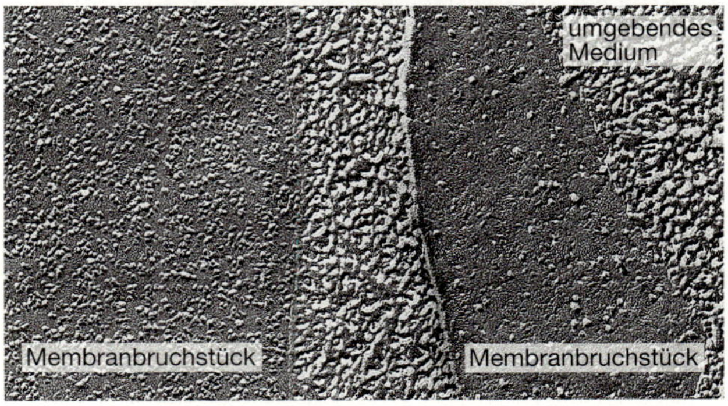

2 und 3 Alle Biomembranen zeigen im elektronenmikroskopischen Bild einen einheitlichen Bau. Oben: dreischichtige Struktur der Zellmembran eines Erythrocyten. Unten: unregelmäßige Anordnung der Bestandteile in der Membran.

Chemische Grundlagen: Lipide

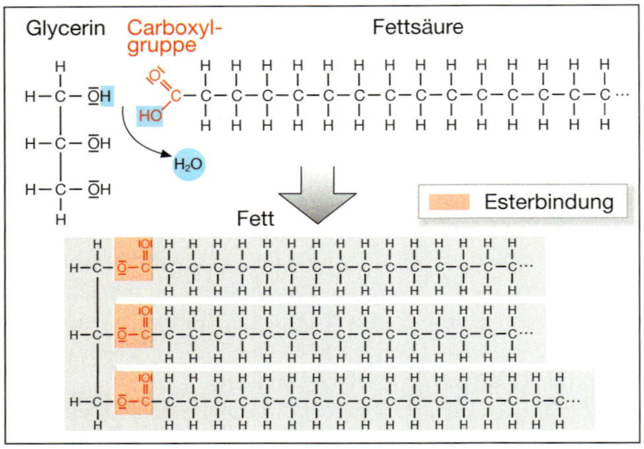

1 *Bildung eines Fettmoleküls aus Fettsäuren und Glycerin*

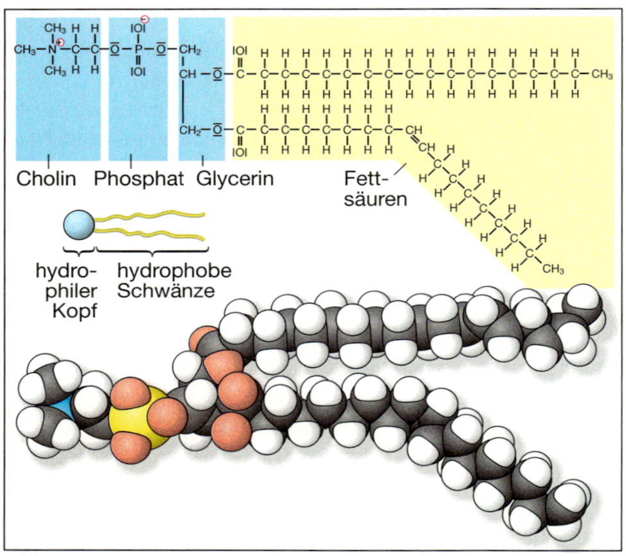

2 *Strukturformel und Modell des Phospholipids Lecithin*

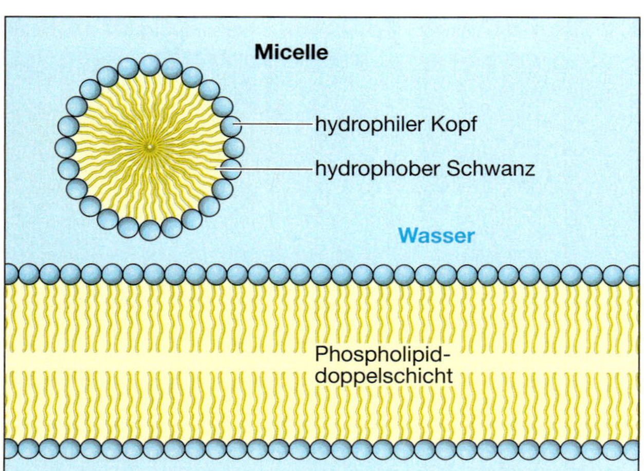

3 *Lipide bilden in Wasser Micellen oder Doppelschichten.*

Als *Lipide* werden sehr verschiedenartige Stoffe bezeichnet, zu denen unter anderem Fette, Öle und Wachse zählen. Diese in Pflanzen und Tieren vorkommenden Substanzen sind dadurch gekennzeichnet, dass sie sich schlecht oder gar nicht in Wasser lösen.

Fette sind vor allem als *Energiespeicher* von Bedeutung. Für wirtschaftliche Zwecke gewinnt man sie aus Raps, Sonnenblumenkernen, Nüssen und Oliven, aber auch aus Schweinen und Walen. Den Tieren dienen Fettpolster nicht nur als Energiereserve, sondern auch als *Wärmeisolierung* und *Schutz* vor Verletzungen. *Wachse* schützen vor Verdunstung und bilden *Wasser abweisende Schichten*. Andere Lipide erfüllen spezifische Funktionen im Stoffwechsel, so zum Beispiel bestimmte *Hormone*, *Farbstoffe* und manche *Vitamine*.

Fette. Fettmoleküle sind Verbindungen aus einem dreiwertigen Alkohol, dem *Glycerin*, und *Fettsäuren*. Eine Fettsäure ist ein langkettiger Kohlenwasserstoff, der an seinem Ende eine *Carboxylgruppe* trägt. Diese kann unter Wasserabspaltung mit einer OH-Gruppe des Glycerins eine *Esterbindung* bilden (→ Bild 1). Drei verschiedene Fettsäuren können am Aufbau eines Fettmoleküls beteiligt sein. Die Esterbindungen des Fettes sind unter Wasseraufnahme wieder spaltbar.

In den langen Kohlenstoffketten der Fettsäuren liegen nur *unpolare* C–C- und C–H-Bindungen vor. Daher sind Fette nur in Flüssigkeiten löslich, die ebenfalls Kohlenwasserstoffketten besitzen. Diese Löslichkeitseigenschaft nennt man *lipophil*.

Fettsäuren, in denen nur Einfachbindungen zwischen den Kohlenstoffatomen bestehen, nennt man *gesättigt*, während *ungesättigte* Fettsäuren eine oder mehrere *Doppelbindungen* (–C=C–) aufweisen. Je höher der Anteil an ungesättigten Fettsäuren, desto niedriger liegt der Schmelzpunkt. Tierische Fette bestehen überwiegend aus gesättigten Fettsäuren, sie sind bei Zimmertemperatur fest. Pflanzliches Fett enthält dagegen mehr ungesättigte Fettsäuren, es liegt als Öltröpfchen in der Zelle vor. Mehrfach ungesättigte Fettsäuren sind für den Menschen lebensnotwendig und müssen mit der Nahrung aufgenommen werden.

Phospholipide. *Phospholipide* sind ähnlich aufgebaut wie Fette. Allerdings ist bei ihnen das Glycerin mit zwei Fettsäuren und einer Phosphorsäure verestert (→ Bild 2). An die Phosphatgruppe, die eine negative Ladung trägt, sind meist weitere polare oder geladene Moleküle gebunden. Dieser Phosphatrest mit den angehängten Gruppen bildet einen *hydrophilen* „Kopf", einen Teil des Moleküls, das in Wasser und anderen *polaren* Flüssigkeiten gut löslich ist. Die Fettsäure„schwänze" sind dagegen *hydrophob,* sie lösen sich in *unpolaren* Stoffen.

In Wasser bilden Phospholipide eine von der Umgebung getrennte Phase. Dabei ordnen sich die Moleküle stets so an, dass nur die Köpfe mit Wassermolekülen in Kontakt treten. Die unpolaren Fettsäureketten werden vom Wasser ausgeschlossen. Dadurch entstehen spontan tröpfchenartige Strukturen, die *Micellen*, oder *Lipiddoppelschichten*, bei denen sich die Schwänze gegeneinander, die Köpfe dagegen zum Wasser ausrichten (→ Bild 3). Phospholipide sind wesentlich am Aufbau biologischer Membranen beteiligt.

Chemische Grundlagen: Proteine

Proteine oder *Eiweiße* bilden den größten Anteil aller organischen Substanzen im Körper. Sie sind an fast allen Lebensprozessen beteiligt. Die Funktion vieler Proteine beruht darauf, dass sie andere Moleküle *erkennen*, an sich *binden* und diese Bindung wieder *lösen* können.

Der rote Blutfarbstoff zum Beispiel, das Eiweiß *Hämoglobin*, bindet Sauerstoff, transportiert ihn durch den Körper und setzt ihn am Ort des Sauerstoffbedarfs frei (→ S. 96). Proteine in der Zellmembran ermöglichen die *Signalübermittlung* und den *Stoffaustausch* zwischen Zellen (→ S. 44). Auch für die *Bewegung* des Körpers und von Zellen sind Proteine verantwortlich (→ S. 53). Andere Proteine spielen als *Hormone, Antikörper* und *Enzyme* (→ S. 64) eine wichtige Rolle bei der Regulation von Körperfunktionen und des Zellstoffwechsels. *Strukturproteine* sorgen für die Festigkeit und Elastizität des Körpers. Keratin, das in Fingernägeln, Haaren, Horn und Federn vorkommt, ist eine besonders widerstandsfähige Gerüstsubstanz. In Eiern und Milch sowie in vielen Pflanzensamen sind Proteine als *Nährstoffreserven* gespeichert.

Aufbau der Proteine. Im menschlichen Körper kommen mehrere Tausend verschiedene Proteine vor. Alle diese Proteine bestehen aus nur 20 *Aminosäuren*, die in unterschiedlicher Anordnung zu langen Ketten, den *Polypeptiden*, verknüpft sind. Eine oder mehrere Polypeptidketten zusammen bilden das Protein.

Bereits für sehr kleine Proteine wie zum Beispiel Insulin, das aus nur 51 Aminosäuremolekülen besteht, ergeben sich rechnerisch mit $20^{51} \approx 10^{66}$ eine unvorstellbar große Zahl von Kombinationsmöglichkeiten. Die meisten Proteine sind jedoch sehr große Makromoleküle aus mehreren Hundert oder Tausend Aminosäure-Monomeren.

Alle Aminosäuren zeigen einen prinzipiell einheitlichen Bau (→ Bild 1): An ein zentrales Kohlenstoffatom ist jeweils eine Aminogruppe ($-NH_2$), eine Carboxylgruppe ($-COOH$), ein Wasserstoffatom ($-H$) und ein Rest ($-R$) gebunden. Dieser Rest, auch als *Seitenkette* bezeichnet, ist charakteristisch für die jeweilige Aminosäure. Er kann aus einem einzelnen Wasserstoffatom bestehen – wie bei Glycin – oder verschiedene funktionelle Gruppen tragen (→ Bild 3). Die Seitenketten der Aminosäuren unterscheiden sich unter anderem in ihrer *Säure-Base-Reaktion*, ihrer *Polarität* und ihrer *Ladung*.

Peptidbindung. Die Carboxylgruppe einer Aminosäure kann sich mit der Aminogruppe einer anderen Aminosäure unter Wasserabspaltung zu einem Dipeptid verbinden (→ Bild 2). Diese Bindung bezeichnet man als *Peptidbindung*. Sie ist das grundlegende Bauprinzip aller Proteine. Durch die Verbindung vieler Aminosäuren entstehen Polypeptidketten. Die Kette der Peptidbindungen nennt man das *Polypeptidrückgrat* des Proteins.

Primärstruktur. Die Reihenfolge oder *Sequenz* der Aminosäuren in der Kette ist für jedes Protein einzigartig. Diese Aminosäuresequenz wird auch als *Primärstruktur* des Proteins bezeichnet. Sie ist durch die genetische Information festgelegt. Die Primärstruktur eines Proteins bestimmt seine spezifischen Eigenschaften.

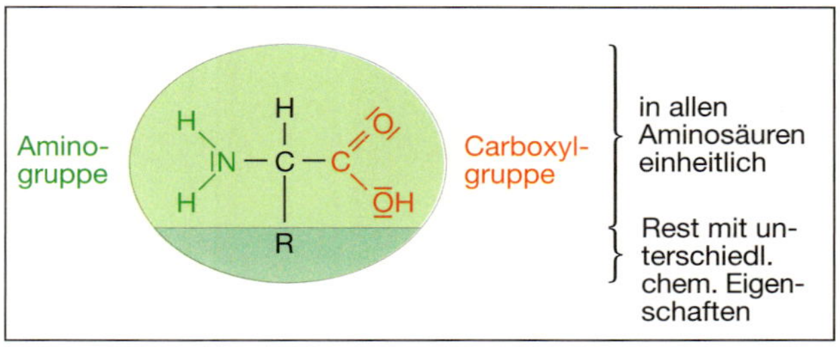

1 *Allgemeines Schema einer Aminosäure*

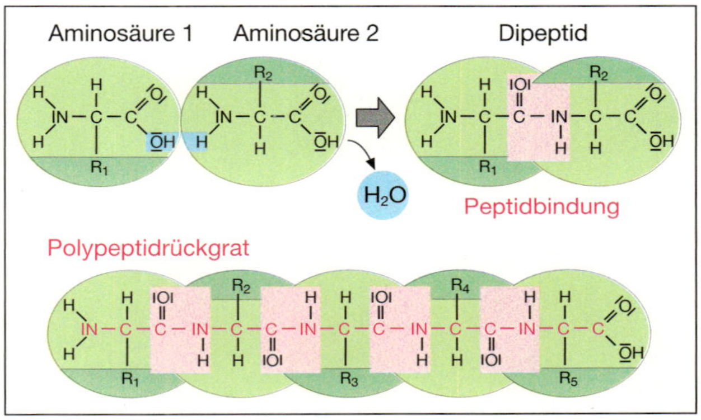

2 *Die Peptidbindungen bilden das Rückgrat des Proteins.*

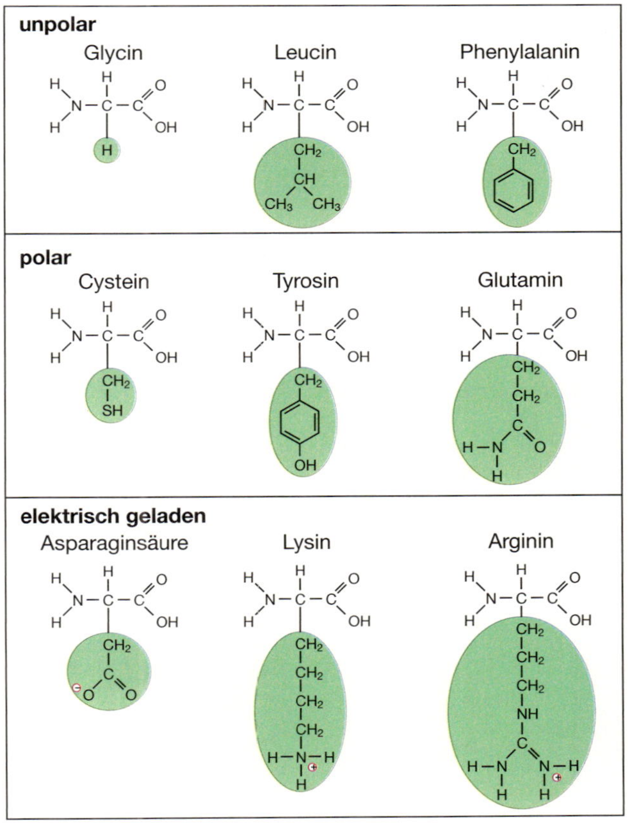

3 *Aminosäuren und die Eigenschaften ihrer Seitenketten*

Raumstruktur der Proteine

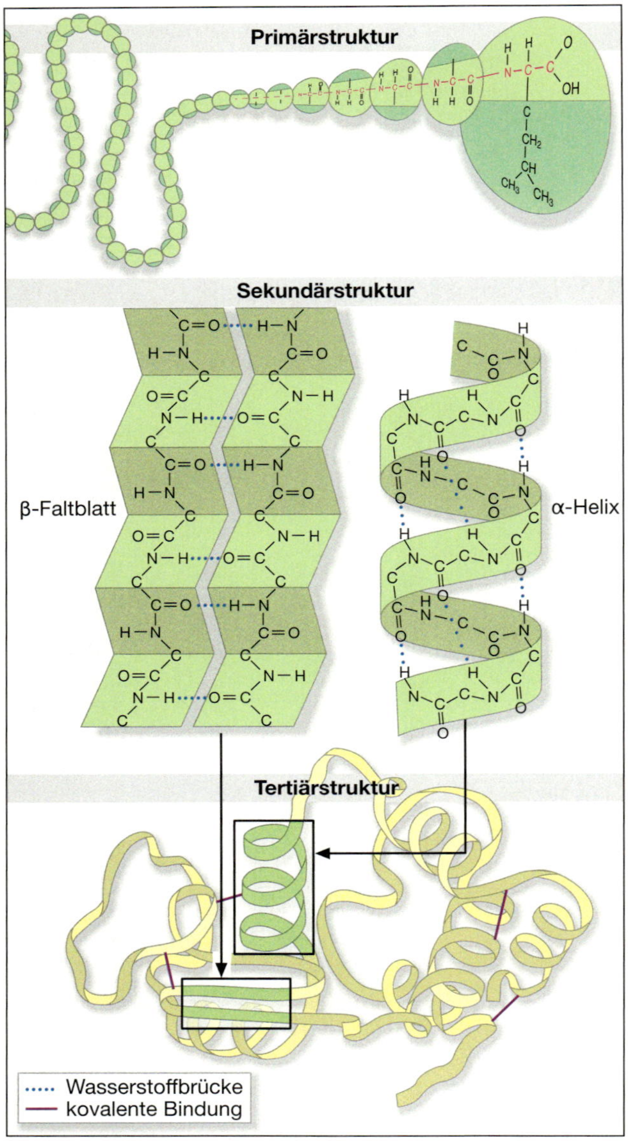

1 Die drei Strukturebenen des Lysozyms

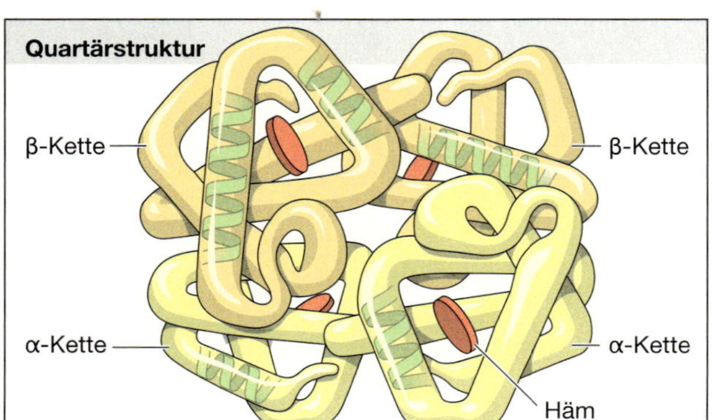

2 Hämoglobin ist aus 4 Untereinheiten zusammengesetzt.

Jedes Polypeptid oder Protein hat eine spezifische Raumstruktur oder *Konformation*. Sie kommt dadurch zustande, dass sich zwischen den Seitenketten der Aminosäuren in der Polypeptidkette chemische Bindungen ausbilden.

Sekundärstruktur. In der Aminosäuresequenz vieler Proteine treten bestimmte sich wiederholende Abschnitte auf, die jeweils einem räumlichen Muster entsprechen. Häufig sind schraubige Anordnungen, so genannte *α-Helices* (Einzahl *α-Helix*), und gefaltete Abschnitte, die als *β-Faltblatt-Struktur* bezeichnet werden. Diese Windungen und Faltungen machen die Sekundärstruktur des Eiweißes aus. Sie basieren auf *Wasserstoffbrückenbindungen* entlang des Polypeptidrückgrats.

Tertiärstruktur. Die dreidimensionale Anordnung *aller* Moleküle eines Proteins nennt man *Tertiärstruktur*. Sie beruht ebenfalls auf Wechselwirkungen zwischen den Seitenketten der Aminosäuren. Dabei handelt es sich vor allem um *schwache Wechselwirkungen*: Wasserstoffbrückenbindungen, Ionenbindungen zwischen sauren und basischen Aminosäure-Resten und hydrophobe Wechselwirkungen. *Kovalente Bindungen* zwischen Schwefelatomen können die räumliche Struktur zusätzlich stabilisieren. Proteine wie das Lysozym (→ S. 66), die eine annähernd kugelige Gestalt annehmen, bezeichnet man als *globuläre* Proteine. Sie weisen meist eine Abfolge von α-Helix- und β-Faltblatt-Bereichen auf. Andere Proteine sind dagegen lang gestreckt, zum Beispiel Kollagen oder Keratin. In solchen *Faserproteinen* wiederholt sich oft eine bestimmte räumliche Anordnung über die gesamte Länge des Moleküls hinweg.

Quartärstruktur. Viele Proteine sind aus mehreren Untereinheiten zusammengesetzt. Die Untereinheiten – Polypetidketten, die jeweils in ihrer Tertiärstruktur vorliegen – lagern sich zu einem noch größeren Molekül zusammen (→ Bild 2). Ihre Anordnung im Raum nennt man *Quartärstruktur*.

Struktur und Funktion als Einheit. Die *Konformation* eines Proteins *bestimmt seine Funktion*: Ein Rezeptorprotein in der Zellmembran bindet nur ein ganz bestimmtes Signalmolekül, das wie ein Schlüssel zum Schloss passt (→ S. 44); die Eiweißfäden der Spinnen-Seide verbinden sich an der Luft zu extrem stabilen Faltblatt-Bändern. Sekundär-, Tertiär- und gegebenenfalls Quartärstruktur des Proteins sind durch die Aminosäuresequenz festgelegt.

Temperatur, pH-Wert und Ionenkonzentration beeinflussen die Konformation eines Proteins. Je nach den Bedingungen in seiner Umgebung kann das Eiweiß biologisch inaktiv werden. Unter Umständen, zum Beispiel bei zu großer Hitze und unter Einwirkung von Schwermetallen, kommt es auch zur *irreversiblen Denaturierung*. Dabei wird die Raumstruktur vollständig zerstört.

1 Bei der Sichelzellenanämie, einer Erbkrankheit des Menschen, ist im Hämoglobin eine Aminosäure gegen eine andere ausgetauscht. Informieren Sie sich über die Auswirkungen.

2 Erklären Sie, weshalb selbst eine geringfügige Änderung der Primärstruktur die Funktionsfähigkeit eines Proteins beeinträchtigen kann.

Wie Forschung funktioniert: Modellvorstellungen von der Biomembran

Das Bilayer-Modell. Die niederländischen Wissenschaftler GORTER und GRENDEL extrahierten um 1925 den gesamten Lipidanteil aus einer bekannten Zahl von Erythrocyten. Auf Wasser aufgebracht, bildeten die Lipide einen Fleck, der etwa doppelt so groß war wie die Gesamtoberfläche aller verwendeten Erythrocyten. Die Forscher schlossen daraus, dass die Lipide in der Membran als *Doppelschicht* angeordnet sind, wobei die hydrophilen Gruppen der Lipide jeweils nach außen, die hydrophoben in das Innere der Doppelschicht zeigen. Das elektronenmikroskopische Bild künstlich erzeugter Lipiddoppelschichten stimmt relativ gut mit dem der Biomembran überein. Das von GORTER und GRENDEL entwickelte *Bilayer-Modell* ließ allerdings den relativ großen Proteinanteil aller bekannten Biomembranen völlig außer Acht.

Das Davson-Danielli-Modell. H. DAVSON und J. F. DANIELLI stellten 1936 ein Modell vor, das auch die Proteine mit berücksichtigt. Sie nahmen an, die Proteinmoleküle seien den hydrophilen Außenseiten der Lipiddoppelschicht aufgelagert. Diese Vorstellung stellte eine gute Basis dar um die physiologischen Eigenschaften von Membranen zu erklären. Röntgenuntersuchungen und elektronenmikroskopische Forschung unterstützten das Modell von DAVSON und DANIELLI.

Ende der 60er-Jahre offenbarten weitere Untersuchungen jedoch die Schwachpunkte des bis dahin allgemein akzeptierten Modells: Zum einen erkannte man, dass keineswegs alle Membranen genau gleich aufgebaut sind. Während die Zellmembran zum Beispiel 7 bis 8 nm dick ist, misst die innere Mitochondrienmembran nur 6 nm. Darüber hinaus ist ihr Proteingehalt deutlich höher als der anderer Membranen. Diese Beobachtung legte den Schluss nahe, dass die Struktur und die chemische Zusammensetzung einer Membran *je nach ihrer Funktion unterschiedlich* sein können.

Das zweite Problem betraf die Lage der Proteine. Im Davson-Danielli-Modell grenzen die Proteine auf beiden Seiten an hydrophile Bereiche. Aus Membranen isolierte Proteine zeigten jedoch – genau wie die Lipide, mit denen sie verbunden sind – sowohl hydrophile als auch hydrophobe Eigenschaften.

Mit der Gefrierbruchtechnik war es möglich, die beiden Lipidschichten voneinander zu trennen. So wurden unregelmäßig angeordnete Erhebungen und Vertiefungen sichtbar. Diese Partikel sind auf den beiden Schichten *asymmetrisch* verteilt. Versuche, bei denen bestimmte Proteine in der Zellmembran mit Farbstoffen markiert worden waren, erwiesen darüber hinaus, dass die Proteine in der Membran *beweglich* sind. Alle diese Befunde konnte das Davson-Danielli-Modell nicht erklären.

Das Flüssig-Mosaik-Modell der Biomembran. S. J. SINGER und G. L. NICOLSON entwickelten auf der Grundlage dieser Erkenntnisse 1972 ein neues, als *Flüssig-Mosaik-Modell* bezeichnetes Konzept. Danach besteht die Membran aus einer zähflüssigen Lipiddoppelschicht, in der Proteine „schwimmen". Während manche Proteine nur teilweise in die Doppelschicht eintauchen, durchdringen andere die Lipidschicht und ragen auf beiden Seiten der Membran in wässriges Milieu.

Naturwissenschaftliche Modelle. Jedes *naturwissenschaftliche Modell* stellt eine Annäherung an die Wirklichkeit dar. Es versucht möglichst viele *Beobachtungen* und bekannte Sachverhalte zu *erklären*. Außerdem ermöglicht es *Voraussagen*, an denen sich die weitere Forschung orientiert. Neue Befunde machen es häufig notwendig, das gültige Modell weiterzuentwickeln oder gar durch ein neues zu ersetzen. Das Flüssig-Mosaik-Modell stellt die derzeit gültige, allgemein akzeptierte Vorstellung von der Biomembran dar. Es dient als Grundlage der aktuellen zellbiologischen Forschung.

1 Definieren Sie den Begriff „Modell". Lässt sich Ihre Definition auf die verschiedenen Membranmodelle anwenden?

2 Erläutern Sie, welche Schritte beim Arbeiten mit Modellen unterschieden werden können. Bringen Sie die einzelnen Schritte in eine logische Reihenfolge.

3 Stellen Sie die Eigenschaften von Biomembranen zusammen und überprüfen Sie, welche sich mithilfe der beschriebenen Modelle erklären lassen.

4 Aus welchen anderen Bereichen der Biologie kennen Sie die Verwendung von Modellvorstellungen?

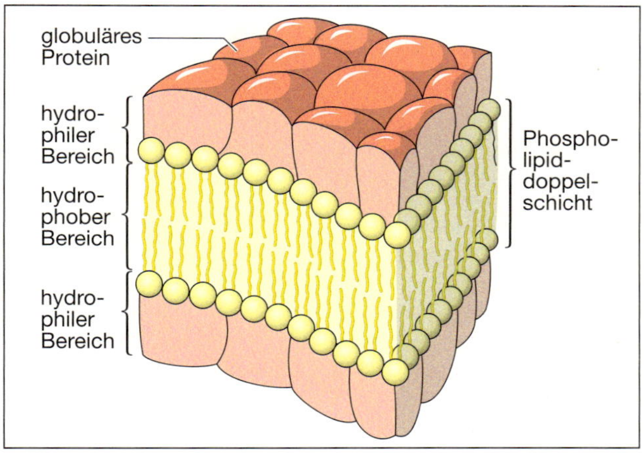

1 Davson-Danielli-Modell

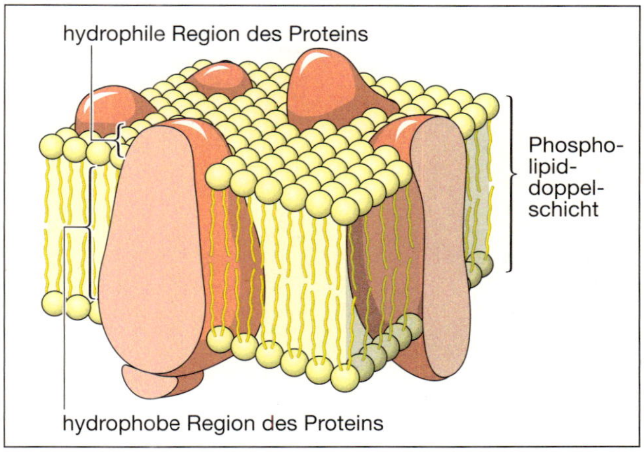

2 Flüssig-Mosaik-Modell

Feinbau der Biomembran

Membranlipide. Die Lipiddoppelschicht stellt die *Grundstruktur* der Biomembran dar. Sie bestimmt ihre wesentlichen Eigenschaften wie *Stabilität*, *Flexibilität* und *Durchlässigkeit*. Die unpolaren Bereiche der Lipide weisen zum Innern der Membran hin, während die polaren „Köpfe" nach außen zur wässrigen Phase hin gerichtet sind. Für den Zusammenhalt zwischen den Molekülen sind *hydrophobe Wechselwirkungen* verantwortlich. Daher können sich die Moleküle um ihre eigene Achse und horizontal innerhalb der Membranebene gut bewegen. Mit den in der Doppelschicht gegenüberliegenden Lipiden findet dagegen kaum ein Austausch statt.

Die Membran hat eine *zähflüssige Konsistenz*. Mit steigender Temperatur nimmt die Beweglichkeit der Moleküle zu, die Membran wird flüssiger. Bei sinkender Temperatur verfestigt sie sich gelartig. In den Membranen tierischer Zellen sorgt das Lipid *Cholesterin* dafür, dass der Flüssigkeitszustand auch bei Temperaturschwankungen weitgehend konstant bleibt.

Membranproteine. Die *Membranproteine* sind in unregelmäßigen Abständen in die Lipiddoppelschicht eingebettet. Sie sind viel größer und weitaus weniger beweglich als die Lipidmoleküle. Proteine, die mehr oder weniger weit in die Lipidschicht hineinragen *(integrale Proteine)*, sind durch hydrophobe Wechselwirkungen an Lipidmoleküle gebunden. Sie sind daher in der Membran verankert. So genannte *periphere Proteine* stehen hingegen nur locker mit der Membran in Kontakt. Proteine sind ungleichmäßig auf die beiden Lipidschichten verteilt, sodass sich die Struktur der äußeren und inneren Membranebene unterscheidet.

Membranproteine erfüllen sehr verschiedene Aufgaben. In der Zellmembran und in den Membranen der einzelnen Organellen finden sich daher ganz verschiedene Arten von Proteinen. Auch ihre Anteile unterscheiden sich sehr stark. Dies weist darauf hin, dass Proteine die *spezifische Funktion* der Membran bestimmen.

Eine wesentliche Aufgabe von Proteinen besteht darin, den *Transport* von polaren oder sehr großen Molekülen und Ionen durch die Membran zu gewährleisten. *Porenproteine* sorgen dafür, dass Öffnungen in der Membran – wie beispielsweise die Kernporen (→ S. 50) – nicht sofort wieder „zufließen", sondern offen gehalten werden. *Transportproteine* befördern dagegen sehr spezifisch bestimmte Stoffe durch die Membran (→ S. 48).

Ebenso spezifisch reagieren in die Membran eingelagerte *Enzyme* und *Rezeptoren*. Diese Proteine besitzen Bindungsstellen für bestimmte Moleküle. Während Enzyme Stoffwechselprozesse innerhalb der Zelle oder eines Membranraums beschleunigen, sorgen Rezeptoren für den Austausch von Informationen zwischen der Zelle und ihrer Umgebung. Ein chemisches Signal in der extrazellulären Flüssigkeit, zum Beispiel ein Hormon oder ein Nervenüberträgerstoff *(Neurotransmitter)*, das von außen an einen Rezeptor bindet, löst eine Reaktion innerhalb der Zelle aus.

Schließlich gibt es Eiweißmoleküle mit eingebauten *Signalsequenzen*. Sie werden im Cytoplasma aufgebaut, in Membranen eingeschleust und in speziellen Zellorganellen verändert (→ S. 50, 51). Das Signal sorgt wie eine „Adresse" dafür, dass die Proteine in ihre jeweiligen Zielorganellen gelangen.

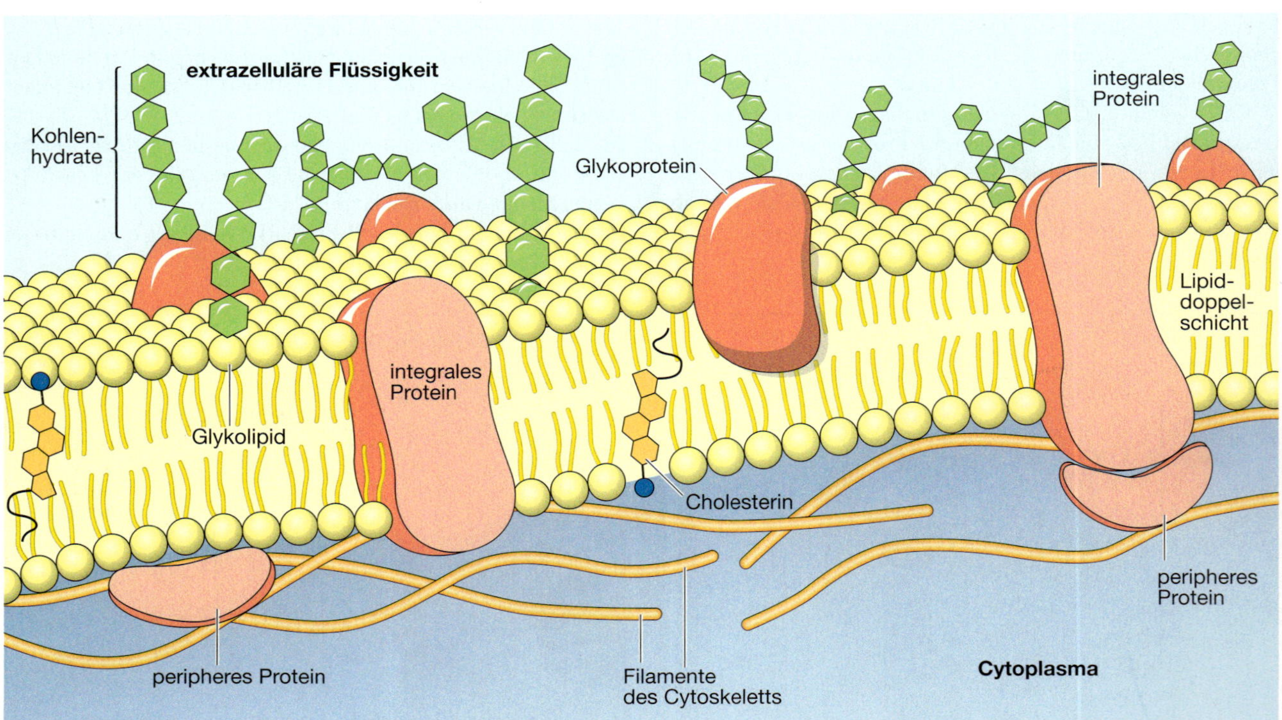

1 Feinbau der Zellmembran einer Tierzelle. In pflanzlichen Membranen kommt Cholesterin nicht vor.

Membrankohlenhydrate. Anders als die Membranen innerhalb der Zelle enthält die Zellmembran außer Lipiden und Proteinen auch *Kohlenhydrate*. Sie können rund 10 % des Trockengewichts ausmachen. Bei diesen Kohlenhydraten handelt es sich um kurze, in der Regel verzweigte Zuckerketten, die an Lipid- oder an Proteinmoleküle gebunden sind. Die entstehenden Moleküle werden als *Glykolipide* beziehungsweise *Glykoproteine* bezeichnet. Sie finden sich ausschließlich in der nach außen gerichteten Schicht der Zellmembran. Die Gesamtheit der Membrankohlenhydrate nennt man *Glykokalyx*.

Die Zusammensetzung der Kohlenhydrate der Glykokalyx unterscheidet sich zwischen verschiedenen Arten, zwischen Individuen einer Art und sogar zwischen den Zellen eines Organismus. Sie dient also als *Erkennungsmerkmal* für die Zellen. Bei den Erythrocyten erfüllt sie die Funktion von *Antigenen*. Antigene dienen der Immunabwehr und sorgen für die Unterscheidung von körpereigenen und fremden Zellen.

Verbindungen zwischen Zellen. Bei vielzelligen Organismen sind Zellen zu Geweben zusammengeschlossen, die eine strukturelle und funktionelle Einheit darstellen. Benachbarte Zellen stehen in Kontakt miteinander, sodass ein Informationsaustausch möglich ist.

Bei Pflanzenzellen schließt sich nach außen an die Zellmembran eine *Zellwand* an, die scheinbar eine Barriere darstellt. Zellwände sind jedoch von Kanälen durchsetzt, durch die sich Cytoplasmastränge hindurchziehen. An diesen so genannten *Plasmodesmen* geht die Zellmembran der einen Zelle kontinuierlich in die Zellmembran der Nachbarzelle über.

Kontakte zwischen den Zellen bei Tieren werden durch Proteine vermittelt. Man unterscheidet drei Typen von Zellkontakten: solche, die dem *mechanischen Zusammenhalt* dienen und das Gewebe stabilisieren, Kontakte mit *Abdichtungsfunktion* und *Kommunikationskontakte*.

Der Stabilisierung dienen zum Beispiel *Desmosomen*. Sie bestehen aus *Haftplatten*, punktförmigen Bereichen aufgelagerter Proteine, an denen sich auf der Cytoplasmaseite ganze Bündel von Cytoskelettfilamenten anheften. Spezielle Filamente verbinden die Haftplatten der benachbarten Zellen durch beide Zellmembranen hindurch. Desmosomen verleihen dem Gewebe eine hohe mechanische Festigkeit.

Verschlusskontakte oder *tight junctions* verhindern, dass extrazelluläre Flüssigkeit in die Zellzwischenräume gelangt. Sie finden sich vor allem zwischen Epithelzellen. Tight junctions wirken wie Dichtungsringe rund um jede Zelle. Die Abdichtung entsteht dadurch, dass sich die Membranen der benachbarten Zellen direkt aneinander legen und – wie die Stofflagen einer Steppdecke – durch eine Art „molekularen Reißverschluss" fest verbinden.

Kommunikationskontakte oder *gap junctions* gewährleisten den Austausch zwischen benachbarten Zellen. In diesen Bereichen bilden große Proteinmoleküle Poren in der Membran. Die Poren der aneinander grenzenden Zellmembranen stehen direkt miteinander in Kontakt. Dadurch wird die chemische Kommunikation ermöglicht.

Zusammensetzung verschiedener Membranen
(in Prozent der Gesamttrockenmasse)

Membranen	Proteine	Lipide
Zellmembran (Erythrocyt)	60	40
Zellmembran (Leberzelle)	50–70	30–50
Kernhülle (Leberzelle)	70	17
ER (Leberzelle)	70	30
Mitochondrien (Leberzelle)		
Außenmembran	41–51	48–59
Innenmembran	70–80	20–30
Chloroplasten-Thylakoide	44–50	50–56

1 Erläutern Sie die Bezeichnung Flüssig-Mosaik-Modell.

2 Erklären Sie, warum die Lipidmoleküle innerhalb einer Membranebene beweglich sind, während ein Austausch zwischen den Lipidschichten kaum möglich ist.

3 Eine künstliche Lipiddoppelschicht ist im elektronenmikroskopischen Bild etwa 4 nm dick. Die Erythrocytenmembran misst dagegen rund 8 nm. Erklären Sie, worauf sich dieser Unterschied zurückführen lässt.

4 Nennen Sie die Moleküle, aus denen Membranen aufgebaut sind. Erläutern Sie anhand von Beispielen die Funktionen der einzelnen Bestandteile.

5 Das Verhältnis von Lipiden und Proteinen ist in verschiedenen Membranen sehr unterschiedlich (→ Tabelle oben). Welche Schlüsse auf die Funktion dieser Membranen erlaubt dies?

6 Auf welchen Eigenschaften der Erythrocyten beruhen die Blutgruppen des AB0-Systems?

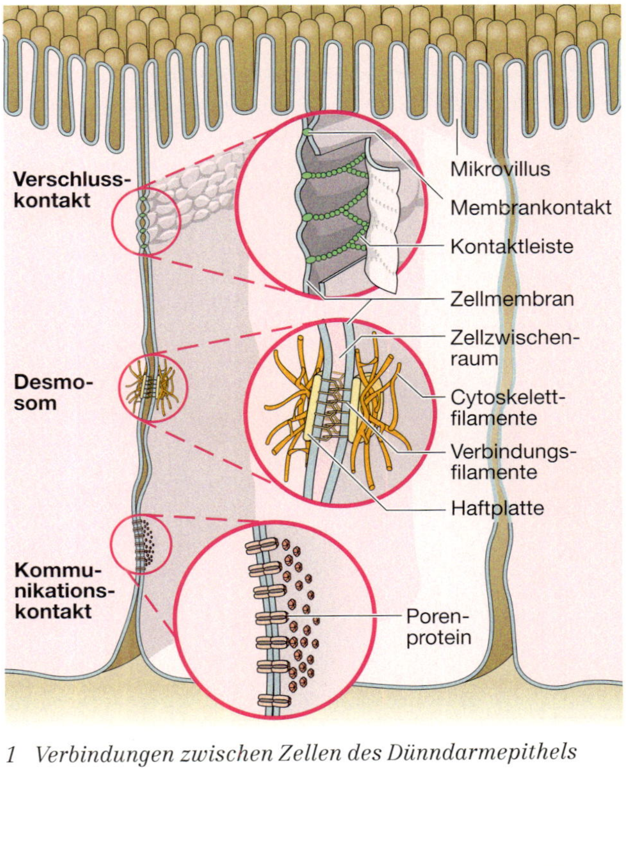

1 *Verbindungen zwischen Zellen des Dünndarmepithels*

Stofftransport: Diffusion und Osmose

Zellen sind von einer Vielzahl von Stoffen umgeben. Einige davon werden in einer ganz bestimmten Konzentration im Zellinnern benötigt. Andere werden in der Zelle aufgebaut und an die Umgebung abgegeben. Der Austausch von Molekülen zwischen der Zelle und ihrer Umgebung erfolgt über die Zellmembran. Ihm liegen verschiedene *Transportmechanismen* zugrunde, die sich durch ihre Geschwindigkeit und die dafür notwendige Energie unterscheiden.

Diffusion. Alle Teilchen eines Gases oder einer Lösung sind ständig in Bewegung. Diese Eigenbewegung ist ungerichtet und nimmt mit steigender Temperatur zu. Nach ihrem Entdecker nennt man sie die *brownsche Molekularbewegung*.

Überschichtet man in einem Glasgefäß eine konzentrierte Zuckerlösung mit Wasser, so sind die beiden Flüssigkeiten zunächst deutlich voneinander getrennt. Allmählich breiten sich die Zuckermoleküle aufgrund ihrer Eigenbewegung aus. Schließlich ist der Konzentrationsunterschied ausgeglichen, Lösemittel und gelöste Teilchen sind gleichmäßig verteilt. Diese selbstständige Durchmischung nennt man *Diffusion*. Die Geschwindigkeit, mit der die Durchmischung vor sich geht, ist unter anderem abhängig von der Art des gelösten Stoffs, der Höhe des Konzentrationsgefälles sowie von der Strecke, die überwunden werden muss.

Osmose. In Lebewesen sind Kompartimente – Zellen oder Organellen – durch Membranen voneinander abgegrenzt. Findet die Diffusion von Lösungen über Membranen statt, spricht man von *Osmose*. Die meisten biologischen Membranen sind *selektiv permeabel*, das heißt, sie lassen verschiedene Stoffe unterschiedlich gut hindurchdiffundieren. Meist kann Wasser ungehindert diffundieren, gelöste Stoffe dagegen nicht oder nur eingeschränkt.

Bringt man eine Zuckerlösung in ein Gefäß, das durch eine selektiv permeable Membran von reinem Wasser getrennt ist, diffundiert Wasser in beiden Richtungen durch die Membran. Da die Konzentration an Wassermolekülen in reinem Wasser höher ist als in der Zuckerlösung, diffundieren mehr Wassermoleküle in die Lösung hinein als von ihr nach außen. Für Zuckermoleküle ist die Membran nicht durchlässig. Diese können daher dem Bestreben, den Konzentrationsunterschied auszugleichen, nicht folgen. Das einströmende Wasser erzeugt auf der Seite der Zuckerlösung einen Druck, den man *osmotischen Druck* nennt. Er hängt vor allem von der Zahl der gelösten Teilchen ab, also dem *osmotischen Wert* der Lösung. Es kommt zu einer Volumenzunahme. Sie ist im Steigrohr eines *Osmometers* als Anstieg der Wassersäule messbar. Der osmotische Druck wirkt dem vollständigen Konzentrationsausgleich entgegen. Dadurch stellt sich nach einiger Zeit ein *Gleichgewicht* ein: Je Zeiteinheit diffundieren gleich viele Wasserteilchen durch die Membran in die Lösung, wie sie diese in umgekehrter Richtung aufgrund des steigenden Drucks wieder verlassen.

Stoffwechselvorgänge in lebenden Zellen laufen bevorzugt in einem bestimmten Milieu ab, das heißt bei einer bestimmten Konzentration verschiedener Stoffe. Da sich die Konzentration dieser Stoffe in den Zellen meist von der im umgebenden Medium unterscheidet, diffundiert stets Wasser aus den Zellen hinaus oder hinein. Osmose ist daher ein einfacher, energiesparender und effektiver Transportmechanismus für Wasser über kurze Distanz.

Viele Lebewesen können Veränderungen des osmotischen Drucks ausgleichen, indem sie Ionen oder Wasser aufnehmen beziehungsweise ausscheiden. Diese Fähigkeit bezeichnet man als *Osmoregulation*.

1 Begründen Sie die geringe Geschwindigkeit von Diffusion und Osmose. Warum reicht diese für Transportvorgänge in der Zelle trotzdem aus?

2 Reife Kirschen platzen im Regen. Erläutern Sie die Gründe dafür.

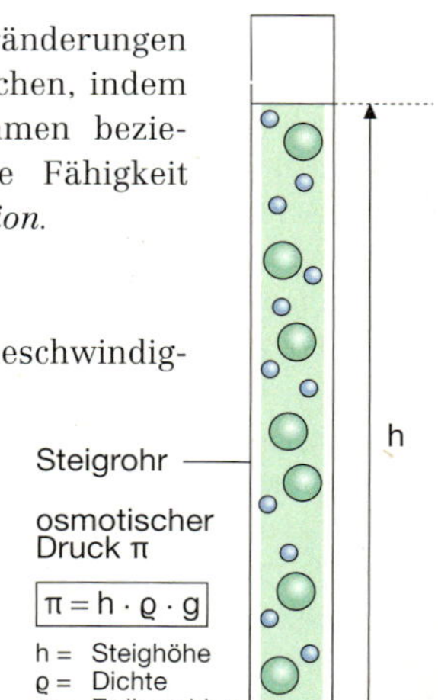

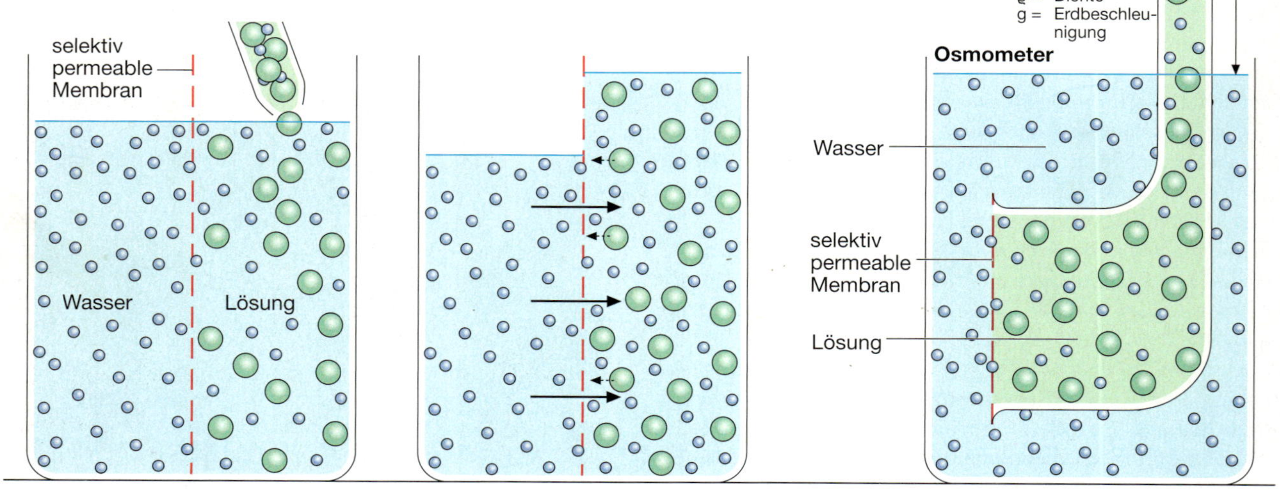

1 *Osmose durch eine selektiv permeable Membran. Der Wassereinstrom hat eine Zunahme von Volumen oder Druck zur Folge.*

Osmose und der Wasserhaushalt der Zelle

Die Biomembranen der lebenden Zelle sind selektiv permeabel. Osmose ist daher die Grundlage des Wasserhaushalts von Zelle und Organismus. Gelangen Zellen in eine Umgebung, deren osmotischer Wert von dem des Zellplasmas abweicht, ändert sich ihr Wassergehalt: In höher konzentrierter, *hypertonischer* Umgebung verlieren sie Wasser, in niedriger konzentrierter, *hypotonischer* Umgebung dringt Wasser in sie ein. Unter natürlichen Bedingungen bleibt allerdings bei vielen Lebewesen der Wassergehalt der Zellen durch Osmoregulation sehr konstant. Im Experiment lassen sich dagegen Situationen schaffen, die das Verhalten der Zellen zeigen.

Plasmolyse. In hypertonische Umgebung gebracht nimmt das Volumen des Zellplasmas ab, da es Wasser an die Umgebung verliert. Dieser Vorgang wird als *Plasmolyse* bezeichnet. Er lässt sich bei Pflanzenzellen unter dem Mikroskop gut beobachten (→ Bild 1). Das – wie die Zellvakuole – zunehmend entwässerte Zellplasma löst sich dabei nach und nach von der Zellwand ab, zusammengedrückt durch den hohen osmotischen Druck der umgebenden Lösung. Tierische Zellen schrumpfen in hypertonischer Umgebung und verlieren ihre Form. Rote Blutkörperchen nehmen zum Beispiel eine kennzeichnende „Stechapfelform" an (→ Bild 4).

Deplasmolyse. Die Plasmolyse lässt sich wieder rückgängig machen, wenn man die Zellen in eine ihrem osmotischen Wert entsprechende, *isotonische* Umgebung bringt (→ Bilder 2 und 5). Diese *Deplasmolyse* gelingt jedoch nur so lange, wie die Zellen durch den Wasserverlust noch keinen Schaden genommen haben. Die Fähigkeit zu Plasmolyse und Deplasmolyse ist deshalb ein Testkriterium für die Lebensfähigkeit von Zellen.

Bringt man Zellen in eine hypotonische Lösung (→ Bilder 3 und 6) oder gar in reines Wasser, können sie durch den Wassereinstrom platzen. Das gilt besonders für tierische Zellen. Bei Pflanzenzellen übt die etwas elastische Zellwand einen Gegendruck aus. Sie nehmen nur so viel Wasser auf, bis der osmotische Druck in der Zelle durch den Gegendruck der elastischen Zellwand gerade ausgeglichen ist. Osmotisch wirksam ist in der Pflanzenzelle vor allem der Zellsaft in der Vakuole. Der Zellsaftdruck wird auch als *Turgor* bezeichnet. Er ist für die Festigkeit pflanzlicher Gewebe entscheidend.

1 Begründen Sie, weshalb nur lebende Zellen die Erscheinung der Plasmolyse zeigen.

2 Ein Blutverlust darf unter keinen Umständen mit reinem Wasser ausgeglichen werden. Geben Sie dafür eine Erklärung.

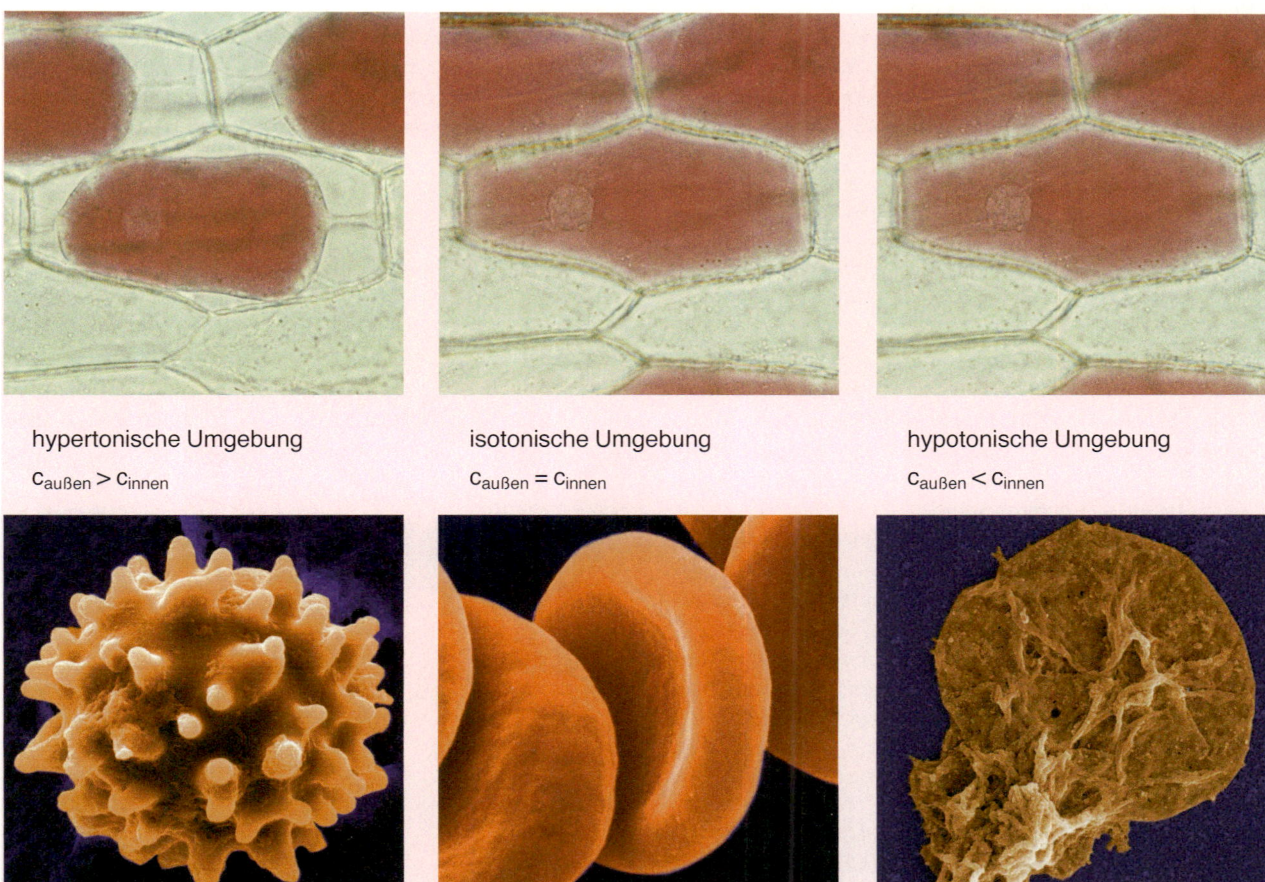

1–6 Verhalten pflanzlicher und tierischer Zellen in hypertonischer, isotonischer und hypotonischer Umgebung. Oben Zellen aus der Epidermis einer roten Zwiebel, unten rote Blutkörperchen des Menschen. Bild 6 zeigt Reste des geplatzten Blutkörperchens.

Stofftransport: Kanal- und Carriertransport

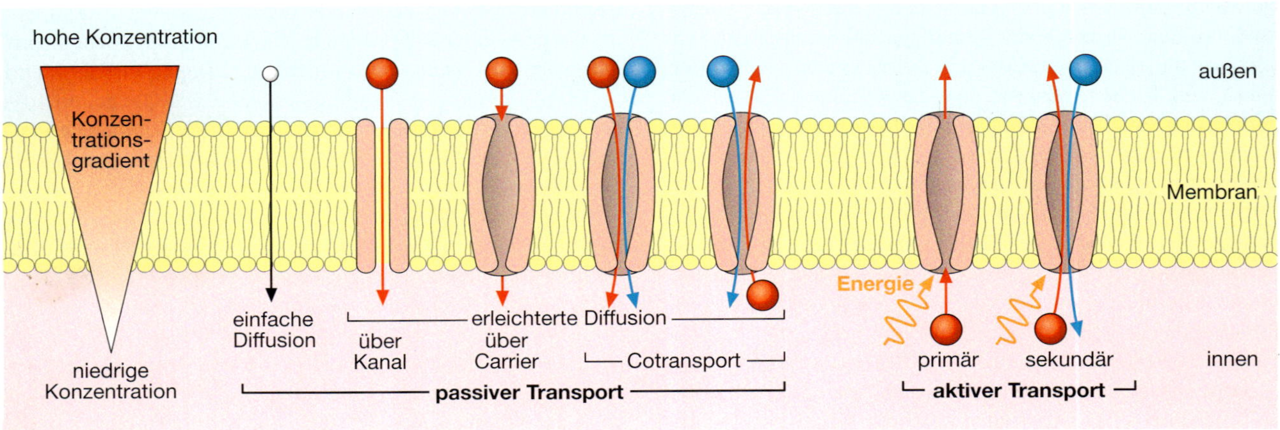

1 Schematische Darstellung der aktiven und passiven Transportmechanismen

Während lipophile und sehr kleine, ungeladene Moleküle wie Sauerstoff, Kohlenstoffdioxid und Wasser Membranen ohne Schwierigkeiten passieren können, ist das hydrophobe Innere der Lipiddoppelschicht für Ionen und größere polare Moleküle nahezu undurchdringlich. Sie werden mithilfe von *Transportproteinen* oder *Transportern* durch die Membran geschleust.

Passiver Transport. Bei den Transportproteinen unterscheidet man zwischen Kanälen und Carriern. *Kanäle* werden von Tunnelproteinen gebildet, die die Membran ganz durchspannen. Zum Innern des Kanals hin tragen sie polare Aminosäuren. Dadurch können *kleine polare* oder *geladene Teilchen* wie Ionen über diese Kanäle in die Zelle gelangen. Ein Tunnelprotein ist nur für Ionen einer bestimmten Größe oder einer bestimmten Art durchlässig. Die meisten Kanäle öffnen sich erst auf ein bestimmtes Signal hin. Dies kann ein Botenstoff sein, beispielsweise ein *Hormon*, oder die Änderung des elektrischen Potenzials.

Carrier sind auf ganz bestimmte Moleküle spezialisiert, für die sie – ähnlich wie *Enzyme* – eine Bindungsstelle haben (→ S. 44). Wenn sich der Carrier kurzzeitig mit dem Substrat verbindet, ändert er seine *Konformation*. Durch diese Umlagerung wird das betreffende Molekül durch die Membran geschleust und auf der anderen Seite freigesetzt. Manche Carrier haben Bindungsstellen für zwei verschiedene Moleküle. Sie ändern ihre Konformation erst dann, wenn beide Bindungsstellen besetzt sind (→ Bild 2). Der Transport erfolgt in der gleichen oder in entgegengesetzter Richtung *(Cotransport)*.

Dieser spezifische Transport findet ebenso wie der Transport über Tunnelproteine immer *in Richtung des Konzentrationsgefälles* statt. Die Zelle muss dafür keine Energie aufwenden. Es handelt sich also um *passive Transportmechanismen*. Kanaltransport und passiven Carriertransport bezeichnet man auch als *erleichterte Diffusion*.

Aktiver Transport. Beim Bakterium Escherichia coli (E. coli) übertrifft die Konzentration des Milchzuckers im Zellinnern diejenige in der Umgebung um das 2000fache. Eine solche Anreicherung von Milchzucker ist durch passive Transportvorgänge nicht möglich. Viele lebensnotwendige Stoffe liegen außerhalb der Zelle nur in geringer Konzentration vor und müssen daher *gegen das Konzentrationsgefälle* durch die Membran befördert werden. Für den *aktiven Transport* muss die Zelle Energie bereitstellen. Er erfolgt ebenfalls mithilfe von Carriern. Beim *primär aktiven Transport* erfordert das An- oder Abkoppeln des Substrats selbst Energie. In vielen Fällen wird die Energie auch dazu verwendet, einen Ionengradienten zu erzeugen. Der zu transportierende Stoff wird dann zusammen mit den zurückströmenden Ionen von einem Carrier durch die Membran befördert *(sekundär aktiver Transport)*.

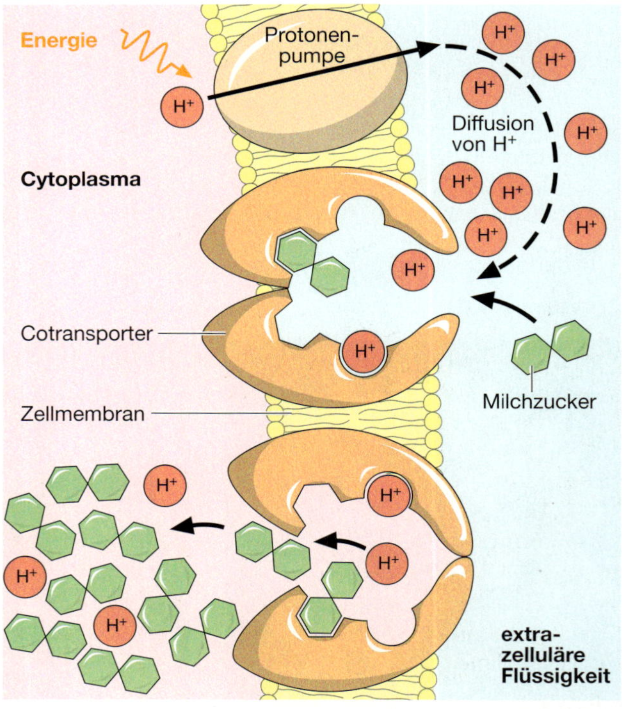

2 Die Protonenpumpe erzeugt unter Energieaufwand einen Protonengradienten. Die Protonen diffundieren zurück in die Zelle. Dabei werden Milchzuckermoleküle mittransportiert.

Stofftransport: Endocytose, Exocytose, Membranfluss

Wasser und kleine Moleküle diffundieren entweder durch die Membran oder werden von Transportproteinen in die Zelle geschleust. Größere Moleküle oder Nahrungspartikel dagegen können die Membran passieren, indem sie in Membranbläschen oder *Vesikel* eingeschlossen werden. Vesikel, die eine bestimmte Größe überschreiten, nennt man *Vakuolen*. Der Vorgang, bei dem Stoffe mithilfe von Vesikeln oder Vakuolen in die Zelle gelangen, heißt *Endocytose*. Der entsprechende Prozess der Stoffausscheidung wird als *Exocytose* bezeichnet.

Endocytose. Weiße Blutkörperchen können Krankheitserreger oder gealterte Blutzellen in sich aufnehmen und verdauen. Dabei senkt sich zunächst ihre Zellmembran an der Stelle ein, die mit dem Fremdkörper in Berührung kommt. Ist dieser ganz von der Membran umschlossen, schnürt sich eine Vakuole ab und befördert das aufgenommene Material in die Zelle. Dort verschmilzt die Vakuole meist mit Lysosomen, die Verdauungsenzyme enthalten (→ S. 51). Die Form der Endocytose, bei der feste Partikel aufgenommen werden, bezeichnet man als *Phagocytose*. Gelangen Flüssigkeitströpfchen in die Zelle, spricht man von *Pinocytose*. Bei der Pinocytose nimmt die Zelle alle in dem Tropfen gelösten Stoffe mit auf.

Sehr spezifisch verläuft dagegen die *rezeptorvermittelte Endocytose*. Rezeptorproteine ragen aus der Membran heraus. Sie tragen spezielle Erkennungsstrukturen, an die nur ganz bestimmte Moleküle binden. Die Rezeptoren finden sich gehäuft an leicht eingesenkten Membranstellen, den *coated pits*, die auf der Cytoplasmaseite besondere Proteine tragen. Sobald der Stoff an die Rezeptoren bindet, bilden sich mit Proteinen ummantelte Vesikel, die *coated vesicles*. Mithilfe der rezeptorvermittelten Endocytose können große Mengen einer Substanz aufgenommen werden, deren Konzentration in der Umgebung der Zelle sehr gering ist. So gelangt beispielsweise Cholesterin als Baumaterial für Membranen oder als Synthesevorstufe für Hormone aus dem Blut in die Zellen.

Exocytose. Abfallstoffe der Zelle, aber auch Sekrete aus Drüsenzellen werden ausgeschieden, indem Vesikel mit der Zellmembran in Kontakt treten. An der Berührungsstelle „verschmelzen" die Membranen, sodass eine Öffnung entsteht. Der Inhalt des Vesikels wird nach außen abgegeben. Auf diese Weise entleeren Einzeller ihre pulsierende Vakuole und stoßen aus den Verdauungsvakuolen unverdauliche Reste aus.

Membranfluss. Nicht nur an der Zellmembran werden Stoffe mithilfe von Vesikeln aufgenommen und abgegeben. Auch innerhalb der Zelle finden ständig Endo- und Exocytosen statt. Sie dienen dazu, Substanzen zur Weiterverarbeitung, aber auch Membranstücke von einem Organell zum anderen zu transportieren. Dadurch erneuern sich gleichzeitig auch die Membranen der Zelle. Das ständige Ineinanderübergehen der Membranen wird als *Membranfluss* bezeichnet. Nur die Membranen von Mitochondrien, Plastiden und Peroxisomen (→ S. 51) nehmen an diesem Austausch nicht teil.

1 Definieren Sie die Begriffe Endocytose, Exocytose und Membranfluss. Erklären Sie, wie die beschriebenen Prozesse miteinander in Zusammenhang stehen.

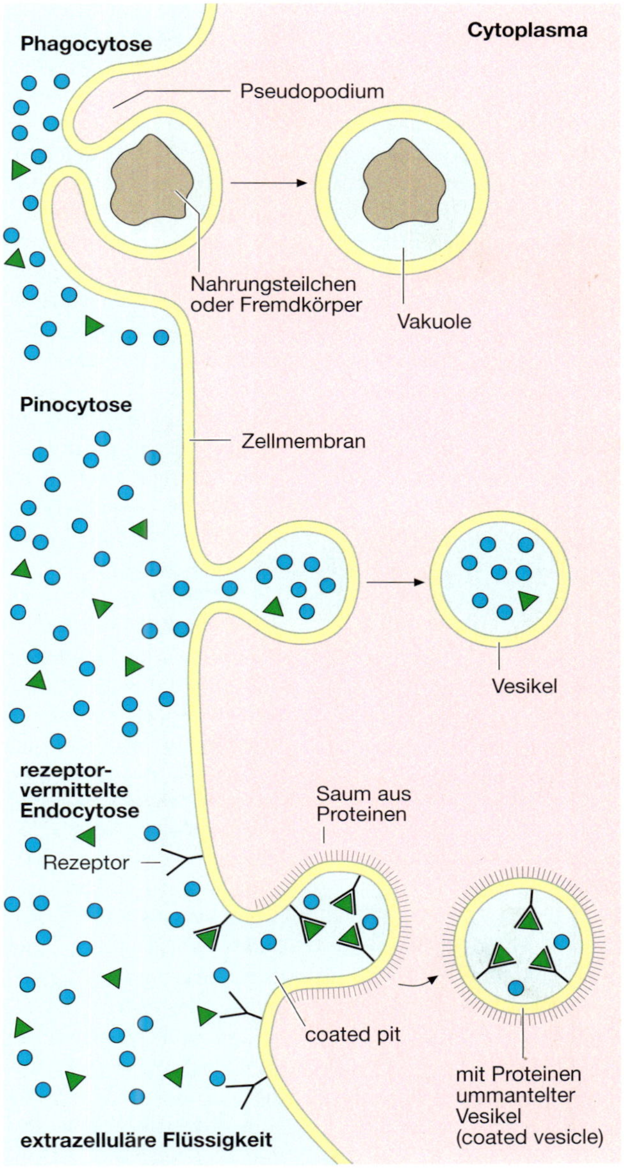

1 Verschiedene Formen der Stoffaufnahme. Phagocytose kommt nur bei Einzellern und tierischen Zellen vor.

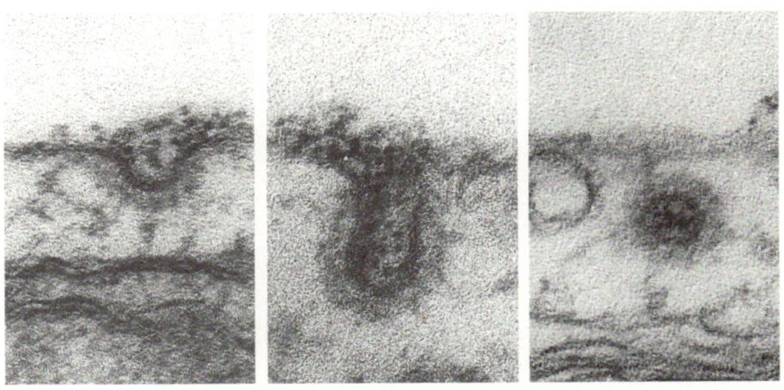

2 Bei der rezeptorvermittelten Endocytose entstehen mit Proteinen ummantelte Vesikel.

Die Zellorganellen

Die Organellen von Pflanzen- und Tierzelle erfüllen jeweils spezifische Funktionen im Stoffwechsel. Im elektronenmikroskopischen Bild erkennt man, dass ein Teil der Organellen durch eine oder zwei Membranen begrenzt ist. Anderen fehlt eine solche Abgrenzung gegenüber dem Cytoplasma.

Zellkern. Der *Zellkern*, auch *Nucleus* oder *Karyon* genannt, ist das Steuerzentrum der Zelle. Er ist von einer doppelten Membran, der *Kernhülle*, umschlossen. Die beiden Membranen der Kernhülle sind durch einen 20 bis 40 nm breiten Zwischenraum getrennt. Im Bereich der *Kernporen* gehen äußere und innere Kernmembran ineinander über. Die Kernporen, Öffnungen von rund 100 nm Durchmesser, ermöglichen den Austausch größerer Moleküle zwischen dem Innern des Zellkerns und dem Cytoplasma.

Besonders auffällig erscheint in gefärbten Präparaten der *Nucleolus*, das Kernkörperchen. Je nach Art und Entwicklungsstadium der Zelle können auch mehrere Nucleoli im Zellkern vorkommen. Im Nucleolus werden die Ribosomen gebildet.

1 *Äußere und innere Membran der Kernhülle*

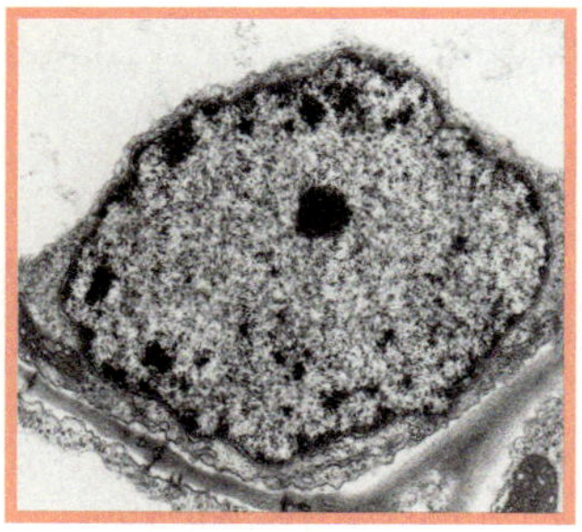

2 *Im Innern des Zellkerns ist der dunkel gefärbte Nucleolus deutlich zu erkennen.*

Der Zellkern enthält den Großteil der Erbinformation einer Zelle. Das genetische Material liegt in Form von *Chromosomen* vor, die jedoch nur während der Zellteilung als solche erkennbar werden (→ S. 24). Während der übrigen Zeit erscheint das *Chromatin*, ein leicht anfärbbarer Komplex aus *Desoxyribonukleinsäure* (DNA) und Strukturproteinen, als unstrukturierte Masse.

Der Zellkern steuert alle Stoffwechselprozesse innerhalb der Zelle mithilfe von Botenmolekülen aus *Ribonukleinsäure* (RNA), die über die Kernporen nach außen geschleust werden. Jedes RNA-Botenmolekül enthält die genetische Information für die Aminosäuresequenz eines bestimmten Proteins.

Ribosomen. *Ribosomen* sind die Orte der *Eiweißbildung*. Hier werden Aminosäuren miteinander zu Proteinen verbunden. Ein Teil der Ribosomen einer Zelle liegt frei im Cytoplasma. Diese so genannten freien Ribosomen stellen vor allem Enzyme her, die Stoffwechselvorgänge im Cytoplasma katalysieren. Ribosomen können jedoch auch an die Membranen des endoplasmatischen Reticulums gebunden sein. Chemisch bestehen Ribosomen aus Proteinen und RNA. Sie sind nicht von einer Membran umgeben.

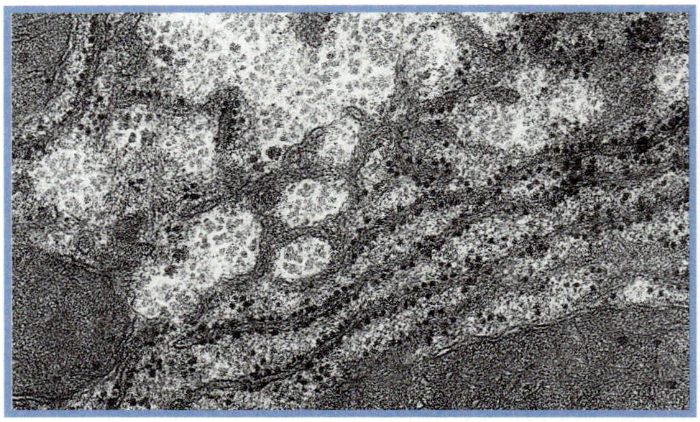

3 *Raues und glattes endoplasmatisches Reticulum*

Das endoplasmatische Reticulum. Das *endoplasmatische Reticulum* (ER) durchzieht als ausgedehntes Membransystem die gesamte Zelle. Dabei bilden die Membranen des ER flächige oder röhrenförmige Hohlräume, die als *Zisternen* bezeichnet werden. Das ER steht mit anderen Organellen in Verbindung. Es geht beispielsweise direkt in die Kernhülle über. Das ER dient neben der Synthese und der Verarbeitung verschiedener Stoffe vor allem dem *innerzellulären Stofftransport*.

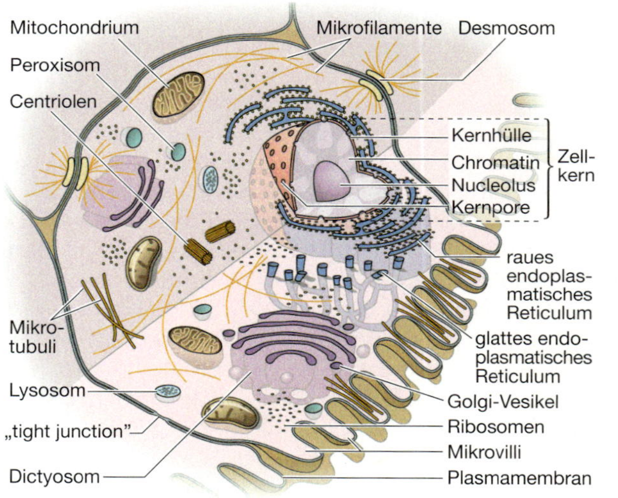

4 *Schema einer Tierzelle*

Die Bereiche des ER, an dessen Membranflächen Ribosomen gebunden sind und die im elektronenmikroskopischen Bild ein „raues" Aussehen haben, bezeichnet man als *raues ER*. Die Ribosomen des rauen ER synthetisieren Proteine, die entweder für den Einbau in Membranen bestimmt sind oder als *Sekrete*, in Vesikel verpackt, die Zelle verlassen. Drüsenzellen sind besonders stark vom rauen ER durchzogen.

Ribosomenfreie Abschnitte heißen *glattes ER*. Das glatte ER synthetisiert vor allem Lipide für neue Membranen. In tierischen Zellen stellt das glatte ER auch bestimmte Hormone wie zum Beispiel Geschlechtshormone her. In Leberzellen werden hier Gifte und Arzneimittel abgebaut.

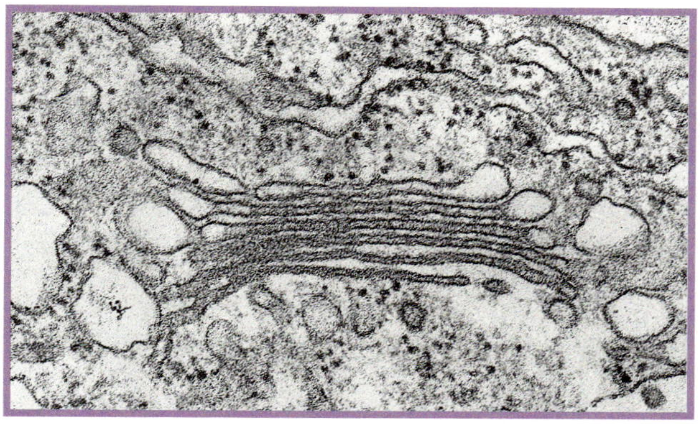

1 *An den Dictyosomen schnüren sich Golgi-Vesikel ab.*

Dictyosomen. *Dictyosomen* bestehen aus übereinander gestapelten, flachen Membranzisternen. Nach ihrem Entdecker wird die Gesamtheit aller Dictyosomen einer Zelle als *Golgi-Apparat* bezeichnet. In den Dictyosomen werden die Syntheseprodukte des ER umgewandelt, gespeichert, in so genannte *Golgi-Vesikel* verpackt und weitertransportiert. Der Stofftransport zwischen ER, den einzelnen Zisternen der Dictyosomen und der Zelloberfläche erfolgt durch Aufnahme und

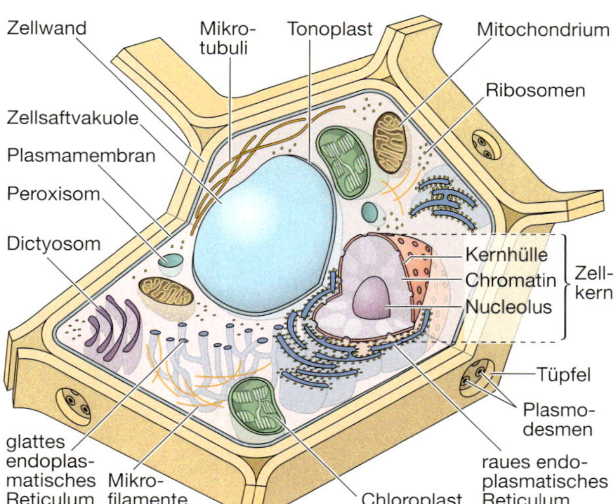

2 *Schema einer Pflanzenzelle*

Abgabe von Vesikeln. Dabei zeigen die Dictyosomen eine eindeutige *Polarität*. Auf der dem Zellkern und dem ER zugewandten *Bildungsseite* werden Syntheseprodukte aufgenommen, indem vom ER abgeschnürte Transportvesikel mit der Dictyosomenmembran verschmelzen. Auf der gegenüberliegenden, der Zellmembran zugewandten *Sekretionsseite* schnüren sich Golgi-Vesikel ab, die zur Zelloberfläche oder zu den Lysosomen weitertransportiert werden.

Die Produkte des ER werden, während sie den Golgi-Apparat passieren, chemisch verändert. Hier werden zum Beispiel Membranproteine und -lipide mit Zuckerketten versehen, sodass Glykoproteine und Glykolipide entstehen (→ S. 45). Ihre „individuelle Kennung" erhalten die Moleküle, indem einzelne Zuckerbausteine „angehängt" oder „abgeschnitten" werden. Die Dictyosomen stellen auch solche Kohlenhydrate her, die als *Sekrete* aus der Zelle ausgeschieden werden. Die vom Golgi-Apparat abgegebenen Sekrete können jedoch sehr unterschiedlich sein. Golgi-Vesikel pflanzlicher Zellen enthalten zum Beispiel Moleküle, die für den Aufbau der Zellwand benötigt werden. In Zellen der Dünndarmwand bilden die Dictyosomen Schleimbestandteile. Bei Einzellern, die im Süßwasser vorkommen, sind Golgi-Vesikel an der Wasserausscheidung über die pulsierende Vakuole beteiligt (→ S. 30).

Lysosomen. In der Zelle kommen weitere vom Golgi-Apparat abgeschnürte Vesikel vor, die entsprechend ihrer Funktion als *Lysosomen* bezeichnet werden. Sie dienen dazu, zelleigenes und zellfremdes Material zu verdauen um die Bausteine der Zelle für neue Synthesen zugänglich zu machen. Lysosomen enthalten Enzyme für den Abbau aller in der Zelle vorhandenen Makromoleküle. Wenn die Zelle stirbt, geben die Lysosomen ihre Enzyme nach außen ab, sodass die Zelle sich selbst verdaut. Die Abbauprodukte werden von Nachbarzellen wieder verwendet. Pflanzenzellen enthalten keine Lysosomen. Deren Funktion wird dort von der Vakuole erfüllt.

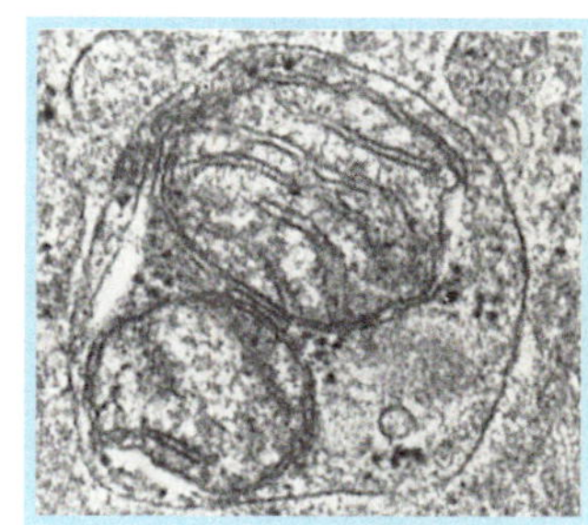

3 *Ein Lysosom verdaut ein Mitochondrium.*

Vakuolen. *Vakuolen* sind große Vesikel, die der Verdauung von Makromolekülen dienen, aber auch Produkte des Zellstoffwechsels speichern. Sie entstehen bei der Endocytose oder durch die Fusion von Vesikeln, die von ER und Golgi-Apparat abgeschnürt werden. Damit sind Vakuolen Bestandteile des inneren Membransystems. In ausgewachsenen Pflanzenzellen findet sich meist eine große, zentral gelegene Vakuole. Durch ihren osmotischen Wert sorgt die Zentralvakuole für den *Innendruck* der Zelle (→ S. 46).

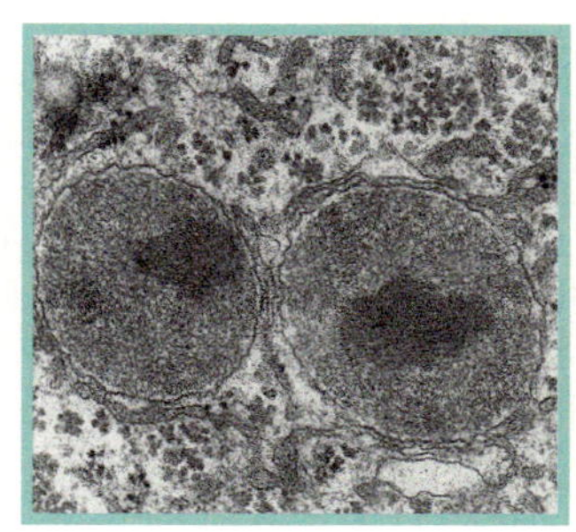

4 *Peroxisomen*

Peroxisomen. *Peroxisomen* oder *Microbodies* sind vesikelähnliche Organellen, die in unterschiedlichen Zellen sehr verschiedene Funktionen haben. Mithilfe von Enzymen bauen sie Fettsäuren und andere Substrate ab. Häufig enthalten sie *Katalase*, die das im Stoffwechsel entstehende Zellgift *Wasserstoffperoxid* in Sauerstoff und Wasser zerlegt. In Leberzellen dienen sie dazu, Alkohol und andere schädliche Verbindungen zu entgiften. Peroxisomen schnüren sich nicht vom inneren Membransystem ab, sondern vermehren sich durch Teilung.

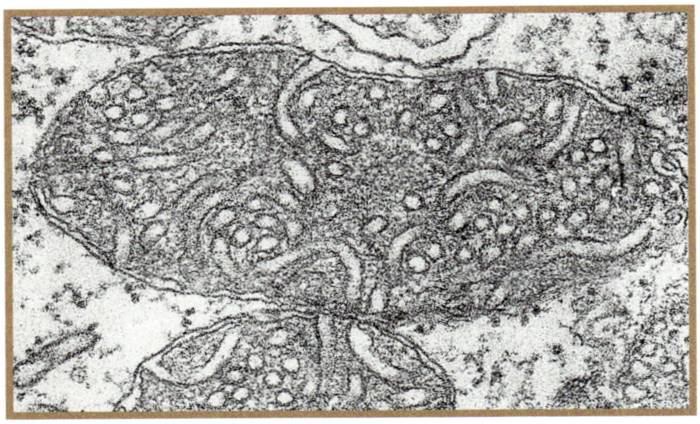

1 *Die innere Mitochondrienmembran ist stark eingefaltet.*

Mitochondrien. *Mitochondrien* sind von zwei Membranen umgeben. Die äußere Mitochondrienmembran ist glatt, die innere Membran zeigt dagegen zahlreiche Einfaltungen nach innen, die als *Cristae* (Einzahl *Crista*) bezeichnet werden. Die beiden Membranen gliedern das Mitochondrium in zwei Kompartimente: den *Intermembranraum* zwischen den Membranen und die *Matrix* im Innern des Mitochondriums. Die Matrix enthält Ribosomen, mitochondriale DNA und zahlreiche Enzyme des Kohlenhydrat- und Lipidstoffwechsels.

Mitochondrien sind die Organellen der *Zellatmung*. Bei diesem Stoffwechselvorgang wird aus Zuckern, Fetten und anderen Nährstoffen mithilfe von Sauerstoff Energie gewonnen und in eine chemische, für die Zelle nutzbare Form umgesetzt (→ S. 100). In Zellen mit hoher Stoffwechselrate finden sich daher besonders viele Mitochondrien. Leberzellen enthalten beispielsweise über 1000 Mitochondrien, manche Algenzellen dagegen nur ein einziges.

Chloroplasten. *Chloroplasten* gehören zu den *Plastiden* (→ S. 21), sie kommen nur in Pflanzenzellen vor. Wie die Mitochondrien sind sie durch zwei Membranen gegen das Cytoplasma abgegrenzt. Im Innern des Chloroplasten befindet sich ein weiteres Membransystem aus flachen Zisternen, den so genannten *Thylakoiden*. Bereiche, in denen die Thylakoide wie Münzen dicht übereinander gestapelt sind, nennt man *Grana*. Sie erscheinen im elektronenmikroskopischen Bild dunkel gefärbt. Der Raum außerhalb der Thylakoide heißt *Stroma*. Im Chloroplasten lassen sich demnach drei Kompartimente unterscheiden: der schmale Intermembranraum zwischen äußerer und innerer Membran, das Stroma und der Thylakoid-Innenraum. Die Chloroplasten sind die Organellen der *Fotosynthese* (→ S. 122).

Mitochondrien und Chloroplasten im Vergleich. Mitochondrien und Chloroplasten sind die wichtigsten Energieumwandler der Zellen. Beide sind von Membranen umschlossen, die keine Verbindung zum inneren Membransystem der Zelle haben. Beide Organellen besitzen auch eigene DNA und RNA sowie Ribosomen, die einen Teil der Eiweiße synthetisieren. Mitochondrien wie Chloroplasten vermehren sich unabhängig vom Zellteilungszyklus durch Zweiteilung.

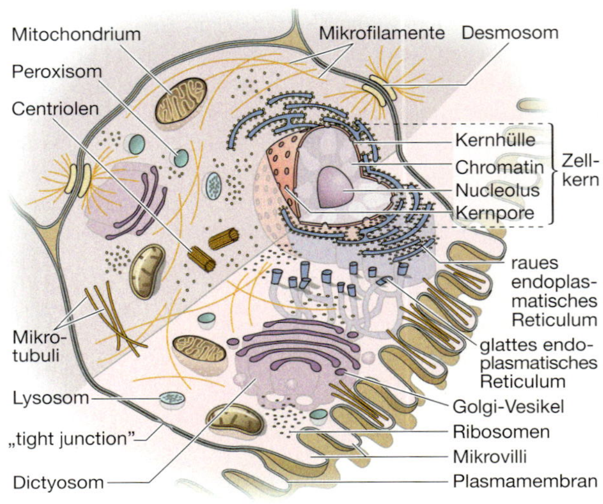

Cytoskelett. Das Cytoplasma ist von einem Netzwerk feiner Proteinstrukturen durchzogen, das in seiner Gesamtheit als *Cytoskelett* bezeichnet wird. Es sorgt für die *mechanische Festigkeit* der Zelle und hält die Zellorganellen an ihrem Platz im Cytoplasma. In tierischen Geweben, deren Zellen keine festen Zellwände haben, gewährleistet das Cytoskelett Zusammenhalt und Stabilität. Daneben ist das Cytoskelett für *Bewe-*

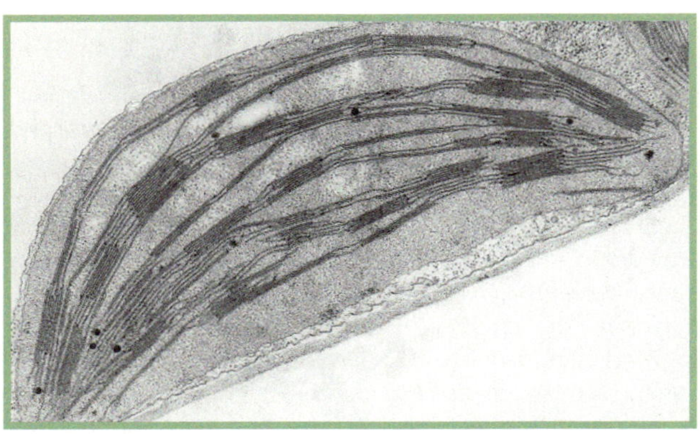

2 *Chloroplasten sind in drei Kompartimente gegliedert.*

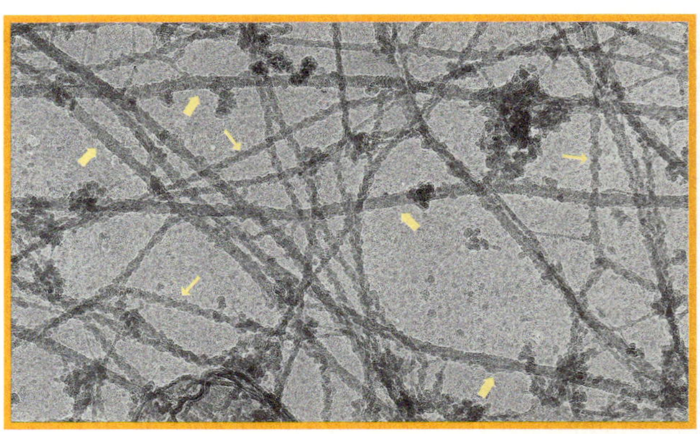

3 *Mikrofilamente (→) und Mikrotubuli (⇒) des Cytoskeletts*

gungsvorgänge verantwortlich. Dazu gehören Formveränderungen ganzer Zellen wie zum Beispiel die Bildung von Pseudopodien bei Amöben (→ S. 30), aber auch Transportvorgänge innerhalb der Zelle wie die Cytoplasmaströmung und der Transport von Vesikeln. Man unterscheidet röhrenförmige und fadenartige Bestandteile:

Mikrotubuli sind Röhren von rund 25 nm Durchmesser, deren Wand aus Tubulin, einem globulären Protein, besteht. Mikrotubuli wachsen, indem sich an einem Ende neue Tubulinmoleküle anlagern. Werden Tubulinbausteine abgebaut, so verkürzt sich die Röhre. Durch Auf- und Abbau von Mikrotubuli kommt die Bewegung der Chromosomen bei der Kernteilung zustande (→ S. 24). Aber auch Geißeln und Cilien enthalten Mikrotubuli. Diese zeigen im Querschnitt ein Muster

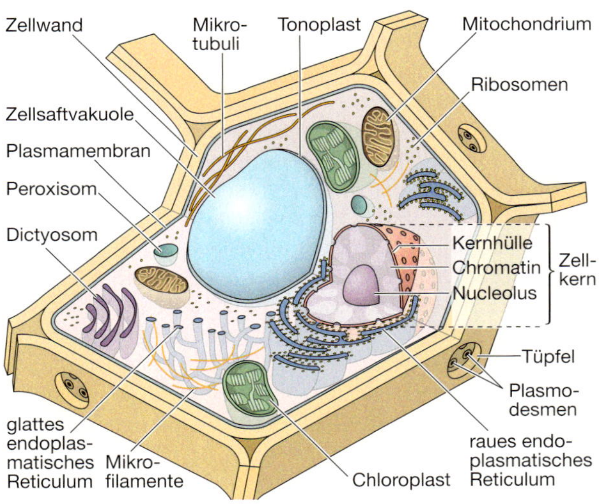

von neun kreisförmig angeordneten Doppelröhren und zwei zentralen Einzelröhren (→ Bild 1).

Geißeln und Cilien sind stets durch den *Basalkörper* in der Zelle „verankert". In diesem Bereich finden sich Mikrotubuli nicht als Doppelröhren, sondern in Dreiergruppen angeordnet. Genau dieselbe Struktur weisen *Centriolen* auf, die bei Tierzellen paarweise in der Nähe des Zellkerns liegen. Sie verdoppeln sich, bevor sich die Zelle teilt. Man nimmt an, dass die Centriolen zur Organisation des Spindelapparats in der als Centrosom bezeichneten Region beitragen.

1 Geißelquerschnitte: typische Anordnung der Mikrotubuli

Mikrofilamente sind sehr dünne, aber dennoch stabile Proteinfäden. Sie bestehen aus Aktin und Myosinelementen. Aktinmoleküle reihen sich wie Perlen aneinander. Je zwei „Perlschnüre" bilden, kordelartig umeinander gewunden, das Mikrofilament (→ Bild 3, gegenüberliegende Seite). Die Bewegung entsteht dadurch, dass Aktinfilamente an Myosinmolekülen entlangwandern. So kommt beispielsweise die Cytoplasmaströmung in Pflanzenzellen zustande. In Muskeln gibt es auch reine Myosinfilamente. Bei der Muskelanspannung verkürzt sich die Faser, indem Aktin- und Myosinfilamente ineinander gleiten (→ S. 111). In Darmwandzellen versteifen fest miteinander verbundene Mikrofilamente die Mikrovilli.

Die Zellwand. Nur Pflanzenzellen besitzen eine *Zellwand.* Sie wird an der Außenseite der Zellmembran gebildet. Die Zellwand verleiht der Zelle eine feste Form. Sie wirkt dem osmotischen Innendruck (→ S. 46) entgegen und verhindert so, dass die Zelle zu viel Wasser aufnimmt und platzt. Zusammen mit der Vakuole gewährleistet die Zellwand die Stabilität krautiger Pflanzenteile. Poren in der Zellwand ermöglichen den Durchtritt von *Plasmodesmen.* Plasmodesmen sind membranumhüllte Cytoplasmastränge, die das Zellinnere benachbarter Pflanzenzellen miteinander verbinden. Sie treten gehäuft im Bereich so genannter *Tüpfel* auf.

2 Anordnung der Cellulosefibrillen in der Zellwand

Die Zellwand besteht aus *Cellulosefasern*, die in eine Grundsubstanz aus anderen Kohlenhydraten und Proteinen eingebettet sind. Nach einer Zellteilung entsteht zunächst eine Mittellamelle aus Pektin. Dieses gelartige Kohlenhydrat hält die Tochterzellen zusammen. Dann wird die Primärwand aufgelagert, die unregelmäßig angeordnete Cellulosefasern enthält. Ist die endgültige Zellgröße erreicht, wird die Sekundärwand gebildet. Da die Cellulosefasern parallel und sehr dicht angeordnet sind, ist die Sekundärwand nicht mehr dehnbar. Die Tüpfel werden bei der Sekundärwandbildung ausgespart.

1 Zellorganellen sind gegenüber dem Cytoplasma unterschiedlich abgegrenzt. Stellen Sie in einer Tabelle Organellen mit zwei, einer und ohne Membran zusammen und erklären Sie die jeweilige Funktion der Organellen.

2 Überlegen Sie, welche Zellbestandteile durch Membranfluss miteinander in Verbindung stehen.

3 Vergleichen Sie die Schemazeichnungen von Tier- und Pflanzenzelle miteinander und machen Sie sich Gemeinsamkeiten und Unterschiede klar.

Material – Methode – Praxis: **Isolierung von Zellbestandteilen**

Einen wichtigen Fortschritt in der Erforschung der Zellorganellen brachten Methoden, mit denen man die Zellbestandteile voneinander trennen kann. Sie ermöglichen es, bestimmte Organellen anzureichern, um ihre jeweilige Funktion zu untersuchen. So lassen sich auch die Stoffwechselprozesse gut analysieren, die dort stattfinden. Das Verfahren, mit dem die Zellorganellen getrennt und angereichert werden, heißt *Zellfraktionierung*.

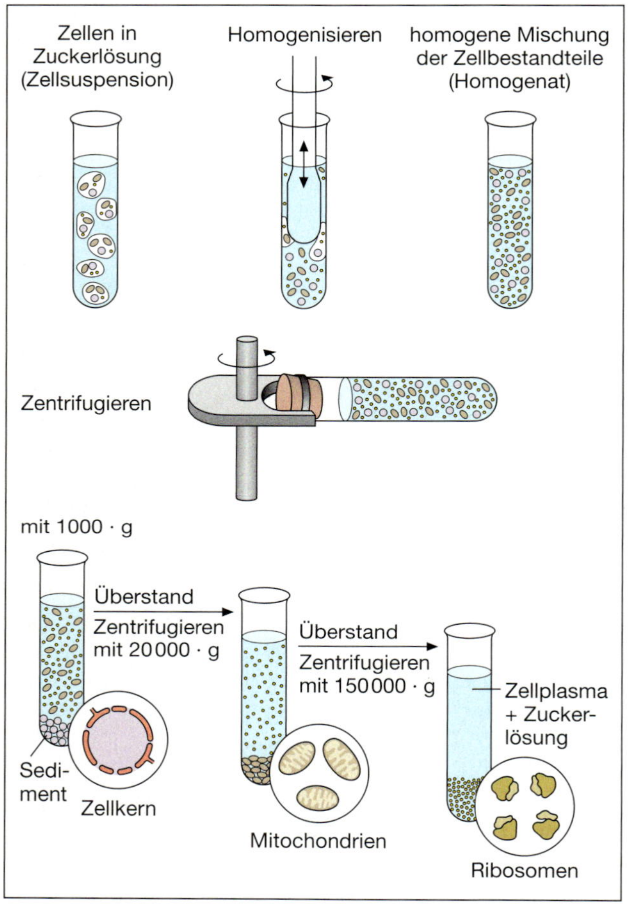

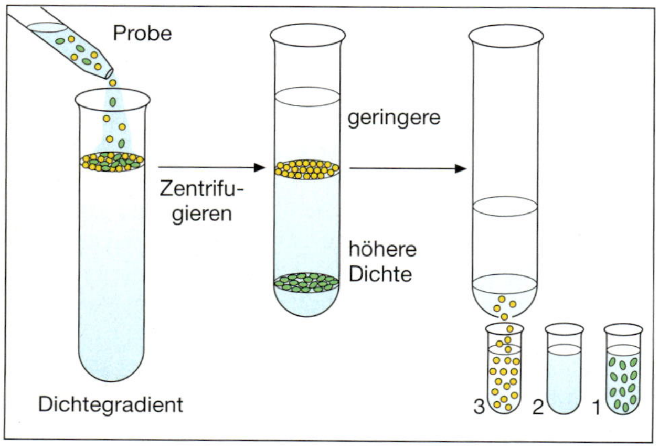

Zellfraktionierung

Homogenisieren. Zunächst wird das Gewebe vorsichtig in einer Lösung zerkleinert, die einen ähnlichen osmotischen Wert hat wie das Zellinnere, sodass die Organellen funktionsfähig bleiben. Man erhält ein Gemisch aus verschiedenen Zellbestandteilen, das *Zellhomogenat*.

Zentrifugieren. Durch Zentrifugieren werden die Zellbestandteile voneinander getrennt. Moderne *Ultrazentrifugen* erreichen mehr als 100 000 Umdrehungen pro Minute. Große und schwere Zellbestandteile setzen sich schon bei niedriger Drehzahl als *Sediment* am Boden des Gefäßes ab. Die Flüssigkeit darüber, der *Überstand*, enthält kleine und leichte Zellstrukturen. Er wird in ein anderes Glas gegossen und bei höherer Drehzahl erneut zentrifugiert. Das mehrmalige Wiederholen der Schritte bei zunehmender Drehzahl dient der Auftrennung der Zellbestandteile: *differenzielle Zentrifugation*.

Eine Trennmethode, bei der durch einmaliges Zentrifugieren Bestandteile ähnlicher Größe, aber verschiedener Dichte voneinander getrennt werden können, ist die *Dichtegradientenzentrifugation* (→ unten links). Sie eignet sich zur Feinauftrennung von Proben, die bereits durch differenzielle Zentrifugation gereinigt sind, aber auch zur Isolierung von Makromolekülen. Dazu füllt man ein Zentrifugengefäß mit einer Lösung, deren Dichte von oben nach unten zunimmt. Um einen solchen *Dichtegradienten* zu erzeugen, verwendet man beispielsweise Rohrzuckerlösung mit steigender Konzentration. Dann gibt man das Zellhomogenat zu und zentrifugiert. Die Zellbestandteile reichern sich in der Zone an, die ihrer eigenen Dichte entspricht. Die einzelnen Schichten mit Organellen gleicher Dichte können getrennt entnommen werden.

1 Erläutern Sie, warum die Zellfraktionierung zu den wichtigsten Methoden der Zellbiologie gehört.

2 Vergleichen Sie die beiden Trennverfahren. Welche Vorteile bietet die Dichtegradientenzentrifugation gegenüber der differenziellen Zentrifugation?

3 Aus den Volumenanteilen der Organellen kann man auf die Funktion der Zellen rückschließen. Das Bild unten zeigt das Ergebnis der Zellfraktionierung von wachsenden und ausdifferenzierten Zellen einer Erbsenpflanze. Erkären Sie!

☞ Stichworte zu weiteren Informationen

Sedimentationskoeffizient, Svedberg-Einheit, Herstellung von Dichtegradienten, Zonenzentrifugation

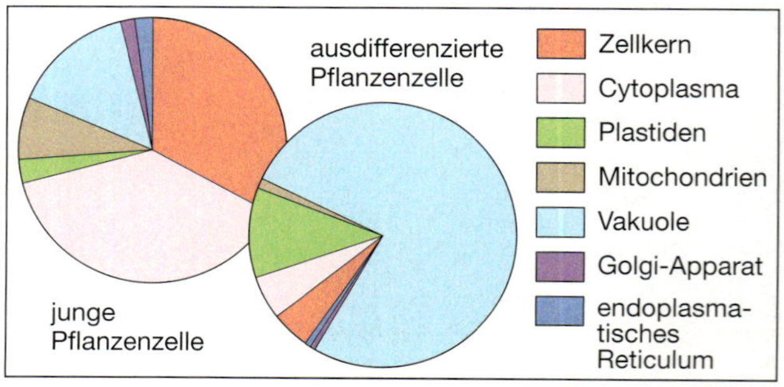

Material – Methode – Praxis: Interpretation elektronenmikroskopischer Bilder

Das Elektronenmikroskop bildet winzige Strukturen mit einer sehr hohen Auflösung ab. Allerdings sind die Abbildungen nicht immer leicht zu deuten, vor allem weil *keine lebenden Gewebe* untersucht werden können. Die Objekte müssen fixiert und meist auch kontrastiert werden. Durch die Präparation können künstliche Veränderungen, so genannte *Artefakte*, entstehen. Zudem zeigen die Bilder äußerst dünne Schnitte räumlicher Strukturen. Unter dem Einfluss der Elektronenstrahlen werden die Präparate extrem erhitzt, sodass leicht flüchtige Elemente verdampfen. Elektronenmikroskopische Aufnahmen zeigen daher oft eher ein lebensnahes Modell als ein „Foto“ der ursprünglichen Strukturen.

1 Licht- und elektronenmikroskopische Aufnahmen unterscheiden sich grundlegend. Woran erkennen Sie, von welchem Mikroskoptyp eine Aufnahme stammt?

2 Stellen Sie sich vor, das Elektronenmikroskop wäre vor dem Lichtmikroskop erfunden worden. Welche Schwierigkeiten für die Interpretation der EM-Bilder hätte dies gebracht?

3 Die Abbildungen auf dieser Seite wurden nach verschiedenen Präparationstechniken angefertigt. Benennen Sie die Methoden und erklären Sie die jeweils notwendigen Arbeitsschritte. Vergleichen Sie, welches Verfahren bestimmte Strukturen besser sichtbar macht.

4 Das Bild unten zeigt einen Ausschnitt aus einer Hefezelle. Fertigen Sie eine Schemazeichnung des Zellausschnitts an, die den Feinbau der Organellen verdeutlicht.

5 Benennen Sie die Strukturen, die in den beiden Abbildungen rechts mit Ziffern versehen sind. Handelt es sich um tierische oder pflanzliche Zellen? Begründen Sie. Erklären Sie, welche Aufgaben die beschrifteten Zellbestandteile haben.

6 Legen Sie eine Folie über das Bild unten rechts und zeichnen Sie die verschiedenen Organellen mit unterschiedlichen Farben nach. Ermitteln Sie mithilfe von Karopapier den ungefähren Flächenanteil der Organellen an der Gesamtfläche. Aus welchem Organ könnte die abgebildete Zelle stammen? Begründen Sie Ihre Meinung.

☞ Stichworte zu weiteren Informationen
Kontrastierung, Einbettung, Artefakt, Serienschnitte

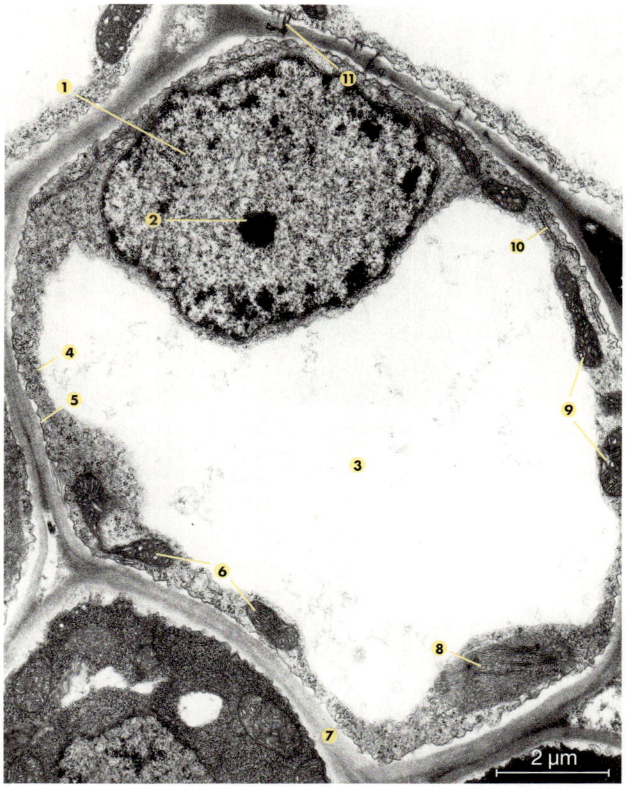

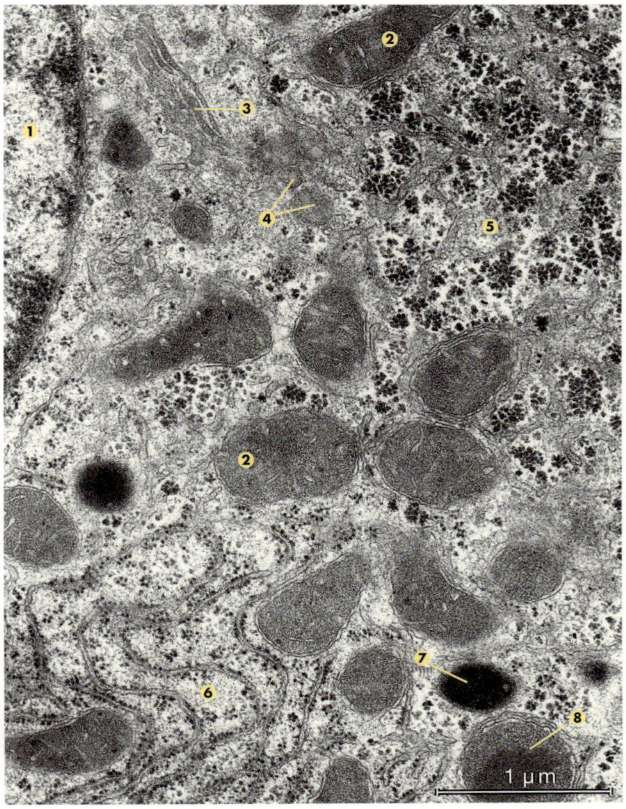

Bakterien

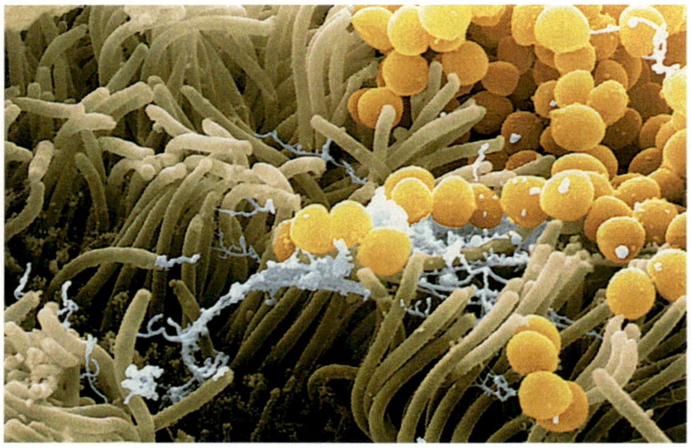

1 *Staphylococcus aureus lebt auf der Nasenschleimhaut.*

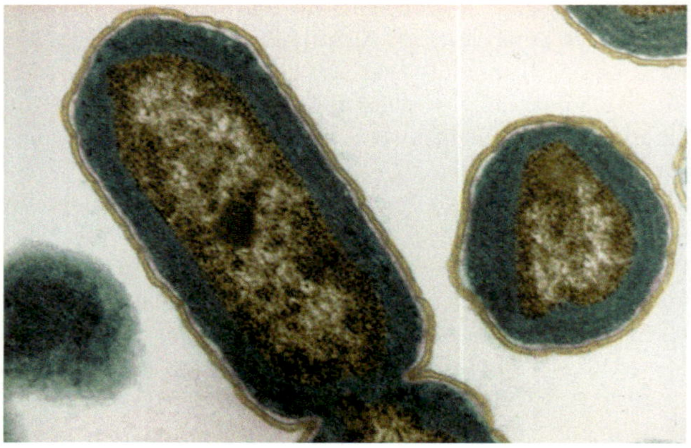

2 *Die Zellmembran des Cyanobakteriums bildet Thylakoide.*

Fast alle für uns sichtbaren Lebewesen in unserer Umgebung – Tiere, Pflanzen und Pilze – sind *Eukaryoten*. Sie bestehen aus Zellen, die sich vor allem durch den Besitz eines Zellkerns auszeichnen. Weitaus häufiger sind jedoch Organismen, deren Zellen keinen Kern haben und die nicht in Kompartimente oder Organellen gegliedert sind: die *Prokaryoten*.

Die größte Gruppe unter den Prokaryoten sind die *Bakterien*. Sie besiedeln in unvorstellbar großer Zahl fast alle Lebensräume der Erde. Im Alltag nehmen wir Bakterien am ehesten als *Verursacher von Infektionen* oder durch verdorbene Lebensmittel wahr. Dabei sind Bakterien für das Leben auf der Erde unentbehrlich. Als *Destruenten* sorgen sie für den Abbau organischer Stoffe. Sie sind verantwortlich dafür, dass Stickstoff, Kohlenstoff und andere Elemente aus der Körpersubstanz der Lebewesen den Stoffkreisläufen in mineralischer Form wieder zugeführt werden. Darüber hinaus spielen sie eine wichtige Rolle als *Symbionten* von Pflanzen, Tieren und des Menschen. Ein bekanntes Beispiel sind die Pansenbakterien, die im Magen von Wiederkäuern zusammen mit Einzellern Cellulose abbauen.

Die meisten Bakterien sind relativ klein, ihre Länge liegt bei 1 bis 10 µm. Die Zellen sind sehr unterschiedlich geformt. Im Mikroskop lassen sich kugelige, stäbchenförmige und spiralartig gewundene Arten unterscheiden. Die Zellgestalt ist aber nicht typisch für eine bestimmte Bakteriengruppe. Viele Arten bilden zwei- oder mehrzellige Verbände.

Bei fast allen Bakterien ist der Zellmembran nach außen eine *Zellwand* aufgelagert. Deshalb wurden Bakterien früher den Pflanzen zugerechnet. Die Bakterienzellwand unterscheidet sich jedoch grundsätzlich von der der Pflanzen (→ S. 53). Sie besteht aus *Murein*, einem Makromolekül aus Zuckerketten, die durch Proteine verbunden sind. Das Mureinmolekül umhüllt die Zelle wie ein festes Netz.

Die Erbsubstanz liegt als einziges, ringförmiges Chromosom im Cytoplasma. Diesen Bereich in der Zellmitte nennt man *Nucleoid*. Weitere kleine DNA-Ringe, die *Plasmide*, tragen meist nur wenige Gene. Diese sind vor allem für „Sonderaufgaben" wie die Resistenz gegen Antibiotika oder den Abbau ungewöhnlicher Substanzen verantwortlich.

Bakterien vermehren sich ausschließlich asexuell durch *Zweiteilung*. Unter günstigen Bedingungen verdoppelt sich die Population alle 1 bis 3 Stunden. Die extrem kurze Generationsdauer ermöglicht es den Bakterien, sich sehr rasch an veränderte Umweltbedingungen anzupassen. Voraussetzung dafür sind genetische Veränderungen. Bei der *Konjugation* (→ S. 150) wird durch den Austausch von Plasmiden genetische Information zwischen zwei Zellen übertragen. Hauptursache für genetische Variabilität sind jedoch Mutationen.

Cyanobakterien. *Cyanobakterien* sind ähnlich aufgebaut, jedoch meist 5- bis 10-mal größer als die übrigen Bakterien. Wegen ihrer oft blaugrünen Färbung und der Fähigkeit, Fotosynthese zu betreiben, bezeichnet man sie auch als *Blaualgen*. Ihre Zellmembran ist – ähnlich wie die innere Membran der Chloroplasten – vielfach eingefaltet, sodass Thylakoide entstehen. Die meisten Arten kommen im Boden und im Süßwasser vor. Sie bilden häufig fadenförmige Zellkolonien (→ Bilder 1–6, S. 17). Manche leben in Symbiose mit Pilzen als *Flechten*. Auffällig ist das oft massenhafte Vorkommen von Cyanobakterien an extremen Standorten. Neben der Toleranz vieler Arten gegenüber Kälte und Trockenheit, kommt ihnen dabei die Fähigkeit zugute, *Luftstickstoff* für die Proteinsynthese zu nutzen.

Archaeen. *Archaeen* sind einzellige, von einer Zellwand umgebene Organismen, die vor allem extreme Lebensräume besiedeln (→ S. 70). Sie werden auch als *Archaebakterien* (von griech. *archeios*: urtümlich) bezeichnet. Der Name weist darauf hin, dass Archaeen an solche Lebensbedingungen angepasst sind, wie sie vermutlich in der Frühzeit der Erdentwicklung geherrscht haben. Da sie ähnlich gebaut sind wie Bakterien, hielt man sie lange Zeit für sehr ursprüngliche Bakterien. Erst molekulargenetische Untersuchungen zeigten, dass Archaeen zwar wie Bakterien Prokaryoten sind, in bestimmten Genen aber den Eukaryoten näher stehen.

1 Informieren Sie sich über Bakterien in der Biotechnologie, bei der Abwasserreinigung und als Indikatororganismen.

2 Das Cyanobakterium Spirulina wird wegen seines hohen Gehalts an Vitamin B_{12} als Nahrungszusatz für Vegetarier angeboten. Gibt es weitere ernährungsphysiologische Vorteile?

Eukaryoten – Prokaryoten – Viren

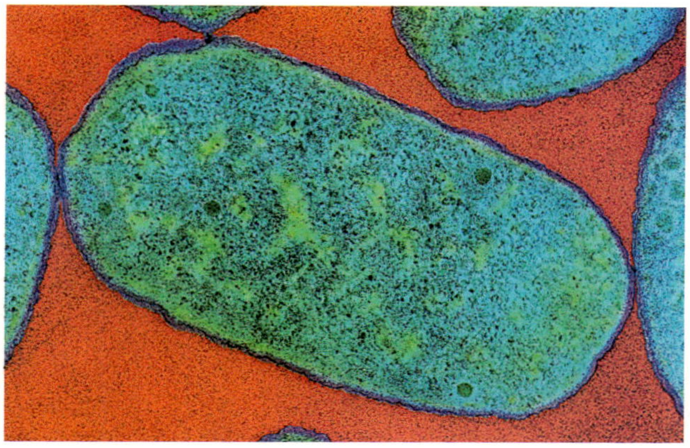

1 TEM-Aufnahme des Bakteriums Escherichia coli

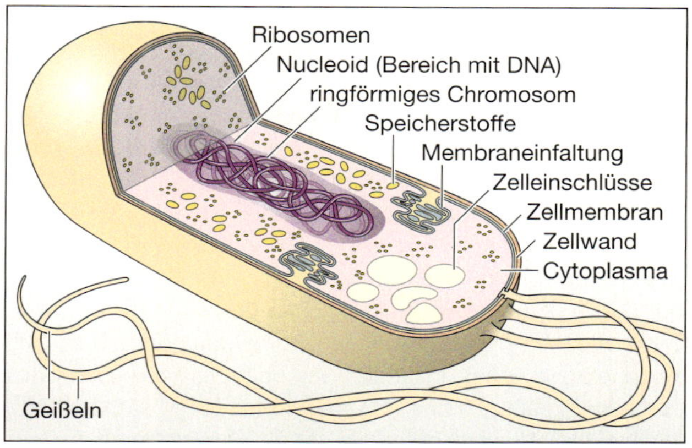

2 Schematischer Aufbau einer Bakterienzelle

Eukaryotische Zellen haben charakteristische Merkmale, die im Elektronenmikroskop sichtbar gemacht werden können. Dazu gehören die Untergliederung der Zelle in membranumgrenzte Organellen und das Cytoskelett. Die Erbsubstanz ist in mehrere Chromosomen gegliedert, deren Anzahl typisch ist für Arten oder Verwandtschaftsgruppen. Bei Vielzellern sind besondere Strukturen ausgebildet um die einzelnen Zellen miteinander zu verbinden. Die Organisationsform der eukaryotischen Zelle wird als *Eucyte* bezeichnet. Man nimmt an, dass die Eucyte aus einer Symbiose prokaryotischer Vorläuferorganismen hervorgegangen ist (→ S. 58).

Die *Protocyte*, die Organisationsform der Prokaryoten, ist deutlich einfacher strukturiert. Die Zellen sind im Durchschnitt wesentlich kleiner, sie unterscheiden sich untereinander nur wenig in ihrem Bau. Die Erbsubstanz ist in einem einzigen Chromosom konzentriert, dessen DNA-Gehalt nur etwa ein Tausendstel der DNA einer Eukaryotenzelle ausmacht. Von Membranen umgebene Organellen, wie sie für die Eucyte typisch sind, treten nicht auf. An einigen Stellen faltet sich die Zellmembran ins Zellinnere ein. In diesen Bereichen findet die Zellatmung statt. Die Ribosomen der Protocyte sind etwas kleiner als die der Eucyte. Ihre Masse wird in Svedberg-Einheiten (abgekürzt S), einem Maß für die Sedimentationsgeschwindigkeit, angegeben. Prokaryotische Ribosomen haben eine Masse von 70 S, während im Cytoplasma der Eucyte 80 S-Ribosomen vorliegen. Echte Vielzelligkeit ist bei den Prokaryoten nicht entstanden. Bei einigen Arten gibt es jedoch Zellverbände, die eine gewisse Arbeitsteilung erkennen lassen, wie sie auch bei Einzellerkolonien vorkommt (→ S. 14, 34).

Viren. Im Gegensatz zu Prokaryoten sind *Viren* keine Zellen. Sie bestehen nur aus einem Nukleinsäurefaden, der von einer Eiweißhülle umgeben ist. Komplizierter gebaute Viren sind zusätzlich von einer Membran umhüllt. Der Nukleinsäurefaden enthält die Erbinformation. Da Viren keinen eigenen Stoffwechsel haben, können sie sich nicht selbst vermehren. Indem sie ihre Erbinformation in eine Wirtszelle einschleusen, bringen sie diese dazu, infektiöse Viren herzustellen. Bestimmte Viren, die *Bakteriophagen*, befallen ausschließlich Bakterien. Andere sind auf Pflanzen oder Pilze spezialisiert. Im menschlichen Körper sind sie als Erreger für Krankheiten wie Grippe, Masern und Tollwut verantwortlich. Ihre Größe liegt mit 10 bis 300 nm nochmals deutlich unter der der Prokaryoten.

Vergleich zwischen Eukaryoten und Prokaryoten

Merkmal	Eukaryoten	Prokaryoten
membranumgrenzte Organellen	+	–
Erbsubstanz	mehrere Chromosomen	1 ringförmiges Chromosom, Plasmide
genet. Austausch	Geschlechtszellen	Konjugation
Ribosomen	80 S	70 S
Cytoskelett	+	–
Geißeln	Aufbau aus Mikrotubuli (9x2+2-Muster)	Proteinfilamente, außen an der Zelle befestigt
Zellgröße	2–20(–300) µm	0,2–10(–50) µm
Vielzelligkeit	(+)	–

1 Ergänzen Sie die Tabelle: Vergleichen Sie die entsprechenden Merkmale für Mitochondrien und Plastiden mit denen der Prokaryoten. Welche Schlüsse legt der Vergleich nahe?

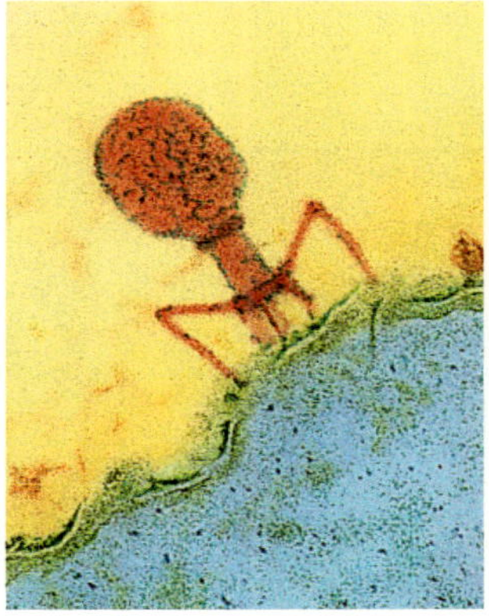

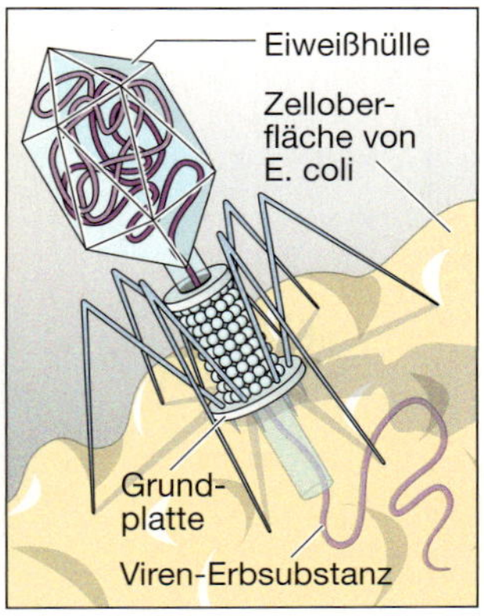

3 und 4 Der Bakteriophage T4 schleust seine Erbsubstanz in ein E.-coli-Bakterium ein. Rechts ein Schema des Virus.

Herkunft der Eukaryotenzelle

Alle bekannten Lebewesen lassen sich auf die Zelltypen Protocyte und Eucyte zurückführen. Trotz ihrer grundsätzlichen Verschiedenheit weisen Übereinstimmungen wie die einheitliche Verschlüsselung der Erbinformation und die Art der Proteinsynthese auf eine *Verwandtschaft von Prokaryoten und Eukaryoten* hin. Man nimmt an, dass sich die eukaryotische Zelle aus der evolutiv wesentlich älteren prokaryotischen Zelle entwickelt hat. Wie dieser Prozess verlaufen sein könnte, ist eine der fundamentalen Fragen der Biologie.

Die Endosymbiontentheorie. Schon Ende des 19. Jahrhunderts machten Wissenschaftler die Beobachtung, dass sich Mitochondrien und Plastiden unabhängig vom Zellzyklus durch Zweiteilung vermehren. Der Biologe R. ALTMANN stellte daraufhin die Hypothese auf, die beiden Organellen könnten von ursprünglich frei lebenden Einzellern abstammen.

Aus dieser Hypothese entstand die *Endosymbiontentheorie*. Sie geht davon aus, dass große, organellenfreie Prokaryoten kleinere, bakterienähnliche Organismen zum Beispiel als Beute in die Zelle aufnahmen. Diese wurden aber nicht verdaut, sondern lebten im Cytoplasma der Wirtszelle weiter, zunächst vielleicht als Parasiten. Das Verhältnis zwischen den Zellen entwickelte sich jedoch so, dass beide Partner Vorteile daraus zogen. Indem Wirt und Symbiont immer stärker voneinander abhängig wurden, entstand ein *Organismus*, dessen einzelne Bestandteile nicht mehr getrennt voneinander existieren konnten. Als Vorläufer der Mitochondrien werden Prokaryoten angenommen, die mithilfe von Sauerstoff aus organischer Nahrung Energie gewinnen konnten. Die Plastiden könnten dagegen aus blaualgenähnlichen, Fotosynthese betreibenden Prokaryoten hervorgegangen sein.

Aus der Vorstellung, dass die Vorläufer von Mitochondrien und Plastiden durch Phagocytose in die Wirtszelle gelangten, ergibt sich von selbst, dass die Organellen von einer *doppelten Membran* umgeben sind: Die äußere Membran entspricht demnach dem Phagocytosevesikel, also der Zellmembran der Wirtszelle, die innere Membran entspricht der Zellmembran des Prokaryoten. Auch die Entdeckung, dass Mitochondrien und Plastiden eine *eigene Erbsubstanz* besitzen, stützt die Endosymbiontentheorie.

Außerdem ähneln sich Mitochondrien, Plastiden und heute lebende Prokaryoten in einigen Merkmalen. Sie stimmen beispielsweise in der *Größe* gut überein. Auch die *Größe der Ribosomen* entspricht sich: Sie haben eine Masse von *70 S*. Die *Proteine der inneren Membranen* von Plastiden und Mitochondrien stimmen mit denen der Zellmembran von Prokaryoten überein. Sie unterscheiden sich jedoch erheblich von allen anderen Membranen der eukaryotischen Zelle.

Endosymbiontische Beziehungen zwischen heute lebenden Organismen können als Modell für die Entstehung der Eucyte angesehen werden. Die Amöbe *Pelomyxa palustris* zum Beispiel besitzt keine eigenen Mitochondrien. Sie nimmt stattdessen Bakterien auf, die Zellatmung betreiben und die gewonnene Energie an die Wirtszelle abgeben.

Offene Fragen. Die Endosymbiontentheorie konzentriert sich auf die Entstehung von Mitochondrien und Chloroplasten. Daher reicht sie als Erklärung für die Entwicklung der Eucyte nicht aus. Um die Entstehung des inneren Membransystems zu verstehen, muss man andere Vorstellungen heranziehen. Die Kernhülle, das endoplasmatische Reticulum, der Golgi-Apparat und verwandte Strukturen könnten durch *Einstülpungen der Zellmembran* entstanden sein. Dabei wurden Bereiche mit speziellen Aufgaben, also einer bestimmten Enzymausstattung, voneinander abgegrenzt und zum Teil DNA-Ringe und Ribosomen umschlossen. Unklar ist jedoch, wie es zur Gliederung der Erbinformation in Chromosomen, zur Entwicklung des Spindelapparats und zu den Abläufen bei der Zellteilung kam. Auch über die Entstehung der Eukaryotengeißel mit ihrer typischen Anordnung von Mikrotubuli gibt es noch verschiedene Auffassungen.

1 Stellen Sie die Merkmale der Eucyte zusammen, die durch die Endosymbiontentheorie erklärt werden.

2 Überlegen Sie, welche Vorteile die beiden Partner aus einer Endosymbiose ziehen.

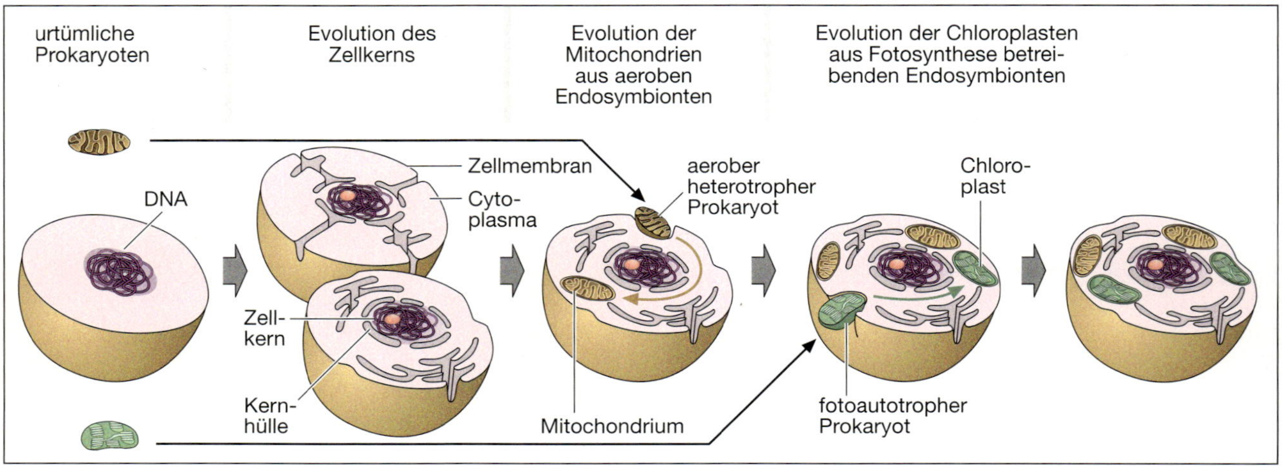

1 Um die Entstehung der Eucyte zu erklären, müssen verschiedene Vorstellungen herangezogen werden.

Überblick

■ Mithilfe des Elektronenmikroskops wurde das lichtmikroskopische Bild der Zelle erweitert. Es ermöglichte Aussagen über den Feinbau der Zellorganellen. → S. 36, 39, 50–53

■ Membranen begrenzen die Zelle nach außen, umhüllen Organellen im Innern der Zelle und gliedern das Cytoplasma in zahlreiche Kompartimente. → S. 39

■ Membranen regulieren den Austausch zwischen der Zelle und ihrer Umgebung sowie Transporte in der Zelle. → S. 39

■ Membranen verhalten sich selektiv permeabel. Hierfür sind ihre molekulare Zusammensetzung und die spezifischen Eigenschaften von Transportproteinen und Rezeptoren verantwortlich. → S. 44–48

■ Die Vorstellungen vom Feinbau der Membran wurden anhand von biochemischen Experimenten und elektronenmikroskopischen Untersuchungen immer wieder verändert und vervollständigt. Das Flüssig-Mosaik-Modell stellt die Grundlage der aktuellen Forschung dar. → S. 43

■ Lipide sind Stoffe, die sich schlecht oder gar nicht in Wasser lösen. Phospholipide haben sowohl hydrophobe als auch hydrophile Eigenschaften. Eine Doppelschicht aus Phospholipiden bildet die Grundstruktur der Membran. → S. 40, 44

■ Proteine sind Polymere aus Aminosäuren. Für die Funktion eines Proteins ist die Reihenfolge der Aminosäuren entscheidend. Sie bestimmt die spezifische Konformation. → S. 41, 42

■ Einige Membranproteine tauchen ganz oder teilweise in die Lipiddoppelschicht ein, andere sind nur locker gebunden. Die Kohlenhydratgruppen von Glykoproteinen und -lipiden ragen über die Außenfläche der Membran hinaus. → S. 44, 45

■ Passive Transportvorgänge erfolgen nur in Richtung eines Konzentrationsgefälles. Ist der Gradient ausgeglichen, kommt der Stofftransport zum Erliegen. Aktiver Transport ermöglicht es, Stoffe gegen das Konzentrationsgefälle anzureichern. Hierfür muss die Zelle Energie aufwenden. → S. 46, 48, 49

■ Zellorganellen erfüllen jeweils spezifische Funktionen: Der Zellkern steuert den Zellstoffwechsel. Er enthält auch die Erbinformation. Ribosomen bauen Proteinmoleküle auf. Das ER stellt Syntheseprodukte her, die in den Dictyosomen weiterverarbeitet, gespeichert und verpackt werden. Mitochondrien und Chloroplasten sind Energiewandler. Lysosomen bauen zelleigenes und fremdes Material ab. Peroxisomen enthalten Enzyme für verschiedene Stoffwechselvorgänge. Vakuolen erfüllen Verdauungs- und Speicherfunktion. Das Cytoskelett dient als Stützstruktur und Bewegungsmotor. → S. 50–53

■ Um Zellbestandteile chemisch zu analysieren und deren Funktion zu erforschen, werden Zellen aufgebrochen und die einzelnen Organellen durch Zentrifugation voneinander getrennt. → S. 54

■ Prokaryoten sind einzellige Organismen, deren Zellen keine membranumhüllten Organellen haben. Man unterscheidet Bakterien und Cyanobakterien von Archaeen. → S. 56, 57

■ Viren sind nichtzelluläre Partikel aus DNA oder RNA, die von einer Proteinhülle umgeben ist. Um sich zu vermehren benötigen Viren eine lebende Wirtszelle. → S. 57

■ Die Endosymbiontentheorie erklärt die Entstehung von Chloroplasten und Mitochondrien durch die Symbiose verschiedener Prokaryoten. → S. 58

Aufgaben und Anregungen

1 EM-Aufnahmen zeigen eine viel stärkere Vergrößerung als lichtmikroskopische Bilder. Wodurch kommt dies zustande und welche Nachteile sind damit verbunden? Welche Vorteile bietet demgegenüber das Lichtmikroskop? Sehen Sie Gemeinsamkeiten zwischen den beiden Mikroskoptypen?

2 Ein Bakterium, das im Darm bestimmter Fische lebt, ist 80 mal 600 µm groß. Was ist das Besondere daran? Können Sie sich vorstellen, wie es zur Entwicklung einer solchen Zelle kam?

3 Erklären Sie die Funktion von Mikrovilli. Bei welchen Zelltypen sind solche Membranausstülpungen zu erwarten?

4 Das lipophile Benzol kann ungehindert durch die Zellmembran diffundieren. Erklären Sie!

5 Beschreiben Sie ein Membranmodell, das den Durchtritt von hydrophilen wie lipophilen Stoffen erklärt.

6 Diffusion liegt fast allen Transportvorgängen in der Zelle zugrunde. Begründen Sie diese Aussage.

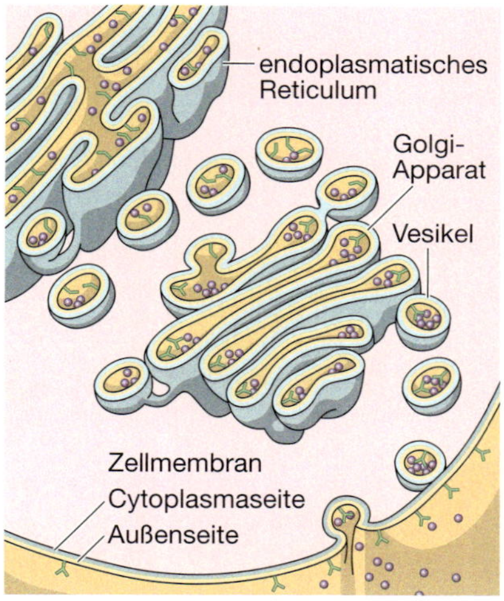

7 Wenn man Kirschen halbiert, die Hälften abspült und in kaltes Wasser legt, bleibt dieses klar. Werden sie zuvor jedoch kurz aufgekocht, färbt sich das Wasser rot. Welche Aussagen über die Eigenschaften lebender Zellen leiten Sie daraus ab?

8 Stellen Sie alle Formen des Stoffaustauschs zwischen Zellen in einer Tabelle zusammen. Berücksichtigen Sie auch direkte Zellverbindungen und die Aufnahme größerer Partikel. Bei welchen Vorgängen muss die Zelle Energie bereitstellen? Informieren Sie sich über die Geschwindigkeit der Prozesse. Für welche Stoffe kommt welcher Mechanismus infrage?

9 Die Entstehung und die Funktionsweise der Zelle sind noch nicht vollständig erforscht. Erläutern Sie mehrere Beispiele, die dies belegen.

10 Das Bild links zeigt bestimmte Strukturmerkmale der Zelle sowie Synthese- und Transportprozesse. Erläutern Sie deren Bedeutung für den Zellstoffwechsel.

Tolle Knolle – Untersuchungen an der Kartoffel

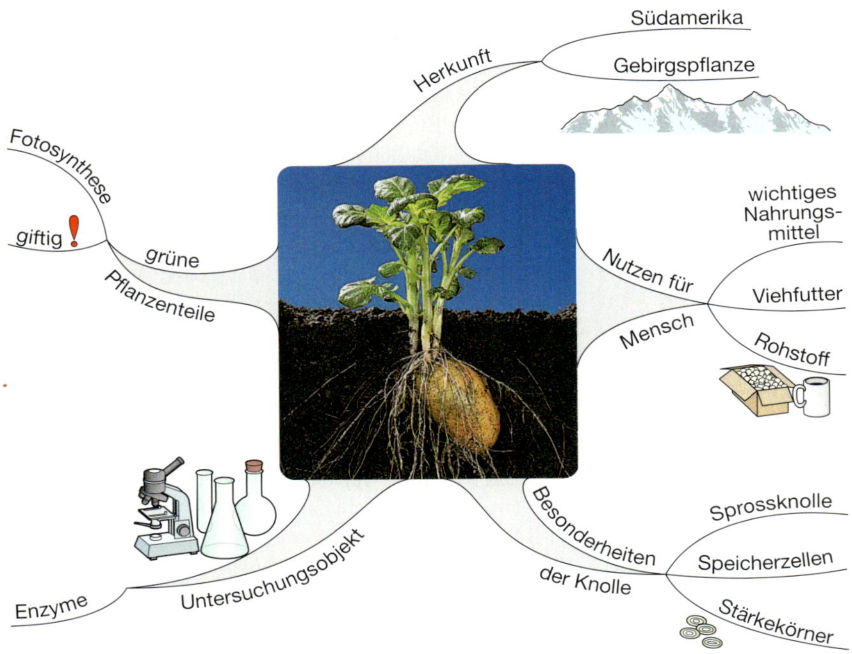

Im 16. Jahrhundert lernten die Spanier bei der Eroberung von Peru und Chile die Kartoffel kennen. Zahllose Kultursorten wurden von den Indios bis in 4000 m Höhe angebaut. In Europa entstanden zunächst bescheidene Pflanzungen in der Nähe der spanischen Häfen, zumeist von Apothekern angelegt. Noch 1565 waren Kartoffeln so kostbar, dass der spanische König Philipp II. dem erkrankten Papst Pius IV. einige Knollen zum Geschenk machte. In Deutschland wurde die Kartoffel erst um 1770 auf Betreiben der preußischen Könige Friedrich Wilhelm I. und Friedrich II. zum Volksnahrungsmittel.

Heute hat die „tolle Knolle" bei uns nicht nur als Nahrungsmittel in allen Variationen Bedeutung, sondern zunehmend auch als nachwachsender Rohstoff für die Industrie.

Die Kartoffel *(Solanum tuberosum)* gehört wie die Tomate zu den Nachtschattengewächsen *(Solanaceae)*. Essbar sind nur die *Sprossknollen*, die als Speicherorgane am Ende der unterirdischen Ausläufer sitzen und mit *Reservestoffen* voll gepackt sind. Sie dienen der vegetativen Vermehrung der Mutterpflanze. Alle anderen Pflanzenteile enthalten *Solanin*, ein Glykoalkaloid, das Vergiftungserscheinungen bis hin zum Tod durch Atemstillstand hervorrufen kann.

Die Kartoffel zählt zu den „Säulen der Welternährung". Frisch enthalten die Knollen ca. 78 % Wasser. Das Trockengewicht setzt sich aus 66 % Stärke, 4 % Zucker, 9 % Eiweiß, 0,5 % Fette und aus Mineralstoffen sowie elf verschiedenen Vitaminen zusammen, darunter *Niacin*, die Vorstufe des Coenzyms *NAD*. Vitamin C ist mit 10 bis 25 mg pro 100 g Kartoffel reichlich vorhanden. Die Kartoffel kann unter den verschiedensten Bedingungen angebaut werden, ihre Knollen lassen sich gut lagern und vielseitig verwenden. All dies macht sie zu einem der wichtigsten Grundnahrungsmittel. Daneben wird sie auch als Viehfutter genutzt. Kartoffelstärke spielt in zunehmendem Maße als *nachwachsender Rohstoff* für die Industrie eine wichtige Rolle. Dafür ist vor allem eine genau definierte Stärkequalität erwünscht, die durch Züchtung und den Einsatz gentechnischer Methoden erreicht wird.

☞ **Basisinformationen**
Kulturpflanzen (→ S. 137), Stärke (→ S. 90), Coenzyme (→ S. 73)

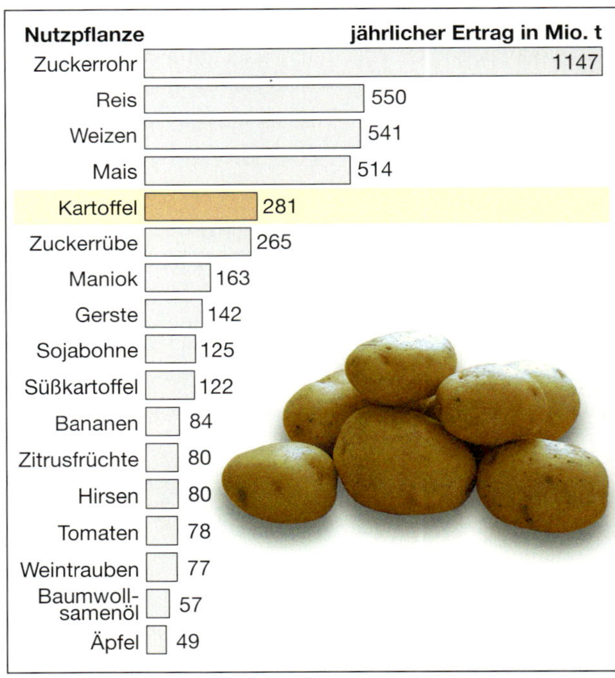

1 *Stellung der Kartoffel unter den übrigen „Säulen der Welternährung". Die Angaben beziehen sich auf das Frischgewicht der jeweils verwendeten Pflanzenteile.*

1 Die Kartoffel stammt ursprünglich aus den Anden. Informieren Sie sich über die heutigen Kartoffelanbaugebiete und über die Bedingungen, unter denen sich die Knollen ausbilden.

2 Kartoffeln – nein, danke! Kartoffeln gelten oft als „Dickmacher". Trifft diese Einschätzung zu? Beurteilen Sie die Kartoffel und Kartoffelgerichte unter ernährungsphysiologischen Gesichtspunkten.

Ein Blick in die Kartoffelzelle

Betrachtet man einen Schnitt durch die Kartoffelknolle unter dem Mikroskop, wird deutlich, dass es sich tatsächlich um ein Speicherorgan handelt. Die Zellen sind mit *Stärkekörnern* dicht gefüllt. Nur mit Mühe lässt sich in diesen *Speicherzellen* der typische Bau einer Pflanzenzelle wiedererkennen: Entsprechend ihrer Funktion zeigen die Speicherzellen Abwandlungen vom Grundbauplan der Pflanzenzelle.

Die Stärke wird in den *Amyloplasten* gespeichert, das sind *Leukoplasten*, also farblose Plastiden, mit spezieller Funktion. Sie bauen aus Glucosemolekülen Stärke auf und lagern sie als Stärkekorn ab. Dabei entsteht eine deutlich sichtbare Schichtung aufgrund der unterschiedlichen Dichte der Stärkemoleküle. Bei der Kartoffel sind die Schichten exzentrisch (Gegensatz: konzentrisch), weil das Stärkebildungszentrum nicht in der Mitte des Amyloplasten liegt. Manche anderen Pflanzen haben zusammengesetzte Stärkekörner. Sie entstehen, wenn Amyloplasten mehrere Stärkebildungszentren aufweisen.

Man kann verschiedene Formen der Stärke unterscheiden: die unverzweigte, in heißem Wasser lösliche *Amylose* (aus 250 bis 500 Glucosemolekülen) und das verzweigte, wasserunlösliche *Amylopektin* (aus über 2000 Glucosemolekülen). Die charakteristische Farbreaktion (Iod-Stärke-Reaktion), die als *Stärkenachweis* dient, entsteht durch die Einlagerung der Iodmoleküle in das Amylosemolekül.

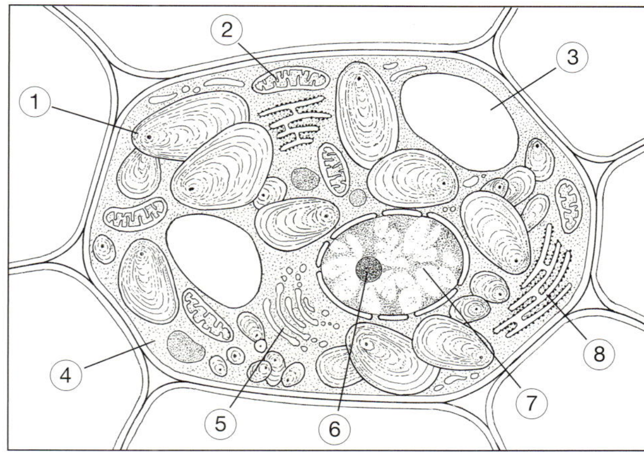

1 Zelle aus dem Speichergewebe einer Kartoffelknolle. Grafik nach einer TEM-Aufnahme

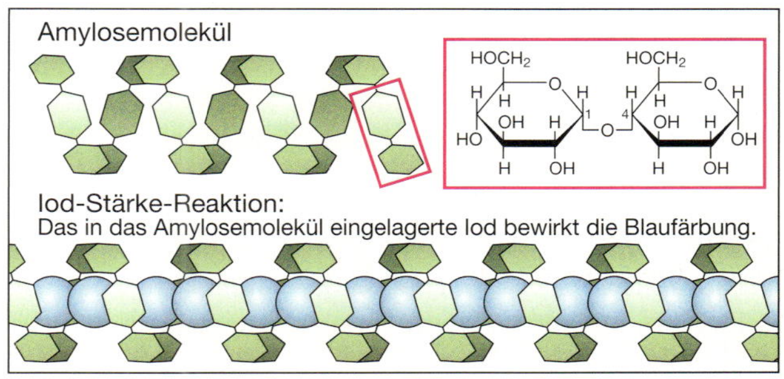

2 Iod-Stärke-Reaktion

☞ Basisinformationen
Pflanzenzelle (→ S. 20/21, 50–53), Plastiden (→ S. 21), Stärke (→ S. 90)

Mikroskopische Untersuchung der Kartoffelknolle

Material: Kartoffelknolle in Stücken, Iod-Kaliumiodid-Lösung, Messer, Mikroskopierausrüstung

Durchführung: Von der frischen Schnittfläche einer Kartoffel wird mit einem Messer etwas Material abgeschabt, auf einen Objektträger übertragen und mit einem Deckglas abgedeckt. Zum Mikroskopieren und Zeichnen eignet sich etwa 500fache Vergrößerung. Anschließend wird mit einer Pipette ein Tropfen (!) der Iod-Kaliumiodid-Lösung an den Rand des Deckglases gegeben und durch Anlegen eines Filterpapierstreifens auf der gegenüberliegenden Seite durch das Präparat gesaugt. Mikroskopieren Sie dann erneut.

Andere Formen von Stärkekörnern lassen sich aus dem Mehlkörper von Weizen- und Reiskörnern gewinnen und zum Vergleich mikroskopieren. Das REM-Bild rechts zeigt die unterschiedlich großen Stärkekörner vom Weizen.

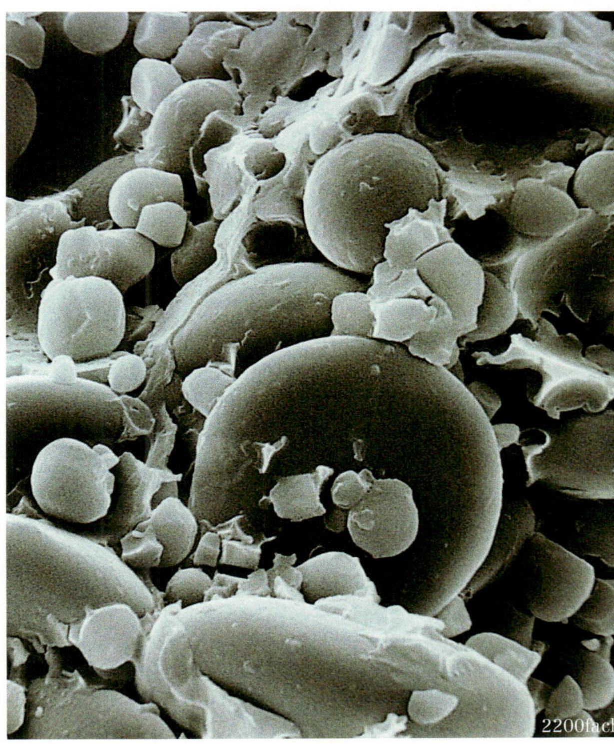

1 Vergleichen Sie den Bau der Speicherzelle aus der Kartoffelknolle mit einer typischen Pflanzenzelle und benennen Sie die in Bild 1 mit Ziffern bezeichneten Zellbestandteile.

2 Beschreiben und vergleichen Sie den Aufbau von Amylose und Amylopektin.

3 Erläutern Sie die Bedeutung der Stärkekörner in der Kartoffelknolle und im Weizenkorn.

Die Kartoffel und ihre Enzyme

Keimt die Kartoffelknolle aus, wird die Reservestärke aus den Amyloplasten benötigt. Bevor die Stärke wieder in den Stoffwechsel eintreten kann, muss sie erst mobilisiert werden. Dazu wird sie durch *Enzyme* in kleine, transportfähige Untereinheiten zerlegt. Eines dieser Enzyme ist die *α-Amylase*, die Amylose in den Doppelzucker Maltose spaltet.

In den Zellen der Knolle kommen noch weitere Enzyme vor, zum Beispiel die *Katalase*. Katalase spaltet das im Zellstoffwechsel anfallende giftige Wasserstoffperoxid in Wasser und Sauerstoff. Sie befindet sich in winzigen Zellorganellen, den *Peroxisomen*. Deren Aufgabe konnte durch spezielle Färbetechniken geklärt werden, die gerade ihre Enzymausstattung nutzen. Katalase ist in den Peroxisomen zu 40 % enthalten.

☞ Basisinformationen

Struktur und Wirkungsweise von Enzymen (→ S. 66/67), Amylase (→ S. 68, 88/89), Peroxisomen (→ S. 51), Katalase (→ S. 51)

Wirkungsweise von Katalysatoren

Material: Kartoffelstückchen als Katalasepräparat, Reagenzgläser, Wasserstoffperoxidlösung H_2O_2 (5 %; *ätzend!*), Sand, Braunsteinpulver (MnO_2), Holzspan, Schutzbrille

Durchführung: Füllen Sie in drei Reagenzgläser je 2 ml Wasserstoffperoxidlösung. Geben Sie in das erste Reagenzglas etwas Sand, in das zweite etwas Braunsteinpulver, in das dritte ein etwa erbsengroßes Kartoffelstück. Untersuchen Sie das frei werdende Gas mit einem glimmenden Holzspan.

Verteilen Sie den Inhalt des kartoffelhaltigen Reagenzglases nach dem Aufhören der Gasentwicklung auf zwei leere Reagenzgläser. (Kartoffelstück in 2 gleiche Teile schneiden!) Geben Sie dann zu dem einen Glas 2 ml frisches Wasserstoffperoxid, zu dem anderen ein Stückchen frische Kartoffel.

Abhängigkeit von der Enzymkonzentration

Material: Kartoffelstückchen als Katalasepräparat, Wasserstoffperoxidlösung H_2O_2 (5 %), Reibschale, Pistill

Durchführung: Zerreiben Sie ein erbsengroßes Stück Kartoffel in der Reibschale und geben Sie 2 ml Wasserstoffperoxid dazu. Vergleichen Sie mit dem Versuch oben.

Abhängigkeit vom pH-Wert

Material: wie oben, zusätzlich verdünnte Natronlauge, dest. Wasser, verdünnte Salzsäure, Reagenzgläser

Durchführung: Geben Sie in drei Reagenzgläser jeweils ein kleines Stückchen Kartoffel, das zuvor in der Reibschale zerquetscht wurde. Füllen Sie in das erste Reagenzglas 2 ml dest. Wasser, in das zweite 2 ml verdünnte Natronlauge, in das dritte 2 ml verdünnte Salzsäure. Fügen Sie dann jeweils 2 ml Wasserstoffperoxid hinzu.

Wirkung eines Gifts auf die Enzymaktivität

Material: wie oben, zusätzlich Kupfersulfatlösung

Durchführung: Geben Sie zu einem Stückchen Kartoffel einige Tropfen Kupfersulfatlösung. Nach einigen Minuten fügen Sie 2 ml Wasserstoffperoxid hinzu.

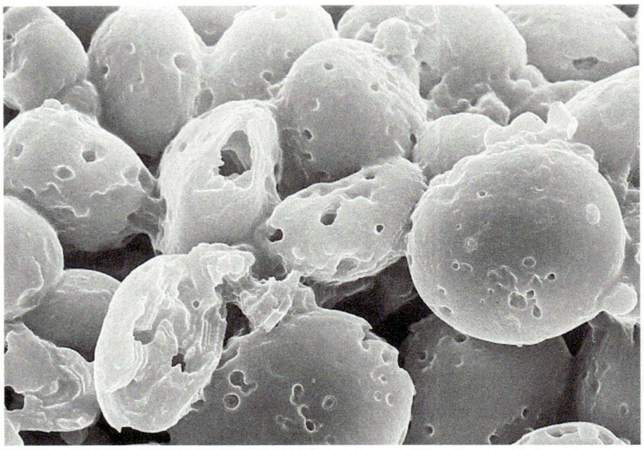

1 Stärkekörner der Gerste nach Behandlung mit Amylase. Es sind bereits tiefe Abbaukrater entstanden.

Temperaturabhängigkeit der Enzymaktivität

Material: 1%ige Lösung aus löslicher Stärke (aufgekocht und abgekühlt), 0,5%ige Amylaselösung, Iod-Kaliumiodid-Lösung (0,01 mol/l), Reagenzgläser, 5-ml- und 1-ml-Pipetten, Pasteurpipetten, Tüpfelplatte, Wasserbad, Bunsenbrenner, Eiswürfel, Stoppuhr

Durchführung: Füllen Sie 5 ml Stärkelösung in ein Reagenzglas und stellen Sie es in ein Wasserbad von etwa 35 °C. Durch Zugabe von 1 ml Amylaselösung starten Sie die Reaktion. Nach kurzem Durchmischen der Reagenzien entnehmen Sie direkt und dann jeweils im Minutenabstand mit einer Pasteurpipette drei Tropfen und mischen sie auf der Tüpfelplatte mit zwei Tropfen Iod-Kaliumiodid-Lösung (→ Bild unten). Die Probeentnahme wird so lange weitergeführt, bis der Stärkenachweis negativ ausfällt, also keine Verfärbung der Iod-Kaliumiodid-Lösung mehr auftritt. Stoppen Sie die dazu notwendige Zeit.

In gleicher Weise werden entsprechende Versuchsansätze bei Raumtemperatur, bei 80 °C und im Eisbad durchgeführt. Temperieren Sie jeweils auch die Amylaselösung vor.

Führen Sie zum Schluss den Versuch wie oben beschrieben, jedoch mit gut aufgekochter Amylaselösung durch.

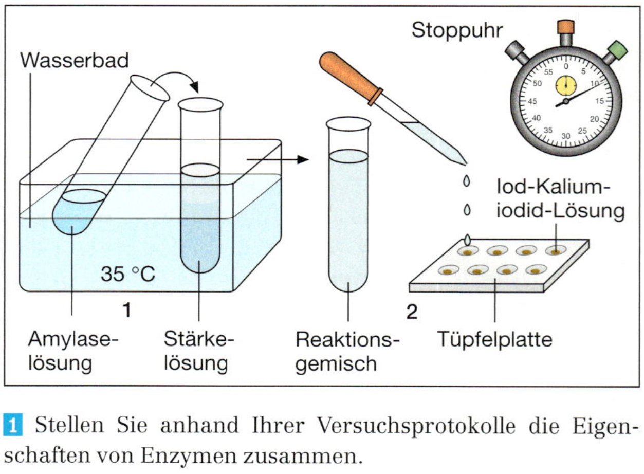

1 Stellen Sie anhand Ihrer Versuchsprotokolle die Eigenschaften von Enzymen zusammen.

Kartoffelstärke als nachwachsender Rohstoff

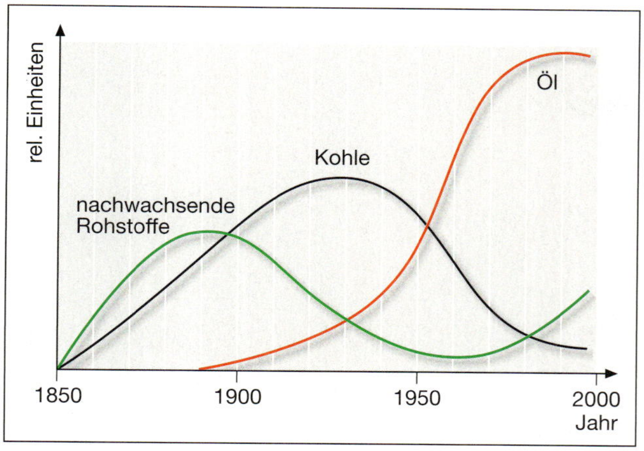

1 Veränderungen im Rohstoffeinsatz der chemischen Industrie seit 1850

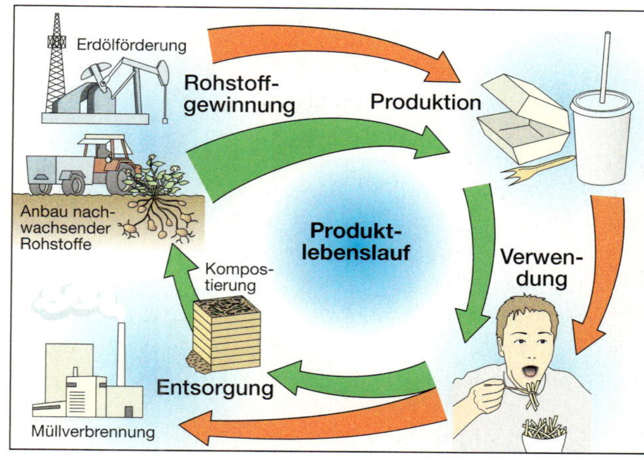

2 Lebensläufe von Produkten aus fossilen und aus nachwachsenden Rohstoffen

Was sind nachwachsende Rohstoffe? Begriffsbestimmung: „Nachwachsende Rohstoffe sind land- und forstwirtschaftlich erzeugte Produkte, die einer Verwendung im Non-Food-Bereich zugeführt werden. Sie können stofflich oder energetisch genutzt werden."

Problemlöser Stärke? Eines der größten Einsatzgebiete für Kunststoffe auf fossiler Basis ist der Verpackungsbereich. Haltbarkeit und vergleichsweise geringes Gewicht machen sie hierfür besonders geeignet. Inzwischen hat die Menge des Verpackungsmaterials, das wieder verwertet oder entsorgt werden muss, beängstigende Ausmaße angenommen.

Als Ersatz für Kunststoffe kommen Rohstoffe aus verschiedenen Pflanzenarten infrage, zum Beispiel Stärke aus Kartoffeln. Es wurden Verfahren entwickelt, durch Backen oder Spritzgusstechnik Tassen und Teller aus Stärke herzustellen. Auch Verpackungsmaterial aus Stärke gibt es schon.

3 Das schützende Füllmaterial im Karton besteht aus einer Mischung von Kartoffel- und Maisstärke und ist biologisch abbaubar.

☞ **Basisinformationen**

Fotosynthese und Primärproduktion (→ S. 136/137)

Herstellung von Folien aus Kartoffelstärke

Material: 2,5 g Kartoffelstärke, 25 ml Wasser, 2 ml Glycerinlösung (55%ig), 3 ml Salzsäure (0,1 mol/l), ca. 3 ml Natronlauge (0,1 mol/l), Erlenmeyerkolben (100 ml), Messzylinder, Pipetten, Magnetrührer mit Heizplatte, Indikatorpapier, Glasplatte (Größe etwa 15 cm x 15 cm)

Durchführung: Verrühren Sie die Kartoffelstärke in dem Wasser. Geben Sie die Salzsäure und das Glycerin dazu und lassen Sie das Ganze 15 Minuten auf dem Magnetrührer kochen. Neutralisieren Sie anschließend die Lösung mit Natronlauge (mit Indikatorpapier überprüfen!). Gießen Sie die noch heiße Lösung auf die Glasplatte und verteilen Sie sie gleichmäßig darauf. Nach dem Trocknen (mindestens zwei Tage bei Raumtemperatur oder 1,5 bis 2 Stunden bei 100 °C im Trockenschrank) können Sie die fertige Folie von der Glasplatte abziehen.

1 Nennen Sie weitere Beispiele für Produkte aus nachwachsenden Rohstoffen. In welchen Bereichen hat die Verwendung von nachwachsenden Rohstoffen eine lange Tradition?

2 Welche Gründe haben die chemische Industrie vermutlich dazu veranlasst, andere Rohstoffe als bisher einzusetzen?

3 Beschreiben Sie anhand von Bild 2 die Lebensläufe von Produkten aus fossilen und von Produkten aus nachwachsenden Rohstoffen am Beispiel von Einweggeschirr.

4 Welche Vorteile hat die Herstellung von Einweggeschirr aus nachwachsenden Rohstoffen gegenüber der aus fossilen Rohstoffen? Diskutieren Sie mögliche Alternativen.

5 Auch durch die zunehmende Rohstoffgewinnung aus nachwachsenden Rohstoffen können sich Probleme ergeben. Erläutern Sie diesen Gedanken. Informieren Sie sich hierzu auch über die Anbaumethoden bei den hauptsächlich genutzten Pflanzen.

Biokatalyse

1 *Weibchen des einheimischen Kleinen Leuchtkäfers. Das Leuchten beginnt spätabends und hält etwa drei Stunden an.*

In lauen Sommernächten kann man die „Glühwürmchen" genannten Leuchtkäfer an Waldrändern tanzen sehen. Leuchten können Männchen wie Weibchen, fliegen jedoch nur die Männchen. Das gelbliche Licht, das im Hinterleib in Leuchtorganen entsteht, dient bei den Weibchen zum Anlocken der fortpflanzungsfähigen Männchen.

In den Leuchtorganen wird mithilfe eines Enzyms, der Luciferase, das Leuchtmittel Luciferin umgewandelt. Die Lichtausbeute ist dabei hoch: 96 % der frei werdenden Energie werden in Licht umgesetzt. Der Wirkungsgrad herkömmlicher Glühbirnen liegt nur bei etwa 5 %. Die enzymatische Umsetzung von Luciferin ist ein sehr spektakuläres Beispiel für das Wirken von Enzymen. Tatsächlich sind aber Enzyme die Grundlage fast aller Lebensäußerungen von Organismen.

Im Blickpunkt:
- Katalysatoren im Organismus: die Enzyme
- zu jedem Substrat das richtige Enzym – Enzyme sind substrat- und wirkspezifisch
- Enzymaktivität – abhängig von Temperatur, pH-Wert und Substratkonzentration
- Enzyme als Fleckentferner in Waschmitteln
- Enzyme und Co.: Vitamine als wichtige Coenzyme
- Enzyme – Helfer bei der Lebensmittelherstellung, in der pharmazeutischen Industrie und in der Medizin

Zu den am höchsten spezialisierten Wirkstoffen im Körper gehören die *Enzyme* (von griech. *zyme:* Sauerteig). Enzyme *katalysieren* Reaktionen in Lebewesen, das heißt, sie beschleunigen bestimmte chemische Reaktionen ohne sich dabei selbst chemisch zu verändern. In dieser Hinsicht wirken Enzyme wie anorganische Katalysatoren, doch ist ihre katalytische Wirkung fast immer um ein Vielfaches größer.

Alle Organismen sind mit einer Vielzahl von Enzymen ausgestattet. Innerhalb der Zelle findet man Enzyme im Zellplasma und in jedem Kompartiment: Im Zellkern steuern sie die Umsetzung der genetischen Information. Im Zellplasma bewirken sie zum Beispiel den Abbau von Zucker bei der *Glykolyse* (→ S. 103). Zellorganellen wie Lysosomen und Peroxisomen (→ S. 51) tragen wiederum eine besondere Enzymausstattung. Schließlich sind auch in vielen Biomembranen wie der Thylakoidmembran der Chloroplasten (→ S. 127) Enzyme anzutreffen. Manche Enzyme werden zwar innerhalb der Zelle produziert, wirken aber außerhalb davon; *Verdauungsenzyme* (→ S. 88) sind das bekannteste Beispiel hierfür.

Im Grunde genommen beruhen fast alle Lebensäußerungen mittelbar oder unmittelbar auf enzymatisch gesteuerten Reaktionen: Alle Stoffwechselreaktionen, ob Verdauung, Zellatmung oder Fotosynthese, sind durch Enzyme katalysierte Reaktionsfolgen. Sogar die Bewegung von Muskeln (→ S. 111) wird als Folge von Wechselwirkungen mit Enzymen aufgefasst.

Enzyme – Beschleuniger biologischer Reaktionen

Besonders interessant ist die Verbreitung der Enzyme in der belebten Natur: Sie fehlen in keinem Lebewesen der Welt und es gibt darüber hinaus bestimmte Enzyme, die nahezu allen Organismen gemeinsam sind. So verfügt fast jedes Lebewesen, sei es Bakterium, Pflanze oder Tier, über die zur Glykolyse notwendigen Enzyme. Auch das so genannte *Cytochrom c*, das bei der Zellatmung eine wichtige Rolle spielt (→ S. 105), ist in den Zellen aller Eukaryoten und in vielen Bakterienzellen zu finden. Diese Tatsache weist auf einen gemeinsamen Ursprung allen Lebens hin. Veränderungen in den Enzymbausteinen ermöglichen dabei Rückschlüsse auf die *stammesgeschichtliche Entwicklung* der untersuchten Arten. Durch vergleichende Analysen solcher weit verbreiteter Enzyme lässt sich ein Stammbaum des gesamten Organismenreichs rekonstruieren (→ Bild 1). Die Länge der Stammbaumäste entspricht dabei der Zahl der Unterschiede in den Enzymbausteinen der untersuchten Arten.

Die universelle Verbreitung der Enzyme hat ihren Grund, denn ohne das Wirken von Enzymen ist Leben auf unserer Erde gar nicht vorstellbar.

Aktivierungsenergie. Viele chemische Reaktionen sind *exergonisch*, das heißt, sie laufen freiwillig und unter Energiefreisetzung ab. Die Verdauung unserer Nahrung ist so ein Vorgang, aber auch ein Kaminfeuer brennt – einmal entzündet – bis alles Holz verglüht ist. Doch laufen auch exergonische Reaktionen nicht von selbst ab: Holz geht nicht spontan in Flammen auf, sondern muss erst angezündet werden. Genauer gesagt, es muss ihm erst eine bestimmte *Aktivierungsenergie* zugeführt werden. Diese Aktivierungsenergie ist notwendig, weil sich zunächst die bestehenden chemischen Bindungen in den Ausgangsstoffen lösen müssen, bevor sich neue chemische Bindungen und damit die Reaktionsprodukte ausbilden können. Ein Weg, um die *Energiebarriere* zu überwinden, die die Aktivierungsenergie darstellt, besteht darin, die Ausgangsstoffe zu erhitzen.

Biokatalysatoren. In der anorganischen Chemie werden in der Tat viele Reaktionen in Gang gebracht, indem man den Ausgangsstoffen von außen Wärme zuführt. Eine Erhöhung der Temperatur um 10 °C bewirkt bereits eine Beschleunigung der Reaktionsgeschwindigkeit um das 2- bis 3fache. Dieser Zusammenhang ist als *Reaktionsgeschwindigkeit-Temperatur-Regel* (RGT-Regel) bekannt.

Die RGT-Regel gilt grundsätzlich auch für chemische Umsetzungen in Lebewesen, doch nur in einem Temperaturbereich bis etwa 40 °C. Höhere Körpertemperaturen werden nur von wenigen Organismen toleriert. Daher kann die benötigte Aktivierungsenergie selten in Form von Wärme zugeführt werden. Stattdessen werden Reaktionen, die in Lebewesen ablaufen, durch die katalytische Wirkung von Enzymen beschleunigt. Enzyme sind ebenfalls in der Lage, die bestehenden chemischen Bindungen zu lockern und so die Aktivierungsenergie herabzusetzen (→ Bild 2). Auf diese Weise laufen auch solche Reaktionen bei Körpertemperatur ab, die ohne Katalysator hohe Aktivierungsenergien benötigen würden. Enzyme sorgen also als *Biokatalysatoren* für eine *angemessene Reaktionsgeschwindigkeit* trotz *niedriger Temperaturen*.

Längst nicht alle chemischen Reaktionen in unserem Körper laufen freiwillig und unter Energiefreisetzung ab. Zu den *endergonischen* Reaktionen, die Energie erfordern, gehören alle *Synthesereaktionen*. Sie sind für den Aufbau großer Moleküle aus einfachen Bausteinen nötig. Dabei wird Energie aufgenommen, solange die Reaktion läuft. Beispiele sind der Aufbau von Glykogen in der Leber oder die Sekundärreaktionen der Fotosynthese (→ S. 129). Auch hier wird die Aktivierung erst durch das Wirken spezifischer Enzyme ermöglicht.

1 Nennen Sie Gründe dafür, weshalb Leben auf der Erde enzymatisch katalysierte Stoffwechselreaktionen erfordert.

2 Welcher Katalysator aus Bild 2 zeigt die größere Wirkung? Begründen Sie!

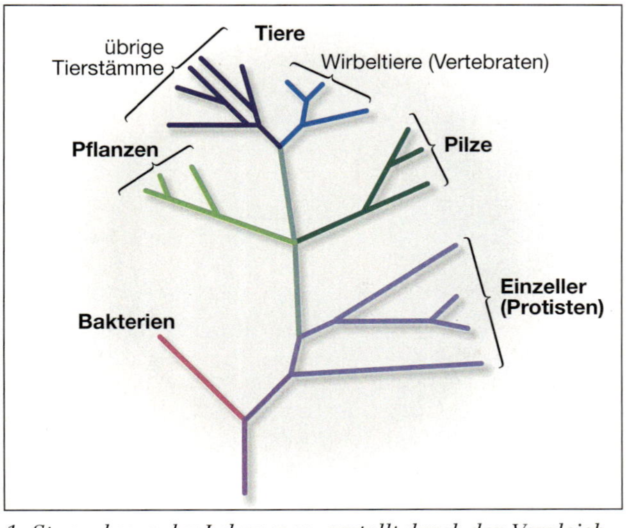

1 Stammbaum der Lebewesen, erstellt durch den Vergleich eines den Organismen gemeinsamen Enzyms (Cytochrom c)

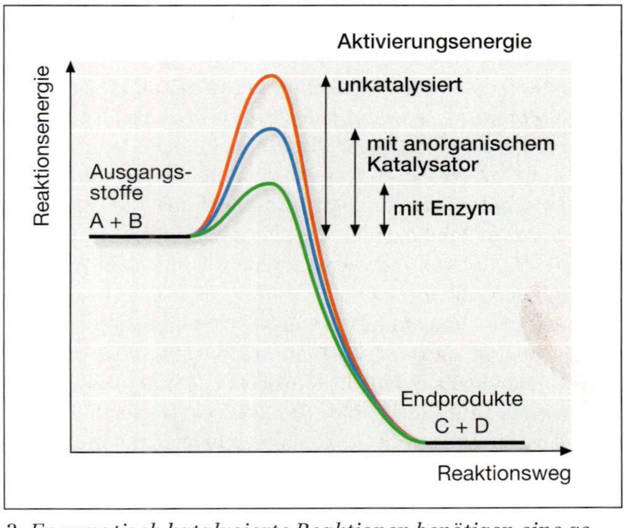

2 Enzymatisch katalysierte Reaktionen benötigen eine geringere Aktivierungsenergie als unkatalysierte Reaktionen.

Struktur und Wirkungsweise von Enzymen

Fast alle bekannten Enzyme sind *Proteine*. Erst in jüngerer Zeit wurden vereinzelt auch RNA-Moleküle mit katalytischer Aktivität gefunden. Sie werden als *Ribozyme* bezeichnet.

Bestimmte chemische Eigenschaften lassen Proteine als geradezu ideal geeignet für einen Einsatz als Biokatalysatoren erscheinen. Dazu gehört vor allem die große Vielfalt der möglichen Proteinstrukturen. Sie ist für die Funktion der Enzyme im Organismus entscheidend.

Auf die räumliche Struktur kommt es an. Proteine sind Makromoleküle und bestehen aus meist mehr als 100 Aminosäuren (→ S. 44). Von der Sequenz der Aminosäuren, der *Primärstruktur*, werden alle weiteren Strukturebenen des Proteins bestimmt. Das gilt natürlich auch für Enzyme. Will man ihre Wirkungsweise verstehen, kommt es besonders auf die räumliche Struktur an, also die *Tertiär-* und *Quartärstruktur*. Obwohl es Tausende von verschiedenen Enzymen gibt, zeigen alle hierin Gemeinsamkeiten:

Bei den meisten Enzymen, die frei im Cytoplasma vorliegen, handelt es sich um *globuläre*, also mehr oder weniger kugelförmige Proteine. Ein Beispiel dafür ist das gut untersuchte *Lysozym* (→ Bild 1), das aus nur 129 Aminosäuren besteht. Es kommt in Tieren und Pflanzen gleichermaßen vor und spaltet hier die Polysaccharidketten von Bakterienzellwänden, das so genannte Murein. Auf diese Weise wirkt Lysozym antibakteriell. Auch in unserer Tränenflüssigkeit ist Lysozym enthalten.

Als weitere Gemeinsamkeit weisen alle Enzyme taschen- oder spaltenförmige Einbuchtungen auf. Diese Einbuchtungen nennt man *aktives Zentrum*, weil sich darin die Reaktion abspielt, die das entsprechende Enzym beschleunigt. Beim Lysozym verläuft das aktive Zentrum rinnenartig quer über das Molekül.

Aktives Zentrum und Enzym-Substrat-Komplex. Das aktive Zentrum ist die Stelle im Enzym, an der die Ausgangsstoffe für die zu katalysierende Reaktion, die *Substrate*, binden. Aktive Zentren sind so geformt, dass die entsprechenden Substrate in sie hineinpassen wie der Schlüssel ins Schloss. In einigen Fällen wird die Passung noch nachträglich verbessert, indem das Substrat bei seiner Bindung an das aktive Zentrum eine *Konformationsänderung* des Enzyms bewirkt, sodass es vom aktiven Zentrum fester umschlossen wird. Man spricht dann von *Induced-fit-Mechanismus*. Aus der genauen Passung zwischen Enzym und Substrat ergibt sich die hohe *Substratspezifität* von Enzymen: Die meisten Enzyme binden nur ein einziges Substrat oder eine kleine Gruppe chemisch eng verwandter Stoffe.

Im Lauf einer enzymatisch katalysierten Reaktion entsteht also vorübergehend ein so genannter *Enzym-Substrat-Komplex (ES-Komplex)*, indem die Substrate in das aktive Zentrum des Enzyms eingelagert sind. Die Existenz solcher ES-Komplexe lässt sich nachweisen. Zum einen beobachtet man, dass bei gleich bleibender Enzymkonzentration die Reaktionsgeschwindigkeit einer enzymatisch katalysierten Reaktion auch dann einen Maximalwert erreicht, wenn man die Substratkonzentration immer weiter erhöht. Diese Beobachtung lässt

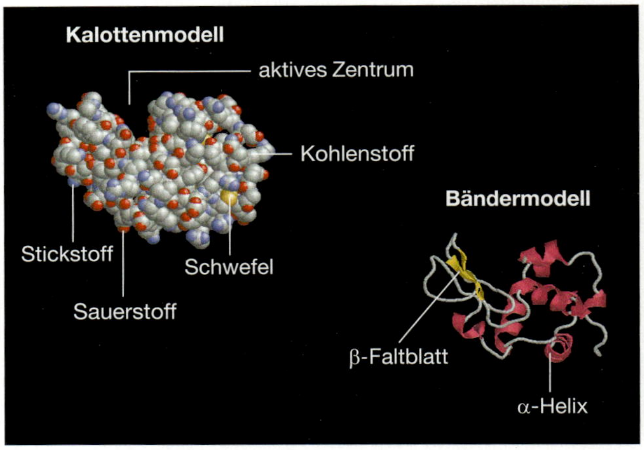

1 Räumliche Modelle des Lysozyms

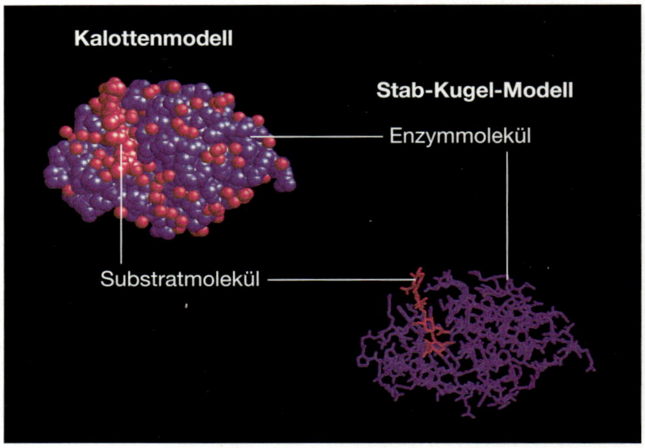

2 Enzym-Substrat-Komplex des Lysozyms. Statt des eigentlichen Substrats Murein wurde hier ein Vierfachzucker eingesetzt, der einen Ausschnitt aus dem Mureinmolekül darstellt.

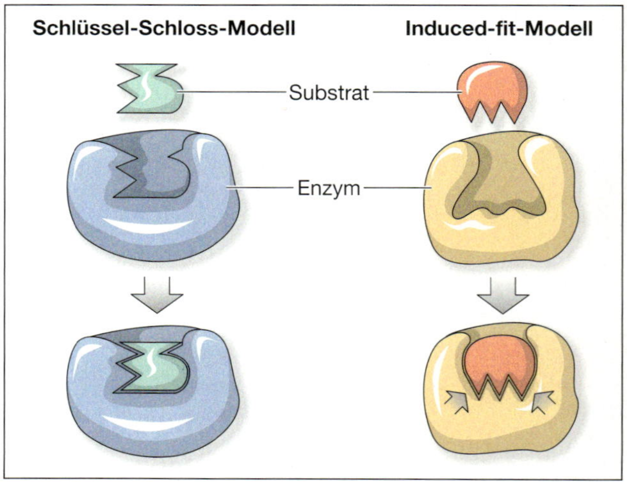

3 Modellvorstellungen zur Passung zwischen Enzym und Substrat

sich nur erklären, wenn man annimmt, dass die Substratmoleküle an die Enzyme binden, bevor sie umgesetzt werden. Wird eine Substratkonzentration erreicht, bei der die aktiven Zentren aller Enzymmoleküle besetzt sind, kann die Reaktionsgeschwindigkeit nicht weiter zunehmen. Zum anderen können ES-Komplexe auch direkt im Experiment nachgewiesen werden: Viele ES-Komplexe absorbieren Licht anderer Wellenlängen als die Enzyme oder die Substrate allein. Das lässt ebenfalls den Schluss zu, dass Enzyme und Substrate tatsächlich eine Verbindung eingehen.

ES-Komplexe verringern die Aktivierungsenergie. Damit eine chemische Reaktion stattfinden kann, müssen sich bei den Ausgangsstoffen chemische Bindungen lösen, bevor sich neue Bindungen ausbilden können. Das Lösen bestehender Bindungen ist ein Energie verbrauchender Prozess. Es entsteht immer ein so genannter *Übergangszustand*, in dem alte chemische Bindungen noch nicht vollständig gelöst sind, die neuen Bindungen sich aber bereits zu bilden beginnen. Solche Übergangszustände sind energetisch sehr ungünstig. Bei unkatalysierten Reaktionen muss die zur Überwindung des Übergangszustands benötigte Aktivierungsenergie aus der Wärmeenergie der beteiligten Moleküle kommen. Daher laufen viele unkatalysierte Reaktionen nur bei hohen Temperaturen mit beobachtbaren Geschwindigkeiten ab.

Warum können Enyzme auch bei niedrigen Temperaturen eine schnelle Reaktion ihrer Substrate erreichen? Hierfür ist die Ausbildung von ES-Komplexen von zentraler Bedeutung: In das aktive Zentrum ragen bestimmte Aminosäurereste des Enzyms hinein, die aufgrund ihrer Orientierung und ihrer Ladung in der Lage sind, den Übergangszustand, den die Substrate durchlaufen müssen, zu stabilisieren. Im aktiven Zentrum des Enzyms ist der Übergangszustand also energetisch weniger ungünstig als bei der unkatalysierten Reaktion. Man kann sagen, die Ausbildung von ES-Komplexen eröffnet einen Reaktionsweg, bei dem die Aktivierungsenergie gegenüber der unkatalysierten Reaktion deutlich herabgesetzt ist.

Am Beispiel der Spaltung von Murein durch Lysozym wird klar, inwiefern die Bildung von Enzym-Substrat-Komplexen die Reaktion erleichtert. Murein ist ein Polysaccharid, das ist ein aus bestimmten Zuckermolekülen aufgebautes Makromolekül. Lysozym spaltet Murein durch Einlagerung eines Wassermoleküls, also durch *Hydrolyse*. Als Übergangszustand bei dieser Spaltungsreaktion tritt ein positiv geladenes Kohlenstoffatom (ein Carboniumion) in der Polysaccharidkette auf. Zwei Aminosäurereste des Lysozyms, nämlich ein Glutamin auf Position 35 und ein Asparagin auf Position 52, ragen direkt ins aktive Zentrum des Lysozyms hinein und sind durch die negative Ladung, die sie tragen, unter anderem in der Lage, das entstehende Carboniumion zu stabilisieren. Das bedeutet, dass sich dieses Ion leichter bildet und die Spaltungsreaktion daher schneller abläuft als ohne Lysozym.

Multienzymkomplexe. Enzyme und ihre Substrate finden völlig ungerichtet durch *Diffusion* zueinander. Viele Stoffwechselwege bestehen aber aus mehreren aufeinander folgenden Reaktionen, wobei das Produkt der ersten enzymatisch katalysierten Reaktion das Substrat einer zweiten Reaktion ist und so fort. Einige dieser Stoffwechselwege können beschleunigt ablaufen, weil die Enzyme, die die Einzelschritte katalysieren, zu *Multienzymkomplexen* zusammengefasst sind. Sie sitzen zum Beispiel eng benachbart in der Zellmembran. Das Substrat kann dann über sehr kurze Diffusionswege von einem Enzym zum nächsten „weitergereicht" werden. Es durchläuft dabei sehr rasch eine ganze Reihe von Umwandlungen. Beispiele für solche Multienzymkomplexe sind das Enzymsystem zur DNA-Synthese im Zellkern, die Atmungskette in der Mitochondrienmembran (→ S. 105) oder die Lichtreaktion in den Thylakoiden (→ S. 127).

1 Meist sind es geladene Aminosäure-Seitenketten, die in das aktive Zentrum eines Enzyms hineinragen. Haben Sie dafür eine Erklärung? Machen Sie sich die Funktion der Seitenketten im aktiven Zentrum nochmals deutlich.

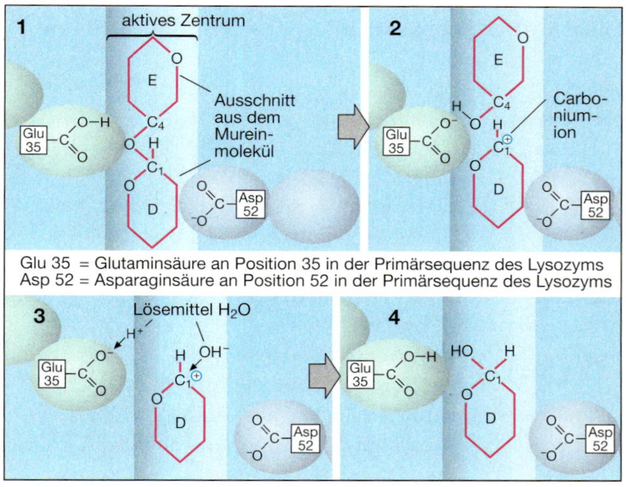

1 Spaltung einer Polysaccharidkette (Murein) durch Lysozym

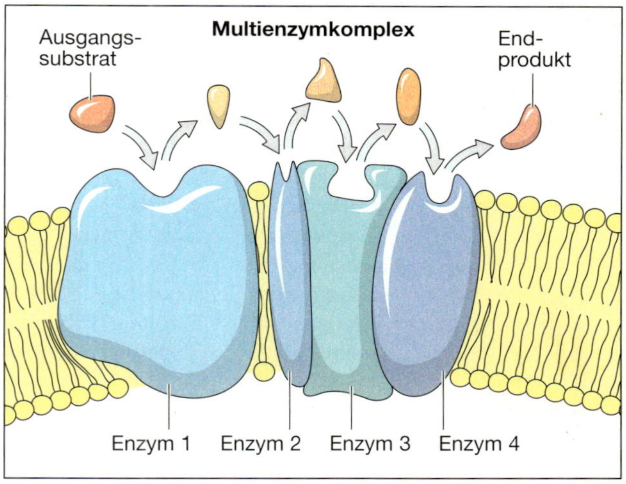

2 Beispiel für einen Multienzymkomplex aus membrangebundenen Enzymen

Einteilung der Enzyme

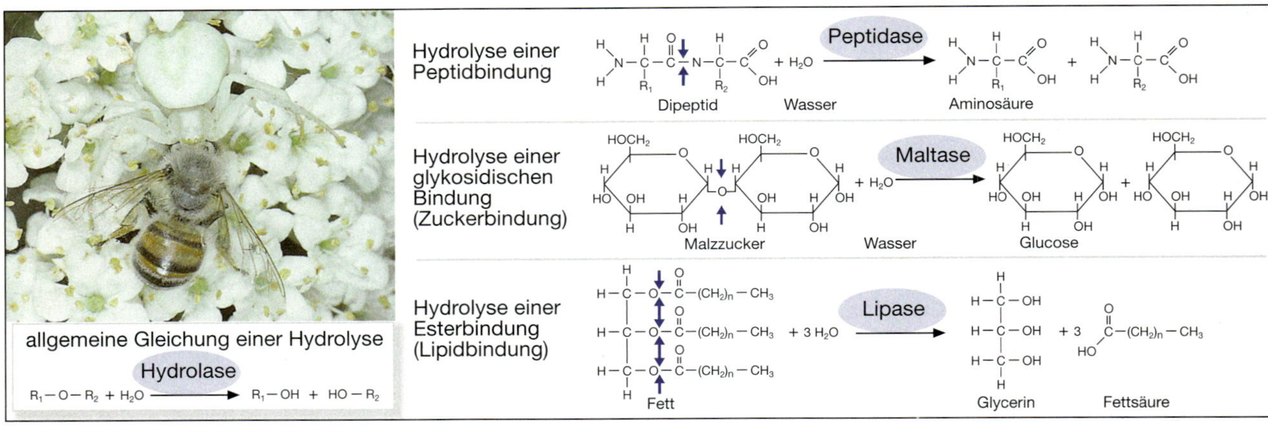

1 und 2 Eine Krabbenspinne injiziert Verdauungssaft in ihr Opfer. Rechts: Wirkung der Verdauungsenzyme (Hydrolasen)

Die meisten Enzyme können nur mit *einem* speziellen Substrat einen Enzym-Substrat-Komplex bilden (→ S. 66), sie sind *substratspezifisch*. Darüber hinaus ermöglichen sie in der Regel nur eine einzige Reaktion des Substrats. Deshalb gibt es zum Beispiel verschiedene Enzyme, die alle Glucose als Substrat haben: Ein Enzym, die *Hexokinase*, leitet den Abbau von Glucose zur Energiegewinnung in der Glykolyse ein (→ S. 103), andere Enzyme katalysieren den Aufbau von Glucose zu Glykogen. Enzyme sind also nicht nur substratspezifisch, sondern auch *wirkspezifisch*.

Benennung der Enzyme. Die Substrat- und Wirkspezifität der Enzyme macht man sich bei ihrer wissenschaftlichen Benennung zunutze. Danach setzt sich der Name eines Enzyms zusammen aus
- der Bezeichnung des Substrats,
- der Bezeichnung der Reaktion, die das Enzym katalysiert,
- der Endung *-ase*, die allen Enzymnamen gemeinsam ist.

Als Beispiel für ein so korrekt benanntes Enzym kann die *Succinatdehydrogenase* dienen. Sie überführt im Citratzyklus (→ S. 104) *Succinat* durch Abspaltung zweier Wasserstoffatome, also *Dehydrogenierung*, in Fumarat.

Neben diesen wissenschaftlichen Namen existieren gerade für viele bekannte und verbreitete Enzyme historische Bezeichnungen, die noch immer üblich sind. Die Verdauungsenzyme *Pepsin* (von griech. *pepsis:* das Kochen), *Trypsin* (von griech. *tryein:* aufreiben) und *Chymotrypsin* (von griech. *chymos:* Saft, Speisebrei) sind dafür Beispiele.

Einteilung der Enzyme in Gruppen. Nach einer internationalen Übereinkunft werden die Enzyme zu Gruppen zusammengefasst. Für die Zuordnung zu einer bestimmten Gruppe ist die Art der Reaktion entscheidend, die von dem jeweiligen Enzym katalysiert wird (→ Tabelle unten). Eine sehr große Gruppe bilden die *Hydrolasen*, das sind Enzyme, die eine Substratspaltung unter Einlagerung von Wasser katalysieren. Zu dieser Gruppe gehören zum Beispiel sämtliche Verdauungsenzyme (→ S. 88). Innerhalb der großen Gruppe der Hydrolasen werden Untergruppen unterschieden. So gibt es *Proteasen* und *Peptidasen*, die die Peptidbindungen von Proteinen und Polypeptiden hydrolytisch spalten, und *Amylasen*, die die Hydrolyse von Stärkemolekülen vornehmen, sowie *Lipasen*, die die Esterbindung zwischen Glycerin und Fettsäuren in Fetten hydrolysieren.

International gültige Einteilung der Enzyme

Enzymgruppe	Art der katalysierten Reaktion	Beipielenzym	Beschreibung
1. Oxidoreduktasen	alle Reduktionen oder Oxidationen von Substraten	Malatdehydrogenase	oxidiert Malat im Citratzyklus zu Oxalacetat, dabei wird NAD^+ zu NADH reduziert
2. Transferasen	Übertragung bestimmter chem. Gruppen (z. B. Methyl-, Amino-) von einem Substrat auf ein anderes	Hexokinase	überträgt im 1. Schritt der Glykolyse eine Phosphatgruppe von ATP auf Glucose, es entstehen Glucose-6-phosphat und ADP
3. Hydrolasen	Spaltung des Substrats durch Einfügen eines Wassermoleküls	alle Verdauungsenzyme, Lysozym	bewirken die Hydrolyse von verschiedensten Makromolekülen
4. Lyasen	nichthydrolytische Spaltung von Molekülen	Aldolase	spaltet in der Glykolyse eine C–C-Bindung von Fructose-1,6-bisphosphat
5. Isomerasen	katalysieren Umlagerungen innerhalb von Molekülen	Phosphoglyceromutase	wandelt während der Glykolyse 3-Phosphoglycerat in 2-Phosphoglycerat um
6. Ligasen	Verknüpfung zweier Moleküle unter Verbrauch des Energieträgers ATP	DNA-Ligase	kann DNA-Stränge reparieren oder ringförmige DNA-Moleküle bilden, häufig in der Gentechnik eingesetzt

Abhängigkeit der Enzymwirkung

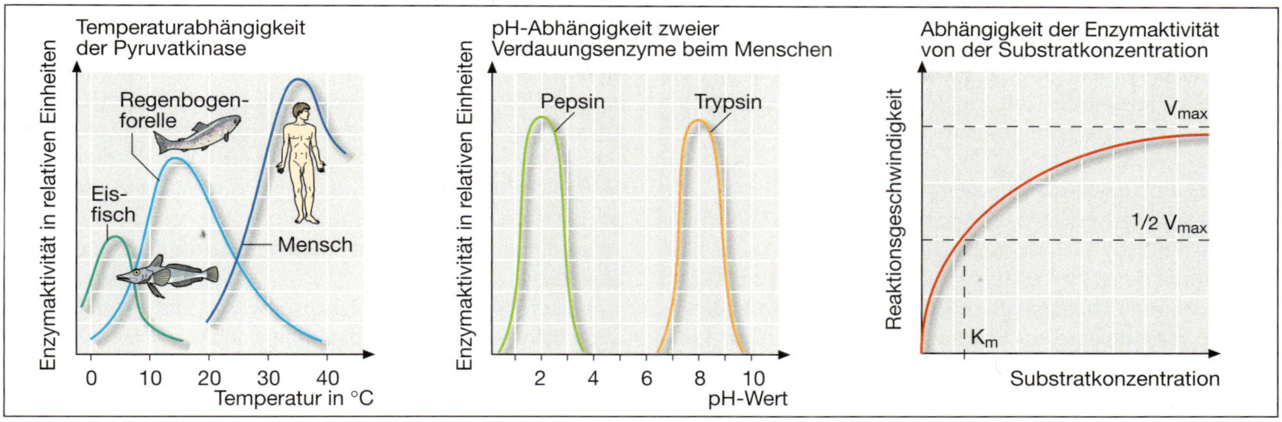

1–3 Die Enzymaktivität hängt von der Temperatur, dem pH-Wert und der Substratkonzentration ab.

Temperaturabhängigkeit. Alle Reaktionen, die von Enzymen katalysiert werden, sind *temperaturabhängig*. Innerhalb gewisser Grenzen gilt die RGT-Regel (→ S. 65). Aber da Enzyme sehr komplexe Makromoleküle sind, beeinflusst eine Temperaturänderung nicht nur die Reaktionsgeschwindigkeit, sondern zugleich die *Konformation* des Enzyms: Die Tertiär- und Quartärstruktur von Proteinen wird vor allem durch schwache Bindungen wie Wasserstoffbrücken oder Van-der-Waals-Kräfte aufrechterhalten. Solche Bindungen können schon durch die thermische Bewegung der Moleküle beeinflusst werden. Im Extremfall – meist oberhalb 70 °C – kommt es zur irreversiblen *Denaturierung* der Enzyme. Doch selbst geringe Temperaturänderungen können über eine graduelle Veränderung der schwachen Bindungen im Molekül zu einer ebenso graduellen Veränderung der Enzymaktivität führen. Damit lässt sich erklären, warum einige Enzyme bereits bei Temperaturen inaktiv werden, bei denen eine Denaturierung ausgeschlossen ist. Diese Temperaturgrenzen sind *artspezifisch*. Für Menschen ist zum Beispiel Fieber mit einer Körpertemperatur von 40 °C sehr gefährlich, für Vögel ist es die Normaltemperatur. Ein antarktischer Eisfisch, der bei einer Wassertemperatur von konstant –1,9 °C lebt, stirbt schon bei 6 °C.

pH-Wert-Abhängigkeit. Die Tertiärstruktur der Enzyme kann vom pH-Wert des Umgebungsmilieus beeinflusst werden. Einige Aminosäurereste in Proteinen reagieren nämlich als schwache Säuren oder Basen. So ist ein Glutaminsäurerest in neutralem oder alkalischem Milieu negativ geladen, in saurem aber ungeladen. Solche Ladungsunterschiede wirken sich auf die Konformation aus. Enzyme sind deshalb dem pH-Wert des Milieus, in dem sie Reaktionen katalysieren, jeweils angepasst. Sie haben nicht nur ein Temperatur-, sondern auch ein *pH-Optimum*, bei dem die Enzymaktivität – und damit auch die Reaktionsgeschwindigkeit – am größten ist.

Substratkonzentration. Die Reaktionsgeschwindigkeit wird außerdem durch die *Substratkonzentration* bestimmt. Das ist zu erwarten: Je mehr Substrat zur Verfügung steht, desto schneller wird die Reaktion ablaufen. Solch ein linearer Zusammenhang besteht aber nur bei geringen Substratkonzentrationen. Ist die Substratkonzentration dagegen hoch, wird eine Maximalgeschwindigkeit V_{max} gemessen, die nicht mehr von der Substratkonzentration abhängt. Diesen Zusammenhang untersuchten LEONOR MICHAELIS und MAUD MENTEN 1913. Ihnen zu Ehren wird die Substratkonzentration, bei der die halbe Maximalgeschwindigkeit $\frac{1}{2} V_{max}$ erreicht ist, *Michaelis-Menten-Konstante* K_m genannt. Sie nimmt für jedes Enzym-Substrat-System einen anderen Wert an.

4 MAUD MENTEN

Wechselzahl. Ein Maß für die Aktivität von Enzymen ist die so genannte *Wechselzahl* (→ Tabelle unten). Sie gibt die Anzahl von Substratmolekülen an, die von einem Enzymmolekül in der Sekunde umgesetzt werden kann, wenn das Enzym vollständig mit Substrat gesättigt ist.

1 Erläutern Sie, weshalb Konformationsänderungen eines Enzyms in jedem Fall seine Aktivität beeinflussen.

2 Der K_m-Wert bezeichnet eine Substratkonzentration. Welche Schlüsse lassen sich aus einem niedrigen bzw. einem hohen K_m-Wert ziehen?

Maximale Wechselzahlen einiger Enzyme

Enzym	Wechselzahl [s^{-1}]
Katalase	40 000 000
Carboanhydrase	600 000
Lactatdehydrogenase	1 000
Chymotrypsin	100
DNA-Polymerase	15
Tryptophan-Synthetase	2
Lysozym	0,5

Material – Methode – Praxis: **Enzyme in Waschmitteln**

Noch vor 40 Jahren war Waschen Schwerarbeit: Eigelb, Schokolade und Blut ließen sich nur mühevoll beseitigen. Die Wäschestücke mussten eingeweicht, vorgewaschen und schließlich gekocht werden. Unter der Behandlung litt nicht nur die Wäsche, sie kostete die Hausfrauen auch viel Zeit. Der Einsatz von *Enzymen* schuf Abhilfe, ist aber nicht ganz problemlos.

Verdauungsenzyme verbessern Waschmittel

Durch einen Blick auf die Verpackungen moderner Vollwaschmittel kann man sich schnell davon überzeugen, dass die meisten von ihnen Protein und Lipid abbauende Enzyme, also *Proteasen* und *Lipasen*, enthalten. Allerdings sind die Bedingungen, unter denen diese Enzyme in der Waschtrommel wirken sollen, für die meisten Lebewesen – und damit auch für ihre Enzyme – zu extrem: Die Waschtemperaturen liegen mit 60–80°C deutlich über den Körpertemperaturen (fast) aller Lebewesen und auch das alkalische Milieu der Waschlauge (pH 8–10) beeinträchtigt oder hemmt die Wirkung der meisten Enzyme. Es ist daher verständlich, dass die Industrie großes Interesse an Enzymen hat, die auch unter den oben beschriebenen Bedingungen ihre Wirkung entfalten können.

Archaeen – manche mögen's heiß

In den letzten 20 Jahren fanden Forscher an Orten, an denen man die Existenz von Leben bisher für ausgeschlossen hielt, so genannte *Archaebakterien* oder *Archaeen*. Die einzelligen, kernlosen Archaeen leben in heißen Quellen, in Salzseen oder in Thermalquellen der Tiefsee. Sie gleichen im Bau den Bakterien, sind aber mit diesen nicht näher verwandt. Dass die Archaeen an so lebensfeindlichen Orten existieren können, liegt im Wesentlichen an ihrer Enzymausstattung: Ihre Enzyme bleiben selbst unter extremen Bedingungen noch funktionsfähig, weshalb man auch von *Extremozymen* spricht. Für viele solcher Extremozyme sind interessante wirtschaftliche Anwendungen denkbar. Zwei Beispiele:

In Sodaseen in Ägypten, Ostafrika und den USA leben *alkalophile* (= Alkalien liebende) Archaeen. Sie können den pH-Wert in ihrem Innern auch bei sehr alkalischem Außenmilieu nahe dem Neutralpunkt halten. Die so genannte „stone washed"-Optik von Jeans lässt sich durch Behandlung mit Enzymen aus solchen alkalophilen Bakterien erzielen.

Heiße Quellen im Yellowstone Nationalpark in den USA (→ Bild rechts) sind der Lebensraum *thermophiler* Archaeen (→ Bild unten), die sich noch bei 85°C vermehren. Ihre Enzyme sind für Waschmittelhersteller hochinteressant, da sie auch bei hohen Temperaturen aktiv bleiben. Der Grund für die Hitzetoleranz liegt offenbar nicht in einer grundsätzlich anderen Bauweise als bei anderen Enzymen, sondern in der größeren Anzahl innermolekularer Bindungen, zum Beispiel zwischen ionischen und polaren Gruppen.

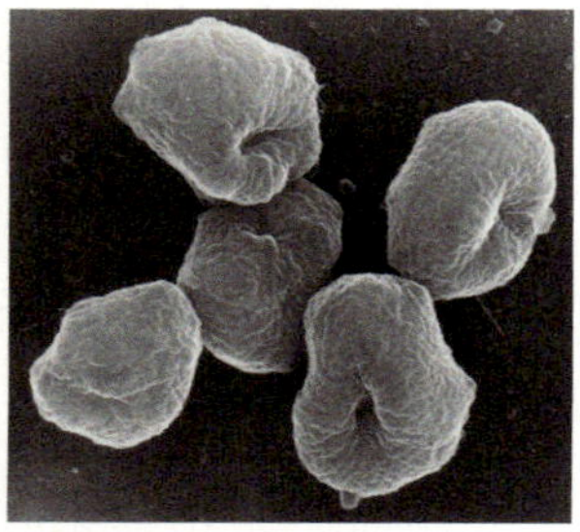

Extremozymproduktion mithilfe der Gentechnik

Wenn man die Enzyme aus den natürlichen Produzenten, also den extremophilen Archaeen, gewinnen will, benötigt man sehr große Mengen von ihnen um wirtschaftlich lohnende Ausbeuten zu erzielen. Allerdings findet man diese einzelligen Organismen fast nie in so großen Mengen in ihren Lebensräumen. Man muss also an entsprechender Stelle Proben nehmen, diese im Labor reinigen und die gewünschte Archaeenart isolieren. Schon das gelingt oft nicht wegen der extremen Ansprüche, die die Archaebakterien an ihren Lebensraum stellen.

Die großtechnische Aufzucht und Haltung ist meist noch komplizierter. Deshalb bedient man sich gentechnischer Verfahren um die Probleme in den Griff zu bekommen: Der Aufbau eines jeden Enzyms ist im Erbgut der Archaeen festgelegt. Man schneidet das entsprechende Stück mit so genannten *Restriktionsenzymen* aus der Archaeen-DNA heraus und pflanzt es in das Erbgut von Laborbakterien ein. Diese lassen sich in der Regel leicht züchten und produzieren fortan mithilfe des verpflanzten DNA-Stücks das gewünschte Enzym in großen Mengen.

Nachweis von Enzymen in Waschmitteln

Material: ein Esslöffel Wollwaschmittel (ohne Enzym – vergleichen Sie mit den Angaben auf der Packung!), ein Esslöffel Vollwaschmittel (mit Enzym), jeweils aufgelöst in 50 ml Wasser, ein Päckchen Götterspeise, zwei Petrischalen, Glasstäbe, Brenner, Dreifüße, Keramikdrahtnetze

Durchführung: Die Götterspeise wird nach Anleitung zubereitet und zum Erstarren in die Petrischalen gegossen. Geben Sie auf die Götterspeiseproben einen Esslöffel von einer der Waschmittellösungen. Schließen Sie den Deckel und beobachten Sie nach einiger Zeit die Konsistenz der Götterspeise.

Erweiterung: Wiederholen Sie den oben beschriebenen Versuch mit anderen Substraten als Götterspeise. Auch aus Stärke und Agar-Agar (einem aus Algen gewonnenen Stoff) lassen sich feste Gele gießen. Finden Sie heraus, welche Enzyme in der Waschmittellösung enthalten waren und woraus die jeweiligen Gele bestehen. Erklären Sie die Ergebnisse.

Enzyme in Waschmitteln und ihre Funktion

Enzyme	hergestellt seit	Waschwirkung
Proteasen	1960	höhere Wasserlöslichkeit der Eiweiße durch Peptidspaltung
Amylasen	1975	höhere Wasserlöslichkeit der Kohlenhydrate (Stärkespaltung)
Lipasen	1985	Spaltung von Fett in wasserlösliche Fettsäuren und Glycerin
Cellulasen	1985	bessere Farbwirkung (Anti-Aging-System) durch Cellulosespaltung

Bedingungen für die Denaturierung von Eiweiß

Material: Eiklar, verdünnte Salzsäure, verdünnte Natronlauge, Kochsalz, pH-Teststreifen oder pH-Meter, Pipetten, Bechergläser, Reagenzgläser, Wasserbad mit Thermometer

Durchführung: Mit dem Eiklar eines Hühnereies und Wasser wird eine wässrige Eiweißlösung hergestellt, die völlig klar und durchsichtig sein soll. Verteilen Sie diese Stammlösung auf vier verschiedene Reagenzgläser. Pipettieren Sie in eines der Reagenzgläser tropfenweise verdünnte Salzsäure. Schütteln Sie nach jedem Tropfen den Inhalt des Reagenzglases gründlich. Fügen Sie so lange Salzsäure hinzu, bis die Eiweißlösung deutlich trüb wird. Anschließend wird der pH-Wert der Lösung ermittelt und festgehalten. Verfahren Sie in einem zweiten Ansatz analog mit verdünnter Natronlauge. Pipettieren Sie in ein drittes Reagenzglas gesättigte Kochsalzlösung, bis es zur Trübung kommt. Erhitzen Sie in einem vierten Ansatz die Eiweißlösung im Wasserbad bis zur Trübung und ermitteln Sie die hierfür notwendige Temperatur.

Temperaturoptimum von Waschmittelenzymen

Material: Wasserbad mit Thermometer, Iod-Kaliumiodid-Lösung, Speisestärke, enzymhaltiges Vollwaschmittel, Reagenzgläser, Bechergläser, Messpipetten, Stoppuhr

Durchführung: Stellen Sie in einem Becherglas eine 1%ige Stärkelösung her, indem Sie Speisestärke in kochendes Wasser einrühren. Versetzen Sie die abgekühlte Stärkelösung mit einem Tropfen Iod-Kaliumiodid-Lösung, sodass sich eine tiefe Blaufärbung ergibt. Lösen Sie in einem zweiten Becherglas Vollwaschmittel in destilliertem Wasser auf. Die Konzentration der Lösung sollte nicht unter 5% liegen. Die Bechergläser mit der gefärbten Stärkelösung und der Waschmittellösung werden nun im Wasserbad temperiert. Der Versuch sollte im Temperaturbereich zwischen 10°C und 90°C in 10-°C-Intervallen durchgeführt werden.

Pipettieren Sie bei Erreichen der gewünschten Temperatur je 2 ml der beiden Lösungen in ein Reagenzglas. Schwenken Sie das Reagenzglas leicht im Wasserbad und stoppen Sie die Zeit, die bis zur völligen Entfärbung des Reagenzglasinhalts verstreicht. Die Zeit wird protokolliert.

Stellen Sie Ihre Messwerte grafisch dar, indem Sie die Geschwindigkeit der Entfärbung über der Temperatur auftragen.

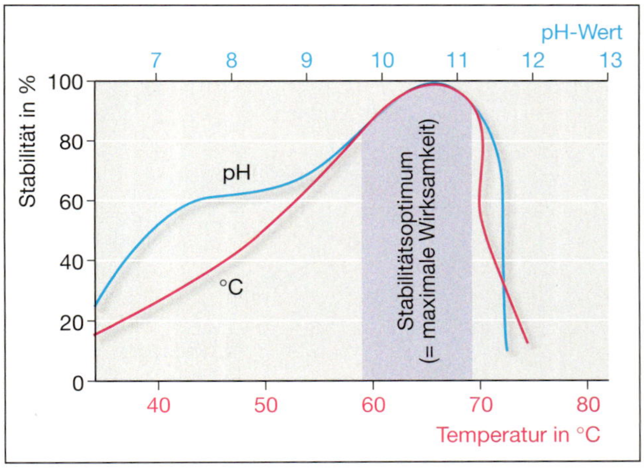

Waschmittelallergien und ihre Ursachen

80 bis 90% aller Waschmittel enthalten heute Enzyme (vergleichen Sie auch mit der Tabelle oben links). Damit ist die Produktion von Biokatalysatoren für Waschmittel zur größten kommerziellen Anwendung der Enzymtechnik weltweit geworden. Insgesamt beträgt der Umsatz mit Enzymen im Welthandel mehr als zwei Milliarden Euro.

Die verwendeten Proteasen greifen nicht nur Eiweißflecken an, sondern unter Umständen auch die Haut des Menschen. Vor allem aber werden sie häufig aus Bakterien gewonnen und sind mit Bestandteilen der Bakterienzellwand verunreinigt. Diese können bei sensiblen Personen und unzureichend gespülter Wäsche allergische Reaktionen auslösen. Wissenschaftlich nachgewiesen sind solche Nebenwirkungen aber bisher nicht. Deshalb sind Warnhinweise auf den Waschmittelpackungen noch nicht vorgeschrieben. Um die Gefahren so klein wie möglich zu halten, gingen die Herstellerfirmen dazu über, die Enzympartikel mit wachsartigen Substanzen zu ummanteln. Diese „Prills" verhindern den direkten Hautkontakt und verbessern zudem die Lagerfähigkeit der Produkte.

1 Im Versuch haben Sie ermittelt, unter welchen Bedingungen Hühnereiweiß denaturiert. Beschreiben Sie diese Bedingungen (auch quantitativ). Vergleichen Sie sie mit den Bedingungen, denen Enzymproteine in einer Waschlauge ausgesetzt sind.

2 Erklären Sie, wie sich die Struktur eines Proteins verändert, wenn es denaturiert. Weshalb kann ein denaturiertes Enzym keine katalytische Wirkung mehr entfalten?

3 Vergleichen Sie die von Ihnen selbst erstellte Kurve zum Temperaturoptimum von Waschmittelenzymen mit der Abbildung links. Setzen Sie diese Werte auch zu den Temperaturen in Beziehung, die in der Mehrzahl aller Lebewesen herrschen. Was zeigen Ihre Ergebnisse in Bezug auf die Herkunft der Waschmittelenzyme?

Stichworte zu weiteren Informationen

Gentechnik, Restriktionsenzyme, Verdauungsenzyme, Archaebakterien, Anti-Aging-System

Enzymhemmung und Enzymregulation

Irreversible Hemmung. Enzyme können durch chemische Stoffe *gehemmt* werden. Die Giftigkeit der meisten Schwermetalle zum Beispiel beruht auf der unwiderruflichen, *irreversiblen* Inaktivierung von Enzymen. Viele Schwermetallionen wie Pb^{2+}, Cd^{2+}, Cu^{2+} können irreversibel an bestimmte Enzyme binden und dabei deren Konformation verändern. Auch die Form des aktiven Zentrums verändert sich, sodass das Substrat des Enzyms nicht mehr hineinpasst und daher nicht mehr umgesetzt werden kann.

Ähnlich wirkt das – inzwischen verbotene – Pflanzenschutzmittel E 605. Es hemmt die *Acetylcholinesterase*, ein Enzym, das den Neurotransmitter *Acetylcholin* – ein Botenstoff zwischen Nerven- und Muskelzellen – nach Übermittlung eines Nervensignals wieder abbaut. Unterbleibt der Abbau, kommt es zur Verkrampfung der Muskulatur. Krämpfe in der Atemmuskulatur haben den Tod durch Ersticken zur Folge.

Blausäure *HCN* und ihre Salze hemmen irreversibel ein Enzym der Atmungskette, die *Cytochromoxidase*. Das unterbindet in jeder einzelnen Zelle die Zellatmung und führt so zum Tod.

Steuerung des Stoffwechsels durch Enzymregulation. So gravierend die Folgen einer Enzymhemmung in den oben beschriebenen Fällen sind, *reversible Enzymhemmungen*, also das Ein- und Ausschalten von Enzymen, sind für den Organismus im Gegenteil sogar *lebensnotwendig*: Von vielen Tausend möglichen Stoffwechselwegen werden in jedem Zellkompartiment zu einer bestimmten Zeit nur wenige gebraucht. Man kann sich leicht vorstellen, welches Chaos in einem Lebewesen herrschen würde, wenn zum Beispiel in einer Zelle gleichzeitig Glykogen zu Glucose ab- und Glucose zu Glykogen aufgebaut würde. Einen geordneten Stoffwechsel ermöglicht erst die *Enzymregulation*.

Um die Enzymaktivität zu beeinflussen, gibt es grundsätzlich mehrere Möglichkeiten. Zunächst kann die Enzymmenge verändert werden, indem Enzym neu synthetisiert oder wieder abgebaut wird. Solche Veränderungen der Enzymmenge finden tatsächlich in Lebewesen statt, aber sie dauern mindestens Stunden und sind daher nicht immer schnell genug. Wesentlich rascher kann die Enzymaktivität durch Substanzen beeinflusst werden, die eine reversible Hemmung bewirken.

Kompetitive Hemmung. Stoffe, die dem Substrat eines Enzyms sehr ähneln, können an das aktive Zentrum binden ohne umgesetzt zu werden. Sind solche Hemmstoffe in höherer Konzentration vorhanden als das eigentliche Substrat, kommt die Reaktion zum Erliegen, da fast nur noch Hemmstoff an die Enzymmoleküle gebunden ist. Bei genügend hoher Substratkonzentration wird dagegen der Hemmstoff vom Substrat verdrängt, das Substrat kann umgesetzt werden. Eine solche Hemmung, bei der Substrat und Hemmstoff in Wettbewerb um die aktiven Zentren treten, wird *kompetitive Hemmung* genannt.

Bei einigen Stoffwechselprozessen ist das Produkt der Reaktion zugleich der Hemmstoff. Die enzymatische Reaktion wird dann durch *negative Rückkopplung* reguliert: Je mehr Produkt, desto weniger aktive Enzymmoleküle, desto weniger Produkt usw. Dieser Mechanismus sorgt dafür, dass das Produkt im Organismus nur so lange synthetisiert wird, bis es sich anzusammeln beginnt. Das erspart dem Organismus unnötigen Rohstoff- und Energieaufwand.

Allosterische Enzyme. Eine Reihe von Enzymen lassen sich durch bestimmte Substanzen, die als *Effektoren* bezeichnet werden und sich an eine spezielle Bindungsstelle des Enzyms heften, in ihrer Struktur verändern. In der Regel sind die Enzyme dann inaktiviert, doch gibt es auch Effektoren, die aktivierend wirken. Solche *allosterischen Enzyme* besitzen also zwei verschiedene Bindungsstellen, eine für das Substrat und eine für den Effektor, der dem Substrat chemisch überhaupt nicht ähnelt.

Allosterische Hemmung tritt oft bei Enzymen für Stoffwechselwege auf, die letztlich der Produktion von ATP (→ S. 102) dienen. Ist genügend Energie in Form von ATP vorhanden, werden Schlüsselenzyme, die im Dienst der ATP-Produktion stehen, allosterisch durch ATP gehemmt.

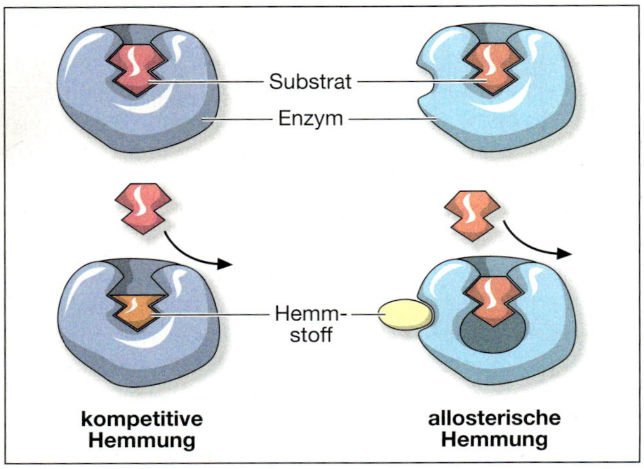

1 Kompetitive und allosterische Enzymhemmung im Vergleich

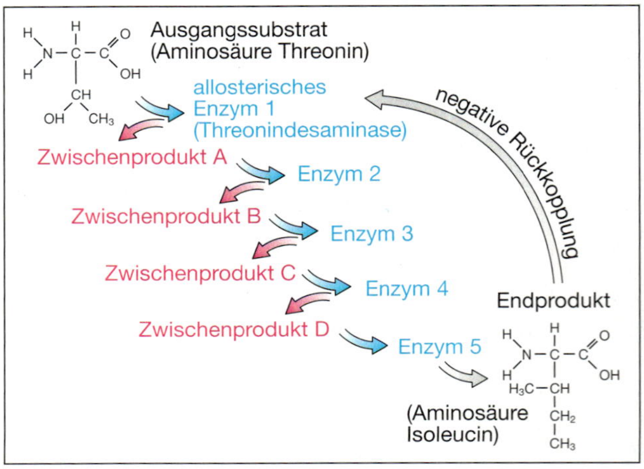

2 Regulation eines Stoffwechselweges durch negative Rückkopplung

Die Rolle der Cofaktoren

Viele Enzyme sind reine Proteine. Andere stellen jedoch Komplexe aus Proteinen und besonderen *Cofaktoren* dar. Bei den Cofaktoren kann es sich um ein *Metallion* oder um ein kleines *organisches Molekül*, ein *Coenzym*, handeln. Den Proteinanteil solcher zusammengesetzten Enzyme grenzt man als *Apoenzym* vom Cofaktor ab. Nur wenn beide zusammen als *Holenzym* vorliegen (von griech. *holos:* ganz, vollständig), ist der Biokatalysator funktionsfähig.

Von den Cofaktoren sind einige fest mit dem Apoenzym verbunden. Man spricht dann auch von einer *prosthetischen Gruppe*. Viele Coenzyme sind dagegen nur lose mit dem Apoenzym verbunden. Sie übertragen während der enzymatischen Reaktion bestimmte Molekülgruppen. Coenzyme sind nicht substratspezifisch und sie werden während der Reaktion wie die Substrate verändert. Die Bezeichnung Co*enzym* ist daher missverständlich. Sie soll nur darauf hinweisen, dass die Anwesenheit dieser Stoffe Voraussetzung für die Enzymaktivität ist.

B-Vitamine als Bestandteile von Coenzymen. Zwischen den kleinen organischen Molekülen, die als Coenzyme auftreten, lässt sich keine chemische Verwandtschaft feststellen – sie alle sind sehr unterschiedlich gebaut. Eine Gemeinsamkeit jedoch gibt es: Viele Coenzyme enthalten oder bestehen aus einem *Vitamin der B-Gruppe* (→ Tabelle rechts). Wir müssen die Vitamine, die Vorstufen der Coenzyme, mit der Nahrung aufnehmen. Unser Körper kann sie nicht selbst herstellen, obgleich er die Coenzyme zwingend zum Leben braucht.

Die wichtigste Aufgabe von Coenzymen ist der Transport von Molekülgruppen wie Wasserstoff-, Phosphat- oder Acetylgruppen. Die Coenzyme wirken dabei als Bindeglied zwischen Reaktionen, die zwar in funktionellem Zusammenhang stehen, aber nicht unbedingt am selben Ort in der Zelle ablaufen. So werden in der Glykolyse (→ S. 103), die im Cytoplasma abläuft, Wasserstoffgruppen auf das Coenzym *NAD* (*N*icotinamid-*a*denin-*d*inucleotid) übertragen. NAD transportiert dann den Wasserstoff zu den Mitochondrien, wo er in der Atmungskette (→ Seite 105) unter Energiegewinn zu Wasser oxidiert wird. Das Coenzym bewirkt also eine Kopplung dieser Reaktionen.

Metallionen als Cofaktoren. Obwohl viele Metallionen – besonders Schwermetallionen – für den Organismus in höherer Konzentration giftig sind, werden bestimmte Metalle als *Spurenelemente* im Stoffwechsel unbedingt benötigt. Diese Cofaktoren haben vor allem zwei Funktionen: Sie stabilisieren als Ladungsträger die dreidimensionale Struktur der Enzymproteine und sie fungieren als Anheftungsstelle für das Substrat, stellen also das Bindeglied zwischen Enzym und Substrat dar.

1 Viele Wissenschaftler sprechen von „Cosubstrat" statt von „Coenzym". Inwiefern ist diese Bezeichnung angemessener?

2 Schildern Sie anhand von Bild 2 die Wirkungsweise von Coenzymen.

3 Darmbakterien der natürlichen Darmflora liefern einen Teil der benötigten B-Vitamine. Setzen Sie sich unter diesem Gesichtspunkt mit dem Einsatz von Antibiotika auseinander.

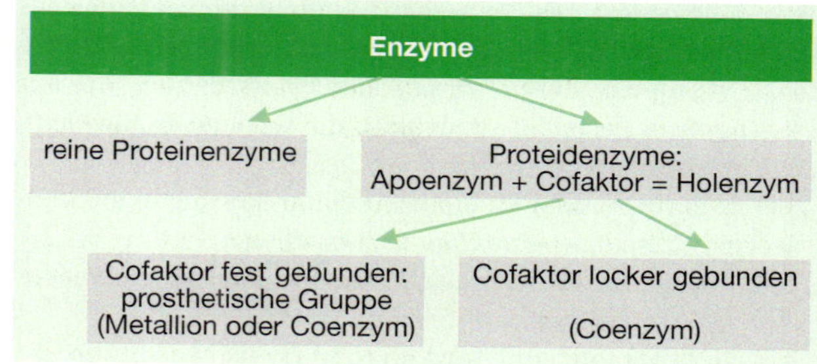

1 *Einteilung der Enzyme nach Vorhandensein von Cofakoren*

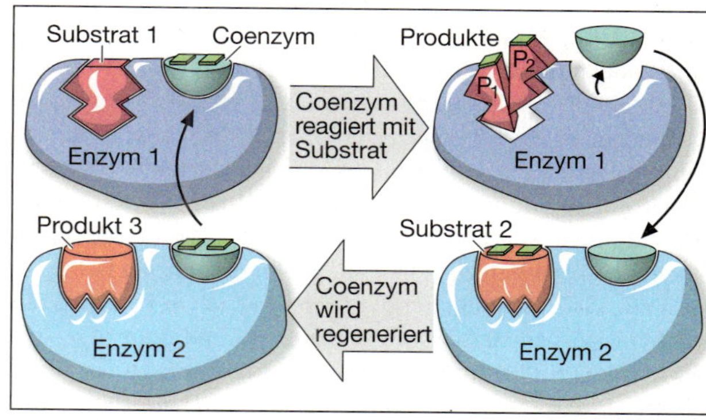

2 *Wirkungsweise von Coenzymen*

Vitaminfragmente als Coenzyme

Coenzym	übertragene Gruppe	zugehöriges Vitamin
NAD^+	H_2	Nicotinsäure (Niacin)
FAD^+	H_2	Riboflavin (B_2)
CoA	Acetylrest	Pantothensäure

3 *Gesunde Ernährung wirkt sich direkt auf den Stoffwechsel aus: Einige Spurenelemente und Vitamine sind als Cofakoren von Enzymen an vielen Stoffwechselreaktionen beteiligt.*

Metallionen als Cofaktoren

Metallion	Enzym	katalysierte Reaktion
Zn^{2+}	Alkohol-dehydrogenase	Abbau von Ethanol
$Fe^{2+/3+}$	Katalase	Abbau von Wasserstoffperoxid
K^+, Mg^{2+}	Pyruvatkinase	letzter Schritt der Glykolyse: Bildung von Pyruvat und ATP

Material – Methode – Praxis: **Enzyme in der Medizin**

Der Stoffwechsel des Menschen läuft als ein genauestens reguliertes System ineinander greifender chemischer Reaktionen ab, die alle durch *Enzyme* katalysiert werden. Hieraus erklärt sich die besondere Bedeutung der Enzyme für die *Medizin*. Enzyme können

- bei zu geringer oder zu hoher Aktivität Störungen im Stoffwechsel, also eine *Krankheit* verursachen,
- auf eine Krankheit hinweisen, also für den Arzt *diagnostischen Wert* besitzen,
- als *Medikamente* eingesetzt werden ebenso wie Stoffe, die die Aktivität der körpereigenen Enzyme beeinflussen.

Gicht – Hilfe bringt ein Hemmstoff

Zu den bekanntesten Patienten, die an dieser Stoffwechselstörung litten, gehörte der Preußenkönig Friedrich der Große (→ Bild unten). Durch eine zu hohe Harnsäurekonzentration in Blut und Geweben kommt es zur Ablagerung von Harnsäurekristallen in den Gelenken. Sehr schmerzhafte Gelenkentzündungen sind die Folge. Die schwer lösliche Harnsäure entsteht beim Abbau von Purinen, Bestandteilen von DNA und RNA. Sie wird bei Säugetieren durch das Enzym *Uricase* zum leicht wasserlöslichen Allantoin abgebaut und über den Urin ausgeschieden. Nur der Mensch und die Menschenaffen besitzen keine Uricase, sondern scheiden Harnsäure aus. Daher sind auch nur sie – und durch einen Nierendefekt der Dalmatiner (→ Bild rechts) – von Gicht bedroht.

Das Gichtmedikament *Allopurinol* (Handelsname Zyloric®) unterbricht den Abbauweg der Purine, bevor Harnsäure entsteht, indem es das Enzym *Xanthinoxidase* hemmt. Das Enzym oxidiert das leicht wasserlösliche Xanthin zu Harnsäure. Allopurinol hat eine dem Substrat ähnliche Struktur, wird aber vom Enzym nicht weiter abgebaut.

Enzymhemmer als Arzneimittel

Da eine zu geringe oder zu hohe Aktivität bestimmter Enzyme schwere krankhafte Veränderungen im Organismus verursachen kann, spielen *Enzymhemmer* in der aktuellen Arzneimittelforschung eine sehr wichtige Rolle. Einige der meistverwendeten Medikamente gehören in diese Gruppe. Neben so altbekannten Arzneimitteln wie Aspirin und Penicillin zählen auch moderne Medikamente wie Blutdrucksenker und Gichtmittel dazu (→ Tabelle).

Enzymhemmer und ihre Wirkung als Medikamente

Medikament	gehemmtes Enzym	Verwendung/ Wirkung
Acetylsalicylsäure	Cyclooxigenase	Schmerzmittel, Entzündungshemmer
Penicillin	Alanintranspeptidase	Antibiotikum, hemmt die Zellwandsynthese bei Bakterien
Allopurinol	Xanthinoxidase	Senkung des Harnsäurespiegels

Wirkung eines Enzymhemmers (Gichtmittel)

Material: 100 ml Rohmilch, 10 ml abgekochte Rohmilch, Acetaldehydlösung (0,5 %), Methylenblaulösung (0,02 %), Allopurinollösung (0,1 %: 1 Tablette = 100 mg Zyloric® in 100 ml Wasser gelöst), vier 50-ml-Erlenmeyerkolben, 10-ml-Pipette, 1-ml-Pipette, Wasserbad (40 °C)

Durchführung: Bei diesem Modellversuch dient die Rohmilch als Enzymquelle und der Acetaldehyd als Substrat. Methylenblau ersetzt den sonst als Elektronenakzeptor wirkenden Sauerstoff. Es wird zugleich als Indikator benutzt (farblose Leukomethylenblaulösung), der die Reduktion anzeigt. Stellen Sie in den vier Erlenmeyerkolben folgende Ansätze im Wasserbad bereit:

Farbvergleichsprobe: 10 ml Milch + 1 ml Methylenblaulösung + 2 ml Wasser;

Normalprobe: 10 ml Milch + 1 ml Methylenblaulösung + 1 ml Wasser + 1 ml Acetaldehydlösung;

Medikamentenprobe: 10 ml Milch + 1 ml Methylenblaulösung + 1 ml Allopurinollösung + 1 ml Acetaldehydlösung;

denaturierte Probe: 10 ml gekochte Milch + 1 ml Methylenblaulösung + 1 ml Wasser + 1 ml Acetaldehydlösung.

Achten Sie auf Farbveränderungen und erklären Sie!

Wie wirkt Penicillin?

Die Entdeckung des Penicillins geht auf einen Zufall zurück: 1928 bemerkte man, dass auf einer vom Schimmelpilz *Penicillium notatum* befallenen Petrischale die darin enthaltene Bakterienkultur im direkten Umfeld des Pilzes nicht wuchs. Es wurde daher vermutet, dass der Pilz einen Stoff ausscheidet (*Penicillin* genannt), der das Bakterienwachstum hemmt. Die Vermutung konnte zunächst nicht überprüft werden, da die chemischen Kenntnisse damals noch nicht ausreichten um die wirksame Substanz aus dem Pilz zu isolieren. Erst nach Ausbruch des Zweiten Weltkriegs wurden die umfangreichen Forschungsarbeiten um das Penicillin mit Erfolg gekrönt: Der Stoff konnte isoliert und seine chemische Struktur aufgeklärt werden. Heute wird Penicillin von eigens gezüchteten Hochleistungspilzkulturen in industriellem Maßstab synthetisiert.

Penicillin hemmt den Aufbau der Bakterienzellwand, indem es die *Transpeptidase* inaktiviert, die für die Quervernetzung der Polysaccharidketten (Murein) verantwortlich ist. Nur Bakterienzellwände sind aus Murein und somit kann Penicillin nur auf wachsende Bakterien wirken.

Problem Penicillinresistenz

Aufgrund ihrer gewaltigen Vermehrungsrate treten bei Bakterien häufig *Mutationen*, also Veränderungen im Erbgut auf. Mutationen, die die Bakterien gegen Antibiotika resistent werden lassen, setzen sich sehr schnell durch. Deshalb hat man schon früh mit der Entwicklung von so genannten *Penicillinderivaten* (penicillinähnlichen Stoffen) begonnen, deren Wirkung dieselbe ist, gegen die die Bakterien aber noch nicht resistent sind.

Als wirksame Komponente des Penicillinmoleküls (→ Bild unten) gilt der β-Lactamring. Penicillinresistente Bakterien verfügen über ein Enzym, die *β-Lactamase*, das diesen Ring zerstört und so die Wirkung des Medikaments aufhebt. Zur Herstellung von Penicillinderivaten spaltet man mit einem speziellen Enzym, der *Penicillinacylase*, eine Seitengruppe des Penicillins ab und fügt einen anderen Rest an. Offensichtlich wird das Penicillinmolekül damit so „sperrig", dass es nicht mehr in das aktive Zentrum der β-Lactamase passt.

Penicillinmolekül und Angriffspunkte von Enzymen

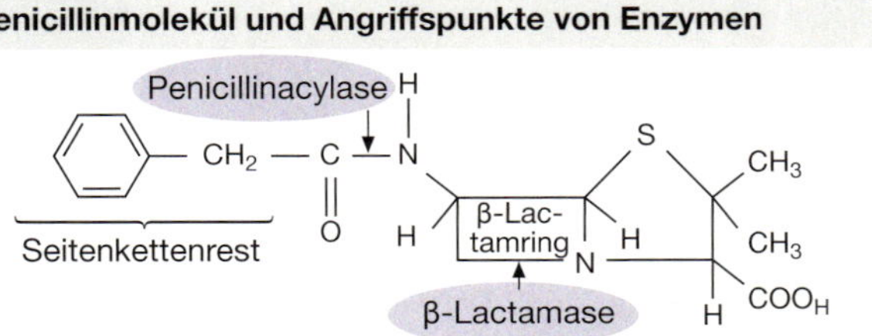

Penicillinderivate

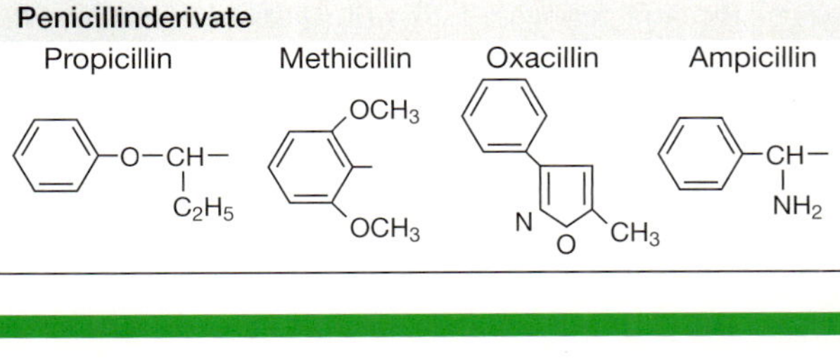

Blutzuckermessung mithilfe der Glucoseoxidase

Eine häufige Stoffwechselkrankheit ist die Zuckerkrankheit *Diabetes mellitus*. Durch eine Bauchspeicheldrüsenunterfunktion ist die körpereigene Regulation des Blutzuckerspiegels gestört. Der Patient muss durch Medikamente einen konstanten Glucosegehalt im Blut einstellen und diesen häufig kontrollieren. Mit einem Blutzuckermessgerät (→ Bild unten) kann die Untersuchung vom Diabetiker selbst durchgeführt werden. Dazu ist nur ein einziger Blutstropfen nötig.

Das Messgerät arbeitet mit einer Membran, die eine Gelschicht einschließt, in der das Enzym *Glucoseoxidase* enthalten ist. Aus dem auf die Membran aufgebrachten Blutstropfen diffundieren Sauerstoff und Glucose in das Gel. Dort wird die Glucose enzymatisch zum Gluconolacton oxidiert und Wasserstoffperoxid entsteht. Dieses gibt zwei Elektronen an eine Platinelektrode ab und zerfällt. Da die Menge der von der Elektrode aufgenommenen Elektronen der Glucosemenge proportional ist, kann der kleine Computer im Messgerät über das elektrische Signal die im Blut enthaltene Glucosemenge errechnen.

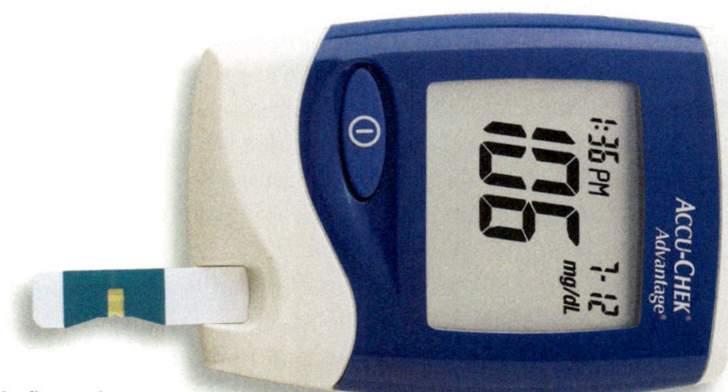

Aufbau eines Blutzuckermessgeräts, Schema

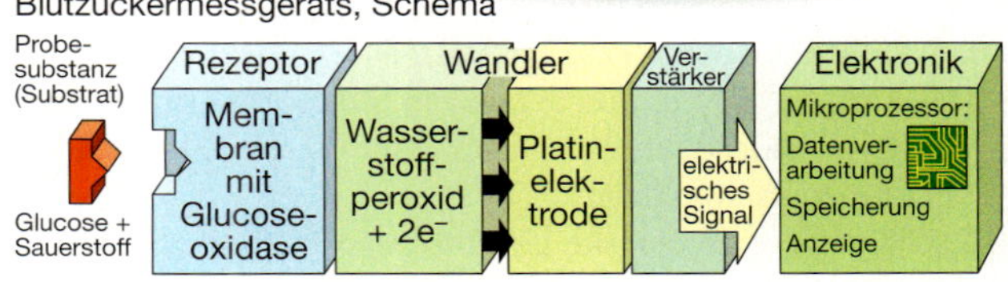

1 Auf welchem Typ von Enzymhemmung beruht die Wirkung des Gichtmittels Allopurinol? Begründen Sie Ihre Ansicht.

2 Schätzen Sie ab, welche Folgen eine sehr hohe Einnahme von Allopurinol für das Enzym Xanthinoxidase hätte.

3 Geben Sie Gemeinsamkeiten und Unterschiede der verschiedenen Penicillinderivate an (→ Bild links).

4 Erklären Sie, warum Penicillin für den Menschen ohne größere Nebenwirkungen ist, während es bei (nichtresistenten) Bakterien tödlich wirkt.

5 Eigentlich sollte Penicillin nicht „Antibiotikum" genannt werden. Warum? Schlagen Sie einen geeigneteren Begriff vor.

☞ Stichworte zu weiteren Informationen

Pharmakologie, Stickstoffausscheidung beim Menschen, Murein, A. FLEMING, Resistenz

Enzyme in der Biotechnologie

1 Für die Käseherstellung benutzt man das Enzym Chymosin, das früher nur aus Kälbermägen gewonnen wurde.

2 Heute wird Chymosin oft in solchen Biofermentern von gentechnisch veränderten Bakterien produziert.

Biotechnologie – uralt oder brandneu? Unter Biotechnologie versteht man den *Einsatz von Mikroorganismen und deren Enzymausstattung zur Herstellung organischer Substanzen.* Danach ist die Biotechnologie bereits Jahrtausende vor Christus entstanden, als man entdeckte, dass Traubensaft sich in Wein verwandeln kann, wenn man ihn zugedeckt stehen lässt. Niemand ahnte damals allerdings die Ursache – wild vorkommende Hefearten, die auf den Schalen der Weintrauben leben. Erst LOUIS PASTEUR entdeckte im Jahre 1857, wodurch die alkoholische Gärung bewirkt wird. Er wies nach, dass die Gärungsprozesse auf Mikroorganismen, nämlich Hefen, zurückzuführen waren. Moderne Biotechnologie stützt sich dagegen auf exakte Wissenschaft – Biologie, Chemie und Verfahrenstechnik – um chemische Substanzen durch enzymatisch katalysierte Reaktionen möglichst wirtschaftlich herzustellen. Biotechnologische Verfahren bieten gegenüber rein chemischen Synthesen eine Reihe von Vorteilen:

- Die Ausgangsstoffe, aus denen die Mikroorganismen ihre Stoffwechselprodukte herstellen, zum Beispiel Stärke oder Mineralstoffe, sind billig.
- Da Mikroorganismen die gewünschten Stoffe durch enzymatisch katalysierte Reaktionen herstellen, läuft die Reaktion bei niedrigen Temperaturen ab. Unkatalysierte Synthesereaktionen benötigen dagegen oft hohe Temperaturen.
- Enzymreaktionen vollziehen sich in wässriger Lösung bei neutralem pH-Wert. In der chemischen Industrie werden dagegen oft Säuren, Laugen oder organische Lösungsmittel benötigt.
- Enzymreaktionen sind sehr spezifisch. Die Ausbeute beträgt oft 100 %, das heißt, alle Ausgangsstoffe werden ausschließlich zum gewünschten Endprodukt umgesetzt.

Biotechnologische Verfahren haben sich deshalb in vielen Bereichen durchgesetzt, zum Beispiel in der Umwelttechnik, Pharmaindustrie und Lebensmittelproduktion.

Biotechnologie heute. Inzwischen ist man nicht mehr darauf angewiesen, nur solche Stoffwechselprodukte zu „ernten“, die Mikroorganismen aufgrund ihrer Enzymausstattung von Natur aus produzieren können. Durch den Einsatz der *Gentechnik* (→ S. 201) können Mikroorganismen mit artfremden Enzymen ausgestattet werden. Schon seit geraumer Zeit wird *menschliches Insulin* von Bakterien, in die man menschliche Gene eingeschleust hat, in industriellem Maßstab hergestellt. Das für Diabetiker lebensnotwendige Hormon kann so bedeutend billiger auf den Markt gebracht werden.

Durch Eingriffe ins Erbgut von Mikroorganismen lassen sich darüber hinaus ihre Enzymsysteme so verändern, dass die Stoffwechselprodukte in enorm gesteigerten Mengen hergestellt werden. So können zwar alle Mikroorganismen B-Vitamine selbst herstellen, doch bei den neu gezüchteten „Hochleistungsstämmen“ des Pilzes *Ashbya gossypii* ist die Produktionsrate des Vitamins B_2 20 000fach und des Vitamins B_{12} 50 000fach gesteigert. Aus so genannten *Biofermentern* (→ Bild 2), in denen der Pilz kultiviert wird, sind die Vitamine leicht zu isolieren. Sie werden als Zusatz für Nahrungsmittel oder für Vitaminpräparate verwendet.

Das wichtigste Einsatzgebiet der Biotechnologie ist auch heute noch die Nahrungsmittelindustrie. Als Beispiel für eine typische Anwendung kann die *Stärkeverzuckerung* dienen:

Zucker für Coca-Cola. Bis 1960 war Kuba, damals größter Zuckerrohrproduzent der Welt, der Hauptzuckerlieferant der USA. Fidel Castros Revolution beendete die Wirtschaftsbeziehungen zwischen beiden Staaten abrupt. Deshalb wurde in den USA nach neuen Wegen der Zuckerherstellung gesucht. Der Anbau von Mais und Kartoffeln lieferte eine große Menge Stärke. Aus ihr lässt sich durch *hydrolytische Spaltung*, der Stärkeverzuckerung, hauptsächlich Glucose herstellen. Dabei spaltet *α-Amylase* die Stärke zunächst in Malzzucker auf, der dann durch *Maltase* in je zwei Glucosemoleküle zerlegt wird. Glucose hat allerdings gegenüber der Saccharose aus dem Zuckerrohr eine geringere Süßkraft. Durch das Enzym *Glucoseisomerase*, das aus Bakterien gewonnen wird, lässt sich die Glucose anschließend in die deutlich süßer schmeckende Fructose umwandeln. Schon 1980 deckten die USA 30 % ihres Süßmittelbedarfs durch ein Glucose-Fructose-Gemisch, den so genannten *Isosirup*, den sie enzymatisch herstellten. Gut die Hälfte des Zuckers in Coca-Cola besteht daraus!

Überblick

■ Enzyme zählen zu den wichtigsten Wirkstoffen der belebten Natur. Man findet sie gleichermaßen in Bakterien, Pilzen, Pflanzen und Tieren. → S. 64, 65

■ Weil Enzyme Stoffwechselreaktionen beschleunigen, werden sie auch als Biokatalysatoren bezeichnet. Wie anorganische Katalysatoren setzen sie die Aktivierungsenergie eines Reaktionssystems deutlich herab. → S. 65

■ Nahezu alle Enzyme gehören zur Stoffklasse der Proteine. Die große Vielfalt der Enzyme ist vor allem in ihrer Tertiär- und Quartärstruktur begründet. → S. 66

■ Den vom Enzym umgesetzten Stoff nennt man Substrat. Er bildet während der Reaktion zusammen mit dem Enzym einen Enzym-Substrat-Komplex, geht also vorübergehend eine Bindung mit dem Enzym ein. → S. 66, 67

■ Wie ein Schlüssel nur in das zugehörige Schloss, so passt auch nur ein bestimmtes Substrat in das aktive Zentrum eines Enzyms und wird umgesetzt. → S. 66–68

■ Die Aktivität eines Enzyms hängt stark vom Milieu ab (pH-Wert, Temperatur, Substratkonzentration), in dem es sich befindet. → S. 69–71

■ Einer der wichtigsten industriellen Anwendungsbereiche für Enzyme ist die Waschmittelherstellung. Wegen der besonderen Anforderungen hinsichtlich Temperatur und pH-Wert werden hier häufig Extremozyme eingesetzt. → S. 70, 71

■ Die in den Waschmitteln eingesetzten Enzyme werden oft aus Bakterien gewonnen. Ursache von Waschmittelallergien sind nicht die Enzyme selbst, sondern Verunreinigungen durch Bestandteile der Bakterienzellwand. → S. 71

■ Die Giftigkeit von Schwermetallen beruht häufig darauf, dass sie Enzyme irreversibel hemmen. → S. 72

■ Enzymregulation ermöglicht einen geordneten Stoffwechsel. Sie erfolgt über (kompetitive oder allosterische) Hemmung von Enzymen. → S. 72

■ Viele Enzyme enthalten neben dem Proteinanteil noch einen speziellen Cofaktor. Dabei kann es sich – je nach Enzym – um Metallionen und/oder organische Moleküle wie B-Vitamine und daraus aufgebaute Stoffe handeln. → S. 73

■ Der Einsatz von Enzymen als diagnostische Hilfsmittel oder Wirkstoffe in der Medizin ist heute sehr verbreitet. → S. 74, 75

■ Enzymhemmstoffe wie Penicillin und Aspirin werden schon lange als Medikamente erfolgreich eingesetzt. Die zunehmende Penicillinresistenz von Bakterien zwingt jedoch zur Entwicklung immer neuer Penicillinderivate. → S. 75

■ Die Biotechnologie, also die technische Nutzung von Mikroorganismen und ihren Enzymen, macht besonders in Verbindung mit der Gentechnik zurzeit immense Fortschritte und erschließt sich immer mehr Anwendungsgebiete. → S. 76

Aufgaben und Anregungen

1 In der Vergangenheit wurden im Kampf gegen Hunger und Proteinmangel von den Industriestaaten Millionen Tonnen Trockenmilchpulver nach Afrika, Asien und Südamerika geschickt. Die Hilfe hatte jedoch nachteilige Folgen. Die Milch löste Durchfälle und Darmkrämpfe bei der einheimischen Bevölkerung aus. 1965 fand man die Ursache heraus: Der in der Milch vorhandene Milchzucker, die Lactose, kann durch Mangel an dem Enzym Lactase nicht abgebaut werden und löst die Symptome aus.

Nennen Sie Regionen der Erde (→ Bild rechts), in denen diese so genannte Lactoseintoleranz verbreitet ist. Versuchen Sie eine Erklärung für die unterschiedliche Häufigkeit des Enzymmangels zu geben. Beachten Sie dabei, dass Lactoseintoleranz bei Säuglingen überall auf der Welt sehr selten ist.

2 Bei vielen wechselwarmen Tieren wie Schlangen und Eidechsen kann man beobachten, dass sie sich nach kühleren Nächten zunächst länger an sonnigen Stellen aufhalten, bevor ihre eigentliche Aktivitätsphase beginnt. Erläutern Sie diese Beobachtung.

Verbreitung der Lactoseintoleranz

	Bevölkerungsgruppe	Anteil der Lactoseintoleranz in %
Afrika	Nigerianer *	87
	Bantus *	95
	nomadische Fulani	20
Asien	Thailänder *	97
	Koreaner *	100
	Chinesen *	85
Europa	Dänen	3
	Finnen	19
	Deutsche	12
	Franzosen	10
	Polen	25
Amerika	Eskimos *	92
	Indianer (USA) *	80
	Weiße Amerikaner	16
Australien	Australier (weiße)	8
Mittelmeerregion	Griechen (Athen)	19
	Griech. Cyprioten *	85
	Araber *	83
	Italiener um Neapel *	95
	Norditaliener	30

* ohne traditionelle Milchwirtschaft

Wirkung von Lactase

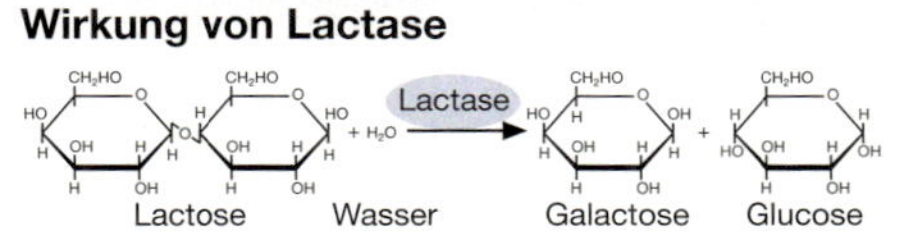

3 Schildern Sie an einem Beispiel den Aufbau und die Wirkungsweise von Enzymen.

4 Überlegen Sie, welchen Einfluss eine Erhöhung der Enzymkonzentration auf die Substratsättigungskurve nach MICHAELIS und MENTEN hätte. Skizzieren Sie den Kurvenverlauf.

5 Erläutern Sie die Begriffe Coenzym, Cofaktor und prosthetische Gruppe.

6 Unter den verschiedenen Enzymklassen bilden die Hydrolasen eine besonders große Gruppe. Nennen Sie einige Hydrolasen und beschreiben Sie deren Funktion.

7 Bei der Untersuchung eines Enzyms lässt sich nicht der erwartete Zusammenhang zwischen Enzymaktivität und Substratkonzentration finden. Welche Ursache vermuten Sie?

8 Die Aktivität eines Enzyms ist nicht immer gleich hoch. Legen Sie dar, von welchen Faktoren sie abhängt und auf welche Weise sie im Stoffwechsel reguliert werden kann.

9 Die in den Peroxisomen (→ S. 51) vorkommende Katalase hat eine sehr hohe Wechselzahl. Welchen biologischen Sinn sehen Sie darin?

Die Hefe – ein besonderer Nutzpilz

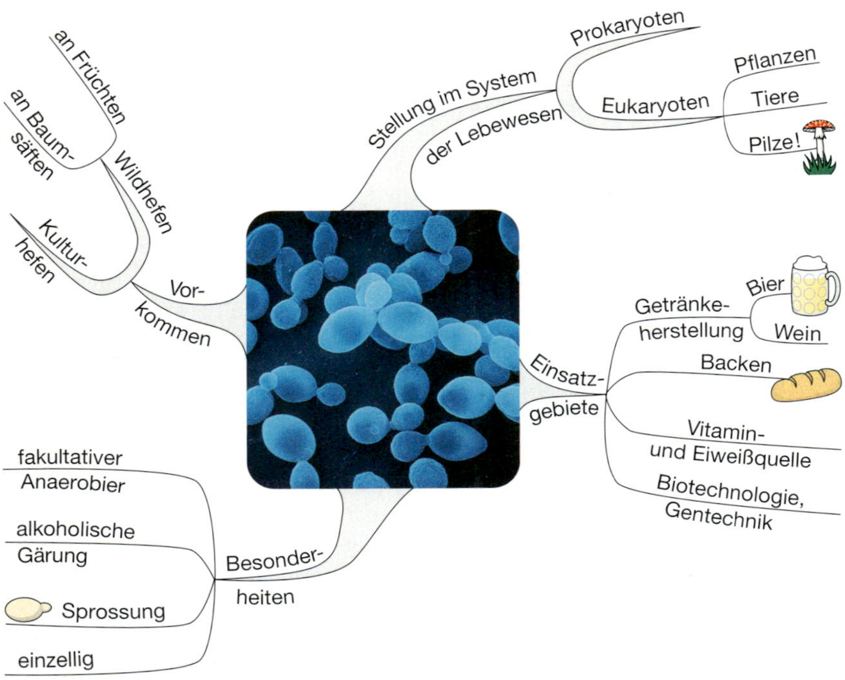

Hefen der Gattung Saccharomyces gehören zu den Hunderttausenden von verschiedenen Mikroorganismen, die im Kreislauf der Natur unersetzlich sind – und zugleich zu den wenigen Hundert, die vom Menschen nutzbar gemacht wurden.

Seit Jahrtausenden werden Hefen bei der Herstellung von Nahrungsmitteln und Getränken verwendet. Bereits vor 8000 Jahren stellten die Sumerer und Babylonier mit ihrer Hilfe alkoholische Getränke her: das erste Bier. 2000 Jahre später entdeckten die Ägypter, wie unter Mitwirkung der Hefe Brot gesäuert und aufgelockert wurde. Die technologischen Kenntnisse des Brauens und Backens gelangten nach Griechenland und Rom, ja offenbar bis Nordeuropa. Während Griechen und Römer Wein bevorzugten, galt Bier zu Tacitus' Zeiten als das Getränk der Barbaren.

Die Wirkung der Hefeaktivität auf die Lebensmittel wurde vermutlich durch Zufall entdeckt. Ihre Vorteile – der Konservierungseffekt und die Qualitätsverbesserung – waren aber so offenkundig, dass sie schon sehr früh in allen Kulturkreisen eingesetzt wurde. Doch blieb jahrtausendelang unklar, was im Brot, Wein und Bier vor sich ging. Erst 1680 sah der niederländische Forscher ANTONI VAN LEEUWENHOEK (→ S. 15) als erster Mensch *Hefezellen* unter dem Mikroskop. Und erst 200 Jahre später gelang dem französischen Chemiker LOUIS PASTEUR der Nachweis, dass diese mikroskopisch kleinen Lebewesen für die Bildung der Gärungsprodukte *Ethanol* und *Kohlenstoffdioxid* verantwortlich waren.

In den letzten Jahren erschließt sich für die Hefe ein neues Anwendungsgebiet: Als einzelliger *Pilz* zählt sie zu den *Eukaryoten*. Damit weist sie viele Baumerkmale auf, die sie mit höheren Organismen gemeinsam hat. Das ermöglicht ihren Einsatz als *Zellmodell* in der medizinischen Forschung, zum Beispiel zur Erforschung von Krankheitsursachen beim Menschen und für Arzneimitteltests.

Daneben gibt es noch einen ganz praktischen Einsatzbereich für die Hefe: als Eiweiß- und Vitaminquelle für Mensch und Tier. Vor allem ihr Gehalt an Vitamin B_1, dem *Thiamin,* macht sie wertvoll. Thiamin spielt als Vorstufe eines *Coenzyms* der *Pyruvat-Decarboxylase* eine wichtige Rolle im Stoffwechsel der Hefe. Die Pyruvat-Decarboxylase katalysiert die Abspaltung von CO_2 vom Pyruvat. Es entsteht Acetaldehyd, der dann durch ein zweites Enzym zum Ethanol umgesetzt wird.

☞ Basisinformationen

Gärung (→ S. 109), eukaryotische Zelle (→ S. 57), Coenzyme (→ S. 73), Vitamine (→ S. 73)

1 Schon im alten Ägypten wurde Bier gebraut. Dabei besorgten Wildhefen das Vergären. Das Bild zeigt einen Soldaten beim Biertrinken mit einem Trinkhalm.

1 Ihre Zugehörigkeit zu den Eukaryoten macht – unter anderem – die Hefe zu einem sehr beliebten Forschungsobjekt. Stellen Sie die Kennzeichen einer eukaryotischen Zelle zusammen. Vergleichen Sie mit der Prokaryotenzelle.

2 Thiamin, die Vorstufe des Coenzyms Thiaminpyrophosphat, ist ein Vitamin, das wir mit der Nahrung aufnehmen müssen. Informieren Sie sich über die Folgen eines Mangels an diesem Vitamin. Welche weiteren Thiaminquellen neben der Hefe kennen Sie?

3 Wenn Sie einen Hefekuchen backen, müssen Sie den Teig erst „gehen lassen". Welchen Sinn hat das?

Biologie der Hefe

Bäckerhefe *(Saccharomyces cerevisiae)* ist eine Sammelbezeichnung für die so genannten obergärigen Kulturheferassen. Dabei handelt es sich um einzellige, kugelige Pilze von 5 bis 15 µm Größe. Im Lichtmikroskop lassen sie kaum Details erkennen. Erst durch Anfärben mit spezifischen Farbstoffen werden Zellwand, Zellkern und die große Vakuole sichtbar.

Hefezellen vermehren sich durch *Sprossung*. Dabei bildet die Mutterzelle durch Ausstülpung der Zellwand eine Knospe. Es folgt eine Kernteilung *(Mitose)*. Einer der Tochterkerne wandert in die Knospe ein, die sich ablöst und dabei eine Bildungsnarbe hinterlässt. Aus der Zahl solcher Narben kann man auf das Alter einer Hefezelle schließen. Einzelne Zellen können bis zu 32 Narben aufweisen. Danach gehen sie zugrunde. Die durch Sprossung entstandene Tochterzelle wächst zur Größe der Mutterzelle heran.

Die Energie für Wachstum und Vermehrung gewinnen Hefen aus dem Abbau von Stoffen, die sie aus der Umgebung aufnehmen. Sie sind *fakultative Anaerobier*, das heißt, sie können sowohl unter *aeroben* Bedingungen (mit Sauerstoff) als auch *anaerob* (ohne Sauerstoff) existieren. Steht Sauerstoff zur Verfügung, veratmen sie das Substrat, zum Beispiel Glucose. Der Zucker wird *vollständig* zu *Kohlenstoffdioxid* und *Wasser* abgebaut. Ohne Sauerstoff erfolgt nur ein *unvollständiger Abbau* zu *Alkohol*. Er kann von den Hefezellen nicht weiter verarbeitet werden und wird ausgeschieden. Dabei können sie nur einen Alkoholgehalt von maximal 19 % vertragen, da Alkohol auch für Hefezellen giftig ist. Der Energiegewinn bei diesem Gärungsprozess ist verglichen mit der Atmung sehr gering und wird durch *hohen Stoffumsatz* ausgeglichen.

In einem *Fermenter*, der alle für das Wachstum der Hefe notwendigen Stoffe enthält, lassen sich verschiedene Versuchsbedingungen erzeugen und quantitativ erfassen. Die Diagramme unten zeigen die Ergebnisse solcher Versuchsreihen. Der dabei zu beobachtende Effekt wird nach seinem Entdecker *Pasteur-Effekt* genannt.

☞ Basisinformationen

Zellatmung (→ S. 103–105), Gärung (→ S. 108), Mitose (→ S. 24), Zellzyklus (→ S. 22)

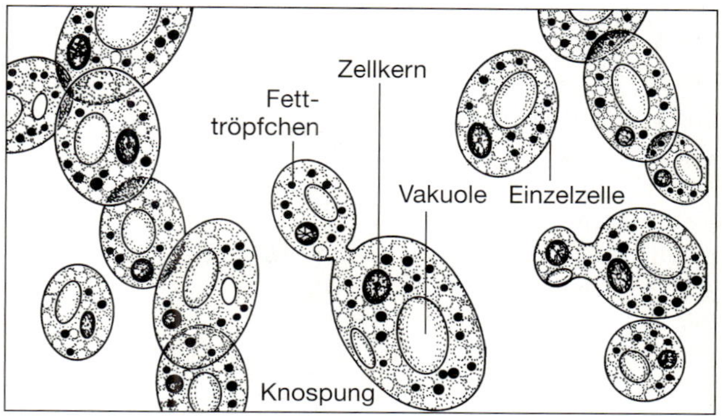

Mikroskopische Untersuchung von Hefezellen

Material: ein Stück Bäckerhefe, 10%ige Glucoselösung, stark verdünnte Methylenblaulösung, Wärmeschrank, Mikroskop und Zubehör, Pipette

Durchführung: Geben Sie das Stück Hefe in die Zuckerlösung und verteilen Sie sie darin gleichmäßig. Stellen Sie die Lösung für 2 bis 3 Tage in den Wärmeschrank. Lassen Sie sie bei 25 bis 30 °C bebrüten. Entnehmen Sie dann mit der Pipette eine Probe und geben Sie sie auf einen Objektträger. Fügen Sie einen Tropfen Methylenblaulösung hinzu. Lebende Zellen erscheinen hellblau, abgestorbene Zellen kräftig blau gefärbt. (Enzyme in den lebenden Zellen wandeln Methyenblau in die farblose Leukoform um.)

Mikroskopieren Sie und fertigen Sie eine beschriftete Zeichnung an.

1 Vergleichen Sie den Verlauf der Kurven für aerobe und anaerobe Bedingungen in den Diagrammen unten. Erläutern Sie anhand der Diagramme den Pasteur-Effekt.

2 Der geringe Energiegewinn bei der Gärung bringt Vorteile für den biotechnischen Einsatz von Hefe, etwa beim Bierbrauen, oder für stoffwechselphysiologische Untersuchungen. Erklären Sie.

3 Einzeller gelten als potenziell unsterblich. Die einzelligen Hefepilze stellen eine Ausnahme dar. Erläutern Sie.

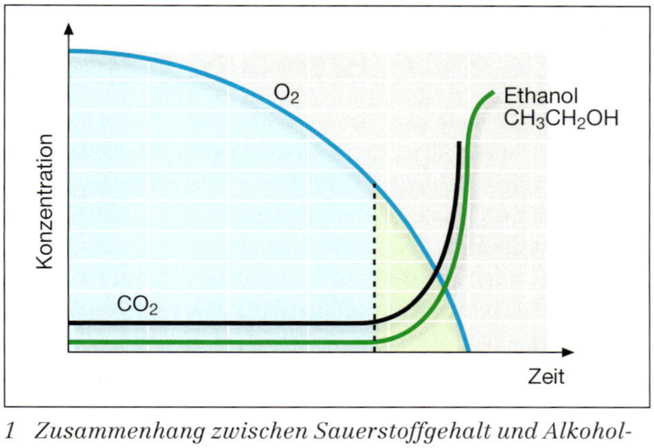

1 Zusammenhang zwischen Sauerstoffgehalt und Alkoholproduktion in einem Hefefermenter

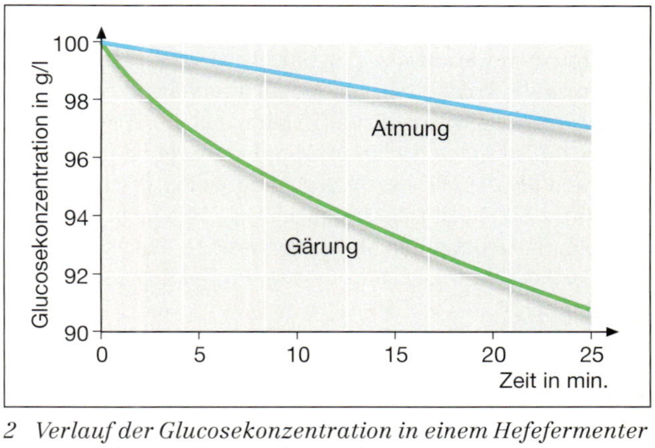

2 Verlauf der Glucosekonzentration in einem Hefefermenter unter aeroben und anaeroben Bedingungen

Versuche zur Gärung

Nachweis der alkoholischen Gärung

Material: 40 g Bäckerhefe, zwei 1-Liter-Erlenmeyerkolben, Gäraufsatzröhrchen, durchbohrter Stopfen, Wasserbad von etwa 80 °C, Kalkwasser, Alkoholteströhrchen, 10%ige Glucoselösung

Durchführung: Füllen Sie 600 ml der Glucoselösung in einen Erlenmeyerkolben. Geben Sie die Bäckerhefe dazu und suspendieren Sie sie gleichmäßig durch Umschwenken. Verschließen Sie den Kolben durch das Gäraufsatzröhrchen, das mit Kalkwasser gefüllt ist (→ Bild rechts).

Nach Abschluss des Gärvorgangs setzt sich die Hauptmasse der Hefe als Bodensatz am Grund des Kolbens ab. Dekantieren Sie die Gärflüssigkeit in einen weiteren Kolben. Erhitzen Sie sie bei etwa 80 °C. Setzen Sie dabei das Alkoholteströhrchen auf den Kolben.

Protokollieren Sie Ihre Versuchsergebnisse.

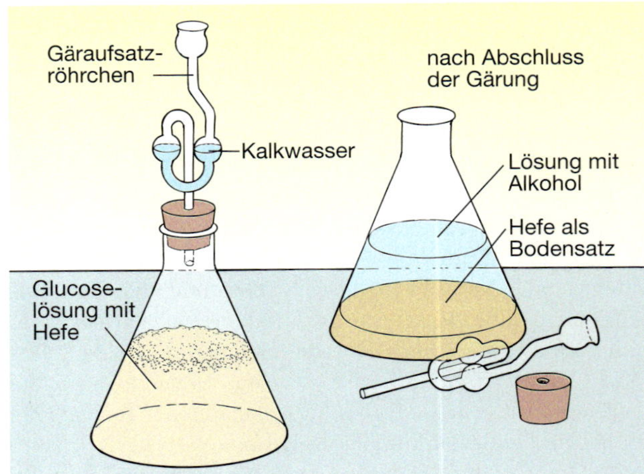

Bestimmen des Temperaturoptimums für die Gärung

Material: 10 g Bäckerhefe, 100 ml 10%ige Glucoselösung, mehrere Garröhrchen

Durchführung: Die Hefe wird in der Glucoselösung suspendiert. Geben Sie davon jeweils 10 ml in Reagenzgläser und temperieren Sie diese bei verschiedenen Temperaturen etwa 10 Minuten vor. Füllen Sie die Suspension in die Gärröhrchen um. Lesen Sie nach 5, 10 und 15 Minuten die Menge an gebildetem Kohlenstoffdioxid ab.

Stellen Sie das Versuchsergebnis grafisch dar. Bestimmen Sie danach das Temperaturoptimum.

Nachweis des Energiebedarfs

Material: 20 g Bäckerhefe, 250 ml 30%ige Glucoselösung, Kunststoffflasche (zum Beispiel Wasserspritzflasche) mit Gäraufsatzröhrchen oder Pasteurpipette, Waage (Messgenauigkeit: 0,01 g), Stoppuhr

Durchführung: Bei der alkoholischen Gärung gewinnt die Hefe Energie in Form von ATP. Der Energiebedarf der Hefe während der Gärung kann indirekt über die Menge des abgegebenen Kohlenstoffdioxids berechnet werden.

Suspendieren Sie die Hefe in der Zuckerlösung. Füllen Sie die Suspension in die Kunststoffflasche und verschließen Sie diese mit dem Gäraufsatz. Der Gäransatz wird nun 1 Stunde lang in einem Wärmeschrank bei 40 °C erwärmt. Stellen Sie ihn danach auf eine Waage und bestimmen Sie den Masseverlust über 10 Minuten jeweils im Minutenabstand (Stoppuhr).

Stellen Sie die Messwerte gegen die Zeit grafisch dar und berechnen Sie die durchschnittliche CO_2-Abgabe pro Minute. Unter Einbeziehung der Molmasse des CO_2 (44 g/mol) lässt sich daraus durch Division die CO_2-Produktion in mol/min berechnen.

Aus der Gärungsgleichung ergibt sich, dass die molaren Mengen von CO_2 und ATP gleich sind. Der Energiegehalt des ATP beträgt ungefähr 30 kJ/mol. Berechnen Sie mit diesen Angaben die freigesetzte Energiemenge pro Minute und pro Tag.

Prüfung verschiedener Zucker auf ihre Vergärbarkeit

Material: Bäckerhefe, 10%ige Lösungen verschiedener Zucker (zum Beispiel Glucose, Fructose, Galactose, Lactose, Saccharose, Maltose, Dextrin), mehrere Gärröhrchen nach EINHORN (→ Bild unten), Wärmeschrank (30 °C)

Durchführung: Mischen Sie jeweils eine frisch angerührte Hefesuspension 1 : 1 mit den verschiedenen Zuckerlösungen und füllen Sie diese in die Gärröhrchen. Lesen Sie nach einigen Stunden die jeweils gebildete Kohlenstoffdioxidmenge ab. Sie gilt als Maß für die Gärungsintensität.

Tragen Sie Ihre Versuchsergebnisse als Blockdiagramm auf. Vergleichen Sie die Ergebnisse.

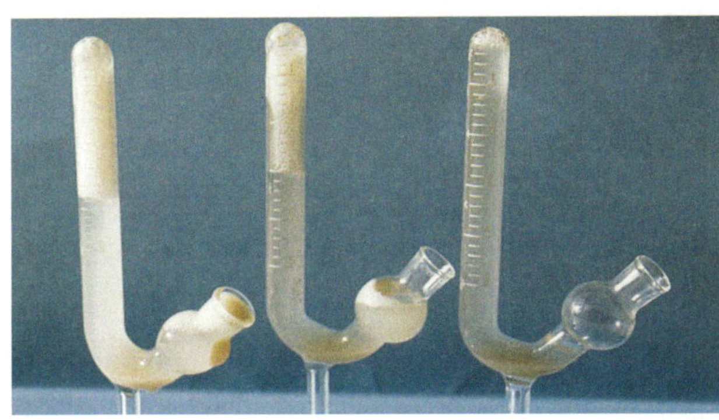

1 Von der Bierhefe existieren zwei Formen: die obergärige – das heißt beim Gärvorgang an die Oberfläche treibende – *Saccharomyces cerevisiae* und die untergärige *Saccharomyces carlsbergensis*. Sie unterscheiden sich nicht nur dadurch, dass die erste Zellverbände aus mehreren Zellen bildet, die zweite dagegen stets einzeln bleibt, sondern auch durch verschiedene Temperaturoptima für die Gärung (15 bis 25 °C beziehungsweise 5 bis 10 °C). Versuchen Sie eine Erklärung für die unterschiedlichen Temperaturoptima zu geben.

2 Informieren Sie sich im Anschluss an den Versuch zur Vergärbarkeit verschiedener Zucker über deren Aufbau. Ziehen Sie dazu die Seiten 90 und 91 heran.

Bierbrauen – eine alte Biotechnologie

Nach dem *Reinheitsgebot* von 1516 dürfen in Deutschland nur Gerste, Hopfen, Wasser und Hefe zum Bierbrauen verwendet werden. In anderen Ländern wird Bier auch aus Weizen, Mais oder Kartoffeln hergestellt, da der eigentliche Rohstoff die *Stärke* ist.

Da Hefe Stärke nicht spalten kann, bringt man Gerste durch Anfeuchten zum Keimen. Durch den Keimvorgang werden *Enzyme* im Gerstenkorn aktiviert. Diese spalten dann die Stärke in *Maltose* bzw. *Glucose*. Die gekeimte Gerste, das *Malz*, wird getrocknet, in der Sprache der Brauer *gedarrt*. Dem zerkleinerten Malz wird Wasser zugefügt, sodass die *Maische* entsteht. Während des Sudvorgangs wird die Maische stufenweise auf 60 bis 70°C erhitzt. Die verschiedenen Enzyme der Gerste können so jeweils bei ihrer Optimaltemperatur wirken. Beim Erhitzen gehen die Zucker in Lösung und die *Bierwürze* erhält ihre endgültige Konzentration *(Stammwürze)*. Nun wird der Hopfen zugesetzt, dem durch Kochen die Bitterstoffe entzogen werden. Sie verleihen dem Bier nicht nur den typischen Geschmack, sondern zugleich auch eine gewisse Haltbarkeit.

Nach dem Abkühlen und Filtrieren setzt man dem Ansatz im Gärkeller bei 5 bis 10°C die *Bierhefe* zu, die nun den Zucker in Alkohol und Kohlenstoffdioxid *vergärt*. Nach Abschluss der Gärung wird das Bier noch mehrere Wochen gelagert, geklärt und schließlich abgefüllt.

Bier hat normalerweise einen Alkoholgehalt von 3 bis 5%. Die biochemischen Vorgänge bei der *Weinherstellung* sind im Prinzip identisch, hier werden jedoch Alkoholkonzentrationen bis zu 15% erreicht. Zur Herstellung noch höherer Konzentrationen, zum Beispiel bei Branntwein, ist zusätzlich *Destillation*, also ein physikalischer Trennvorgang, erforderlich.

☞ Basisinformationen

Enzyme und ihre Wirkungsweise (→ S. 65–69)

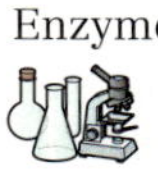

Herstellen von Apfelmost

Material: Weinballon, 2-Liter-Haushaltstrichter, Gummistopfen mit Gäraufsatz, zwei Flaschen naturtrüber Apfelsaft, 250 g Zucker (Saccharose), eine Portion Weinhefe (Drogerie)

Durchführung: Füllen Sie den Zucker mit dem Trichter in den Weinballon. Gießen Sie eine Flasche Apfelsaft dazu. Durch Schwenken löst sich der Zucker. Fügen Sie dann die Weinhefe sowie die zweite Flasche Apfelsaft dazu und schwenken Sie um. Der Weinballon wird nun durch den Gummistopfen mit dem wassergefüllten Gäraufsatz verschlossen und an einem ruhigen Ort aufgestellt. Nach etwa 2 Monaten ist der Gärvorgang abgeschlossen. Messen Sie den Alkohol wie im Versuch zum Nachweis der alkoholischen Gärung beschrieben.

Nach weiteren 4 Monaten ist die Hefe abgesunken und der Jungwein erscheint klar.

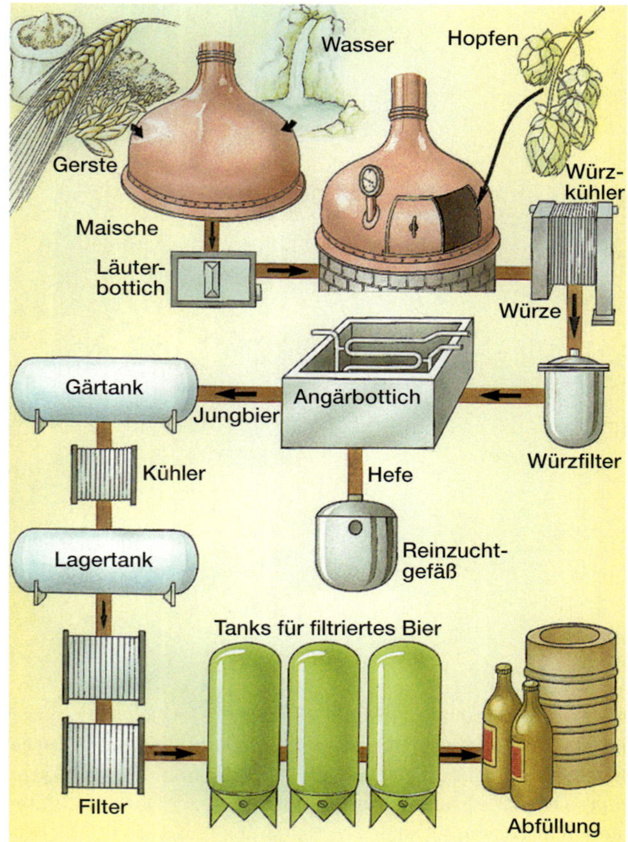

1 Vom Getreide zum fertigen Bier: Zur Bierherstellung sind viele Schritte nötig.

In der Maische wirksame Enzyme der Gerste

Enzym	Wirkung	Temperatur	pH
Glucanasen	Polysaccharidabbau	40–50°C	4,8–5,0
Proteasen	Eiweißabbau	50–60°C	4,5–4,7
β-Amylase	Maltosebildung	60–64°C	5,3
α-Amylase	Stärkeabbau	70–74°C	5,8

1 Stellen Sie tabellarisch die Bedingungen zusammen, die durch die verschiedenen Schritte des Brauvorgangs erreicht werden.

2 Der vernünftige Umgang mit dem Genussmittel Alkohol stellt ein gesellschaftliches Problem dar, da die Gefahr des Alkoholmissbrauchs und der Alkoholabhängigkeit besteht. In Deutschland hat sich – gemessen an der konsumierten Menge reinen Alkohols – der jährliche Pro-Kopf-Verbrauch alkoholischer Getränke in den letzten 50 Jahren vervierfacht. Nach Schätzungen der Deutschen Hauptstelle gegen Suchtgefahren sind etwa 10% der Bevölkerung stark alkoholgefährdet. Die Zahl der Alkoholabhängigen liegt bei etwa 2,5 Millionen. Informieren Sie sich über die Wirkungen von Alkohol auf den menschlichen Organismus. Welche Ursache hat die gesundheitsschädliche Wirkung von Ethanol?

Das Herz – Motor des Kreislaufs

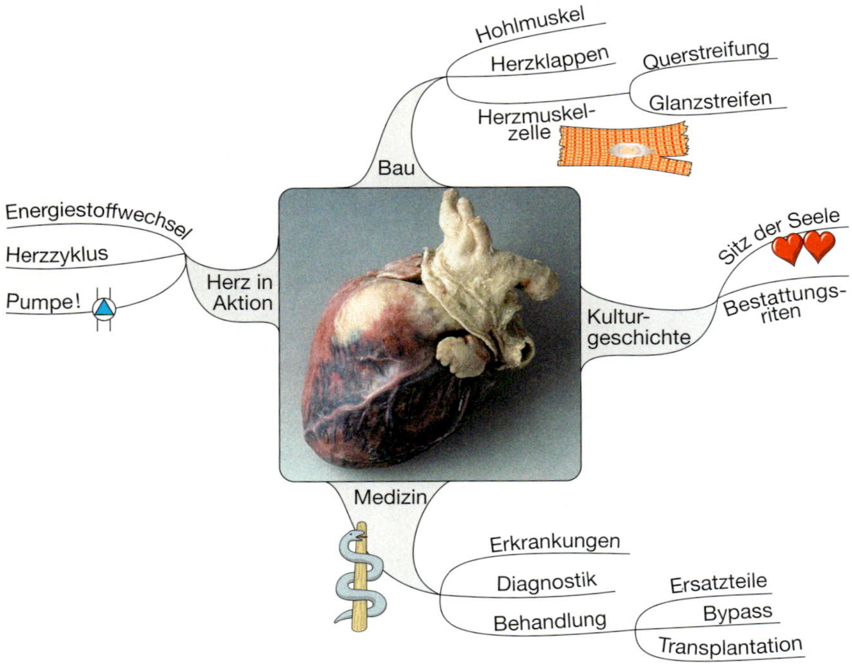

Kann ein „herzloser" Mensch überleben? Lebt ein „herzensguter" Mensch länger? ST. EXUPÉRY sagt, „man sieht nur mit dem Herzen gut", und für HEINE ist das Herz „herrlicher als die Sonne und der Mond und alle Sterne, strahlender und bleibender – es ist unendlich in seiner Liebe, unendlich wie die Gottheit, es ist die Gottheit selbst".

Die besondere Bedeutung des Herzens kommt auch in mittelalterlichen Bestattungsriten zum Ausdruck, bei denen das Herz getrennt vom übrigen Körper an geheiligten Orten aufbewahrt wird, im Falle der Habsburger zum Beispiel in der Augustinerkirche in Wien. Auch heute noch gilt das Herz als Sitz der Gefühle, der Seele. Solche hervorragenden Eigenschaften werden einem faustgroßen, etwa 300 g schweren Organ zugeschrieben, dessen Aufgabe darin besteht, als Motor den Kreislauf des Blutes anzutreiben.

Nüchtern betrachtet arbeitet das Herz vergleichbar einer Pumpe: Es saugt das Blut aus den Venen in die Vorkammern *(Atrium)* und pumpt es über die Arterien aus den Herzkammern *(Ventrikel)* hinaus. Die Wandstärken der Herzabschnitte stehen in Beziehung zu der zu leistenden Pumparbeit: Die beiden Vorhöfe sind mit etwa 0,5 mm sehr dünnwandig; die Wand der rechten Herzkammer ist 2 bis 4 mm dick, die der linken Herzkammer 8 bis 11 mm. Die linke Herzhälfte befördert das von der Lunge kommende Blut in den Körper, die rechte Hälfte das aus dem Körper kommende Blut in die Lunge. Die Strömungsrichtung des Blutes wird durch die Ventilwirkung der Herzklappen festgelegt. Zwischen Herzkammern und Arterien liegen die *Taschenklappen*, Atrium und Ventrikel sind jeweils durch *Segelklappen* getrennt. Das Öffnen und Schließen der Klappen hängt vom Druck in den jeweiligen Herzabschnitten bzw. angrenzenden Gefäßen ab. Dabei lässt sich der Herzzyklus in verschiedene Phasen einteilen, eine *Anspannungs-* und eine *Austreibungsphase* während der *Systole* und eine *Entspannungs-* und eine *Füllungsphase* während der *Diastole* (→ Bild 1).

In mancher Hinsicht ist das Herz tatsächlich ein besonderes Organ – zum Beispiel kontrahiert es sich ohne Nervenimpuls. Und wenn es erkrankt, besteht oft Lebensgefahr.

☞ Basisinformationen
Äußere Atmung: Transportsysteme und Gasaustausch (→ S. 94)

1 Sammeln Sie Material über die besondere Rolle, die dem Herzen lange Zeit zugeschrieben wurde.
2 Werten Sie Bild 1 aus. Stellen Sie einen Zusammenhang her zwischen Druckverlauf und Klappenfunktion.

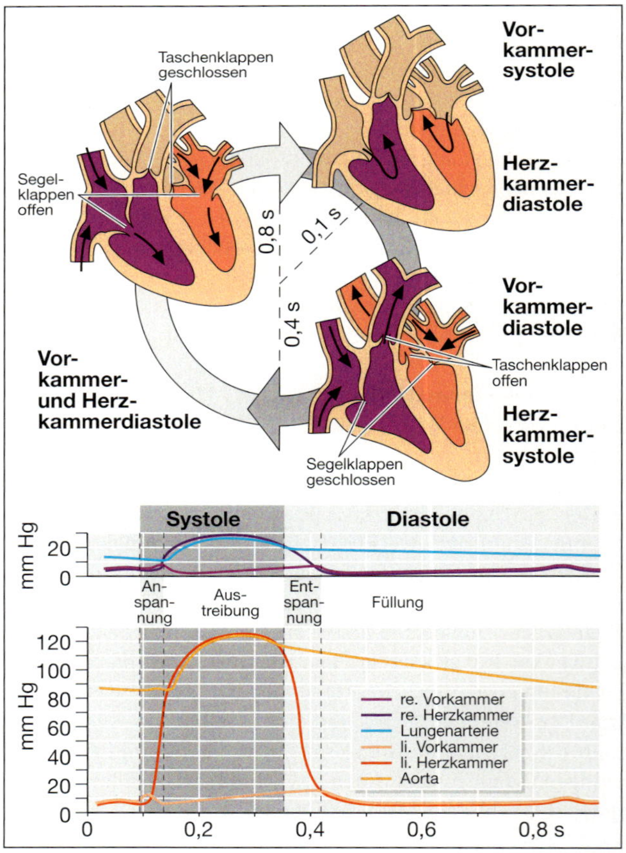

1 Herzzyklus (oben) und Druckverläufe während des Zyklus in den Herzabschnitten und angrenzenden Gefäßen

Feinbau und Stoffwechsel des Herzens

Das Herz stellt einen *Hohlmuskel* dar, der sich in Ruhe etwa 60- bis 70-mal pro Minute kontrahiert. Die überwiegende Gewebsmasse der Herzwand entfällt auf das *Myokard*, eine Muskelschicht, die wie ein Mittelding aus Skelettmuskulatur und glatter Muskulatur erscheint. Es besteht aus 0,1 mm langen Einzelzellen, die sich zu einem Netzwerk verzweigen. Jede der lang gestreckten Zellen enthält einen bis zwei zentral gelegene Zellkerne. Die *Querstreifung*, die im Längsschnitt sichtbar ist (→ Bilder 1 und 2, Bild 2 auf S. 87), wird durch streng parallel angeordnete *Myofibrillen* hervorgerufen und ist letztlich zurückzuführen auf die Anordnung der kontraktilen Proteine des Muskelgewebes, der *Aktin-* und *Myosinfilamente* (→ S. 110/111). Die Myofibrillen umlaufen den Zellkern und lassen so einen kegelförmigen Bereich frei, der mit *Sarkoplasma*, dem Cytoplasma der Muskelzellen, angefüllt ist. Das Sarkoplasma ist besonders reich an *Mitochondrien* und enthält viel Glykogen. Die Zellgrenze zwischen zwei Zellen wird durch den so genannten *Glanzstreifen* gebildet. Er ist für das Myokard charakteristisch. Durch ihn wird ein *Kommunikationskontakt* zwischen den Herzmuskelzellen hergestellt, der dem Signalaustausch während des Herzschlags dient. Außerdem enden hier die Myofibrillen.

Die Versorgung des Herzens erfolgt über zwei *Koronararterien*, wobei die linke vier Fünftel des gesamten Blutstroms übernimmt. Bei starker Belastung kann die Durchblutung auf das Vierfache ansteigen. Die Entnahme der Nährstoffe aus dem Koronarblut richtet sich nach dem Angebot. Das Herz erweist sich damit im Vergleich zum Skelettmuskel als „Allesfresser“. Es kann die verschiedensten Substrate zu Acetyl-CoA abbauen und über *Citratzyklus* und *Endoxidation* verwerten. Die große Zahl der Mitochondrien in den Herzmuskelzellen weist bereits darauf hin, dass das Herz die Energie, die es für seine Arbeit benötigt, aus dem *oxidativen* Abbau der Nährstoffe bezieht. Hierin zeigt sich ein wesentlicher Unterschied zur Skelettmuskulatur, die ihren Energiebedarf zeitweilig durch anaerobe Prozesse deckt *(Milchsäuregärung)*.

Mangelhafte Koronardurchblutung führt somit zur Funktionseinschränkung des Herzens. Es kommt zu einer *Lactatumkehr*, das heißt, das Herzmuskelgewebe gibt jetzt Milchsäure ab. Dauert die Unterbrechung der Versorgung 5 bis 6 Minuten an, tritt Herzstillstand ein. Nach mehr als 30 Minuten ist eine Wiederbelebung ausgeschlossen.

☞ Basisinformationen

Bau des Muskels (→ S. 110), Mitochondrien (→ S. 52), Zellverbindungen (→ S. 45), Citratzyklus (→ S. 104), Endoxidation (→ S. 105), Milchsäuregärung im Muskel (→ S. 114)

1 Vergleichen Sie die Herzmuskulatur mit der Skelettmuskulatur und der glatten Muskulatur hinsichtlich Bau und Belastbarkeit.

2 Erläutern Sie Bild 4. Woher stammt das vermehrte Lactatangebot bei körperlicher Arbeit?

3 Informieren Sie sich über die Bedeutung des Citratzyklus.

4 Geben Sie eine Erklärung für die Lactatumkehr.

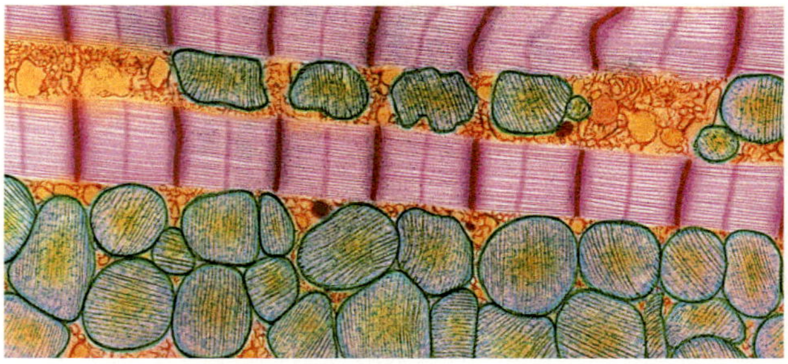

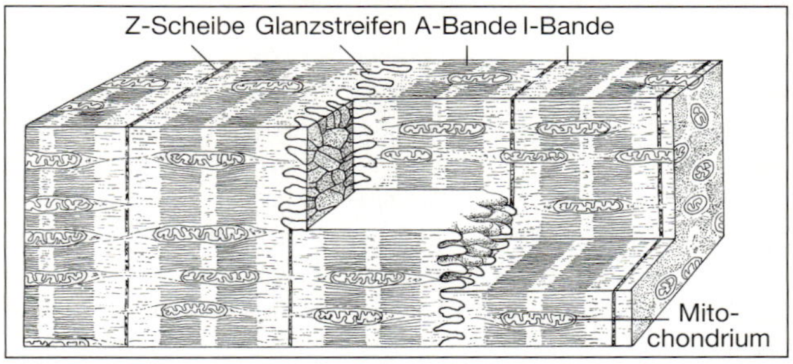

1 und 2 Herzmuskelzellen, oben TEM-Bild, Vergrößerung etwa 15 000fach, koloriert; unten Schemazeichnung

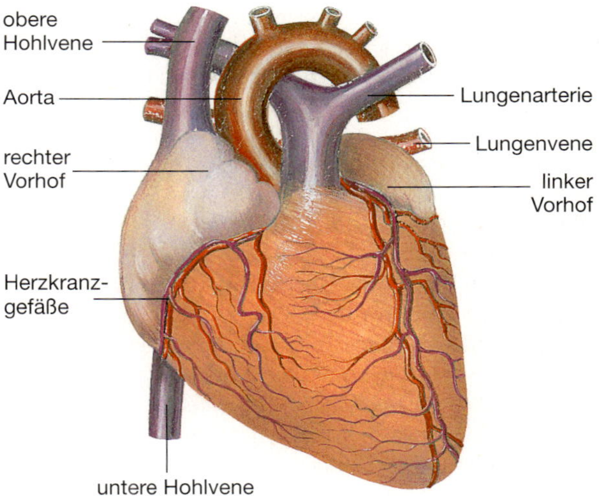

3 Äußerer Bau des Herzens mit den Herzkranzgefäßen (Koronararterien und -venen)

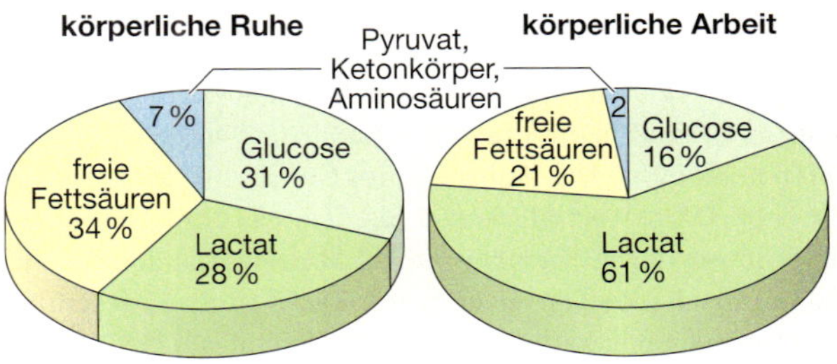

4 Anteil verschiedener Substrate an der Nährstoffversorgung des Herzens in Ruhe und bei körperlicher Arbeit

Versuche zu Herz und Blutkreislauf

Präparation eines Säugerherzens

Material: Schweine- oder Kälberherz, Präparierschale, Messer, Schere, Trichter, durchbohrter Stopfen mit Glasrohr, Gummischlauch

Durchführung: Betasten Sie zunächst das Herz und suchen Sie die stark entwickelte linke und die schwächere rechte Herzkammer. Welcher Zusammenhang besteht zur Funktion der Kammern?

Betrachten Sie den Verlauf der Herzgefäße. Stellen Sie den Unterschied zwischen Aorta und Lungenarterie fest. Machen Sie sich auch hier den Zusammenhang zur Funktion klar.

Tragen Sie nun mithilfe einer Schere die Wandung („Herzohren") der linken Vorkammer ab. Dadurch wird die Segelklappe sichtbar. Schließen Sie die Mündung der Aorta durch einen durchbohrten Gummistopfen ab, durch den Sie ein Glasrohr einführen. An das Glasrohr wird ein etwa 30 cm langer Gummischlauch angeschlossen, an dessen Ende ein Trichter sitzt (→ Bild oben). Füllen Sie den Trichter mit Wasser und beobachten Sie das sichtbare Segelventil, während Sie den Trichter senken und anheben. Drücken Sie nun die Herzkammer zusammen und beschreiben Sie die Reaktion. Erklären Sie Ihre Beobachtungen.

Schneiden Sie mit einer Schere vorsichtig die Aorta auf, bis die Taschenklappen sichtbar werden.

Schneiden Sie mit Messer und Schere das Herz in Längsrichtung auf. Betrachten Sie die Wanddicken und vergleichen Sie den Bau der Segelklappen der rechten und linken Herzkammer. Zeigen Sie den Verlauf des Blutstroms durch das Herz. Fertigen Sie eine beschriftete Skizze an.

Messung des Blutdrucks

Material: Stethoskop, Blutdruckmessgerät mit Manometer

Durchführung: In der ärztlichen Praxis erfolgt die Blutdruckmessung nach dem Riva-Rocci-Prinzip. Dabei werden systolischer und diastolischer Druck aufgrund charakteristischer Geräusche bestimmt, die mit einem Stethoskop in der Armbeuge abgehört werden. Wenn die Geräte zur Verfügung stehen, können Sie das Prinzip gut nachvollziehen. Allerdings erfordert die Deutung der Geräusche etwas Übung.

Führen Sie die Messung durch wie im Bild rechts gezeigt. Zunächst wird die aufblasbare Gummimanschette um den Oberarm gelegt und an die Handpumpe angeschlossen. Nun wird so lange Luft in die Manschette gepumpt, bis kein Blut mehr durch die Armarterie fließen kann. Verringern Sie dann allmählich den Manschettendruck. In dem Augenblick, in dem der systolische Druck erreicht wird, hören Sie mit dem Stethoskop ein Geräusch, das durch den Einstrom von Blut durch das Gefäß bedingt ist. Das Auftreten des Geräuschs zeigt den systolischen Druckwert an. Lesen Sie den Wert am Manometer ab. Beim weiteren Nachlassen des Manschettendrucks wird das Geräusch plötzlich leiser, wenn das Blut wieder frei durch die Arterie fließen kann. Das gibt den diastolischen Wert an.

Wird nach einer ärztlichen Untersuchung ein Ergebnis 120/80 festgestellt, so gibt die erste Zahl stets den systolischen Wert, die zweite den diastolischen Wert in mm Hg an.

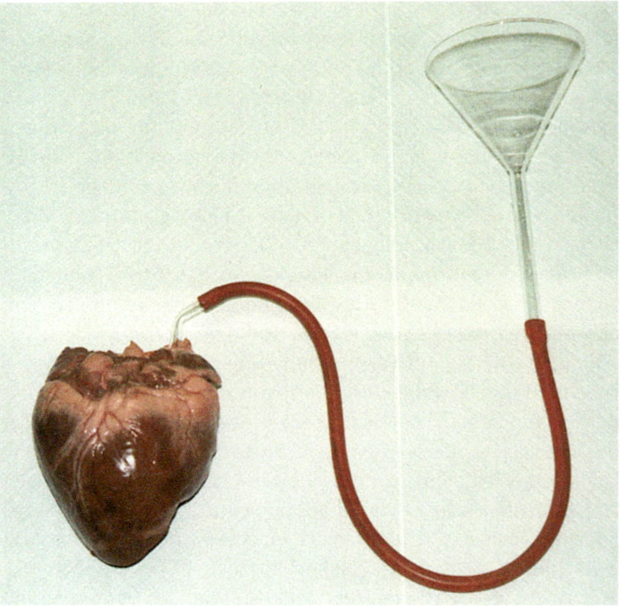

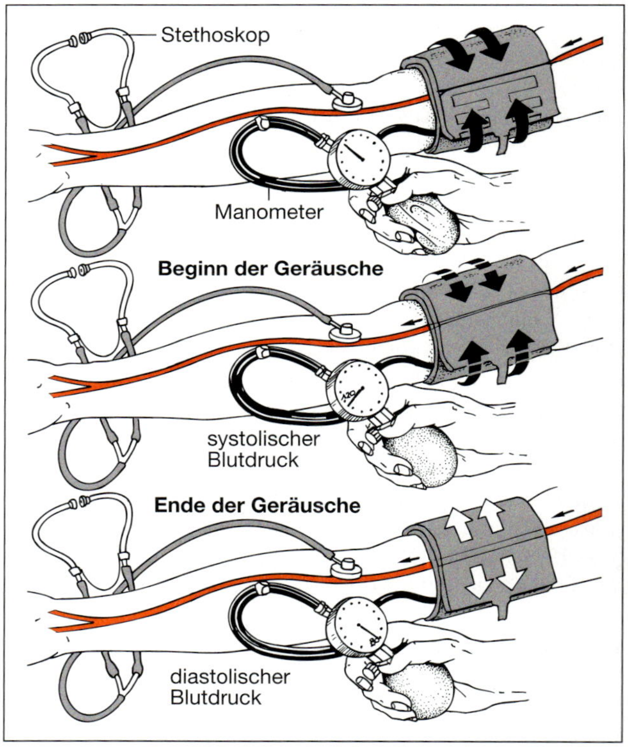

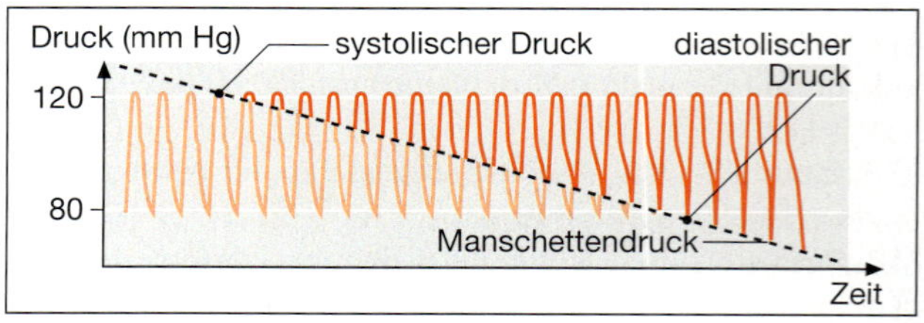

Das gesunde und das kranke Herz

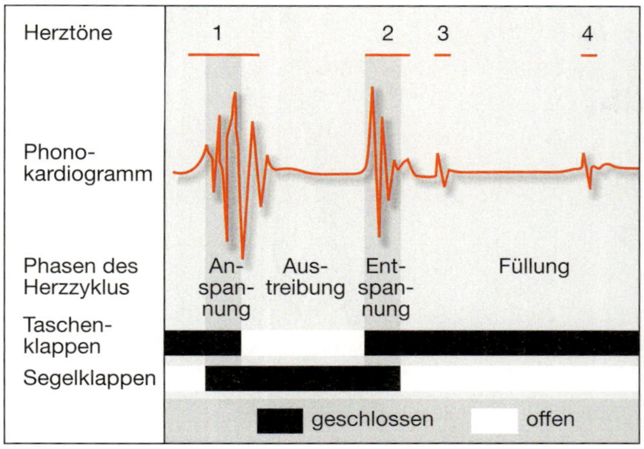

1 *Phonokardiogramm, darunter Phasen des Herzzyklus und Zustand der Herzklappen*

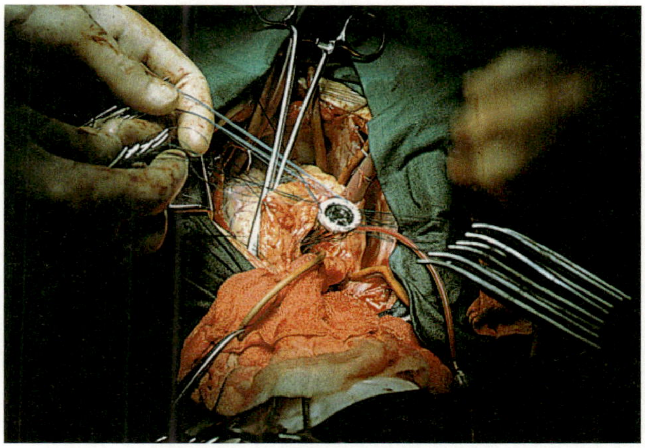

2 *Bei einem schweren Herzklappenfehler kann das Einsetzen einer künstlichen Herzklappe erforderlich werden.*

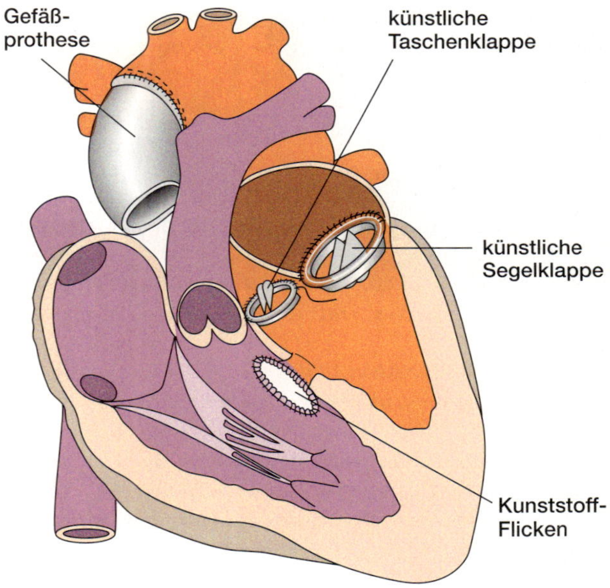

3 *Ersatzteile für das Herz. Künstliche Taschen- und Segelklappen bestehen aus Stahl, Teflon oder Polycarbon, Gefäßprothesen und Flicken für eine perforierte Herzscheidewand aus Kunststoff.*

Phonokardiogramm

Wichtige Informationen über die Funktion der Herzklappen lassen sich durch das Aufzeichnen des Herzschalls gewinnen, das *Phonokardiogramm*. Bei der Herzaktion werden nämlich Erschütterungen auf die Brustwand übertragen und können als *Herztöne* mit dem Stethoskop hörbar gemacht oder auch aufgezeichnet werden. Dazu benötigt man ein schallgedämpftes Mikrofon, Verstärker sowie Lautsprecher oder Kassettenrekorder. Man tastet die Zwischenrippenräume der linken Brustseite ab, bis der Herzschlag gut fühlbar ist, und legt an dieser Stelle das Mikrofon auf.

Eine gestörte Herzklappenfunktion führt zu so genannten *Herzgeräuschen*, deren Dauer und zeitliches Auftreten eine genaue Diagnose des Klappenfehlers ermöglicht. Es lässt sich zum Beispiel feststellen, welche Herzklappe betroffen ist und ob sie nicht richtig schließt oder eine Verengung vorliegt. Häufig kommt es durch geschädigte Klappen zu Überlastungen des Herzmuskels und damit zur *Herzschwäche*. Bei ernsteren Herzklappenfehlern kann man die Klappe durch eine künstliche oder eine biologische Prothese ersetzen. Der Vorteil der künstlichen Klappen besteht in ihrer längeren Haltbarkeit, doch können sich an den künstlichen Oberflächen eher Blutgerinnsel bilden, sodass die Patienten blutgerinnungshemmende Mittel einnehmen müssen.

Herzprobleme

Mehr als die Hälfte aller Todesfälle in Deutschland geht auf Erkrankungen des Herz-Kreislaufsystems zurück. Das zum Tod führende Ereignis ist zumeist ein *Herzinfarkt* oder ein *Schlaganfall*. Ein Herzinfarkt ist zurückzuführen auf die mangelnde Durchblutung des Herzmuskels. Als Folge des Nährstoff- und Sauerstoffmangels stirbt das Gewebe ab. Die Ursache liegt in einem Verschluss oder einer Verengung der Koronararterien. Überlebt der Patient den Herzinfarkt, bleiben Defekte zurück, da Herzmuskulatur nicht nachgebildet werden kann.

Eine mangelnde Sauerstoffversorgung des Myokards löst Schmerzanfälle mit charakteristischem Engegefühl hinter dem Brustbein aus, die bis in den Armbereich ausstrahlen. Ist der Sauerstoffmangel nur kurzfristig, ohne dass Gewebe abstirbt, spricht man von *Angina pectoris*.

1 Stellen Sie mithilfe Ihrer Kenntnisse über den Herzzyklus und Bild 1 den Zusammenhang zwischen Herzklappenfunktion und Entstehung des 1. und 2. Herztons her.

2 Informieren Sie sich über die Risikofaktoren, die die Entstehung eines Herzinfarkts begünstigen.

3 Angina pectoris kann unter anderem durch eine Bypassoperation behandelt werden. Bringen Sie in Erfahrung, was dabei geschieht.

Betriebsstoffwechsel und Energieumsatz

1 *New-York-Marathon. Trotz der Strapazen melden sich jedes Jahr mehr Läuferinnen und Läufer für den Start.*

Am New-York-Marathon 1999 haben rund 30 000 Menschen teilgenommen, unter ihnen auch Prominente.

Sie alle haben sich intensiv auf das Ereignis vorbereitet und so ihren Körper auf die außergewöhnliche Belastung eingestellt. Eine spezielle Ernährung trägt dazu bei, den hohen Energieverbrauch während des Laufs auszugleichen.

Marathonläufer können sich der Bewunderung ihrer Zuschauer sicher sein. Die Stoffwechselprozesse, auf die sich ihre Leistung gründet, sind jedoch bei Läufern und Zuschauern dieselben – und ähnlich bewundernswert.

Im Blickpunkt:
- der erste Schritt der Energiebereitstellung: Verdauung
- Hauptenergielieferant Kohlenhydrate – eine Übersicht
- äußere Atmung: Sauerstoffaufnahme als Grundlage für Stoffwechselprozesse
- von der äußeren zur inneren Atmung: der Blutkreislauf, wichtigstes Transportsystem des Körpers
- innere Atmung – Energiebereitstellung in der Zelle
- Energiegewinnung ohne Sauerstoff: Gärung
- ATP – die universelle „Energiewährung" der Lebewesen
- wozu das Energiekapital eingesetzt wird: Beispiel Muskel
- Konsequenzen für Sport und Trainingslehre
- wohin mit den „Stoffwechselschlacken": Ausscheidung

Alle chemischen Reaktionen, die im Organismus ablaufen und der Aufnahme, dem Auf-, Um- und Abbau sowie der Ausscheidung von Stoffen dienen, fasst man als *Stoffwechsel* zusammen.

Einige Stoffwechselwege beziehen sich auf den Aufbau und die Speicherung von Körper- und Zellsubstanz, dienen also dem Wachstum. Sie werden als *Baustoffwechsel* bezeichnet. Zum *Betriebsstoffwechsel* oder *Energiestoffwechsel* rechnet man dagegen Stoffwechselwege, die durch den Abbau von energiereicher Körper- oder Zellsubstanz *Energie* freisetzen. Nur ein Teil der umgesetzten Energie ist für Stoffwechselprozesse nutzbar. Ein Großteil wird in Form von Wärme an die Umgebung abgegeben. Betriebs- und Baustoffwechsel sind miteinander verknüpft, laufen aber in verschiedenen Zellkompartimenten ab und können daher getrennt geregelt werden.

Viele Stoffwechselwege stimmen bei Mikroorganismen, Pflanzen, Tieren und uns selbst erstaunlich gut überein. Unterschiede ergeben sich vor allem aus unterschiedlichen Stoff- und Energiequellen (→ S. 122): So besitzen Pflanzen besondere Stoffwechselwege, durch die sie bei der *Fotosynthese* Strahlungsenergie der Sonne in chemisch gebundene Energie überführen können. Diese fehlen Mensch, Tieren und den meisten Bakterien. Sie alle sind auf die Aufnahme energiereicher Stoffe anderer Lebewesen angewiesen. Daraus Energie zu gewinnen, hat für sie zentrale Bedeutung.

Brennpunkte des Stoffwechsels

Wie sehr wir vom Stoffwechselgeschehen in unserem Körper abhängen – nicht nur bei körperlichen Höchstleistungen, sondern in allen unseren körperlichen und geistigen Fähigkeiten, ja sogar in unserer Seelenlage – wird uns kaum bewusst. Schon eine kurze Unterversorgung mit Sauerstoff lässt unseren Arm „einschlafen", im Gehirn vermag sie eine Ohnmacht auszulösen. Der Mangel an einem einzigen Enzym kann, wie bei der Phenylketonurie, zur Unterentwicklung des kindlichen Gehirns und zu schwerer geistiger Behinderung führen. Eine Stoffwechselstörung bestimmter Gehirnzellen hat starke Depressionen zur Folge. Auch in seinem Bau hängt unser Körper vom Stoffwechselgeschehen ab. Ständig werden Stoffe und Energie benötigt um beispielsweise in jeder Minute 160 Millionen Blutzellen oder alle drei bis fünf Tage die gesamte Darmschleimhaut neu zu bilden.

Obwohl keine Faser des Körpers ohne Stoffwechsel existiert, erfahren wir doch *Atmung, Bewegung, Verdauung* und *Ausscheidung* als dessen Brennpunkte. Anders als bei Einzellern, bei denen alle Lebensfunktionen in einer Zelle ablaufen, sind bei uns und allen anderen Vielzellern die Zellen und Organe auf verschiedene Aufgaben spezialisiert. Dieser Differenzierung entsprechend weisen sie spezifische Enzyme auf und verfügen über gesonderte Stoffwechselwege.

Das *Lungengewebe* besteht aus besonders flachen, dünnen Zellen für den Gasaustausch. Sie bilden die Wand der Lungenbläschen und trennen Atemluft und Blut als hauchdünne, nur 1 µm messende Barriere. So können die roten Blutkörperchen in der nur 0,3 s dauernden Passage durch die Lungenkapillaren völlig mit Sauerstoff gesättigt werden (→ S. 95).

Muskelzellen und *Muskelfasern* sind zu aktiver Kontraktion und passiver Dehnung fähig. Sie ermöglichen die Bewegung vielzelliger Tiere, bei der chemisch gebundene Energie – unter Wärmeverlust – direkt in mechanische Arbeit umgesetzt wird. Bau, Stoffwechsel und Funktion sind im Muskel aufs Engste verknüpft: *Adenosintriphosphat (ATP)*, der Energieträger der Kontraktion, wirkt zugleich als „Weichmacher" für die Dehnbarkeit. Sein Vorrat im Muskel reicht nur für etwa 10 Kontraktionen, muss also rasch durch Energie aus anderen Quellen nachgeliefert werden. Proteinmoleküle, aus denen der Muskel aufgebaut ist, sind zugleich als Enzyme für die ATP-Spaltung aktiv (→ S. 111).

Spezialisierte Zellen im Ausscheidungsorgan *Niere* regeln den Wasser- und Ionenhaushalt, kontrollieren das Säure-Base-Gleichgewicht und entsorgen Endprodukte des Stoffwechsels, vor allem den Harnstoff (→ S. 116).

Die Organe des *Verdauungssystems* bewältigen den schnellen und gezielten Abbau der Nährstoffe und die Aufnahme der Abbauprodukte aus dem Darm in das Blut. Voraussetzung dafür sind zahlreiche Enzyme, die von Drüsenzellen der Verdauungsorgane gebildet und in den Verdauungskanal abgegeben werden. Oft gilt die Verdauung als Inbegriff des Stoffwechsels, doch ist sie eigentlich nur der Auftakt um an körperfremde Stoffe zu gelangen, sie sich nach Umbau als körpereigene Stoffe einzuverleiben und die darin gebundene Energie zu nutzen.

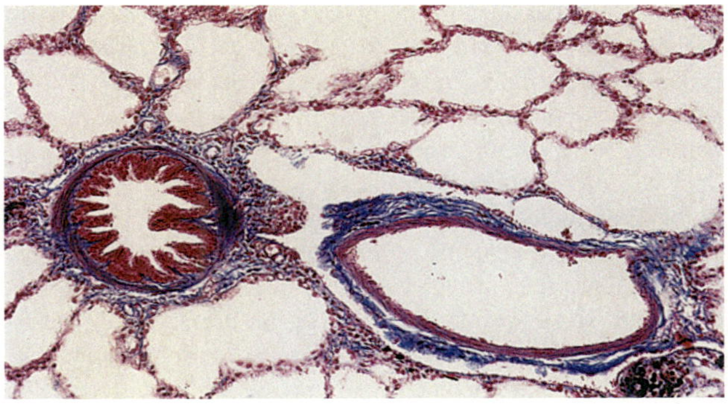

1 Lungengewebe, Vergrößerung etwa 170fach

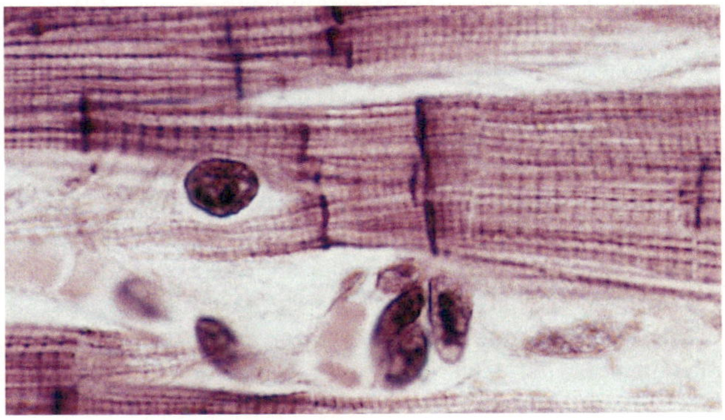

2 Herzmuskelzellen, Vergrößerung etwa 1200fach

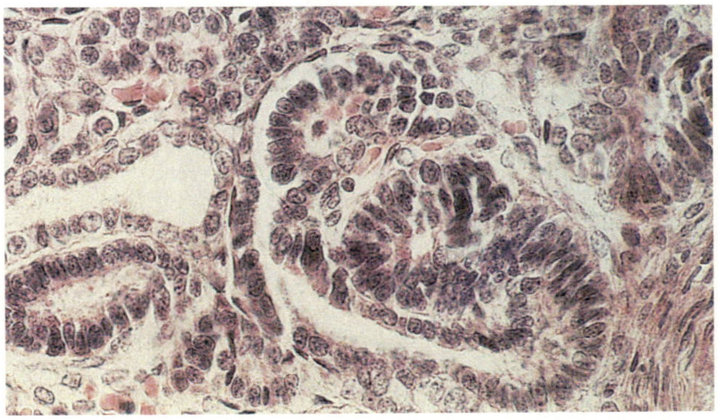

3 Zellen aus der Nierenrinde, Vergrößerung etwa 200fach

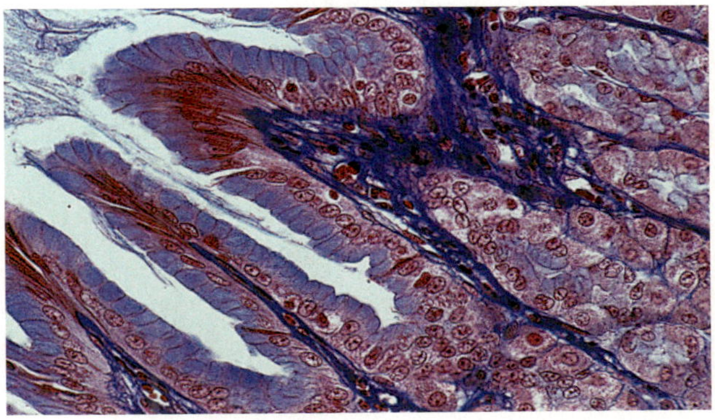

4 Drüsenzellen der Magenschleimhaut, Vergrößerung 300fach

Bereitstellung der Energie aus der Nahrung: Verdauung

Unsere Nahrung besteht hauptsächlich aus *Kohlenhydraten, Fetten, Proteinen, Wasser, Vitaminen* und *Mineralstoffen*. Proteine, Fette und Kohlenhydrate kommen meist in zu komplexen Formen vor, als dass sie ins Blut aufgenommen werden könnten. Im *Mund* und im *Magen-Darm-Trakt* werden sie mithilfe von *Enzymen* aus der Klasse der *Hydrolasen* (→ S. 68) in ihre Bausteine zerlegt: Kohlenhydrate in *Monosaccharide* (Einfachzucker), Proteine in *Aminosäuren* und Fette in *Glycerin* und *Fettsäuren*. Diese werden dann im Dünndarm *resorbiert* und vom Blut oder der Lymphe zu den Organen transportiert. Hier werden sie in den Zellen weiterverarbeitet oder über die Niere ausgeschieden. Nicht resorbierte Stoffe werden über den Mastdarm ausgeschieden.

Verdauung im Mund. Die mechanische Zerkleinerung der Nahrung durch die Zähne leitet die Verdauung im Mund ein. Die Nahrung wird mit dem Speichel zu einem gleitfähigen Brei vermischt. Im Speichel ist auch das Verdauungsenzym *Ptyalin* enthalten, eine *α-Amylase*, die das komplexe Kohlenhydrat *Stärke* in kleinere Einheiten *(Maltose)* spaltet.

Verdauung im Magen. Im Magen produzieren die *Belegzellen* der Magenwand Salzsäure, durch die der Speisebrei einen sauren pH-Wert von 2 bis 3 erhält. Das saure Milieu regt die Aktivität zweier *Proteasen* an, *Pepsin* und *Kathepsin*. Sie werden in den so genannten *Hauptzellen* gebildet, jedoch noch in einer inaktiven Form.

Auch die Magenwand besteht zum größten Teil aus Proteinen. Eine Schutzschicht, die *Magenschleimhaut* (→ Bilder 1–3), verhindert, dass der Magensaft sie angreift. Die Schleimdrüsen der Magenwand produzieren bestimmte schleimige Kohlenhydrate *(Mucine)*, die auf die Magensäure als Puffer wirken und die Enzyme so in ihrer Aktivität hemmen.

Gelangt der Speisebrei in den unteren Teil des Magens, wird die Bildung des Verdauungshormons *Gastrin* angeregt. Es wird in der Magenwand gebildet und fördert die Abgabe von Salzsäure, die wiederum die Enzyme aktiviert. Sobald der Speisebrei durch den Pförtner in den Dünndarm übertritt, wird in der oberen Dünndarmschleimhaut das Hormon *Sekretin* gebildet. Es wird über die Blutbahn zur Magenwand transportiert und hemmt dort die Gastrinproduktion. Auf diese Weise wird die Bereitstellung der Magensäfte reguliert.

Verdauung im Dünndarm. Im Dünndarm wird der saure Speisebrei neutralisiert. Das geschieht mithilfe der Sekrete der Bauchspeicheldrüse *(Pankreas)* und der Darmschleimhautzellen. Die Sekrete haben einen pH-Wert von 8 bis 9 und enthalten wichtige Verdauungsenzyme, sodass im Dünndarm der größte Teil der Verdauungsarbeit geleistet wird: Die Enzyme *Amylase, Maltase, Lactase* und *Saccharase* zerlegen die Kohlenhydrate in Monosaccharide. Die Proteine werden von den Enzymen *Trypsin* und *Chymotrypsin* in Aminosäuren und Dipeptide gespalten. Diese Proteasen liegen zunächst in einer inaktiven Form vor, die bei Bedarf von einem anderen Enzym, der *Enterokinase*, aktiviert wird.

Die Fette werden von *Lipasen* gespalten. Deren Arbeit wird durch die *Gallenflüssigkeit* erleichtert, die auf die wasserunlöslichen Fette emulgierend wirkt. Die Gallenflüssigkeit wird von der Leber produziert und in der Gallenblase gesammelt.

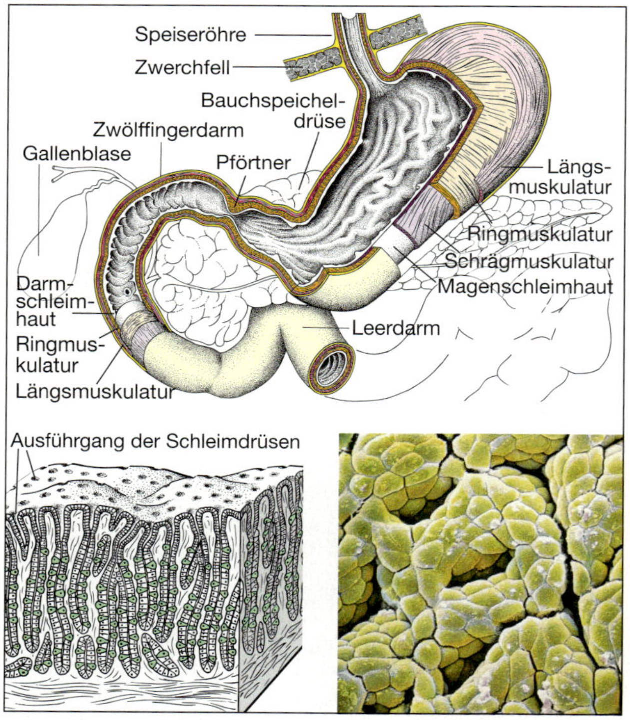

1–3 Bau des Magens. Die Bilder unten zeigen die Magenschleimhaut im Schnittbild und in der Aufsicht (REM).

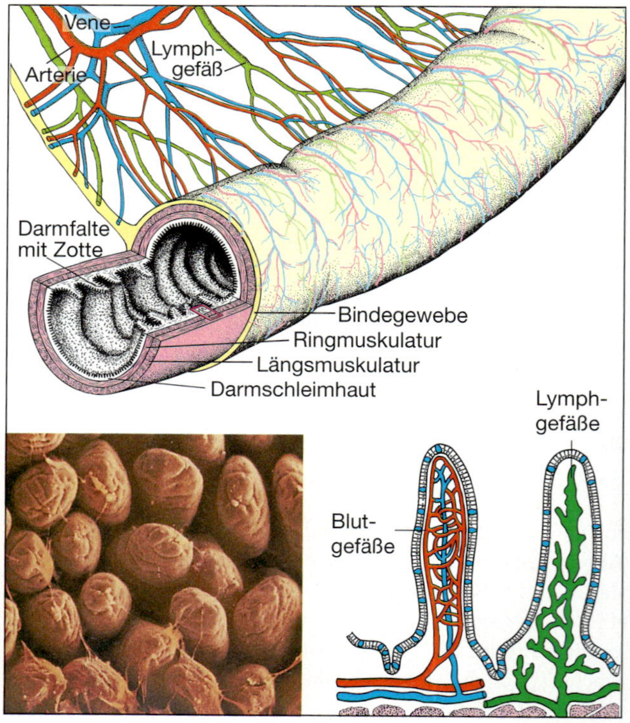

4–6 Dünndarm mit Darmzotten (unten). Zur besseren Übersicht sind Blut- und Lymphgefäße getrennt dargestellt.

Resorption. Die im Dünndarm gespaltenen Nährstoffe werden über die Darmwand ins Blut oder in die Lymphe aufgenommen. Diesen Vorgang nennt man *Resorption*. Die meisten Stoffe werden *aktiv*, also unter Energieaufwand aufgenommen. In den Wandzellen findet man daher viele Mitochondrien. Aminosäuren, Dipeptide und Monosaccharide werden in die Blutgefäße der *Darmzotten* transportiert und mit dem Darmblut über die Pfortader in die Leber befördert. Dort wird ein Teil der Glucose in *Glykogen* umgewandelt und gespeichert. Bei Bedarf wird es wieder zu Glucose abgebaut. Glykogen kann auch in anderen Körperzellen gelagert werden, vor allem in den Muskeln.

Die Aminosäuren und die Dipeptide werden unverändert im Blut zu Zellen gebracht, die aus ihnen körpereigene Proteine bilden.

Die Abbauprodukte der Fette gelangen zum Teil ins Blut, soweit es sich um kurzkettige Fettsäuren handelt. Aus dem Blut nehmen Körperzellen Fette auf um sie zu speichern und bei Bedarf zur Energiegewinnung zu nutzen. Die langkettigen Fettsäuren und das Glycerin werden in die Zellen der Darmwand transportiert, wo das endoplasmatische Reticulum aus ihnen körpereigenes Fett aufbaut. Um die neu entstandenen Fette besser transportieren zu können, werden sie mit Proteinen zu *Lipoproteinen* verbunden. Sie werden nun vor allem in den Lymphgefäßen des Darms transportiert. Die Lymphgefäße münden über den Lymphbrustgang in die Schlüsselvene und überführen so die Fette in den Blutkreislauf.

Die Resorptionstätigkeit des Dünndarms wird durch seinen Bau erleichtert: Die Darmwand ist mit *Zotten* (→ Bilder 4–6 auf der linken Seite) besetzt, die jeweils ein Lymph- und ein Blutgefäß enthalten. Die 1 mm langen Darmzotten vergrößern die Dünndarmoberfläche auf 40 bis 50 m^2. Ihre Epithelzellen sind nochmals mit Zellfortsätzen besetzt, den *Mikrovilli*. Dadurch erhält der Dünndarm eine Gesamtfläche von 200 m^2.

Vorgänge im Dickdarm. Im Dickdarm wird der Nahrungsbrei eingedickt, indem ihm Wasser entzogen und dem Körper wieder zur Verfügung gestellt wird. Wird zu wenig Wasser resorbiert, entsteht Durchfall. Die *Resorption des Wassers* ist ein *passiver Vorgang* und wird allein durch osmotische Gradienten gesteuert. Auch die Rückgewinnung von Mineralstoffen erfolgt hier. Der Körper verliert am Tag 2 bis 3 Liter Wasser und mit ihm Mineralstoffe. Durch die Rückgewinnung von Wasser und Mineralstoffen im Darm und in den *Nieren* werden die Verluste möglichst gering gehalten.

In den Mastdarm gelangt zuletzt der Kot. Er setzt sich aus den unverdaulichen Teilen der Nahrung sowie aus abgestoßenen Darmzellen und Darmbakterien zusammen.

Bedeutung der Nährstoffe in der Nahrung

	Kohlenhydrate	Fette	Proteine
empfohlene Tagesmenge	>50 % der Nahrungsenergie	30–35 % der Nahrungsenergie	0,8–0,9 g/kg Körpergewicht
tatsächliche Ernährung (Durchschnitt)	40–45 % der Nahrungsenergie	40–45 % der Nahrungsenergie	1,5faches der empfohlenen Tagesmenge
Gefahren bei Überernährung	Gefahr von Gärungsvorgängen im Darmtrakt	Übergewicht, zu hohe Cholesterinaufnahme mit der Folge von Kreislauferkrankungen	Azidose; bei Disposition: Gicht durch gesteigerte Purinzufuhr bei Fleischverzehr
Gefahren bei Unterernährung	verminderte Leistungsfähigkeit	mangelnde Resorption fettlöslicher Vitamine, Hautveränderungen	Hungerödeme, bei Kindern Entwicklungsstörungen, Störungen des Immunsystems
Reserven im Körper	Leber- und Muskelglykogen (ca. 400 g)	Fettpolster im Unterhautgewebe	geringe Reserven: im Muskel ca. 45 g und in Blut und Leber ca. 5 g

1 Was verstehen Sie unter der Pufferwirkung des Magens? Wodurch kann diese beeinträchtigt werden?

2 Stellen Sie die Zusammenhänge zwischen falscher Ernährung und Erkrankungen des Magen-Darm-Trakts dar.

Verdauung und Resorption der Nahrung

Ort	Sekret	Enzyme	Verdauungsvorgang	Resorption
Mund	Speichel (1,5–2 l/Tag)	Ptyalin (α-Amylase)	Stärke → Maltose	
Magen	Magensaft (1,5–2 l/Tag)	Pepsin, Kathepsin	Proteine → Polypeptide	
Dünndarm	Dünndarmsaft (etwa 3 l/Tag) Pankreassekret (1 l/Tag)	Amylase, Maltase, Lactase, Saccharase	Stärke → Maltose, Maltose → Glucose, Lactose → Glucose + Galactose, Rohrzucker → Fructose + Glucose	Wasser, Mineralstoffe Einfachzucker (Glucose, Fructose, Galactose)
		Trypsin, Chymotrypsin	Polypeptide → Dipeptide + Aminosäuren	Dipeptide, Aminosäuren
		Lipasen	Fette → Glycerin + Fettsäuren	Glycerin, Fettsäuren
Dickdarm				Wasser, Mineralstoffe

Chemische Grundlagen: Kohlenhydrate

1 Reis enthält über 70 % Stärke und ist in großen Teilen der Welt das Grundnahrungsmittel.

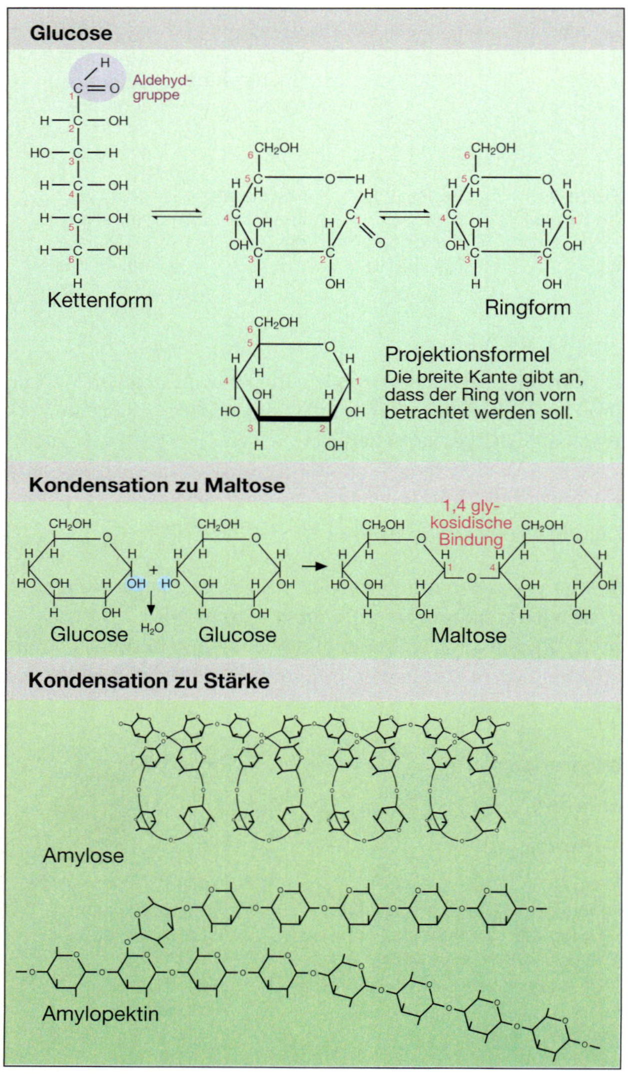

2 Vom Monosaccharid Glucose zum Polysaccharid Stärke

Kohlenhydrate sind als Bau- und Gerüstsubstanzen, als Reservestoffe und als Grundlage des Energiestoffwechsels in der Natur weit verbreitet. In der menschlichen Ernährung spielen sie als Energiequelle eine herausragende Rolle. Viele Kohlenhydrate schmecken süß und werden als *Zucker* bezeichnet.

Monosaccharide. Die einfachsten Zucker sind die *Monosaccharide*. Ihr Molekülgerüst besteht aus 3 bis 7 C-Atomen, wonach sie zum Beispiel als *Triosen* (C_3), *Pentosen* (C_5) oder *Hexosen* (C_6) benannt werden. Biologisch wichtig sind die Pentosen *Ribose* und *Desoxyribose* als Bestandteil der Nucleinsäuren RNA bzw. DNA und die Hexosen *Fructose* (Fruchtzucker) und *Glucose* (Traubenzucker). Die Glucose ist Endprodukt der Fotosynthese und kann von den Zellen der Lebewesen direkt zur Energiegewinnung genutzt werden.

Die C-Atome im Glucosemolekül sind als Kette angeordnet oder bilden eine Ringstruktur aus, indem die *Aldehydgruppe* (–CHO) am C_1-Atom mit der *Hydroxylgruppe* (–OH) am C_5-Atom reagiert. Dabei können zwei unterschiedliche Glucosemoleküle entstehen, je nachdem, ob die Hydroxylgruppe am C_1-Atom von der Ringebene aus nach unten (α-Glucose) oder nach oben weist (β-Glucose). Die freie Aldehydgruppe der Kettenform reduziert Indikatoren, die zum Nachweis von Glucose und ähnlich gebauten Zuckern dienen.

Monosaccharide können sich zu Di-, Tri- usw., schließlich zu Polysacchariden verbinden. Dabei ist stets die reaktionsfähigste OH-Gruppe am C_1-Atom beteiligt. Sie reagiert mit einer OH-Gruppe eines anderen Zuckermoleküls unter Wasserabspaltung, wobei eine so genannte *glykosidische Bindung* über ein Sauerstoffatom entsteht.

Disaccharide. *Disaccharide* (Zweifachzucker) bestehen aus zwei Monosaccharid-Bausteinen verbunden über ein Sauerstoffatom. Bei zwei α-Glucosemolekülen erfolgt die Bindung zwischen dem C_1-Atom des einen und dem C_4-Atom des anderen Moleküls. Man spricht daher von einer *α-1,4-glykosidischen Bindung*. Das entstandene Disaccharid ist Malzzucker oder *Maltose*. Rohrzucker oder *Saccharose* ist ein Disaccharid aus Glucose und Fructose in α-1,2-Bindung.

Polysaccharide. *Polysaccharide* sind Makromoleküle aus vielen Monosaccharid-Molekülen. Sie bilden verzweigte oder unverzweigte Ketten. Viele dienen als Reservestoffe, aus denen sich die Monosaccharide leicht wieder mobilisieren lassen. Wichtigster Reservestoff bei Pflanzen ist die *Stärke*, die als *Amylose* und *Amylopektin* vorkommt. Beide bestehen aus α-Glucose-Bausteinen, unterscheiden sich aber in Molekülgröße und -struktur: Amylose besteht aus einigen hundert Glucose-Bausteinen, ist unverzweigt und schraubig gewunden. Amylopektin hat eine 10fach größere Molekülmasse und ist über α-1,6-Bindungen zusätzlich verzweigt. Ähnlich ist *Glykogen* aufgebaut, der Reservestoff tierischer Zellen. Andere Polysaccharide sind *Chitin*, der Skelettbaustoff der Gliederfüßer, und *Cellulose*, der Hauptbestandteil pflanzlicher Zellwände. Cellulose besteht aus β-Glucose-Molekülen, die in 1,4-Bindung zu langen Ketten verknüpft sind. Da die Bindung nur mithilfe von Enzymen gespalten werden kann, die Säuger nicht haben, ist Cellulose der Hauptballaststoff in unserer Nahrung.

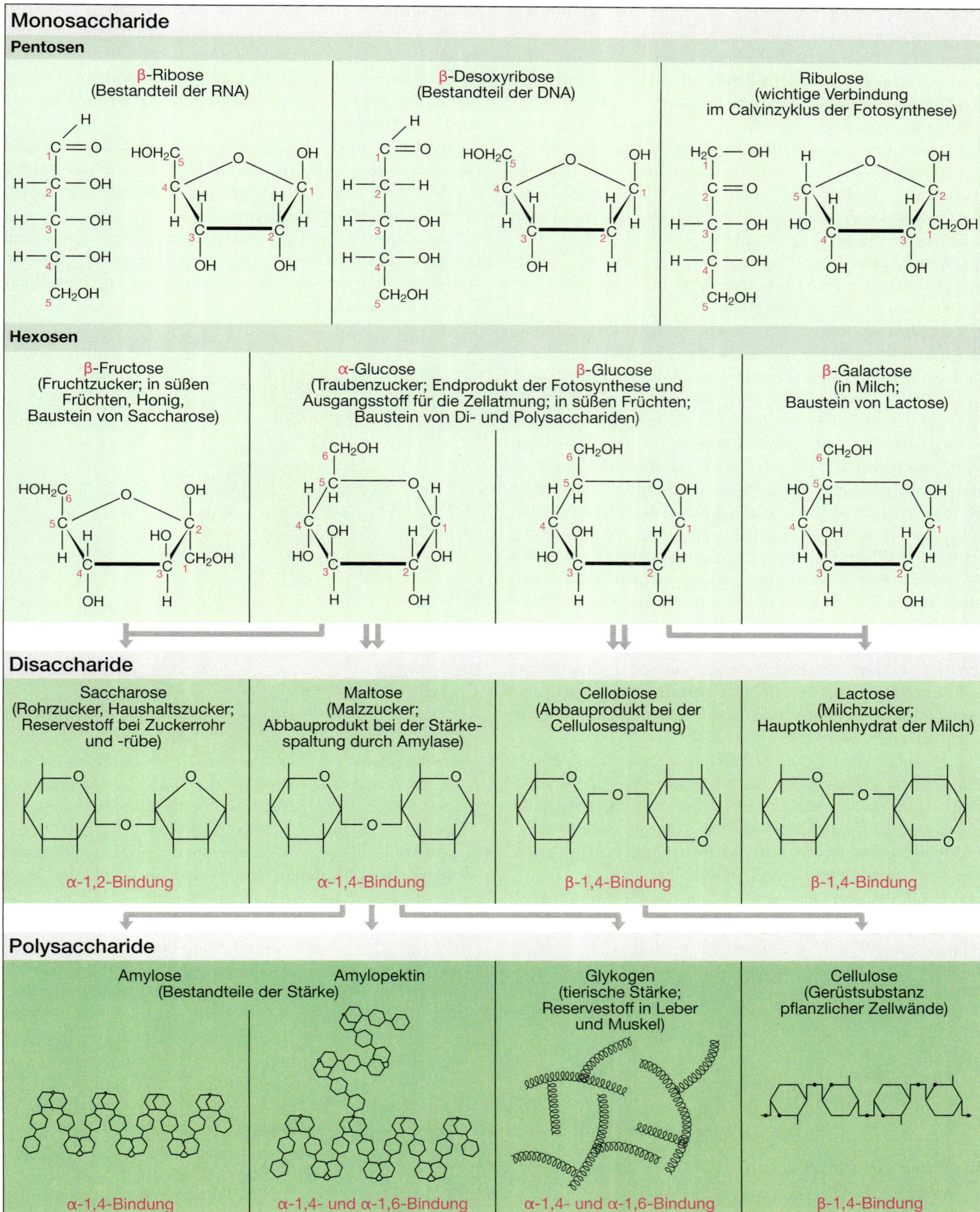

1 *Kohlenhydrate (Auswahl)*

Essstörungen

Gestörtes Essverhalten kann massive Auswirkungen auf den gesamten Organismus haben. Da *Essstörungen* ständig zunehmen, sind sie ein aktuelles Thema – und sie betreffen auch nicht ausschließlich Mädchen, wie oft vermutet wird. Ihre Erscheinungsformen sind oft nicht eindeutig voneinander abzugrenzen, die Übergänge können fließend sein. Allen Essstörungen ist gemeinsam, dass der Alltag Betroffener zwanghaft um das Thema „Essen“ kreist. Daneben nimmt auch das Thema „Heimlichkeit“ großen Raum ein, weil es den meisten Betroffenen schwer fällt, sich einzugestehen, dass mit ihrem Essverhalten etwas nicht stimmt.

Erscheinungsformen. Folgende Störungen werden unterschieden: *Magersucht (Anorexia nervosa)*, *Ess-Brechsucht (Bulimia nervosa)* und *Esssucht*.

Gemeinsames Merkmal bei Magersucht ist nicht die Appetitlosigkeit, sondern die *Angst vor dem Essen*, gekoppelt mit panikartiger Furcht vor Gewichtszunahme. Auffällig ist, dass Magersüchtige häufig sehr ehrgeizig und selbstbeherrscht sind und Erstaunliches in Schule, Beruf und Sport leisten.

Unkontrollierte *Heißhungerattacken* mit anschließendem selbst ausgelöstem *Erbrechen* sind Kennzeichen der Ess-Brechsucht. Auch der Einsatz von Abführmitteln oder übertrieben viel Sport ist bei diesem Krankheitsbild bekannt. Bulimiekranke sind in der Regel normal- oder idealgewichtig, fühlen sich jedoch an bestimmten Körperstellen zu dick. Die Betroffenen führen über Jahre ein Doppelleben. Nach außen ist sowohl ihr Essverhalten als auch ihr Erscheinungsbild normal, die Essanfälle finden in aller Heimlichkeit statt.

Esssuchtkranke sind nicht mehr fähig ihr Essverhalten dauerhaft zu kontrollieren. Sie essen entweder ständig oder anfallartig große Mengen. Dabei entsprechen übergewichtige Esssüchtige nicht dem Schönheitsideal und sind daher Diskriminierungen besonders ausgesetzt.

Eine weitere Essstörung ist die *latente Esssucht*, für die ein andauerndes streng kontrolliertes Essverhalten typisch ist. Die Betroffenen führen eine *lebenslange Diät* und können ihr normales Gewicht nur durch strenge Kontrolle halten. In der Regel wird diese Verhaltensweise innerhalb unserer Gesellschaft als alltäglich und normal akzeptiert.

Ursachen. Für den Einstieg in Essstörungen kann sicherlich der „Schlankheitswahn“ verantwortlich gemacht werden. Generell jedoch liegt der Ausprägung von einer Diät zu einer Essstörung ein psychischer Konflikt zugrunde, der professioneller Behandlung bedarf.

Auswirkungen. Die drei Arten von Essstörungen haben unterschiedliche körperliche Folgeerscheinungen. Bei der Anorexie führt das andauernde Hungern zum *Ausbleiben der Menstruationsblutung*, zu *chronischer Verstopfung*, *niedrigem Puls* und *niedriger Körpertemperatur*. Im Extremfall kann das massive Hungern tödlich sein.

Bei der Bulimie treten – neben *Menstruationsstörungen* und *Verstopfung* – durch das Erbrechen *Verletzungen der Speiseröhre*, *Zahnverfall*, *Störungen im Elektrolythaushalt*, *Schlafstörungen* und *Muskelschäden* auf.

Die körperlichen Folgeerscheinungen der Esssucht sind *Diabetes*, *Bluthochdruck*, *Schlaganfall* und *Herzinfarkt*. Durch das Übergewicht können *Gelenkleiden* und *Wirbelsäulenschäden* verursacht werden.

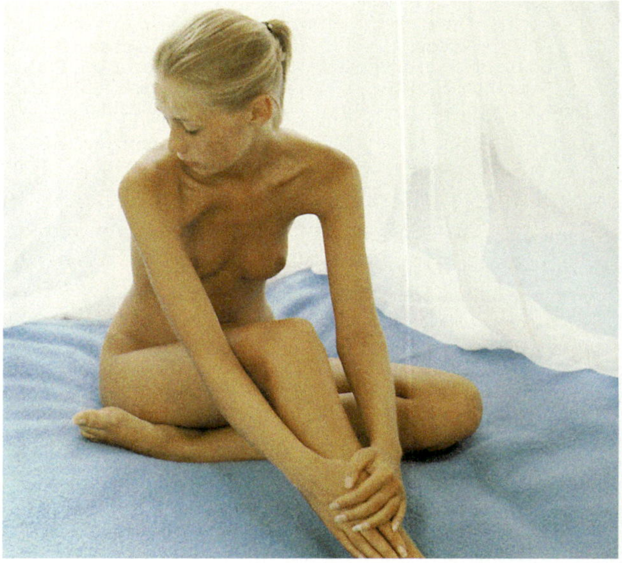

1 Bei dem in unserer Gesellschaft propagierten Schönheitsideal kann der Weg zur Magersucht manchmal kurz sein.

1 Beschreiben Sie das Schema unten für die Magersucht und wandeln Sie es für die anderen Essstörungen ab. Wo liegen Unterschiede, wo Gemeinsamkeiten?

2 Informieren Sie sich im Internet oder mithilfe anderer Medien über Selbsthilfegruppen zum Thema „Essstörungen“.

3 Gehören die Begriffe „schlank“, „schön“, „gesund“ stets zusammen? Recherchieren Sie zum Thema „Schönheitsideale“.

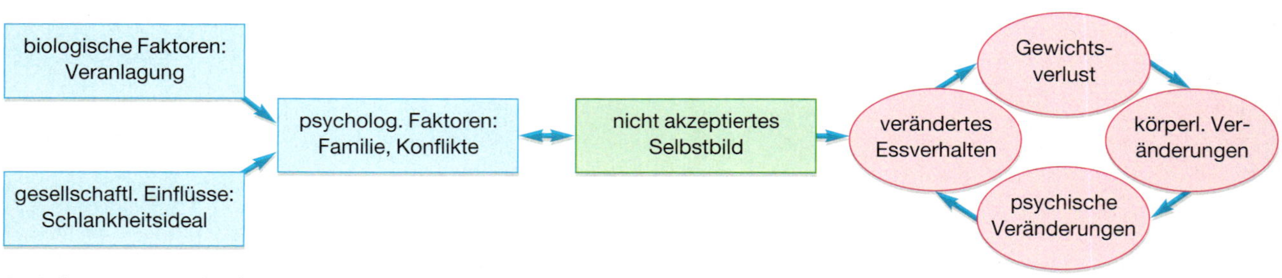

2 Schema zum Verlauf der Anorexia nervosa

Material – Methode – Praxis: **Nachweisreaktionen in der Kriminalistik**

Alle berühmten Kommissare sind beim Lösen von Mordfällen auf die Ergebnisse des *Autopsieberichts* angewiesen. Dabei spielt die Festlegung des Todeszeitpunkts eine große Rolle. Normalerweise wird er über den Grad der Auskühlung der Leiche errechnet. Wo das – wie im Fallbeispiel unten – nicht möglich ist, kommen verschiedene *Nachweisreaktionen* zum Tragen, durch die sich der Todeszeitpunkt ebenfalls eingrenzen lässt.

Fallbeispiel

Die Leiche eines erstochenen Mannes wird an einem Freitagabend um 23:00 Uhr in einer Tiefkühltruhe gefunden. Da die Leiche sehr schnell abgekühlt ist, kann die Todesstunde auf die übliche Art nicht festgestellt werden.

Die Polizei ermittelt, dass das Mordopfer am Donnerstagabend ein vegetarisches Restaurant besucht hat und dort eine Reispfanne aß. Zu diesem Zeitpunkt wurde es letztmals lebend gesehen.

Der *Polizeipathologe* untersucht nun, wieweit die Verdauung der Mahlzeit vorangeschritten ist. Nur so sind sichere Aussagen darüber möglich, ob der Mann kurz nach dem Essen oder erst viel später ermordet wurde. Da der Pathologe weiß, woraus die letzte Mahlzeit bestand, konzentrieren sich seine Untersuchungen auf den Verdauungsgrad der *Kohlenhydrate*. Zunächst untersucht er die Leber auf ihren *Glykogengehalt*. Ein hoher Glykogengehalt würde bedeuten, dass der Mann eine kohlenhydratreiche Mahlzeit zu sich genommen hat, der Zeitpunkt des Essens jedoch schon weiter zurückliegt.

Der Test ergibt jedoch, dass die Leber wenig Glykogen enthält. Der Pathologe fährt daher fort mit der Untersuchung des Dünndarminhalts. Mit der *Fehling-Probe* stellt er fest, dass sich kaum *Monosaccharide* im Darminhalt befinden. *Disaccharide* überwiegen bei weitem. Damit wird klar, dass der Mord kurz nach dem Restaurantbesuch stattfand. Das Untersuchungsergebnis wird noch dadurch gestützt, dass sich im Dünndarm weniger Nahrungsreste finden als im Magen.

Isolierung und Nachweis von Glykogen

Material: 20 g grob gewürfelte, frische Leber, 30%ige KOH, 96%iges Ethanol, Benedict-Reagenz, 10%ige NaOH, Zentrifuge, Wasserbad, Reagenzgläser

Durchführung: Die Leberstückchen werden mit 20 ml 30%iger KOH versetzt und bis zur Auflösung des Gewebes 20 Minuten im Wasserbad gekocht. Zentrifugieren Sie dann die Lösung. Lassen Sie den Überstand abkühlen. Geben Sie anschließend 50 ml Ethanol zum Überstand und kochen Sie diese Lösung 10 Minuten im Wasserbad. Es fällt Glykogen aus, das nach dem Abkühlen durch Zentrifugieren gewonnen wird. Der Niederschlag muss nochmals mit 5 ml Ethanol ausgewaschen und zentrifugiert werden. Nehmen Sie dann den Niederschlag in 10 ml heißem Wasser auf.

Versetzen Sie 2 ml der abgekühlten Glykogenlösung mit 2 ml Benedict-Reagenz. Benedict-Reagenz lässt sich mit Fehling-Reagenz vergleichen. Werden die Cu^{2+}-Ionen reduziert, zum Beispiel in Anwesenheit von Glucose, fällt rotes Kupfer(I)-oxid aus. Welche Färbung ergibt sich mit Glykogen?

FEHLING-Nachweis

Material: Aqua dest., Fehling(I)-Lösung, Fehling(II)-Lösung, Glucose, Maltose, Saccharose, Stärke, Reagenzgläser, Bunsenbrenner, Spatel

Durchführung: Lösen Sie jeweils eine Spatelspitze der Kohlenhydrate in 2 ml Aqua dest. (Stärkelösung dabei leicht erwärmen). Geben Sie zu den Lösungen je 2 ml Fehling(I)-Lösung. Anschließend wird bis zur intensiven Blaufärbung Fehling(II)-Lösung zugesetzt.

Erwärmen Sie alle Versuchsansätze 2 Minuten lang bei kleiner Brennerflamme. Führen Sie zusätzlich zum Vergleich eine Blindprobe mit Wasser durch.

Die Fehling-Probe ist ein typischer Nachweis auf Aldehydgruppen. Bei positiver Reaktion färbt sich die Lösung rötlich.

Disaccharidspaltung durch Säuren

Material: Fehling(I)-Lösung, Fehling(II)-Lösung, Saccharoselösung, 2 N HCl, Glucoseteststäbchen, Reagenzgläser, Bunsenbrenner

Durchführung: 15 Tropfen Saccharoselösung werden mit Fehling(I)- und Fehling(II)-Lösung versetzt und erwärmt.

In einem zweiten Versuch werden zu 15 Tropfen Saccharoselösung 0,5 ml Salzsäure gegeben. Führen Sie dann erneut die Fehling-Probe durch.

In einem dritten Versuch wird in ein Reagenzglas Saccharoselösung und in ein anderes Saccharoselösung mit Salzsäure gegeben. Untersuchen Sie beide Ansätze mit Glucoseteststäbchen.

1 Das Polysaccharid Glykogen kommt nicht nur im Tierreich vor. Von welchen Lebewesen ist es Ihnen noch bekannt?

2 Wie unterscheidet sich Glykogen von Stärke in der Reaktion mit Iod-Kaliumiodid-Lösung? Entwickeln Sie einen sinnvollen Versuch und führen Sie ihn durch!

3 Was würde ein anderer Ausgang der vom Pathologen durchgeführten Nachweisreaktionen im geschilderten Fallbeispiel bedeuten?

☞ Stichworte zu weiteren Informationen

Autopsie, Todeszeitpunktbestimmung, Carbonylverbindung, Hydrolyse, Cellulose, Glykogen-Stoffwechsel

Äußere Atmung: Transportsysteme und Gasaustausch

Bei Einzellern laufen alle Stoffwechselvorgänge auf kleinstem Raum ab. Für sie reicht die Diffusion (→ S. 46) zur Versorgung mit Stoffen und zur Entsorgung von Abfallstoffen völlig aus. Für den größeren Organismus der Vielzeller ist die Diffusionsgeschwindigkeit dagegen zu gering. Sie benötigen Transportsysteme für Atemgase, Nährstoffe und Ionen, Zwischenprodukte des Stoffwechsels, Boten- und Signalstoffe, Abfallstoffe, Wasser und Wärme. Bei allen vielzelligen Tiergruppen mit Ausnahme der Tracheentiere – das sind Insekten und Tausendfüßer – hat sich dafür ein *kombiniertes Transportsystem* entwickelt: der *Blutkreislauf.*

Blutgefäßsystem und Herz. Fließt das Blut wie bei Wirbeltieren und Ringelwürmern immer durch Gefäßwände vom übrigen Gewebe getrennt, spricht man von einem *geschlossenen Blutkreislauf.* Wenn Blutgefäße dagegen offen enden, sodass das Blut auch in die Zellzwischenräume fließt, liegt ein *offener Blutkreislauf* vor. Er ist für Weichtiere und Gliederfüßer kennzeichnend.

Für den Antrieb des Bluttransports sorgen Hohlmuskeln – im einfachsten Fall die Wände der Blutgefäße. Meist ist aber ein bestimmter Abschnitt der Gefäße als *Herz* spezialisiert, eine zentrale Kreislaufpumpe, die sich rhythmisch kontrahiert und dafür oft wie bei den Wirbeltieren ein *vom Zentralnervensystem unabhängiges Erregungszentrum* besitzt.

Herz und Blutkreislaufsystem der Wirbeltiere gehen auf einen gemeinsamen Ursprung zurück, haben sich aber in der Evolution jeder Tierklasse unterschiedlich entwickelt. Einen *einfachen Blutkreislauf* haben die Fische. Ihr Herz aus einer Herzkammer und einem Vorhof pumpt das sauerstoffarme Blut in die Kiemen, wo der Gasaustausch stattfindet. Das sauerstoffreiche Blut wird über die Körperschlagader, die Aorta, zum Körper geführt. Der *doppelte Blutkreislauf* der übrigen Wirbeltierklassen hat sich beim Übergang vom Wasser- zum Landleben entwickelt: Zusätzlich zum *Körperkreislauf* entstand bei Landtieren ein *Lungenkreislauf,* durch den das sauerstoffarme Blut zunächst vom Herzen zu den Atmungsorganen gepumpt wird, von dort aus zum Herzen zurückkehrt und danach erst mit Sauerstoff beladen in den Körper gelangt. Die beiden Kreisläufe werden durch zwei Herzhälften, die synchron arbeiten, in Gang gehalten. Die rechte Herzhälfte pumpt das Blut durch den Lungenkreislauf, die linke durch den Körperkreislauf. Bei Amphibien und Reptilien sind beide Kreisläufe nicht vollkommen getrennt, da die Scheidewand zwischen ihren Herzkammern unvollständig ist.

Stoffaustausch. Im offenen Blutkreislauf kommt das Blut in direkten Kontakt mit den Organen, Geweben und Zellen, die es mit Stoffen versorgen und entsorgen soll. Im geschlossenen Blutkreislauf geschieht dieser Stoffaustausch an den *Kapillargefäßen.* Dies sind dünnwandige, feinverzweigte Adern mit 3 bis 8 μm Durchmesser. Im menschlichen Körper schätzt man ihre Zahl auf 40 Milliarden und ihre für den Stoffaustausch nutzbare Fläche auf 600 m^2.

Für den Energiestoffwechsel aller tierischen Vielzeller sind die Kapillargefäße der Atmungsorgane von fundamentaler Bedeutung. In ihnen spielt sich die als *äußere Atmung* bezeichnete Aufnahme von Sauerstoff und Abgabe von Kohlenstoffdioxid ab. Beim Menschen werden sie bereits im Ruhezustand in jeder Minute von 5 bis 6 Liter Blut – also dem gesamten Blutvolumen – durchströmt, bei starker körperlicher Anstrengung sogar von nahezu der vierfachen Blutmenge.

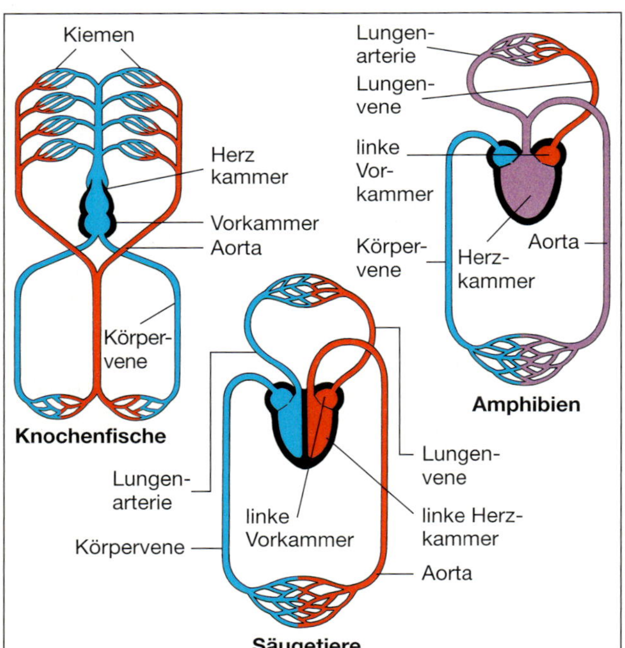

1 Kreislaufsysteme verschiedener Wirbeltierklassen. Der doppelte Blutkreislauf entstand beim Übergang zum Landleben.

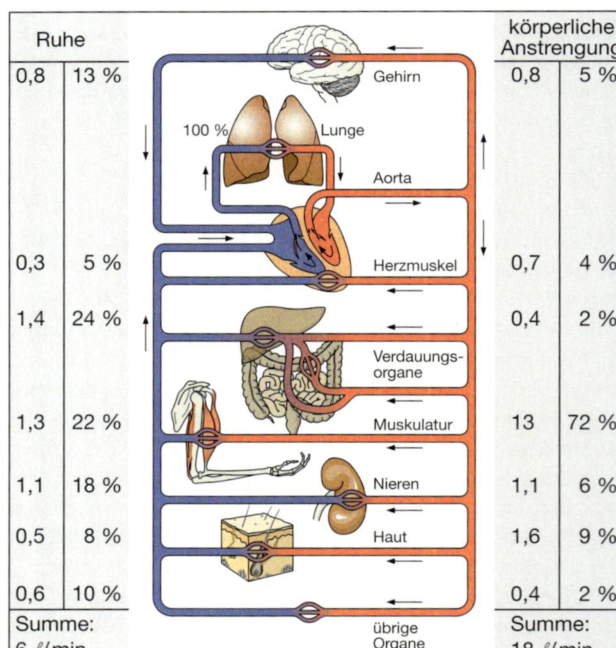

2 Blutkreislauf des Menschen (Schema) und Verteilung des Blutvolumens in Ruhe und bei Belastung

Atmungsorgane. Bei der *Hautatmung* wird der Sauerstoff mit der gesamten Körperoberfläche aufgenommen. Sie ist hauptsächlich bei Wasser- oder Feuchtlufttieren zu finden, da eine feuchte Hautoberfläche die Diffusion erleichtert. Manchen kleinen Tieren mit vergleichsweise großer Körperoberfläche, zum Beispiel dem Regenwurm, genügt sie als alleinige Atmung. Aber auch bei Fischen und Amphibien trägt sie wesentlich zur Sauerstoffversorgung bei.

Für Wassertiere wie Fische, Muscheln oder Krebse ist die *Kiemenatmung* typisch. Kiemen sind stark durchblutete, dünnwandige Hautlappen, deren Oberfläche durch viele Verästelungen und Verzweigungen oft stark vergrößert ist. Der im Wasser gelöste Sauerstoff diffundiert durch die Kiemenwand ins Blut, Kohlenstoffdioxid wird auf dem umgekehrten Weg an das Wasser abgegeben.

Das *Tracheensystem* der Insekten und Tausendfüßer dient nicht nur dem Austausch, sondern auch dem Transport der Atemgase. Es besteht aus den röhrenförmigen *Tracheen*, die sich im Körper vielfach verzweigen und als feinste *Tracheolen* alle Organe umspinnen. Sie führen den Sauerstoff auf Diffusionsabstand an die Körperzellen heran ohne das Blut als Transportsystem einzusetzen. Wahrscheinlich ist es diese Diffusionsatmung, die die Körpergröße von Insekten begrenzt. Bei Wasserinsekten sind oft Tracheen und Kiemen kombiniert.

Bei der *Lungenatmung* der Landwirbeltiere wird die Atemluft durch besondere Ventilationsbewegungen zwischen Nase, Luftröhre, Bronchien, Bronchiolen und den beiden Lungenflügeln hin und her befördert. In der Lunge erfolgt der Austausch der Atemgase. Ihre innere, respiratorische Oberfläche hat sich im Lauf der Evolution der Wirbeltiere erheblich vergrößert. Am größten ist sie bei Vögeln und Säugetieren, die zur Aufrechterhaltung ihrer Körpertemperatur einen sehr intensiven Stoffwechsel haben und daher ein besonders leistungsfähiges Atmungssystem brauchen. Beim Menschen beispielsweise kann die Oberfläche der Lunge bis zu 90 m^2 groß sein. Diese große Diffusionsfläche bewältigt den Austausch großer Atemgasvolumina. So kann bei körperlicher Anstrengung die Atemleistung des Menschen von 5 bis 8 l/min auf 90 bis 100 l/min ansteigen.

Gasaustausch in der Säugerlunge. Die Bronchiolen der Säugetiere einschließlich des Menschen enden blind als etwa 0,2 mm große Lungenbläschen oder *Alveolen*. Sie sind von einem dichten Kapillarnetz umsponnen und bilden den Diffusionsraum für die Atemgase: Sauerstoff diffundiert aus dem Innenraum der Alveole in das Blut, Kohlenstoffdioxid diffundiert in die Gegenrichtung (→ Bild 2). Die *Diffusionsrichtung* hängt vom Konzentrationsgefälle jedes einzelnen Gases ab, unabhängig von anderen vorhandenen Gasen. Als Maß für die Konzentration des Gases dient sein *Partialdruck*.

Die Wand von Alveole und Kapillare zusammen misst weniger als 1 µm, ist also rund 50-mal dünner als diese Buchseite. Der geringe Abstand „zwischen Blut und Luft" und die große, feuchte Diffusionsfläche sind Voraussetzungen dafür, dass sich das Blut in 0,3 s Kontaktzeit an der Alveole mit Sauerstoff sättigt.

1 Erklären Sie, warum Fische an der Luft ersticken.

2 Informieren Sie sich über Bau und Leistung der Atmungsorgane bei Vögeln und vergleichen Sie sie mit denen der Säugetiere.

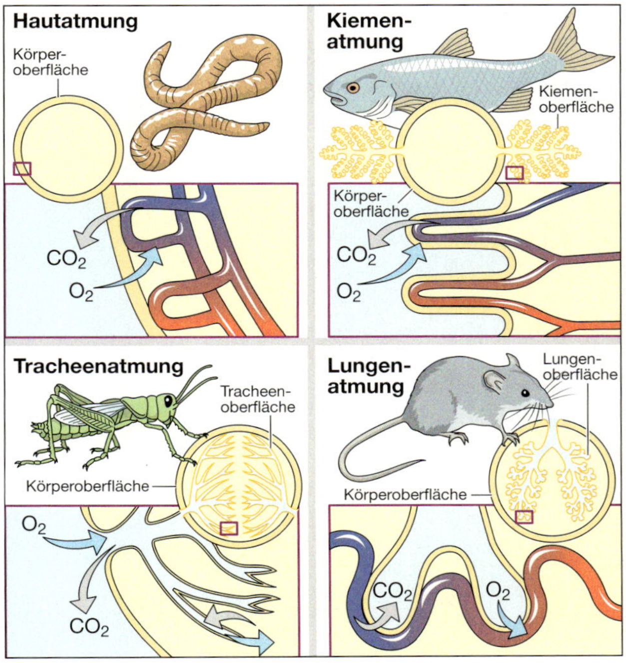

1 Atmungsorgane von Land- und Wasserbewohnern verschiedener Tiergruppen

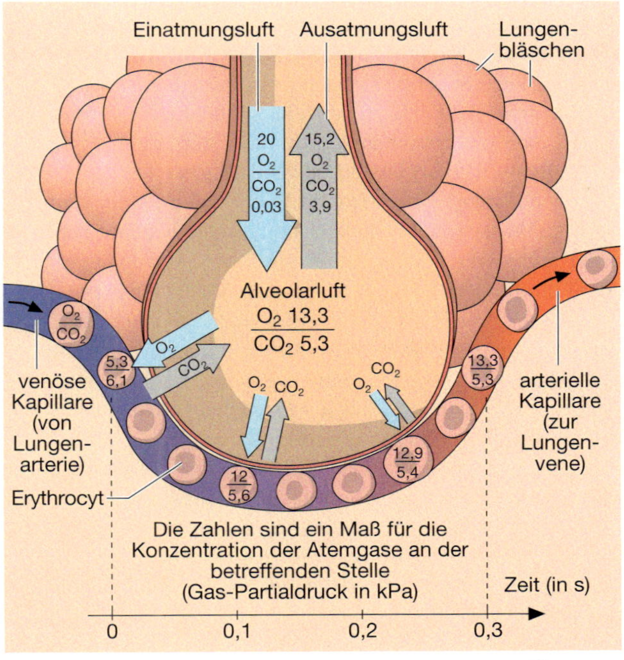

2 Austausch der Atemgase in den Alveolen. Die Zahlen geben den Partialdruck von O_2 und CO_2 an.

Transport von Sauerstoff im Blut

Die Blutflüssigkeit ist am Transport der Atemgase kaum beteiligt, da sich Sauerstoff in wässrigen Lösungen schlecht löst. Auf diese Aufgabe sind im menschlichen Körper 25000 Milliarden rote Blutkörperchen oder *Erythrocyten* spezialisiert, der häufigste Zelltyp unseres Körpers. In den Erythrocyten wird der Sauerstoff – zum Teil auch das Kohlenstoffdioxid – an den roten Blutfarbstoff *Hämoglobin* gebunden, aus dem die Erythrocyten zu 95 % ihrer Trockenmasse bestehen.

Aufbau des Hämoglobins. Ein Hämoglobinmolekül besteht aus dem Protein *Globin* und der Farbstoffkomponente *Häm*. Globin ist aus vier Polypeptidketten aufgebaut, von denen jede ein Molekül Häm trägt (→ S. 42). Häm wird von einem Porphyrinring gebildet, der ein Eisen(II)-Ion einschließt. An das Häm mit dem zentralen Eisen-Ion kann ein O_2-Molekül locker angelagert werden ohne die Oxidationsstufe des Eisens zu ändern. Da im Unterschied zu einer echten Sauerstoffbindung keine Oxidation stattfindet, bezeichnet man die Reaktion als *Oxigenierung*. Aus dem dunkelroten *Desoxi-Hämoglobin* entsteht durch Oxigenierung das hellrote *Oxi-Hämoglobin*. Die vier Häm-Gruppen eines Hämoglobinmoleküls können dabei insgesamt bis zu vier Sauerstoffmoleküle binden.

An Hämoglobin kann anstelle des Sauerstoffs auch Kohlenstoffmonooxid CO gebunden werden, das zum Beispiel aus Zigarettenrauch oder Autoabgasen stammt. Seine Giftigkeit erklärt sich daraus, dass es sich 200-mal stärker an Häm bindet als Sauerstoff und so den Sauerstofftransport blockiert.

Sauerstoffaufnahme und -abgabe des Hämoglobins. Hämoglobin vermag Sauerstoff ebenso leicht aufzunehmen wie abzugeben, und zwar abhängig von der jeweils gegebenen Sauerstoffkonzentration (→ Bilder 2 und 3): Bei hohem Sauerstoffpartialdruck, wie er in der Lunge besteht, wird Sauerstoff vom Hämoglobin aufgenommen. Bei niedrigem Partialdruck, wie er für das Sauerstoff verbrauchende Körpergewebe typisch ist, wird Sauerstoff abgegeben. Dass die Sauerstoffbindungskurve bei niedrigem Partialdruck sehr steil verläuft, bedeutet, dass das Hämoglobin schon auf geringe Änderungen der Sauerstoffversorgung im Gewebe reagiert.

In den Muskelzellen wird der Sauerstoff an *Myoglobin* gebunden. Dieser rote Muskelfarbstoff ähnelt in seiner Struktur dem Hämoglobin, hat jedoch ein stärkeres Bestreben zur Sauerstoffbindung als Hämoglobin. In den Muskeln wird der Sauerstoff daher von Hämoglobin auf Myoglobin übertragen. Das Myoglobin kann bei Bedarf den Sauerstoff an Enzyme der Atmungskette abgeben. Es dient als Reserve bei hohem Sauerstoffverbrauch und ist daher in sehr aktiven Muskeln wie dem Herzmuskel in großer Menge enthalten.

Außer durch den Sauerstoffpartialdruck wird die Sauerstoffbindung des Hämoglobins auch vom pH-Wert beeinflusst. Diese Abhängigkeit wird als *Bohr-Effekt* bezeichnet. Sinkt der pH-Wert, weil sich im Gewebe viel CO_2 oder Milchsäure gebildet hat (→ S. 108), gibt das Hämoglobin dort mehr Sauerstoff ab als üblich. Der Bohr-Effekt wirkt also regulierend.

1 Welche zellulären Einschränkungen bringt die Spezialisierung der Erythrocyten auf den Atemgastransport mit sich?

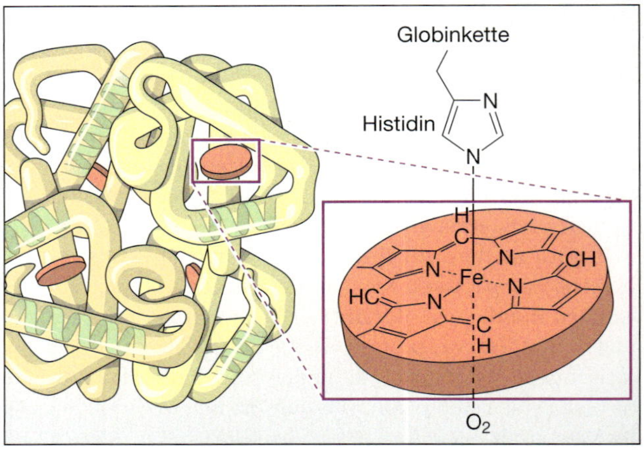

1 Modell des Hämoglobins und Aufbau von Häm

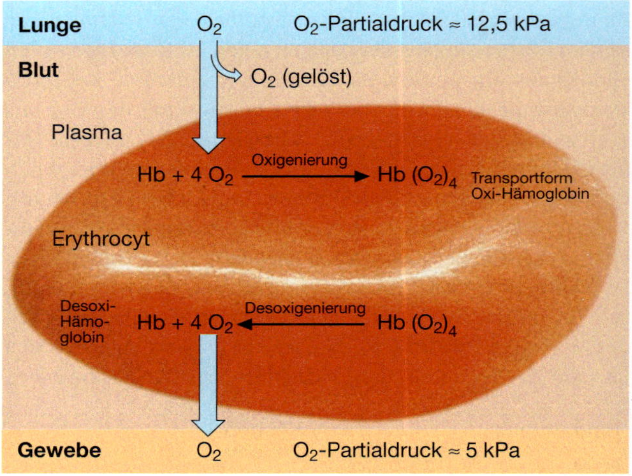

2 Erythrocyt im Konzentrationsgefälle des Sauerstoffs

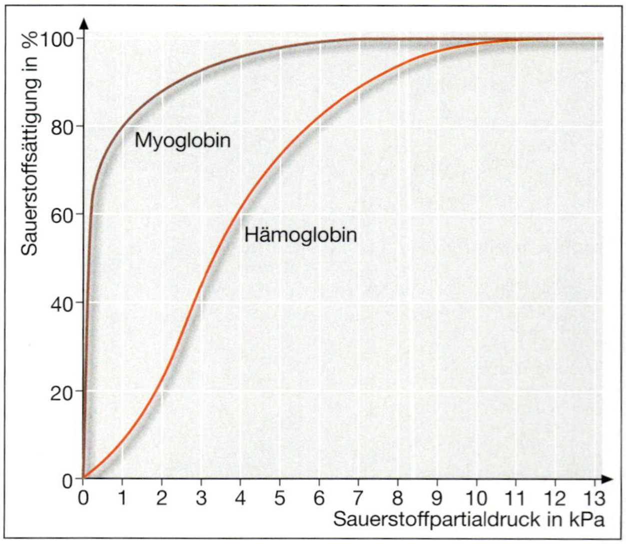

3 Sauerstoffbindungskurven des Hämoglobins und des Myoglobins in Abhängigkeit vom Sauerstoffpartialdruck

Regulation der Sauerstoffkonzentration im Blut

Für Lebewesen mit hohem Energiebedarf ist die ungestörte und ständige Versorgung mit Sauerstoff so wichtig, dass fast immer mehrere Mechanismen zu ihrer Sicherung und Regelung zusammenwirken. Ziel der Regelung ist eine möglichst gleichmäßige Konzentration des Sauerstoffs im Blut und den Körperzellen.

Der Sauerstoffverbrauch ändert sich bereits durch Sprechen, Singen oder bei Aufregung, am stärksten aber durch intensive Muskelarbeit. Er beträgt beispielsweise beim Menschen in Ruhe zwischen 150 und 300 ml O_2/min. Bei schwerer Arbeit oder sportlicher Anstrengung kann dieser Wert auf bis zu 4600 ml O_2/min ansteigen. Um diesem erhöhten Bedarf nachzukommen, nehmen Atemfrequenz und Atemvolumen zu. Gleichzeitig muss aber auch die Durchblutung der Lungenkapillaren gesteigert werden. Nur so lässt sich das größere Sauerstoffangebot auch nutzen.

Atemzentrum. Die Atemtätigkeit kann willentlich beeinflusst werden. Meist aber wird die Ein- und Ausatmung unbewusst durch das *Atemzentrum* im Nachhirn geregelt. Es besteht aus mehreren Gruppen von Nervenzellen, von denen ein Teil die Einatmung, ein anderer Teil die Ausatmung stimuliert. Der Wechsel zwischen Ein- und Ausatmung kommt dadurch zustande, dass die eine Nervenzellgruppe die Aktivität der anderen hemmt.

Chemische Kontrolle. Bei erhöhter Muskeltätigkeit sinkt der Sauerstoffgehalt im Blut. Gleichzeitig steigt der Kohlenstoffdioxidgehalt an. Da sich aus ihm Kohlensäure bildet, erniedrigt sich zugleich der pH-Wert. *Chemorezeptoren* in den Halsschlagadern, der Aorta und im Gehirn registrieren diese Veränderungen im Blut oder der Gehirnflüssigkeit und senden verstärkt Signale an das Atemzentrum. Die für die Einatmung zuständigen Nervenzellen sorgen daraufhin für eine verstärkte Atmung.

Ein zu geringer Kohlenstoffdioxidgehalt im Blut hat den gegenteiligen Effekt. Er entsteht beispielsweise durch übermäßig schnelles und tiefes Atmen. Diese *Hyperventilation* kann zum Stillstand der Atmung führen, weil das Blut stark an Kohlenstoffdioxid verarmt und dadurch der Antrieb für das Einatemzentrum fehlt. Beim Tauchen ist Hyperventilation lebensgefährlich, da man unter Umständen bewusstlos wird („Schwimmbad-Blackout"), bevor der normale Kohlenstoffdioxidgehalt des Bluts wieder erreicht ist. Im schlimmsten Fall führt das zum Ertrinken.

Zwar ist der Kohlenstoffdioxidgehalt des Bluts der wirksamste Faktor für die Regelung der Atmung, doch wird auch der Sauerstoffgehalt von Chemorezeptoren kontrolliert. Dabei messen sie nicht den an Hämoglobin gebundenen, sondern den im Blutserum gelösten Sauerstoff. Er macht aber nur einen verschwindend kleinen Anteil am insgesamt transportierten Sauerstoff aus. Das hat Konsequenzen bei einer Vergiftung mit Kohlenstoffmonooxid CO: Da das CO nur den Sauerstofftransport des Hämoglobins behindert, den im Serum gelösten Sauerstoff aber nicht beeinflusst, können die Chemorezeptoren den bei einer CO-Vergiftung entstehenden Sauerstoffmangel nicht registrieren und eine verstärkte Atmung veranlassen.

Mechanische Kontrolle. *Dehnungsrezeptoren* im Lungengewebe und in der Zwischenrippenmuskulatur sind ebenfalls an der Regelung der Atembewegungen beteiligt. Ihre Aufgabe besteht wohl vor allem darin, eine Überdehnung der Lunge zu verhindern und die Atemtiefe den Anforderungen entsprechend einzustellen.

1 Welche Folgen hat es, wenn sich der CO_2-Partialdruck in den Alveolen durch Hyper- bzw. Hypoventilation deutlich verringert oder erhöht? Vergleichen Sie dazu Bild 2 auf Seite 95.

2 An unseren Atembewegungen wirken innere und äußere Zwischenrippenmuskeln, Zwerchfell, Bauchmuskeln, Schultermuskeln und die Schwerkraft mit. Erklären Sie ihr Zusammenspiel bei normaler und tiefer Aus- und Einatmung.

3 Informieren Sie sich, was man unter einem Regelkreis versteht. Stellen Sie die Regelung der Atmung als Regelkreis dar.

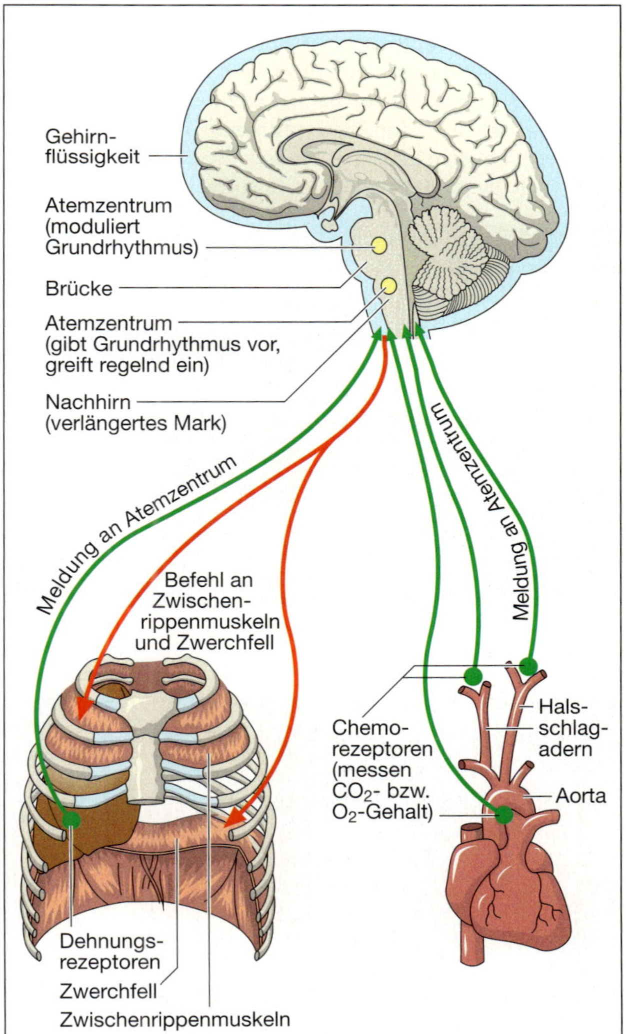

1 Regulation der Atmung mit den wichtigsten daran beteiligten Komponenten

Atmung unter Extrembedingungen: Bergsteigen und Tauchen

Besondere Bedingungen für die Atmung gelten unter Wasser und in großer Höhe. In beiden Fällen haben die veränderten Atmungsbedingungen nichts mit einer veränderten Zusammensetzung der Luft zu tun, da die Luft in Pressluftgeräten genauso zusammengesetzt ist wie die Luft auf dem Mount Everest oder auf Meereshöhe: 78 % Stickstoff, 21 % Sauerstoff, 0,03 % Kohlenstoffdioxid und 0,97 % Edelgase und Reste.

Atmung in der Höhe. Bergsteiger bemerken ab einer Höhe von etwa 4000 m eine deutlich erschwerte Atmung. Oberhalb 5300 m können Menschen auf Dauer nicht leben. Die Ursache liegt in dem mit der Höhe abnehmenden Sauerstoffpartialdruck, also der Konzentration des Sauerstoffs. Auf Meereshöhe beträgt der Sauerstoffpartialdruck um die 21 kPa, auf dem Mount Everest nur etwa 6,5 kPa. Das hat Auswirkungen auf die Diffusionsvorgänge in den Alveolen: Die Diffusion des Sauerstoffs verläuft in großer Höhe langsamer und weniger effektiv, da kaum noch ein Konzentrationsgefälle zwischen Luft und Blut besteht. Die Folge ist eine Unterversorgung mit Sauerstoff. Hyperventilation verstärkt den Effekt gefährlich.

Der Körper kann sich allerdings im Verlauf einiger Wochen in begrenztem Umfang auf das verringerte Sauerstoffangebot einstellen, indem die Zahl der Erythrocyten zunimmt. Sehr gut trainierte, höhenangepasste Bergsteiger können kurzzeitig Höhen von über 8000 m ohne Atemgerät erreichen.

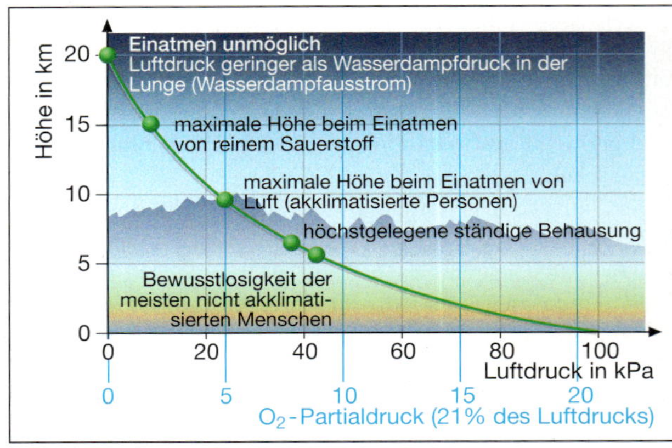

1 Abnahme des Sauerstoffpartialdrucks mit zunehmender Höhe

2 Beim Auftauchen aus größerer Tiefe sind die vorgeschriebenen Pausen strikt zu beachten.

3 Pottwale tauchen von allen Säugetieren am tiefsten.

Atmung in der Tiefe. Die Druckverhältnisse im Wasser setzen dem Menschen trotz modernster Tauchgeräte Grenzen. Beim Tauchen nimmt der Umgebungsdruck zu, ebenso die Partialdrücke der in der Pressluft enthaltenen Gase. Dabei ist der Stickstoff besonders problematisch. Unter normalem Umgebungsdruck löst sich Stickstoff kaum im Blut. Mit zunehmender Tiefe und steigendem Druck in den Lungenbläschen löst er sich jedoch immer besser. Beim Auftauchen verringert sich der Druck und die Löslichkeit von Stickstoff im Blut nimmt ab. Verläuft das Auftauchen zu schnell, wird der Stickstoff in Form von Gasbläschen frei, die zu einer Verstopfung von Kapillargefäßen führen können. Die Auswirkungen der dadurch verursachten „Taucherkrankheit" *(Dekompressionskrankheit)* können lebensbedrohlich sein. Aus größerer Tiefe dürfen Taucher daher nur langsam und mit fest vorgeschriebenen Pausen aufsteigen.

Tief tauchende Tiere. Pinguine, Robben und Wale sind Lungenatmer wie der Mensch. Trotzdem können sie tiefer und länger tauchen als wir: Pottwale bleiben bis zu 90 Minuten unter Wasser und erreichen Tiefen von mehr als 1000 m. Eine Reihe besonderer Anpassungen macht diese Leistungen möglich:

- Ein großes Blutvolumen und ein hoher Hämoglobingehalt des Bluts können große Mengen Sauerstoff binden.
- Die Muskulatur enthält viel Sauerstoff speicherndes Myoglobin.
- Die Durchblutung von Darm, Ausscheidungsorganen und Muskulatur wird beim Tauchen gezielt eingeschränkt.
- Der Herzschlag kann dadurch stark gedrosselt werden.
- Milchsäure – das Endprodukt des anaeroben Stoffwechsels, auf den der Muskel umschaltet, wenn nicht genug Sauerstoff zur Verfügung steht (→ S. 114) – gelangt erst nach dem Auftauchen aus den Muskeln ins Blut.

1 Viele Sportler bereiten sich auf wichtige Wettkämpfe mit einem Höhentraining vor, verbringen also mehrere Wochen im Hochgebirge und trainieren dort. Begründen Sie diese Trainingsstrategie.

Material – Methode – Praxis: **Versuche zur Atmung**

Die meisten Organismen brauchen zum Überleben Sauerstoff, der sehr oft aus der Atemluft gewonnen wird. Dabei verändert sich deren Zusammensetzung: Frischluft, die wir einatmen, besteht aus 78 % Stickstoff, 21 % Sauerstoff, 0,03 % Kohlenstoffdioxid und 0,97 % anderen Gasen. Die ausgeatmete Luft enthält dagegen 16 % Sauerstoff und 4 % Kohlenstoffdioxid. Der Anteil der übrigen Gase bleibt unverändert. Die durch den Gasaustausch in der Lunge bedingte Änderung in der Zusammensetzung der Atemluft lässt sich sowohl qualitativ als auch quantitativ nachweisen.

Pflanzen sind als Produzenten von Sauerstoff bekannt, doch ist experimentell leicht zu belegen, dass auch sie Sauerstoff veratmen und Kohlenstoffdioxid produzieren.

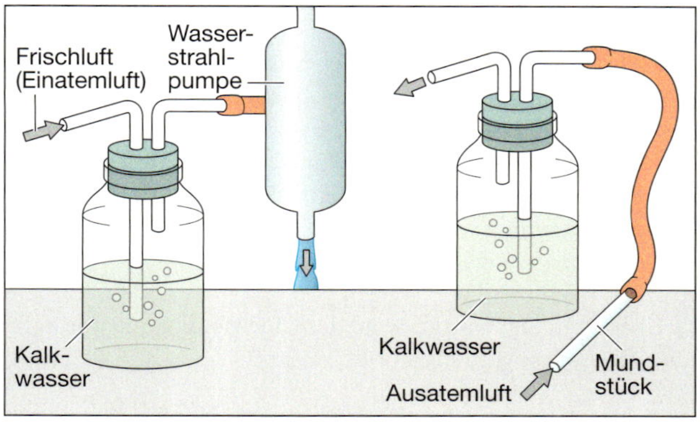

Kohlenstoffdioxidgehalt in der Ein- und Ausatemluft

Material: Kalkwasser, 2 Waschflaschen, 2 Stopfen mit Doppelloch, Wasserstrahlpumpe, kurze Gummischläuche

Durchführung: Bauen Sie den Versuch wie im Bild oben auf. Überprüfen Sie zunächst den Kohlenstoffdioxidgehalt der Einatemluft, indem Sie die Wasserstrahlpumpe anstellen und durch den entstehenden Unterdruck Luft durch das Kalkwasser strömen lassen. Untersuchen Sie dann die Ausatemluft, indem Sie Luft durch das Mundstück in das Kalkwasser blasen.

Quantitative Bestimmung des Kohlenstoffdioxids in der Ausatemluft

Material: dest. Wasser, 0,2 mol NaOH, Phenolphthalein, Glaskolben, Glaswinkelröhrchen, Kolbenprober, Verbindung mit Dreiwegehahn, Stopfen mit Doppelloch, Gummischlauch mit Mundstück, Aquariumstein

Durchführung: Bauen Sie den Versuch entsprechend dem Bild rechts auf. Füllen Sie den Glaskolben mit 300 ml destilliertem Wasser, 1 ml NaOH und 3 Tropfen Phenolphthalein. Den Kolbenprober füllen Sie mit 100 ml Ausatemluft. Dann stellen Sie mit dem Dreiwegehahn eine Verbindung zum Glaskolben her und drücken langsam so viel Luft aus dem Kolbenprober, bis sich die Flüssigkeit im Glaskolben entfärbt. Glaskolben beim Einströmen der Luft ständig schwenken! Erfassen Sie, wie viel Luft zum Entfärben der Flüssigkeit benötigt wird.

Wiederholen Sie den Versuch mehrmals mit neuen Reagenzien und bilden Sie aus Ihren Ergebnissen den Mittelwert.

Kohlenstoffdioxidabgabe von Pflanzen am Beispiel von Weizenkeimlingen

Material: 2 Tage vorgekeimte Weizenkörner, Kalkwasser, 5%ige KOH *(Vorsicht, ätzend!)*, 4 Waschflaschen, Wasserstrahlpumpe, 5 kurze Schläuche, 4 Stopfen mit Doppelloch

Durchführung: Füllen Sie zwei Waschflaschen zur Hälfte mit Kalkwasser. In eine weitere Waschflasche geben Sie bis zur Hälfte KOH. In die letzte Waschflasche kommen die Weizenkörner. Verbinden Sie die Waschflaschen wie im Bild unten gezeigt und schließen Sie sie an die Wasserstrahlpumpe an. Beim Anstellen der Pumpe wird langsam Luft durch die Apparatur gesaugt.

Protokollieren Sie Ihre Beobachtungen.

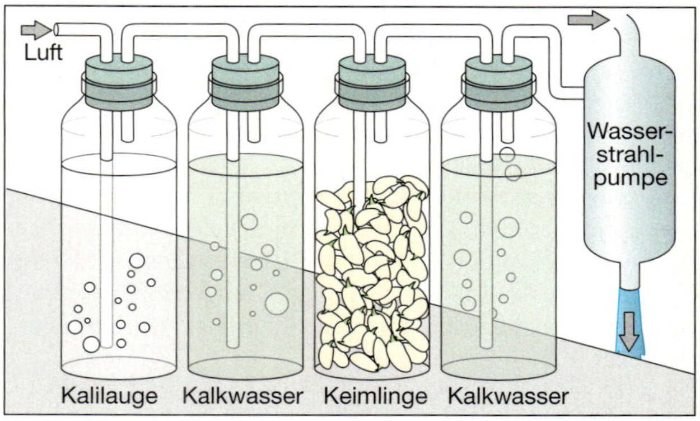

1 Berechnen Sie aus dem im zweiten Versuch ermittelten Mittelwert den Kohlenstoffdioxidgehalt der Ausatemluft, indem Sie berücksichtigen, dass von 1 ml 0,2 mol Natronlauge 4,4 mg Kohlenstoffdioxid gebunden werden und dass 1 ml Kohlenstoffdioxid 2 mg wiegt.

2 Erklären Sie das Ergebnis aus dem Versuch mit den Weizenkeimlingen und stellen Sie die Reaktionsgleichungen für die Waschflaschen 1 und 4 auf.

☞ Stichworte zu weiteren Informationen

Alveolenflüssigkeit, Diffusion, künstliche Beatmung

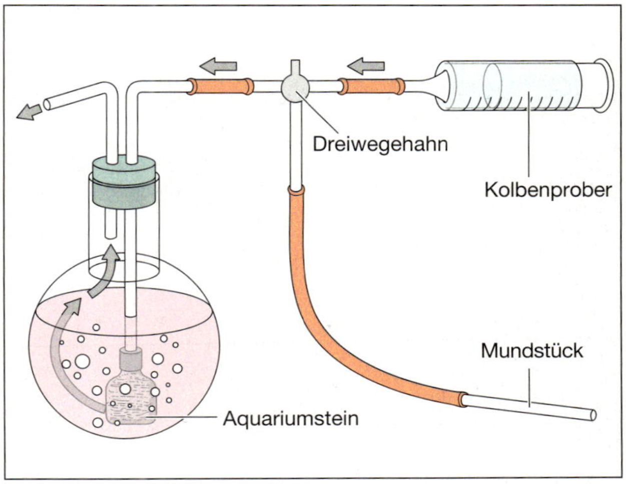

Innere Atmung: Bereitstellung der Energie in der Zelle

Bei der äußeren Atmung werden Gase mit der Umgebung ausgetauscht: Der Mensch nimmt mit den Lungen Sauerstoff aus der Luft auf und gibt Kohlenstoffdioxid ab. Der Sauerstoff gelangt mit dem Blut zu den Körperzellen. Er wird von den Zellen aufgenommen und zur vollständigen Oxidation der Nährstoffe verwendet (→ S. 101). Das ist die *innere Atmung*, die auch *Zellatmung* oder *Dissimilation* genannt wird.

Glucose und Sauerstoff. Jede Zelle benötigt Energie für ihren Stoffwechsel und für Transportprozesse an Membranen. Als Betriebsstoff dienen vor allem Kohlenhydrate, aber auch Fette und Proteine. Bei ihrem Abbau wird Energie freigesetzt, die die Zelle nutzen kann. Auf den folgenden Seiten werden die Schritte der Zellatmung am Beispiel Glucose dargestellt.

Der Glucoseabbau erfolgt nicht in einem einzigen Reaktionsschritt, sondern in Zwischenreaktionen über hintereinander geschaltete Stoffwechselwege: die *Glykolyse*, den *Citratzyklus* und die *Atmungskette* (→ Bild 1). Nur in Anwesenheit von Sauerstoff wird Glucose *vollständig* zu Kohlenstoffdioxid und Wasser abgebaut.

Untersuchungsmethodik. Mit radioaktiv markierter Glucose kann man den Glucoseabbau in der Zelle untersuchen. Dazu wird Zellen einer Zellkultur Glucose zugesetzt, die aus dem radioaktiven Kohlenstoffisotop ^{14}C aufgebaut ist. Sie wird von den Zellen aufgenommen und verarbeitet wie „normales" ^{12}C auch. Zu verschiedenen Zeiten entnimmt man der Zellkultur Proben. Von diesen Zellen werden Dünnschnitte angefertigt, auf Objektträger übertragen und mit einer Filmemulsion bedeckt. Wo sich radioaktiv markierte Glucose befindet, wird die Filmemulsion durch die Strahlung geschwärzt. Diese Methode nennt man *Autoradiographie*. Damit lassen sich selbst geringe Mengen radioaktiver Glucose oder ihrer Abbauprodukte lokalisieren. Durch Vergleich der verschiedenen Zellproben ist es möglich, den Abbauweg der Glucose zu verfolgen.

Mitochondrien – Orte von Citratzyklus und Atmungskette. Mithilfe der Autoradiographie lässt sich auch nachweisen, dass der Glucoseabbau an verschiedenen Stellen in der Zelle abläuft: Die Glykolyse findet im Cytoplasma, der Citratzyklus und die Atmungskette in den *Mitochondrien* (→ S. 52) statt. Da durch die Atmungskette die meiste Energie gewonnen wird, bezeichnet man die Mitochondrien oft als „Kraftwerke" der Zelle. Die Zahl der Mitochondrien spiegelt dabei den Energiebedarf der Zellen wider. Herzmuskelzellen weisen sehr viele Mitochondrien auf. Gleiches gilt für die durchtrainierten Muskeln eines Sportlers, aber auch für Leber- und Gehirnzellen. Hingegen kommen wenig stoffwechselaktive Zellen wie Knorpelzellen mit geringer Mitochondrienzahl aus.

1 Überlegen Sie, warum wohl der Glucoseabbau in der Zelle über mehrere Reaktionsschritte verläuft.

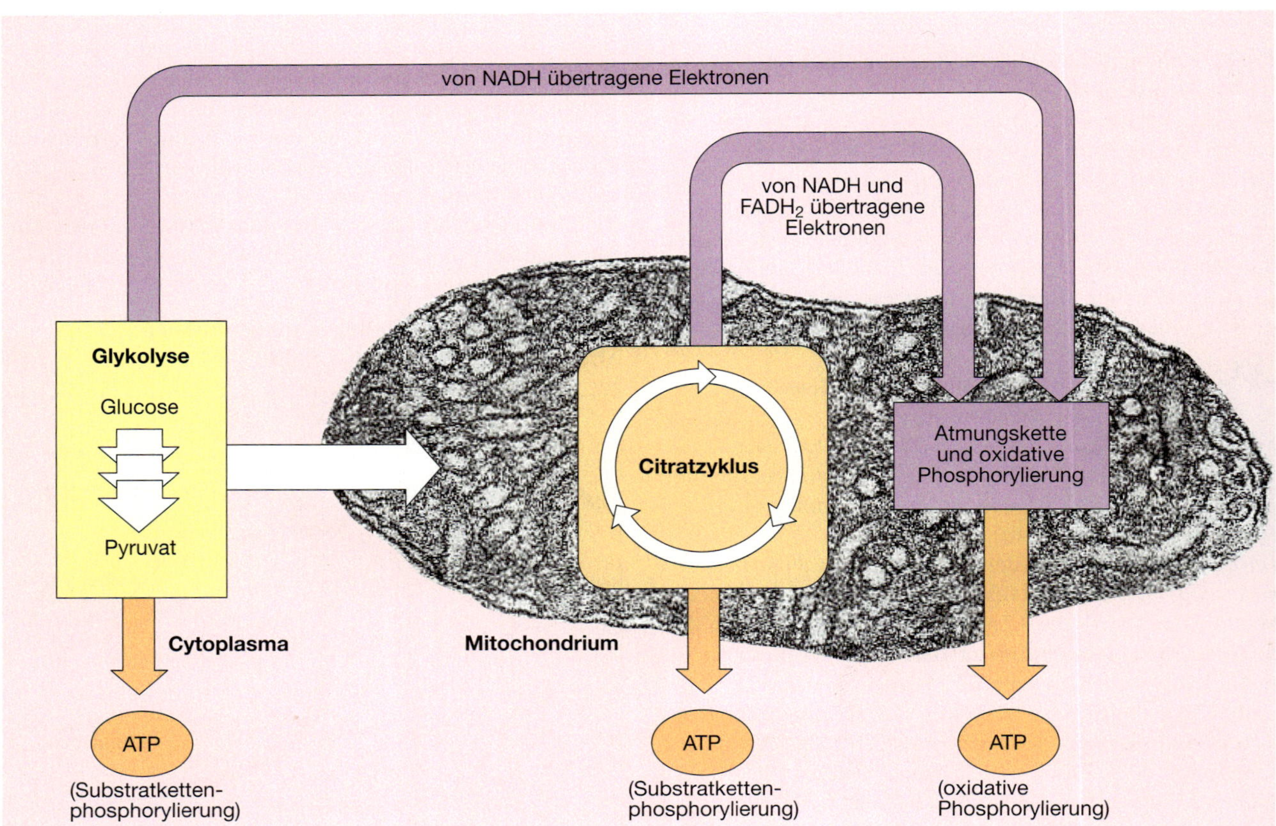

1 Die Schritte der Zellatmung in der Übersicht

Chemische Grundlagen: Oxidation und Reduktion

Oxidation und Reduktion sind Reaktionen, bei denen Elektronen von einem Atom oder Molekül auf ein anderes übertragen werden. Dabei versteht man unter *Oxidation die Abgabe*, unter *Reduktion die Aufnahme von Elektronen*. Oxidationsreaktionen sind *exergonische*, also Energie freisetzende Reaktionen.

Dasjenige Atom oder Molekül, das die Elektronen aufnimmt, heißt *Elektronenakzeptor* oder *Oxidationsmittel*, da es seinen Reaktionspartner oxidiert. Entsprechend wird das Atom oder Molekül, das Elektronen abgibt, als *Elektronendonator* oder *Reduktionsmittel* bezeichnet. Es reduziert den Reaktionspartner und wird selbst oxidiert.

$$\underset{(\text{Red})}{\text{Reduktionsmittel}} \underset{\text{Reduktion}}{\overset{\text{Oxidation}}{\rightleftharpoons}} \underset{(\text{Ox})}{\text{Oxidationsmittel}} + \underset{n\,e^-}{\text{Elektronen}}$$

Oxidation und Reduktion sind bei einer chemischen Reaktion immer gekoppelt, da die von einem Reaktionspartner abgegebenen Elektronen vom anderen Reaktionspartner aufgenommen werden. Man spricht deshalb von *Redoxreaktion*. An jeder Redoxreaktion sind also zwei korrespondierende Redoxpaare – auch *Redoxsysteme* genannt – beteiligt:

korrespondierendes Redoxpaar (Red 1 / Ox 1)

$$\text{Red 1} + \text{Ox 2} \rightleftharpoons \text{Ox 1} + \text{Red 2}$$

korrespondierendes Redoxpaar (Ox 2 / Red 2)

Bei der Oxidation organischer Moleküle werden meist zwei Elektronen und zwei Protonen abgegeben. Das entspricht formal zwei Wasserstoffatomen. Aus diesem Grund kann auch die *Wasserstoffabgabe als Oxidation* und die *Wasserstoffaufnahme als Reduktion* bezeichnet werden (→ Bild 1).

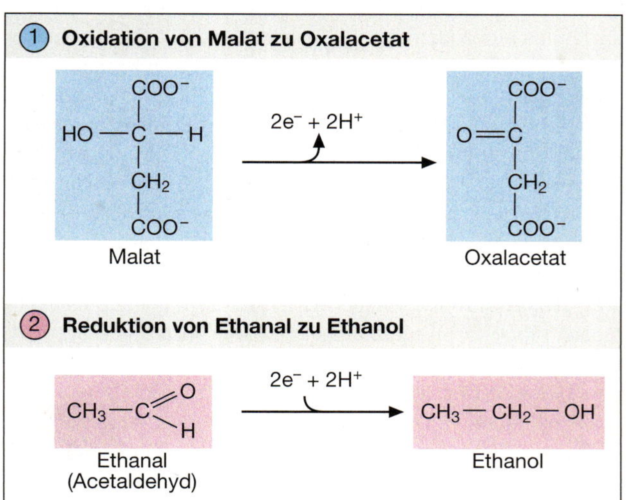

1 Beispiel für einen Oxidations- und einen Reduktionsvorgang

Reduktionsäquivalente. Der Energiebedarf der Zelle wird durch die Oxidation energiereicher Moleküle, insbesondere der Glucose, gedeckt. Bei der Oxidation von Glucose werden zwei Wasserstoffatome abgespalten. Die zwei Elektronen werden zusammen mit einem Proton in der Regel auf das Coenzym *NAD* (*N*icotinamid-*a*denin-*d*inucleotid) als Elektronenakzeptor übertragen, das zweite Proton wird an das umgebende Medium abgegeben. Man schreibt daher:

$$NAD^+ + 2\,H^+ + 2\,e^- \rightleftharpoons NADH + H^+$$

NAD^+ kann in biochemischen Oxidationsreaktionen Protonen und Elektronen aufnehmen und – als NADH – dann wieder abgeben. Da NADH zwei reduzierenden Elektronen entspricht, bezeichnet man es als *Reduktionsäqivalent* (→ Bild 2).

Auch andere Coenzyme (→ S.73) fungieren als Reduktionsäquivalente. Das gilt zum Beispiel für *FAD/FADH*$_2$ (*F*lavin-*a*denin-*d*inucleotid). Ebenfalls ein Reduktionsäqivalent ist das Paar *NADP*$^+$*/NADPH*. Es transportiert Elektronen in der gleichen Weise wie NADH, jedoch wird es im Wesentlichen für Biosynthesen verwendet, NADH dagegen in erster Linie zur Erzeugung von ATP.

NADH, $FADH_2$ und NADPH können nur in Zusammenarbeit mit Enzymen als Reduktionsäquivalente wirken. Darauf weist die Bezeichnung Coenzym hin. Da sie sich aber im Verlauf der Reaktionen verändern, nennt man sie heute lieber Cosubstrate um Missverständnisse zu vermeiden.

1 Redoxreaktionen spielen auch im Alltag eine Rolle. Nennen Sie einige Beispiele und geben Sie diese in einem Redoxschema an.

2 Nennen Sie Ihnen bekannte Coenzyme und erklären Sie deren Wirkungsweise.

3 Stellen Sie die verschiedenen Definitionen von Oxidation zusammen. Verdeutlichen Sie deren Zusammenhang.

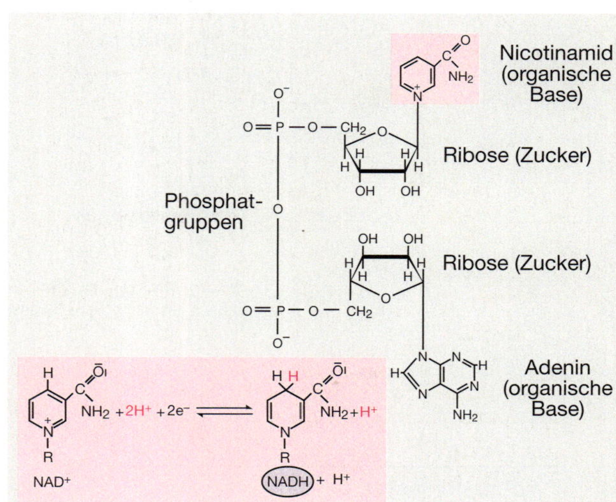

2 Strukturformel von NAD⁺ und Reaktion von NAD⁺ zu NADH

Energiewährung ATP

1 Energiezufuhr heißt für Tiere: fressen.

Leben ist auf die Zufuhr von *Energie* angewiesen. Pflanzen nutzen die im Sonnenlicht enthaltene Energie um aus den energiearmen Ausgangsstoffen Kohlenstoffdioxid und Wasser energiereiche Glucose aufzubauen. Sie dient ihnen als Bau- und Betriebsstoff. Tiere verschaffen sich ihre Bau- und Betriebsstoffe, indem sie Pflanzen oder andere Tiere fressen.

Alle Organismen nutzen *Adenosintriphosphat*, abgekürzt *ATP*, um Energie zu konservieren und bei Bedarf einzusetzen. Deshalb kann ATP auch als „universelle Energiewährung" der Zelle bezeichnet werden.

Aufbau von ATP. ATP besteht aus der stickstoffhaltigen Base *Adenin*, dem Zuckermolekül *Ribose* und *drei Phosphatgruppen* (→ Bild 2). Die Anordnung der drei dicht gedrängten, negativ geladenen Phosphatgruppen ist das Besondere an diesem Molekül. Da gleiche Ladungen sich abstoßen, wird die endständige energiereiche Phosphatgruppe unter Beteiligung von Wasser – also durch *Hydrolyse* – leicht abgespalten. Aus ATP entstehen das um 29 kJ je mol energieärmere *Adenosindiphosphat (ADP)* und anorganisches Phosphat:

$$ATP + H_2O \rightleftharpoons ADP + Ⓟ + H^+$$
Energiedifferenz 29 kJ/mol

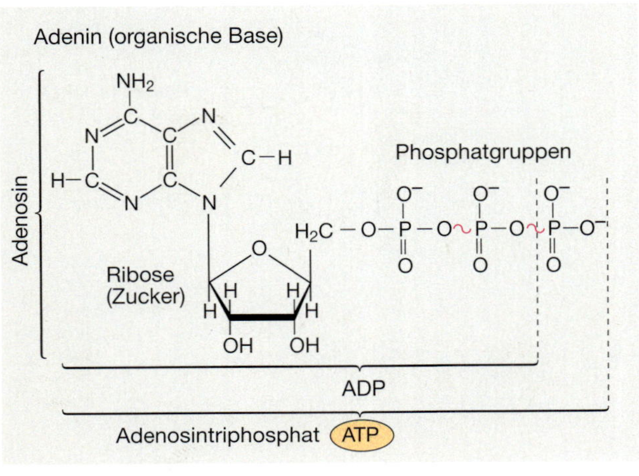

2 Strukturformel von ATP

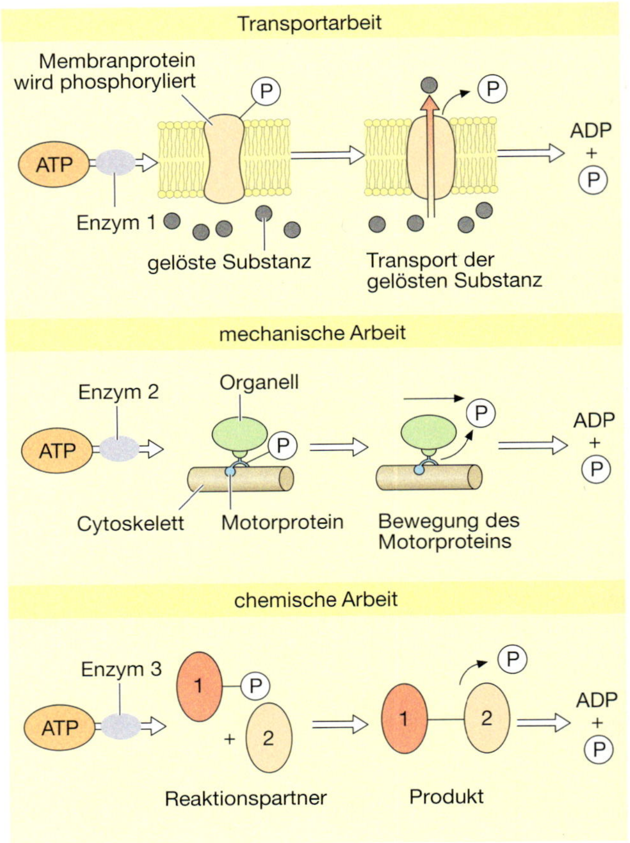

3 Mit ATP als Energieüberträger kann in der Zelle Arbeit verrichtet werden.

ATP ermöglicht Arbeit. Die Zelle nutzt die Energiequelle ATP häufig zur Aktivierung von chemischen Reaktionen, indem sie die Phosphatgruppe mithilfe von Enzymen von ATP auf andere Moleküle überträgt. Die Energiezufuhr durch die *Phosphorylierung* bewirkt eine strukturelle Veränderung in dem betreffenden Molekül, durch die Arbeit verrichtet wird (→ Bild 3). Dabei wird die Phosphatgruppe wieder abgespalten.

ATP kann für alle energiebedürftigen Vorgänge eingesetzt werden: Es liefert Energie für den aktiven Transport von Molekülen durch Zellmembranen hindurch. Es ermöglicht mechanische Arbeit, zum Beispiel bei der Muskelkontraktion, und chemische Arbeit, wie bei der Synthese großer organischer Moleküle. Ein Teil der enthaltenen Energie wird allerdings bei der Umwandlung von ATP zu ADP als Wärme frei.

ATP-Bedarf. In der Zelle wird ein neu gebildetes ATP-Molekül durchschnittlich innerhalb einer Minute verbraucht. Ein ruhender Mensch benötigt ungefähr 40 kg ATP in 24 Stunden. Der ATP-Durchsatz ist also sehr hoch. Er kann bei intensiver Arbeit auf Werte von 0,5 kg pro Minute ansteigen.

Da der Körper ununterbrochen Energie benötigt, muss ATP ständig aus ADP und anorganischem Phosphat regeneriert werden. Die dafür eingesetzte Energie stammt aus der Oxidation energiereicher Nährstoffmoleküle, vor allem Glucose.

Aerober Abbau von Glucose – die Glykolyse

Glykolyse – in Kürze. Die *Glykolyse* (von griech. *glykys*: süß und *lysis*: Auflösung) ist der wichtigste Abbauweg der Kohlenhydrate im Stoffwechsel. Im Cytoplasma der Zelle wird die Hexose *Glucose* (C_6) in mehreren Reaktionsschritten in zwei Triose-Moleküle (C_3) umgewandelt. Endprodukt der Glykolyse ist die *Brenztraubensäure,* nach ihrem Anion auch *Pyruvat* genannt. Beim Abbau der Glucose wird Energie freigesetzt, die als chemische Energie in Form von *ATP* gespeichert wird. Außerdem entsteht NADH, das später in der Atmungskette ebenfalls zur ATP-Synthese genutzt wird.

Glykolyse – im Detail. Im ersten Reaktionsschritt wird eine Phosphatgruppe von ATP auf Glucose übertragen. Die *Phosphorylierung* zu *Glucose-6-phosphat* ist in zweierlei Hinsicht von Bedeutung: Zum einen wird Glucose durch die Phosphorylierung für die weiteren Reaktionsschritte *aktiviert,* also energiereicher und reaktionsbereiter. Zum anderen kann Glucose-6-phosphat im Gegensatz zur Glucose die Zellmembran *nicht mehr passieren* und steht somit für die Stoffwechselvorgänge in der Zelle zur Verfügung.

In der folgenden Reaktion wird Glucose-6-phosphat zu *Fructose-6-phosphat* umgewandelt.

Unter ATP-Verbrauch entsteht danach *Fructose-1,6-bisphosphat,* das in zwei verschiedene *Triosephosphate* gespalten wird. Nur vom *Glycerinaldehyd-3-phosphat* führt die Glykolyse weiter, doch kann *Dihydroxy-acetonphosphat* leicht in Glycerinaldehyd-3-phosphat umgewandelt werden.

Bis hierher wurde noch keine Energie gewonnen. Im Gegenteil: Zwei Moleküle ATP mussten eingesetzt werden. Erst die jetzt folgenden Reaktionen bringen einen Energiegewinn.

Den Anfang bildet die Umwandlung von Glycerinaldehyd-3-phosphat in *1,3-Bisphosphoglycerat.* Die bei der Oxidation des Moleküls freigesetzte Energie wird in einer *energiereichen Phosphatverbindung gespeichert.*

In der folgenden Reaktion zu *3-Phosphoglycerat* wird die Phosphatgruppe auf ADP übertragen, es entsteht ATP.

Aus *3-Phosphoglycerat* entsteht über zwei Zwischenstufen *Pyruvat.* Gleichzeitig wird ATP gebildet.

Bilanz der Glykolyse. Beim Abbau von Glucose zu Pyruvat wird nur wenig Energie direkt gewonnen: Pro Molekül Glucose entstehen zwei Moleküle ATP. Ein großer Teil der in der Glucose enthaltenen Energie steckt noch im Endprodukt Pyruvat. Der eigentliche Gewinn ist Wasserstoff in Form des energiereichen Reduktionsäquivalents NADH. Es wird in der Atmungskette zur Energiegewinnung eingesetzt.

Regulation. Das Enzym *Phosphofructokinase*, das die Bildung von Fructose-1,6-bisphosphat aus Fructose-6-phosphat katalysiert, wird durch ATP gehemmt. ADP und AMP (*A*denosin*mono*p*hosphat mit nur einer Phosphatgruppe) erhöhen dagegen seine Aktivität. Liegt eine hohe ATP-Konzentration in der Zelle vor, wird der Durchsatz von Glucose gebremst. Ist der Energiebedarf der Zelle dagegen hoch, sodass viel ATP verbraucht und ADP gebildet wird, wird das Enzym dadurch aktiviert und die Glykolyse beschleunigt.

1 Welcher Enzymtyp liegt bei der Phosphofructokinase vor?

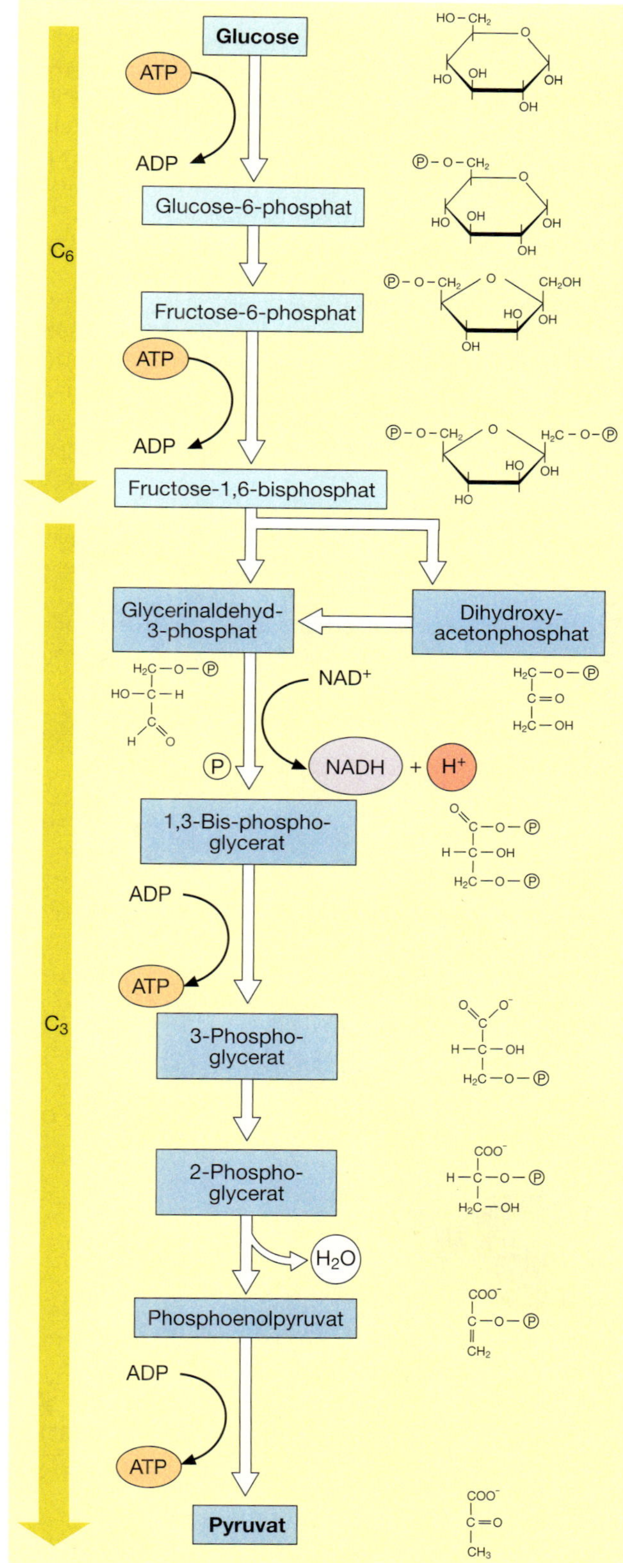

1 *Abbau von Glucose zu Pyruvat in der Glykolyse*

Der Citratzyklus (Tricarbonsäurezyklus)

Pyruvat, das Endprodukt der Glykolyse, wird zunächst in die Mitochondrien transportiert. In einem ersten Reaktionsschritt werden Kohlenstoffdioxid und zwei Wasserstoffatome abgespalten. Man bezeichnet diese Reaktion als *oxidative Decarboxylierung*. Aus Pyruvat entsteht *Essigsäure*, die mithilfe eines Cosubstrats, des *Coenzyms A*, reaktionsbereit gemacht wird. Das daraus hervorgehende Produkt wird aus diesem Grund *aktivierte Essigsäure* oder *Acetyl-Coenzym A (Acetyl-CoA)* genannt. Die Umwandlung von Pyruvat zu Acetyl-CoA stellt die *Verbindung zwischen Glykolyse und Citratzyklus* her.

Citratzyklus – in Kürze. Die aktivierte Acetylgruppe tritt in den Citratzyklus ein. Bei jedem Durchgang des Zyklus werden zwei Kohlenstoffatome *zu Kohlenstoffdioxid* oxidiert. Es diffundiert aus den Zellen heraus, gelangt mit dem Blut in die Lungen und wird ausgeatmet. Hauptgewinn des Citratzyklus ist *NADH*, das in der nachfolgenden Atmungskette die Energie für die Synthese von ATP liefert.

Citratzyklus – im Detail. Der Citratzyklus beginnt mit der Verknüpfung des C_2-Moleküls Acetyl-CoA mit dem C_4-Molekül Oxalacetat. Es entsteht das C_6-Molekül Citrat, nach dem der Zyklus benannt ist.

Citrat wird in Isocitrat überführt und anschließend oxidativ decarboxyliert: Ein Kohlenstoffdioxidmolekül wird abgespalten. Das gebildete α-Ketoglutarat wird ein zweites Mal oxidativ decarboxyliert. Das Kohlenstoffgerüst der Glucose ist nun vollständig zu Kohlenstoffdioxid oxidiert. Es entsteht Succinyl-CoA. Dieses Molekül reagiert zu Succinat. Dabei wird ein Molekül *Guanosindiphosphat (GDP)* phosphoryliert, es entsteht energiereiches *Guanosintriphosphat (GTP)*. GTP ist wie ATP ein Energieüberträger und ähnelt diesem auch in seiner Struktur. Indem GTP anschließend eine Phosphatgruppe an ADP abgibt, bildet sich ein ATP.

Aus Succinat wird in drei Schritten Oxalacetat regeneriert, das den Citratzyklus erneut durchläuft.

Bilanz. Die beim Citratzyklus frei werdende Energie wird in Form von $FADH_2$ und NADH gespeichert. FAD dient wie NAD^+ als Wasserstoffakzeptor. Der Abbau der aktivierten Essigsäure zu Kohlenstoffdioxid ergibt für die Zelle einen Gewinn von einem GTP. Außerdem werden drei NADH und ein $FADH_2$ gewonnen.

Aus der Entdeckungsgeschichte. Die Biochemiker KREBS und HENSELEIT fanden 1937 heraus, dass der *Citratzyklus* einen *abschließenden gemeinsamen Stoffwechselweg* bei der Oxidation von Aminosäuren, Fettsäuren und Kohlenhydraten darstellt. Fast alle diese Moleküle treten in der *inneren Mitochondrienmembran* als Acetyl-CoA in den Zyklus ein.

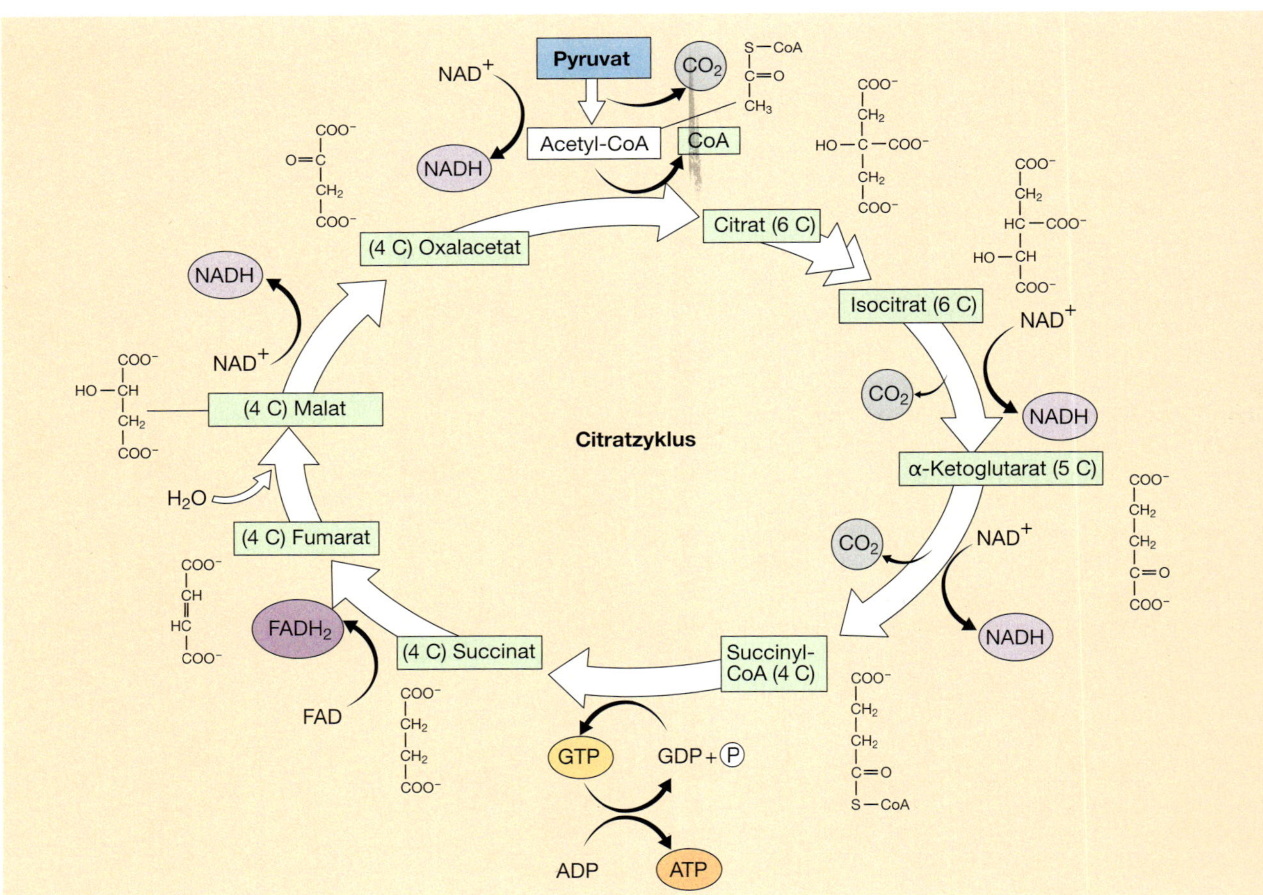

1 *Citratzyklus*

Die Atmungskette (Endoxidation)

Mischt man Sauerstoff und Wasserstoff im richtigen Verhältnis und führt zum Beispiel mit einem Zündfunken Aktivierungsenergie zu, verbinden sich die Gase zu Wasser. Bei dieser *Knallgasreaktion* wird explosionsartig sehr viel Energie freigesetzt. Nach demselben Prinzip und mit demselben Energiebetrag, jedoch in einer ganz anderen „stillen" Reaktionskette gewinnt die Zelle unter aeroben Bedingungen den größten Teil ihrer Energie.

Atmungskette. In der Zelle wird der Wasserstoff nicht direkt auf Sauerstoff übertragen, sondern es sind die Enzyme der so genannten *Atmungskette* vorgeschaltet. Auf diese Weise wird die Energie in kontrollierten Teilschritten frei.

Die Atmungskettenenzyme sind zu jeweils vier *Multienzymkomplexen* (→ S. 67) zusammengefasst, die Bestandteile der inneren Mitochondrienmembran sind. Diese ist stark gefaltet und bietet mehreren tausend Gruppen von Multienzymkomplexen Platz. Aufgabe der Enzymkomplexe ist es, die an die Cosubstrate NADH und $FADH_2$ gebundenen Elektronen zum Sauerstoff zu transportieren.

Bei der Aufnahme von Elektronen werden die Enzyme der Atmungskette reduziert und bei der Abgabe oxidiert. Es handelt sich um hintereinander geschaltete *Redoxsysteme*. Bei jeder Redoxreaktion wird Energie frei. Sie dient dazu, Protonen aus der Mitochondrienmatrix in den Intermembranraum zu pumpen. Der *Elektronentransport innerhalb der Membran* ist also *mit einem Protonentransport durch die Membran gekoppelt* (→ Bild 1). Erst das letzte Enzym der Atmungskette überträgt seine Elektronen auf den Sauerstoff. Er reagiert mit Protonen aus dem umgebenden Medium zu Wasser.

ATP-Synthese. Durch den Protonentransport entsteht über der Membran ein *Konzentrationsgefälle*, das wegen der positiven Ladung der Protonen zugleich ein *Ladungsgefälle* ist. Man spricht von einem *elektrochemischen Protonengradienten*.

Der elektrochemische Gradient führt dazu, dass die Protonen das Bestreben haben, in die Mitochondrienmatrix zurückzufließen. Die innere Mitochondrienmembran ist jedoch im Gegensatz zur äußeren für nahezu alle Ionen und polaren Moleküle undurchlässig. Nur die *ATP-Synthasen*, ebenfalls Enzymkomplexe, bilden Kanäle in der Membran, durch die die Protonen fließen können. Durch den Protonenrückfluss angetrieben, bilden die ATP-Synthasen aus ADP und Phosphat ATP. Dieser Prozess heißt *oxidative Phosphorylierung* oder *Atmungskettenphosphorylierung*.

Bilanz. Bei der Kopplung von Atmungskette und oxidativer Phosphorylierung entstehen aus einem Glucosemolekül etwa 34 Moleküle ATP.

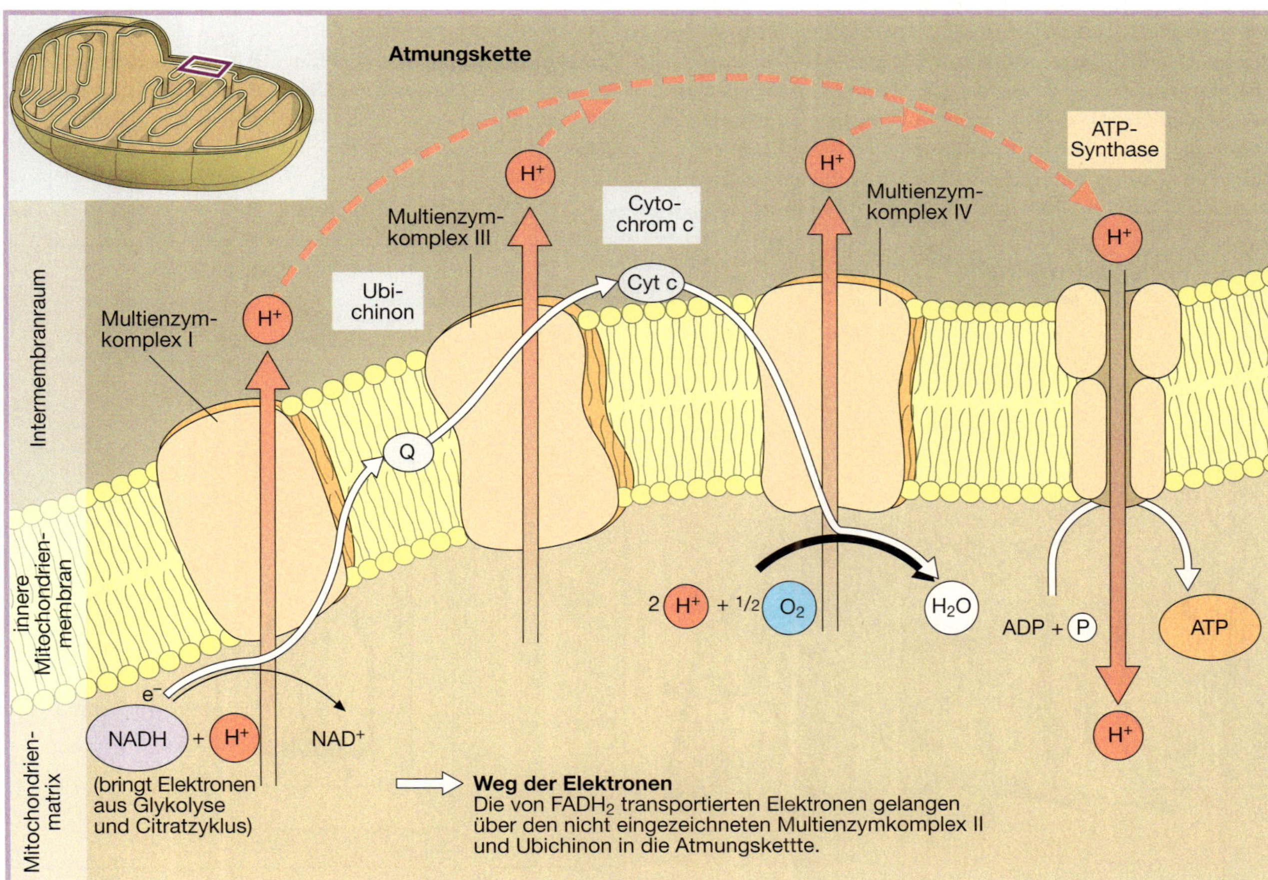

1 Endoxidation in der Atmungskette und ATP-Bildung durch die ATP-Synthase (oxidative Phosphorylierung)

Energieumsatz und seine Messung

Im Revolutionsjahr 1789 erkannte der berühmte französische Chemiker ANTOINE DE LAVOISIER (er starb später unter der Guillotine), dass zwischen körperlicher Tätigkeit, Atmung und Wärmebildung im Körper ein Zusammenhang besteht. Seine Vorstellung, der Körper gewinne Energie durch Verbrennung, erwies sich zwar im Nachhinein als falsch. Dennoch zeigten seine Experimente den Weg zur Messung des Energieumsatzes von Lebewesen.

Physikalischer Brennwert. Wird ein Nährstoff vollständig verbrannt, entspricht die entstehende Wärme seinem physikalischen Brennwert, das heißt seinem *Energiegehalt.* Dazu wird eine genau gewogene Menge des Stoffs in der Brennkammer oder „Bombe" eines *Kalorimeters* in reinem Sauerstoff bei hohem Druck nach elektrischer Zündung verbrannt. Wasser, das die Brennkammer umgibt und das nach außen hin gut isoliert ist, nimmt die entstandene Wärme auf. Deren Menge lässt sich aus dem Temperaturanstieg berechnen.

Physiologischer Brennwert. Die bei einer chemischen Reaktion freigesetze Energiemenge ist grundsätzlich unabhängig vom Reaktionsweg. Daher entspricht der im Kalorimeter gemessene Wert auch genau dem *physiologischen Brennwert*, das heißt dem im Körper freigesetzten Energiebetrag, wenn Ausgangsstoffe und Endprodukte in beiden Fällen gleich sind. Dies gilt für Kohlenhydrate und Fette, da diese auch im Körper vollständig zu CO_2 und H_2O abgebaut werden. Dagegen ist der physiologische Brennwert der Proteine deutlich kleiner als der im Kalorimeter gemessene Wert, da Proteine im Körper nur bis zur Stufe des Harnstoffs abgebaut werden. Dieser wird in Wasser gelöst mit dem Urin ausgeschieden (→ S. 116).

Kalorimetrie. Da bei jeder Reaktion des Energiestoffwechsels auch Wärme entsteht, kann man die vom Körper abgegebene Wärmemenge als Maß für seinen Energieumsatz heranziehen. Diese *direkte Kalorimetrie*, erstmals von LAVOISIER im Tierversuch eingesetzt, ist jedoch aufwendig und ungenau. Für medizinische, arbeits- und sportphysiologische Zwecke wird heute praktisch ausschließlich die *indirekte Kalorimetrie* angewandt. Mit ihr bestimmt man den Energieumsatz aus dem Sauerstoffverbrauch der Atmung (→ Foto S. 109). Für Glucose als Ausgangsstoff etwa gilt die Summengleichung $C_6H_{12}O_6 + 6\,O_2 \rightarrow 6\,CO_2 + 6\,H_2O$ Energiedifferenz 2822 kJ. Das bedeutet, dass 6 mol O_2 nötig sind um 2822 kJ Energie aus Glucose freizusetzen. Da 1 mol Sauerstoff ein Volumen von 22,4 Litern einnimmt, lässt sich damit der Energiebetrag berechnen, der je Liter verbrauchten Sauerstoffs umgesetzt wird. Er beträgt für Glucose 2822 kJ : (6 × 22,4 l O_2) = 21 kJ/l O_2 und wird als *kalorisches Äquivalent* bezeichnet.

Da zum Abbau der Fette und Proteine mehr O_2 nötig ist als für Glucose und andere Kohlenhydrate, ist das kalorische Äquivalent dieser Nährstoffe kleiner. Um aus dem Sauerstoffverbrauch den Energieumsatz berechnen zu können, muss man daher Art und Anteil der jeweils abgebauten Nährstoffe kennen. Einen Anhaltspunkt dafür liefert der respiratorische Quotient (RQ), also der Quotient aus abgegebener CO_2-Menge und aufgenommener O_2-Menge (mol CO_2 /mol O_2). Auch er kann bei der indirekten Kalorimetrie gemessen werden.

Nährstoff	physiologischer Brennwert kJ/g	RQ	kalorisches Äquivalent kJ/l O_2
Kohlenhydrate	17,2	1,0	21,1
Fette	38,9	0,7	19,6
Proteine	17,2	0,8	18,8
zum Vergleich: mitteleurop. Kost		0,82	20,2

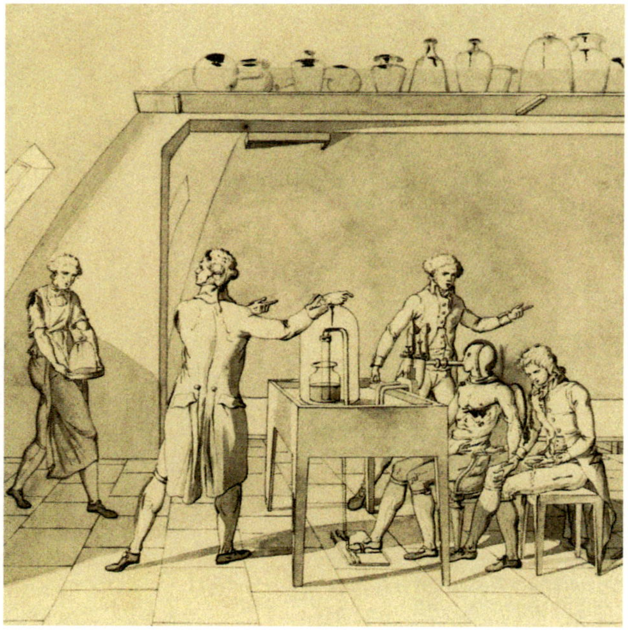

1 *LAVOISIER misst den Sauerstoffverbrauch bei körperlicher Tätigkeit; Zeichnung von Madame LAVOISIER.*

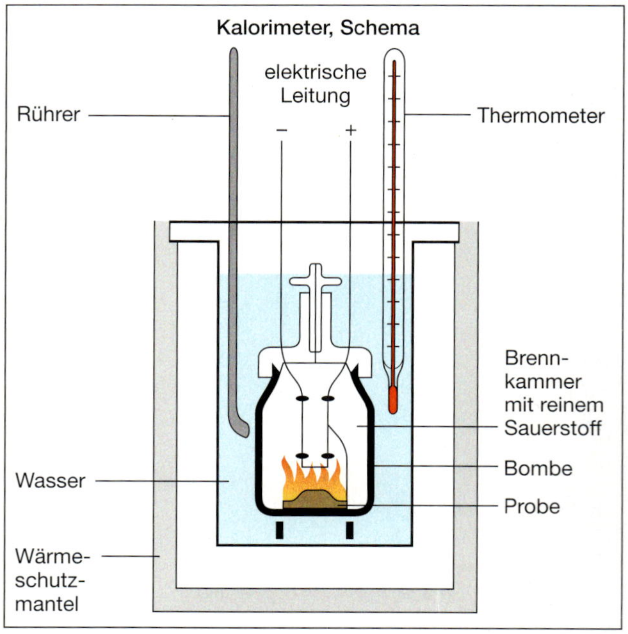

2 *Aufbau eines Kalorimeters. Nach der Verbrennung in der Bombe wird die Erwärmung des Wassers gemessen.*

Stoff- und Energiebilanz der Zellatmung

Bei allen Energie umsetzenden Vorgängen ist immer nur ein Teil der aufgewendeten Energie nutzbar. Das Verhältnis von nutzbarer zu aufgewendeter Energie bezeichnet man als *Wirkungsgrad* der Energieumsetzung. Mit den Methoden der direkten und indirekten Kalorimetrie lässt sich zwar der Energiebetrag messen, der von einem Organismus bei bestimmter Aktivität in einer abgegrenzten Zeit umgesetzt wird, der Wirkungsgrad bleibt dagegen unbekannt. Da das Ziel des Energiestoffwechsels aller Lebewesen darin besteht, die universell einsetzbare Energiewährung ATP bereitzustellen, also sie aus ADP und Phosphat zu regenerieren, kann der Wirkungsgrad des Energiestoffwechsels nur über eine *ATP-Bilanz* ermittelt werden.

ATP-Bilanz des Glucoseabbaus. Eine solche Bilanz bezieht sich auf 1 mol des umgesetzten Stoffs, kann aber auch je Molekül betrachtet werden. Sie stellt nur eine Abschätzung dar, da die Effektivität der biochemischen Reaktionen durch viele Faktoren beeinflusst wird. Die einzelnen Abschnitte des Glucoseabbaus tragen in unterschiedlichem Maß zur Bilanz bei, entweder direkt durch Bildung von ATP oder indirekt durch Bildung der Reduktionsäquivalente NADH, die in die Atmungskette eingehen und dort ebenfalls zur ATP-Synthese genutzt werden. Je mol NADH entstehen etwa 3 mol ATP.

Die Glykolyse liefert 2 ATP und 2 NADH, insgesamt also rund 8 ATP. Die oxidative Decarboxylierung bringt 2 NADH in die Atmungskette ein, entsprechend 6 ATP. Im Citratzyklus entstehen 2 ATP direkt, 6 NADH und 2 $FADH_2$, die etwas energieärmer sind als NADH. Insgesamt trägt der Citratzyklus 22 bis 24 ATP zur Bilanz bei. Der aerobe Abbau von 1 mol Glucose liefert demnach 36 bis 38 mol ATP. Dies entspricht 1100 kJ und damit einem Wirkungsgrad der Zellatmung von 38 %.

Stoffbilanz. Formuliert man ihre Summengleichung nur mit Ausgangs- und Endstoffen, ergibt sich die stoffliche Bilanz zu:

$C_6H_{12}O_6 + 6\,O_2 \rightarrow 6\,CO_2 + 6\,H_2O.$

Berücksichtigt man wichtige Zwischenprodukte, lautet sie:

$C_6H_{12}O_6 + 6\,O_2 + 6\,H_2O + 38\,(ADP+Ⓟ) \rightarrow 6\,CO_2 + 12\,H_2O + 38\,ATP.$

„Marktplatz" des Stoffwechsels. Auch der Stoffwechsel der Fette und Proteine mündet in den Abbauweg der Kohlenhydrate als gemeinsame Endstrecke ein. Viele Zwischenprodukte von Glykolyse und Citratzyklus wie Glycerinaldehyd, Pyruvat oder Acetyl-CoA sind zugleich wichtige Ausgangsstoffe für den Baustoffwechsel. Da hier noch weitere Stoffwechselwege wie Pentosephosphatzyklus oder verschiedene Formen der Gärung (→ S. 108) aus- und einmünden, kann man diesen Abschnitt als „Drehscheibe" oder „Marktplatz" des ganzen Stoffwechsels in der Zelle betrachten.

1 Wie viel ATP setzt ein Mensch täglich um? (Energieumsatz 12 000 kJ/Tag, Wirkungsgrad 38 %, 1 mol ATP = 500 g)

2 Vergleichen Sie den Wirkungsgrad von Benzinmotor und Zellatmung.

3 Bei Überernährung mit Kohlenhydraten bildet unser Körper daraus Fettreserven. Wie müsste man Bild 1 ergänzen, wenn der zugehörige Stoffwechsel über Glykolyse und Citratzyklus verläuft?

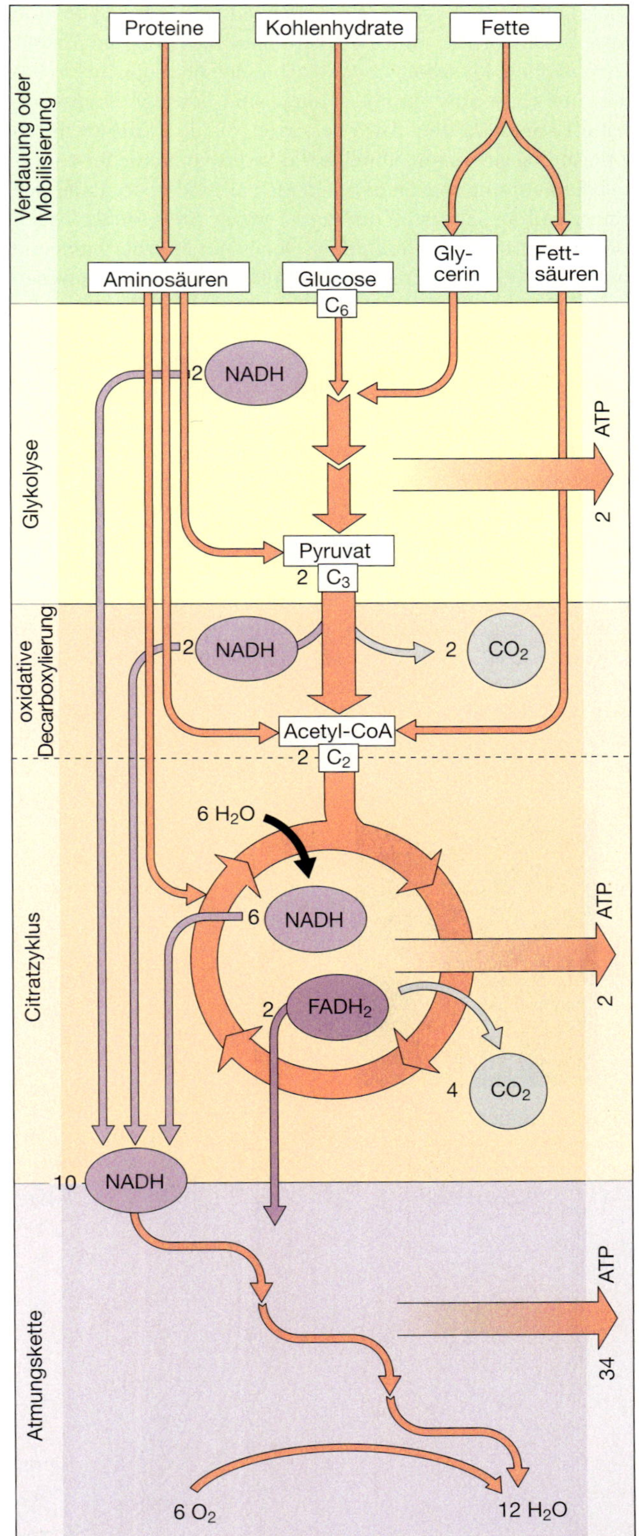

1 Vereinfachtes Schema der Stoffwechselwege der Zellatmung. Für Glucose ist eine Stoff- und Energiebilanz erstellt.

Energiegewinnung ohne Sauerstoff: Gärung

Viele Lebewesen kommen ganz oder zeitweise ohne Sauerstoff aus. Darmwürmer zum Beispiel leben in einem sauerstofffreien Milieu. Muscheln im Watt schließen bei Ebbe ihre Schalen, um nicht auszutrocknen, und sind von der Sauerstoffzufuhr abgeschnitten. Auch bei Arten, die ihre Energie durch Zellatmung gewinnen, kann sich zeitweise in manchen Geweben Sauerstoffmangel einstellen. Sie alle sind in der Lage sich Energie ohne Sauerstoff durch *anaeroben Stoffwechsel,* auch *Gärung* genannt, zu beschaffen. Vor allem Mikroorganismen nutzen diese Art der Energiegewinnung. Bei vielen Lebewesen entscheidet das Sauerstoffangebot, ob der aerobe oder der anaerobe Stoffwechselweg eingeschlagen wird.

Der erste Teil des anaeroben Stoffwechselwegs entspricht weitgehend der Glykolyse. Allerdings wird deren Produkt Brenztraubensäure bei den verschiedenen Formen der Gärung zu jeweils anderen Endprodukten verarbeitet.

- Bei der *alkoholischen Gärung* durch Hefepilze entsteht aus Brenztraubensäure nach Abspaltung von Kohlenstoffdioxid Ethanal (Acetaldehyd), das zu Ethanol reduziert wird. Das Aufgehen von Hefeteig sowie die Zubereitung von Most, Bier und Wein beruhen auf der alkoholischen Gärung.
- *Milchsäuregärung* ist vor allem für Milchsäurebakterien typisch. Die Milchsäure als Endprodukt dieser Gärung erniedrigt den pH-Wert stark und hemmt das Wachstum anderer Mikroorganismen. Sie wirkt daher konservierend. Dies nutzt man zur Erzeugung von Silage, Sauerkraut oder Sauermilchprodukten. Milchsäuregärung läuft auch in den Muskeln von Wirbeltieren ab, wenn das Gewebe nicht ausreichend mit Sauerstoff versorgt wird.
- Manche Bakterien beschreiten bei der Gärung einen Teil des Citratzyklus rückwärts: Bei der *gemischten Säuregärung* des Darmbakteriums Escherichia coli entsteht vor allem Bernsteinsäure. Die *Propionsäuregärung* von Bakterien im Pansen und Darm von Kühen und Schafen liefert Propionsäure. Auch die Reifung von Käse erfolgt so.

Durch Gärung wird viel weniger Energie gewonnen als durch Zellatmung: je abgebautem mol Glucose nur 2 bis 3 mol ATP. Entsprechend energiereich sind die Endprodukte der Gärungen. Ihre Anreicherung wirkt meist hemmend auf den Stoffwechselweg zurück.

1 Vergleichen Sie Zellatmung und Gärung hinsichtlich Bedingungen, Energiebilanz und Endprodukten.

2 Welche Konzentration an Ethanol entsteht theoretisch durch alkoholische Gärung in einer 1-molaren Glucoselösung? Warum ist dieser Wert in der Praxis nicht erreichbar?

3 Bäckerhefe und Bierhefe sind seit langem „Kulturpilze". Wo lebten wohl ihre „wilden" Vorfahren?

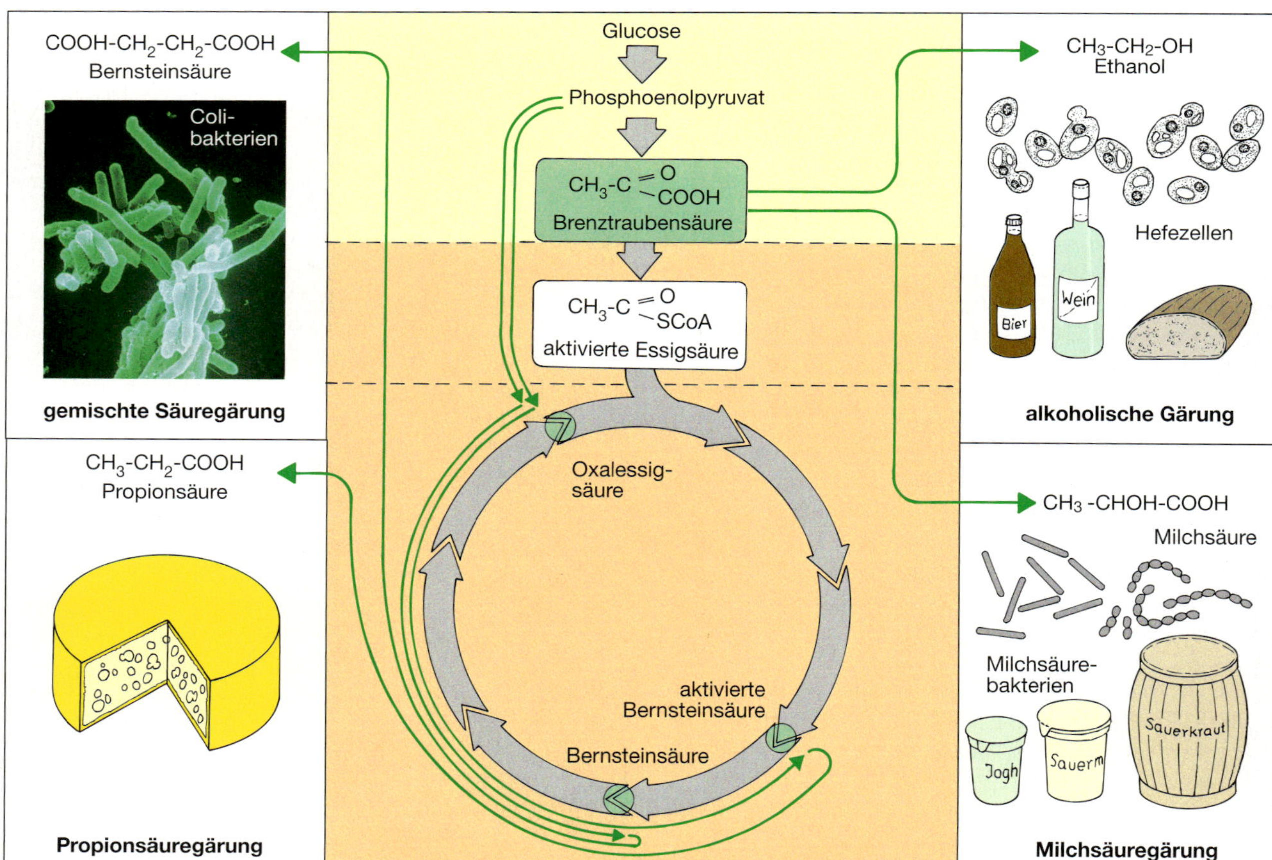

1 Verschiedene Formen der Gärung. Sie nehmen ihren Ausgang von Zwischenprodukten der Glykolyse und des Citratzyklus.

Material – Methode – Praxis: **Energiegewinnung**

Der Energiegewinnung durch Dissimilation liegen Stoffwechselvorgänge zugrunde, die sich im Zellplasma und den Mitochondrien abspielen. Sie sind direkt nur mit speziellen Methoden und Geräten zu analysieren. Da sich die verschiedenen Formen der Energiegewinnung jedoch zum Teil nach der Umsatzrate der Ausgangsstoffe oder nach Art und Menge der Endprodukte unterscheiden, kann man sie auch mit einfachen Mitteln untersuchen.

Solche Methoden sind zum Beispiel in der Lebensmitteltechnik von Bedeutung, besonders bei der Erzeugung und Qualitätskontrolle von Sauermilchprodukten, Bier und Backwaren. Auch in der *Arbeits-* und *Sportmedizin* spielt die Unterscheidung von aerober und anaerober Energiegewinnung eine wichtige Rolle, da beispielsweise Ermüdung und Schädigung unserer Muskeln ganz wesentlich davon abhängen, auf welche Weise sie ihre Energie gewinnen.

Glucoseverbrauch der Bäckerhefe bei Atmung und Gärung

Material: Sauerstoff und Stickstoff in Druckgasflaschen *(Vorsicht! Handhabung nur nach Einweisung durch Lehrer!)*, zwei Gaswaschflaschen, Wasserbad, Stativmaterial, Schlauchverbindungen, Messzylinder, Bäckerhefe, 2%ige Glucoselösung, Teststreifen zur Glucosebestimmung (halbquantitativ) oder Blutzuckermessgerät, Pipette

Durchführung: Verrühren Sie 20 g Bäckerhefe in 100 ml Wasser und verteilen Sie die sehr gut durchmischte Aufschwemmung zu gleichen Teilen auf die zwei Waschflaschen. Temperieren Sie die Waschflaschen mit der Hefe im Wasserbad bei 40 °C. Lassen Sie eine der Flaschen mit Sauerstoff, die andere mit Stickstoff durchströmen. Stellen Sie den Gasstrom so ein, dass die Frequenz der Gasblasen in beiden Ansätzen gleich ist.

Geben Sie zu jedem Ansatz 50 ml 2%ige Glucoselösung und starten Sie die Uhr. Entnehmen Sie eine Stunde lang alle fünf Minuten jedem Ansatz mit der Pipette einige Tropfen und messen sie jeweils die Glucosekonzentration nach der Gebrauchsanweisung der Teststreifen oder des Blutzuckermessgeräts.

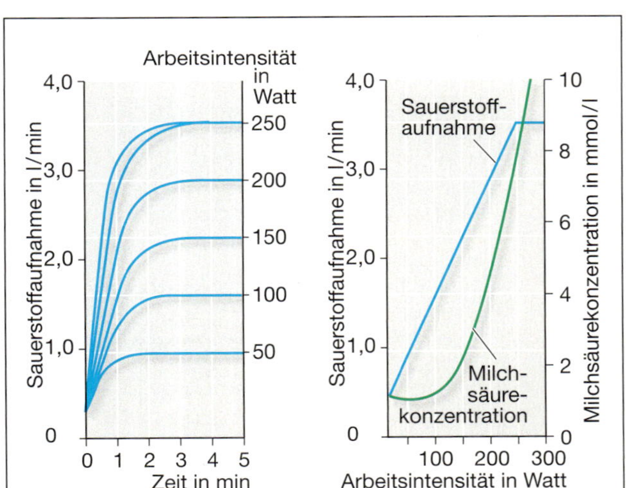

Milchsäurebildung bei verschiedener Temperatur

Material: unbehandelte Frischmilch vom Bauernhof, Erlenmeyerkolben (100 ml), Frischhaltefolie, Thermometer, Wärmeschrank oder Wasserbad, Glasstab, Objektträger, Holzklammer, Brenner, Methylenblaulösung, Mikroskop

Durchführung: Füllen Sie zwei Erlenmeyerkolben je zur Hälfte mit der Milch und verschließen Sie die Öffnung mit Folie. Stellen Sie einen der Kolben bei 50 °C in den Wärmeschrank und lassen Sie den anderen bei Zimmertemperatur stehen.

Entnehmen Sie nach einem Tag jeweils einen Tropfen der flüssigen Molke mit einem Glasstab und verstreichen Sie ihn auf einem Objektträger. Ziehen Sie dann die Objektträger zur Hitzefixierung durch die Flamme eines Brenners. Färben Sie die Präparate einige Minuten mit Methylenblaulösung. Nach dem Abspülen der Farblösung untersuchen Sie die trockenen Präparate mit dem Mikroskop bei starker Vergrößerung.

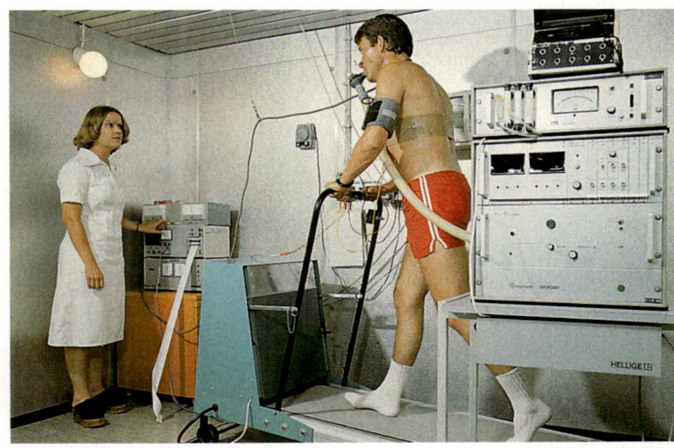

Gesundes Training, das zu mehr Ausdauer und Fitness führt, spielt sich immer im aeroben Bereich ab. Das heißt, dass der eingeatmete Sauerstoff ausreicht, um den Bedarf des Körpers zu decken. Alles darüber hinaus ist auf Dauer ungesund.

aus: Werbung für ein Herzfrequenz-Messgerät

1 Daten zum Sauerstoffverbrauch und zur Energiegewinnung beim Menschen, wie sie den Diagrammen links zugrunde liegen, werden meist auf dem Ergometer oder auf dem Laufband (→ Bild oben) gewonnen. Sie sind vor allem für die Sport- und Arbeitsmedizin von Bedeutung. Was lässt sich aus den Diagrammen über die Energiegewinnung ablesen? Setzen Sie dazu den Werbetext für ein Herzfrequenz-Messgerät in Beziehung. Bei welchem Bruchteil der maximalen körperlichen Leistung beginnt der kritische Bereich?

2 Stellen Sie das Ergebnis Ihres Versuchs zum Glucoseverbrauch der Hefe grafisch dar (Glucosekonzentration/Zeit) und erklären Sie es.

3 Welche Schlüsse ziehen Sie aus dem Ergebnis Ihrer mikroskopischen Untersuchung?

☞ Stichworte zu weiteren Informationen

Pasteur-Effekt, Sauerstoffschuld, Muskelkater, Wirkungsgrad

Bau der Muskeln

Bewegung ist ein Kennzeichen des Lebendigen. Im Prinzip sind alle Zellen mit Organellen ausgestattet, die Bewegung ermöglichen (→ S. 53). Vielen Einzellern, aber auch den weißen Blutkörperchen verleihen sie erstaunliche Beweglichkeit. Im Körper tierischer Vielzeller sind *Muskelzellen* und *Muskelfasern* durch ihre Fähigkeit zu aktiver Kontraktion auf Bewegung spezialisiert. Aktiv entspannen können sie sich dagegen nicht: Die Muskulatur ist als Bewegungssystem aufgebaut, in dem Kräfte und Gegenkräfte wirken.

Struktur. Bei Wirbeltieren ist jeder Skelettmuskel von Muskelhaut umgeben, die am Ende in eine Sehne übergeht. Mit ihr ist der Muskel am Knochen festgewachsen. Schon mit bloßem Auge erkennt man am Muskel, etwa am Fleisch von Schlachttieren, *Muskelfaserbündel*. Diese setzen sich aus *Muskelfasern* zusammen, das sind aus vielen Einzelzellen verschmolzene, vielkernige „Superzellen", die 0,1 mm dick und über 100 mm lang werden können.

Jede Muskelfaser besteht aus einigen hundert *Myofibrillen* von 1 µm Durchmesser, die im Elektronenmikroskop einen Aufbau aus zwei unterschiedlich dicken *Myofilamenten* erkennen lassen. Die dickeren Filamente bestehen aus dem Protein *Myosin*, die dünneren aus den Proteinen *Aktin* und *Tropomyosin*.

Bereits im Lichtmikroskop zeigen Skelettmuskelfasern eine Querstreifung aus hellen und dunklen Zonen, die im elektronenmikroskopisch erkennbaren Aufbau der Myofibrillen ihre Erklärung findet: Jede Myofibrille ist durch so genannte *Z-Scheiben* in etwa 2 bis 3 µm lange Abschnitte, die *Sarkomere*, unterteilt (→ Bild 1). In der hellen *I-Bande* um die Z-Scheibe besteht das Sarkomer nur aus Aktinfilamenten. In der dunklen *A-Bande* überlappen Aktin- und Myosinfilamente, in der *H-Zone* liegen nur Myosinfilamente vor. Da alle Sarkomere in den Myofibrillen einer Muskelfaser parallel angeordnet sind, entsteht so die Querstreifung.

Muskeltypen. Als *quer gestreifte Muskulatur* fasst man *Skelettmuskeln* und den *Herzmuskel* zusammen, dessen Fasern ebenfalls quer gestreift sind. Allerdings weist der Herzmuskel Besonderheiten auf, die mit seiner Dauerleistung und seiner vom Nervensystem unabhängigen Erregungsbildung zusammenhängen. So sind die Fasern viel kürzer, netzartig angeordnet, besitzen meist nur einen zentral gelegenen Zellkern und noch mehr Mitochondrien als Skelettmuskelfasern. Auch lässt sich der Herzmuskel nicht willkürlich steuern.

Bei der *glatten Muskulatur* sind die Myofilamente in den *spindelförmigen Zellen* unregelmäßig angeordnet und ergeben keine Querstreifung. Glatte Muskulatur findet sich bei Wirbeltieren besonders in der Wand von Hohlorganen wie Darm, Bronchien, Harnblase, Uterus und Blutgefäßen oder im Ciliarmuskel der Augen. Sie arbeitet unwillkürlich und langsamer als Skelettmuskeln, ist jedoch ausdauernder.

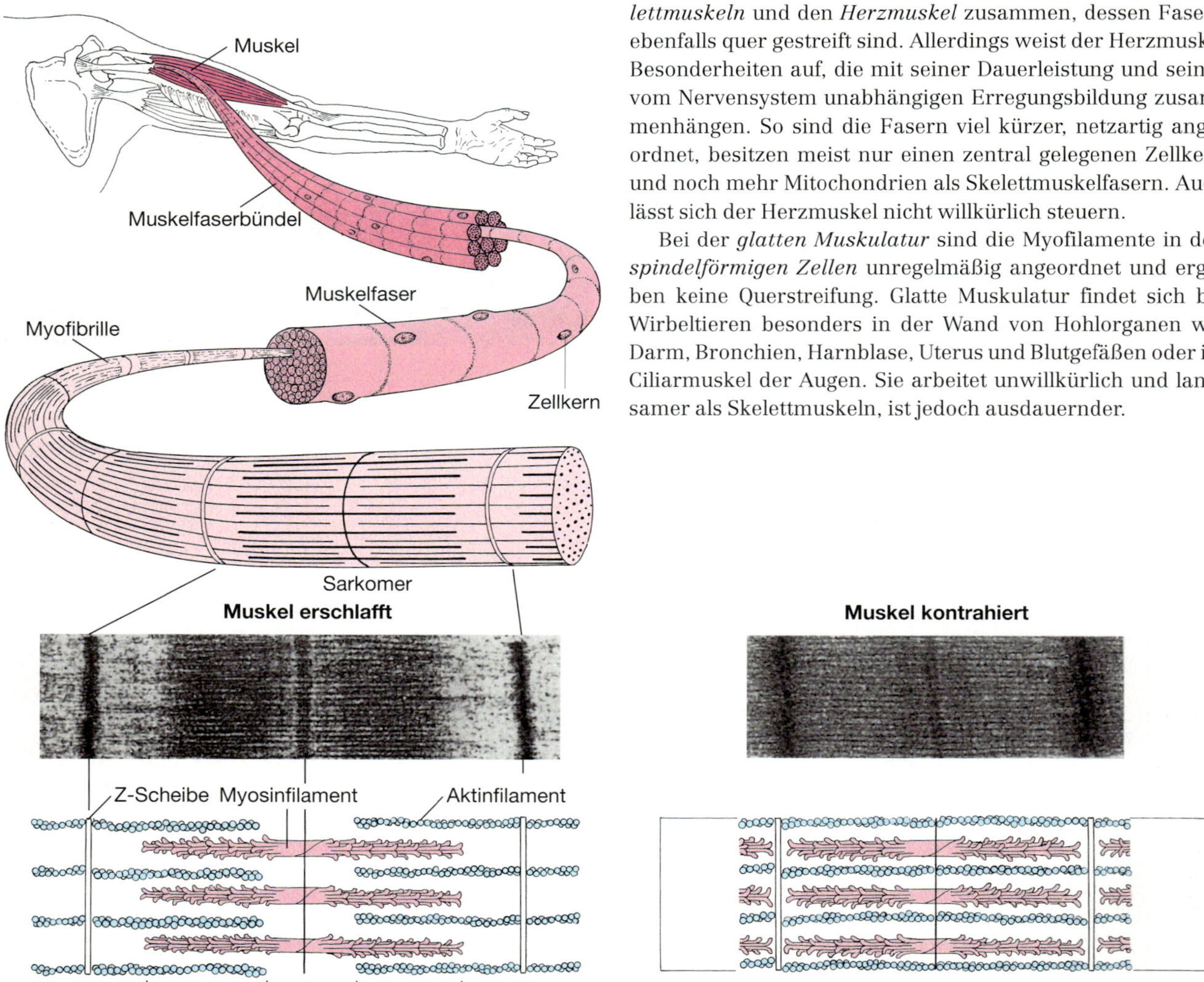

1 Aufbau eines Skelettmuskels vom sichtbaren Bereich zur Ultrastruktur, wie sie sich im Elektronenmikroskop zeigt

Muskelkontraktion und ATP

Die chemischen „Motoren" der Muskulatur sind die Myofibrillen, ihre Arbeitseinheiten sind die Sarkomere. Hier wird die im ATP chemisch gebundene Energie – unter Wärmeverlust – direkt in die mechanische Arbeit der Muskelkontraktion umgewandelt. Aus elektronenmikroskopischen Aufnahmen lässt sich erschließen, dass die Myosin- und Aktinfilamente eines Sarkomers bei der Kontraktion teleskopartig ineinander gleiten, ohne dass sich ihre Dicke und Länge ändern. Dieses *Filamentgleiten* ist die Grundlage für die Muskelverkürzung, die sich aus der Verkürzung tausender hintereinander geschalteter Sarkomere ergibt.

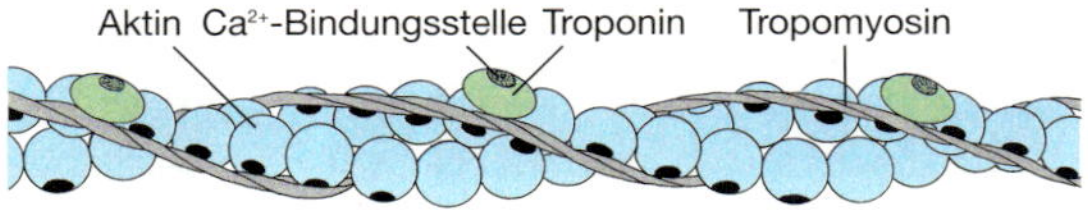

Aufbau der Filamente. Ein dünnes Filament besteht aus zwei umeinander gewundenen, perlschnurartigen Ketten kugelförmiger Moleküle des Proteins *Aktin* (→ Bild oben). Fadenförmig legen sich *Tropomyosinmoleküle* um die Aktinketten, wobei alle 40 nm ein *Troponinmolekül* angeheftet ist. Ein Myosinfilament wird von zahlreichen riesigen *Myosinmolekülen* gebildet, die jeweils aus einem zweigeteilten Kopf und einem langen Schwanzteil bestehen. Zwei Abschnitte im Schwanzteil können wie Scharniergelenke die Molekülgestalt verändern.

Wechselwirkung zwischen den Filamenten. Im erschlafften Zustand sind die mit ATP beladenen Molekülköpfe des Myosins nicht an Aktin gebunden, sodass die Sarkomere – und damit der ganze Muskel – durch Gegenspielermuskeln gedehnt werden können (→ Bild 1 oben). Wird ATP am Myosin durch dessen enzymartige Wirkung hydrolysiert – wobei ADP und Phosphat gebunden bleiben –, werden die Myosinköpfe in einen energiereichen Zustand überführt (→ Bild 1 rechts). Solange Tropomyosinfäden die Myosin-Bindungsstellen des Aktins blockieren, kommt keine Wechselwirkung zwischen den Filamenten und damit keine Muskelkontraktion zustande. Auf einen Nervenimpuls hin wird dieser Ruhezustand aufgehoben: Aus dem endoplasmatischen Reticulum der Muskelfasern werden *Ca^{2+}-Ionen* freigesetzt, die an Troponin binden. Dadurch ändert dieses die Form und drängt die Tropomyosinfäden aus ihrer Lage. Tropomyosin blockiert jetzt die Myosin-Bindungsstellen nicht mehr, zwischen Myosinköpfen und Aktinfilament bilden sich *Querbrücken* (→ Bild 1 unten). Der Aktin-Myosin-Komplex setzt ADP und Phosphat frei. Dadurch

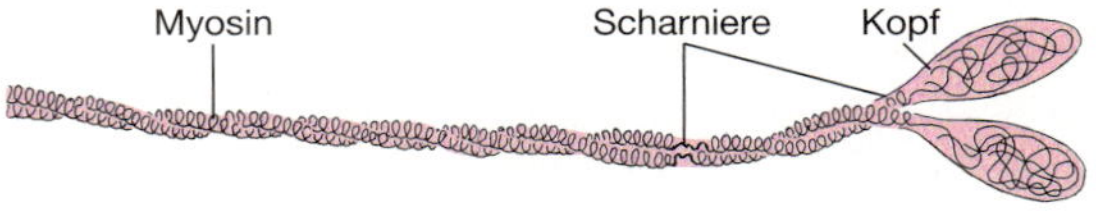

ändert sich an einem Scharnier des Myosinmoleküls dessen Gestalt: Mit der Kraft des *umklappenden Myosinkopfs* wird das Aktinfilament 10 nm weit zur Sarkomermitte gezogen. Ein Durchlauf im molekularen Prozess der Muskelkontraktion ist damit beendet (→ Bild 1 links).

Vor einem weiteren Zyklus müssen die Querbrücken gelöst werden, indem sich neues ATP an Myosin bindet und dessen Gestalt verändert (→ Bild 1 oben). Solange Ca^{2+}-Konzentration und ATP-Konzentration hoch sind, werden von jedem der rund 350 Myosinköpfe eines Filaments etwa 5 Querbrücken je Sekunde geknüpft und gelöst.

1 Einige Stunden nach dem Tod eines Wirbeltiers tritt die Totenstarre ein, durch die alle Muskeln starr und hart werden. Erklären Sie das Phänomen.

2 Wird einem frisch isolierten Muskel ATP zugesetzt, kontrahiert er nicht. Welche Ursache vermuten Sie dafür?

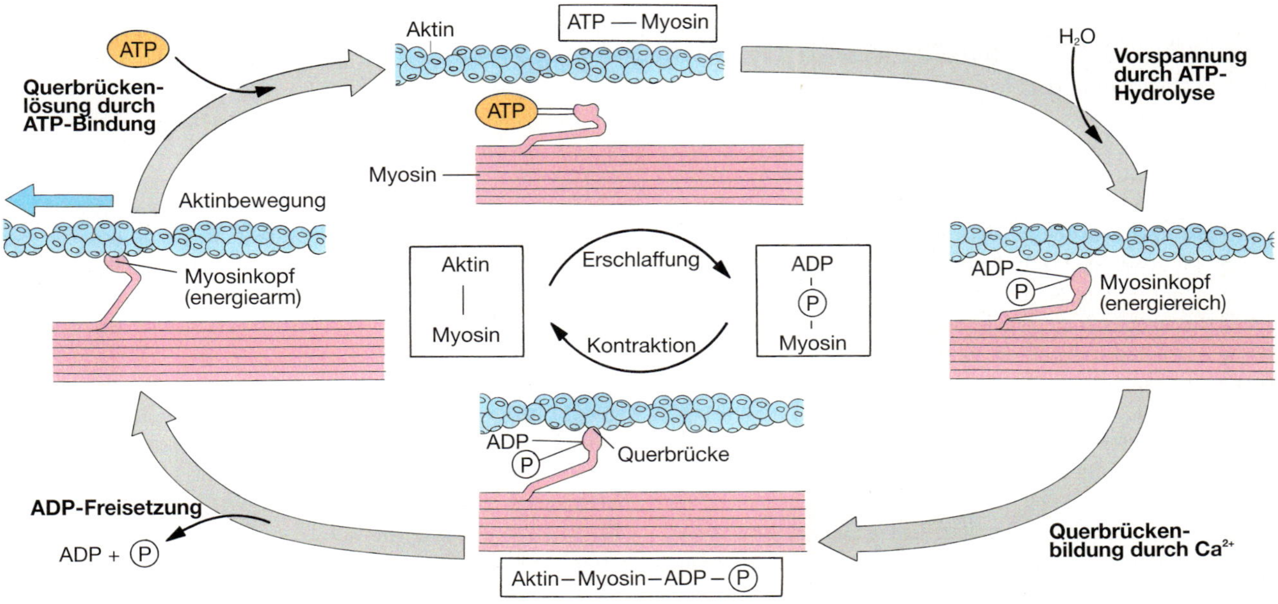

1 Arbeitstakte des chemischen Motors der Muskeln. Durch eine Folge solcher Takte gleiten die Filamente ineinander.

Muskelkater

Jeder kennt ihn, den *Muskelkater!* Typisch ist, dass er nach einer ungewohnten oder übermäßig starken Muskelbelastung mit einem Tag Verzögerung auftritt und mehrere Tage andauern kann. Die betroffenen Muskeln sind steif, hart und eigenartig kraftlos, bei Bewegungen und auf Druck schmerzen sie. Ein wirksames Mittel gegen den „Kater" gibt es nicht, entspannende Bäder oder leichte Bewegung können aber die Beschwerden lindern.

Ursache Übersäuerung? Nach intensiver sportlicher Betätigung stellt man ein *Absinken des pH-Werts* in der Muskulatur und im Blut fest. Dies kommt daher, dass die Sauerstoffversorgung zur aeroben Energiefreisetzung durch Zellatmung in der Muskulatur nicht mehr ausreicht, sich Milchsäure als Endprodukt des anaeroben Glucoseabbaus ansammelt und zum Teil vom Blut abtransportiert wird. Steigt die Milchsäurekonzentration im Blut auf Werte über 1,5 g/l, ist das Blut übersäuert und die Sauerstoffbindungsfähigkeit des Hämoglobins sinkt. Dann verspürt der Sportler Atemnot und kann seine Leistung nicht mehr durchhalten. Neben dieser unmittelbaren Wirkung kann die Ansammlung von Milchsäure im Muskel zu einer entzündlichen Reizung der Muskelfasern führen. Das wäre eine mögliche Erklärung für das Phänomen Muskelkater.

Ursache Mikroverletzungen? Eine andere Ansicht sieht als Ursache für die Entstehung von Muskelkater *kleinste Risse im Muskelgewebe*. Elektronenmikroskopische Untersuchungen

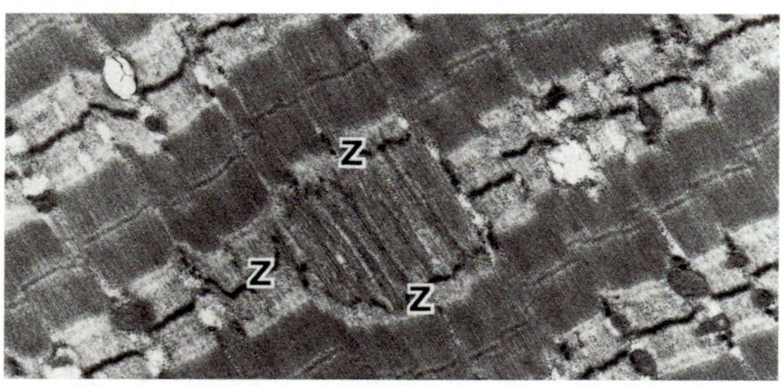

1 Verletzte Myofibrillen. Die Z-Scheibe in der Mitte ist in zwei Teile zerrissen.

übermäßig beanspruchter Muskeln zeigen, dass ein Teil der Z-Scheiben in den Myofibrillen geschädigt war. Bis zu 30 % aller Fasern können solche *Mikroverletzungen* aufweisen.

Da die schmerzempfindlichen Nervenfasern im Bindegewebe liegen, also außerhalb des Muskels, stellt sich Schmerz nach Mikroverletzungen nicht sofort ein. Die Schmerznerven werden erst dadurch gereizt, dass Wasser in die verletzten Fasern eindringt und ein Druck im Gewebe entsteht. Wenn sich als Folge davon Blutgefäße verengen und die Durchblutung herabsetzen, werden die Schmerzen verstärkt. Diese Schmerzen führen zu einer als *reflektorische Verspannung* bezeichneten Muskelverhärtung, die die Durchblutung weiter vermindert und so in einem Teufelskreis die Schmerzen steigert.

Fakten und Folgerungen. Analysiert man den Zusammenhang zwischen der Art einer Bewegung und dem Entstehen von Muskelkater, ergeben sich folgende Fakten:

- Milchsäure entsteht in besonders großen Mengen bei schnellen, viel Energie fordernden Bewegungen, zum Beispiel bei einem Sprint über 100 m, da hier der Sauerstoffbedarf des Muskels nicht gedeckt werden kann. Nach solchen Bewegungsformen ist jedoch Muskelkater ausgesprochen selten.
- Große Krafteinsätze, bei denen das Muskelgewebe übermäßig hohen Spannungen ausgesetzt ist, führen dagegen leicht zu Rissen im Muskel. Die Kontraktion dauert aber nicht lange genug um zu einer Milchsäureanhäufung zu führen.
- Die stärkste Belastung erfährt eine Muskelfaser nicht bei maximaler Verkürzung, sondern wenn sie einer starken Dehnung entgegenarbeitet. Das kommt besonders häufig bei abbremsenden Bewegungen vor, wie beim Bergabgehen oder beim Landen nach einem Sprung. Da bei einer solchen *exzentrischen Kontraktion* vom Nervensystem weniger Muskelfasern aktiviert werden als bei der Muskelverkürzung, entfällt auf die einzelne Faser eine größere Kraft und die Rissgefahr steigt. Gerade nach solchen Bewegungen stellt sich besonders häufig Muskelkater ein.

Die Fakten sprechen demnach für Mikroverletzungen als Ursache des Muskelkaters, doch lässt sich nicht völlig ausschließen, dass auch Milchsäurebildung an seinem Entstehen mitwirkt.

Muskelkater ist keine Krankheit!

... Wenn Sie sich einen Muskelkater geholt haben, sind Sie auf jeden Fall zu loben. Denn Sie haben von einem faul gewordenen Muskel endlich wieder einmal etwas verlangt. Jetzt muckt er auf, aber Sie kriegen ihn schon klein! ...

- Eine bessere Durchblutung beseitigt den Muskelkater am schnellsten. Daher soll man langsam und locker weitertrainieren. Wer glaubt, keine 100 m laufen zu können, wird sich wundern, wenn er nach einigen Kilometern nichts mehr spürt. Weitere durchblutungsanregende Maßnahmen sind warme Bäder, Sauna, Massagen.
- Ein systematischer Trainingsaufbau und eine langsame Steigerung der Ausdauerleistung halten den Muskelkater in erträglichen Grenzen.
- Der trainierte Muskel kennt keinen schweren Muskelkater mehr, weil die bessere Blutversorgung und das damit verbundene reichere Sauerstoffangebot die sauren Stoffe in den Muskeln schneller abbauen und abtransportieren.

nach: Deutscher Sportbund, 1979

1 Führen Sie folgenden Versuch durch: Eine Versuchsperson steigt bis zur Erschöpfung (Muskelzittern) mit einem Bein auf einen Stuhl hinauf und mit dem anderen hinab. Protokollieren Sie als Versuchsergebnisse auch noch die Beschwerden der Versuchsperson an den nächsten Tagen.

2 „Muskelkater ist gesund." Lässt sich diese häufig gehörte Meinung vertreten?

3 Beurteilen Sie die oben stehenden Empfehlungen des Deutschen Sportbunds aus dem Jahr 1979.

Material – Methode – Praxis: **Fitnesstest**

Unter Kondition oder körperlicher *Fitness* versteht man alle sportmotorischen Fähigkeiten wie Kraft, Ausdauer, Beweglichkeit, Schnelligkeit und Koordination. Besonders die Ausdauer ist von großem gesundheitlichem Nutzen. Die Vorteile liegen vor allem im präventiven Bereich, da ein regelmäßiges Ausdauertraining vielfältige positive Auswirkungen auf das Herz-Kreislaufsystem hat. Es ökonomisiert die Herzarbeit, verringert die Schlagfrequenz des Herzens, senkt den Blutdruck, verbessert die Leistungsfähigkeit und vermindert die Wahrscheinlichkeit für Erkrankungen an den Herzkranzgefäßen um 50%.

Da die Ausdauer in der Gesundheitsvorsorge einen zentralen Stellenwert einnimmt, werden hier zwei Verfahren vorgestellt um die eigene Ausdauerfähigkeit zu testen.

Coopertest

Material: Stoppuhr, eventuell Maßband; 400-m-Laufbahn

Durchführung: Eine Testperson hat innerhalb von 12 Minuten eine möglichst lange Strecke auf einer Laufbahn zurückzulegen. Die Ausdauerleistungsfähigkeit der Versuchsperson können Sie anhand der zurückgelegten Strecke aus der Tabelle rechts oben ablesen.

CONCONI-Test

Material: Herzfrequenzmessgerät, Pfeife, Stoppuhr, 8 Hütchen; 400-m-Laufbahn

Durchführung: Der Test wird vorrangig zur Feststellung der anaeroben Schwelle verwendet. Statten Sie eine Versuchsperson mit einem Herzfrequenzmessgerät aus, das den Puls während des Tests aufzeichnet. Markieren Sie alle 50 m die Strecke mit einem Hütchen. Die Versuchsperson beginnt auf einer 400-m-Laufbahn mit einer vorgeschriebenen Geschwindigkeit zu laufen. Alle 200 m kommt es zu einer Steigerung der Laufgeschwindigkeit um 2 bis 3 Sekunden. Der Testleiter gibt durch Pfiffe die Zeitintervalle (→ Tabelle rechts) für die einzelnen 50-m-Abschnitte an. Hat die Versuchsperson bei einem Pfiff die nächste Markierung noch nicht erreicht, so wird der Test abgebrochen. Mittels der gespeicherten Herzfrequenzen können Sie die Pulskurve der Versuchsperson zeichnen. Der obere Kurvenknick fällt mit der anaeroben Schwelle zusammen.

1 Begründen Sie, warum aus dem oberen Kurvenknick beim CONCONI-Test auf die anaerobe Schwelle geschlossen werden kann.

2 Vergleichen Sie die beiden Ausdauertests miteinander und beurteilen Sie sie auf ihre Aussagefähigkeit.

3 Stellen Sie Ihre eigene Ausdauerleistungsfähigkeit fest. Führen Sie dann den unten vorgeschlagenen Trainingsplan für ein Laufprogramm durch und überprüfen Sie Ihre Ausdauer in regelmäßigen Abständen. Vergleichen Sie die Ergebnisse auch innerhalb des Kurses.

☞ Stichworte zu weiteren Informationen

Übertraining, Vitalkapazität, Ausdauersportarten

Auswertung Coopertest (nach: Deutscher Sportbund)

Männer				
Kondition	bis 30 J.	30–39 J.	40–49 J.	50 Jahre
sehr gut	2800	2650	2500	2400
gut	2400	2250	2100	2000
befriedigend	2000	1850	1650	1600
mangelhaft	1600	1550	1350	1300
ungenügend	weniger Meter als bei „mangelhaft"			

Frauen				
Kondition	bis 30 J.	30–39 J.	40–49 J.	50 Jahre
sehr gut	2600	2500	2300	2150
gut	2150	2000	1850	1650
befriedigend	1850	1650	1500	1350
mangelhaft	1550	1350	1200	1050
ungenügend	weniger Meter als bei „mangelhaft"			

Jungen							
Kondition	11 J.	12 J.	13 J.	14 J.	15 J.	16 J.	17 J.
ausgezeichnet	2800	2850	2900	2950	3000	3050	3100
sehr gut	2600	2650	2700	2750	2800	2850	2900
gut	2200	2250	2300	2350	2400	2450	2500
befriedigend	1800	1850	1900	1950	2000	2050	2100
mangelhaft	1200	1250	1300	1350	1400	1450	1500

Mädchen
200 Meter weniger als Jungen in allen Klassen.

Meter	+50 m	+100 m	+150 m	+200 m
0	00:15,0	00:30,0	00:45,0	01:00,0
200	01:14,6	01:29,3	01:43,9	01:58,5
400	02:12,8	02:27,0	02:41,3	02:55,5
600	03:09,4	03:23,3	03:37,2	03:51,0
800	04:04,5	04:18,0	04:31,3	04:45,0
1000	04:58,2	05:11,2	05:24,4	05:37,5
1200	05:50,3	06:03,0	06:15,8	06:28,5
1400	06:40,9	06:53,3	07:05,7	07:18,0
1600	07:30,0	07:42,0	07:54,0	08:06,0
1800	08:17,7	08:29,3	08:40,9	08:52,5
2000	09:03,8	09:15,0	09:26,3	09:37,5
2200	09:48,4	09:59,3	10:10,2	10:21,0
2400	10:31,5	10:42,0	10:52,5	11:03,0
2600	11:13,2	11:23,3	11:33,4	11:43,5
2800	11:53,3	12:03,0	12:12,8	12:22,5
3000	12:31,9	12:41,3	12:50,7	13:00,0
3200	13:09,0	13:18,0	13:27,0	13:36,0
3400	13:44,7	13:53,3	14:01,9	14:10,5
3600	14:18,8	14:27,0	14:35,3	14:43,5
3800	14:51,4	14:59,3	15:07,2	15:15,0
4000	15:22,5	15:30,0	15:37,5	15:45,0
4200	15:52,2	15:59,3	16:06,4	16:13,5
4400	16:20,3	16:27,0	16:33,8	16:40,5
4600	16:46,9	16:53,3	16:59,7	17:06,0
4800	17:12,0	17:18,0	17:24,0	17:30,0

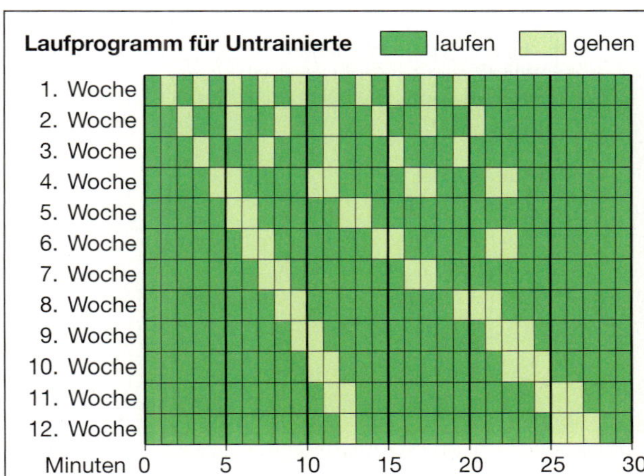

Stoffwechsel, Sport und Trainingslehre

Training. In vielen Sportarten sind in den letzten Jahren gewaltige Leistungsverbesserungen zu beobachten gewesen. Zum einen ist dies auf neue *Bewegungstechniken* zurückzuführen. Die Koordination von Bewegungen kann durch gezieltes Training verbessert werden, sodass die Ökonomie des Bewegungsablaufs gesteigert und daher die Leistung verbessert werden kann. Zum anderen konnten die Leistungen auch durch eine Optimierung der *Trainingssteuerung* verstärkt werden. Bei den Olympischen Spielen 1936 in Berlin zum Beispiel konnten in einigen Sportarten Goldmedaillen noch aufgrund von zwei bis drei *Trainingseinheiten* pro Woche gewonnen werden. Heute sind in manchen Disziplinen zwei bis drei Trainingseinheiten täglich die Regel.

Die körperliche Belastung beim Training führt zu einem Abbau der Energiereserven und damit zunächst zu einer Verminderung der Leistungsfähigkeit (→ Bild 1). Dieser Rückgang kann nur kompensiert werden, wenn der Körper Zeit für den Wiederaufbau hat. Sinnvolle Trainingsplanung muss daher neben der Belastung auch die *Erholung* berücksichtigen.

Eine Leistungssteigerung resultiert aus der Eigenschaft des Körpers sich stärkeren Belastungen anpassen zu können. Er ist in der Lage, die vorangegangene Belastung nicht nur auszugleichen, sondern auch überzukompensieren *(Superkompensation)*. Wird die nächste Trainingseinheit jeweils in der Phase der Superkompensation ausgeführt, ergibt sich ein kontinuierlicher Leistungsanstieg (→ Bild 2).

Energiebereitstellung. Für seine Arbeit braucht der Muskel Energie. Einzige direkte Energiequelle ist ATP. Seine im Muskel vorhandene Menge reicht aber nur für rund 10 Kontraktionen. Das „Auftanken" von ATP ist auf drei Wegen möglich, die nacheinander ablaufen (→ Bild 3).

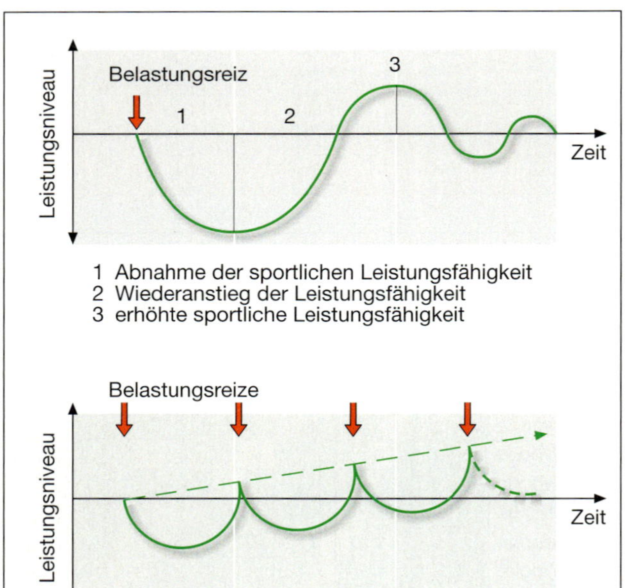

1 und 2 Schema der Superkompensation (oben) und Nutzen des Superkompensationseffekts für ein optimales Training

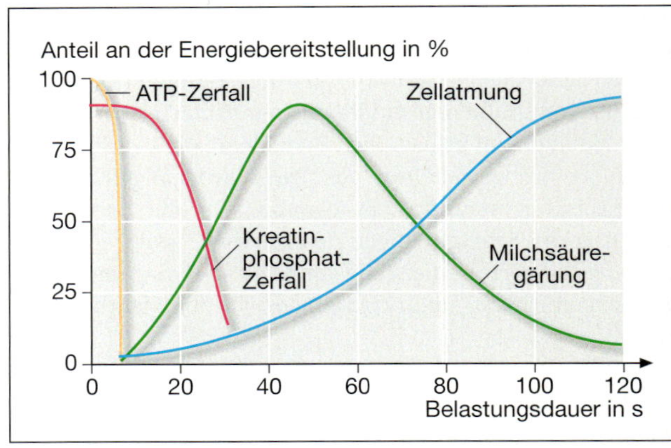

3 Energie bereitstellende Prozesse in der Muskelzelle

Die erste Energiereserve der Muskelzelle ist *Kreatinphosphat*. Es regeneriert ATP, indem es seine Phosphatgruppe auf ADP überträgt. Es steht sofort zur Verfügung, liefert aber nur für etwa 50 weitere Kontraktionen Energie.

Für längere Muskelarbeit benötigte Energie wird aus dem Abbau von Glucose gewonnen, das aus dem in Muskel und Leber gespeicherten Polysaccharid *Glykogen* mobilisiert und nachgeliefert wird. Zur ATP-Versorgung wird die Glucose – je nach Sauerstoffangebot – *aerob* oder *anaerob* abgebaut.

Zu Beginn einer sportlichen Leistung kann der Körper den Sauerstoffbedarf nicht decken, da die Sauerstoffaufnahme nur langsam steigt. Die Glucose wird daher anaerob über das Zwischenprodukt Pyruvat zur Milchsäure abgebaut: Milchsäuregärung (→ S. 108). Dabei wird viel weniger ATP als in der Atmungskette gebildet. Auch bei Belastungen wie Sprints, bei denen schnell hohe Energiemengen umgesetzt werden, wird ATP hauptsächlich anaerob gewonnen.

Bei Ausdauerleistungen wie dem Langstreckenlauf erreicht der Körper einen Gleichgewichtszustand zwischen Sauerstoffaufnahme und Sauerstoffbedarf. Hier wird die Energie fast ausschließlich auf aerobem Weg geliefert, also durch die *Atmungskette.*

In der Phase der Regeneration wird die Milchsäure in der Leber unter Sauerstoffverbrauch zu Glucose umgewandelt und steht dann dem Stoffwechsel als Energieträger wieder zur Verfügung. Auch das Kreatinphosphat in den Muskelzellen wird wieder aufgebaut.

Atmung und Kreislauf. Um dem erhöhten Sauerstoffbedarf des Körpers bei Anstrengung nachzukommen, atmen wir schneller und tiefer. Auch das Blut wird schneller durch den Körper gepumpt: Das Schlagvolumen des Herzens steigt etwa um das 1,2fache, die Schlagfrequenz nimmt ebenfalls zu. Für ein gesundes Training gilt als Faustformel für Untrainierte: 180 Pulsschläge minus Lebensalter (in Jahren) ergeben eine angemessene Belastungsintensität. Diese Faustformel ist jedoch nur bedingt anwendbar.

Trainingseffekt. Training führt zu Anpassungsvorgängen im Körper, die die Leistungsfähigkeit erhöhen. Die *Masse* der beanspruchten Muskeln nimmt zu. In den Muskelzellen werden

1 Erfolg im Sport – genetisch bedingt?

die *Mitochondrien* zahlreicher und größer. Die *Enzyme* des anaeroben und vor allem des aeroben Stoffwechsels werden aktiver. Es wird mehr *Myoglobin* gebildet, das Sauerstoff in der Muskelzelle transportiert und speichert.

Vor allem bei Ausdauersportlern wie Radrennfahrern und Ruderern wird der *Herzmuskel* bei regelmäßigem Training größer. Während das normale Herzvolumen bei etwa 780 ml liegt, erreichen Spitzensportler Werte bis zu 1600 ml. Ihr Herz kann mit einem Schlag mehr Blut in die Adern pumpen. Ein *Sportlerherz* schlägt daher auch in Ruhe langsamer als ein normales Herz: Statt 60 bis 70 Schlägen pro Minute kann der Puls auf 40 Schläge pro Minute absinken.

Muskelfasertypen. Die Skelettmuskulatur besteht aus quer gestreiften Muskelfasern. Sie haben zwar eine gemeinsame Grundstruktur, man unterscheidet jedoch einen schnellen und einen langsamen Fasertyp.

Die schnellen *FT-Fasern* (Fast-Twitch) sind reich an ATP, Kreatinphosphat und Glykogen, haben aber weniger Myoglobin und Mitochondrien. Außerdem enthalten sie viele Enzyme der Glykolyse, die sie für die anaerobe Energiebereitstellung benötigen. Diese Fasern sind besonders für explosive Bewegungen wie Sprünge oder Sprints geeignet. Sie haben eine hohe anaerobe Kapazität, ermüden aber schnell (→ Bild 2).

Die langsamen *ST-Fasern* (Slow-Twitch) enthalten weniger ATP und Kreatinphosphat, dafür aber mehr Mitochondrien und Myoglobin. Ein hoher Gehalt an Enzymen für den aeroben Stoffwechsel verleiht ihnen eine große aerobe Kapazität. Sie sind ausdauernd und somit geeignet für Dauerleistungen. Das Kapillarnetz ist an den ST-Fasern dichter als an FT-Fasern.

Jeder Skelettmuskel ist aus beiden Fasertypen aufgebaut (→ Bild 3). Ihr Mengenverhältnis zueinander kann durch Training kaum verändert werden, es ist genetisch festgelegt. Daher kann es bei gleich großen und gleich alten Sportlern selbst bei gleichem Trainingsaufwand zu unterschiedlichen Trainingserfolgen kommen.

Ernährung. Sportler brauchen keine besondere „Fitness-Kost". Wichtig ist eine ausreichende Zufuhr von Kohlenhydraten, zum Beispiel durch Nudeln, damit die Glykogenreserven in den Muskeln wieder aufgefüllt werden können.

Doping. Als Doping bezeichnet man den Versuch, die Leistungsfähigkeit des Körpers durch chemische Substanzen, die laut Dopingliste verboten sind, zu steigern. Mit diesen Stoffen sollen die letzten Leistungsreserven mobilisiert und Erschöpfungssymptome unterdrückt werden. Doping ist mit hohen Risiken für die Gesundheit verbunden, da körpereigene Warnsysteme ausgeschaltet werden. Im Extremfall kann Doping tödlich ausgehen.

Das Medikament *Erythropoetin* (EPO) zum Beispiel wurde entwickelt um Patienten mit Erythrocytenmangel einen besseren Alltag zu ermöglichen. Es besteht aus Aminosäuren und ist einem menschlichen Hormon sehr ähnlich, wodurch es bei Dopingkontrollen schwer nachzuweisen ist. EPO stimuliert die Ausreifung der Erythrocyten im Knochenmark. Durch die Zunahme der roten Blutkörperchen kann der Körper mehr Sauerstoff aufnehmen. Damit wird die aerobe Energiegewinnung verbessert. Im Radsport ist EPO daher beliebt, da besonders Gipfeltouren eine enorme Ausdauerleistung verlangen. Der Missbrauch von EPO ist gefährlich, denn das Blut wird dickflüssiger. Es kommt zu einer starken Erhöhung des Blutdrucks, der zum Herztod führen kann.

Anabolika sind Stoffe, die zu vermehrtem und beschleunigtem Muskelaufbau führen. Sie haben schädliche Nebenwirkungen auf den Hormonhaushalt und verursachen Überlastungsschäden an Bändern, Sehnen und Gelenken.

1 Formulieren Sie Aussagen über die beiden Muskelfasertypen und stellen Sie diese in einer Tabelle gegenüber. Ziehen Sie dazu Bild 2 heran.

2 Diskutieren Sie die Aussage, dass jemand zum Sprinter geboren sei.

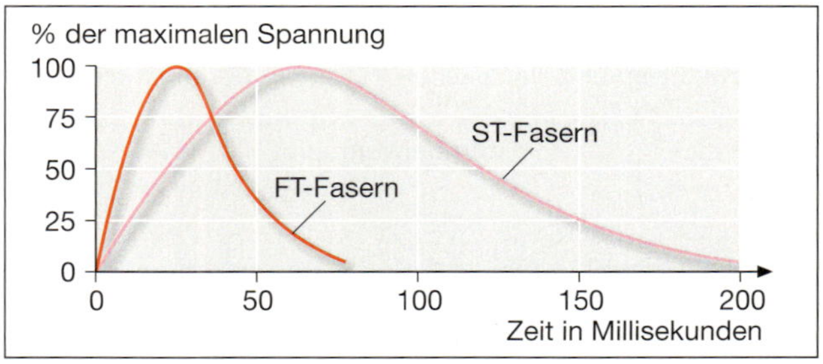

2 ST- und FT-Fasern im Vergleich

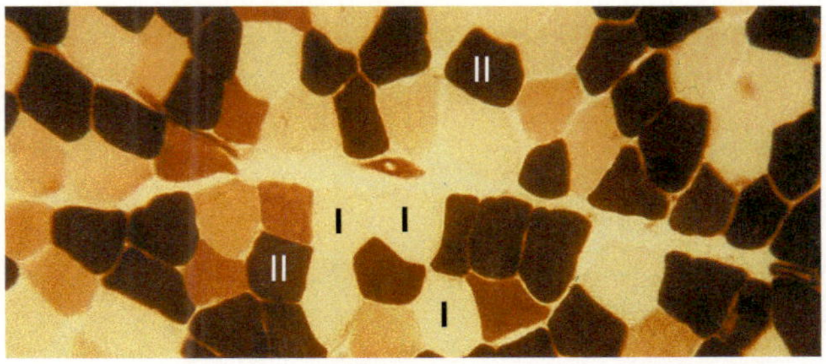

3 ST- und FT-Faserverteilung in einem quer geschnittenen Skelettmuskel. Bei der gewählten Färbemethode erscheinen die FT-Fasern (II) dunkel, die ST-Fasern (I) hell.

Ausscheidung

Schweiß, Kot, Urin, CO_2: Auch wenn die Ausscheidungsprodukte des Körpers als unappetitliche Kehrseite des Stoffwechsels erscheinen – die Ausscheidung oder *Exkretion* nicht verwertbarer, überflüssiger, schädlicher oder gar giftiger Stoffe ist eine ebenso wichtige Stoffwechselfunktion wie die Aufnahme und der Umbau von Stoffen. Ohne Ausscheidung wird das Stoffwechselgleichgewicht, die *Homöostase,* lebensbedrohlich gefährdet. Versagen beispielsweise bei einem Menschen die Nieren, sammelt sich überall im Körper Wasser an. Die Na^+-, K^+-, Phosphat- und Harnstoffkonzentrationen steigen dramatisch und das Blut wird übersäuert. Unbehandelt führt Nierenversagen in kurzer Zeit zum Tod.

Aufgabe der Exkretion. Mit Ausnahme von Kohlenstoffdioxid, das als Atemgas über die Lunge abgegeben wird, werden die meisten Exkrete in Wasser gelöst ausgeschieden. Daher ist die *Osmoregulation* (→ S. 46), also die Regelung des Wasser- und Ionenhaushalts, aber auch die Einstellung des *Säure-Base-Gleichgewichts* untrennbar mit der Ausscheidung verbunden. Daneben ist die *Exkretion der stickstoffhaltigen Endprodukte* des Proteinstoffwechsels, des giftigen Ammoniaks NH_3 bzw. seines Ammoniumions NH_4^+, besonders wichtig. Während sie bei Wassertieren direkt in das umgebende Medium ausgeschieden werden können, müssen sie bei allen Landtieren einschließlich des Menschen unter Aufwand von ATP zuerst in Harnstoff, Harnsäure oder andere N-haltige Exkrete umgewandelt und so entgiftet werden. Erst dann können sie ausgeschieden werden.

Außer Wasser, Ionen und den Endprodukten des Proteinstoffwechsels sind Abbauprodukte von Hämoglobin, Hormonen und anderen Stoffen im Urin enthalten. Sie stammen meist aus der Leber, aus der sie auch mit der Galle über den *Darm* ausgeschieden werden. Somit enthält auch der Kot – neben unbrauchbaren Nahrungsrückständen, Resten von Darmbakterien und Darmzellen – eine Reihe von Exkreten.

1 Exkrete können sogar nützliche Zusatzfunktionen übernehmen: Reviermarkierung mit Urin.

Exkretionsorgane. Bei den verschiedenen Tiergruppen kommen unterschiedliche Typen von Exkretionsorganen vor. Plattwürmer wie die Strudelwürmer unserer Gewässer besitzen *Protonephridien,* verzweigte, geschlossene Röhren mit so genannten *Wimpernflammenzellen* (→ Bild 1). Für Ringelwürmer wie den Regenwurm sind röhrenförmige *Nephridien* kennzeichnend, die mit einem *Wimperntrichter* in der Leibeshöhle beginnen. Insekten besitzen schlauchförmige, geschlossene Nierenorgane, die *Malpighi-Gefäße.* Das wichtigste Ausscheidungsorgan der Wirbeltiere ist die *Niere*. Ihre Arbeitseinheiten bilden die *Nephrone*, die aus jeweils einem *Nierenkörperchen* und einem *Nierenkanälchen* bestehen.

Prinzipien der Exkretion. Trotz des unterschiedlichen Baus arbeiten die Ausscheidungsorgane nach denselben Prinzipien: Eine erste Phase trennt Zellen und sehr große Moleküle durch *Filtration* ab. Der so entstandene Primärharn erhält durch *Sekretion* von weiteren Abfallstoffen und *Rückresorption* von brauchbaren Stoffen und Wasser schließlich die Zusammensetzung des Endharns. Ein Teil dieser Vorgänge beruht auf Osmose, ein anderer Teil auf aktivem Transport.

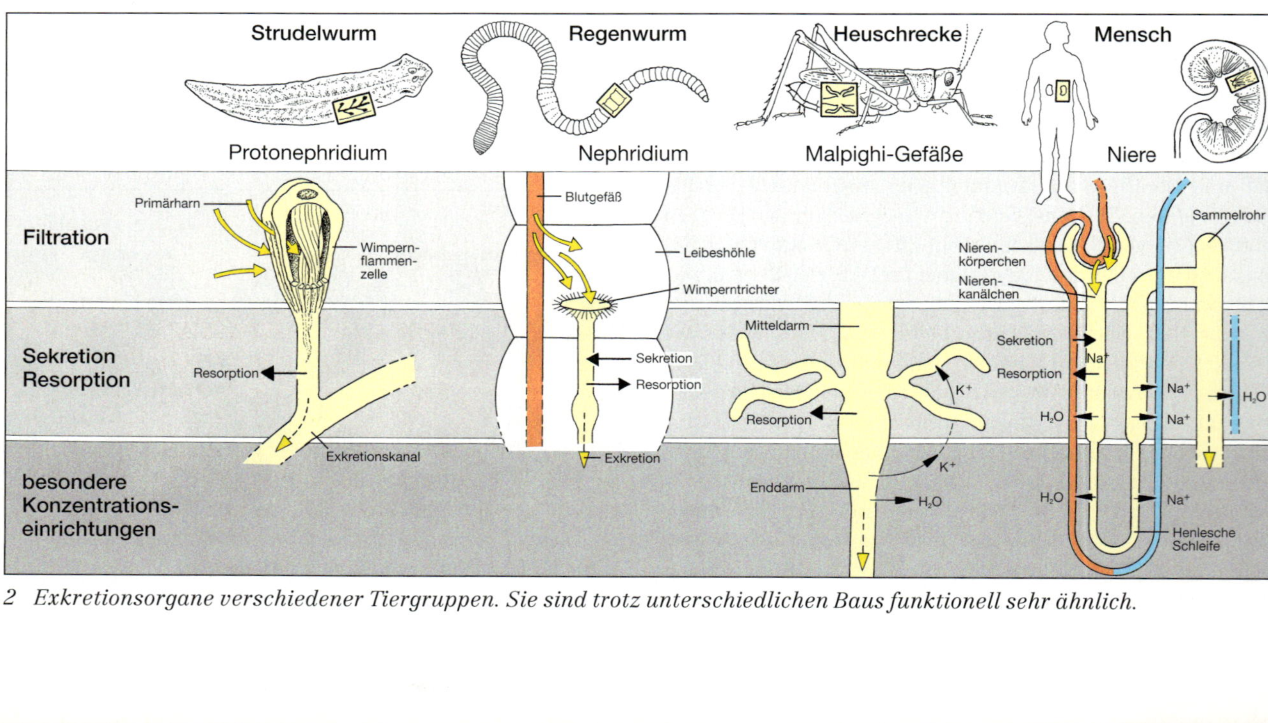

2 Exkretionsorgane verschiedener Tiergruppen. Sie sind trotz unterschiedlichen Baus funktionell sehr ähnlich.

Überblick

■ Von den im Körper ablaufenden chemischen Reaktionen, dem Stoffwechsel, nehmen wir nur an wenigen „Brennpunkten" etwas wahr. Man unterscheidet Baustoffwechsel und Betriebsstoffwechsel. Im Betriebsstoffwechsel wird durch Abbau körpereigener Substanz die für alle Lebensprozesse notwendige Energie gewonnen. Viele dieser Stoffwechselwege stimmen bei fast allen Lebewesen weitgehend überein. → S. 86, 87

■ Der erste Schritt der Energiebereitstellung ist bei Mensch und Tieren die Verdauung der Nährstoffe und ihre Resorption im Dünndarm. → S. 88, 89

■ Für den Menschen und viele Tiere sind Kohlenhydrate die Hauptenergiequelle, vor allem Stärke, ein pflanzliches Polysaccharid aus vielen α-Glucosemolekülen. → S. 90, 91

■ Essstörungen wie Anorexie und Bulimie greifen massiv in den Stoffwechsel ein. → S. 92

■ Bei den meisten vielzelligen Tieren dient der – offene oder geschlossene – Blutkreislauf mit dem Herzen als Antrieb zum Transport sowohl der Nährstoffe als auch des Sauerstoffs zu den Zellen. → S. 94

■ Der Gasaustausch in der Säugerlunge findet an der dünnen Wand von Alveole und Kapillare durch Diffusion statt. Die Diffusionsrichtung wird vom Partialdruck jedes der beteiligten Gase bestimmt. → S. 95

■ Der Sauerstoff wird an das Hämoglobin der Erythrocyten locker gebunden transportiert. Er lagert sich an das Eisen(II)-Ion des Häms an (Oxigenierung). Im Gewebe – bei geringem Sauerstoffpartialdruck – wird er freigesetzt, im Muskel auf Myoglobin übertragen. Gehirn und Rezeptoren überwachen und regulieren den Sauerstoffgehalt im Blut. → S. 96, 97

■ Mit Sauerstoff (aerob) gewinnen die Zellen Energie durch Zellatmung. Sie verläuft in drei Schritten: Glykolyse (im Zellplasma), Citratzyklus und Atmungskette (in den Mitochondrien). Pro mol Glucose liefert sie etwa 38 mol des „Energiespeichers" ATP. Das entspricht 1100 kJ. Die Hauptmenge entfällt auf die Atmungskette. Der Abbauweg der Fette und Proteine mündet ebenfalls in Citratzyklus und Atmungskette ein. → S. 100–107

■ Manche Zellen gewinnen auch anaerob Energie: Gärung. Sie liefert nur 3 mol ATP pro mol Glucose. → S. 108, 109

■ Im Muskel wird die in Form von ATP gespeicherte chemische Energie in Bewegungs- und Wärmeenergie umgewandelt. ATP muss für die Muskelarbeit (Filamentgleiten) dauernd zur Verfügung stehen. → S. 110, 111

■ Bei ausdauernder Muskelleistung, zum Beispiel im Sport, verläuft die ATP-Regeneration im Muskel zunächst über Kreatinphosphat, dann über Gärung, schließlich über Zellatmung. Training bewirkt eine vielfältige Anpassung des Körpers an die Belastung. → S. 114, 115

■ Mit Ausnahme von CO_2 werden die Abfallstoffe des Zellstoffwechsels – vor allem der beim Proteinabbau entstehende stickstoffhaltige Harnstoff – über die Niere ausgeschieden. Funktionell ähnliche Ausscheidungsorgane gibt es bei den verschiedensten Tiergruppen. → S. 116

Aufgaben und Anregungen

1 Ein 800-m-Läufer am Start: Die Beinmuskulatur ist angespannt, doch noch nicht in Bewegung, die Atmung liegt kaum über dem Normalwert. Nach dem Start erreicht der Läufer nach wenigen Metern die volle Geschwindigkeit, die er bis zum Endspurt aufrechterhält. Die Atmung steigert sich nur langsam und erreicht erst bei Laufende ihr Maximum. Stellen Sie die Reihenfolge der Energie bereitstellenden Prozesse dar. Beachten Sie die vorhandenen Vorräte in den Muskelzellen.

2 Die Stoffwechselwege von Zellatmung und Gärung trennen sich nach vielen gemeinsamen Reaktionsschritten. An welcher Stelle geschieht das? Nennen Sie das letzte gemeinsame Produkt. Vergeichen Sie beide Stoffwechselwege bezüglich der Energieausbeute und der Bedingungen, unter denen sie ablaufen.

3 Fertigen Sie eine Skizze oder Mindmap an, in der Sie die wichtigsten Schritte der Zellatmung festhalten.

4 Nennen Sie verschiedene Gärungstypen und geben Sie dazu Beispiele. Berücksichtigen Sie auch alltägliche Produkte.

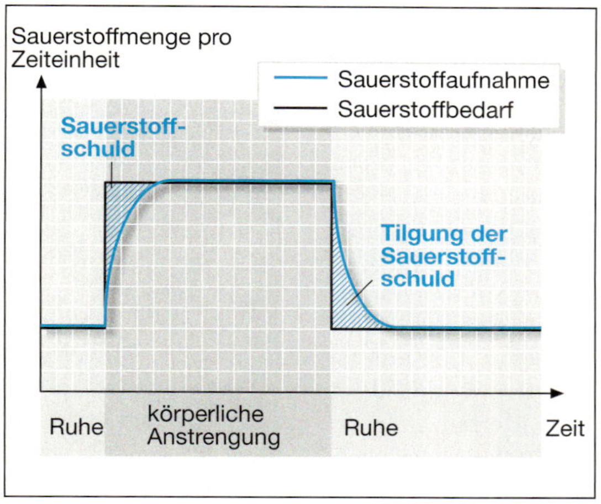

5 Jede der zahlreichen Reaktionen von Glykolyse, Citratzyklus und Atmungskette wird von einem speziellen Enzym katalysiert. Recherchieren Sie für einen selbst gewählten Abschnitt die beteiligten Enzyme. Erläutern Sie außerdem die Funktion des Enzyms Phosphofructokinase in der Glykolyse.

6 Regelmäßiger Sport – vor allem Ausdauersport – bewirkt im Körper eine Reihe erwünschter Anpassungen. Welche? Was könnte die Ursache dafür sein, wenn sich trotz häufigen Trainings keine Trainingserfolge einstellen?

7 Nach körperlicher Anstrengung wie einem schnellen Sprint geht unser Atem noch einige Zeit heftig. Erklären Sie den Sachverhalt anhand der Grafik.

8 Kohlenhydrate spielen allgemein in der Natur und besonders im Betriebsstoffwechsel eine bedeutende Rolle. Skizzieren Sie ihren Aufbau und geben Sie Beispiele für ihre Bedeutung.

9 Beschreiben und erklären Sie, welche Folgen das Extrembergsteigen auf dem Mount Everest für einen Bergsteiger und für einen Höhenbewohner hat.

Regelung des Wasserhaushalts – die Niere

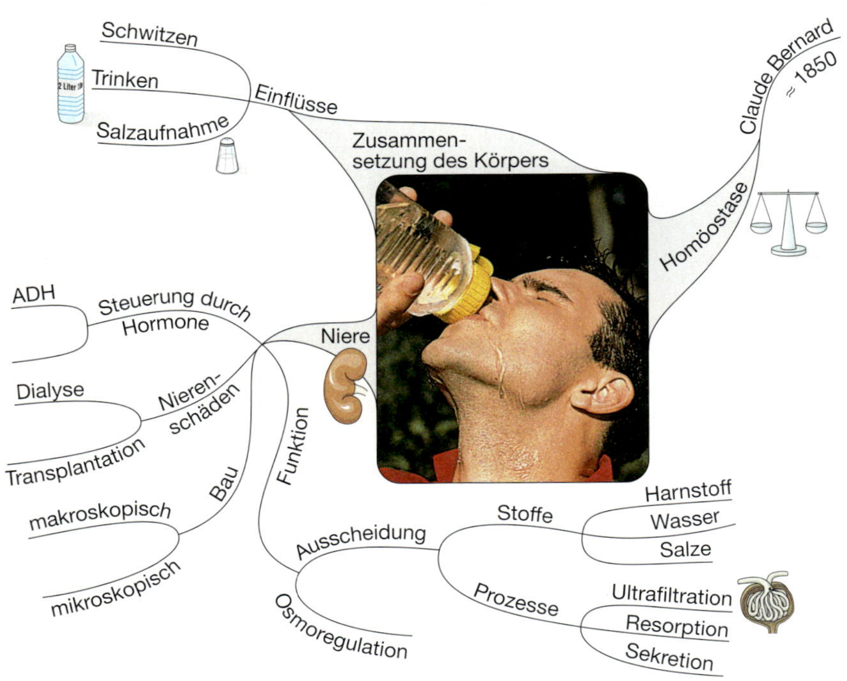

Während des 18. und 19. Jahrhunderts begannen sich Forscher mit den chemischen Vorgängen im Körper zu befassen. Eine der wichtigsten Entdeckungen machte der französische Arzt CLAUDE BERNARD (1813–1878). Aufgrund vieler Versuche an Tieren und im Reagenzglas behauptete er, dass der Körper über Mechanismen verfügt, die seine innere Beschaffenheit aufrechterhalten und stabilisieren – zum Beispiel Wasserhaushalt, Nährstoffvorrat und Temperatur. Dieser Gedanke führte ihn zum Konzept der „Homöostase" oder der „Aufrechterhaltung des inneren Milieus".

Dieses Bestreben des Körpers nach Aufrechterhaltung des inneren Milieus spüren wir zum Beispiel, wenn sich bei körperlicher Anstrengung oder Hitze ein quälendes Durstgefühl einstellt. Maßgeblich an der Regelung des Wasserhaushalts beteiligt ist die Niere.

Unser Körper besteht zu zwei Dritteln aus Wasser. Der größte Teil liegt *intrazellulär* vor (→ Bild 1) und dient als Lösemittel. Bei extremer körperlicher Belastung oder großer Hitze verliert der Körper bis zu 8 Liter Schweiß am Tag. Bei einem Wasserverlust von mehr als 10 % des Körpergewichts tritt bereits ein Abbau der körperlichen und geistigen Fähigkeiten ein. Ein Verlust von 15 bis 20 % führt zum Tod, da die Körperzellen so starke Schwankungen nicht verkraften. Durch das Trinken von reinem Wasser wird der Flüssigkeitsverlust zwar ausgeglichen, doch ohne entsprechende Salzaufnahme nimmt die Ionenkonzentration ab und führt zu einer Verringerung des *osmotischen Drucks*. Auch die Aufnahme von Salz mit der Nahrung führt zu einer Störung der Ionenkonzentration. Als Folge solcher Schwankungen der *Osmolarität* kommt es zu Volumenänderungen der Zellen. Mithilfe der *Nieren* sind wir in der Lage, durch regulierte Ausscheidung von Ionen die ständigen Änderungen in der Ionenzusammensetzung der Körperflüssigkeit auszugleichen und das Volumen der extrazellulären Flüssigkeit konstant zu halten: *Osmoregulation*. Die beim erwachsenen Menschen normalerweise produzierte Urinmenge von etwa 1,5 l pro Tag kann bei Wassermangel auf 0,7 l reduziert werden, bei Wasserüberschuss auf mehrere Liter am Tag ansteigen.

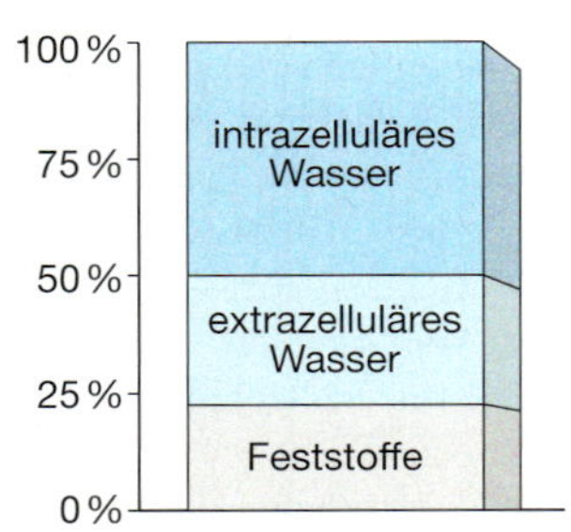

1 Zusammensetzung des menschlichen Körpers

Die Tätigkeit der Nieren wird durch *Hormone* gesteuert. Eines davon ist das *Adiuretin (ADH)*, das im Hypothalamus produziert wird. Bei starken Wasserverlusten durch Schwitzen wird ADH freigesetzt und führt in den Nieren zu verminderter Wasserausscheidung.

Zweite Hauptaufgabe der Niere neben der Osmoregulation ist die Ausscheidung nicht mehr verwertbarer *Stoffwechselendprodukte*, die bei Anreicherung den Organismus vergiften würden. Dazu gehört *Ammoniak (NH_3)*. Er entsteht beim Eiweißabbau und wird in der Leber in den ungiftigen *Harnstoff* umgewandelt.

☞ Basisinformationen

Diffusion und Osmose (→ S. 46), Ausscheidung (→ S. 116)

1 Seewasser hat einen Salzgehalt von etwa 3 %. Die maximale Salzkonzentration im Harn beträgt 2 %. Erläutern Sie unter diesem Gesichtspunkt die Aussage von Bild 2.

2 Seewasser trinken bedeutet den sicheren Tod.

Bau der Niere – makroskopisch und mikroskopisch

Die zwei bohnenförmigen Nieren hängen beiderseits der Wirbelsäule etwa in Ellbogenhöhe an der hinteren Bauchwand. Obwohl ihr Gewicht weniger als 1 % des Körpergewichts ausmacht, werden sie erstaunlich gut durchblutet: Sie enthalten stets 20 % des arteriellen Blutes. Die Blutzufuhr erfolgt über eine Abzweigung der Aorta, die *Nierenarterie*, die Ableitung des Blutes über die *Nierenvene*. Aus dem *Nierenbecken* führt der *Harnleiter* heraus, der in die Harnblase mündet.

Außen ist jede Niere von einer derben *Nierenkapsel* umgeben. Nach innen folgen die körnige *Nierenrinde* und das streifige *Nierenmark* mit 8 bis 16 *Nierenpyramiden*, deren Spitzen in das Nierenbecken hineinragen.

Die den Harn produzierenden Systeme der Niere sind die *Nephrone*. Die Zahl dieser mikroskopisch kleinen Funktionseinheiten wird auf 1 bis 1,2 Millionen pro Niere geschätzt. Sie bestehen aus einem *Nierenkörperchen* und einem mehrere Zentimeter langen *Nierenkanälchen*. Die Nierenkörperchen werden von einer bläschenartigen Anschwellung des Nierenkanälchens gebildet, der *bowmanschen Kapsel*, in deren Hohlraum sich die zuführende Arterie zu einem dichten Knäuel feiner Kapillaren verzweigt, dem *Glomerulus*. Die Kapillaren bilden keinen dichten Abschluss, sondern haben feinste Poren (50–100 nm). Die bowmansche Kapsel besteht aus einem einschichtigen *Plattenepithel* (→ S. 29), das außen die Wand der Kapsel bildet und innen als so genannte *Podocyten* die porösen Kapillaren des Glomerulus umhüllt. Die Cytoplasmafortsätze dieser Podocyten greifen ineinander und bilden dadurch Schlitze aus, deren Weite 5 bis 20 nm beträgt.

An die bowmansche Kapsel schließt sich das Nierenkanälchen an, das in einen absteigenden Ast *(proximaler Tubulus)* und einen aufsteigenden Ast *(distaler Tubulus)* gegliedert ist, dazwischen liegt ein dünner, haarnadelförmig gebogener Abschnitt, die so genannte *henlesche Schleife*. Der distale Tubulus geht in das *Sammelrohr* über, das nach Vereinigung mit weiteren Sammelrohren an der Spitze der Nierenpyramide letztlich in das Nierenbecken mündet.

Die vom Glomerulus fortführende Arteriole verzweigt sich erneut zu einem Kapillarnetz, das den Tubulusapparat umspinnt. Von dort aus gelangt das Blut in Venolen und dann in die Nierenvene.

Basisinformationen

Zell- und Gewebetypen (→ S. 28/29), Blutkreislauf (→ S. 94), Ausscheidung (→ S. 116)

Untersuchung einer Schweineniere

Material: frische Schweineniere, scharfes Messer, Sonde, Lupe

Durchführung: Suchen Sie die drei Ausführgänge der Niere (Harnleiter, Arterie und Vene) und stellen Sie mithilfe einer Sonde die Unterschiede fest.

Schneiden Sie die Niere der Länge nach auf und vergleichen Sie mit Bild 1. Benennen Sie die verschiedenen Bereiche. Schauen Sie diese auch mit der Lupe an.

Betrachten Sie, wenn möglich, Präparate der Niere unter dem Mikroskop. Vergleichen Sie mit den Mikrofotos rechts.

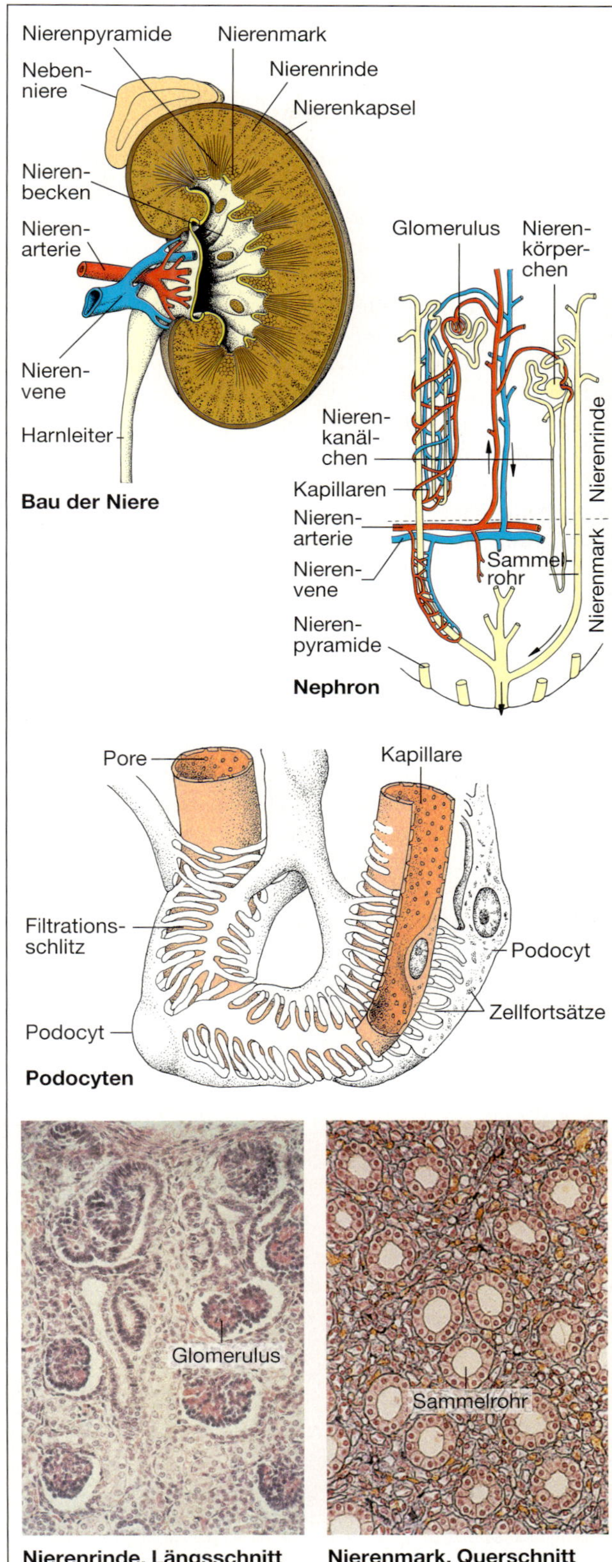

1–5 Bau der Niere

Funktion der Niere im Detail

Täglich werden die Nieren von mehr als 1000 l Blut durchspült. Dabei haben sie zwei wesentliche Aufgaben zu erfüllen:
- das Blut zu reinigen, also die meisten Abfallstoffe, die im Stoffwechsel anfallen („harnpflichtige Stoffe"), auszuscheiden, und
- die Konzentration der Salze in der extrazellulären Flüssigkeit sowie die Flüssigkeitsmenge selbst konstant zu halten.

Diese Funktionen der Niere beruhen auf drei Prozessen: *Ultrafiltration*, *Resorption* und *Sekretion*.

Ultrafiltration findet in den Nierenkörperchen statt. Dort werden aufgrund der Differenz zwischen Blutdruck und Kapseldruck täglich etwa 180 l Flüssigkeit aus den Kapillaren in den Hohlraum der bowmanschen Kapsel gepresst: *Primärharn*. Dabei wirken die Wände der Kapillaren und die Schlitze der Podocyten als Filter, durch die nur Wasser und gelöste Stoffe hindurchtreten. Die Ultrafiltration wirkt völlig unselektiv, da sie nur von der Größe der Stoffe abhängt; Blutzellen und große Proteinmoleküle gelangen nicht in die bowmansche Kapsel. Aufgrund dieses Filtrationsvorgangs ergibt sich die Notwendigkeit, den Harn zu konzentrieren und verwertbare Moleküle zurückzugewinnen. Durch *aktiven Transport* werden Glucose, Aminosäuren, NaCl und andere wichtige Stoffe mithilfe von *Carriern* (→ S. 48) der Tubulusflüssigkeit entzogen. Das führt zu einer zunehmenden Erhöhung des osmotischen Drucks im Nierenmark, durch das der absteigende Ast der henleschen Schleife führt. Da dieser Teil der Nierenkanälchen wasserdurchlässig ist, tritt hier Wasser passiv aus. Durch die Resorption wird eine Konzentrierung des Harns und eine Verringerung der Harnmenge um bis zu 70 % erreicht. Weiterhin wird im Endabschnitt der Nierenkanälchen und im Sammelrohr Wasser in das angrenzende Gewebe abgegeben und durch die Kapillaren abtransportiert.

In diesen Abschnitten steht der Wassertransport unter der Kontrolle des Adiuretins (ADH). Bei Flüssigkeitsmangel veranlasst ADH, dass in den Wandzellen des Sammelrohrs membranumhüllte Vesikel zur Oberfläche ihrer Zelle wandern und mit der Plasmamembran verschmelzen. Die Vesikelmembranen enthalten vorgeformte *Wasserschleusen (Aquaporin)*, durch die die Wasseraufnahme auf das 20fache und mehr gesteigert werden kann (→ Bild 1).

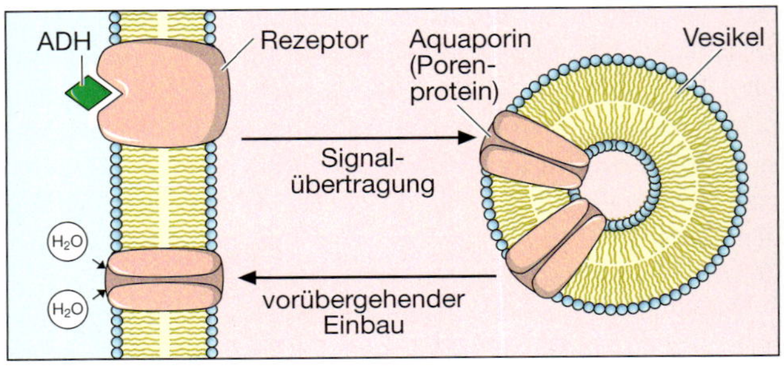

1 Modellvorstellung zur Wirkung von ADH

Manche Substanzen gelangen nicht durch Filtration, sondern durch Sekretion in die Nierenkanälchen. Durch diesen aktiven Transportprozess werden Medikamente wie Penicillin und Stoffwechselprodukte wie Harnsäure aus dem Körper entfernt.

☞ Basisinformationen

Feinbau der Membran (→ S. 44), Diffusion und Osmose (→ S. 46), Stofftransport (→ S. 48, 49)

Stoffmengen während eines Tages

Stoff	im Blut	im Primärharn	im Endharn
Wasser	1000 l	150 l	1,5 l
Natrium	7500 g	1500 g	5,0 g
Harnstoff	250 g	50 g	30,0 g
Glucose	900 g	180 g	Spuren

1 Vergleichen Sie die in der Tabelle angegebenen Stoffmengen, die während eines Tages durch die Nieren fließen. Geben Sie an, welche Mechanismen der Nierenfunktion hieran zu erkennen sind.

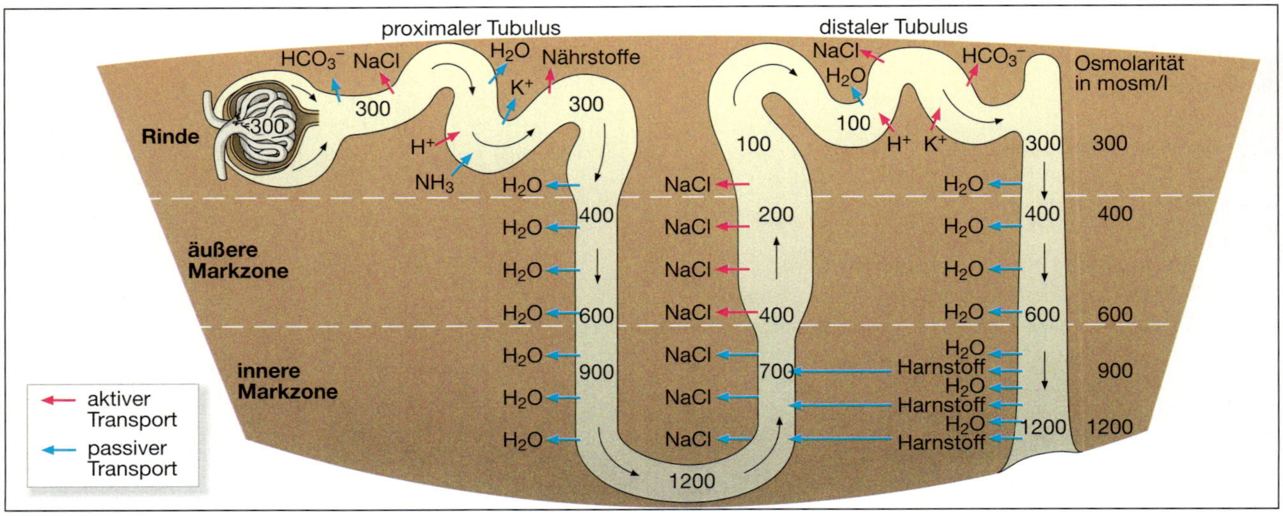

2 Funktion der Niere, Schema

Nieren zur Osmoregulation

Fehlende Osmoregulation – Auswirkungen von schwankenden Salzgehalten auf Erythrocyten

Material: Blut vom Schlachthof oder Metzger, dest. Wasser, physiologische Kochsalzlösung, 5%ige Kochsalzlösung

Durchführung: Geben Sie einen Tropfen Blut auf einen Objektträger und streichen Sie ihn mit einem zweiten Objektträger aus. Geben Sie dazu physiologische Kochsalzlösung und betrachten Sie das Präparat unter dem Mikroskop. In gleicher Weise mikroskopieren Sie einen Blutausstrich in destilliertem Wasser und in 5%iger Kochsalzlösung.

Vergleichen Sie das Aussehen der Erythrocyten in den unterschiedlichen Lösungen. Erklären Sie die Ursachen für diese Unterschiede mithilfe Ihrer Kenntnisse zur Osmose.

Stellen Sie einen Bezug her zur Resorption von Wasser im Tubulus.

Wirkung von ADH in der Niere

Eine schwere Nierenfunktionsstörung stellt der *Diabetes insipidus* dar. Betroffene Patienten scheiden ohne Behandlung 4 bis 10 l Urin pro Tag aus. Da der Organismus viel Wasser verliert, trocknet er aus, und es entsteht ein starkes Durstgefühl. Die meisten Formen des Diabetes insipidus sind durch das Fehlen oder einen Mangel an Adiuretin (ADH) bedingt.

Resorption und Sekretion von Stoffen in der Niere

Mithilfe sehr feiner Kanülen kann man kleine Flüssigkeitsmengen aus verschiedenen Abschnitten der Niere entnehmen und sie chemisch analysieren. So gewinnt man Informationen über die stoffliche Zusammensetzung und Veränderungen des Primärharns. Das gestattet auch Rückschlüsse auf die Transportvorgänge in der Niere. Die Leistungsfähigkeit der Resorption wird am Beispiel der Glucose, die Sekretion am Beispiel des Phenolrots gezeigt (→ Bild 1; T_m = Transportmaximum). Dabei erweist sich, dass die Gesamtausscheidung in einem Fall gleich der Differenz, im anderen Fall gleich der Summe aus der filtrierten und absorbierten bzw. sezernierten Stoffmenge ist.

Die künstliche Blutwäsche

Fallen die Nieren durch Erkrankung oder Schädigung aus, bleibt als einzige Behandlungsmöglichkeit – neben der Transplantation – die Blutwäsche mithilfe eines *Hämodialysators (künstliche Niere)*. Die ersten Versuche zur Blutreinigung außerhalb des Körpers wurden bereits 1924 durchgeführt, jedoch traten damals Probleme bei der Verhinderung der Blutgerinnung auf. 1943 wurde der erste Hämodialysator gebaut. Sein Funktionsprinzip besteht in einem diffusionsgetriebenen Substanztransport an einer semipermeablen Membran. Im *Gegenstromprinzip* wird das Blut entlang der Membran an der Dialyseflüssigkeit vorbeigeleitet, die so zusammengesetzt ist, dass Substanzen, die entfernt werden sollen, entlang eines Konzentrationsgefälles aus dem Blut in das Dialysat abdiffundieren. Proteine und zelluläre Blutbestandteile werden von der Dialysemembran zurückgehalten. Nach dem Durchfluss durch den Dialysator wird das gereinigte Blut dem Kreislauf wieder zugeführt. Die Dialyse ist lebenserhaltend, doch kann die Maschine die Nieren nicht voll ersetzen, da zum Beispiel Vitamine und Aminosäuren bei der Dialyse verloren gehen.

1 Erläutern Sie das Schema zur Wirkung von ADH (→ linke Seite, Bild 1). Überlegen Sie mögliche Ursachen des Diabetes insipidus.

2 Beschreiben Sie die Unterschiede, die bei der Ausscheidung von Glucose und Phenolrot auftreten, anhand von Bild 1.

3 Erklären Sie die Ursachen für die Begrenzung der Transportvorgänge durch Membranen, die in Bild 1 durch das Transportmaximum T_m demonstriert wird.

4 Informieren Sie sich über die Ursachen des Diabetes mellitus. Patienten mit unbehandeltem Diabetes mellitus haben einen erhöhten Blutzuckerspiegel und in ihrem Harn lässt sich Glucose nachweisen. Erklären Sie dies mithilfe der Grafik.

5 Informieren Sie sich über mögliche Ursachen und die Symptome von Nierenschäden.

6 Beschreiben Sie das Dialyseprinzip anhand von Bild 2.

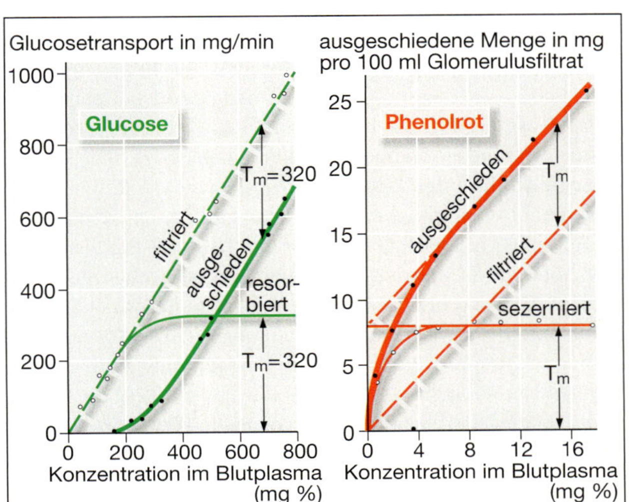

1 *Resorption und Sekretion in der Niere*

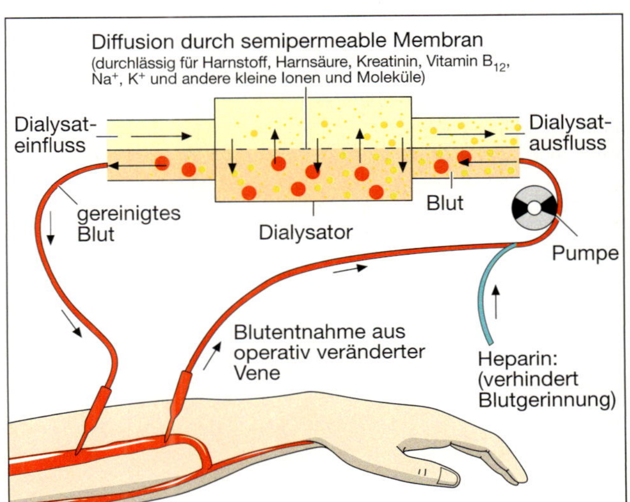

2 *So funktioniert die künstliche Blutwäsche.*

Fotosynthese

1 *Im Frühjahr bedecken die Keimpflanzen der Rotbuche den Boden im Buchenwald.*

Nur 0,2 g Nährstoffe im Samen bekommt eine Buche von der Elternpflanze als „Startkapital" für ihr Leben. Diese Nährstoffmenge muss reichen, bis der junge Baum auf eigenen Wurzeln steht ... Noch ist der fettreiche Vorrat, gespeichert in den nun entfalteten und ergrünten Keimblättern, nicht völlig aufgebraucht. Gleichwohl haben die jungen Buchen längst begonnen sich selbst zu ernähren: Wie alle grünen Pflanzen fangen sie die Energie des Sonnenlichts ein und bauen mit ihr aus Wasser und Kohlenstoffdioxid körpereigene Stoffe auf. Einige Dutzend Tonnen stellt eine Buche im Laufe ihres langen Lebens her, einen Teil davon wird sie vom 50. Lebensjahr an in ihre Nachkommen investieren.

Im Blickpunkt:
- Licht – die entscheidende Energiequelle des Lebens
- Kurzübersicht über die Fotosynthese, den wichtigsten Bioprozess der Erde
- Blätter, Zellen, Chloroplasten: Reaktionsorte der Fotosynthese
- vom Licht zur stofflichen Energiekonserve: die Prozesse in den Chloroplasten
- Umweltfaktoren und ihre Einflüsse auf die Fotosynthese an verschiedenen Standorten
- Pflanzen als Primär-Produzenten
- Alleskönner und Spezialisten: Varianten der Fotosynthese

Über eine Erde ohne grüne Pflanzen und deren Fähigkeit zur Fotosynthese können wir nur spekulieren. Fest steht dagegen: Die Fotosynthese ist der wichtigste biologische Prozess auf unserem Planeten.
- Durch sie gelingt es den Pflanzen und manchen Bakterien, Strahlungsenergie des Sonnenlichts in chemisch gebundene Energie zu überführen.
- Durch sie wurde der gesamte Sauerstoff der Erdatmosphäre gebildet und erhält ständig weiteren Nachschub.

Fotosynthese ist daher nicht nur der bedeutendste Energie liefernde Vorgang für das Leben, sondern auch Voraussetzung für alle Atmungsvorgänge der Organismen.

Energiequellen des Lebens. Zur Fotosynthese fähige Lebewesen nennt man *fototroph.* Daneben gibt es – beispielsweise im Höhlenlehm, im Boden und in der Tiefsee – Bakterienformen, die Energie aus der Umsetzung anorganischer Stoffe gewinnen. Diese Form der Energiegewinnung wird *Chemolithotrophie* oder *Chemosynthese* genannt. Die so erzeugte Biomasse ist jedoch unbedeutend. Fotosynthese und Chemosynthese haben gemeinsam, dass die Energie und die Stoffe, in denen die Energie schließlich gespeichert wird, *autotroph* gewonnen werden, das heißt unabhängig von anderen Organismen. Tiere, Pilze und die meisten Bakterien sind dagegen *heterotrophe* Lebewesen, die von anderen erzeugte organische Stoffe als Energiequelle benötigen.

Licht – Farbe – Absorption

Licht ist Energie. Licht ist der mithilfe unserer Augen wahrnehmbare Teil des Spektrums *elektromagnetischer Strahlung* mit Wellenlängen zwischen *400 und 760 nm.* Zum breiten Spektrum elektromagnetischer Strahlung zwischen 10^{-3} und 10^{13} nm gehören außerdem Gamma-, Röntgen-, Ultraviolett-(UV-), Infrarot-(IR-)strahlen, Mikrowellen-, Fernsehwellen- und Radiowellenstrahlen. Sie alle breiten sich mit *Lichtgeschwindigkeit* – der maximal erreichbaren Geschwindigkeit – aus (c = 300 000 km/s) und setzen sich aus nicht weiter aufteilbaren kleinsten Energiebeträgen zusammen, die man als *Quanten* bezeichnet. Stellt man sich solche „Energiepakete" als Teilchen vor, spricht man von *Photonen*. Andererseits lassen sich Licht und andere elektromagnetische Strahlen auch als *Wellen* auffassen, deren Energie von der *Wellenlänge* λ beziehungsweise der *Frequenz* ν bestimmt wird:

$E \sim 1/\lambda$ beziehungsweise $E \sim \nu$ oder $E \sim c/\lambda$.

Bei gleicher Intensität ist daher kurzwellige Strahlung energiereicher als langwellige.

Farbe. Licht, das sich wie Sonnenlicht aus allen Wellenlängen zusammensetzt, empfinden wir als unbunt. Licht eines einzelnen Wellenlängenbereichs wirkt dagegen in unserem Auge als *Farbreiz*. Licht des Wellenlängenbereichs von 400 bis 500 nm erscheint uns blau, von 500 bis 550 nm grün, von 550 bis 600 nm gelb und über 600 nm rot. Die „Regenbogenfarben" des Spektrums, das entsteht, wenn ein Sonnenstrahl auf ein *Prisma* aus Glas trifft, gehen kontinuierlich ineinander über. Licht einer einzigen Wellenlänge nennt man *monochromatisch*.

Absorption. Ein Gegenstand erscheint uns farbig, wenn das Licht, das von ihm in unser Auge gelangt, nicht alle Wellenlängen in gleichen Anteilen umfasst. Dann enthält er Farbstoffe oder *Pigmente*, die einzelne Wellenlängenbereiche „verschlucken" oder *absorbieren*. Die Wellenlängenbereiche des nicht absorbierten Lichts entsprechen der Farbe, in der wir den Gegenstand wahrnehmen. Mit einem *Fotometer* kann man die von einem Stoff absorbierte Lichtmenge in Abhängigkeit von der Wellenlänge messen (→ S. 131). Man erhält so sein *Absorptionsspektrum*. Wenn die Moleküle eines Stoffs Strahlungsenergie absorbieren, wird diese in eine andere Energieform umgewandelt:

- Strahlung kann in Wärme überführt werden und dann Reaktionen beschleunigen.
- Strahlung kann die Struktur von Molekülen zerstören. Für Lebewesen sind die kurzwelligen UV-, Röntgen- und γ-Strahlen besonders gefährlich.
- Strahlung kann Elektronen von Molekülen „anregen", das heißt sie in einen höheren Energiezustand versetzen. Sie werden dadurch reaktionsfähig und können chemische Arbeit leisten. Das ist der zentrale Vorgang bei der *Fotosynthese*.

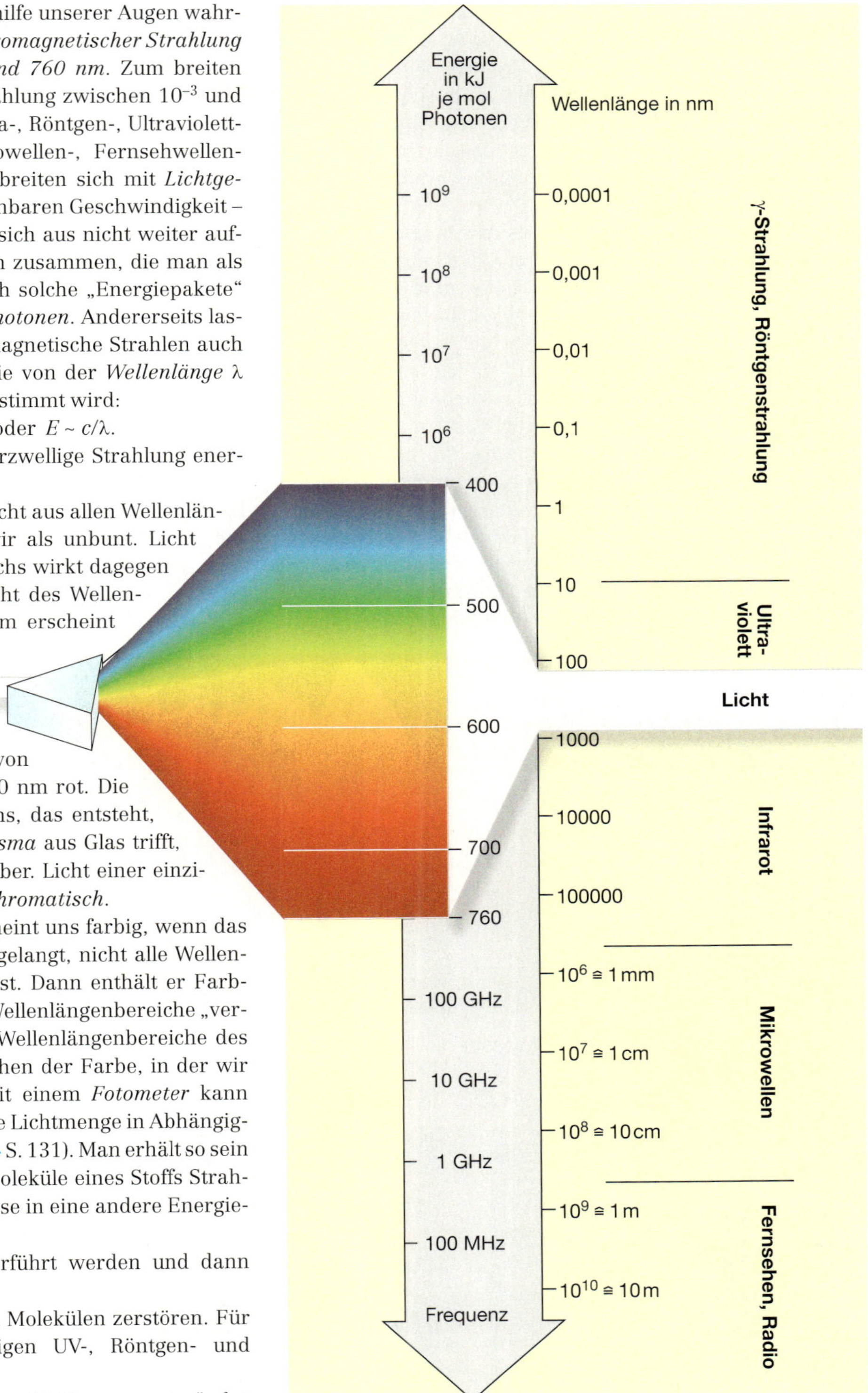

1 Den sichtbaren Anteil des Spektrums elektromagnetischer Strahlung nennen wir Licht. Sonnenlicht erscheint uns unbunt. Erst das Prisma zeigt, dass es aus Strahlung verschiedener Wellenlängen besteht, die wir als Farben empfinden.

Fotosynthese: Überblick

Die Fotosynthese ist ein vielstufiger Vorgang aus zahlreichen Teilprozessen. Dennoch sind die meisten ihrer Voraussetzungen leicht zu überprüfen und ihre Produkte können mit einfachen Mitteln nachgewiesen werden. Sie lassen sich in Form einer chemischen Summengleichung zusammenfassen (→ Bilder 1–7; → S. 129). Die Summengleichung darf jedoch nur als vereinfachte Bilanz, nicht als Reaktionsbeschreibung verstanden werden.

Kohlenstoffdioxid und Wasser als Ausgangsstoffe. Auch wenn Kohlenstoffdioxid mit 0,03 % nur als „Spurengas" in der Luft enthalten ist, beruht auf ihm die Fotosynthese. Es ist praktisch die einzige Kohlenstoffquelle der Lebewesen. Die Notwendigkeit von Kohlenstoffdioxid für die Fotosynthese lässt sich experimentell einfach beweisen. Für Wasser, den zweiten Ausgangsstoff, gelingt dies nur mit aufwendigen Methoden, zum Beispiel Isotopenmarkierung von Wassermolekülen.

Lichtabsorption durch Blattpigmente. Wie es sich im Begriff Fotosynthese ausdrückt, ist die Absorption von Licht und seine Umwandlung in chemische Energie der zentrale Teil des Vorgangs. *Energiewandler* sind dabei die *Blattpigmente*, neben verschiedenen *Carotinoiden* vor allem das *Chlorophyll*. Um 1 mol Kohlenhydrate zu synthetisieren, müssen sie 2880 kJ Strahlungsenergie in chemische Energie überführen.

Kohlenhydrate und Sauerstoff als Produkte. Das erste stabile organische Produkt der Fotosynthese ist *Traubenzucker (Glucose)*, das jedoch meist sofort in *Stärke* umgewandelt wird. Diese wird dann meist über Nacht wieder in Zucker verwandelt, über das *Phloem* der Leitbündel in Spross und Wurzel transportiert und dort als *Reservestärke* gespeichert.

Sauerstoff, das andere Endprodukt, ist eine Art Abfall der Fotosynthese. Der gesamte atmosphärische Sauerstoff ist so entstanden. Doch verbrauchen auch die grünen Pflanzen Sauerstoff, nämlich dann, wenn sie bei der *Zellatmung* die selbst gebildeten organischen Stoffe wieder abbauen um die darin gebundene Energie zu nutzen. Der Zellatmung entspricht die Umkehrung der Fotosynthese-Summengleichung.

Auf dem Nachweis der Sauerstoff- oder der Stärkebildung beruhen viele Experimente zur Fotosynthese.

1 Die Bilder 1–7 dokumentieren einfache Experimente zu den Faktoren der Fotosynthese. Beschreiben und begründen Sie jeweils die Versuchsansätze (Bildreihe oben), nennen und erklären Sie die Versuchsergebnisse (Bildreihe unten).

2 Formulieren Sie die Summengleichung der Fotosynthese (qualitativ und quantitativ) in Worten.

1–7 Summengleichung der Fotosynthese und Möglichkeiten des experimentellen Nachweises. Oben Versuche, unten Ergebnisse.

Material – Methode – Praxis: **Chromatographie**

1903 entdeckte der russische Botaniker M. TSWETT ein von ihm als „chromatographische Methode" bezeichnetes Verfahren, das „Blattgrün" der Pflanzen in verschiedene Farbstoffe aufzutrennen. Wenngleich seine geniale Entdeckung bis 1930 in Vergessenheit geriet, begründete er damit eine Fülle von Trenn- und Anreicherungsmethoden, die bis heute unter dem von ihm gewählten Begriff *Chromatographie* zusammengefasst werden. Ihr gemeinsames Prinzip besteht darin, die Komponenten eines Stoffgemischs dadurch aufzutrennen, dass diese von einer sich bewegenden (mobilen) Phase – Gas oder Flüssigkeit – an einer ruhenden (stationären) Phase – einem Feststoff – vorbeitransportiert werden. Unterscheiden sich die verschiedenen Stoffe zum Beispiel nach Löslichkeit und Adsorptionseigenschaften, werden sie voneinander getrennt. Je besser ein Stoff beispielsweise an der stationären Phase adsorbiert wird, umso langsamer wird er von der mobilen Phase mitgeführt, je besser er in dieser löslich ist, umso schneller wandert er mit ihr. Dadurch gelangen die Stoffe im Chromatogramm an unterschiedliche Stellen. Farbstoffe lassen sich direkt erkennen, farblose Stoffe werden mit speziellen Reagenzien sichtbar gemacht.

Nach den als mobile und stationäre Phase verwendeten Materialien unterscheidet man Gas- und Flüssigkeitschromatographie, Papier-, Dünnschicht-, Säulen- und Gel-Chromatographie. Nach den hauptsächlich wirksamen Trennfaktoren unterteilt man in Adsorptions- und Verteilungschromatographie. Die Adsorptionschromatographie beruht auf den molekularen Wechselwirkungen an der Oberfläche eines Feststoffs, die Verteilungschromatographie auf der unterschiedlichen Löslichkeit der zu trennenden Stoffe in zwei nicht mischbaren Flüssigkeiten.

Chromatographie der Blattpigmente

Material: Blätter, Schere, Mörser, Quarzsand, Aceton, Filtertrichter, Filtrierpapier, kleiner Kolben, Glaskapillaren, Chromatographiegefäß mit Deckel, Karton als Dunkelsturz, Dünnschichtfolien mit Kieselgel als stationäre Phase, Fließmittelgemisch als mobile Phase (etwa Benzin, Isopropanol im Verhältnis 5 : 1 und 1–2 Tropfen Wasser). *Vorsicht beim Umgang mit Aceton, Benzin, Isopropanol: Leicht entzündlich!*

Durchführung: Zerreiben Sie die klein geschnittenen Blätter im Mörser mit wenig Aceton und Sand. Filtrieren Sie dann den möglichst konzentrierten Extrakt.

Ziehen Sie 2 cm parallel zur Unterkante der Dünnschichtfolie einen dünnen Bleistiftstrich als Startlinie und tragen Sie hier mehrmals punkt- oder strichförmig mit einer Kapillare etwas Blattextrakt auf. Damit der Startfleck möglichst klein bleibt, Kapillare immer nur kurz auf die Platte aufsetzen und Startfleck vor jedem weiteren Auftrag trocknen lassen.

Füllen Sie etwa 1 cm hoch Fließmittel in das Chromatographiegefäß und stellen Sie die Folie hinein. Während der Chromatographie sollte das Gefäß zum Schutz der Farbstoffe vor Ausbleichung im Dunkeln stehen. Das aufsteigende Fließmittel trennt die Blattpigmente. Beenden Sie den Versuch, bevor die Fließmittelfront die Oberkante der Folie erreicht.

Aus der Originalarbeit von M. TSWETT

Auf diesem Gesetz beruht die folgende wichtige Anwendung. Wird eine petrolätherische Chlorophylllösung durch eine Säule eines Adsorptionsmittels durchfiltriert (ich verwende hauptsächlich Calciumcarbonat, welches in engen Glasröhren dicht gestampft wird), so werden die Farbstoffe gemäss der Adsorptionsreihe von oben nach unten in verschieden gefärbten Zonen auseinandergelegt, indem die stärker adsorbierten Farbstoffe die schwächer zurückgehaltenen weiter nach unten verdrängen. Diese Trennung wird praktisch vollständig, wenn man nach dem Durchgange der Farbstofflösung durch die adsorbierende Säule einen Strom des reinen Lösungsmittels herstellt. Wie die Lichtstrahlen im Spektrum, so werden in der Calciumkarbonatsäule die verschiedenen Komponenten eines Farbstoffgemisches gesetzmässig auseinandergelegt, und lassen sich darin qualitativ und auch quantitativ bestimmen. Ein solches Präparat nenne ich ein Chromatogramm und die entsprechende Methode, die chromatographische Methode. Nähere Auskunft darüber werde ich in einer späteren

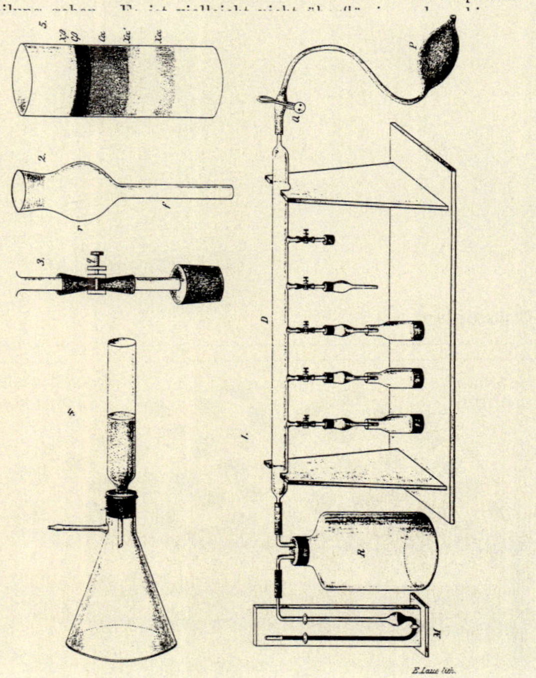

1 Welches Chromatographie-Verfahren wurde von TSWETT als Erstes verwendet?

2 Eine der modernsten Techniken der Chromatographie ist die mit hohem Druck arbeitende Hochdruck-Flüssigkeits-Chromatographie (abgekürzt HPLC, von high-pressure liquid chromatography). Betrachten Sie daraufhin TSWETTS Versuchsanordnung rechts im Bild!

3 Beschreiben Sie das Ergebnis einer von Ihnen durchgeführten Chromatographie und versuchen Sie die getrennten Stoffe zuzuordnen: Carotine (orange), Xanthophylle (leuchtend gelb), Chlorophyll a (blaugrün), Chlorophyll b (hellgrün) und Chlorophyll-Oxidationsprodukt Phäophytin (schwärzlich grün).

Stichworte zu weiteren Informationen

Rf-Wert, zweidimensionale Chromatographie, Gaschromatographie, Gelfiltration, Autoradiographie

Fotosynthese: Strukturen

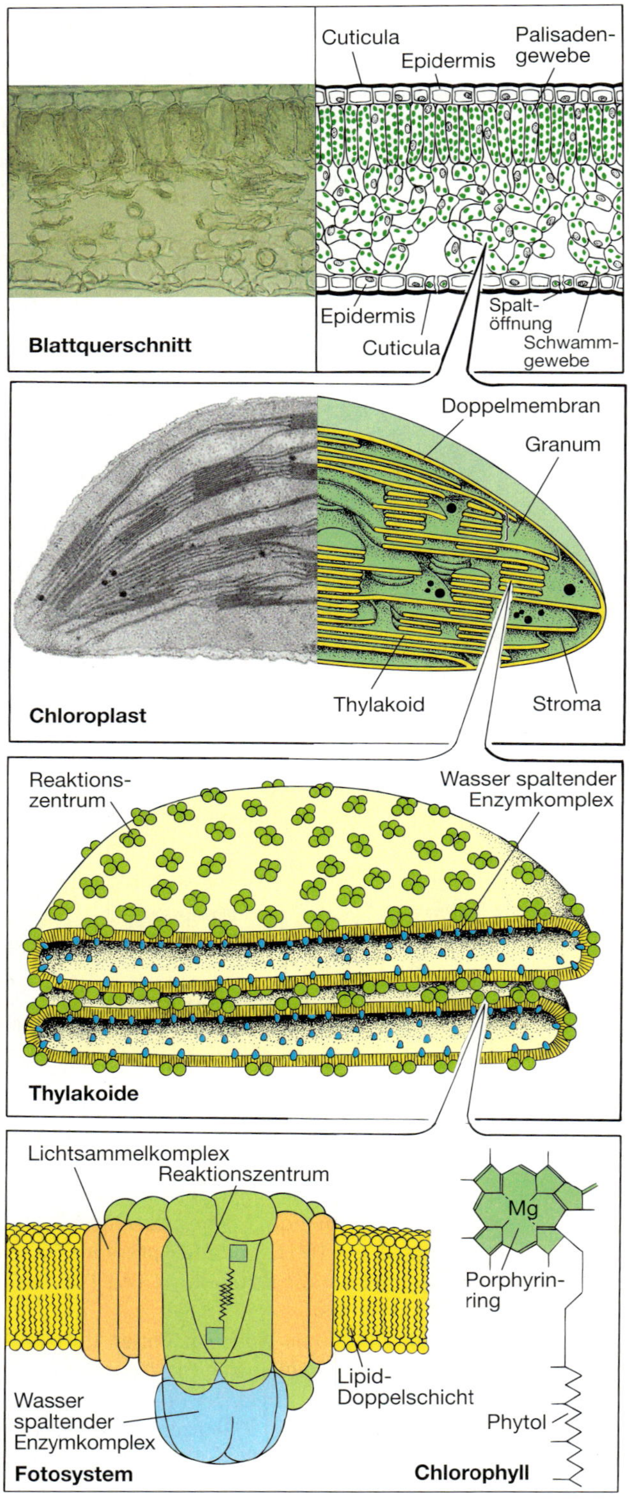

1–6 Die Strukturen der Fotosynthese. Von oben nach unten: Blattquerschnitt (lichtmikroskopisches Bild und Grafik), Chloroplast (elektronenmikroskopisches Bild und Grafik), Thylakoide, Fotosystem und Chlorophyllmolekül

Blatt. Fotosynthese findet *in allen grünen Pflanzenteilen* statt. Die *Laubblätter* der hoch entwickelten Samenpflanzen sind jedoch darauf besonders spezialisiert. Schon ihr dünner, flächiger, an Leitbündeln reicher Bau weist sie als *Organe der Fotosynthese* aus.

Cuticula und *Epidermis* der Ober- und Unterseite verhindern den Durchtritt von Stoffen, vor allem den von Wasserdampf. Die *Spaltöffnungen* übernehmen die kontrollierte Wasserdampfabgabe und den Austausch von Sauerstoff und Kohlenstoffdioxid. Sie werden durch je zwei *Schließzellen* gebildet und sind in ihrer Öffnungsweite regelbar. Meist sitzen sie in der Epidermis der Blattunterseite. Nach innen münden sie in das lockere *Schwammgewebe*, das zusammen mit dem chloroplastenreichen *Palisadengewebe* der Fotosynthese dient (→ Bilder 1 und 2).

Chloroplast. Im Zellplasma jeder Zelle von Schwamm- und Palisadengewebe finden sich etwa 30 bis 40 *Chloroplasten*. Das Elektronenmikroskop enthüllt den Feinbau dieser 5 bis 10 µm großen Fotosynthese-Organellen: Eine doppelte Membran umgibt das als *Stroma* bezeichnete Innere. Es wird von einem System in sich geschlossener, flacher Membransäcke durchzogen, die man *Thylakoide* nennt. Bereiche dicht übereinander gestapelter Thylakoide heißen *Grana* (→ Bilder 3 und 4).

Thylakoid. Die Thylakoidmembran besteht wie andere Biomembranen auch aus einer etwa 6 nm dicken *Lipid-Doppelschicht*, in die *Proteinmoleküle eingelagert* sind. In zwei wichtigen Punkten unterscheidet sie sich jedoch von anderen Biomembranen: Ihr Proteinanteil ist besonders hoch und sie enthält die *Blattpigmente*. Die Proteine bilden mit den Pigmenten Molekülkomplexe, an denen die lichtabhängigen Vorgänge der Fotosynthese ablaufen. Man bezeichnet diese Molekülkomplexe als *Fotosysteme* (→ Bild 5).

Fotosystem. In einem Fotosystem umgeben viele hundert Pigmentmoleküle – Carotinoide und Chlorophyll – als Lichtsammelkomplex ein *Reaktionszentrum* aus wenigen Chlorophyllmolekülen. Die äußeren Pigmentmoleküle wirken dabei als „Antennenpigmente“: Sie absorbieren die Lichtenergie und leiten sie wie in einer „Lichtfalle“ gezielt den Chlorophyllmolekülen im Reaktionszentrum zu um diese anzuregen, also in einen energiereicheren Zustand zu versetzen (→ Bild 6).

Chlorophyll. Das Chlorophyllmolekül hat einen Licht absorbierenden „Kopf“ aus einem so genannten Porphyrinring, in dessen Zentrum ein Magnesiumion sitzt. Mit einem langen Kohlenwasserstoff-„Schwanz“, dem Phytol, ist es in der Thylakoidmembran verankert.

1 Stellen Sie Zusammenhänge zwischen Blattbau und Fotosynthesevorgängen her.

2 Thylakoide bilden eine große „innere Oberfläche“ des Chloroplasten. Erklären Sie deren Bedeutung.

3 Magnesiummangel bewirkt bei Pflanzen eine gelbliche Verfärbung der Blätter. Suchen Sie dafür eine Erklärung.

Thylakoidmembran – die „Werkbank" der Fotosynthese

Wasser mithilfe von Licht in Wasserstoff und Sauerstoff zu zerlegen und diese dann in einer Brennstoffzelle unter Arbeitsleistung wieder zu Wasser zu verbinden, das ist ein Zukunftstraum der Techniker. Pflanzen verfügen über eine kombinierte Solar- und Wasserstofftechnik schon seit Milliarden Jahren: die Fotosynthese. Voraussetzung dafür sind *spezialisierte Molekülkomplexe* in der Thylakoidmembran der Chloroplasten. Einer Werkbank vergleichbar ist die Membran mit solchen Molekülkomplexen bestückt – gewissermaßen chemischen Maschinen und Werkzeugen. Diese sind teils in fester Anordnung in der Lipid-Doppelschicht der Membran verankert, teils bilden sie bewegliche Carrier innerhalb des Flüssigmosaiks. Sie sind entweder selbst *Enzyme* oder enthalten Enzyme und bewirken in enger Kopplung drei Teilprozesse der Fotosynthese: *Lichtenergieaufnahme*, *Elektronentransport* und *ATP-Produktion*.

Lichtenergieaufnahme durch Fotosysteme. Die Molekülkomplexe der Fotosysteme können Licht einer bestimmten Wellenlänge absorbieren. Seine Energie wird dabei auf Elektronen der Chlorophyllmoleküle im Reaktionszentrum übertragen. Anders als in den meisten Fällen von Strahlungsabsorption kehren diese angeregten Elektronen nicht sofort unter Aussenden von längerwelligem Licht (Fluoreszenzlicht) oder Abgabe von Wärme in den energiearmen Zustand zurück. Sie werden vielmehr von einem *Elektronenakzeptor* im Fotosystem übernommen. Durch Licht *angeregtes Chlorophyll wirkt* demnach als *Elektronendonator*, also *reduzierend*.

Elektronentransport durch Redoxsysteme. Auch bei den weiteren Teilprozessen der Fotosynthese sind *Abgabe und Aufnahme von Elektronen*, also *Oxidation* und *Reduktion*, die entscheidenden Vorgänge. Wie in der Atmungskette stehen der Transport von Elektronen und Wasserstoffionen (Protonen) durch Enzyme im Zentrum des Geschehens. Die prosthetischen Gruppen dieser Enzyme können reversibel zwischen einer oxidierten und reduzierten Form wechseln, indem sie Elektronen abgeben oder aufnehmen. Ob sie reduzierend oder oxidierend wirken, hängt vom Reaktionspartner ab. Je stärker sich zwei Stoffe unterscheiden in ihrem Bestreben, Elektronen aufzunehmen oder abzugeben, umso größer ist die *Reaktionsenergie* zwischen ihnen. Sie lässt sich in diesem Fall auch als *elektrische Spannung* messen und wird als *Redoxpotenzialdifferenz* oder kurz *Redoxpotenzial* bezeichnet. In der Thylakoidmembran sind – wie in der Mitochondrienmembran – mehrere Redoxsysteme nach steigender Tendenz zur Elektronenaufnahme zu *Elektronentransportketten* angeordnet.

ATP-Produktion durch ATP-Synthase. Ein Teil der Redoxsysteme nutzt die Reaktionsenergie der Elektronenweitergabe zum *aktiven Transport* (→ S. 48) von Protonen durch die Thylakoidmembran. Protonen häufen sich so im Innern der Thylakoide an. An der Membran entsteht ein *Ladungs-* und *Konzentrationsgradient* ähnlich wie in einer Batterie. Ihm entspricht ein Energiegefälle, das von der *ATP-Synthase* zur ATP-Produktion genutzt wird: Nur über dieses „Spezialwerkzeug" können Protonen das Thylakoid verlassen. Dabei wird ADP mit Phosphat zu ATP phosphoryliert.

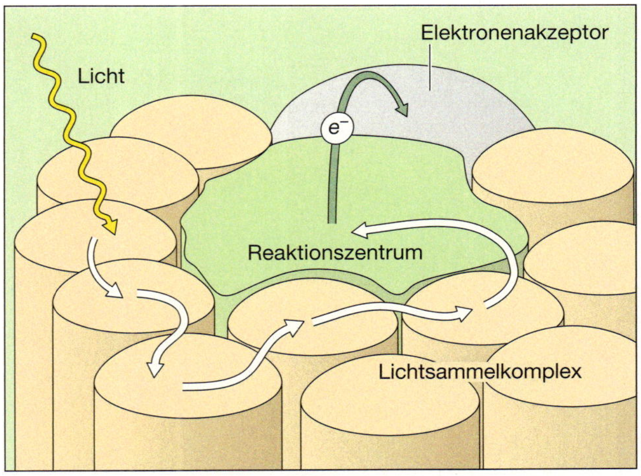

1 Übertragung eines energiereichen Elektrons auf einen Akzeptor nach Belichtung des Fotosystems

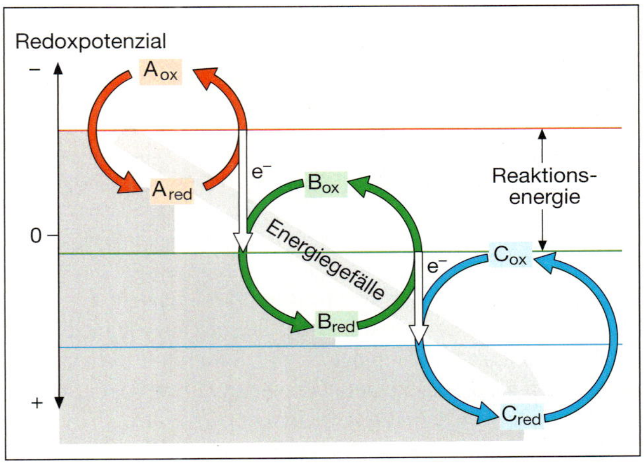

2 Elektronentransportkette (Schema) aus drei Redoxsystemen

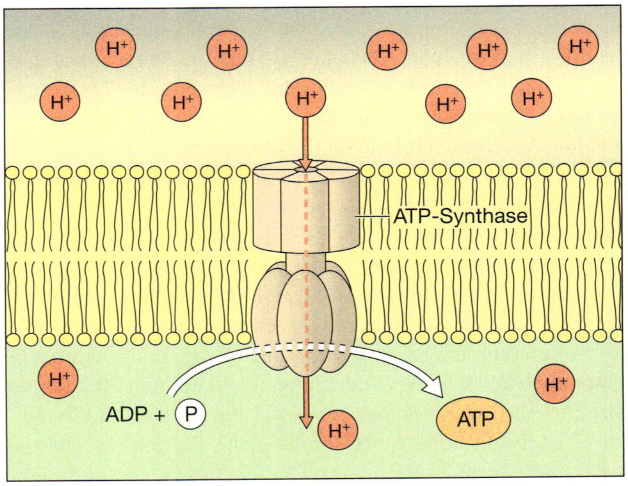

3 ATP-Synthase nutzt den Ladungs- und Konzentrationsgradienten an der Membran zur ATP-Bildung

Ablauf der Fotosynthese

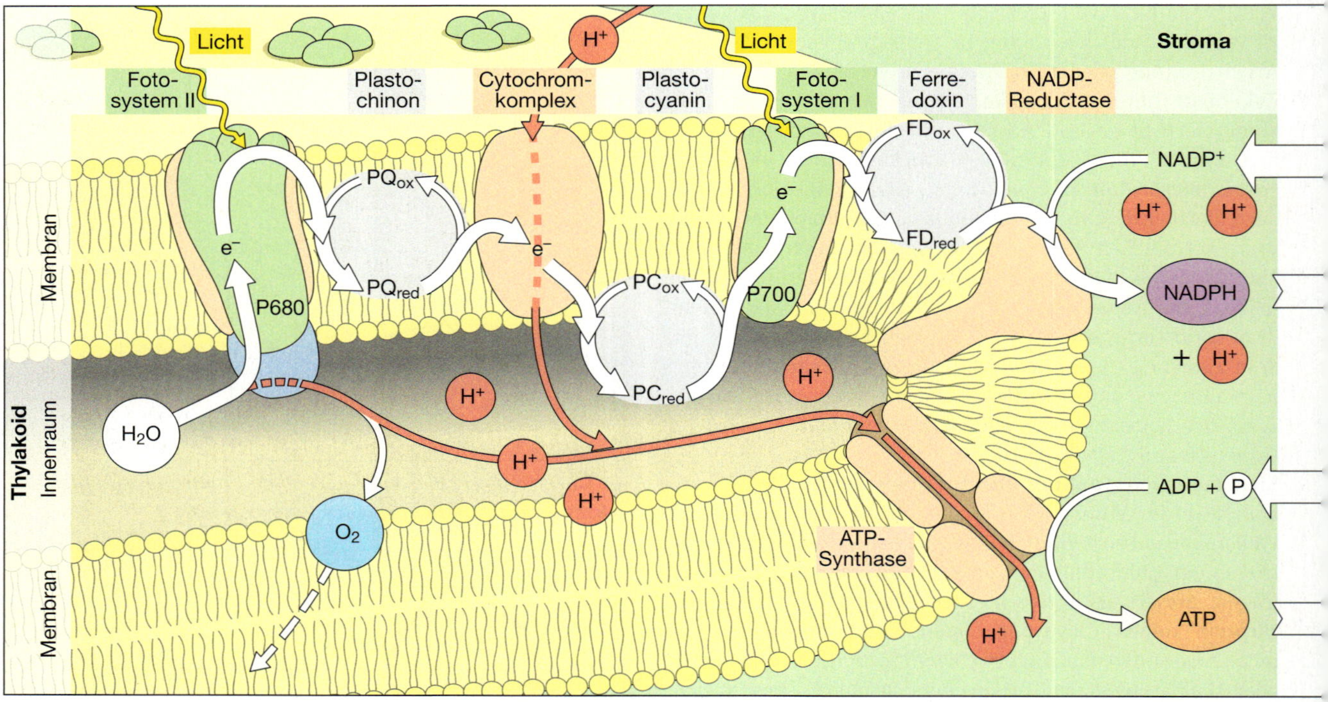

1 *Fotosynthese-Primärreaktionen, Schema. Elektronen- (⇨) und Protonenfluss (➡) sind die entscheidenden Vorgänge.*

Aufgrund ihrer täuschend einfachen Summengleichung nahm man für die Fotosynthese lange Zeit einen einfachen Reaktionsverlauf an. Noch in einem Botanik-Lehrbuch von 1905 hieß es: „Von den aufgenommenen Nährstoffen wird zunächst die Kohlensäure in Kohlenstoff und Sauerstoff zerlegt; der Kohlenstoff verbindet sich mit Wasser zu Zucker (oder Stärke) und Sauerstoff wird an die Luft abgegeben."

Heute kennt man so viele Teilprozesse, dass man darauf achten muss, das Ziel des Ganzen nicht aus den Augen zu verlieren: die *Erzeugung energiereicher Kohlenhydrate aus Kohlenstoffdioxid*. Sie ist formal betrachtet eine *Reduktion* und erfordert daher *chemische Energie* und *Reduktionsmittel*. Diese werden in Form von ATP und NADPH im ersten Abschnitt der Fotosynthese bereitgestellt, den *Primär-* oder *Lichtreaktionen*. Sie laufen in den *Thylakoiden der Chloroplasten* ab. Im zweiten Abschnitt der Fotosynthese, den *Sekundär-* oder *Dunkelreaktionen*, werden dann im *Stroma der Chloroplasten* aus Kohlenstoffdioxid Kohlenhydrate erzeugt.

Primärreaktionen. Bereits 1958 schloss der amerikanische Biologe R. EMERSON aus Versuchen mit Algen, dass bei der Aufnahme von Lichtenergie zwei Fotosysteme zusammenarbeiten. Die Versuchspflanzen erzeugten nur dann maximale Mengen Sauerstoff, wenn er sie gleichzeitig (und nicht nacheinander) mit Licht der Wellenlängen 680 nm und 700 nm bestrahlte. Die beiden Fotosysteme werden nach der Reihenfolge ihrer Entdeckung *I* und *II* oder nach der jeweils optimal wirksamen Strahlung *P 680* und *P 700* genannt.

Neben den Fotosystemen sind mehrere Redoxsysteme und die ATP-Synthase an den Primärreaktionen beteiligt (→ Bild 1):

- Wird Fotosystem II mit Licht bestrahlt, wird Chlorophyll in seinem Reaktionszentrum angeregt und gibt ein Elektron an einen Akzeptor ab.
- Dem oxidierten Chlorophyll⁺ wird durch den Wasser spaltenden Enzymkomplex wieder ein Elektron zugeführt. Dieses Elektron stammt aus dem Wasser, das – auf noch nicht völlig geklärte Weise – in Elektronen, Protonen und Sauerstoff gespalten wird. Die durch Licht veranlasste Wasserspaltung wird *Fotolyse* genannt. Der gebildete Sauerstoff wird frei.
- Vom Fotosystem II gelangen die Elektronen über eine *Elektronentransportkette aus mehreren Redoxsystemen* (Plastochinon, Cytochrom, Plastocyanin) zum Fotosystem I.
- Parallel zum Elektronenfluss „pumpen" die Redoxsysteme Protonen in das Innere der Thylakoide. Zusammen mit den aus der Fotolyse stammenden Protonen bewirken sie das Ladungs- und Konzentrationsgefälle (→ S. 105), das die ATP-Synthase zur *ATP-Bildung* nutzt. Dieser Vorgang wird als *Fotophosphorylierung* bezeichnet.
- Fotosystem I übernimmt die über die Elektronentransportkette zugeführten Elektronen und leitet sie – nach Anregung durch Belichtung – an eine zweite Elektronentransportkette weiter. An deren Ende werden die Elektronen paarweise auf das Wasserstoff übertragende Coenzym $NADP^+$ übertragen, das dadurch zu *NADPH* reduziert wird.

Mit der Bereitstellung des Energieträgers ATP und des Reduktionsmittels NADPH sind die Primärreaktionen abgeschlossen und die Voraussetzungen für die Sekundärreaktionen geschaffen.

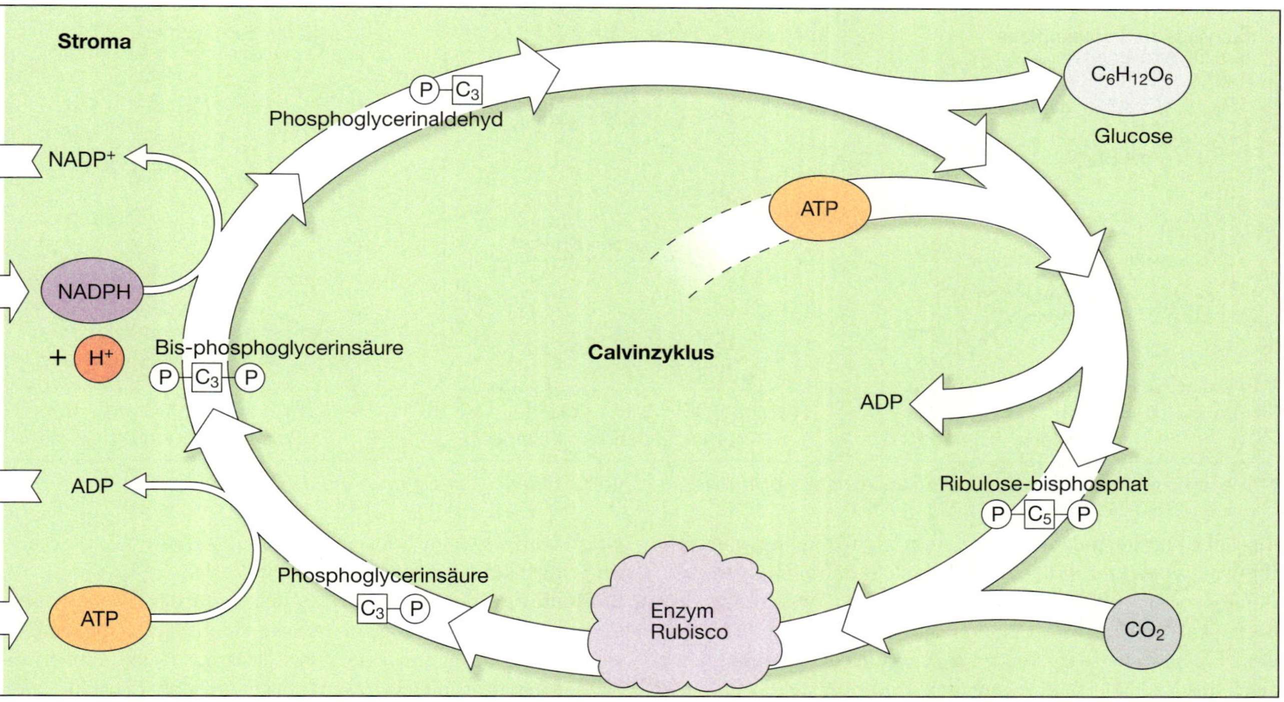

1 *Fotosynthese-Sekundärreaktionen (Calvinzyklus), stark vereinfachtes Schema*

Sekundärreaktionen. Im Stroma der Chloroplasten wird nun in einer komplizierten zyklischen Reaktionsfolge Glucose aus Kohlenstoffdioxid aufgebaut. Nach ihrem Entdecker, dem amerikanischen Chemiker M. CALVIN, wird die Reaktionsfolge als *Calvinzyklus* bezeichnet. Licht ist für die Reaktionen nicht unmittelbar notwendig. Man spricht deshalb auch von Dunkelreaktionen. Sie sind jedoch an die Lichtreaktionen eng gekoppelt, da sie deren Endprodukte ATP und NADPH benötigen. Die wichtigsten Schritte sind (→ Bild 1):

- *Einschleusung von Kohlenstoffdioxid.* Durch den Enzymkomplex *Rubisco* (*Ri*bulose-*bis*phosphat-*c*arb*o*xylase/oxidase) wird CO_2 auf den Zucker Ribulose-bisphosphat, eine Pentose (→ S. 90), als CO_2-Akzeptor übertragen.

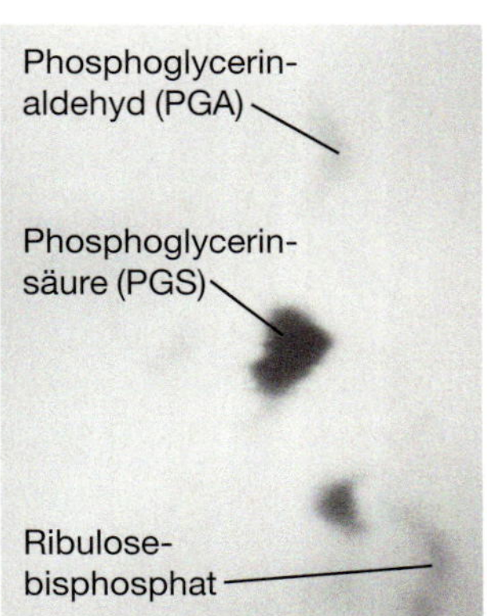

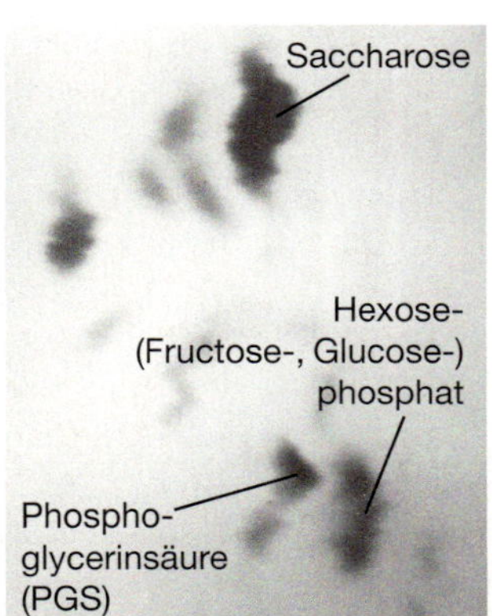

2 und 3 Autoradiogramme der Fotosyntheseprodukte 5 s (links) und 120 s nach Zugabe von radioaktivem $^{14}CO_2$

- *Energiezufuhr.* Das Reaktionsprodukt mit 6 C-Atomen zerfällt sofort in 2 Moleküle *Phosphoglycerinsäure (PGS)* mit 3 C-Atomen. Sie wird durch ATP der Lichtreaktionen zu *Bis-phosphoglycerinsäure* aktiviert, also energiereich gemacht.
- *Reduktion.* Die Bis-phosphoglycerinsäure wird durch NADPH aus den Lichtreaktionen zu *Phosphoglycerinaldehyd (PGA)* reduziert.
- *Ausschleusung von Glucose.* Aus PGA entstehen verschiedene Kohlenhydrate, schließlich auch Glucose als energiereiches Endprodukt der Fotosynthese. Unter Einsatz von ATP wird Ribulose-bisphosphat regeneriert und der Zyklus damit geschlossen.

Bei der Erforschung des Calvinzyklus spielte *Autoradiographie* eine zentrale Rolle: Den Versuchspflanzen wurde radioaktiv markiertes CO_2 zugeführt und ihre Fotosynthese nach unterschiedlich langer Zeit (Sekunden!) unterbrochen. Mithilfe der Chromatographie wurden dann die radioaktiven Reaktionsprodukte der Dunkelreaktionen identifiziert (→ Bild 2 und 3).

Bilanz der Fotosynthese. Energetisch gesehen ist die Fotosynthese ein Vorgang, bei dem je Mol Glucose 2880 kJ Strahlungsenergie der Sonne in chemische Energie überführt werden. In gekürzter Form kann man die stoffliche Bilanz wie auf Seite 124 zusammenfassen. Will man jedoch deutlich machen, dass der Sauerstoff durch Fotolyse aus Wasser entsteht und in den Sekundärreaktionen Wasser „neu" gebildet wird, lautet die einfachste Formulierung der Summengleichung:

$$12\ H_2O + 6\ CO_2 \rightarrow C_6H_{12}O_6 + 6\ O_2 + 6\ H_2O$$

Die farbige Unterlegung gibt dabei die Herkunft der beteiligten Elemente an.

Abhängigkeit der Fotosynthese von Umweltfaktoren

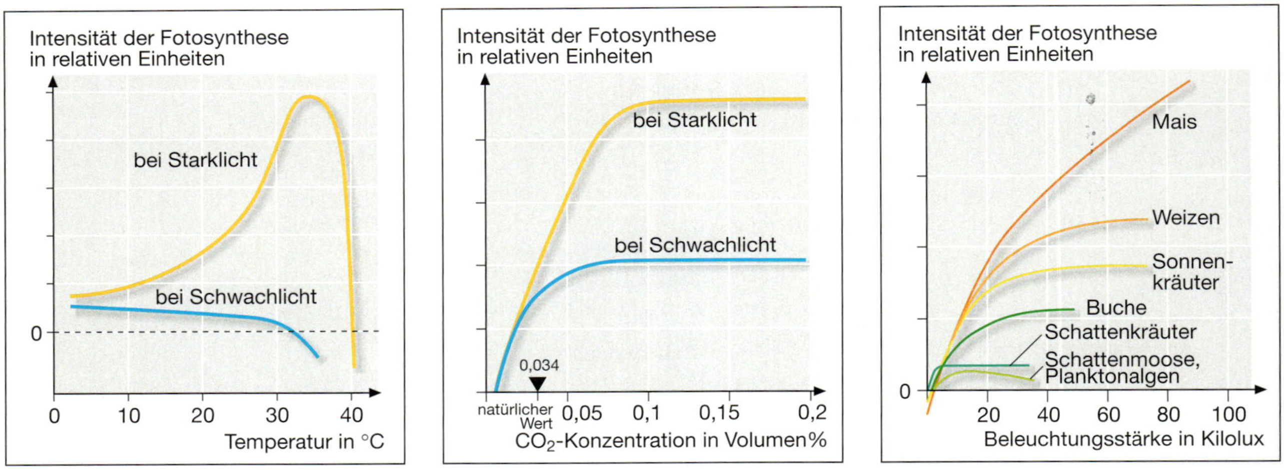

1–3 Einfluss der Faktoren Temperatur, Kohlenstoffdioxidangebot und Beleuchtungsstärke auf die Fotosynthese

Aus der Summengleichung kann man leicht ableiten, von welchen Umweltfaktoren die Fotosynthese unmittelbar abhängt. Daneben ist vor allem die Temperatur von Bedeutung. Der Einfluss der Faktoren ist jedoch schwer einzeln zu erfassen. Wird beispielsweise ein Faktor nur minimal angeboten, kann auch das gesteigerte Angebot der anderen nicht verwertet werden. Der Faktor im Minimum wird zum *limitierenden Faktor*. Die Fotosyntheseintensität unter verschiedenen Bedingungen lässt sich am einfachsten bestimmen, wenn man das von einer Pflanze pro Zeiteinheit verbrauchte Kohlenstoffdioxid oder den gebildeten Sauerstoff misst.

Temperatur. *Bei geringem Lichtangebot* wirkt sich eine Änderung der *Temperatur kaum* auf die Fotosynthese aus. Das lässt darauf schließen, dass unter diesen Bedingungen vor allem die Aufnahme der Lichtenergie begrenzend wirkt. Sie ist als physikalischer Effekt weitgehend unabhängig von der Temperatur. *Im Starklicht* hat die Temperatur dagegen einen *ausgeprägten Einfluss* auf die Fotosynthese. Dann bestimmen die temperaturabhängigen chemischen Vorgänge die Geschwindigkeit, vor allem die der Sekundärreaktionen.

Kohlenstoffdioxid. Auch ein verändertes Angebot an *Kohlenstoffdioxid* wirkt sich *nur bei Starklicht* deutlich auf die Fotosynthese aus. Unter diesen Bedingungen ist der natürliche Kohlenstoffdioxidgehalt der Luft oft der begrenzende Faktor. Daher lassen sich durch künstliche „CO_2-Düngung" bei manchen Gewächshauskulturen, beispielsweise Gurken, höhere Erträge erzielen. Durch Atmung der Mikroorganismen im Boden kann sich ebenfalls eine optimale Kohlenstoffdioxidkonzentration in Bodennähe einstellen.

Beleuchtungsstärke. Es liegt nahe, dass die *Lichtintensität* das Ausmaß der Fotosynthese mit bestimmt. Im Experiment zeigt sich jedoch, dass verschiedene Pflanzenarten unterschiedlich auf eine Änderung der Beleuchtungsstärke reagieren. Pflanzen lichtarmer Standorte erreichen schon bei 5 bis 10 Kilolux – etwa einem Zehntel des vollen Sonnenlichts – ihre maximale Fotosyntheseleistung. Pflanzen sonniger Standorte benötigen deutlich mehr Licht für diese *Lichtsättigung*. Nur wenigen Spezialisten wie Mais oder Zuckerrohr (→ S. 138) kann die Sonne nicht hell genug scheinen.

Wellenlänge des Lichts. Dass Licht von den Blättern und Chloroplasten nicht über den ganzen sichtbaren Spektralbereich gleichmäßig absorbiert wird, lässt sich schon aus ihrer grünen Farbe schließen. Genaueren Aufschluss erhält man aus dem *Absorptionsspektrum* der Blattpigmente. Am stärksten absorbiert Chlorophyll das Licht im Blau- und Rotbereich, im Grün-Gelb-Bereich dagegen nur schwach. Dem entspricht das *Wirkungsspektrum* der Fotosynthese. Man erhält es, indem man den gebildeten Sauerstoff in Abhängigkeit von der Wellenlänge des eingestrahlten Lichts bestimmt.

1 Erklären Sie aus dem Absorptionsspektrum, warum uns Chlorophyll grün erscheint.

2 Welchen Schluss ziehen Sie aus dem Verlauf der verschiedenen Absorptionsspektren im Vergleich mit dem Fotosynthese-Wirkungsspektrum (→ Bild 4)?

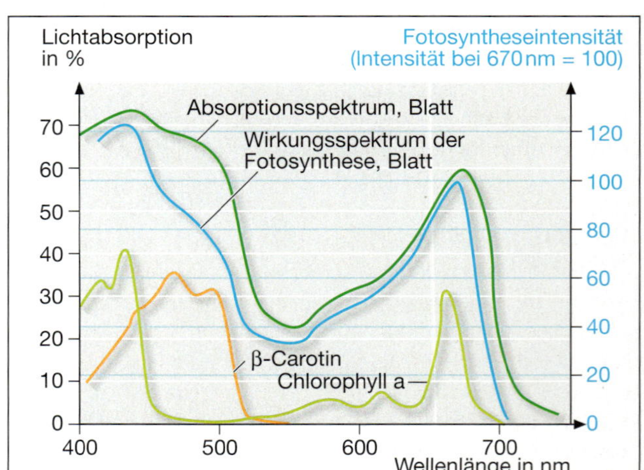

4 Wirkungsspektrum der Fotosynthese und Absorptionsspektrum von Blatt und Blattpigmenten

Material – Methode – Praxis: **Licht, Blattpigmente und Fotosynthese**

Die Aufnahme von Lichtenergie durch die Blattpigmente ist der grundlegende Vorgang der Fotosynthese. Um die Zusammenhänge zwischen Strahlung und Fotosynthesevorgängen zu analysieren, kann man ein Absorptionsspektrum der Blattpigmente oder ein Wirkungsspektrum der Fotosyntheseleistung erstellen:

- Das *Absorptionsspektrum* ist ein Diagramm, das die Absorption von Licht durch einen Stoff oder ein Stoffgemisch in Abhängigkeit von der Wellenlänge darstellt und das mithilfe eines *Fotometers* ermittelt wird.
- Als *Wirkungsspektrum* bezeichnet man ein Diagramm, das zeigt, wie die Intensität einer Stoffwechselleistung von der Wellenlänge des eingestrahlten Lichts abhängt.

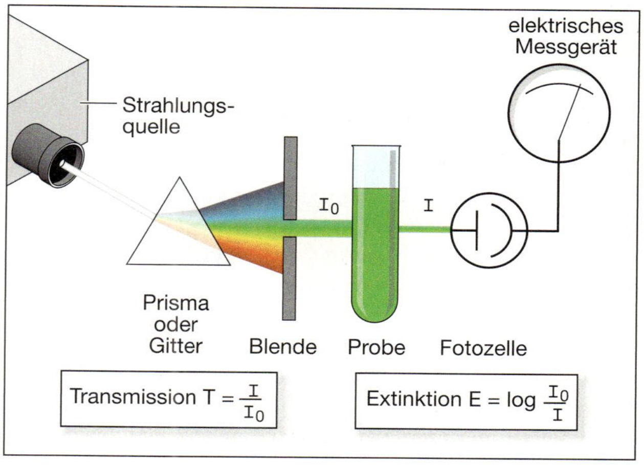

Fotometrie

Im Fotometer misst eine lichtempfindliche *Fotozelle*, wie stark ein in Lösung befindlicher Stoff die Intensität des Lichts beim Durchstrahlen schwächt. Das Verhältnis von ausgestrahlter zu eingestrahlter Intensität I/I_0 bezeichnet man als *Transmission T*, ihren negativen Logarithmus als *Extinktion E*. Sie dient als Maß für die Lichtabsorption. Im *Spektralfotometer* wird die Extinktion für einzelne Wellenlängen getrennt gemessen, indem eine Blende jeweils nur einen Strahl des Spektrums für die Messung herausblendet.

Da die Extinktion außer von der Schichtdicke der Probe auch von der Konzentration des gelösten Stoffs abhängt, verwendet man sie in der Praxis häufig zur Konzentrationsbestimmung gelöster Stoffe.

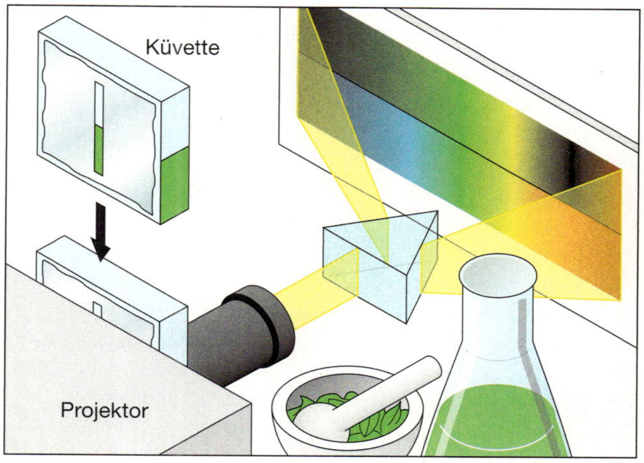

Absorptionsbereiche der Blattpigmente

Material: Blätter, Schere, Mörser, Quarzsand, Aceton, Filtertrichter, Filtrierpapier, Glasküvette mit Spalt, Diaprojektor, Prisma, verdunkelbarer Raum

Vorsicht beim Umgang mit Aceton: leicht entzündlich!

Durchführung: Füllen Sie die Küvette etwa zur Hälfte mit dem filtrierten Blattextrakt (Herstellung → S. 125) und bringen Sie die Küvette in die Bildbühne des Projektors. Stellen Sie ein Prisma unmittelbar vor das Objektiv des Projektors und projizieren Sie im weitgehend abgedunkelten Raum das Projektorlicht auf das Prisma. Drehen Sie dieses so, dass sein Spektrum auf eine Projektionswand trifft. Vergleichen Sie obere Hälfte (Blattextrakt) und untere Hälfte (Luft) des Spektrums.

Historisches Experiment: Wirkungsspektrum der Fotosynthese nach ENGELMANN

Bereits 1881 konnte der Physiologe ENGELMANN in einem berühmt gewordenen Experiment zeigen, dass Rot- und Blaulicht für die Fotosynthese am wirksamsten sind. Er benutzte Sauerstoff liebende Bakterien als „Indikatoren" der Fotosyntheseintensität: Bestrahlte er eine Fadenalge mit Spektrallicht, so sammelten sich die Bakterien bevorzugt um diese Spektralbereiche an (→ Bild rechts).

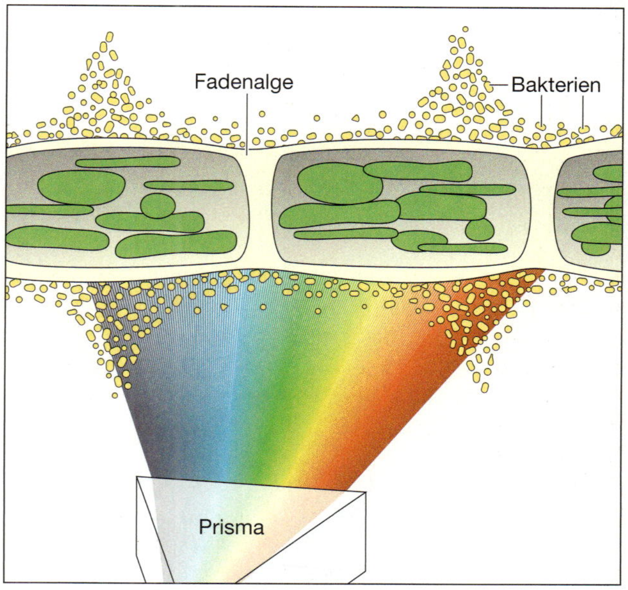

1 Entwerfen Sie einen Versuchsplan für ein Wirkungsspektrum der Fotosynthese. Worin liegen die Schwierigkeiten?

☞ **Stichworte zu weiteren Informationen**
lambert-beersches Gesetz, optischer Test

Material – Methode – Praxis: **Bedingungen und Leistungen der Fotosynthese**

Mit der Messung der pflanzlichen Produktivität unter verschiedenen Bedingungen ermittelt man wichtige biologische Basisdaten. Dabei dient der Gaswechsel zwischen aufgenommenem Kohlenstoffdioxid und fotosynthetisch gebildetem Sauerstoff als häufig verwendetes und gut quantifizierbares Maß für die Fotosyntheseintensität.

Als Versuchspflanzen eignen sich Wasserpflanzen mit einem speziellen Durchlüftungsgewebe besonders gut, weil sich bei ihnen der gebildete Sauerstoff aus einem angeschnittenen Spross direkt auffangen und messen lässt.

Jede Versuchsreihe muss so angelegt werden, dass immer nur einer der Faktoren wie Temperatur, Kohlenstoffdioxidgehalt, Helligkeit oder Farbe des Lichts verändert wird.

Aus den gewonnenen Messwerten lässt sich die Fotosyntheseleistung einer Pflanze unter den Bedingungen des Experiments berechnen. Grundlage der Bilanzierung sind die Summengleichungen von Fotosynthese und Atmung.

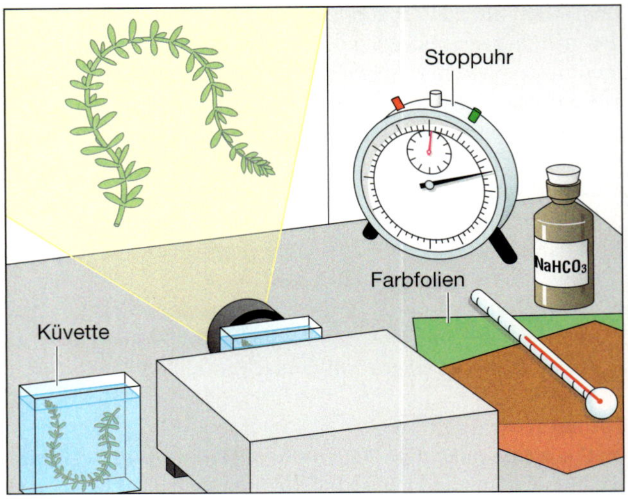

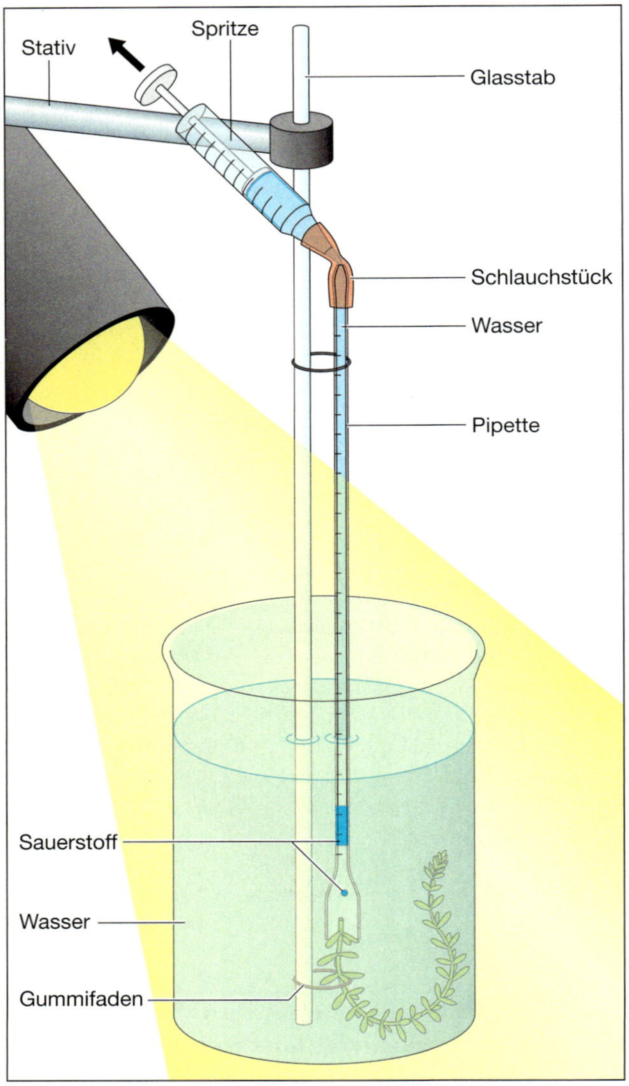

Fotosyntheseintensität einer Wasserpflanze in Abhängigkeit von verschiedenen Bedingungen

Material: Sprosse von Wasserpflanzen (zum Beispiel von der Wasserpest Elodea oder dem Wasserschild Cabomba), großes Becherglas mit Wasser, Lampe, Stoppuhr, eventuell Diaprojektor, Küvette; Injektionsspritze, 0,1-ml-Messpipette mit erweitertem Ende (Watte-Stopfenbett), Thermometer, Luxmeter, Farbfolien (blau, grün, rot), $NaHCO_3$-Lösung (1 mol/l).

Durchführung: Für eine orientierende Untersuchung können Sie nach der *Bläschenzählmethode* vorgehen. Dazu werden die von einem Sprossstück der Pflanze gebildeten, unter Wasser aus der Schnittstelle austretenden Sauerstoffbläschen je Minute gezählt. Besonders einfach geht das Auszählen, wenn Sie eine Küvette als Versuchsgefäß verwenden und in den Strahlengang des Diaprojektors stellen (→ Bild oben).

Genauere Messdaten erhalten Sie mit der *Volumenmethode* (→ Bild links). Dabei wird der gebildete Sauerstoff im erweiterten Ende einer Stopfenbett-Messpipette aufgefangen und zur Volumenmessung mit der Spritze in die Pipette gesaugt. Befestigen Sie den Spross ohne ihn zu knicken mit einem Gummifaden locker an einem Glasstab, sodass die Schnittstelle des Sprosses in das erweiterte Ende der Pipette reicht.

Variieren Sie die Versuchsbedingungen:

Temperatur: Verändern Sie die Wassertemperatur im Bereich zwischen 5 und 45 °C in 10-Grad-Schritten.

Kohlenstoffdioxidgehalt: Füllen Sie das Versuchsgefäß mit unterschiedlich konzentrierter $NaHCO_3$-Lösung im Bereich zwischen 0,01 mol/l und 1 mol/l.

Lichtintensität: Verändern Sie den Abstand zwischen Lampe und Versuchsgefäß und damit die Lichtintensität oder Beleuchtungsstärke. Messen Sie diese mit einem Luxmeter.

Lichtqualität: Messen Sie die Sauerstoffbildung bei Beleuchtung der Pflanze mit verschiedenfarbigem Licht (Farbfolien). Dabei ändert sich allerdings die Lichtintensität mit.

Zeichnen Sie zur Auswertung Diagramme (senkrechte Achse: Sauerstoff in Bläschen oder Mikroliter je Minute; waagrechte Achse: variierte Bedingung).

Abschätzung des Lichtkompensationspunkts

Material: verdunkelbarer Raum, Lichtquelle, Luxmeter, große Reagenzgläser mit Stopfen, Erlenmeyerkolben oder Stative als Halterung für die Reagenzgläser, Sprosse der Ampelpflanze Tradescantia oder Zebrina; Indikatorlösung aus 7,46 g KCl, 0,08 g $NaHCO_3$, 0,01 g Kresolrot und 1000 ml dest. Wasser

Durchführung: Am Lichtkompensationspunkt (→ S. 134) halten sich Fotosynthese und Atmung gerade die Waage. Um ihn zu ermitteln, misst man die Beleuchtungsstärke, bei der die Pflanze von CO_2-Verbrauch zu CO_2-Bildung wechselt.

Schneiden Sie etwa 5 gleich lange und gleich stark beblätterte Sprosse der Versuchspflanze ab. Füllen Sie in 5 Reagenzgläser etwa 3 cm hoch die durch Einblasen von Ausatmungsluft gelb gefärbte Indikatorlösung. Bringen Sie in den Luftraum über der Lösung je einen Pflanzenspross und verschließen Sie dann die Gläser mit Stopfen. Bei Beleuchtungsstärken über dem Lichtkompensationspunkt färbt sich die Indikatorlösung innerhalb von 6–8 Stunden durch CO_2-Entzug rot. Bei geringerer Helligkeit bleibt die Lösung durch überschüssiges CO_2 in Luftraum und Lösung gelb.

Ermitteln Sie den Lichtkompensationspunkt (→ Bild oben), indem Sie die Versuchsgläser im verdunkelten Raum in unterschiedlicher Entfernung von der Lichtquelle aufstellen und die Beleuchtungsstärke bei dem Glas messen, dessen Indikatorlösung nach längerer Zeit eine orangerote Mischfarbe zeigt.

Glucosegehalt von Efeublättern

Material: Waage, Schere, Mörser, Quarzsand, 10-ml-Pipette, Teststäbchen für Glucose im Blut (eventuell mit zugehörigem Blutzuckermessgerät), Efeublätter

Durchführung: Pflücken Sie an einem sonnigen Tag jeweils 10 mittelgroße junge Efeublätter von schattigen und besonnten Zweigen. Untersuchen Sie beide Blattproben getrennt: Zerschneiden Sie je 5 g der Blätter mit einer Schere, zerreiben Sie sie mit etwas Quarzsand und 10 ml Wasser zu einem Brei und messen Sie dann den Glucosegehalt mit den Teststäbchen nach der Gebrauchsanleitung.

1 Berechnen Sie aus Ihren Versuchsergebnissen zur Sauerstoffbildung von Wasserpflanzen deren Fotosyntheseleistung bezogen auf äußere Bedingungen, Zeit und Pflanzenmasse oder Blattfläche.

2 Zu welchem Pflanzentyp hinsichtlich der Lichtabhängigkeit gehört Ihre im Versuch zur Abschätzung des Lichtkompensationspunkts verwendete Versuchspflanze? Vergleichen Sie dazu die Angaben in der Tabelle auf Seite 134.

3 Für welche praktischen Anwendungen ist die Kenntnis des Lichtkompensationspunkts einer Pflanzenart von Bedeutung?

4 Der durchschnittliche Kartoffelertrag beträgt bei uns derzeit 350 dt/ha. Berechnen Sie, welchem Prozentsatz der maximal möglichen Produktion dieser Ertrag entspricht. Ziehen Sie dazu die Tabelle auf Seite 137 heran und berücksichtigen Sie, dass die Trockenmasse von Kartoffeln etwa 20 % ihres Frischgewichts ausmacht.

5 Rechnen Sie die Ergebnisse der Zuckerbestimmung in Efeublättern auf die Blattmasse und die Blattfläche um. Beachten Sie dabei, dass die Messwerte der Blutzucker-Teststäbchen in mg/dl (also mg/100 ml) angegeben sind, im Versuch aber nur 10 ml verwendet werden. Erklären Sie das Versuchsergebnis. Warum entspricht es nicht der Menge der fotosynthetisch erzeugten Kohlenhydrate im Blatt?

6 Vergleichen Sie die Ergebnisse Ihres Versuchs zur Fotosyntheseleistung einer Wasserpflanze bei verschiedener Lichtqualität mit dem Wirkungsspektrum der Fotosynthese nach ENGELMANN (→ S. 131).

7 CO_2 löst sich in Wasser unter Bildung von Kohlensäure. Überlegen Sie, wie man aufgrund dieser Tatsache die Fotosyntheseleistung von Wasserpflanzen mithilfe eines pH-Meters untersuchen kann.

☞ Stichworte zu weiteren Informationen

nachwachsende Rohstoffe, Kohlenstoffkreislauf, Klimakammer, C_4-Pflanzen, CO_2-Infrarotabsorptionsgasanalyse

Fotosynthese und Licht im Lebensraum

Selten sind die Umweltbedingungen so günstig, dass die Fotosynthese Höchstleistung erreicht. Fast immer wirkt ein Faktor begrenzend. Im Hochgebirge und den Kälte- und Hitzezonen der Erde ist dies häufig die Temperatur, in anderen Lebensräumen das Wasser, in unseren Breiten oft das Licht.

Zum Beispiel vermindert Lichtmangel durch Nebel, Bewölkung und frühe Dämmerung die optimale Fotosyntheseleistung frei stehender Rotbuchen um fast 40 %, Trockenheit und ungünstige Temperatur bewirken jeweils nur eine Verringerung von etwa 3 %. Für Pflanzen in einem Baumbestand wird der *relative Lichtgenuss,* also der Prozentsatz des vollen Tageslichts, der sie erreicht, durch die Nachbarpflanzen noch weiter eingeschränkt.

Damit eine Pflanze existieren kann, muss sie zumindest so viel Licht erhalten, dass die durch Fotosynthese erzeugte Menge organischer Stoffe den Verbrauch durch die Atmung ausgleicht. Die dafür erforderliche Beleuchtungsstärke bezeichnet man als *Lichtkompensationspunkt.* Die verschiedenen Pflanzenarten erreichen den Lichtkompensationspunkt und die *Lichtsättigung,* bei der die Fotosynthese ihre maximale Leistung erreicht, bei unterschiedlichen Beleuchtungsstärken. Besonders groß sind die Unterschiede zwischen Sonnen- und Schattenpflanzen.

Sonnenpflanzen und Schattenpflanzen. Sonnenpflanzen, wie Königskerze, Heidekraut, Thymian und Silberdistel, sind nach Bau und Stoffwechsel an Standorte mit starker Sonnenstrahlung angepasst. Sie kommen vor allem auf offener Feldflur, Felsen, Trockenrasen oder Heiden vor. Ihre meist kleinen und derben Blätter sind durch Haare, Wachsüberzug, Blattstellung oder Einrollen gegen übermäßige Strahlung und Wasserverlust gewappnet. Die Chloroplasten besitzen Lichtschutzeinrichtungen: Carotinoide fangen zu starke Strahlung ab und wandeln sie in Wärme um, Enzyme machen die bei der Fotosynthese entstehenden hochreaktiven Sauerstoffformen unschädlich, die die Zelle schädigen können. Eine große Zahl an Spaltöffnungen ermöglichen den Sonnenpflanzen bei gutem Wasserangebot hohe Gaswechsel- und Fotosyntheseraten.

Schattenpflanzen sind kennzeichnend für die lichtarme Kraut- und Moosschicht unserer Wälder: Waldmeister, Wurmfarn und Frauenhaarmoos. Sie besitzen meist zarte Blätter ohne besonderen Transpirationsschutz. Durch ihren niedrigen Kompensationspunkt können sie bei geringerer Beleuchtungsstärke als Sonnenpflanzen existieren. Allerdings erreichen ihre Fotosysteme schon bei geringer Beleuchtungsstärke die maximale Fotosyntheseleistung, sodass ihre Produktivität kleiner ist als die der Sonnenpflanzen. Bei intensiver Bestrahlung können Schattenpflanzen leicht Schaden nehmen, da sie kaum mit Schutzeinrichtungen gegen zu starke Strahlung ausgestattet sind.

Lichtabhängigkeit von Pflanzen
(Beleuchtungsstärke in Kilolux)

Pflanzentyp	Kompensationspunkt	Lichtsättigung
Sonnenkräuter	1,0 – 2,0	50 – 80
Schattenkräuter	0,2 – 0,5	5 – 10
Laubbaum		
Sonnenblätter	1,0 – 1,5	25 – 50
Schattenblätter	0,3 – 0,6	10 – 15
Nadelbaum		
Sonnenblätter	0,5 – 1,5	20 – 50
Schattenblätter	0,1 – 0,3	5 – 10
Moose und Flechten	0,4 – 2,0	10 – 20

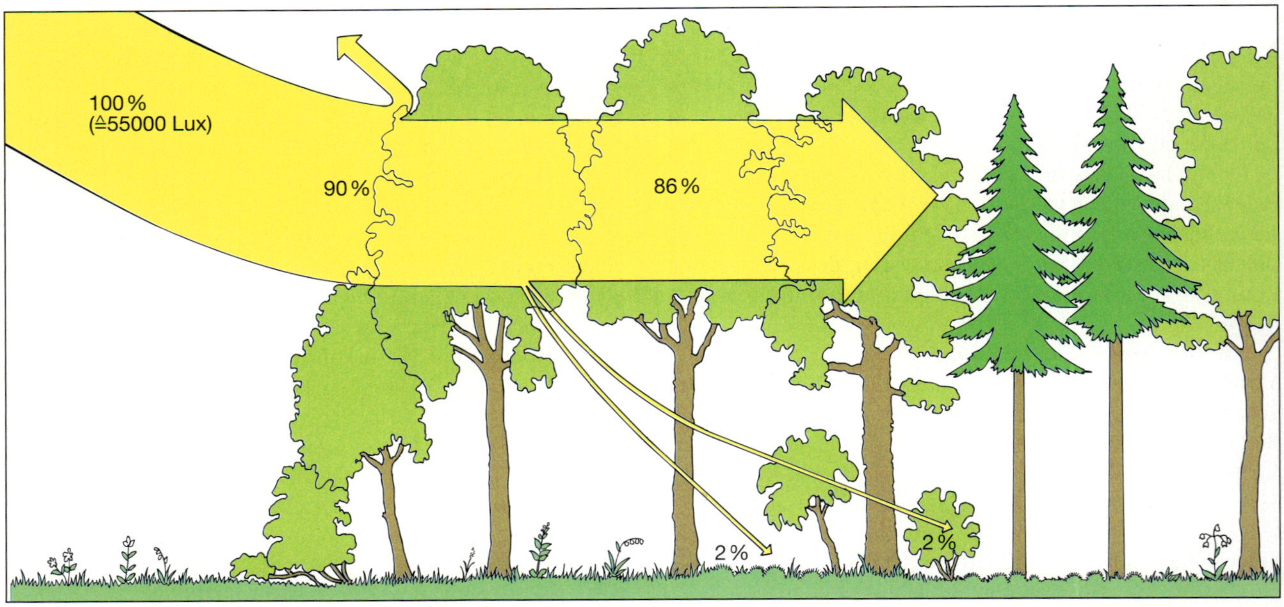

1 Von der Sonnenstrahlung gehen in einem Mischwald ungefähr 10 % durch Reflexion verloren, 86 % werden durch Bäume absorbiert und 2 % durch Sträucher. Nur 2 % erreichen den Waldboden mit der Kraut- und Moosschicht.

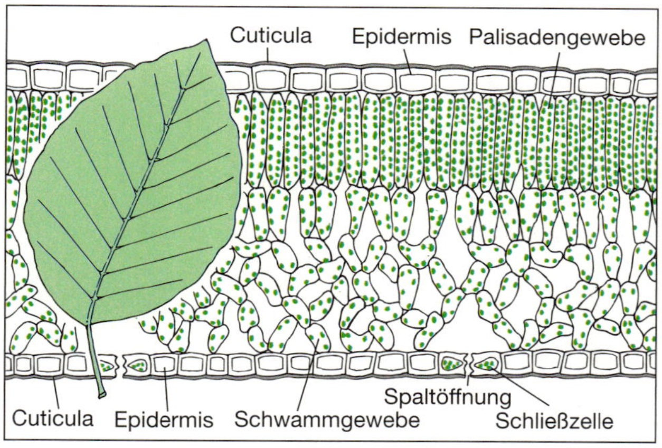

1 *Sonnenblatt mit Blattquerschnitt*

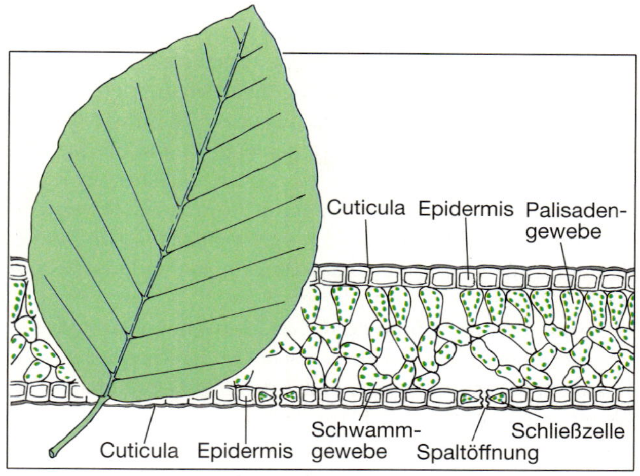

2 *Schattenblatt mit Blattquerschnitt*

Sonnenblätter und Schattenblätter. Bei manchen Pflanzen, besonders bei Laubbäumen, entscheidet sich erst während der Blattentwicklung unter dem modifizierenden Einfluss des Lichts, ob sich ein Blatt auf Starklicht oder Schwachlicht spezialisiert. Sonnenblätter mit kleiner Spreite, starkem Wasserleitungs- und Festigungsgewebe und hohem, oft zweischichtigem Palisadengewebe entwickeln sich aus den gut belichteten Knospen des äußeren Kronenbereichs. Große, dünne Schattenblätter entstehen vor allem im Innenraum und auf der geringer belichteten Nordseite der Baumkrone.

Die Fotosyntheseleistung der beiden Blatttypen hängt in derselben Weise vom Lichtangebot ab wie die der Sonnen- und Schattenpflanzen. Sonnen- und Schattenblätter erreichen den Lichtkompensationspunkt und die Lichtsättigung bei unterschiedlicher Beleuchtungsstärke. Wird die Stoffbilanz eines einzelnen Blatts negativ, verbraucht es also mehr Kohlenhydrate, als es erzeugt, so wird es abgeworfen.

Wie dicht die Krone eines Laubbaums beblättert ist, richtet sich vor allem nach dem minimalen Lichtbedarf seiner Schattenblätter. Während Lichthölzer wie Birke, Pappel oder Weide im Innern ihrer Krone zwischen 10 und 20% relativen Lichtgenuss brauchen, kommen die Schattenhölzer wie Rosskastanie oder Rotbuche mit einem Zehntel davon aus.

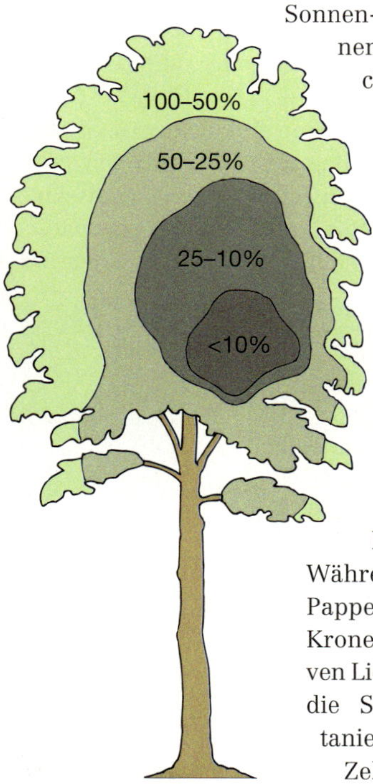

4 *Im Innern einer Baumkrone nimmt die Lichtintensität rasch ab.*

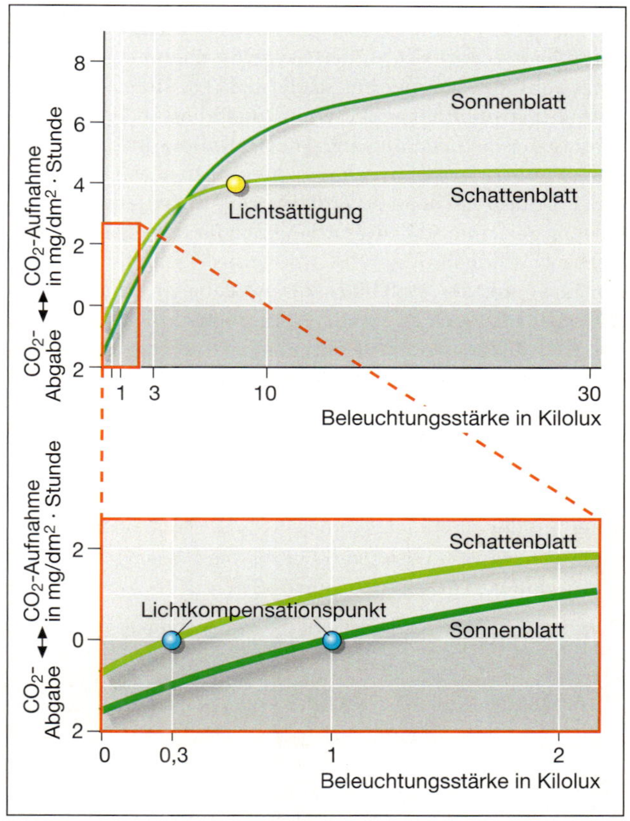

3 *Abhängigkeit der Fotosynthese von der Beleuchtungsstärke bei Sonnenblatt und Schattenblatt*

1 Erklären Sie die Diagramme oben (→ Bild 3). Wie verhält sich die Fotosynthese im Vergleich zur Beleuchtungsstärke? Welche Bedeutung hat die Nulllinie?

2 Stellen Sie in einer Tabelle die Merkmale von Sonnen- und Schattenpflanzen einander gegenüber.

Fotosynthese und Primärproduktion

Jedes Jahr entziehen die Pflanzen des Festlands und der Meere der Atmosphäre rund 250 Milliarden Tonnen Kohlenstoffdioxid und bilden daraus durch Fotosynthese schätzungsweise über eine halbe Billion Tonnen neue Biomasse. Von dieser sonnenenergiebetriebenen Bioproduktion leben praktisch alle Organismen der Erde. Sie wird deshalb als *Primärproduktion* bezeichnet und ist eine der wichtigsten Größen für den Stoffhaushalt der einzelnen Ökosysteme und der gesamten Biosphäre.

Bestimmung der Bioproduktion. Bei einer Einzelpflanze lässt sich die Produktion am besten über den Gaswechsel des Kohlenstoffdioxids verfolgen: Nimmt die Pflanze Kohlenstoffdioxid auf, überwiegt der Stoffaufbau durch Fotosynthese. Gibt sie Kohlenstoffdioxid ab, überwiegt der Stoffabbau durch Atmung. Der *Gaswechselbilanz* (→ Bild 1) entspricht somit eine *Stoffbilanz*. Mithilfe der Summengleichungen von Fotosynthese und Atmung lassen sie sich ineinander umrechnen.

Wie effektiv die biologische Produktivität eines Pflanzenbestands ist, zeigt sich in der Gewichtszunahme an organischer Substanz, bezogen auf Fläche und Zeit. Sie wird auch als *Nettoprimärproduktion* bezeichnet und meist in kg Trockensubstanz je m^2 und Jahr angegeben. Um die *Bruttoprimärproduktion* zu errechnen, muss man dazu die in Trockensubstanz umgerechneten Werte für die Atmung addieren, da die Pflanzen einen Teil ihrer Produktion für den eigenen Stoffwechsel aufwenden.

Einflüsse auf die Stoffbilanz. Der Nettoertrag der Produktion einer Pflanze hängt von der Intensität ihrer CO_2-Aufnahme, dem Massenverhältnis von grünen zu nicht grünen Teilen und der Dauer günstiger Klimabedingungen für die Fotosynthese ab. Diese Faktoren variieren erheblich, zum Beispiel

- nehmen – unter jeweils optimalen Bedingungen – tropische Gräser wie das Zuckerrohr 4- bis 5-mal mehr CO_2 auf als Getreidearten und sogar 10- bis 20-mal mehr als Moose;
- beträgt der Anteil fotosyntheseaktiver Grünmasse bei einjährigen Wüstenpflanzen 80–90%, bei Wiesengräsern um 50% und bei Laubbäumen nur 1–2%;
- können immergrüne Pflanzen der Tropen ganzjährig produzieren, unsere Laubbäume etwa während der Hälfte des Jahres, Sprosspflanzen im Hochgebirge während zwei bis drei Sommermonaten und Flechten oft nur an wenigen Tagen mit hoher Luftfeuchtigkeit.

Daher ist auch die Produktivität verschiedener Pflanzenarten oder Pflanzenbestände über eine Vegetationsperiode hinweg sehr unterschiedlich.

Verwertung der erzeugten Stoffe. Den Überschuss an organischen Stoffen, den Pflanzen über ihren Betriebs- und Erhaltungsaufwand hinaus produzieren, können sie für Zuwachs und Vorrat nutzen. Das geschieht auf unterschiedliche Weise, sodass sich mehrere *Verwertungstypen* unterscheiden lassen:

- *Vermehrer* wie Planktonalgen setzen die Überschüsse rasch und vollständig zur Vermehrung ein, da sie als Einzeller oder Zellkolonien keine anderen Zellen versorgen müssen.
- *Investierer* wie einjährige Pflanzen sind daran angepasst, günstige Bedingungen mit hoher Fotosyntheseleistung zu

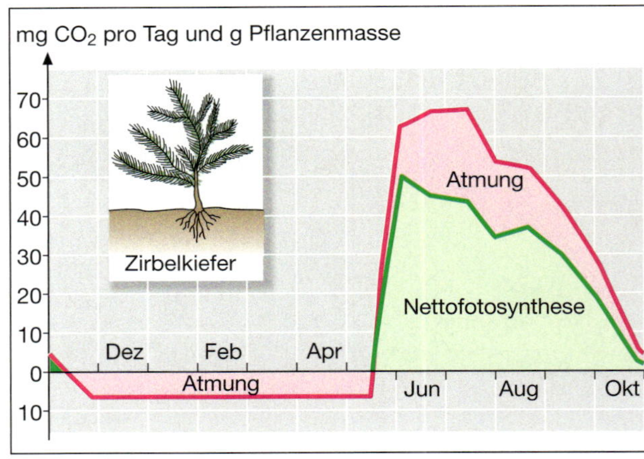

1 *Jahresgang der CO_2-Tagesbilanz junger Zirbelkiefern an der Waldgrenze in den Alpen*

2 *Auf Äckern und Brachland nutzen einjährige Pflanzen günstige Bedingungen zu schneller Bioproduktion.*

3 *Bäume – hier ein Pfirsichbäumchen – reichern die Stoffüberschüsse mehrerer Jahre an, bevor sie fruchten.*

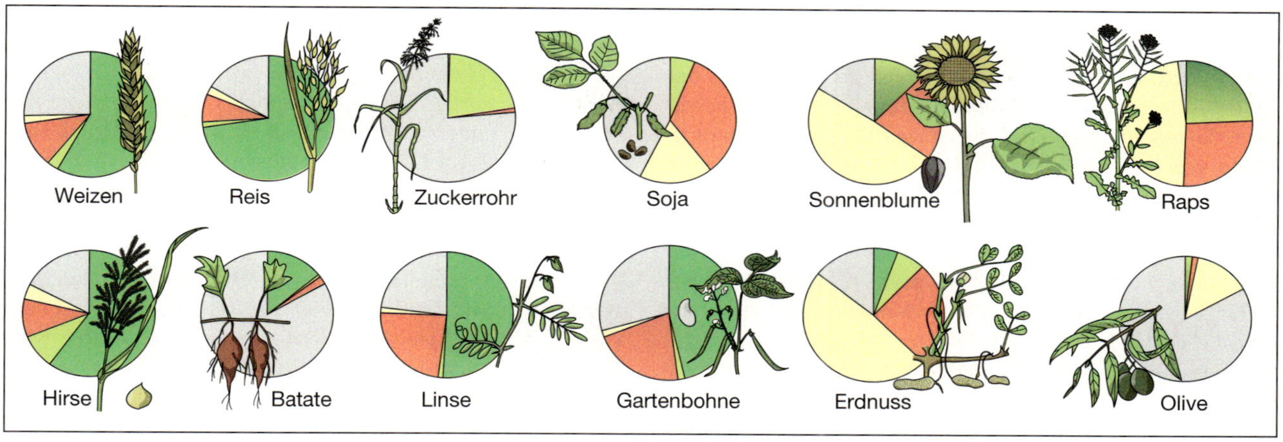

1 Wichtige Kulturpflanzen mit ihren nutzbaren Teilen und deren Nährstoffgehalt (dunkelgrün: Stärke, hellgrün: Zucker, rot: Proteine, gelb: Lipide)

sehr schneller Produktion zu nutzen. Die Stoffüberschüsse investieren sie anfangs fast nur in Blätter, zur Blütezeit fast nur in Blüten und Samen.

- *Sparer*, zum Beispiel ausdauernde Kräuter, produzieren langsamer, sind dafür aber meist genügsam und sammeln – häufig in besonderen Speicherorganen – reichlich Produktionsüberschüsse an, bevor sie Blüten bilden.
- *Akkumulierer*, vor allem Bäume und Sträucher, sind mit ihrer trägen Produktion auf ein langes Leben angelegt, in dessen Verlauf sich Stoffüberschüsse im Pflanzenkörper anreichern.

Nutzung der Primärproduktion durch den Menschen. Wie alle heterotrophen Lebewesen ist der Mensch auf die pflanzliche Produktion angewiesen. Von ihr gehen alle seine Nahrungsketten aus. Darüber hinaus liefert sie zahlreiche Rohstoffe, auf die sich heute zunehmend das Augenmerk richtet, da sie ja nachwachsen.

Seit von der Jungsteinzeit an Pflanzen planmäßig kultiviert werden, haben sich durch Anbautechnik und Züchtung die Nettoerträge der Kulturpflanzen vervielfacht. Ihr Ernteindex, das ist der wirtschaftlich nutzbare Anteil, wurde immer mehr gesteigert. Angesichts der Ernährungsprobleme einer schnell wachsenden Menschheit gilt aber auch der Fotosynthese selbst – als Basis der pflanzlichen Produktion – besonderes Interesse, vor allem seit man weiß, dass von ihr spezielle, an bestimmte Lebensräume angepasste Formen existieren (→ S. 138).

1 Unterscheiden Sie Brutto- und Nettoprimärproduktion.

2 Erklären Sie mit Bild 1 auf Seite 136, warum Hochgebirgspflanzen mit zunehmender Kürze der Vegetationszeit Existenzprobleme bekommen.

3 Informieren Sie sich über die Produktivität der Pflanzenbestände verschiedener Lebensräume.

4 Erklären Sie, was man unter dem Ernteindex versteht. Vergleichen Sie in der Tabelle rechts den Ernteindex für die Nutzung von Samen, Grünmasse und Holz.

Produktivität und Nutzbarkeit von Pflanzenbeständen

Pflanzenart	**Maximale Erträge** (kg Trockensubstanz je m² Anbaufläche und Jahr)	**Ernteindex** (nutzbarer Anteil der jährlich produzierten Trockensubstanz)
Zuckerrohr	6–8	0,85 (Grünmasse)
Mais (Tropen)	3–4	
Mais (Europa)	2–4	0,4 (Samen)
tropische Hirsen	4–5	0,4 (Samen) 0,88 (Grünmasse)
trop. Futtergräser	3–8	0,85 (Grünmasse)
Reis	2–5	0,4–0,55 (Samen)
Weizen	1–3	0,25–0,45 (Samen)
Wiesengräser	2–3	0,7–0,8 (Grünmasse)
Sojabohne	1–3	0,3–0,35 (Samen)
Maniok	3–4	0,7 (Knolle)
Zuckerrübe	2–3	0,45–0,67 (Rübe)
Kartoffel	2	0,82–0,86 (Knolle)
Fichten	2,2	0,61 (Holz)
Buchen	1,3	0,70 (Holz)
Weiden	5,0	0,6 (Holz)
trop. Wasserpflanze Eichhornia	15–20	
Kakteen	0,8–1,7	0,2–0,35 (Früchte)

Varianten der Fotosynthese

Lebewesen, die zur Fotosynthese fähig sind, gibt es seit mindestens 3 Milliarden Jahren. Die biochemischen Grundlagen dafür haben sich bis heute erhalten und finden sich von den einfachsten fotosynthesefähigen Bakterien bis zu den höchst entwickelten Pflanzen. Auf dieser gemeinsamen Grundlage haben sich *Varianten* entwickelt: *Anpassungen an verschiedene Lebensbedingungen*. Wasserpflanzen zum Beispiel nutzen zusätzlich zum CO_2 auch Hydrogencarbonat HCO_3^-. Bei Sonnen- und Schattenpflanzen ist die Fotosynthese auf unterschiedliche Strahlungsintensität optimiert. Eine besonders auffällige Variante zeigen die so genannten *C_4-Pflanzen* und die *CAM-Pflanzen*.

C_4-Pflanzen. Für weitaus die meisten Pflanzen stellt die Phosphoglycerinsäure im Calvinzyklus das erste stabile Produkt des CO_2-Einbaus dar. Da diese Säure 3 C-Atome im Molekül besitzt, nennt man Pflanzen mit dem Standardweg des CO_2-Einbaus *C_3-Pflanzen*. Inzwischen kennt man rund 2000 Pflanzenarten aus verschiedenen Familien, deren erstes stabiles Produkt des CO_2-Einbaus Oxalessigsäure ist, eine *Dicarbonsäure mit 4 C-Atomen* im Molekül. Danach bezeichnet man solche Pflanzen als C_4-Pflanzen. Ihre *dem Calvinzyklus vorgeschaltete CO_2-Fixierung* arbeitet schon bei geringsten CO_2-Mengen äußerst effektiv. Sie spielt sich ausschließlich in den so genannten *Mesophyllzellen* (→ Bild 1) ab. Von dort wird das CO_2 in so hoher Konzentration an die *Bündelscheidenzellen* weitergeleitet, dass hier das Enzym Rubisco im Calvinzyklus optimal arbeiten kann. Dadurch können C_4-Pflanzen selbst mit weitgehend geschlossenen Spaltöffnungen intensiv Fotosynthese betreiben – trotz eingeschränktem Gasaustausch und geringer Wasserabgabe! Da bei ihnen auch die Temperaturoptima der Sekundärreaktionen höher liegen, sind C_4-Pflanzen besonders für trockenheiße Standorte geeignet. Hier erzielen sie Rekordwerte der Fotosyntheseleistung. Für die Landwirtschaft der Tropen sind daher C_4-Pflanzen wie *Zuckerrohr*, *Mais* oder *Hirse* von besonderer Bedeutung.

CAM-Pflanzen. Viele *Sukkulenten* – das sind Pflanzen, die in Anpassung an extremen Wassermangel Wasserspeicherorgane besitzen – verwenden ebenfalls Dicarbonsäuren zur CO_2-Fixierung, vor allem Apfelsäure. Ihre Fotosynthesevariante wird als *C*rassulacean *A*cid *M*etabolism (Säurestoffwechsel der Dickblattgewächse) bezeichnet. Die „Ansäuerung" geschieht vorwiegend nachts, wenn sie die Spaltöffnungen zur CO_2-Aufnahme ohne Gefahr übermäßigen Wasserverlusts öffnen können. Während der „Absäuerung" am Tag bauen sie die Dicarbonsäuren wieder zu CO_2 ab, das in den Calvinzyklus eingeht. Die Fixierung von CO_2 und seine Überführung in Kohlenhydrate ist bei ihnen also nicht wie bei den C_4-Pflanzen räumlich, sondern zeitlich getrennt.

1 Vergleichen Sie die Daten in Bild 1. Welche Vor- und Nachteile zeichnen die verschiedenen Fotosynthesewege aus?

2 Suchen Sie in einem Pflanzenbestimmungsbuch einheimische Vertreter der Familie Dickblattgewächse (Crassulaceae). Welche Standorte werden für sie genannt?

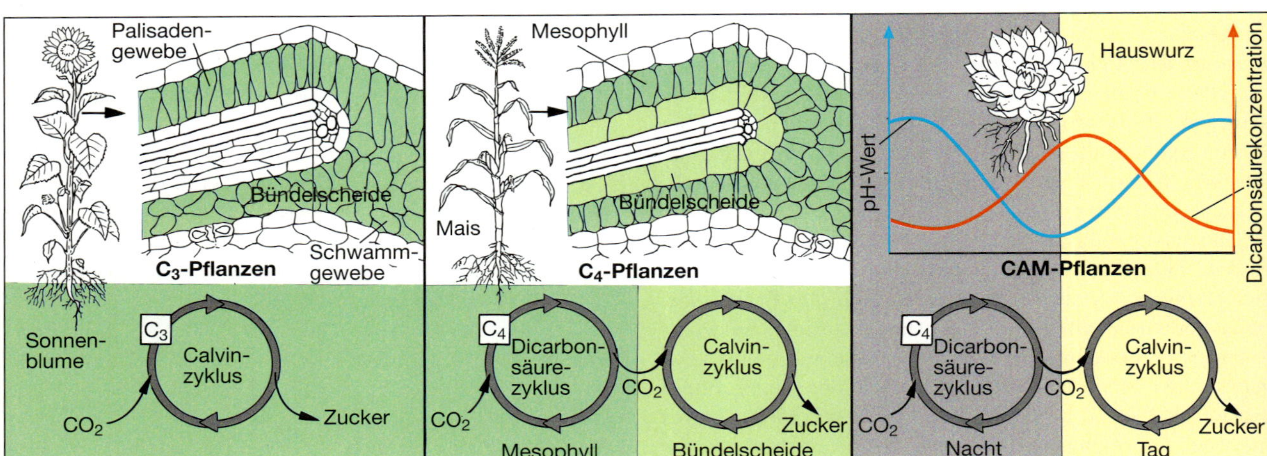

optimale Temperatur (°C)	15–25	30–45	um 35
Lichtsättigung (klux)	30–80	80	< 80
CO_2-Aufnahme (mg je dm^2 und Stunde)	15–35	40–80	0,5–0,7
Wasserbedarf (ml je g Trockensubstanz)	450–950	230–250	50–55
Wachstum (g Trockensubstz. je dm^2 und Tag)	0,5–2	3–5	0,01–0,02

1 *Varianten der Fotosynthese: C_3-, C_4- und CAM-Pflanzen im Vergleich*

Überblick

- Licht ist die bei weitem wichtigste Energiequelle für das Leben auf der Erde. → S. 122
- Licht ist eine Erscheinungsform von elektromagnetischer Strahlung, die man als Wellen oder Teilchen auffassen kann. → S. 123
- Experimente zur Fotosynthese beruhen meist auf dem Nachweis von Kohlenstoffdioxid als Ausgangsstoff und Sauerstoff oder Kohlenhydraten als Produkt. → S. 124
- Die Vorgänge bei der Fotosynthese lassen sich stark vereinfacht in einer chemischen Summengleichung zusammenfassen. → S. 124
- Die Laubblätter der Samenpflanzen sind vom sichtbaren bis zum molekularen Bereich hoch spezialisierte Organe der Fotosynthese. → S. 126
- Verschiedene Verfahren der Chromatographie haben zur Aufklärung des Fotosynthesegeschehens wesentlich beigetragen. → S. 125, 129
- Die Thylakoidmembranen in den Chloroplasten enthalten die molekularen Werkzeuge für die Lichtaufnahme, den Elektronentransport und die ATP-Herstellung. → S. 127
- Die molekularen Prozesse der Fotosynthese lassen sich in Primärreaktionen in der Thylakoidmembran und Sekundärreaktionen (Calvinzyklus) im Stroma des Chloroplasten trennen. → S. 128, 129
- Das Prinzip der Fotosynthese besteht darin, Elektronen aus Wassermolekülen zu gewinnen, sie durch Licht energiereich zu machen und – zusammen mit ebenfalls gebildeten Protonen – zur Reduktion von Kohlenstoffdioxid zu Kohlenhydraten zu verwenden. → S. 128, 129
- Die wichtigsten Umwelteinflüsse auf die Vorgänge der Fotosynthese sind Temperatur, Kohlenstoffdioxid und Licht. → S. 130
- Licht beeinflusst die Fotosynthese durch seine Qualität und Intensität. → S. 130, 131 Pflanzen sind daher an die Lichtverhältnisse ihres Standorts angepasst. → S. 134, 135
- Die durch Fotosynthese erzeugten energiereichen Stoffe sind die stoffliche und energetische Grundlage nahezu aller Lebensprozesse auf der Erde. Diese Primärproduktion nutzen nicht nur die Pflanzen selbst, sondern auch die übrigen Lebewesen einschließlich des Menschen. → S. 136, 137
- Von der Fotosynthese kennt man verschiedene Varianten. Als Anpassung an Hitze und Wassermangel sind diejenigen besonders wichtig, bei denen der CO_2-Einbau über Dicarbonsäuren verläuft. → S. 138

Aufgaben und Anregungen

1 Wie müsste man sich die Erde vorstellen, wenn Lebewesen die Fotosynthese nicht „erfunden" hätten?

2 Die meisten Pflanzen speichern als Fotosyntheseprodukt unlösliche Stärke statt löslicher Zucker. Welche Vorteile hat das für die Pflanze? Nennen Sie weitere Beispiele für Speicherstoffe bei Pflanzen.

3 Grenzen Sie die folgenden Begriffe gegeneinander ab: autotroph, heterotroph, fototroph und chemolithotroph.

4 Der gesamte Energiestoffwechsel der Lebewesen beruht letztlich auf dem Energiegefälle zwischen Wasserstoff und Sauerstoff einerseits und Wasser andererseits. Erläutern Sie.

5 Warum sind viele CAM-Pflanzen wie Crassula, Sedum oder Kalanchoe als Zimmerpflanzen beliebt? Zerdrücken Sie ein fleischiges Blatt einer dieser Arten und bestimmen Sie den pH-Wert des Presssafts am frühen Morgen und am späten Nachmittag.

6 Welches Ergebnis hat ein Versuch wie in Bild 2 auf Seite 124, wenn statt der Metallfolie ein Laubblatt auf dem Blatt befestigt wird? Was lässt sich aus dem Versuchsergebnis schließen?

7 Wenn gerade alles $NADP^+$ zu NADPH reduziert ist, kann die Fotophosphorylierung „zyklisch" erfolgen: Angeregte Elektronen fließen dann vom Fotosystem I „zurück" zum Cytochromkomplex und über Plastocyanin im Grundzustand wieder zum Fotosystem I. Welcher Vorgang läuft dabei wie bei der „normalen" Fotosynthese mit nicht zyklischer Fotophosphorylierung, warum entstehen aber weder Sauerstoff noch Zucker?

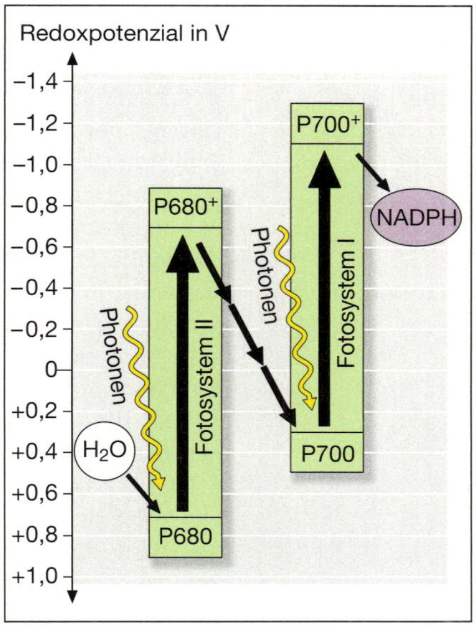

8 Das „Z-Schema" im Bild links ist ein vereinfachtes Energiediagramm der Fotosynthese. Welche wesentlichen Sachverhalte sind in ihm dargestellt?

9 Stellt man eine Bohnenpflanze (C_3-Pflanze) zusammen mit einer Maispflanze (C_4-Pflanze) in ein luftdicht schließendes Glasgefäß, „verhungert" die Bohne in wenigen Tagen an CO_2-Mangel. Erklären Sie dieses Phänomen.

10 „Am Tag betreiben Pflanzen Fotosynthese, nachts atmen sie." Stellen Sie diese irrige Auffassung richtig.

11 Die beiden Reaktionsgleichungen a) und b) fassen Teilprozesse der Fotosynthese vereinfacht zusammen. Benennen und erklären Sie die Vorgänge:

a) $2\ H_2O \xrightarrow[\text{ADP} \to \text{ATP}]{} 4\ [H] + O_2$

b) $CO_2 + 4\ [H] \xrightarrow[\text{ATP} \to \text{ADP}]{} [CH_2O] + H_2O$

Molekulargenetik

1 *Der Priester LAOKOON, der die Trojaner davor warnt, das „Trojanische Pferd" in die Stadt zu bringen, stirbt im Kampf mit einer Schlange. Die Figur aus der griechischen Sage inspirierte den Maler HANS ERNI zu seinem Gemälde „Laokoon 77".*

Vor etwa 50 Jahren entwickelten Wissenschaftler ein Strukturmodell für das Molekül, aus dem die Erbanlagen bestehen: die DNA. Euphorisch wurde eine neue Definition des Menschen gepriesen: „Genotypisch besteht der Mensch aus einer 180 cm langen Folge von Kohlenstoff-, Wasserstoff-, Stickstoff- und Phosphoratomen." Das Wissen über die Struktur der Gene hat unsere Vorstellungen von der lebendigen Materie dramatisch verändert. Unser Umgang mit diesem Wissen wird sich nicht nur auf unsere Lebenswirklichkeit, sondern auch auf diejenige kommender Generationen auswirken.

Im Blickpunkt:

- der genetischen Information auf der Spur: Aufbau und Struktur der DNA
- molekulare Architektur von Chromosomen
- Kopiervorgang im Zellkern: Replikation der DNA
- Sequenzanalyse der genetischen Information
- vom Gen zum Merkmal
- Proteinbiosynthese bei Pro- und Eukaryoten
- Genmutationen
- molekulare Ursachen von Erbkrankheiten
- Regulation der Genaktivität
- molekulare Ursachen von Krebs

Die Genetik hat in kürzester Zeit eine zentrale Bedeutung für die gesamte Biologie erlangt. Ausgehend von den ersten Vererbungsregeln, die der Mönch GREGOR MENDEL in der Mitte des 19. Jahrhunderts anhand von Beobachtungen und Kreuzungsversuchen formulierte, hat sich inzwischen eine moderne Wissenschaftsdisziplin entwickelt. Die „Erbfaktoren", die für MENDEL noch reine Gedankenkonstrukte waren, lassen sich heute in ihrer chemischen Zusammensetzung analysieren. Mit der Aufklärung ihrer Struktur begann Mitte des 20. Jahrhunderts die Ära der *Molekulargenetik*. Sie untersucht nicht mehr, nach welchen Gesetzmäßigkeiten bestimmte Merkmale in der Generationenfolge auftreten, sondern rückt den stofflichen Träger der genetischen Information ins Zentrum der Forschung: Wie sind *Gene* molekular aufgebaut? Welche Eigenschaften haben die Moleküle? Wie ist die genetische Information verschlüsselt? Wie wird sie vor der Zellteilung verdoppelt? Wie steuern Gene die *Entwicklung von Merkmalen*? Wie beeinflussen sich Gene in ihren Funktionen gegenseitig?

Das Wissen über die molekulare Natur und die Funktionsweise der Gene hat praktisch in allen Bereichen der Biologie zu neuen Erkenntnissen geführt, insbesondere jedoch in der Zellbiologie, der Entwicklungsbiologie, der Physiologie und der Evolutionsbiologie.

Wie Forschung funktioniert: DNA als Träger der Erbinformation

Bereits zu Beginn des 20. Jahrhunderts hatten Biologen erkannt, dass die genetische Information sich im Zellkern auf den *Chromosomen* befindet. Wenig später fanden Chemiker heraus, dass Chromosomen aus zwei Molekülsorten bestehen: aus *Proteinen* und *Desoxyribonukleinsäure*, abgekürzt *DNA* (A für engl. *acid*: Säure). Da man annahm, dass die genetische Substanz genauso vielfältig sein müsse wie die sichtbaren Merkmale, hielt man zunächst Proteine für die *Träger der Erbinformation*. Deren Aufbau aus 20 verschiedenen Bausteinen, den Aminosäuren, war bereits bekannt, ebenso die Vielfalt, die sich aus der immer wieder variierten Reihenfolge dieser Bausteine ergab (→ S. 41). Über DNA wusste man hingegen noch relativ wenig. Der Biochemiker MIESCHER hatte 1869 DNA als phosphorhaltige Säure beschrieben. Sie schien jedoch zu einfach gebaut um Informationen für die Vielzahl vererbter Merkmale der verschiedenen Organismen zu enthalten. Erst die überraschenden Ergebnisse von Bakterienversuchen veränderten diese Einschätzung.

Entdeckung der Transformation. 1928 beobachtete der britische Mediziner GRIFFITH, dass Bakterien der Gattung Pneumococcus, Erreger einer bei Mäusen tödlich verlaufenden Lungenentzündung, in zwei Stämmen auftreten: Beim so genannten S-Stamm sind je zwei Zellen von einer Schleimkapsel umgeben (S von engl. *smooth*: glatt, da die Bakterienkolonien mit glatter Oberfläche wachsen). Beim R-Stamm fehlt die Schleimkapsel (R von engl. *rough*: rau), die Kolonien haben eine raue Oberfläche. GRIFFITH stellte fest, dass nur Bakterien des S-Stamms eine Erkrankung auslösen. Als er den Mäusen *durch Hitze abgetötete* S-Pneumokokken injizierte, überlebten die Tiere. Daraufhin mischte er abgetötete S-Pneumokokken mit lebenden R-Pneumokokken. Die Mäuse starben, obwohl beide Bakterienstämme für sich ungefährlich waren. Die krankheitserregende Eigenschaft war auf unbekannte Weise von den abgetöteten S-Pneumokokken auf die harmlosen, aber teilungsfähigen R-Pneumokokken übertragen worden. Diesen Vorgang nennt man *Transformation*. Worauf die Übertragung basiert, blieb zunächst ungeklärt.

DNA als transformierendes Prinzip. Im Jahr 1944 gelang es dem Bakteriologen AVERY, den Stoff zu identifizieren, der die Transformation bewirkte. Er trennte die Molekülsorten aus abgetöteten S-Pneumokokken und setzte die Substanzen – Polysaccharide, Proteine und DNA – jeweils einzeln Kulturen von R-Pneumokokken zu. Unter den Nachkommen dieser R-Pneumokokken erzeugten nur diejenigen Schleimkapseln, die mit DNA vermischt worden waren. Eine Überprüfung ergab, dass die transformierten Pneumokokken jetzt für Mäuse gefährlich waren. AVERY wiederholte den Versuch in gleicher Weise, behandelte aber die S-Pneumokokken-DNA mit einem DNA-zerstörenden Enzym. In diesem Fall kam es nicht zu einer Informationsübertragung. AVERY hatte damit bewiesen, dass die *Information* für die Ausbildung bestimmter Merkmale *in der DNA* der Bakterien enthalten ist und in dieser Form auf andere Zellen übertragen werden kann.

Das Hershey-Chase-Experiment. Obwohl AVERYS Ergebnisse eindeutig waren, wurde nach weiteren Belegen gesucht. HERSHEY und CHASE experimentierten 1952 mit Bakteriophagen. Diese Viren bestehen nur aus DNA und einer Proteinhülle und vermehren sich mithilfe von Bakterien (→ S. 150). Die beiden Forscher ließen Phagen auf zwei radioaktiv markierten Bakterienkulturen wachsen. Eine Kultur enthielt radioaktiven Phosphor (^{32}P), der nur in die DNA der Phagen eingebaut wurde. Die zweite Kultur wuchs auf radioaktivem Schwefel (^{35}S), sodass nur die Proteinhülle der Phagen markiert war. Mit beiden Phagenkulturen wurde anschließend jeweils eine unmarkierte Bakterienkultur infiziert. Mithilfe eines Mixers wurden die außen noch vorhandenen Phagenreste von den Bakterien getrennt und abzentrifugiert.

1 Erläutern Sie, welchen Effekt GRIFFITH durch das Erhitzen der S-Pneumokokken erzielte.

2 In welcher der neu infizierten Bakterienkulturen im Versuch von HERSHEY und CHASE erwarten Sie messbare Radioaktivität? Welche Schlussfolgerung kann daraus gezogen werden?

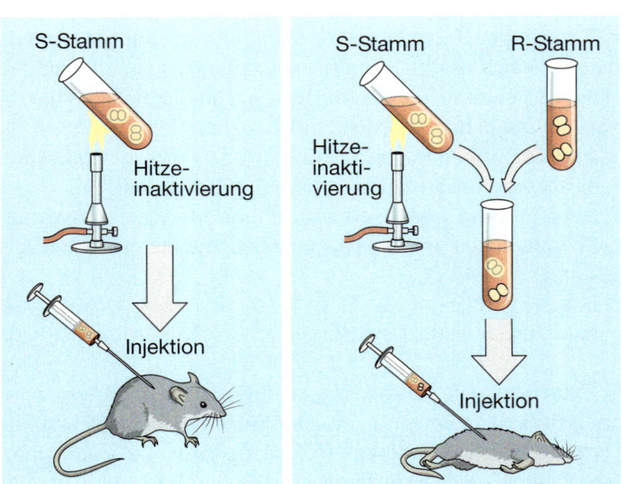

1 Die Transformationsversuche von GRIFFITH 1928

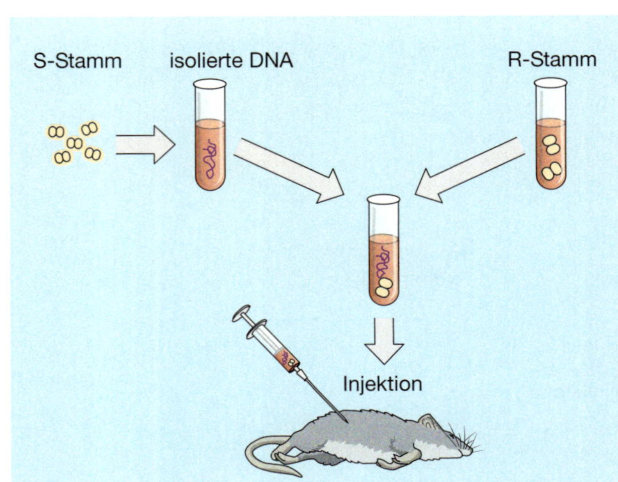

2 Die Transformationsversuche von AVERY 1944

Zusammensetzung der DNA

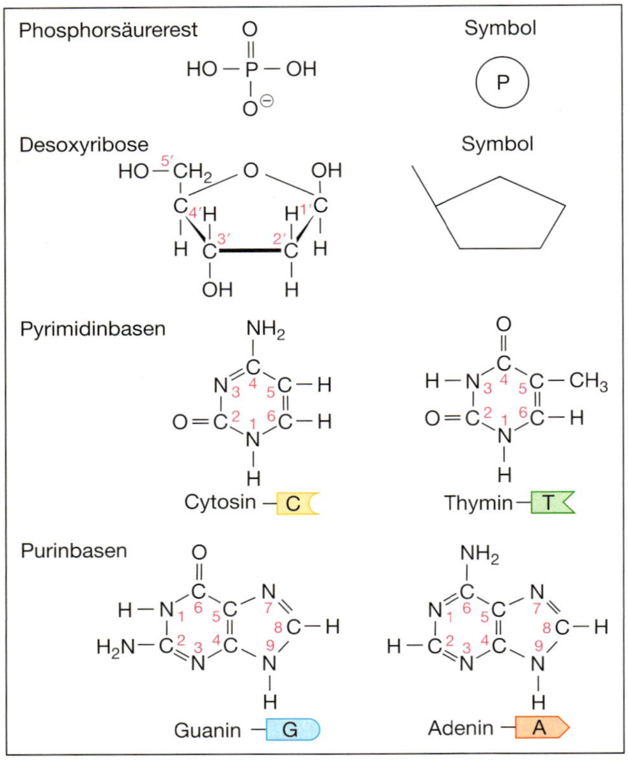

1 *Die Bausteine der DNA*

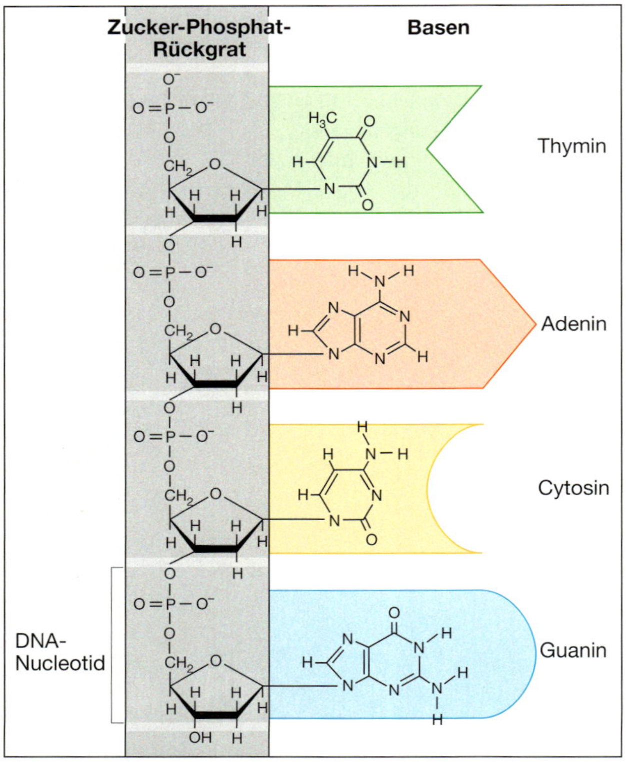

2 *Die molekulare Anordnung der DNA-Nucleotide*

Bausteine der DNA. Die DNA ist ein kettenförmiges, unverzweigtes Makromolekül. Wird sie durch Kochen mit Säure hydrolysiert, finden sich stets die folgenden Bestandteile: der Pentosezucker *Desoxyribose* (→ S. 90), *Phosphorsäure* und vier verschiedene organische Basen, die neben Kohlenstoffatomen auch Stickstoffatome enthalten. Es gibt zwei Typen dieser stickstoffhaltigen Basen. *Pyrimidine* sind durch einen einfachen Ring aus sechs Atomen gekennzeichnet. Zu ihnen zählen *Cytosin* und *Thymin*. *Adenin* und *Guanin* gehören zur Stoffklasse der *Purine*, die aus einem Doppelringsystem bestehen und deren Moleküle daher etwas größer sind. Häufig kürzt man die Basen mit ihren Anfangsbuchstaben A, C, G und T ab.

Anordnung der Bausteine. Wird DNA mithilfe des Enzyms DNAse zerlegt, entstehen Einheiten, die man als *Nucleotide* bezeichnet. Diese *Monomere* sind die Kettenglieder der DNA. Sie bestehen aus je einem Molekül Desoxyribose, einer Phosphatgruppe und einer der vier Basen. Verbindungen aus Desoxyribose und einer der vier Basen nennt man *Nucleoside*.

In einem *DNA-Molekül* sind viele Millionen Nucleotide so aneinander gereiht, dass die Zuckerreste der Nucleoside jeweils über eine Phosphatgruppe miteinander verbunden sind. Auf diese Weise entsteht eine Zucker-Phosphat-Kette, die man als *Rückgrat* des Moleküls bezeichnet. An dieses Rückgrat sind über die Zucker die stickstoffhaltigen Basen angehängt.

Um die Verbindung genauer beschreiben zu können, werden die C-Atome der Pentose-Ringe von 1′ bis 5′ durchnummeriert. (Die hochgestellten Striche an den Ziffern dienen dazu, die C-Atome von denen der Basen zu unterscheiden.) Demnach steht immer das C-5′-Atom eines Desoxyribosemoleküls über eine Phosphatgruppe mit dem C-3′-Atom des nächsten Zuckermoleküls in Verbindung. Mithilfe dieser Zählung lässt sich auch verdeutlichen, dass die Kette eine *Polarität* aufweist. An seinem so genannten 5′-Ende trägt das Molekül eine Phosphatgruppe und am 3′-Ende eine OH-Gruppe.

Basenzusammensetzung. Der Biochemiker CHARGAFF untersuchte DNA-Proben *verschiedener* Organismen. Dabei stellte er unter anderem fest, dass sich die jeweiligen Anteile der vier Basen von Art zu Art unterscheiden. Proben, die aus verschiedenen Geweben *desselben* Organismus stammten, hatten jedoch die gleiche Basenzusammensetzung. Anhand seiner Ergebnisse formulierte er die folgenden Regeln, die die Verhältnisse der Basen zueinander beschreiben:

1. Die Gesamtmenge der Purinbasen (A+G) in einer Probe entspricht der Gesamtmenge der Pyrimidinbasen (C+T).
2. Die Menge an Adenin stimmt mit der Menge des Thymins überein. Cytosin ist stets in derselben Menge vorhanden wie Guanin.
3. Das Verhältnis von (A+T) zu (C+G) ist in den DNA-Proben aus verschiedenen Organismen unterschiedlich.

1 Die chemische Zusammensetzung von DNA-Proben wird analysiert. Erläutern Sie, welche der folgenden Ergebnisse vermutlich korrekt sind und welche möglicherweise auf einer fehlerhaften Analyse beruhen.

a) A = C; b) A + T = C + G; c) A + G = C + T; d) G = C

Wie Forschung funktioniert: Das Watson-Crick-Modell der DNA

Nachdem die DNA als der Träger der genetischen Information akzeptiert war, versuchten mehrere Forschungsteams ihre dreidimensionale Struktur aufzuklären. JAMES WATSON und FRANCIS CRICK, zwei junge, bis dahin recht unbekannte Forscher, veröffentlichten 1953 als Erste ein Strukturmodell, das mit allen bekannten Eigenschaften der DNA in Einklang stand. Dabei gelang es ihnen, die Ergebnisse anderer Forscher richtig miteinander in Verbindung zu bringen.

Doppelhelix. WATSON und CRICK kannten die *Röntgenbeugungsmuster* von DNA. Röntgenstrahlen, die beim Durchdringen kristallisierter DNA gebeugt werden, erzeugen auf einem Röntgenfilm schwarze Flecken. Aus dem Muster kann man auf die räumliche Struktur des untersuchten Moleküls rückschließen. WATSON und CRICK erkannten, dass die DNA eine schraubenförmige oder *helicale* (von griech. *helix*: Wendel) Struktur haben musste. Aus dem Vergleich mehrerer Aufnahmen leiteten sie ab, dass das Molekül aus zwei gleichartigen Strängen besteht. Sie nahmen an, dass zwei DNA-Ketten über die gesamte Länge des Moleküls schraubig umeinander gewunden sind, also eine *Doppelhelix* bilden. Als Durchmesser der Doppelhelix berechneten sie 2 nm. Außerdem trafen sie Aussagen über die Abstände der Basen zueinander und deren Anzahl pro Windung.

Basenpaarung. WATSON und CRICK versuchten anhand von maßstabsgetreuen Molekülmodellen die Daten aus der Röntgenstrukturanalyse mit den Kenntnissen über die chemischen Eigenschaften der DNA zu verbinden. Nach anfänglichen Fehlversuchen ordneten sie die Zucker-Phosphat-Ketten so an, dass die Stickstoffbasen ins Innere der Doppelhelix gerichtet waren. Aus den Arbeiten von CHARGAFF schlossen die Forscher, dass sich von vier Basen stets nur zwei zu Paaren zusammenschließen: *Adenin* mit *Thymin* und *Cytosin* mit *Guanin*. Für diese Annahme sprachen starke Argumente: Zum einen können sich zwischen den Molekülen *Wasserstoffbrückenbindungen* ausbilden. Zum anderen ergab sich der berechnete Durchmesser der Doppelhelix nur, wenn stets eine – kleinere – Pyrimidinbase mit einer – größeren – Purinbase gepaart wurde. WATSON und CRICK bezeichneten die jeweils zueinander passenden Basen als *komplementär*.

Konsequenzen des Modells. Da die Basenpaarungen chemisch festgelegt sind, bestimmt die Reihenfolge der Basen in einem Strang, seine *Basensequenz*, eindeutig die Basenabfolge im zweiten Strang. Die beiden DNA-Stränge entsprechen sich also, auch sie sind zueinander komplementär. Dabei zeigen ihre Zucker-Phosphat-Rückgrate eine gegenläufige Orientierung (→ Bild 2): Die 5′→3′-Richtung des einen Strangs verläuft entgegengesetzt zu der des anderen Strangs. Die Stränge sind *antiparallel*.

WATSON und CRICK ahnten bereits, dass die spezifische Basenpaarung und die Festlegung der Basensequenz eines Strangs durch den anderen von entscheidender Bedeutung für die genetischen Eigenschaften der DNA sein mussten. Heute weiß man, dass die Basen der Nucleotide die *Buchstaben des genetischen Alphabets* darstellen. Sie *codieren* die Erbinformation durch ihre Reihenfolge.

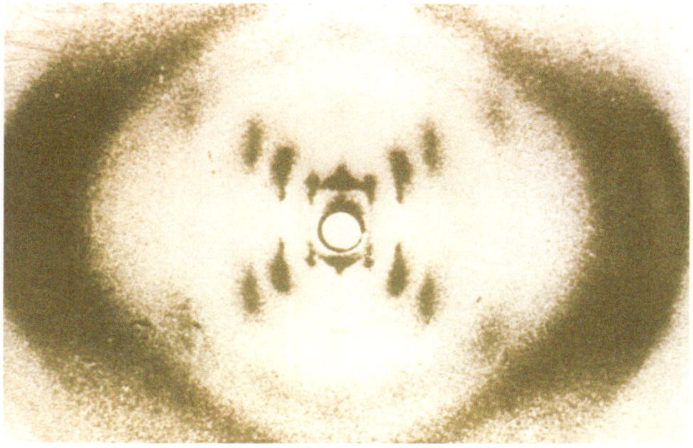

1 Röntgenbeugungsmuster der DNA

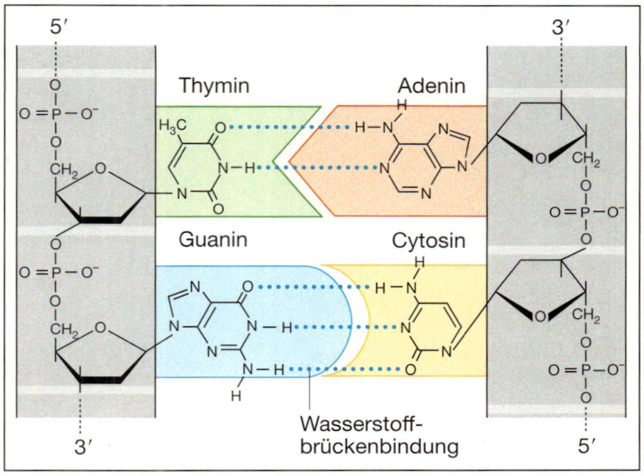

2 Die komplementären Basenpaarungen der DNA

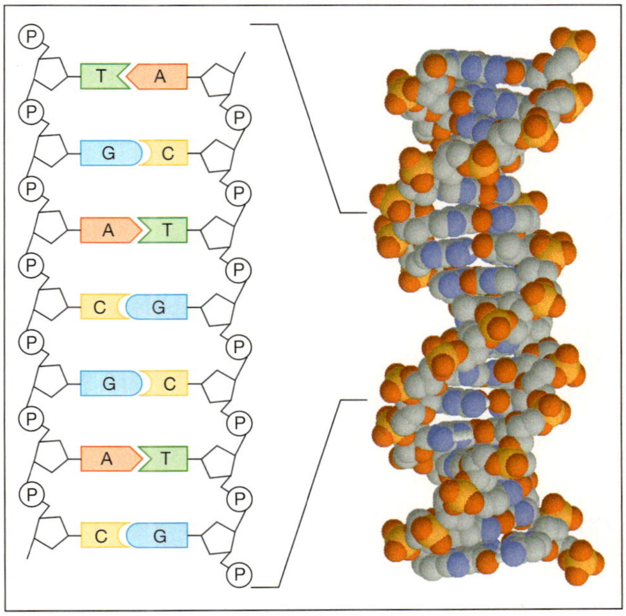

3 Die Doppelhelix: das Watson-Crick-Modell der DNA

DNA und Chromosom

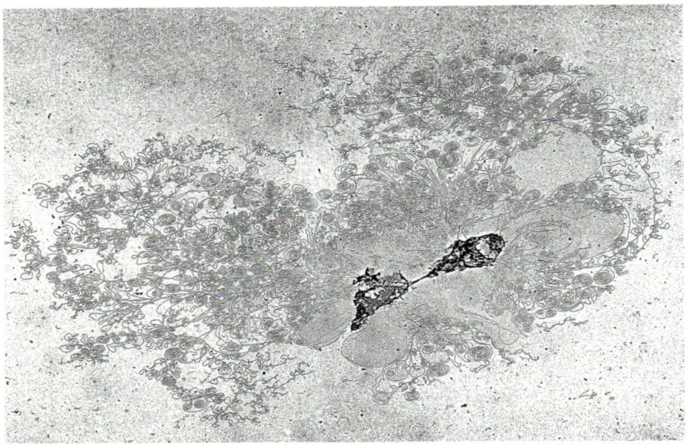

1 *DNA aus einer aufgebrochenen E.-coli-Zelle*

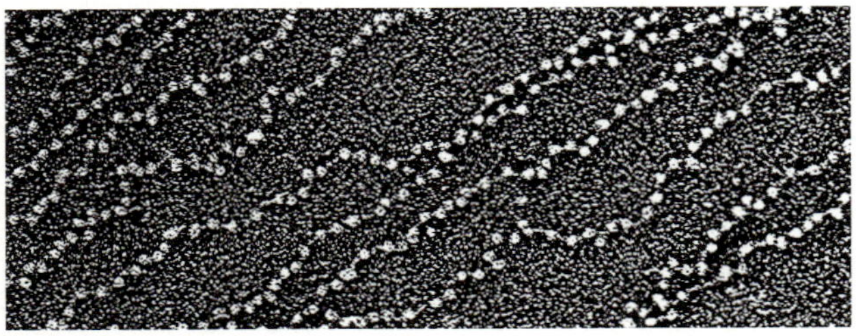

2 *EM-Bild der Perlschnurstruktur der DNA mit Nucleosomen in 325 000facher Vergrößerung*

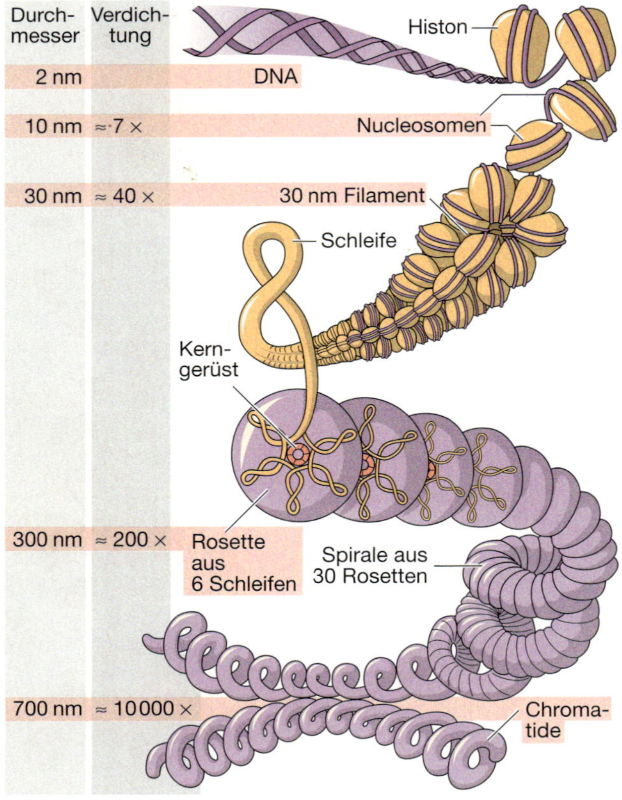

3 *Organisationsebenen des Chromatins*

Die Erbsubstanz eines Bakteriums wie E. coli besteht aus einem einzigen ringförmigen DNA-Molekül mit etwa 5 Millionen Nucleotidpaaren. Die genetische Information des Menschen umfasst etwa 3 Milliarden Nucleotidpaare. Zum Vergleich: Auf eine Seite dieses Buches passen rund 6000 Buchstaben. Bei einem Umfang von etwa 500 Seiten sind das 3 Millionen Buchstaben. Die Basensequenz der menschlichen DNA würde also 1000 solcher Bände füllen. Im Zellkern ist diese Informationsmenge auf 46 DNA-Moleküle unterschiedlicher Größe verteilt, die zwischen 50 und 250 Millionen Nucleotidpaare enthalten. Lägen sie in gestreckter Form vor, wären sie zwischen 1,7 cm und 8,5 cm lang. Für alle Chromosomen zusammen ergibt das eine Strecke von über 2 m. Die Frage ist, wie diese 2 m DNA im Innern eines Zellkerns von lediglich etwa 5 µm Durchmesser Platz finden.

Chromatin. Die DNA aller Eukaryoten ist mit einer Vielzahl von Proteinen verbunden. Dieser DNA-Protein-Komplex wird als *Chromatin* bezeichnet. Das Chromatin kommt während des Zellzyklus in verschiedenen Verpackungszuständen vor, die eng mit der Aktivität des Chromatins zusammenhängen. Die kompakteste Verpackung erfolgt vor der Zellteilung: Die DNA-Moleküle werden in ihrer Transportform als *Chromosomen* sichtbar (→ S. 24). Die unterschiedlichen Verpackungszustände der DNA lassen sich auch experimentell erzeugen. Daraus wurde geschlossen, dass es verschiedene Verpackungsstufen gibt, die aufeinander aufbauen.

Ebenen der DNA-Verpackung. Durch Präparation mit einem Streckungsmittel erscheint im elektronenmikroskopischen Bild als Grundelement des Chromatins eine 10 nm dicke Fibrille, die mit perlschnurartig aufgereihten *Nucleosomen* besetzt ist. Nucleosomen bestehen aus DNA und bestimmten Proteinen, den *Histonen*. Die DNA ist in zwei Windungen um einen kugelförmigen Proteinkern aus acht Histon-Untereinheiten gewunden. An der Außenseite dieser „Perle" ist ein weiteres Histonmolekül angeheftet. Durch diese Form der Verpackung wird die DNA um den Faktor 7 verdichtet.

In der Interphase liegt das Chromatin als Filament von etwa 30 nm Durchmesser vor. Dabei ist die Nucleosomenkette in Form eines Hohlzylinders so aufgewickelt, dass immer sechs Nucleosomen in einer Ebene liegen. Dies sorgt für eine etwa 40fache Verdichtung des Chromatins.

Vor Zellteilungen kondensieren die Chromatinfilamente zu wesentlich kompakteren Strukturen, indem sie sich an bestimmten Stellen an ein Gerüst aus Nicht-Histon-Proteinen im Zellkern anheften und Schleifen bilden. Durch weiteres Verdrillen und Auffalten wird schließlich die Chromatidstruktur eines Metaphase-Chromosoms erreicht. In diesem Zustand hat ein Chromatin-Faden einen Durchmesser von etwa 700 nm. Seine Länge ist von durchschnittlich 5 cm auf nur noch 50 µm geschrumpft. Das entspricht einer Verdichtung um das 10 000fache.

1 Die DNA liegt im Zellkern in unterschiedlichen Verpackungszuständen vor. Nennen Sie die verschiedenen Strukturebenen und erklären Sie, wie sie zustande kommen.

Material – Methode – Praxis: **DNA sichtbar machen**

Um die chemische Zusammensetzung von DNA zu analysieren, muss man sie aus Zellen extrahieren. Am besten eignen sich dafür Küchenzwiebeln (→ S. 26). Sie sind leicht zu beschaffen und können mit haushaltsüblichen Reagenzien aufbereitet werden. Auch Bäckerhefe und Kalbsbries eignen sich für die DNA-Extraktion.

Um Informationen darüber zu gewinnen, in welcher Struktur DNA in der Zelle vorliegt, kann man sie in elektronenmikroskopischen Präparaten sichtbar machen. Durch herkömmliche Präparationsmethoden – wie die Kontrastierung mit Uranylacetat – werden nur relativ grobe Strukturen erkennbar. Eine weitere Möglichkeit der Kontrastierung bietet die *Autoradiographie*: Bei diesem Verfahren belichtet die radioaktiv markierte DNA einen Film. Mit dieser Methode lässt sich der Weg einzelner Moleküle durch die Zelle verfolgen. Auf diese Weise wurde der Verlauf der DNA-Replikation sichtbar (→ Bild unten rechts, → S. 146). Auch komplexe Stoffwechselwege wie der Glucoseabbau und der Calvinzyklus konnten mithilfe von Autoradiographie aufgeklärt werden.

Schließlich lassen sich radioaktiv markierte Nucleinsäure-Abschnitte als Sonden einsetzen, um bekannte, komplementäre DNA-Sequenzen in einem Gewebeschnitt oder einer DNA-Probe aufzuspüren.

DNA-Extraktion aus Zwiebeln

Material: 5 ml Spülmittel, ½ TL Kochsalz, 50 ml Wasser, mittelgroße Zwiebel, Becherglas, Wasserbad (ersatzweise Heizplatte und Kochtopf), Mörser, Trichter, Kaffeefilter oder Papiertuch, Feinwaschmittel, gekühltes Ethanol 98 %, Glasstab

Durchführung: Mischen Sie Wasser, Spülmittel und Salz in einem Becherglas. Schneiden Sie die Zwiebel sehr klein und geben Sie die Zwiebelstücke in die Lösung.

Stellen Sie das Becherglas für 15 Min in ein 60 °C warmes Wasserbad. Kühlen Sie es anschließend einige Minuten in kaltem Wasser. Zerquetschen Sie nun die Zwiebelstücke in einem Mörser, bis ein körniges Mus entsteht. Reiben Sie nicht zu stark, sonst wird zu viel DNA zerrissen. Geben Sie die Mischung in einen Trichter mit Filterpapier. Messen Sie dann 2 bis 3 cm des Filtrats ab und geben Sie einige Körner Feinwaschmittel hinzu. Mischen Sie den Ansatz gut und überschichten Sie ihn vorsichtig mit kaltem Alkohol. Beobachten Sie nun, wie die DNA schlierenartig aus der Alkohollösung ausfällt. Sie können sie mit einem Stab entnehmen.

Autoradiographie

Zur Markierung der DNA werden β-Strahler mit niedriger Energieabgabe verwendet wie Tritium (^3H) oder das Kohlenstoffisotop ^{14}C. Mit diesen radioaktiven Isotopen werden DNA-Nucleotide markiert und dann einer teilungsaktiven Zelle angeboten. Die Zelle baut bei jeder DNA-Verdopplung radioaktive Nucleotide in die neu gebildete DNA ein, die dadurch ebenfalls radioaktiv wird.

Als Nächstes wird ein elektronenmikroskopisches Präparat hergestellt, mit einem strahlungsempfindlichen Film – meist einer flüssigen fotografischen Emulsion – überzogen und für einige Tage oder Wochen abgedunkelt. In dieser Zeit zerfallen die radioaktiven Isotope unter Energieabgabe und belichten so den Film. Nach der Entwicklung sind die bestrahlten Stellen schwarz verfärbt. Die dabei erreichte Auflösung hängt davon ab, welche Isotope man verwendet. Die beste Auflösung lässt sich mit ^3H-markierten Verbindungen erreichen.

1 Erklären Sie, welchen Einfluss bei der DNA-Extraktion die Zugabe von Kochsalz (NaCl) auf die Löslichkeit der DNA hat. Welcher Prozess wird durch das 60 °C warme Wasserbad beschleunigt?

2 Begründen Sie, weshalb man bei der Autoradiographie radioaktive Strahlung mit niedrigem Energiegehalt einsetzt.

☞ Stichworte zu weiteren Informationen

Gensonde, Gendiagnostik, Gelelektrophorese, β-Strahler, Präzisionsdistanzmikroskopie

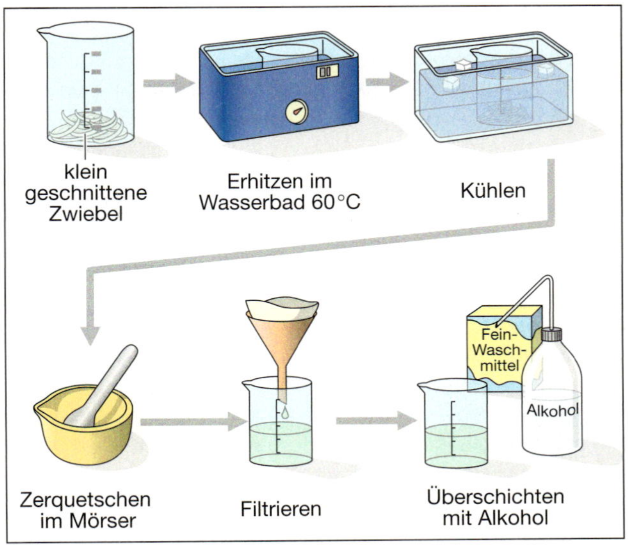

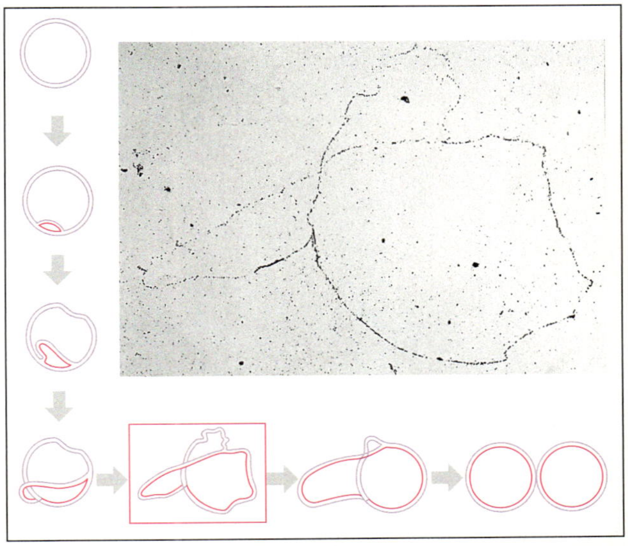

Replikation der DNA

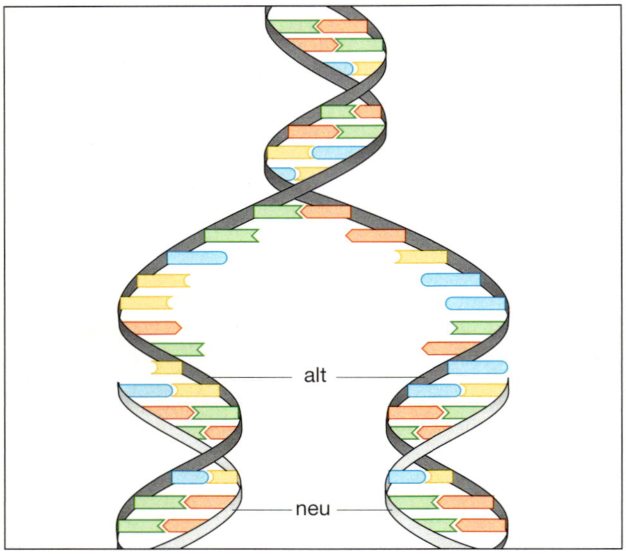

1 *Das Grundprinzip der DNA-Replikation*

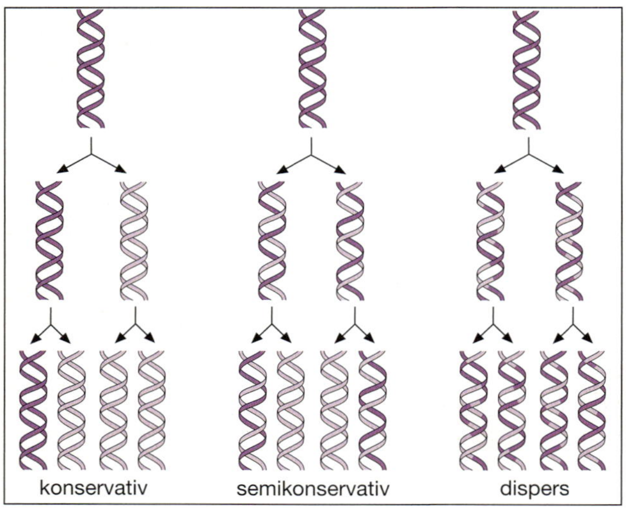

2 *Modelle der DNA-Replikation*

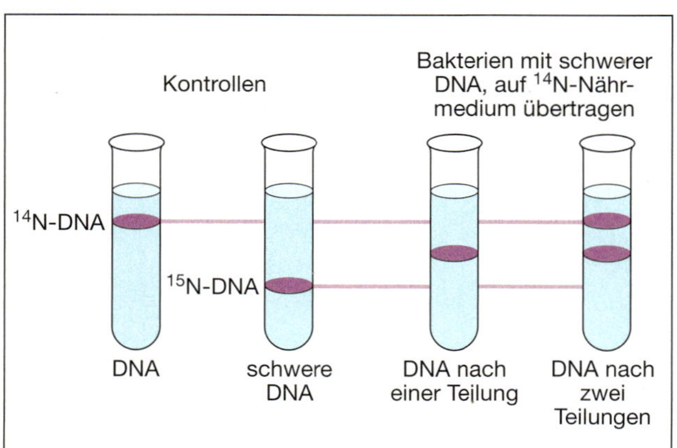

3 *Das Ergebnis des Meselson-Stahl-Experiments*

Bei der Zellteilung wird die gesamte Erbinformation einer Zelle an die nächste Zellgeneration weitergegeben. Damit dabei keine Information verloren geht, wird die Erbsubstanz vorher – ähnlich wie bei einem Kopiervorgang – verdoppelt. Den Prozess bezeichnet man als *identische Verdopplung* oder *Replikation* der Erbinformation.

Das Grundprinzip der Replikation. Die Vervielfältigung der DNA beruht auf dem Prinzip der *komplementären Basenpaarung*. Das hatten WATSON und CRICK bereits 1953 erkannt, als sie ihr DNA-Modell veröffentlichten. Da sich Adenin immer nur mit Thymin und Cytosin mit Guanin verbindet, kann ein DNA-Einzelstrang als *Matrize* für die Bildung des komplementären Strangs dienen. Die beiden komplementären DNA-Stränge trennen sich voneinander, vergleichbar mit dem Öffnen eines Reißverschlusses. An die nun freiliegenden Basen jedes Einzelstrangs lagern sich jeweils Nucleotide mit komplementären Basen an. Die Nucleotide werden miteinander zu Ketten verknüpft. Dadurch entstehen zwei Doppelstränge, deren Basensequenzen *völlig identisch* sind.

Replikationsmodelle. Da die beiden Doppelstränge aus je einem alten und einem neuen Einzelstrang bestehen, wird dieser Replikationsmechanismus als *semikonservativ* bezeichnet. Er entspricht der Modellvorstellung, die WATSON und CRICK entwickelt hatten. Bis allerdings 1957 der Beweis dafür gelang, wurden zwei weitere Modelle diskutiert (→ Bild 2). Man könnte sich ebenso eine *konservative* Replikation vorstellen, bei der das ursprüngliche DNA-Molekül komplett erhalten bleibt. Das Tochtermolekül bestünde dann aus zwei neu gebildeten Strängen. Eine weitere Denkmöglichkeit wäre, dass jeder Strang der beiden neuen Doppelhelices eine Mischung aus alter und neu synthetisierter DNA enthält. In diesem Fall müsste man eine *disperse* Replikation annehmen, bei der die beiden ursprünglichen DNA-Stränge in Bruchstücke zerfallen und nach der Replikation wieder verbunden werden.

Das Meselson-Stahl-Experiment. MESELSON und STAHL ließen E.-coli-Bakterien auf einem Nährboden wachsen, der anstelle von gewöhnlichem Stickstoff (^{14}N) das Isotop ^{15}N enthielt. Die Bakterien bildeten aus diesem schweren Stickstoff ^{15}N-haltige Nucleotidbasen, die bei jeder Replikation in die DNA eingebaut wurden. Auf diese Weise entstanden Bakterien mit schwerer DNA. Danach übertrugen die Forscher die Bakterien auf normales Nährmedium mit ^{14}N. Nach jeder Zellteilung extrahierten sie aus einem Teil der Bakterien die DNA und untersuchten sie mithilfe der *Dichtegradientenzentrifugation* (→ S. 54). Mit dieser Methode lassen sich die verschieden schweren DNA-Sorten unterscheiden. Moleküle derselben, also gleich schweren Sorte lagern sich in derselben Höhe ab und sind als Banden sichtbar.

Enzyme der Replikation. Die Replikation der DNA ist ein kontrollierter Vorgang, der, wie jeder andere Stoffwechselprozess auch, mithilfe von *Enzymen* gesteuert wird (→ S. 65). Dabei unterliegt jeder Teilschritt des Prozesses einer enzymatischen Kontrolle. Zunächst werden die beiden Stränge der Doppelhelix durch das Enzym *Helicase* entwunden und auseinander geschoben. Dabei entsteht eine Y-förmige Struktur, die man als *Replikationsgabel* bezeichnet. Die Nucleotide, die sich spontan an die freien Einzelstränge anlagern, werden von einer *DNA-Polymerase* miteinander verkettet. Alle bisher bekannten DNA-Polymerasen verbinden ein freies Nucleotid immer über dessen Phosphatgruppe mit der OH-Gruppe des 3′-C-Atoms der Desoxyribose. Das bedeutet, dass DNA stets in 5′→3′-Richtung synthetisiert wird. Das hat für die DNA-Replikation zwei Konsequenzen:

Zum einen benötigt die DNA-Polymerase zu Beginn der Replikation ein *Startermolekül* mit einer freien OH-Gruppe, über die das erste Nucleotid gebunden werden kann. Diese Funktion erfüllen kurze *Primer* aus RNA, die vom Enzym *Primase* an beiden Strängen der Replikationsgabel angebracht werden.

Zum anderen ergibt sich daraus, dass der Kopiervorgang nur an einem der beiden Stränge kontinuierlich ablaufen kann. Dort heftet die DNA-Polymerase die Nucleotide jeweils an das 3′-Ende des wachsenden Strangs an, also in derselben Richtung, mit der sich die Replikationsgabel über die DNA-Matrize bewegt. Dieser Strang wird deshalb als *kontinuierlicher Strang* bezeichnet. Am komplementären Strang arbeitet die DNA-Polymerase hingegen in die andere Richtung, also entgegengesetzt der Bewegungsrichtung der Replikationsgabel. Dabei entstehen in 5′→3′-Richtung zunächst DNA-Stücke von 100 bis 200 Nucleotiden Länge, die nach ihrem Entdecker als *Okazaki-Fragmente* bezeichnet werden. Die Fragmente werden anschließend – in 3′→5′-Richtung – durch das Enzym *DNA-Ligase* miteinander verknüpft. Da an diesem Gabelast das Wachstum nicht durchgehend erfolgt, bezeichnet man ihn als *diskontinuierlichen Strang*.

Eigenschaften des Replikationsvorgangs. Die Replikation eines DNA-Moleküls beginnt an spezifischen Stellen, den *Replikationsursprüngen*. Bakterielle Chromosomen enthalten nur einen Replikationsursprung. Bei Eukaryoten weist ein DNA-Molekül Hunderte solcher Startpunkte auf.

Die *Geschwindigkeit* der Replikation beträgt beim Menschen etwa 50 Nucleotide pro Sekunde, bei Bakterien sogar 500 Nucleotide pro Sekunde. E. coli kann seine DNA, die 5 Millionen Nucleotidpaare umfasst, in einer Stunde verdoppeln.

Ebenso beeindruckend wie die Geschwindigkeit ist die *Präzision*, mit der die Verdopplung der DNA erfolgt. Statistisch unterläuft einer DNA-Polymerase beim Anfügen von 10^6 bis 10^8 Nucleotiden nur ein Fehler. Diese Kopiergenauigkeit ist die Voraussetzung dafür, dass die genetische Information eines Organismus weitgehend unverändert erhalten bleibt. Wenn bei der Replikation eine chemisch ähnliche oder eine nichtkomplementäre Base in den DNA-Folgestrang eingebaut wird, kann eine *Punktmutation* entstehen (→ S. 158).

Korrektur von Replikationsfehlern. Enzymatische Prozesse sorgen während und nach der Replikation dafür, dass Fehlpaarungen in der fertigen DNA nur mit einer *Häufigkeit von 1 : 10 000 000* auftreten. Die *DNA-Polymerase* arbeitet sehr präzise. Während der Polymerisation der Nucleotidkette überprüft sie, ob sich zwischen dem angelagerten Nucleotid und der Base des Matrizenstrangs Wasserstoffbrücken ausbilden. In der Regel werden nur komplementäre Basen eingebaut.

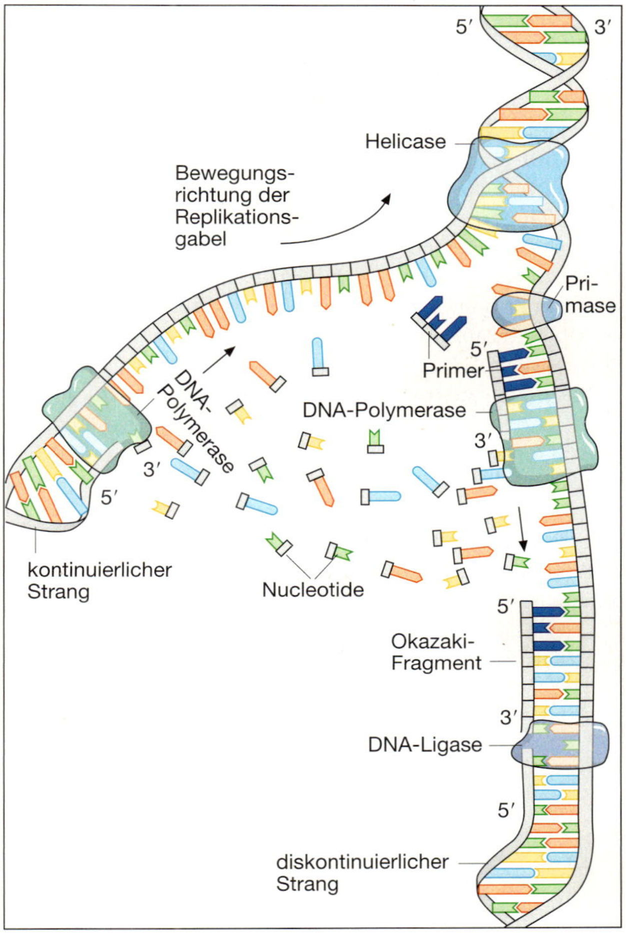

1 Ablauf der Replikation

Gleichzeitig erfüllt die DNA-Polymerase eine Art Korrekturlesefunktion. Wird dennoch ein falsches Nucleotid eingebaut, so behindert dies das Weitergleiten des Moleküls zur nächsten Bindungsstelle. In diesem Fall kann die DNA-Polymerase auch als *Exonuclease* fungieren: Sie trennt das fehlgepaarte Nucleotid vom wachsenden Ende der DNA-Kette ab und die richtige Base kann sich anlagern.

Fehler in der DNA können jedoch auch im Nachhinein entstehen, zum Beispiel durch Umwelteinflüsse wie Chemikalien, UV-Licht oder radioaktive Strahlung. Die Zelle verfügt über ein System verschiedener Reparaturenzyme um solche DNA-Schäden in den meisten Fällen auszugleichen.

1 Erläutern Sie, welche DNA-Sorten nach den ersten beiden Teilungen im Meselson-Stahl-Experiment vorliegen. Welche Banden und DNA-Sorten erwarten Sie nach der dritten Teilung der Bakterien? Begründen Sie, weshalb das Ergebnis der Hypothese widerspricht, der Replikation könnte ein konservativer Mechanismus zugrunde liegen.

2 Nicht alle Fehlpaarungen bei der Replikation der DNA werden korrigiert. Diskutieren Sie die biologische Bedeutung.

Material – Methode – Praxis: **Analyse von DNA**

Die Ermittlung der Nucleotidsequenz von DNA gehört zu den wichtigsten Zielen moderner Genforschung. Je nach Anwendung werden dabei kurze DNA-Abschnitte, Gene oder ganze Genome untersucht. Fast alle gentechnischen Verfahren beruhen auf der Kenntnis der Nucleotidsequenz von Organismen (→ S. 190). In der Medizin dienen diese Analysen zum Beispiel der Diagnose von Krankheiten und der Identifizierung von Krankheitserregern. Darüber hinaus ermöglicht die DNA-Analyse die Täterschaft verdächtiger Personen festzustellen. Sie wird jedoch auch in der biologischen und paläontologischen Forschung benutzt, um Verwandtschaftsverhältnisse zwischen Organismengruppen und den Verlauf evolutionärer Prozesse zu rekonstruieren (→ S. 261).

Für die Sequenzanalyse reicht ein einziges DNA-Molekül nicht aus, es werden Tausende von Kopien benötigt. Im Prinzip lassen sich DNA-Moleküle beliebiger Herkunft durch Genklonierung in Bakterien vervielfältigen (→ S. 194). Das Verfahren ist aber verhältnismäßig aufwändig und langwierig. Mithilfe der *Polymerase-Kettenreaktion* ist es möglich, DNA-Sequenzen in kurzer Zeit *millionenfach* zu kopieren. Für die Analyse wird die DNA zunächst enzymatisch in geeignete Bruchstücke zerlegt (→ S. 195). Die unterschiedlich langen Bruchstücke lassen sich durch *Gelelektrophorese* auftrennen und sortieren. Die Nucleotidsequenzen dieser Teilstücke können anschließend bestimmt werden.

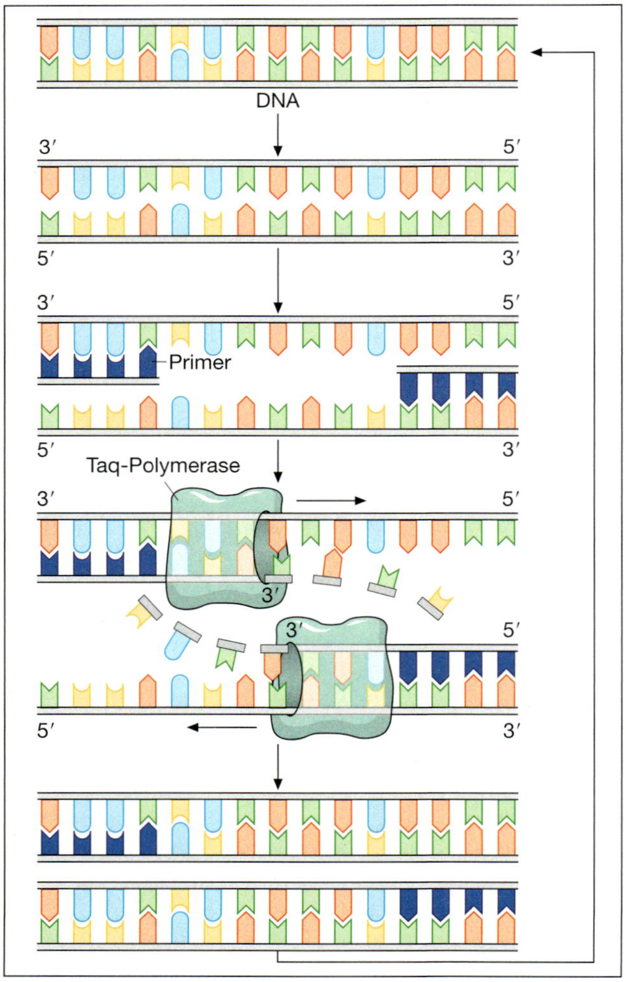

Polymerase-Kettenreaktion (PCR)

Die Vorgänge bei der Vervielfältigung einer DNA durch die Polymerase-Kettenreaktion (PCR für engl.: *polymerase chain reaction*) sind der natürlichen Replikation sehr ähnlich. Die Reaktion läuft in Zyklen aus drei Schritten ab, die mehrfach wiederholt werden: Denaturierung, Hybridisierung, Polymerisation. Dadurch wird die Ausgangsmenge an DNA exponentiell vervielfältigt. Bei der PCR werden künstlich hergestellte Primer aus 15 bis 30 Nucleotiden verwendet, die zu den Enden des zu vervielfältigenden DNA-Abschnitts komplementär sind. Dessen Sequenz muss daher bereits bekannt sein. Um die Replikation an beiden Strängen gleichzeitig zu starten, setzt man ein gegenläufig orientiertes Primerpaar ein.

Denaturierung der DNA. Durch Erhitzen auf Temperaturen von etwa 90–100 °C wird die Matrizen-DNA „geschmolzen", das heißt, die Wasserstoffbrückenbindungen lösen sich und es entstehen DNA-Einzelstränge.

Hybridisierung. Beim Abkühlen des Reaktionsgemischs auf etwa 50 °C binden die synthetischen Primer an die komplementären Sequenzen der Matrizen-DNA.

Polymerisation. Vom 3′-Ende der Primer ausgehend wird zu jeder Matrizen-DNA durch DNA-Polymerase der Komplementärstrang synthetisiert. Dabei wird vor allem die hitzestabile *Taq-Polymerase* verwendet, die ein ungewöhnliches Temperaturoptimum von 72 °C besitzt. Dieses Enzym wurde aus dem thermophilen Archaebakterium *Thermus aquaticus* isoliert, das in heißen Quellen lebt (→ S. 70). In der Regel reichen 20 bis 30 PCR-Zyklen aus um eine für die weitere Analyse ausreichende DNA-Menge zu gewinnen.

Für die PCR werden *Thermocycler* verwendet. Diese Geräte steuern die Versuchsbedingungen automatisch, wobei die jeweilige Temperatur, die Zeit pro Reaktionsschritt und die Anzahl der Zyklen programmierbar sind.

Gelelektrophorese

Die *Gelelektrophorese* ist ein Verfahren zur Auftrennung von Makromolekülen wie Proteinen und Nucleinsäuren und deren Bruchstücken. Es beruht darauf, dass Moleküle entsprechend ihrer Größe und ihrer Ladung in einem elektrischen Feld gerichtet und unterschiedlich schnell wandern. Als Medium dient hierbei ein Gel aus einer polymerisierbaren Substanz, zum Beispiel dem Polysaccharid Agarose. In der Elektrophoresekammer taucht das Gel an beiden Enden in eine Pufferlösung ein, an die über Elektroden eine elektrische Spannung angelegt wird. Das Gel wirkt wie ein Molekularsieb, in dem große Moleküle mit geringer Ladung langsam, kleinere Moleküle mit höherer Ladung hingegen schnell wandern. Das Gemisch trennt sich dadurch in Banden auf, die durch Färbung oder Markierungsverfahren sichtbar gemacht werden können.

Sequenzierung von DNA
Es gibt verschiedene Methoden, um die Nucleotidabfolge eines DNA-Moleküls zu bestimmen. Das hier vorgestellte Verfahren von SANGER beruht darauf, dass die Replikation von DNA mithilfe von künstlich modifizierten Nucleotiden basenspezifisch abgebrochen wird. Dadurch entstehen DNA-Teilstränge von unterschiedlicher Länge. Aus deren Auftrennung durch Gelelektrophorese lässt sich dann auf die Basensequenz der DNA-Matrize rückschließen. Die abgewandelten (Di-desoxy-) Nucleotide tragen am 3′-Kohlenstoffatom keine OH-Gruppe (→ S. 142). Werden sie in die DNA-Kette eingebaut, so verhindert dies das Anfügen des nächsten Nucleotids, und die DNA-Synthese bricht ab.

Zunächst wird die DNA durch Denaturierung in Einzelstränge gespalten, die man dann mit radioaktiv markierten Primern hybridisiert. Die Probe wird auf vier Reagenzgläser verteilt. Jeder Ansatz enthält die vier DNA-Nucleotide und eine geringe Menge je eines der modifizierten Nucleotide. DNA-Polymerasen katalysieren in 5′→3′-Richtung die Synthese der komplementären Stränge. Intakte und modifizierte Nucleotide werden zufällig eingebaut, sodass die Replikation entweder durchläuft oder an einer bestimmten Stelle der Sequenz abbricht. In jedem Ansatz bilden sich also unterschiedlich lange DNA-Stränge.

Die DNA-Stränge aus den vier Ansätzen werden durch parallele Gelelektrophorese aufgetrennt. Da die Primer radioaktiv markiert sind, lassen sich die Banden durch Autoradiographie leicht sichtbar machen (→ S. 145). Aus dem Vergleich der vier Bandenreihen kann man die Basensequenz direkt ablesen. Sie ist komplementär zur Sequenz der DNA-Matrize.

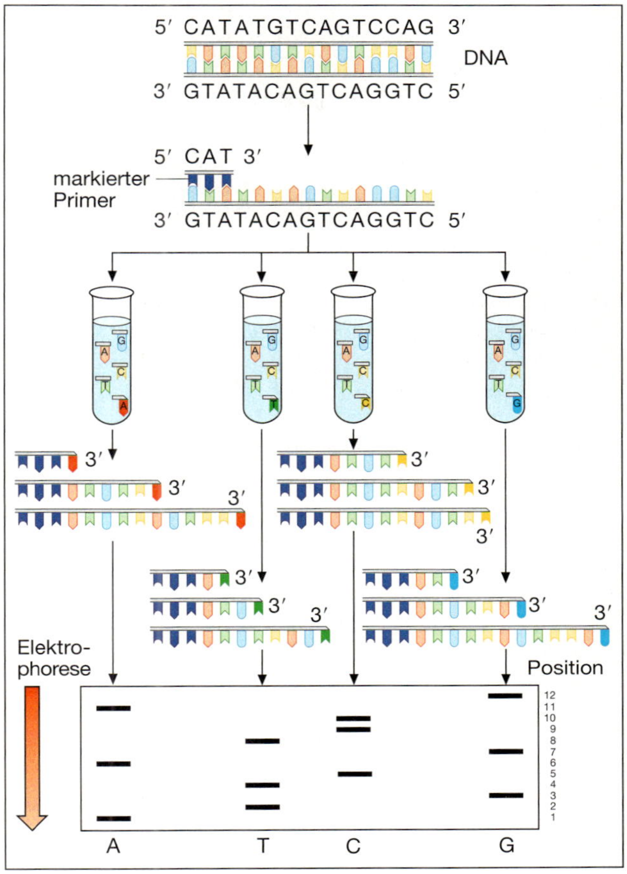

Modellversuch zur Sequenzanalyse von DNA
Material: Perlen in vier verschiedenen Farben, Schnüre
Durchführung: Die vier verschiedenfarbigen Perlen symbolisieren die vier Nucleotid-Bausteine der DNA. Fertigen Sie 40 identische Perlenketten mit einer bestimmten Reihenfolge aus 13 Perlen. Die identischen Ketten entsprechen Kopien einer bestimmten DNA-Sequenz. Jede Perle sollte mit einem Knoten fixiert werden. Markieren Sie jeweils den Anfang der Kette. Reihen Sie nun je 10 Ketten zu einem Perlenvorhang auf. Schneiden Sie in jedem der vier Vorhänge die Perlenketten jeweils einmal hinter einer Perle mit einer bestimmten Farbe durch. Wählen Sie dabei für jeden Vorhang eine andere Perlenfarbe (→ Bild rechts). Mischen Sie alle Kettenstücke und ordnen Sie sie anschließend der Länge nach. Rekonstruieren Sie die ursprüngliche Reihenfolge der Perlen in den Ketten.

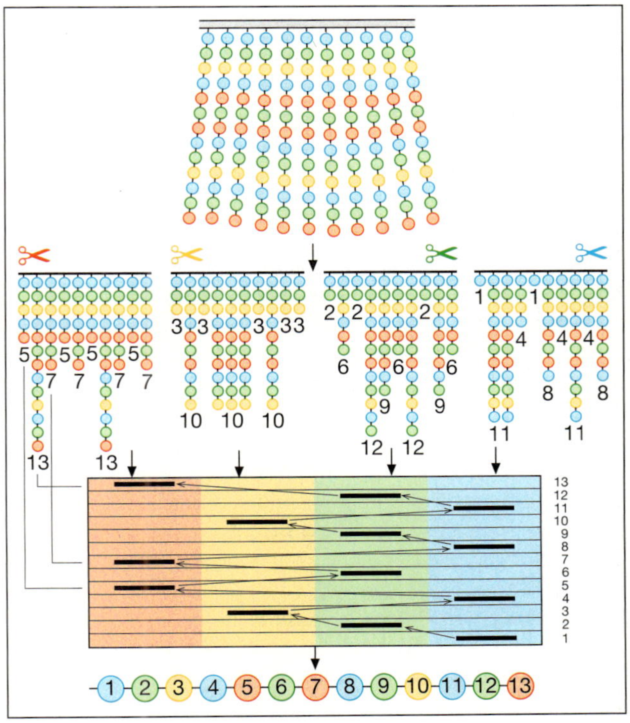

1 Berechnen Sie die DNA-Menge nach 30 PCR-Zyklen.
2 Wie würde sich die Verwendung einer normalen DNA-Polymerase im PCR-Verfahren auswirken? Erläutern Sie.
3 Erschließen Sie aus dem Autoradiogramm im Bild oben die Basensequenz der DNA-Probe.

☞ Stichworte zu weiteren Informationen
Humangenomprojekt, Gensonden, DNA-Fingerprinting

Bakterien und Viren in der molekulargenetischen Forschung

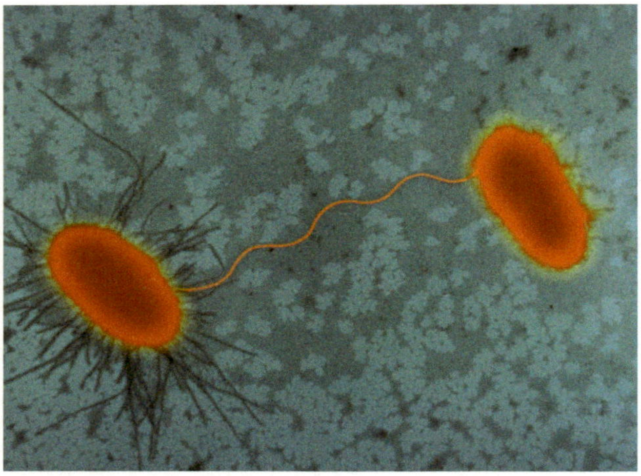

1 Ein Bakterium heftet sich am Konjugationspartner fest.

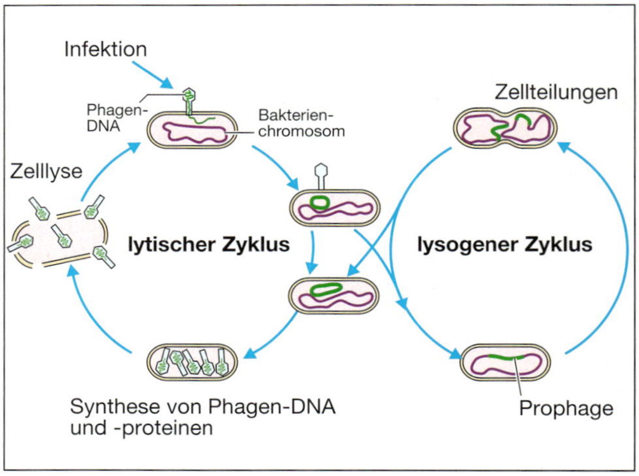

2 Lytischer und lysogener Phagenzyklus

Die wichtigsten Erkenntnisse der Molekularbiologie wurden an *Bakterien* und *Viren* gewonnen (→ S. 56, 57). Diese einfachen biologischen Systeme eignen sich als *Modellorganismen*, an denen sich grundlegende molekulare Mechanismen gut untersuchen lassen.

Konjugation und Rekombination bei Bakterien. Bakterien vermehren sich durch *Zweiteilung*. Dabei entstehen genetisch identische Individuen. Unter bestimmten Bedingungen kommt es – unabhängig von Vermehrungsvorgängen – zu DNA-Übertragung zwischen Bakterien derselben oder auch verschiedener Arten. Dabei fungiert eine Zelle als Spender, die andere als Empfänger. Die Spenderzelle heftet sich mit Proteinfäden, so genannten *Sexpili*, am Konjugationspartner fest. Dann bilden die beiden Zellen eine Plasmabrücke aus, über die DNA von der F^+-Zelle zur F^--Zelle gelangt. Den Vorgang bezeichnet man als *Konjugation*.

F^+-Zellen verfügen über ein so genanntes *F-Plasmid* (F steht für Fruchtbarkeit). Auf diesem extrachromosomalen DNA-Ring liegen Gene, die der Zelle ermöglichen Sexpili zu bilden, F^--Zellen zu erkennen und eine Plasmabrücke herzustellen. Bei der Konjugation wird das vorher replizierte F-Plasmid an die F^--Zelle übertragen, die dadurch zur F^+-Zelle wird. Bei *Hfr-Zellen* (von engl.: *high frequency of recombination*) ist das F-Plasmid in das Chromosom integriert. Bei einer Konjugation werden nicht nur die Fertilitätsgene repliziert und in die Empfängerzelle eingeschleust, sondern auch chromosomale DNA. Da die Zellverbindung bei zufälligen Bewegungen der Konjugationspartner leicht abbricht, gelangen meist nur Teile des Spender-Genoms in die Empfängerzelle. Wenn die übertragene DNA gegen die entsprechenden Bereiche des Empfängerchromosoms ausgetauscht wird, tragen die Nachkommen der Empfängerzelle Gene aus zwei unterschiedlichen Zellen. Man spricht von *Rekombination*.

Vermehrung von Bakteriophagen. Bakteriophagen bestehen aus einer kompliziert gebauten Eiweißhülle und einem aufgewickelten Nucleinsäurefaden aus DNA (→ S. 57). Wie alle Viren sind auch Bakteriophagen hoch spezialisiert: Sie vermehren sich nur in Bakterien. Dabei lassen sich zwei Reproduktionswege unterscheiden:

Ein *virulenter* Phage heftet sich an die Zellwand seines Wirts und injiziert seine DNA in die Bakterienzelle. Die leere Proteinhülle bleibt auf der Oberfläche zurück. Die DNA des Phagen bewirkt zunächst die Zerstörung des Bakterienchromosoms und übernimmt dann die Kontrolle über den Stoffwechsel der Zelle. Aus den Nucleotiden der abgebauten Wirts-DNA werden Kopien der Phagen-DNA hergestellt. Daraufhin synthetisiert die Zelle Phagenhüllproteine. Aus diesen Teilstücken fügen sich meist spontan neue, infektiöse Phagen zusammen. Das auf Anweisung der Phagen-DNA hergestellte Enzym Lysozym löst die Bakterienzellwand auf und 100 bis 200 neue Phagen treten aus. Diesen Vermehrungsweg bezeichnet man als *lytischen Zyklus*. Er hat den Tod der Wirtszelle zur Folge.

Bei *temperenten* Phagen führt die Infektion nicht immer zur Zerstörung der Wirtszelle. Sie können sich auch im so genannten *lysogenen Zyklus* vermehren. Dabei wird die injizierte Phagen-DNA als inaktiver *Prophage* in das Bakterienchromosom eingebaut. Bei jeder Zellteilung wird die Phagen-DNA zusammen mit der Bakterien-DNA verdoppelt. Auf diese Weise gelangt sie in sämtliche Abkömmlinge der Bakterienzelle. Spontan oder ausgelöst durch äußere Einflüsse wird die „schlummernde" Phagen-DNA irgendwann aus dem Chromosom herausgeschnitten und ein lytischer Zyklus beginnt.

Transduktion. Manchmal kommt es beim Herausschneiden der Phagen-DNA dazu, dass Teile des Bakterienchromosoms mit ausgeschnitten werden. Die neu gebildeten Phagen übertragen dann bei Infektionen bakterielle DNA. Dies bezeichnet man als *Transduktion*. Mitunter wird sogar ausschließlich Bakterien-DNA in die neue Phagenhülle verpackt. Solche Phagen sind defekt: Sie können zwar Bakterien befallen und „ihre" Bakterien-DNA übertragen, danach kommt es aber nicht zu einer weiteren Vermehrung der Phagen.

Beide Vorgänge werden zur Genkartierung von bakteriellen Chromosomen genutzt.

Material – Methode – Praxis: **Versuche mit Bakterien**

Bakterien zählen zu den wichtigsten Untersuchungsobjekten der Genetik. Sie kommen fast überall vor und vermehren sich sehr schnell, sodass rasch auf Folgegenerationen zugegriffen werden kann. Zudem wirken sich genetische Veränderungen sofort aus, da die Erbinformation im bakteriellen Genom nur einfach enthalten ist.

Experimentelles Arbeiten setzt voraus, dass das untersuchte Objekt bekannt ist. Für Schulversuche sollten Reinkulturen gesundheitlich unbedenklicher Bakterien von einem mikrobiologischen Institut bezogen werden.

Sterilisieren

Um zu verhindern, dass unerwünschte Bakterienarten in die Versuchsansätze gelangen, müssen die verwendeten Geräte und Substanzen vor jedem Versuch sterilisiert werden. Glas- und Metallgeräte erhitzt man im Trockenschrank 3 Stunden lang bei etwa 220 °C. Reagenzgläser sollten vor dem Sterilisieren mit Alufolie locker verschlossen werden, damit nach dem Sterilisieren keine Bakterien aus der Luft hineingelangen können. Lösungen und Nährböden werden in einem Überdruckgerät, dem *Autoklaven*, für etwa 20 min auf 120 °C erhitzt. Wenn man ersatzweise dafür einen Schnellkochtopf verwendet, dürfen die Gefäße nur halb gefüllt sein, da die Flüssigkeiten sonst überkochen! Glasspatel sollten vor jeder Verwendung in 96%igen Alkohol getaucht und kurz abgeflammt werden. Nach den Versuchen werden Platten und Bakterienkulturen im hitzestabilen Polypropylenbeutel autoklaviert und dann wie Hausmüll entsorgt. Grundsätzlich sind beim Umgang mit Bakterien mikrobiologische Arbeitsvorschriften und Sicherheitshinweise zu beachten.

Übernachtkultur

Material: Bakterienkultur, 100 ml Erlenmeyerkolben, 10 ml Nährmedium, Wasserbad, sterile Ausstrichöse

Durchführung: Eine Probe der Bakterienkultur wird mithilfe der Ausstrichöse in einen Erlenmeyerkolben mit Flüssigmedium übertragen und für 12 bis 24 Stunden im Wasserbad bei 30 °C bebrütet. Die Bakterien vermehren sich unter diesen Bedingungen so schnell, dass die Kulturflüssigkeit nach einigen Stunden deutlich getrübt ist. Da der Versuch meist über Nacht läuft, spricht man von einer *Übernachtkultur*. Die Konzentration der Bakterien – der *Titer* – kann nach 24 Stunden in der Größenordnung von 10^9 pro ml liegen.

Titerbestimmung

Material: Übernachtkultur, Reagenzgläser, sterile Pipetten (5 × 0,1 ml; 3 × 1 ml; 1 × 10 ml), Nährbodenplatten, Verdünnungslösung, Glasspatel, Brutschrank

Durchführung: Zunächst stellt man aus der Übernachtkultur durch Zugabe steriler Verdünnungsflüssigkeit eine Verdünnungsreihe bis zum Verdünnungsfaktor 10^{-7} her (→ Bild oben). Von den drei am stärksten verdünnten Lösungen (Faktor 10^{-5} bis 10^{-7}) werden je 0,1 ml mit frischen Pipetten abgenommen und mit dem abgeflammten Glasspatel auf Vollmedium gleichmäßig verteilt. Die Bakterien wachsen auf den drei Platten über Nacht bei 30 °C. Dabei geht jede Kolonie auf ein einzelnes Bakterium zurück. Zum Auszählen werden die Petrischalen geschlossen mit dem Boden nach oben gelegt und jede Kolonie mit einem Filzschreiber durch einen Punkt markiert.

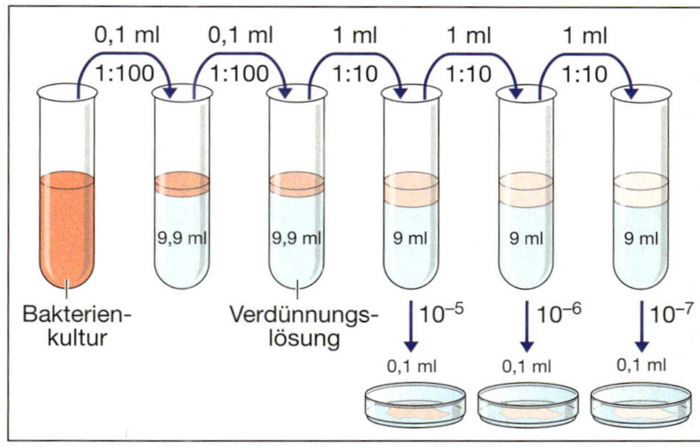

Aufstellen einer Bakterienwachstumskurve

Material: Übernachtkultur, 100-ml-Erlenmeyerkolben, Nährmedium, Reagenzgläser, sterile Pipetten, Nährbodenplatten, Verdünnungslösung, Glasspatel, Brutschrank

Durchführung: 1 ml der um den Faktor 10^{-2} verdünnten Übernachtkultur wird im Erlenmeyerkolben mit 9 ml flüssigem Vollmedium bebrütet. Alle 30 Minuten wird geschüttelt, 0,1 ml entnommen und der Titer bestimmt. Günstig ist eine Beobachtungszeit von 5 bis 6 Stunden.

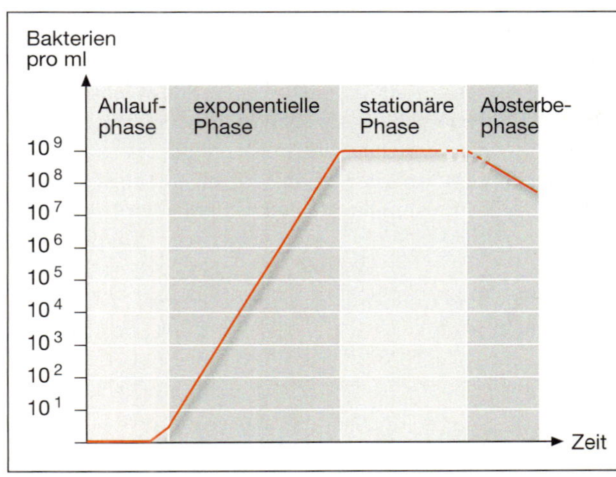

1 Berechnen Sie unter Berücksichtigung des Verdünnungsfaktors und der Probengröße von 0,1 ml den Titer der unverdünnten Bakterienkultur und der entnommenen Proben.

2 Stellen Sie den Anstieg des Titers in Abhängigkeit von der Zeit grafisch dar! Tragen Sie in einer zweiten Grafik den Titer logarithmisch gegen die Zeit auf. Welchen Vorteil bietet eine solche Darstellung?

☞ Stichworte zu weiteren Informationen

Stempelmethode, Fluktuationstest, Mangelmutanten

Vom Gen zum Merkmal

Als gegen Ende des 19. Jahrhunderts das Konzept der *Gene* eingeführt wurde, wussten die Forscher noch nichts über deren stoffliche Grundlage. Ihre Existenz wurde aus dem Auftreten sich nicht vermischender Merkmale, so genannter *Phäne*, in Erbgängen geschlossen (→ S. 170). Gene waren also ursprünglich reine Gedankenkonstrukte.

Anfang des 20. Jahrhunderts konnte der Embryologe MORGAN erstmals die Vererbung eines bestimmten Merkmals einem Chromosom zuordnen. Damit wurden Gene zu materiellen Einheiten, zu definierten *Abschnitten von Chromosomen*. Wenig später gelang es sogar, durch Röntgenbestrahlung bei Taufliegen Mutationen auszulösen und dadurch veränderte Merkmale zu erzeugen. Man erkannte, dass Gene im Zusammenwirken mit Umwelteinflüssen die Herausbildung aller Merkmale steuern, die gemeinsam den *Phänotyp* ausmachen.

Ein-Gen-ein-Enzym-Hypothese. In den folgenden Jahrzehnten gingen die Wissenschaftler der Frage nach, wie die in den Chromosomen gespeicherten genetischen Informationen sich auf die Merkmale auswirken. Der britische Arzt GARROD hatte schon 1909 die Vermutung geäußert, dass Gene die Bauanleitung für *Enzyme* enthalten. Erbliche Stoffwechselkrankheiten kämen demnach dadurch zustande, dass die Betroffenen bestimmte Enzyme nicht herstellen können. Vierzig Jahre später formulierten die Amerikaner BEADLE und TATUM die *Ein-Gen-ein-Enzym-Hypothese*. Aus Versuchen mit dem Schimmelpilz Neurospora schlossen sie, dass *ein Gen* die Herstellung *eines spezifischen Enzyms* bewirkt.

Phenylketonurie. Die Aminosäure Phenylalanin wird im menschlichen Körper durch das Enzym Phenylalaninhydroxylase in die Aminosäure Tyrosin umgebaut. Bei einer der häufigsten genetisch bedingten Stoffwechselerkrankungen, der *Phenylketonurie* (PKU), ist dieser Stoffwechselschritt blockiert. Entweder fehlt das Enzym völlig oder seine Struktur ist defekt, sodass es die Reaktion nur ungenügend katalysiert. Dadurch kommt es zu einem erhöhten Phenylalaninspiegel bei gleichzeitigem Tyrosinmangel. Phenylalanin wird dann auf Stoffwechselnebenwegen zu Phenylbrenztraubensäure, Phenylessigsäure und Phenylmilchsäure umgebaut. Diese Stoffwechselprodukte beeinträchtigen die Gehirnentwicklung. Schwere geistige Behinderungen sind die Folge.

Im Mutterleib ist das Kind noch durch die Enzyme der Mutter vor den Folgen der Krankheit geschützt. Nach der ersten Milchnahrung kommt es jedoch zu einem Anstieg des Phenylalaninspiegels. Dieser lässt sich aus einem Tropfen Blut des Säuglings ermitteln – ein Test, der in Deutschland routinemäßig durchgeführt wird. Eines von 10 000 Neugeborenen ist betroffen. Die Kinder entwickeln sich körperlich und geistig normal, wenn sie eine phenylalaninarme und tyrosinreiche Kost erhalten.

Genwirkkette. Phenylalanin ist das Ausgangssubstrat für weitere Stoffwechselprozesse, bei denen so wichtige Stoffe wie das Pigment *Melanin* und das Schilddrüsenhormon *Thyroxin* entstehen. Überschüssiges Tyrosin wird über Homogentisinsäure zu CO_2 und Wasser abgebaut. Jeder Stoffwechselschritt wird von einem bestimmten Enzym katalysiert, für dessen Herstellung jeweils ein bestimmtes Gen codiert. Die Abfolge dieser voneinander abhängigen, gengesteuerten Stoffwechselreaktionen wird als *Genwirkkette* bezeichnet. Mutationen der einzelnen Gene unterbrechen die Wirkkette an verschiedenen Stellen. Unterschiedliche Stoffwechseldefekte sind die Folge: Der blockierte Abbau von Homogentisinsäure führt zu *Alkaptonurie*, einer Schwarzfärbung des Harns. Melaninmangel bewirkt *Albinismus*, einen Farbstoffmangel in Haut, Haaren und Augen. Der als *Hypothyreose* bezeichnete Thyroxinmangel hat Kretinismus und schwere Wachstumsschäden zur Folge. An dieser Genwirkkette konnte gezeigt werden, dass Gene über die Bildung von Enzymen die Ausprägung von Merkmalen steuern.

Polyphänie. Einzelne Gene beeinflussen häufig nicht nur ein Merkmal. Indem sie in die unterschiedlichsten physiologischen Vorgänge eingreifen, können sie sich in mehreren Merkmalen äußern. Solche Gene wirken *polyphän*. Bei Phe-

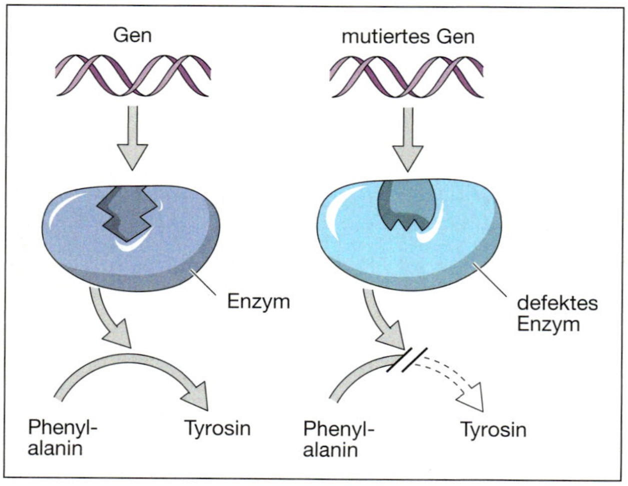

1 Phenylalaninstoffwechsel. Ist das Enzym Phenylalaninhydroxylase durch Mutation verändert, entsteht kein Tyrosin.

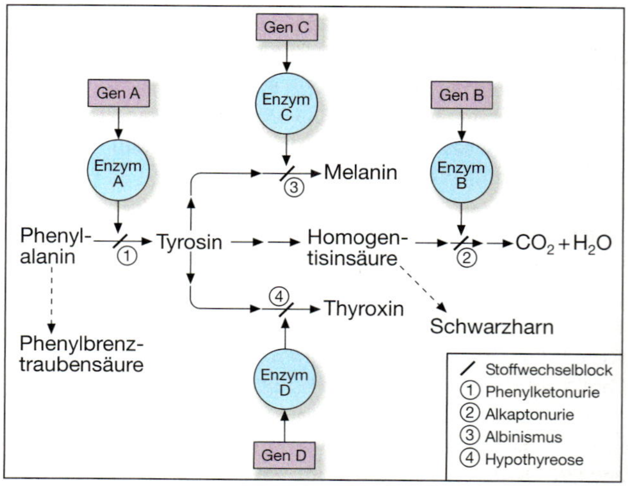

2 Verschiedene Mutationen können die Genwirkkette des Phenylalaninstoffwechsels unterbrechen.

nylketonurie führt der Ausfall des ersten Enzyms der Genwirkkette dazu, dass neben dem Hauptsymptom, der Schädigung von Nervenzellen, Albinismus-Kennzeichen auftreten, also helle Haut, helle Haare und eine helle Augenfarbe.

Polygenie. Die meisten physiologisch-morphologischen Merkmale beruhen auf dem Zusammenspiel mehrerer Erbanlagen, sie werden *polygen* vererbt. Dies gilt besonders für komplexe Merkmale wie Hautfarbe, Haarfarbe, Körpergestalt oder -größe. Grundsätzlich lassen sich zwei Wirkmechanismen unterscheiden. Kommt ein Merkmal nur dann zustande, wenn alle beteiligten Gene zusammenwirken, spricht man von *komplementärer Polygenie*; bei *additiver Polygenie* summieren sich die Wirkungen mehrerer Gene, sodass kontinuierliche Abstufungen des Merkmals entstehen.

Die *Blutgerinnung* ist von einer Vielzahl von Faktoren abhängig, die auf eine entsprechende Anzahl von Genen zurückgeführt werden. Fällt ein Gen mit Schlüsselfunktion aus, kommt es zur Unterbrechung der Gerinnungskaskade. Das gesamte Merkmal, die Fähigkeit zur Blutgerinnung, fällt aus. Die häufigste Form der *Bluterkrankheit*, Hämophilie A, beruht auf einem Defekt des Gerinnungsfaktors VIII. Fällt dieser Cofaktor aus, führt dies zu extrem verlängerten Blutgerinnungszeiten von mehr als 15 Minuten. Vor allem innere Blutungen kommen dann entweder nur stark verzögert oder gar nicht zum Stillstand. Hämophilien sind Beispiele für komplementäre Polygenie.

Additive Polygenie liegt bei der *Vererbung der Hautfarbe* vor. Die Hautfarbe hängt von der Aktivität der Pigment bildenden Zellen ab, den *Melanocyten*. UV-Strahlung regt die Pigmentbildung in den Melanozyten an. Das Ausmaß, in dem dies geschieht, aber auch der Pigmentierungsgrad ohne Sonneneinstrahlung sind überwiegend genetisch verursacht. Zwischen den einzelnen Ausprägungen bei verschiedenen Individuen gibt es fließende Übergänge. Das lässt sich am besten erklären, wenn man annimmt, dass mehrere Gene mit geringer spezifischer Wirksamkeit zusammenwirken und sich bei der Ausbildung des Merkmals gegenseitig verstärken.

Am besten sind die Abstufungen der Hautfarbe bei Afroamerikanern untersucht. Man geht davon aus, dass mindestens drei Gene additiv zusammenwirken, die unabhängig voneinander vererbt werden. Bei allen drei Genen sind die Allele für die dunkle Färbung (ABC) unvollständig dominant über die Allele für die helle Färbung (abc). Die Nachkommen eines Paares, das für alle drei Gene heterozygot ist (AaBbCc), verteilen sich mit unterschiedlicher Häufigkeit auf die sieben Varianten, die auftreten können (→ Bild 2).

Die tatsächliche Verteilung wird noch durch Umwelteinflüsse wie die Sonnenbestrahlung beeinflusst. Das Beispiel zeigt jedoch modellhaft, wie additive Polygenie zu einem Kontinuum von Phänotypen in einer Population führt.

1 Formulieren Sie eine molekulargenetische Definition für den Begriff des Gens.

2 Begründen Sie, weshalb die Blutgerinnung auf komplementärer Polygenie beruht.

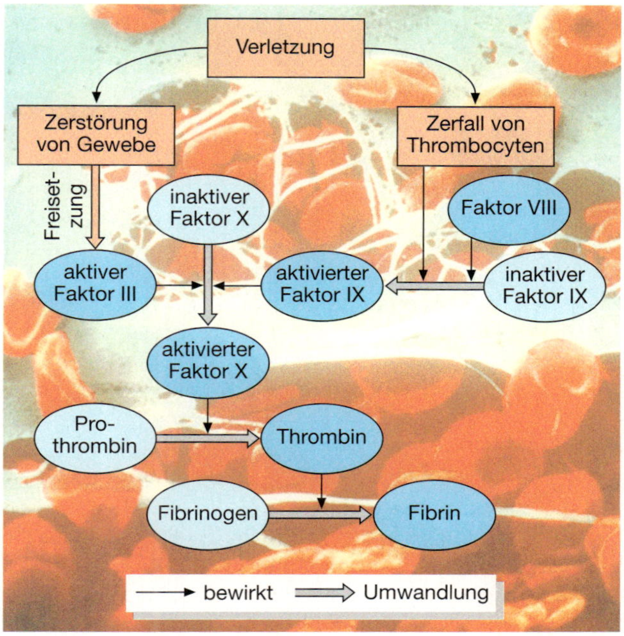

1 *Blutgerinnung – ein komplementär polygenes Merkmal*

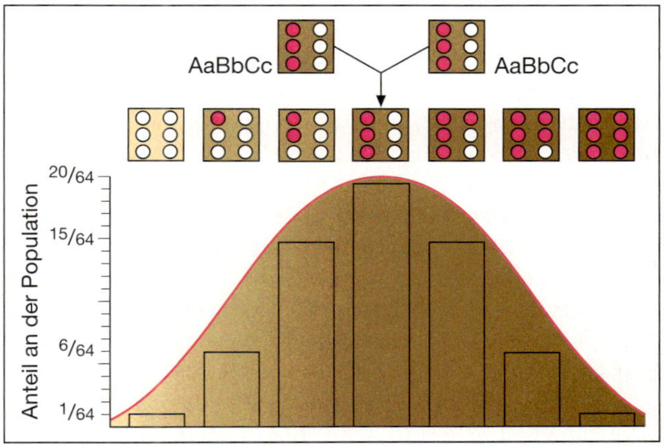

2 *Modell für die additiv polygene Vererbung der Hautfarbe*

3 *Durch additive Polygenie entsteht ein Kontinuum an Phänotypen in einer Population.*

Von der DNA zum Protein

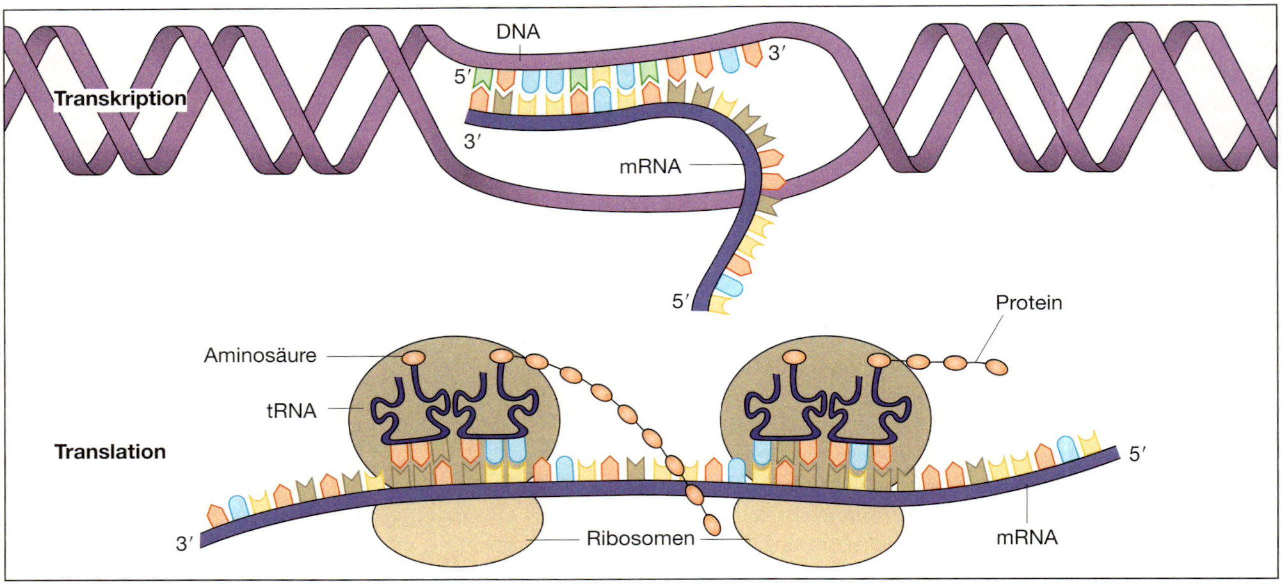

1 Vereinfachtes Schema des Wegs von der DNA zum Protein

Die Basensequenz der DNA enthält Bauanleitungen für die Herstellung von Proteinen. Unterschiede zwischen Organismen gehen letztlich darauf zurück, welche Proteine in welcher Menge zu welcher Zeit in ihren Zellen hergestellt werden. Da sich die meisten Proteine in erkennbaren Merkmalen und Eigenschaften der Organismen *ausdrücken*, spricht man auch von *Genexpression*. Ihre Grundlage ist die Biosynthese der Proteine in den Zellen.

Überblick Proteinbiosynthese. Bei der Proteinbiosynthese wird die Information, die in der Basensequenz der DNA verschlüsselt ist, in die spezifische Aminosäuresequenz von Proteinen „übersetzt". Dies geschieht in zwei Schritten. Zunächst wird von der Bauanleitung für ein Protein eine „Abschrift" angefertigt. Dabei wird die Basensequenz der DNA in die Basensequenz eines sehr ähnlichen Moleküls, der *Ribonucleinsäure (RNA)*, umgeschrieben. Diesen Vorgang nennt man *Transkription*. Das RNA-Molekül transportiert die Information zu den Ribosomen, den Orten der Proteinsynthese. Es wird daher als *mRNA* bezeichnet (von engl. *messenger*: Bote). Der zweite Schritt der Proteinsynthese, die *Übersetzung* der nun in der mRNA gespeicherten Bauanleitung, wird *Translation* genannt. Sie erfolgt an den Ribosomen im Zellplasma. Dort werden – entsprechend der Basensequenz – „passende" Aminosäuren herangeschafft und der Reihe nach verkettet. Die Teilschritte der Proteinsynthese, Transkription und Translation, sind bei allen Organismen zeitlich, bei Eukaryoten auch räumlich voneinander getrennt.

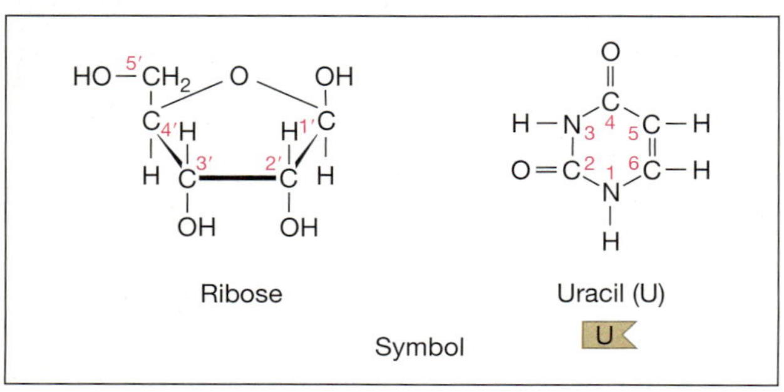

2 Bausteine der RNA

Bau und Funktionen von RNA. Neben der mRNA wirken noch weitere Formen von Ribonucleinsäuren an der Genexpression mit. *Transfer-RNA (tRNA)* erfüllt die Funktion von *Vermittlern*. tRNA-Moleküle transportieren die Aminosäuren zu den Ribosomen und sorgen dafür, dass sie in der richtigen Reihenfolge miteinander verknüpft werden können. *Ribosomale RNA (rRNA)* macht etwa 80% aller Ribonucleinsäuren der Zelle aus. Sie stellt neben Proteinen den Hauptbestandteil von Ribosomen dar.

RNA unterscheidet sich in zwei wesentlichen Punkten von DNA: Sie enthält als Zucker *Ribose* anstelle von Desoxyribose und die Base *Uracil* anstelle von Thymin (→ Bild 2).

Genetischer Code. Die vier Nucleotidbasen Adenin, Cytosin, Guanin und Thymin sind die Buchstaben des genetischen Alphabets. Würde jeder Buchstabe für eine Aminosäure stehen, könnten nur 4 Aminosäuren verschlüsselt werden. Damit jedoch jede mögliche Aminosäure genau bezeichnet werden kann, müssen mindestens 20 verschiedene „Wörter" zur Verfügung stehen. Bei 2-Buchstaben-Wörtern ergäben sich nur $4^2 = 16$ verschiedene Kombinationen. Um 20 Aminosäuren zu codieren, müssen also mindestens drei Basen miteinander kombiniert werden. Insgesamt sind $4^3 = 64$ Tripletts möglich. Das Basentriplett GCA steht zum Beispiel für Alanin, AGA für Arginin. Die Drei-Buchstaben-Wörter aus Nucleotidbasen der mRNA nennt man *Codons*. Die Zuordnung der Basentripletts der Nucleinsäure zu den entsprechenden Aminosäuren des Polypeptids wird als *genetischer Code* bezeichnet.

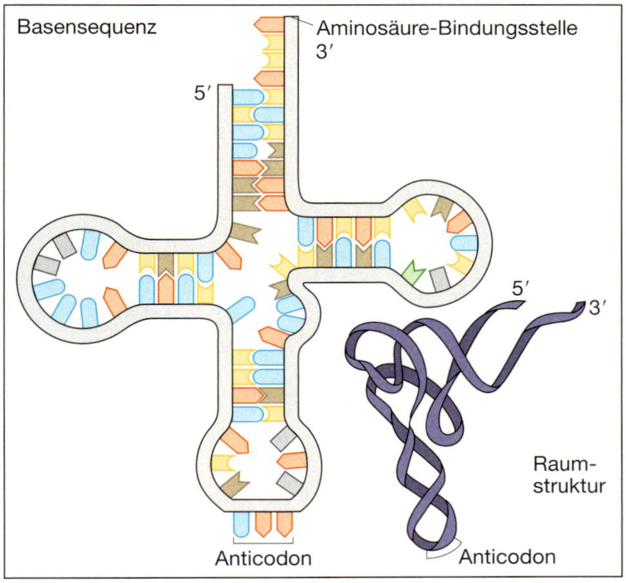

1 *tRNA vermittelt zwischen mRNA und Aminosäuren.*

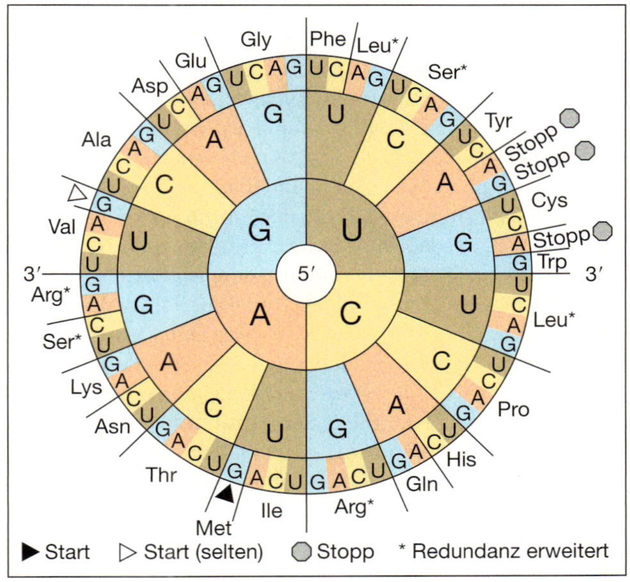

2 *Code-„Sonne" – Schemadarstellung des genetischen Codes*

Die Entzifferung des genetischen Codes. Der amerikanische Molekularbiologe NIRENBERG gab zu einem Gemisch aus Ribosomen und mit Aminosäuren beladener tRNA künstlich hergestellte mRNA-Moleküle. Für die künstliche mRNA, die ausschließlich aus Uracil bestand, ergab sich, dass nur die Aminosäure Phenylalanin in die entstehende Polypeptidkette eingebaut wurde. Damit war klar: Das Basentriplett UUU auf der mRNA steht für die Aminosäure Phenylalanin. Daraufhin wurden Experimente durchgeführt, bei denen zwei Nucleotide jeweils in bestimmten Zahlenverhältnissen im Reaktionsgemisch enthalten waren, sodass aus der Häufigkeit der eingebauten Aminosäuren auf die Codons rückgeschlossen werden konnte. Durch eine Reihe ähnlicher Versuche gelang es Mitte der 60er Jahre des 20. Jahrhunderts, den genetischen Code vollständig zu entziffern.

Der genetische Code lässt sich als Tabelle darstellen oder in einer Code-„Sonne" (→ Bild 2). Dabei sind die Codons von innen (5′) nach außen (3′) zu lesen. Sie geben die Basensequenz der mRNA-Codons wieder, die für die außerhalb des Kreises stehenden Aminosäuren codieren. Auffällig ist, dass die meisten Aminosäuren durch mehrere Tripletts codiert sind. Das Codon AUG hat eine Doppelfunktion: Es steht für die Aminosäure Methionin, signalisiert aber außerdem als *Startcodon* den Ausgangspunkt für eine Proteinsynthese. Dies bedeutet, dass alle neu gebildeten Polypeptide mit Methionin beginnen. Zu den so genannten *Stoppcodons* UGA, UAA und UAG passen keine Aminosäuren. Diese Tripletts beenden die Proteinsynthese. Von den 64 möglichen Tripletts codieren also 61 den Einbau der 20 verschiedenen Aminosäuren, die übrigen 3 dienen als Stoppzeichen.

Eigenschaften des genetischen Codes. Die Entschlüsselung des genetischen Codes ermöglichte es, auf dessen Eigenschaften rückzuschließen:

- Der Code ist *nicht überlappend*: Die Tripletts werden hintereinander abgelesen. (Ausnahmen hiervon gibt es nur bei Viren, deren Genom überlappend gelesen wird, weil es zu kurz ist, um die gesamte genetische Information fortlaufend zu speichern.)
- Der Code ist *kommafrei*: Zwischen den einzelnen Tripletts existieren keine Leerstellen.
- Der Code ist *redundant*: Für eine bestimmte Aminosäure gibt es mehrere verschiedene Tripletts. Diese unterscheiden sich meist in der dritten Base. Dies ist möglich, weil von den insgesamt 64 Kombinationen nur 23 benötigt werden und 41 überzählig wären.
- Der Code ist *eindeutig*: Ein bestimmtes Triplett legt immer den Einbau einer ganz bestimmten Aminosäure fest.
- Der Code ist *universell*: Ein bestimmtes Codon wird bei fast allen bisher untersuchten Organismen in die gleiche Aminosäure übersetzt.

Die Allgemeingültigkeit des genetischen Codes ist ein deutlicher Beleg für den gemeinsamen Ursprung und damit für die Verwandtschaft aller Lebewesen. Allerdings gibt es so etwas wie „Dialekte": Organismengruppen unterscheiden sich oft darin, welches der synonymen Codons sie für eine Aminosäure verwenden.

1 Ermitteln Sie die Aminosäuresequenz, die in folgendem DNA-Abschnitt codiert ist:
3′TACAAGCAGTTAGTCGTGGAAACACCAAGTATC5′
5′ATGTTCGTCAATCAGCACCTTTGTGGTTCATAG3′

2 Prüfen Sie, wie die DNA-Sequenz zu der folgenden Aminosäuresequenz aussehen könnte:
Met – Gly – Ala – Asn – Val – Val – Cys – Leu – Thr

3 Machen Sie sich bewusst, auf welche Weise tRNA und rRNA zustande kommen.

Proteinbiosynthese

Transkription. Genetische Information wird in diskreten Einheiten transkribiert. Bei Eukaryoten umfasst eine Transkriptionseinheit nur ein Gen. Bei Prokaryoten kann eine Transkriptionseinheit jedoch mehrere Gene enthalten, zum Beispiel die Information für mehrere Enzyme, die Einzelschritte eines Stoffwechselwegs katalysieren. Die Transkriptionseinheit ist dann durch Start- und Stopp-Codons gegliedert.

Die Transkription wird durch das Enzym *RNA-Polymerase* katalysiert. Dieses Molekül bindet an eine spezielle Nucleotidsequenz auf der DNA, den *Promotor*, und beginnt von dort aus in festgelegter Richtung mit der Transkription. Während die RNA-Polymerase an der DNA entlanggleitet, werden die DNA-Stränge entwunden und auf einer Strecke von etwa 20 Nucleotidpaaren die Wasserstoffbrückenbindungen zwischen den komplementären Basen getrennt.

Im Prinzip könnten zwei verschiedene mRNA-Moleküle von der DNA abgelesen werden, nämlich an jedem Strang der Doppelhelix eines. Tatsächlich aber wird bei der Expression eines Gens nur ein DNA-Strang transkribiert. Diesen bezeichnet man als *codogenen Strang* oder *Sinnstrang*. Welcher der beiden Stränge als Matrize dient, ändert sich entlang eines DNA-Moleküls. Es hängt davon ab, wo der Promotor des jeweiligen Gens liegt.

Nach dem Basenpaarungsprinzip lagern sich RNA-Nucleotide an die freiliegenden Basen des Matrizenstrangs an. Die RNA-Polymerase verknüpft sie zu einem RNA-Molekül. Eine *Terminatorsequenz* zeigt das Ende der Transkriptionseinheit an. Bei Eukaryoten ist dies häufig die Basenfolge AATAAA. Die RNA-Polymerase löst sich von der DNA ab und das mRNA-Molekül wird freigesetzt.

Translation. An den Ribosomen wird nun die Nucleotidsequenz der mRNA in die Aminosäuresequenz eines Proteins übersetzt. Ribosomen bestehen aus zwei Untereinheiten, die getrennt voneinander vorliegen, solange das Ribosom inaktiv ist. Erst wenn sich beide Untereinheiten verbinden, kann die Translation beginnen. Dafür sind zwei Schritte nötig. Zunächst nimmt die mRNA mit der kleineren Untereinheit Kontakt auf. Damit sich auch die größere Untereinheit anlagert, muss die *tRNA* in Aktion treten.

tRNA erfüllt die Funktion, Aminosäuren entsprechend der Codonfolge zur mRNA zu bringen. tRNA-Moleküle bestehen aus einer Sequenz von 70 bis 80 Nucleotiden. Da die Nucleotide streckenweise gepaart sind, ergibt sich eine kleeblattähnliche Form (→ Bild 1, S. 155). Ein tRNA-Molekül besitzt an einem Ende ein Triplett, das so genannte *Anticodon*, das komplementär zu einem Codon der mRNA ist. Am anderen Ende befindet sich die Anheftungsstelle für eine spezifische Aminosäure. Die Zuordnung der jeweils „richtigen" Aminosäure an ein tRNA-Molekül wird durch Enzyme bewirkt, die *Synthetasen*. Synthetasen haben zwei spezifische Bindungsstellen, eine für tRNA, eine für die Aminosäure. Eine tRNA, die sich über ihr Anticodon mit einem mRNA-Codon paart, ist bereits mit einer Aminosäure beladen. Auf diese Weise wird einem Basentriplett der mRNA eine bestimmte Aminosäure zugeordnet.

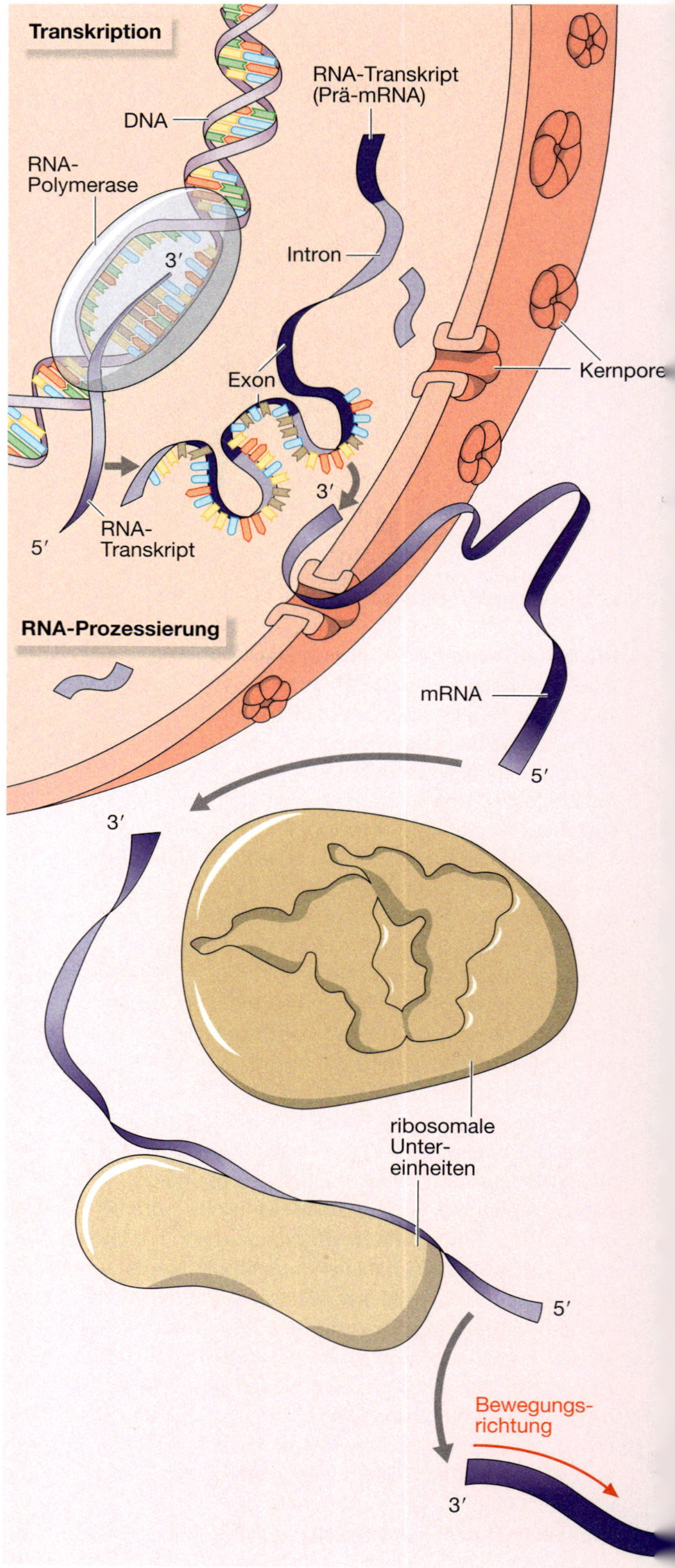

1 Ablauf von Transkription …

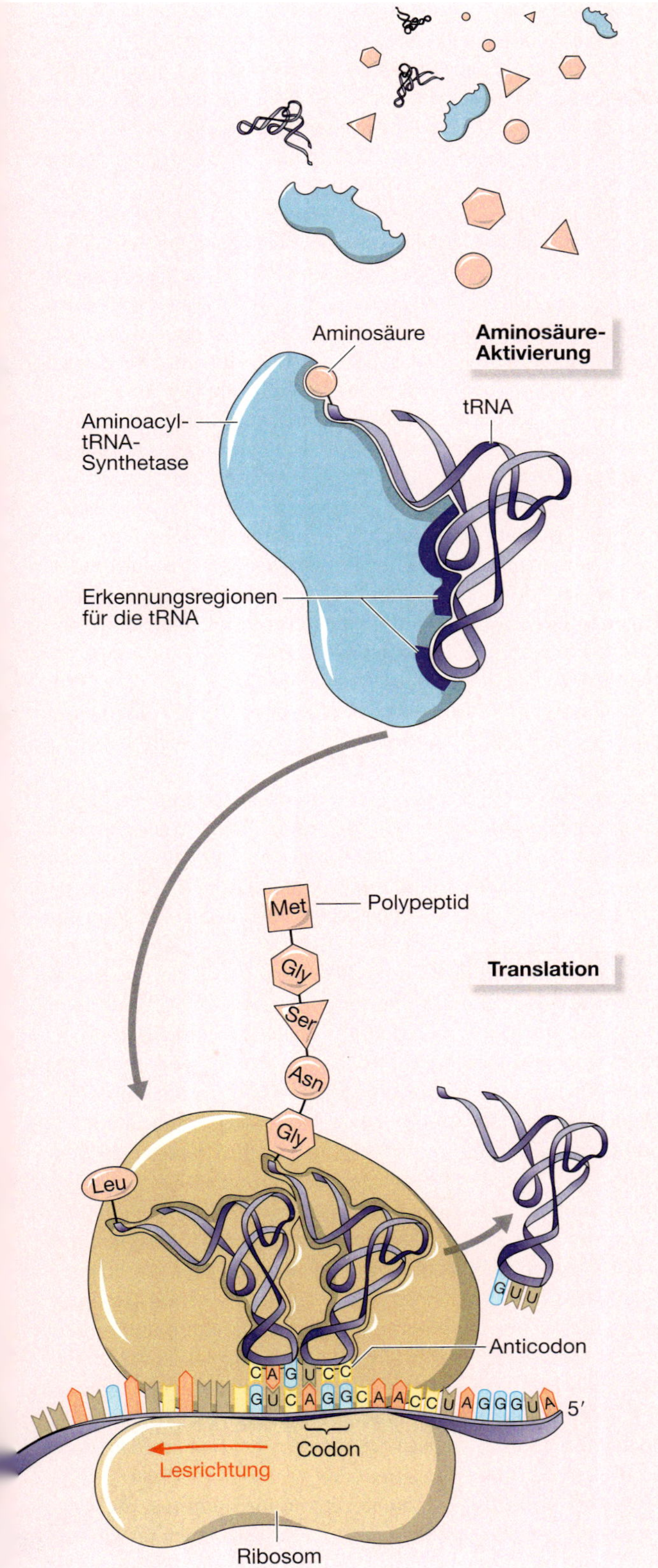

... und Translation bei Eukaryoten im Detail

Da jede mRNA mit dem Start-Codon AUG beginnt, trägt das erste tRNA-Molekül das Anticodon UAC und ist mit Methionin verknüpft. Mit der Anlagerung dieser *Start-tRNA* beginnt die Translation. Nun tritt die große Untereinheit hinzu und ein funktionsfähiges Ribosom entsteht. An das zweite Codon der mRNA lagert sich das nächste tRNA-Molekül mit seiner Aminosäure an. Das Ribosom besitzt zwei direkt nebeneinander liegende Bindungsstellen für tRNA-Moleküle. Deren Aminosäuren kommen so nah zusammen, dass sie über eine *Peptidbindung* miteinander verknüpft werden können. Dann gleiten Ribosom und mRNA um drei Basen aneinander vorbei und das nächste Codon wird zur Paarung angeboten. Aus der Fülle der tRNA-Moleküle kann sich wiederum nur das passende anlagern. Die nächste Aminosäure gelangt damit in die richtige Position und wird mit der vorhergehenden Aminosäure verknüpft. Auf diese Weise entsteht eine *Polypeptidkette* mit genau festgelegter Aminosäuresequenz. tRNA-Moleküle, die ihre Aminosäure abgegeben haben, werden wieder frei und können erneut mit „ihrer" Aminosäure beladen werden.

Stopp-Codons in der mRNA beenden die Translation. Die letzte Aminosäure wird von ihrer tRNA gelöst, sowohl das Polypeptid als auch die tRNA verlassen das Ribosom. Anschließend zerfällt der Komplex aus den beiden Untereinheiten des Ribosoms.

Besonderheiten der Proteinsynthese bei Eukaryoten. Im Prinzip läuft die Proteinsynthese bei Prokaryoten und Eukaryoten in gleicher Weise ab. Während jedoch bei Prokaryoten die Translation bereits beginnt, wenn sich das mRNA-Molekül von der DNA löst, sind die beiden Prozesse bei Eukaryoten zeitlich *und* räumlich getrennt.

Weitere Unterschiede ergeben sich daraus, dass eukaryotische Gene gestückelt sind. Die Basensequenz, die für ein bestimmtes Protein codiert, liegt in der DNA nicht kontinuierlich vor, sondern ist durch nicht codierende Einschübe, so genannte *Introns*, unterbrochen. Codierende Abschnitte werden als *Exons* bezeichnet. Bei der Proteinsynthese wird zunächst die gesamte Basensequenz eines Gens – mit allen Exons und Introns – in eine komplementäre RNA-Basensequenz transkribiert. Spezielle Enzyme schneiden noch im Zellkern aus dieser *Vorläufer-* oder *Prä-mRNA* die Introns heraus und verbinden die Exons zu einem kontinuierlichen RNA-Molekül. Dieser Vorgang wird als *Spleißen* bezeichnet.

Die Proteine des Zellkerns, des Cytoplasmas sowie von Chloroplasten und Mitochondrien entstehen an freien Ribosomen, sekretorische und membranassoziierte Proteine hingegen an den Ribosomen des ER (→ S. 50). Die Translation beginnt jedoch stets im Cytoplasma. Eine *Signalsequenz* am Anfang des wachsenden Polypeptids sorgt dafür, dass sich die Ribosomen an das ER anlagern und dass das Protein seinen Bestimmungsort erreicht. Dort bindet die Signalsequenz – unter Einwirkung weiterer Faktoren – an spezifische Rezeptoren in der Membran des Zielorganells. Diese sind mit Membrankanälen assoziiert, durch die das Protein eingeschleust wird. Den Vorgang nennt man *Zielsteuerung von Proteinen* oder *Protein-Targeting*.

Genmutationen

Mutationen sind Veränderungen der genetischen Information einer Zelle. Man unterscheidet nach der Art und der Tragweite der Veränderungen für das genetische Programm drei Mutationstypen:

- *Genommutationen* verändern die Anzahl der Chromosomen in einem Chromosomensatz (→ S. 176),
- *Chromosomenmutationen* betreffen die Struktur einzelner Chromosomen (→ S. 176),
- *Genmutationen* verändern die Basensequenz einzelner Gene. Genmutationen kommen durch Ersatz, Einfügen oder Verlust eines oder mehrerer Nucleotidpaare zustande.

Bedeutung von Mutationen. Die meisten Mutationen werden durch die Reparatursysteme der Zelle korrigiert. Veränderungen, die im genetischen Programm erhalten bleiben, tragen jedoch zur *Steigerung der genetischen Variabilität* bei. Sie stellen einen wichtigen Faktor für die Evolution dar. Mutationen vergrößern allerdings nur dann den Genpool einer Art, wenn sie sich nicht in den Körperzellen eines ausgewachsenen Organismus ereignen, sondern in den *Keimzellen*. Nur Mutationen in Keimzellen, die zu einer Befruchtung gelangen, wirken sich auf die Folgegeneration aus.

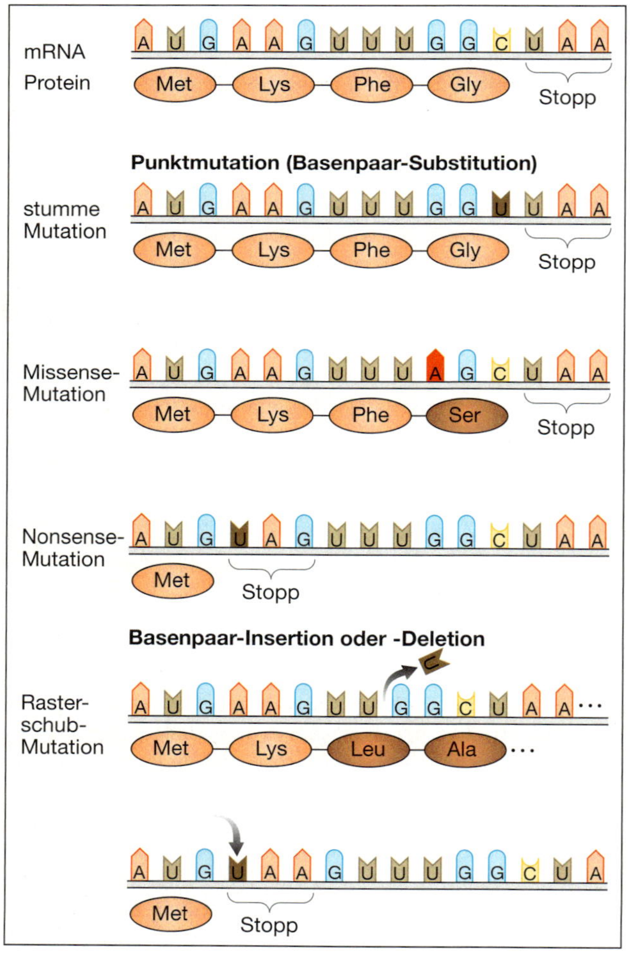

1 *Typen von Genmutationen*

Punktmutation. Unter einer Punktmutation versteht man den Ersatz eines Nucleotids und seines komplementären Partners im DNA-Strang durch ein anderes Nucleotidpaar. Diese *Basenpaarsubstitution* kann – in Abhängigkeit davon, an welcher Stelle im DNA-Molekül sie stattfindet – sehr unterschiedliche Auswirkungen haben. Erfolgt sie im nichtcodierenden Bereich eines Gens, einem Intron, hat sie keine Auswirkungen auf das codierte Protein. Solche *stummen Mutationen* treten auch in Exons auf. Dabei verändert der Austausch eines Basenpaares zwar das Codon, das aber wegen der Redundanz des genetischen Codes in dieselbe Aminosäure übersetzt wird. Mutiert zum Beispiel das Triplett CCG zu CCA, ändert sich das Codon der mRNA von GGC nach GGU. In beiden Fällen wird aber an der entsprechenden Stelle im Protein Glycin stehen.

In der Regel führen Basenpaarsubstitutionen zu *Missense-Mutationen* (von engl. *missense*: Fehlsinn): Das veränderte Triplett codiert immer noch für eine Aminosäure (und ist daher sinnvoll), allerdings für die falsche. Wenn die neue Aminosäure ähnliche Eigenschaften hat wie die ersetzte oder wenn der Austausch in einer Region des Proteins stattfindet, die für dessen Funktion nicht wichtig ist, können solche Änderungen ohne große Folgen für das Protein bleiben. Deutliche Auswirkungen haben jedoch diejenigen Punktmutationen, die *Veränderungen an funktionell wichtigen Bereichen* eines Proteins hervorrufen. Der Austausch einer einzigen Aminosäure etwa im aktiven Zentrum eines Proteins kann sich drastisch auf dessen Aktivität auswirken.

Gelegentlich führen solche Mutationen zu einer Verbesserung des Proteins oder zu Varianten, die Vorteile für den Organismus und seine Nachkommen mit sich bringen (→ S. 242). Weitaus häufiger jedoch entstehen bei Punktmutationen Proteine, die weniger aktiv oder völlig funktionslos sind. Dies ist zum Beispiel der Fall, wenn ein Aminosäure-Codon in ein Stoppcodon umgewandelt wird und die Translation vorzeitig abbricht. Solche Punktmutationen nennt man *Nonsense-Mutationen* (von engl. *nonsense*: Unsinn).

Insertion und Deletion. Das Einfügen eines oder mehrerer Nucleotidpaare in ein Gen wird als *Insertion*, der entsprechende Verlust als *Deletion* bezeichnet. Diese Mutationen haben für das betreffende Protein meist schwerwiegende Auswirkungen. Da die mRNA bei der Translation als eine Serie von Tripletts gelesen wird, können Insertionen oder Deletionen das *Leseraster* ändern. Solche *Rasterschub-Mutationen* entstehen, wenn die Zahl der eingefügten oder verlorenen Nucleotide kein Vielfaches von 3 ist. Die gesamte Basensequenz hinter der Deletion oder Insertion ist dann nicht mehr im richtigen Leseraster und wird falsch abgelesen. So entstehen auch Nonsense-Tripletts, die zum frühzeitigen Abbruch der Translation führen. Ein funktionsfähiges Protein kann höchstens dann entstehen, wenn sich der Rasterschub sehr nahe am Ende eines Gens befindet.

Sichelzellanämie. Bei Sichelzellanämie nehmen die Erythrocyten in sauerstoffarmem Blut eine sichelförmige Gestalt an. Da sie nicht so elastisch sind wie normale Erythrocyten, verstopfen sie die Blutkapillaren, sodass die Organe nicht ausreichend mit Sauerstoff versorgt und deshalb geschädigt werden. Außerdem sind Sichelzellen weniger stabil. Sie platzen leichter und werden schneller abgebaut, als neue Zellen entstehen. Aufgrund des Erythrocytenmangels kommt es zu einer *Anämie*, einer verminderten Transportfähigkeit des Blutes vor allem für Sauerstoff. Die Krankheit verläuft meist tödlich.

Die Verformung der roten Blutzellen wird durch eine Variante des Blutfarbstoffs Hämoglobin verursacht (→ S. 96). Im Sichelzell-Hämoglobin (HbS) ist in der β-Kette an einer Stelle die Aminosäure Glutaminsäure gegen Valin vertauscht. Dieser Austausch hat zur Folge, dass die HbS-Moleküle unter Sauerstoffmangel lange, faserförmige Aggregate bilden, die die Blutzellen entsprechend verformen. Der Austausch von Glutaminsäure gegen Valin ist die Folge einer Punktmutation: Im Gen für β-Globin findet sich ein einziges falsches Basenpaar!

Eigentlich wäre zu erwarten, dass ein tödlich wirkendes Gen aus dem Genpool der Population verschwindet. Das Gen für HbS tritt in bestimmten Regionen Afrikas aber mit einer Häufigkeit von bis zu 20% in der Bevölkerung auf. Diese Regionen decken sich weitgehend mit den Verbreitungsgebieten von Malaria. Sichelzellanämie wird rezessiv vererbt. Bei *Heterozygoten*, also Genträgern, die neben dem mutierten Gen noch ein intaktes Gen für Hämoglobin besitzen, treten keine Krankheitssymptome auf. Dringen Malariaerreger, Einzeller der Gattung *Plasmodium*, in die Erythrocyten ein, so sinkt der pH-Wert. Die HbS-Moleküle aggregieren und die Zellen verformen sich. Damit ist eine stärkere Durchlässigkeit der Zellmembran für Kaliumionen verbunden: Aus den Sichelzellen strömen vermehrt Kaliumionen aus. Da die Malariaerreger ein kaliumreiches Milieu brauchen, können sie sich in den Sichelzellen nicht vermehren. Auf diese Weise wird die Zahl der Parasiten auf ein erträgliches Maß reduziert. Heterozygote sind dadurch resistent gegenüber Malaria. Dieses Phänomen bezeichnet man als *Heterosiseffekt* (→ S. 192).

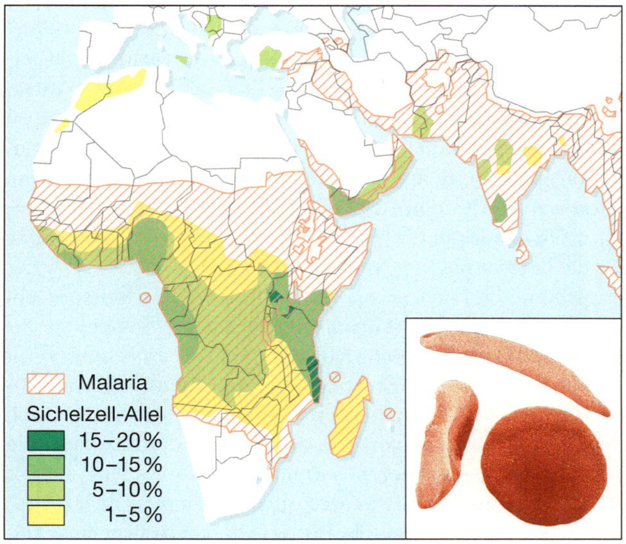

1 und 2 Verbreitung des Sichelzell-Gens und der tropischen Malaria. Unten: Sichelzellen und normaler Erythrocyt

Mukoviszidose. Mukoviszidose ist eine rezessiv vererbte Krankheit, bei der in verschiedenen Organen erhöhte Mengen sehr zähflüssiger Drüsensekrete gebildet werden. Die Betroffenen leiden schon im Säuglingsalter an Atemnot, chronischer Bronchitis und häufigen Lungenentzündungen. Hinzu kommen Mangelerscheinungen infolge von Verdauungsstörungen.

Ursache dafür ist der Defekt eines *Kanalproteins für Chloridionen* (→ S. 48), der sich vor allem im Drüsengewebe von Bronchien, Bauchspeicheldrüse und Dickdarm auswirkt. Normalerweise sorgt dieser Ionenkanal dafür, dass Chloridionen unter ATP-Verbrauch zusammen mit dem Drüsensekret aus der Epithelzelle transportiert werden. Da Chloridionen osmotisch Wasser anziehen, bleiben die Sekrete dünnflüssig. Durch die Tätigkeit der Flimmerhärchen im Lungenepithel kann zum Beispiel der Schleim zusammen mit Staub und Bakterien aus der Lunge befördert werden. Unterbleibt der Ionentransport, wird der Schleim dick und zähflüssig und verstopft die Bronchien.

Der betreffende Ionenkanal wird mit der Abkürzung CFTR bezeichnet (für engl. *cystic fibrosis transmembrane conductance regulator*: Regulator der Transmembran-Leitfähigkeit bei zystischer Fibrose). Das CFTR-Gen ist auf Chromosom 7 lokalisiert und umfasst etwa 250000 Basenpaare. Die 27 Exons sind nur 6200 Basenpaare lang und codieren für ein Protein von 1480 Aminosäuren. Es gibt über 600 verschiedene Mutationen in diesem Gen, die zu unterschiedlich schweren Formen von Mukoviszidose führen. In etwa 70% der Fälle fehlen drei Nucleotide im Exon 10, was zum Ausfall der Aminosäure Phenylalanin an Position 508 des Proteins führt. Aufgrund seiner veränderten Tertiärstruktur kann das Protein das endoplasmatische Reticulum nicht verlassen und wird stattdessen abgebaut. Andere Mutationen erlauben zwar die Herstellung des Proteins und seinen Einbau in die Zellmembran, verhindern aber ein korrektes Funktionieren.

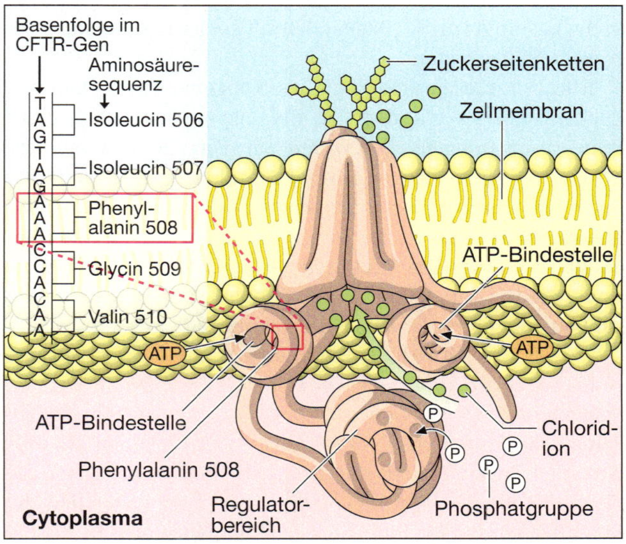

3 Bei Mukoviszidose verändert meist eine Deletion im CFTR-Gen die Tertiärstruktur des Kanalproteins für Chloridionen.

Regulation der Genaktivität

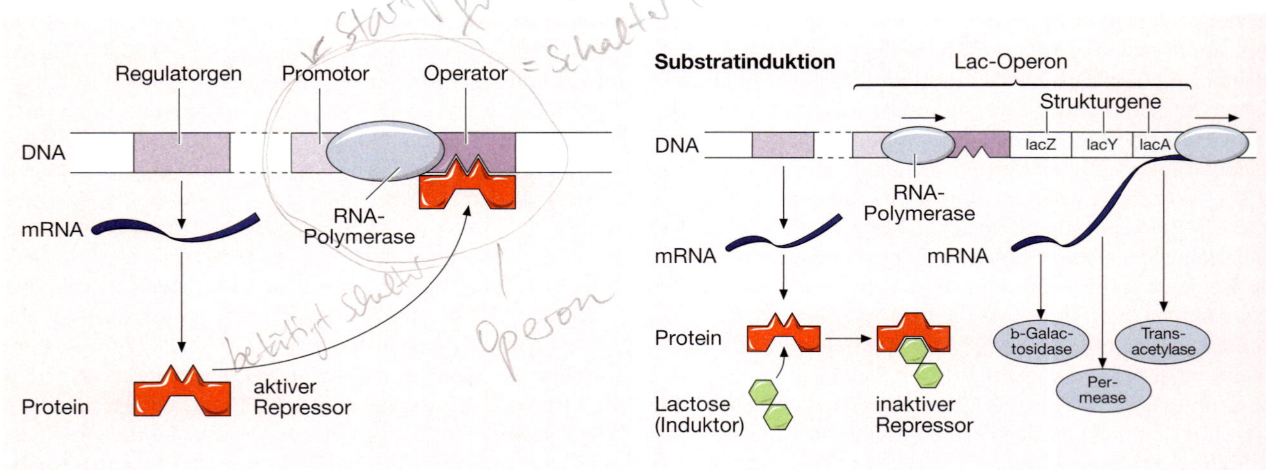

1 *Lac-Operon von E. coli. Nur in Anwesenheit von Lactose werden Gene für die Enzyme des Lactoseabbaus transkribiert.*

Alle Zellen eines Lebewesens enthalten das gleiche genetische Material, nämlich die gesamte genetische Information des Organismus. Die Spezialisierung von Zellen kommt dadurch zustande, dass jeweils nur ein Teil der Gene aktiv ist. Nervenzellen, Leberzellen oder Hautzellen exprimieren nur etwa 3 bis 5 % ihrer codierenden Gene. Die Genexpression unterliegt also einer *langfristigen Kontrolle*, die dazu führt, dass Zellen sich *differenzieren*. Andere Regulationsmechanismen sorgen dafür, dass Zellen *kurzfristig* auf veränderte Bedingungen reagieren können. Das heißt, dass bei gleichartig spezialisierten Zellen *als Reaktion auf innere oder äußere Signale* Gene an- und abgeschaltet werden.

Prinzip des Operons. Die Frage, wie das An- und Abschalten von Genen vor sich geht, untersuchten die französischen Forscher FRANÇOIS JACOB und JACQUES MONOD in den 60er Jahren des 20. Jahrhunderts an Bakterien. Sie entwickelten ein Modell, das inzwischen durch molekularbiologische Versuche bestätigt wurde. Das Modell gilt auch für Regelungsprozesse bei Eukaryoten.

E.-coli-Bakterien finden in ihrer Umgebung vor allem den Zucker Glucose vor und stellen alle Enzyme her, die zu seiner Verwertung nötig sind. Enzyme zur Verarbeitung anderer Zucker werden nicht produziert. Überführt man die Bakterien in ein Nährmedium, das statt Glucose Lactose enthält, beginnen sie nach einer kurzen Verzögerung Lactose als Energiequelle zu nutzen. Die Bakterien verfügen offensichtlich über Gene, die für den Abbau eines seltenen Substrats zuständig sind und die normalerweise nicht exprimiert werden.

JACOB und MONOD bezeichneten Gene, die für Enzyme codieren, als *Strukturgene*. Die Gene für die Enzyme des Lactoseabbaus liegen nebeneinander auf der DNA. Sie werden gemeinsam durch zwei vorgelagerte DNA-Regionen kontrolliert, den Promotor und den Operator. Der *Promotor* ist der Startplatz für die RNA-Polymerase. Der *Operator* erfüllt die Funktion eines Schalters, der darüber entscheidet, ob die Strukturgene abgelesen werden können. Die Funktionseinheit aus Promotor, Operator und Strukturgenen zusammen wird als *Operon* bezeichnet. Diese Funktionseinheit wird durch ein Protein reguliert, das „den Schalter betätigt", den *Repressor*. Wenn der Repressor an den Operator bindet, ist die Transkription blockiert: Die RNA-Polymerase hat keinen Zutritt zum Promotor und kann daher die Strukturgene nicht ablesen. Das *Regulatorgen*, welches für das Repressorprotein codiert, liegt meist auf einem DNA-Abschnitt in einiger Entfernung vom Operon. Repressorproteine binden spezifisch an den Operator eines ganz bestimmten Operons.

Substratinduktion. Das Regulatorgen bewirkt die Herstellung eines aktiven Repressors. Solange ausschließlich Glucose im Nährmedium vorhanden ist, bindet dieser Repressor an den Operator und verhindert, dass die Gene des Lactosestoffwechsels transkribiert werden. Bei Zufuhr von Lactose lagern sich Lactosemoleküle an die Repressormoleküle an und verändern dadurch deren Raumstruktur. Die veränderten Repressormoleküle sind *inaktiv* und können nicht mehr an den Operator binden. Die RNA-Polymerase hat jetzt „freie Bahn" und transkribiert die Gene für die Lactoseverwertung. Die Zelle beginnt mit der Herstellung des Enzyms *β-Galactosidase*, das den Zweifachzucker Lactose in seine Bestandteile Glucose und Galactose spaltet, die anschließend im Stoffwechsel weiter abgebaut werden. Ein zweites Strukturgen codiert für eine *Permease*, die für den Transport von Lactose durch die Bakterienzellwand sorgt. Die genaue Funktion einer *Transacetylase* für die Lactosespaltung ist noch ungeklärt.

Neben dem Lac-Operon verfügt E. coli über weitere Operons, die Gene für den Abbau seltener Zucker enthalten.

Endproduktrepression. Bei der Lactoseverwertung sorgt das abzubauende Substrat für das Anschalten der Enzymproduktion. Häufig wird Genexpression aber auch durch *negative Rückkopplung* reguliert. In diesem Fall bewirkt die steigende Konzentration des Endprodukts, dass eine – unter Umständen energieaufwändige – Synthese abgeschaltet wird. Die Synthese der Aminosäure Tryptophan unterliegt einer solchen Feedback-Hemmung. Sie erfolgt, ausgehend von einer Vorstufe, über eine Reihe von Zwischenschritten, die jeweils

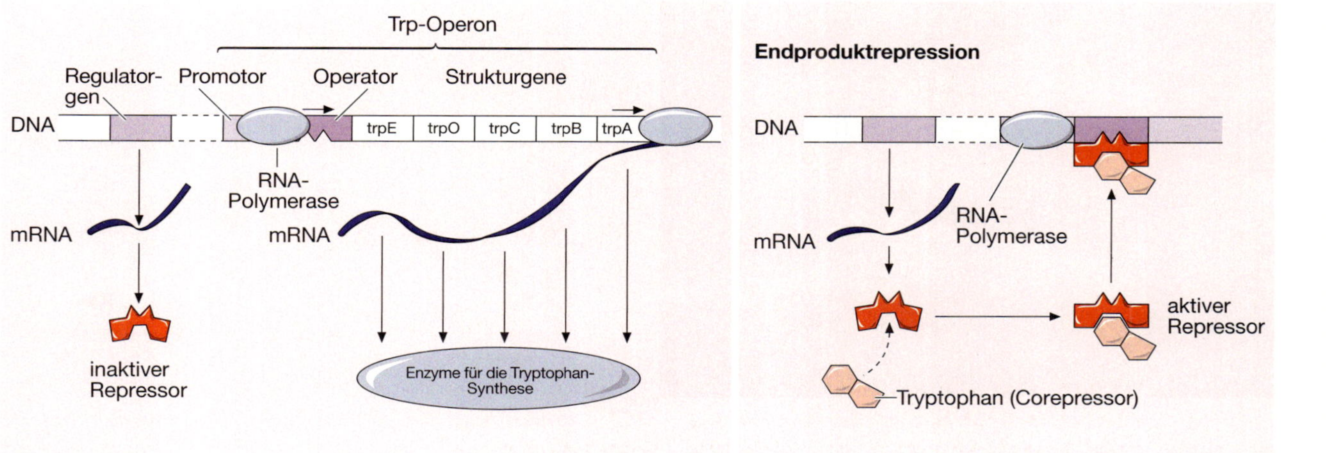

1 Trp-Operon. Das Endprodukt Tryptophan hemmt die Transkription der Strukturgene, die für seine Synthese nötig sind.

durch ein bestimmtes Enzym katalysiert werden. Die Gene für alle diese Enzyme liegen direkt nebeneinander. Die RNA-Polymerase transkribiert die Strukturgene in ein einziges langes mRNA-Molekül. Da das Transkript durch Start- und Stoppcodons gegliedert ist, wird es in getrennte Polypeptide – die Enzyme des Tryptophan-Stoffwechsels – „übersetzt".

Die Transkription des Regulatorgens bewirkt die Herstellung eines inaktiven Repressors. Das Endprodukt Tryptophan kann sich an eine bestimmte Stelle des inaktiven Repressors heften und dabei dessen räumliche Gestalt verändern. Der nun *aktive* Repressor bindet an den Operator und die Transkription durch die RNA-Polymerase unterbleibt. Es werden keine weiteren Enzyme hergestellt und die Bildung von Tryptophan kommt zum Erliegen.

Positive Kontrolle der Genaktivität. Endproduktrepression und Substratinduktion sind Beispiele für eine *negative Kontrolle* der Genaktivität. In beiden Fällen spielt ein Repressor die Schlüsselrolle, der in seiner aktiven Form das Ablesen der Strukturgene verhindert. Es gibt aber auch Regulationsprozesse, bei denen ein *Aktivator* direkt mit der DNA interagiert und die Transkription anschaltet. Ein Beispiel für eine solche *positive Kontrolle* der Genaktivität ist wiederum der Lactoseabbau bei E. coli. Bakterien verwerten Lactose im Nährmedium nämlich nur dann, wenn keine Glucose mehr vorhanden ist. Das Ablesen des Lac-Operons kann also durch Lactose nur induziert werden, wenn gleichzeitig *Glucosemangel* ein zweites Signal für die Transkription erzeugt.

Das Lac-Operon unterliegt also sowohl negativer als auch positiver Kontrolle. Die positive Kontrolle der Genaktivität erfolgt durch das Aktivatorprotein CAP (von engl. *catabolite activator protein*), welches die Anlagerung der RNA-Polymerase an den Lac-Promotor erleichtert. Seine Aktivität wird durch das intrazelluläre Signalmolekül cAMP reguliert. Eine sinkende Glucosekonzentration führt dazu, dass sich cAMP in der Zelle anhäuft. Durch die Anlagerung von cAMP wird CAP aktiviert und bindet an eine DNA-Sequenz vor dem Lac-Promotor. Die RNA-Polymerase kann sich anlagern.

Genregulation bei Eukaryoten. Auch bei Eukaryoten erfolgt die Kontrolle der Gene meist auf der Stufe der Transkription. Die Regulation eukaryotischer Gene unterscheidet sich jedoch von der bei Bakterien. Die ungleich größere DNA-Menge liegt dicht gepackt als Chromatin vor, sodass viele Gene nicht zugänglich sind. Gene können nur transkribiert werden, indem die Chromatin-Struktur aufgelockert wird (→ S. 144).

Bei Pro- wie Eukaryoten beginnt die Transkription erst, wenn neben der RNA-Polymerase noch zahlreiche andere Proteine an die Promotorregion binden, die so genannten *Transkriptionsfaktoren*. Bei Eukaryoten wirken zusätzlich weitere Transkriptionsfaktoren auf regulatorische DNA-Abschnitte ein, die Tausende von Nucleotiden von der codierenden Sequenz entfernt liegen können. Die Anlagerung der Proteine an die Regulatorgene bewirkt, dass die DNA eine Schleife bildet und so die Regulatorsequenz in Kontakt mit dem Promotor kommt. Die Wechselwirkungen zwischen den Transkriptionsfaktoren beeinflussen die Transkriptionsrate. Ein Beispiel für solche regulatorischen Proteine sind Rezeptoren für hydrophobe Hormone wie Thyroxin oder Cortisol. Hydrophile Hormone wirken indirekt über Signalkaskaden.

Auch Proteine, die an der Steuerung von Entwicklungs- und Differenzierungsprozessen beteiligt sind, haben DNA-bindende Domänen. Diese werden von DNA-Sequenzen codiert, die man *Homöobox-Sequenzen* nennt. Sie sind beispielsweise Teilsequenzen von Genen, die bei Insekten und Wirbeltieren festlegen, welches Körperteil ausgebildet wird (→ S. 219).

Während der Zelldifferenzierung werden bestimmte Gene durch Anheften von Methylgruppen ($-CH_3$) an die DNA-Basen stillgelegt. Die *DNA-Methylierung* verhindert, dass sich die RNA-Polymerase anlagert. Da das Methylierungsmuster bei Zellteilungen weitergegeben wird, exprimieren Zellen eines Gewebetyps die gleichen Gene.

Benötigt die Zelle während eines Entwicklungsabschnitts große Mengen eines bestimmten Proteins, stellt sie von dem entsprechenden Gen mehrere Kopien her. Durch diese *Genamplifikation* wird die Expression des Gens gesteigert.

Krebs

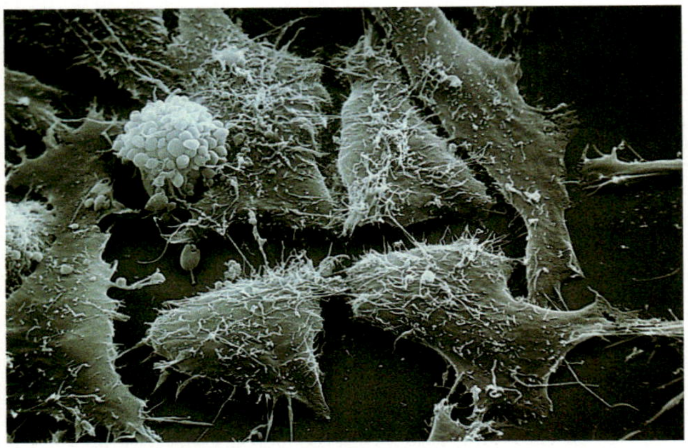

1 Krebszellen aus einem Gebärmutterhalstumor. Seit 1949 werden Zellen von Henrietta Lachs kultiviert (HeLa-Zellen).

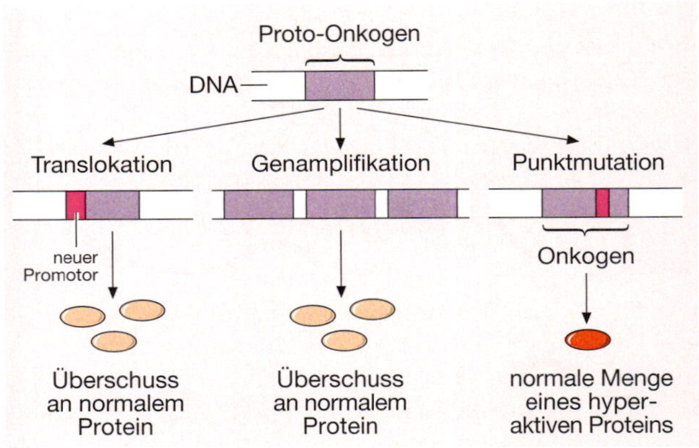

2 Durch Mutationen entstehen aus Zellteilungs-Kontrollgenen Onkogene.

Krebserkrankungen gehören in den Industrieländern zu den häufigsten Todesursachen. Obwohl das Risiko, an Krebs zu erkranken, stark von Umwelteinflüssen und Lebensgewohnheiten beeinflusst wird, spielen bei allen Krebsarten *genetische Faktoren* eine entscheidende Rolle.

Eigenschaften von Krebszellen. Krebszellen zeichnen sich vor allem durch zwei genetisch bedingte Eigenschaften aus. Zum einen *vermehren* sich Krebszellen unkontrolliert und übermäßig, die Zellteilung kann nicht mehr reguliert werden. Zum anderen geben Krebszellen ihre *Spezialisierung* auf. Dies geschieht durch die Aktivierung von Genen, die bei der Differenzierung der Zellen „stillgelegt" wurden. Die Zellen können ihre ursprüngliche gewebespezifische Funktion nicht mehr wahrnehmen.

Durch die Vermehrung der Krebszellen entsteht eine Geschwulst, der *Tumor*. Verbleiben die Zellen örtlich begrenzt in ihrem Ausgangsgewebe, gilt der Tumor als *gutartig*. Er kann chirurgisch entfernt werden. *Bösartige* Tumoren wachsen in das gesunde Gewebe in der Umgebung ein. Dabei können einzelne Zellen den Tumor verlassen, über Blut und Lymphe in andere Bereiche des Körpers eindringen und dort Tochtergeschwülste bilden, die als *Metastasen* bezeichnet werden. Metastasen lassen sich nur schwer auffinden und entfernen.

Kontrolle der Zellteilung. Zellen durchlaufen einen Zellzyklus, der von inneren und äußeren Signalen gesteuert wird (→ S. 23). Zu einer Zellteilung kommt es nur dann, wenn in der Umgebung der Zelle *Wachstumsfaktoren* vorhanden sind. Dabei handelt es sich um Proteine, die in geringen Konzentrationen wirken und spezifisch die Teilung eines bestimmten Zelltyps beeinflussen. Über spezielle Rezeptoren in der Zellmembran wird das Signal zur Aktivierung der Zellteilung ins Zellinnere weitergegeben. Das Signal bewirkt, dass über eine Kaskade von Regulatorproteinen bestimmte Gene aktiviert werden, deren Genprodukte die Zellteilung in Gang setzen.

Ursachen unkontrollierter Zellteilung. Die Zellteilung wird durch zwei Typen von Genen kontrolliert: *Proto-Onkogenen* und *Tumor-Suppressorgenen*. Mutationen können diese Gene so verändern, dass auch dann Zellteilungen stattfinden, wenn gar keine neuen Zellen gebraucht werden. Diese Veränderungen können zum Beispiel durch Strahleneinwirkung, chemische Karzinogene oder durch eine Infektion mit Krebs auslösenden Viren zustande kommen.

Proto-Onkogene codieren für Wachstumsfaktoren, deren Rezeptoren und andere Regulatorproteine, welche die Zellteilung fördern. Mutationen dieser Gene können zu übermäßiger Zellteilungsaktivität führen. Dadurch werden Proto-Onkogene zu *Krebs auslösenden* Genen, zu *Onkogenen*. Dies kann auf unterschiedliche Art und Weise erfolgen (→ Bild 2): Durch eine *Punktmutation* kann ein Wachstumsfaktor entstehen, der aktiver ist als das normale Protein (→ S. 158). Die Verlagerung an einen anderen Ort kann zur Folge haben, dass ein Proto-Onkogen unter die Kontrolle eines besonders aktiven Promotors gelangt, der seine Transkription steigert. *Genamplifikation* bewirkt, dass ein Proto-Onkogen in ungewöhnlich vielen Kopien vorliegt. Werden sie transkribiert, führt dies ebenfalls zu einem Überschuss des wachstumsstimulierenden Proteins.

Krebs kann aber auch durch Mutationen solcher Gene entstehen, deren Produkte die Zellteilung nicht stimulieren, sondern *hemmen*. Diese Gene bezeichnet man als *Tumor-Suppressorgene* oder *Anti-Onkogene*. Mutationen in Tumor-Suppressorgenen können bewirken, dass die normale Hemmung der Zellteilung entfällt. Der Defekt wird jedoch nur dann sichtbar, wenn beide Allele des Gens verändert sind (→ S. 171).

Tumorprogression. Würde eine einzige Mutation ausreichen um eine normale Körperzelle in eine Krebszelle zu verwandeln, wäre die Wahrscheinlichkeit von Krebserkrankungen vom Alter unabhängig. Tatsächlich steigt aber die Krebshäufigkeit mit dem Alter stark an. Damit ein Tumor entsteht, muss eine ganze Sequenz von Ereignissen stattfinden, durch die im Lauf der Zeit zwischen drei und sieben Mutationen zusammenkommen.

1 Erläutern Sie, worauf sich eine genetische Disposition für Krebs gründet. Vergleichen Sie dabei die Auswirkungen, die Mutationen von Proto-Onkogenen und von Tumor-Suppressorgenen haben können.

Überblick

- Die DNA ist stofflicher Träger der Erbinformation. → S. 141
- DNA ist ein doppelsträngiges Makromolekül aus vier verschiedenen Nucleotiden. Diese bestehen aus je einem Molekül Desoxyribose, Phosphorsäure und einer von vier stickstoffhaltigen Basen: Adenin, Cytosin, Guanin und Thymin. → S. 142
- Die beiden Stränge sind durch Wasserstoffbrücken verbunden, die sich zwischen je zwei der Basen ausbilden. Diese Basenpaarungen sind spezifisch. → S. 143
- Die beiden Stränge des DNA-Moleküls sind in Form einer Wendel um eine gemeinsame Achse gewunden, sodass sie eine Doppelhelix bilden. Ihre Nucleotidsequenzen sind zueinander komplementär. → S. 143
- Die DNA eukaryotischer Zellen ist mit Proteinen assoziiert, den Histonen. Nucleosomen bilden die Grundeinheit der DNA-Verpackung im Chromatin. → S. 144
- Bei der DNA-Replikation wird die genetische Information verdoppelt. Die Doppelhelix wird aufgewunden und an die getrennten Einzelstränge lagern sich komplementäre Nucleotide an, die zu neuen Strängen verkettet werden. → S. 146
- Die Kopiergenauigkeit der Replikation ist Voraussetzung dafür, dass die genetische Information unverändert an jede Zelle und folgende Generationen weitergegeben wird. → S. 147
- Mithilfe von PCR lässt sich DNA im Labor beliebig vervielfältigen. Durch Sequenzierungsverfahren kann ihre Basensequenz bestimmt werden. → S. 148, 149
- Wichtige Erkenntnisse der Molekulargenetik wurden an Bakterien und Viren gewonnen. → S. 141, 146, 150, 160, 161
- Ein Gen enthält die Information zum Aufbau eines Polypeptids. Dieses kann sich in mehreren Merkmalen ausdrücken. Häufig liegen einem Merkmal mehrere Gene zugrunde. → S. 152, 153
- Die Nucleotidbasen Adenin, Cytosin, Guanin und Thymin sind die Buchstaben des genetischen Alphabets. Je drei Buchstaben – ein Basentriplett – bilden ein Wort des genetischen Codes, das für eine der 20 Aminosäuren steht. → S. 154, 155
- Bei der Proteinbiosynthese wird die Basensequenz eines DNA-Abschnitts in ein mRNA-Molekül umgeschrieben (Transkription) und dann in die Aminosäuresequenz eines Proteins übersetzt (Translation). → S. 154–157
- Da eukaryotische Gene Exons und Introns enthalten, wird das mRNA-Transkript bearbeitet, bevor es den Zellkern verlässt. → S. 157
- Bei Genmutationen ist nur ein einziges Gen, zuweilen nur eine einzige Base verändert. Die Mutationsrate ist abhängig von verschiedenen äußeren Einflüssen, insbesondere von Strahlung und Chemikalien. → S. 158
- Die Genaktivität wird bei Prokaryoten durch das Zusammenwirken von Regulatorgen, Promotor, Operator und Strukturgenen reguliert. Eukaryoten verfügen zusätzlich über weitere Mechanismen der Genregulation. → S. 160, 161
- Krebs entsteht durch Mutation von Genen, die für die Regulation der Zellteilung verantwortlich sind. Zellteilungskontroll-Gene können zu Krebs auslösenden Genen, Onkogenen, werden. → S. 162

Aufgaben und Anregungen

1 Für ein bestimmtes DNA-Molekül wird der Anteil an Adenin mit 27 % angegeben. Berechnen Sie die Anteile der drei anderen Basen.

2 Setzt man einer zähflüssigen DNA-Lösung einige Tropfen des Enzyms DNAse zu, wird die Lösung umso dünnflüssiger, je länger das Enzym einwirkt. Begründen Sie die Veränderung.

3 Erläutern Sie die Struktur der Chromosomen, die vor Zellteilungen im Lichtmikroskop sichtbar werden. Begründen Sie, weshalb jedes Chromosom aus zwei Chromatiden besteht.

4 Das Bild rechts zeigt die Veränderung der DNA-Menge, der Konzentration an DNA-Nucleotiden und der Aktivität der DNA-Polymerase in einer Zelle während der S-Phase des Zellzyklus. Erläutern Sie die Kurven.

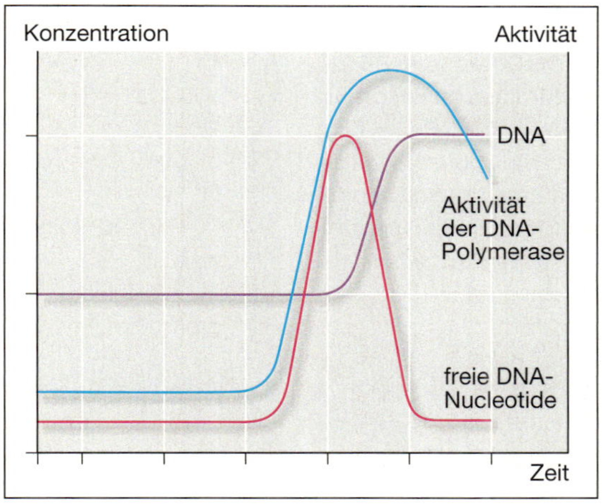

5 Begründen Sie, weshalb auf der Basis von RNAs, in denen regelmäßig zwei Nucleotide abwechseln, Peptide aus zwei Aminosäuren gebildet werden.

6 Erläutern Sie, wie viele verschiedene tRNA-Moleküle mindestens notwenig sind und wie viele es maximal geben könnte.

7 Beschreiben Sie die Einzelschritte der Proteinbiosynthese. Erklären Sie, weshalb es für das Funktionieren des Proteins genügt, dass die Reihenfolge der Aminosäuren in der DNA-Sequenz festgelegt ist.

8 Genmutationen, bei denen es zum Austausch einer Nucleotidbase kommt, haben häufig keine Auswirkungen im Phänotyp. Begründen Sie.

9 Substratinduktion wie auch Endproduktrepression werden über Repressoren kontrolliert. Welcher grundlegende Unterschied besteht zwischen beiden Regulationsmechanismen?

10 Etwa 3 % des menschlichen Erbguts stammen von Viren. Finden Sie eine Erklärung. Vergleichen Sie mit den verschiedenen Mechanismen, die der Übertragung von Genen zwischen zwei Bakterienzellen zugrunde liegen.

DNA-Reparatur – Selbstschutz der Zelle

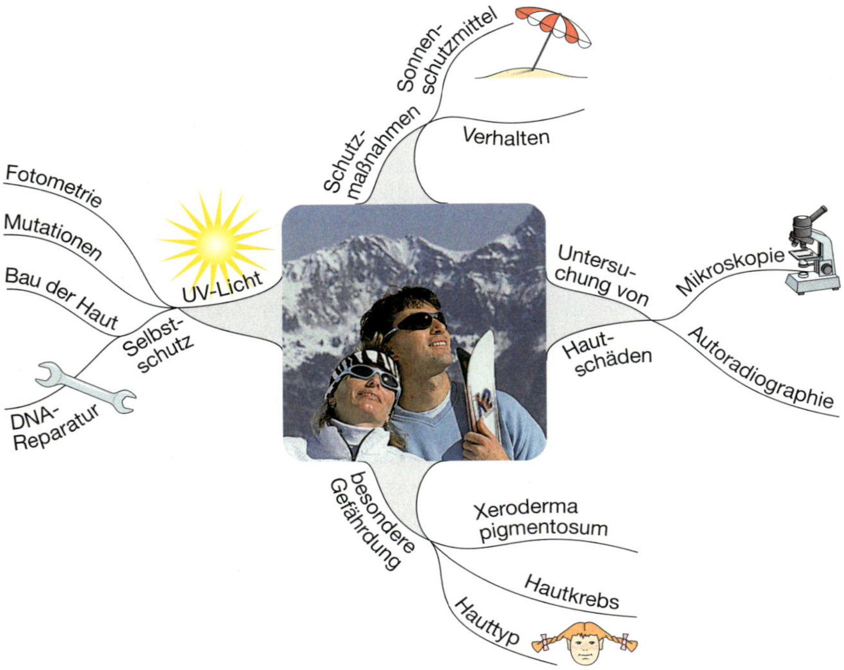

Alles Leben auf der Erde bezieht seine Energie von der Sonne. Wir Menschen genießen oft die belebende Wirkung des Sonnenlichts. Gleichzeitig geht aber auch eine Bedrohung von ihr aus. Bei den meisten Menschen werden Schäden, die beim Sonnenbaden in der Haut entstehen, rasch ausgeglichen. Für „Mondscheinkinder" hingegen wird die Sonne zur tödlichen Gefahr. Bei ihnen bilden sich aufgrund einer seltenen Erbkrankheit durch Kontakt mit Sonnenlicht zunächst Pigmentflecken, aus denen sich Hautkrebs entwickelt. Mondscheinkinder dürfen nur mit Schutzanzügen bekleidet an das Tageslicht. Fensterscheiben müssen verdunkelt oder durch UV-Schutzfolie abgeschirmt werden. Zum Spielen im Freien nutzen Mondscheinkinder die Stunden, in denen andere schlafen … Ihr Beispiel zeigt, wie empfindlich die DNA auf Umwelteinflüsse reagiert.

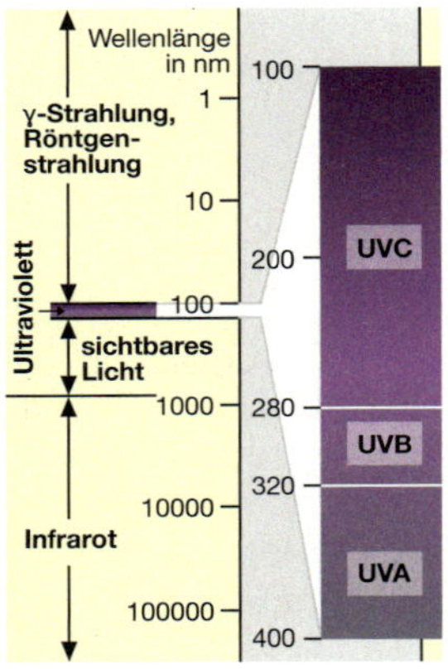

1 *Spektrum von UV-Licht*

Das elektromagnetische Spektrum der Sonnenstrahlung umfasst den Wellenlängenbereich von 225 bis 3200 nm. Das besonders kurzwellige Licht bezeichnet man als *ultraviolette (UV-)Strahlung*. Je nach Wellenlänge unterscheidet man UVC- (100–280 nm), UVB- (280–320 nm) und UVA-Strahlen (320–400 nm). Je kurzwelliger die Strahlen, desto energiereicher und gefährlicher sind sie. Sie dringen in Zellen ein und können Mutationen auslösen.

Ein Reparatursystem im Zellkern sorgt dafür, dass UV-bedingte DNA-Schäden innerhalb von 2 Stunden beseitigt werden. Bei „Mondscheinkindern" fehlt der Reparaturmechanismus: Sie leiden an der sehr seltenen Erbkrankheit Xeroderma pigmentosum (XP). Bei den Betroffenen, deren Zahl weltweit auf etwa 2000 geschätzt wird, führt schon die geringste Einstrahlung zu schwerem Sonnenbrand. Später entstehen Pigmentflecken, die operativ entfernt werden müssen. XP-Patienten leiden oft schon als Kind an Hautkrebs und sterben meist früh.

2 *Mondscheinkinder im Ferienlager spielen im Dunkeln.*

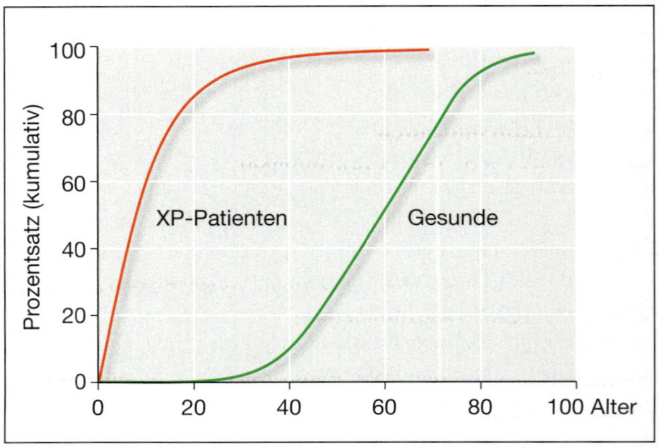

3 *Hautkrebshäufigkeit bei Gesunden und XP-Patienten*

☞ **Basisinformationen**

elektromagnetisches Spektrum (→ S. 123), Krebs (→ S. 162)

1 Vergleichen Sie die Krebshäufigkeit von XP-Patienten und Hautkrebspatienten ohne XP.

DNA-Schäden und Reparaturmechanismen

UV-Strahlen bewirken Veränderungen in der chemischen Struktur der Nucleotid-Bausteine der DNA. Die häufigste Folge der UV-Bestrahlung ist die Bildung von Thymin-Dimeren. Dabei verbinden sich zwei benachbarte Thymin-Basen innerhalb eines DNA-Strangs (→ Bild 1). Dies führt dazu, dass der DNA-Strang abknickt und die Basen keine Wasserstoffbrücken zum komplementären Strang ausbilden können.

Mithilfe von Experimenten mit Mutanten von E. coli gelang es, den Reparaturvorgang aufzuklären. Versuche zeigten, dass der Wildtyp Bestrahlung mit niedrigen Dosen von UV-Licht überlebt. Die Mutante *E. coli uvr*⁻ reagiert hingegen sehr empfindlich (→ Bild 2). Diesem Bakterienstamm fehlt das System zur Reparatur von UV-Schäden. Die uvr-Gene codieren für verschiedene Untereinheiten einer *Endonuclease*. Dieses Reparaturenzym hat die Funktion die DNA ständig auf Fehler hin zu prüfen. Trifft sie auf ein Thymin-Dimer, schneidet sie den DNA-Strang davor und dahinter durch und der geschädigte Abschnitt wird entfernt. Die DNA-Polymerase schließt die Lücke, indem sie einen neuen DNA-Abschnitt synthetisiert. Dieser wird anschließend durch die DNA-Ligase mit dem alten Strang verknüpft (→ Bild 3). Diese Ausschneide- oder Exzisionsreparatur findet in den Zellen aller Lebewesen statt. Daneben gibt es noch weitere DNA-Reparaturmechanismen.

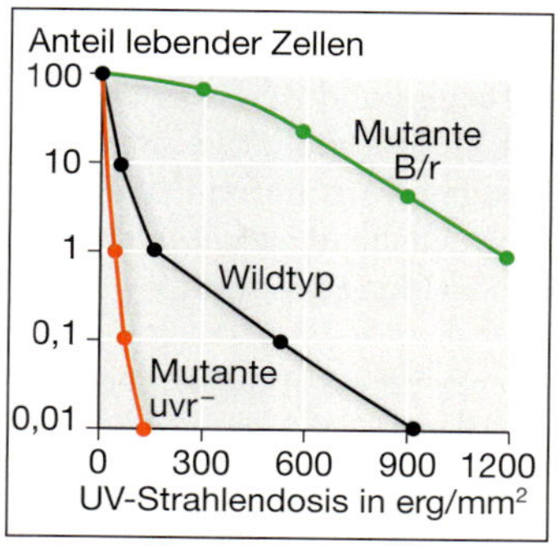

2 UV-Empfindlichkeit verschiedender E.-coli-Stämme

Fusionsexperimente mit Zellen von XP-Patienten gaben Aufschluss über die genetischen Grundlagen der DNA-Reparatur. Nachdem man zwei Zellen von verschiedenen Patienten miteinander verschmolzen hatte, war in einigen Fällen die dabei entstandene Zelle anschließend in der Lage UV-Schäden zu reparieren. Dies weist darauf hin, dass unterschiedliche Mutationen vorlagen, sodass das mutierte Allel jeweils durch das zweite Allel ausgeglichen wurde. Insgesamt belegten die Versuche, dass mindestens sieben Gene an der DNA-Reparatur beteiligt sind.

☞ Basisinformationen

Bau der DNA (→ S. 142, 143), Replikation (→ S. 146, 147), Mutationen (→ S. 158, 176), Stammbaumanalyse (→ S. 179)

1 Operationssäle und mikrobiologische Arbeitsplätze, an denen sterile Bedingungen herrschen müssen, werden mit UV-Licht bestrahlt. Begründen Sie.

2 Erklären Sie, welche Bedeutung die Doppelsträngigkeit der DNA im Hinblick auf den DNA-Reparaturmechanismus hat.

3 Analysieren Sie den Erbgang für XP. In welchem Verwandtschaftsverhältnis stehen die Eltern des erkrankten Kindes?

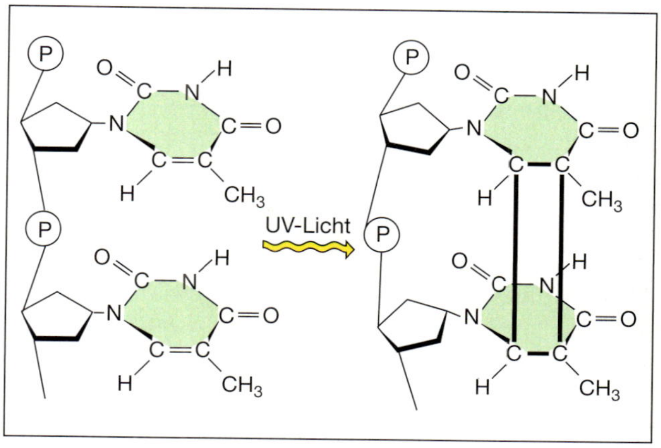

1 Dimerisierung von Thymin im DNA-Doppelstrang

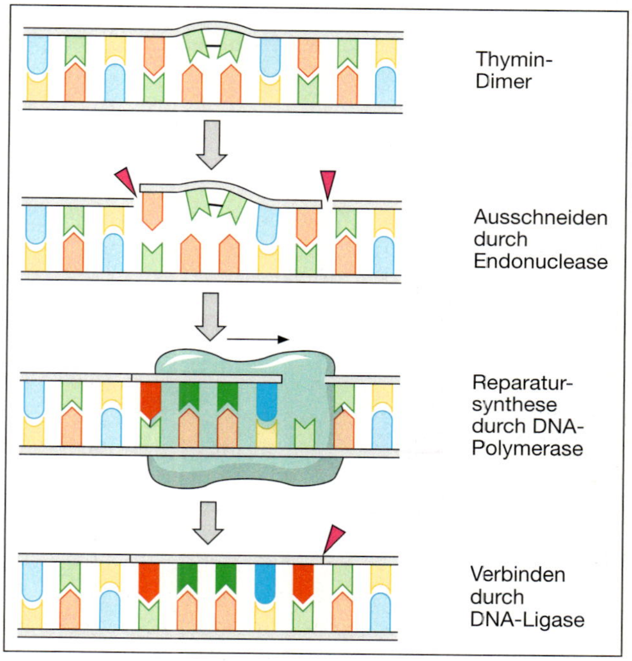

3 Enzyme reparieren geschädigte DNA durch Exzision.

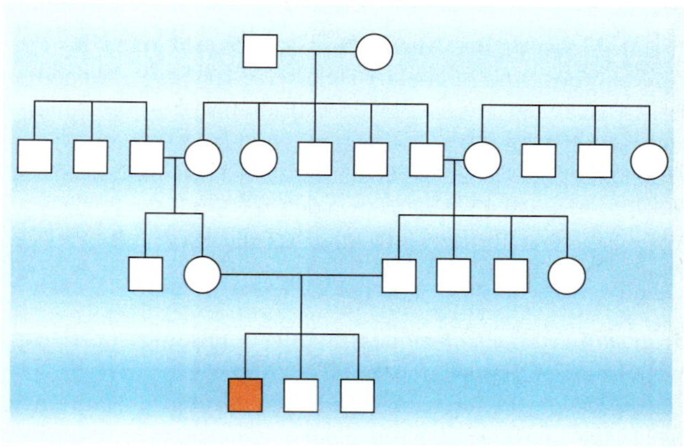

4 Erbgang von Xeroderma pigmentosum

Versuche zu Schäden durch UV-Licht

Mutation durch UV-Licht

Material: UV-Lampe, Sonnenbrille, Sonnenschutzcreme, Drigalski-Spatel, Reagenzgläser mit steriler 0,9%iger Kochsalzlösung, Glaspetrischalen mit Nährmedium, Übernachtkultur des Bakterienstamms *E. coli K 12*

Durchführung: Beachten Sie bei Ihrer Arbeit die Sicherheitsbestimmungen zum Umgang mit Bakterien! Verdünnen Sie eine Übernachtkultur von E. coli K 12 wie im Versuch zur Titerbestimmung beschrieben (→ S. 151). Geben Sie aus dem letzten Verdünnungsschritt auf 7 Petrischalen je 0,1 ml Bakterienkultur und streichen Sie sie mit einem Drigalski-Spatel auf dem Medium aus. Bestrahlen Sie 5 Petrischalen unterschiedlich lange mit UV-Licht (5, 10, 30, 60 und 120 s). Die Zeit beginnt mit der Abnahme des Deckels und endet mit dem Aufsetzen. Setzen Sie eine Kulturschale *mit geschlossenem Deckel* 2 min lang dem Licht aus. Zur Kontrolle bleibt eine weitere Schale unbestrahlt.

Führen Sie die Versuche bei verschiedenen Wellenlängen durch. Schützen Sie dabei unbedingt Augen und Haut durch Sonnenbrille und -creme! Bebrüten Sie die Agarplatten anschließend 24 Stunden bei 37 °C im Wärmeschrank.

Auswertung: Bestimmen Sie die Anzahl von Bakterienkolonien auf den Petrischalen. Stellen Sie das Ergebnis grafisch dar, indem Sie die Koloniezahl in Abhängigkeit von der Bestrahlungsdauer auftragen. Deuten Sie die Ergebnisse.

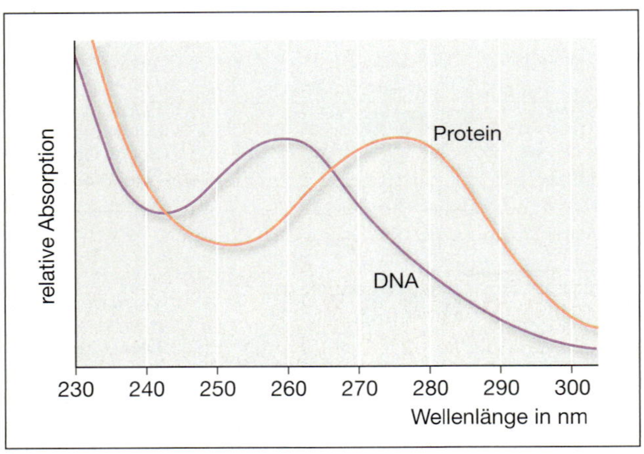

Messung des Absorptionsspektrums von DNA

Material: Fotometer, isolierte DNA (entsprechend der DNA-Extraktion auf S. 145 oder gekaufte DNA), Lösepuffer (5,8 g NaCl + 2,4 g Tri-Na-Citrat ad 1000 ml A. dest.)

Durchführung: Lösen Sie die DNA in 10 ml Lösepuffer. Messen Sie das Absorptionsspektrum der DNA mit dem Fotometer. Vergleichen Sie Ihr Ergebnis mit dem Bild oben.

Untersuchung von Haut

Material: frische Schweineschwarte, Lupe, Messer, Fertigpräparate von Hautschnitten, Mikroskop

Durchführung: Untersuchen Sie die Gliederung der Haut sowie die Dicke und Beschaffenheit der verschiedenen Schichten. Achten Sie dabei auch auf die Oberflächenstrukturen und die Durchblutung. Die Aufgaben unserer Haut sind sehr vielfältig. Erstellen Sie eine Liste und versuchen Sie den Hautschichten bestimmte Funktionen zuzuordnen.

Betrachten Sie Hautschnitte unter dem Mikroskop. Vergleichen Sie mit dem Schema (→ Bild 1, S. 167). Welche Teile dienen hauptsächlich dem Schutz? Wo liegen Zellschichten, die besonders empfindlich auf UV-Strahlen reagieren?

Untersuchung der DNA-Reparatur nach UV-Bestrahlung

Die DNA-Reparatursysteme des Menschen werden mithilfe radioaktiver Isotope und Autoradiographie untersucht (→ S. 145). Dabei arbeitet man vor allem mit Zellkulturen von Fibroblasten, zum Teil aber auch mit wenige Millimeter großen Gewebeproben von Gesunden und XP-Patienten. Die Proben bestrahlt man mit UV-Licht, überführt sie für einige Zeit in ein Medium mit ^{3}H-haltigem Thymin und fixiert sie dann. Die Schnitte werden anschließend mit Röntgenfilm überzogen, den die radioaktive Strahlung schwärzt.

1 Die Abbildungen unten zeigen Hautpräparate, in denen die radioaktiven Thymin-Moleküle als schwarze Punkte erkennbar sind. Vergleichen Sie die Autoradiogramme von unbestrahlter (oben) und bestrahlter (Mitte) Haut eines Gesunden und bestrahlter Haut eines XP-Patienten (unten). Erklären Sie die Ergebnisse.

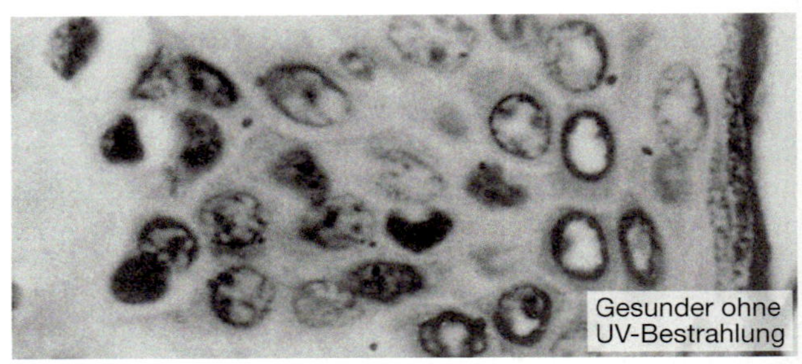
Gesunder ohne UV-Bestrahlung

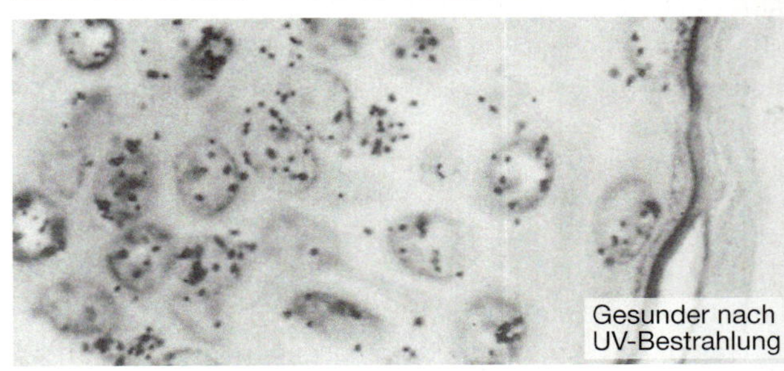
Gesunder nach UV-Bestrahlung

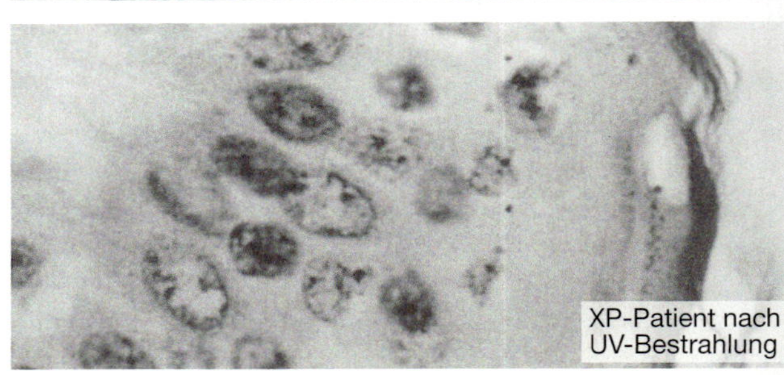
XP-Patient nach UV-Bestrahlung

Schönheit kontra Hautkrebs

„Ich bin braun, aber schön“, sagt König Salomon in der Bibel. Braune Haut galt nicht zu allen Zeiten als Schönheitsideal. Noch Anfang des 20. Jahrhunderts waren Sonnenschirme und große Hüte modern – Accessoires der „besseren“ Schichten, die durch ihre Blässe zeigten, dass sie nicht im Freien arbeiten mussten.

Die *Melanocyten*, Zellen, die das Pigment Melanin bilden und für die Färbung der Haut verantwortlich sind, liegen in der untersten Schicht der Oberhaut. Je mehr Melanocyten pro Fläche vorhanden sind, desto dunkler ist die betreffende Hautregion. Unterschiede in der Hautfarbe beruhen auf unterschiedlichem Melaningehalt. Bei hellhäutigen Menschen wird erst dann vermehrt Melanin gebildet, wenn sie stärkerer UV-Einstrahlung ausgesetzt sind. Die Bräune geht jedoch mit der Zeit wieder verloren, da die Pigmentzellen an die Oberfläche wandern, absterben und abgestoßen werden.

Bei hellhäutigen Menschen hat Hautkrebs in den letzten Jahren stark zugenommen. In Deutschland steigt die Hautkrebsrate jährlich etwa um 7 %. Als eine der Ursachen gilt die Zerstörung der Ozonschicht (→ S. 384). Sie hält einen Teil der biologisch gefährlichen UV-Strahlen – mit Wellenlängen unter 290 nm – fast vollständig zurück. Man schätzt, dass eine Abnahme der Ozonwerte um 1 % zu einer Erhöhung der UV-Strahlung um 2 % und der Hautkrebsrate um 6 % führt. Da Hauttumoren langsam wachsen und Jahrzehnte zwischen Auslösung und Auftreten liegen können, hängt die Zunahme von Hautkrebs möglicherweise auch mit dem veränderten Freizeit- und Urlaubsverhalten zusammen.

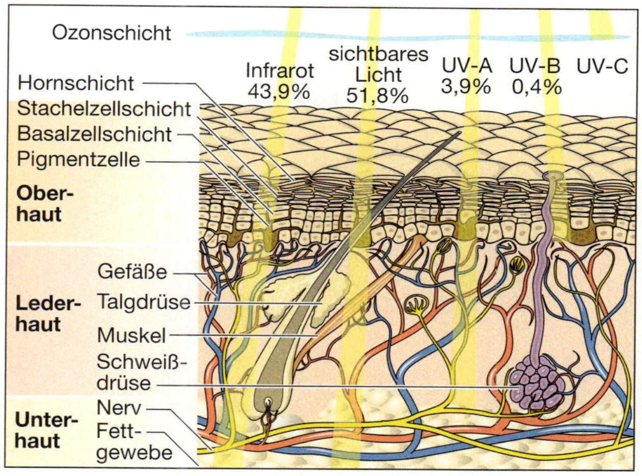

1 *Eindringtiefe von Strahlung verschiedener Wellenlänge in die Haut*

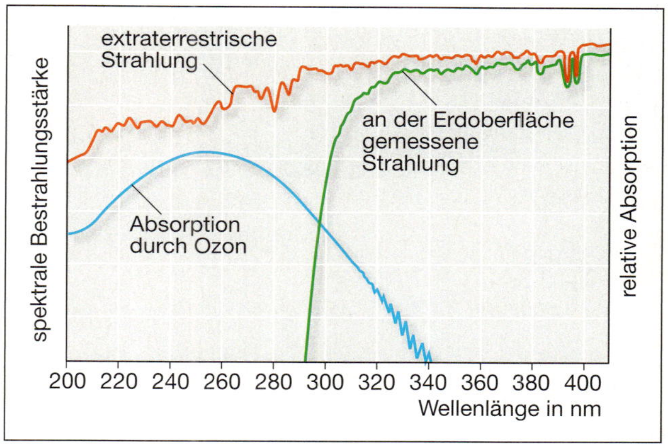

2 *UV-Strahlung und Absorption durch Ozon*

Basisinformationen
Krebs (→ S. 162), Ozon (→ S. 382–384)

Wirkung von Sonnenschutzmitteln
Die Schutzwirkung von Sonnencremes beruht meist auf chemischer Absorption. Filtersubstanzen wie beispielsweise Zimtsäureester absorbieren die Sonnenbrand verursachende UV-B-Strahlung ebenso wie UV-A-Licht, das die vorzeitige Alterung der Haut bewirkt. Einige Produkte enthalten auch physikalischen Lichtschutz – Substanzen wie Titandioxid, die die UV-Strahlung reflektieren. Sie wirken im Gegensatz zu den üblichen Sonnenschutzmitteln, die erst in die Haut einziehen müssen, sofort nach dem Auftragen.

Versuch zur Wirkung von Sonnenschutzmitteln
Material: Sonnenschutzmittel mit unterschiedlichen Lichtschutzfaktoren, Entwickler, Fixierer, Plastikschalen, Röntgenfilm, UV-Lampe (langwelliges UV-Licht, z. B. 360 nm), Sonnenbrille, Schutzhandschuhe, Dunkelkammer
Durchführung: Schneiden Sie den Röntgenfilm in der Dunkelkammer in gleich große Stücke. Bringen Sie jedes Sonnenschutzpräparat auf je 5 Filmstücke auf, verreiben Sie es und lassen Sie es wie auf der Packung angegeben einwirken. Bestrahlen Sie anschließend die Filme mit UV-Licht 10, 30, 60, 120 und 300 Sekunden lang. Die Entwicklung und Fixierung erfolgt nach den Angaben des Herstellers der Lösungen.

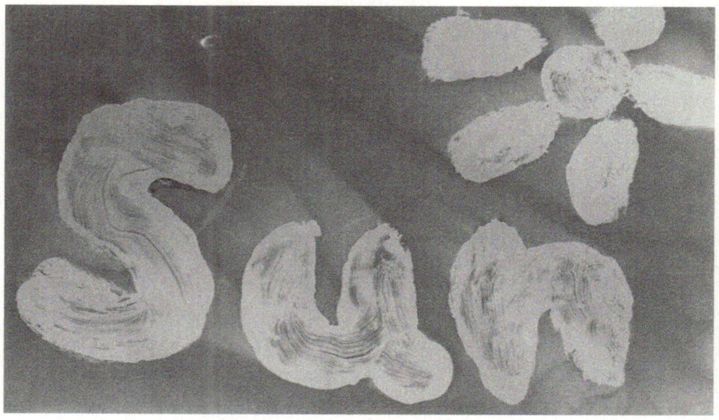

3 *Röntgenfilm, mit Sonnenöl behandelt, nach UV-Belichtung*

1 Vergleichen Sie die Absorptionsspektren von Ozon und DNA. Stellen Sie einen Zusammenhang her zwischen der Hautkrebsrate und der UV-Einstrahlung.

2 Analysieren Sie die Ergebnisse des Versuchs mit Sonnenschutzmitteln. Beurteilen Sie deren Wirksamkeit.

3 Stellen Sie Regeln für vernünftiges Sonnen auf.

Klassische Genetik, Cytogenetik und Humangenetik

1 *„Wie Milch und Kaffee ...": zweieiige Zwillinge mit dunkler und weißer Haut und ihre Eltern*

„Wunderzwillinge!" titelte eine Tageszeitung. Offenbar erscheint Vererbung in besonderen Fällen immer noch wie ein Mysterium. Viele Menschen erwarten, dass die Merkmale der Nachkommen wie eine Mischung der Elternmerkmale aussehen. Merkmale vermengen sich jedoch nicht wie zwei Flüssigkeiten. Sie beruhen auf Erbanlagen – diskreten Informationseinheiten, die über die Generationen hinweg unverändert weitergegeben werden. Bei der Fortpflanzung werden die Erbanlagen zufällig auf die Nachkommen verteilt, sodass eine Vielzahl von Merkmalskombinationen entstehen kann. Merkmale können aber nicht nur kombiniert, sondern auch – wie bei den Zwillingen – voneinander getrennt werden.

Im Blickpunkt:

- Erbe und Umwelt prägen zusammen die Merkmale aus
- Regeln der Vererbung: entdeckt von J. G. MENDEL, zu seiner Zeit unverstanden, heute grundlegend für unser Wissen um die Vererbung bei Pflanze, Tier und Mensch
- Bau und Eigenschaften von Chromosomen
- Chromosomen als Träger der Gene – von Mendel zur Molekulargenetik
- Drosophila und Mensch: Modellorganismen der Genetik
- genetisch bedingte Krankheiten als Schlüssel zu den genetischen Grundlagen bestimmter Merkmale
- komplexe Merkmale: Wird Intelligenz vererbt?

Menschen waren immer daran interessiert, Vererbungsvorgänge zu verstehen – lange bevor das Geschehen auf Bestandteile der Zellen oder gar Stoffe zurückgeführt werden konnte. Schon früh hatte man erkannt, dass bei Mensch, Tier und Pflanze die Nachkommen ihren Eltern ähneln. Dennoch blieb die Vererbung ein „unergründliches Mysterium der Natur", wie es der Philosoph MICHEL DE MONTAIGNE bezeichnete. Um 1860 lüftete JOHANN GREGOR MENDEL mit seinen Kreuzungsexperimenten als Erster das Geheimnis der Vererbung.

Als man 40 Jahre später die Chromosomen als Träger der von MENDEL postulierten „Erbfaktoren" erkannte, verstand man auch die von ihm entdeckten Vererbungsregeln. Diese Regeln legten den Grundstein für einen neuen Wissenschaftszweig, die *Genetik*. Seitdem wurden Vererbungsvorgänge in allen Einzelheiten untersucht. Stand ursprünglich das Auftreten einzelner Merkmale in der Generationenfolge im Mittelpunkt, verlagerte sich später das Interesse auf die Ebene der Zellen und Chromosomen und schließlich zur stofflichen Natur der Gene. Diese als *Klassische Genetik*, *Cytogenetik* und *Molekulargenetik* bezeichneten Fachgebiete verdanken ihre Erkenntnisse jeweils ganz bestimmten, besonders geeigneten Forschungsobjekten. Da die Vererbungsvorgänge bei allen Organismen sehr ähnlich oder gar identisch sind, verstehen wir anhand ihrer Ergebnisse auch die Vererbung bei uns Menschen. Mit ihr befasst sich die *Humangenetik*.

Erbe – Umwelt – Merkmal

Individuen einer Art erscheinen uns auf den ersten Blick einheitlich. Bei genauer Betrachtung oder Messung ihrer Merkmale stellt man meist fest, dass sie mehr oder weniger verschieden sind. Diese Variabilität des *Phänotyps* – so bezeichnet man die Summe aller Merkmale im Erscheinungsbild eines Lebewesens – kann durch verschiedene *Genotypen,* also Unterschiede in der individuellen Erbinformation, oder durch unterschiedliche *Umweltbedingungen* verursacht sein.

Modifikatorische Variabilität. Untersucht man die ungeschlechtlichen Nachkommen eines Individuums, also einen *Klon* erbgleicher Individuen, lassen sich alle Merkmalsunterschiede zwischen ihnen auf Umweltfaktoren zurückführen. Solche Abwandlungen im Phänotyp, die allein durch Umwelteinflüsse wie Temperatur, Licht, Wasser, Salzgehalt oder Nährstoffzufuhr verursacht sind, nennt man *Modifikationen. Modifikatorische* oder *phänotypische Variabilität* lässt sich am einfachsten an Pflanzen untersuchen, die sich durch Ableger oder Brutknospen ungeschlechtlich vermehren, aber auch an Tieren, die sich wie Polypen, Blattläuse und Wasserflöhe in manchen Entwicklungsphasen ungeschlechtlich fortpflanzen. Modifikationen liefern wichtige biologische Erkenntnisse:

- Umwelteinflüsse bewirken unterschiedliche Ausprägungen von Merkmalen, auch bei einheitlichem Erbgut. Offensichtlich wird durch die Erbinformation nicht das Merkmal selbst, sondern nur die *Reaktionsnorm* festgelegt, mit der ein Organismus bei der Merkmalsausprägung auf Einflüsse der Umwelt reagiert.
- Die Reaktionsnorm drückt sich in der *Variationsbreite* eines Merkmals aus. Sie ist je nach Merkmal und Art verschieden.
- Ist ein Merkmal nur wenig abgestuft, sodass seine Ausprägungen kontinuierlich ineinander übergehen, wie die Länge erbgleicher Pantoffeltiere oder der Nadeln eines Tannenzweigs, spricht man von *fließender Modifikation* (→ Bild 1). Dagegen entstehen *umschlagende Modifikationen*, wenn Umwelteinflüsse eine Schalterfunktion haben. So blüht die Chinesische Primel unter 20 °C rot, darüber blau. Das Landkärtchen, ein Schmetterling, tritt je nach Tageslänge während der Larvenzeit in zwei verschiedenen Formen auf (→ S. 306).
- Modifikationen sind nicht erblich. Zieht man aus einem Individuum mit einem modifikatorisch veränderten Merkmal einen neuen Klon heran, zeigt dieser wieder die ursprüngliche Variationsbreite und deren Mittelwert (→ Bild 2, links). Die Erkenntnis, dass „erworbene" Eigenschaften eines Individuums nicht auf seine Nachkommen übergehen, wurde durch viele Experimente bestätigt. Sie ist für die Evolutionsbiologie von größter Bedeutung (→ S. 240).

Genetische Variabilität. Lebewesen, die sich geschlechtlich fortpflanzen, sind in der Regel nicht erbgleich. Wählt man unter ihnen einzelne Individuen mit bestimmten erblichen Merkmalen zur Fortpflanzung aus, ändert sich bei den Nachkommen meist auch die Häufigkeitsverteilung der Merkmale. Darauf beruht die Wirkung der Selektion in Evolution und Züchtung. Die Differenz zwischen den Merkmals-Mittelwerten von Eltern und Nachkommen nennt man *Heritabilität*. Sie ist ein Maß für den Anteil der *genetischen oder genotypischen Variabilität* an der Gesamtvariabilität (→ Bild 2, rechts).

Individuen wild lebender Pflanzen- und Tierpopulationen zeichnen sich durch große genetische Variabilität ihrer Merkmale aus. Dies ist ein Grund dafür, dass die Gesetzmäßigkeiten der Vererbung lange Zeit unerkannt blieben. Den Schlüssel dazu lieferten schließlich selbstbestäubende Pflanzen, deren Individuen von Natur aus genetisch sehr einheitlich sind.

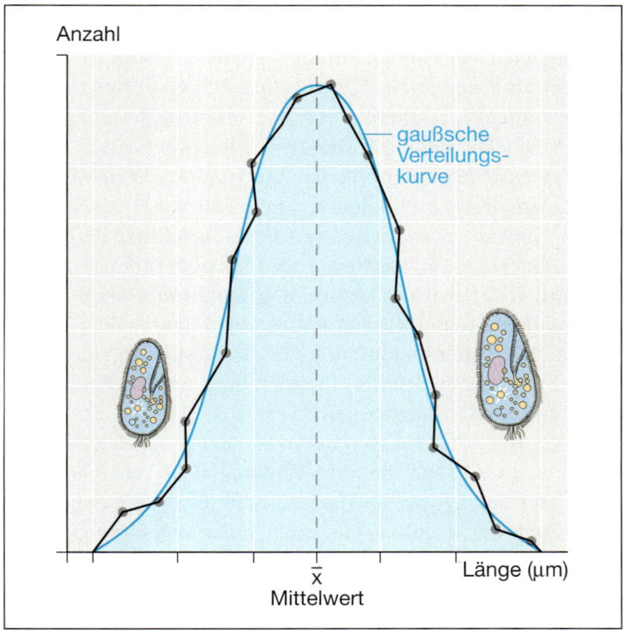

1 Variation der Länge erbgleicher Pantoffeltierchen (blau zum Vergleich die gaußsche Verteilungskurve)

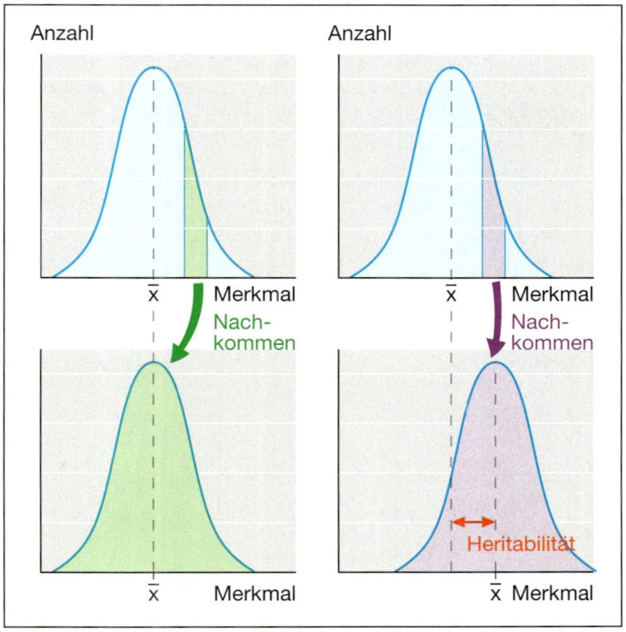

2 Variation eines nicht erblichen (links) und eines erblichen Merkmals (rechts) in aufeinander folgenden Generationen

Die mendelschen Regeln der Vererbung

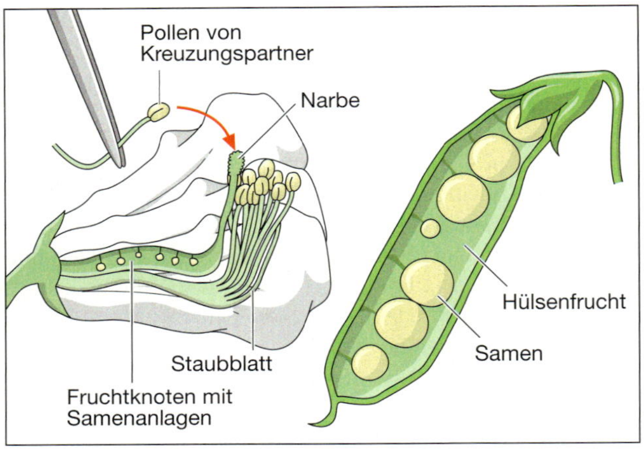

1 Blütenbau, künstliche Bestäubung und Frucht der Erbse

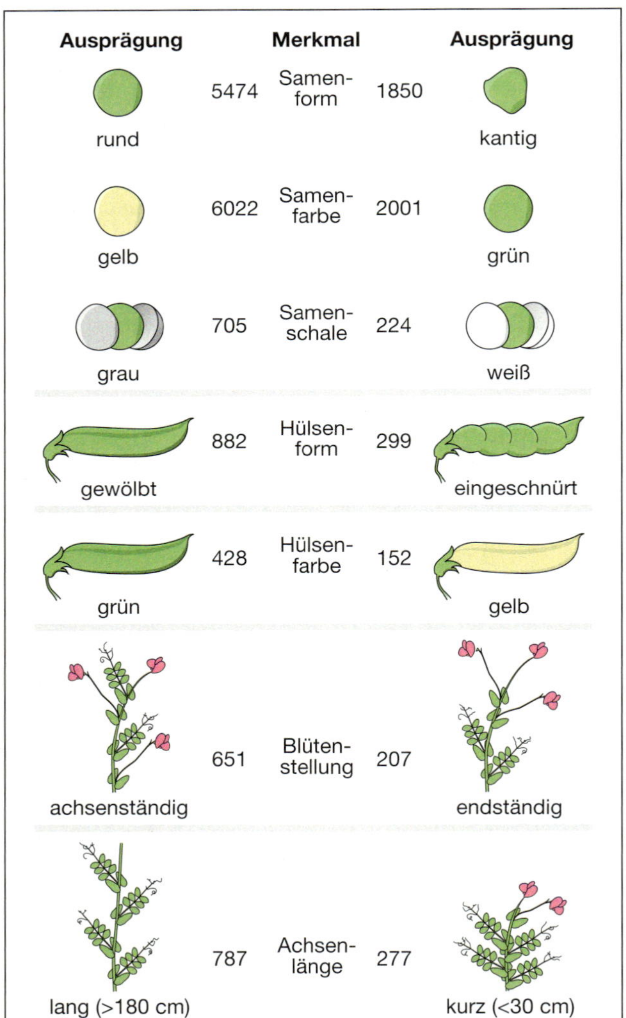

2 Merkmale der Gartenerbse, deren Erbgang J. G. MENDEL untersuchte, dominante Ausprägung links, rezessive rechts. Die Zahlen geben die Individuen der F_2-Generation an.

Im Jahr 1866 veröffentlichte JOHANN GREGOR MENDEL, Augustinermönch im Kloster Brünn, die Ergebnisse seiner mehrjährigen Kreuzungsexperimente an der Gartenerbse unter dem Titel „Versuche über Pflanzenhybriden" (Mischlinge). MENDELS Ergebnisse blieben unbeachtet, obwohl sie den lange gesuchten Schlüssel zu den Gesetzmäßigkeiten der Vererbung enthielten. Sein Erfolg gründete auf einer Reihe von Überlegungen und Maßnahmen, durch die sich seine Arbeitsweise von der seiner Vorgänger unterschied:

3 GREGOR MENDEL

- Statt die Gesamtheit der Merkmale eines Phänotyps zu erfassen, beschränkte sich MENDEL auf wenige alternativ ausgeprägte Merkmale (→ Bild 2). Ließen sie „eine sichere und scharfe Trennung" nicht zu, berücksichtigte er sie nicht.
- Vor Beginn der Experimente überzeugte er sich, dass diese Merkmale der verschiedenen Erbsensorten „constant", also in jeder Generation unverändert auftraten. Später sprach man in solchen Fällen von reinen Linien oder Reinerbigkeit. Als Ursache vermutete schon MENDEL die für die Erbse typische Selbstbestäubung und Selbstbefruchtung (→ S. 169).
- Zum Kreuzen öffnete er die Blüten noch vor dem Aufblühen, entfernte die Staubblätter „mittelst einer Pinçette" und übertrug Pollen des Kreuzungspartners auf die Narbe.
- Er untersuchte „mehr als 10000 Pflanzen" und unterwarf die Ergebnisse „vollzählig der Beobachtung", das heißt, er wertete sie statistisch aus. Ein solches Vorgehen war den Biologen seiner Zeit fremd.

Ergebnisse der mendelschen Versuche. MENDELS Arbeit war völlig in Vergessenheit geraten. Im Jahr 1900 wurde sie zeitgleich von den Botanikern HUGO DE VRIES, ERICH TSCHERMAK und CARL CORRENS bei eigenen Erbversuchen wiederentdeckt. Seitdem formuliert man MENDELS wichtigste Versuchsergebnisse in drei *mendelschen Regeln*:

1. *mendelsche Regel*: Kreuzt man Individuen (Eltern- oder Parentalgeneration P), die sich in bestimmten Merkmalen reinerbig unterscheiden, zeigen die Nachkommen der nächsten Generation (1. Tochter- oder Filialgeneration F_1) diese Merkmale in gleicher Ausprägung *(Uniformitätsregel)*.
2. *mendelsche Regel:* Kreuzt man Individuen der F_1-Generation untereinander, spalten die Merkmale der Nachkommen der 2. Filialgeneration F_2 in einem bestimmten Zahlenverhältnis auf *(Spaltungsregel)*.
3. *mendelsche Regel*: Kreuzt man reinerbige Individuen, die sich in zwei oder mehr Merkmalen unterscheiden, also di- oder polyhybrid sind, spalten die Merkmale der Nachkommen der 2. Filialgeneration unabhängig voneinander auf *(Unabhängigkeitsregel, Neukombinationsregel)*.

Ein weiteres Ergebnis ist die *Regel der Reziprozität*: Ob eine Pflanze bei der Kreuzung als „Samenpflanze", also weiblicher Partner, oder als „Pollenpflanze", also männlicher Partner, verwendet wird, ändert am Ergebnis nichts.

Erklärung der mendelschen Regeln. Es ist eine herausragende Leistung logischen Denkens, dass MENDEL seine Versuchsergebnisse „formal" richtig erklärt hat ohne die zugrunde liegenden biologischen Vorgänge zu kennen. Mit den heute üblichen Begriffen würde man folgende Deutung formulieren:

- Vererbung beruht darauf, dass „Erbfaktoren", heute *Gene* genannt, über Generationen hinweg weitergegeben werden.
- Ein Gen kann in unterschiedlichen Varianten vorliegen, die dasselbe Merkmal verschieden ausprägen, beispielsweise die Blütenfarbe Rot, Weiß oder Violett. Solche Varianten eines Gens bezeichnet man als *Allele*. Unterschiedlichen Allelen liegt ein DNA-Abschnitt zugrunde, dessen Information durch Genmutation verändert ist (→ S. 158).
- Alle Gene eines Individuums sind in jeweils zwei Allelen vorhanden. Sind beide Allele gleich, dann ist das Individuum im betreffenden Gen beziehungsweise Merkmal reinerbig oder *homozygot*, im anderen Fall mischerbig oder *heterozygot*.
- Allele wirken unterschiedlich stark an der Ausprägung eines Merkmals mit. Allele, die sich immer ausprägen, nennt man *dominant*, Allele, die nur im homozygoten Zustand im Merkmal erkennbar sind, *rezessiv*. Die Kreuzung mit einem homozygot rezessiven Partner – von MENDEL als *Rückkreuzung* bezeichnet – gibt Aufschluss darüber, ob ein Individuum reinerbig oder mischerbig ist.
- Bei der *Keimzellenbildung* werden die Allele getrennt. Keimzellen enthalten also nur ein Allel von jedem Gen. Allele verschiedener Gene sind im Prinzip unabhängig voneinander.
- Bei der Befruchtung werden die Allele der Keimzellen neu kombiniert. Je nach Zahl der betrachteten Merkmale ergeben sich bei der Aufspaltung in F_2 verschiedene Zahlenverhältnisse der Phänotypen. Untersucht man ein Merkmal, also einen *monohybriden Erbgang*, ist das Verhältnis 3 : 1, bei den zwei Merkmalen eines *dihybriden Erbgangs* 9 : 3 : 3 : 1.

Erbanalyse. Für die schematische Darstellung von Erbgängen verwendet man seit MENDEL Buchstabensymbole für Gene, große Buchstaben für dominante, kleine für rezessive Allele. Trägt man in einem *Kombinationsquadrat* außen die Allele der mütterlichen und väterlichen Keimzellen ein, lassen sich Allelkombinationen und damit die Häufigkeit von Genotypen und Phänotypen der Nachkommen übersichtlich analysieren (→ Bild 1). Heute benutzt man oft abgekürzte Gennamen mit Indizes für die Allele, zum Beispiel Lac^+ oder Hb^a.

Erweiterung der mendelschen Regeln. Die von MENDEL entdeckten Vererbungsregeln haben sich für alle höheren Lebewesen mit diploidem Chromosomensatz als gültig erwiesen, allerdings mit zahlreichen Besonderheiten. Viele Merkmale werden *polygen*, durch das Zusammenwirken mehrerer Gene, vererbt. Dazu gehören viele Merkmale des Menschen. Umgekehrt wirkt sich bei *Polyphänie* ein Gen auf mehrere Merkmale aus. In beiden Fällen ist die Erbanalyse schwierig. Auch vom dominant-rezessiven Erbgang gibt es Ausnahmen: Bei *unvollständiger Dominanz* prägen sich bei heterozygoten Individuen beide Allele aus und das Merkmal erscheint *intermediär*. In anderen Fällen werden beide Allele *ko-dominant*, also nebeneinander ausgeprägt.

1 Erstellen Sie für eines der Merkmale der Gartenerbse das Kreuzungsschema eines monohybriden Erbgangs.

2 Berechnen Sie das Zahlenverhältnis der Phänotypen in F_2 für alle von MENDEL untersuchten Merkmale der Erbse (→ Bild 2, S. 170).

3 Zeigen Sie für eine Modellpopulation von 1600 heterozygoten Individuen (Genotyp Aa), dass ständige Selbstbefruchtung rasch zu Reinerbigkeit führt.

4 Welches Ergebnis erwarten Sie für die Rückkreuzung (mit einem homozygot rezessiven Kreuzungspartner), wenn das zu prüfende Individuum a) heterozygot, b) homozygot ist? Erstellen Sie dazu ein Kreuzungsschema.

5 Suchen Sie Beispiele für Polygenie, Polyphänie, unvollständige Dominanz und Ko-Dominanz.

6 Erstellen Sie eine Tabelle, aus der die Zahl der Phänotypen und Genotypen für 1, 2, 3 … n vererbte Merkmale hervorgeht.

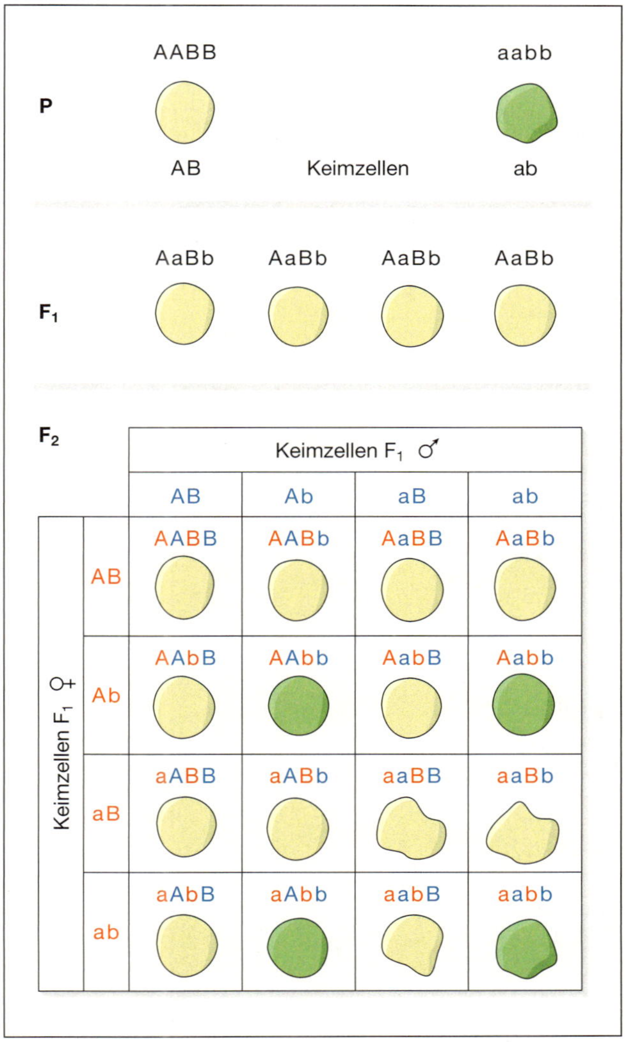

1 Erbschema zur Erklärung der mendelschen Regeln bei einem dihybriden Erbgang der Merkmale Samenform (Allele A, a) und Samenfarbe (Allele B, b)

Chromosomen und Vererbung

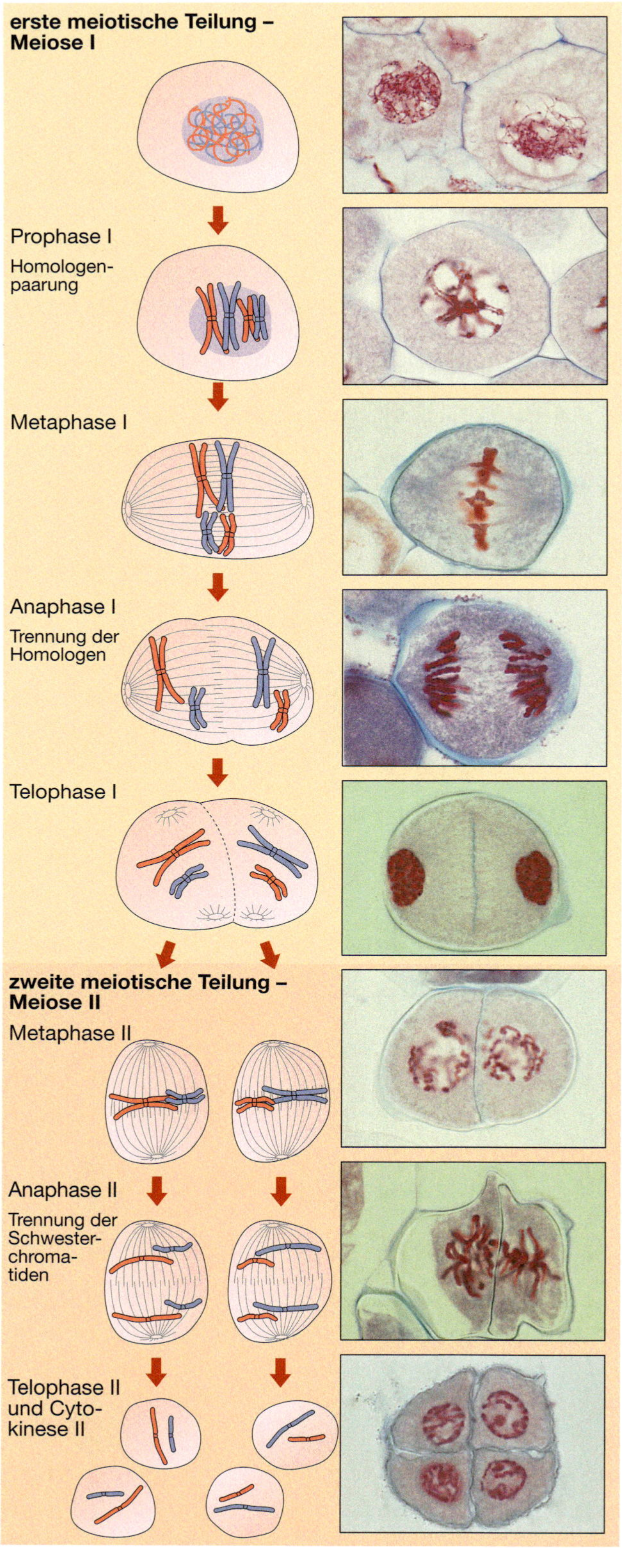

1 Verlauf der Meiose. Wie bei der Mitose besteht jedes Chromosom schon zu Beginn aus zwei Chromatiden.

Um 1900 mehrten sich wissenschaftliche Indizien für einen engen Zusammenhang zwischen den rund 30 Jahre zuvor entdeckten Chromosomen und den mendelschen „Erbfaktoren". Das Verhalten der Chromosomen bei Zellteilung, Keimzellenbildung und Befruchtung entsprach in allen Einzelheiten MENDELS Erwartungen an das Erbgut. 1903 formulierten SUTTON und BOVERI als *Chromosomentheorie der Vererbung* die Erkenntnis: *Chromosomen sind Träger der Gene.*

Mitose. Der komplizierte Ablauf der Kernteilung oder *Mitose* (→ S. 24), insbesondere die Sorgfalt, mit der Chromosomen kopiert und auf die beiden entstehenden Zellen aufgeteilt werden, lassen sich durch die Funktion der Chromosomen als Träger der Erbinformation erklären. Heute weiß man, dass Chromosomen hoch geordnete Verpackungs-, Transport- und Funktionseinheiten der Erbsubstanz DNA sind (→ S. 144).

Meiose. Die auffälligste Parallele zwischen Genen und Chromosomen zeigt sich bei der Bildung der Keimzellen. Dabei beobachtet man zwei besondere Zellteilungen, auch *Reifeteilungen* oder *Meiose* genannt.

Fast alle höher entwickelten Lebewesen sind *diploid* (2n). Dies bedeutet, dass ihre Körperzellen zwei Chromosomensätze enthalten, wobei sich die *homologen Chromosomen* paarweise in Größe, Gestalt und Aufbau gleichen. Dem entspricht, dass Körperzellen stets zwei Allele enthalten, je eines demnach auf jedem homologen Chromosom.

Im Ablauf sind Meiose und Mitose ähnlich. Allerdings sind bei der Meiose immer zwei Teilungen unmittelbar gekoppelt und in der oft lang andauernden Prophase der ersten Teilung „paaren" sich die homologen Chromosomen, indem sie sich der Länge nach aneinander legen. Diese *Homologenpaarung* wird auch als Synapsis bezeichnet. Sie wird wahrscheinlich durch den synaptonemalen Komplex bewirkt, eine nur in dieser Phase gebildete Struktur zwischen den homologen Chromosomen. Da die gepaarten Chromosomen aus jeweils zwei Chromatiden bestehen, spricht man in diesem Stadium auch von *Tetraden.*

In der Anaphase der 1. meiotischen Teilung, der *Reduktionsteilung*, werden nicht Chromatiden, sondern homologe Chromosomen auf die Tochterzellen verteilt. So halbiert sich die Chromosomenzahl auf den einfachen, *haploiden* Satz (n). Dabei ist die Verteilung der ursprünglich vom Vater oder der Mutter stammenden Homologen auf die Tochterzellen vollkommen zufällig.

In der 2. meiotischen Teilung, der *Äquationsteilung*, werden anschließend – wie bei der Mitose – die beiden Schwesterchromatiden jedes Chromosoms getrennt und auf die Tochterzellen verteilt. Keimzellen enthalten je ein Allel.

Die Aufteilung der Chromosomen bei der Meiose verläuft in beiden Geschlechtern gleich. Dagegen unterscheiden sich bei höheren Tieren und beim Menschen *Spermatogenese* und *Oogenese* in der Teilung des Zellplasmas: Während im männlichen Geschlecht aus einer Urkeimzelle vier Spermien reifen, entstehen im weiblichen Geschlecht durch ungleiche Teilung nur eine plasmareiche Eizelle und drei fast plasmalose Polkörperchen, die bald absterben.

Befruchtung. 1875 beobachtete OSKAR HERTWIG erstmals am Ei eines Seeigels unter dem Mikroskop, dass sich bei der Befruchtung die Zellkerne von weiblicher und männlicher Keimzelle vereinigen. Jede der haploiden Keimzellen steuert dabei einen Satz Chromosomen bei. Somit ist die befruchtete Eizelle, die *Zygote,* diploid, verfügt also über zwei Sätze homologer Chromosomen. Da Keimzellen auf ihren Chromosomen je ein Allel für alle Merkmale tragen, sind in der Zygote zwei Allele aus väterlichem und mütterlichem Erbgut kombiniert. Alle Zellen des Individuums entstehen durch mitotische Teilungen aus der Zygote und sind daher genetisch identisch.

Keimbahn. Bei Tieren entscheidet sich bereits nach den ersten Zellteilungen der Zygote, welche Zellen später zu Körperzellen und welche zu Keimzellen werden. Die Gesamtheit der diploiden Körperzellen, die spätestens mit dem Tod des Individuums zugrunde gehen, nennt man *Soma.* Davon unterscheidet man als *Keimbahn* diejenige Folge von Zellen, die schließlich als *Urkeimzellen* eine Meiose durchlaufen und sich dadurch zu haploiden Keimzellen differenzieren. Keimbahnzellen sind potenziell unsterblich und garantieren den ununterbrochenen Fluss genetischer Information, der alle Generationen verbindet. Bei Pflanzen ist eine Unterscheidung in Soma und Keimbahn nicht sinnvoll, da die meisten Pflanzenzellen die Fähigkeit zur Keimzellenbildung besitzen.

Geschlechtschromosomen. Die Chromosomentheorie wurde durch die Entdeckung bestätigt, dass sich bei vielen Lebewesen die Geschlechter im *Karyotyp,* das heißt in der Ausstattung mit Chromosomen, unterscheiden. Damit ließ sich der Erbgang des Geschlechts erklären. Neben den in beiden Geschlechtern gleichen Chromosomen, den *Autosomen,* findet man bei diesen Arten Geschlechtschromosomen oder *Gonosomen,* in denen sich die Geschlechter unterscheiden. Bei Mensch, Säugetieren, der Taufliege Drosophila oder der Lichtnelke besitzen die Zellen im weiblichen Geschlecht zwei homologe, als *X-Chromosomen* bezeichnete Gonosomen (Karyotyp XX), im männlichen Geschlecht hingegen ein X-Chromosom und ein dazu nicht homologes *Y-Chromosom* (Karyotyp XY). Bei Schmetterlingen und Vögeln bezeichnet man die Gonosomen als Z- und W-Chromosomen, da hier die weiblichen Tiere *heterogametisch* (Karyotyp WZ), die männlichen *homogametisch* sind (Karyotyp ZZ). Da sich die Gonosomen in der Meiose wie homologe Chromosomen verhalten, ist die Zahl der Spermien mit X- und Y- beziehungsweise der Eizellen mit W- und Z-Chromosomen gleich groß. Das Geschlechterverhältnis nach der Befruchtung beträgt etwa 1 : 1.

Extrachromosomale Vererbung. Für einige wenige Merkmale sind Gene zuständig, die nicht auf den Chromosomen des Zellkerns, sondern in der DNA von Plastiden und Mitochondrien liegen. Ihre Erbinformation – als *Plastom* beziehungsweise *Mitochondriom* vom Genom unterschieden – steuert die Funktion dieser Organellen. Sie ist ein weiterer Beleg für deren Endosymbiontennatur (→ S. 58). Extrachromosomale Gene werden nur über das Zellplasma der Eizelle vererbt.

1 Vergleichen Sie Mitose und Meiose nach Verlauf und Ziel.
2 Wo findet im Körper der Säugetiere die Meiose statt?
3 Welchen Vorteil sehen Sie in der diploiden Chromosomenausstattung, die für höher entwickelte Lebewesen typisch ist?
4 Erklären Sie die folgenden Synonyme: extrachromosomale, extranucleäre, plasmatische Vererbung.
5 Bei Frauen können zwischen den Reifeteilungen mehr als 40 Jahre liegen. Informieren Sie sich zu Ursachen und Folgen.

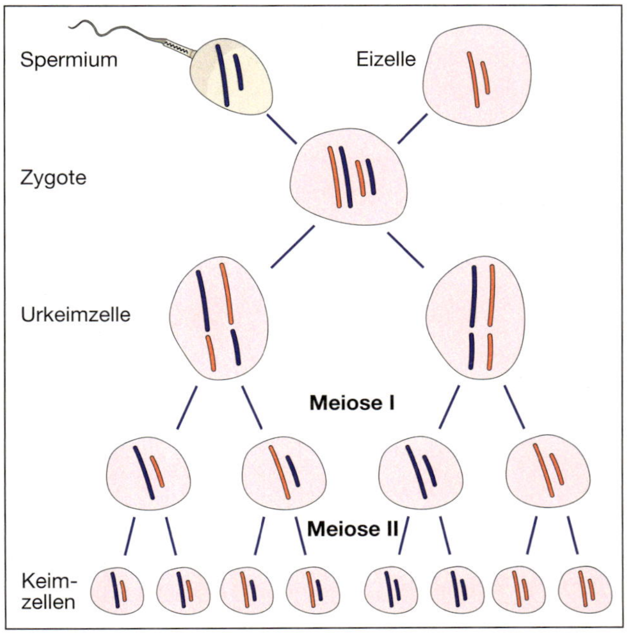

1 Chromosomentheorie: Das chromosomale Geschehen bei Befruchtung und Meiose erklärt die mendelschen Erbgänge.

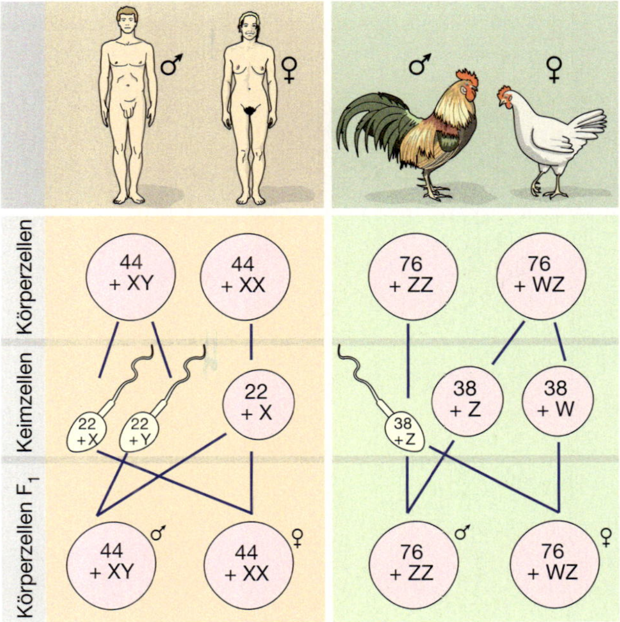

2 Geschlechtschromosomen und Bestimmung des Geschlechts nach dem XY-Typ und dem WZ-Typ

Chromosomen als Träger der Gene

Die Zahl der Chromosomen ist bei allen Arten viel kleiner als die Zahl der Gene. Schon mit der Aufstellung der Chromosomentheorie war klar, dass die 3. mendelsche Regel der freien Kombinierbarkeit der Allele nur dann uneingeschränkt gilt, wenn die betreffenden Gene auf unterschiedlichen Chromosomen liegen. Gene auf demselben Chromosom sollten dagegen gekoppelt, also gemeinsam vererbt werden.

Aufschluss darüber, wie Gene auf den Chromosomen lokalisiert sind, brachten vor allem Versuche mit der Fruchtfliege *Drosophila melanogaster*. Der amerikanische Biologe THOMAS HUNT MORGAN erkannte ihre hervorragende Eignung als Forschungsobjekt der Genetik (→ S. 175). Er begründete um 1907 die „Drosophila-Genetik“.

Genkopplung. In zahlreichen dihybriden Kreuzungen von Drosophila stellte MORGAN fest, dass bei manchen Merkmalen nur zwei Phänotypen auftreten statt vier oder dass diese im Verhältnis zu den anderen viel häufiger sind, als nach der 3. mendelschen Regel zu erwarten ist. Er schloss daraus, dass bestimmte Merkmale nicht unabhängig voneinander vererbt werden. Seine Annahme, dass Gene, die immer oder bevorzugt gemeinsam vererbt werden, auf demselben Chromosom liegen, wurde eindrucksvoll bestätigt: Es fanden sich vier „Kopplungsgruppen“ von Genen – das entspricht genau der Anzahl von Chromosomen bei Drosophila im einfachen Satz (→ Bild S. 175 oben). Demnach kann man ein Chromosom auch als Kopplungsgruppe bestimmter Gene auffassen.

Rekombination. In der ersten meiotischen Teilung werden die vom Vater und die von der Mutter stammenden homologen Chromosomen nach dem Zufall auf die Tochterzellen verteilt. Dabei sind die Allele aller auf verschiedenen Chromosomen lokalisierten Gene frei kombinierbar. Ihr Erbgang entspricht der 3. mendelschen Regel. Allele, deren Genorte auf denselben Chromosomen liegen, werden in der Regel gemeinsam vererbt. Aber auch sie können entkoppelt und damit neu kombiniert werden: Während der Prophase I der Meiose können die gepaarten homologen Chromosomen Stücke ihrer Chromatiden austauschen. Befinden sich unterschiedliche Allele auf den getauschten Stücken, werden die betreffenden Merkmale später neu kombiniert. Dieser als *Crossing-over* bezeichnete Genaustausch beruht auf einer Überkreuzung der Chromatiden, die als *Chiasma* sichtbar ist (→ Bild 1).

Alle genetischen Vorgänge, die zur Neukombination von Merkmalen führen – wie die zufallsgemäße Verteilung der elterlichen Chromosomen oder das Crossing-over bei der Meiose –, bezeichnet man als *Rekombination.*

Anordnung der Gene auf den Chromosomen. Die Häufigkeit des Crossing-over ist von Gen zu Gen auffällig verschieden. MORGAN vermutete, dass die Gene auf den Chromosomen *linear,* also hintereinander angeordnet sind und sie umso häufiger ausgetauscht werden, je größer ihr Abstand ist. Diese Hypothese bestätigte sich in vielen Versuchen und war der Schlüssel zur *Kartierung der Gene* auf den Chromosomen. Die Crossing-over-Häufigkeit, gemessen in Prozent oder Morgan-Einheiten (ME), dient als Maß für den relativen Abstand der *Genorte* oder *Loci* auf den Chromosomen. Auch für andere Lebewesen, von Bakterien bis zum Menschen, ist heute bekannt, dass auf jedem Chromosom Hunderte bis Tausende von Genen linear angeordnet sind. Ursache dafür ist der Aufbau des Chromosoms aus einer Nucleotidkette der DNA (→ S. 144).

Heute kartiert man Gene bevorzugt mit verschiedenen Methoden der Molekulargenetik.

1 Wie viele Rekombinationen sind durch Verteilung der Chromosomen in der Meiose bei n Chromosomenpaaren möglich?

2 Macht es einen Unterschied, ob ein Crossing-over zwischen Schwester- oder Nichtschwesterchromatiden stattfindet?

3 Definieren Sie den Begriff der homologen Chromosomen unter Verwendung des Begriffs Genort.

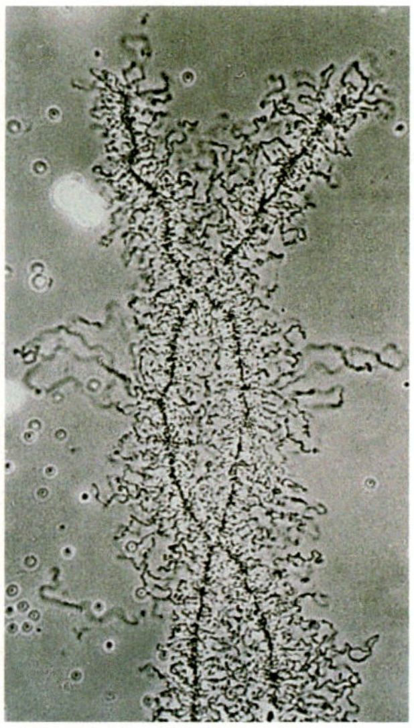

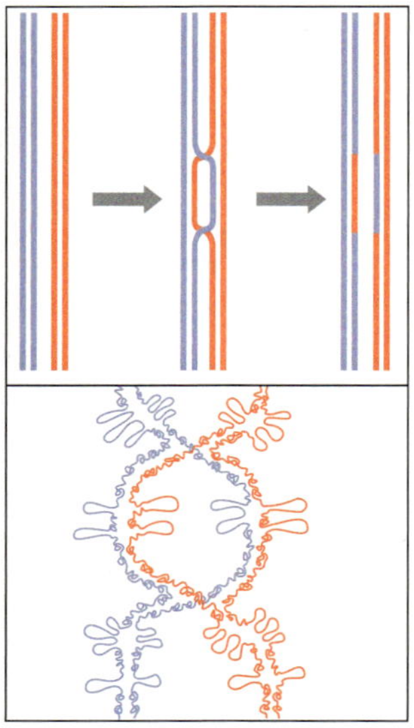

1 und 2 Chiasmabildung bei der Meiose (Foto: Lampenbürstenchromosom aus der Eizelle eines Molchs) und Crossing-over

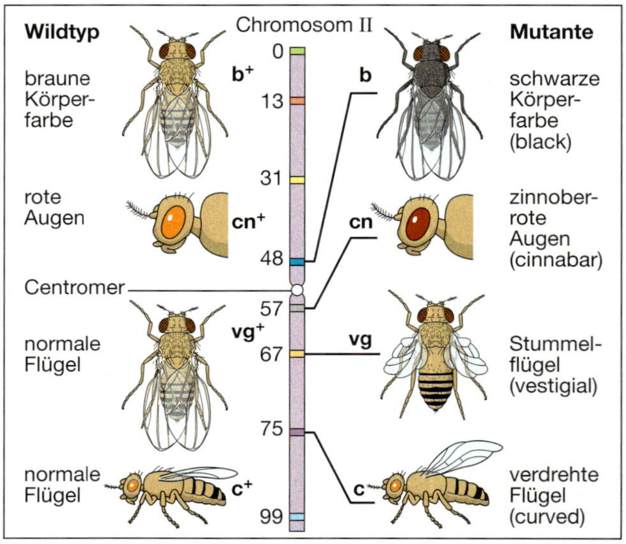

3 Genkarte des Chromosoms 2 von Drosophila für vier Gene, ihre Abstände (in ME) und die zugehörigen Merkmale

Material – Methode – Praxis: **Drosophila – Modelltier der Genetik**

Viele Erkenntnisse der Genetik verdanken wir Drosophila melanogaster, der Kleinen Tau-, Essig- oder Fruchtfliege. Sie ist weltweit verbreitet und kommt häufig an gärendem Obst vor, in dem sich auch ihre Larven entwickeln. Mit zuckerhaltigem Futterbrei lässt sie sich leicht züchten. Auch durch weitere Eigenschaften ist sie als Forschungsobjekt besonders geeignet:

- Ein Fliegenweibchen hat mehrere hundert Nachkommen.
- Ihre Generationsdauer beträgt nur zwei Wochen.
- Neben dem Wildtyp findet man viele Mutanten mit gut erkennbaren Merkmalen.
- Ihr Chromosomensatz umfasst nur 4 Chromosomenpaare.
- Die Speicheldrüsen enthalten *Riesenchromosomen*, die durch Vervielfachung und Dauerpaarung der Chromatiden entstehen und auch in der Interphase gut sichtbar sind.

Inzwischen ist Drosophila auch ein wichtiges Forschungsobjekt der Entwicklungs- und Evolutionsbiologie und eines der am besten untersuchten Lebewesen überhaupt.

Kreuzungsversuche mit Drosophila

Material: Drosophila-Zuchtstämme, zum Beispiel Wildtyp (⁺), Stummelflügel (vestigial vg), Weiße Augen (white w), Zuchtgläser, Futterbrei, Narkosemittel, Stereomikroskop, Pinsel, Filterpapier, Markierstift

Durchführung: Entfernen Sie alle Fliegen der zur Kreuzung ausgewählten Zuchten. Narkotisieren Sie 4 Stunden später die inzwischen geschlüpften Tiere und trennen Sie Männchen und Weibchen (→ Bild oben) unter dem Stereomikroskop mit einem Pinsel. (Bis zum Alter von 4 Stunden sind Weibchen noch unreif und damit nicht begattet.) Bringen Sie für jede Kreuzung 5 Männchen und 5 Weibchen in ein tütenförmig gefaltetes Filterpapier, das Sie mit der Pinzette in ein frisches Zuchtglas setzen. Beschriften Sie das Glas nach dem Schema: Stamm Weibchen × Stamm Männchen, zum Beispiel vg × w.

Lassen Sie eine Woche nach Ansatz der Kreuzung die Elterntiere frei um ein Überschneiden der Generationen zu vermeiden.

Narkotisieren Sie eine Woche nach dem Schlüpfen der ersten Fliegen alle bis dahin geschlüpften Tiere der Folgegeneration und zählen Sie unter dem Stereomikroskop die Tiere aller Phänotypen getrennt nach Geschlechtern aus. Erstellen Sie ein Erbschema, das die Versuchsergebnisse erklärt.

1 Welche Ergebnisse haben reziproke Kreuzungen zwischen „Wildtyp“ und „white“? Erklären Sie die Ergebnisse mit der Lage des Genorts w/w⁺ auf dem X-Chromosom.

2 Woraus kann man beim Erbgang im Bild rechts schließen, dass die Gene b/b⁺ und vg/vg⁺ gekoppelt sind? Zeichnen Sie ein Chromosomen-Schema des Erbgangs, das den Allelaustausch zeigt. Berechnen Sie den relativen Genabstand von b/b⁺ und vg/vg⁺. Vergleichen Sie den Wert mit Bild 3, S. 174.

3 Vergleichen Sie normale Metaphase-Chromosomen und Riesenchromosomen (→ Bilder oben und Mitte). Warum sind Riesenchromosomen dicker, warum länger? Bei manchen Mutanten beobachtet man ein verändertes Bandenmuster der Riesenchromosomen. Welche Möglichkeit bietet sich daraus?

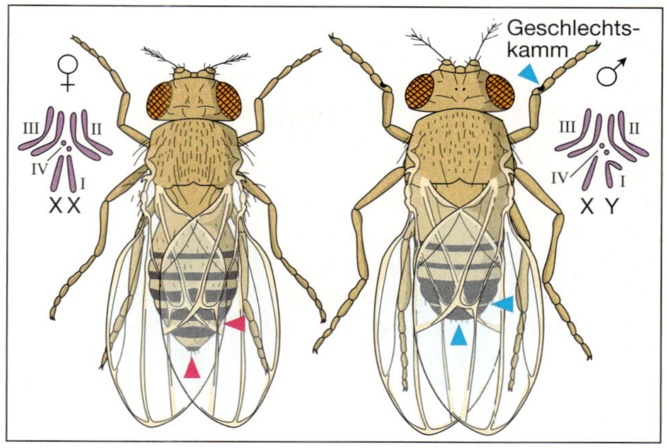

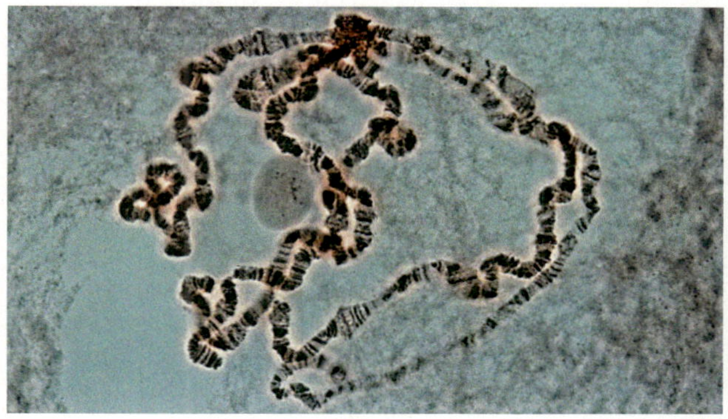

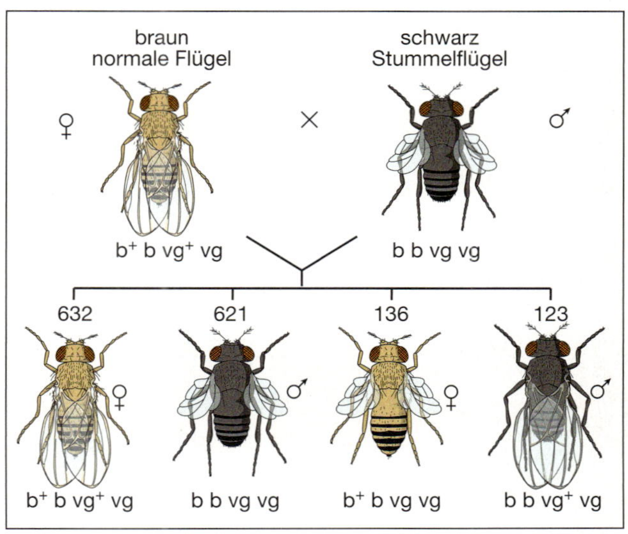

Stichworte zu weiteren Informationen
Dreifaktorenkreuzung, Drosophila Genome Project, Hawaii

Mutationen durch Veränderung der Chromosomen

Mutationen ereignen sich auf allen Strukturebenen der Erbinformation: *Genmutationen* umfassen Veränderungen der DNA (→ S. 158), *Chromosomenmutationen* sind Abwandlungen im Chromosomenbau, *Genommutationen* Abweichungen in der Chromosomenzahl. Die beiden letzten fasst man auch als *Chromosomenaberrationen* zusammen. Sie sind für das betroffene Individuum meist so schwerwiegend, dass sie deutlich seltener in Erscheinung treten, als sie entstehen: 50 % der frühen Fehlgeburten des Menschen und 5 % der tot geborenen Kinder, aber nur 0,5 % der lebend geborenen sind betroffen.

Chromosomenmutationen. Diese *strukturellen Aberrationen* im Bau der Chromosomen sind im Allgemeinen mikroskopisch sichtbar, oft aber nur, wenn besondere Färbetechniken angewendet werden (→ S. 177). Man unterscheidet Verlust *(Deletion)*, Umkehrung *(Inversion)*, Verlagerung *(Translokation* und *Transposition)* und Verdopplung *(Duplikation)* von Chromosomenabschnitten. Chromosomenmutationen kommen vor allem durch Austausch nicht homologer Abschnitte beim Crossing-over in der Meiose zustande. Stark mutagen wirkt energiereiche Strahlung.

Die Auswirkungen einer Chromosomenmutation hängen von ihrem Umfang, dem betroffenen Genbestand und benachbarten Genen ab. Während schon kleinste Deletionen lebensbedrohlich sein können, wie der Verlust eines Abschnitts von Chromosom 5 beim *Katzenschrei-Syndrom* des Menschen, sind Translokationen ganzer Chromosomenarme oft so „balanciert", dass sie sich phänotypisch nicht auswirken. Ähnliches gilt für *zentrische Fusionen* – dabei verschmelzen Chromosomen an ihrem endständigen Centromer – oder *Fissionen*, dem Auseinanderfallen von Chromosomen am mittelständigen Centromer. Solche Mutationen waren wahrscheinlich für die Evolution der Säugetiere von großer Bedeutung.

Genommutationen. Sind einzelne Chromosomen überzählig oder fehlen, spricht man von *Aneuploidie*, ist der gesamte Chromosomensatz über den doppelten Satz hinaus vervielfacht, von *Polyploidie*. Auch diese *numerischen Chromosomenaberrationen* gehen häufig auf Fehler bei der Zellteilung zurück. Sie entstehen, wenn sich homologe Chromosomen nicht ordnungsgemäß auf die Tochterzellen verteilen oder wenn nach einer Kernteilung die Zellteilung unterbleibt.

Aneuploidie wirkt meist letal, außer bei sehr kleinen Chromosomen oder Gonosomen. Beispiele für solche Ausnahmen sind das überzählige Chromosom 21 bei der *Trisomie 21*, das fehlende Y-Chromosom beim *Turner-Syndrom* und überzählige X-Chromosomen beim *Klinefelter-Syndrom* des Menschen. Obwohl das X-Chromosom viele wichtige Gene trägt, wirkt sich selbst seine Vervielfachung kaum aus, da in jeder Zelle alle über ein X-Chromosom hinaus vorhandenen X-Chromosomen inaktiviert werden.

Polyploidie findet sich besonders häufig bei Pflanzen. Wenn es ausnahmsweise zu Kreuzungen zwischen nahe verwandten Arten kommt, entstehen sterile Artbastarde. Nach einer Polyploidisierung ihrer nicht homologen Chromosomensätze können sie sich aber wieder geschlechtlich fortpflanzen. Viele Kulturpflanzen wie Weizen, Pflaume, Apfel und Erdbeere sind solche *allopolyploiden Artbastarde*. Polyploide Pflanzen haben in der Regel besonders große Früchte (→ S. 193).

1 Warum wirken sich Translokationen beim Betroffenen meist nicht, bei seinen Nachkommen fast immer aus?
2 Informieren Sie sich über die Evolution des Saatweizens und seinen allopolyploiden Chromosomenbestand.
3 Erklären Sie mit einem Schema der Meiose, warum Artbastarde steril sind, nach Allopolyploidie aber fertil werden.

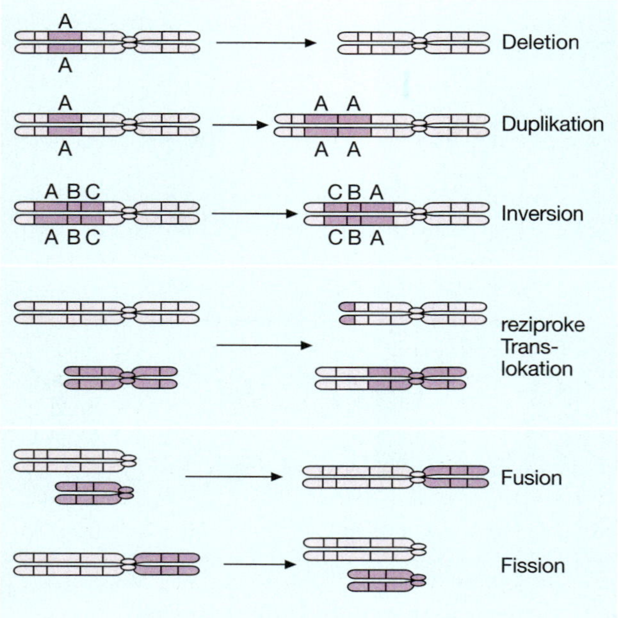

1 *Verschiedene Formen von Chromosomenmutationen*

2 *Gartenerdbeere: polyploider Bastard aus zwei Wildarten*

Material – Methode – Praxis: **Chromosomen und Karyotyp**

Seit man weiß, dass Chromosomen die Träger der Erbinformation sind, haben sich die Methoden zu ihrer Untersuchung ständig verfeinert. Hochspezifische *Färbemethoden* ergänzen heute die mikroskopische Technik, beispielsweise die *Giemsa- oder G-Bandenfärbung*. Dabei behandelt man Präparate sich teilender Zellen vor dem Färben mit Proteinasen oder Säure. Damit gelingt es, Chromosomen individuell zu identifizieren, den *Karyotyp* – die Gesamtheit der Chromosomen einer Zelle – zu erfassen und Chromosomen als *Karyogramm* geordnet darzustellen. Mikro-Operationen mit der „optischen Pinzette" eines Laserstrahls liegen inzwischen ebenso im Bereich des Möglichen wie die Konstruktion künstlicher Chromosomen.

Karyotyp des Menschen und häufigere Aberrationen
(nach den internationalen Nomenklaturregeln)

Karyotyp	Häufigkeit	Benennung
46, XX		normal weiblich
46, XY		normal männlich
45, X0	1 : 2500	Turner-Syndrom
47, XXY	1 : 700	Klinefelter-Syndrom
47, XXX	1 : 800	Triple-X-Syndrom
47, XYY	1 : 500	XXY-Syndrom
47, XX oder XY, +21	1 : 700	Down-Syndrom
47, XX oder XY, +18	1 : 3000	Edwards-Syndrom
46, XX oder XY, 5p–	1 : 30000	Katzenschrei-Syndrom

Baumerkmale von Chromosomen
Chromosomen bestehen aus DNA und speziellen Proteinen und sind im Zellzyklus unterschiedlich dicht gepackt (→ S. 144). In der Metaphase der Mitose erreichen sie mit ihrer größten Dichte auch eine kennzeichnende Gestalt aus zwei identischen Chromatiden und dem Centromer (→ Bild rechts). Nach dem Abstand des Centromers, der Ansatzstelle der Spindelfasern (→ S. 24), zu den Enden oder der Mitte unterscheidet man akro-, submeta- und metazentrische Chromosomen. In einem Karyogramm werden die Chromosomen nach Größe, Lage des Centromers und dem Längenverhältnis der mit p und q bezeichneten Arme angeordnet.

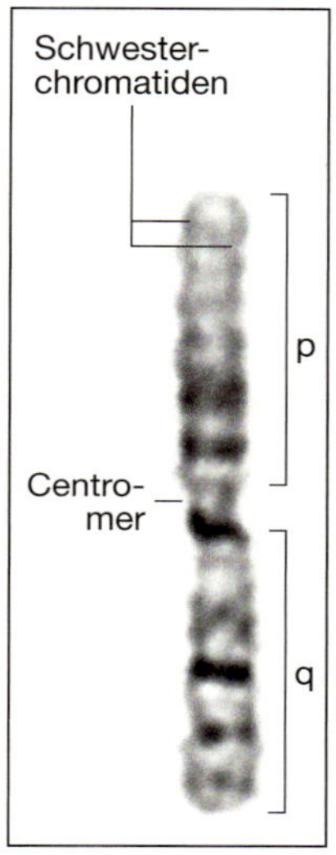

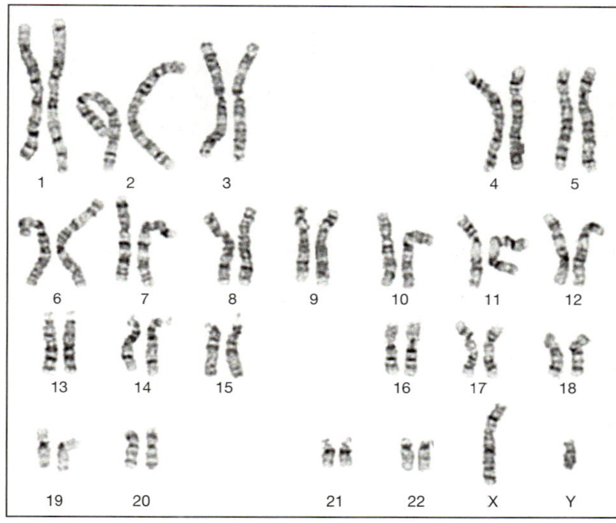

Färbung inaktiver X-Chromosomen
Material: Essigsäure (50%), Salzsäure (1 n), Färbelösung (frisch bereitet aus 0,2 g Diamantfuchsin in 100 ml dest. Wasser bis zum Kochen erhitzt, abgekühlt, filtriert), Alkohol, fettfreie Objektträger, Bechergläser, Färbeküvetten, Wasserbad, Einschlussmittel, Deckgläser, Mikroskop
Durchführung: Bringen Sie ein ausgerissenes Haar mit dem Bulbus, der weißlichen Verdickung oberhalb der Wurzel, für 2 Minuten in einen Tropfen Essigsäure. Ziehen Sie dann den Bulbus mehrmals über einen Objektträger um Zellen abzustreifen. Lassen Sie das Präparat 5 min trocknen und stellen Sie es danach für 8 min bei 60 °C (Wasserbad) in Salzsäure. Färben Sie das Präparat 5 min in der Färbelösung, tauchen Sie es anschließend zwei- bis dreimal in Alkohol und lassen Sie es trocknen.

Mikroskopieren Sie das Präparat nach dem Einschließen. Untersuchen Sie dazu mindestens 50 Zellkerne: In männlichen Kernen finden Sie selten, in weiblichen zu 40 bis 80% ein gut gefärbtes, randständiges Barr-Körperchen (→ Bild links). Dabei handelt es sich um das inaktive zweite X-Chromosom.

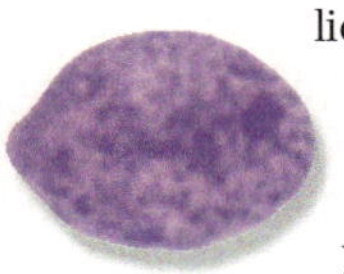

1 Versuchen Sie das Ordnungsprinzip der Chromosomen im Karyogramm des Menschen (→ Bild oben) herauszufinden.
2 Identifizieren Sie das Chromosom im Bild links durch Vergleich mit dem Karyogramm. Versuchen Sie das auch für Chromosomen im Bild unten auf S. 27.
3 Nach welcher Regel richtet sich die Zahl der Barr-Körperchen im Zellkern? Wenden Sie die Regel auf Zellen mit aberranten Karyotypen an.
4 Erklären Sie, wie aberrante Karyotypen des Menschen entstehen (→ Tabelle oben). Informieren Sie sich über die phänotypischen Auswirkungen.
5 Chromosom 2 des Menschen ist nach der stammesgeschichtlichen Trennung von Mensch und Menschenaffen durch zentrische Fusion aus zwei akrozentrischen Chromosomen entstanden. Welche Chromosomenzahl müssen Menschenaffen demnach haben?
6 Die dunkel gefärbten G-Banden zeigen bei etwa 30% der Menschen mikroskopisch unterscheidbare Varianten. Welcher Zusammenhang besteht mit den RFLP (→ S. 198)?

Stichworte zu weiteren Informationen
In-situ-Hybridisierung, FISH, Telomere, optische Pinzette, YAC, Chromosomensatelliten, somatische Zellhybridisierung

Vererbung beim Menschen

1 Besonders ältere Paare eineiiger Zwillinge sind für die Zwillingsforschung interessant.

Die Vererbung beim Menschen unterliegt prinzipiell denselben Gesetzmäßigkeiten wie bei allen anderen Organismen. Im Unterschied zu anderen genetischen Teildisziplinen untersucht die *Humangenetik* vor allem genetisch bedingte Erkrankungen, erbliche Missbildungen und die Möglichkeiten ihrer Behandlung. Dieses Wissen wird auch in der genetischen Familienberatung eingesetzt (→ S. 182).

Methoden der Humangenetik. Vererbungsvorgänge lassen sich auf sehr verschiedenen Ebenen untersuchen. Analysen auf der Ebene der DNA und der primären Genprodukte erfolgen mit biochemischen und molekularbiologischen Methoden. Chromosomen werden mit zellbiologischen Methoden untersucht. Die traditionellen Methoden der Familienforschung, der Zwillingsforschung und der Populationsgenetik setzen auf der Ebene des Phänotyps an. Experimente mit Menschen wie das gezielte Auslösen von Mutationen oder Kreuzungsversuche verbieten sich aus ethischen Gründen. Die wichtigste Basis für die humangenetische Forschung ist daher die *natürliche genetische Variabilität* der Menschen.

Populationsgenetik. Die Populationsgenetik beschäftigt sich nicht mit dem Individuum, sondern mit *Vererbungsvorgängen in Populationen*. Sie untersucht, wie häufig Allele in der Bevölkerung auftreten, wie sie sich auf verschiedene Bevölkerungsgruppen verteilen und wie sich diese Größen in der Zeit, also in der Generationenfolge, verändern. Populationsgenetische Studien dienen vor allem dazu, den Verlauf und die Verbreitung genetisch bedingter Erkrankungen zu verfolgen. Ebenso wie Untersuchungen an Tier- und Pflanzenpopulationen spielen sie auch eine wichtige Rolle bei der Analyse von Evolutionsvorgängen (→ S. 243).

Zwillingsforschung. Ein besonderes Interesse der Humangenetik liegt darin, herauszufinden, wie stark sich *Gene und Umwelt* jeweils auf die Ausprägung bestimmter Merkmale auswirken. Dabei stützt sich die Forschung vor allem auf die *Zwillingsmethode*. Der Vergleich von Zwillingen kann besonders bei komplexen Merkmalen, die polygen vererbt und durch Umweltfaktoren vielfach beeinflusst werden, Aufschluss geben. Anhand der Merkmalsdifferenz zwischen eineiigen und zweieiigen Zwillingen lässt sich der *genetische Anteil* an der Variabilität eines Merkmals abschätzen.

Eineiige Zwillinge entstehen aus derselben befruchteten Eizelle, wenn sich im frühen Embryonalstadium der Keim in zwei gleiche Hälften spaltet, von denen sich jede zu einem Individuum entwickelt. Sie sind *genetisch identisch* und haben daher immer dasselbe Geschlecht. *Zweieiige Zwillinge* entstehen aus zwei gleichzeitig gereiften, durch zwei verschiedene Spermien befruchteten Eizellen. Die beiden Zygoten nisten sich getrennt im Uterus ein und entwickeln sich in der Regel zu zwei Individuen. Diese Zwillinge stimmen genetisch nicht mehr überein als Geschwister allgemein. Sie sind je zur Hälfte gleich- oder verschiedengeschlechtlich.

Zur Unterscheidung von eineiigen und zweieiigen Zwillingen wurde früher ein *polysymptomatischer Ähnlichkeitsvergleich* durchgeführt. Dabei überprüfte man anhand bestimmter äußerlich erkennbarer Merkmale das Maß der Übereinstimmung. Eineiige Zwillinge sind einander in diesen Merkmalen oft so ähnlich, dass sie sogar von ihren Eltern oder Geschwistern verwechselt werden. Heute erfolgt der Ähnlichkeitsvergleich mit *molekularbiologischen Methoden*. Als monogen vererbte Merkmale werden Blutgruppen, bestimmte Enzyme und MHC-Proteine (→ S. 226) herangezogen. Auf DNA-Ebene wird Ähnlichkeit mithilfe von Restriktionsfragment-Längenpolymorphismen gemessen (→ S. 198).

Ein Merkmal ist dann überwiegend *genetisch bedingt*, wenn eineiige Zwillinge im Vergleich zu zweieiigen Zwillingen eine wesentlich höhere *Konkordanz*, also Übereinstimmung aufweisen. Ist dagegen die *Diskordanz*, also Verschiedenheit, bei beiden Zwillingsgruppen gleich hoch, ist die Merkmalsausprägung überwiegend *umweltbedingt*. Vergleicht man eineiige Zwillinge, die von frühester Kindheit an *getrennt aufgewachsen* sind, so zeigt sich, dass manche Merkmale nur wenig und andere sehr stark durch die Umwelt beeinflusst werden. Demnach lassen sich *umweltstabile* von *umweltlabilen* Merkmalen unterscheiden. Außerdem kann für jedes Merkmal die *Heritabilität*, also der Anteil der genetischen Variabilität an der Gesamtvarianz, berechnet werden. Allerdings ist die „Population" getrennt aufgewachsener Zwillingspaare, an denen sich der Einfluss der Umwelt auf die Merkmalsausprägung untersuchen lässt, relativ klein.

Familienforschung. Die Familien- oder Stammbaumforschung untersucht in erster Linie den *Vererbungsmodus* bestimmter Merkmale und Krankheiten. Dazu werden – mithilfe von Daten aus Geburts-, Heirats- und Sterberegistern – Stammbäume über möglichst viele Generationen erstellt. Aus der Art, wie ein Merkmal in der Generationenfolge auftritt, kann man auf die Genotypen einzelner Personen im Stammbaum rückschließen und so die Phänotypen eindeutig erklären. Diese Methode eignet sich allerdings nur für Erbgänge monogen bedingter Merkmale.

Analyse von Erbgängen. Bei der *Stammbaumanalyse* wird vom Phänotyp auf den Genotyp rückgeschlossen mit dem Ziel, den Erbgang eines Merkmals aufzuklären. Dabei geht man davon aus, dass das Merkmal ererbt ist, also auf Rekombination zurückgeht, kann jedoch auch eine Mutation nicht völlig ausschließen. Statistisch rechnet man mit 3 bis 4 Neumutationen pro Generation. Die Erbgänge werden durch international gebräuchliche Symbole grafisch dargestellt (→ Bild 1).

Zunächst versucht man zu klären, ob ein Merkmal *dominant* oder *rezessiv* vererbt wird. Da sich ein dominantes Allel immer als Merkmal ausprägt, ein rezessives hingegen nur bei Homozygoten in Erscheinung tritt, kann man in folgenden Fällen auf dominante oder rezessive Vererbung schließen:

- Sind Merkmalsträger unter den Kindern von Eltern, die das Merkmal nicht ausprägen, liegt rezessive Vererbung vor.
- Haben Eltern, die das Merkmal ausprägen, auch Kinder ohne das Merkmal, ist dies ein Beleg für dominante Vererbung.

Ausgehend von Personen, deren Genotyp auf diese Weise ermittelt ist, versucht man die Genotypen weiterer Mitglieder des Stammbaums zu erschließen.

Die Genorte der meisten Merkmale liegen auf einem der 22 Autosomen, sie werden also *autosomal* vererbt. Im Unterschied dazu treten *gonosomal*, also durch Genorte auf Geschlechtschromosomen vererbte Merkmale nicht unabhängig vom Geschlecht auf. Typisch für ein X-chromosomal vererbtes rezessives Merkmal ist, dass bei Männern bereits die einfache genetische Information ausreicht, damit das Merkmal in Erscheinung tritt. Ursache dafür ist, dass Männer – anders als Frauen – nur *ein* X-Chromosom haben und ihnen daher bei X-chromosomaler Vererbung ein homologes Allel fehlt. Dieser Zustand wird als *hemizygot* bezeichnet.

Bei Frauen tritt ein gonosomal-rezessiv vererbtes Merkmal nur auf, wenn das entsprechende Allel auf beiden X-Chromosomen vorhanden ist. Dazu kann es kommen, wenn der Vater hemizygot ist und die heterozygote Mutter das X-Chromosom mit dem rezessiven Allel weitergegeben hat. Heterozygote Frauen, die das rezessive Allel weitergeben können, ohne dass es bei ihnen in Erscheinung tritt, bezeichnet man als Überträgerinnen oder *Konduktorinnen*.

Bei X-chromosomal dominanter Vererbung tritt das Merkmal bei Frauen etwa doppelt so häufig auf wie bei Männern. Gonosomal-dominante Erbgänge sind meist nur schwer von autosomal-dominanten zu unterscheiden.

Schwierigkeiten bei der Analyse. Einige Besonderheiten erschweren die Analyse von Erbgängen beim Menschen:

- *Ko-Dominanz:* Die Blutgruppen des AB0-Systems werden durch unterschiedliche Glykolipide in der Erythrocytenmembran bewirkt (→ S. 230). Ihnen liegen drei Allele eines Genorts zugrunde. Sie sind also ein Beispiel für multiple Allelie. Die Allele A und B sind *dominant* gegenüber Allel 0. Heterozygote Merkmalsträger mit den Allelen A0 oder B0 sind phänotypisch nicht von homozygoten mit den Allelen AA beziehungsweise BB zu unterscheiden. Erbt ein Kind die Allele A und B, so prägen sich *beide* Allele *ko-dominant* als Blutgruppe AB aus. Die Blutgruppe 0 wird ausgeprägt, wenn das rezessive Allel 0 homozygot vorliegt.
- *Variable Expressivität:* Auch bei Individuen mit gleichem Genotyp können sich Merkmale unterschiedlich stark äußern.
- *Unvollständige Penetranz:* Es kommt vor, dass sich ein Merkmal nur bei einem Teil der Individuen desselben Genotyps zeigt.

Die beiden letztgenannten Effekte gehen auf den Einfluss anderer Gene oder auf Umwelteinflüsse zurück. Im Extremfall können Umweltfaktoren auch das Vorhandensein eines bestimmten Allels vortäuschen. Man spricht von *Phänokopie*.

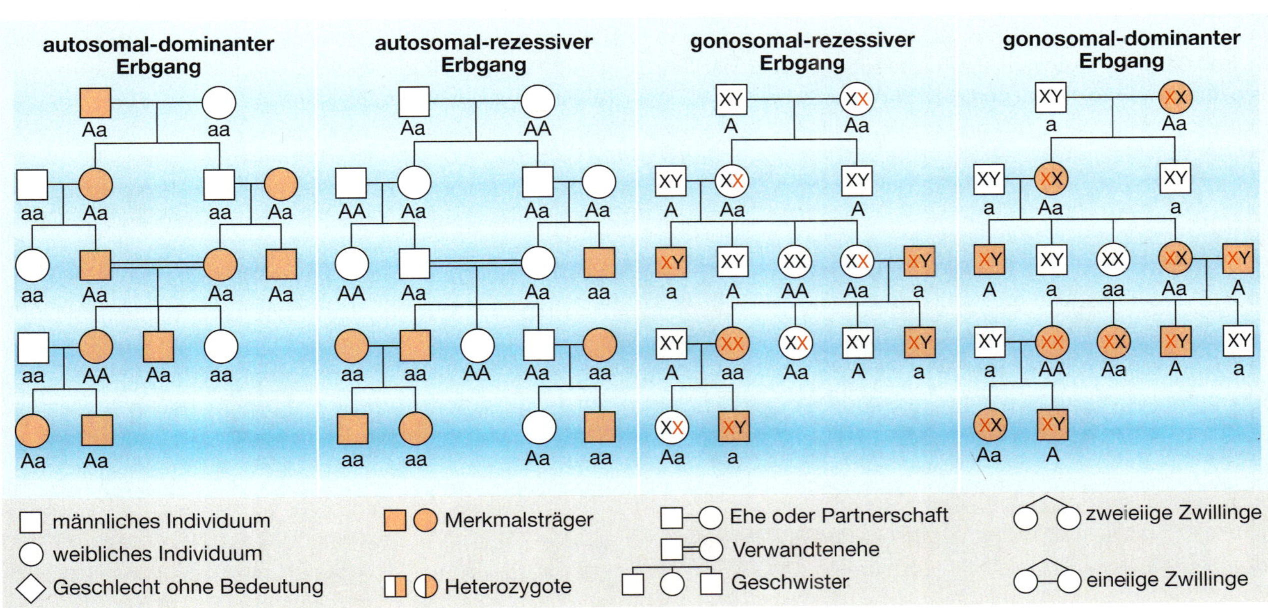

1 *Darstellung verschiedener Erbgänge in Stammbäumen mit international gebräuchlichen Symbolen*

Analyse menschlicher Erbgänge

Häufig wird die genetische Grundlage eines Merkmals erst erkannt, wenn seine Funktion krankhaft verändert ist. Damit ist die Analyse genetisch bedingter Erkrankungen und Entwicklungsstörungen beim Menschen nicht nur medizinisch von Bedeutung, sondern Teil der humangenetischen Grundlagenforschung. Erbkrankheiten sind zwar selten, für die Betroffenen aber schicksalhaft, da man sie bisher nicht ursächlich behandeln kann.

Autosomal-dominant vererbte Krankheiten. Die häufigste autosomal-dominant vererbte Krankheit ist die *familiäre Hypercholesterinämie*, von der eines unter 500 Neugeborenen betroffen ist. Die Krankheit beruht auf einer Mutation im Gen für ein Rezeptorprotein, das die Aufnahme von Cholesterin aus dem Blut in die Zellen vermittelt. Die Mutation führt zu funktionsuntüchtigen Rezeptoren. Überschüssiges Cholesterin wird in die Wände von Blutgefäßen eingelagert. Dadurch werden die Gefäße verengt, verhärtet und verlieren ihre Elastizität. Als Folge dieser Arteriosklerose steigt vor allem das Risiko für Herzinfarkt und Schlaganfall.

Bei homozygot Betroffenen, die überhaupt keine Rezeptoren bilden, liegt der Blutspiegel an Cholesterin um das Sechsfache über dem Normalwert. Ohne regelmäßige Blutwäsche, durch die überschüssiges Cholesterin entfernt wird, erleiden sie bereits in früher Kindheit erste Herzinfarkte. Bei Heterozygoten ist der Cholesterinspiegel nur doppelt so hoch wie normal, da bei ihnen etwa die Hälfte der Rezeptoren funktioniert. Die Krankheit wird demnach *unvollständig dominant* vererbt. Einseitige Ernährung mit einem hohen Anteil an tierischem Fett kann eine nicht erbliche Phänokopie verursachen.

Erbliche Missbildungen von Körpergestalt und Gliedmaßen wie *Kurz-* und *Vielfingrigkeit* werden meist autosomal dominant vererbt. Zu ihnen zählt auch das *Marfan-Syndrom*. Diese Bindegewebskrankheit wird durch ein mutiertes Allel auf Chromosom 15 verursacht, wirkt sich aber *polyphän* überall im Körper aus, wo Gewebe mit elastischen Fasern vorkommt (→ Bild 2). Diese bestehen zum Teil aus dem Protein Fibrillin, dem direkten Genprodukt und *eigentlichen Merkmal*.

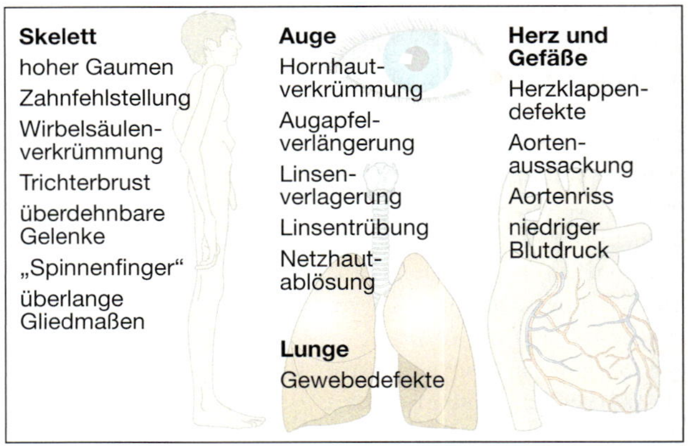

2 *Polyphänie beim Marfan-Syndrom*

Viele autosomal-dominant vererbte Krankheiten sind letal oder die Schädigungen sind so gravierend, dass die Betroffenen nicht das Fortpflanzungsalter erreichen. In den meisten Fällen ist *ein Elternteil heterozygot* für das krankheitsverursachende Allel, der andere Elternteil trägt das rezessive Allel homozygot. Statistisch wird das mutierte Gen an die Hälfte der Kinder weitergegeben, die dann ebenfalls erkranken.

Autosomal-rezessiv vererbte Krankheiten. Bei autosomal-rezessiv vererbten Krankheiten handelt es sich meist um *Stoffwechseldefekte*, die auf dem Ausfall eines Enzyms beruhen wie die Phenylketonurie (→ S. 152). Heterozygote haben nur etwa die Hälfte der Enzymmenge. Dies reicht in der Regel aus um die Lebensfunktionen aufrechtzuerhalten.

Allele, die autosomal-rezessiv vererbte Krankheiten hervorrufen, kommen mit Häufigkeiten von 1 : 100 bis 1 : 1000 vor. Das Erkrankungsrisiko liegt also zwischen 1 : 10000 und 1 : 1000000. Die Wahrscheinlichkeit einer Erkrankung erhöht sich allerdings für Kinder, deren Eltern miteinander verwandt sind. Je näher der Verwandtschaftsgrad des Paares, desto größer ist die Wahrscheinlichkeit, dass beide heterozygote Träger eines rezessiven Allels sind.

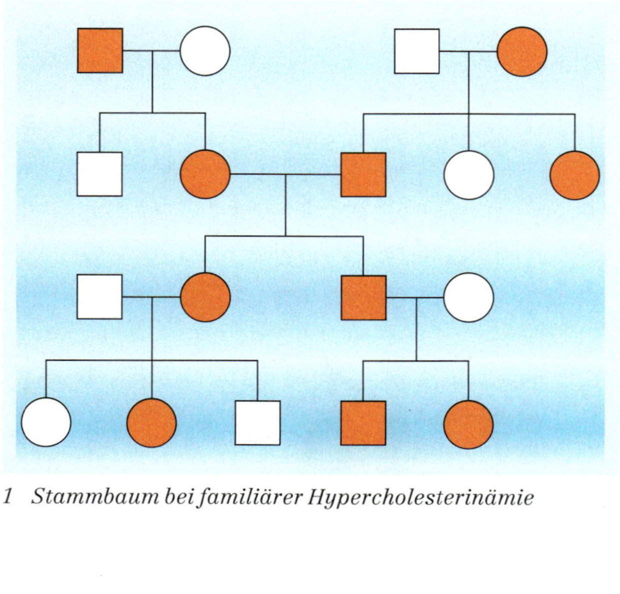

1 *Stammbaum bei familiärer Hypercholesterinämie*

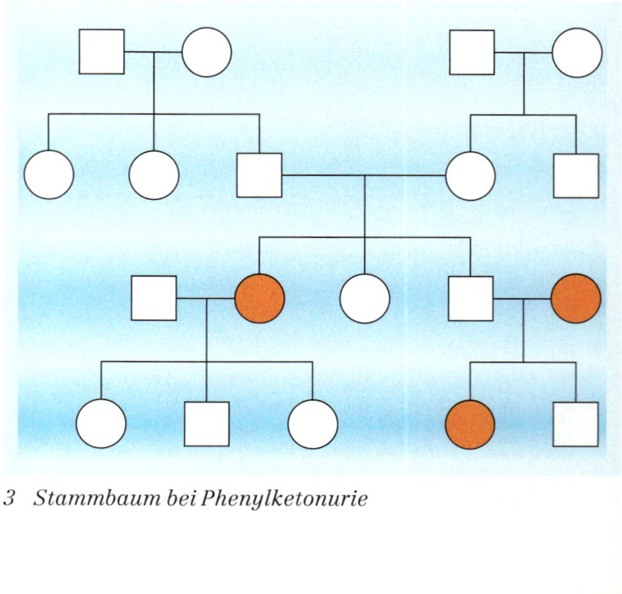

3 *Stammbaum bei Phenylketonurie*

Aberrationen der Autosomen. Abweichungen in der Zahl der Autosomen sind letal, außer wenn sie sehr kleine Chromosomen betreffen. Die häufigste numerische Chromosomenaberration ist die *Trisomie 21*, auch *Down-Syndrom* genannt. Sie tritt in Europa etwa bei jedem 700. Kind auf. Die Betroffenen sind meist kleinwüchsig und leiden oft an Herzfehlern. Sie sind wegen der gestörten Geschlechtsentwicklung steril und in der Regel geistig behindert. Allerdings ist das Ausmaß der Behinderung individuell sehr verschieden und hängt auch davon ab, welche Förderung das einzelne Kind erfährt. Aufgrund der im Gesicht erkennbaren Merkmale wurde das Syndrom früher auch als „Mongolismus" bezeichnet.

Gonosomal-rezessiv vererbte Krankheiten. Die Gene der meisten gonosomal-rezessiv vererbten Krankheiten liegen auf dem X-Chromosom, da das Y-Chromosom nur wenige Genorte trägt. Am häufigsten sind Muskeldystrophien und Hämophilien. *Muskeldystrophie* bezeichnet den fortschreitenden Muskelabbau, der beim *Typ Duchenne* bereits im Kleinkindalter einsetzt und meist früh zum Tod führt. Die Krankheit beruht auf dem Fehlen des Muskelproteins Dystrophin. Beim *Typ Becker* ist lediglich die Struktur des Proteins verändert, die Symptome sind weniger ausgeprägt. Bei *Hämophilien* – Störungen der Blutgerinnung durch defekte Gerinnungsfaktoren – unterscheidet man *Hämophilie A*, die durch Veränderungen des Faktors VIII und die seltenere *Hämophilie B*, die durch das mutierte Gen für Faktor IX verursacht wird.

Männer sind hemizygot für alle X-chromosomalen Gene, daher treten bei ihnen rezessiv X-chromosomal vererbte Krankheiten wesentlich häufiger auf als bei Frauen. Eine heterozygote Mutter gibt als Konduktorin das krankheitsverursachende Allel statistisch an die Hälfte der Kinder weiter. Die Hälfte der Söhne erkrankt. Alle Töchter sind phänotypisch gesund, obwohl ebenfalls jede zweite das Allel besitzt und als Konduktorin weitervererbt. Die Kinder eines hemizygot erkrankten Mannes und einer homozygot gesunden Frau sind alle gesund: Die Söhne erhalten das Y-Chromosom des Vaters und eines der beiden X-Chromosomen der Mutter mit normalem Allel; alle Töchter sind heterozygote Konduktorinnen.

Gonosomal-dominant vererbte Krankheiten. Krankheiten, die über das X-Chromosom dominant vererbt werden, sind sehr selten. Dazu gehört die Vitamin-D-resistente, also nicht durch Vitamin-D-Gaben behandelbare *Rachitis mit Hypophosphatämie*. Trägt der Vater das mutierte Allel, so sind alle seine Söhne gesund, alle Töchter sind von der Krankheit betroffen. Eine heterozygote Mutter vererbt die Krankheit mit 50%iger Wahrscheinlichkeit an ihre Kinder.

Aberrationen der Gonosomen. Eine von der Norm abweichende Anzahl an Gonosomen ist angeboren, wird aber nicht vererbt, da sie – wie Aneuploidien von Autosomen auch – bei der Meiose entsteht. Sie wirkt sich auf die Geschlechtsentwicklung aus und führt zu Abweichungen bei den Geschlechtsmerkmalen. Das *Turner-Syndrom* ist durch den Karyotyp X0 gekennzeichnet. Die Betroffenen sind phänotypisch weiblich, werden aber nicht geschlechtsreif und bilden keine sekundären Geschlechtsmerkmale. Die Auswirkungen des fehlenden X-Chromosoms sind vergleichsweise gering, da auch bei einer gesunden Frau mit zwei X-Chromosomen eines schon während der Embryonalentwicklung weitgehend inaktiviert wird. Es kondensiert in jeder Zelle an der Innenseite der Kernmembran zu einem kompakten Gebilde, dem *Barr-Körperchen*. Auf welche Weise dessen Gene die Geschlechtsentwicklung beeinflussen, ist noch unklar.

Menschen mit anderen gonosomalen Aberrationen wie *Klinefelter-*, *Triple-X-* oder *YY-Syndrom* sind meist ebenfalls unfruchtbar und in der Regel vermindert intelligent.

Genomische Prägung. Bei einigen genetisch bedingten Krankheiten bewirken Mutationen unterschiedliche Krankheitsbilder, je nach dem, ob das betreffende Allel vom Vater oder von der Mutter stammt. So kennt man zwei Krankheiten, die auf eine Deletion am langen Arm des Chromosoms 15 zurückgehen. Das *Prader-Willi-Syndrom* äußert sich in Minderwuchs, Muskelschwäche und deutlichem Übergewicht. Es tritt nur auf, wenn sich die Deletion in dem Chromosom ereignet, das vom Vater stammt. Ist dagegen das von der Mutter stammende Chromosom betroffen, kommt es zum *Angelmann-Syndrom* mit Sprachstörungen, übertriebener Fröhlichkeit und geistiger Behinderung. Die Gene, die beide Krankheiten hervorrufen, liegen im selben Chromosomenabschnitt. Offenbar sind von bestimmten Genen nur *entweder* die mütterlichen *oder* die väterlichen Allele aktiv – ein Phänomen, das man als *genomische Prägung* bezeichnet. Wenn das aktive Allel aufgrund einer Deletion fehlt, wird es durch das homologe Allel nicht ausgeglichen. Die Genwirkung fällt also vollständig aus. Grund für diese Inaktivierung ist vermutlich das geschlechtsspezifische Methylierungsmuster der DNA. Es wird bereits bei der Keimzellbildung im Körper der Eltern angelegt.

1 Analysieren Sie die Stammbäume für familiäre Hypercholesterinämie und Phenylketonurie auf der gegenüberliegenden Seite und bestimmen Sie den Genotyp aller Individuen.

2 Erklären Sie, weshalb Hämophilie A bei Männern wesentlich häufiger auftritt als bei Frauen.

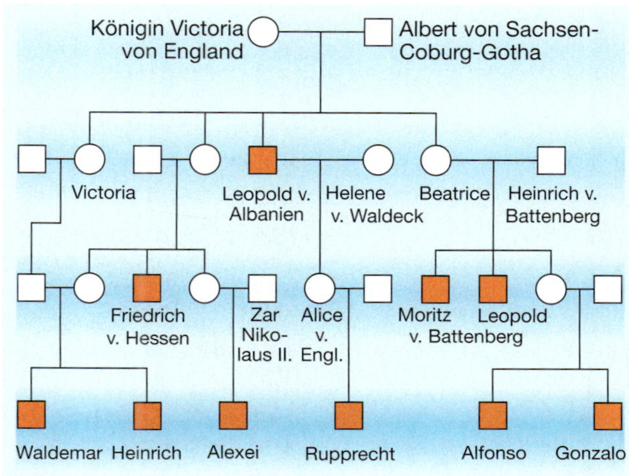

1 Hämophilie A in europäischen Fürstenhäusern

Genetische Beratung

Die Möglichkeiten, genetisch bedingte Krankheiten und Fehlbildungen eines Kindes bereits während der Schwangerschaft festzustellen, haben sich in den letzten Jahren deutlich verbessert. Gleichzeitig stieg auch das Risikobewusstsein von Paaren. Eltern wünschen sich gesunde Kinder und entsprechend groß ist inzwischen der Beratungsbedarf. Normalerweise kommen Kinder gesund zur Welt und entwickeln sich auch normal. Bei 2 bis 3 % der Neugeborenen treten allerdings Krankheiten oder Fehlbildungen auf, die genetisch bedingt sein können. Wenn Paare das Risiko einer genetisch bedingten Beeinträchtigung ihres Kindes ermitteln wollen, können sie eine *genetische Beratungungsstelle* aufsuchen. In Deutschland gibt es mehr als 100 dieser Einrichtungen.

Die genetische Beratung wird meist von einem humangenetisch ausgebildeten Arzt oder einer Ärztin durchgeführt. Die Ratsuchenden oder das Paar, das sich ein Kind wünscht, können im Beratungsgespräch alle *Probleme* ansprechen, die sich aus dem Auftreten oder dem Risiko einer genetisch bedingten Erkrankung oder Fehlentwicklung in einer Familie ergeben.

Indikationen. Das Risiko einer genetisch bedingten Erkrankung oder Fehlentwicklung ist nicht bei allen Elternpaaren gleich groß. Deshalb wird genetische Beratung nur bei folgenden *Indikationen* durchgeführt:
- Die Eltern haben bereits ein Kind oder mehrere Kinder mit einer genetisch bedingten Erkrankung oder Fehlbildung.
- Ein Elternteil oder beide Eltern leiden an einer genetisch bedingten Krankheit.
- In der Familie eines Elternteils oder beider Eltern kommen genetisch bedingte Krankheiten vor.
- Das Elternpaar ist miteinander verwandt.
- Eine Frau hatte schon mehrere Fehlgeburten ohne gynäkologisch feststellbare Ursache.
- Die potenzielle Mutter ist älter als 35 Jahre.

Daneben gibt es noch Fehlbildungsrisiken, die von schädigenden Einflüssen während der Schwangerschaft und der Geburt ausgehen, wie einer Infektion der Mutter mit Rötelnviren, der Einnahme bestimmter Medikamente sowie dem Genuss von Alkohol und illegalen Drogen (→ S. 216). Im Beratungsgespräch wird deshalb zuerst geklärt, ob möglicherweise eine angeborene Krankheit oder Fehlentwicklung vorliegt, die tatsächlich genetisch bedingt ist.

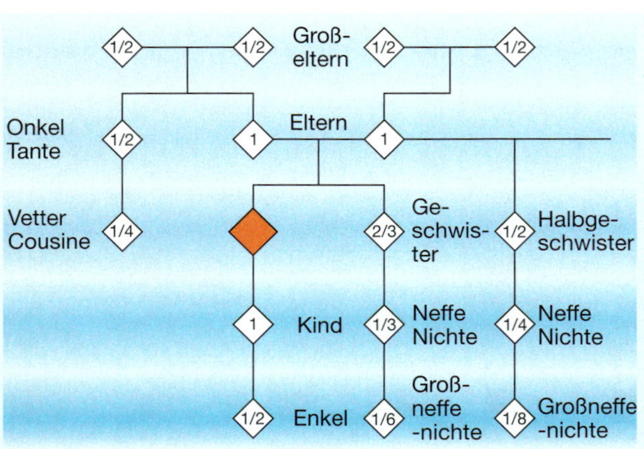

1 Wahrscheinlichkeit für Verwandte, heterozygot zu sein, bei autosomal-rezessiv vererbter Krankheit

Ziele der genetischen Beratung. Nach einer Zusammenstellung der Weltgesundheitsorganisation (WHO) soll die genetische Beratung einer Person oder betroffenen Familie helfen,
- die medizinischen Fakten einschließlich der Diagnose, den vermutlichen Verlauf der Erkrankung und die zur Verfügung stehenden Behandlungsmethoden zu erfassen,
- den erblichen Anteil an der Erkrankung zu kennen und das Risiko für die einzelnen Familienmitglieder, Träger des betreffenden Gens zu sein,
- mit einem möglichen Risiko umzugehen,
- eine Entscheidung zu treffen, die ihrem Risiko, ihren familiären Zielen, ihren ethischen und religiösen Wertvorstellungen entspricht, und in Übereinstimmung mit dieser Entscheidung zu handeln und
- sich gegebenenfalls so gut wie möglich auf die Behinderung des betroffenen Familienmitglieds einzustellen.

Diagnosemethoden. Zunächst werden, um das Risiko für eine genetisch bedingte Krankheit abzuschätzen, die Befunde der Ratsuchenden und ihrer Familien erhoben und ein *Familienstammbaum* über drei Generationen erstellt. Sind in der Familie bereits autosomal-rezessiv vererbte Krankheiten aufgetreten, kann man bei bekanntem Erbgang das *Wiederholungsrisiko* berechnen. Dazu wird für alle Familienmitglieder und für eventuelle weitere Kinder die Wahrscheinlichkeit ermittelt, Träger des rezessiven Allels zu sein.

Bei bestimmten genetisch bedingten Erkrankungen ist es möglich, mithilfe von Gensonden (→ S. 198) oder mit einem biochemischen Belastungstest festzustellen, ob die Eltern krankheitsverursachende Allele tragen. Der *Belastungstest* beruht darauf, dass heterozygote Träger eines rezessiven Allels nur 50 % der Menge eines bestimmten Enzyms produzieren (→ S. 180). Wird im Test eine unphysiologisch hohe Substratmenge angeboten, so setzen Heterozygote weniger Substrat um als homozygot Gesunde. Deshalb wird der Belastungstest auch als *Heterozygotentest* bezeichnet.

Besteht bei einer Schwangerschaft das Risiko einer Fehlbildung, so können auf Wunsch der Ratsuchenden verschiedene *pränataldiagnostische Analysen* durchgeführt werden, also Untersuchungen, mit denen sich eine mögliche Behinderung des Embryos feststellen lässt (→ S. 183).

Den Eltern ist es überlassen, sich für oder gegen eigene Kinder zu entscheiden oder bei einer schwerwiegenden Beeinträchtigung des Fötus einen Schwangerschaftsabbruch durchführen zu lassen.

1 Berechnen Sie das Wiederholungsrisiko für eine autosomal-dominant vererbte Krankheit.

2 Bei einer Umfrage unter Schwangeren gab jede fünfte an, sie würde eine Abtreibung vornehmen lassen, falls ein pränataler Test auf erblich bedingtes Übergewicht positiv ausfiele. Ein Drittel der Befragten war der Meinung, bei einem solchen Ergebnis sollte ein Abbruch erlaubt sein. Nehmen Sie Stellung.

Material – Methode – Praxis: **Pränatale Diagnostik**

Mithilfe der *pränatalen*, also vorgeburtlichen Diagnostik ist es möglich, den Gesundheitszustand des ungeborenen Kindes im Mutterleib zu untersuchen. Dabei können genetisch bedingte Krankheiten und Fehlbildungen sowie Chromosomenanomalien beim Fötus festgestellt werden. Pränataldiagnostik ist Teil der regulären Vorsorgeuntersuchung bei Schwangeren, spielt aber auch zunehmend in der genetischen Beratung eine Rolle.

Die verschiedenen Untersuchungsmethoden werden zu unterschiedlichen Zeitpunkten in der Schwangerschaft eingesetzt. Sie unterscheiden sich in der Schwere des Eingriffs und in ihrer Aussagekraft. *Invasive Methoden*, bei denen fötale Zellen und Fruchtwasser für genetische und biochemische Untersuchungen entnommen werden, sind mit einem gewissen Risiko verbunden eine Fehlgeburt auszulösen.

Ultraschall

Ultraschalluntersuchungen werden im Rahmen der Vorsorgeuntersuchungen dreimal durchgeführt: in der 9. bis 12., der 18. bis 22. und der 29. bis 32. Schwangerschaftswoche. Ihr Ziel ist es, die Lage des Fötus in der Gebärmutter festzustellen, seine Größe und den Entwicklungsstand zu beurteilen, mögliche Fehlbildungen und, wenn gewünscht, das Geschlecht festzustellen. Da lediglich der Ultraschallkopf über den Bauch der Schwangeren geführt wird, bestehen für die Mutter wie auch das Kind keine unmittelbaren Risiken. Für eine sichere Diagnose von Fehlbildungen ist die Methode jedoch zu ungenau.

Serumuntersuchungen von mütterlichem Blut

In der 15. bis 19. Schwangerschaftswoche lässt sich im mütterlichen Blut *Alpha-Feto-Protein* (AFP) nachweisen. Bei schweren Wirbelsäulenfehlbildungen ist die Konzentration dieses fötalen Proteins erhöht. Beim *Triple-Test* wird sowohl der AFP-Spiegel wie auch die Konzentration der Hormone *HCG* und *Östradiol* bestimmt. Der Test gibt Aufschluss über das Risiko für die Trisomien 18 und 21. Das geringe Risiko für Mutter und Kind geht auch hier mit einer schwierigen Interpretation der Testergebnisse einher.

Amniozentese

Bei dieser Methode werden in der 15. bis 20. Schwangerschaftswoche mit einer 0,7 mm dünnen Nadel, die unter Ultraschallkontrolle durch die Bauchhöhle eingestochen wird, aus der Gebärmutter etwa 20 ml Fruchtwasser entnommen. Ab diesem Zeitpunkt enthält die *Amnionflüssigkeit* ausreichend viele abgelöste Zellen des Fötus. Nach 9 bis 14 Tagen liegen in einer Kultur so viele Zellen vor, dass Chromosomenpräparate und ein Karyogramm angefertigt werden können, um Chromosomenanomalien sicher zu diagnostizieren. Mit molekularbiologischen Methoden lassen sich krankheitsverursachende Genmutationen direkt feststellen.

Die biochemische Untersuchung des Fruchtwassers erlaubt es, sehr sichere Aussagen über rezessiv vererbte Stoffwechselkrankheiten zu treffen. Allerdings ist die Methode mit einem Fehlgeburtsrisiko von 0,5 bis 1 % verbunden. Für einen Schwangerschaftsabbruch ist der Zeitpunkt sehr spät.

Chorionzottenbiopsie

Bei der Chorionzottenbiopsie werden Zellen aus der sich bildenden Placenta untersucht. Sie kann bereits ab der 10. bis 12. Schwangerschaftswoche durchgeführt werden. Mithilfe eines 1 bis 2 mm dünnen Katheters, der in der Regel durch die Scheide eingeführt wird, entnimmt man Chorionzottengewebe, an dem die gleichen Untersuchungen wie bei der Amniozentese sofort durchgeführt werden können. Die Aussagesicherheit ist etwa gleich groß, der Eingriffszeitpunkt liegt aber bis zu 8 Wochen früher. Das Fehlgeburtsrisiko wurde früher mit 4 bis 8 % angegeben, ist aber bei erfahrenen Ärzten nicht höher als bei der Amniozentese.

Fötale Zellen aus mütterlichem Blut

Seit bekannt ist, dass fötale Zellen auch im mütterlichen Blutkreislauf zirkulieren, versucht man diese Zellen in ausreichender Menge zu gewinnen. Als besonders geeignet haben sich bisher kernhaltige fötale Erythrocyten erwiesen. Diese werden zunächst mittels Dichtegradienten-Zentrifugation in einer Bande angereichert. Dann entnimmt man die Zellen und markiert sie mit spezifischen Antikörpern, an die 0,05 µm kleine Eisenkügelchen gebunden sind. In einem starken Magnetfeld werden markierte Zellen von unmarkierten getrennt.

1 Obwohl das Fehlgeburtsrisiko höher ist, wird eine Frühamniozentese bereits ab der 13. Schwangerschaftswoche durchgeführt. Erörtern Sie die Motive.

2 Finden Sie heraus, weshalb bei mütterlichen Infektionen ab der 20. Schwangerschaftswoche durch die Bauchdecke aus der Nabelschnur fötales Blut entnommen und auf Antikörper getestet wird.

☞ Stichworte zu weiteren Informationen

Präimplantationsdiagnostik, RFLP-Analyse, Gensonde

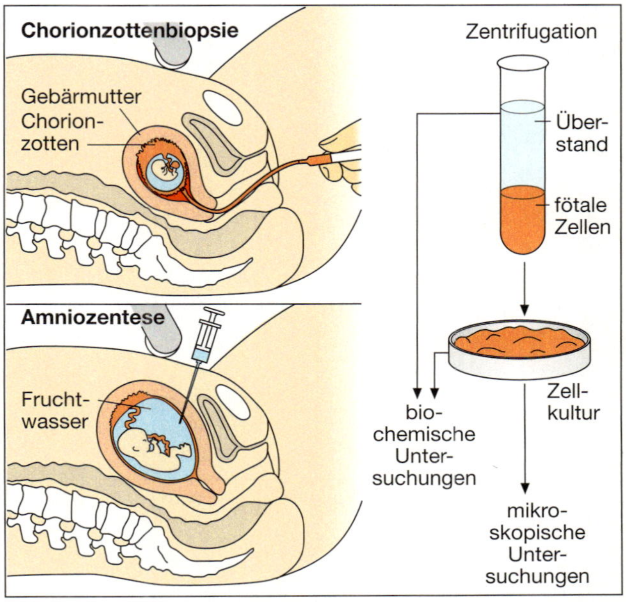

Vererbung komplexer Merkmale

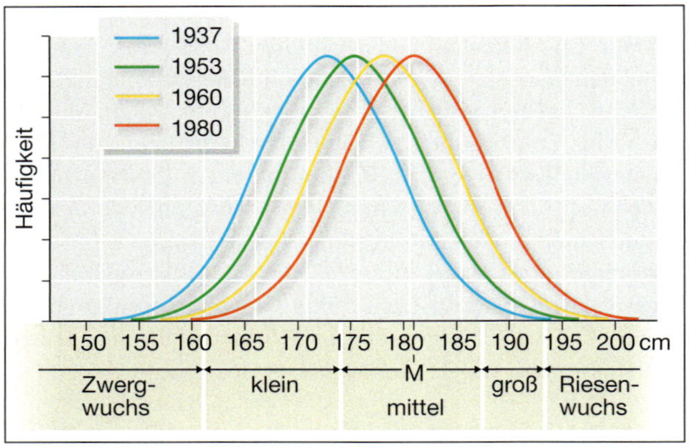

1 Verteilung der Körperhöhen 20-jähriger Männer in verschiedenen Geburtsjahrgängen

Die meisten Merkmale des Menschen kommen durch Zusammenspiel mehrerer Gene zustande (→ S. 153). Bei solchen *polygenen* Merkmalen beobachtet man nicht nur zwei oder drei, sondern eine kontinuierlich abgestufte *Variabilität* von Phänotypen, deren Häufigkeit in der Bevölkerung etwa einer gaußschen Normalverteilung entspricht. Diese Variabilität ist in der Regel nicht ausschließlich genetisch bedingt, sondern *multifaktoriell*: Sie beruht auf dem Zusammenwirken von Genen und Umwelteinflüssen. Dabei kann sich der relative Einfluss von genetischen und Umweltfaktoren bei verschiedenen Merkmalen erheblich unterscheiden.

Körperhöhe. Die Häufigkeitsverteilung der Körperhöhe unter 20-jährigen Männern eines Geburtsjahrgangs zeigt diese gaußsche Normalverteilung. Die meisten haben Körperhöhen um einen Mittelwert, während sehr große und sehr kleine Männer am seltensten vorkommen. Dabei hat die durchschnittliche Körperhöhe von 1940 bis 1980 um etwa 10 cm zugenommen. Als Ursache wird unter anderem bessere Ernährung im Säuglings- und Kleinkindalter angenommen.

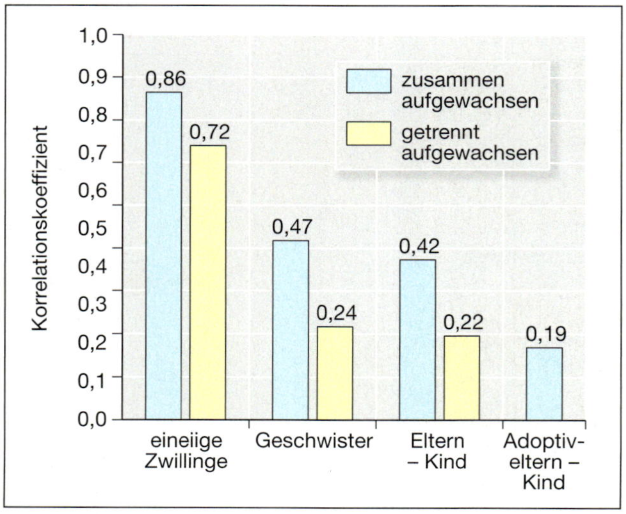

2 Korrelationskoeffizienten der IQ-Werte bei Verwandten

Um den relativen Einfluss von Genen und Umweltfaktoren auf die Varianz der Körperhöhe abzuschätzen, vergleicht man die Körperhöhen der Männer mit denen ihrer Väter. Der mathematisch bestimmbare *Korrelationskoeffizient r* gibt an, inwieweit die Werte voneinander abhängen. Der Koeffizient kann Werte zwischen +1 und −1 annehmen. Eine Korrelation von +1 bedeutet, dass große Väter immer große Söhne haben. Bei einem Wert von −1 hätten die größten Väter die kleinsten Söhne, bei einem Wert von 0 besteht kein Zusammenhang. Massenstatistische Untersuchungen ergaben eine Korrelation von 0,51. Da Väter die Hälfte ihrer Gene mit ihren Söhnen gemeinsam haben, lässt sich daraus ableiten, dass die Körperhöhe vor allem genetisch festgelegt wird. Untersuchungen an eineiigen Zwillingen, bei denen Korrelationskoeffizienten von über + 0,9 gefunden wurden, bestätigen diese Annahme.

Körpergewicht. Vor allem wegen der Zunahme von schwerem Übergewicht, der *Adipositas*, in der Bevölkerung wird der Einfluss der Gene auf das Körpergewicht erforscht. Untersuchungen über die Häufung von Adipositas in Familien ergaben, dass etwa 25 % der Kinder mit einem adipösen Elternteil ebenfalls stark übergewichtig waren. Dabei hatten die Mütter einen mehr als doppelt so großen Einfluss wie die Väter. Waren beide Eltern adipös, erhöhte sich der Anteil der adipösen Kinder auf 71 %. Studien mit über 3500 adoptierten Kindern belegten keine Übereinstimmung mit dem Gewicht der Adoptiveltern, sondern nur mit dem der biologischen Eltern. Auch hier entwickelten 80 % der Kinder eine Adipositas, wenn beide biologischen Eltern adipös waren. In einer Zwillingsuntersuchung wurden für das Körpergewicht eineiiger Zwillingspaare mehr als doppelt so hohe Korrelationskoeffizienten ermittelt wie für zweieiige Zwillingspaare, und zwar unabhängig davon, ob sie getrennt oder gemeinsam aufgewachsen waren.

Die genetische Disposition zur Adipositas wirkt sich vermutlich über einen verminderten Grundumsatz mit eingeschränkter Wärmeabgabe aus.

Intelligenz. Auch die große Variabilität geistiger Merkmale kommt durch das komplexe Zusammenwirken von Genen und Umwelt zustande. *Intelligenz* ist ein Merkmal, dessen Grundlagen sehr kontrovers beurteilt werden. Auch die Ergebnisse wissenschaftlicher Studien sind uneinheitlich. Das hängt schon damit zusammen, dass es keine allgemein anerkannte Definition von Intelligenz gibt.

Intelligenztests erfassen individuelle Unterschiede in geistigen Fähigkeiten, die zur Intelligenz beitragen, beispielsweise sprachliche Ausdrucksfähigkeit und räumliches Vorstellungsvermögen. Aus den Ergebnissen lässt sich der *Intelligenzquotient* (IQ) ermitteln. Ein Wert von 100 bedeutet eine durchschnittliche Intelligenz. Der Test wird so standardisiert, dass 50 % der Bevölkerung Werte zwischen 90 und 110 erreichen. Zahlreiche Familien-, Zwillings- und Adoptionsuntersuchungen ergeben, dass die IQ-Werte unter nicht verwandten Personen am niedrigsten korrelieren. Unter Verwandten werden die höchsten Korrelationen von eineiigen Zwillingen erreicht, die zusammen aufgewachsen sind.

Überblick

- In der Genetik unterscheidet man Klassische Genetik, Cytogenetik und Molekulargenetik. Menschen betreffende Aspekte fasst man als Humangenetik zusammen. → S. 168, 178
- Die Vererbung beim Menschen unterliegt denselben Gesetzmäßigkeiten wie bei allen anderen Organismen. → S. 178
- Erbe und Umwelt wirken in komplexer Weise bei der Merkmalsausprägung zusammen. → S. 169, 178, 184
- Gene bestimmen eine mehr oder weniger breite Reaktionsnorm der Merkmalsausprägung. Sie lässt sich bei erbgleichen Individuen eines Klons besonders gut feststellen. → S. 169
- Umweltbedingte Variationen nennt man Modifikationen. Sie sind nicht erblich. → S. 169
- Die Ergebnisse der Kreuzungsversuche MENDELS sind Grundlage der nach ihm benannten mendelschen Regeln: Uniformitäts-, Spaltungs- und Unabhängigkeitsregel. → S. 170
- Voraussetzungen für MENDELS Erfolg waren die Reinerbigkeit der Versuchspflanzen, die Auswahl geeigneter Merkmale und die statistische Auswertung der Versuche. → S. 170
- Erbgänge nach den mendelschen Regeln lassen sich durch die Annahme unabhängiger, unvermischt weitergegebener Erbfaktoren erklären, die in zwei Allelen vorliegen. → S. 171
- Aus Parallelen zwischen Erbvorgängen und dem Verhalten der Chromosomen bei Mitose, Meiose und Befruchtung schlossen SUTTON und BOVERI auf die Chromosomentheorie der Vererbung. → S. 172
- Eine Fülle von Fakten belegen die Chromosomentheorie: Genkopplung, Rekombination durch Stückaustausch, Genkarten, Mutationen der Chromosomen und direkter Gen-Nachweis mithilfe molekulargenetischer Methoden. → S. 174
- Bau und Funktion der Chromosomen sind heute vor allem durch besondere Färbetechniken erschließbar. → S. 177
- Die traditionellen humangenetischen Methoden der Familienforschung, der Zwillingsforschung und der Populationsgenetik setzen auf der Ebene des Phänotyps an. Die DNA und und die primären Genprodukte werden mit biochemischen und molekularbiologischen, die Chromosomen mit zellbiologischen Methoden analysiert. → S. 178
- Bei der Stammbaumanalyse wird vom Phänotyp auf den Genotyp rückgeschlossen mit dem Ziel, den Erbgang eines Merkmals aufzuklären. → S. 179
- Merkmale werden autosomal oder gonosomal, dominant oder rezessiv vererbt. Bei einigen Merkmalen tritt auch unvollständige Dominanz oder Ko-Dominanz auf. → S. 179
- Die Humangenetik untersucht vor allem genetisch bedingte Erkrankungen und erbliche Missbildungen sowie die Möglichkeiten ihrer Behandlung. Dieses Wissen wird auch in der genetischen Familienberatung eingesetzt. → S. 180–182
- Mithilfe pränataler Diagnostik lassen sich genetisch bedingte Krankheiten und Entwicklungsstörungen sowie Chromosomenanomalien bereits beim Fötus feststellen. → S. 183
- Komplexe Merkmale wie Körperhöhe, Körpergewicht oder Intelligenz zeigen eine kontinuierlich abgestufte Variabilität von Phänotypen, die auf dem Zusammenwirken von mehreren Genen und Umweltfaktoren beruht. → S. 184

Aufgaben und Anregungen

1 Die Genorte der sieben von MENDEL untersuchten Merkmale der Gartenerbse liegen entweder auf verschiedenen der sieben Chromosomenpaare der Erbse ($2n = 14$) oder mit großem Abstand auf demselben Chromosom. Erklären Sie, warum dies für MENDELS Entdeckungen entscheidend war.

2 Was ist die Folge von mehrfachem Crossing-over mit gerader beziehungsweise ungerader Zahl?

3 Wodurch wird die freie Kombination der Allele eingeschränkt? Wodurch wird diese Einschränkung selbst wieder durchbrochen?

4 Mit der Vielfarben-Hybridisierung lässt sich jedes Chromosom individuell färben (→ Bild rechts). Analysieren Sie den Karyotyp.

5 Ein Gen für die Fellfarbe der Katze auf dem X-Chromosom existiert in den Allelen „braun" und „schwarz". Erklären Sie, warum es zwar braunschwarz gefleckte Katzen, aber nur einfarbige Kater gibt. Was schließen Sie aus der Scheckung über die Inaktivierung des X-Chromosoms?

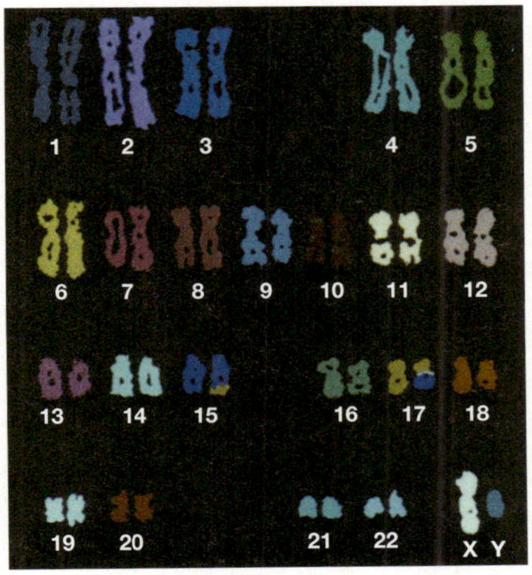

6 Auf einer Entbindungsstation werden versehentlich vier in einer Nacht geborene Kinder verwechselt. Sie haben die Blutgruppen A, AB, B und 0. Die Blutgruppenbestimmung der Eltern ergibt: a) 0 × 0; b) AB × 0; c) A × B; d) B × B. Ordnen Sie die vier Kinder den Elternpaaren zu.

7 Galactose ist ein Bestandteil des Milchzuckers, der in Kuh- und Muttermilch vorkommt. Normalerweise wird Galactose in Glucose umgewandelt. Bei Galactosämie ist der Galactose-Spiegel im Blut erhöht. Die ersten Krankheitssymptome sind Durchfall, Erbrechen und Gelbsucht. In der Folge kommt es zu schweren Schädigungen von Leber, Niere und Gehirn. Erörtern Sie die genetische Ursache der Galactosämie und entwickeln Sie ein Therapiekonzept.

8 Ein zu hoher Cholesterinspiegel im Blut kommt als genetisch bedingte Erkrankung und als nicht erbliche Phänokopie vor. Diskutieren Sie, inwieweit man den Mangel an Rezeptoren als gemeinsame Ursache sehen kann.

Chorea Huntington – ein monogenes Erbleiden

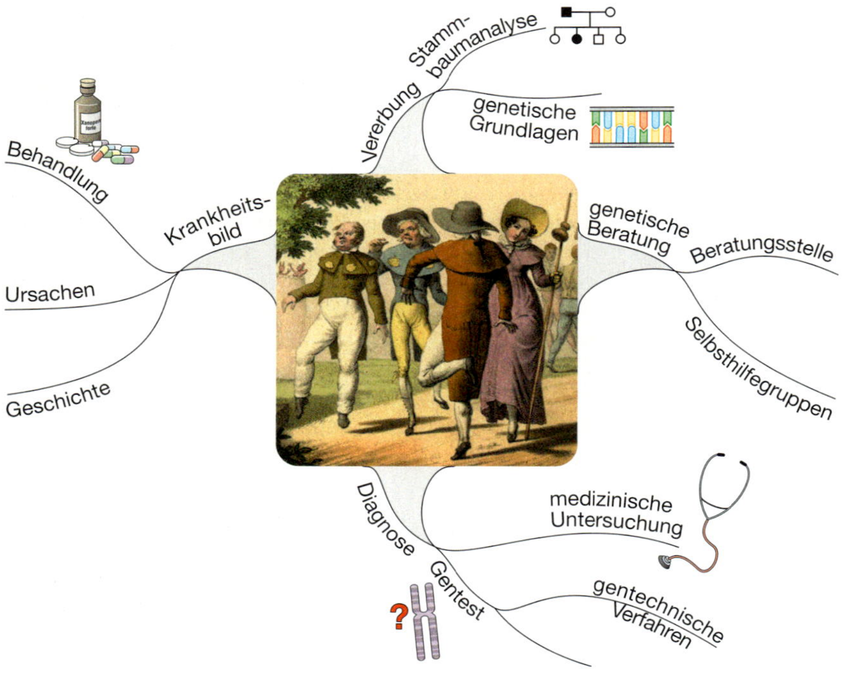

Der amerikanische Arzt GEORGE HUNTINGTON beschrieb 1872 eine neue Erbkrankheit. Als Symptome nannte er motorische Störungen wie unwillkürliche Zuckungen der Arme und Beine und der Gesichtsmuskeln sowie Schwachsinn. Er nannte die Krankheit Chorea major (von griech. choreia: *Tanz). Im Mittelalter war das Phänomen als „Veitstanz" bekannt.*

Huntington hatte die Krankheit über 12 Generationen zurückverfolgt und dabei festgestellt, dass sie in jeder Generation auftrat. Er fand heraus, dass alle Patienten Nachfahren zweier Brüder waren, die 1630 aus England ausgewandert waren und sich in Salem, Massachusetts, niedergelassen hatten. Seine Folgerung, dass Chorea vererbt wurde, war nahe liegend.

Wahrscheinlich wurden Betroffene im Mittelalter als „Besessene" verfolgt und hingerichtet.

Mit 5 bis 6 Erkrankten je 100 000 Personen ist Chorea Huntington (HD für engl. *H*untington *d*isease) eine der häufigsten erblichen Krankheiten des Nervensystems. Sie beruht auf der *Degeneration von Nervenzellen* vorwiegend in den Gehirnregionen, die für die Steuerung von Bewegungsabläufen zuständig sind. Bewegungsstörungen sind die Folge. Meist kommen psychische Veränderungen wie Depressionen, Wutausbrüche und Wahnvorstellungen hinzu, im Spätstadium auch der Verlust höherer geistiger Fähigkeiten *(Demenz)*.

Ursache der Krankheit ist *ein mutiertes Gen* auf Chromosom 4. Die Penetranz ist vollständig: Alle Träger des mutierten Allels entwickeln im Lauf der Zeit Krankheitssymptome. Wann die ersten Anzeichen auftreten, ist nicht vorauszusagen (→ Bild 1). Bei Krankheitsbeginn, meist im Alter von 35 bis 50 Jahren, haben die Betroffenen in der Regel schon Kinder.

Aufgrund der Vielfältigkeit der Symptome vergehen oft Jahre bis zur Diagnose der Krankheit. Erst seit 1993 lässt sich Chorea Huntington mithilfe eines *Gentests* sicher feststellen. Die Einnahme bestimmter Medikamente kann die Symptome vermindern, eine Heilung gibt es jedoch nicht.

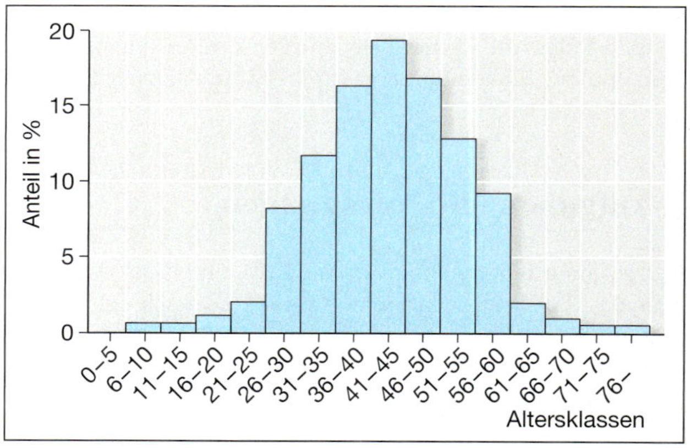

1 Alter der HD-Patienten beim Ausbruch der Krankheit

☞ Basisinformationen

Analyse von Erbgängen (→ S. 179), Bewegungskontrolle (→ S. 446)

1 Erläutern Sie mithilfe von Bild 2 den Erbgang von HD.

2 1934 trat im nationalsozialistischen Deutschland ein „Gesetz zur Verhütung erbkranken Nachwuchses" in Kraft. Auf seiner Grundlage wurden auch HD-Patienten sterilisiert. Konnte mit dieser ethisch verwerflichen Maßnahme das vorgebliche Ziel überhaupt erreicht werden?

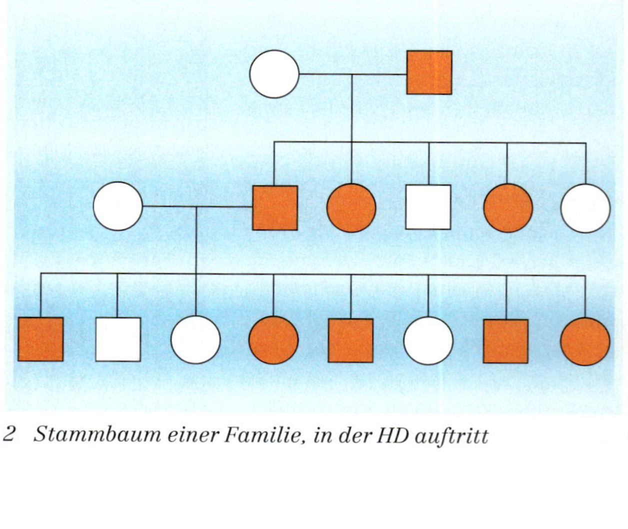

2 Stammbaum einer Familie, in der HD auftritt

Symptome der Krankheit und ihre Ursachen

Die körperlichen und psychischen Symptome von HD gehen auf den Untergang von Gehirnzellen zurück. Untersuchungen an Gehirnen von HD-Patienten zeigen, dass Teilbereiche der Basalganglien und die Großhirnrinde insgesamt um bis zu 60 % verkleinert sind (→ Bild 1 und 2). Die Basalganglien gehören zu den Hirnregionen, die den Muskeltonus regeln und unwillkürliche sowie Koordinationsbewegungen steuern (→ S. 446). Hier werden Bewegungen so aufeinander abgestimmt, dass sie harmonisch ablaufen. Schon im Frühstadium lässt sich durch Positronen-Emissionstomographie (PET) eine Störung des Glucosestoffwechsels feststellen, der zu Reizüberempfindlichkeit und später zum Absterben der Neurone führt.

Seit 1983 weiß man, dass das Gen für Chorea Huntington auf dem kurzen Arm des Chromosoms 4 liegt. Zunächst wurde das Gen mithilfe *genetischer Marker* kartiert – also polymorphen DNA-Sequenzen, deren Allele gemeinsam mit dem Huntington-Allel vererbt werden, die mit dem Zustandekommen der Krankheit aber nichts zu tun haben (→ S. 203). Dazu untersuchte man große Familien, in denen HD gehäuft auftritt. Solche Familien gibt es beispielsweise in Venezuela.

Mithilfe der Markergene und durch Sequenzanalyse gelang es schließlich 1993, das für die Chorea verantwortliche Gen zu identifizieren. Es codiert für ein sehr großes Protein aus 3140 Aminosäuren. Dieses als *Huntingtin* bezeichnete Protein wird in Neuronen und vielen anderen Zellen gebildet, seine Funktion ist jedoch immer noch unbekannt. Die codierende Sequenz des normalen Huntingtin-Gens enthält an einer Stelle 11 bis 34 Wiederholungen des Basentripletts CAG. Bei HD-Patienten sind es 35 und mehr (→ Tabelle unten). Dabei wirkt sich offenbar die Zahl der Tripletts auf den Zeitpunkt des Krankheitsausbruchs aus: je mehr Wiederholungen, desto früher treten die ersten Symptome auf und desto schwerwiegender äußert sich die Krankheit. Verlängerte Triplett-Wiederholungen sind bei Zellteilungen instabil. Sie können sich verlängern oder verkürzen.

CAG codiert für die Aminosäure Glutamin. Proteine, die 11 bis 34 Glutamin-Wiederholungen enthalten, liegen gelöst im Cytoplasma vor. Sind die Polyglutamin-Ketten dagegen länger, lagert sich das Protein in *unlöslichen Aggregaten* im Zellkern ab (→ Bild 3). Offenbar kommt es zu Wechselwirkungen zwischen diesen so genannten *Plaques* und Regulatorproteinen, die den Zelltod steuern. Wie sich dies auf die Lebensdauer der Nervenzellen auswirkt, ist noch nicht genau bekannt.

Inzwischen hat man auch bei anderen neurodegenerativen Erkrankungen solche Protein-Plaques in den Gehirnzellen der Patienten festgestellt, so bei der neuen Form der *Creutzfeld-Jakob-Krankheit*, der *BSE* sowie bei der *Alzheimer-* und *Parkinson-Krankheit*. Von der Forschung an transgenen Mäusen als Modellorganismen (→ S. 202) erhofft man sich Erkenntnisse für die Behandlung von HD. In Zellkulturen von Neuronen solcher HD-Mäuse ist es bereits gelungen, den Einfluss der Plaques auf Regulationsprozesse im Zellkern zu unterbinden.

Länge des HD-Allels auf Chromosom 4 bei Gesunden und HD-Patienten

Wiederholungen des Trinucleotids CAG	**Gesunde Personen** (in %)	**HD-Patienten** (in %)
≥ 48	0	59
42–47	0	41
30–41	1	0
25–30	1	0
≤ 24	98	0

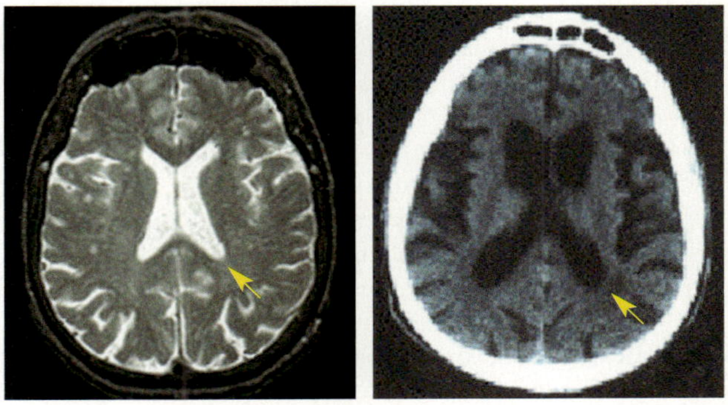

1 und 2 Computertomographie macht die Degeneration von Nervenzellen im Gehirn sichtbar (rechts: HD-Patient).

☞ Basisinformationen
Markergene (→ S. 203), genetischer Code (→ S. 154), Hirnfunktionen (→ S. 428), Methoden der Hirnforschung (→ S. 430), DNA-Sequenzierung (→ S. 149), Genregulation (→ S. 160)

1 Erklären Sie den Zusammenhang zwischen der Veränderung des Huntingtin-Gens und den Symptomen von HD.
2 Informieren Sie sich über die Krankheitsbilder der anderen im Text erwähnten neurodegenerativen Erkrankungen.
3 Im Genom des Menschen gibt es auffällig viele Regionen, in denen kurze Basenfolgen vielfach wiederholt werden, so genannte Mikrosatelliten. Diese Bereiche können sich leicht verlängern oder verkürzen. Viele Forscher betrachten diese Abschnitte als „Spielwiese" der Evolution. Begründen Sie.
4 Erläutern Sie die Bedeutung von Satelliten-DNA für den genetischen Fingerabdruck (→ S. 198).

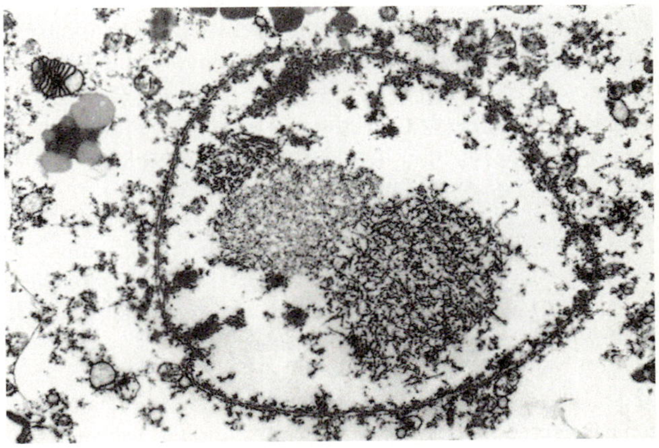

3 Proteinaggregate (Plaques) im Kern eines Neurons

Gendiagnostik

Seit 1993 gibt es einen direkten Test zum Nachweis von HD-Allelen. Er erfolgt anhand einer Blutprobe. Dazu wird DNA aus Lymphocyten isoliert und das Huntingtin-Gen durch *Polymerase-Kettenreaktion* (PCR) vervielfältigt. Die Primer binden dabei zu beiden Seiten der CAG-Wiederholungen an die DNA. Die PCR-Produkte werden mithilfe von *Gelelektrophorese* aufgetrennt. Da die Länge des vervielfältigten Genabschnitts von der Zahl der CAG-Wiederholungen abhängt, werden die PCR-Produkte der verschiedenen Huntingtin-Allele unterschiedlich weit transportiert. Sie lassen sich als Banden durch Färben oder radioaktive Markierung bei der PCR sichtbar machen.

Um das Risiko einer Fehldiagnose möglichst gering zu halten, wird der Test zweimal mit unterschiedlichen Primer-Paaren durchgeführt. Nur wenn beide Verfahren ein positives Ergebnis liefern, gilt die Diagnose als sicher.

Die Methoden zur Vervielfältigung und Auftrennung von DNA-Fragmenten lassen sich im Modellversuch nachvollziehen. Anstelle von menschlicher DNA verwendet man DNA des Phagen Lambda oder bakterielle Plasmid-DNA.

☞ Basisinformationen

PCR (→ S. 148), Gelelektrophorese (→ S. 148), medizinische Diagnostik (→ S. 203), genomische Prägung (→ S. 181)

Vervielfältigung von DNA durch PCR

Material: Proben-DNA, Primer (DNA-Oligonucleotide), Taq-Polymerase, Nucleotide (Desoxy-Nucleosid-Triphosphate), Puffer, steriles Wasser, Reaktionsgefäße, Reaktionsgefäßständer (z. B. aus Styropor®, auch als Schwimmer im Wasserbad geeignet), Mikropipettierhilfe mit Spitzen, Stoppuhr, 3 Wasserbäder (49 °C, 72 °C und 98 °C), Eiswasser oder Kühlschrank

Durchführung: Wasser, Puffer, Nucleotide und Primer werden in ein Reaktionsgefäß pipettiert und das Gemisch auf weitere Reaktionsgefäße verteilt. Geben Sie nun DNA und Polymerase zu. Verwenden Sie als Kontrollen einen Reaktionsansatz ohne Polymerase und einen ohne DNA.

Zunächst wird die DNA denaturiert. Dazu erhitzt man das Reaktionsgefäß beim ersten Durchlauf 2 min lang auf 98 °C. Bei allen folgenden Durchläufen beträgt die Denaturierungszeit nur noch 30 s. Anschließend wird die Probe 30 s in das Wasserbad mit 49 °C eingestellt. Im nächsten Schritt inkubiert man die Probe 1 min lang bei 72 °C. Danach beginnt der PCR-Zyklus von neuem.

Wiederholen Sie das Verfahren 10- bis 14-mal. Achten Sie besonders darauf, die Temperaturwechsel exakt durchzuführen. Stoppen Sie die Reaktion ab, indem Sie die Proben in Eiswasser oder in den Kühlschrank stellen. Die vervielfältigte DNA kann nun mittels Gelelektrophorese aufgetrennt und durch Färben sichtbar gemacht werden (→ S. 199). Durch Vergleich mit einem Molekulargewichtsmarker können Sie die Größe der verwendeten DNA-Probe bestimmen.

1 Machen Sie sich klar, was bei den einzelnen Versuchsschritten passiert. Erläutern Sie den Modellcharakter des Versuchs.

2 Berechnen Sie die Zahl der angefertigten DNA-Kopien.

3 In welchen Bereichen wird PCR heute eingesetzt?

4 Das Bild unten zeigt den fingierten Stammbaum einer Familie, in der HD auftritt, sowie die PCR-Ergebnisse einiger Familienmitglieder. Jede Person besitzt zwei Allele für das Huntingtin-Gen, die nach den mendelschen Regeln vererbt werden. Analysieren Sie die Abbildung und ordnen Sie den untersuchten Personen die Zahl der CAG-Tripletts zu. Welche Besonderheiten zeigen sich bei der Vererbung der HD-Allele?

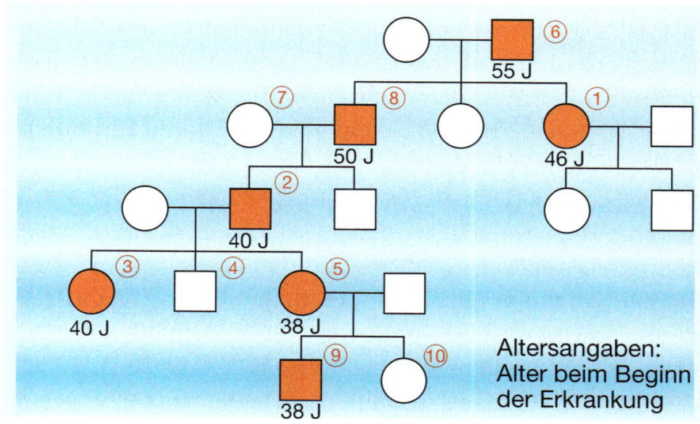

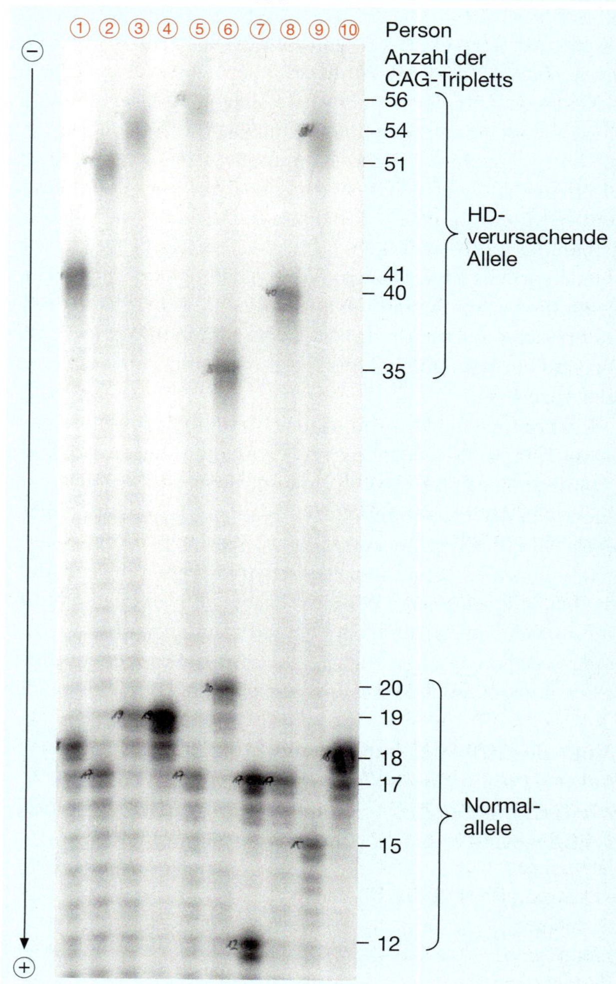

Wissen ist Ohnmacht – genetische Beratung bei Chorea Huntington

Obwohl das Allel, das HD verursacht, sicher zu identifizieren ist, machen nur etwa fünf bis zehn Prozent der Ratsuchenden den Gentest. Dass die Krankheit zwar diagnostiziert, aber nicht geheilt werden kann, führt zu einem Dilemma: Während vielen Ratsuchenden die quälende Ungewissheit unerträglich ist, empfinden andere die Möglichkeit eines positiven Befunds als untragbare Belastung. Obwohl es nicht mehr nötig ist, andere Familienmitglieder in die Untersuchung miteinzubeziehen, gibt der Test einer Person auch Aufschluss über die Erkrankungswahrscheinlichkeit von Eltern und Geschwistern. Er ermöglicht hingegen keine Aussage über den Erkrankungszeitpunkt sowie Verlauf und Schwere der Krankheit.

Der am häufigsten genannte Grund dafür, den Test zu machen, ist der Wunsch nach Kindern. Aber auch andere Aspekte der Lebensplanung spielen eine Rolle wie die Berufswahl oder finanzielle Gesichtspunkte.

Der Ablauf einer genetischen Beratung bei HD folgt internationalen Leitlinien. Sie sehen vor, dass Ratsuchende während des gesamten Verfahrens von einem Humangenetiker, einem Psychotherapeuten und einer Vertrauensperson begleitet werden. Dem Test selbst gehen intensive Vorgespräche voraus. Darin werden Handlungsmöglichkeiten und Konsequenzen für den Fall besprochen, dass der Test positiv ausfällt. Es wird auch erwogen, ob die psychische Verfassung der Person stabil genug ist mit einem ungünstigen Befund fertig zu werden. Mehr als die Hälfte der Ratsuchenden entscheidet sich nach den Vorgesprächen gegen den Test. Aber auch nachdem eine Blutprobe entnommen wurde, können Betroffene noch entscheiden, ob sie das Ergebnis erfahren möchten (→ Bild 2).

Dank der psychosozialen Begleitung reagieren positiv Getestete meist stabil, selten jedoch auch mit Depressionen und Selbstmordgedanken. Auch Personen mit einer negativen Diagnose müssen oft mit Entlastungsdepressionen und Schuldgefühlen gegenüber betroffenen Eltern oder Geschwistern fertig werden. Selbsthilfeorganisationen wie die Deutsche Huntington-Hilfe und soziale Dienste bieten ihnen Hilfe an.

Patienten und ihre Familien setzen große Hoffnungen in die Verbesserung der Behandlungsmöglichkeiten, vor allem durch Gentherapie. Zu deren Weiterentwicklung sind jedoch genauere Kenntnisse der Krankheitsentstehung notwendig.

Basisinformationen
genetische Beratung (→ S. 182), Gentherapie (→ S. 205)

Besuch einer genetischen Beratungsstelle
Humangenetische Institute an Universitäten, viele Krankenhäuser, humangenetisch ausgebildete niedergelassene Ärzte oder auch Gesundheitsämter bieten genetische Beratung an. Finden Sie heraus, wo in Ihrer Region genetische Beratung durchgeführt wird, und vereinbaren Sie einen Besuchstermin. Informieren Sie sich vorher über die Arbeitsschwerpunkte der Beratungsstelle und die Einrichtungen, mit denen sie eventuell zusammenarbeitet. Bereiten Sie Fragen zur Arbeitsweise der Berater, der Art der Anfragen und zum Umgang der Ratsuchenden mit der Beratung vor.

1 Beratungsgespräch in einer genetischen Beratungsstelle

1 Diskutieren Sie den folgenden hypothetischen Fall: Frau F. ist schwanger. Beim Vater ihres Ehemanns ist vor kurzem HD diagnostiziert worden. Frau F. möchte wissen, ob ihr Kind ebenfalls betroffen sein wird. Eine Abtreibung lehnt Frau F. jedoch ab. Herr F. ist Dachdecker, sein Arbeitgeber verlangt nun von ihm eine Gendiagnose.

Wie könnte in einem solchen Fall ein Beratungsgespräch verlaufen? Berücksichtigen Sie auch die Erkrankungswahrscheinlichkeit für das Kind, die sich bei positivem beziehungsweise negativem Befund bei Herrn F. ergibt.

2 Entwickeln Sie ein Konzept für die Gentherapie von HD.

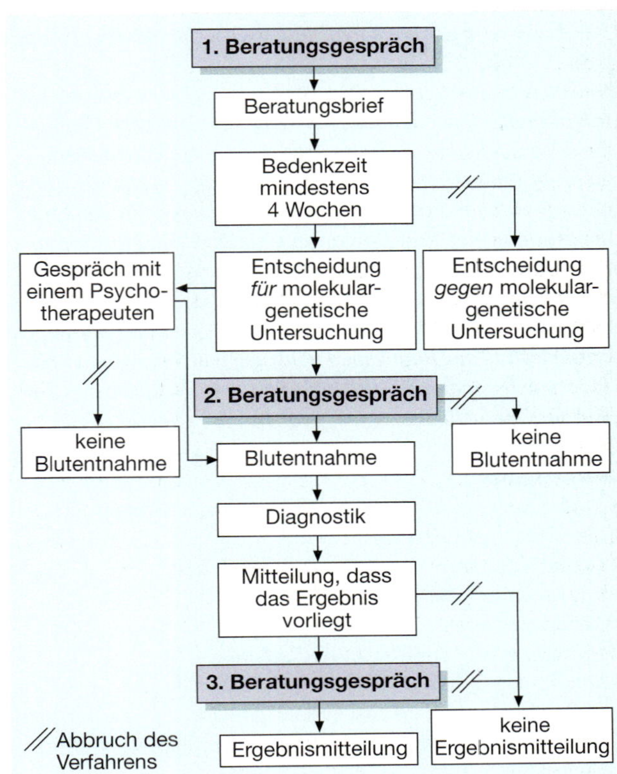

2 Verlauf der genetischen Beratung bei HD

Angewandte Genetik

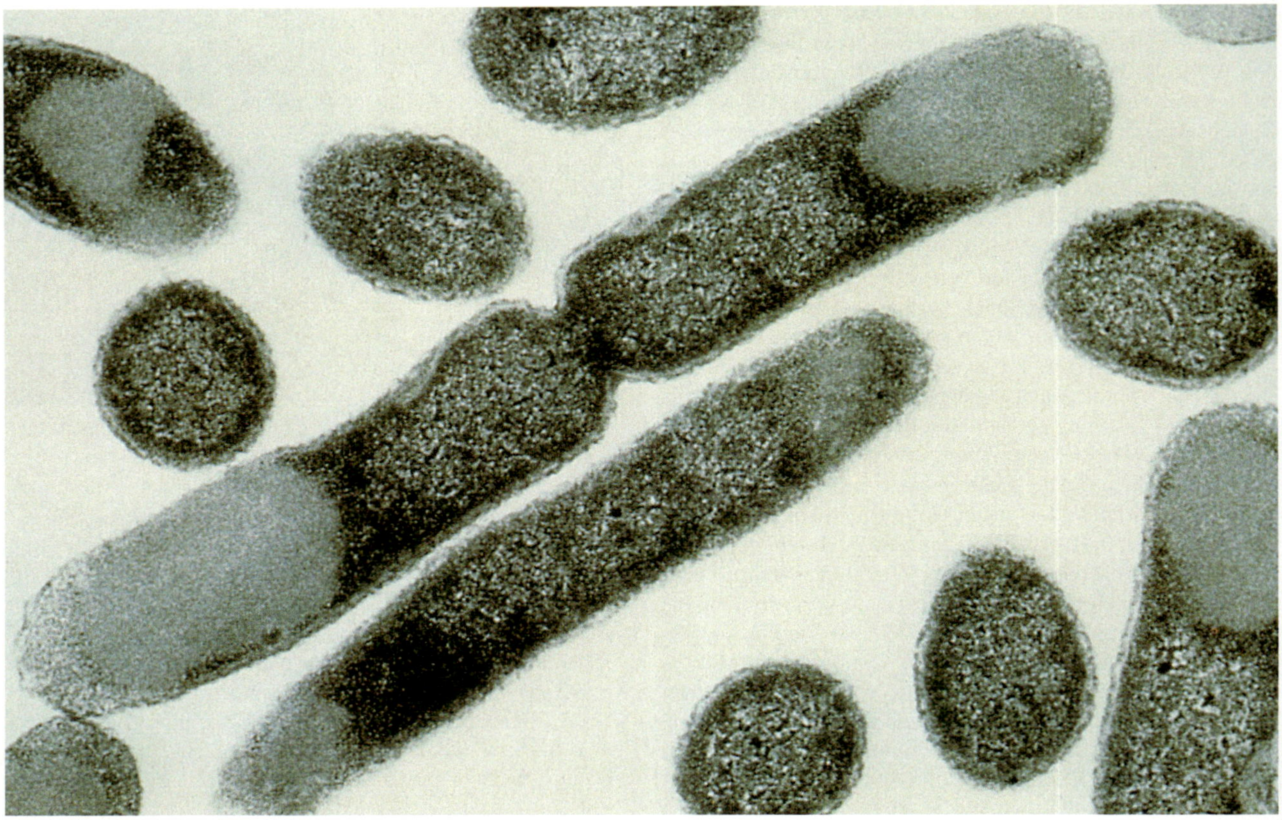

1 *Bakterien, in die das menschliche Gen für Insulin eingepflanzt wurde, stellen Humaninsulin her und speichern es.*

Vor etwa 30 Jahren gelang es Wissenschaftlern zum ersten Mal, in Bakterienzellen ein Gen aus einem anderen Organismus einzuschleusen und damit in den Bakterien ein Merkmal einer anderen Art genetisch zu verankern. Nur 10 Jahre später wurden mit inzwischen weiterentwickelten Methoden Laborstämme von Coli-Bakterien genetisch so umprogrammiert, dass sie menschliches Insulin herstellen konnten. Das Humaninsulin aus Bakterien ersetzte bei der Behandlung von Diabetes den Wirkstoff, der bisher in einem aufwändigen Verfahren aus der Bauchspeicheldrüse von Schweinen und Rindern gewonnen worden war. Ein neues Zeitalter, das Zeitalter der Gentechnik, hatte begonnen.

Im Blickpunkt:

- Methoden der Züchtung – wie Natur menschlichen Zwecken angepasst wird
- Grundlagen und Werkzeuge der Gentechnik
- Pflanzen nach Maß
- neuartige Lebensmittel durch Gentechnik
- transgene Tiere
- Medikamente – von Bakterien produziert
- neue Wege der medizinischen Diagnostik
- molekulare Medizin – Heilung von Erbkrankheiten durch Genersatz
- Entschlüsselung des menschlichen Genoms

Seit Jahrtausenden nutzen Menschen die natürliche Vielfalt von Pflanzen und Tieren. Anfangs wählten sie Individuen mit günstigen Eigenschaften aus und kombinierten diese durch gezielte Kreuzung. In nur 10 000 Jahren gelang es so, aus den Wildformen eine begrenzte Zahl von *Kulturformen* – Nutzpflanzen und Haustiere – zu züchten, die den Ansprüchen der Menschen immer besser entsprachen. Der Spielraum blieb dabei auf das natürliche genetische Potenzial der Arten begrenzt.

Moderne biochemische sowie zell- und molekularbiologische Verfahren ermöglichen es heute, Gene von Mikroorganismen, Pflanzen, Tieren und Menschen genau zu analysieren und in ihrer Funktion zu bestimmen. Diese Verfahren haben zu enormen Fortschritten in der *molekulargenetischen Grundlagenforschung* geführt. Mit denselben Methoden lassen sich jedoch auch einzelne Gene ausschneiden, vermehren, neu kombinieren und in andere Organismen einschleusen, wo sie repliziert und exprimiert werden. Damit ist es möglich, *Lebewesen gezielt genetisch umzuprogrammieren*, ihnen also fremde Gene einzubauen mit dem Ziel, sie mit neuen, vom Menschen gewünschten Eigenschaften auszustatten. Die *Gentechnik* erweitert die bisherigen Möglichkeiten der Pflanzen- und Tierzucht erheblich. Darüber hinaus schafft sie Voraussetzungen für die Erkennung und Behandlung von Krankheiten.

Züchtung

Die gezielte Entwicklung und Erhaltung von Pflanzen und Tieren mit erwünschten Eigenschaften durch den Menschen bezeichnet man als *Züchtung*. Sie beruht – genau wie die Entwicklung und Veränderung von Merkmalen durch Evolution – auf genetisch bedingten Unterschieden. Modifikationen spielen dagegen bei der Züchtung keine Rolle, da sie nicht erblich sind.

Bedeutung. Bis vor etwa 12 000 Jahren nutzten Menschen die Natur, indem sie Pflanzen und Pilze sammelten und Tiere jagten. Zu Beginn der Jungsteinzeit vollzog sich dann – wahrscheinlich zuerst in dem als „fruchtbarer Halbmond" bezeichneten Gebiet Vorderasiens – eine völlige Umwälzung der Lebensweise: Die vorher nomadisierenden Jäger- und Sammler-Gruppen wurden sesshaft und begannen Ackerbau zu treiben und Tiere zu halten. Mit dieser *neolithischen Revolution* ging die *Domestikation* von Wildpflanzen zu Kulturpflanzen und von Wildtieren zu Haustieren einher.

Seither sichern Landwirtschaft und Züchtung den Fortbestand des größten Teils der Menschheit: Sie haben bisher entscheidend dazu beigetragen, die Nahrungsmittelversorgung der exponentiell wachsenden Weltbevölkerung sicherzustellen. Von ihrer weiteren Entwicklung wird abhängen, ob es gelingt, den Bedarf an Nahrungsmitteln in der Zukunft zu befriedigen und die bereits bestehenden Versorgungslücken zu schließen.

Merkmale von Kulturformen. Alle Kulturformen stammen von Wildarten ab und lassen sich mit diesen – sofern sie nicht ausgestorben sind – kreuzen. Wild- und Kulturform gehören derselben Art an. Viele Pflanzensorten und Haustierrassen weisen typische *Kulturformenmerkmale* auf, teilweise aufgrund ähnlicher Zuchtziele, teilweise aber auch als unerwünschte Begleiterscheinungen der Domestikation.

- Kulturpflanzen, aber auch manche Haustiere zeichnen sich häufig durch *Gigaswuchs*, also besondere Größe aus.
- Die natürlichen Fortpflanzungs- und Verbreitungsmittel vieler Kulturpflanzen wie Samen, Ausläufer oder Grannen sind oft funktionell reduziert. Samenlose Früchte wie Banane oder Zitrusfrüchte muss man vegetativ vermehren.
- Bitter- und Giftstoffe, die zahlreiche Wildpflanzen vor Fraß schützen, gehen durch Züchtung verloren. Dies macht einen höheren Pflegeaufwand notwendig.
- Ein Bestand von Kulturpflanzen entwickelt sich weitgehend synchron. Die gleichzeitige Fruchtreife des ganzen Bestands erleichtert den planmäßigen Anbau und die Ernte.
- Haustiere sind früher geschlechtsreif, häufiger fortpflanzungsbereit und haben mehr Junge als die Wildformen.
- Haar- und Pigmentverlust, aber auch bestimmte Fellzeichnungen sind für Haussäugetiere typisch.
- Bei vielen Haustierrassen ist das Gehirn kleiner, die Sinne sind weniger empfindlich als bei ihren wilden Artgenossen.

1 Durch Züchtung veränderte sich die Größe der Knollen von der Wildform (links) zur modernen Kulturform (rechts) der Kartoffel. Andere Merkmale wie beispielsweise die Blütenfarbe sind hingegen auch bei der modernen Kulturform variabel.

Methoden und Ergebnisse der Pflanzen- und Tierzucht

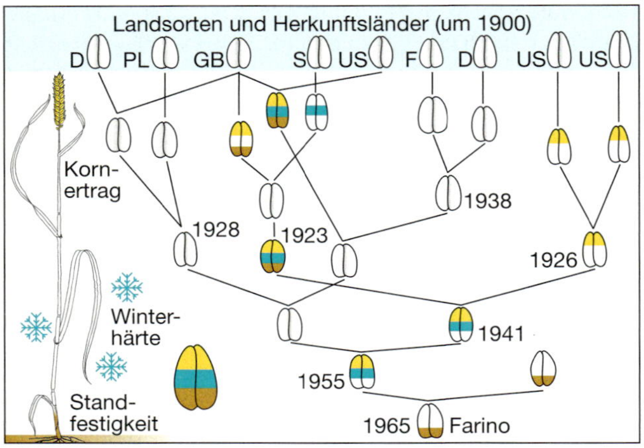

1 Durch Kreuzungszucht wurden die Merkmale zahlreicher Weizensorten in einer Hochleistungssorte kombiniert.

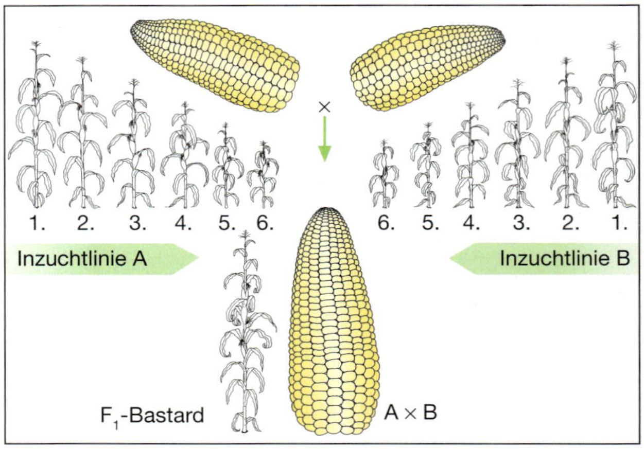

2 Der Heterosiseffekt ist bei der Kreuzung von Inzuchtlinien in der ersten Filialgeneration am größten.

Lange Zeit züchteten Menschen Pflanzen und Tiere, ohne die zugrunde liegenden Vererbungsvorgänge zu kennen: Sie wählten solche Lebewesen für die Weiterzucht aus, die erwünschte Eigenschaften hatten, und entfernten diejenigen mit unerwünschten Merkmalen. Die *Auslesezucht* hatte Erfolg, wenn die ausgelesenen Varianten genetisch verschieden waren. Durch diese „vorwissenschaftliche" Züchtung wurden manche Kulturformen so verändert, dass ihre Herkunft von Wildformen kaum mehr erkennbar ist und sie unabhängig vom Menschen in der Natur nicht mehr lebensfähig sind.

Mit zunehmenden Kenntnissen über Vererbungsvorgänge entwickelten sich verschiedene Zuchtmethoden. Den *„klassischen"* Methoden, die auf der Ebene von Individuen ansetzen, werden oft die „modernen" oder *biotechnischen* Methoden gegenübergestellt, die mit Geweben oder einzelnen Zellen arbeiten. Ihnen liegt – anders als bei gentechnischen Verfahren – stets das *gesamte Genom* eines Lebewesens zugrunde.

Auslesezucht. Grundlage jeder züchterischen Arbeit ist das Auffinden und die gezielte Auslese oder *Selektion* von Individuen mit genetisch bedingten, günstigen Eigenschaften. Sie geht in der Regel von vorhandenen Kulturformen aus, in Einzelfällen auch von Wildformen. Bei *Massenauslese* werden ganze Bestände mit gewünschten Eigenschaften ausgewählt und zur Fortpflanzung gebracht. Dieses Verfahren ist heute nur noch für die *Erhaltungszucht* von Bedeutung, durch die man der natürlichen Degeneration von Sorten und Rassen durch Mutationen entgegenwirkt. *Individualauslese* beruht auf der Auswahl einzelner auffälliger Individuen mit besonderen Merkmalen, vor allem im Bereich der Gartenkultur.

Durch jahrhundertelange Auslesezucht waren Ende des 19. Jahrhunderts zahlreiche regional verschiedene *„Landrassen"* und *„Landsorten"* entstanden. Diese aus heutiger Sicht wenig ertragreichen, aber sehr robusten und anspruchslosen Formen sind inzwischen größtenteils verschwunden.

Kreuzungs- oder Kombinationszucht. Grundlage der Kreuzungszucht ist die 3. mendelsche Regel, nach der die Allele in der 2. Filialgeneration unabhängig aufspalten und Merkmalskombinationen hervorbringen, die bei keinem der Eltern vorhanden waren (→ S. 170). Damit jedoch eine erwünschte Merkmalskombination reinerbig auftritt, sind meist *Inzuchtkreuzungen* notwendig, also Kreuzungen unter den nahe verwandten Mischlingen: bei selbstbestäubenden Pflanzen als *Ramsch- oder Populationskreuzung* innerhalb eines ganzen Pflanzenbestands über mehrere Generationen, bei Fremdbestäubern und Tieren in aufwändiger *Pärchenkreuzung* und anschließender Individualauslese. Eine durch Inzucht über mehrere Generationen reinerbig gewordene Sorte oder Rasse bezeichnet man auch als *Inzuchtlinie.* Bei vielen unserer Kulturpflanzen wie Weizen, Reis, Mais, Raps und Haustiere wie Rind, Schwein oder Huhn wurden durch dieses Verfahren *Hochleistungssorten* beziehungsweise *-rassen* gezüchtet.

Hybridzucht und Heterosiseffekt. Bei der Zucht von Nutzpflanzen lässt sich immer wieder beobachten, dass heterozygote Individuen größer und vitaler sind und höhere Erträge erbringen als homozygote. Dieser *Heterosiseffekt* ist bei der Kreuzung von Inzuchtlinien am größten und in der ersten Nachkommengeneration maximal ausgeprägt, da diese den höchsten Grad an Heterozygotie aufweist. Das Phänomen könnte darauf beruhen, dass beide Allele eines Gens einen günstigen, aber unterschiedlichen Effekt haben. Ein Beispiel sind Allele, die für Enzymvarianten mit verschiedenen Temperaturoptima codieren. Heterozygote Individuen sind dadurch an einen größeren Temperaturbereich angepasst und deshalb gegenüber den Homozygoten begünstigt.

Wird der Heterosiseffekt gezielt züchterisch eingesetzt wie bei Mais, Tomate, Sonnenblume oder Schwein spricht man von *Hybridzucht.* Dabei werden zunächst bei möglichst verschiedenen Sorten oder Rassen homozygote Linien erzeugt. Durch Probekreuzungen zwischen diesen Inzuchtlinien wird überprüft, bei welchen Kombinationen ein Heterosiseffekt auftritt. Diese Kombinationen dienen dann zur Erzeugung der Hybriden. Da sich der Heterosiseffekt in den Folgegenerationen verliert, müssen *Hybridsaatgut* und *Hybridtiere* stets neu durch Kreuzung der Inzuchtlinien erzeugt werden.

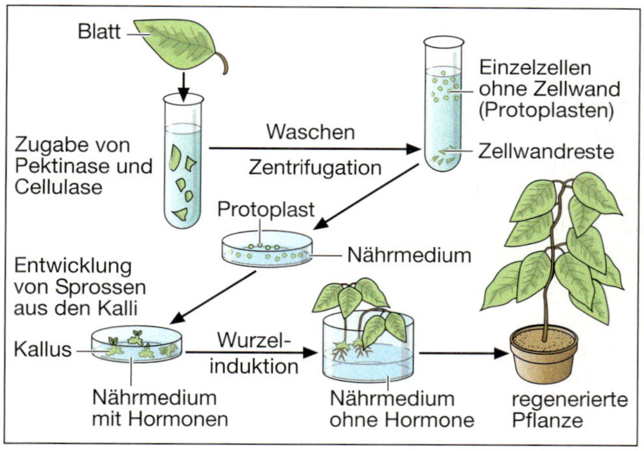

1 Klonierung durch Zellkulturtechnik: Aus jedem einzelnen Protoplasten entwickelt sich eine Tabakpflanze.

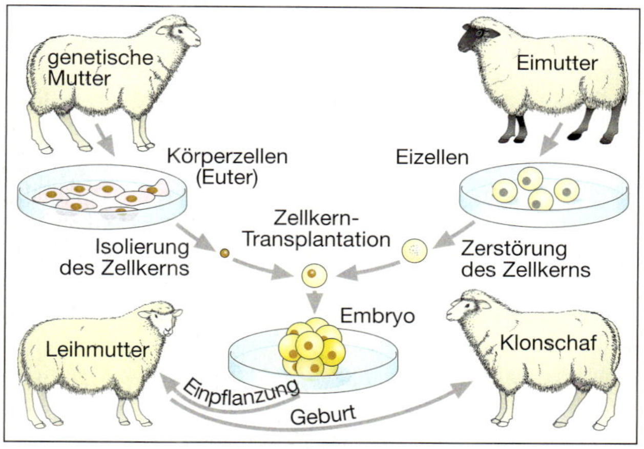

2 Erstmalige Klonierung eines Säugetiers (1997) durch Reprogrammierung einer differenzierten Körperzelle

Mutationszucht. Genetische Variabilität – und damit auch Züchtung – beruhen auf Mutationen. Die niedrige natürliche Mutationsrate kann bei Pflanzen durch Röntgen- oder Neutronenbestrahlung, Temperaturschocks und Einwirkung mutagener Chemikalien auf Stecklinge, Pollen oder Samen stark erhöht werden. Dabei entstehen alle Formen von Mutationen, die auch spontan vorkommen: Gen-, Chromosomen- und Genommutationen (→ S. 176). Für die Tierzucht ist dieses Verfahren wegen der geringen Fortpflanzungsrate der Tiere, der langen Generationsdauer und des häufigen Auftretens von *letalen*, also tödlichen Mutationen kaum geeignet.

Die meisten Genmutationen sind rezessiv und zeigen sich bei Homozygoten frühestens in der zweiten Generation, in der dann die Auslese geeigneter Mutanten für die Weiterzucht beginnt. Da Mutationen immer ungerichtet erfolgen, ist die Ausbeute an Mutanten mit erwünschten Eigenschaften äußerst gering – sie liegt meist unter 1 %.

Besondere Bedeutung in der Mutationszucht hat jedoch die Erzeugung von *polyploiden* Pflanzen mithilfe von Colchicin:

- Polyploide Pflanzen sind größer und häufig auch widerstandsfähiger als diploide.
- Pflanzen mit einer ungeraden Anzahl von Chromosomensätzen sind meist steril und bilden daher auch keine Samen, was beispielsweise bei Citrusfrüchten, Bananen und Tafeltrauben erwünscht ist.
- Sterile Bastarde zwischen verwandten Arten, wie sie bei Pflanzen nicht selten sind, können durch die Verdopplung der beiden nicht homologen Chromosomensätze fortpflanzungsfähig werden. Man spricht dann von *Allopolyploidie*.

Zell- und Gewebekultur in der Pflanzenzucht. Während die klassische Pflanzenzucht mit ganzen Pflanzen im Gewächshaus oder auf dem Feld arbeitet, genügen bei biotechnischen Verfahren Gewebe oder Zellen um die gleichen Schritte im Labor durchzuführen. Diese Verfahren basieren auf der Fähigkeit von Pflanzen, aus Gewebe, Pollen, Einzelzellen oder Protoplasten ganze Pflanzen zu regenerieren. Bei der *Protoplastenkultur* wird Gewebe, zum Beispiel von einem Blatt, entnommen und zur Trennung der Zellen voneinander mit dem Enzym Pektinase behandelt. Die Zellwände werden mit Cellulase aufgelöst. Durch Zugabe geeigneter Pflanzenhormone kann jeder der Protoplasten zur Zellteilung angeregt werden, sodass ein undifferenzierter Zellhaufen, *Kallus* genannt, entsteht. In speziellen Kulturverfahren entwickelt sich aus jedem Kallus eine vollständige Pflanze.

Dieses Verfahren dient dazu, aus einer einzigen Pflanze unzählige genetisch identische Nachkommen zu erzeugen, die man als *Klon* bezeichnet. Werden Kalli aus haploiden Pollenkörnern kultiviert, lassen sich auch rezessive Merkmale sofort erkennen und auslesen.

Unter geeigneten Bedingungen kann man Protoplasten fusionieren und damit *Zellhybriden* aus verschiedenen Pflanzenarten erzeugen, zum Beispiel aus Tomate und Kartoffel. Die Hoffnung auf eine Kombination ihrer Eigenschaften hat sich allerdings weder bei der „Tomoffel" noch bei anderen vegetativen Hybriden erfüllt.

Embryotransfer in der Tierzucht. Fortpflanzungstechnische Methoden optimieren inzwischen die Ergebnisse der Hochleistungszucht. Wertvolle Muttertiere werden künstlich besamt um die Zahl der Nachkommen zu maximieren. Die entstehenden Embryonen lassen sich in einem frühen Stadium teilen, in die Gebärmutter von „Ammentieren" einpflanzen und zu einem Klon genetisch identischer Mehrlinge heranziehen. Überschüssige Embryonen kann man, tiefgefroren in flüssigem Stickstoff, praktisch unbegrenzt lagern. Wenn sie in Ammentiere übertragen werden, können sie sich auch nach dem Tod ihrer Elterntiere noch entwickeln.

Kerntransplantation – Zuchtmethode der Zukunft? 1997 gelang es erstmals, ein erwachsenes Säugetier zu klonieren. Es entstand aus der entkernten Eizelle eines Schafs, in die der Zellkern einer Körperzelle eines anderen Schafs transplantiert worden war. Mit dieser Methode könnte es in Zukunft möglich werden, die besondere Merkmalskombination eines Einzeltiers beliebig oft zu vervielfältigen. Allerdings ist die Erfolgsquote des Verfahrens bislang gering.

Grundlagen der Gentechnik

1973 berichtete ein amerikanisches Wissenschaftsmagazin über ein Experiment von STANLEY COHEN und seinen Mitarbeitern, das als *Geburt der Gentechnik* angesehen wird: Es war ihnen gelungen, im Reagenzglas, *in vitro*, DNA-Fragmente aus zwei verschiedenen Bakterienarten miteinander zu kombinieren und in eine dritte Art, E. coli, einzuschleusen. Die DNA-Fragmente enthielten die Gene für die Resistenz gegenüber zwei verschiedenen Antibiotika. Nach der Genübertragung waren die *transgenen* Coli-Bakterien gegen beide Antibiotika resistent.

Grundoperationen der Gentechnik. Um fremde DNA in eine Zelle zu übertragen, sind immer die folgenden grundlegenden Schritte notwendig:

- DNA aus dem Spenderorganismus wird isoliert und mithilfe eines Enzyms in Fragmente zerlegt.
- Zur Übertragung der Spender-DNA wird in der Regel ein Transportmolekül benötigt, ein *Vektor*. Er besteht ebenfalls aus DNA. Die Vektor-DNA wird isoliert und mithilfe des gleichen Enzyms aufgeschnitten, sodass sich die Spender-DNA anlagern kann.
- Durch das Enzym DNA-Ligase werden beide DNA-Moleküle verbunden.
- Die neu zusammengefügte, so genannte *rekombinante* DNA wird in die Zellen eines Empfängerorganismus eingebracht.
- Zellen, die die rekombinante DNA aufgenommen haben, werden selektiert und vermehrt.

Anwendungsmöglichkeiten. Was dann mit den transgenen Zellen passiert, hängt von der Zielsetzung des Experiments ab. Ist das Ziel, größere Mengen der eingeschleusten *Fremd-DNA* zu gewinnen, werden die transgenen Zellen vermehrt. Anschließend wird die Fremd-DNA daraus extrahiert. Geht es darum, das *Protein* zu gewinnen, für das die Fremd-DNA codiert, müssen die transgenen Zellen zur Genexpression, also zur Proteinbiosynthese angeregt werden. Dazu ist es ebenfalls nötig, die Zellen zu vermehren. Das von den Zellen hergestellte Protein wird anschließend isoliert und gereinigt (→ S. 199). Ist das Ziel, einem *Organismus* eine neue Eigenschaft zu verleihen, werden aus den einzelnen transgenen Zellen mehrzellige Organismen regeneriert, die dann die neue Eigenschaft an ihre Nachkommen weitergeben können.

In allen Fällen entstehen Zellen mit identischer Erbinformation. Dieses Verfahren, mit dem sich DNA beliebig vervielfältigen lässt, wird dementsprechend auch als *Genklonierung* bezeichnet.

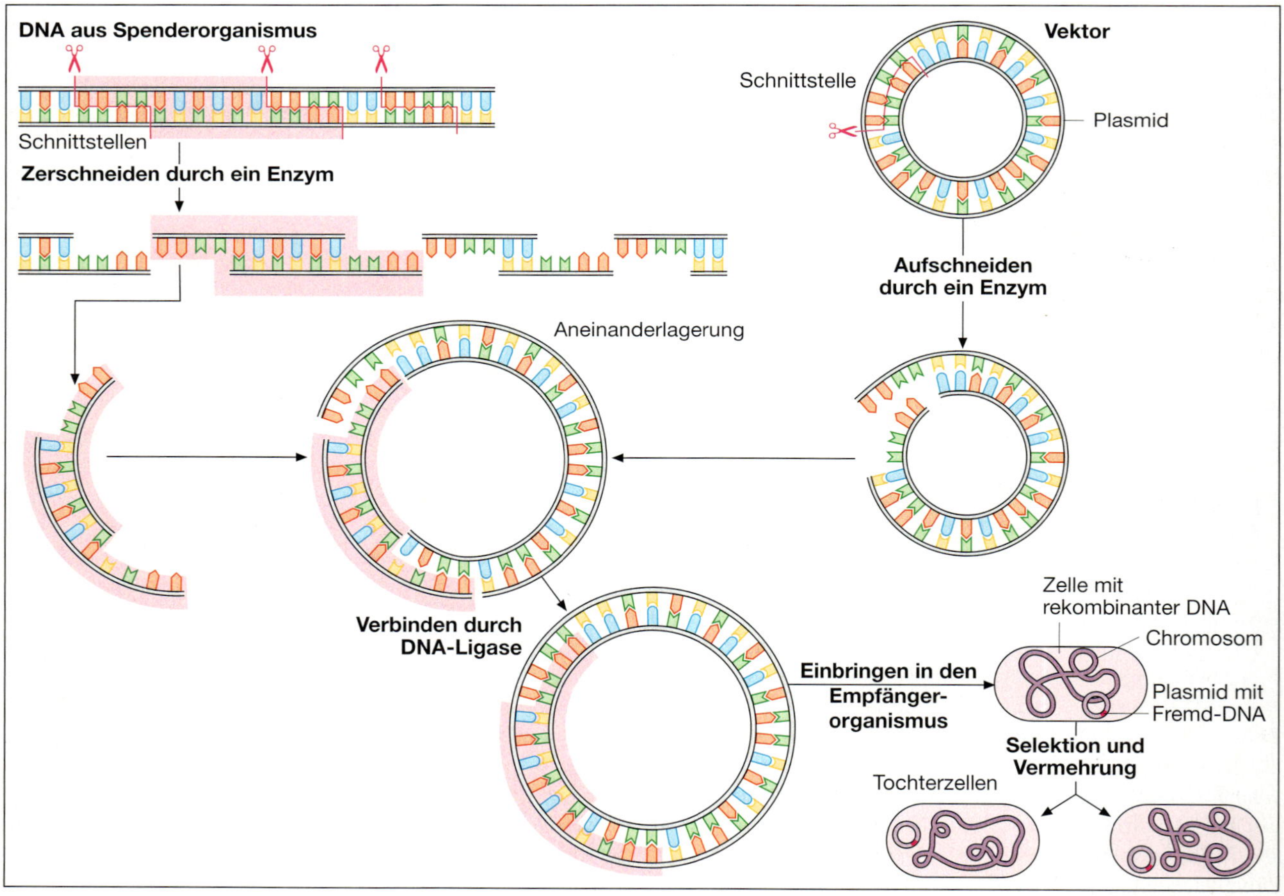

1 Grundoperationen der Gentechnik: Durch das Einschleusen von fremder DNA in die Zellen eines Empfängerorganismus lassen sich Eigenschaften verschiedener Arten gezielt kombinieren. So entstehen transgene Zellen und Organismen.

Grundoperationen der Gentechnik: Schneiden von DNA

Eines der wichtigsten Werkzeuge der Gentechnik sind *Restriktionsenzyme*. Sie dienen sowohl dazu, die DNA aus dem Spenderorganismus in Bruchstücke zu zerlegen, als auch zum Aufschneiden der Transport-DNA, in die die Spender-DNA eingefügt werden soll. Restriktionsenzyme lassen sich aus Bakterien gewinnen, die sich mithilfe dieser Enzyme gegen eingedrungene Fremd-DNA schützen. Die Enzyme zerschneiden beispielsweise die eingeschleuste DNA von Bakteriophagen, sodass sich diese in der Bakterienzelle nicht mehr vermehren können (→ S. 150). Wegen dieser Einschränkung oder *Restriktion* der Phagenvermehrung werden die Enzyme als Restriktionsenzyme bezeichnet. Exakt heißen sie *Restriktionsendonucleasen*, weil sie DNA nicht vom Ende des Moleküls her, sondern von innen abbauen.

Die Benennung der verschiedenen Restriktionsenzyme richtet sich vor allem nach den Bakterien, aus denen sie isoliert wurden: Eco steht zum Beispiel für *E*scherichia *co*li, Hae für *H*aemophilus *ae*gypticus, Hin für *H*aemophilus *in*fluenzae. Weitere Buchstaben bezeichnen den jeweiligen Bakterienstamm. Eine römische Ziffer gibt zusätzlich die zeitliche Reihenfolge ihrer Entdeckung an.

Substratspezifität. Restriktionsenzyme sind – wie alle Enzyme – *substrat- und wirkspezifisch* (→ S. 68). Jede Enzymart spaltet die DNA spezifisch an einer bestimmten Schnittstelle, die sie an der DNA-Sequenz erkennt. Diese *Erkennungssequenzen* zeigen häufig eine spezielle Symmetrie: Die Basensequenz des einen DNA-Strangs entspricht von links nach rechts gelesen der Basenfolge des komplementären Strangs in umgekehrter Lesrichtung. Solche *Palindrome* gibt es auch in der Sprache: Wörter, die vorwärts und rückwärts gelesen werden können wie STETS, REGALLAGER oder RELIEFPFEILER. Die Bakterien schützen ihre eigene DNA vor den Restriktionsenzymen, indem sie die Erkennungssequenzen durch *Methylierung* „tarnen". In seltenen Fällen wird die DNA eingedrungender Phagen methyliert, sodass auch diese gegen den Abbau durch Restriktionsenzyme geschützt sind.

Wirkspezifität. Restriktionsenzyme spalten die Zucker-Phosphat-Bindungen in beiden DNA-Strängen. Dabei schneiden sie stets zwischen den gleichen Nucleotiden. HaeIII schneidet zum Beispiel immer zwischen G und C. Da es sich in diesem Fall um komplementäre Basen handelt, liegen die Schnittstellen auf beiden Strängen einander genau gegenüber. Die meisten Enzyme schneiden die DNA-Stränge jedoch versetzt, sodass die Schnitte einige Nucleotide voneinander entfernt liegen. Bei EcoRI sind die Schnittstellen beispielsweise um vier Basenpaare versetzt. Dadurch bleiben nach dem Schnitt einzelsträngige Enden stehen. Da diese Einzelstrangenden zueinander komplementär sind und sich wegen der Basenpaarung wieder zusammenfinden können, werden sie als *„klebrige Enden"* bezeichnet.

Anwendung. Inzwischen sind mehr als 300 verschiedene Restriktionsenzyme bekannt, mit denen man DNA beliebiger Herkunft in Fragmente unterschiedlicher Größe zerlegen kann. Da jede DNA, die mit demselben Enzym geschnitten wurde, die gleichen klebrigen Enden aufweist, lassen sich DNA-Bruchstücke verschiedener Organismen miteinander verknüpfen. Die passenden Einzelstrangenden lagern sich spontan zusammen und werden durch das Enzym DNA-Ligase verbunden.

Die für ein Individuum typische Verteilung der Restriktionsschnittstellen auf dem DNA-Molekül ist die Grundlage für den genetischen Fingerabdruck (→ S. 198).

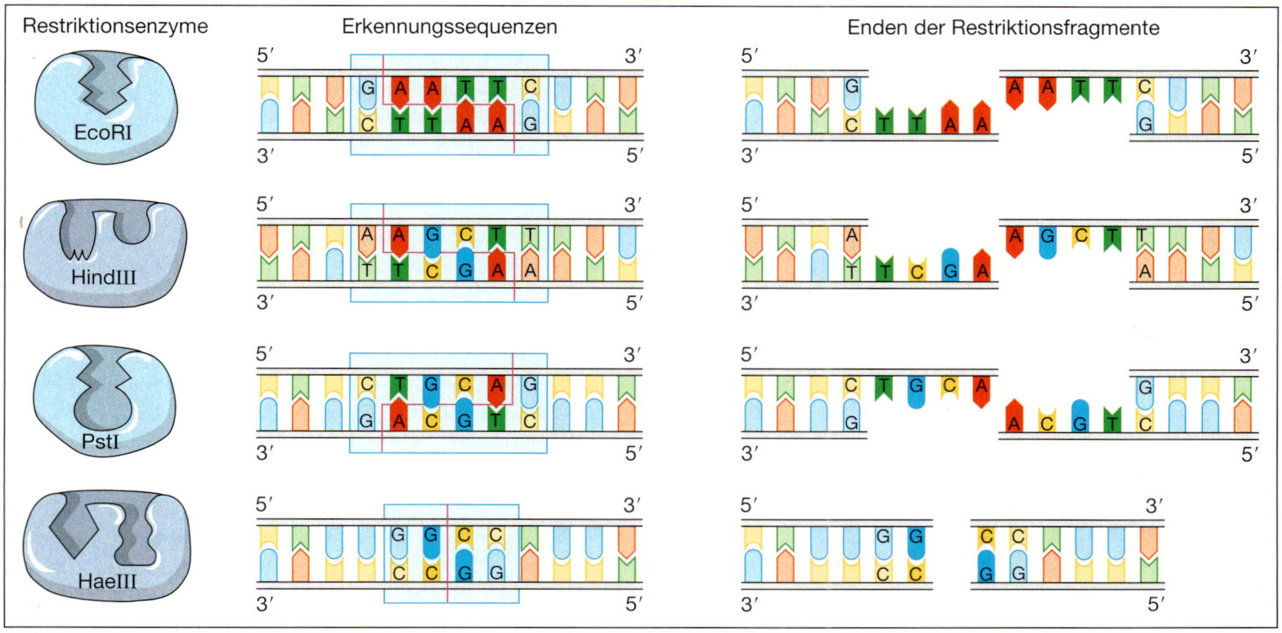

1 Erkennungssequenzen und Schnittstellen einiger Restriktionsenzyme. Sie dienen zum Zerschneiden von DNA. Gleichartige Schnittstellen sind die Voraussetzung dafür, dass DNA verschiedener Herkunft verbunden werden kann.

Grundoperationen der Gentechnik: Übertragen von DNA

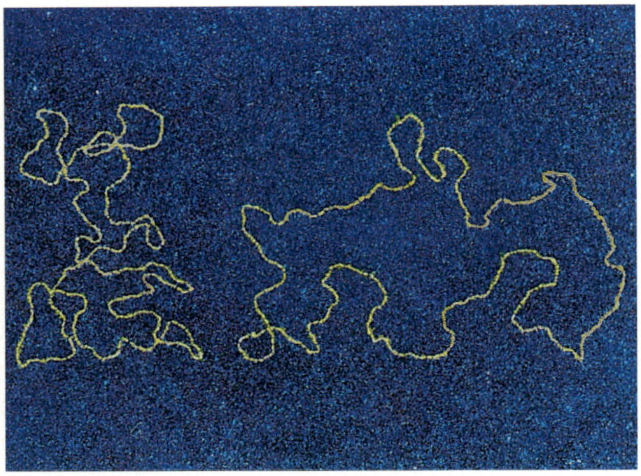

1 EM-Aufnahme von Bakterienplasmiden

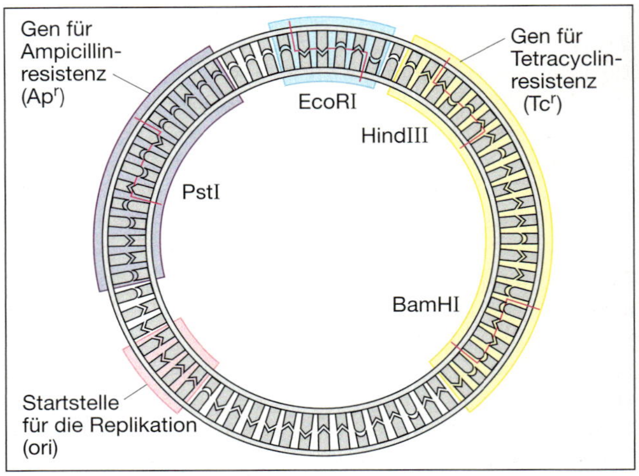

2 pBR322 – ein künstlich erzeugtes Plasmid

Rekombinante DNA kann nur dann in Genprodukte umgesetzt werden, wenn sie in eine Wirtszelle gelangt. Für die Übertragung benutzt man häufig *Vektoren*, DNA-Moleküle, die bestimmte Eigenschaften haben sollten. Vektoren müssen *replizierbar* sein, das heißt eine Sequenz aufweisen, die als Replikationsursprung dient (→ S. 147). Außerdem sollte die Vektor-DNA *Markergene* enthalten, also zumindest für ein erkennbares Merkmal codieren, sodass sich leicht überprüfen lässt, ob die Übertragung erfolgreich war. Als Vektoren dienen *Plasmide* und *Viren*. Inzwischen gibt es aber auch verschiedene Verfahren zur direkten Übertragung von DNA.

Plasmide als Vektoren. Die gebräuchlichsten Vektoren für die Genübertragung in Bakterien sind *Plasmide*. In gentechnischen Verfahren finden häufig konstruierte Plasmide Verwendung, die – entsprechend den Erfordernissen des jeweiligen Versuchs – aus Bestandteilen mehrerer natürlicher Plasmide zusammengebaut werden. Solche Plasmide werden dann nach ihrem Hersteller benannt: pSC101 ist das Plasmid, das STANLEY COHEN bei seinem historischen Experiment benutzte (→ S. 194).

Ein häufig verwendetes künstliches Plasmid ist *pBR322*. Es besteht aus einem Plasmid von E. coli mit dem Replikationsursprung, einem Gen für die Resistenz gegen das Antibiotikum Tetracyclin aus dem Plasmid pSC101 und einem Resistenzgen gegen das Antibiotikum Ampicillin. Beide Resistenzgene enthalten Schnittstellen für verschiedene Restriktionsenzyme.

Zum Einschleusen fremder Gene in Pflanzenzellen dient häufig ein Plasmid aus dem Bodenbakterium *Agrobacterium tumefaciens*, das Tumoren an zweikeimblättrigen Pflanzen verursacht. Auf diesem Plasmid befinden sich Gene, die den Gentransfer und das Tumorwachstum steuern. Man bezeichnet es daher als *Ti-Plasmid* (für *T*umor *i*nduzierend). Um die Tumorbildung zu verhindern, werden die daran beteiligten Gene entfernt und durch erwünschte Gene ersetzt.

Viren als Vektoren. Da Agrobacterium tumefaciens auf zweikeimblättrige Pflanzen spezialisiert ist, kann das Ti-Plasmid bei wichtigen Kulturpflanzen nicht eingesetzt werden. Für einkeimblättrige Pflanzen benutzt man daher spezielle *Viren* als Vektoren. Ein Nachteil dieses Verfahrens ist allerdings, dass die Vektor-DNA mit dem Fremdgen häufig nicht in das Genom der Empfängerzelle integriert wird. Außerdem kann die Infektion mit dem Virus die Pflanze schädigen.

Beim Gentransfer auf Tierzellen werden meist *modifizierte Viren* als Vektoren verwendet. Hierbei spielen vor allem *Retroviren* eine Rolle. Retroviren, zu denen auch HIV zählt (→ S. 234), sind bei Wirbeltieren verbreitet. Ihre Erbsubstanz besteht aus *RNA*. Mithilfe von zwei Enzymen, reverser Transkriptase und Integrase, verankern sie ihr Genom stabil in den Chromosomen der Wirtszelle.

Direkte Genübertragung. Vor allem in der Pflanzenzucht wird wegen der Probleme mit Vektorsystemen DNA häufig direkt übertragen. Grundlage dafür ist die Protoplastenkultur. Alle Verfahren beruhen darauf, dass die DNA durch Zellmembran und Kernhülle hindurch in den Zellkern gelangt.

Die einfachste Methode ist die *Inkubation*. Dabei wird Fremd-DNA durch Endocytose in Protoplasten aufgenommen (→ S. 49). Um die Aufnahme zu erleichtern, setzt man häufig Polyethylenglykol (PEG) ein, eine Substanz, die ursprünglich der Fusion von Protoplasten diente. Legt man für wenige Millisekunden eine hohe Spannung an, entstehen Poren in der Zellmembran, durch die DNA eingeschleust wird. Das Verfahren heißt *Elektroporation*. Beim *Partikelbeschuss* (engl. *gene-gun*) werden winzige Gold- oder Wolframkügelchen von 1 bis 3 µm Durchmesser mit Fremd-DNA überzogen und mit hoher Geschwindigkeit in die Pflanzenzellen geschossen.

Bei Tieren wird Fremd-DNA meist mithilfe einer feinen Hohlnadel oder Mikrokapillare in die Zellen injiziert. Das Verfahren, das auch in der Gentherapie bei Menschen Anwendung findet, wird als *Mikroinjektion* bezeichnet (→ S. 202).

1 Nennen Sie die spezifischen Eigenschaften, über die Vektoren verfügen sollten, damit die Fremd-DNA exprimiert wird.

2 Erklären Sie, weshalb ein Plasmid höchstens *eine* Schnittstelle für ein bestimmtes Restriktionsenzym aufweisen sollte.

Grundoperationen der Gentechnik: Selektion transgener Zellen

Fremd-DNA lässt sich nicht gezielt in einen Vektor einfügen. Zwar entscheidet die Wahl des Restriktionsenzyms darüber, an welcher Stelle der Vektor aufgeschnitten wird. Ob sich die DNA tatsächlich an die klebrigen Enden anlagert und in das Genom integriert wird, lässt sich jedoch nicht sicher voraussagen. Auch die *Transformation*, also die Aufnahme der Vektor-DNA in die Zellen, ist nicht immer erfolgreich (→ S. 141). Für das weitere Verfahren ist es also notwendig, diejenigen Zellen zu selektieren, die das gewünschte Gen aufgenommen haben.

Transformation. Bei der Übertragung von DNA auf Plasmide entstehen im Reagenzglas DNA-Ringe mit und ohne Fremd-DNA, die sich zunächst nicht unterscheiden lassen. Diese Mischung wird anschließend zu einer Kultur von Empfängerzellen hinzugegeben. Es wurden verschiedene Verfahren entwickelt, um die Transformation zu erleichtern. Coli-Bakterien behandelt man beispielsweise mit Calcium-Ionen, damit Zellwand und Zellmembran durchlässiger werden. Trotzdem nimmt nur etwa jede 100000. Zelle ein Plasmid auf.

Das Plasmid pBR322 enthält zwei Resistenzgene gegen die Antibiotika Tetracyclin und Ampicillin. Behandelt man das Plasmid mit dem Restriktionsenzym PstI, so wird der DNA-Ring im Bereich des Ampicillin-Resistenzgens aufgeschnitten. Fremd-DNA, die sich dort einfügt, macht das Resistenzgen „unlesbar". In Plasmiden ohne Fremd-DNA bleibt das Ampicillin-Gen intakt. Alle Plasmide werden durch Zugabe von DNA-Ligase wieder geschlossen. Anschließend transformiert man E.-coli-Zellen mit dem Plasmidgemisch.

Selektion. In einem ersten Schritt werden die Zellen ausgelesen, die überhaupt ein Plasmid aufgenommen haben. Der zweite Schritt dient dem Identifizieren der Zellen, deren Plasmid die Fremd-DNA enthält. Dazu kultiviert man die Bakterien zunächst auf einem Nährboden, der das Antibiotikum *Tetracyclin* enthält. Dabei gehen alle Zellen zugrunde, die kein Plasmid aufgenommen haben, während die Zellen *mit* Plasmid wegen der Tetracyclin-Resistenz zu Kolonien heranwachsen. Mithilfe eines Samtstempels überträgt man eine „Kopie" der Kolonien auf einen zweiten Nährboden, der das Antibiotikum *Ampicillin* enthält. Da auf dem Nährboden mit Ampicillin nur Bakterien mit Plasmiden *ohne* Fremd-DNA zu Kolonien heranwachsen, können durch Vergleich mit dem ersten Nährboden die Kolonien identifiziert werden, die von transformierten Bakterien stammen.

Heute benutzt man zur Selektion bevorzugt Markergene, die für *fluoreszierende Proteine* codieren. Pipettier-Roboter erkennen die fluoreszierenden Kulturen und wählen sie aus.

1 Erklären Sie, weshalb nur solche Bakterien auf dem ampicillinhaltigen Nährboden zu Kolonien heranwachsen, die Plasmide ohne Fremd-DNA aufgenommen haben.

2 Wählen Sie anhand von Bild 1, S. 195 und Bild 2, S. 196 ein geeignetes Restriktionsenzym aus um das Verfahren in umgekehrter Reihenfolge durchzuführen: Inaktivierung des Tetracyclin-Gens und Selektion mit Ampicillin.

3 Welchen Vorteil haben Fluoreszenz-Markergene gegenüber Antibiotika-Resistenzgenen?

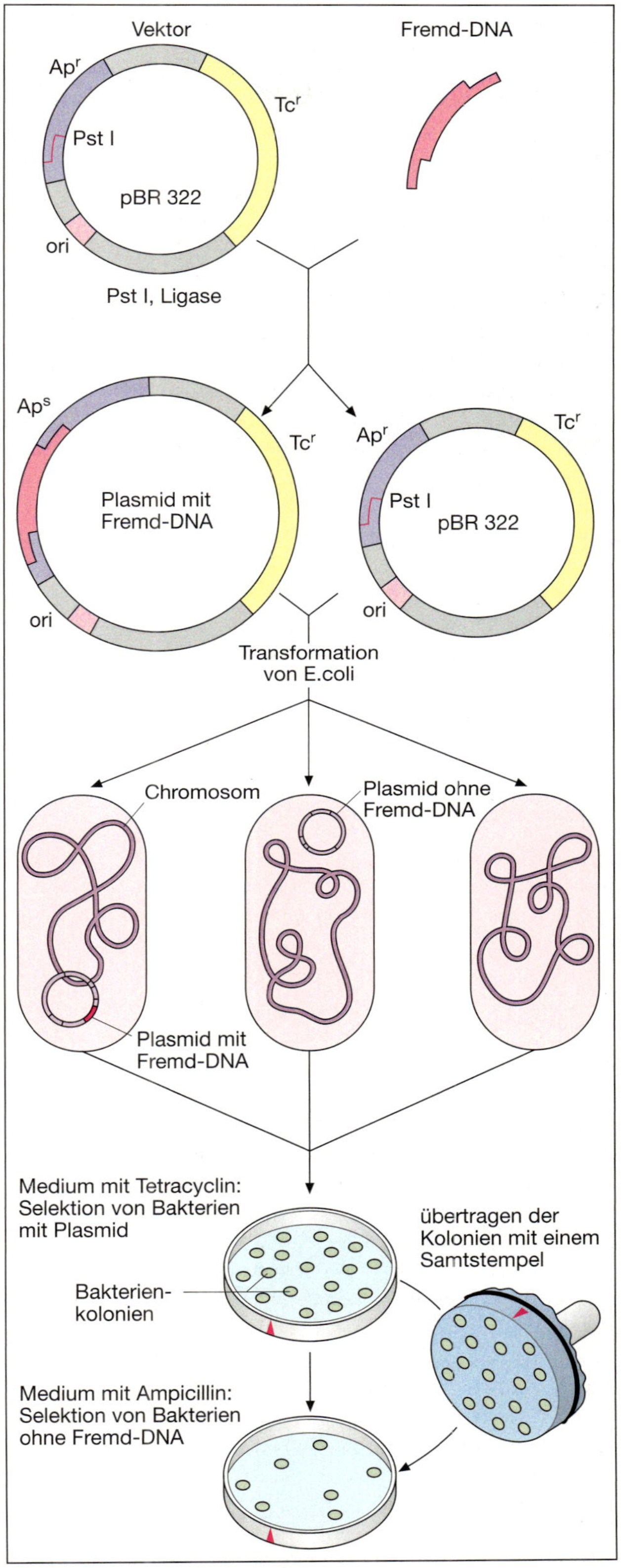

1 Schema der Selektion von transformierten Bakterien

Finden und Gewinnen von Genen

Um ein Merkmal eines Spenderorganismus in einem Empfängerorganismus zur Ausprägung zu bringen, muss man wissen, welches Gen für dieses Merkmal codiert. Das Problem besteht darin, im gesamten Genom eines Organismus genau den DNA-Abschnitt zu finden, der das betreffende Gen enthält. In der Praxis werden drei Informationsträger zur Gewinnung von Genen genutzt: die *Basensequenz der DNA* selbst, die Basensequenz der davon kopierten *mRNA* und die *Aminosäuresequenz* des danach synthetisierten Proteins.

Genomische Bibliotheken. Ein DNA-Abschnitt lässt sich nur dann direkt aus dem Genom eines Organismus gewinnen, wenn die Anordnung der Gene auf der DNA und die Verteilung der Schnittstellen für Restriktionsenzyme bekannt sind. Da dies in der Regel nicht zutrifft, arbeitet man nach dem *Schrotschuss-Verfahren*. Dazu spaltet man die gesamte DNA durch ein Restriktionsenzym in Fragmente, die anschließend einzeln in Plasmide oder Phagen eingebaut werden. Die Vektoren werden in Bakterien eingeschleust und kloniert. Als Ergebnis erhält man Klone mit Tausenden von Kopien jedes DNA-Fragments aus dem Spender-Genom. Eine solche Sammlung von Genom-Fragmenten heißt *genomische Bibliothek*.

Herstellung von cDNA. Zellen, die auf die Herstellung eines Proteins spezialisiert sind, enthalten große Mengen an mRNA für dieses Protein. Die mRNA lässt sich isolieren und als Vorlage für einen komplementären DNA-Strang verwenden. Diese „umgekehrte Transkription" wird durch das Enzym *reverse Transkriptase* katalysiert, das bei Retroviren das in RNA codierte Virengenom in DNA umschreibt. Nach enzymatischer Entfernung der mRNA-Vorlage wird mithilfe von DNA-Polymerase der komplementäre DNA-Strang ergänzt. Diese cDNA (von engl. *copy*: Kopie) ist die exakte DNA-Kopie einer mRNA.

Verwendet man für das Verfahren *alle* mRNA-Moleküle in einer Zelle, erhält man eine *cDNA-Bibliothek*. Sie ist bedeutend kleiner als eine genomische Bibliothek, da sie nur diejenigen DNA-Sequenzen enthält, die in der untersuchten Zelle gerade exprimiert wurden.

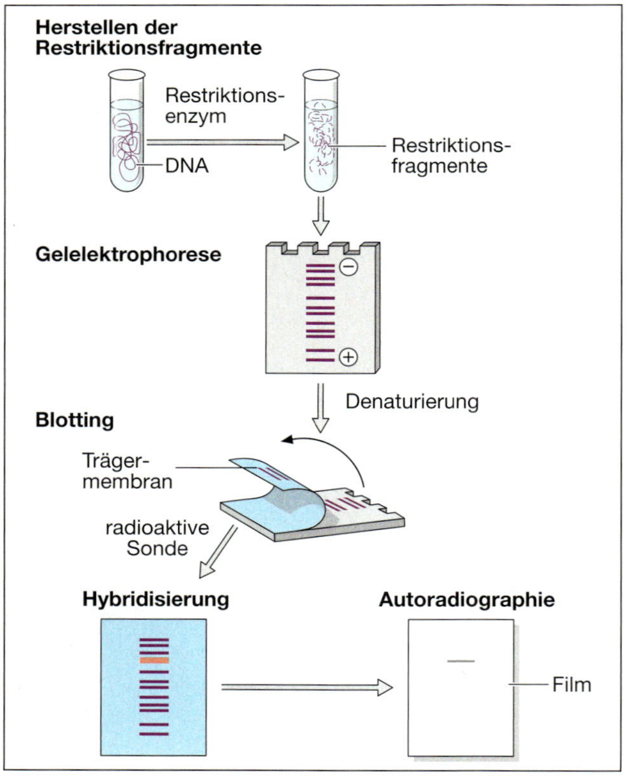

1 RFLPs lassen sich durch Southern-Blotting sichtbar machen, wenn man radioaktiv markierte Gensonden einsetzt.

Hybridisierung mit Gensonden. Um Gene in einer cDNA- oder genomischen Bibliothek zu finden, verwendet man *Gensonden*. Das sind kurze, einzelsträngige DNA- oder RNA-Moleküle, die zu Abschnitten der Basensequenz des gesuchten Gens komplementär sind und mit diesen *hybridisieren*, also Basenpaarungen eingehen. Das Verfahren dient auch dazu, homologe Sequenzen in DNA-Proben unterschiedlicher Herkunft nachzuweisen und so deren Ähnlichkeit zu bestimmen.

Die Proben werden mit Restriktionsenzymen versetzt und durch Gelelektrophorese aufgetrennt. Für die Hybridisierung mit der Gensonde müssen die DNA-Fragmente auf einen festen Träger, meist eine Nitrocellulose- oder Nylonmembran, übertragen werden. Da man sich dabei der kapillaren Saugkraft der Membran bedient, wird die Methode nach ihrem Entdecker als Southern-Blotting bezeichnet (von engl. *blotting paper:* Löschpapier). Die DNA-Fragmente werden *denaturiert*, also in Einzelstränge gespalten, sodass sich die Sonde anlagern kann. Ist diese radioaktiv markiert, lässt sich die Lage der gesuchten DNA-Sequenz autoradiographisch ermitteln.

Durch *In-situ-Hybridisierung* (von lat. *in situ*: in der natürlichen Lage) lassen sich einzelne Gene oder DNA-Abschnitte auch *direkt* in Chromosomen- oder Gewebepräparaten sichtbar machen. Dafür verwendet man kurze DNA- oder RNA-Sonden, die mit unterschiedlichen Molekülen markiert werden. Für diese Moleküle gibt es jeweils spezifische Antikörper. Sind die Antikörper mit unterschiedlichen Fluoreszenzfarbstoffen gekoppelt, so kann man einzelne Gene im Fluoreszenzmikroskop anhand der Farbe lokalisieren.

RFLP-Analyse. Bei der gelelektrophoretischen Auftrennung von DNA-Fragmenten erzeugt jedes Fragment einer bestimmten Länge eine Bande. So entsteht ein charakteristisches Bandenmuster. Untersucht man homologe DNA-Abschnitte von verschiedenen Personen, die sich in ihren Basensequenzen geringfügig unterscheiden, so erhält man verschiedene Bandenmuster, wenn von den Unterschieden auch Restriktionsschnittstellen betroffen sind. Das führt dazu, dass die Restriktionsfragmente der homologen DNA-Abschnitte verschiedener Personen unterschiedlich lang sind. Dieses Phänomen bezeichnet man als *R*estriktions*f*ragment-*L*ängen*p*olymorphismus (RFLP). Schon wenige solcher RFLPs können einen genetischen Fingerabdruck eines Menschen liefern.

1 Ein Gen aus einer eukaryotischen Zelle soll in Bakterien übertragen werden. Erläutern Sie, welches Problem man umgeht, wenn dazu die mRNA in eine cDNA umgeschrieben wird.

Material – Methode – Praxis: **Gentechnik**

Experimente mit rekombinanter DNA dürfen aus Sicherheitsgründen in der Schule nicht durchgeführt werden. Einzelne gentechnische Verfahrensweisen lassen sich jedoch in Modellversuchen erproben. Dazu gibt es komplette Versuchssets.

Insulin war das erste menschliche Protein, das von transgenen Bakterien hergestellt und als Medikament zugelassen wurde. Anhand des Herstellungsverfahrens von Humaninsulin lassen sich alle Einzelschritte nachvollziehen, die für die Synthese eukaryotischer Proteine durch Bakterien notwendig sind (→ Bild rechts).

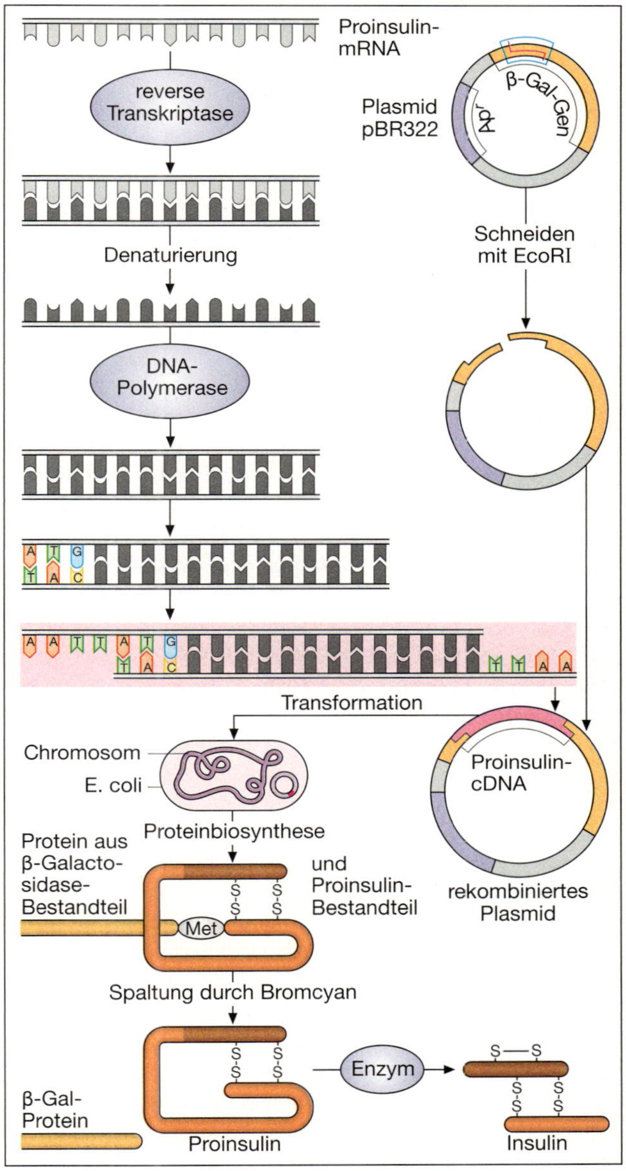

1 Erläutern Sie mithilfe des Schemas, wie das Proinsulingen gewonnen wird. Welche Rolle spielt dabei die cDNA-Synthese?

2 Beschreiben Sie, welche Schritte zur Herstellung der cDNA notwendig sind. Worin unterscheidet sich die Proinsulin-cDNA von der Proinsulin-mRNA?

3 An die fertige cDNA wird zunächst ein synthetisches Trinucleotid angehängt. Anschließend wird der DNA-Strang mit einsträngigen komplementären Enden versehen. Erläutern Sie die Funktion der beiden Elemente.

4 Beschreiben Sie, wie die cDNA in das Plasmid gelangt. Beachten Sie, an welcher Stelle es in den Vektor eingebaut wird.

5 Anschließend werden die Plasmide zu einer Kultur von E. coli zugegeben. Beschreiben Sie, wie die Übertragung der rekombinanten DNA vor sich geht und welche Schwierigkeiten damit verbunden sind.

6 Wie werden diejenigen Bakterien selektiert, die das rekombinierte Plasmid aufgenommen haben?

7 Bei der Übertragung der cDNA auf den Vektor wurde das Proinsulin-Gen in das β-Galaktosidase-Gen des Plasmids integriert. Um die Proinsulin-Synthese zu starten, setzt man der Nährlösung Lactose zu. Erläutern Sie den Zusammenhang.

8 Finden Sie mögliche Gründe dafür, dass man die Bakterien Proinsulin und nicht fertiges Insulin herstellen lässt.

Restriktion und Gelelektrophorese von DNA

Material: getrocknete DNA-Probe (z. B. Phage Lambda), Restriktionsenzyme, Mikropipetten, Reaktionsröhrchen, Wasserbad, Geräte und Reagenzien für Gelelektrophorese

Durchführung: DNA wird mit Restriktionsenzymen geschnitten, die Fragmente werden mit Gelelektrophorese getrennt.

Verteilen Sie die in Wasser reaktivierte DNA gleichmäßig auf mehrere Reaktionsgefäße. Ein Gefäß dient als Kontrolle, die anderen sind mit verschiedenen Restriktionsenzymen beschickt. Die verschlossenen Röhrchen kommen für 30–45 min bei 37 °C in ein Wasserbad. In dieser Zeit wird die Gelelektrophorese durch Gießen des Agarose-Gels und Überschichten mit Pufferlösung vorbereitet. Befüllen Sie dann die Geltaschen mit den DNA-Lösungen und Markerfarbstoff und starten Sie die Elektrophorese. Sie wird beendet, wenn der Farbstoff das Ende der Kammer erreicht. Ersetzen Sie dann den Puffer durch Färbelösung. Nach einiger Zeit werden die gefärbten Banden der ungeschnittenen DNA (Kontrolle) und der DNA-Fragmente sichtbar. Ordnen Sie die Fragmente nach ihrer Größe einer Restriktionskarte des Phagen Lambda zu.

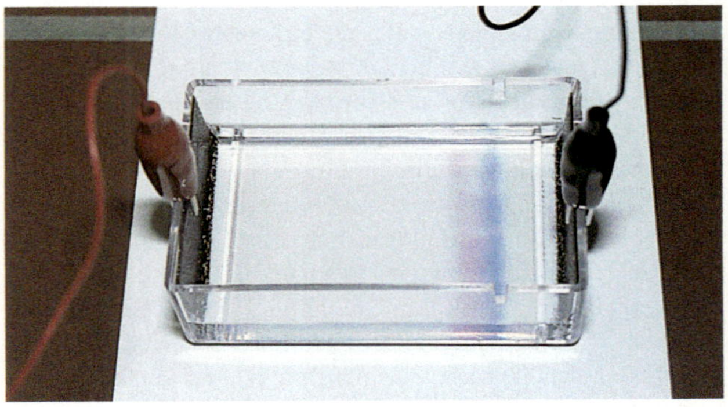

Stichworte zu weiteren Informationen
Diabetes, Insulin, Blutzuckerregulation, Lac-Operon

Gentechnik in der Pflanzenzucht

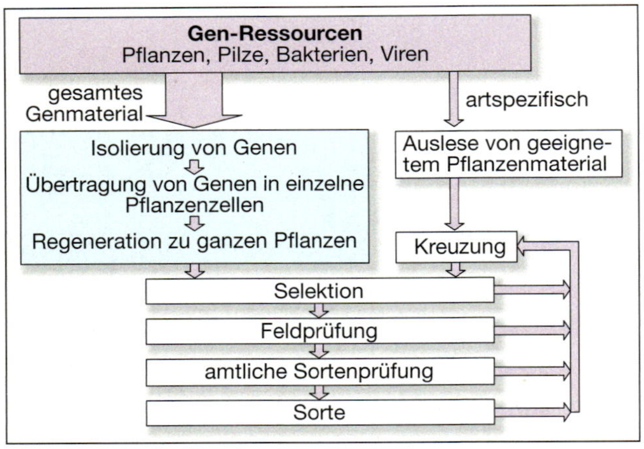

1 Vergleich der Vorgehensweise bei gentechnischen und klassischen Zuchtmethoden

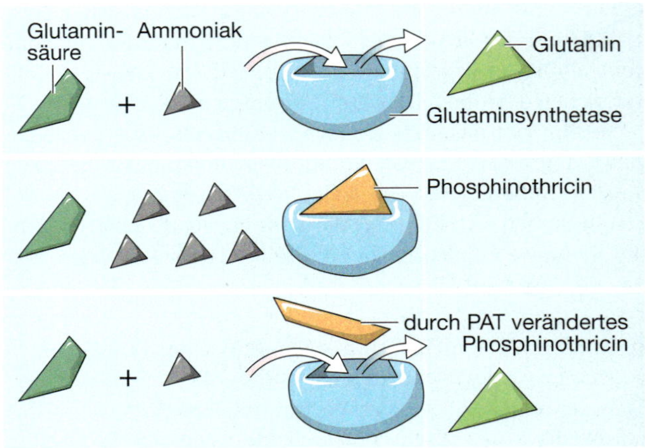

2 Kompetitive Hemmung des aktiven Zentrums der Glutaminsynthetase durch Phosphinothricin

Der Einsatz von gentechnischen Verfahren erweitert das Methodenspektrum der klassischen Pflanzenzucht. Während bei der klassischen Züchtung nur eng verwandte Arten gekreuzt werden können und es bei den Kreuzungen zur zufälligen Kombination aller genetisch codierten Eigenschaften der Elternpflanzen kommt, bringt die Gentechnik qualitative Neuerungen. Sie ermöglicht es zum einen, Gene unabhängig von ihrem Ursprung auf Pflanzen zu übertragen. Da die evolutiv entstandenen *Artgrenzen überwunden* werden, vergrößert sich der zur Verfügung stehende Genpool deutlich. Zum anderen können *gezielt einzelne Gene* eingebracht werden ohne die sonstigen Eigenschaften der Pflanze zu verändern.

Anwendungsbereiche. Die Zuchtziele decken sich weitgehend mit denen herkömmlicher Züchtung: Die Pflanzen sollen vor allem ertragreich und robust sein. Dabei stehen Resistenzen gegenüber Krankheiten und Schädlingen im Vordergrund. Darüber hinaus wird versucht Stoffwechselprozesse zu optimieren und die Empfindlichkeit gegenüber Stressfaktoren wie Dürre und Kälte herabzusetzen. Ein neuartiges Zuchtziel ist die Toleranz gegenüber Herbiziden. Man erhofft sich dadurch gezielter und effektiver gegen Unkräuter vorgehen zu können, ohne dabei die Kulturpflanzen zu schädigen.

Zu den Pflanzen, an denen geforscht wird, gehören neben zahlreichen Nahrungs- und Futterpflanzen auch Rohstofflieferanten wie Baumwolle und Pappel.

Herbizidtoleranz. Die meisten gentechnisch veränderten Pflanzen enthalten Gene, die sie gegen bestimmte Herbizide unempfindlich machen. Ein häufig eingesetztes Herbizid enthält den Wirkstoff Glufosinat. Dabei handelt es sich chemisch um eine modifizierte Aminosäure mit der Bezeichnung *Phosphinothricin*. Dieser Stoff wird von bodenlebenden Bakterien, *Streptomyceten*, aus Glutaminsäure hergestellt und wirkt antibiotisch. Die Streptomyceten wehren sich auf diese Weise gegen die Bakterienkonkurrenz in ihrem Lebensraum.

Phosphinothricin behindert die Synthese von Glutamin. Bei der Herstellung dieser Aminosäure wird Ammoniak durch das Enzym Glutaminsynthetase an Glutaminsäure gebunden. Phosphinothricin hemmt das katalysierende Enzym, sodass sich giftiges Ammoniak in den Zellen anreichert und sie abtötet. Auf diesem Effekt beruht auch die *herbizide Wirkung* von Phosphinothricin: Durch die Hemmung der Glutaminsynthetase vergiften sich die Zellen mit dem überschüssigen Ammoniak und sterben ab.

Die Phosphinothricin bildenden Streptomyceten schützen sich selbst gegen die antibiotische Wirkung mit einem Enzym, welches das Antibiotikum inaktiviert. Durch die *Phosphinothricin-spezifische Acetyltransferase* (PAT) wird der Wirkstoff so verändert, dass er nicht mehr an das aktive Zentrum der Glutaminsynthetase binden kann. Das Gen, das für PAT codiert, wurde isoliert und in Kulturpflanzen eingebracht.

Freisetzung transgener Pflanzen. Gentechnisch veränderte Nutzpflanzen versprechen nur dann kommerziellen Erfolg, wenn sie großflächig angebaut werden. Dies ist jedoch erst nach einer behördlichen Zulassung möglich. Das Gentechnik-Gesetz sieht vor, die Umweltverträglichkeit der transgenen Pflanzen stufenweise zunächst im Labor, dann im Gewächshaus, im begrenzten Freilandversuch und schließlich auf größeren Ackerflächen zu testen. Durch dieses Verfahren soll sichergestellt werden, dass sich die neu eingeführten Gene nicht unkontrolliert ausbreiten. Dies könnte durch *vertikalen Gentransfer* geschehen, also die Kreuzung mit verwandten Wildarten, oder durch *horizontalen Gentransfer*, also die Übertragung auf nicht verwandte Organismen wie beispielsweise Bodenorganismen. Die Ausbreitung der transgenen Pflanzen und ihre eventuell schädigende Wirkung auf Pflanzenfresser sind weitere ökologische Risiken.

1 Erklären Sie die Wirkungsweise von Phosphinothricin. Welche anderen Typen von Enzymhemmung kennen Sie?

2 Herbizide werden in der Regel prophylaktisch angewendet. Beurteilen Sie die Möglichkeit, durch den Anbau herbizidtoleranter Pflanzen die eingesetzte Herbizidmenge zu verringern.

3 Informieren Sie sich über die Wirkspezifität selektiver Herbizide. Warum richten sie sich nicht gegen Kulturpflanzen?

Gentechnik in der Lebensmittelherstellung

1994 kam in den USA das erste gentechnisch veränderte Lebensmittel auf den Markt, die Flavr-Savr-Tomate. Tomaten werden in der Regel grün geerntet, damit sie Transport und Lagerung überstehen. Die so genannte „Anti-Matsch"-Tomate hingegen sollte, ohne weich zu werden, am Stock ihr volles Aroma entwickeln und erst in ausgereiftem Zustand geerntet werden. Die Pflanze enthielt ein Gen, das die Produktion des Enzyms Polygalacturonase unterbindet. Dieses Enzym ist für den Abbau der Zellwände beim Reifen verantwortlich.

Herstellungsverfahren. Derzeit kann man bei Nahrungsmitteln, die mit gentechnischen Methoden hergestellt werden, unterscheiden zwischen Lebensmitteln, die
- selbst gentechnisch verändert sind,
- gentechnisch veränderte Organismen enthalten oder
- von gentechnisch veränderten Organismen erzeugt werden.

Wie von der Tomate gibt es von Soja, Mais, Zuckerrübe, Kartoffel, Raps und Reis gentechnisch veränderte Sorten, deren Früchte *selbst als Lebensmittel* verwendet und konsumiert werden. Aus transgenem, herbizidtolerantem Soja gewinnt die Lebensmittelindustrie außerdem *Rohstoffe*, die zur Herstellung von mehr als 30000 verschiedenen Lebensmitteln genutzt werden, insbesondere Öl und den Emulgator Lecithin.

Mehr als ein Viertel unserer Lebensmittel – Milchprodukte, Brot, Bier, Wein und Sauergemüse – werden mithilfe von Milchsäurebakterien und Hefen hergestellt. Die *Mikroorganismen* sind auch im fertigen Lebensmittel enthalten. Ziel gentechnischer Veränderungen in diesem Bereich ist es, die Produktivität durch kürzere Herstellungszeiten zu steigern.

In der Lebensmittelproduktion haben *Enzyme*, die von gentechnisch veränderten Organismen erzeugt werden, derzeit die größte Bedeutung. Sie ersetzen die bisher aus konventionellen Organismen gewonnenen Enzyme. Da Enzyme als Proteine direkte Genprodukte sind, lassen sie sich in gentechnisch veränderten Organismen sehr einfach und mit hoher Ausbeute gewinnen, indem man die entsprechenden Gene mithilfe von aktiven Promotoren überexprimieren lässt.

Bei der Käseherstellung dient das Enzym *Chymosin*, auch *Labferment* genannt, dazu, das Milchprotein Casein auszufällen. Chymosin wird traditionell aus dem Labmagen von Kälbern gewonnen. Kälbermägen enthalten jedoch nur 4 bis 8% Labferment. In gentechnisch gewonnenen Chymosinpräparaten liegt der Gehalt an aktivem Enzym dagegen bei 80 bis 90%.

1 Die Flavr-Savr-Tomate – das erste gentechnisch veränderte Lebensmittel

Von großer wirtschaftlicher Bedeutung ist die *enzymatische Stärkeverzuckerung*. Pflanzliche Stärke wird dabei durch verschiedene, gentechnisch erzeugte Enzyme zu Zuckersirup

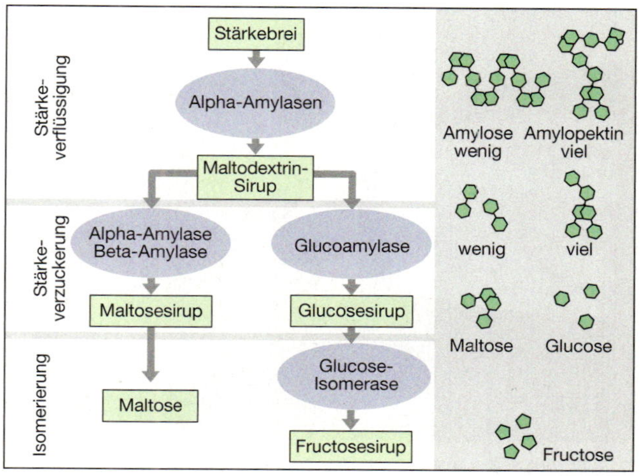

2 Enzyme aus transgenen Mikroorganismen bauen Stärke in drei Schritten zu Zuckersirup mit hoher Süßkraft ab.

abgebaut, der in vielen Back- und Süßwaren sowie Limonaden den traditionellen Zucker ersetzt.

Zusatzstoffe in Lebensmitteln sind beispielsweise Aromen, Vitamine, Geschmacksverstärker, Süß-, Farb- und Konservierungsstoffe, Verdickungsmittel und Emulgatoren. Gentechnisch veränderte Organismen sollen diese Substanzen effektiver und billiger herstellen, als dies in chemischen Verfahren möglich ist. Da die meisten dieser Stoffe Endprodukte komplexer Stoffwechselwege sind, ist es schwieriger als bei Enzymen, die Organismen für die Herstellung zu optimieren. Bisher sind nur wenige Produkte wirtschaftlich von Bedeutung.

Funktionelle Lebensmittel. Immer mehr Nahrungsmittel werden so verändert, dass sie Stoffe enthalten, die Krankheiten vorbeugen sollen. Gentechnisch veränderter Reis mit erhöhtem Gehalt an Provitamin A könnte beispielsweise dazu beitragen, das Risiko für Vitamin-A-Mangelerkrankungen in solchen Ländern zu senken, in denen Reis die Hauptnährungsgrundlage darstellt. Eine Reismenge von 300 g würde ausreichen den Tagesbedarf an Vitamin A zu decken.

Kennzeichnung. In der Europäischen Union müssen gentechnisch hergestellte Lebensmittel nach der Novel-Food-Verordnung gekennzeichnet werden. Kennzeichnungspflichtig sind Produkte, in denen der Anteil gentechnisch veränderter Substanz mehr als 1% beträgt. Zur Kontrolle weist man entweder neu eingeführte Gene mittels PCR oder veränderte Proteine mit monoklonalen Antikörpern nach (→ S. 231).

Allergierisiko. Allergien werden vor allem durch bestimmte Proteine ausgelöst. Transgene Nutzpflanzen erzeugen neue, artfremde Proteine, deren allergenes Potenzial sich anhand von Sequenzvergleichen mit bekannten Allergieauslösern abschätzen lässt. Durch die Wechselwirkung zwischen Genen im Empfängerorganismus können jedoch auch neuartige Proteine entstehen. Das Risiko, das sich möglicherweise daraus ergibt, ist weitaus schwieriger abzuschätzen. Auf der anderen Seite ermöglicht Gentechnik die Bildung allergieauslösender Substanzen in Nahrungspflanzen zu unterbinden.

Gentechnik bei Tieren

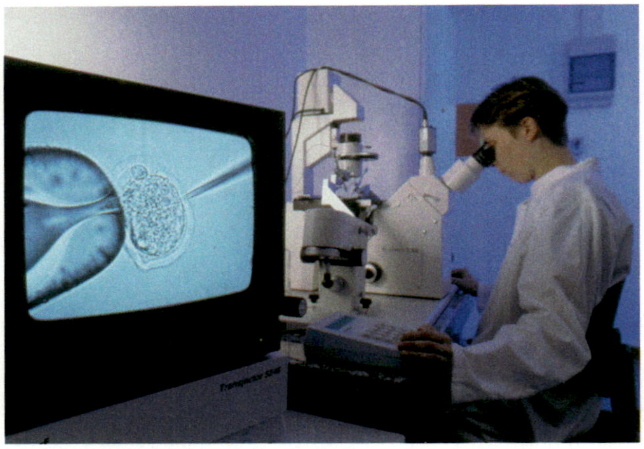

1 Gene werden mit feiner Nadel in die Zygote übertragen.

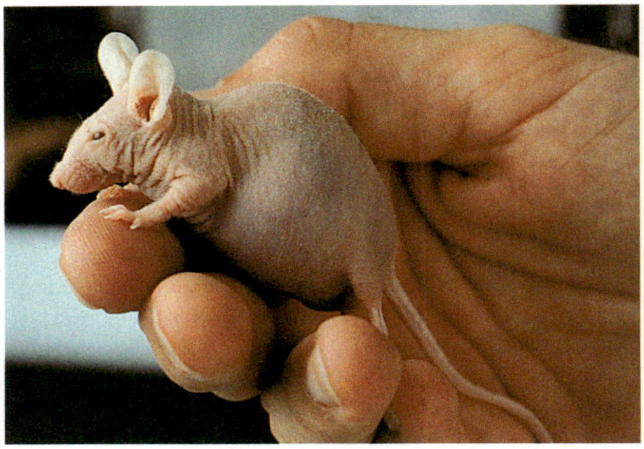

2 Maus als Modell für einen Immundefekt des Menschen

Damit ein Fremdgen in einer tierischen Zelle auch exprimiert wird, muss es mit einem geeigneten Promotor zusammengebracht werden. Ein solches Konstrukt bezeichnet man als *Transgen*. Das Transgen wird meist mithilfe der *Mikroinjektion* direkt in eine befruchtete Eizelle eingebracht.

Dazu entnimmt man einem weiblichen Tier mehrere Eizellen und befruchtet sie im Reagenzglas. Noch bevor sich die Kerne von Spermium und Eizelle vereinigen, injiziert man mithilfe einer extrem dünnen Nadel mehrere tausend Kopien des Transgens in einen dieser so genannten Vorkerne. Nach der Kernverschmelzung werden die Zygoten in Ammentiere überführt. Nicht alle befruchteten Eizellen überleben die Mikroinjektion, sodass sich nur aus einem kleinen Teil der Zygoten Nachkommen entwickeln. Die anderen sterben ab.

Da der Einbau ins Genom zufällig erfolgt, wird einige Wochen nach der Geburt durch PCR überprüft, bei welchen Tieren sich das injizierte Transgen tatsächlich stabil in die DNA eingefügt hat. Diese *transgenen Tiere* stellen das gewünschte Genprodukt her und vererben das Transgen weiter.

Transgene Tiere als Nahrungsmittel. Bei der Nutztierzucht befindet sich die Gentechnik noch im Entwicklungsstadium. Das liegt unter anderem daran, dass die Tiere lange Generationszeiten und wenige Nachkommen haben, was die Forschung erschwert und verteuert. Bisher sind nur wenige Gene bekannt, die für landwirtschaftlich interessante Merkmale verantwortlich sind. Zudem überwiegen bei hochgezüchteten Nutztieren häufig die negativen Auswirkungen der genetischen Veränderungen.

Transgene Lachse sind die ersten Nutztiere, die als Lebensmittel auf den Markt kommen sollen. Den Lachsen wurde der Promotor eines Gens eingebaut, das bei Flundern aus arktischen Gewässern für Frosttoleranz sorgt. Dieser Promotor reguliert in den transgenen Lachsen das Gen für das *Wachstumshormon*. Die Lachse produzieren Wachstumshormon nun nicht nur während des Sommers, sondern das ganze Jahr über. Sie wachsen dadurch wesentlich schneller und weisen ein höheres Schlachtgewicht auf. Allerdings erreicht nur rund ein Drittel der Tiere das Fortpflanzungsalter.

Krankheitsmodelle. Bei der Suche nach den genetischen Ursachen von Krankheiten dienen Tiere als *Modellorganismen*. Bei Mäusen und Menschenaffen sind die Gene meist an derselben Stelle auf einem Chromosom zu finden wie beim Menschen. Während zunächst mit natürlichen Mutanten gearbeitet wurde, schaffen sich die Forscher inzwischen maßgeschneiderte Modelle. So entwickelte eine Arbeitsgruppe in den USA transgene Mäuse mit menschlichen Krebsgenen. An den so genannten „Onko-Mäusen“ wurde untersucht, welche Bedeutung verschiedenen Onkogenen bei der Entstehung von Brustkrebs zukommt. Transgene Mäuse werden jedoch auch als Modelle für die Entstehung von Osteoporose, Fettsucht und Herzinfarkt eingesetzt. Häufig übertragen die Forscher den Tieren DNA, bei der gezielt ein bestimmter Abschnitt inaktiviert wurde, um die Wirkung einzelner Gene zu erforschen. Diese Methode bezeichnet man als *Knock-out-Verfahren*.

Organzucht. Viele Menschen verdanken ihr Leben einer Organtransplantation. Die großen Fortschritte in der Transplantationsmedizin haben weltweit zu einem erheblichen Mangel an Spenderorganen geführt. Während die Nachfrage ständig steigt, nimmt die Bereitschaft zur Organspende ab. Um diese größer werdende Lücke zu schließen, werden inzwischen Tiere gezüchtet, die als Spender für *Xenotransplantationen* (von griech. *xenos*: fremd) infrage kommen. Als Spendertiere sind Schweine besonders geeignet, deren Organe etwa gleich groß und ähnlich gebaut sind wie die von Menschen.

Ein Problem besteht darin, dass die Transplantate innerhalb kurzer Zeit abgestoßen werden. Zum einen bemüht man sich daher die Gene für Enzyme auszuschalten, welche die Synthese von Oberflächenmolekülen katalysieren. Diese Oberflächenmoleküle vermitteln die *Abstoßungsreaktion*. Langfristig sollen die artspezifischen Membranproteine selbst, an denen das menschliche Immunsystem die Organe als fremd erkennt, durch menschliche Proteine ersetzt werden.

Voraussetzung für die Nutzung von Schweinen als Organlieferanten ist allerdings ein geeignetes Klonierungsverfahren. Außerdem besteht bislang die Gefahr, dass mit den Organen gefährliche Viren auf die Empfänger übertragen werden.

Gentechnik in der medizinischen Diagnostik

In der Humanmedizin werden gentechnische Verfahren vor allem dazu eingesetzt, die molekularen Ursachen genetisch bedingter Krankheiten zu erforschen. Parallel dazu entwickelten sich die Methoden der *Gendiagnose*. Gendiagnose dient in erster Linie dazu, Risiken für Erbkrankheiten frühzeitig festzustellen. Mit ihrer Hilfe lassen sich auch Krankheitserreger eindeutig identifizieren. Außerdem wird sie in der Kriminalistik eingesetzt um die Täterschaft von Personen nachzuweisen sowie bei der Analyse von Verwandtschaftsverhältnissen.

Krankheitsursachen. Für die Entstehung von Krankheiten, die nicht auf eine Infektion zurückgehen, sind sowohl genetische Faktoren als auch Umwelteinflüsse von Bedeutung. Nur etwa 2 bis 3% aller Krankheiten lassen sich ausschließlich auf die Wirkung von Genveränderungen zurückführen. Es handelt sich um *Erbkrankheiten* im klassischen Sinn, von denen mittlerweile über 4000 bekannt sind. Den meisten von ihnen liegen Veränderungen mehrerer Gene zugrunde. Nur einige Hundert sind *monogen*, also durch die Veränderung eines einzigen Gens verursacht (→ S. 180). Ihre Häufigkeit in der Bevölkerung liegt unter 0,1%. Bei den meisten monogen bedingten Krankheiten kommen unterschiedliche Mutationen in demselben Gen vor. Die Art der Mutation entscheidet über den Verlauf und die Schwere der Erkrankung (→ Mukoviszidose, S. 159). Selten liegt – wie bei der Sichelzellanämie – bei allen Betroffenen dieselbe Mutation vor (→ S. 158).

Die meisten Krankheiten in modernen Wohlstandsgesellschaften werden sowohl durch mehrere Gene als auch durch Umweltfaktoren beeinflusst. Diese Krankheiten sind also *multifaktoriell* verursacht. Menschen, die mutierte Gene tragen, haben eine *genetische Disposition* für eine Krankheit. Die Disposition führt jedoch in den meisten Fällen nur dann zur Erkrankung, wenn Umweltfaktoren wie ungesunde Ernährung, Stress und Infektionen hinzukommen. Zu diesen Krankheiten zählen unter anderem Bluthochdruck, Fettstoffwechselstörungen, Diabetes Typ I und II, bestimmte Krebsformen und Herz-Kreislauf-Erkrankungen.

Direkter Nachweis mutierter Gene. Um eine Mutation in einem Gen direkt nachzuweisen, muss man zumindest einen Teil dieses Gens klonieren. Der klonierte DNA-Abschnitt kann dann als *Gensonde* eingesetzt werden. Für den Nachweis genetisch bedingter Erkrankungen, die auf einer Punktmutation beruhen, werden zwei kurze, synthetisch hergestellte, radioaktiv markierte DNA-Einzelstränge verwendet, von denen der eine die normale Basensequenz und der andere die Basensequenz mit der Mutation enthält. Zwei DNA-Proben der zu untersuchenden Person werden mit Restriktionsenzymen zerschnitten und durch Gelelektrophorese aufgetrennt. Jede Probe wird mit einer der beiden Gensonden versetzt. Durch Autoradiographie wird sichtbar, welche der beiden Gensonden mit der DNA hybridisiert hat. Hybridisiert die Sonde mit der mutierten Basenfolge, liegt eine genetisch bedingte Erkrankung vor.

Auf diese Weise lässt sich zum Beispiel nachweisen, ob ein erhöhter Cholesterinspiegel durch falsche Ernährung oder durch einen genetisch bedingten Defekt der spezifischen Rezeptoren hervorgerufen wird (→ S. 180). Gensonden setzt man auch in der Pränataldiagnostik ein (→ S. 183).

Eine weitere Nachweismethode beruht auf der RFLP-Analyse, die Mutationen innerhalb der Schnittstellen von Restriktionsenzymen aufdeckt (→ S. 198).

Indirekter Nachweis mutierter Gene. Für viele genetische Veränderungen, die Krankheiten verursachen können, liegen bislang keine Gensonden vor. In diesem Fall kann man auch Gene untersuchen, die eng benachbart dazu liegen. Diese Gene haben zwar ursächlich mit der Erkrankung nichts zu tun. Da sie aber fast immer gemeinsam vererbt werden, dienen sie als indirekter Nachweis für die benachbarte Mutation. Diese Gene werden als *Markergene* bezeichnet. Als Markergene sind nur solche DNA-Sequenzen geeignet, die bei Trägern der Krankheitsgene ebenfalls verändert sind, also in verschiedenen Varianten bei Gesunden und Betroffenen vorkommen.

Anwendung und Risiken von Gentests. Gentechnische Nachweisverfahren sind von zunehmender Bedeutung für die genetische Beratung (→ S. 182), die pränatale Diagnostik (→ S. 183) und die Untersuchung von Neugeborenen. Mithilfe von Gentests lassen sich immer mehr genetische Veränderungen nachweisen. Nur für wenige genetisch bedingte Krankheiten bestehen jedoch auch Behandlungsmöglichkeiten.

Da die Entwicklung von Gentests hohe Kosten verursacht, wird meist nur an Nachweisverfahren für relativ weit verbreitete Mutationen geforscht. Mukoviszidose, der in Westeuropa häufigsten genetisch bedingten Krankheit, liegen rund 600 verschiedene Mutationen zugrunde (→ S. 159). Einen Gentest gibt es derzeit nur für die häufigste Mutation, die etwa 70% der Erkrankungen verursacht. Bei einem negativen Befund ist also nicht auszuschließen, dass die betreffende Person eine der selteneren Mutationen trägt.

Gentests geben lediglich Auskunft darüber, ob die *Disposition* für eine Krankheit besteht. Ob und wann eine Person tatsächlich erkranken wird, lässt sich nicht voraussagen. Das Leben mit einer „Erkrankungswahrscheinlichkeit" ist für die Betroffenen äußerst problematisch.

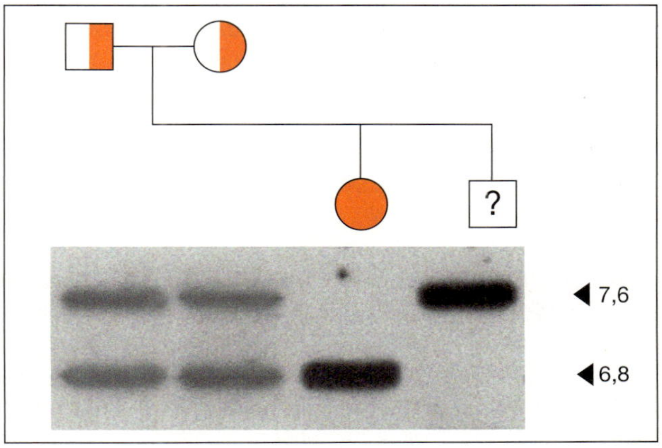

1 Gentest für Mukoviszidose. Das Markergen ist polymorph, das heißt, durch Schneiden mit Restriktionsenzymen entstehen unterschiedlich lange DNA-Fragmente.

Gentechnik in der Medikamentenherstellung

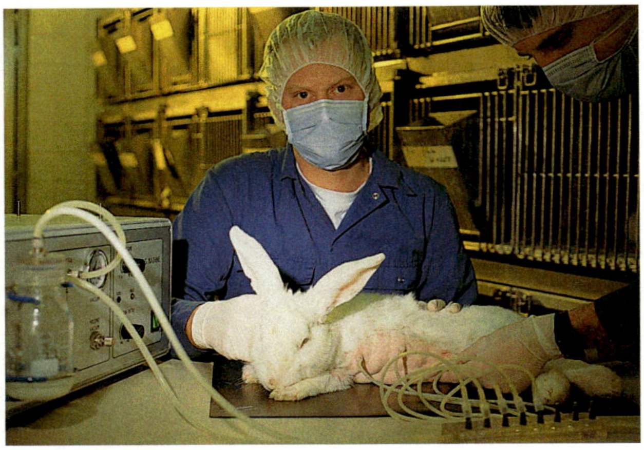

1 Die Milch des transgenen Kaninchens enthält ein menschliches Protein, das als Medikament verwendet wird.

Bei einer Reihe von Krankheiten werden Proteine als Medikamente eingesetzt. Bislang werden Proteine für therapeutische Zwecke aus tierischen oder menschlichen Geweben, Körperflüssigkeiten oder Zellkulturen gewonnen. Konventionelle Herstellungsverfahren sind in der Regel sehr aufwändig. Aus sechs Litern menschlichen Bluts lässt sich zum Beispiel nur ungefähr ein Milligramm des Blutgerinnungsfaktors VIII isolieren. Bluterkranke, bei denen dessen Fehlen zu einer lebensbedrohlichen Störung der Blutgerinnung führt, benötigen diese Dosis zweimal wöchentlich um ein normales Leben führen zu können. In Deutschland decken Blutspenden nur etwa 10% des Bedarfs. Zusätzliche Blutkonserven stammen aus Importen von teilweise zweifelhafter Herkunft. Medikamente aus Spenderblut sind stets mit dem Risiko behaftet, Viren und andere Krankheitserreger zu enthalten. Bei Produkten tierischen Ursprungs besteht die Gefahr von Abwehrreaktionen.

Herstellungsverfahren. Mithilfe der Gentechnik lassen sich weitaus mehr verschiedene Proteine für die Anwendung als Medikamente herstellen als auf konventionellem Weg. Sie werden meist in großtechnischem Maßstab in Fermentern von gentechnisch veränderten Stämmen des *Darmbakteriums E. coli* oder der *Bäckerhefe* erzeugt. Für große, kompliziert gebaute Wirkstoffe wie den Blutgerinnungsfaktor VIII wird allerdings ein kostenintensiveres Herstellungsverfahren in gentechnisch veränderten *Hamsterzellen* genutzt. Bakterien wären nicht in der Lage, die Zuckerseitenketten an das aus 2332 Aminosäuren aufgebaute Grundgerüst des Glykoproteins anzufügen.

Eine weitere Möglichkeit, Medikamente auf gentechnischem Weg herzustellen, sind *transgene Tiere*. Inzwischen ist es gelungen, verschiedene menschliche Gene in weibliche Embryonen von Ziegen, Schafen, Schweinen, Kühen und Kaninchen einzuschleusen. Dabei wird das Transgen so in das Erbgut der Tiere integriert, dass das gewünschte Protein nur in den Milchdrüsen gebildet und mit der Milch ausgeschieden wird, aus der man es dann isolieren kann. Dieses so genannte *Pharming* (Wortschöpfung aus engl. *farming*: Tierzucht und *Pharmazie*) ist allerdings sehr aufwändig. Bislang sind keine durch Pharming erzeugten Medikamente zugelassen. Zudem ist die Verwendung von Tieren als „Bioreaktoren" umstritten.

Produkte. Die meisten der gentechnisch erzeugten therapeutischen Proteine sind *Botenstoffe*, die an der Teilung, Reifung und Aktivierung von Knochenmark- und Blutzellen beteiligt sind, also *Wachstumsfaktoren*, *Interferone* und *Interleukine*. Einer dieser Wachstumsfaktoren, das *Erythropoetin* (EPO), wird in den Nieren produziert und mit dem Blut ins Knochenmark transportiert, wo es die Neubildung von Erythrocyten anregt. Der gentechnisch hergestellte Wirkstoff wird in erster Linie bei Dialysepatienten eingesetzt. Sie können aufgrund von eingeschränkter Nierenfunktion den natürlichen Botenstoff nicht herstellen und leiden daher häufig an Anämien. EPO dient auch dazu, bei Eigenblutspenden vor chirurgischen Eingriffen für eine rasche Nachbildung der entnommenen Blutmenge zu sorgen. Darüber hinaus erhöht EPO die Sauerstoffbindungskapazität des Bluts. Daher ist Doping mit EPO-Präparaten vor allem in Ausdauersportarten verbreitet.

Vermutlich werden auch gentechnisch hergestellte *Impfstoffe* stark an Bedeutung gewinnen. Der Vorteil gegenüber konventionellen Impfstoffen besteht darin, dass sich durch die Übertragung einzelner Gene eines Krankheitserregers auf harmlose Produktionsorganismen *nur die zur Immunisierung nötigen Bestandteile* herstellen lassen. Das Infektionsrisiko für das Personal und die Gefahr der Ansteckung durch infektiöse Bestandteile im Impfstoff ist damit ausgeschlossen.

Beispiele gentechnisch hergestellter Arzneimittel auf dem Markt

Handelsname	Wirkstoff	Biologische Funktion	Indikation	seit
Humulin®	Insulin	Senkung des Blutzuckerspiegels	Diabetes mellitus	1982
Protropin®	Wachstumshormon	Bildung wachstumsfördernder Substanzen	Zwergwuchs	1985
Actilyse®	Plasminogenaktivator	Auflösung von Blutgerinnseln	akuter Herzinfarkt	1987
Rekombivax®	Hepatitis-B-Antigen	aktive Immunisierung gegen Hepatitis B	Hepatitis-B-Infektion	1988
Proleukin®	Interleukin 2	Aktivierung von Zellen des Immunsystems	Nierenkarzinom	1989
Epogin®	Erythropoetin	Bildung roter Blutkörperchen	Anämie	1990
Kogenate®	Blutgerinnungsfaktor VIII	Aktivierung der Blutgerinnung	Hämophilie A	1993
Pulmozyme®	Desoxyribonuclease	Spaltung von DNA	Mukoviszidose	1994
Revasc®	Hirudin	Hemmung der Fibrin-Bildung	Thromboseprophylaxe	1997
Mabthera®	monoklonaler Antikörper	Zerstörung maligner B-Lymphocyten	Lymphkrebs	1998
Enbrel®	löslicher TNF-Rezeptor	kompetitive Hemmung des TNF-Rezeptors	rheumatoide Arthritis	2000

Gentherapie

Genetisch bedingte Krankheiten können bisher nicht geheilt werden. Wenn ein Gendefekt bekannt ist, besteht jedoch prinzipiell die Möglichkeit, die Krankheitsursache durch das Einbringen intakter Gene zu beseitigen. Das Einschleusen von therapeutisch wirkendem genetischen Material in einen Organismus wird als *Gentherapie* bezeichnet.

Anwendungsbereiche. Bei der *somatischen Gentherapie* werden ausschließlich Körperzellen gentechnisch verändert. Die genetischen Veränderungen können daher nicht an die nächste Generation weitergegeben werden. Erfolgt die Korrektur eines genetischen Defekts in den Keimzellen oder in denjenigen Zellen des Körpers, aus denen Ei- oder Samenzellen hervorgehen können, spricht man von *Keimbahntherapie*. In diesem Fall werden die neuen genetischen Eigenschaften vererbt. In Deutschland ist die Keimbahntherapie bisher aufgrund des Embryonenschutzgesetzes von 1991 verboten.

Strategien der Gentherapie. Bisher unterscheidet man in der Gentherapie die folgenden Vorgehensweisen:

Substitution eines defekten Gens: Monogen bedingte Erbkrankheiten können dadurch geheilt werden, dass man das mutierte Gen durch eine intakte Kopie des entsprechenden Gens austauscht.

Hemmung eines Fremdgens: Diesen Ansatz verfolgt man bei Infektionskrankheiten, die auf der dauerhaften Integration viraler Gene beruhen, wie AIDS. Durch gezieltes Ausschalten dieser Gene soll die Virusvermehrung unterbunden werden.

Lokale Genexpression: Die Ursache polygen bedingter Erkrankungen lässt sich kaum beheben. Führt man jedoch Gene für ein therapeutisches Protein ein, so wird dieses in den Zellen wirksam und ermöglicht eine Heilung.

Methoden des Gentransfers. Zurzeit gibt es zwei Wege, Gene in Körperzellen von Patienten zu übertragen:

- Im *Ex-vivo-Verfahren* wird das therapeutische Gen außerhalb des Organismus in vorübergehend entnommene Zellen eingeführt.
- Im *In-vivo-Verfahren* wird das Gen in einen geeigneten Vektor eingebaut und durch eine Injektion direkt in den Körper des Patienten eingebracht.

Das Ex-vivo-Verfahren wurde erstmals 1990 bei einer Patientin mit einer schweren kombinierten Immunschwäche angewandt, die durch einen Mangel an *Adenosindesaminase* (ADA) verursacht wird. Das Enzym ADA ist am Abbau aller Adenosin-Nucleotide beteiligt. Fehlt das Enzym, so „vergiften" sich die Lymphocyten an nicht abgebauten Nucleotiden. Die Folge ist eine solche Schwächung des Immunsystems, dass eine für gesunde Menschen harmlose Infektion zum Tod führt.

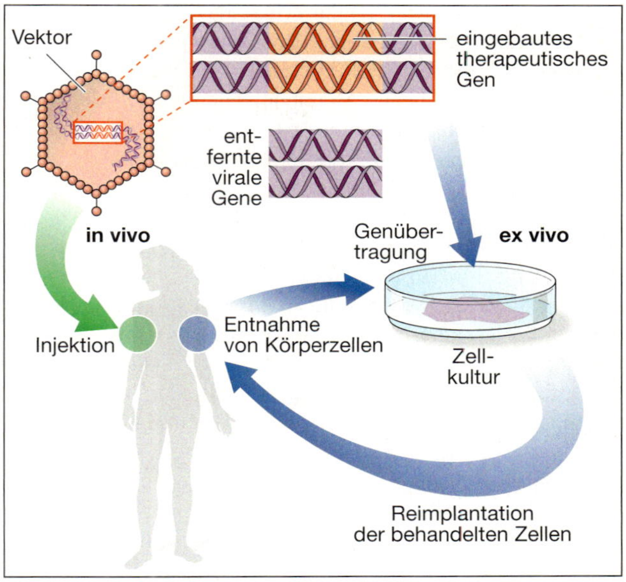

1 Ex-vivo- und In-vivo-Verfahren der Gentherapie

Ablauf eines gentherapeutischen Eingriffs. Die intakte Kopie des ADA-Gens wird in das Genom eines Virus eingebaut, das sich in menschlichen Lymphocyten vermehrt. Aus einer Blutprobe der Patientin werden Lymphocyten isoliert und mit den rekombinierten Viren infiziert. Einige Viren befallen Lymphocyten und setzen ihre DNA in den Wirtszellen frei. Lymphocyten, welche die Fremd-DNA in ihr Genom integriert haben, werden in Kulturgefäßen vermehrt und anschließend in die Blutbahn der Patientin eingebracht. Sie siedeln sich in den Lymphorganen an und tragen zum Aufbau einer wirksamen Immunabwehr bei.

Zukunftsaussichten. Bisher haben nur sehr wenige gentherapeutische Versuche den gewünschten dauerhaften Erfolg erbracht. In einzelnen Fällen konnte die somatische Gentherapie jedoch den Gesundheitszustand der Patienten deutlich verbessern. Diese Therapieerfolge fördern die Hoffnung darauf, dass in Zukunft auch Krankheiten wie Krebs und AIDS heilbar sein werden. Weitere Fortschritte erhofft man sich auch von der vollständigen Sequenzierung des menschlichen Genoms (→ S. 206).

1 Welche Strategie verfolgte man im beschriebenen Fall?

2 Nennen Sie mögliche Gründe dafür, dass gentherapeutische Behandlungsversuche häufig nicht zum Erfolg führen.

Monogen bedingte Erbkrankheiten, für die gentherapeutische Eingriffe entwickelt werden

Erbkrankheit	Produkt des intakten Gens	Zielzellen
Thalassämie	Hämoglobin-Bestandteile	Knochenmarkszellen
Hämophilie A	Blutgerinnungsfaktor VIII	Leber- oder Bindegewebszellen
Hämophilie B	Blutgerinnungsfaktor IX	Leber- oder Bindegewebszellen
Hypercholesterinämie	LDL-Rezeptor	Leberzellen
Mukoviszidose	CFTR (Chlorid-Kanal)	Lungenzellen
Muskeldystrophie	Muskelprotein Dystrophin	Muskelzellen

Das Humangenomprojekt

Im Sommer 2000 erregte eine Pressemeldung das Interesse der Öffentlichkeit: „Erbgut des Menschen entschlüsselt!" Bis zu diesem Zeitpunkt hatten Forscher die DNA-„Buchstabenfolge" des menschlichen Genoms, das rund 3 Milliarden Basenpaare umfasst, etwa zu 85% entziffert. Damit war ein Meilenstein in der Erforschung der 30000 bis 50000 Gene des Menschen erreicht. Die Ergebnisse wurden veröffentlicht und stehen jetzt allen Forschern zur Verfügung, die weltweit daran arbeiten, Struktur und Funktion der Gene aufzuklären.

Zielsetzung. Das Humangenomprojekt hat das Ziel, das Genom des Menschen vollständig zu entschlüsseln. Das *Genom* umfasst die gesamte genetische Information eines Organismus, also alle Gene ebenso wie die nicht codierenden Abschnitte der DNA. Bei Vielzellern ist das Genom in jeder Zelle des Körpers enthalten. In einem ersten Schritt wird die vollständige Nucleotidsequenz der DNA ermittelt. Anschließend soll geklärt werden, welche Abschnitte für bestimmte Genprodukte codieren und welche Funktion diese Produkte haben.

Das 1990 gestartete Projekt ist mit einem Umfang von etwa 3 Mrd. US-Dollar das größte in der Geschichte biologischer Forschung. Seit 1995 beteiligt sich auch Deutschland mit jährlich etwa 20 Mio. Euro an der Finanzierung. Über 1000 Wissenschaftler in 16 Forschungseinrichtungen in den USA, Großbritannien, Japan, Frankreich, Deutschland und China arbeiten zusammen unter der Koordination der internationalen *Human Genome Organisation* (HUGO). Die Analyse der einzelnen Chromosomen ist unter den Instituten aufgeteilt.

Vorgehensweise. Das Humangenomprojekt arbeitet mit einer aufwändigen, aber zuverlässigen Strategie, dem *hierarchischen Schrotschuss-Verfahren*. Als Ausgangsmaterial dienen Blut- und Spermazellen von mehreren anonymen Spendern, aus denen die 23 Chromosomenpaare isoliert wurden. Mit Restriktionsenzymen wird die DNA jedes Chromosoms schrittweise in immer kleinere Fragmente zerschnitten, deren Lage im Chromosom aber bekannt ist. Nachdem alle Fragmente kloniert und – zur Fehlerminimierung – mehrfach sequenziert sind, werden sie nach der ermittelten Reihenfolge sortiert und die zueinander passenden Stücke aneinander gereiht. So lässt sich aus den Sequenzen einzelner Abschnitte schließlich die Basenfolge ganzer Chromosomen zusammensetzen. Alle Ergebnisse werden in einer allgemein zugänglichen Datenbank im Internet veröffentlicht.

Neben den mit öffentlichen Mitteln geförderten Instituten interessieren sich auch private Unternehmen für die Analyse des menschlichen Genoms. Ihr Ziel ist es, dem öffentlichen Humangenomprojekt bei der Sequenzierung der menschlichen DNA zuvorzukommen, um die Forschungsergebnisse durch Patente schützen zu lassen. In diesem Wettlauf arbeiten die Firmen nach dem so genannten *Komplett-Genom-Schrotschuss-Verfahren*. Dabei wird das gesamte Genom auf einmal in zufällige Bruchstücke zerlegt und sequenziert. Das Verfahren wird so oft wiederholt, bis die Sequenz aller Fragmente mit irgendeinem Nachbarstück überlappt. Computer bringen die überlappenden, zueinander passenden Bruchstücke dann in die richtige Reihenfolge. Das Ergebnis ist stark von der Rechnerleistung abhängig. Die Unternehmen können jederzeit auf die Daten aus dem öffentlichen Genomprojekt zurückgreifen, um ihre Ergebnisse zu überprüfen und Lücken zu schließen.

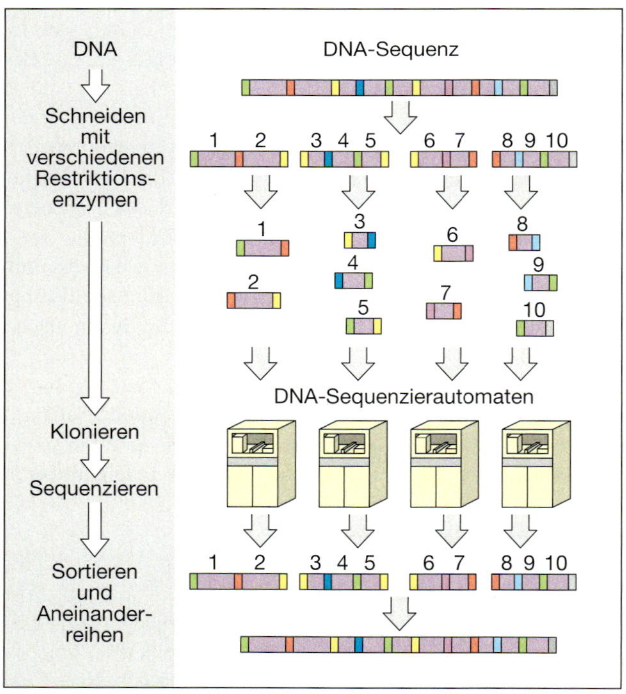

1 Beim Humangenomprojekt wird das menschliche Genom im hierarchischen Schrotschussverfahren sequenziert.

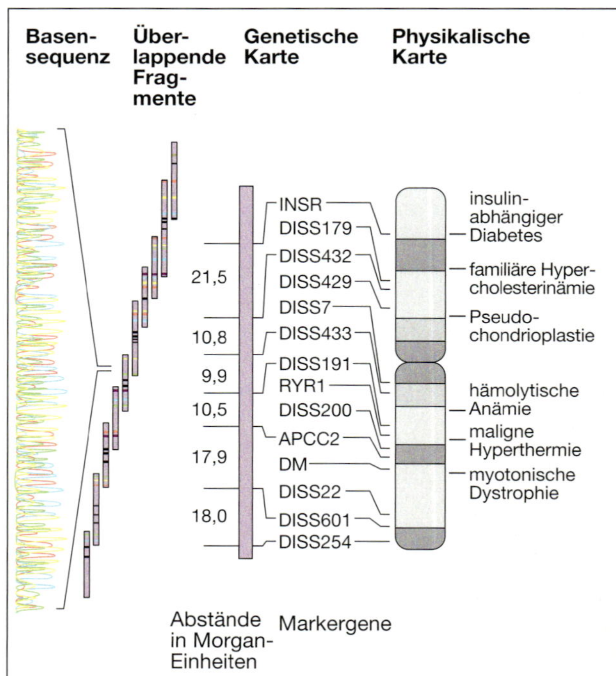

2 Genkartierung des Chromosoms 19. Die sequenzierten DNA-Fragmente werden in die richtige Reihenfolge gebracht.

Funktionelle Genomanalyse. Wenn die DNA-Sequenz vollständig aufgeklärt ist, beginnt das schwierige Unterfangen, die Gene eindeutig zu identifizieren. Danach ist zu klären, welche Bedeutung das jeweilige Genprodukt für das Funktionieren des Organismus hat.

Dazu vergleichen die Forscher das menschliche Genom mit dem einfacherer Organismen. In mehreren Projekten wird schon seit längerem an *Modellorganismen* geforscht, deren Genom wesentlich kleiner ist als das des Menschen. Bei Modellen wie der Hefe, dem Fadenwurm Caenorhabditis und der Fruchtfliege Drosophila weiß man schon relativ gut Bescheid über die Funktionen bestimmter Gene. Da manche DNA-Sequenzen *hochkonservativ* sind, sich also im Lauf der Evolution erhalten haben und daher bei sehr vielen Organismen vorkommen, lässt sich durch Vergleich bekannter Sequenzen auf die Funktion der menschlichen Gene rückschließen.

Nur etwa 1 bis 2 % der DNA enthalten Bauanleitungen für Proteine. Die nicht codierende DNA ist aber nicht informationsfrei. Etliche Forscher vermuten in dieser DNA wichtige Funktionen im Zusammenhang mit der Genregulation.

Inzwischen versuchen Forscher auch durch die Analyse aller in einer Zelle vorhandenen RNAs, des *Transkriptoms*, Aufschluss über die Funktion von Genen zu erhalten. Anhand sämtlicher mRNAs, die in verschiedenartigen Krebszellen entstehen, beabsichtigt man beispielsweise einen möglichst vollständigen Katalog der menschlichen Krebsgene zu erstellen.

Individuelle Unterschiede. 99,9 % der Erbinformation zweier beliebiger gesunder Menschen stimmen überein. Daher interessierten sich die Forscher zunächst für die *Gemeinsamkeiten* im Genom. Inzwischen wird aber auch die *genetische Variation* zwischen Individuen untersucht. Geringfügige Unterschiede, oft schon die Variation in einer einzigen Base, können beispielsweise darüber entscheiden, ob und wie stark ein Mensch auf ein Medikament anspricht. Ein einfacher Gentest könnte zeigen, ob ein bestimmtes Medikament überhaupt wirken kann. Zur Erforschung dieser Unterschiede werden in einem ähnlichen Projekt Genvergleiche zwischen verschiedenen Individuen angestellt. Ziel ist es, eine Karte mit mehreren hunderttausend *Einzelnucleotid-Polymorphismen* (SNPs für engl. *single nucleotide polymorphisms*) zu erstellen.

Anwendungsbereiche. Arzneimittelhersteller wollen die Informationen aus der Genomanalyse nutzen um maßgeschneiderte Medikamente herzustellen. Wissenschaftler versprechen sich eine völlig neue Basis für die Medizin. Sie soll ein zielgerichtetes Vorgehen in der Vorbeugung, Diagnose und Behandlung zahlreicher Erkrankungen ermöglichen.

Mit Techniken, die im Humangenomprojekt entwickelt wurden, konnten zwei Gene identifiziert werden, die für die vererbbare Form von Brustkrebs bei Frauen von Bedeutung sind. Inzwischen gibt es für die beiden *Brustkrebsgene* BRCA 1 und BRCA 2 (von engl. *br*east *ca*ncer) einen Bluttest. Angehörige krebsgefährdeter Familien können feststellen lassen, ob sie die Onkogene in sich tragen. Betroffene Frauen können durch ihre Lebensführung weitere Risiken reduzieren und sollten ihre Brust regelmäßig untersuchen.

Bei anderen Erkrankungen wie beispielsweise PKU ermöglicht die frühzeitige Diagnose durch einen Gentest, den Ausbruch der Krankheit durch eine Diät zu verzögern (→ S. 152).

Erhebliche Verbesserungen in der Gendiagnostik erwartet man von der *DNA-Chip-Technologie*. DNA-Chips sind mit mehreren tausend kurzen Nucleotid-Sequenzen oder ganzen Genen versehen, die als Sonden dienen. Passende Nucleinsäure-Fragmente binden genau dort, wo die komplementäre Sonde auf dem Chip platziert ist. Da die Proben vorher mit Fluoreszenzfarbstoff behandelt werden, lässt sich das Ergebnis der Hybridisierung mithilfe von Digitalkamera und Computer auswerten. Der Computer analysiert die Verteilung der Leuchtpunkte auf dem Chip und bestimmt daraus, welche Nucleotid-Sequenzen in einer Probe vorhanden sind. So lassen sich nicht nur mutierte Gene nachweisen, sondern auch *Genexpressionsprofile* gesunder und kranker Zellen erstellen.

Einwände. Mit dem neuen Wissen entstehen jedoch auch neue Probleme. Durch Gentests können zwar genetische Veränderungen festgestellt werden, aber nicht jede Abweichung führt zu einer Erkrankung (→ S. 203). Besonders problematisch sind Gentests für Krankheiten, gegen die es kein Mittel gibt. Chorea Huntington ist ein Paradebeispiel: Schon seit 1993 steht ein Test zur Verfügung, mit dem sich die Gefahr einer Erkrankung sicher feststellen lässt. Dennoch haben sich nur sehr wenige Personen, bei denen diese Krankheit in der Familie auftrat, dazu entschieden, sich testen zu lassen. Denn es gibt bislang noch keine Möglichkeit, Chorea Huntington zu heilen oder den Ausbruch der Erkrankung zu verhindern.

Kritiker befürchten, dass genetische Daten möglicherweise ohne die Zustimmung oder das Wissen der Betroffenen erhoben und unerlaubt an Dritte weitergegeben werden. Damit bestünde die Gefahr, dass ein Mensch gegenüber *Versicherungen* oder auf dem *Arbeitsmarkt* benachteiligt wird, weil er die genetische Disposition für eine bestimmte Erkrankung hat.

Darüber hinaus ist weiterhin umstritten, ob menschliche Gene überhaupt patentiert werden sollten.

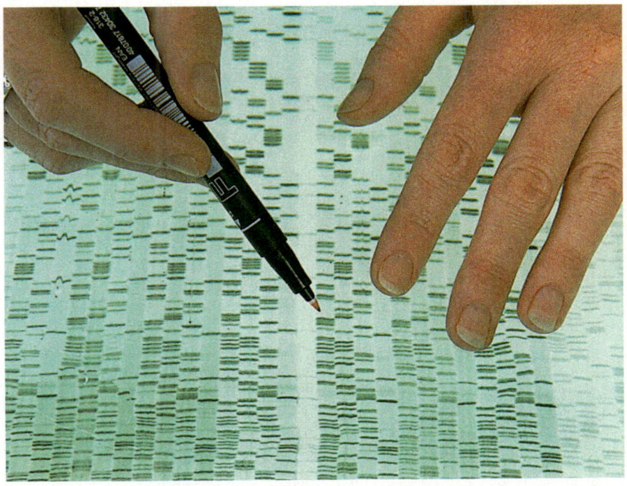

1 Durch Sequenzierungsverfahren und Autoradiographie werden die menschlichen Gene „lesbar".

Gentechnik in der Diskussion

Über Gentechnik wurde von Anfang an öffentlich diskutiert. Neben den Chancen neuartiger Anwendungen standen immer wieder auch die Gefahren und Risiken dieser Technologie zur Debatte. Während gentechnische Verfahren in der Medizin inzwischen weniger umstritten sind, gibt die so genannte *Grüne Gentechnik* nach wie vor Anlass zu Auseinandersetzungen und Protesten.

Eine gentechnisch veränderte Nutzpflanze, um die heftig gestritten wird, ist der so genannte *Bt-Mais*. Bt-Mais enthält ein Gen aus dem Bodenbakterium *B*acillus *t*huringiensis. Damit ist die Pflanze vor dem *Maiszünsler* geschützt – einem Schädling, den Forscher für 7 % der jährlichen Ernteausfälle verantwortlich machen. Die Larve dieses Nachtschmetterlings bohrt sich in den Stängel hinein und frisst sich bis zur Verpuppung von innen durch die Pflanze.

1 Maiszünsler

Bisher bekämpfte man den Maiszünsler mit einem Pflanzenschutzmittel, das den Giftstoff aus Bacillus-thuringiensis-Bakterien enthielt. Das Protein löst die Darmwand der Insektenlarven auf, sodass sie verenden. Da die Larven im Innern des Stängels jedoch geschützt sind, war die Methode nicht effizient. Die transgenen Pflanzen stellen das giftige Protein nun selbst her und der Einsatz von Pflanzenschutzmitteln wird überflüssig.

Bt-Mais wurde außerdem mit zwei *Markergenen* versehen: Resistenzen gegen das Antibiotikum Ampicillin und gegen ein Herbizid. Kritiker befürchten, dass sich die Antibiotikaresistenz auch auf Bodenbakterien oder auf Mikroorganismen im Darm des Menschen überträgt. Bakterien beispielsweise, die an der Entstehung von Darmgeschwüren beteiligt sind, ließen sich mit diesem Antibiotikum dann nicht mehr bekämpfen. Horizontaler Gentransfer im menschlichen Verdauungssystem gilt als sehr unwahrscheinlich, ein Risiko ist jedoch nicht völlig auszuschließen.

Außerdem könnte das Einbringen der neuen Gene unbeabsichtigt neue Stoffe oder Eigenschaften erzeugen, die Gesundheitsschäden hervorrufen. Bei der Prüfung transgener Pflanzen auf ihre Gesundheitsverträglichkeit wird jedoch nur auf den neu hinzugekommenen Stoff getestet, in diesem Fall das Bt-Toxin. Weitere Veränderungen durch den Gentransfer bleiben unter Umständen unbemerkt .

2 Gentechnikgegner zerstören ein Feld mit Bt-Mais.

Umweltschützer befürchten, transgene Pflanzen könnten die *natürliche Vielfalt* bedrohen, indem sie Tiere schädigen, die sich von ihnen ernähren, oder andere Pflanzen verdrängen. Wissenschaftler in den USA untersuchten die Wirkung von Bt-Mais auf *phytophage Insekten*. Sie trugen Pollen der veränderten Maissorte auf die Nahrungspflanzen von Monarchfalter-Raupen auf, und zwar in einer Dosis, wie sie sich durch Windverwehung in der Nähe von Maisfeldern auf anderen Pflanzen ansammelt. Nach vier Tagen war die Hälfte der Schmetterlingsraupen verendet. Im Freiland ließ sich bislang, trotz des verbreiteten Anbaus von Bt-Mais in den USA, keine Beeinträchtigung der Falterbestände feststellen – vermutlich, weil die Raupen bereits einige Wochen vor der Zeit der Maisblüte heranwachsen. Kritiker werten den Versuch dennoch als Beleg für die Schadwirkung transgener Pflanzen.

Der Effekt könnte sich in der *Nahrungskette* fortsetzten. In Laborexperimenten war die Sterblichkeit von Florfliegenlarven, die sich vor allem von Blattläusen und Maiszünslerlarven ernähren, auf Bt-Mais doppelt so hoch wie im Kontrollversuch. Freilandversuche bestätigten dieses Ergebnis nicht.

Die Umweltbehörde der USA sieht eine weitere Gefahr in der *Entstehung Bt-resistenter Maiszünsler-Populationen*. Während Insektizide, die das Bt-Gift enthalten, relativ schnell abgebaut oder mit dem Regen abgewaschen werden, wirkt das Toxin im Bt-Mais über die gesamte Vegetationsperiode. Die Wahrscheinlichkeit, dass Tiere gegen das Toxin resistent werden, ist sehr groß. In den USA müssen Felder, auf denen Bt-Mais angebaut wird, deshalb mindestens zu 20 % mit konventionellem Mais bepflanzt sein. Damit soll sichergestellt werden, dass nichtresistente Maiszünsler-Populationen, die auf diesen Flächen heranwachsen, sich mit resistenten Artgenossen paaren und die Bt-Unverträglichkeit weitervererben.

Weiter wird befürchtet, dass sich das *Gen für das toxische Protein* von Bt-Mais *in die Wildform auskreuzen* könnte. Diese Gefahr besteht nur in Gebieten, in denen auch Wildmais wächst, etwa in Mexiko. Natürliche Genreservoirs für nicht resistente Sorten gingen dadurch verloren. In Mitteleuropa, wo bereits einige herbizidresistente Rapssorten angebaut werden, könnten auf diese Weise *„Superunkräuter"* entstehen, gegen die es keine chemischen Mittel gibt.

Ausgewilderte Pflanzen und deren Gene lassen sich *nicht zurückholen*. Die Freisetzung transgener Pflanzen ist daher an strenge Sicherheitsauflagen gebunden. Transgene Sorten sollen fortlaufend überprüft werden um eventuelle Schäden in der Nahrungskette rechtzeitig zu erkennen. Einige Kritiker fordern sogar, wegen der gesundheitlichen und ökologischen Risiken völlig auf transgene Nutzpflanzen zu verzichten.

1 Stellen Sie Argumente für und gegen die Gentechnik zusammen. Diskutieren Sie die geschilderten Standpunkte.

Überblick

- Durch Züchtung kann der Mensch gezielt Pflanzen und Tiere mit bestimmten gewünschten Eigenschaften entwickeln und erhalten. → S. 191
- Grundlage der Auslesezucht ist das Auffinden und die gezielte Selektion von Individuen mit genetisch bedingten, günstigen Eigenschaften. → S. 192
- Durch Kreuzungszucht entstehen Merkmalskombinationen, die bei keinem der Eltern vorhanden waren. → S. 192
- Bei der Mutationszucht wird die genetische Variabilität durch Steigerung der Mutationsrate erhöht → S. 193
- Zell- und Gewebekulturen im Labor sind moderne Methoden der Pflanzenzucht. → S. 193
- Durch künstliche Besamung und Embryotransfer in Ammentiere werden die Ergebnisse der Hochleistungszucht bei Tieren optimiert. → S. 193
- Die Methoden der Gentechnik dienen dazu, DNA gezielt zu schneiden, zu vermehren, neu zu kombinieren und in Empfängerzellen zu exprimieren. → S. 194
- Durch Restriktionsenzyme wird isolierte DNA in kleinere Fragmente zerschnitten. → S. 195
- Mithilfe von Plasmiden oder Viren als Vektoren lassen sich DNA-Fragmente in Wirtszellen übertragen. → S. 196
- In der Pflanzenzucht wird DNA häufig direkt in Protoplasten übertragen, zum Beispiel durch Inkubation, Elektroporation oder Partikelbeschuss. → S. 196
- Bei Tieren wird DNA meist durch Mikroinjektion in die Zellen eingebracht. Das Verfahren wird auch in der Gentherapie bei Menschen angewandt. → S. 196, 202, 205
- Nach einer Transformation selektiert man mithilfe geeigneter Markergene die Zellen, welche die Fremd-DNA aufgenommen haben. → S. 197
- Gene werden entweder direkt aus dem Genom eines Organismus gewonnen, durch reverse Transkription der mRNA oder durch Totalsynthese nach der Aminosäuresequenz des Genprodukts. → S. 198
- Gentechnische Verfahren ermöglichen es, Pflanzen mit neuartigen Eigenschaften auszustatten, zum Beispiel mit Resistenzen gegen Schädlinge oder Herbizidtoleranz. → S. 200
- Lebensmittel können selbst gentechnisch verändert sein, aus gentechnisch veränderten Rohstoffen gewonnen werden oder transgene Organismen enthalten. → S. 201
- Transgene Tiere dienen als Lebensmittel, als Krankheitsmodelle und als Organ- und Wirkstofflieferanten. → S. 202
- In der medizinischen Diagnostik erfolgt der Nachweis von DNA-Sequenzen mithilfe von Gensonden. → S. 203
- Mit gentechnischen Verfahren lassen sich therapeutisch wirksame Proteine kostengünstig in großen Mengen und hoher Reinheit herstellen. → S. 204
- Durch den Transfer intakter Gene in Körperzellen versucht man genetisch bedingte Erkrankungen zu heilen. → S. 205
- Das Humangenomprojekt hat das Ziel, das menschliche Genom vollständig zu entschlüsseln. → S. 206

Aufgaben und Anregungen

1 Bei der Züchtung einer neuen Maissorte werden die Genotypen XXyyZZ und xxYYzz miteinander gekreuzt. Wie häufig wird in der F_2-Generation der Genotyp XXYYZZ auftreten?

2 Erläutern Sie, welche grundlegenden Schritte durchgeführt werden müssen um ein Fremdgen in eine Zelle einzubringen. Wie erreicht man, dass das Gen auch exprimiert wird?

3 Die ersten Restriktionsenzyme isolierte man aus Bakterien, die sehr selten von Phagen befallen werden. Begründen Sie.

4 Wenn man DNA mit verschiedenen Restriktionsenzymen schneidet, kann man die Lage der entstehenden Fragmente kartieren. Erläutern Sie, wie man dabei vorgeht.

5 Häufig werden nicht nur Fremdgene auf Empfängerzellen übertragen, sondern auch ein Antibiotika-Resistenzgen als Marker. Erläutern Sie dessen Funktion. Welche Risiken können damit verbunden sein? Nennen sie mögliche Alternativen.

6 Ein Paläontologe hat winzige Mengen DNA aus einem ausgestorbenen Dinosaurier isoliert und möchte sie mit DNA rezenter Reptilien vergleichen. Welche Verfahren verwendet er?

7 Ein Mann bezweifelt der Vater beider Kinder seiner Frau zu sein. Das Gericht lässt von allen Familienmitgliedern einen genetischen Fingerabdruck anfertigen (→ Bild unten). Interpretieren Sie das Ergebnis.

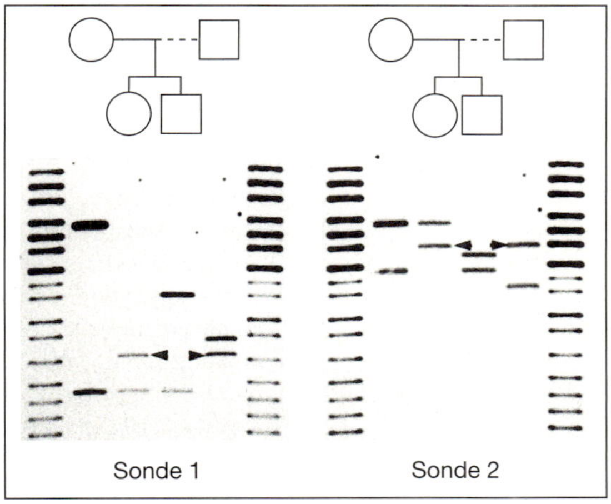

8 Für die Freisetzung gentechnisch veränderter Pflanzen sollen noch strengere Sicherheitsauflagen erlassen werden. Erörtern Sie mögliche Gründe.

9 Der Blutgerinnungsfaktor VIII, der Bluterkranken fehlt, kann gentechnisch in größeren Mengen, höherer Reinheit und kostengünstiger hergestellt werden als mit herkömmlichen Methoden. Erläutern Sie.

10 Gentherapeutische Eingriffe in die Keimbahn sind in der BRD durch das Embryonenschutzgesetz verboten. Begründen Sie.

Fortpflanzung und Entwicklung

1 Aus dem Eibündel des Kraken, der zu den Tintenfischen zählt, schlüpfen winzige Larven. Mit einem Dottervorrat als „Startkapital" entwickeln sie sich in wenigen Wochen zu ausgewachsenen Tieren.

Nährstoffreiche Tintenfischeier sind eine beliebte Beute für viele Meeresbewohner. Daher legt das Kraken-Weibchen die über 100 000 Eier in einer Höhle oder in einem „Steinnest" ab und bewacht sie bis zum Schlüpfen der Brut. Dabei säubert es das Gelege und sorgt für frisches Atemwasser. Während der rund einmonatigen Brutzeit nimmt das Weibchen keine Nahrung auf, da es das Gelege nicht verlässt. Nach dem Schüpfen der Jungen stirbt es meist. So geht zwar ein Individuum zugrunde, zuvor aber hat es für reichliche Nachkommenschaft gesorgt.

Im Blickpunkt:

- ungeschlechtliche und geschlechtliche Fortpflanzung als Grundmuster der Reproduktion
- Embryonalentwicklung der Wirbeltiere – Gemeinsamkeiten und Unterschiede
- Entwicklung des Menschen – von der befruchteten Eizelle zum Embryo und Fötus
- schädigende Einflüsse während der Keimesentwicklung des Menschen
- Reproduktionsmedizin: unerfüllter Kinderwunsch und die Möglichkeiten der heutigen Medizin
- Suche nach Entwicklungsfaktoren: historische Transplantationsexperimente und moderne Entdeckungen

Fortpflanzung oder *Reproduktion* ist eine Grundeigenschaft alles Lebendigen. Sie sichert seine Kontinuität durch die Weitergabe von genetischer Information an die Nachkommen, auch über den Tod des Individuums hinaus. Fast immer entsteht dabei je Individuum mehr als ein Nachkomme. Fortpflanzung ist daher meist so eng mit *Vermehrung* verbunden, dass die Begriffe nicht selten gleichgesetzt werden.

Bei der *ungeschlechtlichen Fortpflanzung* entstehen durch Mitosen Fortpflanzungseinheiten, die genetisch mit dem Elternorganismus übereinstimmen. Die *geschlechtliche Fortpflanzung* erfolgt hingegen über Keimzellen, deren Bildung mit Meiose und Rekombination verbunden ist. Zahlreiche, zum Teil aufwändige Mechanismen sorgen dafür, dass sich die Keimzellen der Geschlechtspartner zur Zygote vereinigen, wie hormonelle Lockstoffe für den Partner, kompliziert gebaute Begattungsorgane und komplexes Paarungsverhalten.

Die Entwicklung eines Individuums, also den gerichteten Prozess seiner Veränderungen von der Befruchtung bis zum Tod, bezeichnet man als *Ontogenese*. Sie schließt an die Fortpflanzung an und umfasst sowohl quantitative wie auch qualitative Veränderungen: *Wachstum* und *Differenzierung*. Ihre Vorgänge lassen sich oft nur aus der stammesgeschichtlichen Entwicklung oder *Phylogenese* verstehen, also der evolutionären Veränderung der Organismen im Lauf der Zeit.

Ungeschlechtliche und geschlechtliche Fortpflanzung

Die Evolution hat eine kaum überschaubare Fülle an Fortpflanzungsweisen hervorgebracht. Sie lassen sich aber auf wenige Grundmuster und deren Kombination zurückführen.

Asexuelle Fortpflanzung. Bei der ungeschlechtlichen oder *asexuellen Fortpflanzung* gehen die Nachkommen durch mitotische Teilungen aus Zellen *eines* Elternorganismus hervor. Die einfachste Form asexueller Fortpflanzung ist die *Zweiteilung*, wie sie für Bakterien, Cyanobakterien und viele Einzeller typisch ist. Bei manchen Einzellern wie Trypanosoma gambiense, dem Erreger der Schlafkrankheit, treten *Vielteilungen* auf. Bei Einzellern ist also jede Zelle auch Fortpflanzungszelle. Über diese *Totipotenz,* die Fähigkeit zur Bildung eines vollständigen Organismus aus einer Zelle, verfügen prinzipiell auch Pilze und Pflanzen. Sie pflanzen sich daher oft auch asexuell fort, während dies bei vielzelligen Tieren wie beispielsweise Nesseltieren eher eine Ausnahme ist. Dort gehen neue Individuen durch *Knospung* aus dem Elterntier hervor. Wenn diese miteinander verbunden bleiben, entstehen *Kolonien*.

Generell ist asexuelle Fortpflanzung in stabilen Lebensräumen mit günstigen Lebensbedingungen und für sessil, also ortsgebunden lebende Organismen von Vorteil. Sie erlaubt eine rasche Vermehrung und Ausbreitung, ohne dass Geschlechtspartner gefunden werden müssen.

Sexuelle Fortpflanzung. Bei der geschlechtlichen oder *sexuellen Fortpflanzung* vereinigt sich eine männliche Geschlechtszelle, das Spermium, mit der weiblichen Eizelle zu einer befruchteten Eizelle, der Zygote. Die Verschmelzung der beiden Zellkerne nennt man *Befruchtung*.

Die durch Meiose entstandenen Keimzellen sind haploid (→ S. 172). Durch Befruchtung wird die Chromosomenzahl wieder zum diploiden Bestand verdoppelt. Durch die mit Meiose und Befruchtung verbundene Neukombination der Erbanlagen entstehen genetisch verschiedene Individuen. Sexuelle Fortpflanzung erhöht also die genetische Variabilität. Dadurch ermöglicht sie die rasche Anpassung der Populationen an veränderte Umweltbedingungen und ist daher in instabilen Lebensräumen vorteilhaft.

Eine Sonderform sexueller Fortpflanzung ist die *Parthenogenese* oder *unisexuelle Fortpflanzung*, bei der Nachkommen aus unbefruchteten Eizellen hervorgehen.

Generationswechsel. Es gibt Arten, die sich sowohl ungeschlechtlich als auch geschlechtlich fortpflanzen. Ein Beispiel hierfür ist der in den Tropen verbreitete Erreger der Malaria, der Einzeller *Plasmodium*. Er pflanzt sich in der Darmwand der weiblichen Anopheles-Mücke geschlechtlich fort. Gelangt der Erreger bei einem Stich über den Speichel der Stechmücke in den menschlichen Körper, so vermehrt er sich zuerst in Leberzellen, danach in Blutzellen jeweils ungeschlechtlich (→ S. 33). Einen Wechsel zwischen sexueller und asexueller oder sexueller und parthenogenetischer Fortpflanzung nennt man *Generationswechsel*.

Kernphasenwechsel. Bei Organismen, die sich sexuell fortpflanzen, wechselt die Chromosomenausstattung des Zellkerns zwischen einer haploiden und einer diploiden Phase. Bei den *Diplonten*, zu denen fast alle Tiere zählen, beschränkt sich die haploide Kernphase auf das Keimzellstadium. Bei den *Haplonten* – vielen Einzellern und einfach organisierten Algen – ist hingegen nur die Zygote diploid. Im Lebenszyklus von *Diplo-Haplonten* wechseln sich Generationen mit unterschiedlicher Kernphase ab, ein haploider Gametophyt und ein diploider Sporophyt. Dazu gehören Algen, Pilze, Moose, Farne und Samenpflanzen. Je höher diese Gruppen entwickelt sind, umso unbedeutender wird der Gametophyt. Bei Samenpflanzen besteht er nur noch aus einigen haploiden Zellen in der Blüte.

1 Nennen Sie Lebensbedingungen und Habitate, für die asexuelle Fortpflanzung eine günstige Strategie sein könnte.

2 Regenwürmer sind zwittrig. Bei der Paarung begatten sich die Partner gegenseitig. Vergleichen Sie diese Form der Fortpflanzung mit den im Text beschriebenen Formen.

3 Begründen Sie, welche Vorteile die Ausdehnung der Diplophase im Lebenszyklus für die Evolution hat.

4 Wie entsteht genetische Variabilität bei Lebewesen, die sich ungeschlechtlich fortpflanzen?

1 Viele Wirbellose vermehren sich asexuell durch Teilung oder – wie der Süßwasserpolyp Hydra – durch Knospung.

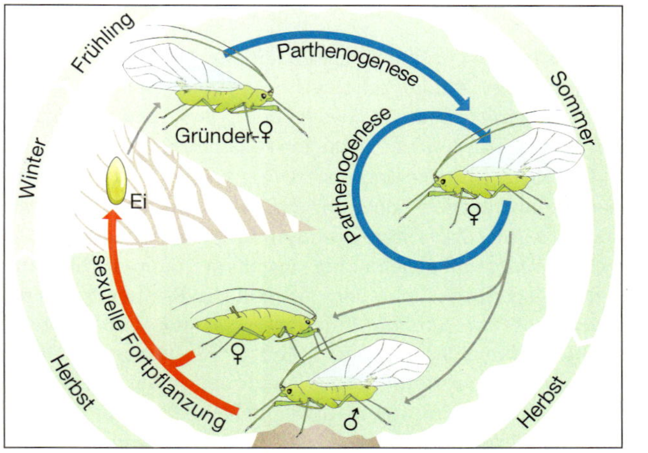

2 Lebenszyklus der Ahornzierlaus. Viele Blattläuse pflanzen sich abwechselnd parthenogenetisch und sexuell fort.

Embryonalentwicklung der Wirbeltiere

Die Ontogenese der Vielzeller lässt sich in charakteristische Phasen gliedern: In der *Embryonalentwicklung* entsteht aus der befruchteten Eizelle ein vielzelliger Embryo. Das *Jugendstadium,* in dem sich die Gestalt ändert und die Organe ausreifen, kann den Eltern im Bau gleichen, aber auch eine völlig anders organisierte *Larve* sein. So besitzen Froschlarven im Unterschied zu erwachsenen Tieren Kiemen, Ruderschwanz und Seitenlinienorgane wie Fische. Das *Erwachsenen-* oder *Adultstadium* ist durch die Fortpflanzungsfähigkeit gekennzeichnet. Im *Altersstadium* nimmt die Leistungsfähigkeit des Organismus ab, was schließlich zum Tod führt.

Auch bei sehr verschiedenen Tiergruppen verläuft die Embryonalentwicklung – insbesondere in ihren frühen Stadien – sehr ähnlich. Sie beginnt mit der *Furchung*, bei der durch rasche Zellteilungen aus der Zygote ein mehrzelliger *Blasenkeim* entsteht, die *Blastula*. Bei der anschließenden *Gastrulation* bilden sich drei *Keimblätter* heraus – Zellschichten, aus denen später verschiedene Gewebe hervorgehen. Darauf folgt die *Organogenese*, die Entwicklung der Organe.

tierung der Eioberfläche. Ein schwächer pigmentierter Bereich, der *graue Halbmond*, entsteht. Zu diesem Zeitpunkt sind die Symmetrieachsen für die weitere Entwicklung festgelegt: Der animale Pol beschreibt die zukünftige Kopfregion, der vegetative Pol die Schwanzregion, der graue Halbmond die künftige Rückenseite des Amphibienkeims.

Die Ebene der ersten Furchungsteilung verläuft *meridional,* also von Pol zu Pol. Sie entspricht der späteren Symmetrieachse des Körpers. Eine zweite Teilung erfolgt ebenfalls meridional, senkrecht zur ersten. Die dritte Teilung verläuft *äquatorial,* also horizontal zur Körperlängsachse. Dabei sind die Blastomeren am animalen Pol – die *Mikromeren* – kleiner als die dotterreichen *Makromeren* am vegetativen Pol. Durch weitere Teilungen entsteht allmählich eine Zellkugel, die wegen ihres Aussehens als *Morula* bezeichnet wird (von lat. *Morus:* Maulbeere). Anschließend bildet sich im Keim ein flüssigkeitsgefüllter Hohlraum, das *Blastocoel*. Den Keim selbst nennt man Blasenkeim oder *Blastula*. Das Blastocoel ist zum animalen Pol hin verschoben.

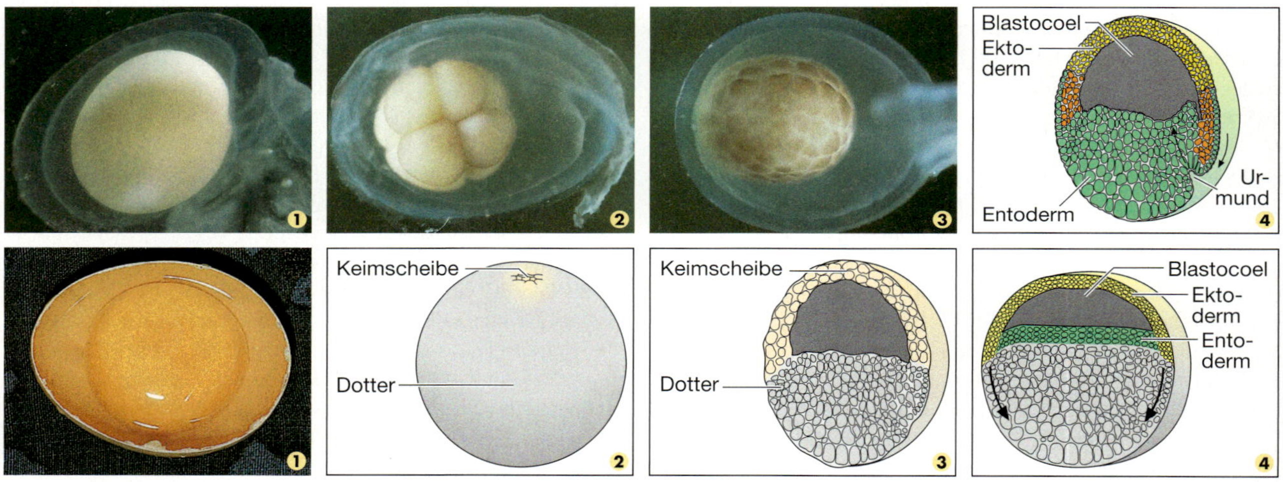

1 *Die Embryonalentwicklung der Wirbeltiere verläuft ähnlich, unterscheidet sich aber bei verschiedenen Klassen (oben Amphibium, unten Vogel) durch unterschiedlichen Dottervorrat. 1: Zygote, 2: Morula, 3: Blastula, 4: frühe Gastrula (Querschnitt)*

Furchung. Die Furchung beginnt kurz nach der Befruchtung. Die Teilungen sind äußerlich als Einschnürungen des Keims gut zu erkennen. Das Cytoplasma der Zygote wird auf die immer kleiner werdenden Zellen, die *Blastomeren*, verteilt.

Der Keim ist polar organisiert: Am *vegetativen Pol* ist die Dotterkonzentration hoch, am *animalen Pol* niedrig. Menge und Verteilung des Dotters bestimmen den *Furchungstyp*. Keime mit wenig und gleichmäßig verteiltem Dotter wie bei Säugetieren schnüren sich völlig ein und die Blastomeren sind gleich groß (*total-äquale* Furchung). Bei den mäßig dotterreichen Keimen der Amphibien sind die Blastomeren am animalen Pol kleiner (*total-inäquale* Furchung). Bei den extrem dotterreichen Fisch-, Reptil- und Vogelkeimen furcht sich nur der animale Pol als Keimscheibe (*discoidale* Furchung).

Bei Amphibien sind die beiden Pole auch unterschiedlich pigmentiert. Mit der Befruchtung verschiebt sich die Pigmen-

Gastrula und Keimblattbildung. Die einschichtige Blastula entwickelt sich durch Verlagerung von Zellen ins Innere zur *Gastrula*, einem Keim aus zwei Schichten, den Keimblättern *Ektoderm* und *Entoderm.* Sein neu eingestülpter Innenraum wird als *Urdarm* bezeichnet, dessen Öffnung als *Urmund.* Während der Gastrulation, die bei den einzelnen Wirbeltierklassen unterschiedlich verläuft, bildet sich zwischen Ekto- und Entoderm als drittes Keimblatt das *Mesoderm* aus.

Bei Amphibien umwachsen Zellen vom animalen Pol her seitlich die größeren vegetativen Zellen, bis diese in das Innere aufgenommen werden. An einer Stelle zwischen der Randzone und dem vegetativen Pol bildet sich der Urmund. Aus seinen Rändern, den Urmundlippen, werden Zellen nach innen verlagert, die das Mesoderm bilden.

Bei der Gastrulation des Vogelkeims wächst eine zweite Zellschicht, das Entoderm, zwischen die vorhandene Zellschicht und den Dotter ein. Später bildet sich eine dem Urmund der Amphibien entsprechende Längsrinne, der *Primitivstreifen*, in den Zellen aus dem Ektoderm einwandern. Aus ihnen entsteht zwischen Ento- und Ektoderm das Mesoderm.

Bei allen Wirbeltieren sind am Ende der Gastrulation die drei Keimblätter ausgebildet. Aus jedem Keimblatt gehen später ganz bestimmte Organsysteme hervor:

- Aus dem äußeren Keimblatt oder *Ektoderm* entstehen beispielsweise Haut, Nervensystem und Sinnesorgane.
- Das mittlere Keimblatt oder *Mesoderm* liefert Muskulatur, Skelett, Blutgefäße, Blut und Ausscheidungsorgane.
- Vom inneren Keimblatt oder *Entoderm* werden der Darmtrakt mit allen anhängenden Drüsen und die Lunge gebildet.

Neurulation. Im Verlauf der *Neurulation* wird das Nervensystem angelegt. Außerdem streckt sich der Keim in die Länge, Kopf, Rumpf und Schwanzknospe werden erkennbar. Der spätere Mund wird allerdings im Kopfbereich neu durchbrechen, während der Urmund zum After wird. Aus diesem Grund gehören Wirbeltiere zu den *Neumündern* oder *Deuterostomiern*. Ihnen stehen die *Urmünder* oder *Protostomier* wie Gliederfüßer und Ringelwürmer gegenüber, bei denen der Urmund zur definitiven Mundöffnung wird.

Bei Amphibien bildet das Ektoderm zunächst einen schuhsohlenförmigen Bezirk, die *Neuralplatte*. Sie senkt sich später zu einer Rinne ein, deren Ränder sich zum *Neuralrohr* schließen. Aus ihm gehen Gehirn und Rückenmark hervor. Das Mesoderm bildet über dem Urdarmdach eine längliche Struktur aus, die als *Chorda dorsalis* (wörtlich: Rückensaite) bezeichnet wird und im Embryo Stützfunktion hat. Sie darf nicht mit der Wirbelsäule gleichgesetzt werden, da das Chordagewebe im Lauf der weiteren Entwicklung zurückgebildet wird. Bei vielen Wirbeltieren finden sich noch Reste der Chorda in den Wirbelkörpern und den Bandscheiben.

Außerdem bildet das Mesoderm die *Ursegmente* oder *Somiten* aus, die Chorda und Neuralrohr umschließen und Skelett und Körpermuskulatur bilden. Auch die Seitenblätter gehen auf das Mesoderm zurück und umschließen auf beiden Körperseiten einen Hohlraum, das *Coelom*. Aus ihm geht später die Leibeshöhle hervor, in der die inneren Organe liegen.

Die Bildung von Chorda und Neuralrohr verläuft bei Vögeln ganz ähnlich wie bei Amphibien. Ein wichtiger Unterschied besteht jedoch in der Bildung der Embryonalhüllen: Ektoderm und Mesoderm formen zwei Hautfalten, die sich über dem Embryo schließen und die Embryonalhüllen *Amnion* und *Serosa* bilden. Der dabei umschlossene, flüssigkeitsgefüllte Innenraum ist die *Amnionhöhle* oder *Fruchtblase*.

Besonderheiten der Landwirbeltiere. Im Unterschied zu Fischen und Amphibien, den *Anamnia*, bilden alle Landwirbeltiere, also Vögel, Reptilien und Säugetiere, als *Amniota* die Embryonalhüllen Amnion und Serosa aus. Diese Schutzhüllen sind die entscheidende Voraussetzung dafür, dass die Embryonalentwicklung der Amniota an Land stattfinden kann. Die flüssigkeitsgefüllte Amnionhöhle stellt dabei die geeignete Umwelt für den Embryo dar. Allerdings erschweren die Embryonalhüllen den Austausch der Atemgase und die Entsorgung der Stoffwechselendprodukte. Diese Aufgaben übernimmt bei den Amniota die *Allantois*, eine Ausstülpung des embryonalen Darms, die auch als Harnsack bezeichnet wird.

In Anpassung an die Viviparie, die vollständige Entwicklung im mütterlichen Körper, entstehen die Embryonalhüllen bei Säugetieren sehr früh. Die äußere Hülle, die Serosa, wird zum *Chorion*. Durch diese *Zottenhaut* erhält der Keim Verbindung zum mütterlichen Gewebe.

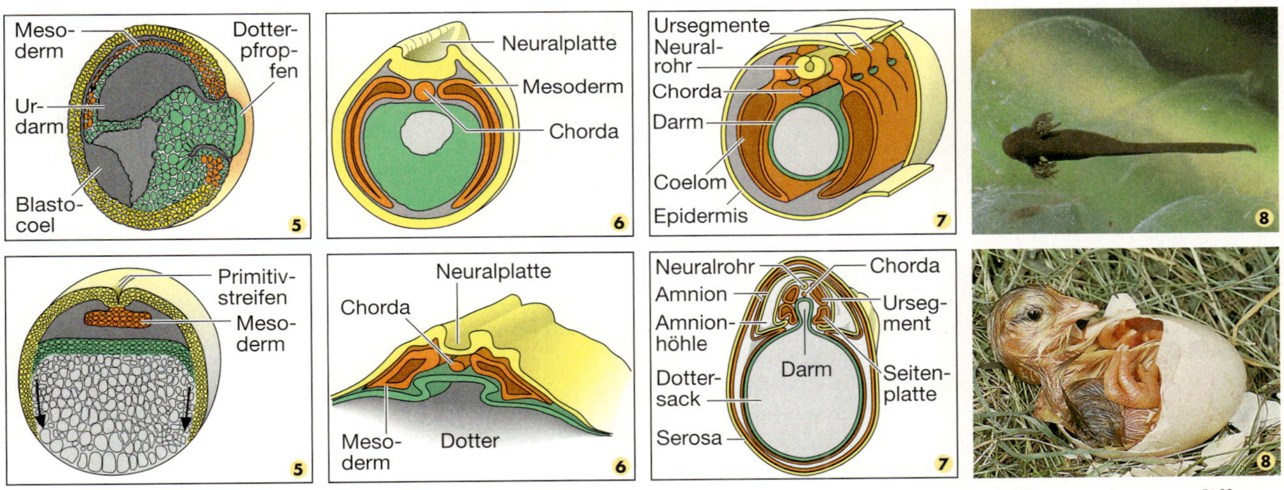

1 Mit der Gastrulation beginnt die Bildung der Keimblätter, die sich im weiteren Verlauf der Entwicklung zu Organen differenzieren. 5: späte Gastrula und Keimblattbildung, 6: Neurula, 7: Organanlagen, 8: Amphibienlarve (oben), Jungvogel (unten)

1 Der Embryo ernährt sich vom Dotter. Stellen Sie für die verschiedenen Wirbeltierklassen einen Zusammenhang her zwischen Größe und Dottermenge der Eier einerseits und der Embryonalentwicklung andererseits.

2 Warum sind Amphibieneier und -keime besonders geeignete Modelle für die Erforschung der Embryonalentwicklung?

Embryonalentwicklung des Menschen

Die Embryonalentwicklung der Säugetiere wird vor allem durch die enge Verbindung zwischen Keim und mütterlichem Körper bestimmt. Beim Menschen dauert die Entwicklung von der Befruchtung bis zur Geburt etwa 40 Wochen. In dieser Zeit entsteht aus einer einzigen Zelle ein komplizierter Organismus aus Billionen unterschiedlicher Zellen.

Befruchtung, Furchung, Einnistung. Die Eizelle wird im Eileiter befruchtet. Auf dem Weg durch den Eileiter zur Gebärmutter finden auch die ersten Furchungsteilungen statt. Sie laufen beim Menschen relativ langsam ab, sodass der Keim nach drei Tagen erst aus 8 bis 16 Zellen besteht.

7 Tage nach der Befruchtung hat sich eine Hohlkugel aus etwa 100 Zellen gebildet, die als *Blastocyste* bezeichnet wird. An einer Stelle der Blastocyste entsteht eine Ansammlung von Zellen, der *Embryoblast*, aus dem im weiteren Verlauf der Embryo hervorgeht. Aus der äußersten Zellschicht der Blastocyste entsteht die äußere Embryonalhülle. Ein Teil von ihr dient während der gesamten weiteren Entwicklung der Ernährung des Keims und wird daher auch als *Nährblatt* oder *Trophoblast* bezeichnet. Er bildet sich später zu dem für Säuger typischen, zottenbesetzten *Chorion* um, aus dem sich der kindliche Anteil der Placenta entwickelt.

Im Stadium der Blastocyste beginnt sich der Keim in der Gebärmutterschleimhaut einzunisten. Dazu setzt der Trophoblast Enzyme frei, die das Gewebe der Mutter auflösen und den Chorionzotten dadurch ermöglichen in die Schleimhaut einzuwachsen. Das Trophoblastenhormon *Human-Choriongonadotropin* HCG sorgt für die Erhaltung des Gelbkörpers und die fortgesetzte Produktion seiner Hormone, sodass keine Regelblutung einsetzt (→ S. 459). Der Nachweis von HCG im Urin einer Frau dient als Schwangerschaftstest.

Gastrulation und Neurulation. Während der Einnistung beginnt die *Gastrulation*, bei der sich die Zellen des Embryoblasten zu zwei getrennten Schichten – *Ektoderm* und *Entoderm* – ordnen. Über dem Ektoderm bildet sich die Amnionhöhle, die später zur Fruchtblase wird. Unter dem Entoderm entsteht der *Dottersack*, der aber bei Säugetieren generell dotterfrei ist. Er bildet anfangs die Blutzellen des Embryos. Aus dem Dottersack und der *Allantois* geht später die *Nabelschnur* hervor, die den Embryo mit der Placenta verbindet.

Der weitere Verlauf der menschlichen Embryonalentwicklung entspricht dem der anderen Amniota:

- Auf der Keimscheibe entsteht der rinnenförmige *Primitivstreifen*. Ektodermzellen wandern ein, die das Mesoderm bilden.
- Aus dem Mesoderm faltet sich die *Chorda dorsalis* ab.
- Im Ektoderm über der Chorda entsteht die *Neuralplatte*, die sich einige Tage später zum *Neuralrohr* schließt.

Organanlage. Nach etwa drei Wochen hat sich schon das anfangs ungekammerte Herz gebildet, das jetzt anfängt zu schlagen. Ein erstes Kreislaufsystem sichert die Versorgung des Embryos. Auch die übrigen Organe werden angelegt – sie entwickeln sich aus den drei Keimblättern.

Einige Entwicklungsschritte und Stadien der menschlichen Embryonalentwicklung sind nur verständlich, wenn man die

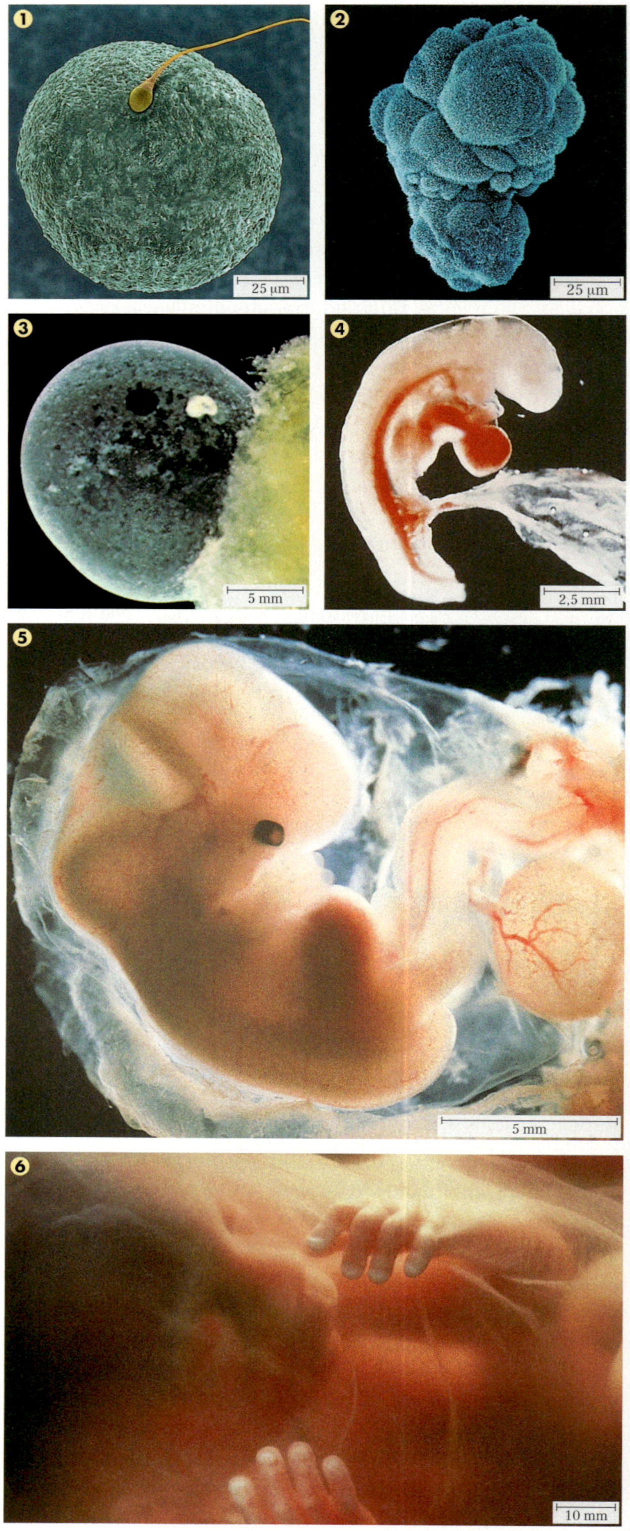

1 bis 6 Embryonalentwicklung des Menschen. 1: Befruchtung, 2: Blastocyste (6. Tag), 3: Embryo zwei Wochen alt, 4: vier Wochen alt, 5: sechs Wochen alt, 6: 19 Wochen alt

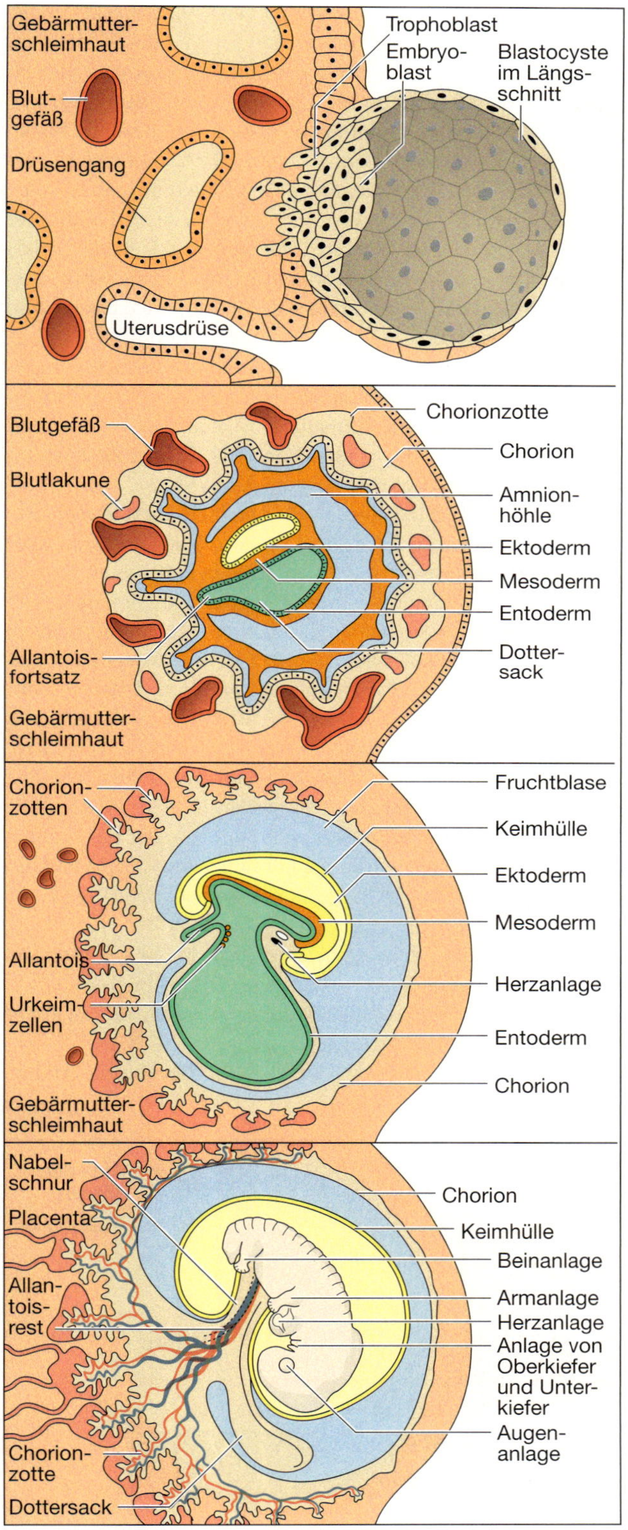

1 bis 4 Embryonalentwicklung des Menschen, schematisch. 1: Einnistung der Blastocyste, 2: Entstehung von Keimblättern (ca. 3. Woche), 3: ca. 4. Woche, 4: nach 6 bis 8 Wochen

Stammesgeschichte berücksichtigt. Dazu gehören die *Chorda dorsalis* als Rest des Achsenskeletts ursprünglicher Wirbeltiere, die segmentiert angelegten *Somiten* und die Anlage von *Kiemenbögen*. Diese stammesgeschichtlichen *Rudimente* (→ S. 259) verschwinden im Lauf der weiteren Entwicklung oder werden stark abgewandelt. Die auf die Somiten zurückgehende Segmentierung beispielsweise spiegelt sich noch in der Anordnung der Wirbel, Bauchmuskeln und Rückenmarksabschnitte wider. Die Kiemenbögen – als vier Wülste erkennbar, die durch Kiementaschen voneinander getrennt sind – entwickeln sich zu Ober- und Unterkiefer. Aus den Kiementaschen werden Gehörgänge und eustachische Röhre. Die Anlage der Schwanzwirbelsäule verwächst zum Steißbein.

Bis zum Ende des zweiten Monats sind alle Organe angelegt, die meisten ihrer Gewebe differenziert, Körperform und Gesicht nehmen allmählich menschliche Züge an.

Fötalzeit. Ab der 9. Woche bis zur Geburt nennt man das Kind Fötus. Die Fötalzeit ist durch starkes Wachstum gekennzeichnet. Die Organe reifen teilweise bis zur Funktionsfähigkeit aus. Lunge und Nervensystem nehmen ihre Tätigkeit jedoch frühestens am Ende des 6. Monats auf. Erst dann kann der Fötus als Frühgeburt überleben.

Der Fötus bewegt sich im Fruchtwasser und seine Bewegungen werden von der Mutter ab dem 5. Monat wahrgenommen. Ab jetzt nimmt das Kind monatlich bis zu 700 g an Gewicht zu, bis es nach rund 270 Tagen ein durchschnittliches Geburtsgewicht von 3000 g bis 3500 g erreicht hat.

Placenta. Ab dem 4. Monat ist die *Placenta* fertig entwickelt. Sie besteht aus dem Chorion, der Zottenhaut, als fötalem und der Gebärmutterschleimhaut als mütterlichem Anteil. Das Chorion ist aus dem Trophoblasten entstanden, der zunächst einzelne große und später viele feine Zotten bildete. Bis zum Ende des 3. Schwangerschaftsmonats sind die Zotten nur locker in der Gebärmutterwand verankert. Deshalb kommt es bis zu diesem Zeitpunkt noch leichter zu einer Fehlgeburt.

Die Placenta misst etwa 20 cm im Durchmesser. Sie versorgt den Fötus mit Nährstoffen und Sauerstoff, stellt ein umfangreiches Depot für seine Versorgung mit Vitaminen bereit und entsorgt seine Abbauprodukte. Fötaler und mütterlicher Blutkreislauf bleiben dabei durch eine dünne Haut voneinander getrennt. Diese *Placentaschranke* verhindert weitgehend, dass Zellen ausgetauscht werden. Kleinere Antikörper, manche Viren, Medikamente, Drogen und Gifte können sie aber überwinden. Bei der Geburt können dagegen Erythrocyten in größerer Zahl aus dem kindlichen ins mütterliche Blut übertreten und das Immunsystem der Mutter gegen ein späteres Kind mit Rhesusfaktor sensibilieren.

1 Die Diskussion um die Abtreibung wirft immer wieder die Frage auf, wann das Leben des Menschen beginnt. Nennen und begründen Sie mögliche Positionen zu dieser Frage.

2 Wie unterscheiden sich Embryo und Fötus?

3 Erläutern Sie, inwiefern die gesetzlich festgelegten Fristen für einen Schwangerschaftsabbruch auch mit der Ausbildung der Placenta in Zusammenhang stehen.

Schädigende Einflüsse auf die Entwicklung

Auch im Mutterleib ist das sich entwickelnde Kind Umwelteinflüssen ausgesetzt, die unter Umständen Schädigungen hervorrufen. Dies können Fehlbildungen des Embryos, eine Früh- und Fehlgeburt, aber auch Entwicklungsstörungen nach der Geburt sein. Entscheidend für die Auswirkungen eines schädigenden Faktors ist der Zeitpunkt seines Einwirkens. Schädigungen bis zum 15. Tag nach der Befruchtung werden entweder völlig „repariert" oder beenden die Entwicklung. Schädigende Einflüsse während der Phase der Organbildung, also in der 3. bis 10. Schwangerschaftswoche, haben meist Missbildungen zur Folge. Dabei ist die „kritische Phase" für die einzelnen Organe und Körperteile verschieden (→ Bild 1).

Ionisierende Strahlung wie beispielsweise Röntgenstrahlung ist einer der wichtigsten physikalischen Schädigungsfaktoren. Darüber hinaus spielen vor allem *chemische* und *biologische* Einflüsse eine Rolle. Nicht nur Nährstoffe, Exkrete und Atemgase, sondern auch Hormone, Krankheitserreger, Antikörper sowie Medikamente und Drogen können die Placentaschranke überwinden und so von der Mutter zum Kind gelangen. Bei Blutgruppenunverträglichkeit können Antikörper, die die Mutter gegen Antigene des Kindes bildet, Schädigungen hervorrufen (→ S. 230).

Medikamente. Ende der 50er-Jahre erlangte das Beruhigungsmittel Contergan traurige Berühmtheit. Es enthielt den Wirkstoff *Thalidomid,* der gegen Schlaflosigkeit verschrieben wurde. Frauen, die das Medikament während der Frühschwangerschaft eingenommen hatten, brachten vermehrt Kinder mit schweren Missbildungen der Arme und Beine oder ohne Ohrmuscheln zur Welt. Die Schädigungen wurden auf eine gestörte Entwicklung der Blutgefäße zurückgeführt.

Bisher ist nur für wenige Wirkstoffe wie Tetracycline oder bestimmte Gerinnungshemmer eine keimschädigende Wirkung nachgewiesen. Dennoch sollte eine Schwangere zusammen mit ihrem Arzt sehr genau prüfen, ob die Einnahme eines Medikaments notwendig ist.

Infektionen und Krankheiten. Von Infektionen der Mutter ist in der Regel auch das Kind betroffen. Am bekanntesten ist das Risiko, das von einer *Rötelninfektion* der Mutter ausgeht. Das Rötelnvirus schädigt die kindlichen Zellen direkt. In der frühen Schwangerschaft führt dies zu Herzfehlbildungen, Augen- und Hörschäden. Kinder, deren Mütter erst im vierten Schwangerschaftsmonat mit Röteln in Berührung kamen, haben meist keine Schädigungen zu erwarten. Um dem Risiko einer Rötelnerkrankung während einer Schwangerschaft vorzubeugen, sollten sich Mädchen gegen Röteln impfen lassen.

Gefährlich für das Kind ist auch eine frische Infektion der Mutter mit *Toxoplasma*. Der Einzeller kann durch rohes Fleisch oder durch Kontakt mit infizierten Haustieren, insbesondere Katzen, übertragen werden. Toxoplasmose kann zu lebenslangen Hirn- und Augenschäden führen.

Bei Diabetes-mellitus-Patientinnen kann eine Schwangerschaft einen erhöhten Blutzuckerwert bewirken. Der Embryo produziert selbst verstärkt Insulin. Er wächst sehr stark, aber seine Organe reifen nicht aus. Nach der Geburt besteht das Risiko einer Zuckerunterversorgung beim Kind.

Genussmittel und Drogen. *Coffein* steigert vor allem die Aktivität des Kindes. In hohen Dosen kann Kaffeekonsum aber auch zu Wachstumsstörungen oder einer Fehlgeburt führen. Der Genuss von *Alkohol* während der Schwangerschaft zählt dagegen zu den häufigsten Ursachen von Missbildungen. In Deutschland kommen 1 bis 3 von 1000 Neugeborenen mit alkoholbedingten Beeinträchtigungen zur Welt. Diese äußern sich, je nach Schweregrad, in Minderwuchs, Untergewicht, verzögerter geistiger Entwicklung und „nervösem" Verhalten, aber auch körperlichen Fehlbildungen und Gehirnschäden. Die Schädigungen sind umso schwerer, je mehr Alkohol die Mutter getrunken hat. Schwangere sollten völlig auf Alkohol verzichten. Ähnlich wie Alkohol können auch *Nikotin* und andere *Drogen* die Entwicklung des Kindes beeinträchtigen.

1 Prüfen Sie die Packungsbeilagen von Medikamenten auf Hinweise für Schwangere. Gibt es hier Unterschiede?

2 Was würden Sie einer Schwangeren raten, die an einer Grippe erkrankt?

3 Inwieweit kann sich der Stress, den die Mutter erfährt, auch auf das Kind auswirken?

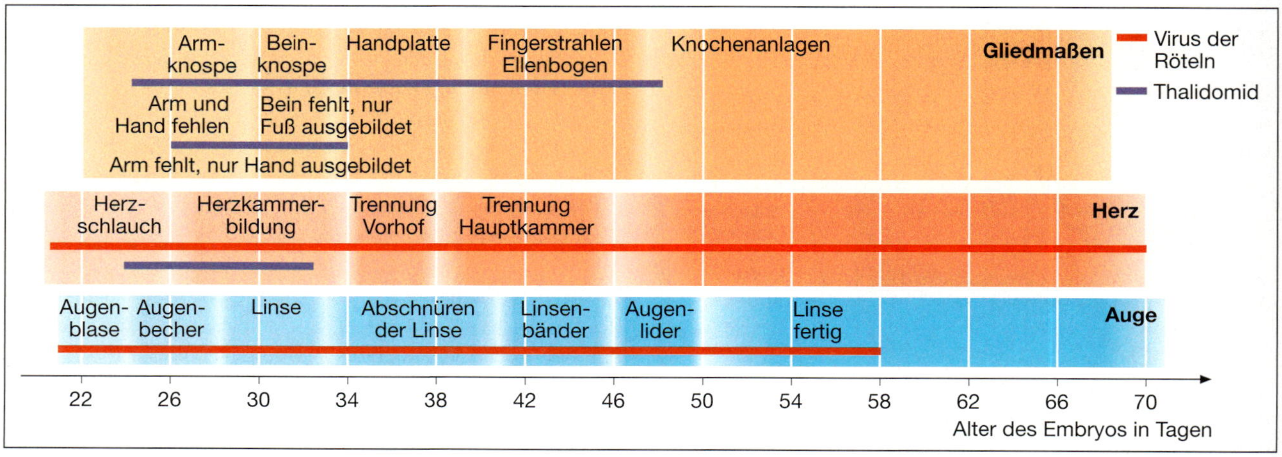

1 Organbildung während der Embryonalentwicklung und Schädigungen durch den Wirkstoff Thalidomid und das Rötelnvirus

Reproduktionstechniken

Wenn ein Paar kinderlos bleibt, obwohl es sich Kinder wünscht, so ist dies für die Partner eine schwere Belastung. Unfruchtbarkeit kann viele Ursachen haben. Dazu gehören neben Gonosomen-Aberrationen (→ S. 181), hormonellen Störungen, den Folgen von Infektionen oder Operationen möglicherweise auch Schädigungen durch Umweltgifte. Oft spielen psychische Faktoren eine Rolle. Mit den Methoden der *Reproduktionsmedizin* kann häufig trotz dieser Störungen eine Schwangerschaft herbeigeführt werden.

In vielen Fällen führen schon psychologische Beratung, Akupunktur oder homöopathische Behandlung zum gewünschten Erfolg. Eine Hormonbehandlung kann beim Mann die Zahl der Spermien erhöhen, bei der Frau Eireifung und Einnistung ermöglichen. Mangelnde Durchlässigkeit der Eileiter lässt sich meist chirurgisch beheben.

Künstliche Befruchtung. Ist die Zahl der Spermien oder ihre Bewegungsfähigkeit zu niedrig, so kann der Arzt die Spermien künstlich übertragen und sie zum Zeitpunkt des Eisprungs direkt in die Gebärmutter einführen. Bei einer solchen *Insemination* wird die Eizelle auf natürlichem Weg befruchtet. Bei Zeugungsunfähigkeit des Mannes können auch Spermien eines Samenspenders übertragen werden.

Sind die Eileiter der Frau nicht durchgängig, so können Eizellen der Frau entnommen und außerhalb des Körpers, im Reagenzglas, befruchtet werden. Dieses Verfahren bezeichnet man als *In-vitro-Fertilisation* (IVF). Nach etwa zwei Tagen werden unter dem Mikroskop befruchtete Eizellen ausgewählt und in die Gebärmutter eingepflanzt. Der IVF geht in der Regel eine Hormonbehandlung voraus. Sie bewirkt eine *Superovulation*, sodass innerhalb eines Zyklus 10 oder mehr Follikel reifen. Da sich nicht alle Keime erfolgreich einnisten, überträgt man immer mehrere, aber höchstens drei Embryonen gleichzeitig. Dies soll den Erfolg sichern und gleichzeitig die Zahl der Mehrlingsgeburten niedrig halten.

Ein neues IVF-Verfahren ist die *intracytoplasmatische Spermieninjektion* (ICSI). Dabei wird das Spermium direkt in die Eizelle injiziert.

Psychische, ethische und rechtliche Probleme. Eine reproduktionsmedizinische Behandlung setzt das Paar in der Regel unter enormen psychischen Druck. Bei der künstlichen Befruchtung muss die Frau zusätzlich hohe Hormondosen verkraften. Darüber hinaus ergeben sich aus den neuen Techniken ethische und rechtliche Probleme. Die Befruchtung außerhalb des Körpers ermöglicht es nicht nur, der Frau die befruchtete Eizelle einer Spenderin einzupflanzen, sondern auch einen Embryo von einer Leihmutter austragen zu lassen. Ob es gesetzlich erlaubt sein soll, Embryonen vor der Übertragung in die Gebärmutter auf Erbkrankheiten hin zu untersuchen *(Präimplantationsdiagnostik)*, ist umstritten.

In vitro gezeugte, „überschüssige" Embryonen werden tiefgefroren aufbewahrt und später eingesetzt, falls ein erster Embryotransfer misslingt. Nach einer bestimmten Zeit werden sie vernichtet. In Großbritannien können diese Embryonen bis zum Alter von 14 Tagen zu Forschungszwecken benutzt werden. Das Augenmerk der Forscher liegt hierbei besonders auf den *Stammzellen* – noch undifferenzierten, so genannten *totipotenten* Zellen, aus denen sich jede Art von menschlichem Gewebe entwickeln kann. Auch im Labor lässt sich aus Stammzellen jede gewünschte Zellart nachzüchten.

Darauf beruht das *therapeutische Klonen*. Bei diesem Verfahren wird die DNA aus einer Körperzelle des Patienten entnommen und in eine gespendete Eizelle eingebracht, die sich in Kultur zu einem Embryo entwickelt. Im Stadium der Blastocyste entnimmt man Stammzellen, die man im Reagenzglas anregen kann, sich zu beliebigen Zellen zu differenzieren. Durch Reimplantation des so gezüchteten Gewebes wäre es möglich, bisher nicht heilbare Krankheiten wie Alzheimer, Parkinson, Diabetes oder Herzinfarktschäden zu behandeln.

1 Verdeutlichen Sie sich verschiedene Formen von Mutter- und Vaterschaft.

2 Vergleichen Sie die Techniken der Reproduktionsmedizin mit denen der Gentechnik. Erklären Sie die Unterschiede.

3 Informieren Sie sich über den Inhalt des in Deutschland gültigen „Gesetzes zum Schutz von Embryonen" und vergleichen Sie mit den Regelungen in Großbritannien und Italien.

4 Welche Vorteile hätte die Reimplantation von Gewebe, das durch therapeutisches Klonen erzeugt wurde, gegenüber einer Organtransplantation?

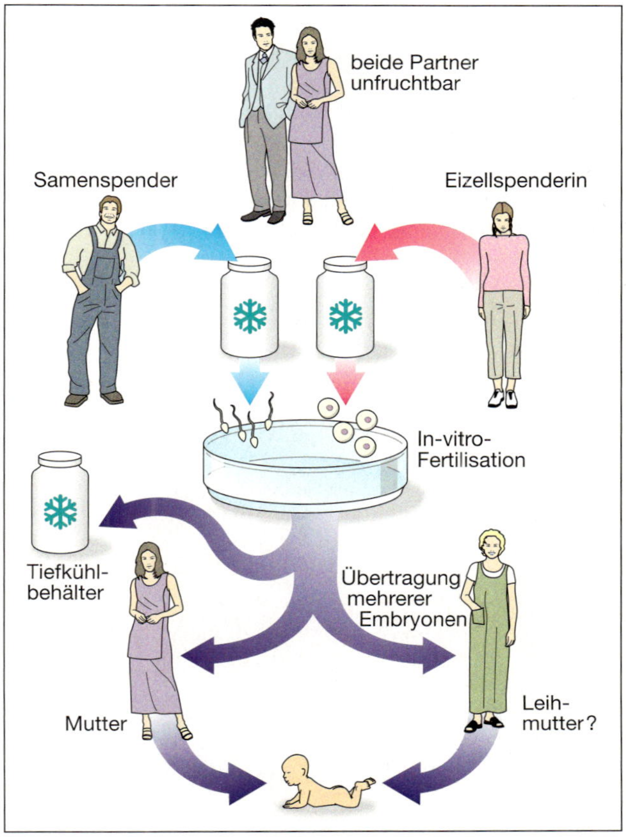

1 Die Reproduktionsmedizin ermöglicht auch Paaren, bei denen beide Partner unfruchtbar sind, ein Kind zu bekommen.

Faktoren der Entwicklung

Von Anfang an beschäftigte die Entwicklungsbiologen die Frage, wie aus genetisch gleichen Zellen – den Abkömmlingen der Zygote – ein komplex organisierter Organismus aus sehr unterschiedlich differenzierten Zellen hervorgeht. Welche Faktoren sorgen dafür, dass sich die Zellen verschieden entwickeln? Wie erfolgt ihre gesetzmäßige Anordnung zum Muster der Gewebe und Organe? Wodurch wird sie gesteuert?

Regulation und Determination. HANS DRIESCH trennte 1890 die Blastomeren von Seeigelkeimen im Zwei- und Vierzellstadium und ließ sie einzeln weiterreifen. Aus jeder Zelle entstand eine kleinere, aber vollständige Larve. Jede der Zellen ist also in der Lage, einen kompletten Organismus hervorzubringen. Die gesamte Entwickungsmöglichkeit einer Zelle bezeichnet man als ihre *prospektive Potenz*. Das, was bei einer normalen Entwicklung tatsächlich aus der Zelle hervorgeht, ist ihre *prospektive Bedeutung*. Beim Seeigel ist die prospektive Potenz der Blastomeren größer als die prospektive Bedeutung. Dies verleiht dem Keim die Möglichkeit, bei Störung die Entwicklung zu regulieren. Solche Eier werden dem *Regulationstyp* zugeordnet.

Untersuchungen an anderen Tiergruppen erbrachten ganz andere Ergebnisse. Werden zum Beispiel bei Seescheiden die Blastomeren des Zweizellstadiums getrennt, entwickelt sich aus jedem eine halbe Larve. Entnimmt man Zellen aus der Blastula, so fehlen dem ausgewachsenen Tier die Teile, die sich normalerweise aus den entnommenen Zellen entwickelt hätten. Eine Regulation findet nicht statt. Schon in der Zygote lassen sich Eibezirke unterscheiden, deren weiteres Schicksal *festgelegt* ist. Die Entwicklungslinie dieser Areale kann man durch spezielle Markierungsverfahren verfolgen: über Blastomeren und Zellgruppen bis hin zur Organbildung. Eier mit solchen Eigenschaften nennt man *Mosaikeier*. Bei ihnen stimmen prospektive Potenz und prospektive Bedeutung überein.

HANS SPEMANN experimentierte 1901 mit Molcheiern. Er schnürte Eiregionen voneinander ab und ließ sie sich getrennt weiterentwickeln (→ Bild 1). War die Schnürung so angelegt, dass sie den grauen Halbmond gleichmäßig zerteilte, entwickelten sich zwei vollständige Larven. Enthielt eine Hälfte den gesamten grauen Halbmond, entstand nur aus ihr eine intakte Larve, die andere Hälfte bildete ein Bauchstück. Er schloss daraus, dass der graue Halbmond cytoplasmatische Faktoren enthält, die die weitere Entwicklung bestimmen. Diese Festlegung bezeichnet man als *Determination*.

Induktion und Organisator. Anhand von Transplantationsexperimenten an Molchkeimen untersuchte SPEMANN, wann diese Determination stattfindet. Dazu entnahm er Keimen verschiedener Entwicklungsstadien Gewebestücke und ersetzte sie jeweils durch Gewebestücke aus *anderen Keimregionen*. Im Blastula- und frühen Gastrulastadium entwickelten sich die Transplantate *ortsgemäß*: Ihre Differenzierung wurde durch die Umgebung bestimmt.

Entnahm er bei einer späten Gastrula ein Gewebestück oberhalb des Urmunds und fügte es in die zukünftige Bauchregion einer zweiten Gastrula ein, so verhielt sich das Gewebestück *herkunftsgemäß*: Es wurde zu Chordagewebe. Während der Neurulation des „Wirtskeims“ bildete sich aus den Ektodermzellen oberhalb des Transplantats eine zweite Neuralplatte. So entstand ein zweiter, mit dem ersten verwachsener Embryo (→ Bild 2). Das eingepflanzte Gewebestück löste im Wirtsgewebe eine abweichende Entwicklung aus. Diese determinierende Wirkung auf umgebendes Gewebe nennt man *Induktion*, das auslösende Gewebeteil *Organisator*.

Schon SPEMANNS Versuche zeigten die erstaunliche Fähigkeit von Keimen zur *Selbstorganisation*. Darunter versteht man die spontane Bildung räumlicher Verteilungsmuster in einem System. Sie ist bis heute nicht genau verstanden.

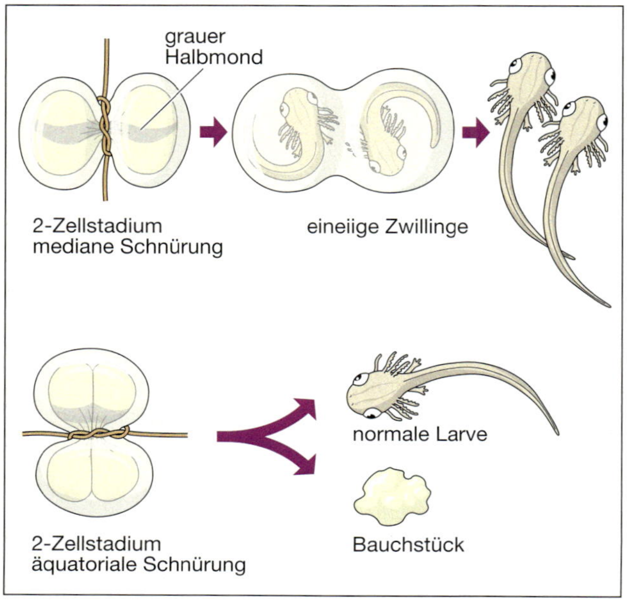

1 Schnürungsversuche am Molchei

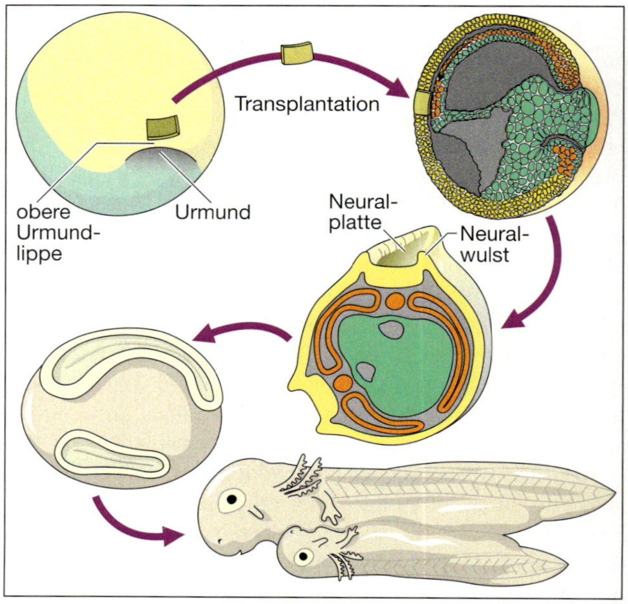

2 Gewebetransplantation bei der späten Molch-Gastrula

Genregulation und Differenzierung. Die Differenzierung einer Zelle geht auf ihre spezifische Proteinausstattung zurück. Sie hängt von der *Aktivität verschiedener Gene* ab, die durch Signale in der Zelle selbst oder von außen reguliert wird. Der Organisator in SPEMANNS Transplantationsversuch beispielsweise, die Zellen der dorsalen Urmundlippe, gibt Stoffe an die Umgebung ab. Diese Signalstoffe aktivieren in ganz bestimmten Zellen Transkriptionsfaktoren, was wiederum zur Synthese anderer regulatorischer Proteine führt (→ S. 160). Auf diese Weise bewirkt eine *Kaskade von Regulatorproteinen*, dass die Zellen sich in verschiedene Richtungen entwickeln.

Während der Embryonalentwicklung fungieren cytoplasmatische Faktoren wie auch Hormone als Signale (→ S. 462).

Musterbildung durch Konzentrationsgradienten. Bei neueren Forschungen an Drosophila wurden mehrere hundert Gene identifiziert, die für die Ausbildung der Körperachsen und der Grundgestalt verantwortlich sind. Eines dieser Gene ist *bicoid*, das die Bildung des Kopfes beeinflusst. Während der Eireifung schleusen Nährzellen die mRNA des bicoid-Gens in die Eizelle ein, wo sie sich in einer bestimmten Region ansammelt. Die Befruchtung löst die Translation aus. Am zukünftigen Vorderpol des Embryos ist das bicoid-Protein zunächst hoch konzentriert. Allmählich diffundiert es ins Cytoplasma hinein, sodass ein *Konzentrationsgefälle*, ein *Gradient*, entsteht. Das bicoid-Protein bindet an die DNA und kontrolliert die Expression bestimmter Gene. Die unterschiedliche bicoid-Konzentration stellt eine genaue *Positionsinformation* für jede Stelle entlang der Körperachse dar.

Stoffe, die wie das bicoid-Protein die spätere Gestalt des Tiers entscheidend beeinflussen, nennt man *Morphogene*.

Segmentierung und Homöobox-Gene. Die Gradienten des bicoid-Proteins und anderer Morphogene bewirken die regional unterschiedliche Expression von Regulatorgenen entlang der Kopf-Schwanz-Achse des Embryos. Sie führt zu einer regelmäßigen *Segmentierung* des Körpers. Dabei sind zunächst nur Grenzen und Ausrichtung der Segmente festgelegt. Erst bestimmte Gene, die *homöotischen Gene*, entscheiden über die spezielle Ausstattung jedes Segments. Eine Mutation in einem homöotischen Gen kann zum Beispiel dazu führen, dass an einem Kopfsegment Beine statt Antennen gebildet werden.

Zu den erstaunlichsten Ergebnissen entwicklungsbiologischer Forschung der letzten Jahre gehört es, dass Segmentierungsgene und homöotische Gene bei fast allen Tieren einschließlich des Menschen und sogar bei Pflanzen zu finden sind. Es stellte sich sogar heraus, dass Fliegen, denen das für die Entstehung des Auges verantwortliche homöotische Gen einer Maus eingepflanzt wurde, ein zusätzliches Facettenauge entwickelten. Offenbar sind die Gene, die die Entwicklung von Augen einleiten, bei Säuger und Insekt sehr ähnlich.

Alle homöotischen Gene stimmen in einer Sequenz von 180 Basenpaaren überein. Diese charakteristische Sequenz wird als *Homöobox* bezeichnet. Die entsprechende Proteinsequenz bildet denjenigen Teil der regulatorischen Proteine, der an die DNA bindet. Im Genom vieler Tiere sind die Homöobox-Gene in ähnlicher Reihenfolge auf den Chromosomen angeordnet. Deshalb nimmt man an, dass die Vorläufersequenz der Homöobox zu einem frühen Zeitpunkt in der Evolution entstand und im Lauf der Zeit variiert wurde. Die Entdeckung der Homöobox ermöglichte demnach nicht nur Einblick in die Embryonalentwicklung, sondern auch in Evolutionsabläufe.

1 Die Ausbildung der Körperachse im Fruchtfliegen-Embryo wird durch mütterliche Gene bestimmt. Begründen Sie.

2 Wie erklären Sie sich, dass trotz der Ähnlickeit des homöotischen Gens für die Augenentwicklung so unterschiedliche Strukturen wie Komplex- und Linsenauge entstehen?

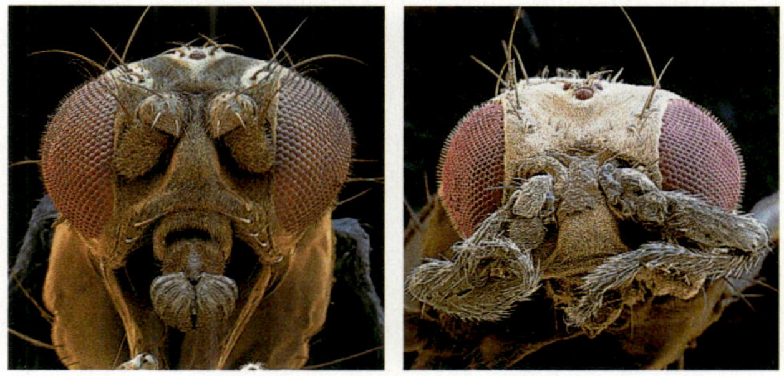

1 und 2 Köpfe von Taufliegen: Als Folge einer homöotischen Mutation entstehen Beine anstelle von Antennen.

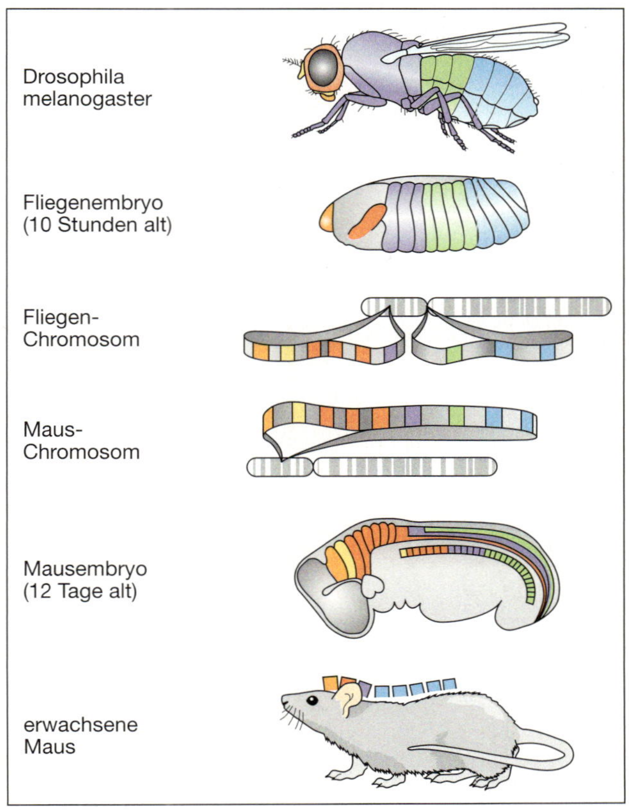

3 Homöoboxgene werden gemäß ihrer Anordnung auf den Chromosomen in der Entwicklung nacheinander exprimiert.

Material – Methode – Praxis: **Entwicklungssteuerung**

Meeresalgen der Gattung Acetabularia bestehen im Frühstadium aus einer einzigen, pilzförmigen, bis 10 cm langen Zelle (→ Bild unten). Die Form des Schirms variiert innerhalb der Gattung und ist artspezifisch. Um 1930 wies J. HÄMMERLING durch Regenerations- und Transplantationsversuche an dieser Alge nach, dass nicht nur der Zellkern, sondern auch Faktoren im Cytoplasma die Gestaltbildung beeinflussen.

Mittlerweile hat man einzelne Stoffe, die als *Organisatoren* die Entwicklungsrichtung von Zellen induzieren, isoliert, kennt ihre Molekülstruktur und setzt sie ein, um experimentell die Entwicklung spezifischer Organe zu bewirken. Noch kennt man nicht alle Faktoren, die für die Bildung eines Organs verantwortlich sind. Mithilfe des *Knock-out-Verfahrens* (→ S. 202) ist es aber möglich, einzelne Entwicklungsgene gezielt auszuschalten. Das Ausfallen eines bestimmten Entwicklungsschritts bewirkt sichtbare Veränderungen am Organismus, anhand derer man rückschließen kann, für welchen Prozess das mutierte Gen verantwortlich ist. So lässt sich ein komplexer Regelkreis in seine Einzelschritte zerlegt erforschen.

Pfropfungsversuch bei Acetabularia

Material: mehrere Exemplare zweier verschiedener Arten der Gattung Acetabularia (z. B. A. mediterranea und A. wettsteinii), Glasschälchen, Kochsalznährlösung, Pinzette, Schere

Durchführung: Von mehreren Exemplaren beider Algen entfernt man den Schirm. Stiel und Rhizoid werden voneinander getrennt. Dann pfropft man auf das kernhaltige Rhizoid von A. wettsteinii ein Stielstück von A. mediterranea. Entsprechend verfährt man mit A. mediterranea, auf deren Rhizoid ein Stiel von A. wettsteinii gesetzt wird. Als Kontrolle setzt man einzelne ungepfropfte Algen ohne Schirm in die Nährlösung.

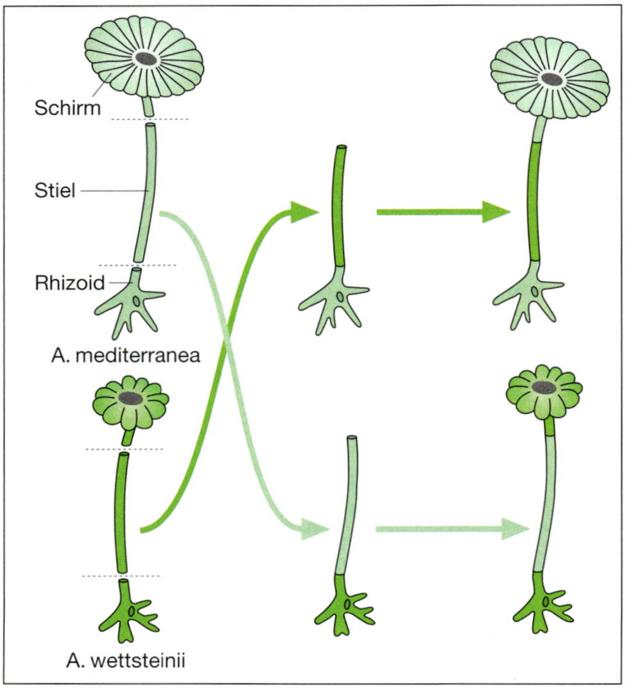

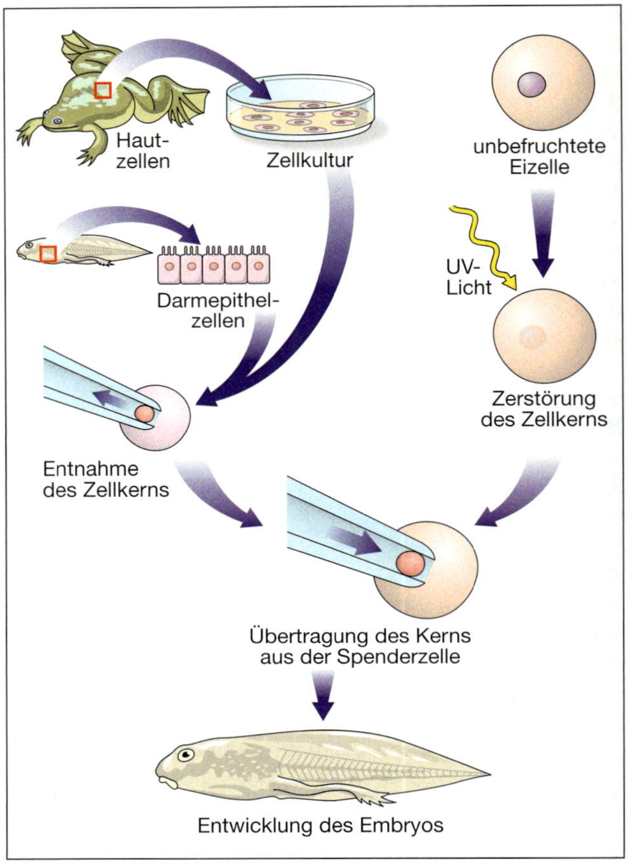

Kerntransplantation

Bei Versuchen mit Eiern des Krallenfroschs Xenopus wurde der Zellkern durch UV-Bestrahlung zerstört. Anschließend wurde der Kern einer ausdifferenzierten Zelle in das entkernte Ei eingebracht. Als Spenderzellen dienten Darmepithel- und Hautzellen von Kaulquappen verschiedener Entwicklungsstadien und ausgewachsener Tiere. Je jünger das Entwicklungsstadium des Kernspenders, desto häufiger entwickelten sich die manipulierten Eizellen zu Kaulquappen. Kernlose Eier entwickelten sich nicht.

Mit dem gleichen Verfahren gelang es britischen Wissenschaftlern 1997 ein Schaf zu klonieren (→ S. 193). Dabei implantierten sie in eine Eizelle den Kern aus einer Zelle des Euters eines anderen Schafs.

1 Erläutern Sie das Ergebnis des Pfropfungversuchs.
2 Vergleichen Sie mit den Ergebnissen der Kerntransplantationsversuche. Begründen Sie die Unterschiede.
3 Entwerfen Sie weitere mögliche Kerntransplantationsexperimente und schätzen Sie ab, welches Ergebnis bei den jeweiligen Zelltypen zu erwarten ist.

Stichworte zu weiteren Informationen

Klonierung, Hybridisierung, Actinomycin, Differenzierung, Regeneration

Überblick

- Fortpflanzung oder Reproduktion dient der Erhaltung der Art. Sie gewährleistet die Weitergabe genetischer Information. → S. 210
- Lebewesen pflanzen sich entweder ungeschlechtlich – durch Teilung, Knospung oder Ableger – oder geschlechtlich über Bildung von Keimzellen fort. → S. 210, 211
- Bei vielen Organismen wechseln sexuelle und asexuelle oder sexuelle und parthenogenetische Fortpflanzung in einem Generationswechsel. Ein Generationswechsel ist meist mit einem Kernphasenwechsel verbunden. → S. 211
- Die Individualentwicklung eines Lebewesens, die Ontogenese, beginnt mit der Befruchtung. Sie verläuft in charakteristischen Entwicklungsstadien – Embryonal-, Jugend-, Erwachsenen- und Altersstadium – und endet mit dem Tod. → S. 212
- Kurz nach der Befruchtung setzt die Furchung ein. Dabei teilt sich die Zygote rasch in immer kleiner werdende Zellen, die Blastomeren, und wird zur Blastula. → S. 212
- Die Menge und Verteilung des Dotters bestimmt den Furchungstyp. → S. 212
- Bei der Gastrulation entstehen drei Keimblätter: Ekto-, Meso- und Entoderm. Aus den Keimblättern gehen im Lauf der Organogenese die verschiedenen Organe hervor. → S. 212, 213
- Amphibien entwickeln sich über ein Larvenstadium. Sie vollziehen eine Metamorphose. → S. 212, 213
- Die Embryonen der Landwirbeltiere sind von Embryonalhüllen umgeben. Im Ei oder im Uterus bilden sie eine flüssigkeitsgefüllte Blase. → S. 213
- In der Embryonalentwicklung höherer Säugetiere wie des Menschen entsteht durch die Placenta eine besonders enge Verbindung zwischen Mutter und Kind. → S. 214, 215
- Die Placenta dient der Versorgung des Embryos. Aber auch schädigende Einflüsse wie Medikamente, Genussmittel, Drogen und Krankheitserreger passieren die Placentaschranke. → S. 215, 216
- Moderne Reproduktionstechniken wie Insemination und In-vitro-Fertilisation können Paaren, die sich vergeblich ein Kind wünschen, zu einer Schwangerschaft verhelfen. → S. 217
- Transplantationsexperimente zeigten, dass bestimmte Zellgruppen die Entwicklung benachbarter Zellen durch Induktion beeinflussen. → S. 218, 220
- Bereits vor der Befruchtung sind Stoffe im Cytoplasma der Eizelle ungleichmäßig verteilt. Sie beeinflussen die weitere Entwicklung der aus den Blastomeren hervorgehenden Zellen. → S. 218, 219
- Für die Genaktivierung während der Embryonalentwicklung spielen außerdem Signale von außen eine Rolle wie Induktorstoffe oder Hormone. → S. 219
- Die ungleichmäßige Verteilung von Morphogenen im Embryo führt dazu, dass sich Körperachsen und die Körpergrundgestalt ausbilden. → S. 219
- Homöotische Gene bestimmen die jeweilige Ausprägung von zunächst gleichartigen Segmenten. Bei verschiedenen Tiergruppen stimmen diese Gene in einer Sequenz von 180 Basenpaaren überein, der Homöobox. → S. 219

Aufgaben und Anregungen

1 Grenzen Sie die Begriffe Fortpflanzung und Entwicklung voneinander ab.

2 Wie erklären Sie sich, dass in der befruchteten Eizelle die Furchung – ein in hohem Maß Energie verbrauchender Prozess – ablaufen kann, obwohl der Keim in dieser Zeit keine Nahrung aufnimmt?

3 Schildern Sie Gemeinsamkeiten und Unterschiede in der Embryonalentwicklung von Amphibien und Vögeln.

4 Im Gegensatz zu Reptilien laichen Amphibien im Wasser oder an feuchten Orten. Begründen Sie.

5 Bei Säugetier- und Amphibieneiern beginnt die Entwicklung mit einer totalen Furchung. Andererseits bilden sich bei Säugetieren die Embryonalhüllen weitgehend wie bei Vögeln. Erklären Sie Übereinstimmung und Unterschiede in der Embryonalentwicklung dieser Wirbeltiergruppen.

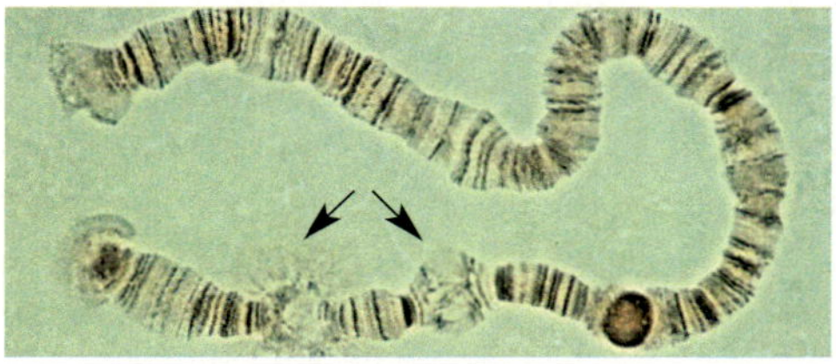

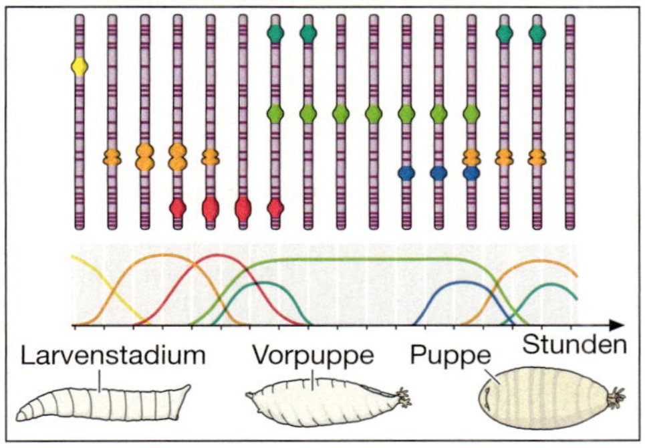

6 Informieren Sie sich über die Wirkung von Nikotin auf den sich entwickelnden Embryo und Fötus.

7 In verschiedene entkernte Eizellen von Molchen wurde der Kern eines Molchblastomers eingesetzt, der Kern einer Darmzelle und einer Hautzelle eines Molches. Aus allen manipulierten Eizellen entwickelte sich ein vollständiger Molch. Implantierte man jedoch den Kern einer Gehirnzelle, starb die Zelle nach der Kerntransplantation ab. Erklären Sie die Versuchsergebnisse unter Verwendung der Begriffe Totipotenz, prospektive Potenz und prospektive Bedeutung.

8 Das Foto links oben zeigt so genannte *Puffs* an einem Riesenchromosom einer Zuckmücke. An diesen Stellen sind die Chromosomen aufgelockert und die Transkription ist besonders intensiv. Im Lauf der Entwicklung ändert sich das Puffmuster (→ Bild unten). Erklären Sie mithilfe der differenziellen Genaktivität.

Immunbiologie des Menschen

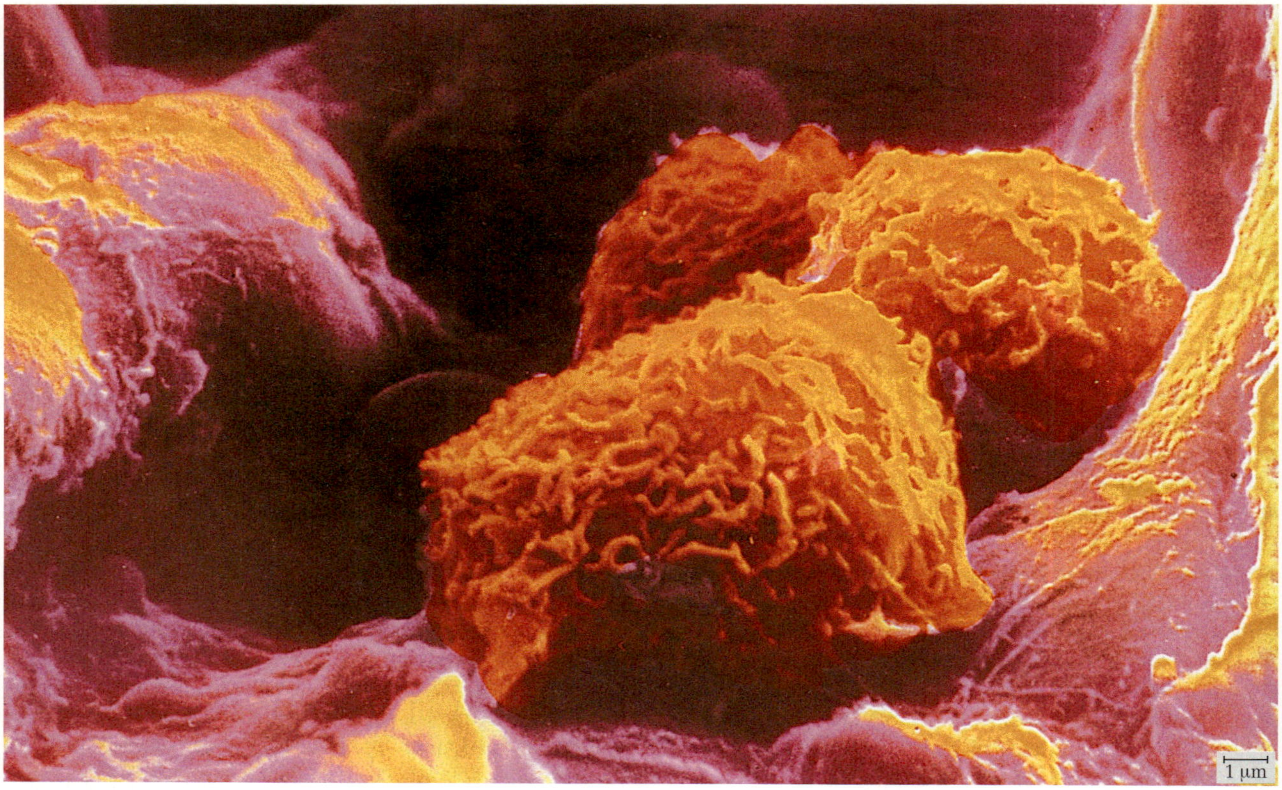

1 *Drei Makrophagen patrouillieren in den Lungenbläschen, eine besonders gefährdete Eingangspforte in den Körper.*

Hundert Milliarden Makrophagen, besonders langlebige und aktive Leukocyten, durchstreifen ständig unseren Körper. Sie können sich ähnlich wie Amöben bewegen und zwischen den Zellen in jedes Gewebe eindringen. Treffen ihre langen Pseudopodien auf einen Fremdkörper, etwa einen Krankheitserreger, wirken sie wie Fangfäden. Dann umfließt die Abwehrzelle den Eindringling, phagocytiert ihn und greift ihn mit Enzymen an. Zugleich löst sie Alarm aus: Signalstoffe holen weitere Abwehrzellen zur Verstärkung, und aus den Abbauprodukten gewinnt die Fresszelle Informationen über Eigenschaften des Fremdlings, die sie anderen Gliedern des Abwehrsystems vermittelt und denen wir täglich aufs Neue unser Leben verdanken.

Im Blickpunkt:
- angeborene Abwehrmechanismen: schnell und unspezifisch
- erworbene Abwehrmechanismen: spezifische Wirkung und langes Gedächtnis
- Antikörpervielfalt gegen Erregervielfalt
- Gedächtniszellen reagieren auf einen zweiten Angriff
- Überlisten des Immunsystems bei Organtransplantation und Bluttransfusion
- Infektionskrankheiten und Impfschutz
- zu wenig oder zu viel: Fehlfunktionen des Immunsystems
- Krebs und Immunsystem

Wo es Leben gibt, ist es auch bedroht. Nicht nur Widrigkeiten der unbelebten Natur oder Fressfeinde gefährden die Gesundheit oder Existenz von Lebewesen. Eine ständige Bedrohung sind Erkrankungen, die von anderen, meist mikroskopisch kleinen Eindringlingen ausgehen: Bakterien, Viren, Pilzen, ein- und vielzelligen tierischen Parasiten. Im Laufe der Evolution haben sich verschiedene Systeme zur Abwehr solcher Infektionen entwickelt. Gleichzeitig übernehmen sie auch die Zerstörung und Beseitigung entarteter Körperzellen, aus denen Tumore entstehen können.

Unspezifische Abwehr. Alle vielzelligen Tiere besitzen eine angeborene, unspezifisch gegen alle fremden Organismen gerichtete Abwehr, auch Resistenz genannt. Ihre erste Abwehrlinie bilden Körperhüllen wie Haut und Schleimhaut in Verbindung mit Drüsensekreten. Eine zweite Abwehrfront im Körperinnern besteht aus Bakterien tötenden Proteinen und Fresszellen, so genannten Phagocyten. Ihre Aktivität kann sich als Entzündung bemerkbar machen.

Spezifische Abwehr. Als Antwort auf immer neue Bedrohungen hat sich bei den Wirbeltieren ein zweites Abwehrsystem entwickelt, das mit der Resistenz eng kooperiert. Diese spezifische Abwehr wird erst im Laufe des Lebens erworben, da sie sich erst nach Kontakt mit bestimmten Pathogenen (Krankheitserregern) entwickelt. Diese werden mit Abwehrproteinen, den Antikörpern, und besonderen Abwehrzellen, den Lymphocyten, gezielt abgewehrt.

Organe und Zellen des Abwehrsystems

Obwohl das Immunsystem lebenswichtig ist und sein Versagen den sicheren Tod bedeutet, ist es in unserer Vorstellung vom Körper kaum präsent. Ein Grund dafür ist sicherlich seine dezentrale Organisation. Es besteht zum einen aus dem *Lymphsystem* (→ Bild 1), das sich wiederum aus dem Lymphgefäßsystem und den lymphatischen Organen zusammensetzt. Zum anderen umfasst es aber vor allem ein bis zwei Billionen *Abwehrzellen* und verschiedene *Abwehrproteine.*

Lymphsystem. Im Kapillarbereich der Blutgefäße treten täglich zwei bis drei Liter einer klaren, gelblichen Serumflüssigkeit aus, die man *Lymphe* nennt. Sie sammelt sich in den *Lymphgefäßen*, durchströmt die *Lymphknoten* und wird über die Schlüsselbeinvene wieder dem Blutkreislauf zugeführt. Die Lymphknoten dienen – besonders an Körperpforten, Darm und entlang der Blutgefäße – als Filterstationen für Giftstoffe, Reste abgestorbener oder veränderter Zellen und Bakterien in der Lymphe. Zugleich sind sie von Abwehrzellen, besonders *Lymphocyten* dicht besiedelt, die sich hier mit den Fremdkörpern und Zellresten auseinander setzen. Ähnliche Aufgaben übernehmen Milz und Mandeln, während im Thymus, einem drüsenartigen Gewebe hinter dem Brustbein (Rückbildung nach dem Kindesalter), Lymphocyten entstehen und reifen.

Abwehrzellen. Im Knochenmark, dem wichtigsten Bildungsgewebe für Blutzellen bei Wirbeltieren, entstehen neben den Erythrocyten und Thrombocyten auch die meisten Abwehrzellen, die weißen Blutkörperchen oder *Leukocyten*. Mit 5000 bis 10 000 Zellen je mm^3 sind sie im Blut etwa 1000-mal seltener als Erythrocyten, ihre Hauptmasse hält sich allerdings im Lymphsystem auf.

- *Granulocyten*, mit körnchenförmigen Einschlüssen im Zellplasma und gelapptem Zellkern, bilden etwa zwei Drittel aller Leukocyten. Je nach Färbbarkeit der Zellplasmakörnchen lassen sich verschiedene Typen unterscheiden. Die meisten Granulocyten sind Fresszellen, die zur Phagocytose von Fremdkörpern fähig sind (→ S. 224). Sie sind im Blut und außerhalb der Kapillaren im Gewebe zu finden und nur wenige Tage lebensfähig.
- *Monocyten* sind große Fresszellen im Blut, die mehrere Monate alt werden. Sie können die Blutbahn verlassen und durchwandern dann nach ihrer Differenzierung zu Makrophagen amöbenartig sämtliche Gewebe des Körpers.
- *Lymphocyten.* Nach Reifungsort und Funktion unterscheidet man B- und T-Lymphocyten. Während B-Lymphocyten im Knochenmark (**b**one marrow) heranreifen und im Blut als Plasmazellen Antikörper bilden (→ S. 226), wird die „Immunkompetenz" der T-Lymphocyten im **T**hymus hergestellt. Dabei werden nur diejenigen Vorläuferzellen der T-Lymphocyten aktiviert, die selbsttolerant sind, sich also nicht gegen gesunde körpereigene Zellen richten. Alle übrigen werden zerstört. T-Lymphocyten sind an vielen Abwehrprozessen beteiligt (→ S. 229), vor allem an der Zerstörung fremder, virusbefallener und entarteter Zellen.

1 Überlegen Sie, warum bei Erkältungskrankheiten häufig eine Mandelentzündung zu beobachten ist.

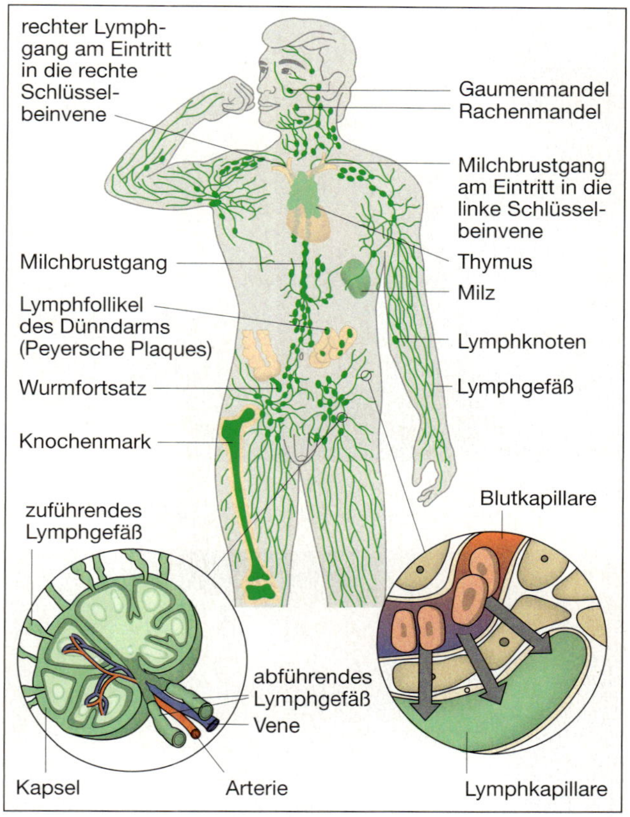

1 Das Lymphsystem des Menschen

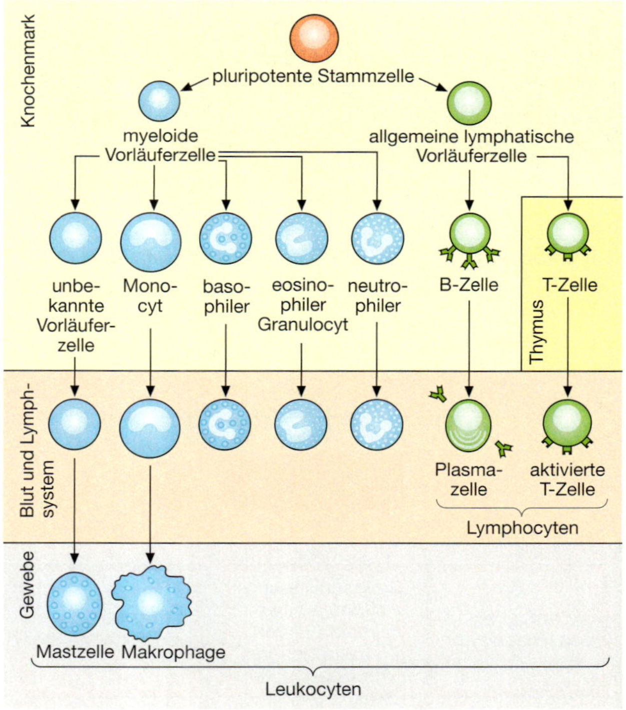

2 Leukocyten entstammen dem Knochenmark.

Unspezifische Abwehr

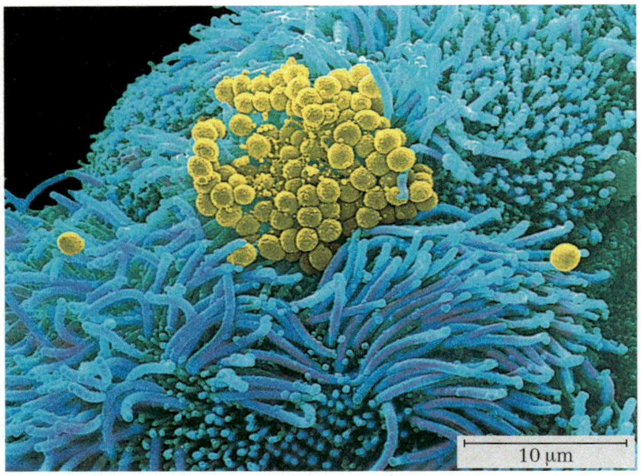

1 Aktiv bewegliche Flimmerhaare des Luftröhrenepithels entfernen eine Kolonie des Bakteriums Staphylococcus.

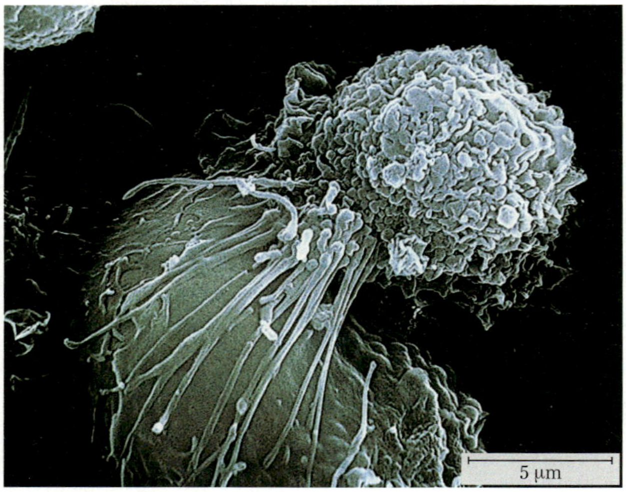

2 Ein Makrophage phagocytiert einen Fremdkörper.

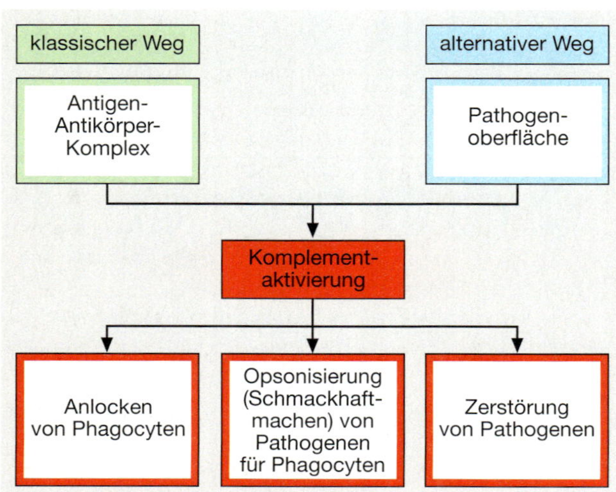

3 Zwei verschiedene Wege der Komplementaktivierung

Die Mechanismen der unspezifischen, angeborenen Immunreaktion greifen *schnell und unmittelbar* beim ersten Kontakt mit einem Eindringling. Ihre Wirksamkeit bleibt auch bei jeder weiteren Infektion durch denselben Erreger immer gleich. Darin unterscheidet sie sich von der spezifischen, erworbenen Immunreaktion (→ S. 226), die zu Immunität, also einem langfristigen Schutz führt.

Mechanische und chemische Abwehr. Die *Haut-, Horn-* oder *Chitinschichten* der Körperbedeckung von Mensch und Tier sind im intakten Zustand eine kaum zu überwindende Barriere für Bakterien, Viren oder Pilze. Beim Menschen erschweren die *sauren Sekrete* der Talg- und Schweißdrüsen, aber auch die Konkurrenz der natürlichen Hautflora-Bakterien eine Besiedlung der Haut mit schädlichen Mikroorganismen. Auch die Schleimhäute, die Verdauungskanal, Atemwege oder Genitaltrakt auskleiden, hemmen das Vordringen der Erreger von den Körperöffnungen aus. Zähflüssiger *Schleim* schließt Fremdkörper ein. Anschließend wird dieser durch Husten, Niesen oder mithilfe von Flimmerhaaren nach außen befördert. Neben Schleim reinigen auch *Speichel und Tränen* innere und äußere Hautflächen von Mikroben. Die Sekrete enthalten oft Bakterien hemmende Proteine, zum Beispiel das Enzym Lysozym (→ S. 66), das die Zellwände von Bakterien angreift und zerstört. Einen weiteren wirksamen Bakterienfilter stellt der sehr saure Magensaft dar.

Funktionsweisen der Abwehrzellen. Die *neutrophilen Granulocyten* und *Monocyten* bzw. *Makrophagen* beseitigen eingedrungene Fremdkörper oder Reste eigener Zellen durch Phagocytose (→ Bild 2): Sie umfließen die Partikel, nehmen diese dadurch in die Zelle auf und verdauen sie mithilfe von Enzymen in den Lysosomen (→ S. 30). Anders als Monocyten bzw. Makrophagen zerstören sich die neutrophilen Granulocyten dabei selbst. Eiter besteht meist aus solchen abgestorbenen neutrophilen Granulocyten. *Eosinophile Granulocyten* setzen sich am Körper vielzelliger Parasiten fest und greifen deren Hülle mit Enzymen an. *Basophile Granulocyten*, die in verschiedenem Gewebe, besonders im Bindegewebe, ortsfest werden, ähneln den *Mastzellen*, die an allergischen Reaktionen beteiligt sind (→ S. 235). Körpereigene Zellen, deren Stoffwechsel entgleist oder durch Befall mit Viren völlig verändert ist, können von Abkömmlingen der T-Lymphocyten, den *Natürlichen Killerzellen* (NK-Zellen), an bestimmten Stoffwechselprodukten in ihrer Membran erkannt und zerstört werden.

Antimikrobielle Proteine: Komplementsystem. Neben den Abwehrzellen existiert in den Körperflüssigkeiten, vor allem im Blut, ein System spezieller *Enzymproteine gegen Mikroben*. Da es die anderen Abwehrmechanismen ergänzt (→ S. 228), wird es als Komplementsystem bezeichnet. Durch Bestandteile der Zelloberfläche von Pilzen, Bakterien oder Einzellern aktiviert, verläuft es als Kaskade aus vielen Dutzend Schritten. Das Produkt jedes Reaktionsschritts aktiviert und verstärkt den nächsten Schritt. Die Wirkung ist vielfältig: Komplementproteine kleben Fremdzellen an Blutgefäßwänden fest, markieren sie für angelockte Fresszellen oder perforieren sie, sodass ihr Zellinhalt austritt und sie absterben (→ Bild 3).

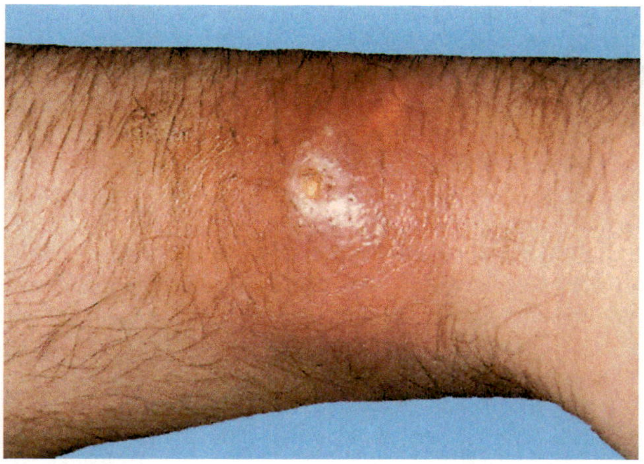

1 *Staphylococcus-Infektion: Furunkel am Unterarm*

Entzündung. Rötung, Erwärmung, Schwellung und Schmerzen am Infektionsort – diese typischen Zeichen einer lokalen Entzündung, beispielsweise nach einer Hautverletzung, sind jedem bekannt (→ Bild 1).

Werden Zellen zerstört, treten *Signalstoffe* wie *Prostaglandine* und *Histamin* aus. Sie verstärken die Blutzufuhr in den umliegenden Blutgefäßen und erhöhen deren Durchlässigkeit, was zu Rötung, Erwärmung und Schwellung führt. Im Zusammenspiel mit dem Komplementsystem können *basophile Granulocyten* sowie *Mastzellen* ebenfalls zur Ausschüttung von Histamin veranlasst und die Entzündungsprozesse dadurch verstärkt werden. Etwa eine Stunde nach der Verletzung beginnen – angelockt durch Komplementproteine – *neutrophile Granulocyten,* später auch *Monocyten* aus dem Blut in das verletzte Gewebe einzuwandern. Sie phagocytieren eingedrungene Keime und Zelltrümmer (→ Bild 2).

Nach großen Verletzungen oder einer massiven Infektion bleibt die Entzündungsreaktion nicht lokal begrenzt, sie wird *systemisch*. Die Zahl der Leukocyten im Blut steigt dann rasch an. *Fieber* kann sich einstellen. Es wird durch Giftstoffe von Krankheitserregern, aber auch durch Signalstoffe der Leukocyten ausgelöst, beschleunigt den Stoffwechsel und kann bei einigen Krankheitserregern die Vermehrung hemmen. Werden Mastzellen in großem Umfang aktiviert, verursachen sie überall im Körper eine Erweiterung der Blutgefäße. Fällt als Folge davon der Blutdruck gefährlich ab, verengen sich die Atemwege und schwillt der Kehldeckel an, ist ein lebensgefährlicher *anaphylaktischer Schock* eingetreten.

Cytokine. Als Reaktion auf eine Infektion setzen die verschiedenen Abwehrzellen Cytokine frei. Diese kleinen, kurzlebigen Proteine beeinflussen die Aktivität anderer Zellen des Immunsystems und können dadurch Abwehrprozesse verstärken oder auslösen. So aktivieren *Interleukine* zum Beispiel T-Helferzellen (→ S. 227, 229). Der *Tumor-Nekrose-Faktor* (TNFα) kann zum Verschluss kleiner Blutgefäße führen und dadurch eine Infektion örtlich eingrenzen. *Interferone* behindern die Virenvermehrung, regen die Natürlichen Killerzellen an, virusinfizierte Zellen gezielt zu töten, und erhöhen die Resistenz gesunder Zellen gegen die Natürlichen Killerzellen.

Von vielen Cytokinen, von denen man weit über 100 kennt, verspricht man sich eine medizinische Nutzung. Allerdings ist ihre Wirkung oft sehr vielfältig und ihre Konzentration in einer Zelle mit weniger als 10 000 Molekülen sehr niedrig. Interferone (→ S. 204), die vor allem bei der Kontrolle von Virusinfektionen wie Hepatitis, aber auch einiger Formen von Krebs sehr wirksam sind, stellt man inzwischen als Arzneimittel gentechnisch her.

1 Ein Holzsplitter dringt in die Fingerkuppe ein. Nach etwa 24 Stunden ist eine deutliche Anschwellung eines Knotens in der Achselhöhle zu spüren. Erklären Sie.

2 Vergleichen Sie die Entzündungsreaktion mit der allergischen Reaktion (→ S. 235).

3 Warum kann man Fieber als Kennzeichen einer funktionierenden Abwehr beschreiben?

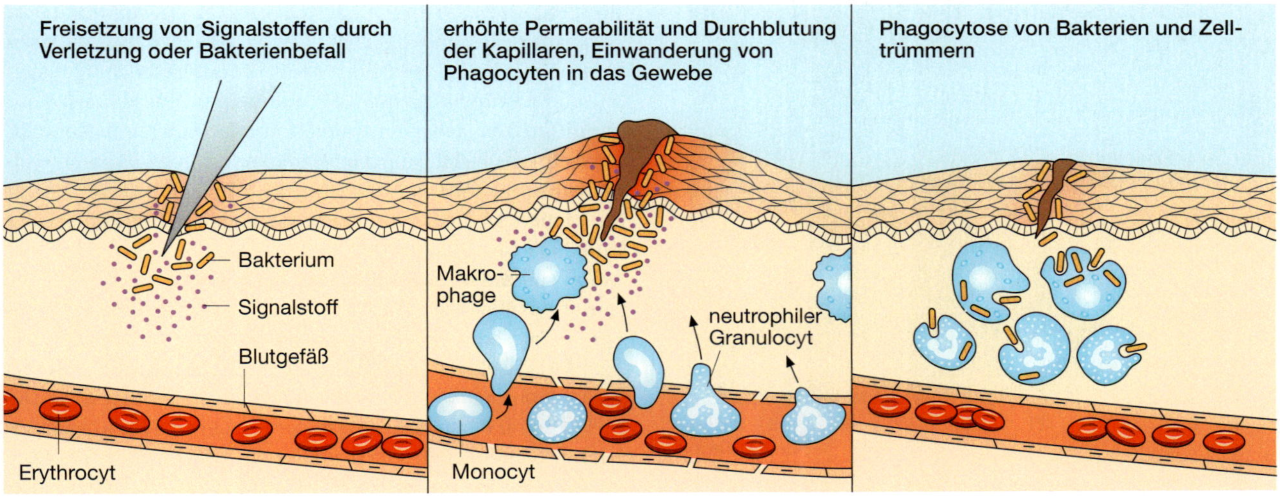

2 *Verlauf einer Entzündung*

Spezifische Abwehr: Ein Überblick

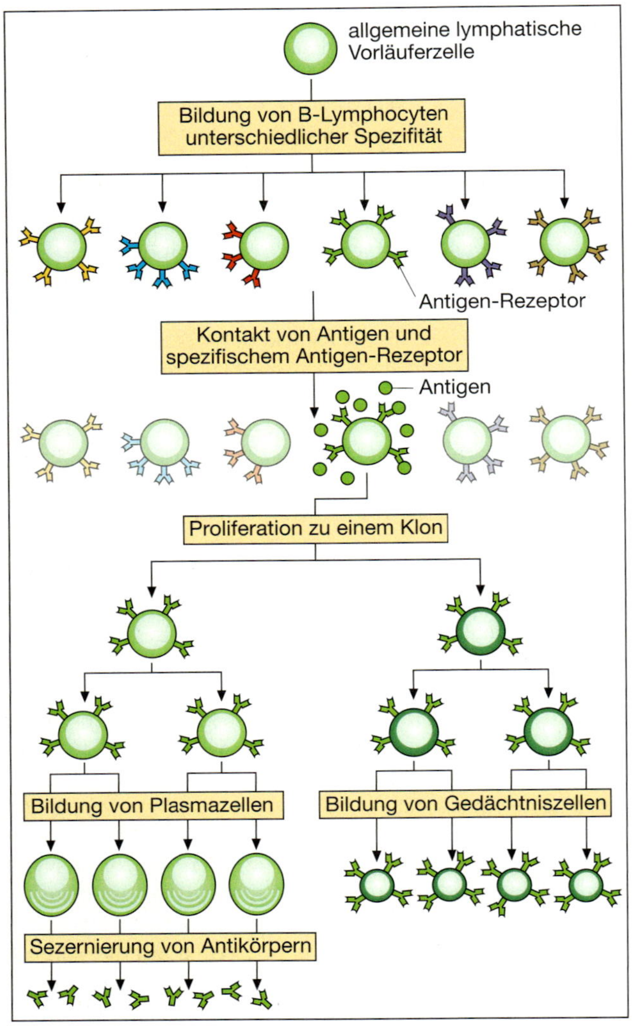

1 *Klonale Selektion und Immungedächtnis*

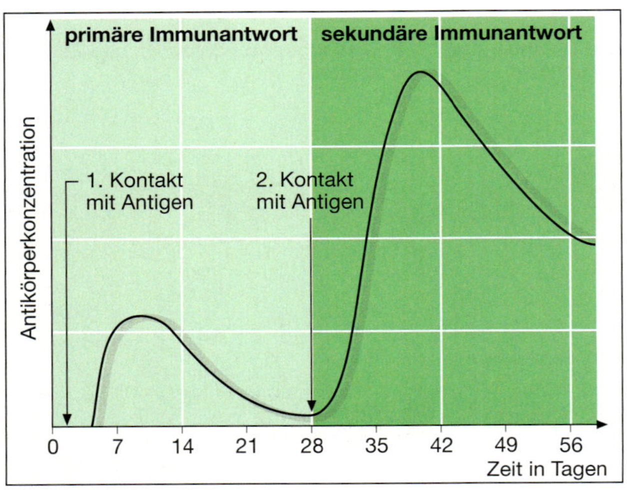

2 *Zeitlicher Verlauf von primärer und sekundärer Immunantwort*

Mit der Entwicklung der spezifischen Abwehr gelang den Wirbeltieren ein entscheidender Fortschritt im Kampf gegen fremde Stoffe und Zellen: Dieses Abwehrsystem ist durch *höchste Spezifität, immunologisches Gedächtnis* und eine *verfeinerte Selbst-fremd-Unterscheidung* ausgezeichnet. Seine Wirkung wird als *erworbene Immunität* bezeichnet.

Alle Stoffe, die – als isolierte Substanzen oder Bestandteile fremder Organismen – eine spezifische Immunantwort auslösen, werden *Antigene* genannt. Der zentrale Teil der Immunantwort besteht darin, dass Moleküle des Immunsystems, *Antikörper* genannt, mit Antigenen spezifisch reagieren und sie somit erkennen. Die Antikörper können dabei entweder als Antigen-Rezeptoren Bestandteile der Zellmembran von B-Lymphocyten sein oder frei in Körperflüssigkeiten vorkommen. Der Antigen-Antikörper-Reaktion (→ S. 228) liegen schwache, nichtkovalente Wechselwirkungen räumlich zueinander passender Moleküle zugrunde, wie sie sich in ähnlicher Weise zwischen Enzym und Substrat ausbilden (→ S. 66).

Antigenvielfalt und Antikörperspezifität. Die spezifische Wirkung setzt voraus, dass den Millionen verschiedener Antigene eine entsprechende Zahl spezifischer Antikörper gegenübersteht. Zunächst nahm man an, dass ein einheitliches Antikörpermolekül im Kontakt mit verschiedenen Antigenen passend „instruiert", also geformt wird. Inzwischen haben Experimente bewiesen, dass das Immunsystem Millionen verschiedener Antikörper bereithält. Jeder Antikörper einer bestimmten Spezifität wird von einer einzigen B-Lymphocytenzelle produziert und in deren Zellmembran als Rezeptor eingebaut (→ Bild 1). Trifft diese Zelle auf ein Antigen, das zu ihrem Rezeptor passt, wird sie selektiv vermehrt und bildet einen Klon von Effektorzellen *(klonale Selektion)*, die das Antigen bekämpfen: Aus B-Lymphocyten gereifte Plasmazellen bilden in der *humoralen Immunreaktion* (von lat. *humor*: Flüssigkeit) freie Antikörper. T-Lymphocyten unterstützen die B-Lymphocyten, sind zudem aber auch an der zellvermittelten Immunreaktion beteiligt (→ S. 229).

Immungedächtnis. Nach dem ersten Kontakt mit einem Antigen dauert es 5–10 Tage, bis in der *primären Immunantwort* wirksame Effektorzellen gebildet sind. Gleichzeitig mit diesen kurzlebigen Zellen entstehen aus B-Lymphocyten antigenspezifische *Gedächtniszellen*, die Jahrzehnte überdauern können. Kommen sie später erneut mit dem Antigen in Kontakt, vermehren sie sich sehr viel schneller und bewirken eine effektive *sekundäre Immunantwort* (→ Bild 2). Auf ihr beruht die oftmals lebenslange Immunität nach einer Infektion oder Impfung (→ S. 233).

Selbst-fremd-Unterscheidung. Damit sich die Waffen des Immunsystems nicht gegen körpereigene Zellen richten, brauchen diese eine Art „Ausweis". Er besteht aus Proteinmolekülen, die durch eine Genfamilie codiert werden, die als *MHC (major histocompatibility complex)* bezeichnet wird. Die MHC-Proteine befinden sich in der Membran aller Körperzellen und sind für jedes Individuum einzigartig. Fast alle Körperzellen tragen MHC-Klasse-I-Proteine. Immunzellen besitzen als „Spezialausweis" MHC-Klasse-II-Proteine.

Spezifische Abwehr: Bildung und Bau der Antikörper

Bildung der Antikörper. Kommt ein B-Lymphocyt mit einem Antigen in Kontakt, das zu seinem Antigen-Rezeptor passt, vermehrt er sich zu einem Zellklon. Ein Teil davon entwickelt sich zu Antikörper produzierenden *Plasmazellen*, ein anderer zu *B-Gedächtniszellen*. Diese Zellvermehrung oder Proliferation bedarf aber meist der Kooperation mit *Makrophagen* und bestimmten T-Lymphocyten, den *T-Helferzellen* (T_H-Zellen) (→ Bild 1, S. 229):

- Hat ein Makrophage einen Eindringling phagocytiert, baut er Antigenbruchstücke zusammen mit MHC-Klasse-II-Proteinen in seine Membran ein und präsentiert sie damit anderen Immunzellen.
- Bindet sich eine T_H-Zelle mit passendem Rezeptor an die solchermaßen präsentierten Antigenbruchstücke, wird sie aktiviert und vermehrt sich.
- Durch Kontakt einer T_H-Zelle mit den gleichen Antigenen eines B-Lymphocyten, schüttet sie Cytokine aus, die den B-Lymphocyten zur Vermehrung anregen. Die dabei gebildeten Plasmazellen produzieren bis zu 2000 Antikörpermoleküle pro Sekunde.

Bau der Antikörper. Die meisten Antikörper oder *Immunglobuline (Ig)* bestehen im Wesentlichen aus mehreren Proteinketten, die ein Y-förmiges Molekül bilden. Zwei *große (schwere)* und zwei *kleine (leichte) Proteinketten* sind über Disulfidbrücken (-S-S-) miteinander verbunden (→ S. 228).

Der größte Teil des Moleküls ist bei allen Antikörpern einer Klasse identisch und wird als *konstante Region* bezeichnet. Die Aminosäuresequenz am Ende der beiden „Arme" ist dagegen für jeden Antikörper einer Art spezifisch.

Diese *variablen Regionen* bilden die beiden Antigenbindungsstellen, die mit ganz bestimmten Antigenabschnitten, den Epitopen (→ S. 228), wie Schlüssel und Schloss zusammenpassen. Zwischen den „Armen" und dem „Fuß" des Antikörpers befinden sich Gelenkstellen, durch die sich der Abstand der „Arme" bei der Bindung an zwei Antigene verändern kann.

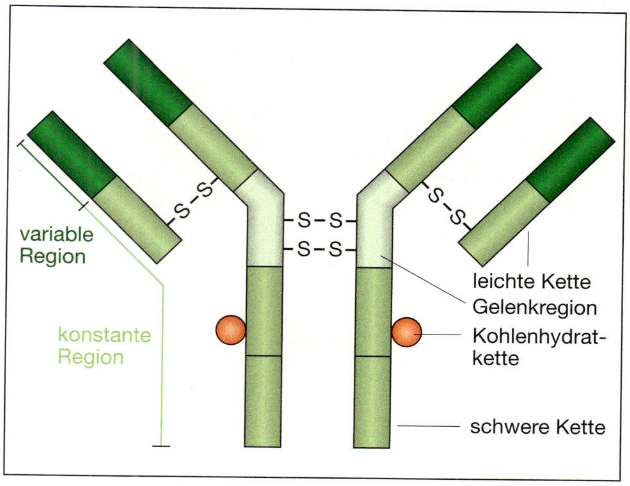

2 Aufbau eines IgG-Antikörpermoleküls

Der „Fuß" eines Antikörpers kann sich nicht an ein Antigen anlagern, ist aber dennoch von großer Bedeutung. Er kann an Zelloberflächen binden und das Komplementsystem aktivieren (→ S. 224, 228).

Entstehung der Antikörpervielfalt. Lange war rätselhaft, wie das Genom die Erbinformation für Millionen verschiedener Antikörper enthalten kann. Heute weiß man, dass dafür relativ wenige Gene erforderlich sind.

Die DNA einer Knochenmarkzelle, aus der ein B-Lymphocyt entsteht, enthält etwa 250 verschiedene Genabschnitte, die für die variablen Proteinketten codieren. Bei der Reifung einer Zelle werden sie aus der DNA bis auf zwei oder drei zufallsgemäß herausgeschnitten. Nur diese neu „arrangierten" Gene werden exprimiert. Daher bildet jede Zelle ihre eigenen Antikörperproteine mit spezifischer Aminosäuresequenz. Eine 1000fach erhöhte Mutationsrate der B-Lymphocyten steigert die Antikörpervielfalt zusätzlich.

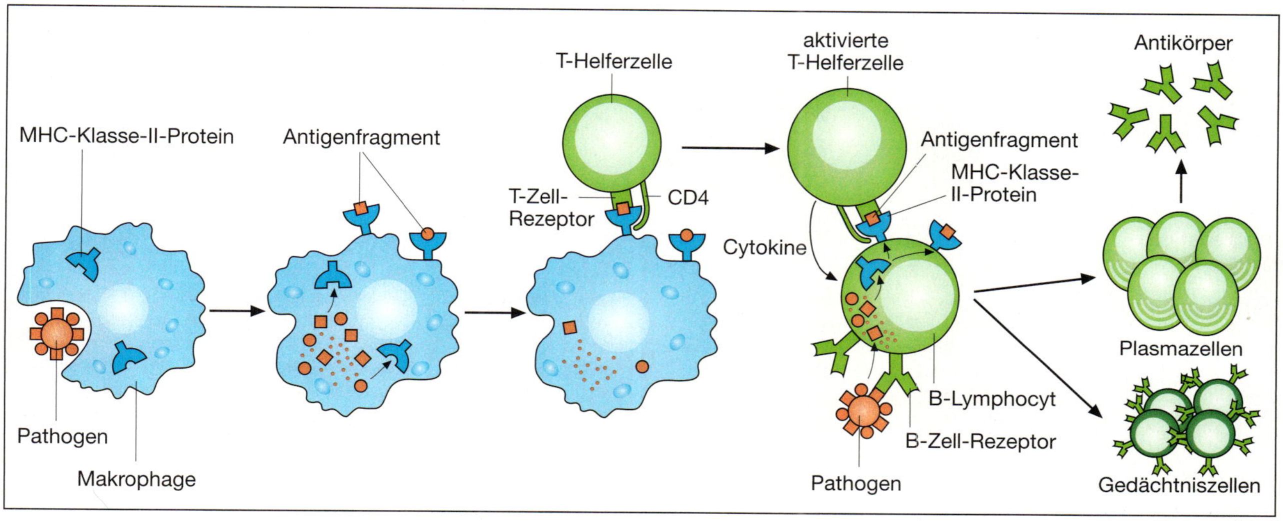

1 Antikörperbildung durch Plasmazellen-Proliferation

Spezifische Abwehr: Antikörperwirkung – Antikörperklassen

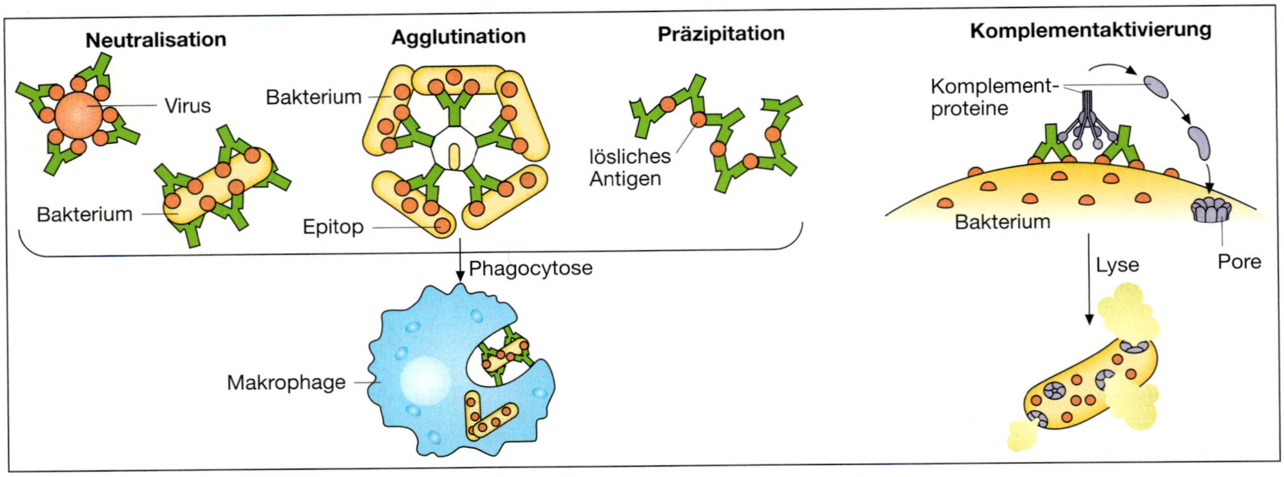

1 Antikörper vermittelte Abwehrmechanismen der humoralen Immunantwort

Antigen-Antikörper-Reaktion ... Nur ein eng begrenzter Bereich des Antigens bewirkt mit Wasserstoffbrücken und anderen molekularen Kräften die Bindung an den Antikörper. Diese Erkennungsregion nennt man *Epitop*. Große Antigenmoleküle, Virushüllen oder Bakterienzellwände können verschiedene Epitope besitzen und entsprechend viele unterschiedliche Antikörper binden. Gegen Pathogene wird somit ein „Cocktail" verschiedenster Antikörper gebildet.

... und ihre Wirkungen. Die Verknüpfung von Antikörper und Antigen zu einem *Antigen-Antikörper-Komplex,* auch Immunkomplex genannt, macht das Antigen meist noch nicht unschädlich, leitet aber weitere Abwehrmechanismen ein.

- Besetzen Antikörper sensible Stellen von Erregern, beispielsweise die zum Andocken an die Wirtszelle erforderlichen Virus-Rezeptoren, spricht man von *Neutralisation.*
- Durch *Agglutination* werden Partikel wie Bakterien verklumpt, unbeweglich und leichte Beute von Phagocyten.
- Die Verknüpfung löslicher Antigene macht diese unlöslich und bewirkt ihre Ausfällung oder *Präzipitation.*
- Durch Bindung an Komplementfaktoren können Antikörper die *Aktivierung des Komplementsystems* auslösen.

Antikörperklassen. Im Laufe der Evolution haben sich fünf verschiedene Klassen von Antikörpern entwickelt, die sich vor allem durch die konstante Region des Molekül-„Fußes" unterscheiden (→ Tabelle).

Die einzelnen Antikörperklassen sind für die Einleitung unterschiedlicher Abwehrprozesse spezialisiert: Abwehr im Blut oder im Gewebe, Schutz von Körperoberflächen, Wirkung in Sekreten, Bekämpfung von Bakterien oder Wurmparasiten, Rezeptorenfunktion auf Zellmembranen.

Antikörperklassen und ihre Kennzeichen

Klasse	IgG	IgM	IgA	IgD	IgE
	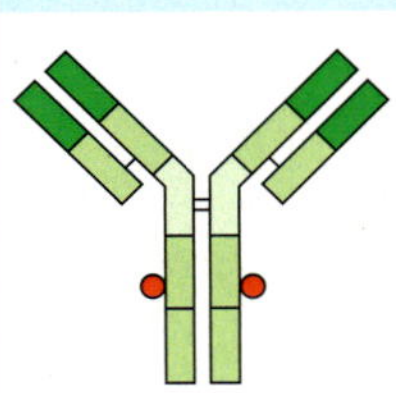	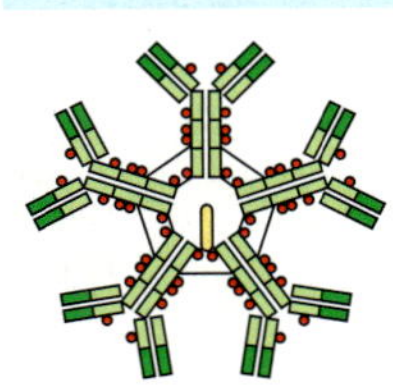	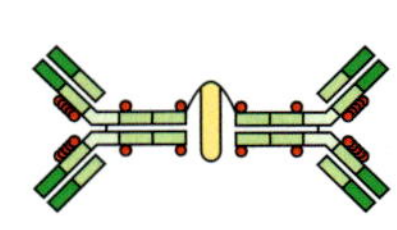	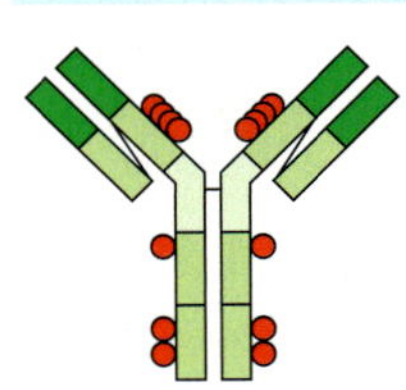	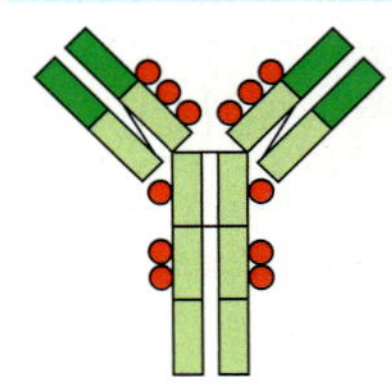
Aggregationszustand	Monomer	(Monomer) Pentamer	(Monomer) Dimer	Monomer	Monomer
Hauptfunktionen	häufigster AK in Blut und Lymphe; Schutz vor zirkulierenden Bakterien, Viren und Toxinen; Komplementaktivierung	nach Infektion erster AK im Blut; hohe Effizienz durch viele Bindungsstellen; Agglutination von Antigenen; Komplementaktivierung	in allen Körpersekreten wie Speichel, Schweiß und Tränen; auf Schleimhäuten und im Darm; verhindert Anheftung von Viren und Bakterien an Epithelien	Antigenrezeptor des B-Lymphocyten; notwendig für Differenzierung dieser in Plasma- und Gedächtniszellen	bindet mit Fußregion an Mastzellen sowie basophile Granulocyten (→ Histaminausschüttung→ allergische Reaktion); Wurmparasitenabwehr
Serumkonzentration	12 mg/ml	1 mg/ml	3 mg/ml	0,1 mg/ml	0,001 mg/ml
Halbwertszeit	21 Tage	5 Tage	6 Tage	3 Tage	2 Tage

Spezifische Abwehr: Zellvermittelte Immunreaktion

Die Hauptaufgabe der zellvermittelten Immunantwort ist es, solche Krankheitserreger zu bekämpfen, die bereits in Zellen eingedrungen sind. Die Hauptrolle spielen dabei die *T-Lymphocyten.* Sie reagieren nur auf antigene Epitope, die auf der Oberfläche von körpereigenen Zellen präsentiert werden. Frei in Körperflüssigkeiten vorliegende Antigene werden von ihnen nicht erkannt.

T-Helferzellen. Dieser Zelltyp ist zum einen für die Mobilisierung der humoralen Immunantwort von Bedeutung. Die T-Helferzellen übernehmen aber auch bei der zellvermittelten Immunreaktion eine zentrale Rolle (→ Bild 1). Der T-Zell-Rezeptor erkennt auf der Oberfläche einer antigenpräsentierenden Zelle, zumeist ein Makrophage, den Komplex aus MHC-Klasse-II-Protein und einem passenden Antigenfragment. Die Wechselwirkung der beiden Zellen wird durch das Oberflächenmolekül CD4 der T-Helferzelle verstärkt, das bevorzugt an eine bestimmte Region des MHC-II-Proteins bindet. Durch die Stimulation der T-Helferzelle gibt der Makrophage das Cytokin Interleukin-1 ab. Dieses regt T-Helferzellen zur Vermehrung an. Das Interleukin-2 und weitere Cytokine der T-Helferzellen wiederum fördern die Vermehrung und Aktivierung von B-Lymphocyten (→ humorale Immunreaktion) und cytotoxischen T-Lymphocyten.

Cytotoxische T-Lymphocyten. Sie töten Wirtszellen, die mit Viren oder anderen Krankheitserregern infiziert sind. Solche befallenen Zellen präsentieren an ihrer Oberfläche durch MHC-Klasse-I-Moleküle gebundene Antigene. Cytotoxische T-Lymphocyten können praktisch an jede kernhaltige Körperzelle binden, die mit dem betreffenden Krankheitserreger infiziert ist (→ Bild 2). Die Wechselwirkung zwischen dem cytotoxischen T-Lymphocyten und der infizierten Zelle wird durch das Oberflächenmolekül CD8 der cytotoxischen Zelle verstärkt. Der aktivierte cytotoxische T-Lymphocyt schüttet das Proteinmolekül Perforin aus, das die Membran der befallenen Zelle durchlöchert (perforiert). Durch die Löcher der Membran verliert die Zelle Plasma, was schließlich zur *Lyse* führt. Außerdem können die cytotoxischen Zellen die befallenen Zellen zur Selbstzerstörung veranlassen. Die infizierte Zelle zersetzt dabei selbst ihre DNA und stirbt den programmierten Zelltod *(Apoptose)*. Auch bei der Bekämpfung von Krebszellen spielen cytotoxische T-Lymphocyten eine wichtige Rolle, denn sie können manche Tumorzellen erkennen und diese auch lysieren. Die cytotoxischen T-Lymphocyten besitzen ein wesentlich größeres Spektrum an Antigenspezifitäten als die Natürlichen Killerzellen der angeborenen Immunreaktion.

T-Suppressorzellen sind gemäß neuester Forschungsergebnisse vermutlich ein Sondertyp der T-Helferzellen. Sie schalten die Immunabwehr ab, wenn ein Antigen nicht länger vorhanden ist. Sie hemmen die Teilung der B-Lymphocyten und die Bildung von neuen cytotoxischen Zellen.

1 Warum ist es sinnvoll, dass die T-Lymphocyten Antigene nur auf MHC-Molekülen erkennen? (Bei den B-Lymphocyten ist das anders.)

2 Wozu sind zweierlei MHC-Molekül-Klassen sinnvoll?

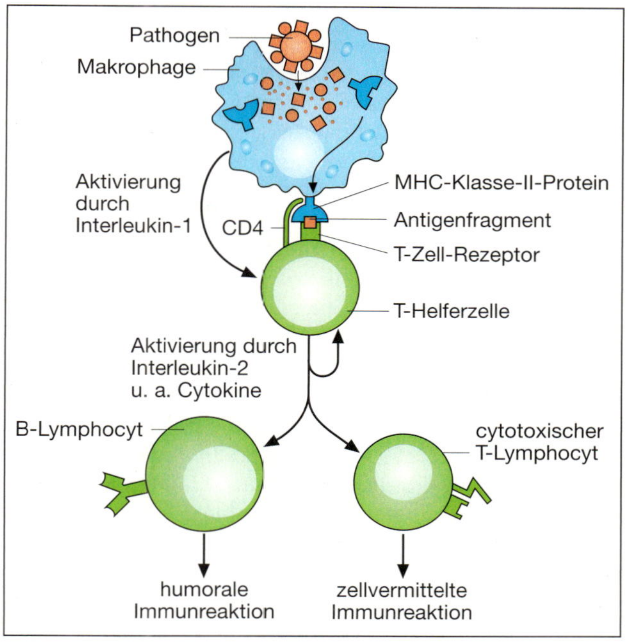

1 Bedeutung der T-Helferzellen

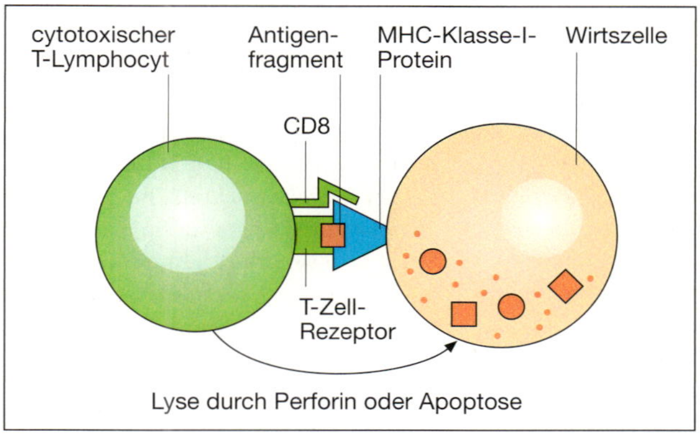

2 Bedeutung der cytotoxischen T-Lymphocyten

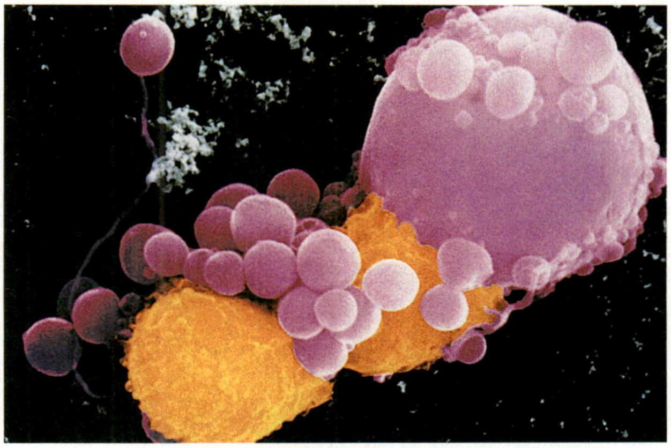

3 Lyse einer Krebszelle (violett) nach Kontakt mit einem cytotoxischen T-Lymphocyten (orange)

Transplantation und Transfusion

Organtransplantation. Seit über 50 Jahren weiß man, dass bei der Abstoßung von Gewebe- oder Organtransplantaten eine Immunreaktion stattfindet, bei der die fremden Zellen zerstört werden. Diese Immunreaktion ist auf die Fähigkeit des Immunsystems zurückzuführen, zwischen „selbst“ und „fremd“ unterscheiden zu können. Eine wesentliche Rolle spielen hier die Gewebsverträglichkeitsproteine des *MHC* (→ S. 226), jener für jedes Individuum einzigartige molekulare „Ausweis“. Fremde MHC-Moleküle wirken als Antigene und veranlassen cytotoxische T-Lymphocyten eine zellvermittelte Immunantwort gegen das gespendete Gewebe oder Organ aufzubauen. Um diese Abstoßungsreaktion abzumildern, achtet man darauf, dass die MHC-Proteine von Spender und Empfänger so ähnlich wie möglich sind. MHC-Proteine werden von 2000 Genen auf dem Chromosom Nummer sechs codiert. Von jedem Gen sind wiederum 10 bis 50 Allele bekannt. Dadurch besitzt jeder Mensch einen individuellen Antigensatz. Bis auf eineiige Zwillinge, die genetisch und damit auch hinsichtlich der MHCs übereinstimmen, kommen häufig nur direkte Blutsverwandte als Organspender infrage. Ansonsten beginnt über internationale Vermittlungszentren die Suche nach einem geeigneten Spenderorgan. Auch Tierorgane z. B. von Schweinen, die in ihrer Gewebsverträglichkeit an menschliche Organe heranreichen, wurden bereits erfolgreich transplantiert (→ S. 202).

Um die Immunabwehr zu unterdrücken, müssen bei den meisten Transplantationen spezielle Medikamente, so genannte *Immunsupressiva*, verabreicht werden. So hemmt z. B. das Hormon *Cortison* Makrophagen und Lymphocyten. Seit 1983 verwendet man, zum Teil in Kombination mit Cortison, das aus einem Pilz stammende *Cyclosporin A*. Dieses hemmt die Signalübertragung von T-Lymphocyten und damit deren Aktivierung. Es hat im Vergleich zu anderen Immunsupressiva relativ geringe Nebenwirkungen, wobei immer eine Anfälligkeit für Infektionen in Kauf genommen werden muss.

Blutgruppen – das AB0-System. Wenn man Blut verschiedener Personen zusammenbringt, so lässt es sich entweder ganz einfach vermischen oder die Erythrocyten werden agglutiniert und sofort vom Komplementsystem hämolysiert, also zerstört. Dem österreichischen Arzt K. LANDSTEINER gelang es 1901, zwei verklumpungsfähige Stoffe A und B zu bestimmen, die heute mit Antigen A und Antigen B bezeichnet werden. Diese Blutgruppensubstanzen sind Glykolipide auf der Oberfläche von Erythrocyten. Blut mit dem Erythrocytenantigen A stellt die Blutgruppe A dar, Blut mit dem Erythrocytenantigen B dementsprechend die Blutgruppe B. Haben die Erythrocyten beide Antigeneigenschaften, spricht man von Blutgruppe AB. Blutgruppe 0 liegt vor, wenn beide Antigeneigenschaften fehlen. Jeder Mensch besitzt, auch ohne vorherigen Kontakt mit fremden Erythrocyten, Antikörper der Klasse IgM gegen dasjenige Antigen des AB0-Systems, das ihm selbst fehlt. Dies beruht darauf, dass die Antikörper auch gegen Glykolipide von Bakterienoberflächen wirksam sind. Im ersten Lebensjahr erfolgt bereits nach einer Infektion mit entsprechenden Darmbakterien eine Bildung der Antikörper. Diese unterbleibt jedoch, wenn die Glykolipide der Bakterien als „selbst“ identifiziert wurden. Außer dem AB0-System gibt es an die 100 Blutgruppen mit über 60 Antigenen.

Blutgruppen – der Rhesusfaktor. Ein weiteres wichtiges Blutmerkmal ist der Rhesusfaktor (Antigen D), welcher ebenfalls an die Membran der Erythrocyten gebunden ist. Menschen mit diesem Rhesusfaktorantigen bezeichnet man als „Rhesus-positiv“, die übrigen als „Rhesus-negativ“. Antikörper bilden sich erst Monate nach einer Bluttransfusion mit Rhesus-positivem Blut. Da die nach der Erstübertragung gebildeten IgG-Antikörper und insbesondere die Gedächtniszellen lange Zeit erhalten bleiben, können weitere Transfusionen von Rhesus-positivem Blut bei Rhesus-negativen Menschen zur Agglutination, Hämolyse und damit zu schweren bis tödlichen Schädigungen führen.

Bei Rhesus-positiven Neugeborenen, deren Rhesus-negative Mutter bereits ein Rhesus-positives Kind geboren hat, kann es zu der Krankheit *Erythroblastose fetalis* kommen, die durch Mangel an Erythrocyten und teils schwere Gelbsucht gekennzeichnet ist. Die Erythrocytenzersetzung führt zu Sauerstoffmangel und damit unter Umständen zu Hirnschäden.

1 Überlegen Sie, warum die Blutgruppenunverträglichkeit bei der Schwangerschaft nur bei IgG-Immunglobulinen beobachtet werden konnte. Die Tabelle auf S. 228 liefert nützliche Informationen.

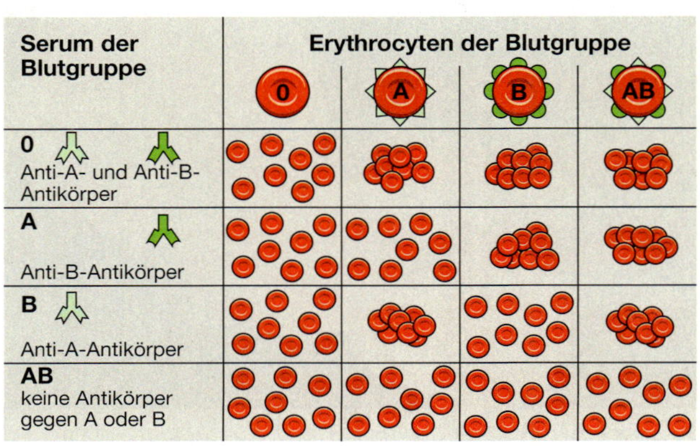

1 *Hämagglutination*

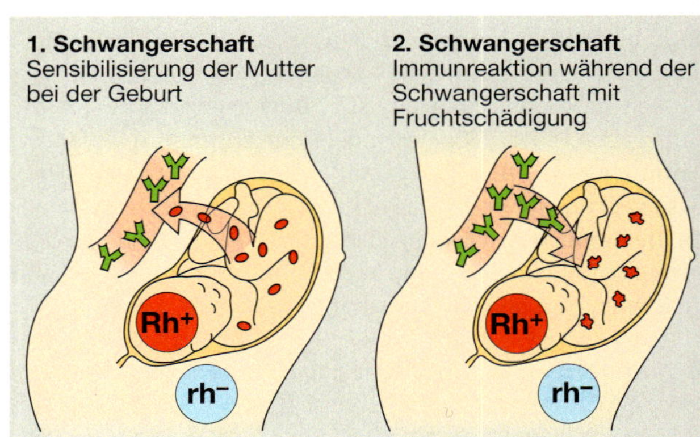

2 *Rhesusfaktorunverträglichkeit zwischen Mutter und Kind*

Material – Methode – Praxis: **Antigene und Antikörper**

Bis Ende des 19. Jahrhunderts waren nur etwa die Hälfte aller Bluttransfusionen erfolgreich. In den anderen Fällen traten zum Teil schwere Komplikationen auf. 1901 entdeckte LANDSTEINER die klassischen Blutgruppen. Heute sind mehr als 100 verschiedene Blutgruppensysteme bekannt.

Das für die folgenden Untersuchungen benötigte Rinderblut ist bei Schlachthöfen erhältlich. Menschliche Blutkonserven können beispielsweise beim Roten Kreuz bestellt werden. Das Tragen von Schutzhandschuhen während der Versuchsdurchführung ist unbedingt erforderlich!

Agglutination von Blutzellen

Material: Blut aus Blutkonserven der Blutgruppen A, B oder AB, Blutgruppentestseren Anti-A und Anti-B, Objektträger, Deckgläser, Pipetten, Präpariernadel, Mikroskop

Durchführung: Geben Sie zwei Tropfen Blut auf einen Objektträger. Zu einer Probe geben Sie einen kleinen Tropfen des Testserums, das Antikörper gegen die verwendete Blutgruppe enthält, und verrühren vorsichtig mit der Präpariernadel. Dann fertigen Sie Blutausstriche an, indem Sie jeweils ein Deckglas schräg an den Tropfen ansetzen und so über den Objektträger ziehen, dass der Tropfen über die Glasfläche verteilt wird. Nach Auflegen eines sauberen Deckglases mikroskopieren Sie die Präparate. Protokollieren Sie Ihre Beobachtungen.

Immundiffusionstest

Material: Aceton *(Vorsicht, leicht entzündlich!)*, Agar, Blutseren von Mensch und Rind, Antihumanserum, Pufferlösung (100 ml destilliertes Wasser, 0,87 g NaCl, 0,14 g $Na_2HPO_4 \times 2\,H_2O$, 0,24 g $NaH_2PO_4 \times H_2O$, einstellen auf pH 7,9), 100-ml-Becherglas, 10 Objektträger, 10-ml-Pipette mit Pipettierhilfe, Pasteurpipetten, Filterpapier, Wasserstrahlpumpe, Petrischalen, Gasbrenner

Durchführung: Zunächst bereiten Sie die Agarplatten vor. Für 10 Versuchsansätze werden 10 Objektträger mit Aceton entfettet. 50 ml Pufferlösung werden in ein Becherglas gegeben, 0,5 g Agar zugesetzt, verrührt und über der Brennerflamme bis zum Sieden erhitzt. Mit der Pipette entnehmen Sie den heißen Agar und lassen 2–3 ml auf jeden Objektträger auslaufen. Nach ca. 10 Minuten ist der Agar erstarrt. Eine Pasteurpipette, deren Spitzendurchmesser ungefähr 2 mm beträgt, wird an eine schwach saugende Wasserstrahlpumpe angeschlossen. Dann stechen Sie dreimal im Abstand von 1,5 cm in den Agarfilm und saugen die Agarstückchen ab. Drei Pasteurpipetten werden mit Humanserum, Antihumanserum bzw. Rinderserum gefüllt. Überführen Sie die Flüssigkeiten gemäß der Abbildung jeweils in die drei Löcher. Die Agarplatten werden dann in Petrischalen gelegt, die mit feuchtem Filterpapier ausgelegt sind. Vor der Auswertung müssen sie fünf Stunden erschütterungsfrei stehen bleiben.

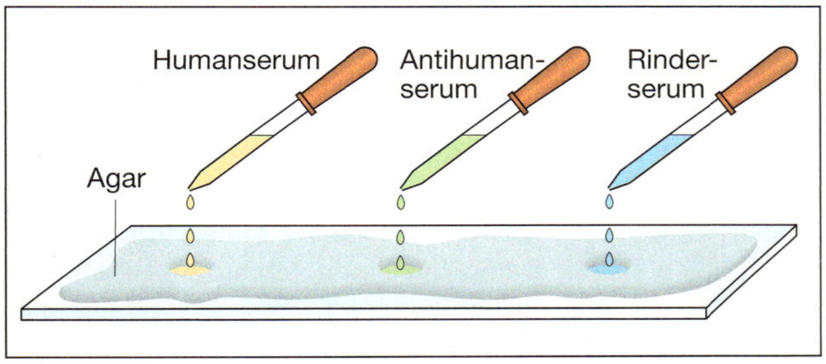

Beobachten Sie die Veränderungen im Agar und fertigen Sie eine Skizze an. Deuten Sie die Versuchsergebnisse.

Der HIV-Test

Da die Konzentration von HI-Viren im Blut meist äußerst gering ist, beruhen alle Tests auf dem Nachweis der gebildeten Antikörper. Beim ELISA-Test *(enzyme-linked immunosorbent assay)* wird Blutserum der Testperson in ein Gefäß gebracht, an dessen Boden HIV-Proteine (Antigene) fixiert sind. Enthält das Serum Antikörper, binden diese an die Virusproteine. Die restlichen Serumkomponenten werden anschließend durch einen Waschgang aus dem Gefäß entfernt. Die Immunkomplexe wiederum werden mithilfe so genannter *monoklonaler Antikörper* sichtbar gemacht. Sie entstammen einer Population identischer Zellen (einem Klon), besitzen also identische Spezifität für ein Epitop. Sie werden beim ELISA-Test zudem mit einem Enzym verknüpft. Wenn diese monoklonalen Antikörper an den HIV-Antikörpern (IgG) angekoppelt haben, wird nach einem erneuten Waschgang die Vorstufe eines Farbstoffes zugegeben. Diese wird durch das Enzym zum sichtbaren Farbstoff verändert. So können HIV-Antikörper relativ schnell und eindeutig nachgewiesen werden.

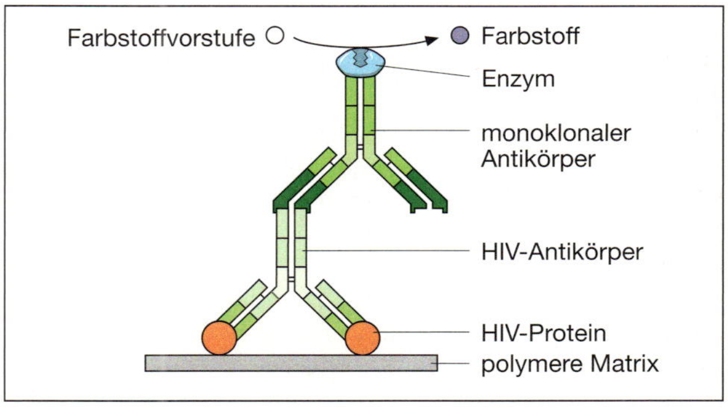

1 Welche Aussagen kann man über die Eigenschaften der Antikörper im Antihumanserum machen? Vergleichen Sie die Ergebnisse der von Ihnen durchgeführten Versuche.

2 Überlegen Sie, aus welchen Gründen der ELISA-Test kein hundertprozentig sicheres Ergebnis bietet.

3 Die Konzentration des Hypophysenhormons TSH, das die Schilddrüse zur Abgabe von Thyroxin stimuliert, liegt beim gesunden Menschen bei ca. 6×10^{-12} mol/l. Bei Funktionsuntersuchungen der Schilddrüse sind Abweichungen von weniger als 10% entscheidend. Entwickeln Sie analog zum ELISA-Test eine Untersuchungsmethode, um die TSH-Konzentration zu bestimmen.

☞ Stichwort zu weiteren Informationen
Monoklonale Antikörper

Infektionskrankheiten

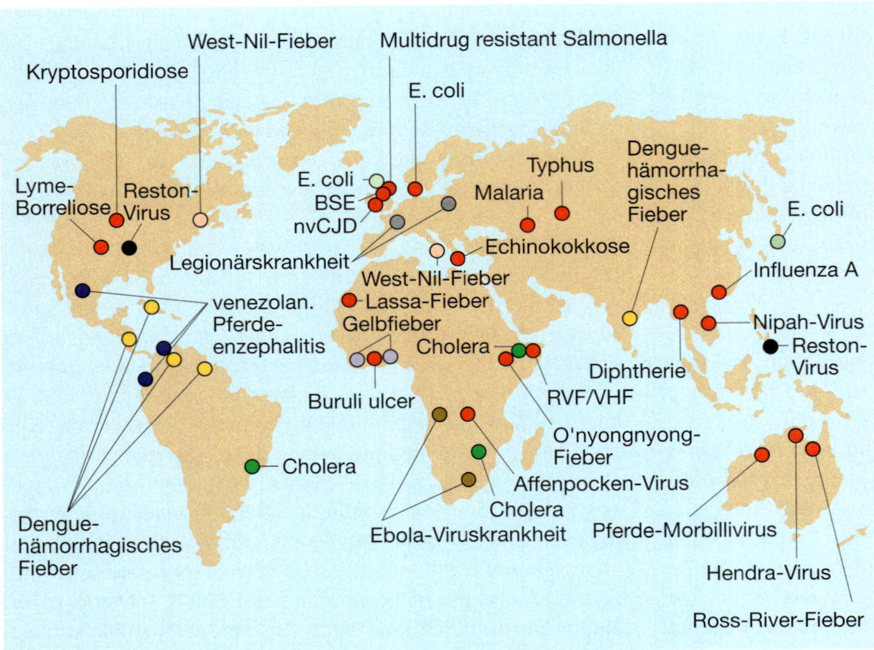

1 Verbreitung einiger Infektionskrankheiten von 1996 bis 2000 (nach WHO)

Bedrohung früher – Bedrohung heute. Die *Große Pest*, die von 1347 bis 1352 in Europa wütete, gilt als dramatisches Beispiel für die Bedrohung des Menschen durch Infektionskrankheiten. Dieser Seuche (lat. *pestes*) fiel nahezu jeder zweite Mensch zum Opfer. Bis zum letzten Jahrhundert waren Infektionskrankheiten schicksalhaft eine der Hauptursachen für Todesfälle in der ganzen Welt. Seither hat sich die Situation durch folgende Fortschritte erheblich gebessert:

- Verbesserung der Körperpflege und sanitären Hygiene,
- Reinigung des Trinkwassers,
- gezielte Seuchenkontrolle,
- Entwicklung von Antibiotika,
- Einführung von Schutzimpfungen,
- Verbesserung der Ernährung,
- Überwachung der Lebensmittel.

In den Industrieländern werden die Erreger (Mikroorganismen und Viren) von Infektionskrankheiten meist durch die Atemluft, über Blut, durch Geschlechtsverkehr oder durch direkten Hautkontakt übertragen. Dagegen sind in den ärmeren Ländern Insekten, Nahrungsmittel und vor allem das Trinkwasser die wichtigsten Infektionsquellen.

Nach dem Zweiten Weltkrieg glaubte man die Seuchen auf Dauer besiegt zu haben. Leider sind aber Infektionskrankheiten wie *Malaria* und *Tuberkulose* wieder auf dem Vormarsch. 300 bis 500 Millionen Menschen leiden an Malaria. Schätzungen besagen, dass jedes Jahr zwischen 1,5 und 2,7 Millionen Menschen an dieser Krankheit sterben, die durch die Anopheles-Mücke übertragen wird. Malaria tötet alle 12 Sekunden einen Menschen – vorwiegend Kinder in Afrika. Jeder Dritte ist nach Angaben der WHO (World Health Organization) mit dem Tuberkel-Bakterium infiziert. Jährlich bricht bei 8 Millionen Menschen die Krankheit aus und von den Erkrankten stirbt mehr als ein Drittel (3,1 Millionen). Neben Tuberkulose und Malaria konfrontieren bis dahin unbekannte Krankheitserreger wie das *HI-* oder *Ebola-Virus* die Menschen mit neuen Gefahren (→ Bild 1). Nur die Pocken, einst als eine der schlimmsten Seuchen gefürchtet, scheinen seit nunmehr fast zwei Jahrzehnten von der Erde verschwunden zu sein.

Erreger und Wirt. Die Beziehung zwischen Krankheitserreger und Wirt unterliegt evolutiven Veränderungen, die zu einer ausgewogenen Koexistenz beider Organismen führen (→ S. 323). Durch die Abhängigkeit des Parasiten vom Überleben seines Wirtes gibt es verschiedene Vermehrungsstrategien. Schnupfenviren hängen beispielsweise von der Mobilität ihres Wirtes ab. Dieser darf nicht so krank sein, dass er das Haus nicht verlassen kann, da sonst eine Ansteckung, somit eine Vermehrung nicht gewährleistet ist. Erreger, die sich auf Insekten als Vektoren spezialisiert haben, besitzen eine weit größere Verbreitungschance (Malaria, Gelb-, Fleckfieber, Schlafkrankheit usw.). Eine dritte Möglichkeit ist die „Abwartehypothese“, die voraussetzt, dass der Erreger längere Zeit in der Umwelt überstehen kann. Je länger ein solcher Erreger ohne Wirt überdauern kann, umso schwerer ist erwiesenermaßen der Verlauf der auftretenden Krankheit (Tuberkulose, Diphtherie). Der Einfluss des Menschen durch die Erfindung der Antibiotika (→ Resistenz) oder der Schutzimpfungen kann beispielsweise resistenten Erregern einen Selektionsvorteil bieten.

Infektion und Krankheitsgeschehen. Die *Symptome* einer Infektionskrankheit werden dadurch verursacht, dass die Krankheitserreger Zellen und Gewebe zerstören, Toxine freisetzen und die Nährstoffreserven des Wirtsorganismus angreifen. Außerdem sind sie auf die Reaktionen des Immunsystems zurückzuführen. Fieber ist ein Kennzeichen vieler Infektionskrankheiten. In der Regel hängen die Symptome mit dem befallenen System bzw. Organ zusammen, beispielsweise Husten, Durchfall oder Hautausschlag.

Ein besonderes Problem bei Infektionskrankheiten ist die zeitliche Verzögerung *(Inkubationszeit)*, die zwischen dem Eindringen des Erregers in den Körper und dem ersten Auftreten der Krankheitssymptome liegt. Sie kann wenige Stunden bis einige Jahre betragen. Während dieser Zeit kann die infizierte Person den Erreger jedoch auf andere übertragen. In manchen Fällen treten bei einer infizierten Person nie Symptome auf. Aus diesen Gründen kann sich eine Epidemie unbemerkt weit verbreiten.

Aktive und passive Immunität

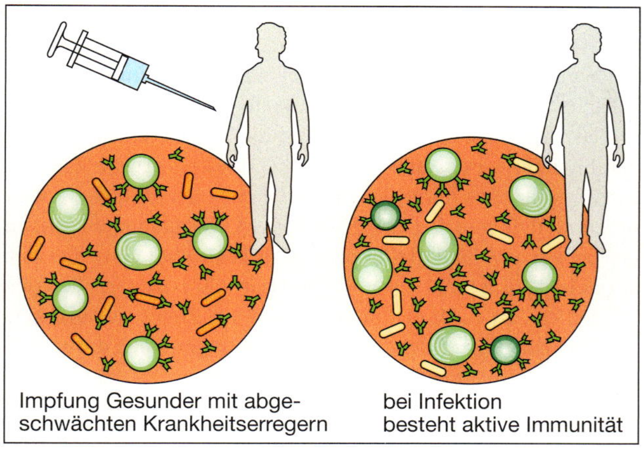

1 *Aktive Immunisierung*

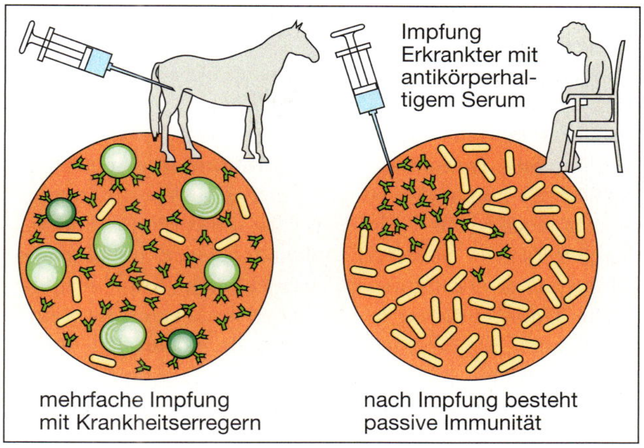

2 *Passive Immunisierung*

Aktive Immunität. Immunität, die nach dem Überstehen einer Infektionskrankheit wie Windpocken, Masern, Mumps oder Keuchhusten auftritt, wird *aktive Immunität* genannt. Sie beruht auf dem Besitz erregerspezifischer Antikörper und Gedächtniszellen (→ S. 226). Diese Form der aktiven Immunität wird *natürlich* erworben, daneben kann aktive Immunität auch *künstlich* durch Impfung erworben werden.

Schutzimpfung. Vorläufer dieser Impfung gab es bereits vor 2000 Jahren in Indien, und zwar gegen Pocken: Man ritzte die Kruste und den Pustelinhalt von Pockenbläschen eines Erkrankten in die Haut eines Gesunden. Überstanden die Geimpften die folgende meist leichte Erkrankung, waren sie immun gegen Pocken. Dem englischen Arzt EDWARD JENNER (1749–1823) fiel auf, dass Bauern und Melkerinnen, die an den harmlosen Kuhpocken erkrankt waren, nicht die humanpathogenen Pocken bekamen. In der Annahme, dass Kuhpocken vor Letzteren schützen, wagte er es, 1796 ein Kind mit Kuhpocken und sechs Wochen später mit humanpathogenen Pocken zu infizieren. Das Kind blieb gesund. Danach werden Impfstoffe noch heute *Vakzine* (von lat. *vacca*: Kuh) genannt. Durch die Arbeiten der Ärzte ROBERT KOCH (1843–1910) und EMIL VON BEHRING (1854–1917) wurde die Entdeckung von JENNER auf eine wissenschaftliche Basis gestellt.

Impfstoff-Typen. Als Impfstoffe verwendet man heute inaktivierte Bakterientoxine (Toxoide), Viren (Lebend-Impfstoff), abgetötete oder abgeschwächte Bakterien (Tot-Impfstoff) oder auch isolierte antigenwirksame Makromoleküle. Ihnen ist gemeinsam, dass sie nicht mehr die Krankheit hervorrufen, aber noch die Fähigkeit besitzen, als Antigen zu wirken und die Primärreaktion einer Immunantwort zu stimulieren. Eine geimpfte Person, die später auf den Krankheitserreger trifft, zeigt dieselbe rasche, auf dem immunologischen Gedächtnis beruhende Abwehrreaktion wie eine Person, welche die Krankheit überstanden hat (Sekundärreaktion). Verwendet man *Tot-Impfstoffe*, muss die Impfung in regelmäßigen Abständen wiederholt werden, da die Gedächtniszellen im Laufe der Jahre absterben. Bei *Lebend-Impfstoffen* bleiben einige Erreger vermehrungsfähig im Körper und aktivieren mit ihren Antigenen das Immunsystem immer wieder von neuem *(Grundimmunisierung)*. Damit hält die Immunität wesentlich länger an. Trotzdem sollte auch diese Impfung nach sechs bis zehn Jahren einmalig „aufgefrischt" werden *(Auffrischimpfung)*.

Passive Immunität. Werden Antikörper von einem Organismus auf den anderen übertragen, sorgen sie für eine *passive Immunität*. Bei einer Schwangerschaft ist dies ein *natürlicher* Vorgang: Die Übertragung von IgG-Molekülen über die Plazenta führt zu einer Erstimmunisierung des Säuglings. Dieser Schutz besteht bis etwa neun Monate nach der Geburt.

Immunserum (Heilserum). Passive Immunität kann man *künstlich* erzeugen, indem man Antikörper eines aktiv immunisierten Menschen oder Tieres verwendet. Im Gegensatz zur prophylaktisch wirkenden aktiven Immunisierung wird die passive Immunisierung durchgeführt, wenn der Antigenkontakt bereits erfolgt ist oder mit einer gewissen Wahrscheinlichkeit bevorsteht.

EMIL VON BEHRING gelang es 1894, einen Diphtheriekranken auf diese Weise zu heilen. Er spritzte Pferden wiederholt Diphtherie-Erreger ins Blut, woraufhin die Tiere Antikörper produzierten. Vom abgenommenen Pferdeblut trennte er das Blutserum ab, das nun zu einem großen Anteil die spezifisch wirkenden Antikörper enthielt. Dieses Heilserum verwendete BEHRING zur Injektion. Das Prinzip wird beim Menschen auch zur Behandlung einer Tollwutviren-Infektion angewendet. Die injizierten Antikörper stammen von gegen Tollwut geimpften Personen. Das Verfahren verleiht sofortige Immunität, die notwendig ist, um die rasch fortschreitende Erkrankung zu vermeiden. Eine Impfung wäre sinnlos, da das Antigen in Form des aktiven Erregers bereits vorhanden ist. Die Antikörper wirken nur wenige Wochen, aber bis dahin hat der Organismus des Kranken selbst Antikörper gegen das Virus produziert. Auch bei Blutvergiftungen und Schlangenbissen ist der Einsatz von Heilseren üblich. Die Immunreaktion gegen Serumproteine kann jedoch zu Komplikationen führen.

1 Informieren Sie sich mithilfe von Fachliteratur über Beispiele für Tot-Impfstoffe und Lebend-Impfstoffe.

Immunkrankheiten

Es gibt unterschiedliche Ursachen für die Entstehung von Immunkrankheiten:
- Versagen (angeboren oder erworben) des Immunsystems,
- übersteigerte Immunreaktion (Allergie),
- selbstzerstörende Immunreaktion (Autoimmunkrankheit).

Angeborene Immunschwächekrankheiten. Angeborene Defekte der humoralen oder der zellvermittelten Immunabwehr sind sehr selten. Bei einer sehr schweren Erkrankung, der *SCID (severe combined immunodeficiency)* funktionieren beide Systeme der Immunabwehr nicht mehr. Nur eine erfolgreiche Transplantation von Knochenmark kann die Betroffenen retten. Sie birgt jedoch das große Risiko in sich, dass die gespendeten Zellen gegenüber dem Empfängergewebe einen Immunangriff aufbauen. Dieses wird als eine *Graft-versus-Host-Reaktion* (von engl. *graft*: Gewebetransplantation, *host*: Wirt) bezeichnet. Bei einer Form der SCID, die durch einen Mangel an dem Enzym Adenosindesaminase (ADA) verursacht wird, richtete sich die Hoffnung der betroffenen Personen auf die Gentherapie (→ S. 205). Dabei werden dem Patienten eigene Zellen entnommen, genetisch verändert und anschließend wieder injiziert. Die Graft-versus-Host-Reaktion bleibt so aus. Eine Reihe weiterer Formen angeborener Immunschwächekrankheiten sind zum Glück sehr selten:
- fehlerhafte Ausbildung des Thymus,
- Hodgkin-Krankheit (Lymphogranulomatose): Schädigung des lymphatischen Systems durch besondere Krebsformen,
- X-chromosomal-rezessiv erbliche Agammaglobulinämie: Reifestörung der B-Lymphocyten mit Fehlen spezifischer Antikörper aller Immunglobulinklassen.

Erworbene Immunschwächekrankheiten – AIDS. Seit Anfang der 1980er-Jahre ist AIDS *(acquired immundeficiency syndrom)* als die häufigste erworbene Immunschwächekrankheit bekannt. Mit einer Mortalitätsrate nahe 100 % gilt das *HI-Virus (human immundeficiency virus)*, das zu den RNA-Viren gehört (→ S. 57, 196), als der tödlichste Krankheitserreger der Menschheit. Nach Aufnahme des Virusgenoms in eine Wirtszelle wird dieses mithilfe der reversen Transkriptase in DNA umgeschrieben und in das Wirtsgenom integriert. Hier kann das Virus, für das Immunsystem unsichtbar, als *Provirus* lange Zeit (Latenzstadium) verbleiben. Die Inkubationszeit kann zwischen 2 und 20 Jahren schwanken.

Das Hauptziel der HI-Viren sind die T-Helferzellen, die sowohl bei der humoralen als auch bei der zellvermittelten Immunabwehr eine zentrale Rolle spielen. Dies erklärt die verheerenden Folgen dieser Virusinfektion. Ein gesunder Mensch besitzt etwa 1000 T-Helferzellen pro Mikroliter Blut. Bei der Krankheit AIDS sinkt dieser Wert unter 200 T-Helferzellen pro Mikroliter. Ein zusätzlicher Befall anderer Zellen des Immunsystems wie beispielsweise der Makrophagen führt dann zum vollständigen Versagen der Immunabwehr.

Die Symptome, die etwa sechs Wochen nach der Infektion auftreten, sind unspezifisch und grippeähnlich: Unwohlsein, Fieber, Kopf-, Gelenk- und Muskelschmerzen. Jahre ohne Symptome oder nur mit mäßigen Beschwerden können folgen, bis die Krankheit AIDS ausbricht.

Eine Infektion kann nur dann erfolgen, wenn Körperflüssigkeiten, hauptsächlich Blut oder Sperma, infizierter Personen in die Blutbahn eines anderen Menschen übertragen werden. Obwohl das Virus durch kleinste Verletzungen in die Blutbahn eindringen kann, besteht bei täglichen Kontakten zum Beispiel über gemeinsames Essgeschirr, WC-Nutzung oder Anhusten keine Ansteckungsgefahr.

Bis heute gibt es trotz weltweiter Forschung kein Heilmittel gegen AIDS. Als einziger Schutz gilt die Vermeidung von Infektionsrisiken (z. B. Verwendung von Kondomen). Diese Vorsichtsmaßnahmen scheinen in einigen Entwicklungsländern bereits zu greifen. In vielen Teilen Afrikas und Asiens sind die Folgen der HIV-Infektionen allerdings noch nicht absehbar. Die Entwicklung eines Impfstoffes war bis jetzt erfolglos, da das Virus eine hohe Mutationsrate zeigt. Mit dem Stoff *AZT (Azidothymidin)*, der das Virusenzym reverse Transkriptase hemmt, kann bei rechtzeitiger Anwendung die Zeit zwischen Infektion und Ausbruch der Krankheit um etwa zwei Jahre verlängert werden.

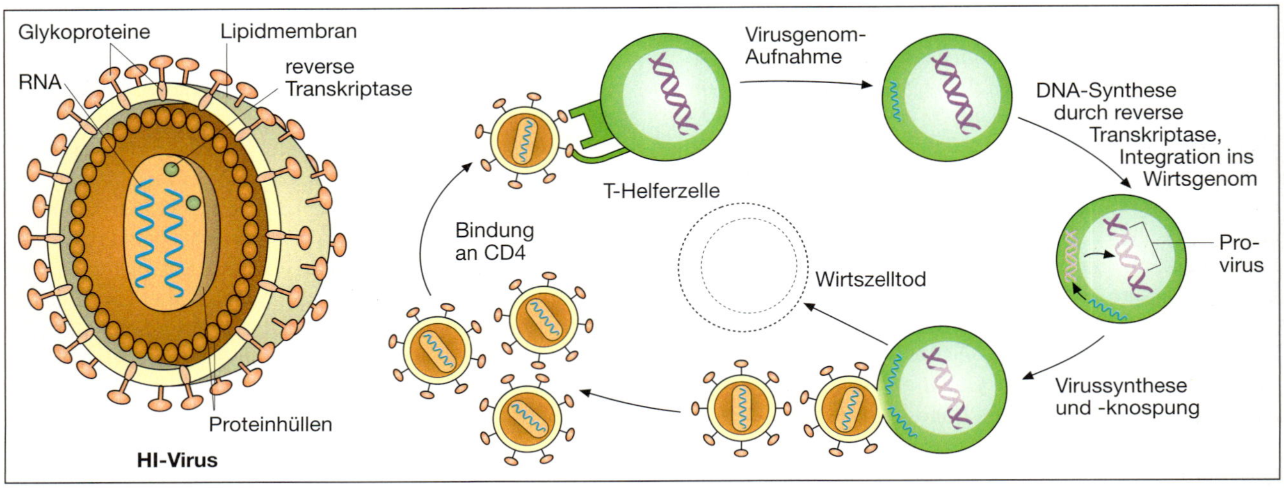

1 Vermehrungszyklus des HI-Virus

Autoimmunkrankheiten. Wenn das Immunsystem körpereigene Substanzen *(Autoantigene)* nicht mehr toleriert, das heißt nicht mehr zwischen „selbst" und „fremd" unterscheiden kann, führt das zu Autoimmunerkrankungen. Ihre Ursachen sind vielfältig und nur teilweise erforscht. Sie können ein einzelnes Organ oder auch viele Organe gleichzeitig betreffen:

- *Lupus erythematodes:* Immunreaktionen gegen Komponenten der eigenen Zellen, besonders Nucleinsäuren, die beim Abbau von Hautzellen und anderen Gewebezellen freigesetzt werden.
- *Gelenkrheuma:* Schädigung von Knorpel und Knochen der Gelenke durch permanente Entzündungsreaktionen.
- *Diabetes mellitus Typ I (Jugenddiabetes)*: Insulinmangel durch verminderte oder sogar erloschene Hormonproduktion in der Bauchspeicheldrüse, der vermutlich auf einer Autoimmunreaktion beruht. Man hat Antikörper nachgewiesen, die gegen die Inselzellen der Bauchspeicheldrüse gerichtet sind (→ S. 457, 464).
- *Multiple Sklerose:* entzündliche Erkrankung des Zentralnervensystems; noch ist ungeklärt, ob eine Autoimmunerkrankung oder ein viraler Infekt die Hauptursache ist.

Allergien. Antigene aus der Umwelt wie Pollen oder Tierhaare, die normalerweise keine Krankheit hervorrufen, aber bei einigen Personen zu Überempfindlichkeitsreaktionen führen, werden als *Allergene* bezeichnet. Neben den Kontaktallergenen, die Hautekzeme auslösen, gibt es eine Vielzahl von Allergenen, die über die Atemwege oder das Verdauungssystem auf den Körper wirken. Bei den meisten Allergien sind Antikörper der Klasse IgE beteiligt, weil die Antigene häufig zuerst mit den Schleimhautzellen in Kontakt kommen. Bei Allergikern steigt die IgE-Konzentration um das 1000- bis 10000fache an.

Werden die Allergene an *IgE-Moleküle* auf der Oberfläche von *Mastzellen* gebunden, so schütten Letztere aus ihren Granula Mediatoren (→ Bild 1), beispielsweise *Histamin*, aus (Degranulation). Diese rufen die typischen Allergiesymptome wie Schwellung und Rötung der Haut, Niesen, Kontraktion der glatten Muskulatur (Asthma) hervor. Hauptsächlich die Permeabilitätserhöhung der Blutgefäße für höhermolekulare Stoffe führt zum Ausströmen von Serumflüssigkeit, ein Zeichen der so genannten anaphylaktischen Reaktion. Wenn die Degranulation der Mastzellen abrupt die peripheren Blutgefäße erweitert und dadurch zu einem steilen Abfall des Blutdrucks führt, tritt ein *anaphylaktischer Schock* auf. Innerhalb von Minuten kann der Tod eintreten. Deshalb tragen starke Allergiker ständig eine Spritze mit dem Hormon Adrenalin bei sich, das die allergische Reaktion neutralisiert.

Bei Allergien, die durch Kontakt eines Allergens, z.B. Kosmetika, Kunstfasern oder bestimmte Metalle, mit der Haut auftreten, liegt eine andere Art der Immunreaktion vor. Die Reaktionen erfolgen frühestens nach einem Tag, meist erst Wochen nach dem Kontakt mit dem Allergen (Spättyp). Sie gehören zu der zellvermittelten Immunabwehr, wobei vor allem T-Lymphocyten und Makrophagen beteiligt sind. Folge der zellulären Überempfindlichkeitsreaktion ist die Schädigung körpereigenen Gewebes, die sich z. B. in *Ekzembildung* äußert.

Allergien haben in den letzten Jahren vor allem in den Industrieländern stark zugenommen. Nach einer Hypothese zur stammesgeschichtlichen Entstehung gelten Allergien als Reaktionen auf Wurmparasiten. Der Mechanismus zur Abwehr der Parasiten ähnelt der allergischen Reaktion bei Heuschnupfen oder Asthma. Die Beibehaltung und Anpassung von Abwehrmechanismen gegen solche Eindringlinge war in der Evolution des Menschen unverzichtbar und wurde mit der Neigung zu Allergien erkauft. Noch vor gut fünfzig Jahren waren Wurmparasiten wie der Madenwurm bei Kindern weit verbreitet. Die Ausschüttung von Histamin oder ähnlichen Stoffen konnte die Wurmparasiten zerstören.

Der Arzt führt bei Allergieverdacht einen Test durch, in dem die Stoffe, die als Allergene infrage kommen, auf die Haut aufgetragen werden. Eine Rötung oder Quaddelbildung an dem betroffenen Bereich identifizieren das Allergen. Medikamente mit *Mastzellenstabilisatoren* verhindern die Ausschüttung der Granula, sodass keine allergischen Reaktionen auftreten. *Antihistaminika* binden bereits freigesetztes Histamin und dämpfen so die allergische Reaktion. Die Medikamente wirken allerdings nur begrenzte Zeit und müssen deshalb im akuten Zustand immer wieder eingenommen werden. Durch die *Desensibilisierung* – man injiziert das Allergen regelmäßig mit steigender Dosierung über drei Jahre – kann das Immunsystem zur Bildung von IgG-Antikörpern angeregt werden. Durch die hohe IgG-Antikörperkonzentration ergibt sich eine Konkurrenz zu den IgE-Antikörpern, sodass nur noch selten eine Bindung des Antigens an IgE-Immunglobuline erfolgt. Die allergische Reaktion entfällt oder wird vermindert, der Patient ist hyposensibilisiert.

1 Stellen Sie Faktoren zusammen, die bewirken, dass AIDS eine sehr gefährliche Krankheit ist.

2 Beschreiben Sie genau die Vorgänge, die bei einer Desensibilisierung ablaufen.

3 Überlegen Sie, warum die Zahl der Allergieformen ständig zunimmt und deren Behandlung immer schwieriger wird.

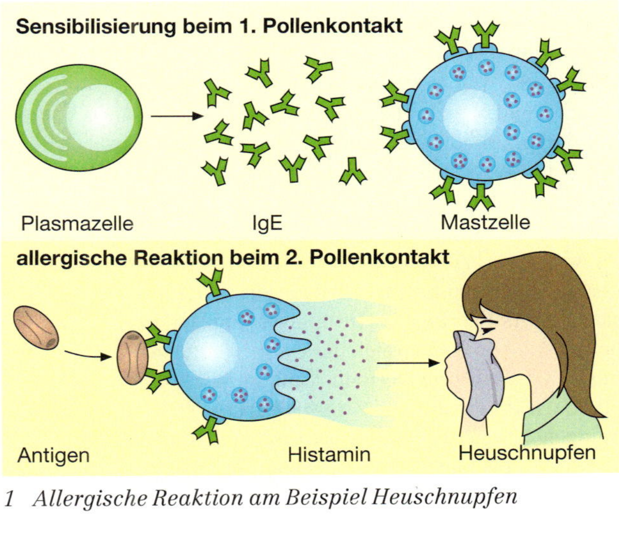

1 Allergische Reaktion am Beispiel Heuschnupfen

Krebs und Immunsystem

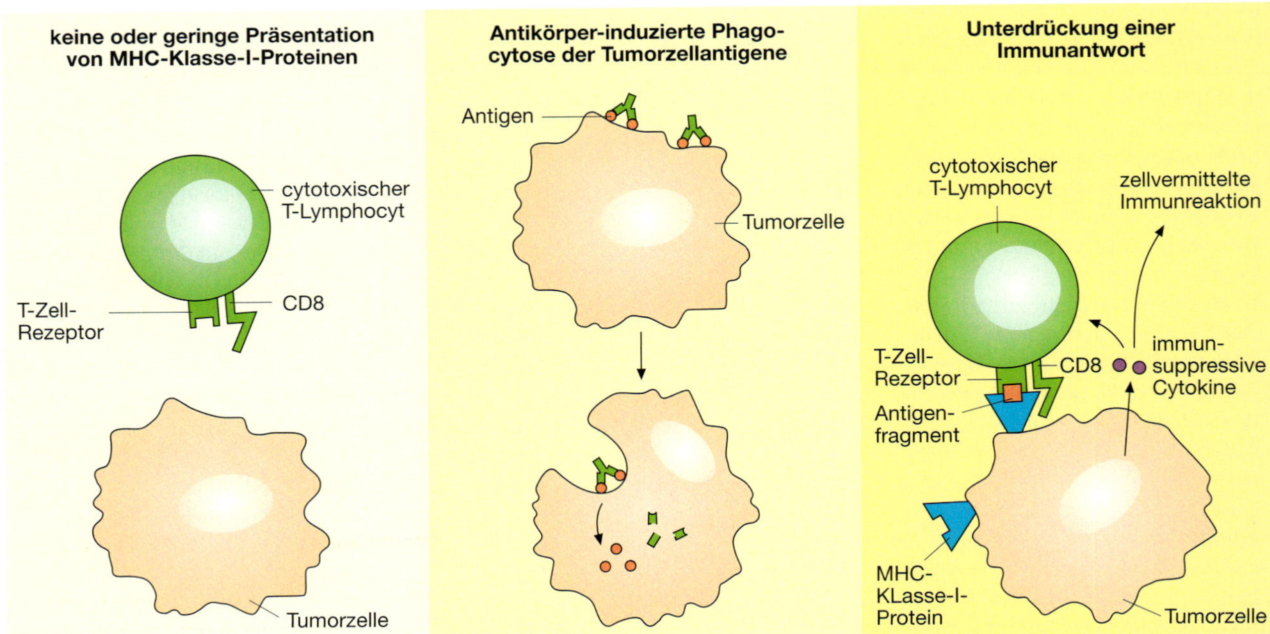

1 *Tumorzellen können der Bekämpfung durch das Immunsystem entgehen.*

Es ist schon lange bekannt, dass das Immunsystem an der Kontrolle entarteter Zellen und damit an der Krebsentstehung und -bekämpfung beteiligt ist. Der griechische Arzt GALEN beobachtete bereits vor nahezu 2000 Jahren, dass depressive Menschen eher als optimistisch Veranlagte zur Entwicklung von Krebs neigen. Es gibt tatsächlich zunehmend Hinweise, dass körperlicher und seelischer Stress die Immunität schwächen (→ S. 460). Hormone, die bei Stress von den Drüsenzellen der Nebenniere ausgeschüttet werden (u. a. Adrenalin), senken die Zahl der weißen Blutzellen und können das Immunsystem auch auf andere Weise beeinträchtigen. Krebs ist in den Industriestaaten hinter Herz-Kreislauf-Erkrankungen die zweithäufigste Todesursache. Dank intensiver Forschungsarbeiten konnten bereits erfolgreiche Heilungsansätze entwickelt werden.

Therapien. Die Ursachen der Krebsentstehung sind sehr vielfältig (→ S. 162). Aus diesem Grund setzen die Therapien an unterschiedlichen Punkten an. Neben den klassischen Verfahren zur Krebsbehandlung durch Operation, die Verabreichung von Cytostatika (zellteilungshemmende Mittel) und radioaktive Bestrahlung erhofft man sich Erfolge durch Anwendung immunologischer Methoden. Da das Immunsystem Krebszellen an Antigenen *(Tumorantigenen)* erkennt und mit verschiedenen Abwehrmechanismen bekämpft, könnte man durch zusätzliche Aktivierung des Immunsystems den Krebspatienten helfen. Man hat erfolgreich bei Tieren Immunzellen gegen Tumore in Zellkulturen vermehrt und in den Körper zurückverpflanzt. Häufig reagieren Krebszellen aber nicht mehr auf Immunzellen, obwohl diese sich gezielt anlagern.

Eine Möglichkeit der Tumorbehandlung besteht im Einsatz monoklonaler Antikörper (→ S. 231). Koppelt man diese mit starken Zellgiften (Immunotoxine), chemotherapeutischen Medikamenten oder Radionukliden, können diese nach Aufnahme in die Tumorzelle dort ihre cytostatische oder cytotoxische Wirkung entfalten. Bei der Kopplung eines Radionuklids an monoklonale Antikörper können zusätzlich benachbarte Tumorzellen eine lethale Strahlungsdosis erhalten, wenn die lokale Strahlungsdosis hoch genug ist.

Tumorzellen können aber auf verschiedenen Wegen den Abwehrmechanismen des Immunsystems entgehen (→ Bild 1):

- Sie können eine geringe Immunogenität aufweisen.
- Von Tumorzellen exprimierte Antigene können, durch Antikörper ausgelöst, in die Zelle phagocytiert oder abgebaut werden. Werden Tumorzellen mit bestimmten Antigenen von der Immunabwehr angegriffen, haben Tumorzellen ohne diese einen Selektionsvorteil.
- Tumorzellen produzieren oft Substanzen, die eine Immunantwort unterdrücken.

Alle Therapiemethoden sind heute umso erfolgreicher, je früher der Krebs erkannt wird. Somit kommt den *Krebsvorsorgeuntersuchungen* immense Bedeutung zu.

1 Informieren Sie sich über den Zellzyklus einer Krebszelle und versuchen Sie die folgenden Aussagen zu beurteilen:
Ein Unterschied zwischen einer Krebszelle und einer normalen Zelle besteht darin, dass Krebszellen

- keine DNA synthetisieren können,
- sich stets in der S-Phase des Zellzyklus befinden,
- sich auch dann weiter teilen, wenn sie dicht gedrängt liegen,
- nicht richtig funktionieren können, weil sie der dichteabhängigen Hemmung unterliegen,
- sich immer in der M-Phase des Zellzyklus befinden.

Überblick

■ Die Organisation des Immunsystems ermöglicht die Erkennung körperfremden Materials, dessen gezielte Bekämpfung und die Ausbildung eines immunologischen Gedächtnisses. Es besteht aus dem Lymphsystem, Abwehrzellen und humoralen Komponenten. → S. 223, 226

■ Die angeborene, relativ unspezifische Abwehr ist von der im Individualleben erworbenen spezifischen Abwehr zu unterscheiden. Beide Abwehrtypen sind eng miteinander vernetzt. → S. 222–229

■ Im Rahmen der unspezifischen Abwehr bilden Sekrete, Haut-, Horn- und Chitinschichten die erste Abwehrfront gegen eindringende Krankheitserreger. Diese werden von phagocytierenden Leukocyten vernichtet. Bei einer Entzündungsreaktion werden Signalstoffe wie Histamin ausgeschüttet, die zur Einwanderung phagozytierender Leukocyten in das verletzte Gewebe führen. Erweiterung der Blutgefäße, starke Vermehrung der Leukocyten und Fieber sind mögliche Folgen. → S. 224, 225

■ Die humorale Komponente der spezifischen Immunantwort bilden Antikörper sezernierende Plasmazellen. Antikörper erkennen spezifisch Antigene und gehen mit diesen einen Immunkomplex ein, der durch weitere Abwehrmechanismen vernichtet wird. Bei der zellvermittelten Immunantwort zerstören T-Lymphocyten bereits befallene Körperzellen. → S. 226–229

■ Bei Organtransplantation und Bluttransfusion muss die Fähigkeit des Immunsystems, „selbst“ und „fremd“ zu unterscheiden, berücksichtigt werden. Die Blutgruppenmerkmale des AB0-Systems und des Rhesusfaktors beruhen auf Komponenten der Erythrocytenmembran. → S. 230

■ Impfungen schützen vor vielen Infektionskrankheiten. Während bei der aktiven Schutzimpfung der Organismus selbst (aktiv) Antikörper bilden muss, werden bei der passiven Schutzimpfung körperfremde Antikörper injiziert. → S. 233

■ Neben angeborenen Immunkrankheiten gibt es die erworbene Immunkrankheit AIDS. Sie wird durch das Retrovirus HIV hervorgerufen, das das Immunsystem durch die Zerstörung von T-Helferzellen unterdrückt. → S. 234

■ Besteht eine spezifische Überempfindlichkeit gegenüber einer körperfremden, eigentlich unschädlichen Substanz, so bezeichnet man dies als Allergie. Das Allergen löst unter anderem eine Histaminausschüttung der Mastzellen aus. → S. 235

■ Tumorzellen werden wie die von Krankheitserregern befallenen Zellen vom Immunsystem bekämpft. Das kann bei der Krebstherapie genutzt werden. → S. 236

Aufgaben und Anregungen

1 Wirbellose Tiere besitzen ein primitives Immunsystem. Bestimmte amöboide Zellen können Fremdstoffe erkennen und zerstören. Experimente mit Gewebeübertragungen an Regenwürmern zeigen, dass deren Abwehrsystem ein immunologisches Gedächtnis besitzt. Überlegen Sie, welche Vor- und Nachteile ein primitives Immunsystem bei Wirbellosen birgt.

2 Bei manchen Kindern beginnt die Antikörperbildung erst im Alter von etwa zwei Jahren, da die endgültige Differenzierung von B-Lymphocyten zu Plasmazellen vorübergehend erschwert ist. Es gibt Hinweise darauf, dass dies auf einen vorübergehenden Ausfall der Funktion der T-Helferzellen zurückzuführen ist. Erläutern Sie diese Vorgänge. Warum erkranken jene Kinder erst im Alter von einigen Monaten häufig an Bakterieninfektionen?

3 Für die Differenzierung einer Antikörper produzierenden Zelle stehen auf der DNA der Stammzelle etwa 200 V-Segmente *(v = variabel)*, vier J-Segmente *(j = joining)* und ein C-Segment *(c = constant)* zur Verfügung. Beschreiben Sie anhand des Bildes rechts die Antikörperbildung. Überlegen Sie, wie viele verschiedene L-(leichte)-Ketten entstehen können.

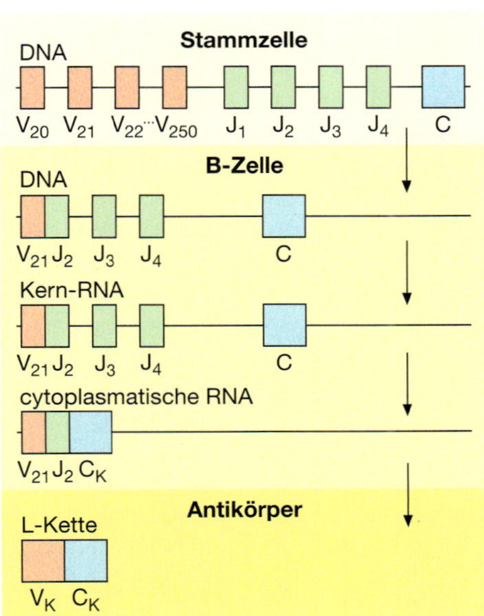

4 Vergleichen Sie die humorale und zellvermittelte Immunantwort. Achten Sie besonders auf die Rolle der T_H-Zellen.

5 Stellen Sie in einer Tabelle Vor- und Nachteile der aktiven und passiven Immunität zusammen.

6 Die älteste Beschreibung eines anaphylaktischen Schocks nach einem Insektenstich stammt aus dem Jahr 2641 v. Chr. und schildert den Tod des sagenhaften ägyptischen Königs MENES um 2900 v. Chr. Beschreiben Sie, was in diesem Fall bei einem Bienenstich im Körper abläuft und welche Gegenmaßnahmen heute getroffen werden können.

7 Fieber: Bakterientoxine und Virusbestandteile regen die Phagocyten zur Ausscheidung von Interleukin-1 an. Dieses durchdringt die Blut-Hirn-Schranke und beeinflusst das thermoregulatorische Zentrum im Hypothalamus. Diskutieren Sie, ob Fieber nützlich oder schädlich ist.

8 Erklären Sie, warum viele Menschen trotz intakten Immunsystems jedes Jahr mehrfach eine Grippe bekommen.

9 Informieren Sie sich über den Infektionsweg und den Krankheitsverlauf von Malaria. Erklären Sie, warum diese Krankheit bis heute nicht wirksam geheilt oder durch eine Impfung bekämpft werden kann.

Ursachen der Evolution

1 Schmetterlinge in einem Schwarm aus zahlreichen Arten am Ufer eines Flusses im brasilianischen Regenwald

„Am Dienstag sammelte ich 46 Stück von 39 Species; Mittwoch 37 Stück von 33 Species, von denen 27 der des vorhergehenden Tages verschieden waren ...", schreibt HENRY W. BATES im Jahre 1848 in sein Tagebuch. Wie viele andere europäische Gelehrte seiner Zeit ist der Insektenkenner überwältigt von der Fülle unbekannter Arten, die er im Amazonasgebiet Brasiliens findet. Als er elf Jahre später mit Präparaten von 14000 Schmetterlingsarten, darunter 8000 unbekannten, 1859 nach England zurückkehrt, erscheint gerade ein Buch, das nicht nur für die Artenvielfalt, sondern auch für seine Entdeckung der Mimikry eine überzeugende Erklärung bietet. Sein Titel: „On the Origin of Species", sein Autor: CHARLES DARWIN ...

Im Blickpunkt:

- biologische Vielfalt oder Biodiversität
- Entwicklung der Evolutionstheorie – von den Ursprüngen zur synthetischen Theorie
- Veränderungen in Populationen und ihrem Genpool als Grundlage der Evolution
- erbliche Variation, Selektion, Isolation und Gendrift als Evolutionsfaktoren ursächlich für Evolution
- Artbegriff und Entstehung neuer Arten
- Artenvielfalt und ihre Erklärung

Eines der auffälligsten Kennzeichen des Lebens ist die ungeheure Artenvielfalt, in der es sich auf der Erde verwirklicht. Beim Versuch, die Fülle der Arten zu katalogisieren, zu ordnen und einzelne Arten voneinander abzugrenzen, stellte sich die Frage nach der *Ursache der Artenvielfalt*. Schließlich ergab sich daraus auch der entscheidende Ansatz, die Artenvielfalt durch *Evolution* zu erklären.

Evolution. Alle Veränderungen, durch die das Leben auf der Erde zu seiner heutigen Form und Vielfalt gelangt ist, nennt man Evolution. Dazu gehören die Entstehung des Lebens, die Bildung, Umwandlung und Weiterentwicklung von Arten. Sie alle beruhen auf dem Vorhandensein biologischer Information und ihrer Weitergabe. Dabei können Varietäten entstehen, die sich in der Umwelt mit unterschiedlichem Erfolg durchsetzen und sich schließlich auch zu neuen Arten entwickeln. Ergebnis dieser *stammesgeschichtlichen Entwicklung* ist die *Formenvielfalt der Lebewesen*.

Die Evolutionsforschung versucht die Gesetzmäßigkeiten zu erfassen, die der Evolution zugrunde liegen. Sie ist von zentraler Bedeutung für die Biologie, gibt sie doch Antworten auf die Frage, warum die belebte Welt heute so ist, wie sie sich uns darstellt. THEODOSIUS DOBZHANSKY, einer der Begründer der modernen Evolutionsbiologie, vertrat sogar die Meinung, dass nichts in der Biologie einen Sinn ergebe, außer im Licht der Evolution.

Phänomen Vielfalt

Niemand kann sagen, wie viele Arten es heute auf der Erde gibt; wissenschaftlich beschrieben sind rund 1,5 Millionen Arten. Anfangs fanden nur wenige Gruppen wie Säugetiere, Vögel und Insekten wissenschaftliche Beachtung. Bei anderen Gruppen wie den Fadenwürmern, Milben oder Einzellern weiß man eigentlich nur, dass die Zahl ihrer benannten Arten in keinem Verhältnis zu den wahrscheinlich existierenden, heute noch unbeschriebenen Arten steht. *Biologische Vielfalt* oder *Biodiversität* umfasst die genetische Verschiedenheit der Organismen, die Vielfalt der Arten und Ökosysteme und die Wechselwirkungen zwischen ihnen. Damit ist die Erforschung der Biodiversität zum einen Gegenstand der Ökologie, zum anderen der Evolutionsforschung.

Erforschung der Vielfalt. Obwohl die Erde heute scheinbar keine unbekannten Flecken mehr aufweist, ist die Mehrzahl ihrer Lebewesen noch unerforscht. Mit Sicherheit sind bei den Tieren die Gliederfüßer die umfangreichste Gruppe, bei den Pflanzen die Samenpflanzen mit über 250 000 Arten. Die Zahl der Insektenarten wird mit über 750 000 angegeben. Zwar weiß man, dass die meisten von ihnen in den Tropen leben, um aber fundierte Zahlen nennen zu können, ist die Untersuchung der tropischen Regenwaldgebiete noch nicht weit genug fortgeschritten. Insbesondere im Bereich der Baumkronen gibt es wahrscheinlich mehr Arten, als bis vor kurzem noch vorstellbar. Schätzungen der Gesamtzahl an Arten auf der Erde, die aus dem Vergleich der Zahl bekannter und neu entdeckter Arten abgeleitet sind, reichen von 5 bis 100 Millionen.

Entstehung der Vielfalt. Wie groß die Zahl der heute lebenden Arten auch sein mag, sie umfasst mit Sicherheit weniger als ein Prozent aller jemals auf der Erde lebenden Arten. Alle sind aus einer einzigen Wurzel in einem mehr als dreieinhalb Milliarden Jahre andauernden Evolutionsprozess entstanden. Zu seinen treibenden Kräften, die zu der Artenvielfalt geführt haben, zählen einerseits zufällige Prozesse wie *Mutation* und *Rekombination* von Genen, andererseits die richtende *Selektion* durch die Umwelt.

Bedrohung der Vielfalt. Im Laufe der Erdgeschichte sind zahllose Arten ausgestorben. Klimaänderungen oder kosmische Katastrophen kommen unter anderem als Ursachen für dieses Artensterben in Betracht. Heute trägt der Mensch einen großen Anteil an der Ausrottung von Arten durch die Zerstörung von Lebensräumen (→ S. 392).

Vielfalt, Verwandtschaft und System. Seit ARISTOTELES (384–322 v. Chr.) gab es zahlreiche Versuche, die Vielfalt der Lebewesen in einem System übersichtlich und logisch zu ordnen. Das Teilgebiet der Biologie, das sich mit dem Beschreiben, Benennen und Ordnen der Lebewesen beschäftigt, ist die *Systematik*. Ihr Begründer, der schwedische Naturforscher CARL VON LINNÉ (1707–1778) führte das sehr hilfreiche Prinzip der Doppelbenennung ein, die *binäre Nomenklatur*, um eine Art zu bezeichnen. Jede Art trägt seither zwei latinisierte Namen, wobei der erste Name die *Gattung* bezeichnet, der zweite die *Art*. So heißt beispielsweise die Gemeine Stechmücke *Culex pipiens*, die Heckenrose *Rosa canina*.

Eine zufrieden stellende Ordnung der Lebewesen gelang allerdings erst, als man die *abgestufte Ähnlichkeit* zwischen den Arten als Folge *abgestufter Verwandtschaft* interpretierte. Ein solches System, wie es heute in der Biologie allgemein verwendet wird, bezeichnet man als *natürliches System*. Ein gemeinsamer Ursprung der Arten bedeutet ja auch, dass alle Lebewesen miteinander verwandt sind, also *gemeinsame Vorfahren* haben. Je weiter zurück im Verlauf der Erdgeschichte gemeinsame Vorfahren zu finden sind, desto größer sind in der Regel die inzwischen eingetretenen Veränderungen und umso weniger eng die verwandtschaftlichen Beziehungen heute existierender Arten und Gruppen.

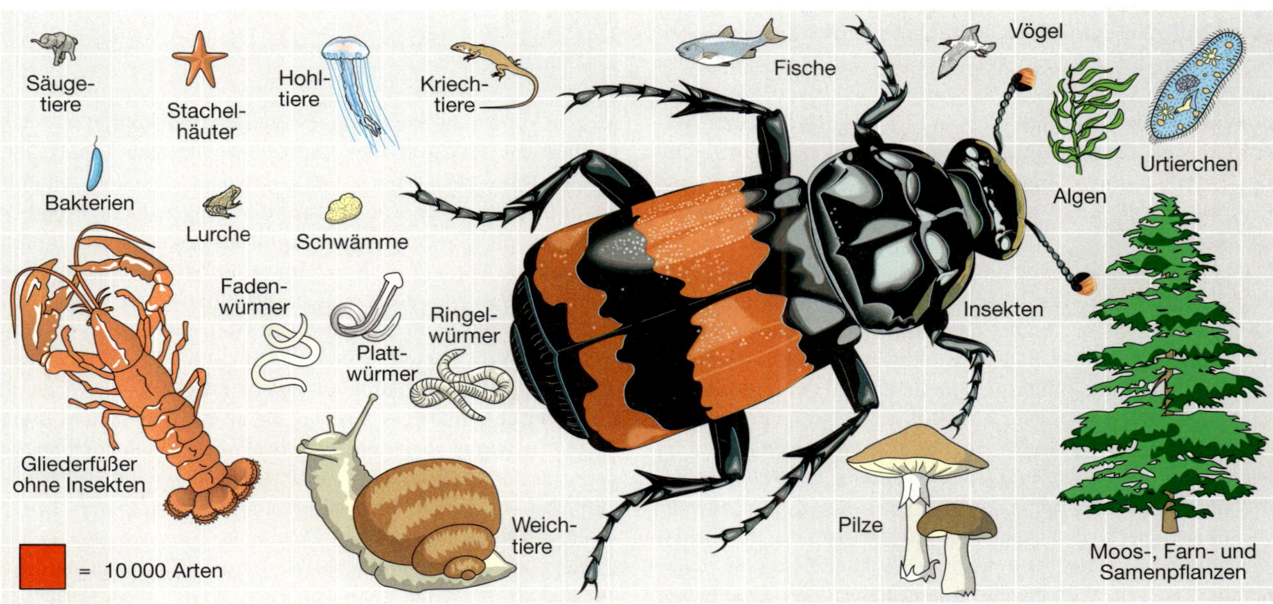

1 Biologische Vielfalt – Artenzahl verschiedener Gruppen des biologischen Systems als Größenmaßstab

Entwicklung des Evolutionsgedankens

1 CARL VON LINNÉ (1707–1778)

2 GEORGES DE CUVIER (1767–1832)

3 JEAN BAPTISTE DE LAMARCK (1744–1829)

4 CHARLES DARWIN (1809–1882)

Bis zum Ende des 18. Jahrhunderts sah man keinen Grund an der Unveränderlichkeit der Arten zu zweifeln. Grundlage dieser Überzeugung war der *biblische Schöpfungsbericht*. Dies ist verständlich, wenn man sich klar macht, dass ein Mensch im Zeitrahmen seines Lebens keinen Wandel der Arten feststellt.

CARL VON LINNÉ, der Begründer der Systematik, vertrat wie die meisten seiner Zeitgenossen die *Lehre der Artkonstanz*. Das Ordnungssystem LINNÉS zur Gruppierung von Arten nach Ähnlichkeit – Pflanzen teilte er nach den Blütenorganen und Tiere nach anatomischen und physiologischen Merkmalen ein – wird aber später ein zentraler Punkt bei der Argumentation für eine Evolution.

GEORGES DE CUVIER. Die Entdeckung, dass fossilienhaltige Gesteine stets in einer bestimmten Schichtenfolge auftreten und sich das Artenspektrum in den verschiedenen geologischen Schichten unterscheidet, legte einen erdgeschichtlichen Zeitablauf und damit eine allmähliche Entwicklung des Lebens nahe. CUVIER brachte mit seiner *Katastrophentheorie* die *geologischen Erkenntnisse* mit der auch von ihm angenommenen *Konstanz der Arten* in Einklang. Nach seiner Auffassung vernichteten Naturkatastrophen das Leben in größeren Zeitabständen. Anschließend wurden die betroffenen Regionen durch Neuschöpfung und Zuwanderung wieder besiedelt.

LAMARCK. Immer mehr Berichte über die Vielfalt der Flora und Fauna, besonders in Übersee, ließen gegen Ende des 18. Jahrhunderts erkennen, dass unter den Lebewesen eine abgestufte Ähnlichkeit und Verwandtschaft besteht. So setzte sich schließlich die Auffassung durch, dass Arten veränderlich sind. JEAN BAPTISTE DE LAMARCK veröffentlichte 1809, im Geburtsjahr von DARWIN, in seinem Werk *„Philosophie zoologique"* die *Evolutionstheorie von einem kontinuierlichen Artenwandel*. Als Ursache des Wandels sah er durch Umweltveränderungen hervorgerufene veränderte innere Bedürfnisse und Gewohnheiten. Durch einen den Lebewesen innewohnenden Trieb zur Vervollkommnung käme es zur allmählichen Umwandlung von Organen und Körperteilen.

Die Entstehung spezieller Anpassungen wird durch zwei Mechanismen erklärt:

1. Gebrauch und Nichtgebrauch: Körperteile, die intensiv benützt werden, entwickeln sich größer und stärker, nicht gebrauchte verkümmern.
2. Vererbung erworbener Eigenschaften: Die im individuellen Leben erworbenen Eigenschaften werden auf die Nachkommen vererbt.

LAMARCKS Erklärung der Evolution:

Veränderungen der Umwelt
↓
inneres Bedürfnis
↙ ↘
Gebrauch | Nichtgebrauch
↓ | ↓
Vervollkommnung | Verkümmerung
↓ | ↓
Vererbung der neu erworbenen Eigenschaften

Für die Vererbung erworbener Eigenschaften konnte man bis heute keine Belege finden. Der lamarckistische Ansatz, die Mechanismen des Artenwandels zu erklären, scheidet damit aus. Für die weitere Entwicklung der Evolutionstheorie aber war LAMARCK bedeutsam: Er stellte als erster Forscher eine umfassende Theorie zur Entstehung der Artenvielfalt und der Angepasstheit der Lebewesen an ihre Umwelt vor.

DARWIN. Auf einer fünfjährigen Weltreise mit dem Forschungsschiff „Beagle" gelangte CHARLES DARWIN durch eine Fülle von Beobachtungen zu einer Theorie der Abstammung durch natürliche Auslese, die er 1859 in seinem Buch *„On the origin of species by means of natural selection or the preservation of favoured races in the struggle for life"* veröffentlichte. In diesem Werk über *„Die Entstehung der Arten"* stellt DARWIN zum einen die *Abstammung* der heutigen Lebewesen von früheren, einfachen Formen dar und begründet so die Vielfalt der Arten, zum anderen erklärt er die Ursachen dieser Evolution durch *natürliche Auslese* oder *Selektion*.

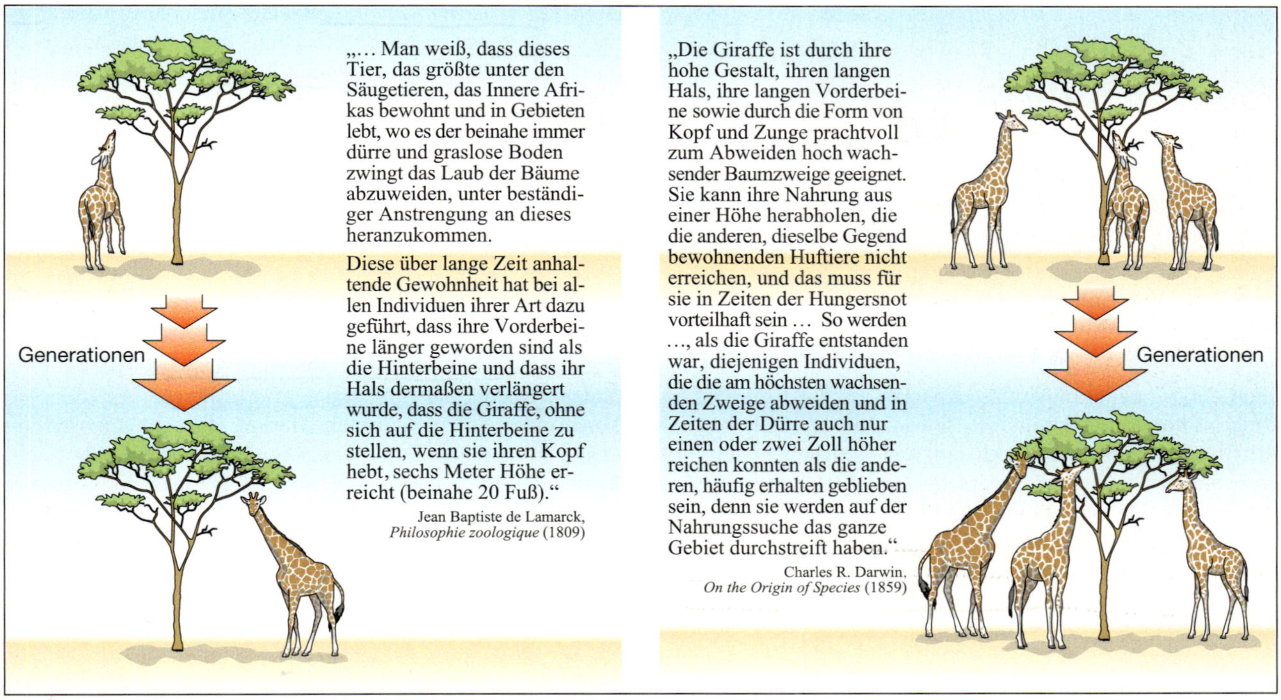

1 LAMARCKS (links) und DARWINS Vorstellung (rechts) von der Entstehung der Arten am Beispiel der Giraffe

Der Selektionstheorie von DARWIN liegen folgende Beobachtungen zugrunde:

1. Alle Lebewesen erzeugen mehr Nachkommen als zur Erhaltung der Art nötig wären. Trotzdem bleiben die Populationen abgesehen von saisonalen Schwankungen auf lange Frist in ihrer Größe stabil.
2. Der jeweilige Lebensraum der Arten weist beschränkte Ressourcen auf.
3. Die Individuen einer Art gleichen einander nicht vollkommen, sondern zeigen eine bestimmte Variationsbreite. Jedes Individuum ist also einzigartig.

DARWINS Schlussfolgerungen:

Die Überproduktion von Nachkommen führt unter den Individuen der Population zu einem Kampf ums Dasein *(struggle for life)*.

Im natürlichen Wettbewerb um Nahrung, Lebensraum und Geschlechtspartner überleben nur diejenigen, die am besten an die bestehenden Umweltbedingungen angepasst sind *(survival of the fittest)*.

Die natürliche Auslese *(natural selection)* oder Selektion führt über viele Generationen zur Veränderung der Arten.

Die treibenden Kräfte für die Evolution sind die ungerichteten erblichen Variationen der Individuen und die natürliche Selektion, die unter den vielen Varianten bevorzugt jene ausliest, die die größere Eignung aufweisen, also die bessere Anpassung zeigen.

Die synthetische Theorie der Evolution. Die Grundzüge von DARWINS Selektionstheorie wurden seither durch eine Fülle von Fakten bestätigt und durch neue Erkenntnisse, insbesondere der Genetik und Populationsbiologie zur *synthetischen Theorie der Evolution* erweitert (→ S. 254). So wusste DARWIN vor allem nicht, wie Variationen entstehen und Merkmale vererbt werden. Erst die Genetik erklärte mit Mutation und Rekombination deren Ursachen. Zwar wurden weitere Faktoren der Evolution entdeckt, nach wie vor aber stehen Überproduktion von Nachkommen, erbliche Variationen und Selektion im Zentrum der Evolutionstheorie.

1 DARWINS Buch *„Die Entstehung der Arten"* galt zu seiner Zeit für die meisten Menschen als ein radikales Werk. Geben Sie dafür eine Erklärung aus Sicht der damaligen Zeit.

2 Begründen Sie, warum LAMARCK mit Recht als der Begründer der Evolutionstheorie gilt, seine Aussagen über die Ursachen der Evolution aber aus heutiger Sicht falsch sind.

3 Geben Sie an, welchen Beitrag die auf S. 240 abgebildeten Wissenschaftler zur Evolution des Evolutionsgedankens leisteten. Was gilt davon noch heute als richtig?

4 Verdeutlichen Sie sich den Unterschied zwischen den Begriffen „Evolutionsforschung", „Evolutionstheorie" und „Abstammungslehre".

5 DARWINS Theorie enthält eigentlich zwei Teile: Zum einen erklärt Evolution als historisches Phänomen sowohl Gemeinsamkeiten als auch Vielfalt der Lebewesen, zum anderen erklärt das darwinsche Konzept die Ursachen der Evolution. Erläutern Sie beide Aspekte.

Populationen und ihre genetische Struktur

1 *Gehäuse von Hainbänderschnecken einer Population*

Die Gehäuse der Hainbänderschnecken in Bild 1 wurden im Umkreis von wenigen hundert Metern am Rande eines Laubmischwaldes gesammelt. An ein und demselben Standort kann man Schnecken mit unterschiedlicher Färbung und Bänderung des Gehäuses finden. Alle Individuen dieses Lebensraumes sind Mitglieder einer *Population*. Darunter versteht man eine Gruppe artgleicher Individuen, die zur gleichen Zeit in einem begrenzten Verbreitungsgebiet leben und sich ohne Einschränkungen untereinander fortpflanzen, also Gene austauschen können. Die Gesamtheit der Gene einer Population stellen deren *Genpool* dar. Das einzelne Individuum trägt immer nur einen Teil der *Allele* des gesamten Genpools. Die Häufigkeit, mit der bestimmte Allele in der Population vertreten sind, wird als *Allelfrequenz* bezeichnet. Die Allelfrequenz beeinflusst, wie oft bestimmte Genotypen und damit auch Phänotypen innerhalb der Population vorkommen.

Die Gesamtheit aller Genotypen, die *Genotypenfrequenz*, wird auch als *genetische Struktur einer Population* bezeichnet.

Variation. Variationen innerhalb einer Population beruhen einerseits auf den unterschiedlichen Erbanlagen der Individuen, der *genetischen Variation*, andererseits darauf, dass Umwelteinflüsse an der Ausprägung der Merkmale modifizierend mitwirken. Für diese *phänotypische Variation* sind unter anderem Klima- und Bodenverhältnisse, Nahrungsangebot und mechanische Faktoren wichtig.

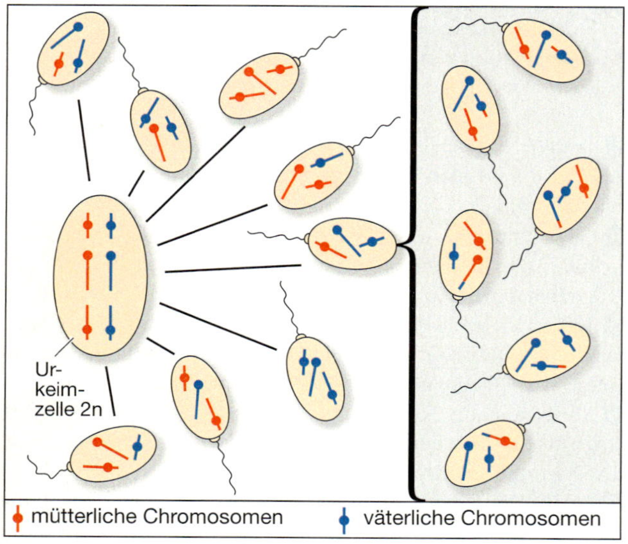

2 *Genetische Vielfalt durch Rekombination. Ohne Crossing-over (links) ergeben sich 2^n Keimzellen-Genotypen. Jedes Crossing-over potenziert diese Zahl.*

Bei der Hainbänderschnecke sind die Variationen des Gehäuses genetisch bedingt. Von den Genen, die für Farbe und Bänderung verantwortlich sind, gibt es jeweils mehrere verschiedene Allele.

Das Vorkommen genetisch verschiedener Individuen innerhalb einer Population heißt *Polymorphismus*. Diese genotypische Variabilität innerhalb der Populationen ist die Grundlage für die evolutive Anpassung einer Art an die besonderen und wechselnden Bedingungen ihrer Umwelt.

Mutation. Vererbung beruht darauf, dass Erbinformation identisch verdoppelt und weitgehend fehlerfrei an die Nachkommen weitergegeben wird. In seltenen Fällen kommt es dabei zu Fehlern, den *Mutationen* (→ S. 158). Entsteht dadurch neue genetische Information, vergrößert sich der Genpool einer Population und ihre genetische Variabilität. Letztlich ist Mutation der basale, Neues schaffende Faktor der Evolution.

Rekombination. Geschlechtliche Fortpflanzung ermöglicht die Neukombination von Allelen. Man spricht von *Rekombination* (→ S. 174). Beispielsweise werden bei der geschlechtlichen Fortpflanzung der Hainbänderschnecke die verschiedenen Allele der für Farbe und Bänderung verantwortlichen Gene immer wieder neu kombiniert. Die homologen Chromosomen, die verschiedene Allele tragen können, werden bei der Keimzellbildung getrennt und nach Zufall auf die entstehenden Keimzellen verteilt. Durch *Crossing-over* während der Meiose wird die Zahl möglicher Kombinationen noch erhöht (→ S. 174).

Bei der Befruchtung werden Keimzellen mit unterschiedlichen Allelkombinationen, also väterliches und mütterliches Erbgut, ein weiteres Mal neu kombiniert. Immer wieder *neue Allelkombinationen* erzeugen *neue Phänotypen*.

Rekombinationen allein führen nicht zur Evolution. Ihre Bedeutung für die Evolution liegt vielmehr darin, dass sie immer neue Genotypen und Phänotypen hervorbringen, die der jeweiligen Umwelt mehr oder weniger gut angepasst sind. Wie groß das mögliche Rekombinationspotenzial ist, wird durch folgende Rechnung deutlich:

Der Mensch besitzt 23 Chromosomenpaare (2n = 46). Bei der Bildung der Gameten sind somit bei jedem Menschen 2^{23} = 8 388 608 verschiedene Kombinationen seiner Chromosomen möglich. Bei der Vereinigung von Eizelle und Spermium ergeben sich dann für jedes Elternpaar $2^{23} \times 2^{23}$ = 70,36 Billionen Möglichkeiten. In dieser Rechnung ist Crossing-over, das beim Menschen etwa zweimal je Chromosom vorkommt, noch nicht berücksichtigt. Verglichen mit den eher selten auftretenden Mutationen, trägt die Rekombination offensichtlich viel mehr zur genetischen Variabilität bei. Zwar werden nie alle Allele in die nächste Generation weitergegeben. Ebenso wenig ist aber sicher, dass neu aufgetretene Mutationen in der Abstammungslinie erhalten bleiben.

Populationsgenetik. Mit der Häufigkeitsverteilung von Genen in einer Population und den Veränderungen im Genpool befasst sich die Populationsgenetik. Der Genpool einer natürlichen Population ist nie stabil. Er ändert sich ständig durch

- Zu- oder Abwanderung von einzelnen Mitgliedern,
- Mutationen,
- Zufallsschwankungen,
- ungleiche Paarungswahrscheinlichkeiten,
- unterschiedliche Überlebenschancen und Nachkommenzahl der einzelnen Individuen durch Selektion.

Auf der Ebene einer Population ist die Veränderung der Allel- oder Genotypenfrequenz ein Evolutionsvorgang. Ein Wandel der genetischen Struktur von Generation zu Generation bedeutet Evolution in kleinstem Maßstab, man spricht von *Mikroevolution*.

Zur mathematischen Berechnung von *Allelhäufigkeiten* oder *Allelfrequenzen* in einer Population geht man von einer „Idealpopulation" aus. Für sie gelten folgende Bedingungen:

- Zu- oder Abwanderung findet nicht statt,
- es treten keine Mutationen auf,
- sie ist so groß, dass Zufallsschwankung keine Rolle spielt,
- es herrscht *Panmixie*, das heißt, die Wahrscheinlichkeit für die Paarung beliebiger Partner ist gleich groß,
- alle Allelkombinationen machen ihre Träger gleich geeignet, natürliche Auslese erfolgt somit nicht.

Das Verhalten des Genpools einer solchen idealen Population beschreibt das Hardy-Weinberg-Gesetz.

Das Hardy-Weinberg-Gesetz und seine Anwendung. Von folgender Modellsituation soll ausgegangen werden: In der Modellpopulation einer Pflanzenart mit 1000 Individuen blühen 810 rot, 180 rosa und 10 weiß. Das Allel für die Rotfärbung der Blüte sei r, das für die weiße Farbe w. Die rosa Farbe entsteht durch intermediäre Vererbung, ihr Genotyp ist demnach rw.

Zwei Fragen sind nun zu klären:

- Wie groß ist die Häufigkeit der Allele r und w innerhalb der Population?
- Beeinflusst die Rekombination bei der geschlechtlichen Fortpflanzung die Häufigkeit der beiden Allele?

Es gibt in der Population drei Genotypen: rr, rw und ww. Die Gesamtzahl der Allele beträgt 2000, da jede Pflanze zwei Allele für die Blütenfarbe besitzt. Das Allel r kommt im Genotyp rr 1620-mal, im Genotyp rw 180-mal, insgesamt also 1800-mal vor. Seine Häufigkeit ist daher $p = 90\,\% = 0{,}9$. Das Allel w kommt 200-mal vor. Seine Häufigkeit ist daher $q = 10\,\% = 0{,}1$. Es gilt $p + q = 100\,\% = 1$.

Um die Allelhäufigkeiten in der nächsten Generation zu berechnen, muss man von den Wahrscheinlichkeiten für die Genkombinationen bei den Befruchtungen ausgehen. Jede Keimzelle hat nur ein Allel für die Blütenfarbe, wobei die Allele r und w in den Keimzellen in der gleichen Häufigkeit auftreten, mit der sie auch in der Population vorkommen. Die Wahrscheinlichkeit für das Zustandekommen des Genotyps rr beträgt $p \times p = 0{,}9 \times 0{,}9 = 0{,}81$. Entsprechend werden 81% der Nachkommen diesen Genotyp aufweisen. Die Wahrscheinlichkeit für den Genotyp ww beträgt $q \times q = 0{,}1 \times 0{,}1 = 0{,}01$ oder 1%. Die Wahrscheinlichkeit für den Genotyp rw errechnet man nach $p \times q + p \times q = 2 \times p \times q = 2 \times 0{,}9 \times 0{,}1 = 0{,}18$ oder 18%.

Die Häufigkeit der Genotypen errechnet man nach: $p^2 + 2pq + q^2 = 1$.

Als Ergebnis zeigt sich, dass in einer idealen Population die Allelfrequenzen in der Generationenfolge konstant bleiben, also keine Evolution stattfindet. In der Natur liegen die Bedingungen für eine ideale Population aber nicht vor, denn verschiedene Faktoren verändern in einer natürlichen Population ständig die Allelhäufigkeit. Diese Faktoren sind *Ursachen der Evolution*: Mutation (→ S. 242), Selektion (→ S. 244), Isolation (→ S. 248) und Gendrift (→ S.250).

Obwohl das Hardy-Weinberg-Gesetz streng genommen nur für ideale Populationen gilt, kann man mit ihm näherungsweise auch Allelhäufigkeiten in natürlichen Populationen berechnen. So wird beispielsweise eines von 10 000 Kindern in Deutschland mit der Stoffwechselkrankheit Phenylketonurie (PKU) geboren, die durch ein rezessives Allel verursacht wird. Demnach entspricht die Häufigkeit der PKU-Kranken $q^2 = 0{,}0001$. Daraus ergibt sich $q = \sqrt{0{,}0001} = 0{,}01$. Die Häufigkeit des dominanten Allels ist $p = 1 - q = 0{,}99$. Die Häufigkeit heterozygoter Überträger der Krankheit berechnet sich aus $2pq = 2 \times 0{,}99 \times 0{,}01 = 0{,}0198$. Also tragen knapp zwei Prozent der deutschen Bevölkerung das PKU-Allel.

1 Eine Population besteht aus 100 Mäusen mit homozygoter Schwarzfärbung des Fells und 100 Tieren mit heterozygoter Schwarzfärbung. Durch ungerichtete Partnerwahl vermehren sich die Tiere zu einer größeren Population.

a) Bestimmen Sie die Häufigkeit der Allele A und a.

b) Wie lautet das Verhältnis der verschiedenen Genotypen?

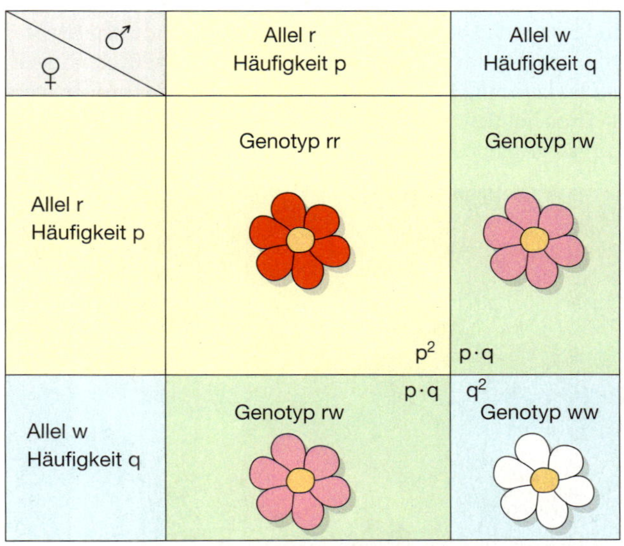

1 Grafische Darstellung des Zusammenhangs von Allelhäufigkeit (Seitenlänge) und Wahrscheinlichkeit der einzelnen Genotypen (Flächen) nach dem HARDY-WEINBERG-Gesetz

Selektion

Mutation und Rekombination bewirken die Vielfalt der Individuen innerhalb einer Population. Beide sind zufällige Ereignisse, die eigentlich dazu führen müssten, dass die Variabilität ständig zunimmt. Dem aber wirken Einflüsse der Umwelt als *natürliche Auslese* oder *Selektion* entgegen: Die *natürliche Selektion gibt der Evolution eine Richtung.*

Eine Population steht einerseits unter *Mutationsdruck*, andererseits unter *Selektionsdruck.* Beide verändern zusammen mit der Rekombination die Allelhäufigkeit im Genpool. Durch Mutation und Rekombination geschieht dies richtungslos, durch Selektion in eine bestimmte Richtung. Dabei setzt die Selektion am Phänotyp an. Diejenigen Individuen, die besser mit den gegebenen Umweltbedingungen zurechtkommen, können mehr Nachkommen erzeugen. Dadurch bringen sie mehr von ihren Allelen in den Genpool ein, verändern die Allelfrequenz also zu ihren Gunsten.

Den Beitrag, den ein Individuum zum Genpool der Population leistet, ist seine *Fitness* oder Tauglichkeit. Das Maß für Fitness ist der Fortpflanzungserfolg und somit an der Anzahl der Nachkommen messbar. Ursachen unterschiedlicher Fitness sind Unterschiede in der Lebenserwartung, der Fortpflanzungsrate und in der Fähigkeit einen Geschlechtspartner zu finden. Umgekehrt bezeichnet man die Abweichung der mittleren Fitness von derjenigen des besten Genotyps als *genetische Bürde* einer Population.

Birkenspanner – natürliche Selektion in Aktion. Vom Birkenspanner *(Biston betularia)* gibt es eine helle und eine dunkle Form. Für die Färbung der dunklen Birkenspanner ist ein dominant wirkendes Allel verantwortlich, das die Bildung des Farbstoffes Melanin bewirkt. Auf einer mit Flechten bedeckten Birkenrinde ist die hellere Form des Schmetterlings kaum zu entdecken, die dunkle Form fällt dagegen sofort auf. Dunkel gefärbte Birkenspanner waren daher früher sehr selten, da sie von Vögeln leicht erbeutet wurden. Die Umweltbedingungen änderten sich aber mit der Ausdehnung der Industriereviere, in denen es zum Absterben der Flechten auf rußverschmierten Birkenrinden kam. Dunkel gefärbte Birkenspanner wurden nun häufiger und breiteten sich stark aus. Man spricht von *Industriemelanismus.*

1 Birkenspanner – dunkle und helle Form

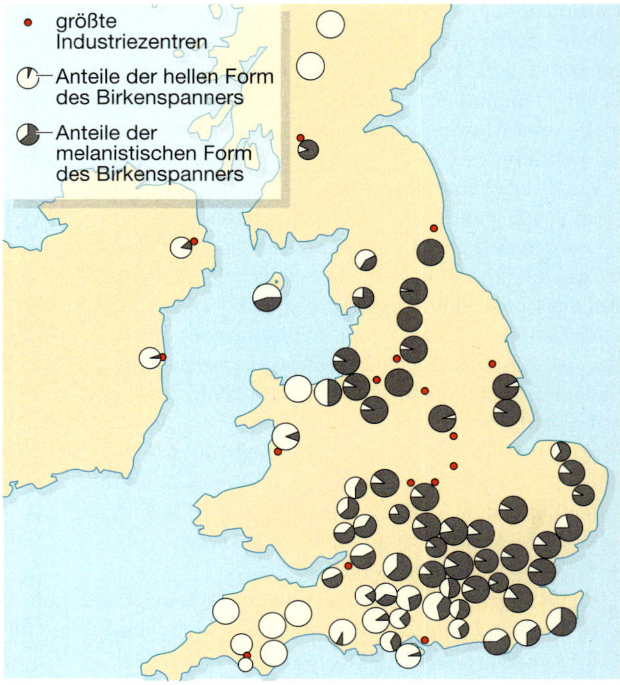

2 Formen des Birkenspanners in Großbritannien und Irland

Die Landkarte (→ Bild 2) zeigt die Verteilung der hellen und dunklen Form in Großbritannien und Irland. Unter dem Einfluss der vorherrschenden Westwinde ist die Luft in ländlichen Regionen deutlich sauberer, entsprechend findet man dort mehr hell gefärbte Birkenspanner.

Filteranlagen führten in den letzten Jahren zum Rückgang der Rußpartikel in der Luft, helle Birkenrinde wird wieder häufiger. Dementsprechend ändert sich der Selektionsdruck erneut, helle Formen sind wieder im Vorteil.

Natürliche Selektion erfolgt also immer durch Wechselwirkung zwischen der in einer Population vorhandenen Variabilität und der Umwelt. Selektion ist gleichbedeutend mit dem Erfolg im Überleben in einer bestimmten Umwelt, die Anpassung an diese Umwelt ist ihr Produkt.

Balancierter Polymorphismus – der Kompromiss bei der Selektion. Die natürliche Selektion kann die Variabilität einer Population verringern. Andererseits kann die Selektion selbst die Variabilität erhalten. In diesem Fall spricht man von *balanciertem Polymorphismus.*

Ein Beispiel dafür liefert eine afrikanische Finkenart, der Purpurastrild. Innerhalb einer Population findet man Finken mit deutlich verschiedenen, großen und kleinen Schnäbeln. Vögel mittlerer Schnabelgröße fehlen. Die kleinschnäbeligen Vögel fressen weiche Samen, die mit großem Schnabel sind auf das Knacken harter Samen spezialisiert. Ein mittlerer Schnabel könnte keine der beiden Samenformen effizient knacken. Die Verschiedenheit der Umwelt, in diesem Fall die Nahrung, selektiert Vögel mit unterschiedlichem Schnabel, erhält oder „balanciert" also das verschiedengestaltige, polymorphe Merkmal.

Wirken der Selektion

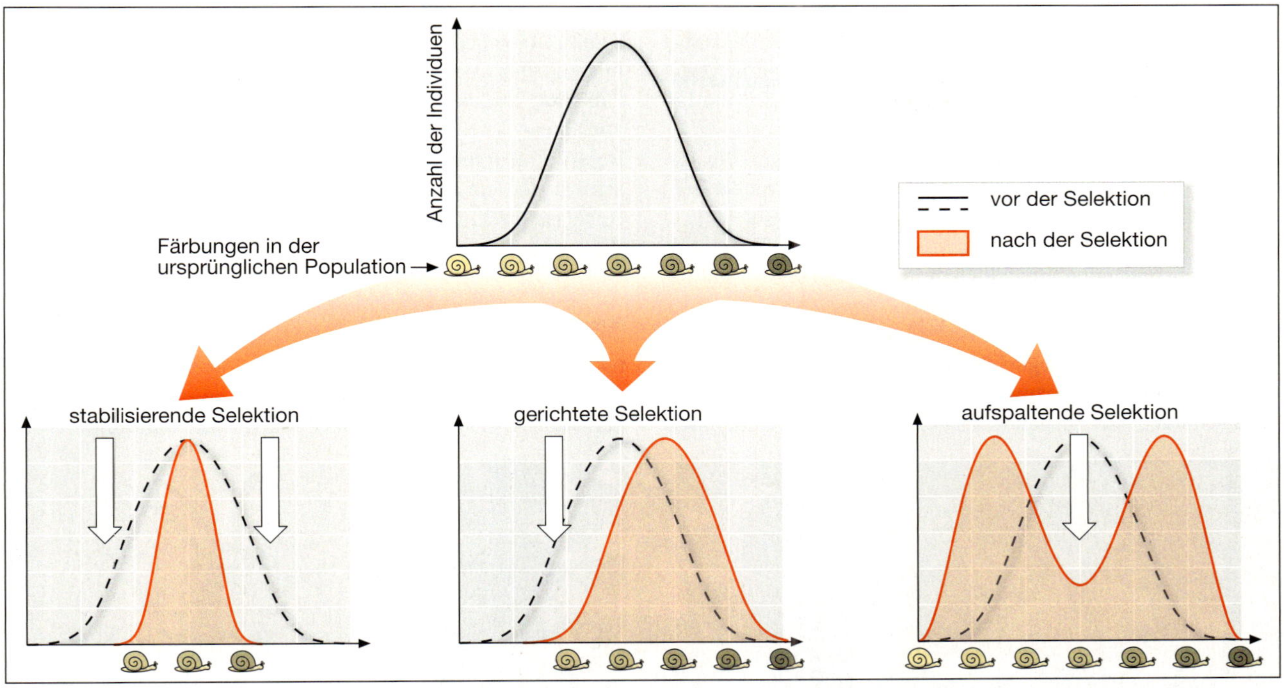

1 Wirkungsweisen der Selektion. Selektionsdruck kann Anpassungen erhalten oder in verschiedene Richtung verändern.

Stabilisierende Selektion verhindert Wandel. Ist eine Population gut an ihre Umwelt angepasst, sind neu auftretende, abweichende Mutanten in so gut wie allen Fällen schlechter angepasst. Sie können sich in der Population nicht durchsetzen, der Genpool der Population bleibt konstant, die durchschnittliche Fitness erhalten. Stabilisierende Selektion ist für die *relative Konstanz der Lebewesen* verantwortlich.

Fällt die stabilisierende Selektion weg, weil bestimmte Selektionsfaktoren unwirksam werden, können biologische Strukturen ihre Funktion verlieren und degenerieren. So sind viele Höhlentiere blind und farblos, da fehlendes Sehvermögen und fehlende Pigmentierung in ständiger Dunkelheit keine Auslesewirkung besitzen. Ähnliches gilt für Merkmale von Haustieren und Kulturpflanzen, die durch die Obhut des Menschen der stabilisierenden Selektion entzogen sind.

Gerichtete Selektion verändert Populationen. Ändern sich die Umweltverhältnisse oder ist eine Population noch nicht optimal an ihre jetzige Umwelt angepasst, können neu auftretende Phänotypen bevorzugt sein. Der Selektionswert vorhandener Allele verändert sich und damit der Genpool. Die Population wandelt sich nach und nach, Evolution findet statt. Gerichtete Selektion ist für die *allmähliche Artumwandlung* verantwortlich.

Aufspaltende Selektion trennt Populationen. In manchen Fällen sind Populationen einem Selektionsdruck ausgesetzt, durch den die häufigen Formen benachteiligt sind und die seltenen Phänotypen mit extremer Merkmalsausprägung Vorteile haben. Die Teilpopulationen entwickeln sich unterschiedlich weiter. Aufspaltende Selektion ist für die *Trennung von Populationen* mitverantwortlich.

Selektion bewirkt keine Variation. Gibt man eine stark verdünnte Aufschwemmung von Coli-Bakterien auf den Nährboden einer Kulturschale, entwickeln sich nach einiger Zeit Bakterienkolonien, die mit bloßem Auge sichtbar sind. Mit einem Samtstoff, der leicht auf den Nährboden gedrückt wird, kann man die Kolonien auf andere Kulturplatten überstempeln, wo sich neue Kolonien in gleicher Anordnung entwickeln. Nimmt man nun mehrere Kulturplatten, die das Antibiotikum Streptomycin im Nährboden enthalten, entwickeln sich nur vereinzelt neue Kolonien, aber auf allen Platten an jeweils gleicher Stelle. Da das Verteilungsmuster der Kolonien bei allen Überstempelungen gleich ist, wird deutlich, dass durch Streptomycin nur solche Bakterien selektiert werden, die schon auf der Ursprungsplatte gegen Streptomycin resistent waren und dieses Merkmal nicht erst im Kontakt mit dem Antibiotikum entwickelten. Das Allel für die Streptomycinresistenz gehörte also bereits zum Genbestand der Bakterien, spielte aber in einer Umwelt ohne Streptomycin keine Rolle. Erst nach der Anwendung des Antibiotikums erlangten seine Träger einen Selektionsvorteil.

Man spricht in solchen Fällen von *Prädisposition* oder *Präadaptation*. Sie ist für die Evolution von großer Bedeutung. Bei diploiden Lebewesen können rezessive Allele in heterozygoten Trägern lange der Selektion entzogen sein. Ändern sich dann irgendwann die Umweltbedingungen, können sie dann dem homozygoten Träger einen Selektionsvorteil verschaffen.

1 Untersuchen Sie das Beispiel des Industriemelanismus auf die dabei wirksam werdende Selektionsform.

Selektionsfaktoren

Die Umwelt stellt an jedes Lebewesen eine Reihe von Anforderungen (→ S. 298), die über seine Eignung entscheiden. Dabei setzt die natürliche Auslese am Phänotyp des Individuums an, also an seinen Merkmalen. Damit sind nur solche Gene betroffen, die sich ausprägen.

Abiotische Selektionsfaktoren sind Einwirkungen der unbelebten Umwelt, beispielsweise Kälte, Hitze, Trockenheit, Feuchtigkeit, Salzgehalt oder Lichtmangel (→ S. 316).

Beispiel Kerguelen-Fliege. Die Kerguelen sind eine vulkanische Inselgruppe im südlichen Indischen Ozean. Auf den kleinen, baumlosen Inseln, die teilweise vereist sind, herrschen ständig starke Stürme. Zu den wenigen dort lebenden Tierarten gehört die Kerguelen-Fliege, die sich durch verkümmerte Flügel vom normalen Fliegentyp der übrigen Welt unterscheidet. Für fliegende Insekten wäre die Gefahr sehr groß bei einer der zahllosen Windböen auf den Ozean und damit in den sicheren Tod getrieben zu werden.

Biotische Selektionsfaktoren. Dies sind Einflüsse, die von anderen Lebewesen ausgehen. Man unterscheidet *zwischenartliche Selektion* beispielsweise durch Fressfeinde oder Parasiten und *innerartliche Selektion* durch Konkurrenz um Nahrung, Geschlechtspartner oder Brutreviere.

Beispiel Abendpfauenauge. Das Abendpfauenauge *(Smerinthus ocellata)*, ein Nachtfalter, ist am Tag durch die braune Färbung seiner Vorderflügel gut getarnt. In Ruhestellung auf der Baumrinde sind die Vorderflügel über die Hinterflügel gelegt. Wird der Schmetterling von einem Fressfeind beunruhigt, klappt er blitzartig die Vorderflügel zur Seite und präsentiert die leuchtend blauen Augenflecken auf seinen Hinterflügeln. Der Angreifer schreckt vor der harmlosen Beute zunächst zurück und diese Schrecksekunde nutzt der Falter zur Flucht.

Beispiel Hornissenschwärmer. Der wehrlose Hornissenschwärmer, ein Schmetterling, ahmt in seiner Färbung eine Hornisse nach. Damit täuscht er seine Fressfeinde, die beide Arten nicht ohne weiteres auseinander halten können. Die von HENRY W. BATES entdeckte Nachahmung einer anderen, oftmals giftigen oder wehrhaften Art wird als *Mimikry* bezeichnet. Vorteile in diesem System hat üblicherweise der Nachahmer. Der Selektionsdruck wirkt in Richtung einer immer vollkommeneren Täuschung des Signalempfängers. Diese kann auf vererbtem oder erlerntem Verhalten beruhen.

1–6 Selektion setzt am Phänotyp an. Manche Merkmale lassen sich auf die Wirkung bestimmter Selektionsfaktoren zurückführen. Von links und oben: Abendpfauenauge, Fingerhut, Hornisse, Hornissenschwärmer, Birkhahn und Muntjak

Beispiel Fingerhut. Die tiefen Blütenröhren des Fingerhutes sind auffällig gefärbt, nach innen zu mit deutlich umrandeten Farbflecken. Der Eingang zur Blütenröhre ist als Landestelle für Insekten ausgebildet. Auf der Suche nach Nektar kriechen vor allem Hummeln entlang der Farbmale in die Blütenröhre. Dabei berühren sie Staubgefäße und Narben und führen so die Bestäubung der Blüten herbei. Durch Nektar aus den Nektardrüsen am Blütenboden belohnt, fliegen sie zur nächsten Blüte, in der Regel von der gleichen Pflanzenart.

Insekt und Fingerhut profitieren von der gegenseitigen Beziehung. Diese *Symbiose* (→ S. 324) ist das Ergebnis wechselseitiger Anpassung. Man spricht von *Ko-Evolution*.

Sexuelle Selektion. Selektion, die auf der *Variabilität der sekundären Geschlechtsmerkmale* basiert, führt zu einem abweichenden Erscheinungsbild von Männchen und Weibchen. Man spricht von *Sexualdimorphismus*, der sich oft in einem deutlichen Größenunterschied der beiden Geschlechter, aber auch in anderen Merkmalen wie Färbung oder der Ausbildung auffälliger Signalstrukturen zeigt.

Beispiel Birkhuhn. Birkhähne führen eine Gruppenbalz durch, bei der selbst erzeugte Geräusche, die weißen Unterschwanzfedern und die nackten, blutroten Hautwülste über den Augen als Balzsignale eine entscheidende Rolle spielen. Anfliegende Birkhennen wählen ranghohe Hähne aus und lassen sich von diesen begatten. Die Wahl der Weibchen erfolgt nicht bewusst, sondern hängt davon ab, wie stark Färbung und Verhalten der Männchen als Signale bei den Weibchen wirksam sind.

So kommt es zu einer *sexuellen Selektion* oder *geschlechtlichen Zuchtwahl*, die jene Verhaltensweisen und Strukturen bevorzugt, die im Dienste der Werbung stehen. Solche teilweise extrem ausgebildeten sekundären Geschlechtsmerkmale sind im Allgemeinen nur bei den Männchen entwickelt. Als Signale an die Artgenossen (→ S. 490) haben die Merkmale meist eine doppelte Funktion: Zum einen sollen sie Weibchen anlocken, zum anderen männliche Rivalen einschüchtern. Weibchen zeigen demgegenüber oft eine schlichte Schutzfärbung, was wiederum die Brutpflege erleichtert.

Beispiel Hirsche. Ursprüngliche Hirsche wie der Muntjak haben ein wenig entwickeltes Geweih. Sie verwenden beim innerartlichen Rivalenkampf ihre Eckzähne. Die höher entwickelten Hirsche wie unser Rothirsch setzen nur noch ihr mit vielen Sprossen versehenes Geweih ein, die Eckzähne sind völlig zurückgebildet. Beim eiszeitlichen Riesenhirsch hat sich das Geweih wahrscheinlich durch sexuelle Selektion zu einem Riesenwuchs mit einer Spannweite bis zu vier Metern entwickelt. Als in der Nacheiszeit wieder dichte Wälder wuchsen, überwogen die Nachteile eines solchen Geweihs. Der Riesenhirsch starb aus.

Die sexuelle Zuchtwahl ist eine Spezialform der natürlichen Selektion. CHARLES DARWIN stellte sie dieser sogar gegenüber und wies ihr eine besondere Bedeutung zu. Auch für sie gilt jedoch, dass derjenige Phänotyp selektionsbegünstigt ist, der den größeren Anteil an Genen in den Genpool der nächsten Generation einbringt. Besonders auffällige sexuelle Auslöser können die Überlebenschance auch mindern. Also stellen sie Kompromisse dar zwischen den Vorteilen der geschlechtlichen Zuchtwahl und den Nachteilen in der Anpassung an andere Umweltfaktoren. Insofern ist es schwierig, die Rolle der sexuellen Selektion richtig einzuschätzen.

Sicher aber kommt den Weibchen bei der Entstehung des Sexualdimorphismus eine wichtige Rolle zu. Wählt ein Weibchen einen Partner aufgrund eines bestimmten Merkmals, dann sorgt es dadurch für das Fortbestehen gerade der Allele, die für die phänotypische Ausprägung des Merkmals verantwortlich sind, aufgrund derer das Weibchen seine Auswahl getroffen hat.

1 Verschiedene Haustaubenrassen, die von der Felsentaube abstammen und bereits von DARWIN beschrieben wurden

Künstliche Zuchtwahl. Der Mensch nutzt seit der Jungsteinzeit das Verfahren der *künstlichen Auslese* um aus Wildformen Haustiere oder Nutzpflanzen zu züchten (→ S. 191). Hier ist es der Züchter, der diejenigen Individuen mit den erwünschten Merkmalen ausliest und zur Weiterzucht verwendet. Von größter Bedeutung sind Züchtungserfolge für die Sicherstellung der Ernährung einer weiter wachsenden Weltbevölkerung.

Beispiel Taubenrassen. Die Züchtung der Haustauben aus Wildtauben war für DARWIN ein Modell für die Veränderlichkeit und den Wandel der Arten in der Natur, „dass Arten im Naturzustand in gerader Linie von anderen Arten abstammen“. Es gelang ihm, durch Kreuzung verschiedener Taubenrassen eine Form zu erhalten, die der wild lebenden Felsentaube sehr ähnlich sah. Also müssen die Haustauben noch Erbanlagen ihrer Vorfahren besitzen.

Am Beispiel der Haustaube, aber auch vieler anderer Nutztier- und Kulturpflanzenarten zeigt sich, wie stark und wie schnell Körpermerkmale durch künstliche Auslese verändert werden können. Alle rund 150 heute vorkommenden Rassen der Haustaube gehen auf eine Wildform, die Felsentaube, zurück. Innerhalb von nur 300 Jahren wurden die unterschiedlichsten Varianten gezüchtet. Die Variationen umfassen hier sowohl die Körperformen (→ Bild 1) als auch Verhaltensweisen. So werden Brieftauben beispielsweise auf Fluggeschwindigkeit ausgelesen und auf ihre Fähigkeit, wieder in den Taubenschlag zurückzufinden.

1 Das Dromedar zeigt auffällige Anpassungen an ein Leben in Hitze und Trockenheit, der Eisbär an ein Leben in Eis und Kälte. Welche Besonderheiten im Körperbau der beiden Tierarten können als Anpassungen an die abiotischen Faktoren ihres Lebensraumes gedeutet werden?

2 Wie lässt sich das Zustandekommen der besonderen Flügelform der Kerguelen-Fliege erklären?

3 Wie die Augenflecken des Abendpfauenauges haben in der Natur auch andere Muster, Formen und Farben eine biologische Funktion. Nennen Sie Beispiele und untersuchen Sie diese im Hinblick auf deren Auslesewirkung.

Isolation

Die Unterbindung der Paarung, wie sie für Angehörige verschiedener Arten typisch ist, aber auch zwischen den Individuen einer Art oder Population entstehen kann, bezeichnet man als *Isolation*. Ist ein ungehinderter Genaustausch zwischen Lebewesen nicht mehr möglich, wirken Mutation und Selektion in jeder der isolierten Fortpflanzungsgemeinschaften unterschiedlich, die Rekombination zwischen ihnen ist unterbunden. Jede Teilpopulation schlägt mit ihrem isolierten Genpool einen eigenen evolutiven Weg ein.

Zwar kann die gerichtete Selektion in langen Zeiträumen Lebewesen so verändern, dass sich Arten wandeln, damit aus einer Ausgangsart aber zwei oder mehr Arten entstehen können, ist genetische Isolation die Voraussetzung.

Separation. Häufig ist der entscheidende Schritt bei der Abspaltung einer Teilpopulation, der den Genfluss zur Elternpopulation unterbindet, eine als *Separation* bezeichnete *räumliche Trennung*. Sie beruht auf geologischen Ereignissen wie Inselbildung oder Kontinentalverschiebung, auf klimatischer Grenzziehung beispielsweise durch eiszeitliche Vergletscherung oder auf Trennung durch unbesiedelbare Räume wie Wüsten, Tundren und Polargebiete. Auch Verdriftung, Verschleppung oder Auswanderung sind Separationsereignisse. Selbst ein sehr großes Verbreitungsgebiet schränkt die Panmixie und damit den Genfluss so wirksam ein, dass sich Randpopulationen eigenständig entwickeln.

Beispiel Erdhörnchen am Grand Canyon. Auf beiden Seiten des Grand Canyons im Süden der USA leben Erdhörnchen. Die Südhörnchen sind größer und besitzen einen längeren Schwanz als die gegenüber lebenden Nordhörnchen, deren Schwanzunterseite weiß gefärbt ist. Beide haben eine gemeinsame Stammform. Während beispielsweise Vögel die geringe Entfernung von wenigen Kilometern zwischen den Canyonrändern leicht überwinden können, ist dies den Erdhörnchen nicht möglich. So entwickelten sich durch Unterbindung der genetischen Rekombination im Laufe der Zeit aus den beiden räumlich getrennten, separierten Teilpopulationen zwei verschiedene Arten.

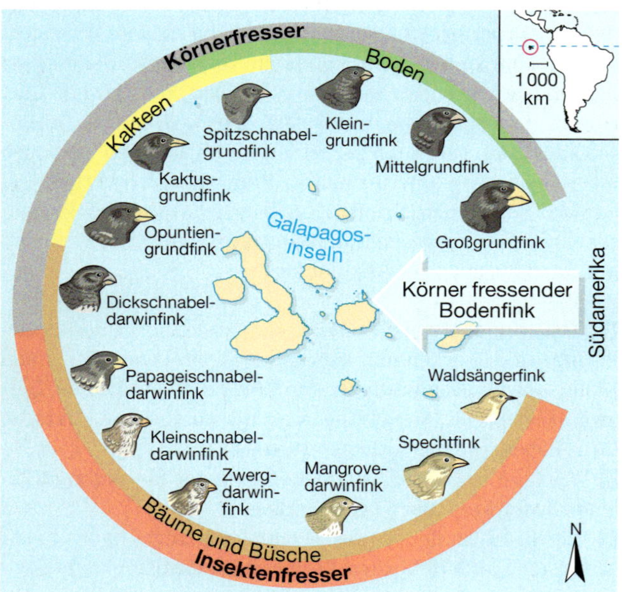

1 Darwinfinken auf den Galapagosinseln

Beispiel „Zwillingsspechte". Grünspecht und Grauspecht leben in lichten Laubwäldern sowie auf Baumwiesen und unterscheiden sich im Aussehen und anderen Merkmalen nur wenig. Der Grünspecht sucht seine Nahrung, besonders Ameisen, vor allem am Boden, der Grauspecht ist etwas mehr an Bäume gebunden. Die gemeinsame Stammform beider Arten lebte vor der Eiszeit in Europa als einheitliche Population. Durch die eiszeitlichen Gletschervorstöße wurden zwei Teilpopulationen getrennt, ein Genaustausch zwischen beiden war für lange Zeit nicht mehr möglich. Nach Abschmelzen der Gletscher war aus der östlichen Population der Grauspecht entstanden, aus der westlichen der Grünspecht. Sie sind sich so ähnlich, dass man von *Zwillingsarten* spricht. Dennoch sind sie genetisch isoliert und in ihren Lebensansprüchen so verschieden, dass die Konkurrenz zwischen ihnen eine Verbreitung im gleichen Gebiet erlaubt.

Beispiel Darwinfinken auf Galapagos. Die Galapagosinseln liegen in Äquatornähe 1000 km westlich von Südamerika. Die vulkanischen Inseln sind zwischen fünf und einer Million Jahre alt. Auf die zunächst kahlen Inseln gelangten mit Wind und Meeresströmungen mit der Zeit Pflanzen und Tiere, so auch ein Körner fressender, bodenlebender Fink. Diese Stammart besiedelte nach und nach den Inselarchipel. Auf ihren Inseln waren die kleinen Gründerpopulationen voneinander separiert, der Genfluss zwischen ihnen war stark eingeschränkt oder unterbrochen. In jeder der Inselpopulationen ereigneten sich andere Mutationen und Rekombinationen, waren unterschiedliche abiotische und biotische Selektionsfaktoren wirksam. Vor allem in Anpassung an die unterschiedlichen Lebensräume und Nahrungsgrundlagen auf den verschiedenen Eilanden entstanden schließlich neue Formen. DARWIN zu Ehren, dem sie auf seiner Forschungsreise aufgefallen waren, nennt man sie Darwinfinken. Heute sind 13 genetisch mehr oder weniger isolierte Arten bekannt, deren Schnabelformen unterschiedliche Ernährungsweisen erkennen lassen.

Einnischung. Verschiedene Arten nutzen die Umwelt in der Regel unterschiedlich. Dadurch wird die Konkurrenz zwischen den Arten vermindert. Die Summe aller Wechselwirkungen zwischen einer Art und der Umwelt wird als *ökologische Nische* bezeichnet (→ S. 331). Bilden die Tochterarten einer Stammart unterschiedliche ökologische Nischen, weil sich ihre Lebensansprüche unterscheiden, spricht man von *ökologischer Isolation* oder von *Einnischung*. Unterschiedliche Einnischung von Teilpopulationen im gleichen Lebensraum führt aber nur dann zur Entstehung neuer Arten, wenn die Fortpflanzungsfähigkeit zwischen ihnen durch zusätzliche Merkmalsänderungen eingeschränkt oder unterbunden wird.

1 In den Alpen, den Pyrenäen und den italienischen Abruzzen leben verschiedene Arten von Gämsen. Wodurch kam es zur Trennung der ehemals gemeinsamen Stammform?

Isolationsmechanismen

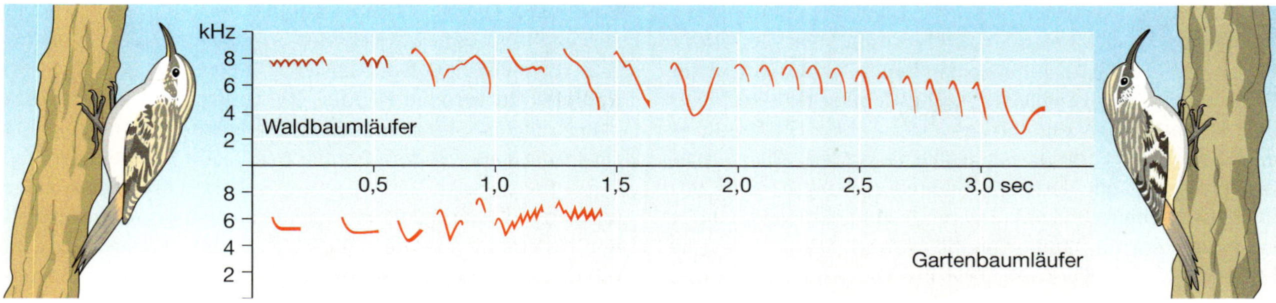

1 Beispiel für ethologische Isolation zwischen nah verwandten Arten: Unterschiedliche Gesänge kennzeichnen die Zwillingsarten Wald- und Gartenbaumläufer.

Alle Faktoren, die zwei Arten davon abhalten, gemeinsame Nachkommen hervorzubringen, tragen zur genetischen oder reproduktiven Isolation bei und werden als *Isolationsmechanismen* bezeichnet. Die Separation wirkt zwar wie ein geographischer Isolationsmechanismus, ist aber nicht gleichbedeutend mit reproduktiver Isolation. Während sich die Individuen von Populationen, die räumlich voneinander getrennt waren, nach Aufhebung der Trennung unter Umständen wieder paaren können, verhindert die reproduktive Isolation, dass Populationen verschiedener Arten sich untereinander kreuzen, selbst wenn ihr Verbreitungsgebiet sich überschneidet.

Präzygotische Fortpflanzungsbarrieren verhindern die Paarung zweier Arten oder die Befruchtung, falls Vertreter verschiedener Arten versuchen sollten sich zu paaren.

Postzygotische Fortpflanzungsbarrieren werden dann wirksam, wenn trotz präzygotischer Barrieren eine Eizelle von einem artfremden Spermium befruchtet wurde. Dazu zählen die verringerte Lebensfähigkeit und die Sterilität von Artbastarden.

Zeitliche Isolation. Zahlreiche Arten sind einfach dadurch an der Kreuzung gehindert, dass sie sich zu verschiedenen Tages- oder Jahreszeiten fortpflanzen. So laichen unsere einheimischen Frösche und Lurche beispielsweise in Abhängigkeit von der Wassertemperatur zu verschiedenen Zeiten im Jahr. Gras- und Wasserfrosch sind zwar im Experiment miteinander kreuzbar, da die eine Art aber im März, die andere im Mai laicht, findet man in der Natur so gut wie keine Bastarde. An der Nordsee brütet die Silbermöwe drei Wochen vor der Heringsmöwe, im Binnenland ist die Waldohreule nachtaktiv, während die Sumpfohreule am Tage unterwegs ist. Auch bei Pflanzen gibt es jahreszeitliche Isolation. So blüht beispielsweise der Rote Holunder sehr früh im Jahr, der Schwarze Holunder deutlich später. Eine gegenseitige Bestäubung ist auf diese Weise unmöglich. Bringt man aber experimentell beide Arten gleichzeitig zum Blühen, lassen sie sich kreuzen.

Ethologische Isolation. Unterschiedliches Balz- und Paarungsverhalten ist eine sehr wirksame Fortpflanzungsbarriere der Tiere. Auch bei nahe verwandten Arten unterscheidet es sich oft. Die Geschlechtspartner finden und akzeptieren sich häufig anhand angeborener, arttypischer Signale (→ S. 490).

Männliche Leuchtkäfer verschiedener Arten senden ihren weiblichen Artgenossen Signale mit bestimmten Mustern. Die Weibchen reagieren nur auf die für ihre Art kennzeichnenden Signale. Bei vielen anderen Insekten und Säugetieren sind es Düfte, also chemische Artkennzeichen, die eine Isolation bewirken. Vögel, Grillen und Frösche erzeugen während der Fortpflanzungszeit artspezifische Laute oder Gesänge, auf die nur Artgenossen ansprechen (→ Bild 1).

Mechanische Isolation. Bei vielen Gliederfüßern wie Tausendfüßern, Spinnen und Insekten sind die von einem Chitinpanzer umgebenen Fortpflanzungsorgane so kompliziert gebaut, dass sie wie Schlüssel und Schloss zueinander passen. Damit ist eine Begattung durch artfremde Partner ausgeschlossen.

Zahlreiche Blütenpflanzen werden aufgrund ihres Blütenbaus von bestimmten Insekten bei der Nektarsuche bevorzugt. Da die Bestäuber in der Regel blütenstet sind, das heißt längere Zeit gleichartige Blüten besuchen, ist die Übertragung des Pollens auf die Narbe einer Blüte der gleichen Art gewährleistet.

Isolation durch Polyploidie. Polyploidie führt zu einer Verdopplung des Chromosomensatzes (→ S. 176). Bei Pflanzen ist eine solche Genommutation relativ häufig. So gibt es bei den verschiedenen Arten der Rosen Chromosomensätze mit 2n = 14, 28, 42 oder 56. Die Kreuzung von Pflanzen mit unterschiedlicher Anzahl von Chromosomensätzen ist meist nicht erfolgreich oder spätestens die Bastarde der Kreuzung sind steril, da sie keine normale Reduktionsteilung durchführen können. Beispielsweise lässt sich eine tetraploide Nachtkerzenart mit 28 Chromosomen nicht mit der diploiden Stammart mit 14 Chromosomen kreuzen. Polyploidie führt also sofort zu einer Isolation gegenüber den anderen Mitgliedern der Population. Der Aufbau einer eigenen Population ist nun selbst im gleichen Gebiet möglich, da der Genfluss zwischen den Individuen mit unterschiedlicher Chromosomenzahl unterbrochen ist.

Isolation durch Sterilität. Esel und Pferd lassen sich zwar kreuzen, ihre Nachkommen aber sind unfruchtbar. Da das Pferd 64 Chromosomen besitzt, der Esel dagegen nur 62, können ihre Bastarde Maultier und Maulesel bei der Meiose keine befruchtungsfähigen Keimzellen bilden.

1 Begründen Sie, warum Mutation, Rekombination und Selektion allein nicht zur Bildung neuer Arten führen. Für welchen Isolationsmechanismus gilt diese Aussage nicht?

Gendrift

Zufällige Ereignisse, wie Blitzschlag, Überschwemmung, lang anhaltende Trockenheit oder Erdbeben, können die Allelfrequenz, also den Genpool einer Population, entscheidend verändern oder wie beispielsweise bei Meteoriteneinschlägen oder klimatischen Veränderungen sogar auf ein Minimum reduzieren. In der Folge ist es möglich, dass Merkmale, die sich in der Ausgangspopulation als nachteilig erwiesen haben, jetzt durch das Fehlen von konkurrierenden Phänotypen mit höherer *Fitness* zur Entfaltung kommen. Diese vollkommen zufällige, nicht durch Selektion bewirkte Veränderung des Genpools bezeichnet man als *Gendrift*. Je kleiner die Population ist, umso stärker ist die Wirkung der Gendrift, umso geringer die der Fitness. Dies kann für Überleben oder Aussterben bedrohter Tierarten mit kleinen Beständen wie Gepard, Panda oder Wisent entscheidend sein.

Gründerprinzip. Besiedeln nur wenige Individuen einer großen Population als *Gründerindividuen* ein neues Gebiet, so bringen sie nur einen *geringen Teil der Allele der Stammpopulation* mit. Beispiele hierfür sind die Besiedlung der Galapagosinseln durch eine Körner fressende Finkenart aus Südamerika (→ S. 248) oder die Einführung der Honigbiene und der Kaninchen auf Neuseeland mit anfangs nur wenigen Individuen.

Die vorübergehend sehr geringe Populationsgröße, *Flaschenhalseffekt* genannt (→ Bild 1), erklärt die *geringe genetische Variabilität der Population,* auch nachdem sich die Gründerindividuen vermehrt haben. Es kommt zur Gendrift. Inzucht in den ersten Generationen und die damit verbundene Tendenz zu Reinerbigkeit verstärken den Effekt.

Beispiel Eidechsen bei Capri. Eine sichtbare Wirkung der Gendrift zeigt sich am Beispiel der blau gefärbten Eidechsen auf Faraglioni, einer kleinen Insel vor Capri, die nicht wie verwandte Eidechsenarten der umliegenden Inseln eine der Umgebung angeglichene, unauffällige Färbung aufweisen. Durch Selektion lässt sich die Entstehung der gefärbten Unterart schwer erklären: Weder sind die Reptilien ungenießbar für Fressfeinde, noch hat die Färbung eine besondere Bedeutung in ihrem Verhalten, etwa bei der Balz. Nimmt man aber an, dass die Besiedlung der schroffen Felsklippen durch wenige Einzeltiere erfolgte, kann man die Färbung auf Gendrift zurückführen. Eine Farbvariante konnte sich in der neu entstehenden Population zufällig durchsetzen.

Beispiel Huttersche Brüder. Die Hutterschen Brüder, eine kleine religiöse Sekte, wurden im 20. Jahrhundert aus Europa verdrängt und wanderten nach Nord- und Südamerika aus. Dort leben sie noch heute in streng isolierten Kolonien von der übrigen Bevölkerung getrennt und heiraten in der Regel auch nur untereinander. Bezüglich ihrer Blutgruppenmerkmale weichen sie beträchtlich von der europäischen Ausgangspopulation ab. Es zeigt sich ein Trend zum Allelverlust.

Mittlere Häufigkeit von Blutgruppenmerkmalen

Blutgruppenmerkmal	Häufigkeit in % Kolonie der Hutterschen Brüder in Süddakota	Häufigkeit in % Bevölkerung Mitteleuropas
Blutgruppe 0	29	40
A	52	42
B	0	10
Rhesusfaktor		
Allel Rh	72	60
Allel rh	28	40

1 Erklären Sie die abweichenden Häufigkeiten der verschiedenen Blutgruppenmerkmale in der Tabelle oben.

2 Der Streifenfleckenleguan bewohnt den Westen der USA. Auf einigen Inseln im Golf von Kalifornien gibt es Populationen mit auffallenden Farbvariationen. Geben Sie eine mögliche Erklärung dafür.

3 Begründen Sie, warum die zunehmende Zerschneidung ehemals großflächiger Ökosysteme durch menschliche Eingriffe wie Verkehrs- und Siedlungsbau trotz der Ausweisung dazwischen liegender Naturschutzgebiete problematisch ist.

4 Geparde wurden in diesem Jahrhundert stark gejagt und fast ausgerottet. Nachdem sie schließlich unter Schutz gestellt wurden, haben sie sich wieder stark vermehrt. Trotzdem gelten sie aufgrund ihrer geringen genetischen Variabilität als höchst gefährdete Tierart. Begründen Sie.

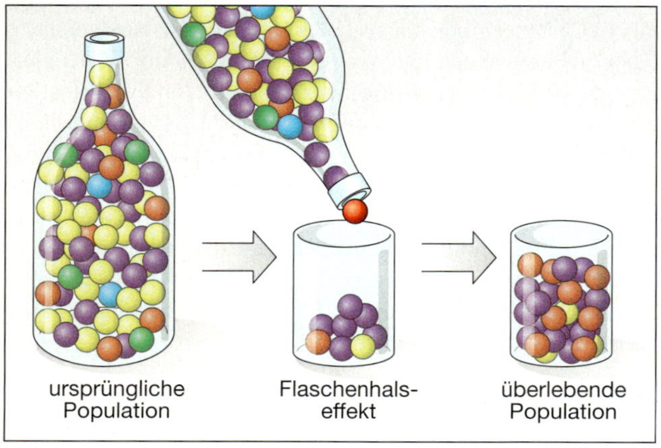

1 Flaschenhalseffekt

2 Blau gefärbte Eidechse auf Faraglioni

Material – Methode – Praxis: Evolutionsfaktoren und Evolutionsmodelle

Die wirkliche Entstehung der Artenvielfalt ist vergangen und nicht wiederholbar. Die meisten Aussagen der Evolutionstheorie entziehen sich somit der experimentellen Nachprüfung. Das Wirken einzelner Evolutionsfaktoren lässt sich jedoch in Freiland- und Laborversuchen überprüfen oder durch Modellversuche simulieren. Solche Versuche dienen dem besseren Verständnis des komplexen Evolutionsgeschehens. Sie finden aber auch in anderen Wissenschaftsgebieten Anwendung, beispielsweise in der *Bionik,* die Biologie und Ingenieurwissenschaften verbindet.

So wie durch das Wirken der Evolutionsfaktoren Lebewesen an ihre Umwelt angepasst werden, versucht die Bionik, die Kenntnis der Funktion und Struktur lebender Organismen zur Optimierung technischer Systeme zu nutzen, nimmt Konstruktionen der Natur als Vorbild und ahmt den Evolutionsprozess durch Variieren und Selektieren nach.

Vergleich von Populationen im Freiland

Aus neun verschiedenen Gebieten der Rocky Mountains wurden Samen der Schafgarbe *(Achillea lanulosa)* gesammelt und anschließend in der kalifornischen Küstenebene auf getrennten Feldern unter gleichen Bedingungen ausgesät.

Das Bild unten zeigt das Ergebnis des Experiments.

- Geben Sie mögliche Ursachen für die Unterschiede zwischen den Populationen an.
- Welche Evolutionsfaktoren sind hauptverantwortlich für die Entstehung der zwischen den Populationen festgestellten Unterschiede?

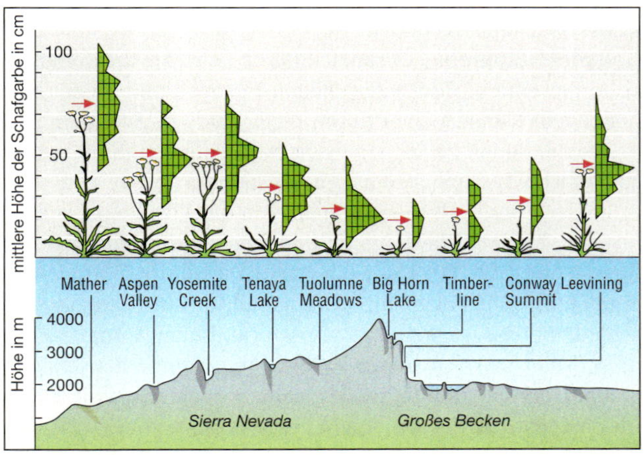

Modellpopulationen im Labor

Über 19 Generationen wurden zahlreiche Kleinstpopulationen von jeweils 16 Taufliegen *(Drosophila melanogaster)* unter gleichen Bedingungen im Labor gehalten. Nach jeder Generation wurde festgestellt, in wie vielen Populationen ein bestimmtes Allel vertreten war und wie häufig dieses Allel in den einzelnen Populationen vorkam.

- Beschreiben Sie das Versuchsergebnis. Die Balkenhöhe entspricht der Anzahl der Populationen mit der auf der waagrechten Achse angegebenen Allelhäufigkeit.
- Warum verwendet man im Versuch Kleinstpopulationen?

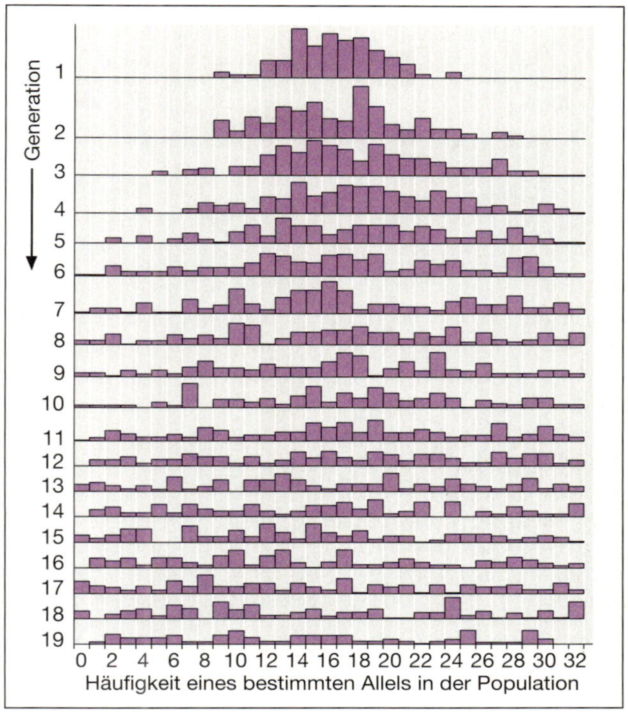

Evolution technischer Systeme

Ein gekrümmtes Rohr, wie ein Heizungsrohr oder das Ansaugrohr eines Motors, verursacht Reibungs- und Umlenkverluste. Die Technik versucht Krümmer mit möglichst geringen Umlenkverlusten zu konstruieren. Das Bild unten zeigt, wie ein Krümmer durch Zufallsvariationen und anschließende Tests so lange verändert wurde, bis der Strömungswiderstand den geringst möglichen Wert erreicht hatte.

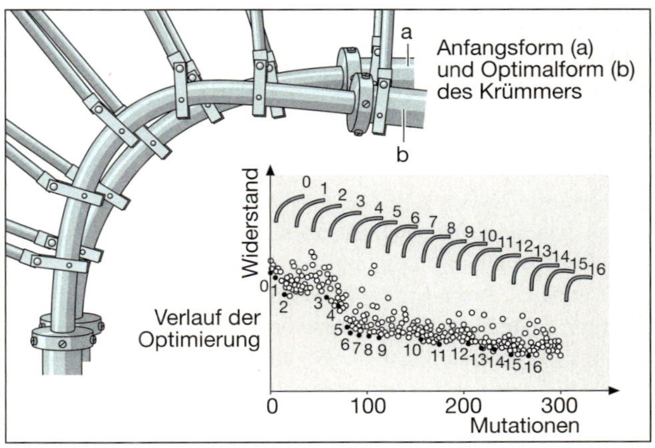

1 Suchen Sie Beispiele, bei denen technische Konstruktionen dem natürlichen Vorbild entsprechen.

☞ Stichworte zu weiteren Informationen

Polygenie, Galapagosinseln, Ökotypen, technische Biologie, Flächentragwerke, Strömungslehre, Aerodynamik

Entstehung neuer Arten

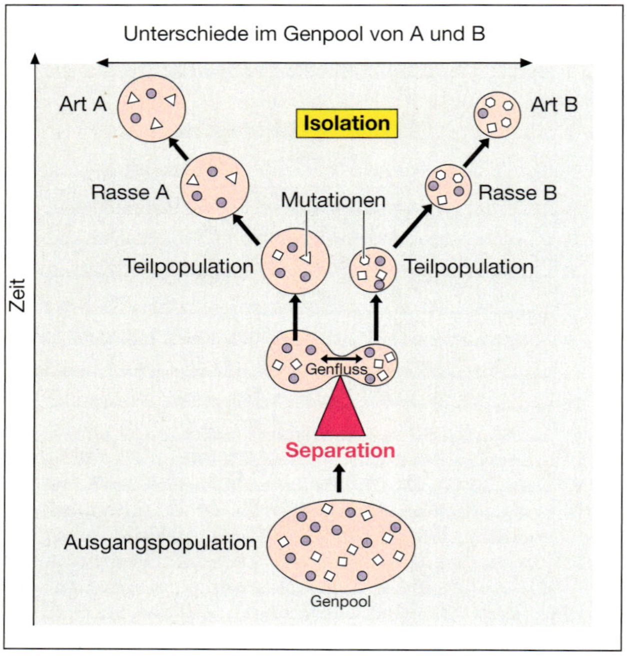

1 Schema zur allopatrischen Artbildung durch Aufspaltung

Alle Lebewesen einer Art stimmen in wesentlichen Merkmalen überein. Sie können miteinander fruchtbare Nachkommen zeugen, die wiederum ihren Eltern gleichen. Die Mitglieder einer Art stellen demnach eine *Fortpflanzungsgemeinschaft* dar. Im Laufe der Zeit verändern sich Populationen durch gerichtete Selektion, es kommt zu einer *Artumwandlung*.

Zur Artaufspaltung und damit zur Bildung neuer Arten führen in der Regel zwei Schritte: Am Anfang steht die Trennung von Teilpopulationen und damit die Unterbrechung des Genflusses. Führt die unabhängige Entwicklung solcher Teilpopulationen einer Art dazu, dass sich ein Großteil der Individuen der einen Teilpopulation in bestimmten Merkmalen und in ihrem Genpool von den Mitgliedern der anderen Teilpopulation unterscheidet, spricht man von *Rassen* (Unterarten). Vertreter verschiedener Rassen können miteinander Nachkommen zeugen. Schließlich erfolgt eine genetische Isolation. Sie verhindert, dass sich Angehörige der getrennten Populationen wieder erfolgreich kreuzen lassen, selbst wenn das trennende Hindernis nicht mehr vorhanden ist.

Kommt es durch anfängliche Separation zur Artaufspaltung spricht man von *allopatrischer Artbildung*.

Bei einer zweiten Form der Artbildung wird eine Teilpopulation inmitten des Verbreitungsgebietes der Ausgangspopulation reproduktiv isoliert. Diese *sympatrische Artbildung* ist eher die Ausnahme. Durch Polyploidie kam es beispielsweise bei der Nachtkerze *Oenothera* zur Artaufspaltung. Die diploide Form der Nachtkerze lässt sich mit der tetraploiden Form nicht mehr kreuzen (→ S. 249).

Beispiel Raben- und Nebelkrähe. Die schwarze Rabenkrähe unterscheidet sich in der Gefiederfarbe deutlich von der grauen Nebelkrähe. Rabenkrähen sind überwiegend im west-

2 In der Kontaktzone zwischen Raben- und Nebelkrähe kommt es wieder zum Genaustausch.

lichen Europa verbreitet, Nebelkrähen im östlichen Europa. In Mitteleuropa verläuft von Nord nach Süd eine nur 70–100 Kilometer breite *Kontaktzone, in der Bastarde zwischen den beiden Rassen auftreten* (→ Bild 2).

Während der Eiszeit wurde die europäische Krähenpopulation durch das Vordringen der Gletscher getrennt. Die beiden Teilpopulationen entwickelten sich während der Trennung unabhängig voneinander weiter. Nach ihrer Wiederausbreitung kommt es heute in der schmalen Kontaktzone wieder zum Genaustausch, da die beiden Rassen noch nicht durch eine Fortpflanzungsschranke voneinander isoliert sind. Das Auftreten von Mischformen belegt, dass Raben- und Nebelkrähe noch eine Art bilden.

Beispiel Kohlmeise. Die letzte Eiszeit überlebte die Kohlmeise in getrennten Rückzugsgebieten Europas und Asiens mit günstigem Klima, wobei durch eigenständige Evolution der Teilpopulationen in den separierten Gebieten fünf unterschiedliche Kohlmeisenformen entstanden. Nach dem Abschmelzen der Gletscher konnten sich die Vögel wieder ausbreiten. In den Überlappungsgebieten paaren sie sich als Rassen einer Art. Zwei Meisenformen aber, die in Sibirien aufeinander trafen, waren in Färbung und Gesang schon so verschieden, dass es kaum zur Bastardbildung kommt. Eine dieser Formen bevorzugt als Lebensraum menschliche Siedlungen, die andere lichte Wälder. Bei einer dritten Kohlmeisenform, der Bergkohlmeise, kam es sogar zur Entstehung einer ganz neuen Art. Sie vermischt sich nicht mehr mit den anderen Kohlmeisenformen.

1 Wie lässt sich erklären, dass im Überlappungsgebiet der Rassen bei Krähen Bastardbildung häufig ist, bei den Meisenrassen in Sibirien dies dagegen so gut wie nie vorkommt?

2 Inwiefern liegen Unterschiede in der Bedeutung der verschiedenen Evolutionsfaktoren bei der Artaufspaltung bei Darwinfinken und bei Kohlmeisen vor?

3 Polyploidie ermöglicht eine sympatrische Artaufspaltung. Erläutern Sie.

Adaptive Radiation

Kommt es innerhalb eines evolutiv kurzen Zeitraumes zur Aufspaltung einer Stammart in zahlreiche neue Arten mit unterschiedlichen Anpassungen, spricht man von *adaptiver Radiation*. Die Entstehung einer derartigen Formenvielfalt ist dann möglich, wenn die Stammart in eine neue Umwelt gelangt, die viele ökologische Lizenzen bietet und in der kaum Konkurrenz vorhanden ist.

Die Entwicklung der Darwinfinken auf den Galapagosinseln ist ein Beispiel für die adaptive Radiation aus einer Gründerpopulation.

Die adaptive Radiation der Säugetiere. Die Säugetiere existierten vor ihrer ersten größeren adaptiven Radiation schon mehr als 100 Millionen Jahre, doch blieben sie bis zum Ende der Kreidezeit eine vergleichsweise unbedeutende Tiergruppe. Mit dem Aussterben der Dinosaurier ergaben sich für die Säugetiere neue ökologische Möglichkeiten, die sie nutzen konnten. Für die nun einsetzende adaptive Radiation zu den unterschiedlichsten Lebensformen war auch die Entwicklung der Samenpflanzen zur vorherrschenden Pflanzengruppe von Bedeutung. Insekten fanden in Pollen und Nektar eine neue Nahrungsquelle und Insekten ihrerseits bildeten die Nahrungsquelle für frühe Säugetiere. Nachdem Raubtiere, Nagetiere, Huftiere und andere die ökologische Großnische gebildet hatten, kam es in einer anschließenden Phase der Spezialisierung zu einer immer vollkommeneren Anpassung der Arten.

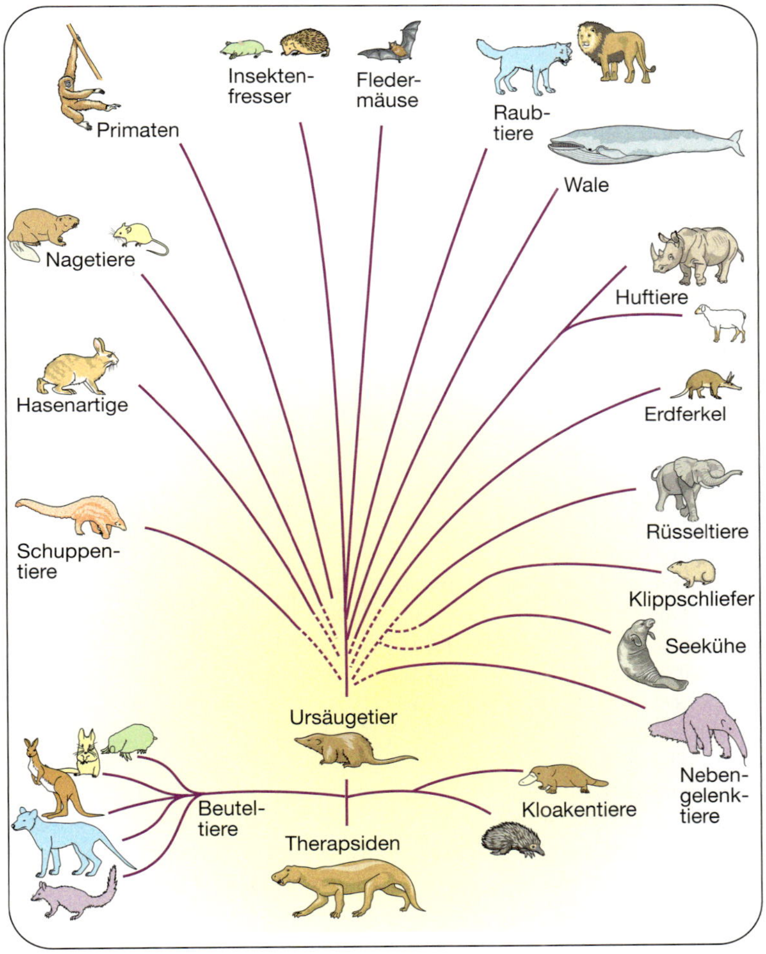

1 *Adaptive Radiation bei den Säugetieren*

Die adaptive Radiation der Beuteltiere. Die *Beuteltiere* stellen innerhalb der Säugetiere nach den Eier legenden *Kloakentieren* die nächst höhere Organisationsstufe dar. Im Gegensatz zu den höheren *Placentasäugern*, bei denen der Mutterkuchen oder die Placenta (→ S. 214) eine weitgehende Entwicklung der Jungen im Mutterleib ermöglicht, bringen die Beuteltiere nur sehr wenig entwickelte Junge zur Welt.

Für die heutige Entwicklung der Beuteltiere sind die ökologischen Verhältnisse Australiens, die geographische Separation des Kontinents und seine erdgeschichtliche Vergangenheit von Bedeutung:

- Australien ist durch eine Vielfalt von Lebensräumen gekennzeichnet.
- Australien ist von Ozeanen umgeben, die für viele Pflanzen- und Tierarten eine unüberwindliche Schranke darstellen. Nur im Norden gibt es eine Reihe von Inseln, die manche Pflanzen und Tiere zur Besiedlung des Kontinents nutzen konnten.
- Australien ist ein Teil des Urkontinents Gondwanaland, der früher alle Südkontinente umfasste. Bereits vor 50 Mio. Jahren, noch vor der Entwicklung moderner Säugetiere, driftete Australien von den übrigen Südkontinenten weg.

In Abwesenheit der höheren Säugetiere haben die Beuteltiere die verschiedensten Lebensformtypen mit unterschiedlicher Lebensweise entwickelt. Sie bilden so gut wie alle ökologischen Nischen, die auf den übrigen Kontinenten die Placentasäuger bilden. Lediglich die Nische der großen Grasfresser fehlt in Australien.

Dabei kam es trotz unabhängiger Evolution von Beuteltieren und Placentasäugern zur Ausbildung ähnlicher Merkmale bei Vertretern der beiden Gruppen (→ Bild 1; übereinstimmende Farbgebung). Man spricht von *konvergenter Evolution*. Die zahlreichen *Anpassungsähnlichkeiten* beruhen auf gleichartigem Selektionsdruck, der Nutzung ähnlicher ökologischer Lizenzen und der Bildung ähnlicher ökologischer Nischen.

1 Adaptive Radiation fand auch bei Pflanzen statt. Erarbeiten Sie sich an einigen Beispielen bei Landpflanzen, welche Arten unterschiedliche ökologische Nischen innehaben.

Wie Forschung funktioniert: Die synthetische Theorie der Evolution

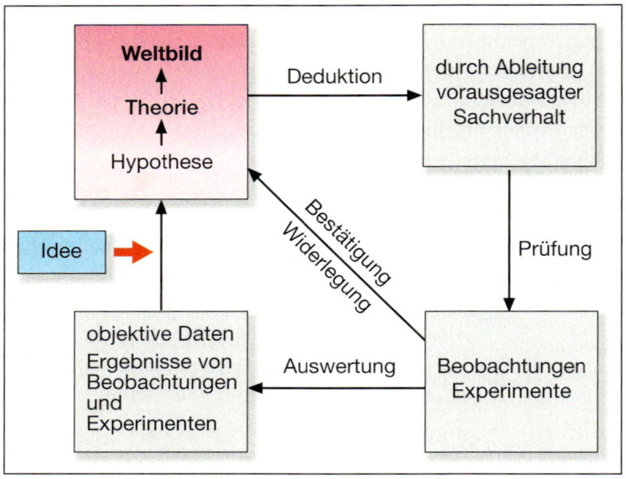

1 *Naturwissenschaftliche Erkenntnisgewinnung*

Die naturwissenschaftliche Theorie. *Eine Theorie ist eine umfassende widerspruchsfreie Modellvorstellung der Wirklichkeit.* Sie erlaubt die durch Beobachtung, Experimente und logische Verknüpfung bekannt gewordenen Einzeltatsachen in ein Gesamtbild einzufügen und zu erklären. Sie lässt Schlussfolgerungen zu, die durch weitere Beobachtungen oder Experimente überprüfbar sind.

Naturwissenschaftliche Einzeldisziplinen. Die Theorie zur Evolution der Arten von CHARLES DARWIN mit den wesentlichen Aussagen zur Überproduktion von Nachkommen sowie deren Variabilität und zur Bedeutung der Selektion begründet überzeugend die Tatsache der Evolution. Sie gibt zudem die Regeln an, nach denen Evolution abläuft. In DARWINS Konzept fehlte allerdings ein Verständnis der Vererbung. GREGOR MENDEL war zwar ein Zeitgenosse von DARWIN, die Bedeutung seiner Forschungsergebnisse über die Vererbung von Eigenschaften wurde zu seiner Zeit aber nicht erkannt.

Die Populationsgenetik hebt die genetische Variabilität innerhalb einer Population hervor und erarbeitet die genetische Basis von Variabilität und natürlicher Selektion. Evolution wird erkannt als Wandel von Genfrequenzen in Populationen. Jedes Ereignis, das die Genfrequenz ändert, wird als Evolutionsfaktor verstanden.

Durch zahlreiche weitere Forschungsergebnisse aus Geologie, Paläontologie, vergleichender Anatomie, Embryonalentwicklung, Systematik, Verhaltensforschung, Ökologie, Physiologie und Biochemie erkannte man *Evolution als ein vielgestaltiges Geflecht von Ursachen und Wirkungen.* Die Ergebnisse der Teildisziplinen der Biologie stützen unter anderem mit der Zelltheorie und der Chromosomentheorie zur Vererbung die Aussagen der Evolutionstheorie und machen sie somit zur umfassendsten Theorie der Biologie.

Die synthetische Theorie der Evolution. Schließlich wurden die Erkenntnisse aus den verschiedenen naturwissenschaftlichen Gebieten zur *synthetischen Evolutionstheorie* vereint. Diese betont die Bedeutung der Population als Einheit der Evolution und weist der Selektion eine zentrale Rolle als Mechanismus der Evolution zu. Sie erklärt, wie über lange Zeiträume die Anhäufung kleiner Veränderungen einen großen Wandel bewirken kann. Sie beruht im Wesentlichen auf DARWINS Gedanken, *stellt* aber *die Population und deren Genpool ins Zentrum des Evolutionsgeschehens.*

Die synthetische Theorie der Evolution berührt sämtliche Teildisziplinen der Biologie, wie auch alle Teildisziplinen Beiträge zur Evolutionstheorie liefern. Umgekehrt kann die Evolutionstheorie für verschiedenste Einzelprobleme aus so gut wie allen Teilgebieten der Biologie Erklärungen liefern.

Offene Fragen. Wie jede naturwissenschaftliche Theorie ist auch die synthetische Theorie der Evolution nicht abgeschlossen. Sie wird an immer neuen Fakten auf ihre Gültigkeit geprüft und dabei ständig weiterentwickelt. Stets sind einzelne Fragen ungelöst. So ist immer noch offen, welches Gewicht verschiedenen Evolutionsfaktoren zukommt, beispielsweise der Bedeutung von Gendrift und Zufall im Vergleich mit den Wirkungen der Selektion.

Auch der Verlauf der Stammesentwicklung (→ S. 290) wird im Detail kontrovers diskutiert. Verläuft die Entwicklung kontinuierlich in kleinen Schritten, wie dies der *Gradualismus* annimmt, oder erfolgt der Wandel punktuell schubweise zu bestimmten Epochen, wie der *Punktualismus* meint?

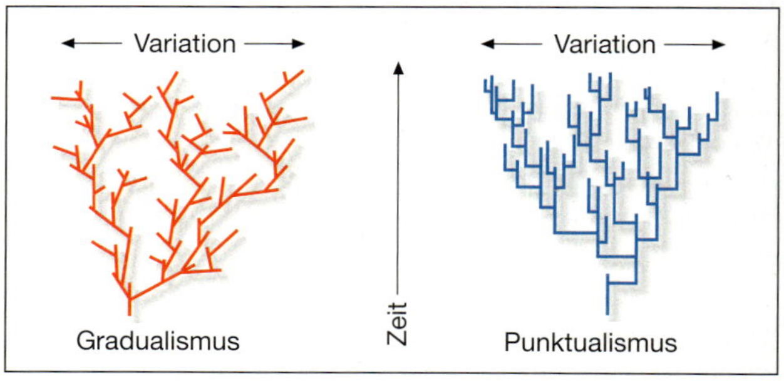

2 *Der Verlauf der Stammesentwicklung: Gradualismus oder Punktualismus?*

1 Die Aussage DARWINS, dass die Nachkommen untereinander nicht gleich sind, war zur damaligen Zeit nicht verständlich. Durch welche Forschungsergebnisse konnte man den scheinbaren Widerspruch *„Gleiches bringt Gleiches hervor – aber nicht exakt"* schließlich erklären?

2 Bestimmte Merkmale variieren innerhalb einer Population kontinuierlich und werden so der Selektion zugänglich. Warum kann die mendelsche Genetik solche kontinuierlichen Variationen nicht erklären? Erst das Wissen über multiple Allele und Polygenie ermöglichen eine Deutung. Begründen Sie.

3 Selektion bringt in den Evolutionsprozess eine Richtung. Die Evolution an sich aber ist nicht zielgerichtet hin zu immer perfekteren Lebensformen. Können Sie den scheinbaren Widerspruch erläutern?

4 Wieso ist es richtig zu behaupten, dass die Populationsgenetik die Ergebnisse von DARWIN und MENDEL in Einklang zueinander bringt?

Überblick

- Die Mannigfaltigkeit des Lebens in seiner immer noch nicht überschaubaren Artenvielfalt auf der Erde ist in einem Jahrmillionen währenden Evolutionsprozess entstanden. →S. 239
- Ein gemeinsamer Ursprung der Arten bedeutet Verwandtschaft aufgrund gemeinsamer Vorfahren. → S. 239
- Hielt man bis in das 18. Jahrhundert die Arten für konstant, führen seither immer mehr Tatsachen zur Erkenntnis des Artenwandels. → S. 240
- LAMARCKS Erklärungsversuche des Artenwandels gingen von Umweltveränderungen aus, die ein inneres Bedürfnis erzeugen und durch Gebrauch oder Nichtgebrauch von Organen hin zur Vervollkommnung oder Verkümmerung der erworbenen Eigenschaften führen sollen. → S. 240, 241
- Der Selektionstheorie DARWINS liegen zwei treibende Kräfte der Evolution zugrunde: ungerichtete erbliche Variationen von Individuen und eine natürliche Selektion, die Lebewesen mit der besseren Anpassung ausliest. → S. 241
- Die Populationsgenetik befasst sich mit der Häufigkeit von Allelen im Genpool und den damit verbundenen Veränderungen in Populationen. → S. 242, 243
- Evolutionsfaktoren sind Mutation, Selektion, Isolation und Gendrift. → S. 242, 244, 248, 250
- Selektion kann stabilisierend, richtend oder aufspaltend wirken. → S. 245
- Abiotische Selektionsfaktoren sind Einwirkungen der unbelebten Umwelt, während biotische Selektionsfaktoren von anderen Lebewesen ausgehen. Zu Letzteren zählen Fressfeinde, Parasiten oder Konkurrenten um Nahrung oder Fortpflanzungsmöglichkeiten. → S. 246
- Durch ökologische Isolation kommt es zur Einnischung. Diese vermindert die Konkurrenz zwischen Populationen, Rassen oder Arten, indem sie zu einer unterschiedlichen Nutzung der Umwelt führt. → S. 248
- Faktoren, die den Genfluss zwischen Individuen und Populationen verändern, nennt man Isolationsmechanismen. Man unterscheidet eine geographische Separation von anderen Isolationsmechanismen wie ethologische, zeitliche, mechanische oder fortpflanzungsbiologische Isolation. → S. 249
- In kleinen Populationen können Zufallsereignisse die Allelfrequenz des Genpools entscheidend beeinflussen. Man spricht von Gendrift. → S. 250
- Durch gerichtete Selektion kommt es zu einer Veränderung von Populationen, die schließlich zu einer Artumwandlung führt. → S. 245, 248, 252
- Voraussetzung für die Aufspaltung einer Art und damit zur Bildung neuer Arten ist die Trennung von Populationen durch Isolationsmechanismen. → S. 249, 252
- Die Aufspaltung einer Stammart in zahlreiche neue Arten mit unterschiedlicher Einnischung nennt man adaptive Radiation. → S. 253
- Die synthetische Evolutionstheorie fasst die Ergebnisse verschiedener naturwissenschaftlicher Teilbereiche zusammen und vereint die Ergebnisse der Evolutionsforschung und der Genetik. → S. 254

Aufgaben und Anregungen

1 Die Grafik rechts zeigt die Besiedlung ozeanischer Inseln durch einige Tiergruppen sowie einige Stichworte zu den Inseln. Geben Sie eine mögliche Erklärung für das auf den einzelnen Inseln unterschiedliche Vorkommen von Tieren. Begründen Sie anhand der verschiedenen Evolutionsfaktoren, warum die Tiere zwar mit der Tierwelt des Festlandes verwandt sind, von dieser aber deutlich abweichende Besonderheiten aufweisen.

2 Durch die eiszeitliche Vergletscherung wurden in Mitteleuropa Populationen in westliche und östliche Teilpopulationen getrennt. Heute leben im Bereich der Elbe noch Mischformen zwischen Raben- und Nebelkrähe, während Grün- und Grauspecht als getrennte Arten vorkommen. Stellen Sie die Trennung des Genpools modellhaft in einer Skizze dar und diskutieren Sie, welche Faktoren dafür verantwortlich sein könnten, warum es bei Nebel- und Rabenkrähe nur zur Rassenbildung, bei Grün- und Grauspecht dagegen zur Artbildung kam.

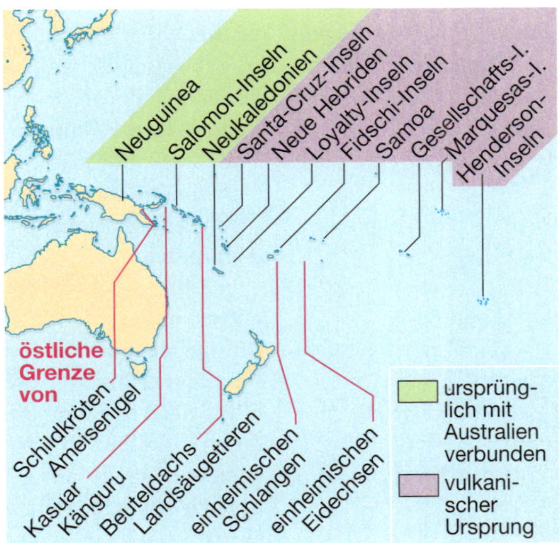

3 Die Blätter der Kartoffelpflanze enthalten einen hohen Anteil an Giftstoffen, die für den Kartoffelkäfer kaum schädlich sind. Zeigen Sie anhand dieses Beispiels, was man unter Ko-Evolution versteht, wie es dazu kam und welche Vorteile beiden Arten ein solcher Vorgang bringt.

4 Suchen Sie Beispiele für das Wirken der richtenden, stabilisierenden und aufspaltenden Selektion.

5 Bei Primelblüten kommen Formen mit langen Griffeln und kurzen Staubblättern und andere mit kurzen Griffeln und langen Staubblättern vor. Definieren Sie an diesem Beispiel den Begriff Polymorphismus und Anpassung. Zeigen Sie auf, welchen Nutzen die Primelpopulation von dieser Anpassungserscheinung hat.

6 Einige Arten von Höhlenfischen sind blind. Wie könnte man die Blindheit lamarckistisch erklären? Aufgrund welcher Erkenntnisse kann diese Erklärung nicht richtig sein? Wie erklärt die Selektionstheorie die Blindheit vieler Höhlentiere?

Ergebnisse der Evolution

1 Breitflügelfledermaus auf Beuteflug, zu dem sie ihr Tagesquartier nach Sonnenuntergang verlässt

Gliedmaßen zu Flügeln umgebildet, die Knochen nur dünne Versteifungen der faltbaren Flughaut, Orientierung in völliger Dunkelheit mit Ultraschall-Sonarsystem aus Kehlkopf als Sender und großen Ohrtrichtern als Empfänger, Beuteortung im Flug durch blitzschnelle Verrechnung der gesendeten Schallwellen und ihrer Echos, Atmung und Flügelschlag auf die Schallfrequenz abgestimmt – die Ergebnisse der Evolution versetzen uns ein übers andere Mal in Erstaunen. Umso mehr, wenn uns bewusst wird, dass die Fledermaus ihr Junges säugt wie eine Katze, Zähne hat wie ein Igel oder ihre Flügel „nach demselben Plan gebaut sind wie die Beine der Antilopen, der Maus, des Affen oder … die Delphinflosse." (DARWIN).

Im Blickpunkt:

- Homologie und Analogie: biologische Ähnlichkeit und ihre Erklärungen
- biogenetische Grundregel
- Fossilien als historische Dokumente der Evolution
- Kontinentaldrift: biogeographische Triebfeder der Evolution
- biologischer und morphologischer Artbegriff
- Stammbäume als Darstellung der Entwicklung heute lebender Tiere und Pflanzen
- die Systematik ordnet die Lebewesen nach ihrer Abstammungsähnlichkeit zu einem natürlichen System
- Evolution: „Tatsache" oder „Theorie"?

Alle Lebewesen sind das Ergebnis einer Jahrmillionen währenden Evolution. Sie lassen sich auf gemeinsame Ausgangsformen zurückführen und stehen somit in einem mehr oder weniger engen Verwandtschaftsverhältnis zueinander. Da Evolution ein historischer Prozess ist, lassen sich die Vorgänge der *stammesgeschichtlichen Entwicklung* nicht direkt erforschen. Es gibt aber sehr viele Tatsachen aus allen Bereichen der Biologie, die nur als *Ergebnis der Evolution* vernünftig und widerspruchsfrei erklärt werden können. Keine andere Erklärung ist wahrscheinlicher, logischer und durch eine ähnliche Fülle an Argumenten gestützt.

Gemeinsame Abstammung oder *Deszendenz* zeigt sich

- an Merkmalen, in denen sich Lebewesen ähnlich sind,
- in Übereinstimmungen zwischen Vorfahren und Nachfahren mit Übergangs- oder Mosaikformen,
- in Entwicklungsreihen zu einer Höherentwicklung,
- in Übereinstimmung mehr oder weniger großer Bereiche der Erbinformation.

Um die Abstammungsverhältnisse und damit die Verwandtschaftsbeziehungen zwischen verschiedenen Arten zu klären, muss man vor allem herausfinden, ob Ähnlichkeiten zwischen ihnen auf übereinstimmende Erbinformation und damit auf gemeinsame Vorfahren zurückgehen oder ob es sich um funktionelle Ähnlichkeit handelt und damit um das Ergebnis einer ähnlichen Anpassung an ähnliche Umweltbedingungen.

Formen biologischer Ähnlichkeit

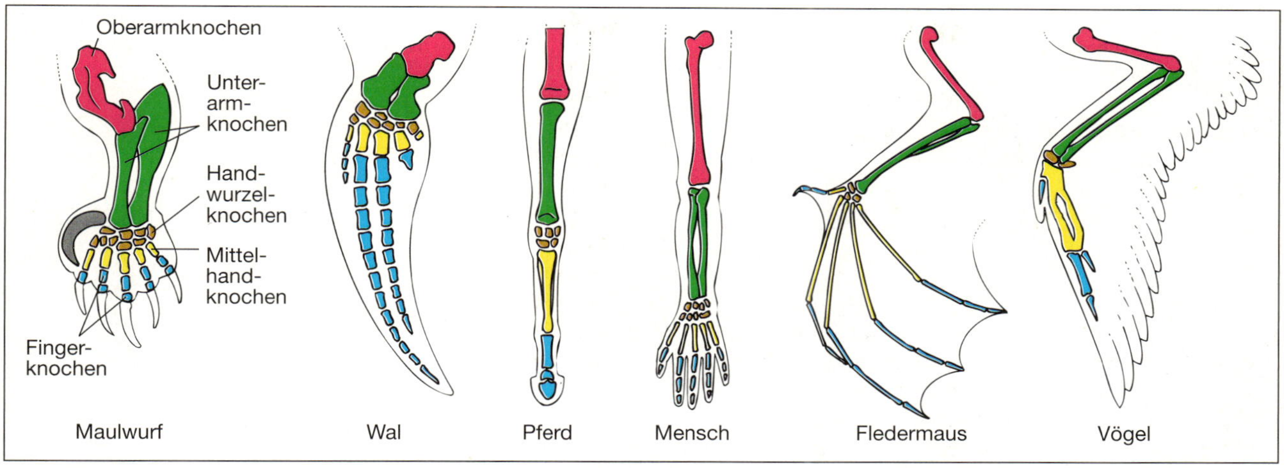

1 Vordergliedmaßen verschiedener Wirbeltiere. Die einander entsprechenden Knochen haben jeweils dieselbe Farbe.

Die Ähnlichkeit von Lebewesen kann entweder auf eine gemeinsame Abstammung oder auf ähnliche funktionelle Erfordernisse und Anpassung an gleiche Lebensbedingungen zurückgeführt werden. Ist die Ähnlichkeit verschiedener Arten groß, kann dies ein Zeichen enger Verwandtschaft sein, ebenso gut aber auch Folge eines gleich gerichteten Selektionsdrucks, ganz unabhängig von Verwandtschaft. Im ersten Fall spricht man von *homologer Ähnlichkeit* oder *Homologie*, im zweiten Fall von *analoger Ähnlichkeit* oder *Analogie*. Erst eine genaue Untersuchung kann diese Formen biologischer Ähnlichkeit unterscheiden.

Homologie. Die Vordergliedmaßen verschiedener Wirbeltiere sehen sehr unterschiedlich aus und dienen verschiedenen Zwecken. Untersucht man aber die Skelette, zeigen sich beträchtliche Übereinstimmungen: Ein Oberarmknochen, zwei Unterarmknochen, Handwurzelknochen, Mittelhandknochen und Fingerknochen sind das gemeinsame Grundmuster. In Anpassung an die jeweilige Lebensweise sind die einzelnen Skelette aber verschieden geformt. Die grundsätzliche Ähnlichkeit im Bau der Gliedmaßen der Wirbeltiere lässt sich am einfachsten erklären, wenn man davon ausgeht, dass die Grundstruktur auf übereinstimmender Erbinformation beruht, die verschiedene Abwandlungen erfahren hat. Eine derartige *Ähnlichkeit biologischer Strukturen bei verschiedenen Lebewesen aufgrund übereinstimmender Erbinformation* bezeichnet man als *Homologie*. Findet man umgekehrt bei verschiedenen Lebewesen homologe Organe, so haben sie demnach gemeinsame Vorfahren.

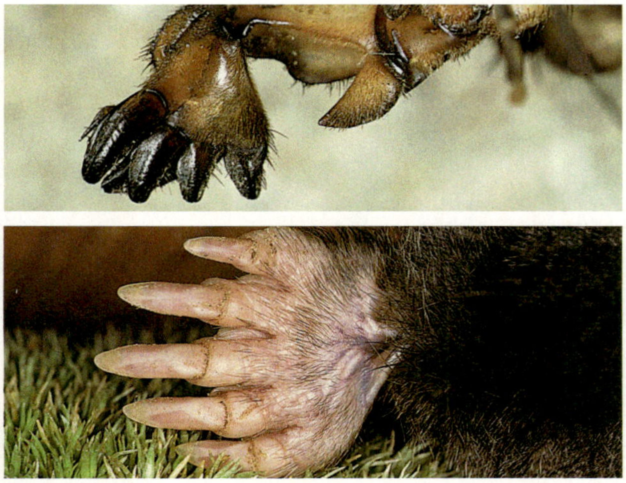

2 Grabschaufel: Maulwurfsgrille (oben), Maulwurf (unten)

Analogie. Bei Maulwurf und Maulwurfsgrille haben sich aus den völlig verschiedenen Grundstrukturen des Insektenbeins und der Säugetierhand funktionell und auch im Aussehen ähnliche Graborgane entwickelt (→ Bild 2). Eine solche *Funktionsähnlichkeit biologischer Strukturen bei verschiedenen Lebewesen* bezeichnet man als *Analogie*. Die Übereinstimmung besteht allerdings nur bei oberflächlicher Betrachtung. Im Detail ergeben sich zahlreiche Unterschiede: Die Grabschaufel der Maulwurfsgrille wird von einem Außenskelett aus Chitin mit offenen Hämolymphräumen gebildet, während die Maulwurfshand ein knöchernes Innenskelett und ein geschlossenes Blutgefäßsystem aufweist. Die Ähnlichkeit kann daher nicht auf übereinstimmender Erbinformation beruhen. Sie hat ihre Ursache in einem vergleichbaren Selektionsdruck, ist also *Anpassungsähnlichkeit*. Man spricht von *Konvergenz*.

Da Analogie und Konvergenz auf unterschiedlichen Grundstrukturen mit verschiedenartiger Erbinformation basieren, sind sie kein Beweis für gemeinsame Abstammung, wohl aber für vergleichbare Lebensbedingungen.

1 Männliche Hirschkäfer und Rothirsche setzen ähnliche Instrumente beim Rivalenkampf ein. Sind Hirschgeweih und Kopfzangen der Hirschkäfer homologe oder analoge Organe?

2 Fledermausflügel und Grabschaufel des Maulwurfs sind homolog, die Grabschaufel von Maulwurf und Maulwurfsgrille analog. Untersuchen Sie weitere Merkmale der drei Tierarten, die beweisen, dass Maulwurf und Fledermaus miteinander verwandt sind, Maulwurf und Maulwurfsgrille aber nicht.

Homologien im Bau der Lebewesen

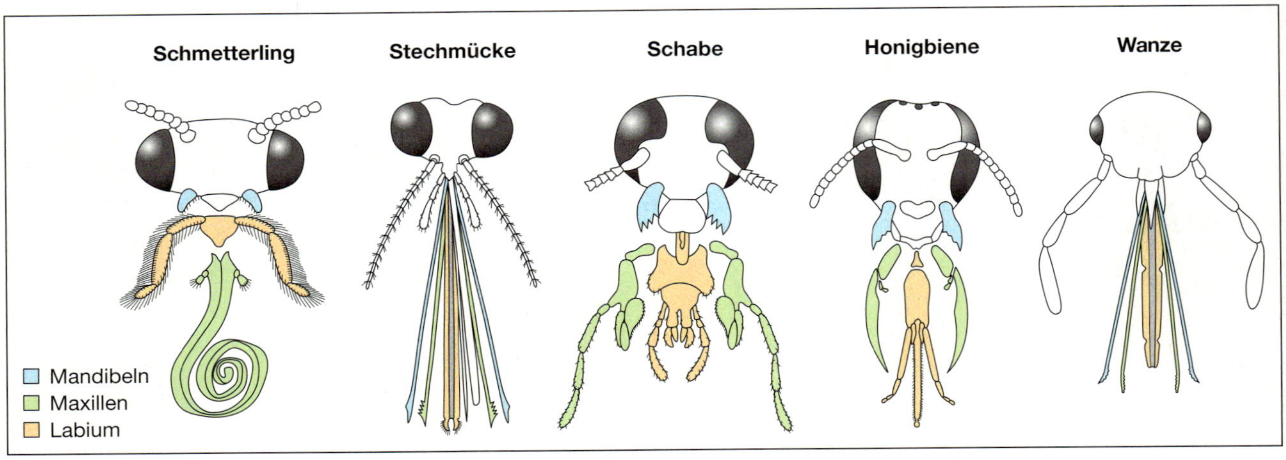

1 *Homologie bei den Mundwerkzeugen verschiedener Insekten*

Im Verlauf der Evolution haben sich viele Strukturen durch Funktionswechsel oft so sehr verändert, dass ihre Homologie nicht immer leicht erkennbar ist. Anhand von drei verschiedenen Kriterien lässt sich Homologie feststellen.

Kriterium der Lage. Strukturen sind dann homolog, wenn sie in einem vergleichbaren Gefügesystem die gleiche Lage einnehmen. Dies gilt beispielsweise für die Vordergliedmaßen der Wirbeltiere und ihre Knochen, die in ihrer Lage im Gesamtgefüge und relativ zueinander übereinstimmen. Entsprechendes gilt für die Mundwerkzeuge der Insekten, deren Bauteile je nach Lebensweise sehr verschieden gestaltet sind, aber nach Lage und Anordnung übereinstimmen (→ Bild 1).

Kriterium der spezifischen Qualität. Komplex gebaute Organe sind homolog, wenn sie in besonderen Einzelheiten ihres Aufbaus übereinstimmen. Wirbeltierzähne und Haischuppen lassen sich beispielsweise durch übereinstimmenden Aufbau aus Pulpa, Dentin und Schmelz homologisieren (→ Bild 2).

Kriterium der Stetigkeit. Homologie liegt auch dann vor, wenn stark abgewandelte Organe durch eine Reihe von Zwischenformen so miteinander verbunden sind, dass sie einen Übergang von der einen Struktur zur anderen erkennen lassen. Solche Zwischenformen können in der Individualentwicklung auftreten, bei verwandten Arten oder durch Fossilien aus der Stammesentwicklung erhalten sein. So lassen sich die Gehörknöchelchen der Säugetiere mit Schädelknochen der Fische und Reptilien homologisieren (→ Bild 3). Für das Beinskelett des heutigen Pferdes lässt sich anhand fossiler Zwischenformen belegen, wie durch Reduktion einzelner Glieder aus einem fünfstrahligen Fuß eine einstrahlige Form entstand (→ S. 267).

Entwicklungsreihen. Kennt man mehrere Abwandlungsformen homologer Strukturen, so lassen sie sich in einer merkmalsgenetischen Reihe anordnen. Zunächst ist eine solche Reihe von beiden Seiten her lesbar. Um zu entscheiden, welche Formen ursprünglich und welche abgeleitet sind, müssen weitere Ergebnisse der Evolutionsforschung herangezogen werden. Lassen sich homologe Organe in stammesgeschichtlichen Reihen vom Einfachen zum Komplizierten ordnen, spricht man von *Progressionsreihen*. Beispiele sind Blutkreislauf, Gehirn, Atmungs- und Ausscheidungsorgane der verschiedenen Wirbeltierklassen. Umgekehrt sind *Regressionsreihen* Abwandlungsreihen, bei denen homologe Organe Schritt für Schritt einfacher oder in der Zahl reduziert werden. Beispiele dafür sind die Reduktion des Flügelskeletts bei Straußenvögeln, die Gliedmaßenrückbildung bei verschiedenen Arten von Eidechsen oder die Regression der Zähne bei Walen.

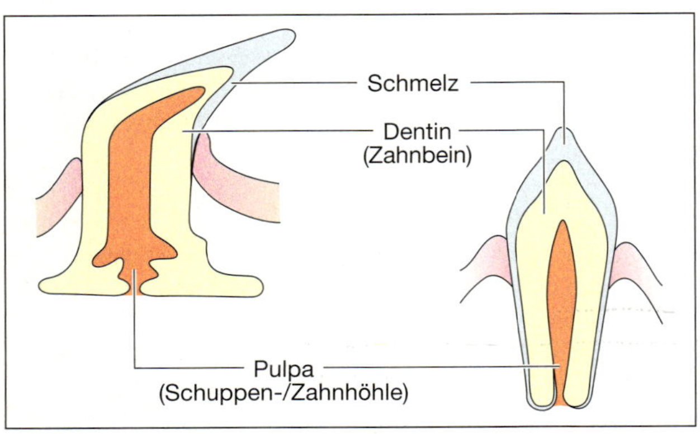

2 *Aufbau von Haischuppe und Wirbeltierzahn im Vergleich*

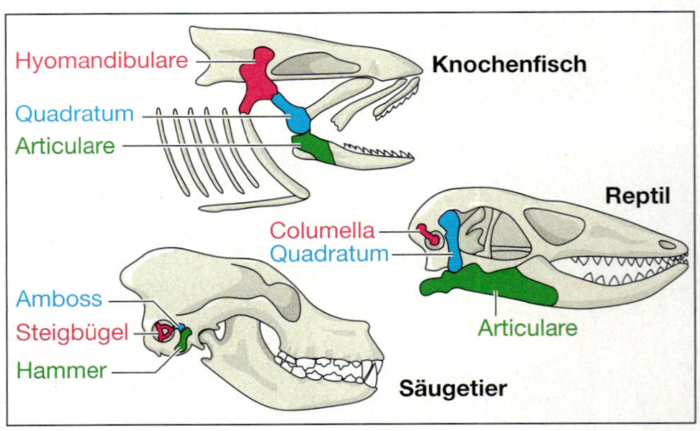

3 *Umbildung von Kiefergelenkknochen zu Gehörknöchelchen*

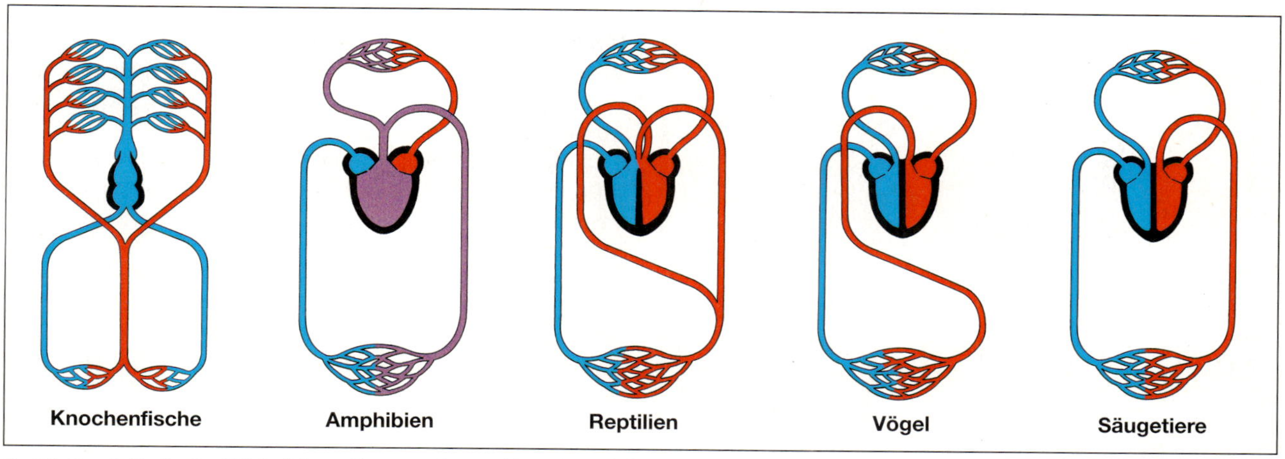

1 Blutkreisläufe der Wirbeltiere: Progressionsreihe mit Reduktion von Aortenbögen und Trennung in zwei Teilkreisläufe

Organrudimente. Zahlreiche Strukturen verschiedener Lebewesen sind funktionslos. Sie lassen sich als Rudimente (→ S. 215) erklären, das heißt als Reste ehemals funktionstüchtiger Organe der Vorfahren, die im Verlauf der Evolution ihre Funktion verloren haben. Umgekehrt können Rudimente wichtige Hinweise auf Abstammung liefern: Im Körperinneren mancher Wale findet man zum Beispiel Reste von Beckenknochen sowie rudimentäre Ober- und Unterschenkelknochen als Belege ihrer Abstammung von Vierfüßern. Das Haarkleid des Menschen ist Rudiment einer ursprünglich reichen Behaarung, unser Steißbein aus der Schwanzwirbelsäule rückgebildet und die rudimentäre Ohrmuskulatur ermöglicht nur noch manchem eine geringe Bewegung der Ohrmuscheln.

Atavismen. In seltenen Fällen treten durch Mutation ursprüngliche Merkmale, die nur von Vorfahren der Art bekannt sind, bei einzelnen Individuen wieder auf. Beim Pferd kann am Griffelbein, einem rudimentären Zeh, ein überzähliger Huf entstehen. Beim Menschen kann ein schwanzartig verlängertes Steißbein wieder auftreten. Ein solcher Atavismus lässt sich damit erklären, dass Erbinformation der Vorfahren noch vorhanden ist und anomal wieder verwirklicht wird.

Übereinstimmungen im Zellbau. Alle Lebewesen bestehen aus Zellen mit fundamentalen Homologien in ihrem Aufbau aus Cytoplasma und Biomembranen. Allen Eukaryoten ist der Besitz von Zellkern, Chromosomen, Mitochondrien und anderen Zellorganellen gemeinsam. Die Prokaryoten unterscheiden sich von den Eukaryoten unter anderem dadurch, dass bei ihnen die DNA in der Zelle nicht von einer Kernhülle umgeben ist und viele Zellorganellen, wie beispielsweise die Ribosomen, einen anderen Feinbau aufweisen (→ S. 56, 57).

1 Flugunfähige Vögel wie der neuseeländische Kiwi oder der afrikanische Strauß besitzen Flügelstummel. Welche Schlüsse lassen sich daraus ziehen?

2 Bei *Drosophila* gibt es eine Mutante mit vier wohl ausgebildeten Flügeln. Wie lässt sich dies erklären?

3 Die Schwimmblase der Knochenfische, die der Auftriebsregulation dient, ist zur Lunge der Landwirbeltiere homolog. Die Wand der Schwimmblase ist entsprechend der Lunge mit zahlreichen Blutgefäßen ausgekleidet. Neben ihrer Kiemenatmung atmen manche Fische wie die Lungenfische mit diesem Organ atmosphärischen Sauerstoff. Mit welchen Kriterien lässt sich die Homologie von Schwimmblase und Lunge beweisen?

4 Welche Folgerungen lassen sich aus den gemeinsam und unterschiedlich vorkommenden Strukturen in Zellen ziehen?

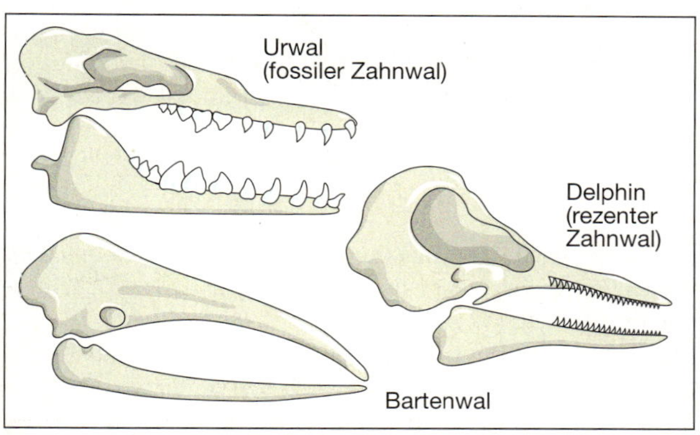

2 Stammesgeschichtliche Reduktion: Zähne bei Walen

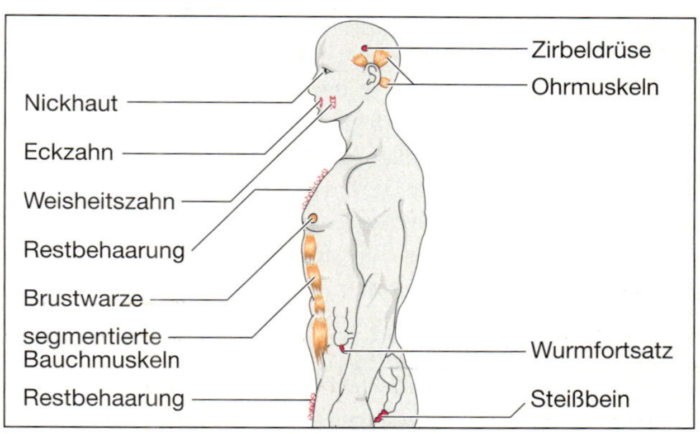

3 Rudimente beim Mann (farbig hervorgehoben)

Homologien in Entwicklung und Verhalten

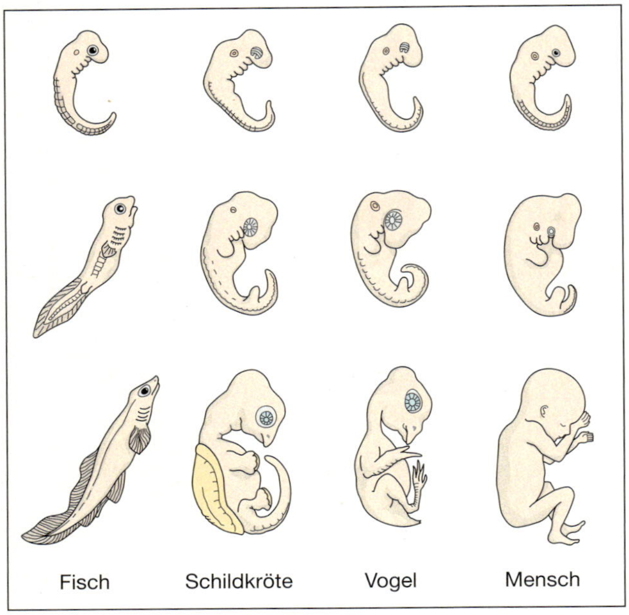

1 *Embryonalstadien von Wirbeltieren (gleicher Maßstab)*

Die frühen Embryonalstadien von Wirbeltieren verschiedener Klassen (→ Bild 1) sind sich so ähnlich, dass sie sich nur schwer unterscheiden lassen. Sie gleichen alle den frühen Keimen der Fische. Die späteren Stadien werden dann einander immer unähnlicher und die Zuordnung zur jeweiligen Wirbeltierklasse gelingt leichter.

Biogenetische Grundregel. ERNST HAECKEL fasste diese Beobachtungen zur *biogenetischen Grundregel* zusammen: Die Keimesentwicklung *(Ontogenese)* verläuft wie eine kurze, schnelle und unvollständige Wiederholung der Stammesgeschichte *(Phylogenese)*. Diese Feststellung darf nicht so verstanden werden, dass sich während der Keimesentwicklung alle Strukturen der stammesgeschichtlichen Vorfahren voll und funktionstüchtig ausbilden. So besitzt beispielsweise der menschliche Embryo keine Kiemenspalten, sondern lediglich Anlagen dafür, die funktionslosen Kiementaschen. Neben solchen Wiederholungen oder Rekapitulationen entwickeln Embryonen immer auch Strukturen, die ausschließlich für ihre Lebensweise erforderlich sind. Dazu zählen beispielsweise die Keimhüllen der Reptilien, Vögel und Säuger.

Die Tatsache, dass viele Arten während ihrer Individualentwicklung bestimmte Organe anlegen, die nie eine erkennbare Funktion erfüllen und die dem erwachsenen Individuum fehlen, für andere Organismen aber typisch sind, lässt sich am einfachsten durch gemeinsame Abstammung und Verwandtschaft erklären. Bei der Sequenzierung *homöotischer Gene* (→ S. 219) fand man, dass die Erbanlagen für die Steuerstoffe der Entwicklung bestimmter Körperregionen bei vielen Lebewesen übereinstimmen. Eine weitgehende Übereinstimmung der als *Homöobox* bezeichneten typischen DNA-Sequenzen der Entwicklungsgene liefert eine molekulargenetische Erklärung der biogenetischen Grundregel.

Verhaltensweisen. Angeborene Verhaltensweisen von Tieren derselben Art laufen in weitgehend gleicher, erblich festgelegter Weise ab (→ S. 477). Dabei zeigen Verhaltensweisen verwandter Arten gemeinsame Elemente, die sich ähnlich wie Körpermerkmale homologisieren lassen.

So putzen Entenvögel bei der Einleitung der Balz scheinbar ihr Gefieder (→ Bild 2). Der Branderpel bearbeitet bei diesem Übersprungsputzen das gesamte Gefieder, während der Stockerpel nur den dem Weibchen zugewandten Flügel auf der Innenseite putzt. Der Knäkerpel streicht lediglich über die Flügelaußenseite und der Mandarinerpel berührt nur eine orangefarbene Feder. Wie beim Homologisieren von Körpermerkmalen lassen sich auch in diesem Falle die drei Homologiekriterien anwenden. Die *spezielle Qualität* der Bewegungsweisen zeigt eine bestimmte zeitliche *Lage* im gesamten Verhalten der Tiere und lässt sich über *Zwischenformen* innerhalb der Entenvögel verbinden.

Das Homologisieren des Balzverhaltens bei Fasanenvögeln zeigt, wie sich bestimmte Verhaltensweisen voneinander ableiten lassen. Der dabei erkennbare Funktionswechsel des Verhaltens, der dessen Signalwirkung auf den Sozialpartner verbessert, wird *Ritualisierung* genannt. Während der Haushahn seine Hennen durch echtes Futterpicken anlockt, zeigt der Pfauhahn beim Radschlagen ein ritualisiertes Verhalten, unabhängig vom Vorhandensein eines Futterkorns. Das Balzverhalten von Glanzfasan und Pfaufasan kann als Zwischenform verstanden werden.

Das Homologisieren von Verhaltensweisen wird dann erschwert, wenn ererbtes Verhalten stark von erlerntem Verhalten überlagert wird. Dies gilt besonders für den Menschen.

2 *Scheinputzen als Teil des Balzverhaltens bei Entenvögeln*

1 Durch welche übereinstimmenden Merkmale sehen sich die frühen Embryonalstadien der verschiedenen Wirbeltierklassen ähnlich?

2 Der menschliche Embryo besitzt ab dem dritten Schwangerschaftsmonat ein dichtes, als Lanugo bezeichnetes Haarkleid, das erst kurz vor der Geburt wieder abgestoßen wird. Wie lässt sich dieser Befund erklären?

Molekularbiologische Homologien

Alle Lebewesen weisen die gleichen chemischen Grundbausteine auf und verwenden den gleichen genetischen Code. Viele Stoffwechselprozesse wie Glykolyse, Citronensäurezyklus, Energieübertragung durch ATP und die Proteinbiosynthese laufen bei der Mehrzahl der Pflanzen und Tiere gleich ab. Diese und viele weitere molekularbiologische Ähnlichkeiten bei verschiedenen Lebewesen lassen sich durch übereinstimmende Erbinformation, also durch Homologie, erklären.

Serumreaktion oder Präzipitinreaktion. Analysen der Aminosäuresequenz von Proteinen oder der Basensequenz von DNA sind aufwendige Verfahren und erst seit kurzem verfügbar. Daher wurde vor allem früher die Serumreaktion verwendet, um den Verwandtschaftsgrad mithilfe molekularbiologischer Homologien zu ermitteln. Dazu spritzt man beispielsweise einem Kaninchen etwas menschliches Blutserum. Das Kaninchen entwickelt daraufhin Antikörper gegen die Proteine des menschlichen Serums. Entnimmt man nach einiger Zeit dem Kaninchen Blut und bringt das daraus gewonnene Blutserum mit menschlichem Serum zusammen, verklumpen die Antikörper alle gelösten Proteine. Diese Reaktion heißt Präzipitinreaktion. Bringt man Serum eines gegen Menschenserum empfindlichen Kaninchens mit Serum anderer Tierarten zusammen, gilt der Grad der Ausfällung als Maß für die Verwandtschaft dieser Tiere mit dem Menschen. Nachteilig bei der Präzipitinreaktion ist, dass sie sich nicht bei allen Tierarten anwenden lässt und die Ergebnisse insgesamt zu wenig differenziert sind.

Aminosäuresequenz von Proteinen. Proteine sind durch Kettenlänge und Sequenz ihrer Aminosäurebausteine eindeutig gekennzeichnet (→ S. 41, 42). Da die Aminosäuresequenz durch Gene codiert ist, darf man Sequenzübereinstimmung von Proteinen verschiedener Arten als unmittelbaren Ausdruck gemeinsamer Abstammung ansehen. So lässt sich beispielsweise die Aminosäuresequenz des Enzyms Cytochrom c vergleichen, das in der Atmungskette aller aeroben Eukaryoten vorkommt (→ Bild 1). Etwa ein Drittel der Positionen der gesamten Sequenz sind bei den aufgeführten Arten von gleichen Aminosäuren besetzt. Arten mit deutlich größerer Übereinstimmung wie Rind und Pferd oder Mensch und Rhesusaffe sind besonders nahe verwandt. Bei ihnen unterscheidet sich das Protein von Cytochrom c nur an wenigen Positionen.

Mensch	...CSQCHTVEKGGKHKTGPNLHGLFGRKTGQAPG...
Rhesusaffe	...CSQCHTVEKGGKHKTGPNLHGLFGRKTGQAPG...
Pferd	...CAQCHTVEKGGKHKTGPNLHGLFGRKTGQAPG...
Schwein	...CAQCHTVEKGGKHKTGPNLHGLFGRKTGQAPG...
Känguru	...CAQCHTVEKGGKHKTGPNLNGIFGRKTGQAPG...
Goliathfrosch	...CAQCHTCEKGGKHKVGPNLYGLIGRKTGQAAG...
Weizen	...CAQCHTVDAGAGHKQGPNLHGLFGRQSGTTAG...

1 Ausschnitte aus der Aminosäuresequenz des Cytochroms c verschiedener Arten, die ein Maximum an Übereinstimmung (Homologie) ergeben. Farblich hervorgehoben sind vom menschlichen Cytochrom c abweichende Aminosäuren.

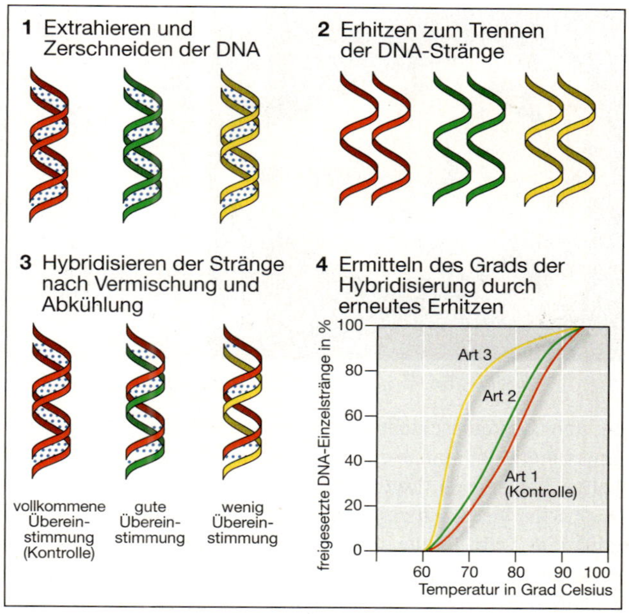

2 Prinzip der DNA-DNA-Hybridisierung

DNA-DNA-Hybridisierung. Auch ohne die genaue Abfolge ihrer Basen zu kennen, lässt sich die DNA verschiedener Arten vergleichen. Dazu wird zunächst die gereinigte DNA zweier Arten getrennt fragmentiert und erhitzt, bis die Wasserstoffbrücken aufbrechen und sich die komplementären Stränge trennen. Bringt man anschließend die Einzelstränge der verschiedenen Arten zusammen und kühlt ab, lagern sich komplementäre Sequenzen zu Hybrid-Doppelsträngen zusammen. Je ähnlicher die DNA der beiden Arten ist, desto mehr Wasserstoffbrücken bilden sich dabei aus und desto höher muss in einem weiteren Schritt die „Schmelztemperatur" sein, um die Stränge erneut zu vereinzeln. Diese Schmelztemperatur lässt sich experimentell ermitteln und dient als Maß für genetische Ähnlichkeit und damit Verwandtschaft der verglichenen Arten (→ Bild 2).

Analyse der DNA. Geht man davon aus, dass alle Homologien auf übereinstimmender Erbinformation beruhen, ist der direkte Vergleich der DNA die unmittelbarste Bestimmung des Verwandtschaftsgrades zwischen Lebewesen. Je mehr Änderungen vorhanden sind, umso mehr Mutationen haben stattgefunden und umso größer ist die stammesgeschichtliche Distanz. Die Sequenzierung der DNA ist heute ein Routineverfahren (→ S. 149). Die Polymerasekettenreaktion (→ S. 148) bietet sogar die Möglichkeit, geringe DNA-Spuren aus Fossilien einzubeziehen, und ermöglicht dadurch einen Vergleich von heute lebenden mit ausgestorbenen Lebewesen. Viele heute noch strittige Fragen der Homologienforschung werden sich damit in Zukunft klären lassen.

1 Warum lassen sich aus Unterschieden der Aminosäuresequenz eines Proteins verschiedener Lebewesen auch Aussagen über unterschiedliche Basensequenzen der DNA machen?

Fossilien als Zeugen vergangenen Lebens

1–3 Beispiele für Fossilien: Bernsteineinschluss, Ammonitensteinkerne, versteinerte Baumstämme

In den Gesteinsschichten der verschiedenen geologischen Epochen findet man *Fossilien*, versteinerte Reste von vorzeitlichen Lebewesen. Dazu zählt man auch Lebensspuren wie Abdrücke, Verfärbungen oder Fraßgänge. Mit dem Leben vergangener Erdzeitalter befasst sich die *Paläontologie* als Wissenschaft.

Fossilisation. In der Regel werden Lebewesen nach ihrem Absterben schnell zerstört und bakteriell zersetzt. Für die Bildung von Fossilien, die *Fossilisation*, ist daher entscheidend, dass *die Überreste der Lebewesen rasch in Sedimente*, also abgelagerte Verwitterungsprodukte der Erdkruste, *eingebettet werden und diese sich schnell verfestigen.* Im erhärteten Sediment ist das Fossil vor Zerstörung durch Umlagerungen geschützt. Ein *sauerstofffreies Medium* verhindert zumindest teilweise die weitere Zersetzung. Deshalb findet man Fossilien häufig in Flachmeeren, Sümpfen, Flugsand, Asphaltseen oder in Dauerfrostböden, wo diese Bedingungen einigermaßen erfüllt sind. Vielfach sind auch Ganzkörperfossilien in Bernstein, einem fossilen Harz früherer Nadelbäume, eingeschlossen (→ Bild 1). Hin und wieder wurden beim Austreten des Harzes aus den Bäumen Insekten und andere kleine Lebewesen überflossen und eingeschlossen. Heute kann man aus den Einschlüssen Aussagen über die damalige Pflanzen- und Tierwelt machen. In Gegenden mit extremer Trockenheit können tote Lebewesen durch Austrocknung als Mumien konserviert werden. Am häufigsten sind widerstandsfähige Hartteile wie Knochen, Schuppen, Zähne, Chitinpanzer oder Schalen als Fossilien erhalten. Aber auch fossile Bakterien, Pollenkörner oder Einzeller sind als *Mikrofossilien* bekannt.

In den Sedimentschichten können mineralhaltige Lösungen in das Fossil eindringen und das ursprünglich organische Material mineralisieren. Bei versteinerten Baumstämmen (→ Bild 3) drang beispielsweise Kieselsäure in das Gewebe des toten Baumes ein und ersetzte das organische Material. Steinkerne (→ Bild 2) entstehen dann, wenn sich Hohlräume wie eine Schale mit eindringendem Sediment füllen und dieses erhärtet. Der Steinkern zeigt dann den inneren Abdruck der Schale.

Die Entstehung von Fossilien ist ein seltenes Ereignis und wie das Auffinden der Fossilien immer von Zufällen abhängig, sodass es unwahrscheinlich ist, aus der Analyse von Fossilien ein vollständiges Bild des Evolutionsablaufes zu erhalten. Dennoch haben Fossilien als Zeugnisse der Evolution eine besondere Bedeutung. Zum einen sind sie direkte Dokumente vergangener Lebewesen, zum anderen ermöglichen sie deren zeitliche Einordnung in die Erdepochen.

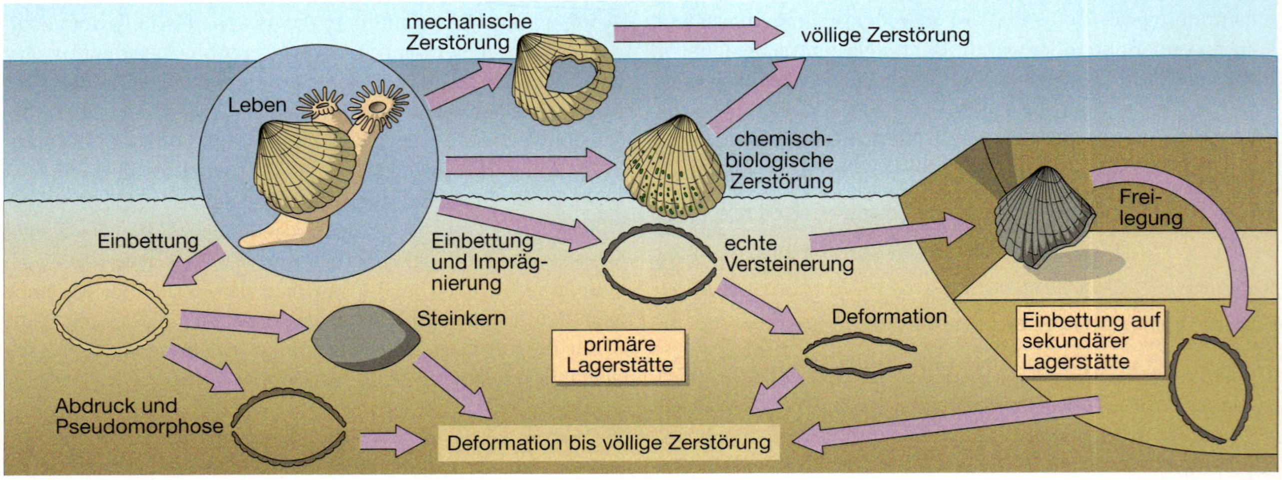

4 Schematische Darstellung der Fossilisation

Altersbestimmung. Um Fossilien bestimmten Erdepochen zuordnen zu können, muss ihr Alter bestimmt werden. Die *relative Altersbestimmung* geht davon aus, dass Sedimentgesteine umso älter sind, je tiefer sie in einer ungestörten Schichtenfolge liegen (stratigrafisches Alter). Ein Vergleich mit heute ablaufenden Ablagerungsprozessen ermöglicht eine Schätzung des relativen Alters einer bestimmten Schicht und der in ihr liegenden Fossilien. Manche Fossilien kommen für eine geologisch kurze Zeit ausschließlich in einer bestimmten Schicht vor, sind dort aber weit verbreitet. Man nennt sie *Leitfossilien*, da ihr Vorkommen als Merkmal dieser Schicht gilt. So sind beispielsweise verschiedene Trilobiten für bestimmte Abschnitte des Erdaltertums kennzeichnend, während verschiedene Ammoniten für bestimmte Zeitabschnitte des Erdmittelalters typisch sind (→ Bild 2).

Die *absolute Altersbestimmung* ist eine physikalische Methode, die auf dem Zerfall radioaktiver Isotope im Fossil selbst oder im umgebenden Gestein beruht (radiometrische Datierung). Die Zeit, in der die Hälfte des Ausgangsstoffes zerfällt, wird als Halbwertszeit bezeichnet. Da die Geschwindigkeit des radioaktiven Zerfalls von äußeren Einflüssen unabhängig ist, erlaubt die Kenntnis von Halbwertszeit und Mengenverhältnis von Ausgangs- und Endprodukt die Berechnung der Zeit, in der sich dieses Mengenverhältnis eingestellt hat. Da die Konzentration des Ausgangsstoffes mit fortschreitender Zerfallszeit immer kleiner und damit schwieriger zu ermitteln ist, können sehr alte Fossilien nur mit radioaktiven Elementen bestimmt werden, die eine hohe Halbwertszeit haben. Besondere Bedeutung hat die *Kalium-Argon-Methode* erlangt, die bei vulkanischem Gestein angewendet werden kann. Sie beruht darauf, dass radioaktives Kalium (^{40}K) mit einer Halbwertszeit von 1,3 Milliarden Jahren zu Argon (^{40}Ar) zerfällt. Da bei einem Vulkanausbruch das Argon aus dem geschmolzenen Gestein entweicht, ist frisch erstarrte Lava frei davon. Durch Zerfall von radioaktivem Kalium im Gestein entsteht wieder neues Argon. Bestimmt man dessen Gehalt, lässt sich das Alter der Lava errechnen.

Ergebnisse der Paläontologie.
- So gut wie alle Fossilien können mithilfe der Homologiekriterien bestimmten heute vorkommenden Tier- und Pflanzengruppen zugeordnet werden.
- Je älter Fossilien sind, umso mehr weichen sie von den heute lebenden, rezenten Formen ab. Nicht alle Gruppen der Lebewesen waren von Anfang an vertreten.
- Viele Formen zeigen im Verlauf der Zeit eine zunehmende Kompliziertheit. Daneben findet man aber auch Rückbildungen, wie beispielsweise bei manchen Parasiten.
- Die verschiedenen systematischen Gruppen treten nacheinander auf. So erscheinen beispielsweise Lurche erst lange nach den Fischen, die Reptilien folgen später und noch später erscheinen Säugetiere und Vögel.
- Für viele Fossilien lassen sich Entwicklungsreihen abgestufter Ähnlichkeit aufstellen, bei denen sich eine Entwicklung in kleinsten Schritten nachvollziehen lässt.
- Merkmale ausgestorbener Arten treten nicht wieder in gleicher Weise auf. Evolutionsvorgänge sind unumkehrbar.
- Die meisten Pflanzen- und Tierarten sind auf eine bestimmte geologische Epoche beschränkt und sterben dann aus.
- Nur sehr wenige Formen haben lange Perioden unverändert überdauert.

1 Wodurch eignen sich die Ammoniten in Bild 2 als Leitfossilien?

2 Warum ist die Entdeckung eines Fossils der Höhepunkt einer Abfolge unwahrscheinlicher Zufälle?

3 Bei der Radiokarbonmethode nutzt man den Zerfall des radioaktiven Kohlenstoffisotops ^{14}C zu ^{14}N. Über die Fotosynthese wird ^{14}C aus dem CO_2 der Luft in Pflanzen und über die Nahrungskette in Tiere eingebaut. Nach dem Tod eines Lebewesens zerfällt ^{14}C mit einer Halbwertszeit von 5730 Jahren.
a) Ein fossiler Mammutknochen enthält nur noch $\frac{1}{32}$ des Gehalts vom ursprünglichen ^{14}C-Gehalt. Wie alt ist das Fossil?
b) Warum lassen sich mit der ^{14}C-Methode nur junge Fossilien datieren?

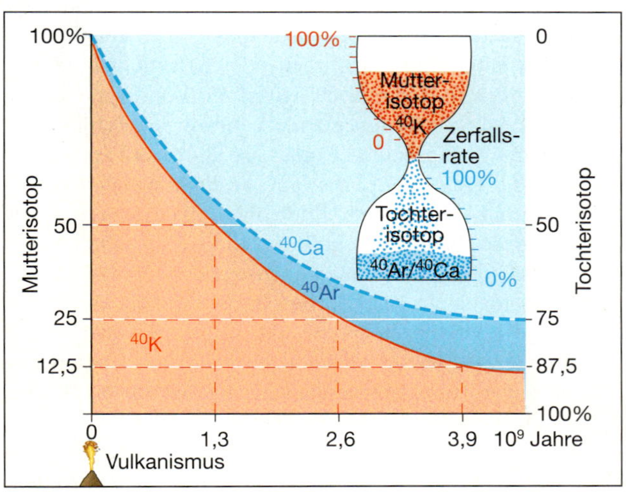

1 *Kalium-Argon-Methode*

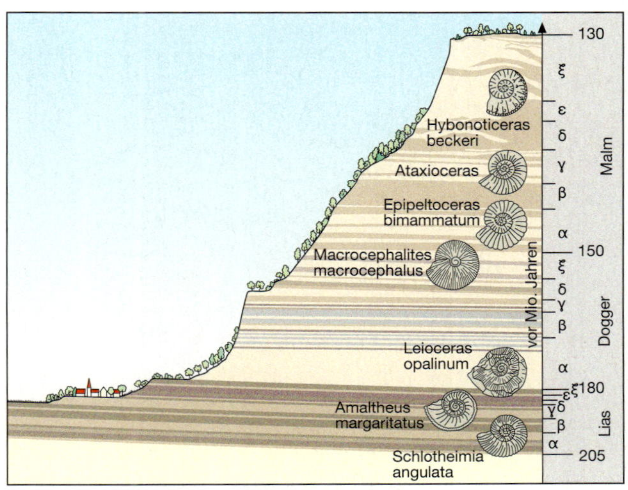

2 *Fossilien einer Schichtstufenlandschaft*

Biogeographie

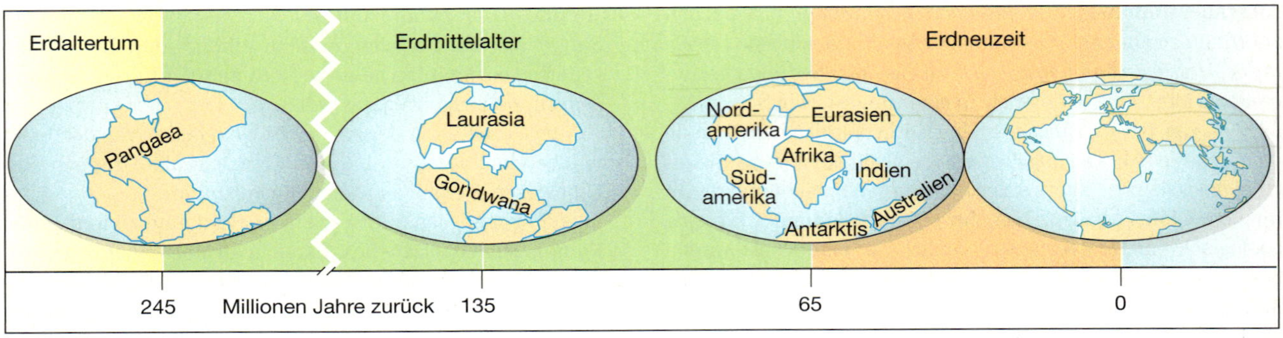

1 Die heutige Lage der Kontinente entstand durch Kontinentalverschiebung im Laufe von Jahrmillionen.

Die *Biogeographie* untersucht die *räumliche Verteilung der Lebewesen unter Berücksichtigung stammesgeschichtlicher Entwicklungen.* Sie erforscht die Prozesse der Separation, Isolation, Anpassung und die Bildung ökologischer Nischen. Das Verbreitungsmuster der rezenten Organismen auf der Erde findet durch die Evolutionstheorie und die Theorie der Plattentektonik ihre Erklärung.

Kontinentaldrift. Forschungsergebnisse der Geologie zeigen, dass die heutige Lage der Kontinente erst im Verlauf von vielen Millionen Jahren entstanden ist. Die *Theorie der Plattentektonik* erklärt heute die globalen Bewegungsvorgänge dadurch, dass feste Erdplatten über einem zähflüssigen oberen Erdmantel durch Konvektionsströme verschoben werden. Im *Erdaltertum vor etwa 250 Millionen Jahren* gab es auf der Erde nur einen Kontinent, den *Urkontinent Pangaea*. Dieser zerbrach vor ungefähr 180 Millionen Jahren in eine nördliche und eine südliche Landmasse, die auseinander drifteten. Die anhaltende Verschiebung der Kontinente, die *Kontinentaldrift,* führte schließlich zur gegenwärtigen geographischen Verteilung der Kontinente, Inseln und Meere.

2 Entwicklungsgeschichtlich alte (gelb) und junge Tiergruppen (grün) in Afrika und Südamerika

Die Tierwelt Afrikas und Südamerikas im Vergleich. Vergleicht man einzelne Kontinente der Erde, fällt auf, dass jeder seine besonderen Pflanzen- und Tierformen besitzt. Bei einem Vergleich der Fauna Afrikas mit der von Südamerika erkennt man, dass die entwicklungsgeschichtlich alten Tiergruppen der beiden Kontinente vielfach nahe miteinander verwandt sind. Dies lässt sich damit erklären, dass beide Kontinente zum Zeitpunkt der Entwicklung dieser Gruppen noch eine zusammenhängende Landmasse waren. Nach der Trennung verlief die Evolution der Arten in beiden Kontinenten unabhängig, denn ein Genaustausch war nicht mehr möglich. Demgemäß stellt man zwischen den entwicklungsgeschichtlich jungen Tierarten Afrikas und Südamerikas keine direkten verwandtschaftlichen Beziehungen fest. Ähnlichkeiten zwischen ihnen beruhen in der Regel auf Konvergenz, also Anpassungsähnlichkeiten durch vergleichbare Lebensbedingungen.

Kamele und ihre Parasiten. Das afrikanische Dromedar, das asiatische Trampeltier und das südamerikanische Lama haben einen gemeinsamen Vorfahren. Die enge Verwandtschaft der Kamele zeigt sich beispielsweise daran, dass sie alle 74 Chromosomen im diploiden Satz und – als einzige Säugetiere – ovale rote Blutkörperchen besitzen. Bei allen drei Arten leben im Fell parasitische Läuse, die sich außerordentlich ähnlich sind. Die unterschiedlichen Lebensbedingungen auf den drei Kontinenten führten zwar zum Merkmalswandel bei den Kamelarten, ihre Parasiten standen aber offenbar zu keiner Zeit unter einem entsprechenden Selektionsdruck. Da Parasiten in der Regel hoch wirtsspezifisch sind, lassen gleiche Parasiten bei verschiedenen Arten den Schluss auf gemeinsame Vorfahren und damit Verwandtschaft zu.

Endemiten. Lebewesen, die auf bestimmte Gebiete beschränkt sind, nennt man Endemiten. Solche endemisch verbreitete Gruppen sind zum Beispiel die Darwinfinken der Galapagosinseln, die Beuteltiere Australiens, die altertümliche Pflanzenwelt der Kanarischen Inseln oder die auf Madagaskar und die Komoren beschränkten Halbaffen oder Lemuren. Ihr eng begrenztes Vorkommen lässt sich nur auf der Grundlage der Evolutionstheorie widerspruchsfrei erklären.

1 Die Kontinentalverschiebung gilt als eine wichtige Triebfeder für die Evolution. Erläutern Sie diese Aussage unter Berücksichtigung der verschiedenen Evolutionsfaktoren.

Material – Methode – Praxis: **Auf den Spuren der Evolution**

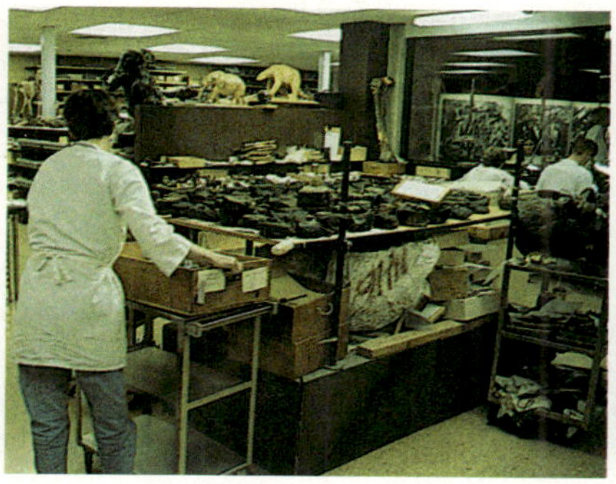

Weltweit untersucht eine Vielzahl von Forschern die Ergebnisse der Evolution und versucht anhand der einzelnen Phänomene ein immer genaueres Bild von der Entwicklung des Lebens auf der Erde zu erhalten. *Fossilfunde* können zur Aufhellung der offenen Fragen ebenso beitragen wie das *Erkennen von Homologien* und *vergleichende molekularbiologische Untersuchungen*.

Paläontologische Forschungsarbeit

Mit äußerster Sorgfalt geht die Feldarbeit der Paläontologen vor sich. In der Regel sind Pinzette, Lupe, Nadel und Pinsel als Werkzeuge viel wichtiger als Spaten oder Hacke. Die Ausgrabungsstelle wird zu Beginn genau vermessen, jeder noch so kleine Fossilienfund in einem Lageplan eingetragen. Nach der Bergung werden die Funde im Labor mit den unterschiedlichsten Techniken präpariert, untersucht und bearbeitet. Wenn ausreichend Detailfunde vorliegen, ist eine Rekonstruktion eines Skeletts oder Lebensbildes möglich (→ Fotos oben).

Fossilien bergen und präparieren

In vielen Teilen Deutschlands kann man Fossilien finden. Meist liegen sie im Gestein eingebettet und müssen erst geborgen und präpariert werden. Je nach Gesteinsart eignen sich folgende Techniken für die Präparation:

Fossilien in Sand, Mergel und Ton: Mit dem Messer wird ein größeres Stück ausgeschnitten und getrocknet. Mit Präpariermesser, Nadel und Pinsel legt man die Fossilien frei.

Fossilien in hartem Gestein: Man arbeitet mit Hammer und Meißel, wobei der Meißel leicht federnd auf die das Fossil einschließende Schicht aufgesetzt wird. Oft lässt sich der Zusammenhalt von Fossil und Gestein auch durch die „Kalt-Heiß-Methode" lockern. Dazu bringt man das Fundstück abwechselnd in heißes und kaltes Wasser oder Backofen und Kühlschrank.

Biologisches Arbeiten im Naturkundemuseum

Die großen Museen sind durch eine unüberschaubare Materialfülle an Präparaten gekennzeichnet. Dies ermöglicht Evolutionsbiologen und Systematikern intensive Studien, der Laie muss aber bestimmte Abteilungen und Themen auswählen.

Für die Arbeit in einem Naturkundemuseum bieten sich folgende Themen und Arbeitstechniken an:

- Vergleichende Untersuchungen von Bau und Funktion verschiedener Organe
- Zwischenformen und Bindeglieder
- Gesetzmäßigkeiten und Beispiele für Abstammungsreihen
- Artbildungsmechanismen
- Fossilien und Erdgeschichte

Für eine erfolgreiche Arbeit sollte ein Protokoll angelegt werden, das folgende Punkte enthält:

- Fragestellung,
- Arbeitsgrundlagen im Museum (Vitrinen, Exponate),
- Beobachtungsergebnisse (schriftlich, in Skizzen),
- Vergleich der eigenen mit wissenschaftlichen Befunden,
- Schlussfolgerung (mit weiterführenden Fragen).

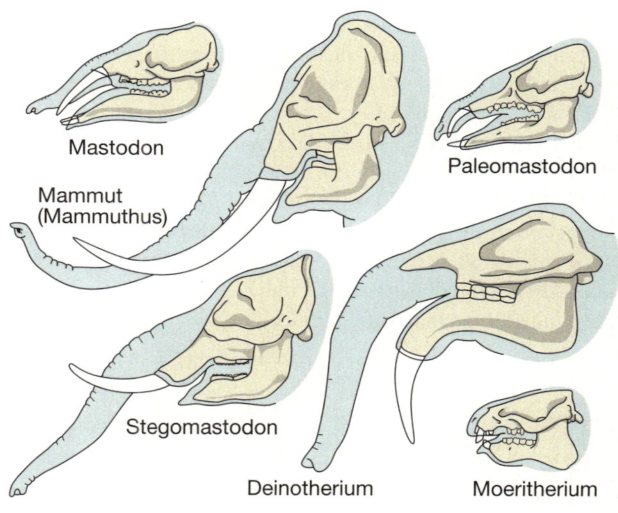

1 Erstellen Sie einen Stammbaum der Rüsseltiere, die im Bild oben zu sehen sind. Begründen Sie ihre Entscheidung anhand bestimmter Entwicklungstendenzen.

2 Tapir, ein Huftier, und Elefantenspitzmaus, ein Insektenfresser, besitzen wie die Elefanten einen Rüssel. Wie lässt sich entscheiden, ob ihr Rüssel dem Elefantenrüssel homolog ist?

☞ **Stichworte zu weiteren Informationen**

Paläontologie, Erdzeitalter, Gesteinsformationen, Trilobiten, Ammoniten, Fossilfundgebiete in Deutschland wie Holzmaden, Grube Messel, Kreidefelsen von Rügen

Ordnung der Lebewesen im Spiegel der Evolution

Die heutigen Lebewesen sind als Ergebnisse der Evolution abgestuft ähnlich, da sie mehr oder weniger miteinander verwandt sind. Aus Homologien lässt sich diese stammesgeschichtliche Verwandtschaft erschließen. Nimmt man die Verwandtschaftsbeziehungen als Grundlage für eine Ordnung der Lebewesen, ergibt sich ein *natürliches System* als Spiegelbild der Evolution.

Artbegriff. Der Artbegriff ist von allen systematischen Ordnungseinheiten der unumstrittenste. Alle Lebewesen, die sich potenziell untereinander kreuzen können, fruchtbare Nachkommen haben und gegenüber anderen fortpflanzungsbiologisch isoliert sind, bilden eine *biologische Art* oder *Biospezies*. In der Forschung lässt sich dieser biologische Artbegriff oft nicht anwenden, weil die fruchtbare Kreuzung in der Natur nicht immer beobachtet werden kann. Für fossile Arten hat er ohnehin keine Gültigkeit. Da Individuen, die einer Art angehören, auch in allen wichtigen Körpermerkmalen untereinander und mit ihren Nachkommen übereinstimmen, wird in der Praxis vielfach der Begriff einer *morphologischen Art* oder *Morphospezies* angewandt.

Systematische Kategorien. Durch Gruppierung mehrerer Arten zu umfassenden Ordnungseinheiten, *Taxa* genannt, wird ein hierarchisches System errichtet. Das Bestimmen, Beschreiben und Einordnen von Arten in verschiedene Taxa ist Aufgabe der *Taxonomie*. Individuen werden in Arten eingeordnet, Arten werden zu Gattungen zusammengefasst, jede Gattung ist Teil einer Familie und diese wiederum stehen in Ordnungen, die Teil von Klassen sind. Das Ergebnis dieser Systematisierung heißt *Klassifikation*, jede Klassifikationsebene *Kategorie*.

Natürliches System. Im 18. Jahrhundert entwickelte CARL VON LINNÉ ein Regelwerk zur Benennung der Arten (→ S. 240). Da er aber die Einordnung der Lebensformen in die systematischen Kategorien nach willkürlich ausgewählten Merkmalen vollzog, war sein System ein *künstliches System*. Seit DARWIN hat die Systematik das Ziel, über die Benennung und Einordnung von Arten hinaus ein *natürliches System* zu erstellen, das die evolutionären Beziehungen widerspiegelt. Abgestufte Ähnlichkeiten zwischen Arten werden dabei als Folge von abgestuften Verwandtschaftsgraden gedeutet.

Die *Phylogenetik* erforscht die verwandtschaftlichen Zusammenhänge in der Artenvielfalt und rekonstruiert die stammesgeschichtliche Entfaltung. Die Ergebnisse werden als *Stammbäume* dargestellt.

Methoden der Klassifikation. Ein *konventioneller Stammbaum* (→ S. 282) zeigt zum einen, zu welchem relativen Zeitpunkt sich die verschiedenen Gruppen trennten, und zum anderen wird deutlich, wie unterschiedlich die Gruppen geworden sind, seit sie sich von einem gemeinsamen Vorfahren abzweigten.

Beim Stammbaum der Säugetiere nach einem *Kladogramm der phylogenetischen Systematik* (→ Bild 1) ist jede Abzweigung durch eine oder mehrere neu erworbene Homologien oder *Apomorphien* definiert. Sie entstanden bei einem Vorfahren und kommen nur bei dem aus ihm abgeleiteten Zweig des Kladogramms vor, im anderen Zweig existieren sie nicht. Alle Arten, die diese homologen Merkmale als *Synapomorphien* gemeinsam haben, bilden demnach eine geschlossene Abstammungsgemeinschaft oder *monophyletische Gruppe*. Ein Kladogramm zeigt nur die Abfolge der Verzweigungen im Verlauf der Stammesgeschichte, nicht aber das Ausmaß an evolutionärer Verschiedenheit.

1 LINNÉ fasste Flöhe, Läuse, Spinnen, Krabben, Springschwänze und Tausendfüßer in der Gruppe der Flügellosen zusammen. Warum erlaubt ein künstliches System keine Aussagen über stammesgeschichtliche Beziehungen?

2 Warum ist nur der biologische Artbegriff wissenschaftlich zulässig? Begründen Sie, warum der biologische Artbegriff bei der Frage, ob Fossilien heute existierenden Arten angehören, versagen muss und somit der morphologische Artbegriff eine Berechtigung erhält.

3 Welches sind die Unterschiede zwischen Kladogramm, System und Klassifikation?

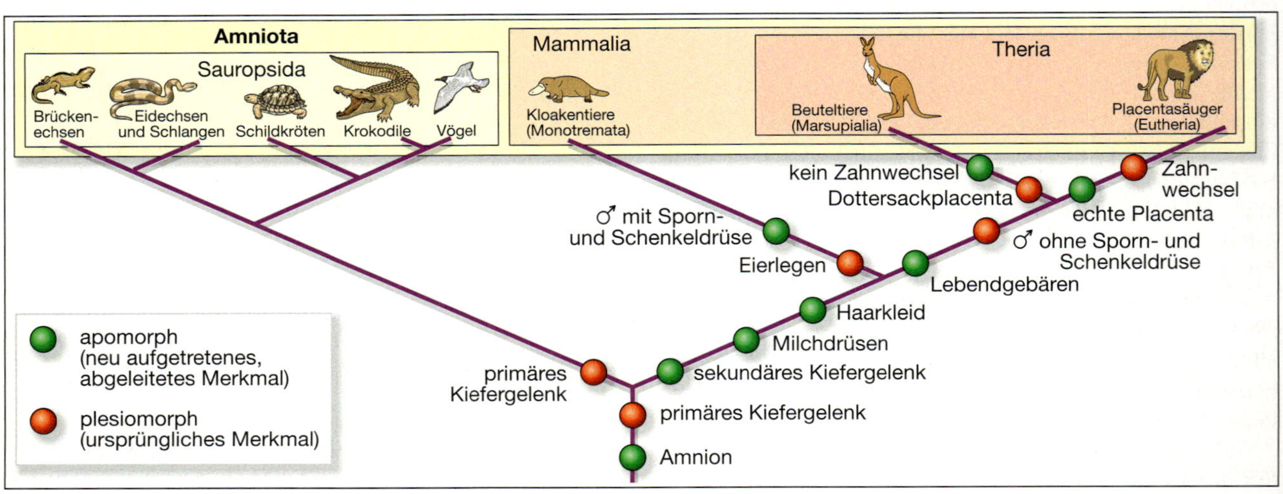

1 Kladogramm der Amniontiere, zu denen die Sauropsida und die Mammalia (Säugetiere) gehören

Wie Forschung funktioniert: Evolution der Pferdeartigen

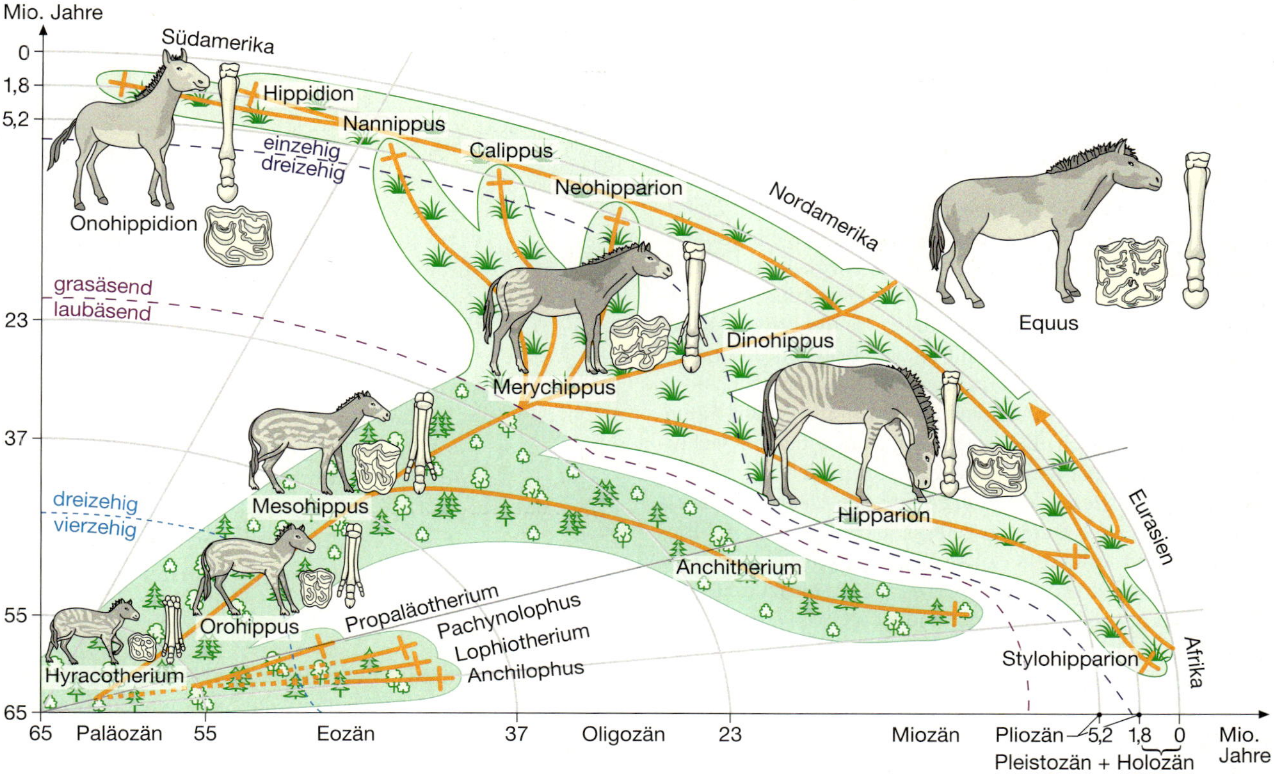

1 Verlauf der Evolution bei den Pferdeartigen mit entsprechenden Fossilfunden

Die Geschichte der Pferde lässt sich durch Fossilmaterial bis in eine Zeit vor 60 Millionen Jahren zurückverfolgen. Erkenntnisse und Fakten aus verschiedenen Wissenschaftsgebieten werden herangezogen um den Verlauf der Evolution bei den Pferdeartigen zu rekonstruieren.

Fossilfunde. Als ältester bekannter Vorläufer der heutigen Pferde gilt das Urpferd *Hyracotherium*. Von ihm gibt es 58 bis 36 Millionen Jahre alte Funde aus Nordamerika und Europa. Es besaß niedrige, vierhöckerige Backenzähne, wie sie für ein Zerquetschen von weichen Laubblättern des Waldes geeignet sind. Die Tiere mit einer Schulterhöhe von etwa 30 cm hatten am Vorderfuß vier, am Hinterfuß drei Zehen. Andere fossile Formen wie *Mesohippus*, *Merychippus* und *Equus* sind durch Unterschiede in der Körpergröße, der Zehenzahl, der Schädelform und dem Bau der Zähne gekennzeichnet. Für alle fossilen Arten konnte die Zeit vom frühesten Auftreten bis zum Aussterben bestimmt werden.

Paläogeographie. Die meisten Fossilfunde stammen aus Nordamerika. Daraus schließt man, dass sich die stammesgeschichtliche Entwicklung der Pferde im Wesentlichen dort vollzogen hat. Mehrmals gab es durch Absinken des Meeresspiegels während des Tertiärs eine Landbrücke an der Beringstraße zwischen Amerika und Asien, über die inzwischen ausgestorbene Pferdearten nach Eurasien und Afrika einwanderten. Die *Paläoklimatologie* liefert Erkenntnisse, dass vor rund 25 Millionen Jahren durch eine Klimaveränderung das zunächst feuchtwarme Klima kühler und trockener wurde. Der bis dahin weit verbreitete Laubwald wurde zu Grasland und Steppe, die Pferdeartigen von Wald- zu Steppentieren.

Merkmalsvergleiche. Ein Vergleich des fossilen Materials lässt eine Reihe verschiedener Entwicklungstendenzen wie Größenzunahme und Reduktion der Zehenzahl erkennen. Immer wieder bedingt die Veränderung eines Körperteils die Umbildung des ganzen Körpers. Der Merkmalsvergleich zeigt auch, dass sich einzelne Entwicklungstendenzen im Verlauf der Pferdeevolution teilweise unabhängig voneinander und schubweise durchsetzen.

Erstellen eines Stammbaumes. Werden nur wenige Fossilfunde berücksichtigt, kann es zu Fehlurteilen kommen, die eine zielgerichtete Entwicklung zum modernen Pferd vortäuschen. Erst die Auswertung aller Funde zeigt, dass es sich um ein Evolutionsgeschehen mit vielen Sackgassen und Seitenzweigen handelt, bei dem insbesondere durch Umweltveränderungen immer neue Selektionsfaktoren wirksam wurden. Stellt man den Entwicklungsverlauf zum heutigen Pferd nach dem gegenwärtigen Wissensstand dar, entsteht daher eher ein *Stammbusch* als ein Stammbaum.

1 Betrachten Sie die abgebildeten Fossilfunde und erstellen Sie Entwicklungsreihen für Körpergröße, Zahl der Zehen und den Bau der Kaufläche der Zähne. Interpretieren Sie die von Ihnen erkannten Entwicklungstendenzen in Bezug zur Lebensweise der verschiedenen Pferdearten.

Die Tatsache der Evolution

Evolutionstheorie. In der Kürze eines Menschenlebens ist Evolution als Gesamtgeschehen nicht direkt sichtbar und muss aus verschiedenen Befunden indirekt erschlossen werden. Die dabei gewonnenen Erkenntnisse sind so umfangreich und vielschichtig, dass die Evolution der Lebewesen als Tatsache gelten kann.

Wenn man in diesem Zusammenhang von einer *Evolutions„theorie"* spricht, hat der Begriff *Theorie* eine andere Bedeutung als im allgemeinen Sprachgebrauch. Umgangssprachlich wird unter *„Theorie"* oft das verstanden, was Wissenschaftler eine *Hypothese* nennen. In der Wissenschaft berücksichtigt eine Theorie zahlreiche Tatsachen und bringt sie so in Zusammenhang, dass eine in sich widerspruchsfreie Erklärung entsteht. Insofern sind alle Erkenntnisse der Naturwissenschaften, auch diejenigen, auf denen unsere technischen Errungenschaften beruhen, *„theoretisch"*.

DARWINS *Abstammungs- und Selektionstheorie,* meist als *Evolutionstheorie* zusammengefasst, berücksichtigt zahlreiche Fakten und erklärt die Vielfalt des Lebens durch natürliche Ursachen. Wie jede andere Theorie wird sie durch neue Tatsachen erweitert oder eingeengt und ist niemals eine endgültig beweisbare Wahrheit.

Gradualismus und Punktualismus. Die synthetische Theorie der Evolution (→ S. 254) erklärt Artbildung durch die gleichmäßige allmähliche Veränderung von Populationen. Nach diesem *Gradualismus* erfolgen auch große Veränderungen kontinuierlich durch Anhäufung vieler kleiner Mutationen. Demgegenüber geht die als *Punktualismus* bezeichnete Theorie davon aus, dass lange Perioden des evolutiven Stillstandes punktuell von Zeiten des Artenwandels unterbrochen werden. Der Punktualismus stützt sich vor allem auf die Sprunghaftigkeit fossiler Funde, der Gradualismus führt diese Sprünge dagegen auf fehlende fossile Überlieferung zurück.

Mikro- und Makroevolution. Evolutive Prozesse in Populationen, die zur Bildung neuer Rassen und Arten führen, werden als *infraspezifische Evolution* oder *Mikroevolution* bezeichnet. Wie diese durch Zusammenwirken verschiedener Evolutionsfaktoren abläuft (→ S. 242 ff.), gilt in den Grundzügen als verstanden. Evolutionsschritte, die über Artunterschiede hinausgehen, heißen *transspezifische Evolution* oder *Makroevolution*. Für sie wurden immer wieder besondere Mechanismen wie „Großmutationen" als Ursache angenommen. Dagegen spricht zum einen, dass sie sich bis jetzt nicht nachweisen ließen, zum anderen, dass umfangreichere Mutationen mit großen Auswirkungen auf den betroffenen Organismus nach allen bisherigen Beobachtungen tödlich wirken.

Die meisten Biologen gehen deshalb davon aus, dass auch die systematischen Großgruppen durch die bekannten Artbildungsprozesse entstanden sind. Demnach addierten sich die zahlreichen Veränderungen, die durch Mutation, Rekombination, Gendrift, Selektion und Isolation entstanden sind, und führten zur Entstehung neuer Großgruppen. Durch *additive Typogenese* entstanden so Schritt für Schritt neue Organe und Funktionen, die für die verschiedenen Großgruppen kennzeichnend sind (→ Bild 1).

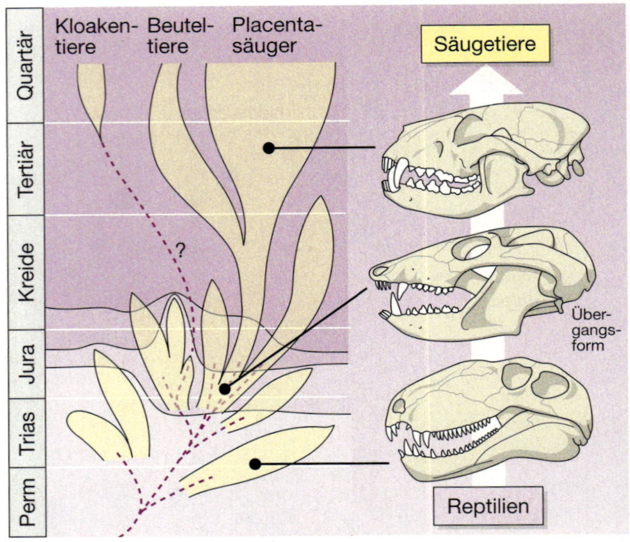

1 Additive Typogenese beim Übergang von Reptilien zu Säugetieren

Systemtheorie und Neutralitätstheorie. Auch über den Angriffspunkt und die Bedeutung der Selektion gibt es unterschiedliche Meinungen. Nach der *Systemtheorie der Evolution* stehen die Strukturen und Funktionen eines Lebewesens miteinander in Wechselwirkung und sind durch Rückkopplung aufeinander bezogen. Es ergeben sich *Selbstregulationsvorgänge*, die mitbestimmen, ob eine Aufgabe oder ein Organ überhaupt in das System passen. Demnach wirkt nicht nur die äußere Umwelt auf das Lebewesen ein, sondern dieses besitzt selbst innere Selektionskräfte.

Nach der *Neutralitätstheorie* folgt aus der großen genetischen Variabilität natürlicher Populationen, dass viele Mutationen selektionsneutral sind, Evolution daher im Wesentlichen durch Zufallsereignisse bestimmt wird. Dagegen erklärt die Selektionstheorie die große Variabilität als Voraussetzung für eine rasche Anpassung an Veränderungen der Umwelt und betont die Bedeutung der Selektion, die ja nicht auf der Ebene der Gene, sondern am Gesamtorganismus angreift.

1 Fossilien zeigen selten graduelle Übergänge, sondern treten meist punktuell in einer Gesteinsschicht auf. Vertreter des Punktualismus führen dies als ein Argument für ihre Theorie an, Gradualisten lassen dies nicht als Argument gelten. Begründen Sie.

2 Zeigen Sie, welche jeweils neuen Organe und Funktionen, die durch additive Typogenese entstanden sind, für die verschiedenen Klassen der Wirbeltiere kennzeichnend sind. Verwenden Sie dazu die Informationen auf Seite 294.

3 „Vergangenheitsbezogene Daten sind keine Garantie für zukünftige Entwicklungen." – Lässt sich dieser Hinweis für Aktionäre auch auf die Evolution anwenden?

Überblick

■ Die Ähnlichkeit biologischer Strukturen verschiedener Arten aufgrund übereinstimmender Erbinformation durch gemeinsame Abstammung nennt man Homologie. → S. 257
■ Ähnlichkeit von Merkmalen als Folge gleich gerichteter Anpassung sind Analogien oder Konvergenzen. → S. 257
■ Um Homologien von Analogien unterscheiden zu können, berücksichtigt man drei Homologiekriterien: das Kriterium der Lage, der spezifischen Qualität und der Stetigkeit. → S. 258
■ Funktionslos gewordene Strukturen nennt man Rudimente. Atavismen sind gelegentlich auftretende Rückschläge zum Aussehen eines Vorfahren. Rudimente und Atavismen liefern Hinweise auf Verwandtschaft. → S. 259
■ Im Laufe der Embryonalentwicklung vieler Arten werden Organe angelegt, die nie eine erkennbare Funktion übernehmen und beim erwachsenen Individuum fehlen. Die biogenetische Grundregel erklärt dies damit, dass in der Keimesentwicklung bestimmte stammesgeschichtliche Stadien wiederholt werden. → S. 260
■ Verwandte Tiere zeigen homologe angeborene Verhaltensweisen. → S. 260
■ Lebewesen weisen auch im Bau der Biomoleküle abgestufte Ähnlichkeiten auf, die Homologien entsprechen. → S. 261
■ Fossilien sind Lebenszeichen aus der geologischen Vergangenheit. Leitfossilien sind kennzeichnend für eine bestimmte geologische Epoche. → S. 262
■ Die relative und absolute Altersbestimmung ermöglichen es, Fossilien bestimmten Erdepochen zuzuordnen. → S. 263
■ Die Biogeographie untersucht die räumliche Verteilung der Lebewesen. Die separate Verbreitung von Arten wird auf die Kontinentalverschiebung und die dadurch getrennte Evolution in verschiedenen Erdräumen zurückgeführt. In getrennten Lebensräumen mit ähnlichen Umweltbedingungen kann es bei nicht verwandten Organismen zu konvergenten Entwicklungen kommen. → S. 264
■ Die wissenschaftliche Systematik ordnet die Vielfalt der Lebewesen aufgrund verwandtschaftlicher Beziehungen und versucht diese in einem natürlichen System darzustellen. Die Aufgabe eines Stammbaumes ist es, die stammesgeschichtliche Entwicklung der heute lebenden Arten aufzuzeigen. → S. 266–268
■ Die biologische Artdefinition umfasst die Individuen aller Populationen, die sich potenziell oder tatsächlich untereinander fruchtbar kreuzen können und die von anderen Populationen fortpflanzungsbiologisch isoliert sind. Die morphologische Artdefinition bestimmt Arten aufgrund übereinstimmender Merkmale. → S. 266
■ Die Tatsache der Evolution ergibt sich aus der Evolutionstheorie. Sie wird durch die Gesamtheit der Ergebnisse der Verwandtschaftsforschung, Paläontologie und Biogeographie begründet. → S. 268

Aufgaben und Anregungen

1 Der Homologiebegriff stammt ursprünglich aus der Anatomie und wurde dann auch auf andere Bereiche der Biologie übertragen. Dabei lassen sich die verschiedenen Homologiekriterien anwenden. Diskutieren Sie dies am Beispiel homologer Verhaltensweisen, homologer Stoffwechselprozesse und homologer Makromoleküle.

2 In Südamerika und Afrika leben Tierarten in vergleichbaren Lebensräumen, die sich in ihrer Körpergestalt und Lebensweise erstaunlich ähneln. Erörtern Sie am Beispiel des südamerikanischen Nandus und des afrikanischen Straußes, ob die äußere Ähnlichkeit auf naher Verwandtschaft oder Konvergenz beruht. Verwenden Sie für Ihre Beweisführung die Angaben im Bild rechts.

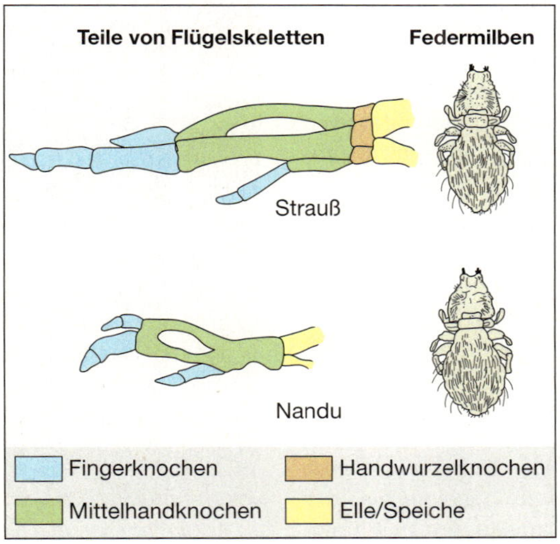

3 Welche Befunde der Homologienforschung lassen den Schluss zu, dass alle Lebewesen von gemeinsamen Vorfahren abstammen? Was spricht dafür, dass sich Prokaryoten und Eukaryoten schon früh in der Entwicklungsgeschichte getrennt haben?

4 Man hat auffällig wenig Fossilien gefunden, die zwischen den großen systematischen Gruppen einzuordnen sind. Daher wurden Großmutationen zur Erklärung herangezogen. Was spricht gegen die Annahme solcher Großmutationen? Wie lässt sich das seltene Auftreten von Zwischenformen ohne die Annahme von Großmutationen erklären? Diskutieren Sie in diesem Zusammenhang die Begriffe Makroevolution und Mikroevolution.

5 Betrachtet man den Gesamtflügel als Flugorgan von Vögeln und Fledermäusen, muss man die Flügel beider Gruppen als analog bezeichnen, nach dem inneren Bau der Vordergliedmaßen als homolog. Begründen Sie.
Ziehen Sie als weiteren Vergleich den Flügel eines Insekts heran und argumentieren Sie unter dem Aspekt der Verwandtschaftsforschung.

Vögel – Nachfahren der Saurier

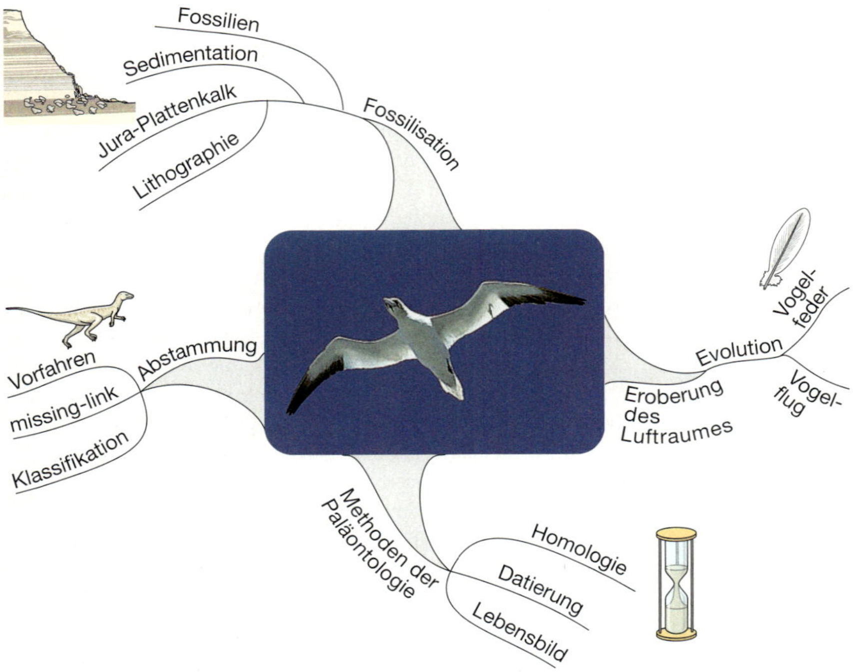

Das Interesse der Menschen an der Abstammung der Vögel besteht schon seit langem. Nach einer englischen Sage aus dem 18. Jahrhundert entstanden Vögel aus Fischen, die an Land geworfen wurden: „Flossen werden zu Kielen, die getrockneten Schuppen zu Federn, die Haut ergibt eine Hülle aus Daunen, die Bauchflosse verwandelt sich in Füße.“ Für die 1859 veröffentlichte Evolutionstheorie von CHARLES DARWIN ist der „Urvogel“ Archaeopteryx bis heute ein Paradebeispiel. Er weist Merkmale von Reptilien und von Vögeln auf und belegt damit als „connecting link“ augenfällig die Abstammungsverwandtschaft von Reptilien und Vögeln. Es ist verständlich, dass der spektakuläre Fossilfund schon bald nach seiner Entdeckung zu heftigem Streit zwischen Verfechtern und Gegnern der Evolutionstheorie führen musste.

Der erste Fund eines *Archaeopteryx* (griech. archaios: uralt; pteryx: Feder) stammt aus dem Jahr 1861, zwei Jahre nach Veröffentlichung der „Entstehung der Arten durch natürliche Zuchtwahl“ von C. DARWIN. In den 150 Millionen Jahre alten Schichten des Plattenkalks von Solnhofen in Bayern, vor allem für den Lithographiedruck abgebaut, wurde das fossile Skelett von der Größe einer Krähe entdeckt. Der Erstbeschreiber ANDREAS WAGNER, Leiter der paläontologischen Staatssammlung in München, interpretierte ihn trotz der Federn als Reptil und nannte ihn *Griphosaurus* („Rätselsaurier“). Sein Besitzer verkaufte das Fossil an das Britische Museum in London für 700 Pfund Sterling, dem zweifachen Jahresetat des Museums. Für den Direktor der naturhistorischen Abteilung, RICHARD OWEN, einen „Antidarwinisten“, handelte es sich um einen echten Vogel im Sinne der Schöpfungslehre. Die Kontroverse begann. Erst über 100 Jahre später, 1985, konnte die Behauptung widerlegt werden, das Londoner Exemplar sei eine Fälschung, die Federn seien nachträglich aufgebracht worden. Durch Untersuchung mit dem Rasterelektronenmikroskop, unter UV-Beleuchtung und durch den Vergleich von Platte und Gegenplatte wurde die Echtheit des Fundes zweifelsfrei nachgewiesen. Inzwischen gibt es neun weitere Funde aus dem südlichen Fränkischen Jura. Der zehnte, sehr gut erhaltene wurde erst 2005 der Wissenschaft aus einer privaten Sammlung zur Verfügung gestellt. Die Form der Funde deutet auf einen Tod durch Ertrinken in der tropischen Lagune hin, die sich dort vor 150 Millionen Jahren befand. Durch unterseeische Schwammriffe war sie in Teilbecken gegliedert, deren Wasser übersalzen, sauerstoffarm und somit lebensfeindlich war. Abgestorbene Lebewesen entgingen hier der Verwesung und konnten durch Sedimente aus feinstem Kalkschlamm eingeschlossen werden. Mit etwa 800 hier gefundenen Arten gehört der Solnhofener Plattenkalk heute zu den bedeutendsten Fossilfundstätten der Welt.

Basisinformationen

CHARLES DARWIN (→ S. 240, 241), Fossilisation (→ S. 262)

1 *Archaeopteryx lithographica (Berliner Exemplar 1877)*

Merkmale von Archaeopteryx

Das Mosaik aus Reptilien- und Vogelmerkmalen macht die Besonderheit von Archaeopteryx aus. Jedes Einzelmerkmal lässt sich dabei eindeutig einer der beiden Gruppen zuordnen.

Die Reptilienmerkmale von Archaeopteryx zeigen besonders große Ähnlichkeit mit den fossilen Theropoden, kleinen Raubdinosauriern aus der Ordnung der *Saurischia* (Echsenbeckensaurier; → Bild 1). Der Bau ihres Beckens und der Hinterbeine deuten auf eine bipede Fortbewegung hin, der lange Schwanz übernimmt dabei die Funktion eines Balancierruders. Charakteristisch ist das schräg nach vorne gerichtete Schambein (Os pubis), das auch zur Stützung der Eingeweide dient. In die Bauchdecke sind statt eines Brustbeins so genannte Bauchrippen (Gastralia) eingelagert, die keine Verbindung zum übrigen Skelett haben und wohl dem Schutz der Bauchseite dienten.

Bei den heutigen Vögeln ist der Bau des Schultergürtels an den Ruderflug angepasst. Dabei stützt das Rabenschnabelbein die Schultern bei der Flügelbewegung gegen das Brustbein ab. Das Gabelbein (Furcula) aus den verwachsenen Schlüsselbeinen, das bereits bei Archaeopteryx entwickelt war, dient als Ansatz für einen wichtigen Teil der Flugmuskeln. Die großen Flugmuskeln setzen am Brustbeinkamm an, sodass der Schwerpunkt des Vogels unter den Flügeln liegt.

Auch der Schädel von Archaeopteryx zeigt ein Merkmalsgemisch: Reptilienartig sind Schädelöffnungen und Zähne, vogelartig dagegen das große Auge und der Hirnschädel.

☞ Basisinformationen

Rekonstruktion Lebensbild (→ S. 265), Homologie (→ S. 257), Mosaikevolution (→ S. 275), Übergangsformen (→ S. 295)

Herstellung der Silikonform eines Fossils

Material: handelsüblicher Fossilabguss von Archaeopteryx, Silikonkautschuk, Härter, Trennlack, Brettchen als Unterlage, Holzleisten als Rahmenmaterial, Schüssel, Spachtel, Pinsel

Durchführung: Der Fossilabguss wird auf der Unterlage im Abstand von ca. 0,5 cm mit dem Rahmen umbaut und zum Schutz mit Trennlack bestrichen. Nach Anweisung des Herstellers vermischt man Silikonkautschuk und Härter und verstreicht eine geringe Menge mit einem Pinsel auf dem Fossil. Dann gießt man das restliche Silikon darüber und lässt es über Nacht erhärten. Die Umrandung wird entfernt und die Silikonform abgenommen. Solche Formen können lange Zeit zur Herstellung von Abgüssen (s. u.) verwendet werden.

Herstellung einer Fossilkopie aus Keramik

Material: Silikonform, Keramikpulver, Pinsel, Spachtel, Gipsbecher

Durchführung: In dem Gipsbecher verrührt man Keramikpulver mit wenig Wasser, gießt etwas von der breiigen Masse in die Form und verstreicht sie gut mit dem Pinsel. Restliche Gießmasse einfüllen und gleichmäßig verteilen. Pinsel und Becher sofort reinigen. Nach dem Erhärten die Silikonform vorsichtig nach unten drücken und den Abguss entnehmen. Man kann den Abguss noch mit Erdfarben einfärben.

1 Erstellen Sie mit Bild 1 einen tabellarischen Merkmalsvergleich von Archaeopteryx, Vogel und Theropode.

2 Legen Sie eine Folie über Bild 1 auf S. 270 oder einen Fossilabguss und markieren Sie darauf mit verschiedenen Farben die typischen Vogel- und Reptilienmerkmale.

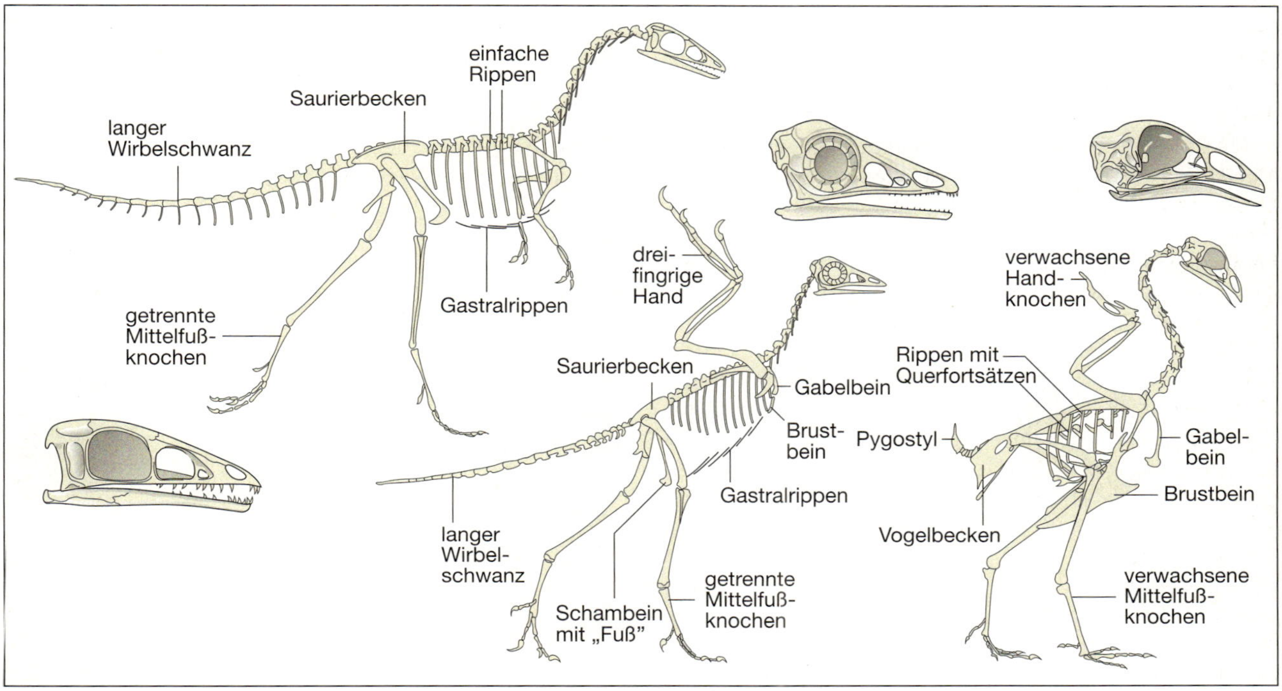

1 Skelettvergleich (von links): Theropode, Archaeopteryx, rezenter Vogel

Federn und Flug des Urvogels

1 *Schwanzfedern-Abdruck des Berliner Archaeopteryx*

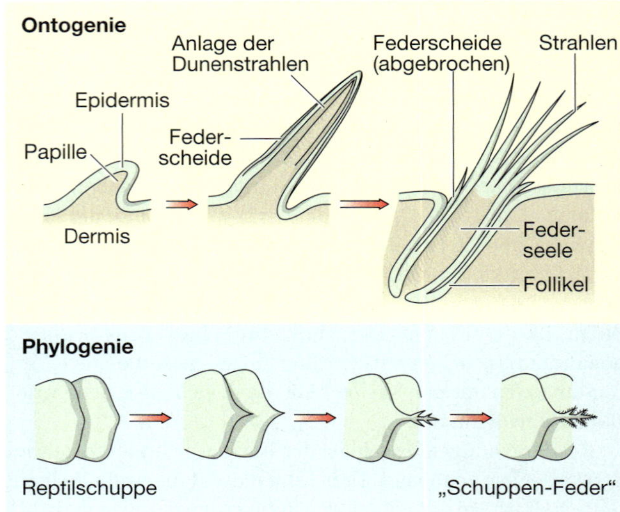

3 *Federentwicklung: Ontogenie und Phylogenie (Hypothese)*

Federn. Unter allen Merkmalen ist der Besitz von Federn das hervorragende Kennzeichen rezenter und fossiler Vögel. Dass Vogelfeder und Reptilienschuppe homolog sind, wird allgemein anerkannt. Dabei stützt man sich vor allem auf den Vergleich der frühen Stadien der Embryonalentwicklung bei Vögeln und Reptilien. Umstritten ist bislang, ob die Evolution der Federn in ursprünglichem Zusammenhang zur Entwicklung der Flugfähigkeit oder zum Wärmehaushalt steht. Auch die Entsorgung von Stoffwechselprodukten durch Federwechsel könnte in Frage kommen. Es ist nicht ausgeschlossen, dass unterschiedlicher Selektionsdruck wirksam war.

In neuester Zeit in China gefundene Theropoden besitzen verzweigte Hautstrukturen, die Vorstufen der Federn von Archaeopteryx und rezenten Vögeln darstellen könnten.

Bau und Funktion verschiedener Federtypen
Material: verschiedene Federtypen heute lebender Vögel, Mikroskopierzubehör, Schere
Durchführung: Schneiden Sie aus den Federn kleine Stücke heraus und betrachten Sie diese unter dem Mikroskop. Fertigen Sie beschriftete Zeichnungen an. Vergleichen Sie diese mit der Schwanzbefiederung von Archaeopteryx in Bild 1.

Flugfähigkeit. Die Abstammung der Vögel von zweifüßig auf dem Boden laufenden, mit Greifkrallen ausgestatteten Dinosauriern ist sehr wahrscheinlich. Wie lässt sich die Entstehung ihrer Flugfähigkeit unter Berücksichtigung der Merkmale von Archaeopteryx erklären?

Die *„Baumkletterer-Hypothese"* geht davon aus, dass die Vorfahren von Archaeopteryx lernten auf Bäume zu klettern und von dort mithilfe von Federn zu Boden zu gleiten. Die *„Bodenläufer-Hypothese"* sieht den Ursprung in einem rennenden Zweifüßer, der in kleinen Sprüngen nach Beute jagt und seine Sprungweite durch Schlagen mit den Vorderextremitäten verbessert. Federbildung vergrößerte die Fläche und bewirkte so einen Auftrieb.

1 Welche Schlüsse bezüglich des Evolutionsstandes und des Flugvermögens des „Urvogels" ergeben sich aus den Untersuchungen der verschiedenen Federtypen rezenter Vögel und dem Vergleich mit Archaeopteryxfedern?

2 Informieren Sie sich über den Feinbau der Vogelfeder und die Funktion ihrer Teile.

3 Beurteilen Sie aufgrund der Angaben im Text und des Skelettvergleichs auf S. 271 die Flugfähigkeit von Archaeopteryx.

2 *Rekonstruktionen von Archaeopteryx nach verschiedenen Hypothesen zur Entwicklung der Flugfähigkeit*

Archaeopteryx und die Evolution der Vögel

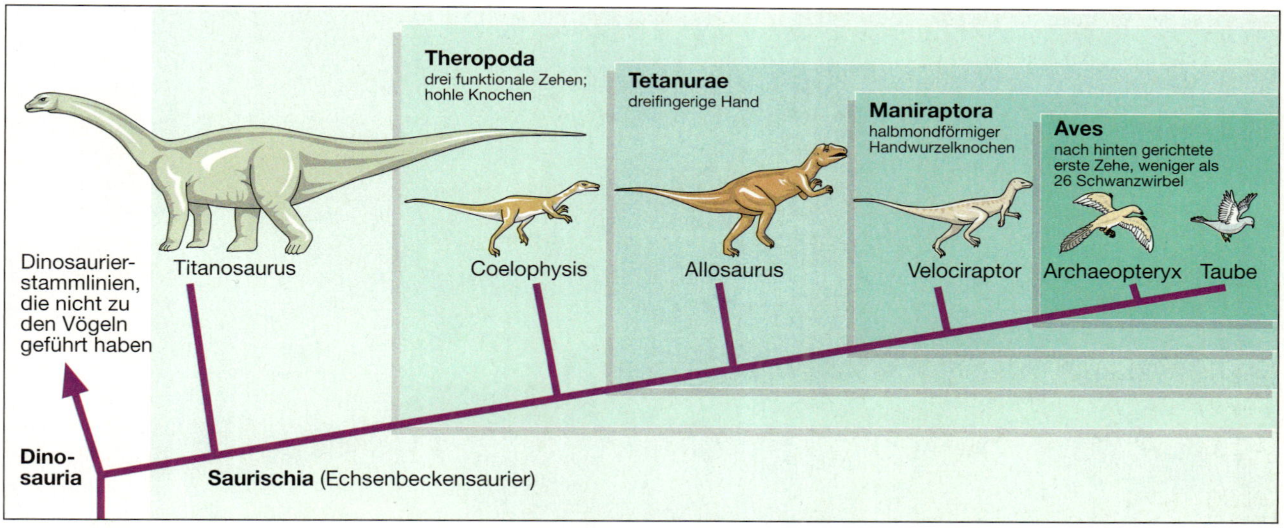

1 Kladogramm der Echsenbeckensaurier als Vorfahren der Vögel

Dass Archaeopteryx und die rezenten Vögel von Reptilien abstammen, gilt heute als gesichert. Zwei Hypothesen konkurrieren dabei:

- die Abstammung von den *Archosauriern* in der *Trias* (vor etwa 230 Millionen Jahren) und damit ein gemeinsamer Ursprung mit Krokodilen,
- die viel spätere Abstammung von den *Dinosauriern* der Ordnung *Saurischia (Echsenbeckensaurier)* im *Jura* (vor etwa 150 Millionen Jahren).

In der vergleichenden Biologie ist die phylogenetische Systematik, auch Kladistik genannt, eine Methode zur Erforschung und Darstellung verwandtschaftlicher Beziehungen (→ S. 266). Der abgebildete Stammbaum (→ Bild 1) stellt die Abstammung der Vögel von Dinosauriervorfahren dar. An den Verzweigungspunkten tritt jeweils eine neue Stammform auf mit einem oder mehreren Merkmalen, die in früher entstandenen Gruppen noch nicht vorhanden waren, jedoch bei allen ihren Nachkömmlingen: Synapomorphien. Demnach gehören die Theropoden zu der Klade (griech. klados: Zweig) der Echsenbeckensaurier. Sie gehen auf einen Vorfahren zurück, der als Neuerung hohle Knochen und nur noch drei funktionale, nach vorne gerichtete Zehen aufwies. Von diesen stammen die Steifschwanzsaurier, die *Tetanurae*, ab, aus denen die Handraubsaurier, die *Maniraptora*, hervorgingen. Die als *Aves* (Vögel) bezeichnete Klade umfasst sowohl den Vorfahren des Archaeopteryx als auch alle seine sonstigen Abkömmlinge.

Wie entwickelte sich die Vogelwelt nach Archaeopteryx? Neuere Fossilfunde vor allem aus China und Spanien aus der Kreidezeit zeigen, dass die Vögel schnell verschiedene Größen, Formen und Lebensweisen entwickelt haben. Äußerlich waren immer noch Flügelkrallen und häufig bezahnte Kiefer zu sehen, beispielsweise bei dem sperlingsgroßen *Sinornis santensis* (138 Millionen Jahre). Doch im Laufe der Kreidezeit wurde das Skelett immer vogelartiger. Bei *Iberomesornis victor* (125–132 Millionen Jahre; → Bild 2) gibt es bereits ein ausgeprägtes *Pygostyl,* also zu einem Steißknochen verschmolzene Wirbel als Ansatz für die Schwanzfedern, sowie Veränderungen im Flugapparat. Die meisten dieser urtümlichen Vögel starben an der Grenze zum Tertiär plötzlich aus. Aus wenigen Formen, die dieses Massensterben überlebten, entwickelte sich explosionsartig die moderne Vogelwelt.

☞ Basisinformationen

Methoden der Klassifikation (→ S. 266), Synapomorphien (→ S. 266), Massensterben (→ S. 290), molekularbiologische Methoden (→ S. 261)

1 Nach J. OSTROM stammen Vögel nicht nur von Dinosauriern ab, sondern sind selbst Dinosaurier. Begründen Sie!

2 Der Vergleich der mitochondrialen Genome zeigt, dass heute lebende Vögel und Krokodile eng verwandt sind. Stellen Sie das Prinzip dieser Untersuchungsmethode dar.

2 Lebensbild von Iberomesornis, einem Vogel der Kreidezeit

Evolution des Menschen

1 In der 1940 entdeckten Höhle von Lascaux sind etwa 600 gut erhaltene Malereien aus der Altsteinzeit zu bewundern.

Die ältesten europäischen Jetztmenschen werden nach ihrem Fundort in Frankreich als Cro-Magnon-Menschen bezeichnet. Sie sind wahrscheinlich von Afrika her über Vorderasien eingewandert. Anatomisch unterscheiden sie sich von ihren Vorfahren durch einen grazileren Körperbau, ein gewölbtes Schädeldach und ein deutliches Kinn.
Sie fertigten feinste Steinwerkzeuge und schufen Kunstwerke wie die Höhlenmalerei von Lascaux sowie die ältesten plastischen Figuren aus Elfenbein.

Im Blickpunkt:
- der Mensch, ein junger Zweig am Stammbaum der Lebewesen
- biologische und kulturelle Evolution des Menschen
- Primaten im Vergleich
- Anpassungen an die Baumlebensweise bei frühen Primaten als Prädispositionen für die Evolution zum Menschen
- Schlüsselereignisse in der Entwicklung zum Menschen
- Fossilgeschichte des Menschen
- Rekonstruktion eines hypothetischen Stammbaumes des Menschen
- Herkunft des modernen Menschen *Homo sapiens*
- Variabilität und Vielfalt beim Menschen

Der Mensch unterscheidet sich unverkennbar von den Tieren. Aber ebenso unverkennbar teilt er viele Merkmale mit allen Lebewesen, noch mehr mit Tieren und besonders viele mit Säugetieren. Dieser scheinbare Widerspruch wird nur dann verständlich, wenn man die biologische Vergangenheit des Menschen und seine Abstammung in Betracht zieht.

Der Mensch zählt neben Menschenaffen, Tieraffen und Halbaffen zu der *Ordnung der Primaten*. Die Abspaltung der Menschen, der *Hominiden*, von den Menschenaffen, den *Pongiden*, deren Vorfahren sich bis dahin gemeinsam entwickelt hatten, erfolgte vor 8 bis 5 Millionen Jahren in Afrika. Bei der weiteren Entwicklung gab es zahlreiche Seitenlinien, von denen viele in einer Sackgasse endeten und deren Vertreter ausgestorben sind. Es gilt also auch für die Evolution des Menschen, dass bestehende Merkmale immer wieder variiert und der Selektion unterworfen wurden.

Als DARWIN seine Evolutionstheorie aufstellte, glaubten die meisten Menschen, dass sie eine eigenständige Schöpfung Gottes seien. Viele empfinden auch heute noch die Tatsache, dass sich der Mensch aus tierischen Vorfahren entwickelt hat, als „Kränkung". Diese Menschen haben vor allem die *kulturelle Evolution* im Blick, die unser Leben in der Regel viel auffälliger bestimmt als die durch *biologische Evolution* entstandene, selbstverständlich erscheinende biologische Natur. Mit dieser doppelten Evolution sind wir tatsächlich einzigartig.

Doppelte Evolution des Menschen

Ein herausragendes Merkmal des Menschen ist seine unvergleichliche Lernfähigkeit. Bereits frühe Hominiden übernahmen offensichtlich erlerntes Verhalten von erfahrenen Artgenossen. Überschritt diese Weitergabe von Erfahrung und Wissen die Generationengrenze, entstand *Tradition.* Sie ist die Grundlage von *Kultur.* Darunter versteht man die Gesamtheit erlernter Verhaltensweisen und Fähigkeiten einer Gruppe, die von Generation zu Generation weitergegeben wird. Mit der Fähigkeit zur Kultur haben die Hominiden als einzige Lebewesen neben der *biologisch-genetischen Evolution* eine zweite, *kulturelle Evolution* entwickelt, Information zu erwerben, zu vermehren und an die nächste Generation weiterzugeben.

Kulturelle Evolution. Im Vergleich mit der biologischen Evolution erfolgt der Informationsfluss durch kulturelle Evolution „horizontal" in der gesamten Population, nicht nur „vertikal" von Eltern auf Kinder und ist dadurch viel schneller und anpassungsfähiger. Durch die Entwicklung der *Sprache,* viel später auch durch die Erfindung der *Schrift* wurde die Wirkung dieser Besonderheiten enorm gesteigert.

Wann die Wortsprache entstanden ist, lässt sich zeitlich nur schwer zuordnen. Dagegen erlauben fossile Zeugnisse wie Werkzeugfunde, Feuerstellen, Bestattungen oder Kunstwerke nicht nur die Rekonstruktion der materiellen Kulturentwicklung der Menschen, sondern lassen auch Rückschlüsse auf ihre geistigen Leistungen und religiösen Vorstellungen zu.

Mit den Errungenschaften der kulturellen Evolution wurde der Mensch immer besser in die Lage versetzt, seine Umwelt zu verändern und den eigenen Bedürfnissen anzupassen. Der Zwang zur Anpassung an die Umwelt, wie er die biologische Evolution kennzeichnet, wird damit in sein Gegenteil verkehrt.

Biologische Evolution. Die Kulturfähigkeit der Menschen hat biologische Grundlagen. Dazu zählen in erster Linie:
- die mit dem *aufrechten Gang* verknüpfte Entwicklung universell verwendbarer Greifhände, die – von der Fortbewegungsfunktion befreit – sich zum herausragenden „Kulturorgan" entwickeln konnten;
- die als *Cerebralisation* bezeichnete Größenzunahme, Komplexitäts- und Leistungssteigerung des Gehirns. Auf ihr gründen sich letztlich Lernfähigkeit und Sprachvermögen.

Nach allen fossilen Zeugnissen, die uns vorliegen, haben sich aufrechter Gang oder *Bipedie* und Gehirn während der Evolution der Hominiden nicht im Einklang miteinander entwickelt, sondern mit unterschiedlicher Geschwindigkeit. Man spricht von *Mosaikevolution.* Zuerst entstand der aufrechten Gang. Weitgehend unabhängig davon vergrößerte sich später das Gehirn, das beim Menschen nach der Geburt noch viel länger weiterwächst als bei anderen Primaten.

1 Was versteht man unter dem Begriff Kultur?

2 Kulturelle Evolution verläuft nach lamarckistischem Prinzip. Begründen Sie diese Aussage. Vergleichen Sie die Mechanismen, die bei biologischer beziehungsweise bei kultureller Evolution jeweils wirksam sind. Gehen Sie ein auf Evolutionsgeschwindigkeit und Informationsträger.

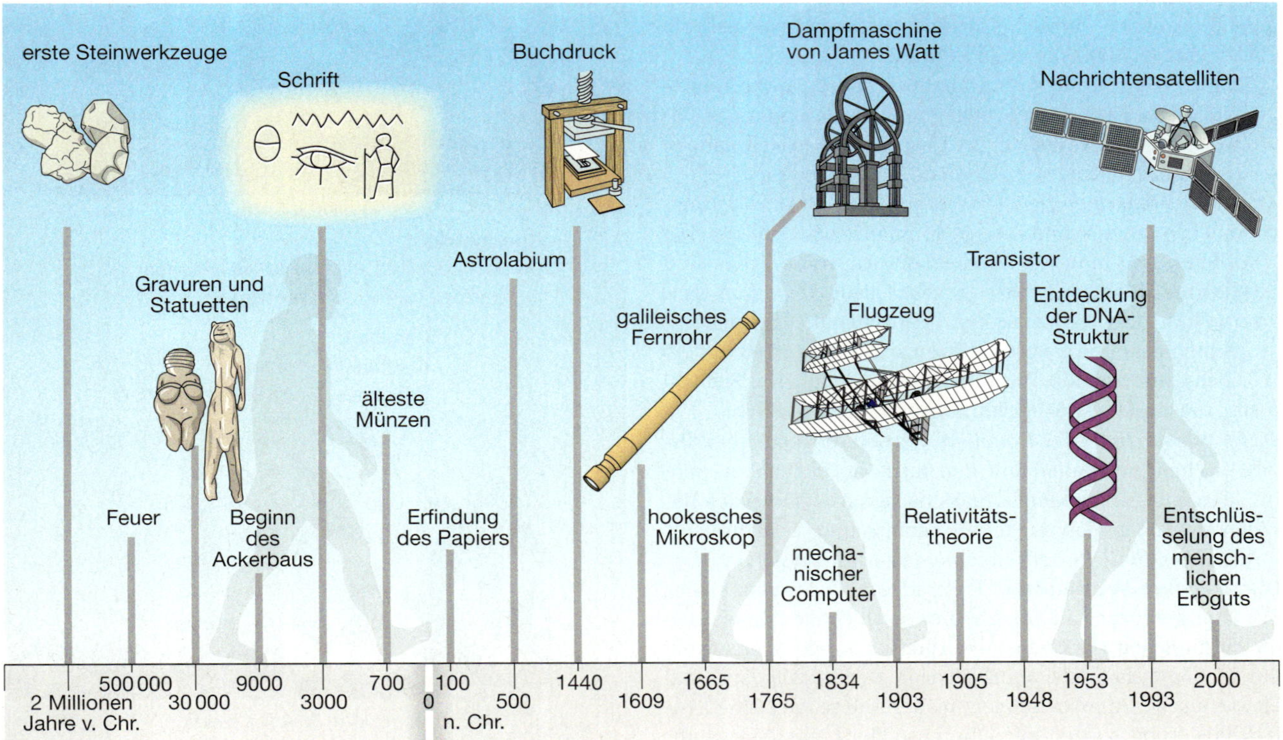

1 Meilensteine in der kulturellen Evolution des Menschen

Primaten

Die Stellung des Menschen im natürlichen System. Schon LINNÉ, der Begründer der systematischen Kategorien, stellte den Menschen zur Ordnung der *Primaten (Herrentiere)*. Er legte hierbei allein körperliche Merkmale zugrunde, lange bevor die Tatsache der Evolution erkannt wurde. Heute lässt sich die Zuordnung durch zahlreiche Ergebnisse molekulargenetischer, verhaltensbiologischer oder parasitologischer Untersuchungen bestätigen.

Kennzeichnend für die Primaten ist nicht ein Einzelmerkmal, sondern eine bei den verschiedenen Arten unterschiedlich ausgeprägte *Merkmalskombination*. Dazu gehören die wenig spezialisierten *Gliedmaßen mit fünf Fingern*, das kaum differenzierte *Gebiss*, ein gut ausgebildeter, farbtüchtiger *Gesichtssinn* mit nach vorne gerichteten Augen, die räumliches Sehen ermöglichen, und das *Gehirn*, das im Verhältnis zum übrigen Körper groß ist.

Man unterscheidet sechs Verwandtschaftsgruppen bei den Primaten:

- *Spitzhörnchen* oder *Tupajas* nehmen eine Zwischenstellung zwischen der ursprünglichen Ordnung der Insektenfresser, mit denen sie die spitzhöckerigen Backenzähne gemeinsam haben, und den Primaten ein.
- *Halbaffen* sind die überwiegend nachtaktiven Lemuren Madagaskars sowie die kleinen Galagos, Loris und Koboldmakis Afrikas und Südostasiens.
- *Tieraffen* sind die durchweg baumbewohnenden Neuweltaffen oder Breitnasenaffen Südamerikas und die Altweltaffen Afrikas und Asiens. Zu den Altweltaffen, die wegen ihres engen Nasensteges auch Schmalnasenaffen heißen, gehören neben den langschwänzigen Languren auch die Meerkatzen, Makaken und Paviane.
- *Gibbons (Hylobatiden)* sind als hoch spezialisierte Baumbewohner ausgeprägte Schwinghangler. Besonders auffällig sind ihre im Vergleich zur Körpergröße extrem langen Arme. Sie gelten als ursprüngliche Menschenaffen.
- *Höhere Menschenaffen (Pongiden)* sind Gorilla, Orang-Utan, Schimpanse und Zwergschimpanse oder Bonobo. Die vorderen und hinteren Gliedmaßen des Orang-Utans sind sehr ähnlich gebaut, sodass er vier Gliedmaßen zum Klettern hat. Die afrikanischen Menschenaffen, Bonobos, Schimpansen und Gorillas stützen sich beim Gehen auf die Knöchel ihrer Hände. Ein auffälliges Merkmal ihrer Schädel sind die starken knöchernen Augenbrauenwülste.
- *Menschenartige* oder *Hominide* werden die jetzt lebenden Menschen zusammen mit den ausgestorbenen Vor- und Frühmenschen genannt. Die Menschenartigen werden mit den Menschenaffen und deren gemeinsamen Vorfahren als *Menschenähnliche oder Hominoide* zusammengefasst.

Die nächsten Verwandten. Die traditionelle Systematik der Primaten zieht zur Einteilung in die verschiedenen Kategorien im Wesentlichen Merkmale im Körperbau heran. Aber sowohl die anatomischen als auch physiologische, zelluläre und biochemische Untersuchungen, insbesondere die DNA-DNA-Hybridisierung, zeigen alle eine besonders enge Verwandtschaft zwischen Schimpanse und Mensch.

1 *Systematische Stellung der Primaten*

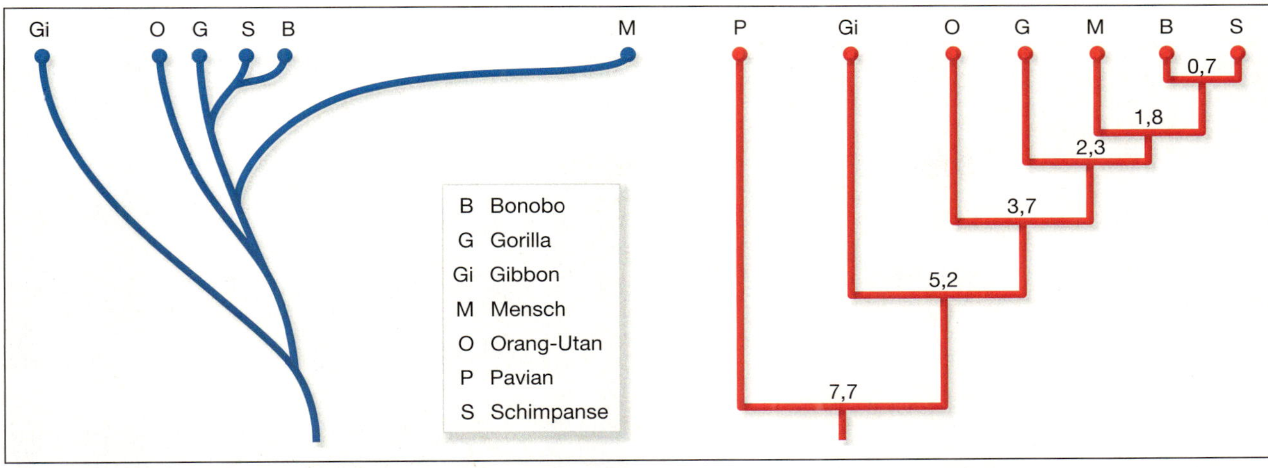

1 Stammbaumschema der Hominoiden aufgrund anatomischer Merkmale (links) und DNA-Homologie (rechts; die Zahlen stehen für relative Unterschiede der DNA-Sequenzen)

Prädispositionen und Entwicklungstendenzen. Der Erwerb der Baumlebensweise durch die frühen Primaten ging mit einer Fülle von Anpassungen einher. Für die bodenbewohnenden, kleinwüchsigen und schlecht sehenden Vorfahren der Primaten erforderte die Eroberung des dreidimensionalen, lückenreichen Lebensraumes der Baumkronen Umstellungen im Einsatz der Sinnesorgane, der geistigen Fähigkeiten und der Fortbewegungsorgane.

Millionen Jahre später erwiesen sich eine ganze Reihe dieser Anpassungen an das Baumleben als entscheidende *Prädispositionen* (→ S. 245) der Hominidenevolution:

- *Greifhände und Plattnägel.* Greifhände mit abspreizbarem Daumen und mit Plattnägeln als Widerlager erhöhen die Griffsicherheit an Ästen.
  Für die spätere menschliche Evolution war die Entwicklung der Hand zu einem hochsensiblen Greiforgan von entscheidender Bedeutung.
- *Räumliches Sehen und Farbensehen.* Der Stereoblick der nach vorne gerichteten Primatenaugen erleichtert das Abschätzen von Entfernungen. Da die Tiere überwiegend tagaktiv sind, erleichtert die Unterscheidung von Farben den Nahrungserwerb.
  Auch unter allen Sinnesfunktionen des Menschen nimmt der Gesichtssinn eine dominante Stellung ein.
- *Gehirn.* Mit der anspruchsvollen Sinneswahrnehmung und der notwendigen schnellen Bewegungskoordination ging bei den baumbewohnenden Primaten eine Vergrößerung und Verfeinerung des Großhirns einher.
  Die Fähigkeit, umfangreiche Informationen im Gehirn zu speichern und zu verarbeiten, bedingt die Sonderstellung des Menschen unter allen Lebewesen. Vermutlich ist Denken an räumliches Vorstellungsvermögen gebunden.
- *Fortpflanzung.* Verglichen mit Säugetieren ähnlicher Größe dauert die Schwangerschaft bei höheren Primaten sehr lange und fast immer kommt ein relativ unselbstständiges, einzelnes Junges zur Welt. Der enge körperliche und soziale Kontakt von Mutter und Jungem über lange Zeit ermöglicht ein ausgiebiges Lernen durch Nachahmung.
  Die Bildung gruppenspezifischer Traditionen ist eine der Wurzeln für die kulturelle Evolution des Menschen.
- *Unspezialisiertheit.* Primaten sind, verglichen mit anderen Säugetieren, wenig spezialisierte Generalisten. Diese Unspezialisiertheit erfordert aber ein „offenes" Verhaltensprogramm mit hoher Flexibilität, was wiederum eine besondere Entwicklung der Intelligenz voraussetzt.
  Die kulturelle Evolution des Menschen war nur aufgrund besonderer Intelligenz möglich.

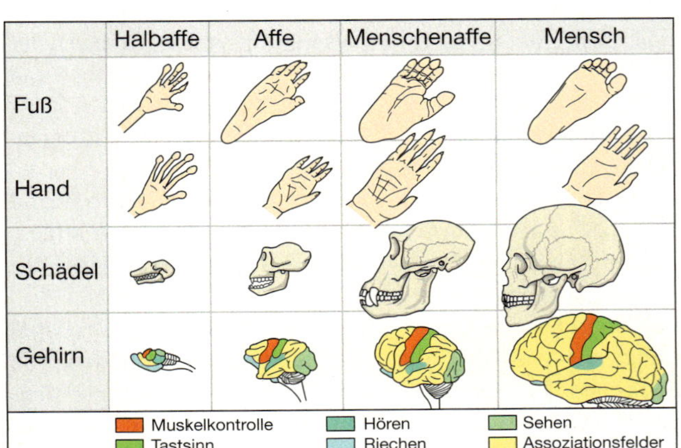

2 Anatomische Entwicklungstendenzen bei Primaten

1 Diskutieren Sie Gemeinsamkeiten und Unterschiede, die sich aus der Interpretation der beiden Stammbäume (Bild 1) ergeben. Warum ist es nach einem von beiden nicht richtig, dem Menschen als zweite Gruppe die Menschenaffen gegenüberzustellen?

2 Primaten gelten als unspezialisiert. Stellen Sie von einigen Ordnungen der Säugetiere Spezialisierungen heraus, in denen diese den Primaten überlegen sind.

Schlüsselereignisse in der Evolution des Menschen

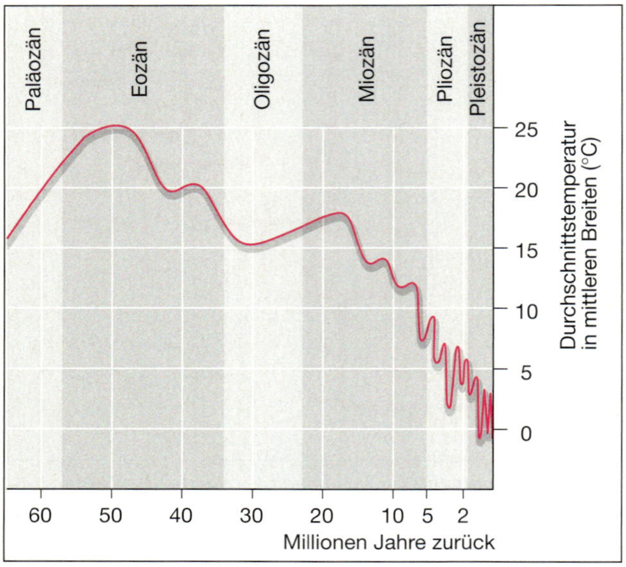

1 Durchschnittstemperaturen, die während der Evolution der Primaten herrschten

2 In den Baumsavannen Ostafrikas lebten die ersten Hominiden.

Die Ursprünge der *Menschenähnlichen* oder *Hominoiden* reichen etwa 38 bis 24 Millionen Jahre zurück. In Ägypten wurden Primatenfossilien gefunden, die als Vorfahren der Menschenähnlichen gelten. Zu ihnen zählt *Aegyptopithecus*, dessen Skelett darauf schließen lässt, dass er auf Bäumen lebte und sich von Früchten tropischer Bäume ernährte.

Übergang zum Bodenleben. Gegen Ende des Tertiärs vor etwa 5 bis 6 Millionen Jahren kam es zu einer *klimatischen Abkühlung* und damit zu einem Rückgang der tropischen Regenwälder, wobei sich lichte Wälder und Savannen mit lockerem Baumbestand ausbreiteten. Zu der globalen Klimaveränderung kamen in Ostafrika tektonische Landhebungen, die den ursprünglich zusammenhängenden Regenwald in zahlreiche inselartig verteilte Baumbiotope zerteilten. Primaten, die gut klettern, sich aber am Boden auch zweibeinig bewegen und so die weit auseinander stehenden, Früchte tragenden Bäume schnell erreichen konnten, hatten nun einen Selektionsvorteil.

Der aufrechte Gang. In derselben Zeit, in der sich die Savannen in Ostafrika ausbreiteten, tauchten die *Australopithecinen* auf, die sich von ihren Vorfahren vor allem durch den aufrechten Gang unterschieden. Der aufrechte Gang hatte in der Savanne sehr wahrscheinlich mehrere Selektionsvorteile: In den freien Vordergliedmaßen können Nahrung und Kinder leichter getragen werden, das Aufrichten erlaubt im hohen Savannengras ein Sichern über weite Flächen, der zweifüßige Gang ist Energie sparender als der vierfüßige und die Regulierung der Körpertemperatur fällt leichter. Ob einer dieser Vorteile für die Weiterentwicklung der Bipedie ausschlaggebend war, lässt sich bisher nicht klären.

Mit dem Erwerb und der Vervollkommnung des aufrechten Ganges ging eine Umformung des gesamten Skeletts einher:

- Die *Wirbelsäule ist doppelt S-förmig* gebogen. Sie trägt Kopf und Rumpf federnd.
- Der Schwerpunkt des Körpers liegt im Beckenbereich und verläuft nahe der Körperlängsachse.
- Der *Schädel wird nahe an seinem Schwerpunkt von der Wirbelsäule unterstützt.* Eine starke Nackenmuskulatur wird dadurch überflüssig.
- Der *Brustkorb ist eher breiter als tief.* Dies erleichtert die Atmung und ist statisch günstiger.
- Das Becken ist schüsselförmig und trägt die Eingeweide. An seinen Knochenflächen sitzen die Hüftmuskeln an, die den Rumpf beim Gehen halten und balancieren können. Besonders kräftig ist die Gesäßmuskulatur entwickelt.
- Die Oberschenkel sind im Becken so eingehängt, dass die Knie genau unter dem Schwerpunkt liegen.
- Die Fußsohle ist gewölbt und kann dadurch beim Gehen Druck abfedern. Fußgelenke und Mittelfuß sind weniger biegsam als bei den Menschenaffen. Die Großzehe ist nicht opponierbar. Aus dem Greiffuß ist ein *Standfuß* geworden.
- Die Hand, die zur Fortbewegung nicht mehr benötigt wird, ist als *perfekte Greifhand* vielseitig einsetzbar, wodurch der Gebrauch und die Herstellung von Werkzeugen möglich und das Gebiss als Waffe unnötig wird.
- Der *Gehirnschädel ist steil nach oben gewölbt* und bietet Platz für die Entwicklung eines Großhirns.
- Der *Gesichtsschädel ist deutlich kleiner*, die Kiefer sind kurz. Das *wenig differenzierte Gebiss* bildet eine geschlossene Zahnreihe. Der hochgewölbte Mundraum lässt der Zunge einen größeren Raum zur Lautbildung.

Der Mensch ist bis heute nicht vollkommen an den aufrechten Gang angepasst. Häufig auftretende Skelettschäden wie Senk- oder Plattfüße, Wirbelverschiebungen, Bandscheibenverschleiß und Gelenkschäden von Hüfte, Knie und Fuß, aber auch Krampfadern als Folge von Blutstauungen in den Beinvenen belegen dies.

Der Erwerb der Sprache. Voraussetzungen für die Sprachfähigkeit sind zum einen *anatomische Besonderheiten* wie der Luftraum zwischen Kehlkopfdeckel und Gaumensegel, die geschlossene Zahnreihe und die bewegliche Zunge, aber auch ein eigenes motorisches Sprachzentrum im Großhirn. Diese *Broca-Zentrum* genannte Struktur der Großhirnrinde findet man nur beim Menschen. Welcher Selektionsdruck für die Entwicklung der Sprache entscheidend war, ist nicht sicher.

Verlängerung der Jugend- und Altersphase. Der Mensch ist nach der Geburt noch lange Zeit hilflos und damit auf Fürsorge angewiesen. Dies ermöglicht ihm ein intensives *Lernen durch Nachahmung*. Da die Lebensdauer des Menschen weit über das Fortpflanzungsalter hinausgeht, leben mehrere Generationen zur gleichen Zeit, was die *Weitergabe von Traditionen* erleichtert. Durch die lebenslang anhaltende Lernfähigkeit wird wiederum die kulturelle Entwicklung beschleunigt.

Haarlosigkeit. In den Tropen erleichtert die Reduktion des menschlichen Haarkleides die *Thermoregulation*. Zusammen mit aktiven Schweißdrüsen ist auch bei körperlicher Anstrengung eine rasche Ableitung der überschüssigen Wärmeenergie vereinfacht.

1 Der Mensch hat zahlreiche Merkmale mit den Menschenaffen gemeinsam. Stellen Sie in einer Tabelle diese Gemeinsamkeiten zusammen. Erarbeiten Sie nun die Unterschiede zwischen beiden, die auf Anpassungen an die verschiedene Lebensweise beruhen.

2 Unterscheiden Sie beim Menschen zwischen körperlichen und geistig-kulturellen Anpassungen.

3 Die Lage des Hinterhauptloches, die Form des Beckens und der Bau der Füße erlaubt bei fossilen Primaten Aussagen über die einstige Fortbewegungsweise. Begründen Sie.

4 Erstellen Sie in einem Pfeildiagramm eine Übersicht des Faktorengefüges der Hominidenevolution.

5 Bestimmte Anpassungen im Körperbau wurden zum Wegbereiter für die spätere kulturelle Evolution. Nennen Sie Beispiele.

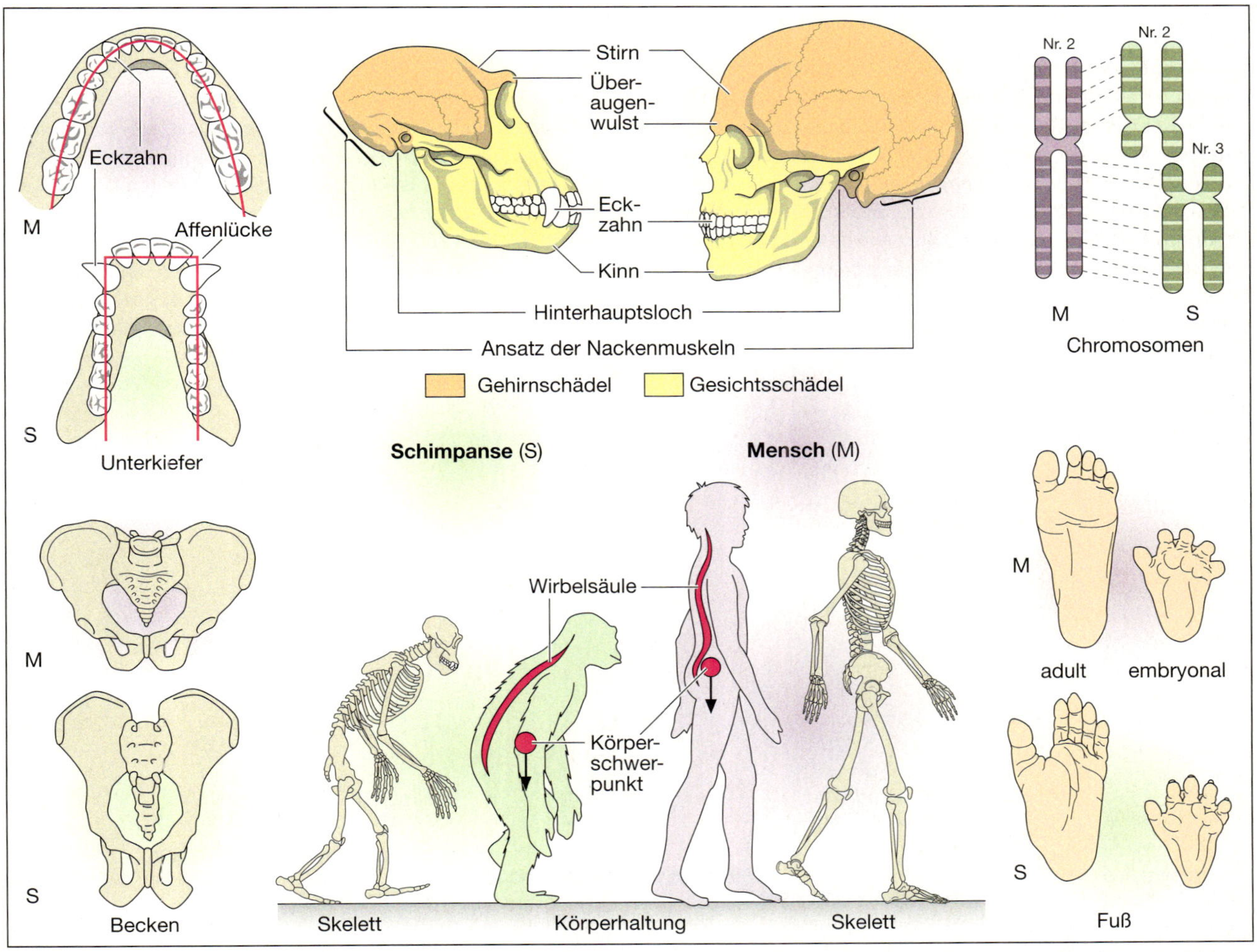

1 Körperliche Merkmale von Schimpanse und Mensch im Vergleich. Chromosomen können anhand ihres Bandenmusters homologisiert werden.

Fossilgeschichte des Menschen

Auch ohne einen einzigen Fossilfund von Hominiden bestünde nach der großen Zahl von Homologien kein Zweifel an der Primatenverwandtschaft des Menschen. Für die Rekonstruktion seiner Stammesgeschichte sind Fossilien allerdings von herausragender Bedeutung. Die Erstellung eines „lückenlosen“ Stammbaumes ist aufgrund der Seltenheit fossiler Erhaltung prinzipiell unmöglich.

Die Stammgruppe der Hominiden. 25 bis 9 Millionen Jahre alte Fossilfunde, die man als *Dryopithecinen* zusammenfasst, zeigen eine Mischung aus Merkmalen von Tieraffen und Menschenaffen. Sie gelten als Stammgruppe an der Gabelung Menschenaffen und Hominiden.

Prähominine. Als *Vormenschen* oder *Prähominine* bezeichnet man die Formen, die noch nicht alle Merkmale der echten Menschen besaßen und keine Werkzeuge bearbeiteten. Die Gruppe der *Australopithecinen* zählt zu den ältesten Hominiden, die wir derzeit kennen.

Ardipithecus ramidus lebte vor rund 4,4 Millionen Jahren in Ostafrika. Er ging aufrecht, konnte aber auch gut klettern. *Australopithecus afarensis* ist zwischen 3,8 und 2,9 Millionen Jahre alt, Fundorte erstrecken sich von Äthiopien bis Südafrika. Sein aufrechter Gang ist durch ein gut erhaltenes 3,2 Millionen Jahre altes weibliches Skelett und in vulkanischer Asche konservierte Fußspuren direkt belegt (→ Bild 1). Das Hirnvolumen lag zwischen 400 und 500 cm^3 und damit im Bereich der heutigen Menschenaffen. Auch weitere *Australopithecinen* wie *A. africanus*, *A. bahrelghazali, A. boisei* und *A. robustus*, die im Zeitraum von knapp 4 bis vor etwa 1,3 Millionen Jahren in Afrika lebten, zeichnen sich durch drei Merkmale aus: Sie gingen aufrecht, ihr Gehirn war kaum größer als das eines heutigen Schimpansen und ihre Eckzähne waren wie beim heutigen Menschen kaum größer als die übrigen Zähne.

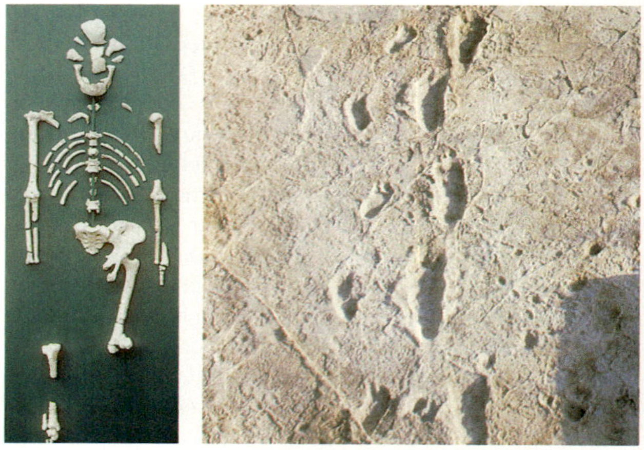

1 Zeugen der Bipedie: „Lucy“, Skelett eines Australopithecus afarensis und Fußspuren bei Laetoli (Tansania)

Euhominine. Die ersten Vertreter der Gattung *Homo* werden *Frühmenschen* oder *Euhominine* genannt. Als ältester Repräsentant mit einem Alter von 2,5 bis 1,8 Millionen Jahren gilt derzeit *Homo rudolfensis* aus Kenia. Etwa eine halbe Million Jahre später erschien *Homo habilis*. Das Gehirn von beiden war mit rund 600 cm^3 deutlich größer als das der *Australopithecinen*. Sie konnten scharfkantige Abschläge von Steinen herstellen, die das Zerlegen von Tieren ermöglichte. Damit erschloss sich ihnen als Fleischesser gegenüber den Pflanzen essenden *Australopithecinen* eine neue ökologische Nische.

Mit 750 bis 1250 cm^3 ein noch wesentlich höheres Hirnvolumen besaß *Homo erectus*, der erste Mensch, der aus Afrika auswanderte, wie Funde in Java, China und Europa belegen. Er nutzte bereits das Feuer und stellte verschieden geformte

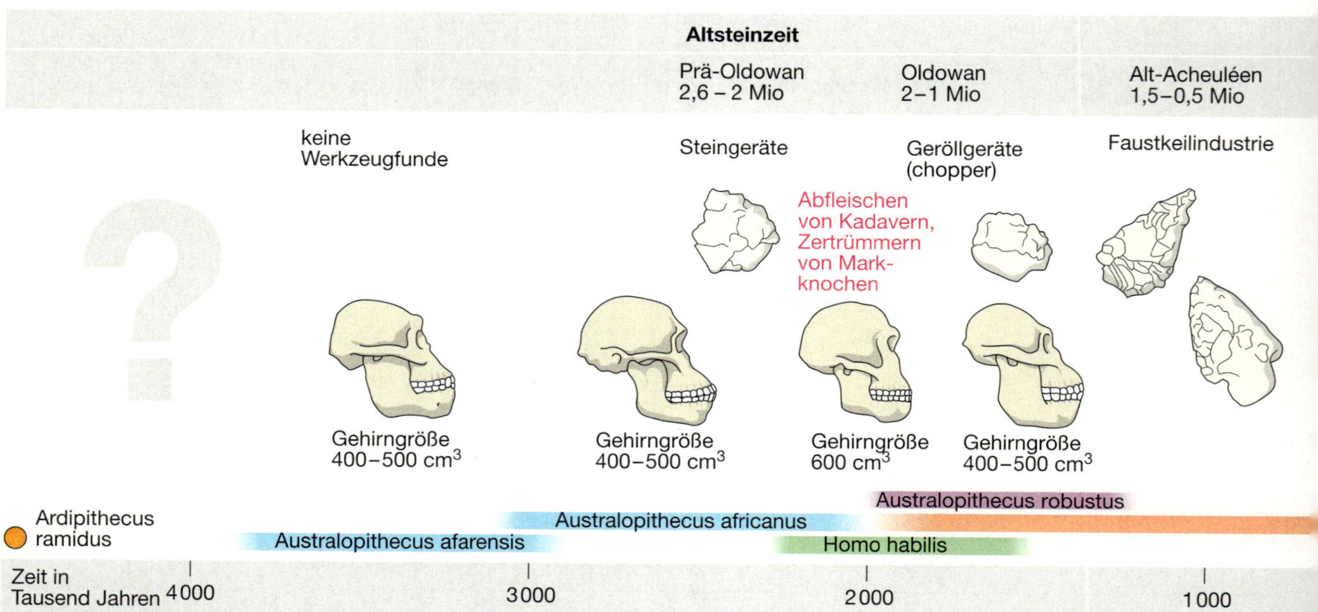

2 Fossilfunde belegen die kulturelle und biologische Evolution des Menschen.

Werkzeuge aus Feuerstein her, die ältesten *Artefakte* der Menschheit. *Homo erectus* lebte vor etwa 1,8 Millionen Jahren bis vor 300 000 Jahren. Älteste Formen kennt man aus Afrika, Funde aus Asien und Europa sind jünger. Die allmähliche Ausbreitung hing vielleicht mit der Umstellung auf Fleischnahrung zusammen, die ein großes Streifgebiet erforderte.

Fossilien aus den verschiedenen Teilen der Alten Welt zeigen, dass die räumlich getrennten Linien eine unterschiedliche Evolution durchliefen.

Homo sapiens. Durch Artumbildung entstand aus *Homo erectus* der *Homo sapiens*. Als frühester Vorfahre des Neandertalers gilt *Homo heidelbergensis*, benannt nach einem Unterkiefer, der in Mauer bei Heidelberg gefunden wurde. Die Blütezeit des Neandertalers, der *Homo sapiens neanderthalensis* oder auch *Homo neanderthalensis* genannt wird, war vor 200 000 bis 30 000 Jahren. Er wurde bis zu 1,60 Meter groß, wog bis 80 kg und hatte mit 1200 bis 1750 cm^3 ein Hirnvolumen, das größer sein konnte als das des modernen Menschen.

Die ältesten Reste des modernen *Homo sapiens sapiens* kennt man aus Ostafrika. Gegen Ende der Eiszeit, vor rund 40 000 Jahren, wanderte eine Teilpopulation auch in Europa ein. Die ältesten europäischen Jetztmenschen werden nach einem Fundort in Frankreich als *Cro-Magnon-Menschen* bezeichnet. Anatomisch unterschieden sie sich von ihren Vorfahren durch kleinere Zähne, den hochgewölbten Hirnschädel, einen Unterkiefer mit vorstehendem Kinn und einem insgesamt grazileren Körperbau. Sie fertigten feinste Steinwerkzeuge an und schufen Kunstwerke wie die Höhlenmalereien von Lascaux. Die Löwenfrau aus Mammut-Elfenbein vom Lonetal bei Ulm gilt mit einem Alter von 30 000 Jahren als eines der ältesten plastischen Kunstwerke der Menschheit.

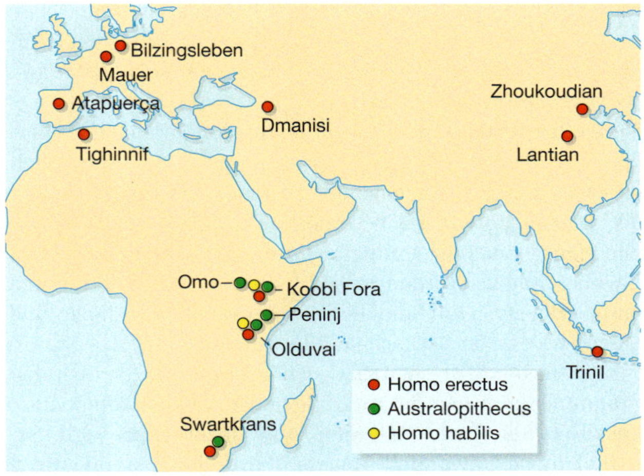

1 Fundorte von Australopithecus, Homo habilis und Homo erectus

1 Was versteht man unter dem Begriff Kulturfossilien?

2 Obwohl von den *Australopithecinen* keine Steinwerkzeuge bekannt sind, lassen die im Vergleich zu heutigen Menschenaffen kleinen Eckzähne vermuten, dass sie zumindest Knüppel oder Steine als Waffen einsetzten. Begründen Sie diese Vermutung.

3 Wie lässt sich erklären, dass Vertreter der Gattungen *Australopithecus* und *Homo* über lange Zeit gleichzeitig in Afrika existieren konnten?

4 Es ist nicht nur ein Namensstreit, wenn die einen Forscher den Neandertaler *Homo sapiens neanderthalensis* nennen und die anderen von *Homo neanderthalensis* sprechen. Was soll damit auch ausgedrückt werden?

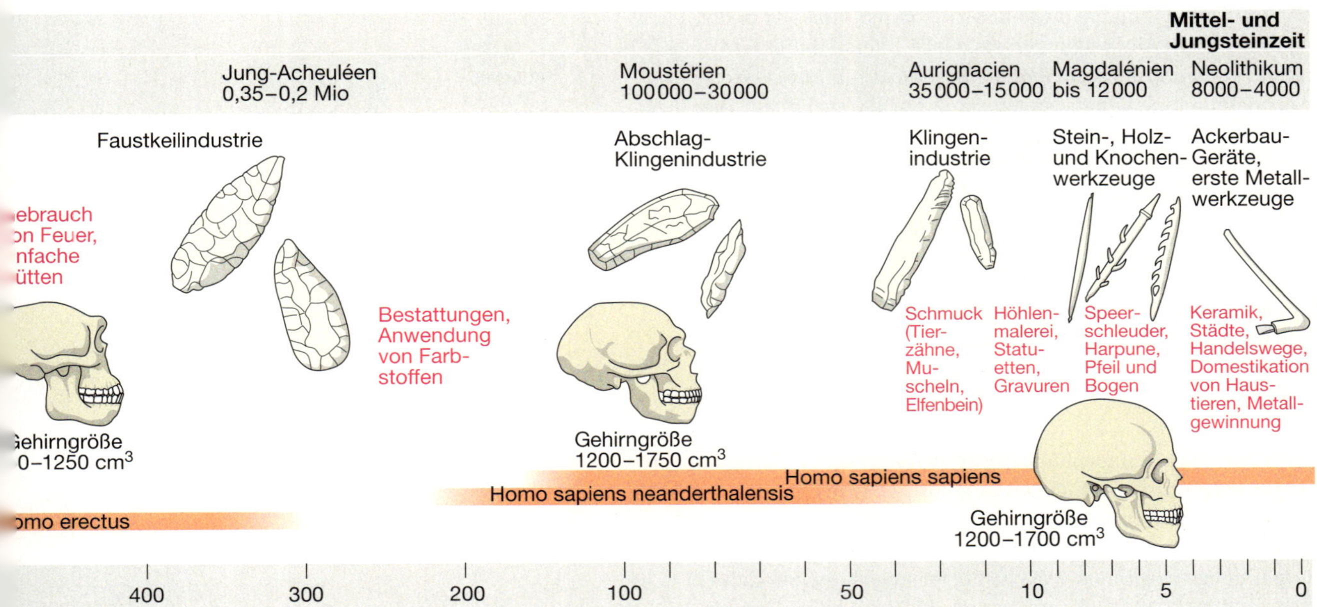

Wie Forschung funktioniert: Stammbaum der Hominiden

Die *Paläoanthropologie* versucht die Evolution des Menschen in seinem räumlich-zeitlichen und seinem ursächlichen Gefüge zu erfassen, wobei sie *zwei prinzipiell unterschiedliche Methodenkomplexe* integriert:

Indirekte Methoden. Diese umfassen den Vergleich körperlicher, physiologischer, serologischer und verhaltensbiologischer Merkmale heute lebender Primaten. Der Untersuchung der Homologie von DNA-Sequenzen (→ S. 261) bei Mensch und Menschenaffen kommt dabei zunehmende Bedeutung zu. Darüber hinaus werden fossile Überreste von Lagerstätten und Werkzeugen mit Befunden von heute lebenden Jäger- und Sammlerkulturen verglichen. Die Untersuchung des Sozialverhaltens der Menschenaffen ermöglicht Aussagen über den Zusammenhang von Gehirngröße und sozialer Kompetenz.

Fossilien als direkte Zeugen. Aus Einzelfunden wird versucht Entwicklungs- und Abstammungsreihen zum heutigen Menschen zu rekonstruieren. Deren Aussagefähigkeit wird aber durch die geringe Anzahl der Fossilien, ihren teilweise schlechten Erhaltungszustand und häufig durch das Fehlen möglicher Beifunde wie Werkzeuge oder Lagerplätze begrenzt. So wird verständlich, dass viele Aussagen und Hypothesen zum Verlauf der Stammesgeschichte in der Regel nur vorläufigen Charakter besitzen, da jeder neue Fund neue Antworten auf noch offene Fragen geben kann.

Hominiden-Stammbaum. Ordnet man entsprechende Fossilfunde zeitlich richtig ein, entsteht eine Entwicklungsreihe, die die evolutiven Trends bis zum heutigen Menschen aufzeigt. Die Altersdatierung und der Vergleich der Funde macht deutlich, dass sich die verschiedenen charakteristischen Merkmale des Menschen wie beispielsweise das große Gehirn, der aufrechte Gang und die Herstellung von Werkzeugen nicht parallel und zeitgleich entwickelt haben, sondern mit unterschiedlicher Geschwindigkeit: *Mosaikevolution*. Um Abstammungszusammenhänge erkennen zu können, muss man die hypothetischen Abzweigungen einzelner Teilpopulationen ermitteln und aufgrund von *Synapomorphien* (→ S. 266) klären, welche Teilpopulationen gemeinsame Vorfahren haben. Die Darstellung der zahlreichen Funde in einem Stammbaum macht deutlich, dass es Zeiten gab, in denen mehrere Hominiden-Arten koexistierten. Wie bei Pongiden und anderen Gruppen verlief auch die Stammesgeschichte der Hominiden alles andere als geradlinig: Zahlreiche Verzweigungen, blind endende „Sackgassen" und ein „Zickzackkurs" wechselnder Entwicklungsrichtungen kennzeichnen die Entwicklung zum modernen Menschen. Je mehr Funde erschlossen sind, umso weniger lässt sich die Vorstellung bestätigen, dass wir Menschen das „Ziel" einer Evolution sind.

1 Welche Synapomorphien kennzeichnen die Gattungen *Australopithecus* und *Homo* als monophyletische Gruppe?

2 Wie viele Generationen von *Homo sapiens* haben in Europa jemals gelebt? Vergleichen Sie damit die Gesamtzahl an Hominidengenerationen. Welche Folgerungen ergeben sich?

3 Evolution verläuft in Populationen. Welche Auswirkung hat diese Tatsache auf das Erstellen von Stammbäumen?

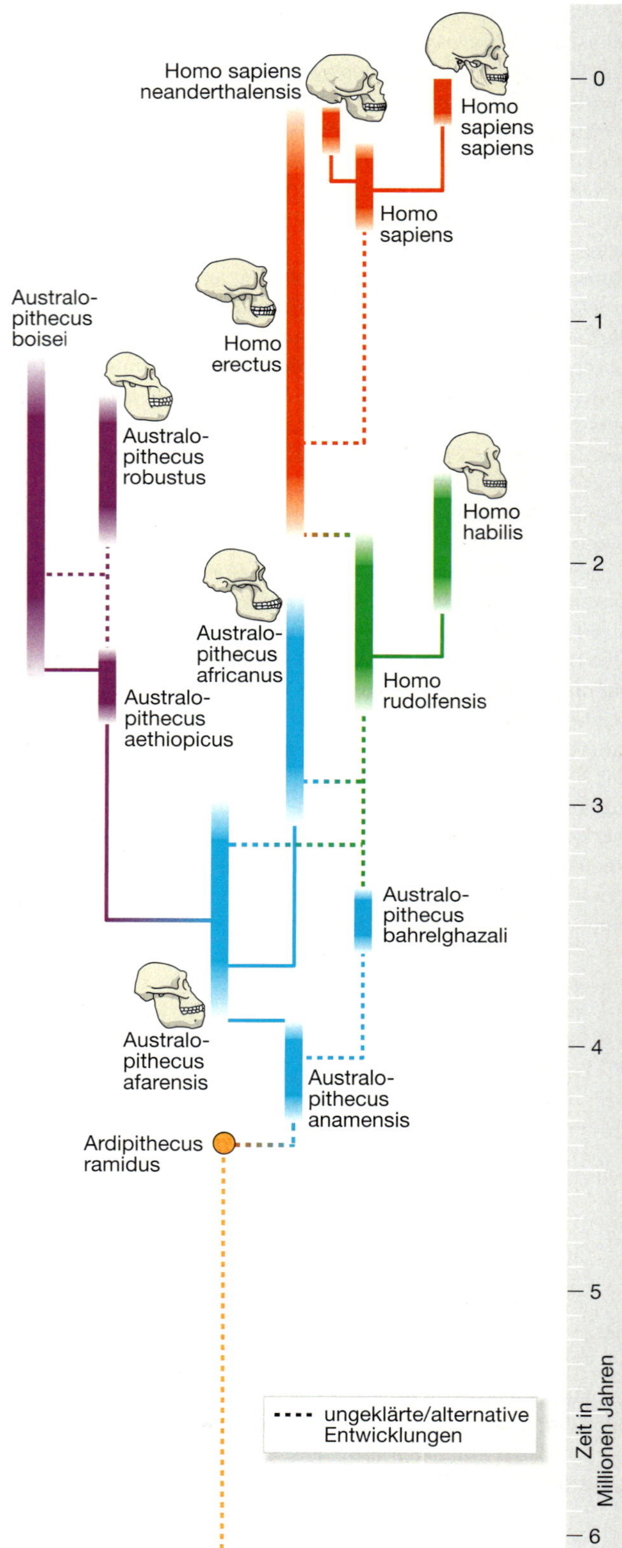

1 Hypothetischer Stammbaum der Hominiden nach heutigem Kenntnisstand

Ursprung des modernen Menschen

Die Herkunft der Menschenart *Homo sapiens*, zu der alle heute lebenden Menschen gehören, ist noch immer ein Geheimnis, was vor allem an der Lückenhaftigkeit von Fossilfunden liegt. Wenngleich die Fundorte nicht die tatsächliche Verbreitung der frühen Menschheit widerspiegeln, so darf aus der Fülle der Funddaten derzeit mit großer Sicherheit geschlossen werden, dass die Evolution der Hominiden in Afrika ihren Ausgang nahm. Bezüglich der weiteren Entwicklung zum modernen Menschen stehen sich zwei Hypothesen gegenüber.

Multiregionaler Ursprung? Nach dieser Hypothese, auch *multiregionales Modell* genannt, entstand die geographische Vielfalt des Menschen relativ früh, als sich *Homo erectus* vor ein bis zwei Millionen Jahren von Afrika aus über die anderen Kontinente ausbreitete. Die charakteristischen Merkmalsunterschiede der heutigen menschlichen Großgruppen wie Asiaten, Europäer oder Schwarzafrikaner, die oft auch als *Rassen* bezeichnet werden, hätten sich demnach in einem langen Zeitraum in den Regionen herausgebildet, wo diese Gruppen heute leben. Die genetische Ähnlichkeit aller modernen Menschen wird damit erklärt, dass durch Kreuzungen zwischen benachbarten Populationen ein Genfluss durch das gesamte geographische Verbreitungsgebiet des Menschen entstand.

Out of Africa? Nach dieser Hypothese, auch *Arche-Noah-Modell* genannt, entwickelte sich nur eine bestimmte Population des *Homo erectus* vor 150 000 bis 200 000 Jahren in Afrika zum *Homo sapiens*, der sich dann von dort aus über die gesamte Welt ausbreitete. Alle anderen regionalen Nachfahren des *Homo erectus* starben aus ohne zum Genpool des heutigen Menschen beizutragen. Nach diesem Modell stammen alle heutigen Menschen von einer möglicherweise sehr kleinen *Homo-sapiens-Gründerpopulation* ab und haben eine viel längere gemeinsame Entwicklung durchlaufen, als man sie nach dem multiregionalen Modell annehmen muss.

Molekulargenetische Untersuchungen unterstützen das *Arche-Noah-Modell*. So ergeben DNA-Analysen von Menschen aus verschiedenen Erdteilen eine sehr geringe Variation des Sequenzmusters, was sowohl auf einen gemeinsamen Vorfahren hinweist als auch auf ein geringes Alter der eigenständigen Entwicklung.

Die Variabilität des modernen Menschen. Unterschiedliche *Selektionsbedingungen* in den Besiedlungsgebieten führten dazu, dass die verschiedenen Menschengruppen unterschiedliche Anpassungsmerkmale entwickelten. Dunklere Hautfarbe schützt beispielsweise vor intensiver tropischer Sonneneinstrahlung oder bestimmte Blutgruppen sind vermutlich bei verschiedenen Infektionskrankheiten von Vorteil. Neben der Selektion hat sicher auch die *Gendrift* (→ S. 250) und die *Isolation* (→ S. 248) zur Entstehung der geographischen Vielfalt des Menschen beigetragen.

Die Problematik menschlicher Rassen. Rassen sind Populationen einer Art, die sich in ihrem Genbestand deutlich von anderen unterscheiden. Lange wurden beim Menschen allein äußerlich erkennbare, relativ einheitlich ausgeprägte Merkmale zur *typologischen Unterscheidung* verschiedener Rassen herangezogen, ohne Rücksicht auf ihre biologische Bedeutung. Seit kurzem sind durch die Genomanalyse die *genetischen Unterschiede und Gemeinsamkeiten* zwischen menschlichen Populationen der wissenschaftlichen Untersuchung zugänglich und somit neu bewertbar. Aufgrund der sich abzeichnenden komplexen Vielfalt der Gene innerhalb und zwischen Populationen erscheint es einigen Humangenetikern unzweckmäßig, die genetische Vielfalt der Menschen durch Untergliederung in Rassen angemessen zu erfassen. Sicher ist, dass *alle heutigen Menschen zur selben Art gehören.* Vorurteile gegen Menschen anderer Hautfarbe, Kultur oder Religion sind durch nichts zu begründen oder zu rechtfertigen.

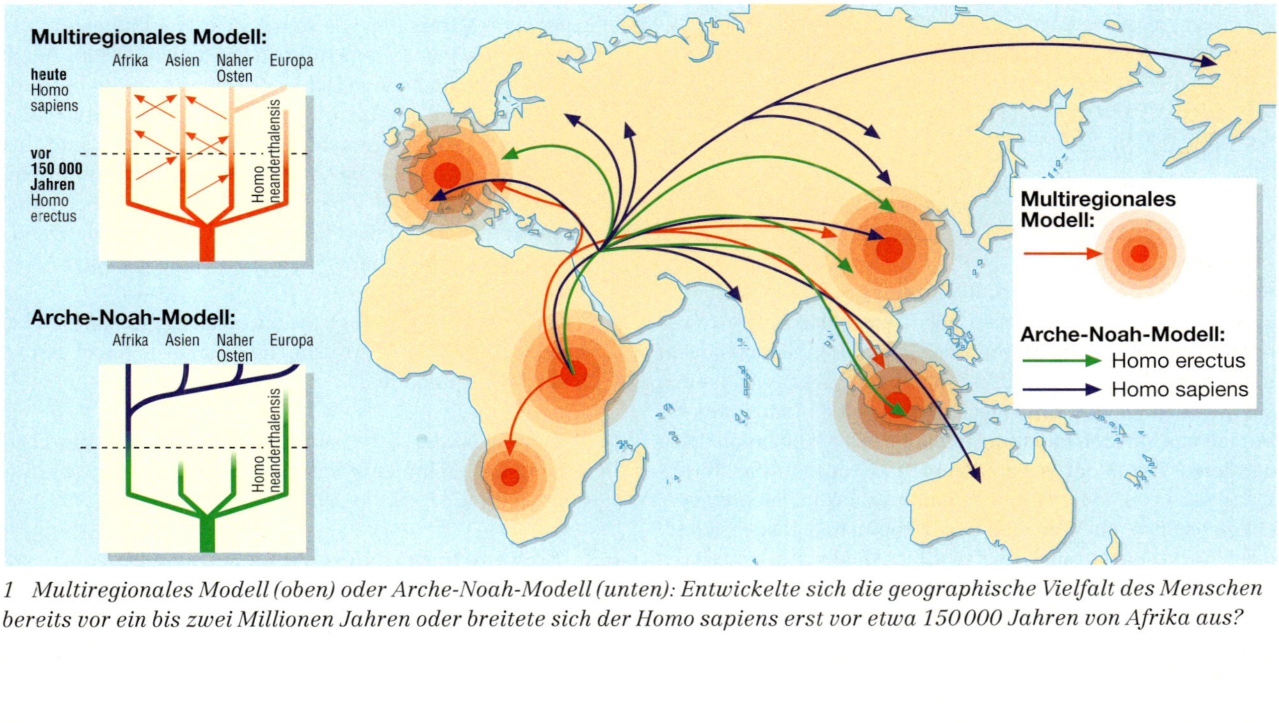

1 Multiregionales Modell (oben) oder Arche-Noah-Modell (unten): Entwickelte sich die geographische Vielfalt des Menschen bereits vor ein bis zwei Millionen Jahren oder breitete sich der Homo sapiens erst vor etwa 150 000 Jahren von Afrika aus?

Material – Methode – Praxis: **Auf der Suche nach den Ursprüngen**

Die Paläoanthropologie beschäftigt sich mit den Ursprüngen des Menschen und fragt nach den Ursachen seiner Evolution. Dabei ist sie in erster Linie auf die scharfsinnige Auswertung fossiler Zeugnisse angewiesen, die mit Erkenntnissen aus den verschiedensten Bereichen der Biologie verknüpft werden. Vergleiche mit den wenigen noch existierenden Jäger- und Sammlergesellschaften und mit nichtmenschlichen Primaten können die Interpretation der Funde wesentlich erleichtern.

Die Funde von Bilzingsleben. Bei Bilzingsleben am Nordrand des Thüringer Beckens findet sich ein altsteinzeitlicher Siedlungsplatz. Sein Alter wurde mit 350 000–400 000 Jahren bestimmt. Neben mehreren menschlichen Schädelfragmenten des *Homo erectus* fand man tausende seiner Steingeräte und Reste großer Beutetiere wie Waldelefant und Nashorn. Besondere Bedeutung hat der Fundplatz durch drei Grundrisse, die man für Reste von Behausungen hält (→ Bild unten).
- Was spricht für diese Interpretation der Fundstelle?
- Welche Folgerungen für die Lebensweise der Menschen von Bilzingsleben lässt der Fundplatz zu?

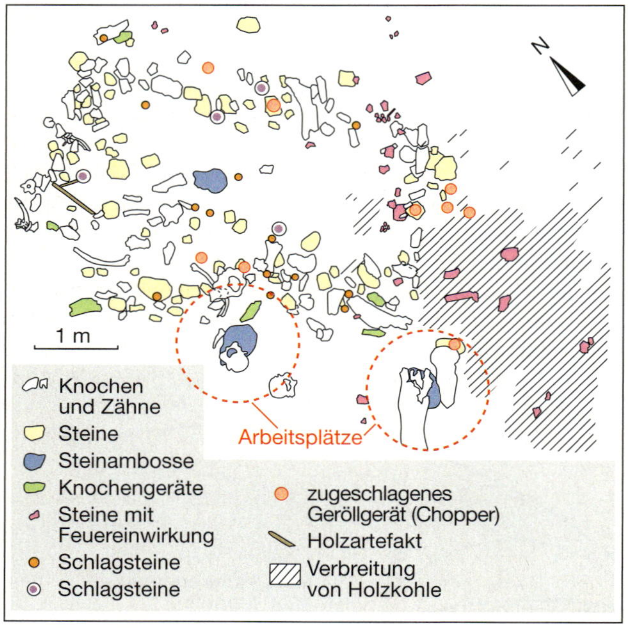

Schimpansen im Freiland. In einzelnen Schimpansenpopulationen Westafrikas knacken alle Tiere hartschalige Nüsse mit Steinen, wozu ihre Artgenossen in anderen Gebieten nicht in der Lage sind, auch wenn entsprechende Steine vorhanden sind. Das Nüsseknacken wurde von einzelnen Individuen erfunden und von den anderen Mitgliedern der Population übernommen. Von anderen Populationen kennt man das Termitenangeln (→ S. 481), von wieder anderen das Termitengraben.
- Wie hat sich das Verhalten in der Population ausgebreitet?
- Ist Werkzeuggebrauch und Traditionsbildung demnach ein Merkmal der Hominiden oder der Hominoiden?
- Haben die Schimpansenpopulationen Kultur?

Beobachtungsaufgaben im Zoo. Informieren Sie sich vor dem Zoobesuch über eine oder mehrere der dort gehaltenen Affenarten. Nehmen Sie sich vor einem Gehege mindestens eine Stunde Zeit.
- Versuchen Sie einzelne Verhaltensweisen zu unterscheiden.
- Protokollieren Sie die beobachteten Verhaltensweisen nach Häufigkeit und Kontext.
- Vergleichen Sie die Verhaltensweisen der Affen mit menschlichem Verhalten.

Neben Beobachtungen zum Werkzeuggebrauch eignen sich besonders Untersuchungen zum Rangordnungsverhalten, zur Eltern-Kind-Beziehung und zur Fortbewegung:
- *Rangordnungsverhalten:* Lassen sich bestimmte Beziehungen bei der Kontaktaufnahme zwischen verschiedenen Individuen feststellen? Welcher Art ist der Kontakt? Gibt es bevorzugte Adressaten von aggressiven Handlungen?
- *Eltern-Kind-Beziehung:* Ermitteln Sie den zeitlichen Anteil des Körperkontaktes zwischen Mutter und Kind. Gibt es auch Vater-Kind-Kontakte? Lassen sich unterschiedliche Kontakte feststellen zwischen den Erwachsenen und den Jungtieren verschiedenen Alters? Wer nimmt den jeweiligen Kontakt auf?
- *Vergleich verschiedener Affenarten:* Erkennen Sie Unterschiede im Sozialverhalten zwischen verschiedenen Arten von Affen?
- *Fortbewegung:* Beobachten Sie die Fortbewegungsweise bei verschiedenen Arten. Welche Rolle spielen dabei Arme, Beine, Hände und Füße?

1 Inwieweit lassen sich das Sozialverhalten und die Fortbewegung der nichtmenschlichen Primaten auch als Prädispositionen für die Evolution zum Menschen deuten?

☞ Stichworte zu weiteren Informationen
Archäologie, Anthropologie, Primatologie, fossile Menschenfunde von Bilzingsleben, Mauer, Steinheim, Neandertal

Überblick

- Der moderne Mensch entwickelte sich in einer doppelten Evolution, einer biologischen und kulturellen. Die biologische und die kulturelle Evolution verliefen mit unterschiedlicher Geschwindigkeit. → S. 275
- Der Mensch wird in der Klasse der Säugetiere zusammen mit den Menschenaffen, Tieraffen und Halbaffen zur Ordnung der Primaten gerechnet. Kennzeichnend für die Primaten ist eine Merkmalskombination unterschiedlicher Ausprägung: Gliedmaßen mit fünf Fingern, gut ausgebildeter Gesichtssinn mit nach vorne gerichteten Augen und ein im Verhältnis zum Körper großes Gehirn. → S. 276
- Anpassungen an das Baumleben bei frühen Primaten waren entscheidende Prädispositionen für die Evolution zum Menschen. → S. 277
- Durch allgemeine Klimaänderungen und geologische Veränderungen in Ostafrika gegen Ende des Tertiärs kam es zum Übergang vom Baum- zum Bodenleben und damit einhergehend entwickelte sich der aufrechte Gang. Umbildungen des Skeletts in Zusammenhang mit dem Erwerb des aufrechten Ganges werden als Schlüsselereignisse in der Evolution des Menschen betrachtet. → S. 278, 279
- Fossilfunde belegen eine mehr als 4 Millionen Jahre verlaufende Evolution der Menschenartigen, der Hominiden. Als mögliche Stammgruppe an der Gabelung Menschenaffen und Hominiden gelten die Dryopithecinen. → S. 280, 281
- Zu den Prähomininen oder Vormenschen zählen die Formen, die noch nicht alle Merkmale der echten Menschen besaßen sowie keine Werkzeuge bearbeiteten. Zu den Euhomininen gehören die Frühmenschen und alle weiteren Vertreter der Gattung *Homo*. → S. 280, 281
- Ein hypothetischer Stammbaum der Hominidenevolution weist viele Verzweigungen auf, von denen zahlreiche Äste in Sackgassen endeten. Die verschiedenen charakteristischen Merkmale des Menschen entwickelten sich in unterschiedlicher Geschwindigkeit: Mosaikevolution. → S. 275, 282
- Zur Entwicklung des modernen Menschen aus den Hominiden in Afrika gibt es zwei Hypothesen: multiregionales Modell und Arche-Noah-Modell. → S. 283

Aufgaben und Anregungen

1 Mit welchen unterschiedlichen Methoden der Evolutionsbiologie lässt sich die Zuordnung des Menschen zur Ordnung der Primaten belegen?

2 Mit dem Erwerb des aufrechten Ganges ging eine Umformung des gesamten Skeletts der Vorfahren des Menschen einher. Stellen Sie diese in einer Tabelle zusammen und diskutieren Sie die jeweilige Bedeutung für die Evolution des Menschen.

3 Neue Funde von *Ardipithecus ramidus* und *Australopithecus bahrelgazali* deuten darauf hin, dass diese Prähomininen noch im Wald lebend zwischen vier- und zweibeinigem Lauf wechselten. Welche Bedeutung für die Evolution des Menschen hätte es, wenn sich der aufrechte Gang schon im Regenwald entwickelt hat?

4 Stammbaumdarstellungen der Evolution des Menschen sind immer nur als Diskussionsbasis zu verstehen. Dabei ist oft die Frage nicht zu klären, ob ein bestimmter Fossilfund in die direkte Vorfahrenreihe des heutigen Menschen gehört oder ob es sich um einen Seitenzweig in der Evolution zum Menschen handelt. Begründen Sie diese Problematik.

5 Worin liegen die Schwierigkeiten, vier bis acht Millionen Jahre alte Fossilfunde eindeutig den Menschenvorfahren oder den Vorfahren der heutigen Menschenaffen zuzuordnen?

6 *Australopithecus afarensis* gilt als Mosaiktyp. Was versteht man darunter. Lässt sich aus dem aufrechten Gang von *A. afarensis* auch auf Sprachfähigkeit und die Herstellung von Werkzeugen schließen?

7 Welche Antworten geben das multiregionale Modell und das monogenetische Arche-Noah-Modell auf folgende Fragen: Wo entstand *Homo erectus*? Wo entstand der moderne Mensch? Sind die Neandertaler die Vorfahren des heutigen modernen Menschen in Europa? Sind die zahlreichen Völker Afrikas näher miteinander verwandt als mit Völkern in Europa oder Asien?

8 Das Bild links zeigt eine angeordnete Stufenfolge der menschlichen Stammesgeschichte. Begründen Sie, warum diese Form der Darstellung irreführend sein kann. Welche Fehldeutungen können sich aus einer solchen Art der Darstellung ergeben? Welche Aussagen des Bildes sind aber zweifellos richtig?
Versuchen Sie anhand der abgebildeten Formen und den Angaben in diesem Kapitel einen möglichen Stammbaum der aufgeführten Lebewesen zu rekonstruieren.

Geschichte des Lebens

1 *Die Landschaft des Haleakala-Kraters auf der Hawaii-Insel Maui im Pazifik ist seit 1816 ein Nationalpark.*

Die vom Vulkanismus geprägte Landschaft im Haleakala-Krater auf der Hawaii-Insel Maui bietet heute ein ähnliches Bild wie die Erde nach ihrer Entstehung vor 4,5 Milliarden Jahren. So wie die Geschichte der Erde den Verlauf der biologischen Evolution veränderte, hat auch die Geschichte des Lebens diesen Planeten geformt. Durch die Freisetzung von Sauerstoff veränderten beispielsweise pflanzliche Lebewesen die Erdatmosphäre vor 2,5 Milliarden Jahren von Grund auf. Immer neue Lebensformen entstanden im Wechselspiel von Leben und Umwelt. Heute ist eine der jüngsten Formen so erfolgreich, dass der Fortgang der Geschichte fraglich wird …

Im Blickpunkt:
- Entstehung der Erde: Uratmosphäre und „Ursuppe"
- chemische Evolution als Ausgangspunkt des Lebens
- wie Leben entstanden sein könnte: Experimente simulieren die Bedingungen auf der Urerde
- Erdzeitalter als Wegmarken der Geschichte des Lebens
- Pflanzen werden die ersten Land bewohnenden Organismen
- Evolution der Wirbeltiere: Schlüsselmerkmale auf dem Weg zu den Säugetieren und Vögeln
- Übergangsformen und lebende Fossilien – „Kronzeugen" der Stammesgeschichte
- Stammesgeschichte der Lebewesen im Überblick

Wie exakt die Geschichte des Lebens auf der Erde erforscht werden kann, hängt im Wesentlichen vom Erhaltungszustand und der Vollständigkeit der jeweiligen Zeitzeugnisse ab. Fossilien werden umso seltener und unvollständiger, je weiter sie in die Vergangenheit zurückreichen. Die ältesten Ablagerungen des Präkambriums sind durch Druck und Hitze heute so weit verändert, dass in diesen als metamorph bezeichneten Gesteinen Fossilien wahrscheinlich nicht mehr erhalten sind.

Die Schichtung von Sedimentgesteinen am Grand Canyon in Nordamerika zeigt beispielhaft eine Abfolge vom Präkambrium durch die gesamten Perioden des Erdaltertums. Jede Ära bildete ihre eigenen Ablagerungen, die sich in Farbe und Zusammensetzung deutlich voneinander unterscheiden und durch eine Ansammlung fossiler Lebewesen gekennzeichnet ist, die zu jener Zeit lebten: In den ältesten Schichten findet man lediglich einfach gebaute Prokaryoten. Aus 2 Milliarden Jahre alten Sedimenten kennt man Einzeller, aus denen sich vielzellige Organismen ableiten. Durch einen immer komplexer werdenden Bau, verschiedene Entwicklungszyklen, den Übergang vom Wasser- zum Landleben und unterschiedliche ökologische Ansprüche beginnen die Lebewesen sich immer mehr zu unterscheiden und entfalten eine gewaltige Artenfülle. Die Systematik unterteilt sie meist in fünf Reiche: Prokaryoten (Bakterien und Archaebakterien), einzellige Eukaryoten, Pilze, Tiere und Pflanzen.

Ursprung des Lebens

Chemische Evolution. Leben ist über eine Folge von Evolutionsschritten durch Selbstorganisation von Molekülen und Molekülkomplexen entstanden. Dem vorausgegangen war eine lange Phase der chemischen Evolution, in der wichtige organische Ausgangsmoleküle durch Einwirkung verschiedener Energieformen auf die Bestandteile der frühen Atmosphäre gebildet wurden. Über die Details der einzelnen Evolutionsschritte von präbiotischen Molekülen zu frühen Lebensformen bestehen unter den Wissenschaftlern allerdings noch Meinungsverschiedenheiten. Damit sich aus abiotischen Stoffen lebende Systeme entwickeln konnten, musste eine Reihe von Bedingungen erfüllt sein:

- Die vier Substanzklassen Aminosäuren, Zucker, Nucleotidbasen und Fettsäuren sind notwendige Biomoleküle.
- Ein einfacher Stoffwechsel braucht einen abgegrenzten Raum geeigneter Größe, dessen Umgrenzung kleinere Nährstoffmoleküle und Abfallprodukte des Stoffwechsels durchlässt.
- Wichtige Biomoleküle müssen anhand von Informationsträgern in einem vererbungsähnlichen Mechanismus chemisch vermehrt werden.

Die ursprüngliche Umwelt. Vor 14 Milliarden Jahren verdichteten sich kosmische Wasserstoffwolken zu Sternen und Sternsystemen. Unser Sonnensystem begann sich vor 4,6 Milliarden Jahren zu entwickeln. Um die Sonne rotierten Massen kosmischen Staubs, die sich zu Planeten verdichteten. So entstand vor etwa 4,5 Milliarden Jahren auch die Erde. Durch radioaktive Prozesse heizte sich die Erde zunächst so stark auf, dass sie glutflüssig wurde. Die von der Oberfläche her allmählich einsetzende Abkühlung führte vor etwa 4,4 Milliarden Jahren zur Entstehung einer festen Erdkruste und einer darüber liegenden Atmosphäre. Als sich der untere Teil der Uratmosphäre auf Temperaturen unter 100 °C abgekühlt hatte, kondensierte der größte Teil des Wasserdampfs zu flüssigem Wasser, das sich im Urozean sammelte. Die Uratmosphäre bestand im Wesentlichen aus Wasserdampf (H_2O), Kohlenstoffdioxid (CO_2), Methan (CH_4), Ammoniak (NH_3), Schwefelwasserstoff (H_2S), Stickstoff (N_2) und wenig Wasserstoff (H_2). Sie war praktisch sauerstofffrei *(reduzierende Atmosphäre)*. Ohne freien Sauerstoff konnte sich auch kein Ozon (O_3) bilden, das in der gegenwärtigen Atmosphäre in höheren Schichten kurzwellige UV-Strahlung absorbiert. Folglich gelangten UV-Strahlen ungehindert auf die Erde und lieferten Energie für chemische Reaktionen zwischen den vorhandenen Stoffen. Weitere Energiequellen waren elektrische Funkenentladungen bei Gewittern, vulkanische Hitze und radioaktive Strahlung. Aus anorganischen Stoffen entstanden organische Verbindungen, die sich am Meeresboden oder in porösem Vulkangestein ansammeln konnten. Diese Lösung aus Salzen und organischen Stoffen wird vielfach als *Ursuppe* bezeichnet. Nach der Bildung und Anreicherung organischer Moleküle mussten diese zu Makromolekülen polymerisieren. Sie wiederum waren Voraussetzung für die Bildung komplexerer Strukturen wie Membranen, Enzyme und Informationsträger. Diese Theorien beruhen auf Rückschlüssen aus unserem biochemischen Wissen und der Rekonstruktion der Bedingungen auf der jungen Erde.

1 Unter den Bedingungen der Uratmosphäre wäre Leben in der heutigen Form nicht möglich gewesen. Umgekehrt ist heute die abiotische Entstehung von Lebewesen auf der Erde nicht mehr möglich. Nehmen Sie dazu Stellung.

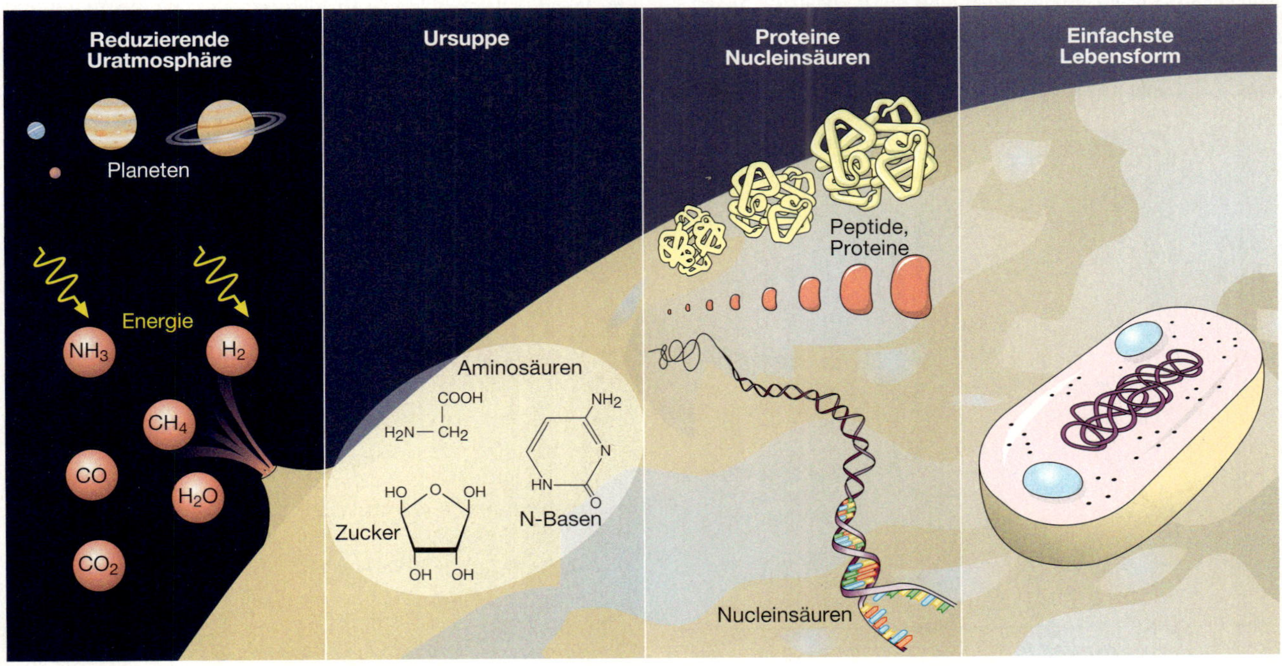

1 Hypothetischer Weg vom Leblosen zum Leben

Wie Forschung funktioniert: Simulationsexperimente zur Entstehung des Lebens

Organische Verbindungen. In den 1920er-Jahren stellten OPARIN und HALDANE die Hypothese auf, dass unter den spezifischen Bedingungen auf der frühen Erde organische Verbindungen aus anorganischen Vorstufen, die in der Uratmosphäre und im Urmeer vorhanden waren, synthetisiert worden seien. 1953 testete MILLER diese Hypothese und schuf in einer Versuchsapparatur Bedingungen, die denen auf der Urerde ähnlich waren. Die Atmosphäre in seiner Apparatur bestand aus *Wasserdampf* (H_2O), *Wasserstoff* (H_2), *Methan* (CH_4) und *Ammoniak* (NH_3). Dieses Gasgemisch wurde mehrere Tage elektrischen Funkenentladungen ausgesetzt, die Blitze simulierten. In dem entstandenen Produktgemisch fand MILLER zahlreiche *organische Verbindungen* wie Formaldehyd, Ameisensäure, Milchsäure und Aminosäuren, die durch *abiotische Synthese* entstanden waren.

Bei weiteren experimentellen Simulationen der Urerde fügte man zusätzlich Schwefelwasserstoff (H_2S), Blausäure (HCN), Phosphate und andere anorganische Stoffe hinzu. Es wurden schließlich alle 20 Aminosäuren gebildet, die man in den Proteinen der heutigen Organismen findet. Daneben entstanden verschiedene Zucker, Fette, die Basen der Nucleotide und ATP. Damit war bewiesen, dass sich im Verlauf einer chemischen Evolution die organischen Bausteine des Lebens in einer „Ursuppe" abiogen bilden konnten, also ohne dass Lebewesen vorhanden waren. Eine anhaltende Entstehung dieser Stoffe war aber nur möglich, wenn den chemischen Prozessen fortlaufend Energie zugeführt wurde. Als Energiequelle ist auf der Früherde *Pyrit* (FeS_2), eine Verbindung aus Eisen und Schwefel, denkbar. Es entsteht unter sauerstofffreien Bedingungen aus Eisensulfid (FeS) und Schwefelwasserstoff, wobei Energie freigesetzt wird. Im Experiment lässt sich zeigen, dass in einem 100 °C heißen Gemisch aus H_2O, CO, FeS_2, NiS_2 und H_2S schließlich Aminosäuren und Oligopeptide entstehen.

Membranen. FOX erhitzte Aminosäuregemische zusammen mit porösem Lavagestein. Es bildeten sich eiweißartige, als *Proteinoide* bezeichnete Verbindungen, die sich beim Abkühlen zu kugelförmigen Gebilden anordneten, so genannten *Mikrosphären*. Die Mikrosphären haben einen Durchmesser von etwa 2,5 µm und sind von einer selektiv permeablen Membran umgrenzt. Durch Stoffaufnahme können sie wachsen und durch Knospung sich vermehren. Da ihnen aber ein Informationsträger fehlt, kommt es nicht zu einer identischen Replikation.

RNA-Protein-Welt. CECH entdeckte in den 1980er-Jahren, dass neben Proteinen auch RNA-Moleküle als Biokatalysatoren wirken können. Solche RNA-Katalysatoren existieren als *Ribozyme* in vielen Zellen, wo sie an der Synthese von RNA beteiligt sind. RNA-Moleküle können somit zugleich *Informationsträger* sein als auch *Katalysatoren*. Damit können sich RNA-Moleküle vollständig selbst replizieren. Ein RNA-Strang fördert seine eigene Replikation, wenn er Aminosäuren zu einem Polypeptid vereinigt, das seinerseits als Enzym die Replikation des RNA-Stranges katalysiert. Diese molekulare Kooperation, als *RNA-Protein-Welt* bezeichnet, könnte am Anfang einer Evolution zu echtem Leben gestanden haben.

EIGEN nannte das Zusammenwirken von Nucleinsäuren und Polypetidketten einen *Hyperzyklus*. Dieser könnte der Ursprung der Translation gewesen sein. Verändert sich dabei die ebenfalls informationstragende Polypeptidkette aufgrund der Rückkopplung mit den Nucleinsäuren, beschleunigt dies die Abfolge der Reaktionen. Wird schließlich ein solcher Hyperzyklus von einer Membran umschlossen, liegt eine einfachste Lebensform vor, ein *Protobiont*.

1 Welche Aussagen über die möglichen ersten Entwicklungsschritte das Lebens auf der Erde erlauben die verschiedenen Simulationsexperimente?

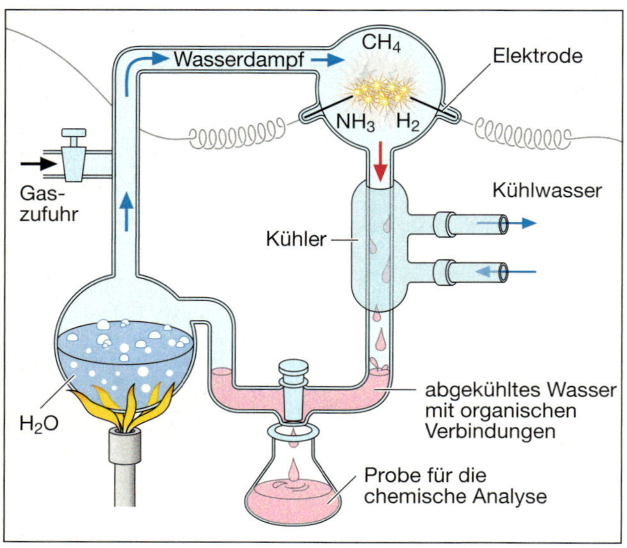

1 Versuchsapparatur von MILLER zur abiogenen Synthese organischer Verbindungen

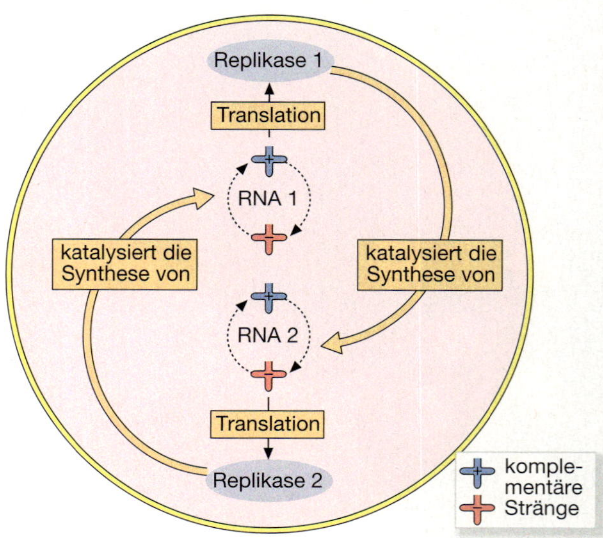

2 Einfachster Hyperzyklus innerhalb eines membranumhüllten Kompartiments

Frühe biologische Evolution

Die ersten Vorläufer von Lebewesen, die *Protobionten*, müssen Eigenschaften besessen haben, wie sie nur bei lebenden Systemen vorkommen: Stoffwechsel, Wachstum, Selbstregulation, Reproduktion und Vererbung einschließlich Mutationen. Im Urozean stand ihnen ausreichend organische Substanz als Energieträger für heterotrophe Energiegewinnung zur Verfügung. Diese musste anaerob verlaufen, da kein freier Sauerstoff zur Verfügung stand.

Evolution des Energiestoffwechsels. Eine Verknappung der organischen Stoffe führte zur autotrophen Lebensweise, zunächst in Form der *Chemosynthese* und nach der Entwicklung Licht absorbierender Pigmente durch *Fotosynthese* (→ S. 122 ff.). Der freigesetzte Sauerstoff wurde anfangs von Eisenionen als Eisenoxid gebunden, entwich dann aber allmählich auch in die Atmosphäre. Dadurch entstand die heutige sauerstoffhaltige Atmosphäre. Der Luftsauerstoff war Voraussetzung dafür, dass vor mehr als 1,5 Milliarden Jahren *Prokaryoten* mit aerobem Stoffwechsel entstehen konnten, die nun Zellatmung (→ S. 100) betrieben.

Evolution der Zelle. Prokaryoten besitzen die am einfachsten gebauten Zellen (→ S. 56, 57). Man unterscheidet dabei die *echten Bakterien* oder *Eubakterien* von den *Archaeen* oder *Archaebakterien*. Zu den echten Bakterien zählen auch die *Cyanobakterien* oder *Blaualgen*, von denen mit den über 3,1 Milliarden Jahre alten *Stromatolithen* die ältesten prokaryotischen Fossilien bekannt sind. Viele Archaeen kommen heute in Lebensräumen mit extremen Bedingungen vor wie Salzseen, Faulschlämmen oder heißen vulkanischen Quellen (→ S. 316). Die ältesten *Eukaryoten* traten vor etwa 2,1 Milliarden Jahren auf, wobei Übergangsformen von der Protocyte zur Eucyte fehlen. Eine Antwort auf die Frage, wie die ersten viel komplexer gebauten Eucyten aus Protocyten entstanden sind, gibt die *Endosymbiontentheorie* (→ S. 58). Danach haben einfache Protocyten aerobe und fotosynthetisch aktive Protocyten als Endosymbionten aufgenommen. Die Eucyte ist also durch Vereinigung funktionell verschiedener Zellen entstanden.

Prokaryoten sind in ihrer überwiegenden Zahl einzellig und kommen nie über das Stadium einer Zellkolonie hinaus. Eukaryoten dagegen entwickeln sich in großer Formenfülle zu Vielzellern. Gegenüber den totipotenten Einzellern, die mit nur einem Zelltyp sämtliche Lebensleistungen erbringen, weisen Vielzeller unterschiedliche Zelltypen auf (→ S. 28, 29), die für bestimmte Aufgaben spezialisiert sind.

Die *drei großen Urreiche des Lebens*, Bakterien, Archaeen und Eukaryoten, entstammen wahrscheinlich *einer Gemeinschaft* ursprünglicher Zellen, zwischen denen noch ein intensiver Austausch genetischen Materials möglich war.

1 Grenzen Sie Prokaryoten und Eukaryoten beziehungsweise Protocyte und Eucyte gegeneinander ab.

2 Worin unterscheidet sich die Zellkolonie von einem echten Vielzeller?

3 Welche Aussagen über die Entstehung der Eukaryotenzelle macht die Endosymbiontentheorie?

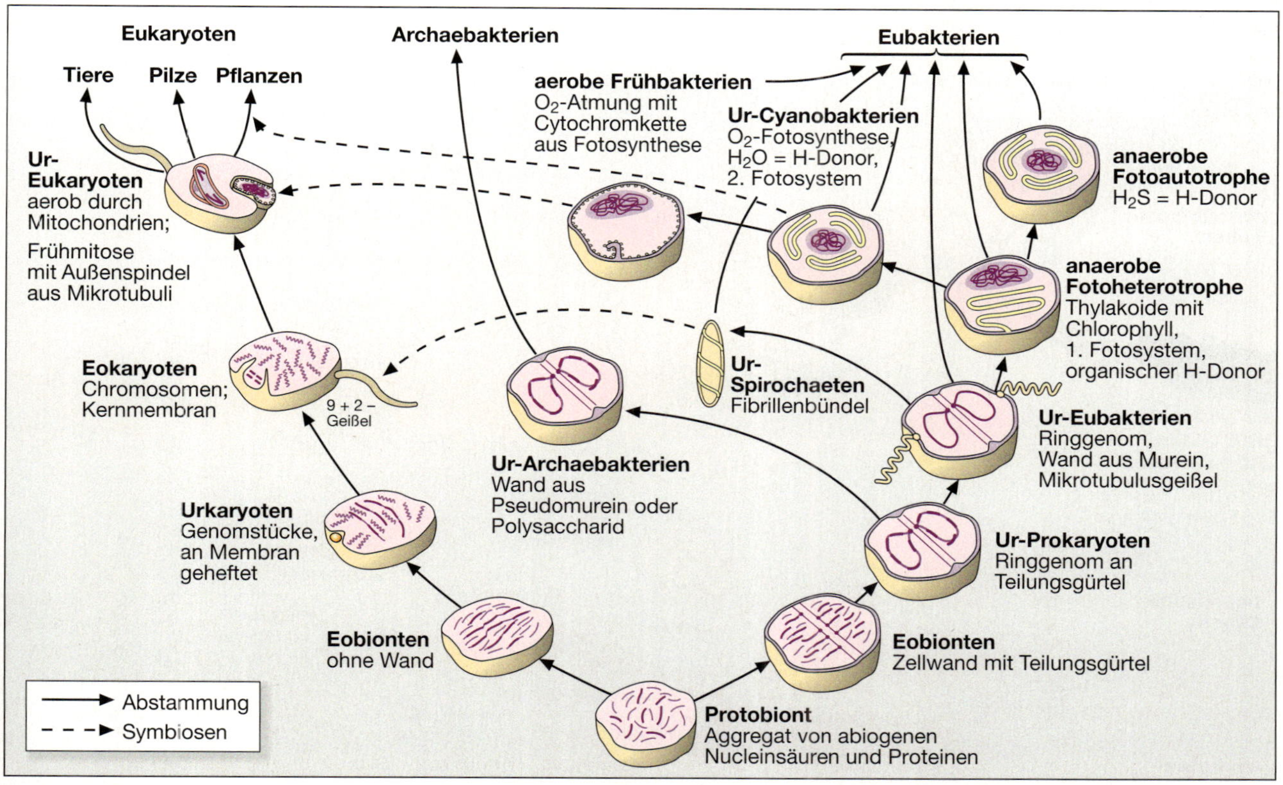

1 Hypothetischer Evolutionsweg von Protobionten zu Ur-Eukaryoten. Endosymbiosen erfolgten wahrscheinlich öfters.

Entfaltung des Lebens vom Präkambrium bis zur Gegenwart

Alle heute existierenden Lebewesen sind in einer mehr als 3,8 Milliarden Jahre langen Stammesentwicklung aus *gemeinsamen Vorfahren* unter vielfältiger Abwandlung von Merkmalen hervorgegangen. Die Paläontologie liefert uns durch zahlreiche datierbare Fossilfunde Angaben, zu welcher Zeit die einzelnen Gruppen von Pflanzen und Tieren mit Sicherheit schon auf der Erde existierten.

Für einen besseren Überblick wurde die lange Geschichte des Lebens auf der Erde in vier große Abschnitte unterteilt: Erdfrühzeit oder *Präkambrium*, Erdaltertum oder *Paläozoikum*, Erdmittelalter oder *Mesozoikum* und Erdneuzeit oder *Känozoikum*. Jedes dieser Erdzeitalter wird wiederum in mehrere Perioden untergliedert.

Präkambrium. Der erste und längste Teil der Erdgeschichte ist die Erdfrühzeit. Nachdem die Oberfläche unseres Planeten erkaltet war und sich Urozeane gebildet hatten, entstanden vor 3,8 Milliarden Jahren die ersten Lebewesen. Es sind Bakterien und Cyanobakterien. Erst vor 2,1 Milliarden Jahren treten die ersten Eukaryoten auf, Vorläufer der Geißeltierchen und Grünalgen. Noch ungeklärt ist die systematische Zuordnung der nach einem Fundort in Australien benannten *Ediacara-Fossilien* des späten Präkambriums. Sie könnten zu den Hohltieren oder Ringelwürmern gehören, sind vielleicht aber auch riesige, kompartimentierte Einzeller. Der auffällige Mangel an Fossilfunden aus dem Präkambrium hängt wohl vor allem damit zusammen, dass schwer zersetzbare Skelettstrukturen wie Knochen, Zähne und Schalen noch nicht entwickelt waren und zahlreiche tektonische Veränderungen der Erdkruste mögliche Versteinerungen wieder zerstörten.

Kambrium. Mit dem Beginn des Kambriums vor ungefähr 570 Millionen Jahren kommt es zu einer durch Fossilfunde belegten, geradezu explosiven Entwicklung der verschiedensten Lebensformen. Bis auf einige Felsen bewohnende Cyanobakterien bleiben sie alle auf das Meer beschränkt. Grün- und Rotalgen stehen am Anfang der Nahrungskette der meisten Tiere. Mit Ausnahme von Insekten und Wirbeltieren findet man in kambrischen Sedimenten Vertreter aller heute bekannten Tierstämme. Besonders zahlreich sind *Trilobiten*, Vertreter von Gliederfüßern, die heute nicht mehr existieren. Die Entwicklung zahlreicher räuberischer Arten erzeugt einen Selektionsdruck hin zu Schutzeinrichtungen wie Außenschalen oder anderen Hartteilen. In einer Ko-Evolution, die wie ein „Wettrüsten" zwischen Angriffs- und Verteidigungseinrichtungen verläuft, entwickeln sich bei den Räubern starke Gebisse oder krallenbewehrte Gliedmaßen.

Ordovizium. In diesem Erdzeitalter treten erstmals Wirbeltiere auf. Dabei handelt es sich um kieferlose, mit Knochenplatten gepanzerte Fischformen, die eine knorpelige Wirbelsäule besitzen. Die einzigen Vertreter der Pflanzen sind immer noch die Algen, wobei die Braunalgen Riesentange bilden.

Silur. Die Weltmeere werden zunächst von Korallen, Trilobiten, Kopffüßern, Stachelhäutern und Meeresskorpionen beherrscht. Gegen Ende des Silurs entstehen die Kiefer tragenden Panzerfische. Etwa zur selben Zeit entwickeln sich als erste Landlebewesen Nacktfarne, Moose und Flechten: einfach gebaute Pflanzen, die weder Blätter noch echte Wurzeln besitzen. Wenig später folgen als erste Landtiere Skorpione und Tausendfüßer.

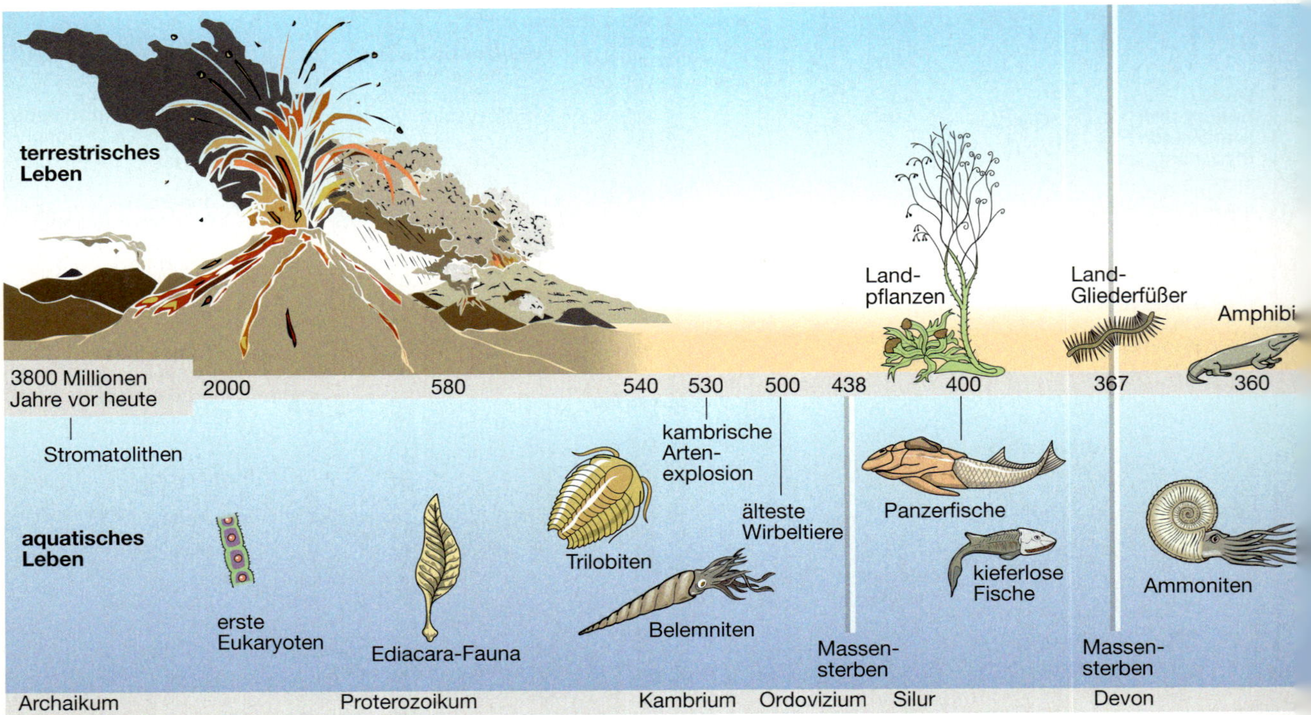

1 Die Entwicklung des Lebens vom Präkambrium bis zur Gegenwart

Devon. Erste amphibienartige Wirbeltiere verlassen das Wasser und entwickeln sich zu Landtieren. An Land erleben die Nacktfarne ihre Blütezeit, werden dann aber von den sich entfaltenden Gefäßsporenpflanzen, den Bärlappen, Schachtelhalmen und Urfarnen, verdrängt. Erste Samenpflanzen treten auf. Durch die Zunahme der Pflanzendecke nimmt der CO_2-Gehalt der Atmosphäre ab.

Das Landleben erfordert eine höhere Leistungsfähigkeit des pflanzlichen und tierischen Körpers. Es kommt zu einer Differenzierung der Zellen zu verschiedenen Zelltypen, neue Fortpflanzungsmechanismen und Fortbewegungsweisen entstehen. Gleichzeitig bedeutet die Besiedlung der Kontinente auch deren Umgestaltung. Völlig neue ökologische Lizenzen bieten der Evolution neue Möglichkeiten.

Karbon. Riesige Farnwälder mit Schachtelhalmen, Schuppen- und Siegelbäumen bedecken das Land. Die ersten Reptilien emanzipieren sich weitgehend vom Wasser und geflügelte Insekten entwickeln sich. Amphibien, Libellen, Schaben und Tausendfüßer bilden zum Teil Riesenformen aus. Gegen Ende des Karbons erscheinen die ersten Nadelbäume.

Perm. Dies ist die Zeit der großen Baumfarne und der Beginn der Entfaltung der Saurier. Es entstehen zahlreiche neue Gruppen von Reptilien. Aus einer von ihnen werden sich später die Säugetiere entwickeln, aus einer anderen die Vögel.

Trias, Jura und Kreide werden als Erdmittelalter zusammengefasst. Die Reptilien prägen das Leben auf der Erde und besiedeln während der Trias mit Land, Luft und Wasser alle Lebensbereiche. An der Grenze von der Trias zum Jura erscheinen erste Eier legende Säugetiere mit einem spärlichen Haarkleid, Vögel findet man in den jüngsten Schichten des Jura. Die Periode des Jura ist auch die große Zeit der Kopffüßer wie Ammoniten und Belemniten. In der Kreidezeit erlangen neben den Nacktsamern die Bedecktsamer erste Bedeutung. Mit der Entfaltung der Blütenpflanzen entwickeln sich die Insekten zur formenreichsten Tiergruppe. Gegen Ende des Erdmittelalters im Übergang zum Tertiär sterben die Ammoniten und Belemniten sowie die meisten Reptilien bis auf wenige Arten aus.

Tertiär. Die Blütenpflanzen breiten sich über die ganze Erde aus, Vögel und höhere Säugetiere entfalten sich in einer adaptiven Radiation. Gegen Ende des Tertiärs erscheinen frühe Menschenformen.

Quartär. Während der Eiszeiten sterben zunächst zahlreiche Pflanzen der wärmeren Erdepochen aus, später auch die großen Eiszeitformen wie Mammut, Wollnashorn und Riesenhirsch. Der Mensch in seiner heutigen Form wird zur beherrschenden Art. Er bestimmt fortan die Entwicklung der anderen Arten in entscheidender Weise mit.

1 Welche Tendenz bei der Evolution der Organisationsformen von Pflanzen und Tieren lässt sich im Verlauf der Erdgeschichte erkennen?

2 Begründen Sie die Behauptung, dass die Evolution der Lebewesen die Lebensbedingungen auf der Erde ständig veränderte und somit die weitere Evolution beeinflusste.

3 In der CO_2-reichen Atmosphäre des frühen Devon genügten den Landpflanzen kleine Blattflächen. Begründen Sie.

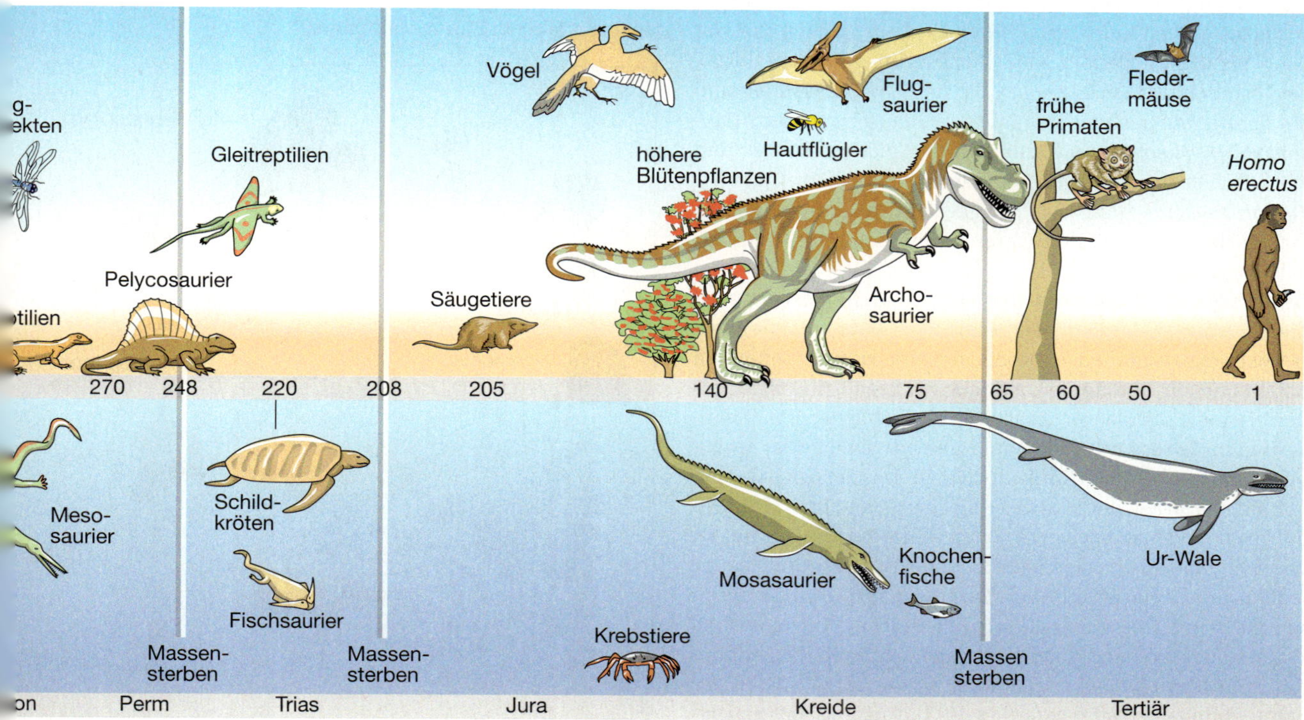

Pflanzen besiedeln das Land

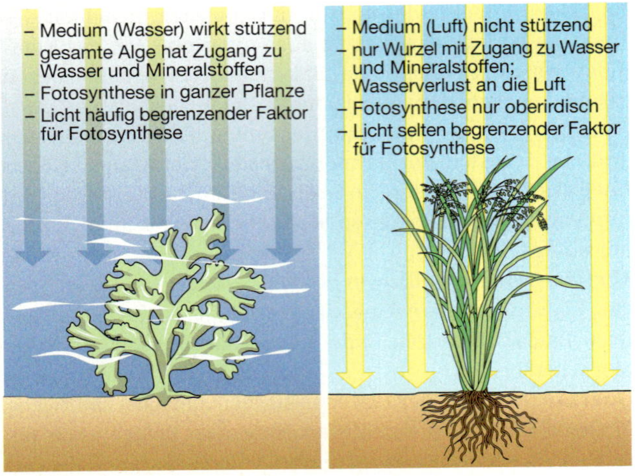

1 *Ökologischer Vergleich: Wasser- und Landpflanze*

Die Landpflanzen stammen wahrscheinlich von *wasserlebenden Grünalgen* ab. Ein ökologischer Vergleich von Wasser- und Landpflanzen zeigt, dass die Faktoren, die eine Landpflanze zum Leben braucht, räumlich getrennt sind: Der Boden liefert Wasser und Mineralstoffe, während Licht nur den oberirdischen Pflanzenteilen zur Verfügung steht. Also erforderte der Übergang vom Wasser an das Land neue Eigenschaften, um zu überleben und sich zu entfalten. Es kommt bei Landpflanzen zu einer Differenzierung in ein *unterirdisches Wurzelsystem*, das Wasser und Mineralstoffionen aufnimmt, und einen *oberirdischen Vegetationskörper* mit Stängel und Blättern, in denen durch Fotosynthese organische Stoffe hergestellt werden. Ein *Wasserleitungssystem* verteilt das von den Wurzeln aufgenommene Wasser im gesamten Pflanzenkörper. Eine *Cuticula* schränkt die Transpiration ein und die *Spaltöffnungen* dienen dem Gasaustausch mit der Atmosphäre. *Festigungsgewebe* stützen den Pflanzenkörper und ermöglichen einen hohen Wuchs. Bei kleinen Pflanzen gibt der *Turgordruck* mechanische Festigkeit, Sträuchern und Bäumen verleiht der Holzstoff *Lignin* in den Zellwänden zusätzliche Festigkeit.

Die ersten Landpflanzen. Die ersten Landpflanzen waren die *Nacktfarne* oder *Psilophyten* im Silur. *Cooksonia*, die älteste bekannte Landpflanze, besaß Rhizoide zum Anheften am Boden und zur Aufnahme von Ionen, während eine feste Epidermis mit Cuticula vor Austrocknung schützte. Ein Gefäßsystem im Spross aus Xylem und Phloem diente dem Transport von Wasser sowie Kohlenhydraten. Das zentral gelegene Leitbündel verlieh der Pflanze so viel Festigkeit, dass sie einen aufrechten Spross mit verzweigten Ästen bilden konnte, an deren Enden Sporangien saßen. Echte Wurzeln und Blätter fehlten. *Cooksonia* ist eine typische *Mosaikform*: Die blattlosen verzweigten Sprosse und die wurzelähnlichen Rhizoide ohne Wasserleitgefäße sind Algenmerkmale, während die Leitbündel und die mit einer Cuticula überzogene Epidermis, in der Spaltöffnungen eine Regulierung des Gasaustausches ermöglichten, Merkmale von Landpflanzen sind.

Farne. Nachdem der Übergang an das Land mit den notwendigen Anpassungen vollzogen war, kam es bei den Farnen zu einer adaptiven Radiation. Verfestigte Sprosse mit einem leistungsfähigen Wasserleitungssystem, echte Wurzeln und Blätter mit Spaltöffnungen und Festigungsgewebe ermöglichten ihnen großen und aufrechten Wuchs. In der Steinkohlenzeit, dem *Karbon*, bildeten *Farnpflanzen* zusammen mit *Bärlappgewächsen* und *Schachtelhalmen* mächtige Sumpfwälder.

Farne entwickeln sich in einem *Generationswechsel*. Eine geschlechtliche Generation, der Gametophyt, wechselt immer mit einer ungeschlechtlichen Generation, dem Sporophyten, ab: Eine haploide Farnspore keimt zu einem kleinen, unscheinbaren, ebenfalls haploiden Gametophyten heran, der männliche und weibliche Geschlechtsorgane bildet. Die begeißelten männlichen Spermatozoiden schwimmen in einem Wasserfilm zu den Eizellen. Nach der Befruchtung entsteht auf dem Gametophyten die Zygote, die zu einem diploiden Sporophyten, der Farnpflanze, heranwächst. In ihren Sporangien entstehen durch Meiose die haploiden Farnsporen.

Samenpflanzen. Schließlich entstehen die Samenpflanzen. Sie unterscheiden sich von Farnen vor allem durch eine vom Wasser unabhängige Entwicklung und den Besitz von Samen: komplexe Fortpflanzungs- und Verbreitungskörper aus Embryo, Nährgewebe und widerstandsfähiger Schale, die durch Wind, Wasser oder Tiere verbreitet werden.

1 Stellen Sie tabellarisch die verschiedenen Aufgaben der Organe der Landpflanzen zusammen. Wie erfolgt der Wasser- und Stofftransport innerhalb des Pflanzenkörpers?

2 Warum sind Farne trotz ihrer Anpassungen an das Landleben an feuchte Biotope gebunden?

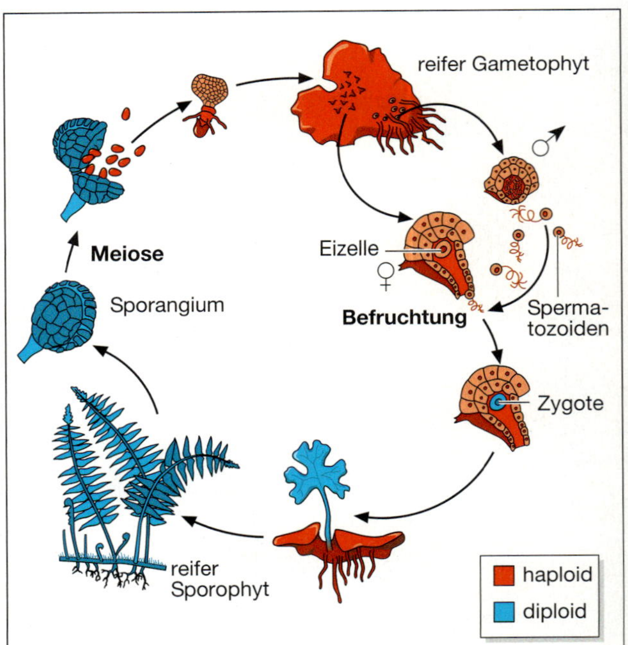

2 *Entwicklungszyklus der Farne*

Evolution der Samenpflanzen

Einer der wichtigsten Entwicklungsvorgänge in der Geschichte der Landpflanzen ist die *Entstehung der Blüte*, in der die Samen gebildet werden. Blüten- oder Samenpflanzen haben sich aus Farnpflanzen entwickelt, wobei der Gametophyt stark reduziert wurde. Die Befruchtung bei Samenpflanzen wird durch die Entwicklung des Pollens unabhängig vom Wasser. Der Pollen, der die männliche Keimzelle enthält, wird durch Wind oder Tiere, selten durch Wasser auf die weiblichen Blüten übertragen. Die Zygote und der heranreifende Embryo, von der Mutterpflanze versorgt, wird als fertiger Samen freigesetzt. Mit Reservestoffen und einer schützenden Samenhülle ausgestattet, ist er resistent gegen Trockenheit, Kälte und andere ungünstige Bedingungen.

Wie die Altersbestimmung von Fossilfunden ergeben hat, sind die beiden Gruppen der Samenpflanzen, die Gymnospermen oder Nacktsamer, und die Angiospermen oder Bedecktsamer, unterschiedlich alt. Die Gymnospermen stammen wahrscheinlich von den Progymnospermen, einer Pflanzengruppe des Devon, ab. Über die Entstehung der Angiospermen herrscht noch einige Unklarheit, doch gelten 120 Millionen Jahre alte Überreste aus der unteren Kreidezeit bisher als älteste Fossilfunde.

Gymnospermen. Bei diesen Blütenpflanzen liegen die *Samenanlagen ohne Umhüllung* auf einer Fruchtschuppe und werden durch den Wind mit männlichen Pollen bestäubt. Zu den Nacktsamern gehören die *Nadelbäume* und der *Gingkobaum*. Die borealen Regenwälder am Rande der Arktis bestehen fast ausschließlich aus nacktsamigen Bäumen.

Angiospermen. Im Gegensatz zu den offen daliegenden Eizellen der Nacktsamer umhüllen bei den Bedecktsamern Fruchtblätter die Samenanlage. Die Eizelle ist im Fruchtknoten verborgen und der männliche Spermakern kann nur über Narbe und Griffel zur ihr gelangen. Die meisten Arten der Bedecktsamer entwickelten Einrichtungen zur Tierbestäubung, die den Transport des Pollens zu den weiblichen Geschlechtsorganen durch Insekten und andere Tiere ermöglichen. Dadurch läuft die Bestäubung weniger zufällig ab als die Windbestäubung der Gymnospermen. Ist ein Pollen auf die Narbe gelangt, wächst ein Pollenschlauch zur Samenanlage, der den Spermakern zur Eizelle befördert. Nach der Befruchtung entsteht aus dem Fruchtknoten die Frucht, aus der Samenanlage der Samen. Der heranreifende Samen bildet Nährgewebe für den Embryo, der im Fruchtknoten vor Austrocknung, Pilzinfektion und Insektenfraß geschützt ist.

Samen und Frucht bedeuteten einen erheblichen Selektionsvorteil, ebenso der Besitz von querwandlosen Wasserleitgefäßen. Aufgrund dieser Merkmale sind die Bedecktsamer heute die artenreichste und am weitesten verbreitete Pflanzengruppe auf der Erde. Sie umfassen etwa 275 000 bekannte Arten und werden nach Anzahl ihrer Keimblätter in den Samen taxonomisch in zwei Klassen aufgeteilt: einkeimblättrige Bedecktsamer (Monocotyledonen) wie Orchideen, Palmen, Lilien und Gräser, einschließlich der Getreidearten, und zweikeimblättrige Bedecktsamer (Dicotyledonen) mit Rosengewächsen, Korbblütlern und den meisten Laubbäumen.

1 Vergleichen Sie den Generationswechsel von Farn und Blütenpflanze. Wie verschiebt sich im Verlauf der Evolution das Größenverhältnis von Gametophyt und Sporophyt?

2 Welchen Fortschritt brachte die Entwicklung der Blüte gegenüber dem Generationswechsel der Farne?

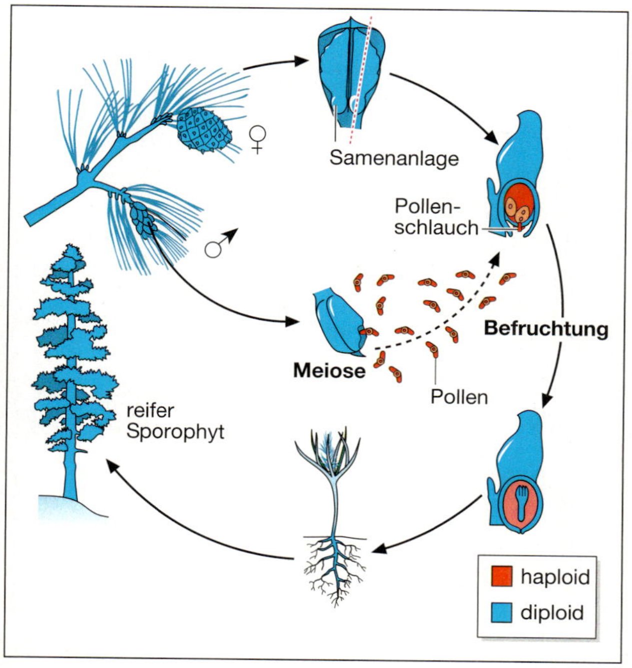

1 *Entwicklungszyklus der Nacktsamer*

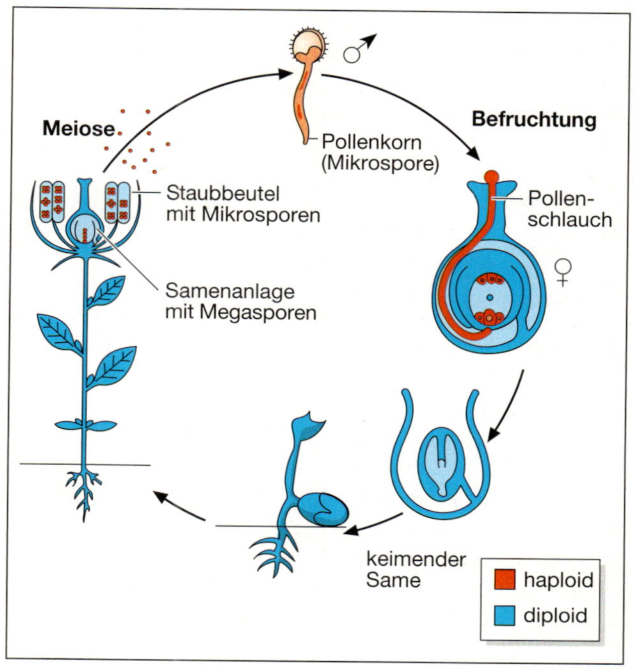

2 *Entwicklungszyklus der Bedecktsamer*

Evolution der Wirbeltiere

Der Stamm der Wirbeltiere leitet sich von einfach organisierten, im Wasser lebenden Tieren ab, bei denen ein im Rücken liegender knorpeliger Stab, die *Chorda dorsalis*, als Stütze dient. Das Lanzettfischchen, ein Meeresbewohner, ist ein heute lebendes Chordatier. Älteste Fossilfunde kennt man aus dem Ordovizium vor 500 Millionen Jahren.

Fische. Im Silur lebten nur wenige Arten urtümlicher Fische, während die anschließende Epoche des Devon als das „Zeitalter der Fische" gilt. Die Fischgruppe, aus der sich die Landwirbeltiere als monophyletische Gruppe entwickelten, waren die *Quastenflosser*. Ihre Merkmale erwiesen sich als *Prädispositionen für das Landleben*: paarige Fischlungen, innere Nasenöffnungen, muskulöse Fleischflossen. Der Übergang vom Wasser- zum Landleben erforderte eine Reihe von tief greifenden Strukturänderungen: Stabilisierung des Skeletts, Austrocknungs- und UV-Schutz, andere Atmung, Ausscheidung und Fortpflanzung.

Lurche. Mit zahlreichen Merkmalen sind die Lurche als Nachfahren der ältesten Landwirbeltiere bis heute an feuchte Lebensräume gebunden: Ihre Haut darf nicht austrocknen und zur Fortpflanzung müssen sie das Wasser aufsuchen.

Reptilien. Das ganze Erdmittelalter über waren die Reptilien oder Kriechtiere die beherrschende Gruppe der Landwirbeltiere. Die Flugsaurier eroberten auch den Luftraum, Fischsaurier gingen sekundär wieder zum Wasserleben über.

Säuger und Vögel. Aus frühen Reptiliengruppen entwickelten sich unabhängig voneinander die gleichwarmen oder homoiothermen Säugetiere und Vögel. Ihre konstante Körpertemperatur macht sie unabhängiger von den wechselnden Lebensbedingungen der Umwelt.

Schlüsselmerkmale des Landlebens. Reptilien sind als erste Wirbeltiere dem Leben an Land vollkommen angepasst. Sie besitzen Hornschuppen, die ihre nahezu drüsenfreie Haut vor Austrocknung schützen. Ihr Ei ist mit einer festen Eischale umhüllt, die Atemgase durchlässt, Feuchtigkeit aber zurückhält. Erst die Evolution einer inneren Befruchtung ermöglichte die Entwicklung des beschalten Eies. In dessen Innerem bildet der Embryo während seiner Entwicklung eine Hautfalte, das Amnion (→ S. 213). In der flüssigkeitsgefüllten Fruchtblase durchläuft er wie in einem „Tümpel" seine Entwicklung bis zum Schlüpfen.

Die ursprüngliche Ausscheidung von Stickstoffverbindungen als Ammoniak ins Wasser wie bei Fischen ist für Landtiere nicht möglich. Das Zellgift Ammoniak muss kontinuierlich und stark verdünnt abgegeben werden, was einen großen Wasserverlust bedeuten würde. Die Exkretionsorgane der Landtiere scheiden daher Stickstoff in konzentrierter Form in Harnstoff oder Harnsäure gebunden ab (→ S. 315).

Von den Säugetier-Apomorphien kennt man keine direkten Beweise: Haarkleid, Homoiothermie, Zwerchfell für eine intensive Atmung, Gesichtsmuskeln zum Saugen und das hoch differenzierte Gehirn sind fossil nicht belegt.

1 Welche Eigenschaften kennzeichnen die Fische als an das Leben im Wasser angepasste Tiere? Welche Eigenschaften charakterisieren die Lurche als amphibisch lebend? Durch welche Merkmale sind die Reptilien weitgehend vom Wasserleben emanzipiert?

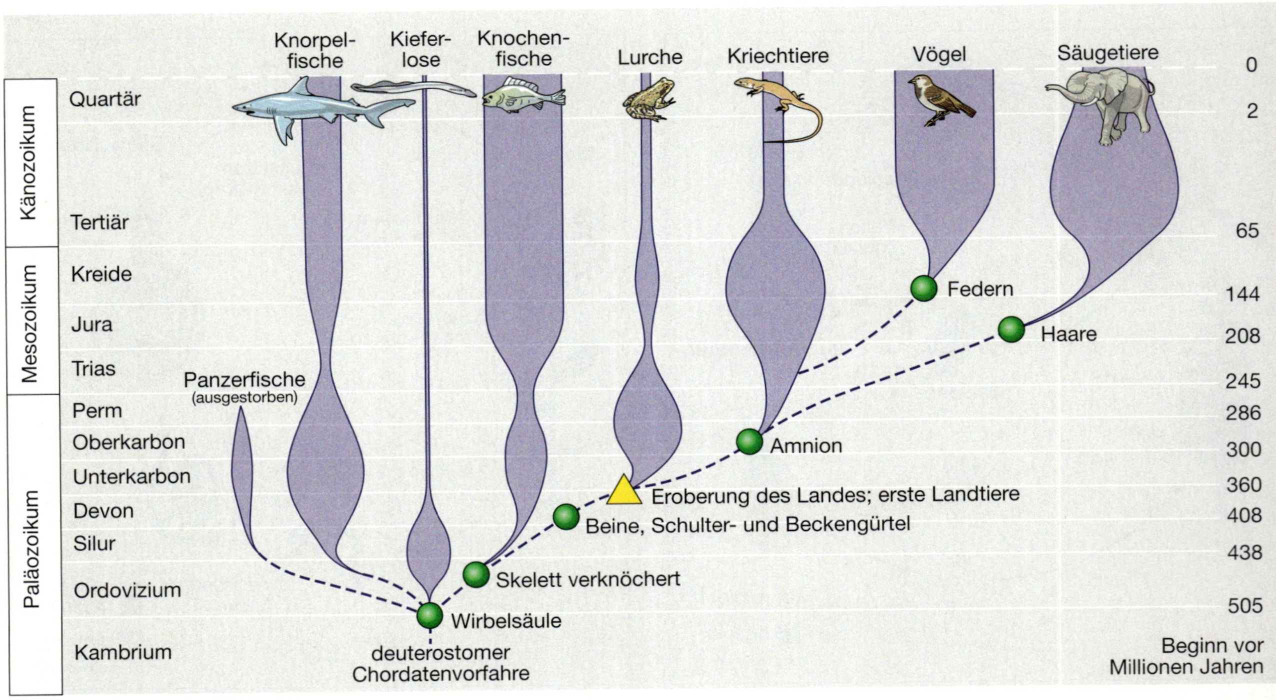

1 Stammbaum der Wirbeltiere

Fossile und lebende Zeugen

Bindeglieder und Mosaikformen. „Die Aussicht, fossile Arten vom Übergangsstadium zu entdecken, wird immer gering sein", erkannte CHARLES DARWIN und sprach von *„missing links"*, also fehlenden Bindegliedern. Inzwischen sind zahlreiche Fossilien bekannt, die als *„connecting links"*, *Übergangs- oder Brückenformen*, Merkmale verschiedener Gruppen tragen. *Ichthyostega*, ein frühes Landwirbeltier aus dem Devon, vermittelt einen Eindruck des Übergangsstadiums vom Wasser- zum Landlebewesen. Sein walzenförmiger Körper mit fischartigem Schwanz, der Bau der Zähne, die Schuppen als Körperbedeckung und der schwere abgeflachte Schädel erinnern an seine Fischvorfahren. Aufgrund seiner vier stummelförmigen, seitwärts abgespreizten Beine mit jeweils fünf Fingern und dem Fehlen von Kiemen stellt man *Ichthyostega* zu den Amphibien. Sie atmete wie diese durch die Haut und mit Lungen. Bezeichnet man Ichthyostega als Bindeglied, drückt man damit aus, dass aus ihr schließlich die Amphibien hervorgehen. Nennt man *Ichthyostega* dagegen eine *Mosaikform,* beschreibt man damit, dass die Art Merkmale sowohl von Fischen als auch von Amphibien besitzt.

Sowohl Kriechtier- als auch Vogelmerkmale zeigen 150 Millionen Jahre alte Versteinerungen des Urvogels *Archaeopteryx* aus der Fränkischen Alb. Kriechtiermerkmale sind unter anderem die Kegelzähne, eine lange Schwanzwirbelsäule, ein kleines Gehirn sowie freie Finger, Mittelhandknochen und Krallen an den Vordergliedmaßen. Vogelmerkmale sind Federn, der typische Vogelschädel mit großen Augenhöhlen und die Vogelbeine mit nach hinten gerichteter großer Zehe (→ S. 271).

Eine fossile Übergangsform zwischen Reptilien und Säugern ist *Cynognathus*. Als Übergangsformen von Wasser- zu Landpflanzen gelten *Cooksonia* und *Rhynia*.

Lebende Fossilien. *Latimeria* ist ein heute lebender 2 m langer Quastenflosser, der in rund 200 m Tiefe an wenigen Stellen des Indischen Ozeans lebt. Man kennt mehr als 70 Millionen Jahre alte Fossilien, die sich von ihm so gut wie nicht unterscheiden. Da der Fisch viele altertümliche Merkmale aufweist und seine nächsten Verwandten vor langer Zeit ausgestorben sind, spricht man von einem *lebenden Fossil*. In seinem über lange Zeit konstanten Lebensraum konnte er unverändert überdauern. Dies gilt auch für andere konservative Formen wie den im Urwald lebenden *Tapir* oder das in der Tiefsee lebende Perlboot *Nautilus*, einzige noch lebende Gattung eines Kopffüßers mit gekammerter Schale.

Auf der anderen Seite behaupten sich lebende Fossilien auch in höchst veränderlichen Biotopen wie die *Lungenfische*, die *Pfeilschwanzkrebse* oder die *Schildkrebse*. Lebende Pflanzenfossilien sind der *Ginkgobaum* oder der Palmfarn *Cycas*.

1 Vergleichen Sie Archaeopteryx mit rezenten Vögeln und Kriechtieren. Welche typischen Merkmale der beiden Wirbeltierklassen können an einem fossilen Skelettfund nie nachgewiesen werden?

2 Bindeglied ist ein deutender Begriff, Mosaikform ein beschreibender. Erläutern Sie die begrifflichen Unterschiede.

1 *Ichthyostega*

2 *Nautilus*

3 *Cycas*

Ergebnisse der Stammesgeschichte

Fünf-Reiche-System. Versucht man die Stammesgeschichte der Lebewesen in einem hypothetischen Stammbaum darzustellen, ergibt sich für die heute auf der Erde existierenden Arten ein *Fünf-Reiche-System*:

Das Reich der *Prokaryoten* umfasst kernlose Protocyten. Diese sind einzellig und in der Regel kleiner als 10 µm. Sie gewinnen ihre Energie durch Atmung, Gärung, Fotosynthese oder Chemosynthese. Zu den Prokaryoten gehören Urbakterien *(Archaea)*, Blaualgen *(Cyanobacteria)* und echte Bakterien *(Eubacteria)*.

Die Bildung von Zellkernen markiert die Entstehung der Eukaryoten. Zunächst bildeten sich zahlreiche verschiedene Arten von einzelligen Eukaryoten, die man zum Reich der *Protista* zusammenfasst. Nur in seltenen Fällen bilden sie auch Zellkolonien, die dann aber noch keine Gewebedifferenzierung aufweisen. Zu den Protisten zählen Geißelalgen, Geißeltierchen, Wimpertiere und Wurzelfüßer. Es gibt unter ihnen aerob und anaerob, heterotroph und autrotroph sowie parasitisch lebende Formen.

Im Reich der *Pilze (Fungi)* gibt es heterotrophe Organismen, die saprophytisch, parasitisch oder symbiontisch leben.

Das Reich der *Pflanzen (Plantae)* umfasst vielzellige Organismen, die Fotosynthese betreiben. Ihre Fortpflanzung ist durch einen Generationswechsel gekennzeichnet.

Zum Reich der *Tiere (Animalia)* gehören die heterotrophen Vielzeller, die aus der Verschmelzung einer haploiden Eizelle mit einer haploiden männlichen Keimzelle hervorgehen. Nach der Befruchtung teilt sich die Zygote mitotisch. Die Schwämme bilden noch keine echten Gewebe. Die erste Gewebsdifferenzierung findet bei den Hohltieren statt. Im Verlauf der Embryonalentwicklung der höher entwickelten Tiere bilden sich aus den drei Keimblättern Entoderm, Mesoderm und Ektoderm die verschiedenen Organe.

Gesetzmäßigkeiten in der Stammesgeschichte. Im Verlauf der Stammesgeschichte kommt es zu einer *Höherentwicklung (Anagenese) der Organismen*. Aus Einzellern entstehen Vielzeller mit einer Fülle von Zelltypen und zunehmender histologischer Differenzierung. Die Zahl der Arten nimmt zu, wenn auch immer wieder Arten aussterben, die an die jeweilige Umwelt weniger gut angepasst sind als ihre komplexeren Konkurrenten. Höherentwicklung bedeutet vor allem auch eine Zunahme an Information. Die Eukaryotenzelle besitzt eine wesentlich größere Menge genetischer Information, weshalb sich auch die Vielzelligkeit nur bei den Eukaryoten und nicht bei den Prokaryoten durchgesetzt hat.

Wahrscheinlich sind mehr als 99 Prozent aller jemals auf der Erde lebenden Arten wieder ausgestorben. Man unterscheidet dabei ein im Verlauf der Erdgeschichte mehr oder weniger gleichmäßiges *„Aussterben im Hintergrund"* von einzelnen kurzen Phasen des *Massenaussterbens (Extinktion)*. Für die rund ein Dutzend nachgewiesenen Massenaussterben nimmt man Klimaänderungen, starken Vulkanismus und das Einschlagen großer Meteoriten als Ursachen an, die alle zu einem raschen Wechsel des jeweiligen Organismenbestands führten, zu so genannten *Faunenschnitten*. Diese waren aber nicht nur Aussterbeereignisse, sondern zugleich der Beginn neuer *adaptiver Radiationen* mit zahlreichen neuen Arten.

Die für bestimmte Evolutionsschritte spezifische Kombination von Faktoren ist wegen ihrer großen Zahl ein echtes historisches Ereignis, das sich in dieser speziellen Form nach aller Wahrscheinlichkeit nicht wiederholen oder umkehren wird. Auch bei ähnlichen Selektionsbedingungen ergeben sich allenfalls ähnliche Anpassungen oder Konvergenzen: *Evolution ist ein nicht wiederholbares, irreversibles Geschehen.*

1 In der Gegenwart scheint sich wiederum ein Massenaussterben zu ereignen. Als Ursachen werden eine globale Klimaveränderung und der Mensch diskutiert. Nehmen Sie dazu Stellung.

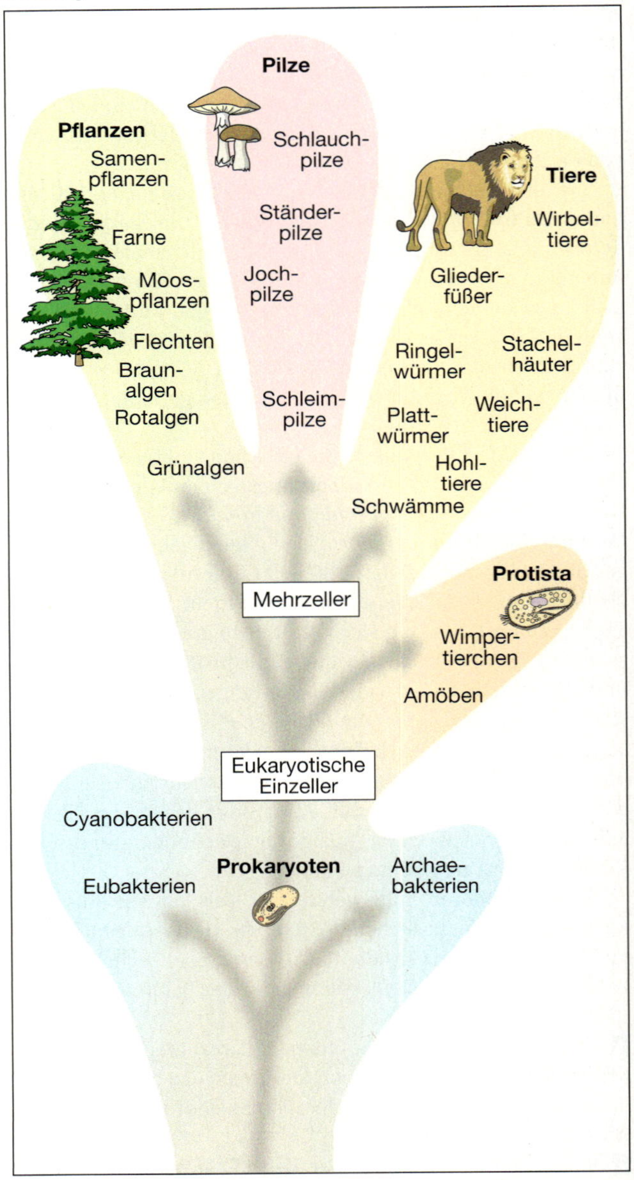

1 Das Fünf-Reiche-System

Überblick

- Simulationsexperimente legen den Schluss nahe, dass in einer reduzierenden Uratmosphäre der Urerde in Verbindung mit Energiequellen wie elektrischen Funkenentladungen aus anorganischen Stoffen organische Verbindungen entstanden sind. → S. 287, 288
- Eine chemische Evolution geht der biologischen voraus. Ein hypothetischer membranumschlossener Hyperzyklus stellt die einfachste Form eines lebenden Systems dar, einen Protobionten. → S. 287, 288
- Neben einer Entwicklung der Zellorganisation von Mikrosphären über Protobionten und Protocyten zur Eucyte entwickeln sich parallel verschiedene Formen des Stoffwechsels: Heterotrophie, Chemosynthese und Fotosynthese. → S. 288, 289
- Durch Anhäufung von Sauerstoff als Produkt der Fotosynthese entsteht vor etwa 2,5 Milliarden Jahren eine oxidierende Atmosphäre. → S. 286, 289
- In einer Stammesgeschichte von mehr als 3,8 Milliarden Jahren entstehen unter vielfältiger Abwandlung von Merkmalen alle heute existierenden Arten. → S. 290, 291
- Als ersten Lebewesen gelingt Pflanzen, den Psilophyten, der Übergang vom Wasser- zum Landleben, gefolgt von Skorpionen und Tausendfüßern als ersten Tieren. → S. 290, 292
- Aus den Farnpflanzen entwickeln sich die Samenpflanzen. Beiden ist bei der Fortpflanzung ein Generationswechsel gemeinsam. → S. 291–293
- Samenpflanzen, unterteilt nach dem Bau ihrer Samenanlage in Gymnospermen und Angiospermen, sind mit etwa 275000 heute bekannten Arten die größte Pflanzengruppe. → S. 292, 293
- In der Evolution der Wirbeltiere sind der Übergang vom Wasser- zum Landleben durch Amphibien, die Vervollkommnung der terrestrischen Lebensweise durch Reptilien und der Erwerb der Homoiothermie auf dem Weg zu Säugern und Vögeln wichtige Ereignisse. → S. 294
- Fossilien, die Merkmale verschiedener Gruppen tragen, nennt man Übergangs- oder Mosaikformen. Rezente Tier- und Pflanzenarten mit zahlreichen urtümlichen Merkmalen schon ausgestorbener Vorfahren werden als lebende Fossilien bezeichnet. → S. 292, 295
- In der Stammesgeschichte lassen sich Gesetzmäßigkeiten beobachten: Höherentwicklung der Organismen, Irreversibilität des Evolutionsgeschehens, gleichmäßiges Hintergrundaussterben und gelegentliche Massenextinktion. → S. 296
- Die heute auf der Erde lebenden Arten werden in fünf Reiche untergliedert. → S. 296

Aufgaben und Anregungen

1 Vergleichen Sie die Uratmosphäre mit der heutigen Atmosphäre. Warum wird die eine als reduzierend, die andere als oxidierend bezeichnet?

2 Lässt sich belegen, dass der darwinistische Erklärungsansatz auch für die chemische Evolution gilt?

3 Welche grundlegenden Eigenschaften eines Lebewesens besitzt der Hyperzyklus?

4 Die Entstehung der Fotosynthese und die Entstehung der Eukaryoten während des Präkambriums waren Schlüsselereignisse in der Evolution des Lebens auf der Erde. Erläutern Sie.

5 Der Generationswechsel von Farnen und Samenpflanzen ist homolog. Wenden Sie zum Nachweis der verwandtschaftlichen Beziehungen die Homologiekriterien an. Welche Tendenz im Verlauf der Evolution der Landpflanzen stellen Sie bezüglich des Generationswechsels fest? Finden Sie eine Erklärung dafür.

6 Das Bild rechts zeigt Blätter des Ginkgobaumes, unten ein fossiles Blatt aus der Jurazeit, oben ein jetztzeitliches. Die Wildform von *Ginkgo biloba*, ein Nacktsamer, findet man heute in einem begrenzten Gebiet in China, früher war die Art auf der Nordhalbkugel weit verbreitet. Seine Blätter haben sich seit Millionen Jahren kaum verändert, wie auch Blattfossilien aus dem mittleren Jura vor 160 Millionen Jahren belegen, und die Blattaderung erinnert an die Sprossverzweigungen bei Nacktfarnen. Als Besonderheit bilden die männlichen Pollen, nachdem sie auf die weibliche Blüte gelangt sind, bewegliche männliche Gameten aus, die in einem Bestäubungströpfchen der weiblichen Blüte zur Eizelle schwimmen. Nach der Befruchtung entsteht ein fleischig umhüllter Samen. Warum kann man *Ginkgo biloba* als lebendes Pflanzenfossil bezeichnen? Nehmen Sie die angeführten Angaben zu Hilfe.

7 Diskutieren Sie am Beispiel *Latimeria* und *Ichthyostega* die Begriffe Bindeglied und Mosaikform.

8 Die Evolution der Landwirbeltiere verlief von Fischen aus über Amphibien und Reptilien zu den Säugetieren und den Vögeln. Welche Fische sind ihre Stammgruppe? Erarbeiten Sie in einer Tabelle die charakteristischen Merkmale der fünf Wirbeltierklassen. Welche fossilen Arten kommen als Bindeglieder infrage? Worauf bezieht sich bei diesen Arten der Begriff Mosaikform?

Ökofaktoren der unbelebten Umwelt

1 *Der Gletscherhahnenfuß ist noch in über 4000 m Höhe anzutreffen – ein Rekord für Blütenpflanzen in den Alpen.*

Hoch im Gebirge inmitten von kahlem Gesteinsschutt eine kleine, grüne Insel: ein Polster vom Gletscherhahnenfuß. Zu seiner Umwelt gehören die niedrigen Temperaturen von Luft und Boden, eine lange Schneebedeckung, Humusarmut, intensive Strahlung, viel Wind und starke Niederschläge. In Gestalt und Stoffwechsel ist der Gletscherhahnenfuß an diese Bedingungen angepasst. Feinde hat er in 4000 m Höhe kaum, doch fehlen auch Blüten bestäubende Insekten. Sie würden das einzelne Pflänzchen ohnehin nur selten blühend vorfinden. Erst nach Jahren hat es wieder genügend Nährstoffe angesammelt um Blüten zu bilden.

Im Blickpunkt:

- Lebensbedingungen der unbelebten Umwelt
- der Einfluss der Temperatur auf Lebenserscheinungen und Verbreitung von Pflanzen und Tieren
- die Bedeutung von Licht als Energiequelle und Informationsträger für Lebewesen
- die fundamentale Rolle des Wassers
- Wasser- und Salzgehalt der Umwelt – bestimmender Faktorenkomplex im Leben der Organismen
- vom Wasserangebot im Lebensraum geprägte Lebensformen der Pflanzen und ihre Anpassungen
- Leben als Überleben: Bewohner extremer Lebensräume

Die *Ökologie* befasst sich mit den *Beziehungen der Lebewesen zu ihrer Umwelt*. In ihrer Gesamtheit machen diese Beziehungen den „Haushalt der Natur“ aus. Das ist auch die wörtliche Bedeutung des Begriffs Ökologie: Lehre vom Haushalt (der Natur).

Leben braucht Umwelt. Lebewesen sind *offene Systeme*, das heißt, sie können nur existieren, wenn sie mit ihrer Umwelt Stoffe und Energie austauschen. Daher kann es auch kein Lebewesen „ohne Umwelt“ geben. Im Unterschied zur *Umgebung*, die nur das räumliche Außen unabhängig von seiner Bedeutung für ein Lebewesen beschreibt, umfasst der Begriff *Umwelt* alle ein Lebewesen direkt und indirekt betreffenden Faktoren.

Ökofaktoren. Je nachdem, ob diese Faktoren der unbelebten Umwelt entstammen, also physikalisch-chemischer Natur sind, oder durch andere Lebewesen bedingt werden, unterscheidet man *abiotische* und *biotische Ökofaktoren*. Wichtige abiotische Ökofaktoren sind Temperatur, Strahlung, Wasser und Wind. In Wasserlebensräumen kommen pH-Wert, Strömung und Salzgehalt hinzu, in Landlebensräumen Mineralstoffgehalt des Bodens und Luftfeuchtigkeit. Zu den biotischen Faktoren zählen Nahrung und Feinde. Faktoren, die ein Lebewesen seiner Umwelt entnimmt und damit anderen Lebewesen entzieht, nennt man *Ressourcen*.

Ökofaktor Temperatur

Temperatur ist als Ökofaktor für alle Lebewesen von größter Bedeutung. Kaum ein Lebensvorgang bleibt durch sie unbeeinflusst.

Einfluss auf Lebensvorgänge. Die Temperatur entspricht dem Wärme- oder Energiezustand eines Körpers und damit der ungerichteten Bewegung seiner Moleküle. Von dieser Teilchenbewegung hängt wiederum die Geschwindigkeit chemischer Reaktionen entscheidend ab: Eine Temperaturerhöhung um 10 Grad steigert die Reaktionsgeschwindigkeit um das 2- bis 3fache. Diese *Reaktionsgeschwindigkeit-Temperatur-Regel* (RGT-Regel) gilt grundsätzlich auch für alle biochemischen Reaktionen in den Zellen der Lebewesen, allerdings nur in einem verhältnismäßig engen Temperaturbereich zwischen 0 °C und ungefähr 40 °C:

Steigt die Temperatur der Zelle auf Werte über etwa 40 °C bis 50 °C, schädigt sie empfindliche Proteine, besonders die *Enzyme*, durch Denaturierung. Dabei verändert sich deren molekulare Struktur und sie verlieren ihre biologische Funktion (→ S. 42, 69).

Sinkt die Temperatur in lebendem Gewebe dagegen so weit ab, dass Wasser gefriert, wird das Zellplasma ähnlich geschädigt, wie wenn es austrocknen würde.

Untersuchung der Wirkung. Untersucht man die Wirkung unterschiedlicher Temperaturwerte auf die Fotosyntheseleistung einer Pflanze, auf die Entwicklungsdauer eines Tieres oder auf die Stoffwechselintensität von Bakterien, erhält man meist sehr ähnliche Ergebnisse: Innerhalb eines mehr oder weniger großen Temperaturbereichs verläuft die untersuchte Lebenserscheinung optimal, bei tieferen oder höheren Temperaturen verschlechtert sie sich immer mehr, bis sie nicht mehr messbar ist. In einem Diagramm dargestellt ergibt sich eine *Optimumkurve*. Sie wird durch die drei *Kardinalpunkte Minimum*, *Optimum* und *Maximum* charakterisiert. Der Temperaturbereich zwischen Minimum und Maximum entspricht dem Toleranzbereich der untersuchten Art. Er wird auch als ihre *ökologische Potenz* bezeichnet und stellt ein wichtiges Merkmal dar. Temperaturen unterhalb des Minimums und oberhalb des Maximums können Schäden in den Zellen bewirken und schließlich zum Kälte- oder Hitzetod des Lebewesens führen.

Temperaturabhängigkeit als Anpassung. Wenn man vergleicht, wie die Lebenserscheinungen bei verschiedenen Arten von der Temperatur abhängen, zeigen sich große Unterschiede in der Lage der Kardinalpunkte. Arten mit weiter Temperaturtoleranz bezeichnet man als *eurytherm*, solche mit enger Temperaturtoleranz als *stenotherm*. Bei vielen Arten besteht ein Zusammenhang zwischen den Temperaturverhältnissen in ihrem angestammten Lebensraum und ihrer ökologischen Potenz: Die ökologische Potenz ist Teil der arttypischen Anpassungen an die Umwelt. Eine wichtige Grundlage dafür ist die Ausstattung mit passenden Enzymen.

Allgemeines Reaktionsschema. Ökologische Potenz und Optimumkurve sind nicht nur für die Temperatur, sondern ebenso für andere Ökofaktoren typisch. Auch diese wirken sich häufig je nach Intensität entweder fördernd oder hemmend auf Lebenserscheinungen aus. Entsprechend unterscheidet man auch hier *eury*-potente Arten mit weiter Toleranz und *steno*-potente Arten mit enger Toleranz.

1 Wie viel schneller verlaufen biochemische Reaktionen in den Zellen einer Fliege, wenn sie von 4 °C auf 34 °C erwärmt wird?

2 Welche biologische Funktion haben Enzyme? Erklären Sie, warum ihre hitzebedingte Schädigung zum Tod eines Lebewesens führen kann.

3 Erklären Sie den Verlauf einer Optimumkurve der Temperatur.

4 Stellen Sie Zusammenhänge her zwischen den Temperatur-Potenzen der Arten in Bild 2 und den Temperaturverhältnissen in ihren Lebensräumen.

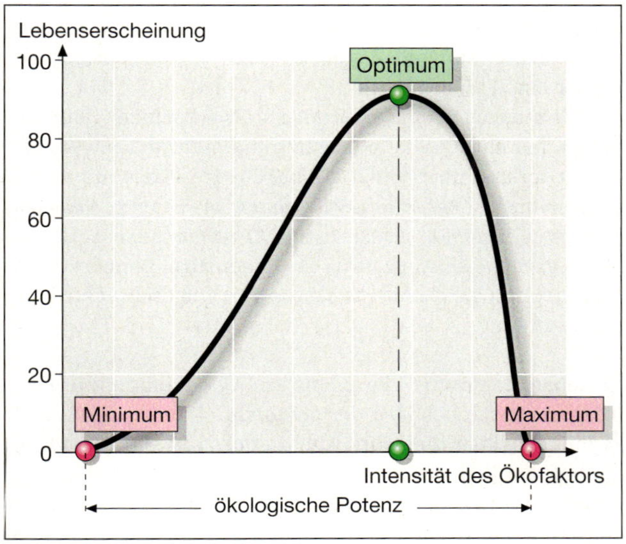

1 *Schema einer Optimumkurve*

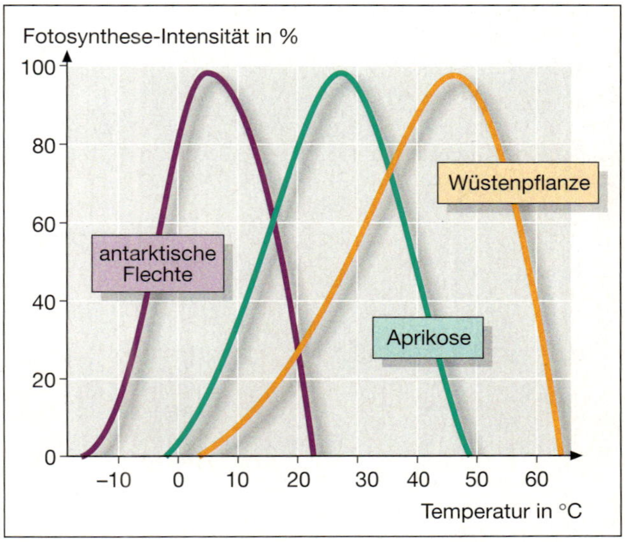

2 *Optimumkurven der Temperatur für drei Pflanzenarten*

Pflanzen und Temperatur

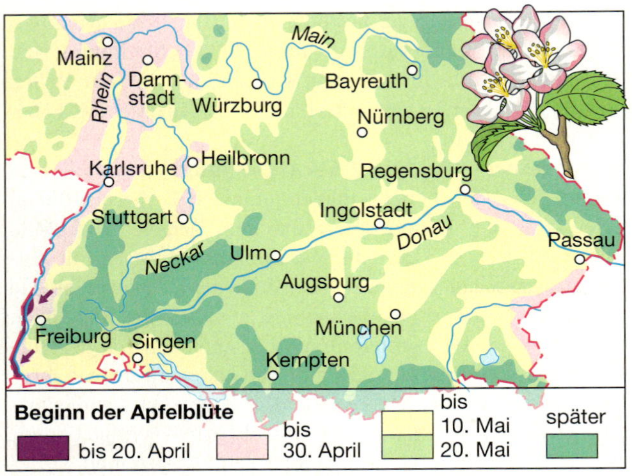

1 Beginn der Apfelblüte in Süddeutschland. Er hängt vom jahreszeitlichen Temperaturverlauf am Standort ab.

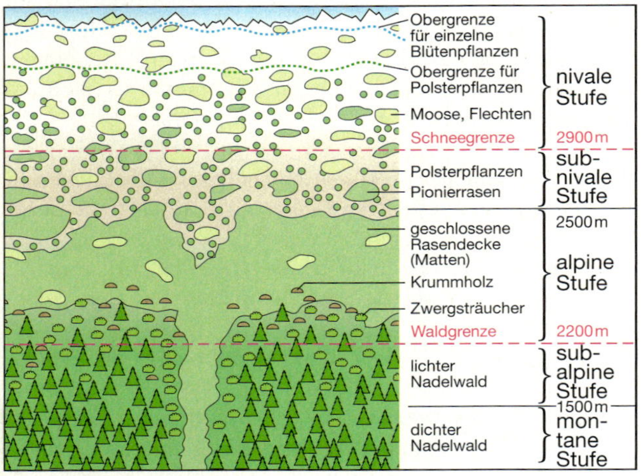

2 Höhenzonierung in den Alpen, Schema. In der nivalen Stufe können nur noch wenige Blütenpflanzen existieren.

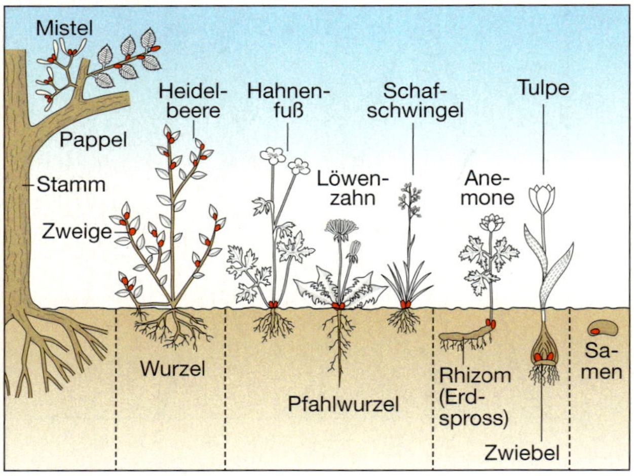

3 Überdauerungsorgane (braun) und Erneuerungsknospen (rot) bei verschiedenen einheimischen Pflanzen

Pflanzen sind allen Veränderungen der Temperatur an ihrem Standort ausgesetzt. Da sie kaum über Möglichkeiten zur Temperaturregulierung verfügen, nehmen sie im Allgemeinen die Temperatur ihrer Umgebung an.

Jahreszeitliche Entwicklung. Die *Bildung von Blütenknospen*, Beginn und Dauer der *Blüte*, *Fruchtreife*, *Laubverfärbung* und *Laubfall* werden bei heimischen Pflanzen vorwiegend von der Temperatur bestimmt. Sie können daher als „lebende Messinstrumente" dienen. Viele Bauernregeln, aber auch die so genannten phänologischen Karten und Kalender für die Land- und Forstwirtschaft beruhen darauf, dass die Pflanzen in ihrer Entwicklung den jahreszeitlichen Temperaturgang insgesamt widerspiegeln. So beginnt die Apfelblüte, wenn seit Neujahr die Temperatur an 3000 Stunden über 6 °C lag. Im phänologischen Kalender kennzeichnet die Apfelblüte den Beginn des Vollfrühlings. Nach solchen phänologischen Daten werden beispielsweise Aussaattermine bestimmt.

Verbreitung. Die *Verbreitung* der Pflanzen wird ebenfalls ganz wesentlich durch die Temperatur beeinflusst. So fällt in Europa die nördliche Verbreitungsgrenze der Eichen mit der Temperaturlinie zusammen, an der 4 Monate im Jahr die mittlere Tagestemperatur 10 °C beträgt.

Auch die großräumige Verbreitung der Vegetation in gürtelförmigen Zonen vom Äquator zu den Polen ist vor allem durch die Temperatur bewirkt.

Höhenzonierung. In den Gebirgen nimmt die Temperatur um etwa 0,5 Grad je 100 m Höhe ab. Dieses Temperaturgefälle bewirkt die typischen *Höhenstufen* der Gebirgsvegetation. Je geringer die Temperaturansprüche einer Pflanzenart sind, in umso größere Höhen kann sie vordringen.

Anpassungen. In den Zellen frostgefährdeter Pflanzen wirken gelöste Stoffe als Gefrierschutz, besonders Zucker und Proteine. Pflanzen der *nivalen Stufe* (→ Bild 2) wie der Gletscherhahnenfuß besitzen Enzyme, die schon bei sehr niedriger Temperatur optimal wirksam sind.

Viele Pflanzen schützen sich – sofern die Wasserversorgung ausreicht – vor Überhitzung, indem sie durch die geöffneten Spaltöffnungen verstärkt Wasser verdunsten und die Blätter damit kühlen.

Pflanzen aus Klimazonen mit stark wechselnder Temperatur werfen meist kälte- oder hitzeempfindliche Teile wie die Blätter ab und überstehen die ungünstige Phase mit widerstandsfähigen *Überdauerungsorganen* wie *Stamm*, *Knospen*, *Knollen*, *Rhizomen* (Erdsprosse), *Zwiebeln* oder auch nur als *Samen*. Diese Anpassung an ungünstige Temperatur ist fast immer zugleich eine Anpassung an eingeschränkte Wasserversorgung.

1 Geben Sie Beispiele für pflanzliche Überdauerungsorgane. Informieren Sie sich über deren Aufbau.

2 Phänologie ist die Lehre vom Einfluss von Wetter und Klima auf den jahreszeitlichen Entwicklungsgang der Pflanzen und Tiere. Erklären Sie, warum phänologische Beobachtungen trotz modernster Methoden der Temperaturmessung unentbehrlich sind.

Tiere und Temperatur: wechselwarme Tiere

1 *Zauneidechsen in Kältestarre. Sie wird durch Temperaturen nahe dem Minimum ausgelöst.*

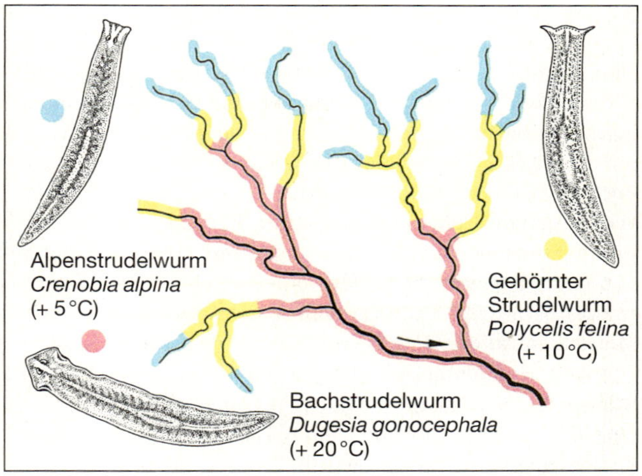

2 *Verbreitung dreier Strudelwurmarten in einem Bachsystem und Temperaturoptima der Arten*

Ähnlich wie bei Pflanzen bestimmt auch bei den *wechselwarmen Tieren* die Temperatur der Umgebung die Körpertemperatur – und damit die Geschwindigkeit ihrer Lebensvorgänge. Bei Umgebungstemperaturen in der Nähe ihres Minimums oder Maximums fallen sie in *Kälte-* beziehungsweise *Wärmestarre*. Durch ihre Fähigkeit zum Ortswechsel haben sie jedoch viel eher die Möglichkeit eine bevorzugte Temperatur zu erreichen als die ortsgebundenen Pflanzen.

Mit Ausnahme der Säugetiere und Vögel gehören alle Tiere zu dieser Gruppe der wechselwarmen Tiere, auch *Poikilotherme* genannt.

Eingeschränkte Thermoregulation. Beobachtungen an Echsen und Käfern aus Wüstengebieten zeigen, dass ein großer Teil ihres Verhaltens dem Ziel dient, die Körpertemperatur gleichmäßig hoch zu halten (→ Bild 3). Auch das „Sonnenbad" von Fliegen an der Hauswand oder der nächtliche Aufenthalt von Klapperschlangen auf erwärmten Asphaltstraßen sind *thermoregulatorische Verhaltensweisen*. Bei Staaten bildenden Insekten wie Ameisen oder Bienen sind sie so weit entwickelt, dass in ihren Nestern eine sehr gleichmäßige Temperatur herrscht. Ameisen erreichen dies durch Öffnen und Schließen der Nesteingänge und Umbau des Nests, Bienen durch „Flügelzittern", also durch Muskeltätigkeit.

Da bei der Arbeit der Muskeln Wärme entsteht, können sich bei muskulösen und aktiven Wechselwarmen einzelne Körperabschnitte weit über die Umgebungstemperatur erwärmen. Thunfische beim schnellen Schwimmen oder Hummeln im Flug erreichen dadurch im Körperinnern eine ziemlich hohe und gleichmäßige Körpertemperatur.

1 Bis in den hohen Norden Europas verbreitete Kriechtiere wie Bergeidechse und Kreuzotter legen keine Eier, sondern setzen voll entwickelte Junge ab. Suchen Sie dafür eine Erklärung.

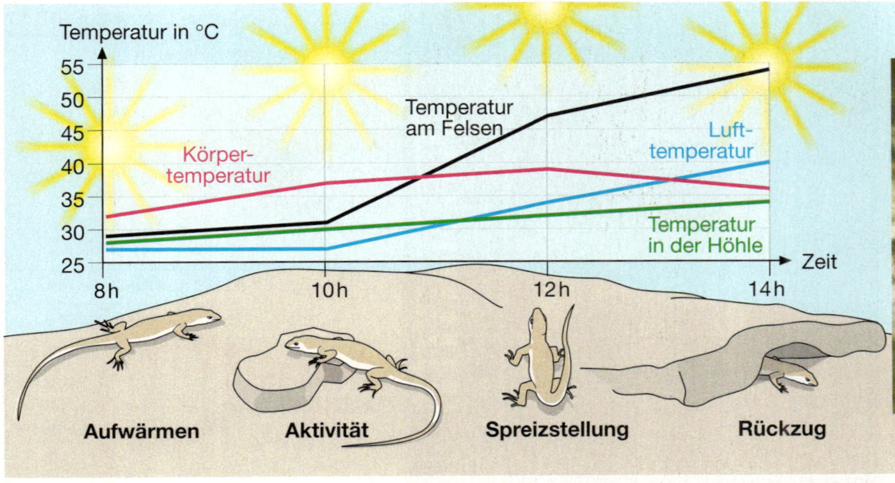

3 und 4 Die Bartagame, eine Echsenart der Wüsten Inneraustraliens, zeigt ausgeprägte thermoregulatorische Verhaltensweisen. Sie erreicht damit eine relativ große Unabhängigkeit von den Temperaturverhältnissen in ihrem Lebensraum.

Tiere und Temperatur: gleichwarme Tiere

Säugetiere und Vögel sind die einzigen Lebewesen mit einer konstant hohen Körpertemperatur. Sie werden daher als „Warmblüter", besser jedoch als *gleichwarme* oder *homoiotherme Tiere* bezeichnet. Die Temperatur ihres Körperinnern beträgt je nach Tierart zwischen 35 und 44 °C und schwankt nur um etwa 1 Grad. Die äußeren Körperbereiche weisen jedoch weniger konstante Werte auf.

Wirkungsvolle Thermoregulation. Für alle Arbeitsleistungen müssen Lebewesen *Energie* umsetzen. Dazu wird Energie von einer Form in die andere umgewandelt, beispielsweise *chemische Energie* der Nährstoffe in *mechanische Energie* der Muskelkontraktion. Ein Teil der Energie geht dabei als *Wärme* verloren. Homoiotherme Tiere nutzen diese „Abwärme" des Stoffwechsels als Körperheizung. Vor allem aber erzeugen sie gezielt Stoffwechselwärme, zum Beispiel durch „Kältezittern" der Muskulatur. Die wirkungsvolle Thermoregulation homoiothermer Tiere ist allerdings noch an weitere Voraussetzungen gebunden:

- eine gut isolierende Körperbedeckung aus Haaren oder Federn,
- wärmedämmendes Fettgewebe der Unterhaut,
- ein leistungsfähiger Blutkreislauf zum Wärmetransport,
- Einrichtungen zur Wärmeabgabe und Kühlung,
- ein präzis arbeitendes Regelungssystem.

Nutzen konstanter Körpertemperatur ... Dank ihrer konstant hohen Körpertemperatur können Säugetiere und Vögel stets gleich aktiv sein – unabhängig vom tages- oder jahreszeitlichen Gang der Außentemperatur. Sie sind daher auch in Lebensräumen wie Polar-, Gebirgs- oder Wüstenregionen verbreitet, die für Wechselwarme überhaupt nicht oder nur zeitweise bewohnbar sind.

... und deren Kosten. Bei niedriger Umgebungstemperatur müssen gleichwarme Tiere bis zu 90% ihres Energieumsatzes allein für die Körperheizung aufwenden! Bei hoher Außentemperatur erfordert die Kühlung durch Schwitzen, Hecheln oder verstärkte Durchblutung ebenfalls Stoffwechselenergie.

1 *Diese Spuren können nur von Homoiothermen stammen.*

Während wechselwarme Tiere allein mithilfe der Sonnenwärme ihre „Betriebstemperatur" erreichen können, stammt die Heizenergie gleichwarmer Tiere hauptsächlich aus der Nahrung. Im Durchschnitt benötigen daher gleichwarme Tiere bei gleicher Körpermasse rund fünfmal mehr Nahrungsenergie.

Winterschlaf. Fledermäuse, Igel, Siebenschläfer, Murmeltiere und Hamster überstehen den nahrungsarmen Winter in einem Zustand stark herabgesetzter Lebensfunktionen, dem *Winterschlaf*. Ihre Körpertemperatur wird in einem „Winterprogramm" etwa auf die Umgebungstemperatur abgesenkt. Dadurch verringert sich ihr Energieumsatz auf 2% des Sommerbedarfs. Atmung und Kreislauffunktionen werden entsprechend reduziert. Anders als bei Wechselwarmen bleibt die Körpertemperatur der Winterschläfer auch im abgesenkten Zustand geregelt. Sie wird bei Erfrierungsgefahr aktiv erhöht. Einige Vögel, zum Beispiel junge Mauersegler, senken in nahrungsarmen Zeiten ebenfalls ihre Körpertemperatur ab.

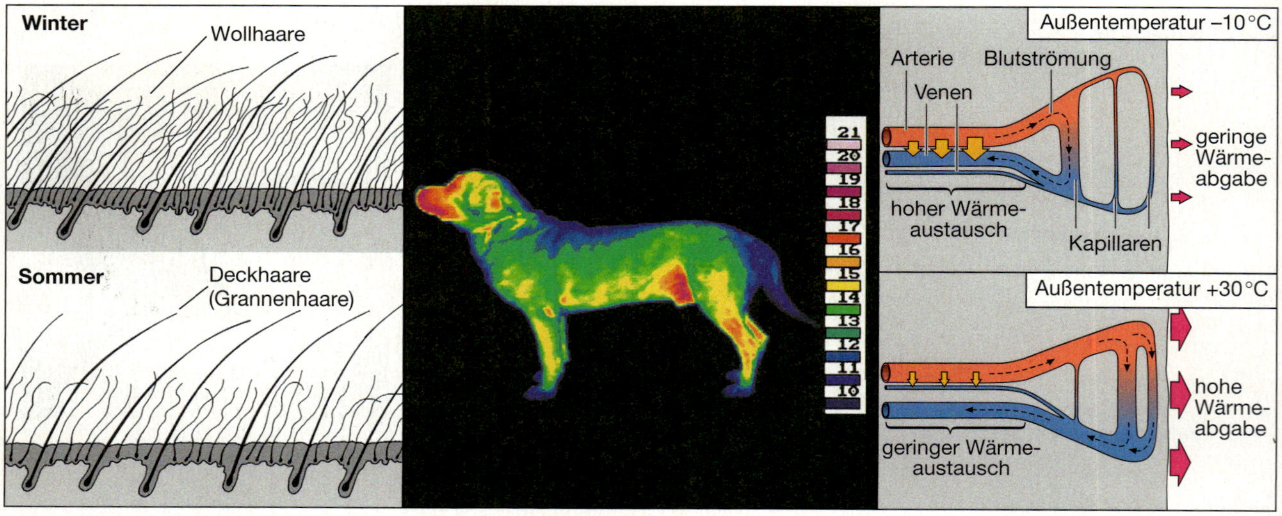

2–4 *Thermoregulation bei Säugetieren. Das mittlere Bild zeigt das Thermogramm eines Hundes.*

Wärmehaushalt und Klimaregeln. Innerhalb einer homoiothermen Tierart wie Wildschwein oder Uhu sind Individuen aus kalten Gebieten durchschnittlich größer als solche aus warmen Gebieten. Auch bei verschiedenen Tierarten eines Verwandtschaftskreises, beispielsweise Tigern oder Pinguinen, findet man eine entsprechende klimabedingte Größenabstufung. Diese *bergmannsche Regel* lässt sich damit erklären, dass das für den Wärmehaushalt wichtige Verhältnis von Volumen zu Oberfläche für einen großen Körper günstiger ist als für einen kleinen. Da die Wärmebildung vor allem vom Körpervolumen, die Wärmeabstrahlung aber von der Körperoberfläche abhängt, sind große Tiere bei niedriger Außentemperatur im Vorteil. Spitzmäuse und Kolibris, die kleinsten gleichwarmen Tiere, haben relativ zu ihrer Körpermasse den höchsten Energieumsatz. Wesentlich kleinere Säugetiere und Vögel kann es daher nicht geben.

Nach der *allenschen Regel* sind Körperanhänge wie Ohren, Schwanz und Gliedmaßen bei Säugetieren kalter Zonen verhältnismäßig klein, bei Verwandten aus warmen Gebieten dagegen groß, da sie besonders viel Wärme an die Umgebung abgeben. Manche tropischen Arten wie Elefanten oder Eselhasen nutzen ihre riesigen Ohren speziell zur Wärmeabgabe.

Da Größe und Proportionen des Tierkörpers nicht nur durch die Temperatur, sondern durch viele weitere Faktoren beeinflusst werden, gibt es zahlreiche Ausnahmen von den Klimaregeln.

1 Unterscheiden Sie Kältestarre und Winterschlaf.

2 Ein Tiger mit 250 kg Körpermasse benötigt am Tag ungefähr 10 kg, eine Zwergspitzmaus mit 4 g Masse etwa 8 g Fleischnahrung. Setzen Sie die Werte zueinander in Beziehung und erklären Sie!

3 In dem Buch „Gullivers Reisen“ von Jonathan Swift rupfen Liliputaner eine Lerche, „kleiner als eine Fliege“. Welches biologische Problem hat Swift dabei nicht berücksichtigt?

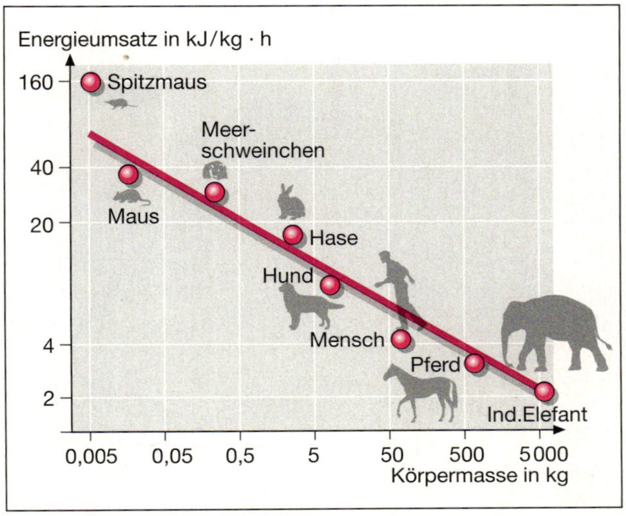

1 Energieumsatz verschiedener Säugetiere

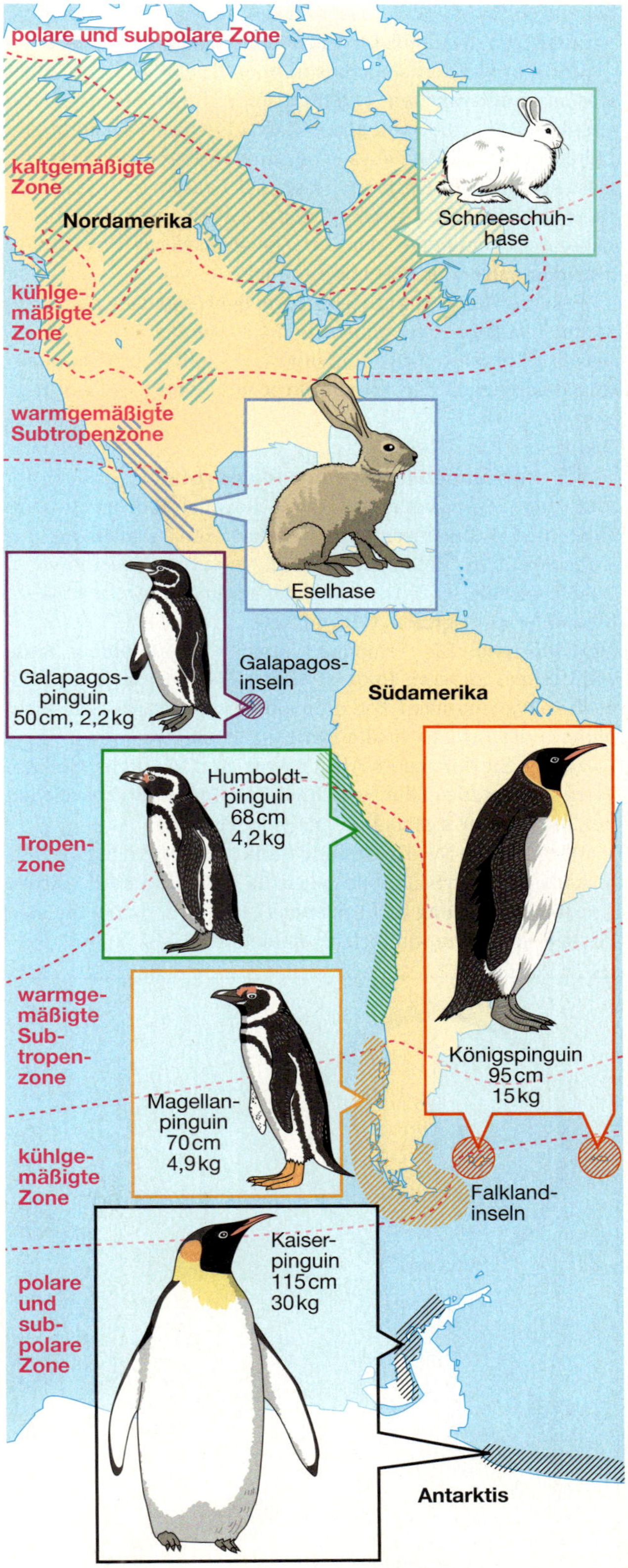

2 Allensche Regel (oben) und bergmannsche Regel (unten)

Material – Methode – Praxis: **Untersuchung abiotischer Ökofaktoren**

Nur durch *Experimente* lässt sich klären, wie und in welchem Ausmaß sich die unbelebte Umwelt auf Lebewesen auswirkt.

Um die Wirkung eines bestimmten Ökofaktors auf Lebewesen zu untersuchen, verändert man die Intensität dieses einen Faktors, während alle anderen Faktoren konstant gehalten werden. Mit einem solchen *Monofaktoren-Experiment* lässt sich nicht die Gesamtwirkung des Faktors auf das Leben einer Art ermitteln, sondern nur die Wirkung auf einzelne Lebenserscheinungen der Art, beispielsweise Wachstum, Fortpflanzung oder Atmung.

Erst die Auswertung vieler derartiger Experimente – zusammen mit Beobachtungen und Messungen am Standort, wo alle Ökofaktoren zusammenwirken – gibt Aufschluss über die Abhängigkeit der Art von ihrer unbelebten Umwelt insgesamt.

Bestimmen der Vorzugstemperatur

Material: Temperaturorgel (zum Beispiel Blechrinne) mit Heiz- und Kühleinrichtung, eventuell mit Abdeckung aus transparentem, rotem Kunststoff, mehrere Thermometer, 20–50 wirbellose Tiere einer oder mehrerer Arten (Asseln, Mehlkäfer, Hausgrillen, Ohrwürmer)

Durchführung: Die Temperaturorgel wird an einem Ende gekühlt, am anderen Ende erwärmt. Das Temperaturgefälle sollte etwa zwischen 8 °C und 35 °C liegen und sich nicht mehr ändern, wenn Sie die Tiere einsetzen.

Zählen Sie danach im Abstand von fünf Minuten, wie viele Tiere sich gerade in den verschiedenen Temperaturbereichen der Temperaturorgel aufhalten.

Wiederholen Sie die Zählung 5-mal und tragen Sie die Mittelwerte in einem Schaubild gegen die Temperatur auf. (Die rot gefärbte Abdeckung hält störendes Licht fern, da die meisten Wirbellosen unempfindlich für Rotlicht sind.)

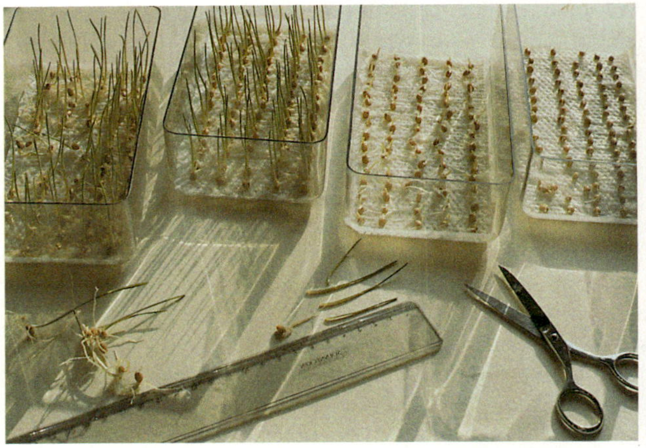

Wachstum von Weizensprossen und Temperatur

Material: Weizenkörner, Klarsichtdosen, saugfähiges Papier, Pappkartons zum Verdunkeln der Dosen, ein bis zwei Kühlschränke, ein bis zwei Wärmeschränke, unterschiedlich temperierte Räume mit konstanter Temperatur (ca. 18 °C, 25 °C), Thermometer, Schere, Lineal

Durchführung: Lassen Sie in Wasser gequollene Weizenkörner einen Tag bei Zimmertemperatur keimen. Legen Sie je 30 von ihnen auf dem Boden mehrerer Klarsichtdosen aus, die zuvor mit einer dicken Lage feuchten Papiers bedeckt wurden.

Stellen Sie jede Dose 5–7 Tage lang bei einer anderen Temperatur auf (zum Beispiel 2 °C, 10 °C, 18 °C, 25 °C, 33 °C, 40 °C). Dunkeln Sie die Dosen ab um gleiche Lichtbedingungen zu erhalten.

Schneiden Sie zur Auswertung die Sprosse ab. Ermitteln Sie für jede Dose den Mittelwert der Sprosslänge und tragen Sie diesen in einem Schaubild gegen die Temperatur auf.

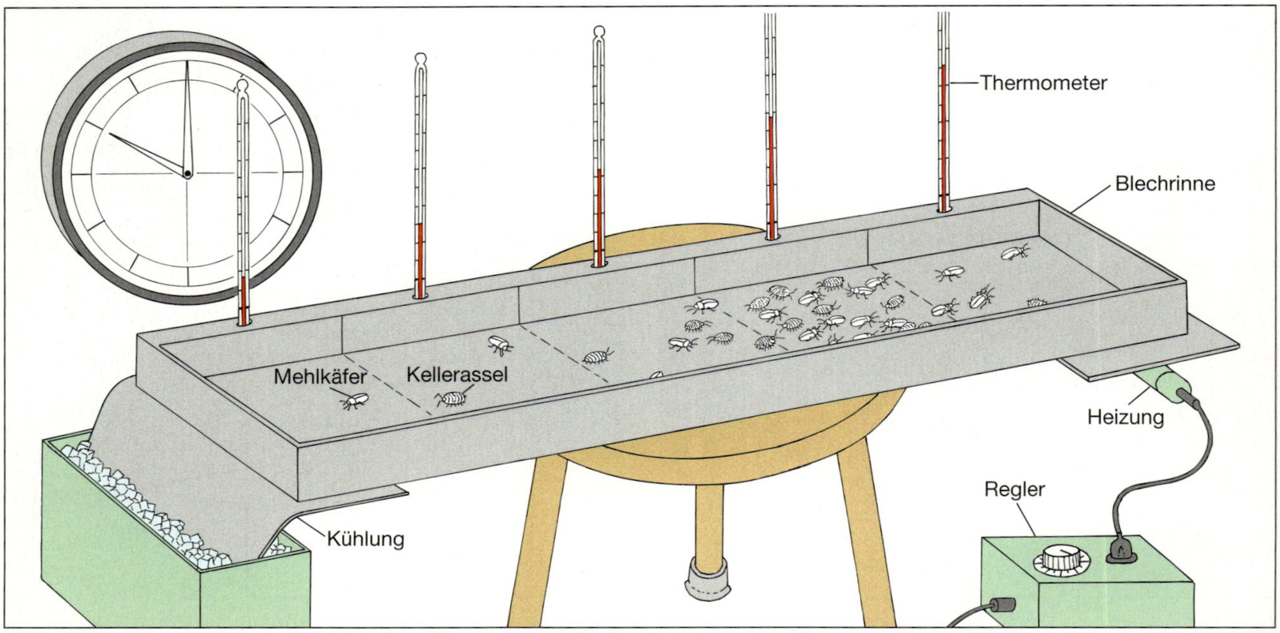

Phänologie

Zahlreiche periodisch wiederkehrende Entwicklungsphasen – wie Blüte, Belaubung, Fruchtreife bei Pflanzen oder Abflug und Rückkehr von Zugvögeln, Ende des Winterschlafs oder Beginn der Paarungszeit bei Tieren – hängen vom Verlauf der Witterung ab. Solche Daten zu sammeln und zu protokollieren ist Aufgabe der *Phänologie*.

Vor allem die Pflanzenphänologie, die auf den schwedischen Botaniker CARL VON LINNÉ zurückgeht, ist seit langem eine wichtige Informationsquelle für die Land- und Forstwirtschaft. Neuerdings wird sie auch für die Klimaforschung zunehmend wichtig, da sich klimatische Veränderungen offensichtlich rascher und deutlicher aus phänologischen Daten als aus meteorologischen Einzelmessungen erkennen lassen.

In Deutschland sind über 2000 ehrenamtliche Phänologen tätig um 160 Entwicklungsphasen bei verschiedenen Zeigerpflanzen zu protokollieren und dem Deutschen Wetterdienst zu melden (→ Bild rechts).

Seit 1993 wird sogar ein weltweites phänologisches Beobachtungsnetz aufgebaut. Dazu werden vegetativ vermehrte, also erbgleiche Pflanzen verwendet.

Jahresringmessung

Die Breite der *Jahresringe* kann man als „biologisches Protokoll" der Wachstumsbedingungen eines Baums betrachten, denn ihr Zuwachs hängt von der Stoffproduktion des Baums ab, die wiederum von Ökofaktoren wie Temperatur, Licht und Wasser bestimmt wird:

- Das helle *Frühholz* gibt die Verhältnisse im Frühjahr wieder, ist aber auch durch die Stoffspeicherung des Vorjahrs beeinflusst.
- Das dunkle *Spätholz* lässt Schlüsse auf die sommerlichen Witterungsfaktoren zu.

Da Bäume zu den langlebigsten Organismen überhaupt gehören, hat die Jahresringanalyse vor allem für die *historische Ökoklimatologie* große Bedeutung.

1 Welche Folgerungen lassen sich aus dem „Forsythienkalender" (→ Bild oben) ziehen?

2 Die Jahresringbreite der Nadelholzstämme (→ Bild rechts) zeigt in einem Fall gleichmäßige Wachstumsbedingungen an, im anderen wechselnde Lichtverhältnisse und im dritten einzelne klimatische Extremjahre. Ordnen Sie die Teilbilder 1–3 den jeweiligen Bedingungen zu und erklären Sie Ihre Überlegungen.

3 Stellen Sie zusammen, welche Vorteile der Einsatz von Lebewesen als Bioindikatoren bietet.

4 Begründen Sie, warum phänologische Beobachtungen an erbgleichen Pflanzen besonders aussagekräftig sind.

☞ Stichworte zu weiteren Informationen

Bioindikatoren, Ökoklimatologie, Klima-Atlas, Sortenprüfung

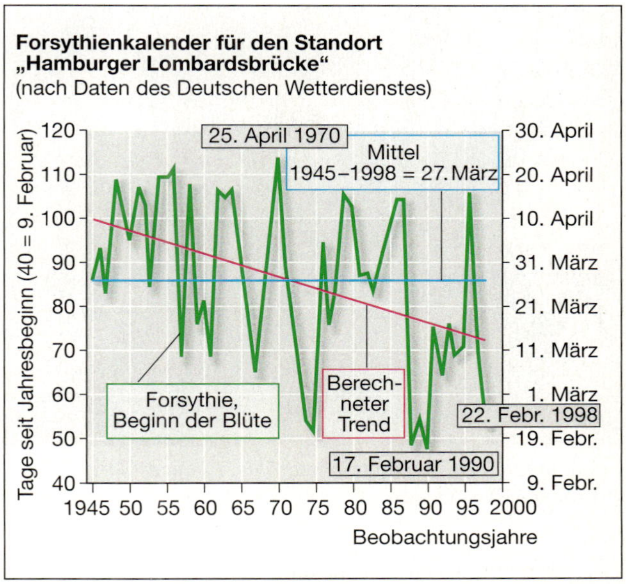

Ökofaktor Licht

1 *„Lampenflora" in einer Schauhöhle. Einigen Algen, Moosen und Farnen genügt das geringe Lichtangebot zum Leben.*

2 *Lichtwendigkeit bei einer Buche. Lichtwendigkeit ist eine wichtige Fähigkeit der Pflanzen in der Konkurrenz um Licht.*

Sonnenlicht ist die *Grundlage des Lebens* auf der Erde. Es liefert nicht nur den Pflanzen, sondern über Nahrungsketten letztlich auch den Tieren die zum Leben notwendige *Energie*. Für viele Organismen ist es darüber hinaus ein lebenswichtiger *Informationsträger*, der ihnen die Orientierung in Raum und Zeit ermöglicht, ihr Wachstum und ihre Entwicklung steuert und ihre Gestalt beeinflusst. Für zahlreiche Lebenserscheinungen ist daher das Licht der entscheidende Umwelteinfluss.

Fotosynthese. Die Umwandlung von Lichtenergie in chemische Energie durch die Fotosynthese der Pflanzen ist für die Biosphäre so bedeutsam, dass man Licht als den fundamentalsten Ökofaktor betrachten kann. In lichtlosen Lebensräumen wie Tiefsee oder Höhlen sind daher nur Spuren des Lebens auszumachen. Und auch sie beruhen meist auf der Nutzung von Stoffen, die aus den lichterfüllten oberirdischen Lebensräumen importiert sind. Im Licht von Lampen entstehen jedoch auch in Höhlen grüne Inseln des Lebens (→ Bild 1).

Fototropismus. Die alltägliche Erfahrung zeigt, dass Pflanzensprosse sich zum Licht hin krümmen. Sie sind *lichtwendig*. Die *Fototropismus* genannte Reaktion kommt dadurch zustande, dass die lichtabgewandte Seite des Sprosses stärker wächst. Auch die Blätter gelangen durch solche Wachstumsbewegungen in eine günstige Stellung zum Lichteinfall, was besonders für Pflanzen in dichtem Bestand von Bedeutung ist (→ Bild 2).

Etiolement. Bei anhaltendem Lichtmangel bilden Pflanzen lange, bleiche Sprosse mit rückgebildeten Blättern und schwachen Leitbündeln. Diese kennzeichnende Gestaltänderung (→ Bild 3) wird als *Etiolement* oder *Vergeilung* bezeichnet.

Steuerung der Samenkeimung. Wird ein Stück Boden umgebrochen, wachsen darauf bald, wie von Zauberhand, gesät zahlreiche Jungpflanzen. Versuche zeigen, dass Licht – oft genügt ein kurzer Reiz – für viele der in der Erde ruhenden Samen das entscheidende Signal zur Keimung ist (→ Bild 4). Seltener wirkt Licht hemmend auf die Keimung.

3 *Die linke Kartoffelknolle trieb im Dunkeln aus, die rechte unter sonst gleichen Bedingungen im Licht.*

4 *Für die meisten Pflanzensamen ist Licht ein notwendiges Startsignal für die Keimung.*

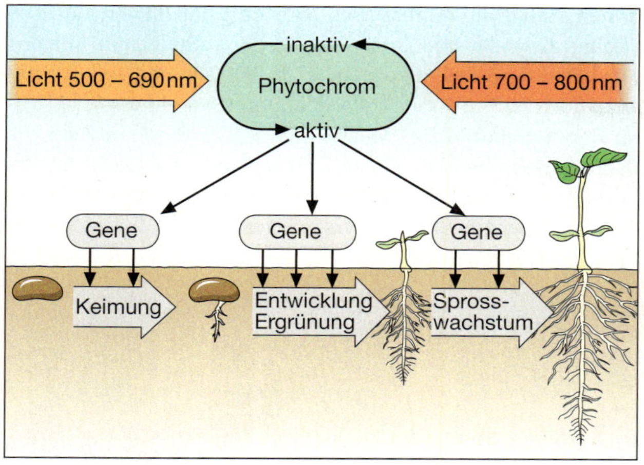

1 Phytochrom-Pigmente nehmen Lichtreize auf, aktivieren Gene und steuern damit Entwicklungsvorgänge bei Pflanzen.

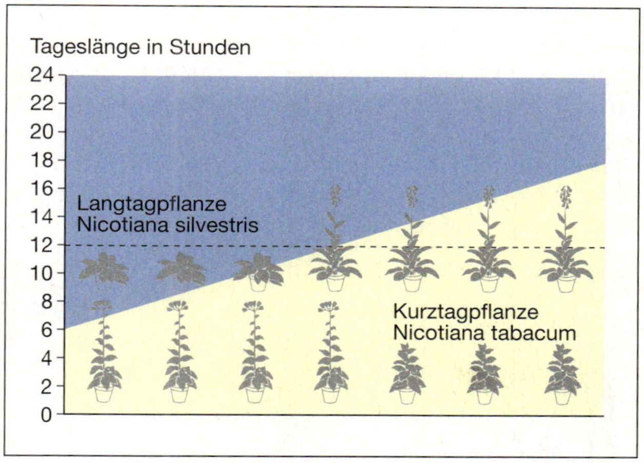

2 Blütenbildung bei zwei Tabakarten. Ihre kritische Tageslänge liegt über bzw. unter 12 Stunden Licht am Tag.

Pflanzen, deren Keimung durch Licht gefördert wird, wie Fingerhut, Weidenröschen und Mohn, nennt man *Lichtkeimer.* Auf *Dunkelkeimer* wie Kürbis und Persischer Ehrenpreis wirkt Licht dagegen keimungshemmend. Für die Lichtsteuerung der Entwicklungsprozesse ist das Pigment *Phytochrom* verantwortlich. Je nach Wellenlängenbereich des Lichts schaltet es Gene an oder ab (→ Bild 1). So verhindert der geringe Hellrot-Anteil im Licht des Waldschattens die Keimung von Lichtkeimern.

Fotoperiodismus. Der tägliche Wechsel von Licht und Dunkelheit – vor allem die auch als *Fotoperiode* bezeichnete Tageslänge – dient als wichtigste zeitliche Orientierungsmarke für zahlreiche Lebensvorgänge:

- Manche Pflanzen passen ihre *Blütezeit* in den Jahresrhythmus ein, indem sie die Tageslänge messen. Langtagpflanzen blühen, wenn es täglich länger als 10 bis 14 Stunden hell ist. Kurztagpflanzen bilden nur Blüten unterhalb einer artspezifischen kritischen Fotoperiode (→ Bild 2). Auch daran wirkt das Phytochromsystem mit.
- Tiere orientieren sich im Hinblick auf *Fortpflanzungszeiten, jahreszeitliche Wanderungen* oder die *Umstellung auf den Winterschlaf* ebenfalls an der Tageslänge. Beim Landkärtchen bestimmt die Dauer der Fotoperiode während der Larvenzeit das spätere Farbmuster des Falters (→ Bild 3).
- Lebensvorgänge, die dem Rhythmus einer *inneren Uhr* folgen, wie Schlaf- und Wachzeiten, Aktivitätsmuster von Hormonen, Enzymen, Zellteilungen oder Organfunktionen, werden meist durch die Fotoperiode als Taktgeber mit dem Tages- oder Jahresverlauf synchronisiert.

Lichtsinn der Tiere. Lichtempfindliche *Rezeptoren* oder *Sehzellen,* meist als Bestandteil von komplizierten *Lichtsinnesorganen,* sind im Tierreich weit verbreitet (→ Bild 4).

1 Fassen Sie Ihre Kenntnisse über die Fotosynthese zusammen: Voraussetzungen, Ablauf, Produkte, Außeneinflüsse.
2 Worin liegt der Nutzen des Etiolements für eine Pflanze?
3 Viele arktische Pflanzen sind Langtagpflanzen. Grund?

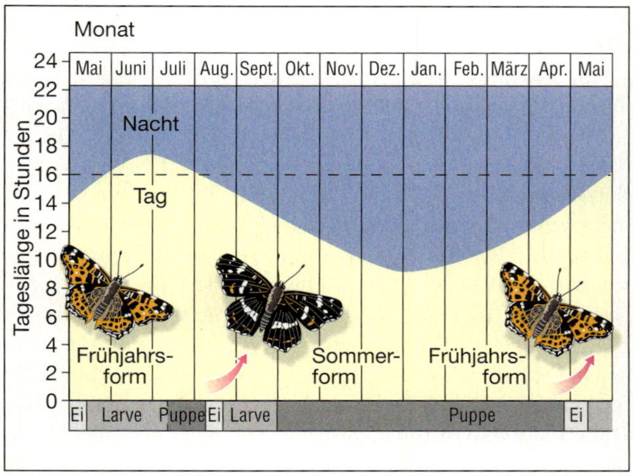

3 Das Landkärtchen tritt – abhängig von der Tageslänge zur Larvenzeit – in zwei verschiedenen Formen auf.

4 Libellen haben wie die meisten Tiere spezielle Lichtsinnesorgane, mit denen sie sich optisch orientieren können.

Ökofaktor Wasser

Das Leben auf der Erde ist im *Wasser* entstanden und daran gebunden. Alle Lebensvorgänge laufen nur in wässriger Lösung ab. Sie benötigen Wasser als *Lösemittel*, als *Transportmittel* und als *Reaktionspartner*. Natürliches Wasser enthält praktisch immer gelöste Stoffe. Daher kann man den Wasserhaushalt eines Lebewesens nicht getrennt von seinem *Ionen-* oder *Salzhaushalt* betrachten. In lebenden Zellen ist Wasser das bei weitem *häufigste Molekül*, was sich in seinem hohen Anteil am Aufbau der meisten pflanzlichen und tierischen Gewebe und Organe zeigt. So enthält zum Beispiel Muskelgewebe des Menschen 77 % Wasser und selbst Knochen noch 30 %. Wasser bedeckt aber auch mehr als zwei Drittel der Erdoberfläche. Meere und Süßgewässer stellen die flächenmäßig bedeutendsten *Lebensräume* der Erde dar. Die herausragende Bedeutung des Wassers für Lebewesen liegt in seinen *physikalisch-chemischen Eigenschaften* begründet.

Eigenschaften von Wasser	
Verdampfungswärme (bei 25 °C) (höchste aller Flüssigkeiten)	2442 kJ/kg
Dichte (bei 25 °C)	0,9971 g/ml
maximale Dichte (bei 4 °C)	1,0000 g/ml
Viskosität (bei 25 °C)	0,89 Centipoise
Viskosität (bei 0 °C)	1,78 Centipoise
spezifische Wärme (bei 15 °C) (höchste aller Flüssigkeiten)	4,19 kJ
Oberflächenspannung (bei 25 °C)	$7{,}197 \cdot 10^{-5}$ N

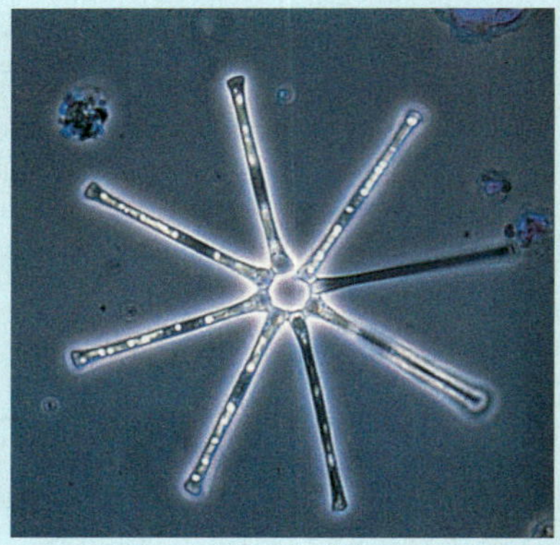

1–6 Eigenschaften des Wassers und ihre Bedeutung für Lebewesen. Die Fotos zeigen von links nach rechts: hechelnde Hunde, Wal, Nahrung suchende Krickenten, Wasserläufer und Schwebesternchen, eine Kieselalge des Planktons.

Lösevermögen. Wasser ist *polar aufgebaut* und stellt für andere polare Stoffe wie Salze, Säuren, Zucker, Alkohole, aber auch Peptide und Proteine ein ausgezeichnetes Lösemittel dar. Es nimmt die im Stoffwechselprozess benötigten oder anfallenden polaren Stoffe auf und transportiert sie in gelöster Form sowohl innerhalb wie außerhalb der Zellen. An vielen Reaktionen ist es auch selbst beteiligt.

Verdampfungswärme. Wenn Wasser verdampft oder verdunstet, wird wegen der Anziehungskräfte zwischen den polar aufgebauten Wassermolekülen der Umgebung viel Wärme entzogen. Durch Verdunstung von Wasser können sich daher Pflanzen und Tiere vor Überhitzung schützen.

Dichte und Viskosität. Wasser hat eine hohe Dichte. Sie ist rund 775-mal höher als die von Luft und entspricht etwa der des Zellplasmas. Deshalb „trägt“ Wasser sogar die massigen Wale. Die hohe Dichte und die große Zähigkeit (*Viskosität)* des Wassers ermöglichen auch die Existenz des *Planktons*, der im Wasser schwebenden Kleinlebewesen.

Dichteanomalie. Wasser hat bei einer Temperatur von 4 °C seine größte Dichte. Daher kann das Wasser in der Tiefe eines Sees nicht kälter als 4 °C sein. Der See friert von oben nach unten zu – lebenswichtig für die Pflanzen und Tiere darin.

Spezifische Wärme. Um die Temperatur von Wasser zu erhöhen, ist sehr viel Wärmeenergie nötig. In Gewässern herrschen deshalb relativ ausgeglichene Temperaturverhältnisse: Sie erwärmen sich langsam und kühlen langsam wieder ab.

Oberflächenspannung. Durch ihre Anziehungskräfte bilden die Wassermoleküle an der Oberfläche ein gespanntes Häutchen. Manche Kleintiere, zum Beispiel Wasserläufer, können darauf laufen ohne einzusinken.

Wasserhaushalt der Pflanzen

Für Landpflanzen wird Wasser oft zur entscheidenden Ressource. Zwar können Flechten, landlebende Algen, Pilze, Moose und einige Farne bei eingeschränktem Stoffwechsel stark austrocknen, ohne Schaden zu nehmen. Das Zellplasma der *Samenpflanzen* zeichnet sich dagegen durch sehr konstanten Wassergehalt aus. Voraussetzung dafür sind typische Baumerkmale der Samenpflanzen: die *Vakuole* als zellulärer Wasservorrat, die wachshaltige *Cuticula* als Austrocknungsschutz und die *Spaltöffnungen* zur Regelung der Wasserabgabe.

Wasseraufnahme. Zellen der Wurzel, vor allem die dünnwandigen *Wurzelhaare*, nehmen durch *Diffusion* und *Osmose* (→ S. 46) Wasser aus dem Boden auf (→ Bild 1): Wasser strömt in Richtung seines Konzentrationsgefälles aus dem wasserreichen Boden in die wasserärmeren Zellen. Damit die Saugkraft der Zellen für die Wasseraufnahme ausreicht, muss ihr osmotischer Wert den des Bodenwassers übertreffen. Dies stellt an Pflanzen trockener und salzhaltiger Böden besondere Anforderungen. In der *Wurzelrinde*, dem äußeren Bereich der Wurzel, kann das Wasser sowohl über die Zellwände als auch über das Zellplasma von Zelle zu Zelle bis zur *Endodermis* gelangen. Die Endodermis ist die innerste Schicht der Wurzelrinde. Sie kontrolliert den Stoffdurchtritt zum *Zentralzylinder* im Wurzelinnern. Ihre seitlichen Zellwände sind durch den korkhaltigen *Caspary-Streifen* wasserundurchlässig. Alles Wasser mit den darin gelösten Stoffen muss daher auf seinem Weg zu den *Leitbündeln* im Zentralzylinder die selektiv permeablen Membranen und das Zellplasma der Endodermiszellen passieren.

Ionenaufnahme. Die als hydratisierte Ionen im Wasser gelösten *Mineralstoffe* werden *selektiv* durch die Membranen der Wurzelzellen, vor allem der Endodermis transportiert. Im Unterschied zum passiven, durch Osmose bewirkten und damit energetisch „kostenlosen" Einstrom des Wassers in die Zellen ist die Ionenaufnahme teilweise ein *aktiver Transport*: Er kann auch gegen ein Konzentrationsgefälle erfolgen und erfordert Stoffwechselenergie in Form von ATP (→ S. 102). Damit erklärt sich der arttypische, vom Boden des Standorts oft abweichende Mineralstoffgehalt der Pflanzen.

Wassertransport. Nach Passieren der Endodermis gelangt das Wasser mit den Mineralstoffen in die lang gestreckten, meist querwandlosen *Gefäße* des *Holzteils* oder *Xylems* der Leitbündel. Als zusammenhängender Faden wird es von der Wurzel durch die Sprossachse bis in die Blätter gesaugt. Treibende Kraft ist dabei der Sog, der durch die Wasserabgabe der Blätter entsteht.

Wasserabgabe. Das Feuchtigkeitsgefälle zwischen den wasserreichen, in den Zellzwischenräumen mit Wasserdampf gesättigten Blättern und dem trockeneren Luftraum ist die Ursache dafür, dass eine Pflanze Wasser durch Verdunstung an die Umgebung verliert. Samenpflanzen können die Öffnungsweite ihrer Spaltöffnungen durch die Schließzellen regeln. Diese kontrollierte Abgabe von Wasserdampf wird *Transpiration* genannt. Sie richtet sich nach Temperatur, Licht und Kohlenstoffdioxid, vor allem aber nach dem vom Wasser- und Ionengehalt abhängigen Zelldruck *Turgor* (→ S. 46).

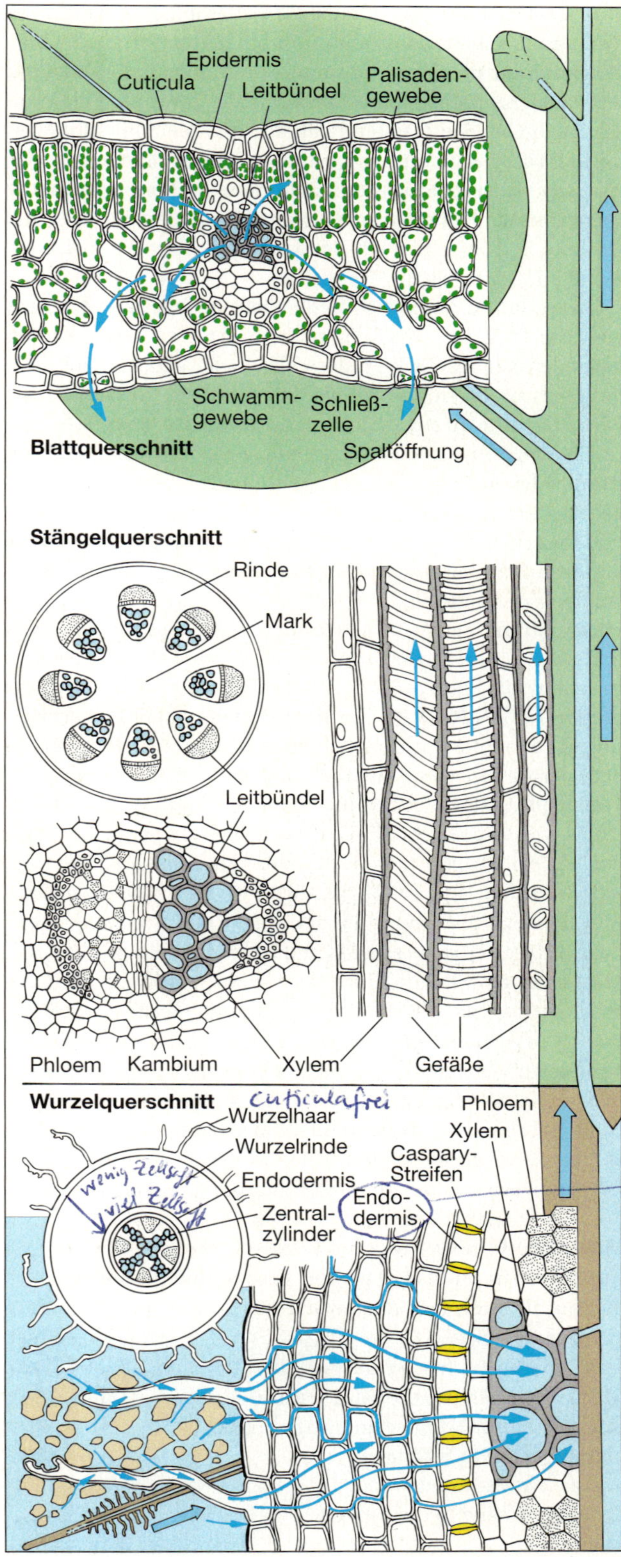

1 Wasseraufnahme, Wassertransport und Wasserabgabe bei Samenpflanzen

Anpassungen von Pflanzen an die Verfügbarkeit von Wasser

Wasserbilanz. Ob eine Pflanze auf Dauer mit dem Wasserangebot an ihrem Standort auskommt, hängt davon ab, ob ihre *Wasserbilanz* positiv ist. Darunter versteht man die Differenz von *Wasseraufnahme* und *Wasserabgabe*. Zwar wird die Wasserabgabe bei den meisten Pflanzen über die Spaltöffnungen auf die Wasseraufnahme abgestimmt, doch verliert eine Pflanze auch bei geschlossenen Spaltöffnungen Wasser über die Epidermis und die Cuticula. Diese Wasserabgabe über die Cuticula beträgt – je nach Bauweise der Blätter – zwischen 2 und 25 % der Gesamtverdunstung.

Kann das verdunstete Wasser nicht nachgesaugt werden, weil der Boden zu trocken, gefroren oder zu salzhaltig ist, steigt der osmotische Wert des Zellsafts an. Pflanzen mit weiter Toleranz gegenüber Schwankungen ihres Wassergehalts, wie Steppenpflanzen und Hartlaubgewächse, reagieren darauf wenig empfindlich. Arten mit enger Toleranz, wie die Kräuter feuchter Wälder, ertragen dagegen nur einen geringen Anstieg des osmotischen Werts. Viele Pflanzen sind in Bau und Gestalt an die unterschiedliche Verfügbarkeit von Wasser an ihren Standorten angepasst und erreichen so einen konstanten Wassergehalt.

Wasserpflanzen. Wasserpflanzen oder *Hydrophyten* können Wasser, CO_2 und Mineralstoffe meist durch ihre zarte Epidermis über die ganze Oberfläche aufnehmen. Ein Durchlüftungsgewebe oder *Aerenchym* durchzieht oft statt Wasserleitungsbahnen die Sprosse. Schwimmblätter, zum Beispiel die der Seerose, haben die Spaltöffnungen auf der Oberseite.

Feuchtpflanzen. Feuchtpflanzen oder *Hygrophyten* sind in tropischen Wäldern häufig, bei uns jedoch auf Schluchten und feuchte Wälder beschränkt. Ihre dünnen, großen Blätter – oft mit lebenden Haaren, vorgewölbten Zellen und herausgehobenen Spaltöffnungen in der Epidermis – können stark transpirieren. *Wasserspalten*, auch *Hydathoden* genannt, ermöglichen es ihnen zudem, Wasser in Tropfenform auszuscheiden, wenn die Luft mit Wasserdampf gesättigt ist. Diese Wasserausscheidung wird auch als *Guttation* bezeichnet.

Trockenpflanzen. Trockenpflanzen oder *Xerophyten* kommen an trockenen, stark besonnten Standorten vor. Besondere Baumerkmale verhindern eine übermäßige Transpiration: kleine, oft verdornte Blätter, eine dicke Cuticula, Wachsüberzüge, tote Haare, eingesenkte Spaltöffnungen, Rollblätter.

Maximale Verdunstung bei Pflanzen verschiedener Standorte in µmol H_2O pro m^2 Fläche und Sekunde

Bäume im tropischen Regenwald	bis 1800
tropische Lianen	bis 2000
Sträucher in subtropischen Wüsten	2800 – 7000
Hartlaubgewächse im Mittelmeerraum	1500 – 3000
sommergrüne Bäume gemäßigter Zonen	1200 – 3700
immergrüne Nadelbäume	1400 – 1700
alpine Zwergsträucher	1800 – 3000
Zwergsträucher in der Tundra	150 – 450
Wiesengräser	3000 – 4500
Sukkulenten	600 – 1800
Schwimmblattpflanzen	5000 – 12 000

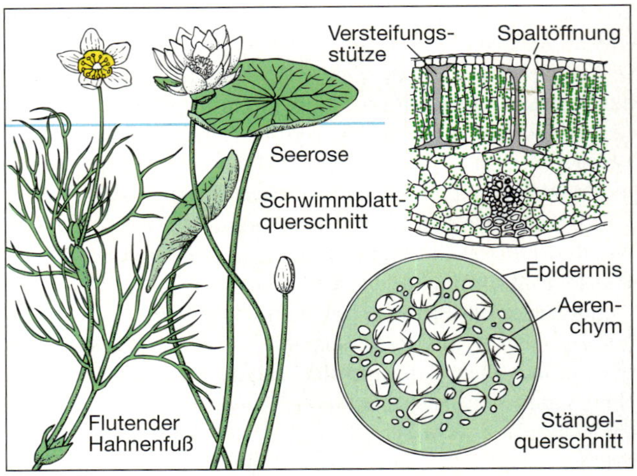

1 Wasserpflanzen sind besonders im Bau ihrer Stängel und Blätter an Wasserlebensräume angepasst.

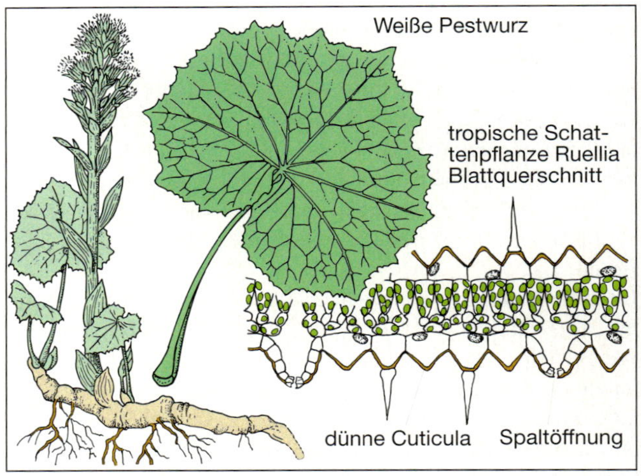

2 Anpassungen von Feuchtpflanzen sind große, zarte Blätter, lebende Haare und herausgehobene Spaltöffnungen.

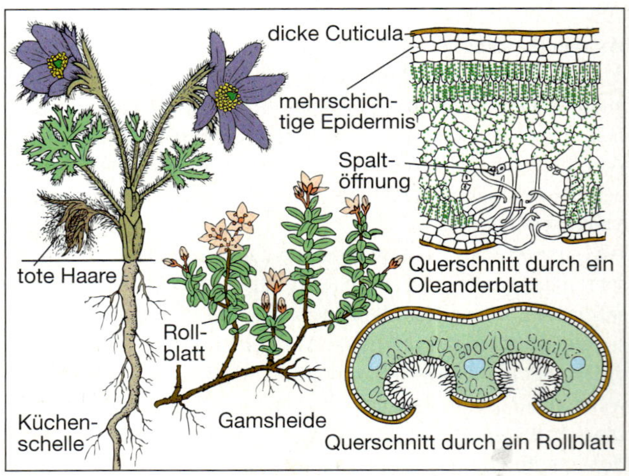

3 Trockenpflanzen zeigen viele Baumerkmale, die die Transpiration einschränken.

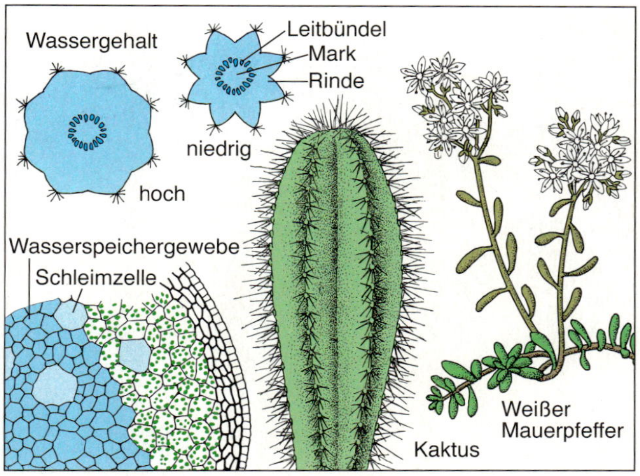

1 Wasserspeicherpflanzen sind an seltene oder unregelmäßige Niederschläge sehr trockener Standorte angepasst.

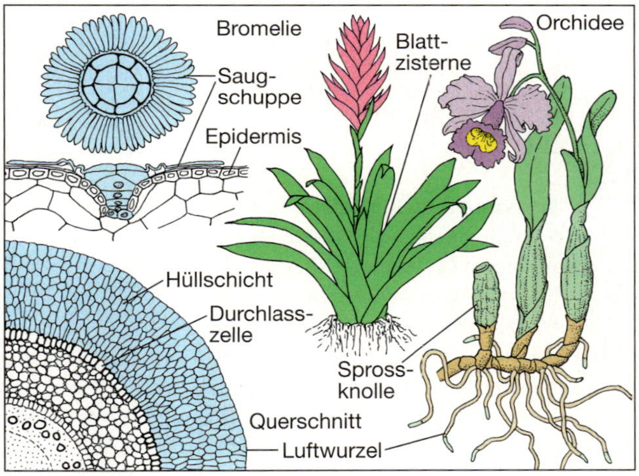

2 Aufsitzerpflanzen sammeln und speichern Wasser mit unterschiedlichen Organen.

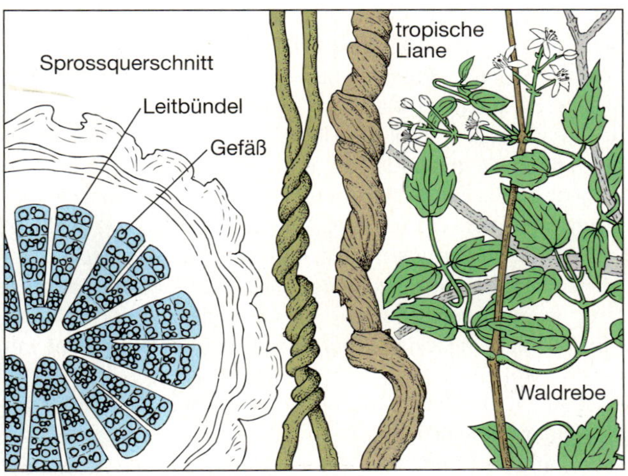

3 Schlingpflanzen sind vor allem im Bau ihrer Gefäße auf eine schwierige Versorgung mit Wasser eingestellt.

Wasserspeicherpflanzen. Die Wasserspeicherpflanzen oder *Sukkulenten* zeigen ähnliche Baumerkmale wie die Trockenpflanzen, speichern aber zusätzlich Wasser in Spross oder Blättern, seltener in der Wurzel. Bei den *Stammsukkulenten* vom Kakteentyp sind die Blätter völlig zu Dornen umgewandelt, während der Stamm die Fotosynthese übernimmt. Unter den einheimischen Pflanzen findet man einige *Blattsukkulenten*, zum Beispiel Mauerpfeffer und Hauswurz.

Aufsitzerpflanzen. Aufsitzerpflanzen oder *Epiphyten* wachsen auf der Rinde, den Ästen und Astgabeln von anderen Pflanzen, vor allem von Bäumen. Sie entziehen den besiedelten Pflanzen weder Wasser noch Nährstoffe und sind daher *keine Parasiten*, für die sie oft gehalten werden. Während bei uns nur Flechten und Moose epiphytisch auf Bäumen leben, gibt es in den tropischen Nebel- und Regenwäldern auch unter höheren Pflanzen zahlreiche Epiphyten, zum Beispiel viele Farne, Orchideen und Ananasgewächse. Sie erhalten zwar viel Licht, doch ist die Beschaffung von Wasser und Nährstoffen für sie schwierig.

Ananasgewächse bilden häufig *Blattzisternen* aus, in denen sich Regenwasser sammelt, das sie mithilfe spezieller *Schuppenhaare,* so genannter *Saugschuppen,* aufnehmen.

Orchideen speichern Wasser in *Sprossknollen* oder saugen mit *Luftwurzeln*, die von einem schwammartigen Überzug toter Zellen umhüllt sind, feinste Nebel- und Regentropfen auf.

Schlingpflanzen. Schlingpflanzen oder *Lianen* wachsen mit windenden Bewegungen an anderen Pflanzen in die Höhe. Sie gelangen so aus dem Schatten ans Licht ohne wie die Bäume einen stabilen Holzkörper aufzubauen. Ähnlich den Epiphyten sind auch die meisten Lianen Bewohner der tropischen Wälder. Eine bekannte einheimische Liane ist die Waldrebe.

Auch für Lianen ist die Wasserversorgung schwierig, da sie das Wasser mitunter bis zu 60 m hoch und über eine Entfernung von 400 m transportieren müssen. Ihre bis zu 0,3 mm weiten und 5 m langen Gefäße gewährleisten einen schnellen und effizienten Wassertransport.

1 Bei Xerophyten findet man bis zu 6-mal mehr Spaltöffnungen als bei Hygrophyten. Suchen Sie nach einer Erklärung für diesen Sachverhalt.

2 Welche Pflanzen sind durch Frosttrocknis, also Wasserverlust bei gefrorenem Boden, besonders gefährdet? Grund?

3 Hygrophyten sind meist auch Schattenpflanzen, Xerophyten haben fast immer eine große Toleranz gegenüber Schwankungen ihres Wassergehalts. Erklären Sie diese Zusammenhänge.

4 Stellen Sie mithilfe von Pflanzenlexika Beispiele aus der einheimischen Flora für die unterschiedlichen Anpassungen an den Ökofaktor Wasser zusammen.

5 Begründen Sie, weshalb die Wasserversorgung der Lianen nicht dadurch verbessert werden kann, dass sich Gefäße mit noch größerem Durchmesser bilden.

6 Guttation bei hoher Luftfeuchtigkeit zeigen zum Beispiel Frauenmantel, Kapuzinerkresse, viele Gräser, Fuchsien. Versuchen Sie das Phänomen zu beobachten und zu fotografieren.

Material – Methode – Praxis: **Pflanze und Wasser**

Neben der Temperatur bestimmt vor allem das Wasser das Pflanzenkleid der Landlebensräume. Untersuchungen zum *Wasserhaushalt der Pflanzen* liefern daher wichtige ökologische Basisdaten.

Zum Wasserhaushalt gehören Wasseraufnahme, Wassergehalt und Wasserabgabe. Sie lassen sich an abgeschnittenen Pflanzen oder Pflanzenteilen unter Laborbedingungen meist mit einfachen Mitteln untersuchen. Messungen an ganzen, unbeschädigten Pflanzen sind schon schwieriger vorzunehmen, die gleichen Messungen unter den Bedingungen am Standort oft nur unter großem Aufwand durchführbar.

Untersuchung der Wasseraufnahme mit dem Potetometer

Material: frisch abgeschnittener, verholzter Pflanzenspross mit glatter Rinde (zum Beispiel Buche, Linde, Flieder, Ahorn), Saugflasche, durchbohrter Stopfen, T-Stück, Tropftrichter, 1-ml-Messpipette, Schlauchstücke, Stativ, Stoppuhr, Waage

Durchführung: Wiegen Sie vor Versuchsbeginn das verwendete Sprossstück. Stecken Sie dann den Spross, ohne ihn zu beschädigen, durch die Stopfenbohrung. Setzen Sie den Stopfen mit dem Spross auf den vollständig mit Wasser gefüllten Kolben. Die Pflanze muss dabei dicht im Stopfen stecken. Falls nötig, dichten Sie ab, zum Beispiel mit Parafilm-Folie.

Bauen Sie die weitere Versuchsanordnung (Potetometer) nach dem Bild unten auf. Achten Sie darauf, dass die ganze Apparatur zu Beginn luftblasenfrei mit Wasser gefüllt ist. Starten Sie dann die Stoppuhr und bestimmen Sie anhand der in die Pipette eingesaugten Luft die Wasseraufnahme durch die Pflanze in Abhängigkeit von der Zeit. Bevor der eingesaugte Luftfaden das Pipettenende erreicht, müssen Sie aus dem Tropftrichter Wasser nachfüllen, indem Sie den Hahn öffnen. Setzen Sie die Messwerte in Beziehung zur Pflanzenmasse.

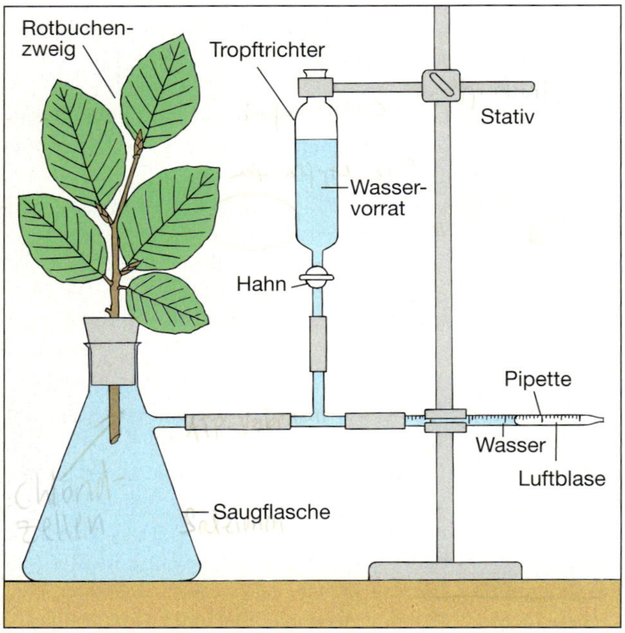

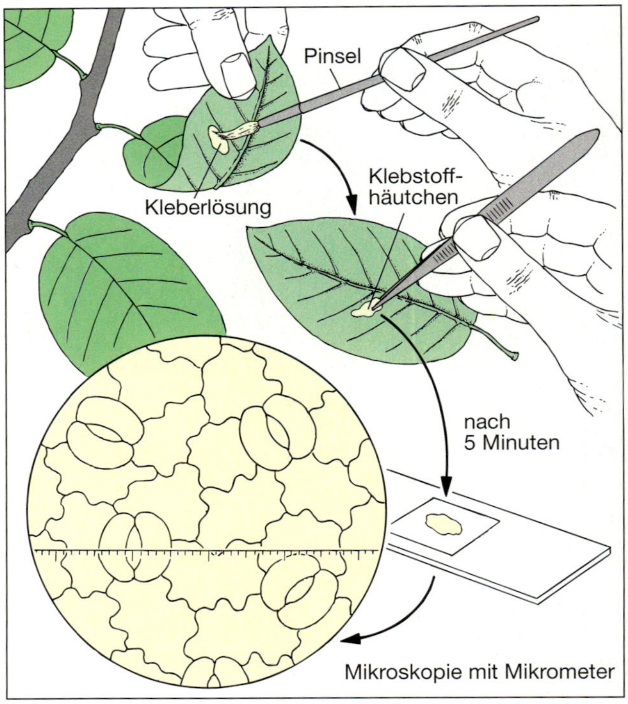

Messung der Spaltöffnungsweite

Material: Pflanzen mit unbehaarten Blättern, Alleskleber oder farbloser Nagellack, Aceton, Pinsel, Pinzette, Präparategläschen, Objektträger, Mikroskop mit geeichtem Messokular

Vorsicht beim Umgang mit Aceton, brennbar!

Durchführung: Mischen Sie in einem Präparategläschen einige Tropfen Alleskleber oder Nagellack mit etwa derselben Menge Aceton, sodass eine ziemlich flüssige Lösung entsteht.

Bestreichen Sie mithilfe des Pinsels kleine Flächen (etwa 5 mm × 5 mm) auf der Unterseite von Pflanzenblättern direkt am Standort mit der Lösung.

Ziehen Sie nach einigen Minuten das entstandene Klebstoff- oder Nagellack-Häutchen mit einer Pinzette ab und bewahren Sie es zwischen beschrifteten Objektträgern auf. Sie können auch das Häutchen bis zum Mikroskopieren am Blatt lassen und das ganze Blatt vom Standort mitnehmen. Statt mit der Pinzette lässt sich das Häutchen auch durch Aufkleben eines durchsichtigen Klebefilms abnehmen, den man danach abzieht und zusammen mit dem Häutchen auf einen Objektträger klebt. Pinsel nach dem Auftragen der Lösung in einem verschlossenen Präparateglas mit Aceton aufbewahren.

Beobachten Sie Einzelheiten des Blattabdrucks bei mittlerer Vergrößerung. Suchen Sie die Abdrücke der Spaltöffnungen. Messen Sie die Öffnungsweite der Spaltöffnungen mit dem Messokular.

Nehmen Sie Blattabdrücke von Pflanzen desselben Standorts unter verschiedenen Bedingungen von Temperatur, Besonnung, Wind und Tageszeit ab. Messen Sie wieder jeweils die Öffnungsweite der Spaltöffnungen und vergleichen Sie die Mittelwerte aus je 10 Messungen.

Thermoelektrische Messung des Wassertransports in Pflanzen

(Viele Verfahren) haben den Nachteil, dass sie eine einzige Bestimmung zulassen und vielfach mit der Vernichtung der Versuchspflanze enden. Es gibt aber ein Verfahren, welches ... schadlos wiederholte Bestimmungen zulässt ... Wir erwärmen den aufsteigenden Saftstrom an einer bestimmten Stelle H geringfügig und stellen einige Zentimeter höher das Eintreffen des erwärmten Saftes fest. Das geschieht am besten und empfindlichsten mithilfe eines Thermoelements T, einer Legierung von Kupfer und Konstantan. Sobald die beiden Lötstellen verschiedene Temperaturen aufweisen, stellt sich eine thermoelektrische Spannung von $4{,}2 \cdot 10^{-5}$ Volt pro Grad Temperaturdifferenz ein ...

aus: B. HUBER, Die Saftströme der Pflanzen, 1956

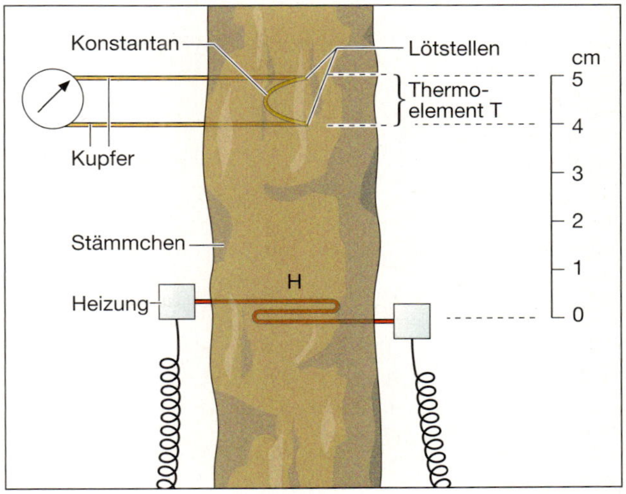

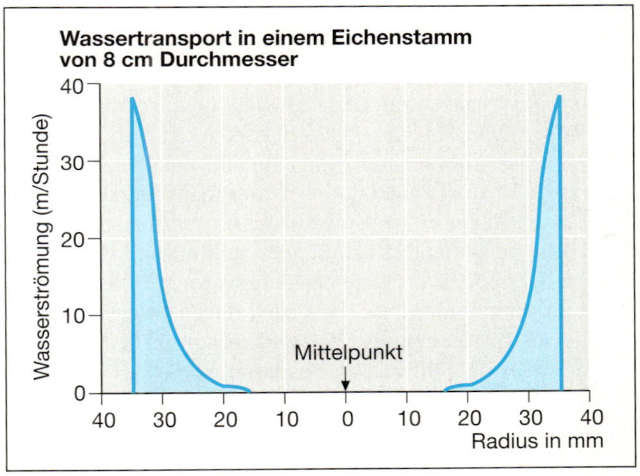

1 Setzen Sie die Ergebnisse des Versuchs mit dem Potetometer in Beziehung zur Blattfläche. Kopieren Sie dazu die abgeschnittenen Blätter der Versuchspflanze. Schneiden Sie die Kopien aus und berechnen Sie deren Fläche über das Gewicht des Kopierpapiers.

2 In welchen Bereichen eines Eichenstamms findet der Wassertransport vor allem statt? Analysieren Sie dazu das Bild rechts und unten rechts.

3 Schätzen Sie die Blattmasse des Eichenstämmchens im Bild unten rechts, wenn der Baum je Gramm Blattmasse 0,5 mm² Xylemfläche für die Wasserleitung benötigt.

4 Pflanzen trockener Standorte (Xerophyten) besitzen verschiedene Einrichtungen zur Verdunstungsminderung. Entwickeln Sie Modellversuche, mit denen sich das jeweilige Bauprinzip veranschaulichen lässt.

5 Begründen Sie, warum Untersuchungsverfahren zum Wasserhaushalt, bei denen die Pflanze unbeschädigt bleibt, für die Ökologie unverzichtbar sind.

6 Das Foto unten zeigt einen Versuch, bei dem je ein Streifen Zellophan auf die Blattoberseite und die Blattunterseite gelegt wird. Erklären Sie das Ergebnis, indem Sie einen Zellophanstreifen auf Ihre Hand legen oder anhauchen.

Stieleiche (Quercus robur L.) Spross quer   Färbung: Safranin + Astrablau

☞ Stichworte zu weiteren Informationen

Wasserverfügbarkeit, Evaporation, Evapotranspiration, Welkepunkt, Wasserbilanz, Splintholz

Wasser- und Salzhaushalt der Tiere

	Na^+	K^+	Ca^{2+}	Mg^{2+}	Cl^-
Meerwasser (35‰ Salzgehalt)	470	10,0	10,2	53,6	548
Qualle	454	10,2	9,7	51,0	554
Wattwurm	459	10,1	10,0	52,4	537
Tintenfisch	465	21,9	11,6	57,7	591
Seeigel	444	9,6	9,9	50,2	522
Knochenfisch	242	6,6	2,6	4,6	182

1 Zusammensetzung des Meerwassers und einiger seiner Bewohner; Angaben in mmol/l

	Na^+	K^+	Ca^{2+}	Mg^{2+}	Cl^-
Süßwasser (0,3‰ Salzgehalt)	1,0	0,1	3,0	0,3	5
Teichmuschel	15,6	0,5	6,0	0,2	12
Flusskrebs	146	3,9	8,1	4,3	139
Libellenlarve	145	9,0	3,8	3,6	110
Knochenfisch (Forelle)	161	5,3	6,3	0,9	119
Frosch	104	2,5	2,0	1,2	74

2 Zusammensetzung von Süßwasser und einiger Tiere des Süßwassers; Angaben in mmol/l

Bei vielen Meerestieren unterscheidet sich der Wasser- und Ionengehalt der Zellflüssigkeit praktisch nicht vom Meerwasser ringsum. Das erinnert daran, dass die ersten Lebewesen Meeresbewohner waren, deren Wasser- und Salzhaushalt sich mit ihrer Umwelt im Gleichgewicht befand. Als Pflanzen und Tiere Milliarden Jahre später Lebensräume an Land und im Süßwasser besiedelten, war eine entscheidende Voraussetzung dafür die Fähigkeit, den Wasserhaushalt zu kontrollieren. Auch in der neuen Umwelt musste ja das innere Milieu der Zellen weitgehend konstant oder zumindest im Toleranzbereich der Lebensvorgänge gehalten werden. Welche Hürde dabei zu überwinden war, lässt sich daran ermessen, dass weniger als 1 % der heutigen Wassertiere sowohl im Meerwasser als auch im Süßwasser existieren können. Der unterschiedliche Salzgehalt bildet eine sehr wirksame Schranke.

Meerestiere. Die meisten *Wirbellosen* unter den Meerestieren sind *poikilo-osmotisch*. Das heißt, der osmotische Wert ihrer Zell- und Körperflüssigkeit stimmt mit dem des umgebenden Meerwassers überein. Er entspricht im freien Ozean einer Salzkonzentration von 30 bis 35‰, kann aber auch – wie beispielsweise in der Ostsee – weniger als 10‰ oder im Mündungsgebiet der Flüsse unter 1‰ betragen. Die weit überwiegende Zahl der Stachelhäuter, Krebse, Ringelwürmer und Tintenfische erträgt dabei nur geringe Schwankungen des Salzgehalts. Sie sind deshalb auf bestimmte Meeresbereiche mit relativ konstantem Salzgehalt beschränkt. Im Gezeitenbereich, wo sich der Salzgehalt durch Regen oder Sonneneinstrahlung rasch ändern kann, leben dagegen Arten, die solchen Schwankungen gewachsen sind. Sie scheiden je nach Situation Wasser aus, nehmen Ionen auf, bilden osmotisch wirksame Aminosäuren oder bauen diese ab, bis sie wieder mit ihrer Umgebung isotonisch sind.

Im Gegensatz dazu sind *Meeresfische homoio-osmotisch*: Ihr osmotischer Wert ist konstant und weicht vom umgebenden Meerwasser ab. Bei Knochenfischen beträgt er nur etwa ein Drittel des Werts von Meerwasser. Daher verlieren die Fische durch Osmose ständig Wasser an die Umgebung. Den Wasserverlust gleichen sie jedoch durch Trinken von Meerwasser aus. Die Salzionen, die dabei im Überschuss in den Körper gelangen, scheiden sie über spezialisierte „Chloridzellen" in den Kiemen aktiv – unter ATP-Verbrauch – wieder aus. Meeresfische sind also zur *Osmoregulation* fähig und können so ihren osmotischen Wert im hypertonischen Meerwasser aufrechterhalten.

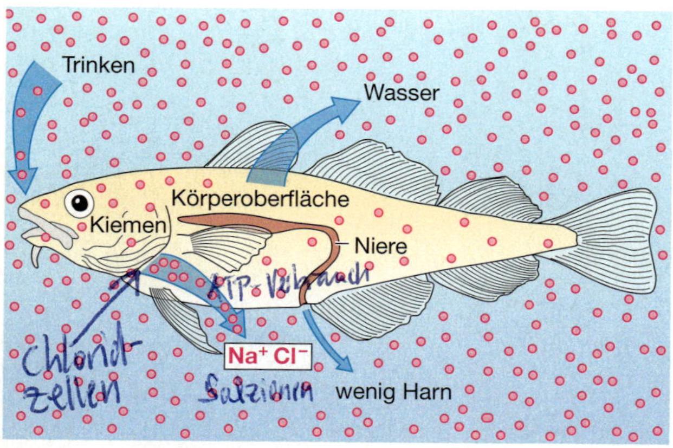

3 Osmoregulation bei Meeresfischen: aktiver Ausgleich des osmotischen Wasserverlusts an die Umwelt

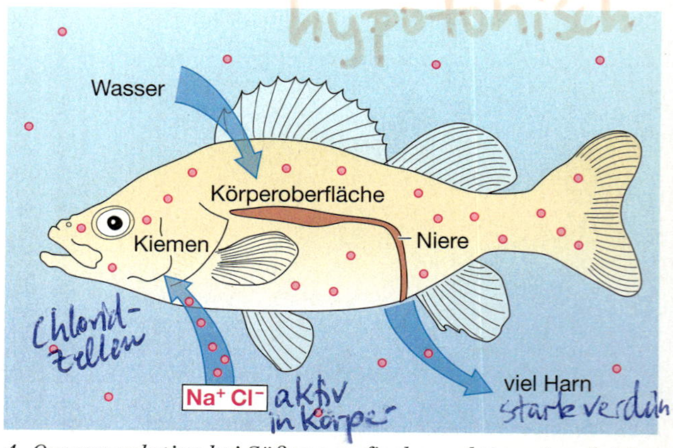

4 Osmoregulation bei Süßwasserfischen: aktiver Ausgleich des osmotischen Wassereinstroms aus der Umwelt

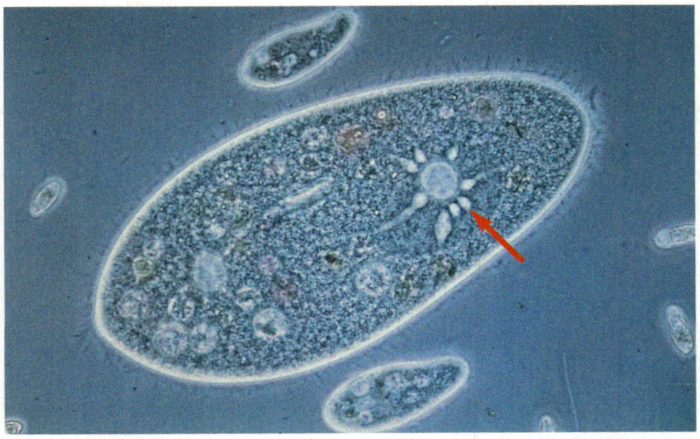

1 Pantoffeltier – ein Einzeller des Süßwassers. Seine pulsierende Vakuole (Pfeil) pumpt Wasser nach außen.

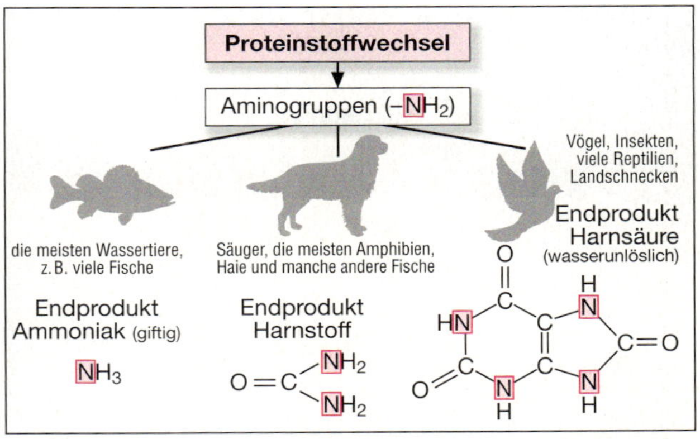

2 Die stickstoffhaltigen Endprodukte des Proteinstoffwechsels unterscheiden sich bei Wasser- und Landbewohnern.

Süßwassertiere. Der osmotische Wert der Zell- und Körperflüssigkeit aller Süßwassertiere liegt weit höher als der ihres Wohngewässers. In der hypotonischen Umgebung sind Süßwassertiere deshalb ebenfalls auf Osmoregulation angewiesen. Dabei haben sie gerade das umgekehrte Problem wie homoio-osmotische Meerestiere: Sie sind einem ständigen Einstrom von Wasser ausgesetzt und müssen mit Salzen sehr sparsam umgehen. Leistungsfähige Einrichtungen *zur Ausscheidung von Wasser* sind für sie kennzeichnend. *Einzeller* wie Amöbe und Pantoffeltier besitzen dazu *pulsierende Vakuolen. Süßwasserfische* geben über die Nieren große Mengen *stark verdünnten Harn* ab. Außerdem transportieren ihre Chloridzellen Ionen aktiv in den Körper, besonders Natrium- und Chloridionen. Die Wanderfische Aal und Lachs können sogar die Pumprichtung der Chloridzellen umkehren und so zeitweise im Süßwasser und zeitweise im Salzwasser leben.

Landtiere. Völlig auf dem Trockenen zu leben ist für Tiere, die eigentlich aus dem Wasser stammen, ein gewagtes Unterfangen. Bau, Funktion und Verhalten müssen dabei zum Schutz vor dem Vertrocknen zusammenwirken:

- Die äußere Hülle aller Landtiere ist so gebaut, dass die *Verdunstung von Wasser eingeschränkt* ist. Insekten und Spinnentiere sind durch wachsartige Überzüge vor übermäßigem Wasserverlust geschützt. Landwirbeltiere bilden verhornende Häute mit Schuppen, Federn oder Haaren.
- Stoffwechselabfälle müssen Wasser sparend entsorgt werden. Kot und Harn werden deshalb so weit wie möglich entwässert. Das schwierigste Problem stellen dabei die stickstoffhaltigen Endprodukte des Proteinstoffwechsels dar. Wassertiere können sie in Form des giftigen *Ammoniaks* direkt in das umgebende Wasser ausscheiden, weil sie hier ausreichend verdünnt und weggeführt werden. Landtiere wie die Säugetiere entgiften sie in Form von *Harnstoff*. Landschnecken, Insekten, Reptilien und Vögel scheiden sie als wasserunlösliche *Harnsäure* aus.
- Seevögel wie Möwen und Albatrosse, die mit der Nahrung viel Salzwasser aufnehmen, haben über den Augen *Salzdrüsen*. Diese scheiden ein Sekret ab, das etwa doppelt so salzhaltig ist wie Meerwasser.
- Zahlreiche Verhaltensweisen stehen im Dienst des Wasserhaushalts. *Feuchtlufttiere* wie Amphibien oder Schnecken sind nur bei hoher Feuchtigkeit aktiv. Regenwürmer wechseln die Bodenschicht je nach deren Feuchtegrad. Steppentiere unternehmen weite Wanderungen zu den Trinkstellen.

3 Meeresvögel wie die Silbermöwe nehmen mit der Nahrung viel Salz auf. Über die Nasenlöcher tritt es wieder aus …

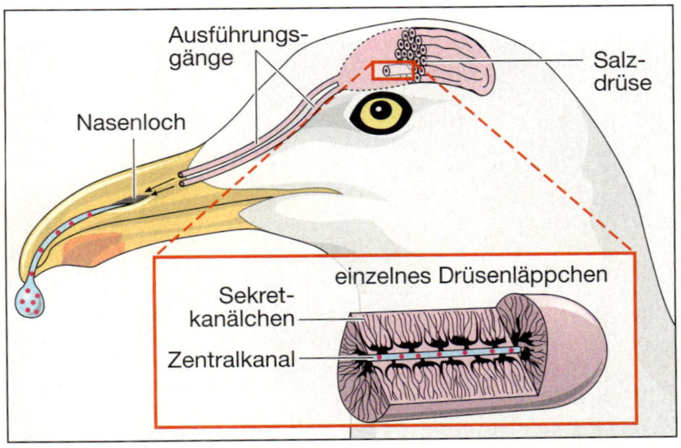

4 Salzdrüse einer Möwe. Sie scheidet das mit dem Blut herangeführte Salz als stark salzhaltiges Sekret ab.

An den Grenzen des Lebens

1 *Salzbakterien bewirken die bunten Farben dieses Salzsees. Auch in Salinengewässern kommen sie vor.*

2 *Salinenkrebschen. Sie sind weltweit in stark salzhaltigen Seen und Salinengewässern anzutreffen.*

3 *Eisfisch aus der Antarktis. Glykopeptide schützen seine Körperflüssigkeiten vor dem Gefrieren.*

Raumsonden auf Mond und Mars haben uns Bilder von einer Welt ganz ohne Leben übermittelt. Doch auch auf der Erde sind viele Bereiche lebensfeindlich. Es fehlt an Licht, wie in tieferen Bodenschichten, im Innern von Höhlen und in der Tiefsee. Die Temperatur ist zu hoch, wie in heißen Quellen, oder zu niedrig, wie auf dem Inlandeis der Antarktis. Es fehlt jede Spur von Wasser, wie in den Trockenwüsten, oder Salzablagerungen in Salzsümpfen und Salzwüsten machen jedes Leben schier aussichtslos. Auch in solchen extremen Lebensräumen finden sich wenige – hoch spezialisierte – Arten: Grundwasserkrebse, Höhlenkäfer, Tiefseefische, Geysir-Algen, Schwefelquellen-Bakterien. Einige weitere werden unten vorgestellt.

Absolute Grenzen des Lebens lassen sich für die Bedingungen auf der Erde kaum definieren. Dauerhaft aktives Leben ist zwar nur dort möglich, wo Wasser in flüssiger Form vorhanden ist, ein Zugang zu anorganischen Ressourcen wie Mineralstoffe oder Sauerstoff besteht und zudem eine Energiequelle existiert. Manche Samen, Sporen, Eier und andere *Dauerstadien* von Lebewesen können aber absolute Trockenheit, vollkommenen Luftabschluss und Temperaturen weit unter dem Gefrierpunkt und über dem Siedepunkt von Wasser für lange Zeit überleben.

Urzeitliche Extremisten: Archaebakterien. Vulkanische Quellen, Geysire, Schwefelsümpfe, Erzhalden, Faulschlamm oder Salzseen zählen heute zu den lebensfeindlichsten Zonen. In der Frühzeit der Erde bildeten sie aber die typischen Lebensräume der Urlebewesen. Als deren Nachkommen besiedeln heute *Schwefel-*, *Methan-*, *Thermo-* und *Salzbakterien* die extremsten Lebensräume. Wegen einer Reihe besonderer Stoffwechselmerkmale, die sie wahrscheinlich seit Milliarden von Jahren bewahrt haben, werden sie als eigene Verwandtschaftsgruppe *Archaebakterien* betrachtet.

Salz satt: Salinenkrebschen. Salzseen und Salinengewässer können mit einem Salzgehalt von über 20% rund sechsmal salziger sein als Meerwasser. In ihnen leben nicht nur Salzbakterien, sondern auch die 1,5 cm langen *Salinenkrebschen*. Sie ernähren sich von den Salzbakterien. Durch aktive Salzausscheidung über die Kiemen halten die Krebschen ihren osmotischen Wert konstant, benötigen dafür allerdings bis zu einem Drittel der aus der Nahrung gewonnenen Energie.

Leben unter dem Nullpunkt: Eisfische. Meerwasser gefriert durch seinen Gehalt an Ionen erst unter 0 °C. In den Polarregionen kann es daher bis unter –2 °C abkühlen. Bei Fischen erniedrigt der Salzgehalt von Blut und Körperflüssigkeit den Gefrierpunkt nur um etwa 1 Grad; sie würden ohne spezielle „Frostschutzmittel" gefrieren. Tatsächlich kommen aber in den Polarmeeren Fische vor. Von ihnen wurden die fast durchsichtigen antarktischen *Eisfische* genauer untersucht. Sie besitzen als Frostschutzmittel verschiedene *Glykopeptide*, also Zucker-Aminosäure-Verbindungen.

Im Experiment zeigte sich, dass in die Haut von Eisfischen keine Eiskristalle eindringen konnten, solange Glykopeptide vorhanden waren. Es wird deshalb vermutet, dass sich die Glykopeptide an kleine Eiskristalle anlagern und so ihr weiteres Wachstum verhindern.

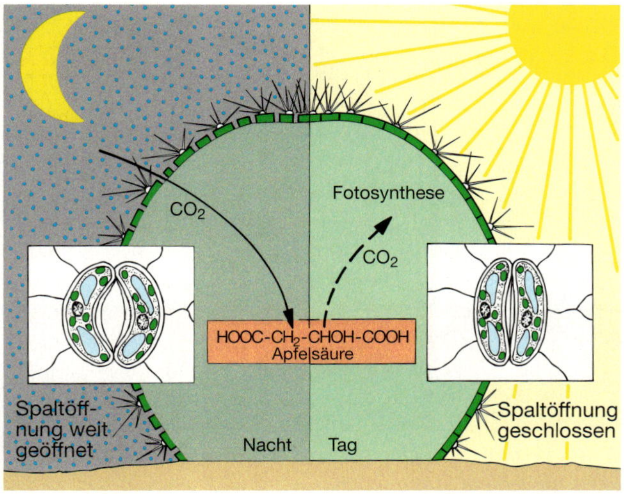

1 Viele Sukkulenten können tagsüber die Spaltöffnungen geschlossen halten und dennoch Fotosynthese betreiben.

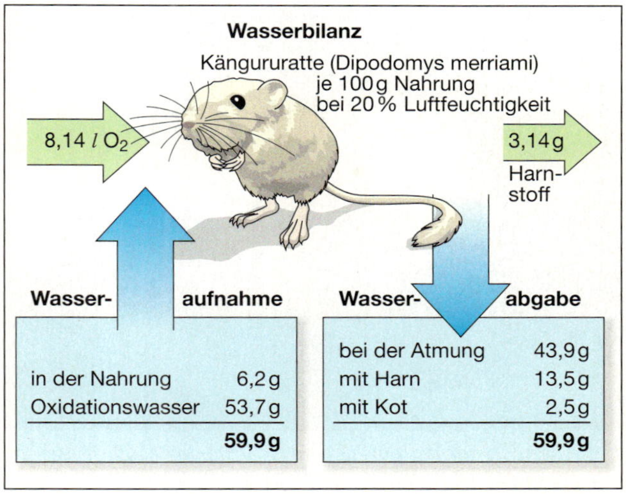

2 Wasserbilanz der Känguruatte, einer amerikanischen Wüstenbewohnerin

Zwischen Verhungern und Vertrocknen. Die Fotosynthese bringt die Pflanzen extrem sonniger und trockener Lebensräume in ein Dilemma: Schließen sie bei Wassermangel die Spaltöffnungen, verhindern sie zugleich die Aufnahme des lebensnotwendigen Kohlenstoffdioxids. Manche tropischen und subtropischen Pflanzen haben als Anpassung an diese Bedingungen die Fähigkeit entwickelt, Kohlenstoffdioxid besonders wirksam und wassersparend aufzunehmen (→ S. 138).

- *C_4-Pflanzen* wie Zuckerrohr oder Mais konzentrieren das aufgenommene CO_2, indem sie damit zunächst *Dicarbonsäuren* (mit vier C-Atomen im Molekül, zum Beispiel Apfelsäure) erzeugen. Der Stoffwechselweg funktioniert, selbst wenn bei fast geschlossenen Spaltöffnungen im Blatt wenig CO_2, aber viel Sauerstoff vorhanden ist. „Normale" C_3-Pflanzen dagegen können dann keine Glucose mehr bilden.
- Viele *Sukkulenten* öffnen ihre Spaltöffnungen nur nachts, wenn der Wasserverlust gering ist. Aus dem aufgenommenen CO_2 bilden sie im so genannten *Dickblatt-Säurestoffwechsel (CAM)* ebenfalls Dicarbonsäuren, die sie am Tag wieder zu CO_2 für die Fotosynthese abbauen (→ Bild 1).

Ausgetrocknet überleben: Bärtierchen. Bärtierchen sind winzige *Gliedertiere*. Die meisten von ihnen erreichen nicht einmal 1 mm Körperlänge. Bärtierchen kommen an der Küste und in Teichen und Seen vor. Vor allem aber bewohnen sie Moospolster an Mauern und auf Dächern – Lebensräume, deren Feuchtigkeitsgehalt stark schwankt und die oft völlig austrocknen. Dann bilden die Bärtierchen widerstandsfähige *Tönnchen*. In Versuchen überstanden Bärtierchen in diesem Zustand 10 Jahre völliger Trockenheit, 20 Monate bei –200 °C, 8 Stunden bei –272 °C, also nahe beim absoluten Nullpunkt, kurzzeitige Hitze von mehr als 100 °C, völlige Sauerstofflosigkeit oder einen Aufenthalt im Hochvakuum. Stets konnten sie durch Befeuchten innerhalb einer Stunde „wiederbelebt" werden. Ihr Überlebenstrick: Sie entwässern ihr Zellplasma bis auf einen Wassergehalt von 3 %!

Wasser gewinnen, wo es keines gibt: Wüstentiere. Manche Wüstentiere, wie *Wüstenfuchs*, *Springmaus* und *Känguruatte,* trinken nicht und können doch in der Wüste dauerhaft existieren. Bei der amerikanischen Känguruatte wurde die *Wasserbilanz* genau untersucht: Der größte Teil ihrer *Wassereinnahmen* besteht aus dem „Oxidationswasser", das sich als *Endprodukt der Zellatmung*, also beim Abbau der Nährstoffe bildet. Mit dem gewonnenen Wasser gehen die Wüstentiere äußerst sparsam um: Ihr Kot ist staubtrocken und der Urin etwa dreifach so konzentriert wie bei anderen Säugetieren. Durch Kühlung der Ausatmungsluft an der feuchten Nasenschleimhaut halten sie den größten Posten ihrer *Wasserausgaben* in Grenzen.

1 Überlegen Sie, welchen ökologischen Vorteil Bewohner extremer Lebensräume haben.

2 Bärtierchen leben 1 Jahr „am Stück", mit längeren Phasen als Tönnchen aber vermutlich 60 Jahre. Welchen Zusammenhang zwischen Stoffwechsel und Lebensdauer vermuten Sie?

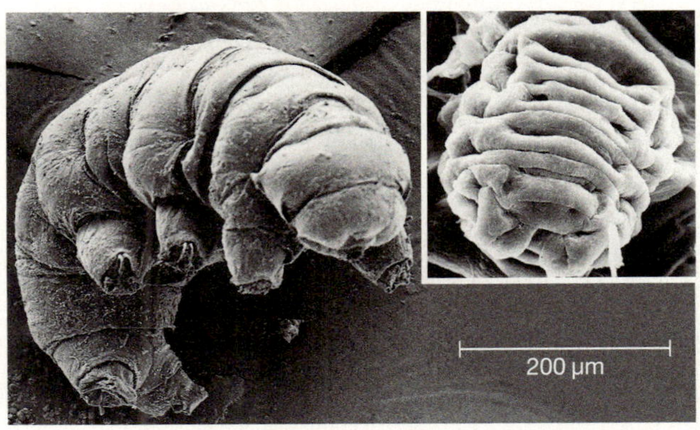

3 und 4 Bärtierchen, Normalzustand und als Tönnchen (kleines Bild); rasterelektronenmikroskopische Aufnahmen

Zusammenwirken abiotischer Faktoren im Lebensraum

1 *Fichten an der Waldgrenze im Gebirge. Im Wuchs unterscheiden sie sich auffällig von Fichten im Tal.*

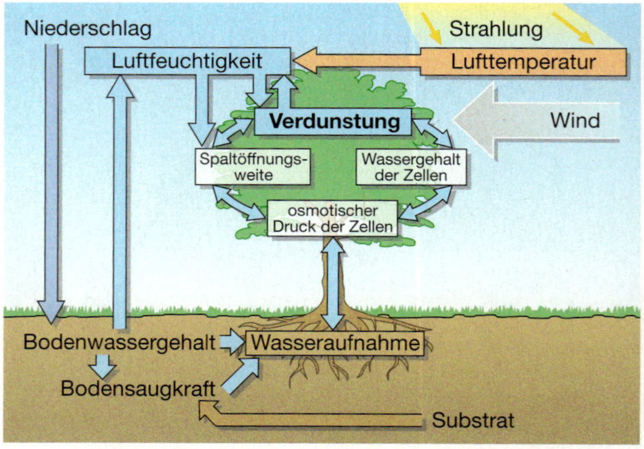

2 *Die Verdunstung eines Baums hängt von vielen Ökofaktoren an seinem Standort ab.*

Welcher Ökofaktor bewirkt den Krüppelwuchs der Bäume an der Waldgrenze im Gebirge? Wind? Temperatur? Strahlung? Schneedruck? In Wahrheit sind es alle diese Faktoren zusammen, denn die Ökofaktoren wirken nicht unabhängig voneinander auf ein Lebewesen ein, sondern als *Gesamtheit*.

Methodenproblem. Der Einfluss jedes Einzelfaktors lässt sich im Labor untersuchen. Wie die Ökofaktoren zusammen auf ein Lebewesen wirken, können nur *Messungen am Standort* zeigen. Dabei ist auch das Zeitmuster wichtig: Ob 30 mm Niederschlag als Wolkenbruch in wenigen Minuten vom Himmel prasselt oder als Nieselregen über eine Woche verteilt fällt, hat völlig unterschiedliche Effekte auf die Lebewesen.

Welche Bedeutung einem Einzelfaktor zukommt, ist nicht nur wegen der Vielzahl der Faktoren schwer zu durchschauen, sondern auch deshalb, weil manche von ihnen gekoppelt sind. Beispielsweise lässt sich die Wirkung von Sauerstoffgehalt und Temperatur auf Lebewesen im Gewässer nur als Faktorenkomplex ermitteln, da die Löslichkeit des Sauerstoffs im Wasser von der Temperatur abhängt. Ähnliches gilt für Lufttemperatur und Luftfeuchtigkeit am Standort einer Pflanze.

Darstellungsproblem. Die Wirkung von zwei Faktoren lässt sich im *Flächendiagramm* (→ Bild 3) darstellen. Drei Faktoren erfordern eine *räumliche Darstellung* (→ Bild 4). Mehr als drei Faktoren zugleich lassen sich in ihrer Wirkung auf ein Lebewesen schon nicht mehr quantitativ darstellen. Die Umwelt einer Art umfasst jedoch fast immer viel mehr Faktoren.

Faktorengewichtung. Nicht jedem Ökofaktor kommt dasselbe Gewicht zu. So wirkt sich der Faktor Strömung in einem Fließgewässer viel stärker auf die Bewohner aus als Licht oder chemische Faktoren. Je weiter ein Faktor vom Optimum entfernt ist, desto größer ist sein relatives Gewicht. Gerät ein Faktor in den Bereich von Minimum oder Maximum der ökologischen Potenz und begrenzt damit die Existenz einer Art im Lebensraum, spricht man vom *Minimumfaktor* oder besser vom *limitierenden Faktor*.

Obwohl das Vorkommen einer Art im Lebensraum durch ein Faktorengefüge bedingt wird, lässt sich auf einzelne Faktoren rückschließen, wenn die ökologische Potenz der Art für diesen Faktor eng begrenzt ist. Stenopotente Arten eignen sich daher als *Zeigerarten (Bioindikatoren)*.

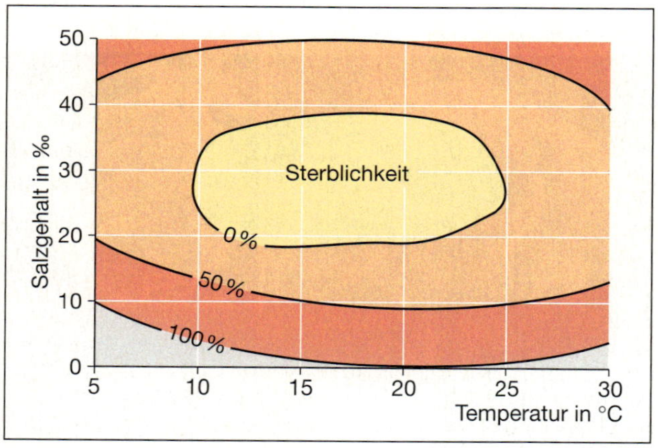

3 *Wirkung von zwei Ökofaktoren auf eine Sandgarnele, dargestellt als Flächendiagramm*

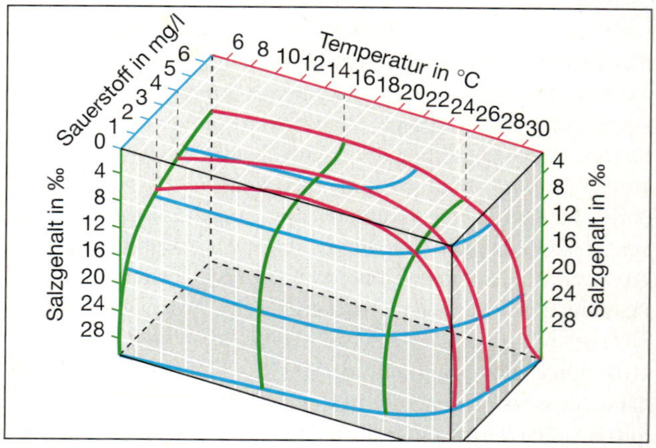

4 *Wirkung von drei Ökofaktoren auf einen Hummer, dargestellt in einem räumlichen Koordinatensystem*

Überblick

■ Lebewesen sind offene Systeme. Sie brauchen eine Umwelt, mit der sie Energie und Stoffe austauschen. Unter Umwelt sind dabei alle für das Lebewesen bedeutsamen Faktoren der Außenwelt zu verstehen, unabhängig davon, ob sie der unbelebten oder der belebten Umwelt entstammen. → S. 298

■ Die unbelebte Umwelt wirkt auf Lebewesen durch physikalisch-chemische Einflüsse ein, die als abiotische Ökofaktoren bezeichnet werden. → S. 298

■ Um die Wirkung der Ökofaktoren zu analysieren, ist es notwendig, sie einzeln zu betrachten. → S. 299–317

Daneben muss aber auch ihr Zusammenwirken am natürlichen Standort untersucht werden. → S. 318

■ Den Intensitätsbereich eines Ökofaktors, den ein Lebewesen toleriert, nennt man seine ökologische Potenz. Sie wird durch Minimum und Maximum begrenzt und weist ein Optimum auf, wenn der Ökofaktor je nach Intensität fördernd oder hemmend wirkt. → S. 299

■ Arten mit eng begrenzter ökologischer Potenz eignen sich als Zeigerarten oder Bioindikatoren. → S. 318

■ Der Ökofaktor Temperatur ist für Lebewesen von großer Bedeutung, da alle Stoffwechselvorgänge temperaturabhängig sind. → S. 299

■ Zwischen Umgebungstemperatur, der Fähigkeit zur Thermoregulation und der Verbreitung von Pflanzen und Tieren bestehen zahlreiche Zusammenhänge. → S. 300–303

■ Für Größe und Proportionen homoiothermer Tiere lassen sich Klimaregeln formulieren. → S. 303

■ Licht ist als Energie, darüber hinaus aber auch als Informationsträger für das Leben von Pflanzen und Tieren fundamental. Der tägliche Hell-Dunkel-Wechsel und die Tageslänge sind wichtige biologische Zeitgeber → S. 306, 307

■ Alle Lebensvorgänge sind an Wasser gebunden, dessen biologische Bedeutung in seinen besonderen physikalisch-chemischen Eigenschaften begründet ist. → S. 308

■ Wasserhaushalt und daran gekoppelter Ionenhaushalt sind nicht nur für Zellen und Gewebe, sondern auch für die Pflanzen und Tiere insgesamt von großer ökologischer Bedeutung. → S. 309, 314, 315

■ Die Gestalt und die Baumerkmale der Landpflanzen sind vor allem durch Anpassungen an die Verfügbarkeit von Wasser bedingt. → S. 309–313

■ Bei Tieren hängt der Wasser- und Ionenhaushalt entscheidend davon ab, ob sie im Meer, im Süßwasser oder an Land leben. → S. 314, 315

■ Landtiere besitzen eine Reihe von Anpassungen zur Regulation ihres Wasserhaushalts. → S. 315

■ Weite Bereiche der Erde sind durch Extremwerte einzelner oder mehrerer Ökofaktoren lebensfeindlich. Sie können nur von Arten mit besonderen Bau- und Stoffwechselmerkmalen besiedelt werden. → S. 316, 317

Aufgaben und Anregungen

1 Temperatur, Licht und Wasser gelten – nach einem Wort des amerikanischen Ökologen E. P. ODUM – als „die großen Drei“ unter den abiotischen Ökofaktoren. Fassen Sie ihre Bedeutung für Lebewesen jeweils knapp zusammen.

2 Welche ökologischen Vorteile hat die Homoiothermie?

3 Durch einen hohen Anteil von Hellrot im Licht wird das Phytochrom bei Lichtkeimern aktiviert, durch Dunkelrot wird es inaktiviert. Begründen Sie, weshalb Samen von Lichtkeimern im Blätterschatten anderer Pflanzen nicht keimen.

4 Die Nieren der Säugetiere erzeugen Harn mit einem Salzgehalt von maximal 2%. Erklären Sie, warum Säugetiere ihren Wasserbedarf nicht mit Meerwasser decken können.

5 Schiffbrüchige sollen sich vor dem Verdursten gerettet haben, indem sie die Körperflüssigkeit von Meeresfischen auspressten und zu sich nahmen. Nur Seemannsgarn?

6 Das Foto zeigt einen Siebenschläfer im Winterschlaf. Welche Vorteile bietet diese Form der Überwinterung?

Die abgekugelte Schlafhaltung ist wärmeenergetisch optimal, da die Kugel von allen Körpern das günstigste Verhältnis von Volumen zu Oberfläche besitzt. Erklären Sie den Zusammenhang.

7 Licht hat als Ökofaktor zwei grundsätzlich verschiedene Bedeutungen für Lebewesen. Belegen Sie dies am Beispiel einer Pflanze.

8 Lebewesen mit einem speziellen Stoffwechsel sind oft auch hinsichtlich ihres Lebensraums spezialisiert. Finden Sie Beispiele.

9 Die Besiedlung des Festlands durch Pflanzen und Tiere, die aus dem Meer stammen, gilt als eine der schwierigsten und zugleich folgenschwersten biologischen Entwicklungen. Stellen Sie an einem Beispiel dar, wie Landlebewesen die Herausforderung meistern.

Beziehungen zwischen Lebewesen

1 *Clownfische zwischen den giftigen Fangarmen von Seeanemonen eines Korallenriffs im Indopazifik*

Jedem anderen Fisch werden Seeanemonen mit ihrem Nesselgift zur tödlichen Falle, Clownfische aber kuscheln sich sogar zwischen die Fangarme! Die Seeanemonen dienen den Fischen als Wohnung, Schlafplatz und Fluchtburg, in der sie vor Feinden sicher sind. Die Weibchen setzen selbst ihre Eier am Fuß der Anemonen ab. Gewissermaßen als Gegenleistung verteidigen die Fische „ihre“ Anemone gegen Fressfeinde.

Der „Trick“ der Clownfische besteht darin, dass sie ihre Haut ständig mit dem Schleim der Anemonen präparieren, mit dem sich diese vor dem eigenen Gift schützen. Das funktioniert jedoch nur so lange, wie der Fisch gesund und seine Haut unverletzt ist …

Im Blickpunkt:

- verschiedene Beziehungsformen zwischen Lebewesen und ihre Kennzeichen
- die Bedeutung der Ökofaktoren Nahrung und Fressfeinde
- Parasitismus und Symbiose – besondere Wechselbeziehungen zwischen verschiedenen Arten
- die Rolle der Konkurrenz, ihr Zusammenhang mit der Entstehung und dem Fortbestand von Arten
- Entwicklung von Wechselbeziehungen zwischen Arten
- die ökologische Nische als Gesamtheit der Umweltbeziehungen einer Art
- Dynamik von Populationen

Selbst wenn man die Ansprüche eines Lebewesens an die unbelebte Umwelt sehr genau kennt, reicht das nicht aus um sein Vorkommen in der Natur vollständig vorherzusagen. Minimum und Maximum der abiotischen Ökofaktoren setzen zwar seiner Existenz Grenzen, doch innerhalb dieser Grenzen wird sein Leben entscheidend von anderen Lebewesen beeinflusst. Von ihnen gehen die Wirkungen aus, die man als *biotische Ökofaktoren* bezeichnet.

So wird in Laborversuchen meist nur die Wirkung abiotischer Ökofaktoren auf einen Organismus untersucht. Das dabei ermittelte *physiologische Optimum* kann jedoch vom *ökologischen Optimum*, wie es sich im Beziehungsgefüge mit anderen Lebewesen zeigt, erheblich abweichen.

Besonderheiten biotischer Ökofaktoren. Biotische Ökofaktoren gehen von Lebewesen aus, die selbst höchst komplex sind. Ihre Wirkung ist daher oft schwer zu durchschauen. Vieles lässt sich erst verstehen, wenn man die biologische *Evolution*, also die Abstammungs- und Entwicklungsgeschichte der betreffenden Tier- und Pflanzenarten, mit berücksichtigt.

Den meisten biotischen Ökofaktoren liegen Wechselbeziehungen zugrunde, sie wirken sich also auf beide Beteiligte aus. Um sie zu klassifizieren, benutzt man meist ein einfaches Schema aus den Zeichen „+“ und „–“, mit denen eine vorteilhafte oder nachteilige Wirkung auf das jeweilige Lebewesen formelartig dargestellt werden kann.

Biotische Ökofaktoren im Überblick

Parasiten. Lebewesen, die von anderen Lebewesen Nahrung beziehen ohne sie sofort zu töten, nennt man *Schmarotzer* oder *Parasiten*. Das von ihnen geschädigte Lebewesen bezeichnet man als ihren *Wirt*. Die meisten Parasiten sind auf bestimmte Wirte spezialisiert. Besondere Anpassungen ermöglichen ihnen:
- die Wirte zu finden, auf die sie angewiesen sind,
- sich als *Außenschmarotzer* oder *Ektoparasiten* am Wirt festzuhalten, als *Innenschmarotzer* oder *Endoparasiten* in ihn einzudringen,
- an Stoffe des Wirts zu gelangen, sich zu vermehren und den Wirt auch wieder zu verlassen.

Lebewesen in der freien Natur sind praktisch immer von Parasiten befallen. So ist kaum ein Reh frei von Zecken, Läusen, Milben, Faden- oder Saugwürmern. Solange seine Abwehreinrichtungen den Parasitenbefall in Grenzen halten, muss es dennoch nicht als „krank" angesehen werden.

Symbionten. *Symbionten* sind Lebewesen, die zu verschiedenen Arten gehören und mit wechselseitigem Nutzen regelmäßig miteinander vergesellschaftet sind. Ihre als *Symbiose* bezeichnete Beziehung kann so eng sein, dass der eine Partner vom anderen weitgehend abhängig ist.

Viele Symbiosen beruhen darauf, dass Stoffwechselleistungen ergänzt oder einseitige Spezialisierungen ausgeglichen werden. Rehe beispielsweise besitzen als Wiederkäuer einen hochspezialisierten, vierteiligen Magen. Er beherbergt in zwei Abschnitten – Pansen und Blättermagen – eine riesige Zahl symbiontischer Bakterien und Wimpertierchen. Diese können mithilfe ihrer besonderen Enzymausstattung die Cellulose in der Rehnahrung anaerob aufschließen und machen sie damit für die Rehe erst verwertbar. Dafür bietet ihnen das Reh in seinem Körper eine optimale Umwelt mit konstanter Temperatur und ständiger Nahrungszufuhr. Allerdings werden die Symbionten nach einiger Zeit schließlich doch verdaut.

1 und 2 Wichtige biotische Faktoren im Leben des Rehs. + bedeutet vorteilhafte, – nachteilige Wirkung.

Konkurrenten. Die meisten für einen Organismus lebenswichtigen Faktoren, zum Beispiel Nahrung, stehen nicht unbegrenzt zur Verfügung. Um sie entsteht ein *Wettbewerb*. Lebewesen, die miteinander im Wettbewerb um einen Faktor stehen, sind *Konkurrenten*. Der Faktor wird damit zur Ressource.

Reh und Rothirsch konkurrieren beispielsweise um Knospen, Triebe, Blätter und bestimmte Kräuter. Der Schaden, den sich die Konkurrenten dabei gegenseitig zufügen, ist selten völlig gleichwertig. So beeinträchtigt die Nahrungskonkurrenz zwischen Reh und Rothirsch das Reh viel stärker als den Hirsch, da dessen Nahrungsspektrum größer ist.

Konkurrenz besteht nicht nur zwischen den Angehörigen verschiedener Arten, sondern auch unter Artgenossen. Rehe konkurrieren zum Beispiel um geeignete Gebiete zur Jungenaufzucht miteinander. Man unterscheidet demnach *zwischenartliche* von *innerartlicher Konkurrenz*.

Fressfeinde. Beinahe alle Lebewesen können *Fressfeinde* für andere sein oder zur *Beute* für Fressfeinde werden: Ein Reh frisst Knospen, Blätter und Triebe verschiedener Pflanzen und wird dadurch zu deren Fressfeind. Es kann jedoch auch selbst *Beute* werden, beispielsweise von Luchs oder Wolf, wo diese noch vorkommen.

Meist unterscheidet man zwei Typen von Fressfeinden:
- *Räuber* oder *Beutegreifer* töten und fressen andere Lebewesen.
- *Pflanzenfresser* fressen meist nur Teile von Pflanzen ohne diese „Beute" in der Regel zu töten.

Die Einteilung ist aber nicht immer eindeutig: Frisst ein Reh ein junges Eichenpflänzchen ganz und gar, betätigt es sich streng genommen als Räuber. Holt ein Eichelhäher ein unbebrütetes Ei aus einem Buchfinkennest, ähnelt er eher einem Pflanzenfresser. Meisen fressen sowohl Insekten als auch Samen, sind also abwechselnd Räuber und Pflanzenfresser.

Fressfeind-Beute-Beziehung

1 *Wanderfalken sind an eine Lebensweise als schnelle Flugjäger angepasst.*

2 *Der Koala gehört zu den Nahrungsspezialisten. Er ernährt sich nur von den Blättern weniger Eucalyptusarten.*

Aus großer Höhe hat ein Wanderfalke eine Taube erspäht, stößt im Sturzflug auf sie herab und schlägt die langen Krallendolche seiner Hinterzehen in ihren Rücken. Schließlich rupft und kröpft er die abgestürzte Beute mit den Schneidekanten und der Reißhakenspitze seines Schnabels.

Wie der Wanderfalke sind alle Lebewesen, die andere fressen, an diese Lebensweise in Körpergestalt, Organen und Verhalten angepasst. Je effektivere Fangorgane sich dabei in einem langen Evolutionsprozess beim Feind entwickelt haben, desto wirksamere Abwehreinrichtungen haben sich bei der Beute herausgebildet. Man spricht in einem solchen Fall von *Ko-Evolution* der Merkmale.

Beutespektrum. *Allesfresser*, wie Wanderratte, Silbermöwe oder Stubenfliege, haben ein sehr breites Nahrungsspektrum. Die meisten Fressfeinde sind aber durch Sinnesorgane, Fangorgane, Mundwerkzeuge und Verdauungssystem auf bestimmte Beutearten spezialisiert. Relativ selten kommt es vor, dass ein Fressfeind nur auf eine einzige Nahrung festgelegt ist. Solche Tiere nennt man *monophag*. Beispiele dafür sind der Koala Australiens, der nur von Eucalyptusblättern lebt, oder der Seidenspinner, dessen Raupen auf Maulbeerblätter angewiesen sind.

Beuteerwerb. Fressfeinde haben eine Fülle von Techniken des Beuteerwerbs und der Nahrungsaufnahme entwickelt.

- *Filtrierer* wie Enten, die großen Bartenwale oder auch Seepocken filtern Nahrung bestimmter Größe aus dem Wasser.
- *Strudler* wie Rädertierchen oder Muscheln erzeugen zum Ausfiltern der Nahrung einen Wasserstrom.
- *Sammler*, zu denen viele Vögel gehören, lesen gezielt einzelne Beuteobjekte auf.
- *Weidegänger* wie Huftiere oder Schnecken beißen Pflanzenteile ab und zerkleinern sie.
- *Fallensteller* sind die Netze bauenden Spinnen oder der Ameisenlöwe, der im Sand Fallgruben anlegt.
- *Jäger* lauern der Beute auf wie Fangschrecke und Anglerfisch oder erjagen sie im Lauf, im Flug oder schwimmend wie Gepard, Fledermaus und Hai.

Feindabwehr. Den Bedrohungen durch Feinde stehen mannigfaltige Abwehrstrategien der Beute gegenüber: *Flucht, Tarnung, Schwarmbildung, Stacheln, Panzer, Schalen, Warntrachten, Abwehrdüfte* oder *Fraßgifte*. Sie wirken aber längst nicht gegen alle Feinde. Weiden etwa schützen sich vor Pflanzenfressern mit Gift. Blattkäferlarven hindert es jedoch nicht am Fressen. Sie stellen daraus einen eigenen Abwehrstoff her!

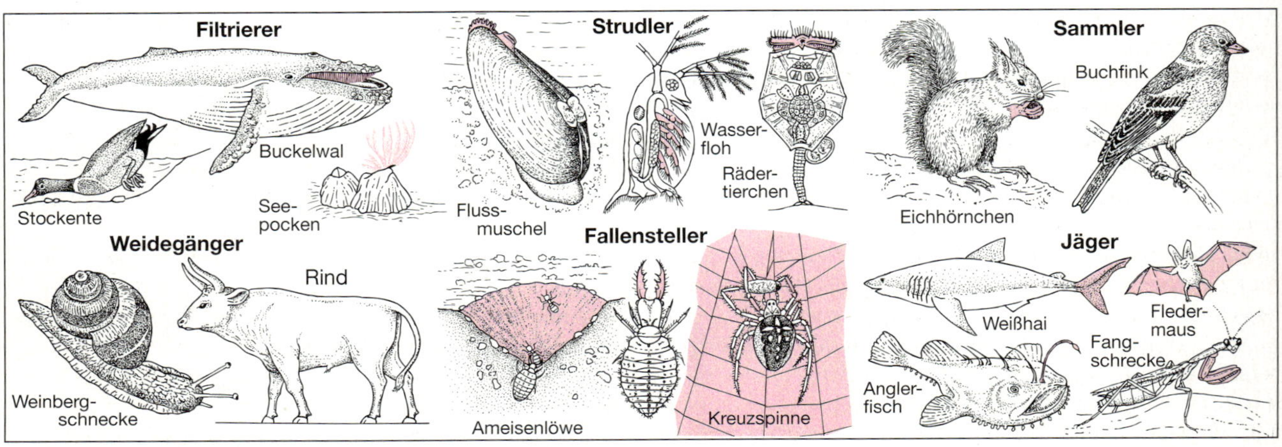

3 *Viele Tierarten verfügen über besondere Organe und Techniken zum Nahrungserwerb (rot hervorgehoben, wo möglich).*

Parasitismus

Die parasitische Lebensweise ist im Tier- und Pflanzenreich nichts Ungewöhnliches: Rund die Hälfte aller Arten lebt ganz oder teilweise so. *Parasitismus* ist dadurch gekennzeichnet, dass der Parasit seinem Wirt Nahrung entzieht ohne ihn zu töten, dass er besonders weitgehend an den Wirt angepasst ist und von ihm abhängt. Das Verhältnis von Parasit und Wirt gilt als Musterfall einer *Ko-Evolution* und wird manchmal verglichen mit einem Wettrüsten der Partner. Je besser sich die Parasiten an die Wirtsart anpassen, desto wirksamere Abwehrmaßnahmen entwickeln die Wirte gegen die Parasitenart.

Auch wenn Parasitenbefall den Wirt nicht lebensbedrohlich schädigt, wirkt er sich doch negativ auf Wachstum, Fortpflanzung oder Lebensdauer aus. Selbst die Mistel, ein *Halbschmarotzer*, bewirkt bei den Bäumen, auf denen sie wächst, einen bis zu einem Fünftel geringeren Stammzuwachs.

Formen des Parasitismus. Nach dem englischen Ökologen CHARLES ELTON lebt „der Räuber vom Kapital, der Parasit von den Zinsen". Dieser Vergleich trifft allerdings nur auf echte Parasiten zu, beispielsweise Läuse, Bandwürmer, Saugwürmer oder Federlinge. Tatsächlich gibt es aber zwischen der Lebensweise als Räuber und der als Parasit Übergänge:
- Wenn eine Bremse an einem Säugetier Blut saugt, ist sie ein Parasit, saugt sie eine Insektenlarve vollkommen aus, entspricht sie einem Räuber.
- *Parasitoide*, das heißt Parasitenähnliche, wie Grabwespen (→ Bild 2), Raupenfliegen oder Schlupfwespen, schmarotzen als Larven im Körper von anderen Insekten. Dabei verschonen sie zuerst die lebenswichtigen Organe des Wirts, töten ihn am Ende ihrer Entwicklung aber doch.

Anpassungen. Die Umwelt des Parasiten ist ein Lebewesen. Aus dieser Besonderheit ergeben sich spezielle *Anpassungen*:
- *Haft-* und *Klammerorgane* wie die Klammerbeine der Läuse oder die Saugnäpfe und Hakenkränze der Bandwürmer (→ Bild 3) verhindern, dass die Parasiten den Wirt verlieren, was in der Regel ihren Tod zur Folge hätte.
- *Rückbildungen* sind für viele Parasiten ohne Nachteil. Den Flöhen, Läusen und Federlingen fehlen die Flügel, endoparasitische Würmer kommen ohne Sinnes- und Verdauungsorgane aus, die Mistel hat keine Wurzeln, die Kleeseide keine Blätter, die Sommerwurz kein Chlorophyll.
- *Große Eizahlen* und *komplizierte Entwicklungs- und Übertragungswege* sichern die Fortpflanzung und das Auffinden eines Wirts. Zum Beispiel werden beim Fuchsbandwurm (→ Bild 3) mit jedem Bandwurmglied, das mit dem Fuchskot nach außen gelangt, 350 staubfeine Eier freigesetzt. Diese können Mäuse als *Zwischenwirte* infizieren und in deren Leber ungeschlechtliche Vermehrungsstadien bilden, die *Finnen*. Fressen Füchse oder Katzen eine finnenhaltige Maus, ist ihre Neuinfektion ziemlich sicher.

Parasitenabwehr. Von Parasiten befallenes Pflanzengewebe kann absterben und Abwehrstoffe freisetzen. In der Umgebung setzt eine schützende Schorfbildung ein, das Gewebe verkorkt. Tiere bekämpfen Ektoparasiten durch Putzen und Baden. Endoparasiten werden zum Teil eingekapselt oder durch Abwehrzellen, Antikörper und Enzyme angegriffen.

1 *Halbschmarotzer Mistel. Sie ist zur Fotosynthese fähig und entzieht dem Baum, auf dem sie wächst, nur Wasser.*

2 *Grabwespen gehören zu den Parasitoiden. Die gelähmte Raupe dient als Frischnahrung für die Grabwespenlarve.*

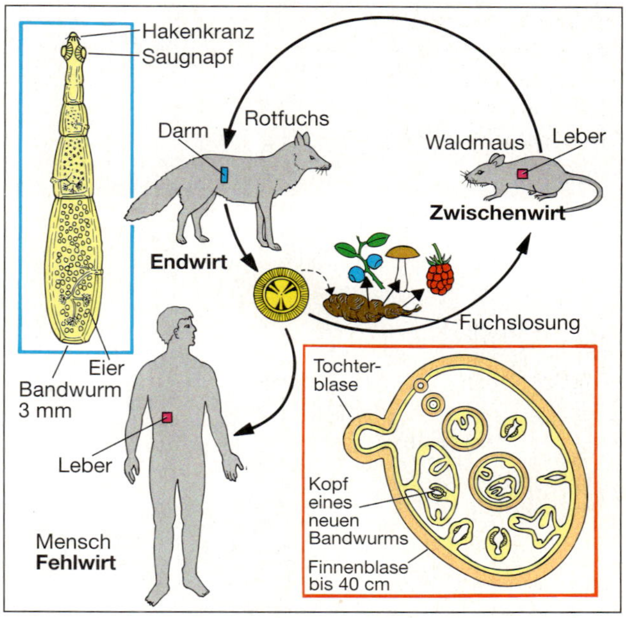

3 *Entwicklung des Fuchsbandwurms. Der Mensch ist darin Fehlwirt. Er stirbt letztlich an den Finnen in Leber oder Gehirn.*

Symbiose

Den größten Teil der Biomasse auf der Erde stellen Symbionten! Das mag unglaublich klingen, doch sind nahezu alle Bäume und Sträucher, viele Gräser, alle auf Bestäubung durch Tiere angewiesenen Samenpflanzen, sämtliche Flechten und Riffkorallen mit anderen Arten zu wechselseitigem Nutzen vergesellschaftet, bilden also *Symbiosen*.

Formen der Symbiose. Bleiben die Partner einer Symbiose körperlich getrennt, spricht man von *Ektosymbiose*, wird einer der Partner in den Körper des anderen aufgenommen, von *Endosymbiose*.

Auch bei vielen Ektosymbiosen haben sich die Partner in einem langen Evolutionsprozess so weit einander angepasst, dass sie nicht mehr völlig unabhängig voneinander sind. Das gilt zum Beispiel für Blüten und ihre Bestäuber, für Samen fressende Vögel und die durch sie verbreiteten Pflanzenarten, für Clownfische und ihre Seeanemonen.

Bei den meisten Endosymbiosen kommen die Partner nur noch in Symbiose vor. Sie sind oft lebensnotwendig füreinander und bleiben auch bei der Fortpflanzung verbunden.

Flechten. *Flechten* sind eine Symbiose von Pilzen und Algen. Gestaltlich ähneln sie keinem der Partner mehr. Im System der Lebewesen werden sie deshalb als eigene Verwandtschaftsgruppe behandelt. Im blatt- bis krustenförmigen Flechtenkörper, dem *Thallus*, sind Algenzellen von Pilzhyphen umhüllt. Die Pilzhyphen liefern den Algenzellen Wasser und Mineralstoffe und schützen sie vor Austrocknung und Tierfraß. Die Alge versorgt den Pilz mit Kohlenhydraten. Besondere Flechtenstoffe entstehen nur in der Symbiose, nicht aber wenn man die Partner isoliert.

Die Symbiose erweitert die ökologischen Möglichkeiten beider Partner außerordentlich: Sie können so Lebensbereiche wie Felsen, Baumrinde, Holz, Dächer, Steine oder Boden besiedeln und sich über Wüsten, arktische und alpine Lebensräume verbreiten, in denen sie sich einzeln nicht behaupten könnten.

Korallen. Ähnlich wie der Süßwasserpolyp Hydra ernähren sich auch die Polypen der *Steinkorallen* von kleinen Tieren, die sie mit den Nesselzellen ihrer Fangarme erbeuten. Daneben beherbergen sie einzellige Algen als Endosymbionten. Von den Algen erhalten die Korallenpolypen Fotosyntheseprodukte wie Glucose und Sauerstoff. Dafür versorgen sie die Algen mit Mineralstoffen und Kohlenstoffdioxid. Der Verbrauch des Kohlenstoffdioxids durch die Algen verschiebt in den Polypenzellen das Reaktionsgleichgewicht vom löslichen Calciumhydrogencarbonat zum schwer löslichen Calciumcarbonat. Das ist die Voraussetzung dafür, dass sich die Kalkskelette der Polypen so rasch bilden können, dass Korallenriffe entstehen. Da die symbiontischen Algen Licht benötigen, ist das Vorkommen von Riffkorallen auf eine Wassertiefe von höchstens 60 m begrenzt.

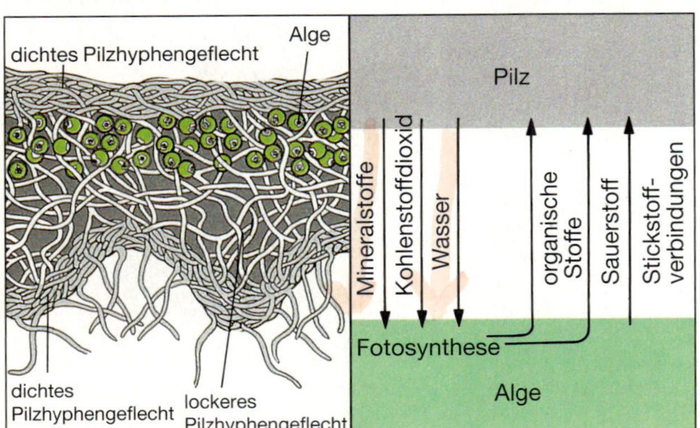

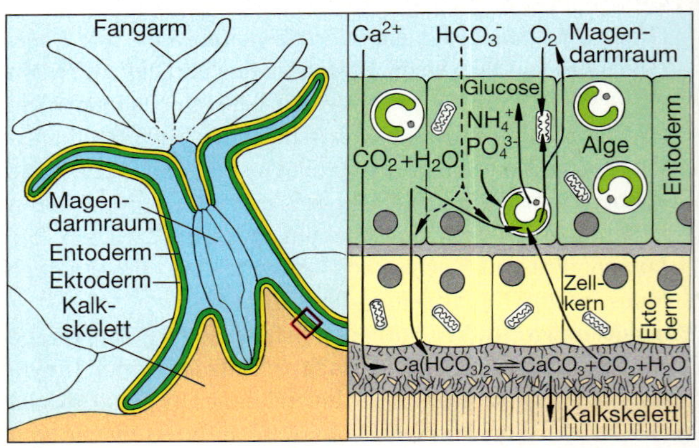

1–3 Flechten sind eine Symbiose von Pilzen und Algen. Das Foto zeigt eine Landkartenflechte.

4–6 Steinkorallen beherbergen Algen als Endosymbionten. Zur Riffbildung sind die Algen notwendig.

Blütenbestäubung. Die Übertragung von Pollen einer Blüte auf die Narbe einer artgleichen Blüte durch Insekten, Vögel oder Fledermäuse wird uns kaum als Symbiose bewusst, hat aber große ökologische Bedeutung.

Der Vorteil aufseiten der Pflanze liegt darin, dass *Fremdbestäubung* sichergestellt ist. Fremdbestäubung führt zu einer höheren *Variabilität* der Nachkommen (→ S. 334) als Selbstbestäubung. Als Gegenleistung erhalten die Bestäuber überschüssig erzeugten Pollen und Nektar. Diese Symbiose besteht seit etwa 100 Millionen Jahren. Seitdem haben sich wechselseitige Anpassungen von Blüten und Bestäubern entwickelt: Die Blüten besitzen Lockmittel wie auffällige Farbe, Duft oder Nektar, die Bestäuber spezielle Sammelapparate an den Beinen oder besonders geformte Mundwerkzeuge. „Vogelblüten" sind oft schon an der roten Färbung zu erkennen.

Mykorrhiza. Wörtlich bedeutet der Begriff „Pilzwurzel". Man versteht darunter eine Symbiose von Pilzen und Pflanzen, zu der etwa 90 % aller Pflanzenarten fähig sind. Die Pilzhyphen umspinnen dabei die Pflanzenwurzeln mantelartig und dringen zwischen ihre Rindenzellen – *Ektomykorrhiza* – oder sogar in diese ein – *Endomykorrhiza*.

Die Hyphen übernehmen dabei weitgehend die Aufgabe der in Symbiose nicht mehr ausgebildeten Wurzelhaare, erleichtern also der Pflanze die Versorgung mit Wasser und Mineralstoffen. Sie erhalten dafür von ihr Fotosyntheseprodukte. Einige Pilzarten können nur in Symbiose mit bestimmten Baumarten Fruchtkörper ausbilden und sich fortpflanzen.

Stickstofffixierung. Manche Pflanzen, besonders *Schmetterlingsblütengewächse* wie Soja, Lupine, Klee oder Robinie, bilden Wurzelknöllchen aus, in deren Zellen Bakterien der Gattung *Rhizobium* als Endosymbionten leben. In einer komplizierten Reaktionsfolge, an der beide Symbiosepartner beteiligt sind, reduzieren die Knöllchenbakterien mithilfe ihres Enzyms Nitrogenase den Luftstickstoff (N_2) zu Ammoniak (NH_3), das von der Pflanze zu Aminosäuren und weiter zu Proteinen umgesetzt wird. Diese Stickstofffixierung macht die Schmetterlingsblütengewächse unabhängig von stickstoffhaltigen Mineralstoffen des Bodens (→ S. 357). Damit sind sie besonders auf stickstoffarmen Standorten im Vorteil, müssen allerdings rund 12 % ihrer Fotosyntheseleistung an ATP dafür aufwenden.

Monophage. Tiere, die sich sehr speziell oder gar monophag ernähren, zum Beispiel nur von Pflanzensaft, Wirbeltierblut, Holz oder Gras, sind oft auf eine Endosymbiose mit *Mikroorganismen* angewiesen. Das gilt für Blattläuse ebenso wie für Säugetierläuse und Zecken, für die Holz fressenden Pochkäfer und Termiten, aber auch für Wiederkäuer wie Reh oder Rind. Meist liefern die Endosymbionten Zusatznährstoffe, vor allem Vitamine, und erhalten dafür Grundstoffe und „Wohnraum". Bei Arten, die ohne Endosymbionten nicht leben können, wird schon bei der Fortpflanzung für die Übertragung der symbiontischen Mikroorganismen auf die Nachkommen gesorgt.

1 In Korallenriffen wird tagsüber rund zehnmal mehr Kalk aufgebaut als nachts. Erklären Sie.

1 Ein Kolibri trinkt Nektar und bestäubt die Hibiskusblüte.

2 Mykorrhiza. Weißliche Pilzhyphen umspinnen die Wurzel.

3 Lupinenwurzel mit Wurzelknöllchen

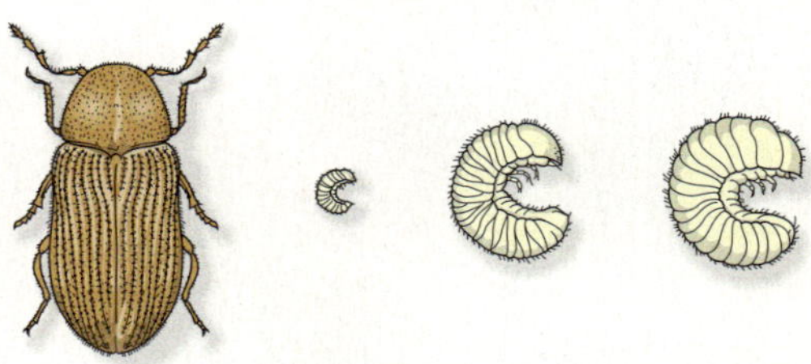

4 Pochkäfer leben mit Hefepilzen in Symbiose. Die Larven sind ohne Symbionten (links), mit Hefezusatz im Futter (Mitte) und normal mit Endosymbionten (rechts) aufgewachsen.

Material – Methode – Praxis: **Biotische Ökofaktoren**

Verglichen mit abiotischen Faktoren ist die experimentelle Untersuchung biotischer Ökofaktoren erheblich schwieriger, da die Variablen selbst Lebewesen sind. Auch hier bilden Versuche, mit denen der Einfluss einzelner Individuen oder Arten auf andere geprüft wird, die Grundlage. Dazu setzt man – ähnlich wie bei der Untersuchung abiotischer Faktoren – ein Lebewesen der abgestuften Wirkung eines biotischen Faktors aus oder schließt dessen Wirkung aus. Allerdings lässt sich erst aus der Analyse eines biotischen Faktors im natürlichen Zusammenhang erschließen, welches Gewicht ihm tatsächlich zukommt.

Unmittelbare Bezüge zum Leben des Menschen ergeben sich aus der Untersuchung menschlicher Parasiten und Krankheitserreger. Mittelbar ist für uns die Konkurrenz zwischen Wildarten und Kulturarten in der Landwirtschaft von großer Bedeutung.

Konkurrenz im Pflanzenbeet

Material: Gartenbeete oder 2 Pflanzschalen mit Gartenerde, schnell keimende Samen (zum Beispiel Erbse, Sonnenblume, Kresse, Senf, Mungobohne), Pinzette, Gartengeräte
Durchführung: Säen Sie auf zwei vorbereiteten Beeten oder in zwei Pflanzschalen mit Gartenerde dieselbe Anzahl Samen. Wählen Sie dabei gleiche Abstände (zum Beispiel 50 Samen im Abstand von 5 cm). Halten Sie die Beete in den nächsten Wochen gleichmäßig feucht. Jäten Sie auf einem der Beete jeden 3. bis 5. Tag alle „Unkräuter". Lassen Sie diese auf dem zweiten Beet wachsen.

Ernten Sie die gesamte Pflanzenmasse der beiden Versuchsbeete nach einigen Wochen und bestimmen Sie deren Gewicht getrennt nach Beeten.

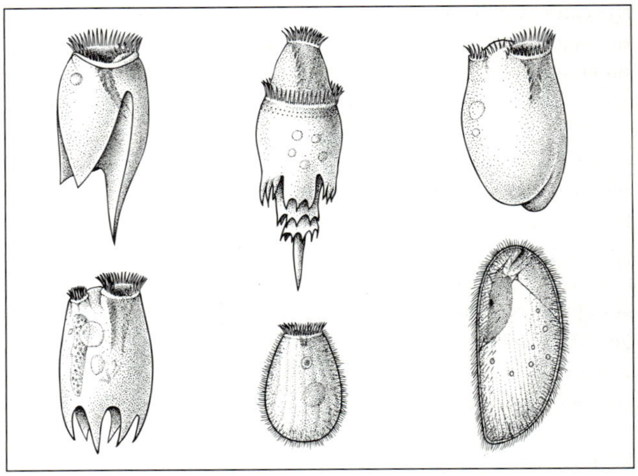

Symbionten aus dem Rinderpansen

Material: Panseninhalt (vom Schlachthof; für den Transport ist ein Thermosgefäß nötig; Haltbarkeit etwa 1 Tag bei 37 °C im Brutschrank), Mikroskop und Zubehör
Durchführung: Entnehmen Sie dem Thermosgefäß mit einer Pipette einige Tropfen Panseninhalt und bringen Sie davon eine kleine Probe auf einen Objektträger. Legen Sie ein Deckglas auf und mikroskopieren Sie zuerst bei kleiner Vergrößerung. Unterscheiden Sie Pflanzenteile und Mikroorganismen. Mikroskopieren Sie dann bei etwa 400facher Vergrößerung einzelne Mikroorganismen.

Skizzieren Sie verschiedene Typen. Finden Sie heraus, ob es sich um Wimpertierchen (→ Bild oben) oder um Bakterien handelt. Beobachten Sie Fortbewegung und Nahrungsaufnahme.

Nahrungsverwertung bei Schmetterlingsraupen

Material: Waage mit einer Genauigkeit von 0,01 g, mehrere Raupen von Schmetterlingen, zum Beispiel von Kohlweißling (→ Bild links) oder Gespinstmotte *(keine gefährdeten oder geschützten Arten verwenden!)*, Futterpflanzen für die Raupen, Wägegläser, Wasserglas, Raupenzuchtkasten oder vergleichbares geeignetes Behältnis, Trockenschrank
Durchführung: Halten Sie die Raupen in dem Zuchtkasten und stellen Sie Zweige der jeweiligen Futterpflanze in einem Wasserglas hinein.

Bestimmen Sie das Gewicht der Raupen und das Gewicht der Futterpflanzen zu Beginn des Versuchs und nach einigen Tagen beziehungsweise beim Ersetzen der abgefressenen Pflanzen.

Trocknen Sie Blätter der Futterpflanzen 1 Tag bei 105 °C und bestimmen Sie deren Trockengewicht. Nehmen Sie das Trockengewicht der Raupen zu 17 % des Raupen-Frischgewichts an. Berechnen Sie dann mit den Trockengewichtswerten, welchen Anteil der Pflanzenmasse die Raupen während der Versuchszeit in körpereigene Substanz umgesetzt haben.

Symbiontenfreie Blattläuse

Röhrenblattläuse (Familie Aphididae) – zu ihnen gehören zum Beispiel die Blattläuse an Rosen – saugen ausschließlich Saft aus dem Phloem der Leitbündel. Bei dieser einseitigen Ernährung sind sie auf *Endosymbionten* angewiesen. Durch Antibiotika kann man die Blattläuse symbiontenfrei machen. Sie zeigen dann erhöhte Sterblichkeit, verzögerte Entwicklung, gehemmtes Wachstum und Fortpflanzungsstörungen.

Lassen sich diese Mangelerscheinungen durch Zusatzstoffe in der Nahrung, zum Beispiel Vitamine oder Aminosäuren, wieder ausgleichen, dann ist erwiesen, welche Stoffwechselleistung durch die Symbionten erbracht wird. Durch die Verwendung radioaktiv markierter Stoffe in der Nahrung von symbiontenhaltigen und symbiontenfreien Blattläusen kann man dann die fraglichen Stoffwechselschritte ermitteln. Enthält zum Beispiel die Blattlausnahrung radioaktives Sulfat, lassen sich die schwefelhaltigen organischen Substanzen Taurin (T), Glutathion (G), Cystein (C) und Methionin (M) nur in Blattläusen mit Symbionten nachweisen (→ Bild rechts).

Knöllchenbakterien

Material: Pflanzen vom Weißklee, Mikroskop und Zubehör, Pinzette, Rasierklinge, Färbelösung Karbolfuchsin

Durchführung: Spülen Sie die Wurzeln einer Pflanze des Weißklees unter fließendem Wasser, bis die Erde vollständig entfernt ist. Präparieren Sie einige Wurzelknöllchen ab. Durchschneiden Sie diese und reiben Sie die Schnittfläche auf einen Objektträger ab.

Nach dem Anfärben finden Sie bei starker Vergrößerung Knöllchenbakterien. Sie sind an ihrer ungewöhnlichen Form gut zu erkennen. Zeichnen Sie einige von ihnen.

1 Planen Sie ein Experiment, mit dem die innerartliche Konkurrenz bei Kresse, Senf oder Weizen untersucht werden kann. Führen Sie das Experiment mit Keimpflanzen nach Möglichkeit durch.

2 Führen Sie mit Weizenkörnern oder Sonnenblumenkernen einen ähnlichen Versuch durch, wie er dem Bild rechts zugrunde liegt. Verwenden Sie für die Keimversuche Wasser, in das Sie zuvor eine Woche lang Blätter des Walnussbaums eingelegt hatten.

3 Hühnerhirse und Borstenhirse sind Wildgräser in Mais- und Hackfruchtkulturen. Könnte man sie mit Wirkstoffen aus Eucalyptusblättern bekämpfen? Vergleichen Sie dazu mit dem Bild rechts.

4 Erklären Sie das Prinzip und das Ergebnis des Experiments mit den symbiontenfreien Blattläusen.

5 Vergleichen Sie Ihre Messwerte aus dem Versuch zur Nahrungsverwertung von Schmetterlingsraupen mit den Angaben auf Seite 358 (→ Bild 4). Wären Insektenlarven unter diesem Blickwinkel günstige Nutztiere?

☞ Stichworte zu weiteren Informationen

Autoradiographie, Allelopathie, Antibiose, Darmflora

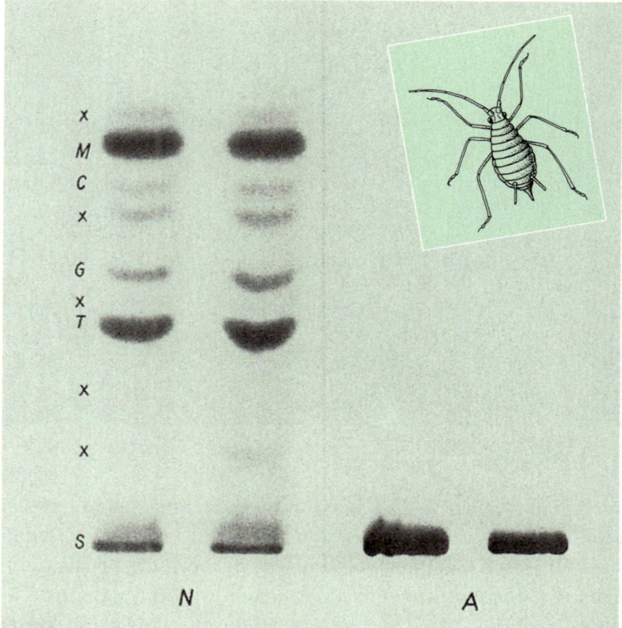

Chromatogramme des Zellsafts symbiontenhaltiger (N) und symbiontenfreier (A) Blattläuse. Die dunklen Substanzflecken sind durch Strahlung von radioaktivem Schwefel (^{35}S) entstanden.

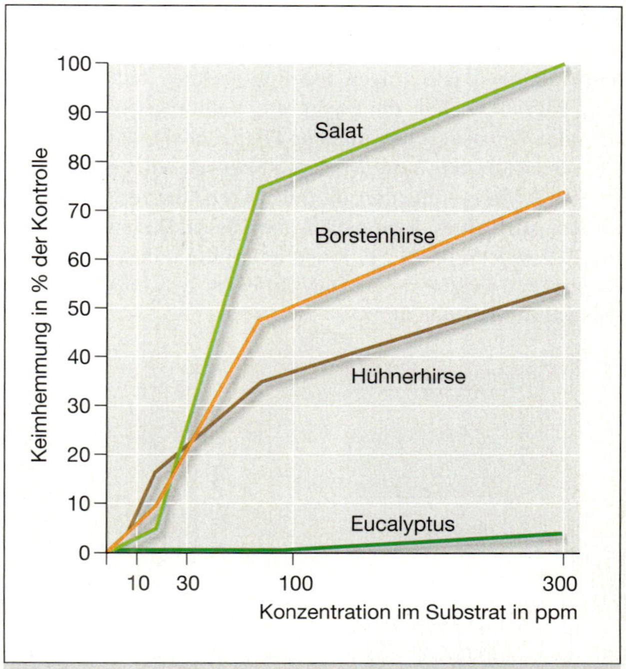

Hemmung der Samenkeimung von Salat, Borstenhirse, Hühnerhirse und Eucalyptus durch einen Stoff aus Eucalyptusblättern

Konkurrenz

1 *Nahrungskonkurrenz zwischen Hyäne und Schakal*

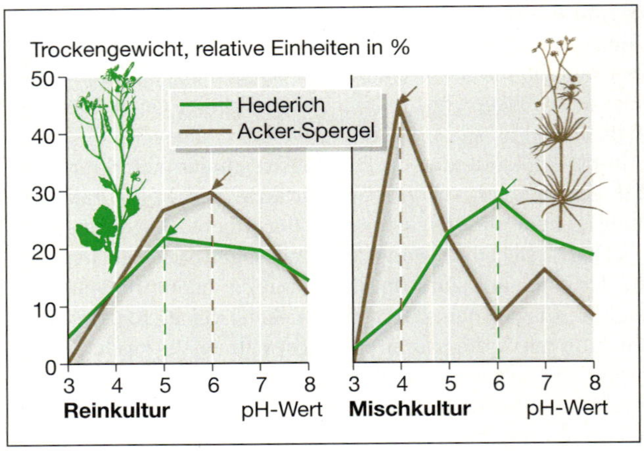

2 *Zwei Ackerwildkräuter in Rein- und Mischkultur*

Wenn Lebewesen die gleichen Ressourcen nutzen, machen sie einander *Konkurrenz*. Als wichtiger Faktor im Daseinskampf beeinflusst sie das Entstehen und die Verbreitung der Arten.

Formen der Konkurrenz. Männchen der Wildbiene Anthidium greifen sogar Hummeln im Rammflug an, wenn diese sich Blüten nähern, an denen ein Anthidium-Weibchen Nektar holen könnte. Hyänen vertreiben Schakale vom Aas (→ Bild 1). Diese direkte Einwirkung auf Konkurrenten ist für Tiere typisch.

Der Konkurrenzkampf unter Pflanzen ist zwar nicht so spektakulär wie der zwischen Tieren, doch mindestens so heftig. Über der Erde findet er als Wettbewerb um Licht statt, unter der Erde als Entzug von Wasser und Ionen.

Viele Eigenschaften der Pflanzen tragen zu ihrer Konkurrenzkraft bei: das Ertragen von Beschattung, Austrocknung oder Parasitenbefall, die Saugkraft, Keimungsgeschwindigkeit oder Wuchsleistung. Manche Pflanzen wie Walnuss, Beifuß oder Bärlauch unterdrücken konkurrierende Arten, indem sie Stoffe ausscheiden, die auf andere Pflanzen hemmend wirken. Auch Mikroorganismen, zum Beispiel Schimmelpilze, geben *Hemmstoffe* ab. Bei ihnen nennt man diese Form der Beeinträchtigung anderer Arten *Antibiose*, wovon sich der Begriff Antibiotika ableitet.

Auswirkungen. Im Versuch zeigt sich die Wirkung der Konkurrenz am einfachsten beim Vergleich von *Rein-* und *Mischkultur* (→ Bild 2). Meist stellt man fest, dass Arten, die sehr ähnliche Lebensansprüche haben, einander *innerhalb ihrer ökologischen Potenz ausweichen*. Überträgt man solche Versuchsergebnisse auf die natürlichen Lebensverhältnisse, dann bewirkt offenbar die Konkurrenz in der Regel den Unterschied zwischen *physiologischem* und *ökologischem Optimum*. So stellen die meisten unserer einheimischen Waldbäume sehr ähnliche Ansprüche an Kalkgehalt und Feuchtigkeit des Bodens. Doch nur die konkurrenzstarke Rotbuche setzt sich auf Standorten durch, die tatsächlich dem physiologischen Optimum entsprechen. Bäume anderer Arten drängt sie aus dem Optimalbereich auf schlechtere Standorte ab.

Ähnliche Beispiele kennt man auch von Tieren: Larven der Gemeinen Seepocke und der Sternseepocke siedeln sich an Felsen der Nordseeküste im oberen Gezeitenbereich in einer breiten Überlappungszone an. Später wird die Sternseepocke von ihrer Konkurrentin zum Teil überwachsen und in die oberste Spritzwasserzone abgedrängt. Hier ist wiederum die Sternseepocke konkurrenzkräftiger, da sie längere Trockenphasen übersteht.

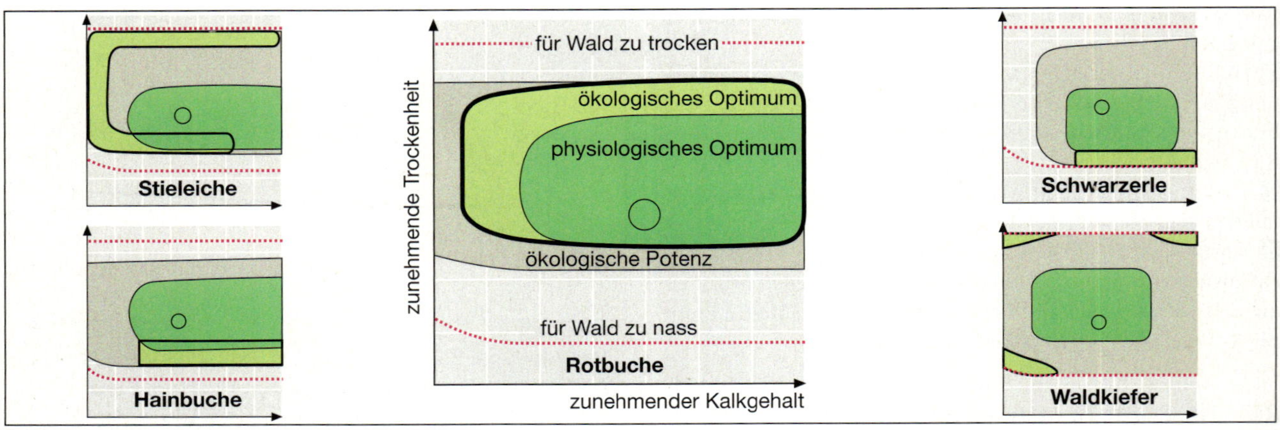

3 *Physiologisches und ökologisches Optimum bei verschiedenen einheimischen Baumarten*

Konkurrenzabschwächung durch ökologische Sonderung

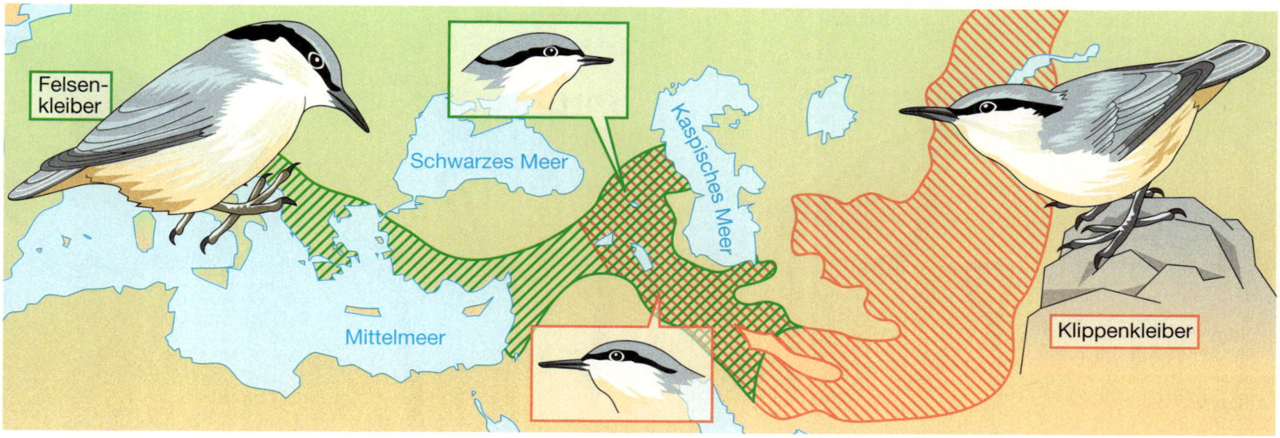

1 Kontrastbetonung bei Felsen- und Klippenkleiber im überlappenden Verbreitungsgebiet

Kontrastbetonung. Vom Balkan bis zum Persischen Golf ist der *Felsenkleiber* verbreitet. Der *Klippenkleiber*, eine dem Felsenkleiber zum Verwechseln ähnliche Art, besiedelt ebenfalls Felslandschaften von Kurdistan über Iran bis Innerasien. Beide Arten stimmen auch sonst in ihren Lebensansprüchen weitgehend überein. Im Kaukasus und im iranischen Hochland überschneiden sich ihre Verbreitungsgebiete. Nur hier zeigen sich deutliche Unterschiede zwischen beiden Arten in der Schnabellänge, der Nahrung und im bevorzugten Lebensraum.

Je ähnlicher sich verschiedene Arten sind, umso ähnlicher sind auch ihre Umweltansprüche und umso größer ist die zwischenartliche Konkurrenz, wenn beide Arten dasselbe Gebiet besiedeln. Dann lässt sich oft beobachten, dass die geringen Merkmalsunterschiede zwischen den Arten durch die Konkurrenz verstärkt werden. Als Folge dieser *Kontrastbetonung* wird die Konkurrenz zwischen den betroffenen Arten gemildert, da ihre Ähnlichkeit jetzt geringer ist.

Konkurrenzausschlussprinzip. Kontrastbetonung gilt als Beleg dafür, dass Arten mit vollkommen übereinstimmenden Lebensansprüchen nicht auf Dauer im selben Lebensraum vorkommen können. Dieses *Konkurrenzausschlussprinzip* wurde bereits um 1930 von den Ökologen MONARD, VOLTERRA und GAUSE aufgrund von theoretischen Überlegungen und Modellversuchen formuliert. Tritt eine derartige Situation ein, gibt es nur zwei Möglichkeiten: Entweder wird eine Art aus dem gemeinsamen Gebiet verdrängt oder aber die Arten teilen die Ressourcen untereinander auf, indem sie diese auf unterschiedliche Weise nutzen.

Ökologische Sonderung. Unter den Nachkommen intensiv konkurrierender Arten sind jeweils diejenigen im Vorteil, deren Merkmale eine abweichende Lebensweise erlauben: ein längerer Schnabel, anders geformte Mundwerkzeuge, Enzyme mit veränderter Wirkung, andere Säuretoleranz oder geringerer Wasserbedarf. Die so bewirkte Auseinanderentwicklung, wie sie in ähnlicher Form auch an der Entstehung neuer Arten (→ S. 252) beteiligt sein kann, wird als *ökologische Sonderung* bezeichnet. Hält sie über viele Generationen an, unterscheiden sich die Umweltansprüche der betreffenden Lebewesen schließlich immer mehr und im selben Maß nimmt die Konkurrenz zwischen ihnen ab. Man nennt sie dann *ökologisch isoliert* oder auch *eingenischt*. So ist es zum Beispiel bei unseren beiden auf Kalk- beziehungsweise Silikatböden spezialisierten Alpenrosenarten (→ Bilder 2–4).

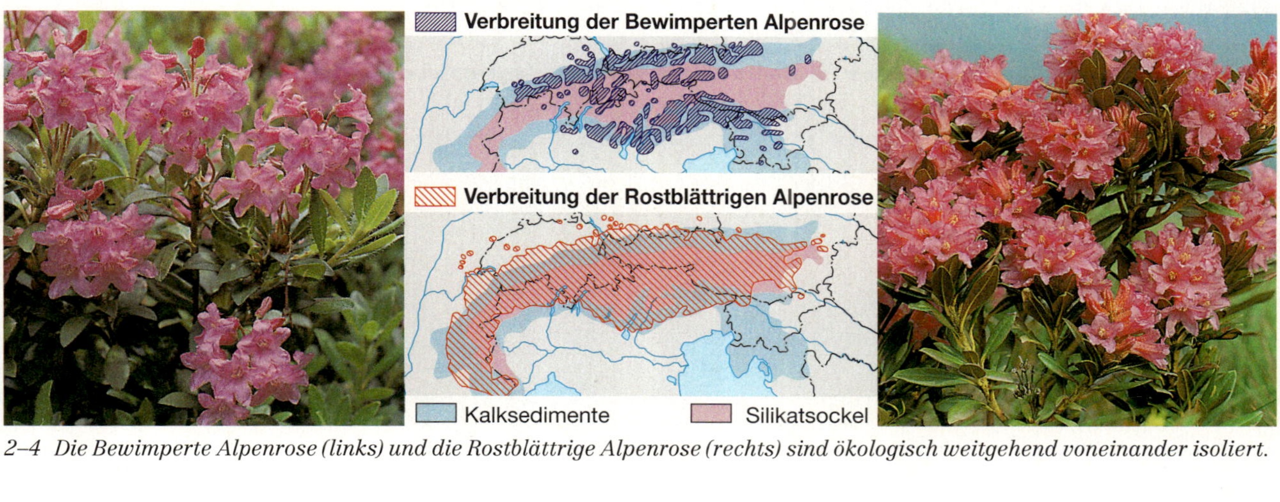

2–4 Die Bewimperte Alpenrose (links) und die Rostblättrige Alpenrose (rechts) sind ökologisch weitgehend voneinander isoliert.

Ökologische Nische

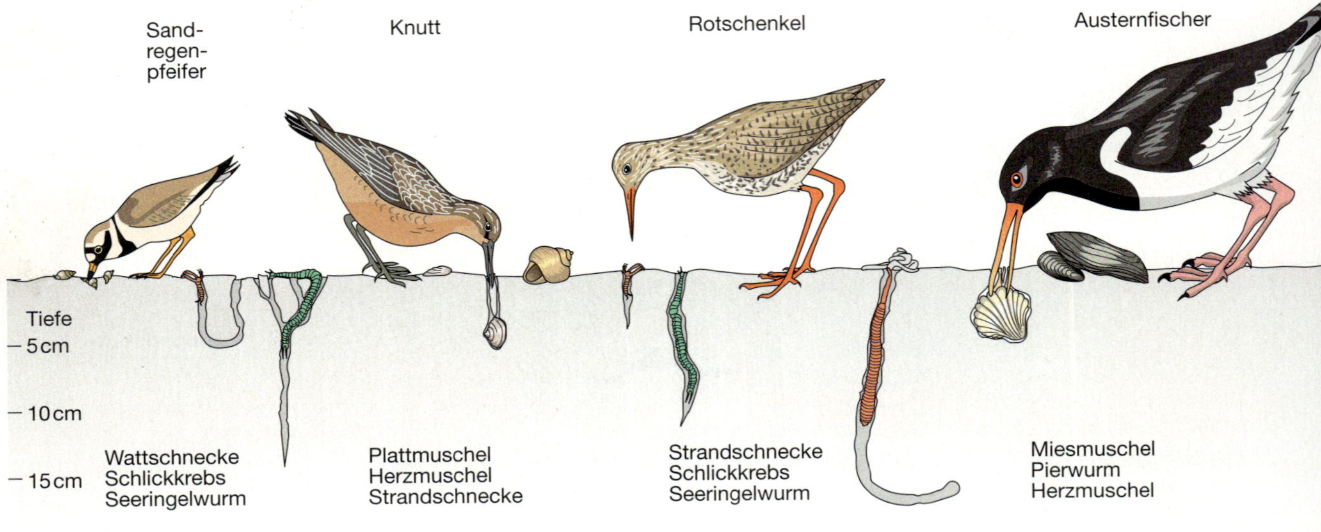

1 Watvögel bei der Nahrungssuche im Watt: Sandregenpfeifer, Knutt, Rotschenkel, Austernfischer und ihr Nahrungsspektrum

Wenn an der Nordseeküste das Watt bei Ebbe trockenfällt, sieht man dort Watvögel in großer Zahl auf Nahrungssuche. Bei genauer Beobachtung erkennt man, wie sich die einzelnen Arten in ihrer Ernährungsweise unterscheiden.

- Sie suchen jeweils unterschiedliche Wattbereiche ab: Sand- oder Schlickflächen, Prielränder, Seichtwasser, Muschelbänke oder den Spülsaum.
- Sie spüren die Beute in unterschiedlicher Boden- oder Wassertiefe auf.
- Manche erwerben ihre Nahrung durch Aufpicken, andere durch Ablesen, Zustechen, Stochern, Einbohren, Pflügen, Sondieren, Stöbern, Hämmern, Säbeln oder Schnattern.
- Jede Art hat ein eigenes Nahrungsspektrum. Es variiert nicht nur nach der Art der Beute, sondern auch nach deren Größe, Alter und Entwicklungsphase.

Unübersehbar sind die Anpassungen der Vögel in der Schnabelform, der Schnabellänge, den Sinnesfunktionen und Verhaltensweisen an ihre Beutetiere. Mit diesen Anpassungen als Grundlage nutzt jede Art die Nahrung des Lebensraums auf ihre Weise. Dieselbe ökologische Spezialisierung gilt aber auch für Brutplätze, Rastplätze bei Flut, Überwinterungsquartiere, Aktivitätszeiten und andere biotische und abiotische Faktoren. Zusammengenommen ergeben sie die spezifische *ökologische Nische* jeder Art.

Ökologische Nische als „Beruf" der Art. Die *Gesamtheit der Beziehungen zwischen einer Art und ihrer Umwelt* nennt man ihre *ökologische Nische*. Dieser zentrale Begriff der Ökologie bezeichnet demnach keinen Raum. Gibt der *Standort* oder das *Habitat* an, wo man ein Lebewesen findet, gewissermaßen seine „Adresse", so entspricht die ökologische Nische seinem „Beruf".

Selbst für gut bekannte Tier- und Pflanzenarten ist es kaum möglich, ein ökologisches „Berufsbild" zu erstellen, also die ökologische Nische vollständig zu erfassen, zu beschreiben oder gar darzustellen. Ein Koordinatensystem etwa, das sämtliche Umweltansprüche einer Art aus *n* Faktoren schematisieren wollte, wäre ein nicht vorstellbares multidimensionales Beziehungsgefüge. Oft beschränkt man sich deshalb auf die Betrachtung einer einzelnen Dimension, zum Beispiel der „Nahrungsnische".

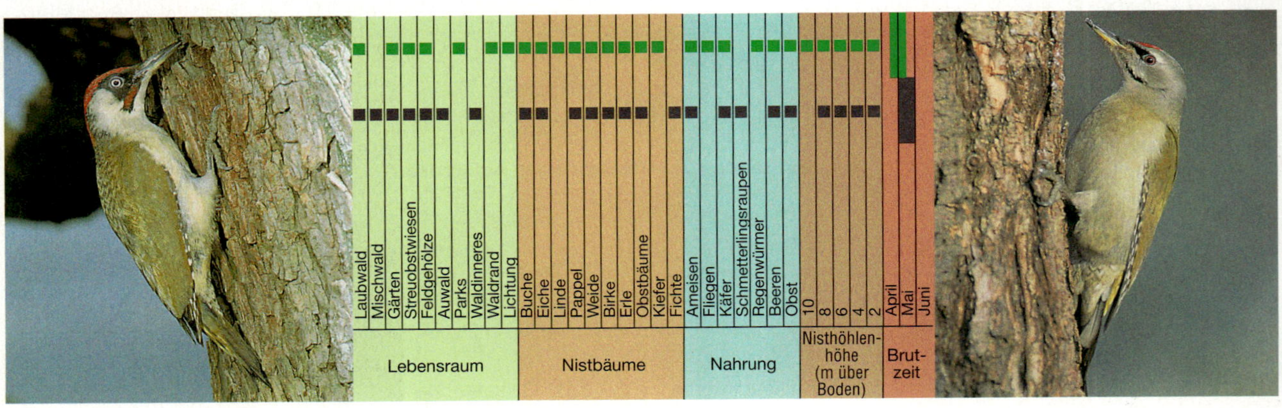

2–4 Ökologische Nische von Grünspecht (links) und Grauspecht (rechts)

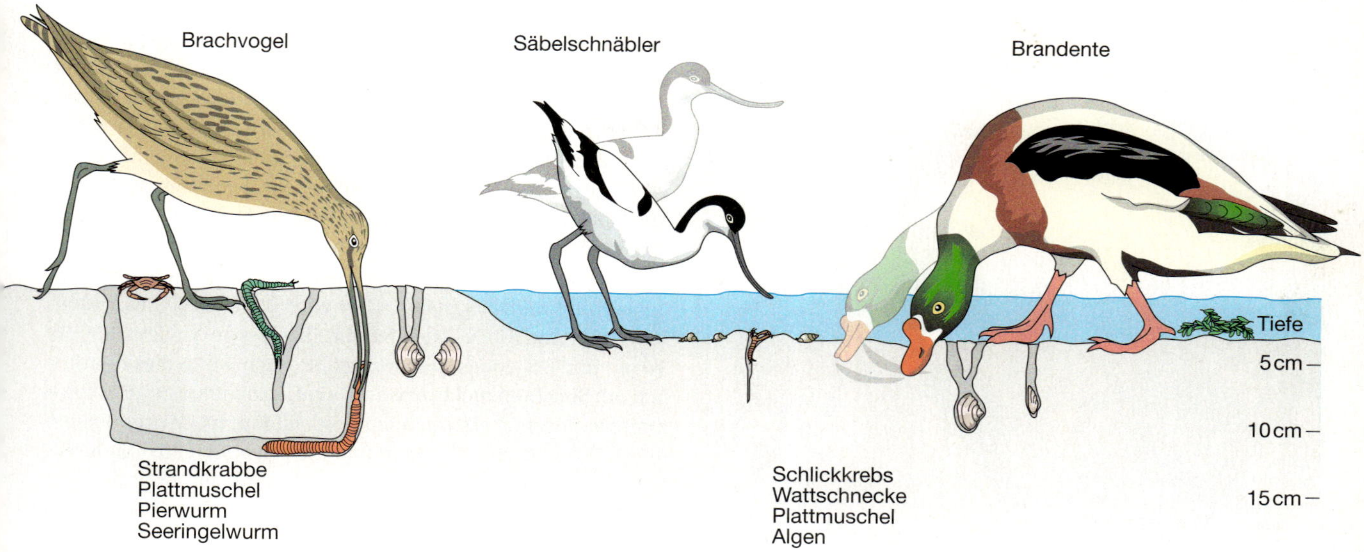

1 Brachvogel, Säbelschnäbler, Brandente und ihr Nahrungsspektrum

Bildung ökologischer Nischen. Die ökologische Nische ist ein Charakteristikum jeder Art. Ihre Ausbildung steht daher als *Einnischung* (→ S. 248) in engem Zusammenhang mit der Entstehung einer Art durch Evolution. Für die heute lebenden Arten hat sich die Einnischung in der Vergangenheit abgespielt. Wie die Artbildung selbst geht sie vor unseren Augen weiter. Wir können sie aber wegen der langen Dauer nur ausnahmsweise und in Ansätzen beobachten.

Wo Arten mit sehr ähnlichen Umweltansprüchen existieren, lässt sich allerdings häufig rekonstruieren, wie sie durch ökologische Sonderung die Konkurrenz untereinander verringert, spezielle ökologische Nischen gebildet und diese differenziert haben:

- *Durch Besiedlung unterschiedlicher Lebensräume.* Der Waldbaumläufer kommt fast nur im Nadelwald der Mittel- und Hochgebirge vor, der Gartenbaumläufer bevorzugt Mischwald, Feldgehölze, Parks und Gärten. Der Ackergelbstern hat sich auf trockene, sandig magere Ackerböden spezialisiert, der Waldgelbstern auf feuchten, nährstoffreichen Auwaldhumus. Der Wasserfrosch besiedelt die pflanzenreiche Uferregion von Teichen und Seen, während der Grasfrosch in feuchten Wäldern und Wiesen verbreitet ist.
- *Durch Besiedlung unterschiedlicher Körperregionen.* Manche Parasiten sind in verschiedenen Körperregionen des Wirts als Lebensraum eingenischt. So finden sich beim Ibis, einem afrikanischen Stelzvogel, in jeder Gefiederpartie andere Federlinge als Ektoparasiten (→ Bild 2). Entsprechendes gilt für Kopf- und Schamlaus beim Menschen.
- *Durch Entwicklung unterschiedlicher Körpergröße und Sonderung nach Beutegröße.* Baumfalke und Wanderfalke haben als Flugjäger eine ähnliche Jagdweise. Während der kleine Baumfalke bevorzugt Kleinvögel wie Schwalben oder Lerchen schlägt, hat die Beute des Wanderfalken meist Drossel- bis Taubengröße. Ähnlich verhält es sich beim kleinen Sperber und dem größeren Habicht.

1 Versuchen Sie die ökologische Nische einer selbst gewählten Pflanzen- oder Tierart zu beschreiben. Lassen Sie andere die beschriebene Art aufgrund Ihrer Beschreibung benennen.

2 Vergleichen Sie die Breite der ökologischen Nische von „Generalisten“, zum Beispiel Hausmaus oder Wanderratte, und „Spezialisten“, zum Beispiel dem Biber. Suchen Sie weitere Beispiele.

3 Warum ist es nicht richtig, wenn man davon spricht, dass ein Lebewesen eine ökologische Nische „besetzt“?

2 Unterschiedlich eingenischte Federlingsarten beim Ibis; Körperregionen farbig, Federlinge stark vergrößert

Stellenäquivalenz und Lebensformtyp

1 Wo Spechte fehlen, nehmen andere Tiere mit spezialisierten Organen ihre „Stelle" als Stocherjäger auf Bäumen ein.

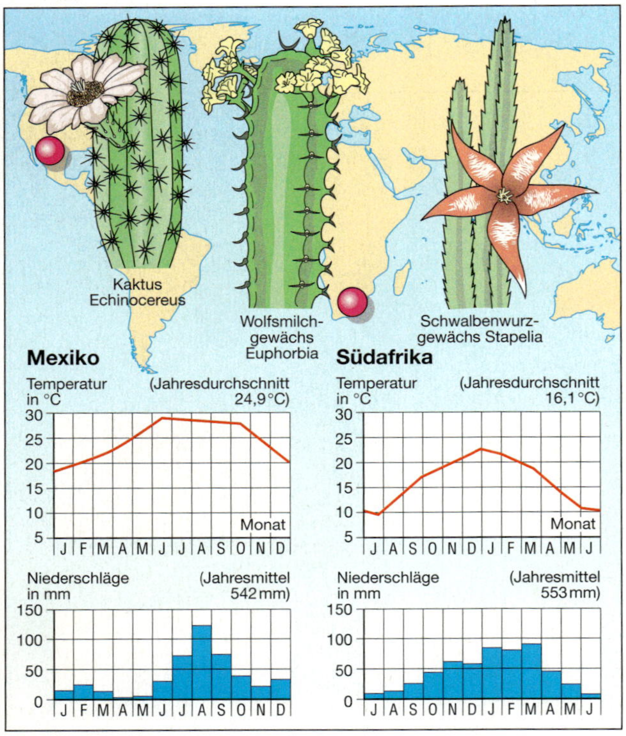

2 Manche Wolfsmilch- und Schwalbenwurzgewächse vertreten den Kakteentyp in Afrika.

Spechte sind nach Merkmalen und Lebensweise unverwechselbar: Mit Meißelschnabel, Harpunenzunge, Kletterfüßen und Stützschwanz sind sie angepasst an ein Leben als Baumkletterer. Durch Hacken und Stochern erbeuten sie versteckt lebende Insekten unter der Rinde, in Spalten, Ritzen und Holz.

Alle etwa 200 Spechtarten auf der Erde stimmen in diesen Merkmalen weitgehend überein und bilden ähnliche ökologische Nischen. Sie sind weltweit verbreitet und fehlen – außer in den Polargebieten – nur in Australien, Neuguinea, Madagaskar und anderen Inseln. Hier wird ihr „Beruf" des baumbewohnenden Hack- und Stocherjägers von völlig anderen Vogel- und Säugetierarten ausgeübt. Auch wenn diese natürlich mit Spechten nicht verwandt sind, kann man sie als „funktionelle Spechte" bezeichnen: Sie bilden im Wesentlichen deren ökologische Nischen und nehmen in ganz anderen Lebensgemeinschaften entsprechende „Stellen" ein.

Ökologische Lizenzen – ökologische Stellen. Wo auf der Erde vergleichbare Lebensbedingungen herrschen, haben Lebewesen die Möglichkeit ähnliche ökologische Nischen zu bilden. Der Lebensraum vergibt dafür gewissermaßen ökologische „Lizenzen". Werden diese von verschiedenen, meist nicht verwandten Arten in ähnlicher Weise genutzt, spricht man von *Stellenäquivalenz*:

- Nektarvögel nehmen in Afrika, Honigfresservögel in Australien die Stelle der Nektar trinkenden Kolibris des amerikanischen Kontinents ein.
- Lummen und Alken der nördlichen Meere sind den Pinguinen der Südhalbkugel ökologisch äquivalent.
- Parasitische Kleinkrebse nehmen bei Walen die Stelle der Läuse anderer Säugetiere ein.
- Wolfsmilchgewächse und Schwalbenwurzgewächse entsprechen als Stammsukkulenten in Afrika ökologisch den Kakteen Amerikas (→ Bild 2).

Ähnliche Anpassungen unter ähnlichen Bedingungen. Stellenäquivalenz erkennt man in der Regel daran, dass nicht verwandte Lebewesen übereinstimmende Anpassungen aufweisen. In ihrer Gesamtheit ergeben sie einen bestimmten *Lebensformtyp*:

- Der *Kolibrityp* besitzt einen langen, leicht gebogenen Schnabel mit Pinselzunge.
- Der *Pinguintyp* ist strömungsgünstig gestaltet mit dichtem Gefieder und weit hinten ansetzenden Beinen.
- Der *Läusetyp* ist abgeflacht mit Klammerbeinen.
- Der *Kakteentyp* ist sukkulent, bedornt und seine Fotosynthese verläuft nach dem CAM-Typ (→ S. 138).

Die Anpassungsähnlichkeit hat sich im Verlauf vieler Generationen, unter jeweils ähnlichen Umweltbedingungen und unabhängig von Verwandtschaft entwickelt. Es handelt sich also um *Konvergenz* (→ S. 257).

1 Informieren Sie sich über die auf dieser Seite genannten Tiere und Pflanzen, soweit sie Ihnen unbekannt sind.

2 Erklären Sie mit Bild 2, unter welchen klimatischen Bedingungen die ökologische Lizenz für den Kakteentyp in einem Lebensraum vergeben wird.

Konkurrenz unter Artgenossen

Ein Buchenforst, ein Heringsschwarm, die Amseln in einem Wohngebiet oder die Ansammlung von Gänseblümchen im Rasen – alle Lebewesen derselben Art, die zur gleichen Zeit im gleichen Raum leben, stehen offenbar im Widerspruch zum Konkurrenzausschlussprinzip. Konkurrenz ist ja nicht auf Angehörige verschiedener Arten beschränkt, im Gegenteil: Individuen derselben Art mit identischer ökologischer Nische müssen füreinander die schärfsten Konkurrenten sein, da sie genau dieselben Faktoren beanspruchen und nutzen wie ihre Artgenossen!

Verringerung innerartlicher Konkurrenz. Artgenossen stellen aber nicht nur Konkurrenten dar, sondern auch *Geschlechtspartner* und *Sozialpartner*. Sie sind für die geschlechtliche Fortpflanzung nötig, können das Auffinden von Nahrungsquellen erleichtern, erhöhen oft Schutz und Sicherheit und bieten Chancen zum Lernen. Man findet daher eine Reihe von Mechanismen, die die *innerartliche Konkurrenz* so weit verringern, dass sie die Existenz der Art nicht gefährdet. Dazu gehören:

- *Abgrenzung von Territorien oder Revieren.* Revierbildung ist von vielen Tieren bekannt. Sie schafft vor allem für die Fortpflanzung einen weitgehend konkurrenzfreien Raum. Das Revier muss zwar im Konkurrenzkampf errungen und behauptet werden, doch wenn es einmal fest besetzt ist, reichen meist spezielle Markierungssignale aus um es aufrechtzuerhalten.
- *Starke Unterschiede zwischen Jugend- und Altersform.* Jugend- und Altersstadien, die sich biologisch so stark unterscheiden wie Raupe und Schmetterling oder Kaulquappe und Frosch, bilden fast immer völlig verschiedene ökologische Nischen. Zum Teil nutzen die Larvenstadien Ressourcen in ganz anderen Lebensräumen als die erwachsenen Tiere.
- *Sexualdimorphismus.* Bei vielen Tieren gibt es erhebliche Unterschiede zwischen den Geschlechtern. Sie werden als Sexualdimorphismus bezeichnet. Bei manchen Arten sind sie ähnlich groß wie zwischen Angehörigen verschiedener Arten, sodass Männchen und Weibchen teilweise getrennte ökologische Nischen bilden: Stechmückenmännchen saugen Nektar, die Weibchen Blut; das Habichtmännchen schlägt meist Beute in Mausgröße, das um gut ein Drittel größere Weibchen bevorzugt Beute bis Hasengröße. Ähnliche Unterschiede in Körpergröße und Beutespektrum finden sich auch beim kleineren Verwandten des Habichts, dem Sperber.

1 Suchen Sie Beispiele für akustische, optische und geruchliche Reviermarkierung. Lassen sich Zusammenhänge mit bestimmten Lebensräumen feststellen?

2 Auf demselben Baum singen im Laufe eines Tages Amsel, Grünfink, Girlitz, Mönchsgrasmücke, Zilpzalp. Was lässt sich daraus über die ökologischen Nischen dieser Vögel folgern?

3 Suchen Sie nach weiteren Beispielen für Konkurrenzabschwächung durch biologische Verschiedenheit innerhalb einer Art.

1 Konkurrenzkampf zwischen zwei Mäusebussarden – ein seltenes Bild. Revierbildung verhindert meist Kämpfe.

2 und 3 Falter und Raupe des Kleinen Fuchses nutzen vollkommen konkurrenzfrei unterschiedliche Nahrungsquellen.

4 Sperberweibchen (links) und -männchen (rechts) unterscheiden sich stark in Größe und Beutespektrum.

Ökologische Vorgänge in Populationen

Angehörige einer Art, die zur gleichen Zeit im gleichen Gebiet leben und sich ohne Einschränkungen untereinander fortpflanzen, bezeichnet man als *Population* (→ S. 242): Forellen in einem Bach, Regenwürmer eines Rasenstücks, Flöhe eines Kaninchenbaus, Hainbuchen in einer Region, Seepocken einer Felsküste. Alle Mitlieder einer Population sind weitgehend denselben Ökofaktoren ausgesetzt und konkurrieren um dieselben Ressourcen. Zugleich sind sie aber für die Fortpflanzung aufeinander angewiesen. Daher sind Lebewesen nicht nur als Individuen, sondern als Populationen in ihre Umwelt eingebunden. Viele Eigenschaften der Lebewesen lassen sich nur verstehen, wenn man sie auf der Ebene der Populationen betrachtet. Auf dieser laufen alle biologischen Prozesse ab, die mehr als ein Individuum betreffen, darunter auch alle Evolutionsvorgänge, durch die sich Arten einnischen und anpassen.

1 Zwei Kampfläufermännchen im Brutkleid

Variabilität in Populationen. Auch wenn uns Individuen einer Population weitgehend gleich erscheinen, zeigen sich bei genauer Betrachtung *Merkmalsunterschiede* zwischen ihnen. Die meisten sind erblich und beziehen sich auf Merkmale wie Kälteresistenz oder Enzymaktivität. Selten sind die Unterschiede sichtbar oder gar so auffällig wie die Farbvarianten männlicher Kampfläufer zur Brutzeit (→ Bild 1), bei denen man zweifeln könnte, ob sie zur selben Art gehören.

Anpassung an die Umwelt. Ergeben sich für eine Variante Vorteile gegenüber anderen Mitgliedern der Population – zum Beispiel weil ihre ökologische Potenz weiter ist, weil sie Parasiten wirksamer abwehrt oder Nährstoffe besser nutzt –, so kann sie durchschnittlich mehr Nachkommen haben als die übrigen. Durch diesen *Selektionsvorteil* nimmt die Häufigkeit der Variante in der Population zu. Das betreffende Merkmal besitzt in der Umwelt offensichtlich einen *Anpassungswert*. So sind Hainbänderschnecken in Wiesen und Hecken häufiger gelb und gebändert als im Wald (→ Bild 2), da Tiere mit diesem vererbten Färbungsmuster ihren Fressfeinden, vor allem Drosseln, im Gras weniger auffallen. Durch Selektion in einem umfangreichen Bestand von Varianten können sich Populationen erstaunlich schnell an veränderte Umweltbedingungen anpassen. Beispielsweise änderte sich bei den Darwinfinken der Galapagosinseln die Schnabelform innerhalb weniger Jahre, als sich nach einem besonders regenreichen Jahr das Nahrungsangebot plötzlich gewandelt hatte (→ Bild 3).

Kenndaten von Populationen. Um den Zustand von Populationen zu beschreiben, braucht man ihre *Kenndaten*. Dazu zählen Größe, Dichte, Geburten- und Sterberate, Altersstruktur, Verteilung im Raum, Zu- und Abwanderung, vor allem aber die Veränderung dieser Größen im Lauf der Zeit. Häufig dienen die Kenndaten auch dazu, mathematische Modelle zu bilden, mit deren Hilfe sich die Entwicklung von Populationen zum Teil vorhersagen lässt.

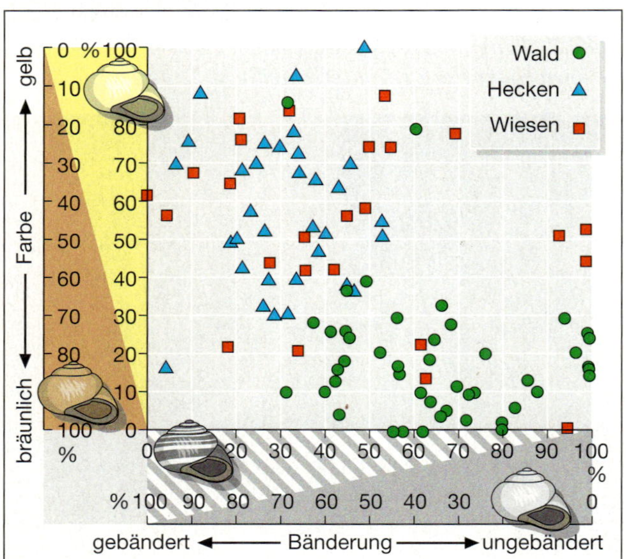

2 Die Färbungs- und Bänderungsvarianten der Hainbänderschnecke sind je nach Lebensraum unterschiedlich häufig.

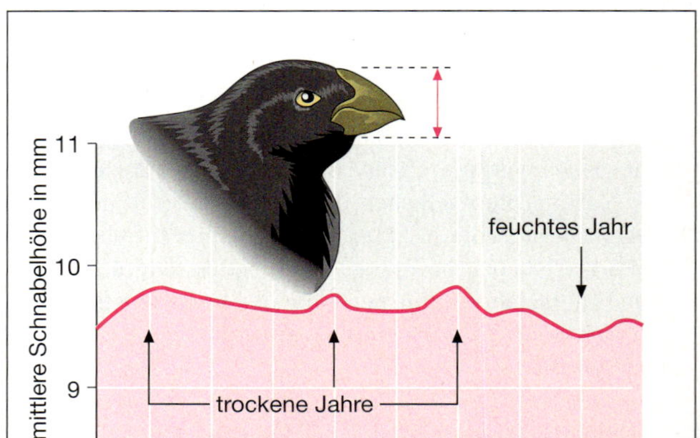

3 Variation der Schnabelhöhe bei Darwinfinken. Vögel mit kräftigerem Schnabel sind in trockenen Jahren im Vorteil.

Wachstum von Populationen

Wenn Raupen des Schwammspinners massenhaft auftreten und Eichenwälder kahl fressen, wenn ein isolierter Bestand der vom Aussterben bedrohten Schachblume verschwindet, wenn sich die Türkentaube seit 1930 vom Balkan aus nach Nordwesteuropa ausbreitet oder wenn alle paar Jahre ein „Mäusejahr" eintritt, sucht die *Populationsökologie* nach Ursachen und schätzt die Folgen ab.

Populationsgröße und Populationsdichte. Wichtige Basisdaten hierfür sind: die *Größe* einer Population, also die Zahl ihrer Individuen, und ihre *Dichte*, das ist die auf die Fläche bezogene Populationsgröße, oft auch *Abundanz* genannt. Aus ihren zeitlichen Änderungen lassen sich Rückschlüsse ziehen auf Vorgänge innerhalb der Population, aber auch auf deren Beziehungen zu anderen Populationen.

Von Zu- und Abwanderungen abgesehen sind *Geburtenrate* (Natalität b) und *Sterberate* (Mortalität d) für Wachstum oder Abnahme einer Population entscheidend. Ihre Differenz ergibt die *Wachstumsrate (r)* der Population: $r = b - d$. Hat etwa eine Population von 10 000 Individuen 300 Nachkommen und sterben im gleichen Zeitraum 100 Individuen, dann ist $b = 300 : 10\,000 = 0{,}03$, $d = 100 : 10\,000 = 0{,}01$ und $r = 0{,}03 - 0{,}01 = 0{,}02$. Mit der Wachstumsrate lässt sich das Wachstum einer Population berechnen.

Exponentielles Wachstum. Unter günstigen Bedingungen, wie sie für Lebewesen in Kultur geschaffen werden oder wie sie natürliche Populationen vorfinden, wenn sie sich neue Lebensräume oder Ressourcen erschließen, wächst eine Population *exponentiell*.

Die Veränderung der Individuenzahl *(dN)* in einem Zeitabschnitt *(dt)* ist dann das Produkt aus der Wachstumsrate r und der jeweils vorhandenen Individuenzahl *(N)*:

$$\frac{dN}{dt} = r \cdot N$$

Dieses Wachstum entspricht der Zinseszinsberechnung und stellt sich als *J-förmige Wachstumskurve* dar. Beispiele sind frisch angesetzte Kulturen von Mikroorganismen, Algenblüten in Seen oder die Besiedlung von Rodungsflächen durch Pflanzen. Auch wenn eine Art verschleppt wird, wie das Kaninchen nach Australien, oder wenn sie kurz vor dem Aussterben unter Schutz gestellt wird, wie der Kormoran (→ Bild 1), können ihre Populationen exponentiell wachsen.

Logistisches oder dichteabhängiges Wachstum. Da alle Ressourcen endlich sind, die Umwelt dem Wachstum einer Population gewissermaßen Widerstand entgegensetzt, ist exponentielles Wachstum auf Dauer unmöglich. Oft schwächt sich daher das Wachstum einer Population mit zunehmender Dichte ab und die Populationsgröße pendelt sich auf einen konstanten Wert ein. Er stellt offensichtlich die *Tragfähigkeits-* oder *Kapazitätsgrenze* der Umwelt für die Population dar und wird in der *logistischen* Wachstumsformel mit dem Symbol K bezeichnet:

$$\frac{dN}{dt} = r \cdot \left(\frac{K - N}{K}\right) \cdot N$$

Diesem logistischen Wachstum entspricht eine *S-förmige Wachstumskurve*. Der Ausdruck in der Klammer zeigt, dass das Wachstum der Population dichteabhängig ist, also davon abhängt, wie nahe die Individuenzahl N der Kapazitätsgrenze K gekommen ist. Bei kleinem N ist das Wachstum exponentiell. Ist $N = K$, wird der Zuwachs 0, die Populationsgröße bleibt konstant.

1 Lebewesen haben Anpassungen entwickelt, die Geburtenrate zu erhöhen und die Sterberate zu senken. Suchen Sie dafür Beispiele.

2 Wodurch wird die Kapazität eines Lebensraums für eine Population begrenzt, eine Übernutzung also verhindert?

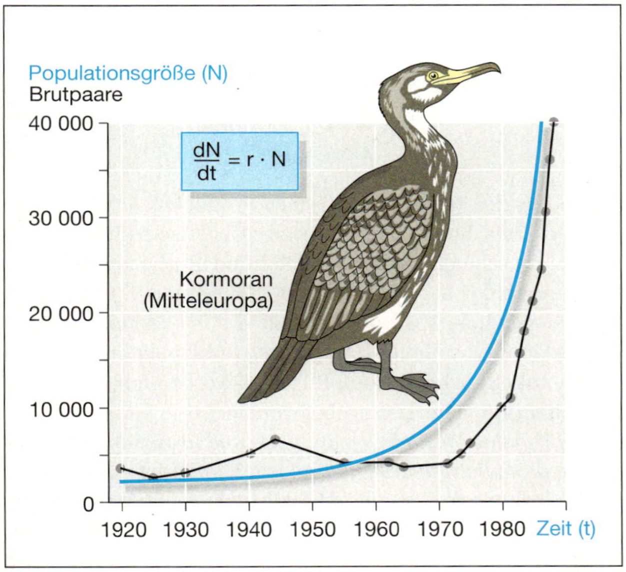

1 Exponentielle Wachstumskurve und Realbeispiel: Wachstum der Kormoranpopulation (Unter-Schutz-Stellung 1980)

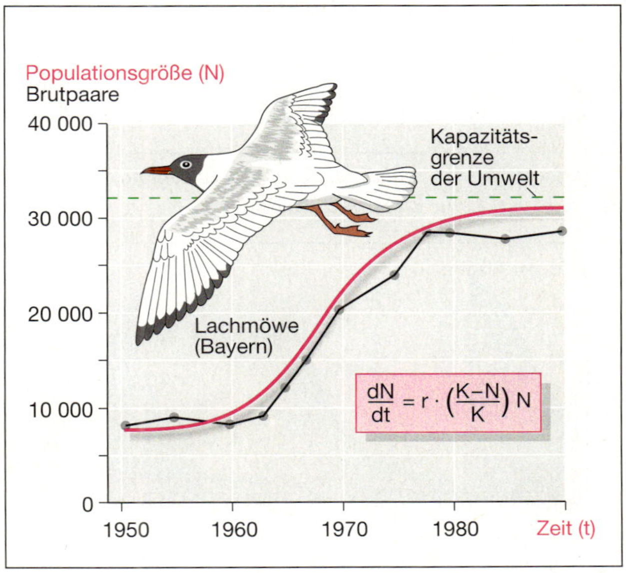

2 Logistische Wachstumskurve und Realbeispiel: Wachstum der Lachmöwenpopulation in Bayern

Entwicklung von Populationen

Natürliche Populationen sind einem ständigen Wechsel unterworfen: Individuen wandern zu oder ab, wachsen nach oder sterben. Diese *Populationsdynamik* kann sich in einem *Populationsgleichgewicht* mit weitgehend konstanter Dichte äußern, in Form unregelmäßiger *Fluktuationen* oder in regelmäßigen, zyklischen *Oszillationen*. Bisher gelingt es nur zum Teil, die Dynamik von Populationen zu erklären.

Innere Dynamik von Populationen. Bei zahlreichen Insekten, kleinen Nagetieren, einjährigen Pflanzen oder Krankheitserregern *schwankt die Populationsdichte ohne die Mitwirkung anderer Arten stark*. Einer Massenvermehrung unter günstigen Bedingungen folgt der allmähliche Rückgang oder der plötzliche Zusammenbruch der Population. Teilweise bilden sich *regelmäßige Zyklen*. So ist es zum Beispiel beim Lärchenwickler (→ Bild 1), einem Schmetterling, dessen Raupen an Nadelbäumen fressen, und anderen Forstinsekten.

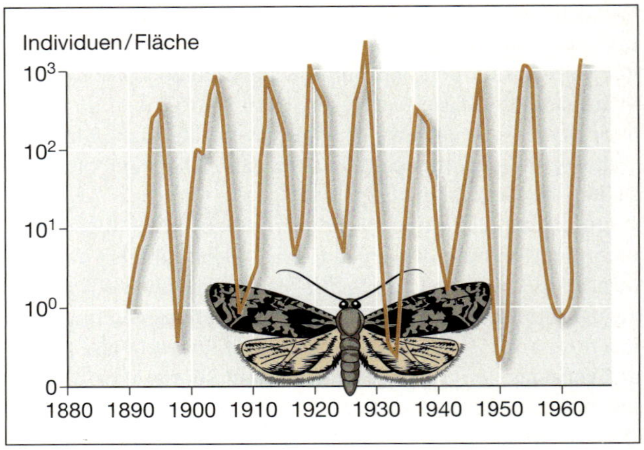

1 Populationsschwankungen beim Lärchenwickler

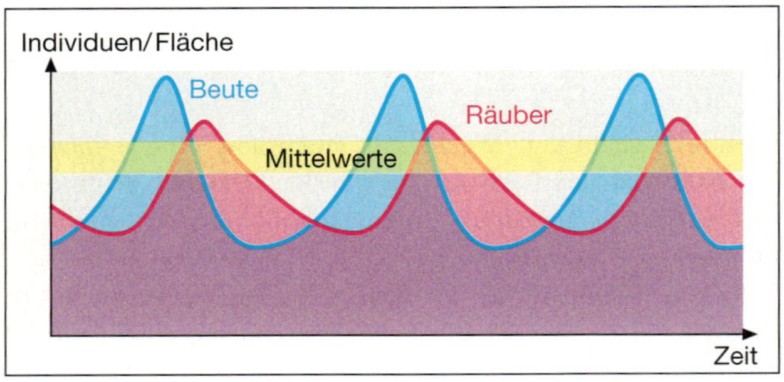

2 Diagramm zur 1. und 2. Volterra-Regel

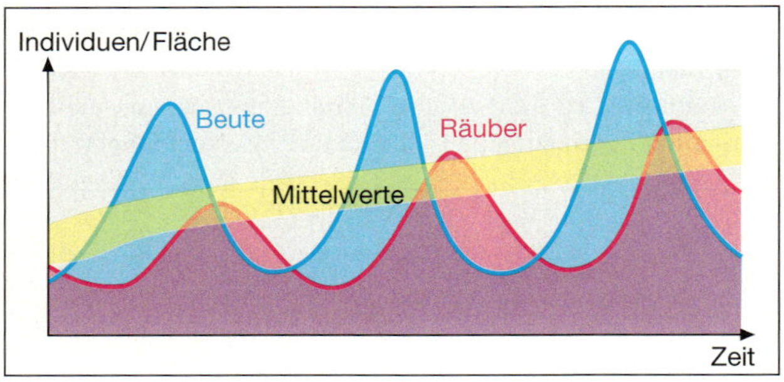

3 Diagramm zur 3. Volterra-Regel: Die Erhöhung der Beutedichte bewirkt eine Zunahme des Räubers.

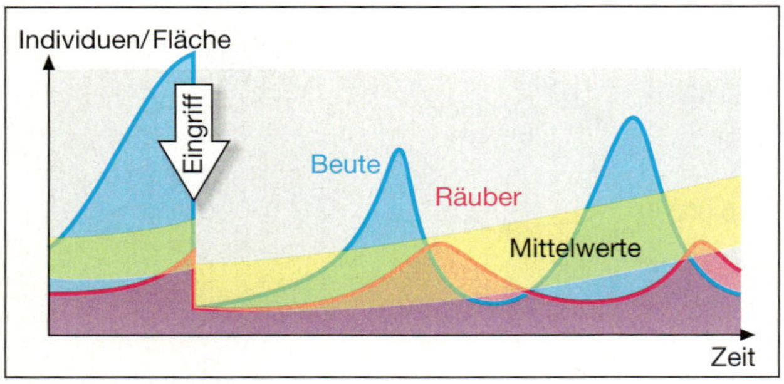

4 Diagramm zur 3. Volterra-Regel: Werden Räuber und Beute gleich stark vermindert, erholt sich die Population der Beute schneller als die des Räubers.

Wechselwirkung zwischen Populationen. Alle Ökofaktoren, die für ein Individuum von Bedeutung sind, wirken sich auch auf eine Population als Ganzes aus. Wenn zum Beispiel Feinde, Parasiten und Konkurrenten die Existenz von Individuen beeinträchtigen, hat dies natürlich auch Einfluss auf die beteiligten Populationen: Je dichter die Population einer Beute ist, desto leichter fällt es ihren Fressfeinden, Nahrung zu erwerben, desto stärker wird deren Population wachsen. Je dichter die Population eines Fressfeinds aber wird, desto weniger Beute steht dem Einzeltier zur Verfügung, desto geringer wird die Population des Fressfeinds wachsen, desto rascher wird sich die Beutepopulation wieder erholen. Auch für Konkurrenten und Parasiten existieren ähnliche *Regelkreise mit negativer Rückkopplung*, bei denen die Zunahme beziehungsweise Abnahme einer Größe auf diese selbst hemmend beziehungsweise fördernd zurückwirkt:

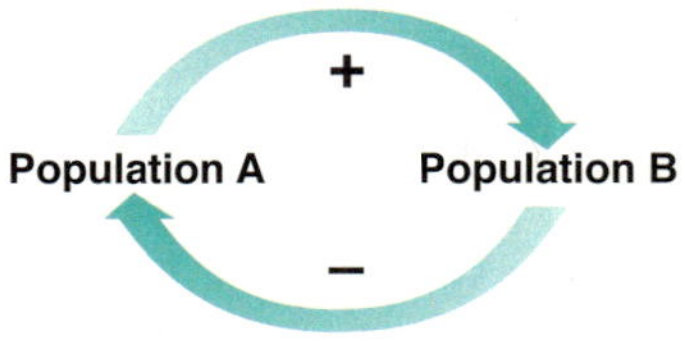

Besonders der Beziehung zwischen Fressfeind – meist einem Räuber – und Beute hat man in der Ökologie früh Aufmerksamkeit geschenkt. Laborversuche und Rechenmodelle der Wissenschaftler G. F. GAUSE, A. J. LOTKA und V. VOLTERRA führten zwischen 1920 und 1930 zu der Erkenntnis, dass die Entwicklung von Beute- und Fressfeindpopulationen durch Regeln miteinander verknüpft ist. Sie werden heute meist in Form der drei Volterra-Regeln formuliert:

1. *Die Populationsdichten von Beute und Fressfeind schwanken periodisch und zeitlich gegeneinander verschoben.*
2. *Die Dichte jeder Population schwankt um einen Mittelwert.*
3. *Erhöhung der Beutedichte bewirkt eine Zunahme der Fressfeinde. Gleich starke Verminderung beider Arten führt dazu, dass sich die Population der Beute schneller erholt als die des Fressfeinds.*

1 *Ein Luchs jagt einen Schneeschuhhasen.*

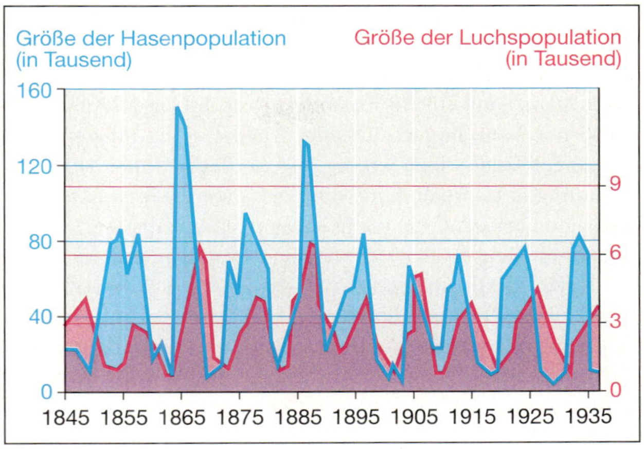

2 *Populationsschwankungen bei Luchs und Schneeschuhhase*

Die Volterra-Regeln können die Populationsentwicklung von zwei Arten in einem geschlossenen System gut beschreiben, zum Beispiel von Laborkulturen aus Pantoffeltier und räuberischem Einzeller Didinium oder von Spinnmilbe und Raubmilbe im Gewächshaus.

In natürlichen Ökosystemen werden größere Populationsschwankungen meist durch ein vielfältiges Faktorengefüge ausgeglichen. In einigen Fällen zeigt sich aber auch in der Natur eine enge Abhängigkeit der Populationen von Beute und Fressfeind, Wirt und Parasit. Das gilt beispielsweise für Lemminge und Schneeeulen in der Tundra, für Schneeschuhhasen und Luchse in Kanada (→ Bild 2) oder für Kiefernspinner und Schlupfwespen in unseren Kiefernwäldern. Wahrscheinlich schwankt hier aber die Dichte der Beute auch ohne den Einfluss der Feinde oder Parasiten. Diese sind dagegen in ihrer Vermehrung an die Beute gekoppelt und machen deren Dichteschwankungen zeitlich verzögert mit.

Schädlingspopulationen. *Monokulturen* begünstigen einzelne Arten, deren Populationen oft massenhaft anwachsen. Für den Menschen werden sie damit zu *Schädlingen*, also zu Nahrungs- oder Rohstoffkonkurrenten. Auf die Beziehungen zwischen Nutzpflanzen und Fressfeinden beziehungsweise Parasiten lassen sich die Volterra-Regeln anwenden. So wachsen – entsprechend der 3. Volterra-Regel – nach Anwendung unspezifisch wirkender Bekämpfungsmittel die Populationen der Schädlinge viel schneller an als die ihrer Feinde. Sie müssen daher bald erneut bekämpft werden.

Fortpflanzungsstrategien. Je nach den Umweltbedingungen werden von der *Selektion* (→ S. 244 ff.) gegensätzliche Typen der Populationsentwicklung gefördert:

- Arten mit *stark schwankender Populationsdichte* sind meist klein, kurzlebig und erzeugen schnell viele Nachkommen. Dadurch nutzen sie günstige Bedingungen ihrer sich häufig ändernden Umwelt „opportunistisch" aus. Ihre Fortpflanzungsweise wird als *r-Strategie* bezeichnet. Sie wird durch Selektion einer hohen Wachstumsrate r bewirkt und danach benannt. Beispiele sind einjährige Pflanzen, Blattläuse, Wasserflöhe, Rädertierchen oder Planktonalgen.
- Arten mit *langfristig konstanter Populationsdichte* sind oft groß, langlebig, haben wenige Nachkommen und sind darauf angelegt, sich trotz starker Konkurrenz in einer beständigen Umwelt dauerhaft zu behaupten. Da die Selektion die optimale Ausnutzung der Umweltkapazität bewirkt, spricht man von *K-Strategie*. Beispiele sind Bäume, große Säugetiere und der Mensch.

Zwischen reiner r- und K-Strategie existieren alle Übergänge.

r-Strategie		K-Strategie
kurz	Lebensdauer	lang
kurz	Zeit bis zur Geschlechtsreife	lang
einmalig	Häufigkeit der Fortpflanzung	mehrmals
viele	Anzahl der Nachkommen	wenige
keine	elterliche Fürsorge	ausgeprägt
schnell	Entwicklung	langsam
hoch, dichteunabhängig	Sterberate	niedrig, dichteabhängig
wechselhaft	Umweltbedingungen	konstant
weit unterhalb K	Populationsgröße	nahe bei K

3–5 *Fortpflanzungsstrategien im Vergleich. Als Beispiele dienen Rosenblattlaus und Zwergschimpanse (Fotos).*

Material – Methode – Praxis: **Schädlinge und Schädlingsbekämpfung**

Seit langem verwenden Menschen für die Lebewesen, die ihnen in irgendeiner Weise schaden, den Begriff *Schädlinge* und nennen solche, aus denen sie Nutzen ziehen, *Nützlinge*. Auch wenn eine solche Einteilung vom biologischen Standpunkt aus ganz ungerechtfertigt ist, hat sie im allgemeinen Sprachgebrauch doch einen festen Platz. Dabei sind mit Schädlingen in erster Linie die tierischen Konkurrenten des Menschen gemeint, die seine Nahrungspflanzen oder die daraus hergestellten Produkte fressen. Daneben sind auch solche Pilze, Bakterien und Viren darunter zu verstehen, die Krankheiten der Nutzpflanzen und Nutztiere verursachen.

Bis in unser Jahrhundert waren die Möglichkeiten des Menschen, Schädlinge zu bekämpfen, sehr begrenzt. Erst synthetische Wirkstoffe – 1892 erstmals gegen die Raupen des Nonnenfalters eingesetzt – ließen chemische Schädlingsbekämpfung im großen Stil zu. Diese *Pestizide* oder *Biozide* wurden seitdem zu einem wichtigen Produktionsfaktor unserer Landwirtschaft. Sie belasten aber durch Rückstände die Natur, verursachen die Entstehung resistenter Populationen und können die menschliche Gesundheit gefährden. Daher gewinnen Verfahren der biologischen Schädlingsbekämpfung heute zunehmend an Bedeutung.

Biologische Schädlingsbekämpfung im Modell

Material: zwei Insektenzuchtkästen, Pflanzen mit Blattläusen (Blattläuse findet man an Rosen und Holunder häufig), Fressfeinde der Blattläuse wie Florfliegenlarven, Marienkäfer und ihre Larven, Schwebfliegenlarven (durch Absuchen der Blattlauspflanzen oder von Nützlingszüchtern im Gartenhandel zu beschaffen), Lupen oder Stereomikroskope; eventuell zusätzlich Ackerbohnen (Vicia faba), Pflanztöpfe und Erde

Durchführung: Richten Sie zwei Insektenzuchtkästen ein. Stellen Sie in die Kästen blattlausbesetzte Pflanzenzweige in Wassergläsern. Dichten Sie zuvor die Öffnung der Wassergläser mit Watte oder Schaumstoff ab.

Setzen Sie in einen der Zuchtkästen eine abgezählte Menge Marienkäfer oder andere Fressfeinde der Blattläuse. Beobachten und protokollieren Sie in den nächsten Wochen die Entwicklung der Blattläuse und ihrer Feinde in den beiden Zuchtkästen.

Wechseln Sie während dieser Zeit die Futterpflanzen rechtzeitig vor dem Welken aus. Denken Sie daran, alle Tiere abzuschütteln oder abzustreifen, bevor Sie die verwelkten Pflanzen entfernen.

Wenn Sie den Versuch über längere Zeit verfolgen wollen, sollten Sie versuchen die Blattläuse auf jungen Ackerbohnen zu züchten. Ackerbohnen lassen sich leicht aus Samen ziehen. Sie können sie dann als Topfpflanzen in die Zuchtkästen einsetzen.

Bestimmen von Schädlingen und ihren Fressfeinden an Garten- und Parkpflanzen

Material: flache, gelbe Plastikschalen, Klopfstock (an einem Ende dick mit Tuch umwickelt), weiße Tücher, große Klarsichtdosen mit Deckel, Insektenstreifnetz, Federstahlpinzetten, Lupen, Sammelgläschen, Bestimmungsbücher

Durchführung: Mit verschiedenen Methoden kann man sich im Sommer einen Überblick verschaffen, welche Schädlinge und welche ihrer Fressfeinde an Pflanzen in Garten, Park oder Hecke verbreitet sind:

- *Gelbschalen*. Stellen Sie die mit Wasser gefüllten Gelbschalen einige Tage lang auf. Kontrollieren und protokollieren Sie regelmäßig die durch die Gelbschalen angelockten Insekten.
- *Klopfmethode*. Legen Sie weiße Tücher unter einen Strauch oder halten Sie eine Schale unter einen Zweig. Klopfen Sie dann mehrmals kurz und kräftig mit dem Klopfstock auf den Zweig. Sammeln Sie die abgeklopften Tiere auf dem Tuch oder in der Dose und versuchen Sie sie an Ort und Stelle zu identifizieren. Da geflügelte Formen schnell fliehen, muss man rasch arbeiten.

Einige Arten, auf die Sie bei der Untersuchung von Obstbäumen im Garten treffen können, zeigt das Bild unten („Schädlinge“ blau unterlegt, Fressfeinde rot).

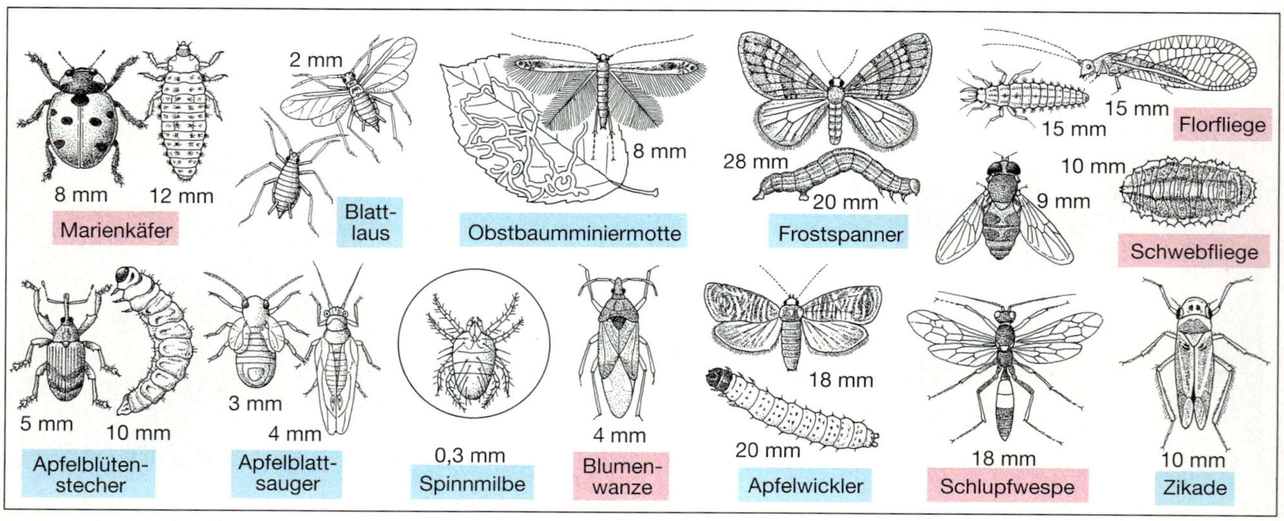

Biologische Schädlingsbekämpfung
Biologische Schädlingsbekämpfung nennt man den gezielten Einsatz von Fressfeinden und Parasiten gegen Schädlinge. Sie wirkt meist sehr gezielt, erfordert aber mehr Aufwand als die Verwendung von Pestiziden und benötigt gute Kenntnisse sowohl über den Nützling als auch über den Schaderreger:

Nützling	Schädling
Bakterium Bacillus thuringiensis (mehrere Stämme)	Schnakenlarven, Kartoffelkäfer
Pilz Metarhizium	Dickmaul-Rüsselkäfer
Schlupfwespe Trichogramma (verschiedene Arten)	Maiszünsler, Apfelwickler, Kohleule
Fadenwurm Neoaplectana	Trauermückenlarven
Florfliege Chrysoperla	Blattläuse
Raubmilbe Phytoseiulus	Spinnmilbe

Biotechnische Schädlingsbekämpfung
Darunter versteht man die Verwendung von biologischen Wirkstoffen, vor allem *Pheromonen*, zum Anlocken und Fang von Schädlingen. Pheromonfallen werden gegen Borkenkäfer, Apfelwickler und Lebensmittelmotten (→ Foto unten) eingesetzt.

Antinonnin
erfunden von den Professoren C. O. Harz und W. von Miller.
Das Antinonnin wird mit Erfolg angewendet
als Vertilgungsmittel von:
Pflanzenschädlichen Insecten: { Nonnenraupen, Blattläusen, Heuwurm, Ameisen u. s. w.
Milben der Thiere: { Krätzmilben, Haarbalgmilben u. s. w., gegen Räude der Pferde, Hunde und Schafe.
Mäusen, (Feldmäusen) und Ratten,
als Imprägnirungsmittel von:
Hölzern gegen Holzwurm, Hausschwamm u. niedere Thiere.
Eine Niederlage für das „Antinonnin" befindet sich in Düsseldorf bei Herrn W. Weissenborn und ist das Product auch durch alle Drogenhäuser zu beziehen.
Jeder Büchse ist die Gebrauchs-Anweisung beigefügt.
Name und Verwendungsart stehen unter Schutz.

1 Beurteilen Sie das Wirkungsspektrum von Antinonnin (→ Bild oben), des ersten synthetischen Pestizids aus dem Jahr 1892. Ist ein solches Spektrum aus heutiger Sicht erwünscht?
2 Pestizide werden nach der Zielgruppe eingeteilt, auf die sie wirken: Insektizide, Fungizide, Herbizide oder Molluskizide. Finden Sie die zugehörigen Zielgruppen heraus.
3 Werten Sie das Bild unten aus. Welche Anforderungen stellt danach der Einsatz von Pestiziden an den Anwender?
4 Biologische Schädlingsbekämpfung bringt die Schädlingspopulation nicht „auf null". Erklären Sie.

☞ Stichworte zu weiteren Informationen
Schadschwellenprinzip, integrierter Pflanzenschutz, Resistenz, Pflanzenschutzämter, DAINet, Pheromone

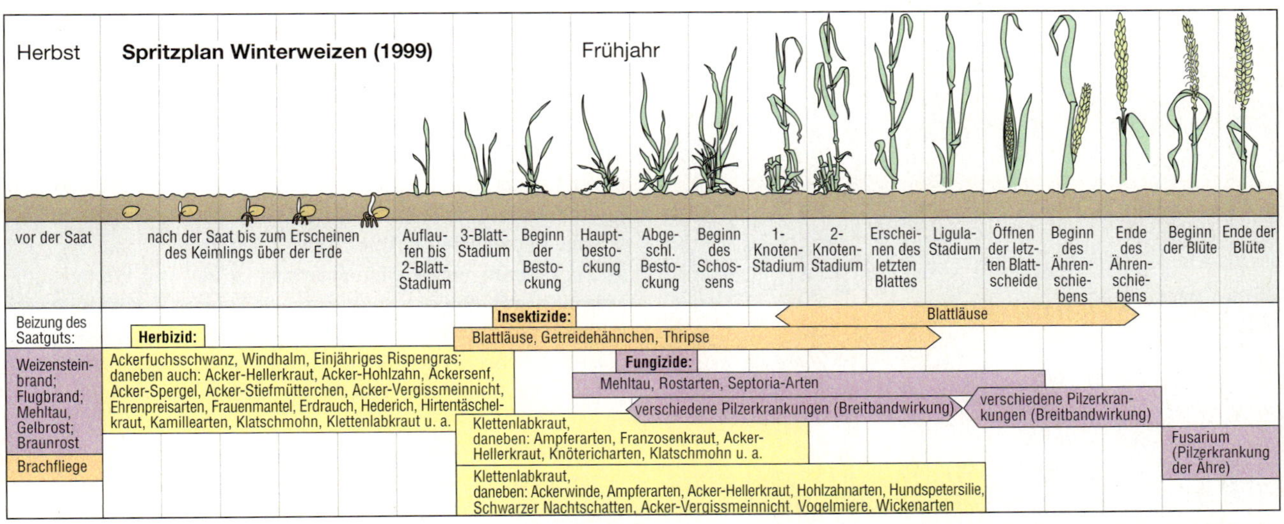

Material – Methode – Praxis: **Methoden der Populationsökologie**

Basisdaten über Populationen wie Größe, Geburten- und Sterberate können selten durch direktes Zählen gewonnen werden. Sie lassen sich aber meist mithilfe aussagekräftiger *Stichproben* abschätzen. Auch Untersuchungen an *Modellpopulationen* unter kontrollierten Bedingungen liefern wichtige Informationen. Auf der Grundlage der so ermittelten Daten ist es möglich, *mathematische Modelle* zu erstellen.

Sind Modelle gefunden, die das Verhalten einer Population in der Natur hinreichend erklären, kann man einzelne Variable verändern und so deren Wirkung simulieren. Damit lässt sich in günstigen Fällen voraussagen, wie sich natürliche Populationen unter entsprechenden Bedingungen entwickeln.

Computersimulation des Populationswachstums

Material: Computer mit Tabellenkalkulationsprogramm

Durchführung: Legen Sie Ausgangswerte für Ihre Modellpopulationen fest *(r, N, K)* und ordnen Sie den Werten bestimmte Tabellenplätze im Tabellenkalkulationsprogramm zu. Geben Sie dann die Rechenvorschrift für die Veränderung der Individuenzahl in jeder Generation (Zeitabschnitt *dt*) für das exponentielle Wachstum oder das logistische Wachstum in eine Spalte ein (→ S. 335). Legen Sie Ihre Tabelle so an, dass Sie für jede Generation eine neue Zeile verwenden und dass das Rechenergebnis *dN* jeder Generation zur Berechnung von *N* der Folgegeneration verwendet wird (Iteration).

Wiederholen Sie dieses Verfahren in beliebig vielen Modellgenerationen und lassen Sie es vom Computer in eine Grafik (Generation/Individuenzahl *N*) umsetzen.

Beispiel exponentielles Wachstum:
festgelegte Ausgangswerte: $r = 0{,}2$; $N_0 = 1000$
1. Generation: dN_1 (Veränderung der Populationsgröße in der 1. Generation) $= 0{,}2 \times 1000 = 200$; N_1 (Populationsgröße der 1. Generation) $= N_0 + dN_1 = 1200$
2. Generation: $dN_2 = 0{,}2 \times 1200 = 240$; $N_2 = N_1 + dN_2 = 1440$
3. Generation: $dN_3 = 0{,}2 \times 1440 = 288$; $N_3 = N_2 + dN_3 = 1728$
usw.

Variieren Sie die festgelegten Werte und lassen Sie die Populationsgröße vom Programm jeweils neu berechnen.

Fang-Wiederfang-Methode

Fängt man Tiere in einem abgegrenzten Untersuchungsgebiet mit Fallen, markiert sie und lässt sie wieder frei, dann kann man bei einem zweiten Fang aus der Zahl der ursprünglich markierten Tiere *(m)*, der Zahl der Zweitfänge *(z)* und der Zahl der markierten Wiederfänge *(w)* unter den Zweitfängen die Gesamtzahl *(N)* näherungsweise errechnen:

$$N = \frac{m \cdot z}{w}$$

Die Methode liefert brauchbare Ergebnisse, wenn die Abstände zwischen den Fängen so kurz gewählt werden, dass Zu- und Abwanderung, Geburts- und Sterberate sich nicht auswirken, die Tiere aber genügend Zeit hatten, sich im Raum wieder gleichmäßig zu verteilen. Das Foto oben zeigt eine Falle zum Lebendfang von Krähenvögeln.

Freilandexperimente

Da sich mit natürlichen Populationen in ihrer Gesamtheit nicht experimentieren lässt, führt man Experimente auf repräsentativen Probeflächen durch und schätzt ab, wie sich das Ergebnis auf die gesamte Population auswirken würde.

1 Die Netzkäfige im Bild links wurden im Rahmen von ökologischen Untersuchungen aufgestellt. Sie schützen Muscheln im Wattboden vor Fressfeinden. Welche Schlüsse ziehen Sie daraus, dass sich auf den geschützten Probeflächen 100-mal mehr Herzmuscheln entwickelten als auf ungeschützten Kontrollflächen gleicher Größe?

2 Planen Sie einen Modellversuch zur Fang-Wiederfang-Methode mit einer Mehlwurmzucht, deren Individuenzahl („Populationsgröße“) bekannt ist. Als Markierungsflüssigkeit lässt sich Schreibmaschinen-Korrekturflüssigkeit auf Wasserbasis – eventuell in verschiedenen Farben – verwenden.

Stichworte zu weiteren Informationen

Lebenstafel, Populationsdynamik, Transektmethode, Bevölkerungswachstum

Überblick

■ Alle Lebewesen werden durch andere beeinflusst und wirken ihrerseits auf andere Lebewesen ein. Die einzelnen Einflüsse bezeichnet man als biotische Faktoren. → S. 320, 321

■ Biotische Faktoren modifizieren die Wirkung der abiotischen Faktoren innerhalb der ökologischen Potenz einer Art. Deshalb unterscheiden sich oft physiologisches und ökologisches Optimum. → S. 320, 328

■ Die wichtigsten biotischen Faktoren sind Nahrung und Fressfeinde, innerartliche und zwischenartliche Konkurrenz, Parasitismus und Symbiose. Sie lassen sich in einem +/–-Schema klassifizieren. → S. 321

■ Viele biotische Faktoren bestehen aus Wechselbeziehungen. Sie lassen sich oft nur verstehen, wenn man die biologische Evolution der Arten berücksichtigt. → S. 320, 323, 325

■ Die Fressfeind-Beute-Beziehung ist für alle Tiere existenziell. Pflanzen sind als Nahrungsquelle in diese biotische Beziehung eingebunden. Organe des Nahrungserwerbs bei den Fressfeinden und Abwehreinrichtungen bei der Beute haben sich vielfach in Ko-Evolution entwickelt. → S. 322

■ Parasitismus ist eine sehr häufige Lebensweise, die besonders weitreichende Anpassungen an eine komplexe Umwelt in Gestalt anderer Lebewesen erfordert. → S. 323

■ Symbiosen prägen die Biosphäre, da Lebewesen mit dieser Lebensweise in weiten Bereichen der Erde vorherrschen. → S. 324, 325

■ Konkurrenz ist für die Entwicklung der Artenvielfalt auf der Erde von herausragender Bedeutung. → S. 328

■ Vor allem die Konkurrenz zwischen Angehörigen verschiedener Arten erzwingt eine ökologische Sonderung in der Nutzung von Ressourcen. → S. 329

■ Die ökologische Sonderung führt auf lange Sicht zur Bildung artspezifischer ökologischer Nischen. Darunter versteht man die Gesamtheit der Beziehungen zwischen einer Art und ihrer Umwelt. → S. 330, 331

■ Unter ähnlichen Lebensbedingungen können unterschiedliche Arten in verschiedenen Lebensräumen Nischen bilden, die sich weitgehend entsprechen. Die Arten nehmen dann äquivalente Stellen in den jeweiligen Lebensräumen ein und entwickeln gleich gerichtete Anpassungen. → S. 332

■ Innerartliche Konkurrenz wird durch eine Reihe biologischer Mechanismen verringert. → S. 333

Sie ist dennoch der entscheidende Faktor, wenn innerhalb einer Population die erfolgreichsten erblichen Varianten selektiert werden. → S. 334

■ Die Wirkung von Umweltfaktoren auf einzelne Lebewesen spiegelt sich im Wachstum und in der Entwicklung der Populationen wider. Die Entwicklung von Populationen verläuft – besonders in Beziehungen zwischen wenigen Arten und bei konstanten Umweltbedingungen – regelhaft. Häufige Muster sind Gleichgewicht, Oszillation und Fluktuation. → S. 335–337

Aufgaben und Anregungen

1 Für die Charakterisierung biotischer Beziehungen verwendet man den Begriff „Anpassung" in vielfacher Weise. Suchen Sie Beispiele. Erklären Sie an ausgewählten Fällen, wie Anpassung entsteht.

2 Zwei Antilopen werden beim Trinken am Wasserloch von einem Krokodil überrascht. Ein Tier hat den Räuber etwas früher bemerkt als das andere und kann entkommen. Die zweite Antilope wehrt sich heftig, aber vergeblich gegen das Reptil. Sie wird unter Wasser gezogen und getötet. Wer hat in diesem „Kampf ums Dasein" gegen wen gesiegt?

3 Welche Erklärung für die Vielfalt der Organismen können Sie aufgrund Ihrer Kenntnisse über die Beziehungen zwischen Lebewesen geben?

4 Als Halter seiner Nutztiere verhält sich der Mensch wie ein Räuber, ein Parasit, ein Parasitoid oder ein Symbiont. Suchen Sie Beispiele und begründen Sie diese.

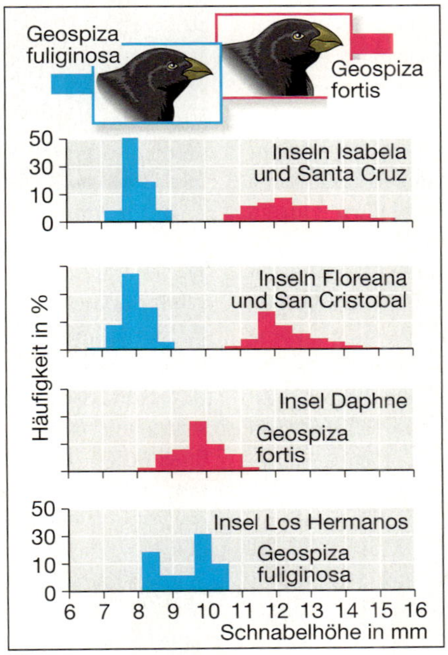

5 Bei *Geospiza fuliginosa* und *Geospiza fortis*, zwei Arten der berühmten Darwinfinken der Galapagosinseln, zeigen sich die in den Diagrammen links dargestellten Häufigkeitsverteilungen des Merkmals Schnabelhöhe. Dieses Merkmal steht in engem Zusammenhang mit der Größe von Samen, der Nahrung der Vögel.

Auf den Inseln Isabela und Santa Cruz sowie auf Floreana und San Cristobal kommen beide Finkenarten gemeinsam vor, während auf Daphne major nur *Geospiza fortis* und auf Los Hermanos nur *Geospiza fuliginosa* lebt. Erklären Sie den mit den Diagrammen erschließbaren Sachverhalt.

6 Bestehen Parallelen in der Entwicklung von tierischen Populationen und menschlichen Bevölkerungen? Vergleichen Sie dazu die Seiten 335–337 mit den Seiten 374 und 375.

7 Suchen Sie Beispiele für die Stellenäquivalenz von Arten verschiedener Lebensräume.

Die Brennnessel – Beispiel ökologischer Verflechtungen

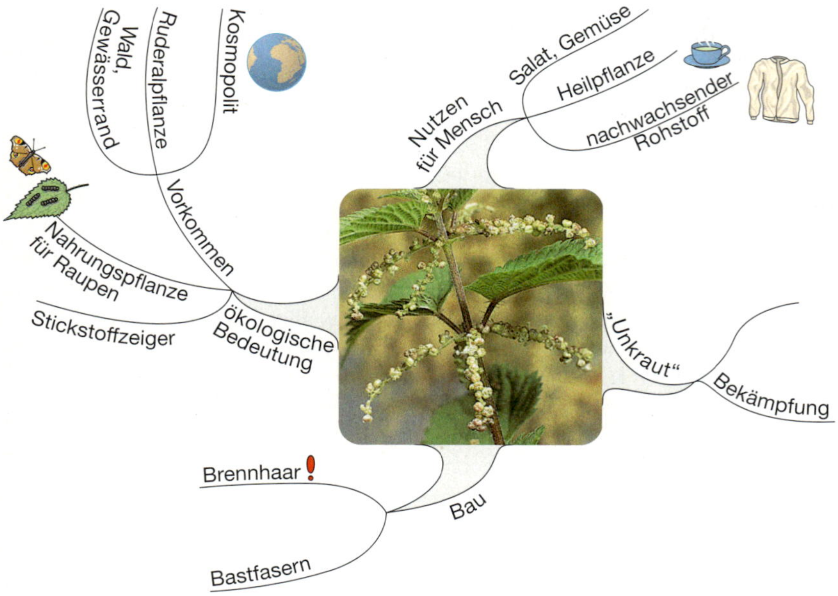

***D**ie Konkurrenz zwischen Wildkräutern und Kulturpflanzen macht viele Pflanzen für den Menschen zu unerwünschten Kräutern, zu „Unkräutern“. Sie zu bekämpfen war ursprünglich sehr mühsam. Heute gelingt es durch Agrartechnik und Herbizideinsatz bequem, Getreidefelder ohne bunte Begleitflora hervorzubringen. Selbst an Straßenböschungen und Wegrändern, wo keine Konkurrenz zu Kulturpflanzen besteht, werden die „Unkräuter“ verfolgt.*

Inzwischen hat sich die Einstellung zu wild wachsenden Pflanzen gewandelt. Durch eine geänderte Gesetzgebung dürfen nicht genutzte Flächen meist nur noch mechanisch behandelt werden, was vielen Wildkräutern eine Überlebenschance gibt. Anders als die Ackerwildkräuter konnte die Brennnessel von der gewandelten Einstellung jedoch nicht profitieren.

Nach wie vor ist die Brennnessel allgemein unbeliebt und wird selten geduldet. Das mag an ihren unscheinbaren Blüten liegen und der unangenehmen Eigenschaft zu brennen. Doch wird man damit weder ihrer *ökologischen Bedeutung* noch der als *Heilpflanze* noch der als *Lieferant nachwachsender Rohstoffe* gerecht.

Die Familie der *Brennnesselgewächse (Urticaceae)* umfasst 42 Gattungen mit über 600 Arten. In Deutschland kommen davon 4 Arten vor, von denen die *Große Brennnessel (Urtica dioica)* und die *Kleine Brennnessel (Urtica urens)* am weitesten verbreitet sind. Die Kleine Brennnessel wird nur 0,50 m hoch und ist einjährig, während die Große Brennnessel bis zu 1,50 m hoch wird und ausdauernde unterirdische Rhizome besitzt.

Die Brennwirkung wird bei beiden Arten durch *Brennhaare* hervorgerufen (→ Bild 1). Diese bestehen aus einem vielzelligen Sockel, in dem die eigentliche Haarzelle mit ihrem unteren, angeschwollenen Teil eingesenkt ist. Das obere Ende der Haarzelle läuft spitz zu und endet in einem Köpfchen. In die Zellwand sind Silikate eingelagert, die das Haar spröde machen. Bricht das Köpfchen bei Berührung ab, entsteht eine abgeschrägte, nadelspitze „Injektionskanüle“. Durch sie gelangen die Inhaltsstoffe der Haarzelle in die Haut des „Angreifers“: Ameisensäure, Acetylcholin und Histamin führen auf der menschlichen Haut zu Bläschenbildung, Brennen und Jucken.

☞ Basisinformationen

Intensivlandwirtschaft (→ S. 377), Konkurrenz (→ S. 328), Pflanzenzelle (→ S. 20/21), Feindabwehr (→ S. 322), Acetylcholin (→ S. 408), Histamin (→ S. 225)

1 Brennhaare. REM-Bild, Vergrößerung 200fach

1 Nennen Sie Gründe für den Wechsel in der Einstellung zu Wildkräutern.

2 Untersuchen Sie Brennhaare von Blättern der Großen Brennnessel unter dem Mikroskop. Rasieren Sie dazu von der Unterseite einer Blattrippe oder dem Blattstiel einige der schon mit bloßem Auge sichtbaren Brennhaare mit einer Rasierklinge ab und übertragen Sie sie in einen Tropfen Wasser. Jede Berührung vermeiden, die Brennhaare brechen leicht ab! Zeichnen Sie ein Brennhaar. Vergleichen Sie mit Bild 1.

3 Die Blüten der Brennnessel sind eingeschlechtig und werden vom Wind bestäubt. Betrachten Sie die Blüten mit der Lupe. Beachten Sie: Die Große Brennnessel ist zweihäusig.

Ökologie der Brennnessel

Brennnesseln sind *Kosmopoliten*. Sie kommen weltweit vor auf humusreichen, feuchten Waldstandorten und an den Ufern nährstoffreicher (eutropher) Gewässer. Wegen ihres hohen Stickstoffbedarfs gelten sie als *Stickstoffzeiger*. So treten sie auch bevorzugt an nährstoffreichen Ruderalstellen (lat. *rudus:* Schutt, Ruinen) auf, wie sie im Einzugsbereich des Menschen häufig sind. Ihr üppiger Wuchs an Wegrändern deutet auf organische Abfälle hin, zum Beispiel Hundekot.

Die Brennnessel findet man oft vergesellschaftet mit anderen Pflanzen, die ähnliche Umweltansprüche haben, wie *Giersch (Aegopodium podagraria), Knäuelgras (Dactylis glomerata), Klebriges Labkraut (Galium aparine)* und *Gundermann (Glechoma hederacea)* sowie *Kanadische Goldrute (Solidago canadensis)*. Zwischen den verschiedenen Arten hat sich eine Koexistenz entwickelt. Sie wird dadurch ermöglicht, dass die Arten einander innerhalb ihrer ökologischen Potenz ausweichen, zum Beispiel in Bezug auf ihren Hauptwurzelhorizont, aber auch durch positive Interaktionen, also wechselseitige Förderung, beispielsweise von gegen Verbiss empfindlichen Arten durch Schutzpflanzen.

Die Kanadische Goldrute ist ein Neueinwanderer aus Nordamerika, der in *Konkurrenz* zur heimischen Pflanzenwelt tritt. Die Konkurrenz zwischen Kanadischer Goldrute und Großer Brennnessel wurde experimentell untersucht. Dazu wurden beide Arten in Rein- und Mischkultur unter definierten Umweltbedingungen angezogen, wobei die Individuenzahl jeweils dieselbe war. Anschließend wurde die Pflanzenbiomasse zum maximalen Entwicklungszeitpunkt bestimmt und in ein Diagramm eingetragen. Bild 1 zeigt das Versuchsergebnis bei unterschiedlicher Bodenfeuchte, Nitratversorgung und Bodenart. Konvexe Kurven bedeuten eine relative Förderung, konkave eine relative Hemmung der jeweiligen Art bei interspezifischer Konkurrenz in Mischkultur. Hier zeigt sich zudem, dass beide Arten unter jeweils nicht optimalen Bedingungen koexistieren können. Dazu trägt auch die jahreszeitlich unterschiedliche Entwicklung beider Arten bei.

Die ökologische Bedeutung der Brennnessel wird deutlich, wenn man ihre *Stellung im Nahrungsnetz* betrachtet. Die Brennnessel dient vielen Arten als Nahrungspflanze, darunter dem *Brennnesselrüssler*, einem Käfer, der an der Unterseite der Blätter frisst, und einer *Minierfliegenlarve*, die das Innere des Blattes mit Fraßgängen durchzieht. Die Raupen von *Kleiner Fuchs*, *Landkärtchen* und *Admiral* leben ausschließlich von Brennnesseln. Sie sind stenök in Bezug auf ihre Nahrung. Auch *Tagpfauenauge* und *Distelfalter* legen ihre Eier bevorzugt an Brennnesseln ab. Die Raupen sind in ihrem Verhalten daran angepasst: Sie beißen die Brennnesselhärchen unten durch, sodass sie abfallen, und können dann weiterfressen ohne gebrannt zu werden. Zwischen Raupen und Brennnessel hat eine Ko-Evolution stattgefunden.

Basisinformationen

Nitratbelastung (→ S. 388), physiologisches und ökologisches Optimum (→ S. 328), ökologische Nische (→ S. 330/331), Ko-Evolution (→ S. 322), Nahrungsnetz (→ S. 355)

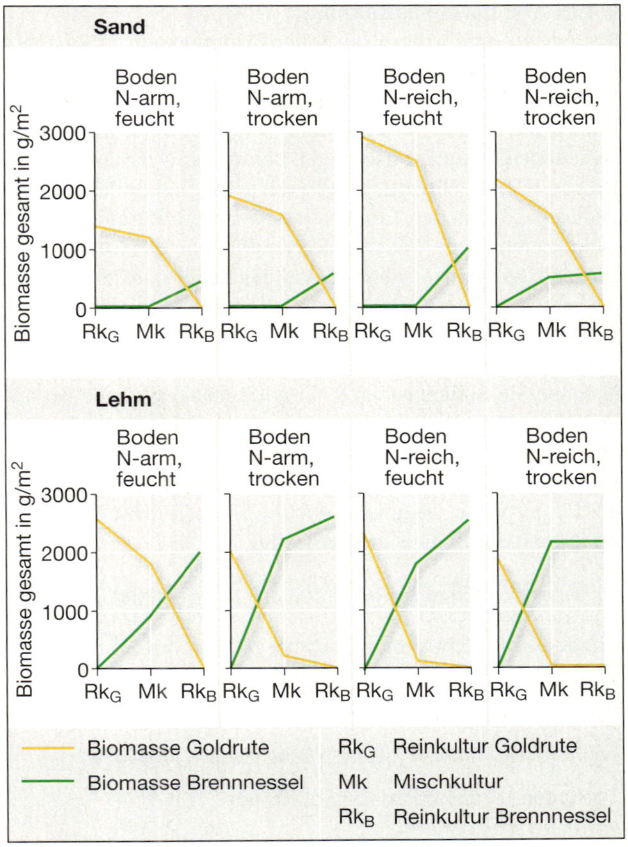

1 *Versuch zur Konkurrenz von Brennnessel und Kanadischer Goldrute*

2 *Raupe vom Kleinen Fuchs*

1 Stellen Sie anhand von Bild 1 die Bedingungen heraus, unter denen die Arten jeweils konkurrenzstärker sind. Welche Bedingungen erlauben eine ökologische Sonderung?

2 Stellen Sie die Nahrungsbeziehungen zwischen der Brennnessel und den von ihr lebenden Tieren grafisch dar. Ergänzen Sie das Schema durch weitere Ihnen bekannte Nahrungsbeziehungen.

3 Inwiefern sind die von der Brennnessel abhängigen Falter ein Beispiel für Einnischung?

Untersuchungen zum Standort der Brennnessel

Vegetationsaufnahme

Suchen Sie Standorte auf, an denen Brennnesseln vorkommen (→ Bild rechts). Bestimmen Sie jeweils die Begleitarten der Brennnessel. Legen Sie von den nicht geschützten Arten ein Herbar an. Stellen Sie außerdem die Zeigerwerte für die verschiedenen Pflanzen zusammen. Benutzen Sie dazu die Tabellen von H. ELLENBERG, „Zeigerwerte der Gefäßpflanzen Mitteleuropas". Aus den Tabellen lassen sich an Parametern wie Licht, Temperatur, Feuchte, Stickstoffbedarf die Standortansprüche der Pflanzen ablesen. Vergleichen Sie die Befunde für die verschiedenen Arten.

Bodenuntersuchung

Nehmen Sie Bodenproben von den Stellen, an denen Brennnesseln vorkommen, und zum Vergleich Proben von Stellen, an denen keine Brennnesseln auftreten.

Bodenbeschaffenheit. Testen Sie zunächst den Boden mithilfe der Fingerprobe. Dazu untersuchen Sie die Formbarkeit und Körnigkeit des Bodens mit der Hand.

Bodenart	Fingerprobe	Gehalt an Ton
Sandboden	nicht formbar, sichtbar körnig	< 10 %
sandiger Lehm	formbar, Sand knirscht vernehmbar	10–30 %
Lehmboden	formbar, stumpfe Oberfläche	30–50 %
Tonboden	formbar, klebrig, glänzende Oberfläche	> 50 %

Die Proben werden für die weiteren Laboruntersuchungen in verschlossenen, beschrifteten Plastiktüten transportiert.

Wassergehalt. Wiegen Sie jeweils 100 g der Bodenproben aus. Trocknen sie diese anschließend im Trockenschrank bei 100 °C etwa 24 Stunden und wiegen Sie dann erneut. Berechnen Sie den prozentualen Wassergehalt.

pH-Wert. Mischen Sie in einem Becherglas jeweils 25 g der luftgetrockneten Bodenprobe mit 25 ml $CaCl_2$-Lösung (0,1 %). Bestimmen Sie den pH-Wert (pH-Papier oder Glaselektrode).

Kalkgehalt. Geben Sie jeweils eine Spatelspitze der getrockneten Bodenprobe in eine Petrischale und versetzen Sie sie mit einigen Tropfen 10%iger Salzsäure. Je nach Menge des enthaltenen Kalks braust die Erde hörbar oder sichtbar auf. Schätzen Sie den Kalkgehalt nach folgender Tabelle ein:

Beschreibung der Reaktion bei HCl-Zugabe	ungefährer Kalkgehalt in %
kein Aufbrausen zu sehen oder in Ohrnähe zu hören	kalkfrei
kein Aufbrausen zu sehen, aber in Ohrnähe zu hören	< 1
Aufbrausen zu sehen und zu hören	1 %–4 %
starkes und lange anhaltendes Aufbrausen	> 5 %

Nitratgehalt. 10 g der getrockneten Bodenproben werden jeweils mit 10 ml destilliertem Wasser gut gemischt und anschließend über einen Trichter in ein Becherglas filtriert. Tauchen Sie ein Nitrat-Teststäbchen kurz ein und lesen Sie das Ergebnis nach 1 Minute ab. Berechnen Sie den Nitratwert.

Vergleichen Sie anschließend die Ergebnisse Ihrer Bodenuntersuchungen. Leiten Sie daraus die Standortansprüche der Brennnessel ab.

Nachweis von Nitrat in verschiedenen Pflanzenteilen

Material: je 10 g Pflanzenmaterial (Stängel, Blätter, Rhizom), Nitrat-Teststäbchen, Mörser, Pistill, Filterpapier, Trichter, Becherglas

Durchführung: Zerkleinern Sie das Pflanzenmaterial und zerreiben Sie es im Mörser. Geben Sie 40 ml destilliertes Wasser hinzu und mörsern Sie nochmals mindestens 1 Minute. Filtrieren Sie nun und messen Sie den Nitratwert wie oben. Berechnen Sie den Nitratgehalt. Berücksichtigen Sie dabei den Verdünnungsfaktor (Testwert × 5 = mg/kg Pflanzenmaterial).

Nachweis von Nitrationen in der Brennnessel

Material: Brennnesselstängel, Rasierklinge, Lupe, Glasplatte, konz. Schwefelsäure *(ätzend!)*, Diphenylamin *(giftig!)*

Durchführung: Fertigen Sie einen Querschnitt durch den wurzelnahen Teil des Brennnesselstängels (→ Bild unten). Betropfen Sie ihn auf einer Glasplatte mit etwas Diphenylamin-Schwefelsäure (einige Körnchen Diphenylamin in etwas konz. Schwefelsäure gelöst). Beobachten Sie die Blaufärbung des Gewebes (Nitratspeicherung im Zellsaft).

Vom Nutzen der Brennnessel

1 Der fertige Stoff aus Brennnesselfasern

Nachwachsender Rohstoff

Aus den Stängeln der Brennnessel lassen sich *Fasern* für die Herstellung von *Textilien* gewinnen. Nesselstoff gab es bereits vor Hunderten von Jahren. In Deutschland wurde er zuletzt im Zweiten Weltkrieg für Armeebekleidung hergestellt. Nach dem Krieg geriet er jedoch – ebenso wie Hanf und Flachs – durch die Einfuhr von Baumwolle und die Entwicklung preiswerter Chemiefasern in Vergessenheit. Der Wunsch der Verbraucher nach Naturstoffen – forciert durch die Zunahme von Allergien auf chemisch behandelte Textilien – führte zur Wiederbelebung der heimischen Faserpflanzenproduktion. Verwendet werden die *Bastfasern*, die in der Rinde der Brennnessel als Festigungsgewebe dienen. Durch Züchtung gelang es, den Anteil der Bastfasern von 1–6 % der Wildformen auf 12–14 % zu steigern. Ihre Länge kann bis zu 15 cm betragen. Die Fasern müssen vom restlichen Stängelmaterial getrennt werden. Dazu bleiben die gemähten Stängel zunächst zwei Wochen auf dem Feld zum „Rösten", wobei schon natürliche Fäulnisprozesse stattfinden. Nach dem Trocknen und Zerkleinern werden die Fasern durch neu entwickelte Verfahren enzymatisch „aufgeschlossen". Der Abbau von Kittsubstanzen wie Pektin und Hemicellulosen führt zur Abtrennung vom restlichen Gewebe. Anschließend werden die Fasern gesponnen und zu Stoffen verwebt.

Aufarbeitung von Brennnesselstängeln zu Textilfasern durch Laugenbehandlung

Material: 100 g getrocknete Brennnesselstängel, 0,4%ige Sodalösung (Na_2CO_3), 2%ige Natronlauge *(Vorsicht, beide Flüssigkeiten reizend!)*, Gummihandschuhe, Dampfdrucktopf (kein Aluminiumgerät verwenden), Küchensieb

Durchführung: Kochen Sie etwa 10 cm lange Stängelstücke in der Sodalösung 60–90 Minuten lang. Gießen Sie dann die Sodalösung ab und waschen Sie mit Leitungswasser nach. Die Rinde wird dann vom Stängel abgezogen (Gummihandschuhe anziehen!) und 90 Minuten in 2%iger Natronlauge im Dampfdrucktopf (3. Ring) unter dem Abzug gekocht. Anschließend müssen die Fasern mit starkem Wasserstrahl in einem Sieb von allen Resten freigespritzt werden. Nach mehrstündigem Trocknen bei 100 °C erhalten Sie baumwollähnliche Fasern.

Heilpflanze

Aufgrund ihrer zahlreichen wertvollen Inhaltsstoffe wird die Heilwirkung der Brennnessel seit langem geschätzt (→ Zitat unten). Auch finden sich in vielen Kochbüchern Hinweise auf ihre Verwendung als Salat oder Gemüse. Hierzu dürfen nur junge Triebe verarbeitet werden.

Heilend wirkt die Brennnessel nicht nur auf den Menschen: Im Naturgarten dient sie als als Dünge- und vorbeugendes Heilmittel für Kulturpflanzen. Dazu werden die – möglichst noch vor der Blüte – geschnittenen Pflanzen mit Wasser angesetzt (etwa 10 kg auf 100 l Wasser). Der Gärungsprozess ist nach ungefähr zwei Wochen abgeschlossen. Die fertige Jauche wird im Verhältnis 1 : 10 verdünnt und die Pflanzen damit gegossen.

Brennessel, Urtica dioica L.

Große Nessel, Nessel, Hanfnessel.

Eine 60—80 cm hohe Staude mit ausdauerndem Wurzelstock. Der vierkantige Stengel sowie die herzförmigen, grobgesägten Blätter sind mit **Brennhaaren versehen.**

Eine überall zu findende Pflanze.

Blüte (Juli—August): Rispe mit kleinen, unscheinbaren Blüten.

S.-Z. (junge Blätter und Wurzeln): Sommer.

1. Der **Tee** a) von Blättern wirkt blutreinigend (bei **Hautausschlägen**), harntreibend und wird verwendet bei **Verschleimungen** der **Lunge** und **Atmungsorgane**, reinigt den Magen; ferner bei **Gelbsucht** und **Hämorrhoiden.** b) Der Tee von Wurzeln wirkt kräftiger, besonders gut bei beginnender **Wassersucht** und bei **Blutflüssen.**
2. Der **Saft** stillt das Blutharnen (tägl. 2 Teel. voll).
3. **Wein.** In Wein oder Honig gekocht (2mal tägl. 1 kleine Tasse) gut bei **Asthma** und **Engbrüstigkeit.**
4. **Gurgelwasser.** Der Absud dient als Gurgelwasser bei **Verschleimung** des **Halses.**
5. **Waschungen.** Brennesselwasser (s. S. 19) wird zu Waschungen gegen **schwindende Glieder** empfohlen. Man taucht ein Tuch in das Wasser und reibt das kranke Glied tägl. 2—3mal ein.
6. **Haarmittel** (s. S. 19) gegen **Schuppen** und **Haarausfall.**

1 Beschreiben Sie anhand des Mikrofotos auf Seite 344 die Verteilung der Bastfasern im Stängelquerschnitt.

2 Die Brennnessel als nachwachsender Rohstoff hat viele Vorteile: Ihre Produktivität ist enorm und ihre Nutzungsdauer beträgt bis zu 20 Jahre. Zudem kann auf den Einsatz von Pflanzenschutzmitteln beim Anbau ganz verzichtet werden und sie entzieht durch ihren hohen Bedarf dem Boden Stickstoff. Begründen Sie, inwiefern diese Eigenschaften einen ökologischen Vorteil darstellen. Ziehen Sie dazu auch die Seiten 380/381 heran.

3 Machen Sie sich von den verschiedenen Heilwirkungen der Brennnessel selbst ein Bild.

Herstellung eines Haarpflegemittels: Schneiden Sie 250 g frische Brennnesselwurzeln in kurze Stücke. Kochen Sie sie mit einem halben Liter Essig und 1 Liter Wasser eine halbe Stunde lang und sieben Sie sie anschließend durch.

Herstellung von Tee: Überbrühen Sie 1 Esslöffel gehackte Brennnesseln mit einer Tasse kochendes Wasser, lassen Sie sie 10 Minuten ziehen und seihen Sie dann ab.

Ökosysteme

1 An Seilen gesichert untersucht ein Biologe in 40 m Höhe den Kronenraum eines tropischen Wald-Ökosystems in Costa Rica.

Auf einem Hektar können mehrere hundert Baumarten wachsen, ein einziger Baum ist Lebensraum für Dutzende von Aufsitzerpflanzen und Hunderte von Tierarten: Tropische Regenwälder sind die Zentren der Artenvielfalt auf unserem Planeten. Über die Hälfte der auf der Erde vertretenen Tier- und Pflanzenarten leben hier – auf nur 7 % der Landoberfläche. Erst seit wenigen Jahrzehnten untersucht man diese Ökosysteme systematisch bis in ihre oberen, besonders artenreichen Stockwerke. Da Jahr für Jahr 1 % der Tropenwaldfläche durch Brandrodung und Abholzung verloren geht, ist es ein Wettlauf mit der Zeit …

Im Blickpunkt:

- Struktur von Ökosystemen
- wichtige Ökosysteme in Kurzporträts
- pflanzliche Primärproduktion als Fundament jedes Ökosystems
- Nahrungsnetz und Energiefluss
- Stoffkreisläufe – ein gigantisches Bio-Recycling
- Werden und Vergehen von Ökosystemen
- biologisches Gleichgewicht und seine Stabilität
- Vielfalt und Einförmigkeit der Arten im Ökosystem
- Ökosysteme aus Menschenhand

Der einzige Platz für Leben, den wir im Weltraum kennen, ist die Erde. Und auch bei ihr beschränkt sich der für Leben geeignete Bereich, die *Biosphäre,* auf ein dünnes „Lebenshäutchen" an der Oberfläche. Die *Geobiosphäre* des Bodens reicht bis 5 m Tiefe. Pflanzen ragen wegen des schwierigen Wassertransports gegen die Schwerkraft höchstens 120 m auf. Die *Hydrobiosphäre* der Gewässer ist in der lichtdurchfluteten Schicht bis 100 m Tiefe am dichtesten belebt.

Bei aller Vielfalt des Lebens in der Biosphäre lassen sich in Hinblick auf landschaftliche Gegebenheiten, Klima und Lebewesen einheitliche Bereiche abgrenzen, die als *Ökosysteme* bezeichnet werden.

- Land-Ökosysteme sind immergrüne Tropenwälder, Savannen, Wüsten, Hartlaubgehölze (Macchie), Steppen, sommergrüne Wälder, boreale Nadelwälder und Tundren.
- Zu Süßwasser-Ökosystemen zählen Seen, Flüsse, Bäche und Moore.
- Marine Ökosysteme umfassen Watten, Flussmündungen, Schelfgebiete und das offene Meer.
- Ökosysteme der menschlichen Kulturlandschaft sind Agrar- und Siedlungsgebiete.

Zwischen den verschiedenen Ökosystemen bestehen keine starren Grenzen. Gerade die Übergangsbereiche zeichnen sich oft durch eine besondere ökologische Vielfalt aus.

Aufbau und Merkmale von Ökosystemen

Ökologische Systeme aller Größenordnungen – von der Biosphäre bis zum Ökosystem – umfassen stets einen Lebensraum oder *Biotop* und eine Lebensgemeinschaft oder *Biozönose*. Bereits im 19. Jahrhundert erkannten Wissenschaftler wie ALEXANDER VON HUMBOLDT und ERNST HAECKEL, dass unbelebte Umwelt und Lebewesen untrennbare natürliche Einheiten bilden. Der britische Ökologe A. G. TANSLEY führte hierfür 1935 den Begriff „Ökosystem“ ein.

Biotop. Die Gesamtheit der abiotischen Ökofaktoren im Lebensraum machen den *Biotop* aus: klimatische Faktoren, Boden und Geländestruktur, Wassertiefe und Wasserbewegung.

Der Biotop bildet den unbelebten Rahmen des Ökosystems. Er liefert den Lebewesen Voraussetzungen und Begrenzungen für ihre Existenz. Viele Biotope werden durch vorherrschende Faktoren horizontal oder vertikal in *Teillebensräume* untergliedert, diese wiederum in *Kleinstlebensräume*.

Biozönose. Sämtliche Populationen aller Arten in einem Biotop bilden eine *Biozönose*. Ihre Zusammensetzung ist alles andere als zufällig. Sie wird einerseits durch die Eigenschaften des Biotops und die Merkmale der Lebewesen bestimmt, durch die diese an die unbelebte Umwelt angepasst sind. Andererseits stehen alle Angehörigen der Biozönose untereinander in einem komplizierten Beziehungsgeflecht.

Ökosysteme. Die Verflechtung von Biotop und Biozönose zum Ökosystem bedingt völlig neue Eigenschaften dieser Struktur- und Funktionseinheit, was durch die Verwendung des Begriffs „System“ auch ausgedrückt wird: Ein Ökosystem ist das Beziehungsgefüge zwischen den Lebewesen einer Biozönose untereinander sowie zwischen Biotop und Biozönose.

Alle Ökosysteme stimmen in einer Reihe von Funktionsprinzipien überein:

- Ökosysteme sind meist sehr beständige biotische Einheiten, da sie in gewissem Grad zur *Selbstregulation* fähig sind, das heißt Veränderungen durch gegenläufige Prozesse ausgleichen können (→ S. 364). Allen ökologischen Regelvorgängen liegen Regelkreise zugrunde.
- Wie die Lebewesen selbst sind auch Ökosysteme *offene Systeme*, die nur bestehen können, wenn ihnen ständig *Energie zufließt* und sie mit ihrer Umgebung *Stoffe austauschen* können (→ S. 358).
- Innerhalb der Ökosysteme ist der Energiefluss, der seinen Ausgang bei der Strahlungsenergie der Sonne nimmt und letztlich zur Freisetzung von Wärme führt, eng mit der Produktion energiereicher organischer Stoffe und deren Weitergabe in *Nahrungsketten* verknüpft (→ S. 355).
- Während alle Energie, die einem Ökosystem zufließt, ihm schließlich wieder verloren geht, vollführen die Stoffe im Ökosystem einen *Kreislauf*. Dabei werden die produzierten organischen Verbindungen wieder abgebaut, bleiben jedoch als anorganische Materie dem System erhalten (→ S. 357).
- Bei aller Beständigkeit unterliegen auch Ökosysteme zeitlichen Veränderungen. Diese Entwicklung verläuft oft als langsame, sich selbst organisierende, regelhafte *Sukzession* (→ S. 362).

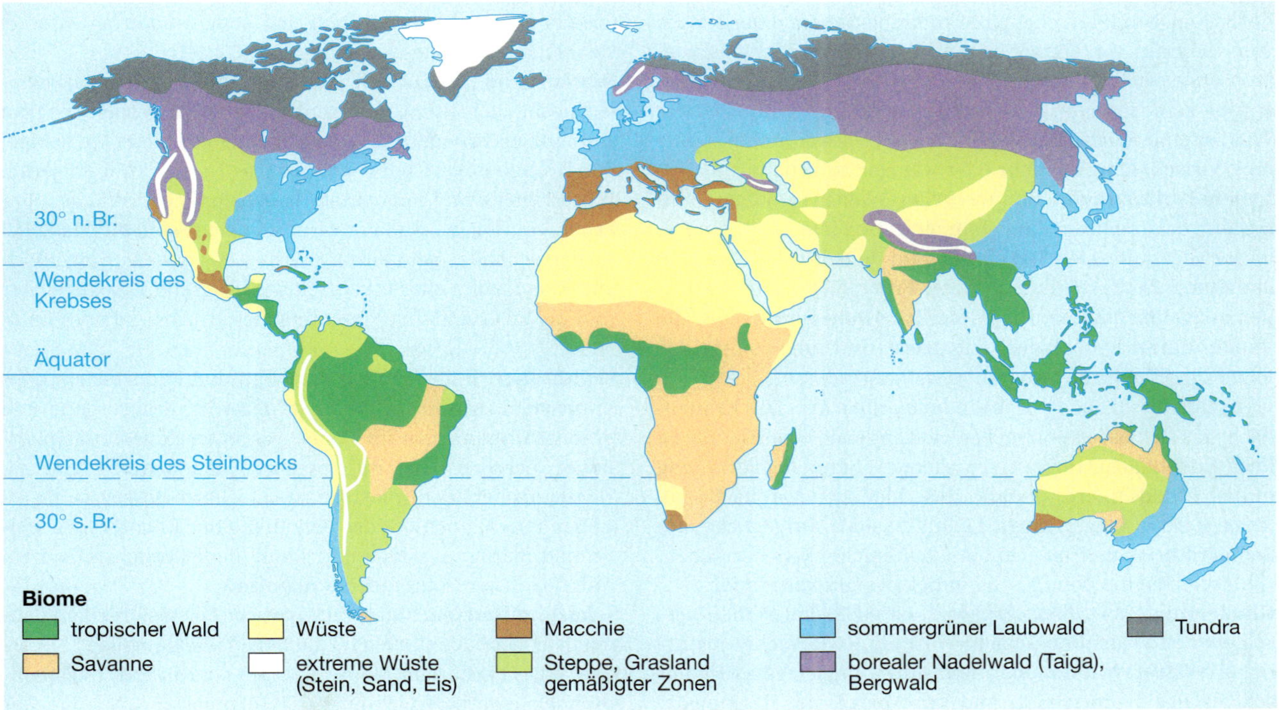

1 Land-Ökosysteme ähnlicher klimatischer und landschaftlicher Bedingungen haben ein ähnliches Pflanzenkleid und lassen sich zu großflächigen Einheiten zusammenfassen, den Biomen.

Ökosystem Wald

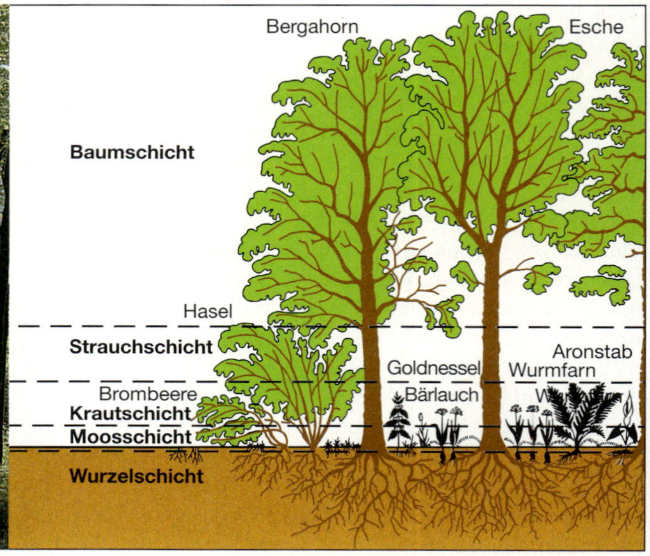

1 und 2 In einem natürlich gewachsenen Mischwald lässt sich im Innern eine stockwerkartige Gliederung erkennen.

Wälder sind Ökosysteme, deren Charakter durch Bäume geprägt wird. Von einem Wald sprechen wir, wenn Bäume auf einer Fläche von mindestens einem Hektar einen geschlossenen Bestand mit Kronendach bilden. In unterschiedlicher Ausprägung bedecken Wälder heute noch knapp ein Viertel der Kontinente.

Die Wald-Ökosysteme Mitteleuropas sind von Natur aus *sommergrüne, winterkahle Wälder,* in denen Laubbäume vorherrschen. Nur im Hochgebirge kommen *Nadelwälder* bei uns von Natur aus vor. Da jedoch unsere Wälder seit langem vom Menschen vielfältig genutzt werden, gibt es heute in Mitteleuropa keine intakten Naturwälder mehr. Der größte Teil der Wälder sind Wirtschaftswälder, je nach Zusammensetzung und Wirtschaftsweise mehr oder weniger naturnah.

Lebensbedingungen. Sommergrüne Wälder benötigen mindestens 4 Monate im Jahr Temperaturen über 10 °C und in dieser Vegetationszeit 300 bis 400 mm Niederschlag für Laubentfaltung, Stoffproduktion, Blüte, Fruchtbildung und Knospenanlage der Bäume. Die winterliche Kälteperiode, der die Bäume durch Laubabwurf angepasst sind, unterbricht das Lebensgeschehen im Ökosystem weitgehend.

In einem Wald bildet sich ein *Innenklima* aus: Das Kronendach, das sich bei einem Buchenwald aus rund 6 m^2 Blattfläche je m^2 Bodenfläche aufbaut, schwächt die Sonneneinstrahlung in das Waldesinnere so stark, dass hier – im Vergleich zum freien Feld – eine geringe Lichtintensität, ausgeglichenere Temperaturen und eine höhere Luftfeuchtigkeit herrschen. Außerdem ist die Windgeschwindigkeit stark vermindert.

Gliederung. Der *Stockwerkbau* (→ Bild 2) mit seinen verschiedenen Vegetationsschichten ist ein Kennzeichen naturnaher Wälder. Naturwälder sind durch ungleichen Kronenschluss der Baumschicht und ein Mosaik aus Dickungen, Lichtungen und Kleinstlebensräumen wie Baumstümpfen noch stärker strukturiert.

Lebensformen der Biozönose. Durch ihre reiche Strukturierung und die hohe Dichte pflanzlicher Biomasse – bei einheimischem Wald rund 30 kg je m^2 – besitzen Wälder relativ artenreiche Biozönosen. In einheimischen Buchenwäldern lebt mit etwa 4000 Pflanzen- und 7000 Tierarten rund ein Fünftel aller in unseren Breiten vorkommenden Arten. Sie lassen sich – entsprechend ihren Anpassungen an die hier herrschenden Bedingungen – verschiedenen typischen Lebensformen des Waldes zuordnen und stehen untereinander in vielfältigen Nahrungsbeziehungen.

Bäume und Sträucher. Sie sind durch ihren überwinterungsfähigen Holzkörper und die von ihm getragenen, gut geschützten Erneuerungsknospen eine besonders langlebige, durch Laubabwurf oder winterharte Nadelblätter unserem Jahreszeitenklima angepasste Lebensform der Wälder. Rotbuche, Hainbuche, Stiel- und Traubeneiche sind ursprünglich vorherrschende Baumarten. Esche, Bergulme, Spitzahorn und Eibe kamen eher vereinzelt vor. Typische Waldsträucher sind bei uns Geißblatt, Pfaffenhütchen, Hartriegel oder Faulbaum.

Frühblüher. Einen großen Anteil an den Pflanzenarten der Krautschicht stellen Frühblüher, deren Speicherorgane und Erneuerungsknospen im Boden geschützt den Winter überstehen: Lerchensporn, Buschwindröschen, Scharbockskraut, Märzenbecher oder Goldstern. Gespeicherte Reservestoffe erlauben ihnen, noch vor der Belaubung der Baumkronen Blüten und Blätter zu bilden und somit die lichtreichste Zeit am Waldboden zur Fotosynthese zu nutzen.

Schattenpflanzen. Eine zweite typische Lebensform der Pflanzen des Waldbodens stellen zum Beispiel Waldmeister, Sauerklee, viele Farne und Moose dar. Sie sind in Bau und Stoffwechsel an geringe Lichtintensität angepasst (→ S. 134). Zur Bestäubung der Blüten und Verbreitung ihrer Früchte sind die meisten Pflanzen des Waldbodens auf Tiere angewiesen.

Laubfresser. Obwohl Blätter nur einen Anteil von etwa 1 bis 2 % an der Biomasse unserer Mischwälder haben, leben davon die meisten Waldtiere, da Blattnahrung erheblich leichter aufschließbar ist als Rinde, Wurzeln oder Stammholz. Neben den großen Pflanzen fressenden Säugetieren Hirsch und Reh sind viele Blatt- und Rüsselkäfer, Schmetterlings- und Blattwespenlarven Laubfresser.

Blattminierer. Dies sind meist Larven von Schmetterlingen und Zweiflüglern, die sich durch das Palisaden- oder Schwammgewebe der Blätter fressen. Die Fraßgänge, auch Minen genannt, sind von außen gut zu sehen.

Gallbildner. Sie veranlassen Pflanzen zur Bildung von spezifisch gestalteten Gewebewucherungen, die als *Gallen* bezeichnet werden. Sie dienen den Nachkommen der Gallbildner, vor allem Gallmücken, Gallwespen, Blattläusen oder Milben, als parasitisches Schutz- und Nährgewebe. Allein von den Blättern der Eiche kennt man über 100 Gallwespenarten.

Säftesauger. Vor allem Kleinzikaden und Blattläuse entziehen den Waldpflanzen unmittelbar aus dem Phloem der Leitbündel zucker- und aminosäurehaltigen Saft. Die zuckerhaltigen „Honigtau"-Ausscheidungen der Baumläuse dienen anderen Insekten, vor allem Waldameisen, als Nahrung.

Rinden- und Holzbohrer. Borkenkäfer, Bockkäfer und Holzwespen nutzen Rinde oder Holz der Stämme als Nahrungssubstrat für ihre Larven. Während Bockkäferlarven die Cellulose in der Holznahrung mithilfe symbiontischer Hefen, die in ihrem Verdauungssystem leben, zum Teil abbauen können, ernähren sich Borkenkäfer- und Holzwespenlarven von symbiontischen Pilzen, die in ihrem Fraßmehl wachsen.

Baumhöhlenbewohner. Die soliden und dauerhaften Stämme der Baumschicht bieten zahlreichen Säugetier- und Vogelarten Baumhöhlen als Schlaf- oder Brutstätten: Schläfer, Fledermäuse, Spechte, Tauben, Eulen und Meisen.

Samenfresser. Sie nutzen das reichhaltige Angebot des Waldes an hochwertiger Pflanzennahrung, wie Samen und Früchte es darstellen. Samen fressende Insekten wie Eichelbohrer und Fichtenzapfenwickler, Vögel wie Buchfink und Grünfink sowie Säugetiere wie Gelbhalsmaus und Eichhörnchen finden vor allem im Herbst reiche Nahrung.

Streuzersetzer. Rund die Hälfte aller Arten unserer Wald-Biozönosen lebt letztlich von der Streu abgestorbener Blätter und Nadeln, beispielsweise Milben, Springschwänze, Tausendfüßer, Asseln, Zweiflüglerlarven, Regenwürmer und Pilze. Sie setzen im Boden ein Vielfaches dessen um, was alle Tiere über dem Boden fressen, und führen durch ihre Tätigkeit Mineralstoffe in den Kreislauf des Ökosystems zurück.

1 Stellen Sie mit Angaben aus dem Text dieser Seite und einem Tierlexikon Nahrungsketten (→ S. 355) für heimische Wald-Ökosysteme auf.

2 Erklären Sie die ungewöhnlich lange Larvenzeit vieler Bockkäfer von 3 bis 5 Jahren.

3 Erklären Sie mit Bild 3 auf Seite 328, warum die Rotbuche die bei uns von Natur aus vorherrschende Baumart wäre.

1 *Laubfresser: Blattkäferlarve*

2 *Gallbildner: Eichengallwespe*

3 *Rindenbohrer: Fichtenborkenkäfer*

4 *Baumhöhlenbewohner: Buntspecht*

5 *Samenfresser: Gelbhalsmaus*

6 *Streuzersetzer: Steinpilz*

Ökosystem See

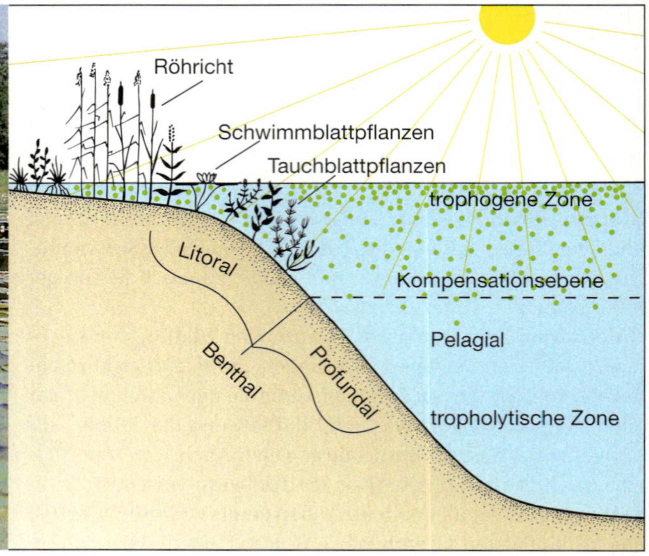

1 und 2 Gliederung eines Sees. Die Pflanzen wachsen in unterschiedlicher Wassertiefe, dadurch entstehen die Pflanzengürtel.

Während Meere rund 70 % und Wälder noch gut 7 % der Erdoberfläche bedecken, finden sich Gewässer mit Süßwasser nur auf 0,5 % der Erdoberfläche. Trotzdem sind diese Ökosysteme für die Biosphäre von großer Bedeutung, da viele Lebewesen an Süßwasser gebunden sind.

Nach Größe, Tiefe und Dauerhaftigkeit unterscheidet man zwischen sehr kleinen, flachen und zeitweilig bestehenden *Tümpeln*, kleinen *Teichen* und *Weihern* von geringer Tiefe und großen, tiefen *Seen*. Alle heimischen Seen sind mit einem Alter von weniger als 20 000 Jahren geologisch jung und durch ihre rasche natürliche Verlandung auch kurzlebig.

Lebensbedingungen. Die wesentlichen Lebensbedingungen der Gewässer-Ökosysteme werden von den Eigenschaften des Wassers vorgegeben: Lösevermögen, Dichte, Viskosität, Oberflächenspannung (→ S. 308). Lebewesen im Süßwasser müssen außerdem den ständigen osmotischen Wassereinstrom in den Körper kompensieren, der durch den geringen Salzgehalt des Wassers verursacht wird (→ S. 315).

Mit der Tiefe eines Sees nehmen Lichtintensität und Sauerstoffgehalt ab. Komplizierter sind die Temperaturverhältnisse. Im Sommer und Winter weist das Wasser eine *Temperaturschichtung* auf und wird durch Wind nur in den obersten Metern durchmischt. Im Herbst und Frühjahr, wenn die gesamte Wassermasse eine Temperatur von 4 °C und somit eine homogene Dichte erreicht, wird der gesamte See umgewälzt.

Gliederung. Ein See ist in sehr verschiedene Lebensbereiche gegliedert. Man unterscheidet das *Benthal*, die Bodenzone, vom *Pelagial*, der Freiwasserzone. Das Benthal gliedert sich in einen Uferbereich oder *Litoral* und einen Tiefenbereich oder *Profundal*. Die Grenze verläuft dort, wo – je nach Klarheit des Wassers zwischen 7 und 30 m – die Lichtintensität im Wasser für die Fotosynthese zu gering wird. Diese *Kompensationsebene* trennt im Bereich der Freiwasserzone die *trophogene Nährschicht* von der *tropholytischen Zehrschicht*. Nur in der durchlichteten trophogenen Zone können zur Fotosynthese fähige Lebewesen dauerhaft existieren. Das Wasser ist daher in der Regel oberhalb der Kompensationsebene sauerstoffreicher als darunter.

Lebensformen der Biozönose. Deutlicher als im Wald sind im See die verschiedenen Lebensformen einzelnen Lebensbereichen zugeordnet. Sie bilden kennzeichnende Organismengesellschaften: *Plankton*, *Nekton*, *Neuston*, *Pleuston*, *Benthon*. Durch die vom Ufer zum Freiwasser und von der Oberfläche zum Grund abgestuften Lebensbedingungen bilden sich im Litoral vieler Seen gürtelartige Pflanzengesellschaften.

Plankton. So nennt man die Gesamtheit der im Freiwasser schwebenden Kleinlebewesen, deren Eigenbewegung gegenüber der Wasserbewegung unbedeutend ist. Plankton setzt sich aus pflanzlichen und tierischen Lebewesen zusammen, dem *Phytoplankton* und dem *Zooplankton*. Typisch für diese Lebensformen sind Merkmale, die das Schweben im Wasser verbessern: scheibenförmige Zellen, stern- oder bandförmige Zellkolonien, Schwebefortsätze, Öltröpfchen oder Gasvakuolen. Sie sind für das auf Licht angewiesene Phytoplankton und das von ihnen lebende Zooplankton lebenswichtig.

Nekton. Fische und einige Insekten wie Schwimmkäfer und Wasserwanzen, die mit ihren Flossen und Ruderbeinen auch gegen die Wasserbewegung vorankommen, bilden die Gruppe der Schwimmer, das Nekton.

Neuston und Pleuston. Für eine große Zahl von Organismen stellt das *Oberflächenhäutchen* eine Fläche dar, die besiedelt werden kann. Sie hängen daran, schwimmen oder laufen auf ihm. Mikroorganismen wie Algen, Bakterien und Pilze zählt man zum Neuston, größere Pflanzen und Tiere wie Wasserlinsen und Wasserläufer bilden das Pleuston. Auch Stechmückenlarven, die mit dem Haarkranz ihres Atemrohrs zur Atmung am Oberflächenhäutchen hängen, oder Wasserschnecken, die es von unten her abweiden, rechnet man dazu.

Benthon. Dies ist die Gesamtheit der an den Boden eines Gewässers gebundenen Lebewesen. Vor allem im durchlichteten Litoral leben die Mehrzahl der Großpflanzen und die Masse der 6000 Tierarten unserer Seen: Würmer, Schnecken, Muscheln, Wasserasseln und viele Insektenlarven. Sie besitzen leistungsfähige Bewegungs- und Halteorgane und an das Wasserleben angepasste Atemsysteme. Eintags- und Köcherfliegenlarven atmen über blättchen- oder schlauchförmige Tracheenkiemen, Wasserkäfer, Wasserwanzen und die meisten Schnecken kommen zum Atmen an die Oberfläche, Schlammröhrenwürmer im sauerstoffarmen Profundal besitzen hämoglobinreiches Blut zur effektiven Bindung von Sauerstoff.

Pflanzengürtel. *Tauchblattpflanzen* wie Hornblatt, Tausendblatt und Wasserpest sind Wasserpflanzen, die ständig untergetaucht im Litoral leben. Über ihre stark zerschlitzten oder bandförmigen Blätter mit dünner Epidermis nehmen sie gelöste Mineralstoffe direkt aus dem Wasser auf. Das gut entwickelte Durchlüftungsgewebe verleiht ihren schlaffen Sprossen Auftrieb und verbessert ihren Gaswechsel.

Schwimmblattpflanzen sind Wasserpflanzen wie die Seerose, die häufig zur Landseite hin gürtelförmig an die Tauchblattpflanzen anschließen. Ihre Schwimmblätter liegen mit der Unterseite dem Wasserspiegel auf und besitzen daher nur auf der unbenetzbaren Oberseite Spaltöffnungen.

Röhricht aus Rohrkolben, Seebinse und dem vorherrschenden Schilfrohr bildet den Pflanzengürtel unmittelbar am Seeufer. Auch diese zur Lebensform der Sumpfpflanzen gerechneten Arten besitzen ein ausgeprägtes Durchlüftungsgewebe, durch das ihre im sauerstoffarmen Uferboden wachsenden Erdsprosse mit Sauerstoff versorgt werden. Das Röhricht ist als Übergangsbereich vom See zu den angrenzenden Ökosystemen besonders artenreich.

1 Vergleichen Sie See und Wald als Ökosysteme hinsichtlich Gliederung und maßgebender Ökofaktoren.

2 Stellen Sie einen Zusammenhang her zwischen den Begriffen Kompensationspunkt und Kompensationsebene.

3 Erklären Sie die Temperaturschichtung im See im Sommer (oben +20 °C, am Grund +4 °C) und Winter (oben Eisdecke, am Grund +4 °C).

4 Welche für das Röhricht typischen Bewohner kennen Sie?

5 Topfpflanzen, die zu stark gegossen wurden und dadurch im Wasser stehen, sterben oft ab. Warum geschieht dies nicht bei Wasser- und Sumpfpflanzen?

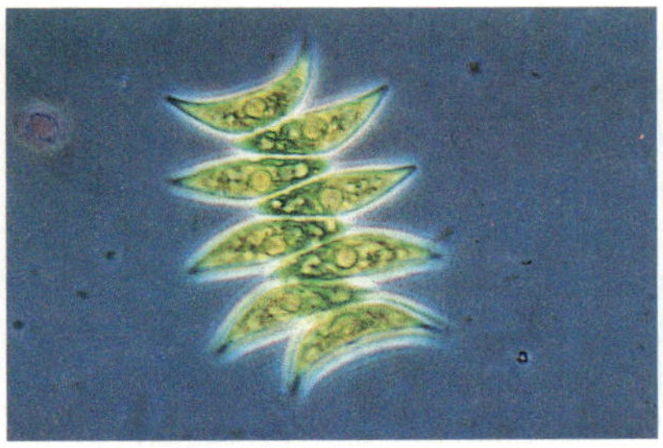

1 *Phytoplankton: Grünalge*

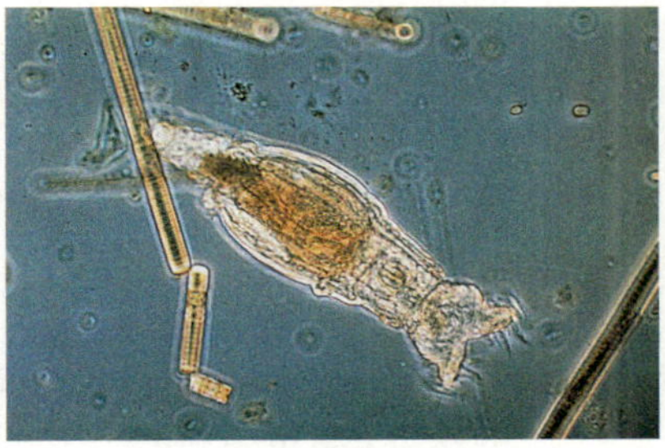

2 *Zooplankton: Rädertier*

3 *Nekton: Schwimmwanze*

4 *Nekton: Gelbrandkäfer*

5 *Pleuston: Wasserläufer*

6 *Pleuston: Stechmückenlarven*

7 *Benthon: Teichmuschel*

8 *Benthon: Wasserassel*

9 *Benthon: Schlammröhrenwürmer*

Ökosystem Bach

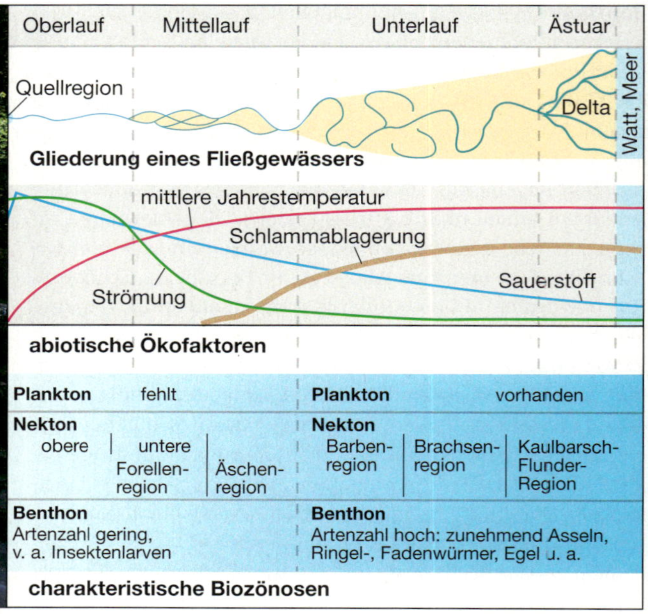

1 und 2 Im Verlauf eines Fließgewässers verändern sich seine Lebensbedingungen. Dadurch entstehen kennzeichnende Zonen.

Fließgewässer gelten als „Lebensadern“ des festen Landes. Allein in Deutschland messen sie rund 600 000 km. Es sind Ökosysteme höchster Dynamik, die durch das ständig in eine Richtung fließende Wasser Landschaften gestalten, sich ihren eigenen Biotop schaffen, freihalten oder auch verändern. Alle Fließgewässer sind lang gestreckte Lebensräume, die ihren Charakter von der Quelle zur Mündung kontinuierlich ändern. Mit zunehmender Breite und Wasserführung unterscheidet man zwischen *Bach, Fluss* und *Strom.*

Lebensbedingungen. Beherrschender Ökofaktor der Fließgewässer ist die Strömung. Im Oberlauf, dem Bereich des Bachs, fließt das Wasser schnell und turbulent. Dafür sorgt vor allem das von Geröll oder Kies raue Bachbett. Sand und Schlamm können sich wegen der hohen Strömungsgeschwindigkeit nicht ablagern. Die ständige Durchmischung mit Luft bewirkt zusammen mit der in Quellnähe ganzjährig *niedrigen Wassertemperatur* eine *hohe Sauerstoffsättigung* des Wassers.

Der größte Teil der organischen Stoffe in einem Bach stammt nicht aus dem Ökosystem selbst, sondern gelangt in gelöster Form mit dem Grundwasser oder als Falllaub und dessen Zerreibsel vom Land ins Wasser. Fließgewässer sind daher viel stärker von ihrer Umgebung abhängig als Seen.

Gliederung. Durch die geringe Tiefe und die starke Strömung des Wassers sind Bäche von der Oberfläche zum Grund praktisch nicht gegliedert. Nur eine wenige Millimeter dicke strömungsarme Grenzschicht über dem Bachgrund und der bis zu 2 m tiefe wassergefüllte Porenraum unter der Bachsohle stellen besondere Lebensbereiche dar. Der Porenraum dient den Bachbewohnern vor allem als „Kinderstube“ und Rückzugsraum bei Hochwasser oder Austrocknung.

Dagegen sind Fließgewässer in ihrem Verlauf von der Quelle zur Mündung deutlich zoniert, da sich Fließgeschwindigkeit, Wassertemperatur, Untergrund und Nährstoffzufuhr mit zunehmender Fließstrecke ändern. Diese Zonierung spiegelt sich in charakteristischen Biozönosen wider, die nach *Leitfischen* benannt, aber auch durch andere Lebewesen gekennzeichnet sind. Der typische Mittelgebirgsbach gehört in die Forellen- oder Äschenregion.

Lebensformen der Biozönose. Nur ganz wenige Großpflanzen, aber immerhin noch etwa 1500 Tierarten – drei Viertel davon allerdings nur während ihrer Larvenzeit – kommen mit den Lebensbedingungen der heimischen Bäche zurecht. Sie gehören fast ausnahmslos zum Nekton und Benthon und bilden durch ihre speziellen Anpassungen an die Strömung eine ganz besondere Biozönose. Außerdem sind sie an relativ konstante, niedrige Temperatur und die hohe Sauerstoffsättigung des Wassers angepasst.

Nach ihren Anpassungen an die Strömung und dem lebensraumspezifischen Nahrungserwerb lassen sich die Organismen des Bachs verschiedenen Lebensformen zuordnen.

Anpassungen der Bergbachtiere an die Strömung. Ein *Anhefter* ist zum Beispiel die strömungsgünstig geformte Mützenschnecke. Sie saugt sich mit ihrem Fuß am Untergrund fest. Strudelwürmer haften am Untergrund durch ein Schleimband ihrer Kriechsohle, Lidmückenlarven besitzen spezielle Saugnäpfe auf der Bauchseite. Weitgehend sesshaft ist die Lebensweise der Kriebelmückenlarven, die sich durch einen Häkchenkranz und Klebsekret mit ihrem Hinterende aufrecht an Steine heften.

Die Larven von mehr als der Hälfte unserer Köcherfliegenarten leben als *Beschwerer* in schnell strömenden Bächen. Ihre aus Sandkörnern oder Steinchen gebauten Köcher erhalten bei manchen Arten durch besonders große Steinchen noch zusätzliches Gewicht.

Die *Klammerer* unter den Bergbachtieren besitzen sehr kräftig ausgebildete Beinkrallen, wie die Stein- und Eintagsfliegenlarven, oder Nachschieberklauen am Hinterende wie freilebende, also köcherlose Köcherfliegenlarven. Damit halten sich die Tiere an kleinsten Unebenheiten der Steine des Bachgrunds fest. Viele Arten sind außerdem abgeplattet und können sich in der strömungsarmen Grenzschicht, in Spalten und unter Steinen aufhalten und bewegen. Ein Beispiel hierfür ist die Eintagsfliegenlarve Ecdyonurus (→ Bild 3).

Nur wenige Fischarten bilden die Gruppe der *Schwimmer*, das Bergbachnekton. Sie sind entweder durch einen rundlichen Körperquerschnitt für turbulente Strömung gebaut, wie die Bachforelle, die Elritze und die Schmerle, oder stark abgeflachte Grundfische wie die Groppe.

Nahrungserwerb der Bergbachtiere. *Strömungsfiltrierer* nutzen das strömende Wasser als Nahrungsträger, indem sie verdriftete Lebewesen oder deren Reste mithilfe besonderer Einrichtungen aus dem Wasser filtern. Kriebelmückenlarven (→ Bild 6) besitzen dazu am Kopf zwei fächerförmige Fangrechen, die Köcherfliegenlarve Hydropsyche spinnt ein stabiles Fangnetz zwischen Steinen, die Zuckmückenlarve Rheotanytarsus besitzt ein Schleimfadennetz an ihrer Wohnröhre.

Weidegänger wie die Mützenschnecke und viele Eintags- und Köcherfliegenlarven schaben oder bürsten mit ihren Mundwerkzeugen den Aufwuchsrasen von Steinen ab. Er besteht vorwiegend aus Kieselalgen, Räder- und Glockentierchen sowie Bakterien.

Zerkleinerer machen sich vor allem über das Falllaub her, das besonders in Waldbächen die alleinige Nahrungsgrundlage der Flohkrebse und vieler Köcherfliegenlarven darstellt. Sie erschließen damit diese Nahrungsquelle für die ganze Biozönose, zu der noch weitere Ernährungstypen wie *Sammler* und *Räuber* gehören und die durch vielfältige Nahrungsbeziehungen ihrer Mitglieder verknüpft ist.

1 Warum gibt es im Bach kein Plankton?

2 Erklären Sie am Beispiel der Strudelwürmer (→ S. 301) die Charakterisierung der Bergbachtiere als „kaltstenotherm“.

3 Erklären Sie den Sauerstoffreichtum des Bergbachwassers physikalisch.

4 Informieren Sie sich in einem Zoologiebuch über die Biologie der Ihnen unbekannten Tiergruppen des Bachs.

5 Wie ist es möglich, dass ein Bach nach einem katastrophalen Hochwasser sehr schnell wieder normal besiedelt ist?

1 *Anhefter: Bachstrudelwurm*

2 *Beschwerer: Köcherfliegenlarve*

3 *Klammerer: Eintagsfliegenlarve*

4 *Schwimmer: Schmerle*

5 *Schwimmer: Groppe*

6 *Filtrierer: Kriebelmückenlarven*

7 *Weidegänger: Mützenschnecke*

8 *Zerkleinerer: Flohkrebs*

9 *Räuber: Steinfliegenlarve*

Biologische Produktion in Ökosystemen

Die Fotosynthese der Pflanzen schafft die Grundlage für das Leben auf der Erde. Diese biologische Produktion wird daher auch als *Primärproduktion* (→ S. 136) bezeichnet. Zu einem geringen Teil tragen auch spezialisierte Bakterien dazu bei, die Energie aus der Oxidation anorganischer Stoffe, wie Schwefelwasserstoff, Eisen oder Nitrit, zur *Chemosynthese* organischer Stoffe nutzen können. Sie werden als *chemo-autotrophe* Lebewesen den *foto-autotrophen* Pflanzen und Blaualgen gegenübergestellt. Ihr Beitrag zur Primärproduktion ist jedoch verschwindend gering. Sie fallen nur in lichtlosen Ökosystemen wie Höhlen und Grundwasser, besonders aber in der Tiefsee im Bereich heißer Quellen ins Gewicht. Dort stellen sie die einzige Nahrungsquelle für Muscheln, Krebse und Würmer dar.

Brutto- und Nettoprimärproduktion. Pflanzen verbrauchen 20 bis 75% ihrer durch Fotosynthese erzeugten organischen Stoffe durch Atmung (Respiration *R*). Man unterscheidet daher zwischen *Bruttoprimärproduktion* (P_b) und *Nettoprimärproduktion* (P_n): $P_n = P_b - R$.

Die Nettoprimärproduktion gibt – meist in kg Trockensubstanz je m^2 oder Tonnen Kohlenstoff je ha Grundfläche – den Produktionsertrag der Pflanzendecke während eines Jahres an. Unter *Biomasse* versteht man dagegen das Gewicht der lebenden Organismen einer Flächen- oder Volumeneinheit.

Bioproduktivität verschiedener Ökosysteme. Die Fotosyntheseleistung der Pflanzen hängt in erster Linie von den Ökofaktoren Wasser, Temperatur, Kohlenstoffdioxid und Licht ab. An Land wird sie oft durch die Verfügbarkeit des Wassers begrenzt. Eine relativ geringe Produktivität weisen die mineralstoffarmen Ozeane auf, die nur ein Drittel zur Primärproduktion der Biosphäre beisteuern. Etwa dieselbe Stoffmenge erzeugen auf einem Zehntel der Fläche die Wälder der Erde. Die produktivsten natürlichen Pflanzengesellschaften finden sich im Gezeitenbereich der Meere, in Marschen und Sümpfen. Insgesamt erzeugen die Pflanzen der Erde rund 170 Milliarden Tonnen Trockensubstanz pro Jahr. Auf einen m^2 der Erdoberfläche bezogen entspricht diese Nettoprimärproduktion etwa einem Gramm am Tag.

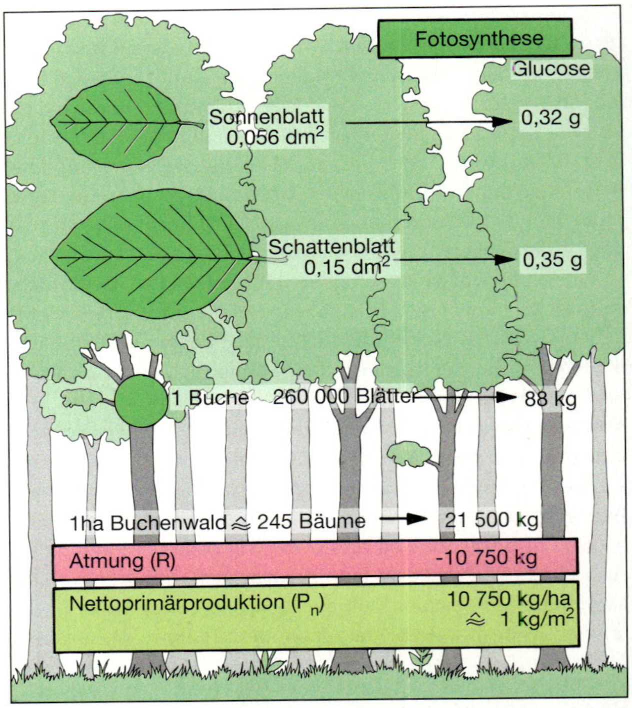

1 *Primärproduktion eines Buchenwaldes in einem Jahr*

1 Vergleichen Sie mit den Angaben in Bild 2 die Produktivität von kühlfeuchten Wäldern und Regenwäldern warmer Länder.

2 Erklären Sie, wie es in den Ökosystemen Wald und See zu einer vertikalen Schichtung der Primärproduktion kommt.

3 Warum gehören Korallenriffe zu den produktivsten Ökosystemen der Erde, obwohl sie in der tropischen „Wüstenzone" der Weltmeere liegen? Vergleichen Sie dazu auch Seite 324.

4 Obwohl die Primärproduktion der Ozeane pro Fläche 5-mal kleiner ist als die der Festland-Ökosysteme, verhält sich bei ihnen jährliche Produktion zu vorhandener Biomasse wie 14 : 1, auf dem Festland aber wie 1 : 16. Wie lässt sich das erklären?

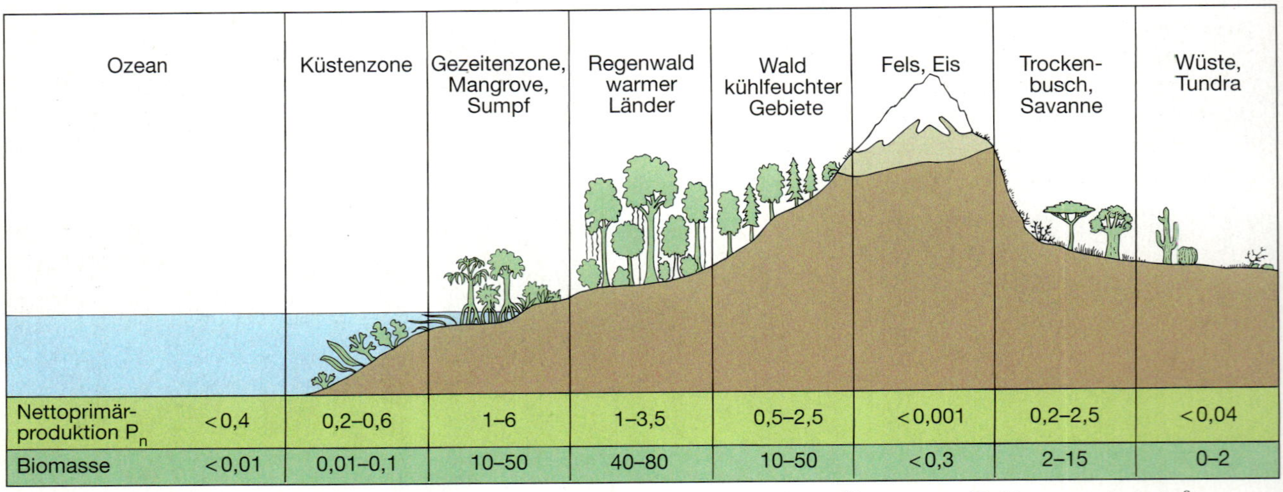

	Ozean	Küstenzone	Gezeitenzone, Mangrove, Sumpf	Regenwald warmer Länder	Wald kühlfeuchter Gebiete	Fels, Eis	Trockenbusch, Savanne	Wüste, Tundra
Nettoprimärproduktion P_n	< 0,4	0,2–0,6	1–6	1–3,5	0,5–2,5	< 0,001	0,2–2,5	< 0,04
Biomasse	< 0,01	0,01–0,1	10–50	40–80	10–50	< 0,3	2–15	0–2

2 *Nettoprimärproduktion in einem Jahr und pflanzliche Biomasse verschiedener Ökosysteme (Zahlenwerte in kg/m²)*

Nahrungsbeziehungen

Zentraler Teil des Beziehungsgeflechts einer Biozönose sind Nahrungsbeziehungen. Sie werden durch Freilandbeobachtungen, Analysen von Kot, Gewölle und Mageninhalten erforscht. Bei der Tracer-Methode werden Stoffe radioaktiv markiert. So lässt sich ihr Weg durch das Nahrungsnetz verfolgen.

Nahrungsketten. Pflanzen sind die *Produzenten* im Ökosystem. Von ihnen ernähren sich die Pflanzenfresser oder *Primärkonsumenten.* Diese können Fleischfressern zum Opfer fallen, den *Sekundärkonsumenten*. Werden auch sie wieder von anderen Tieren gefressen, nennt man diese *Tertiärkonsumenten.* Das letzte Glied einer solchen *Nahrungskette* des Fressens und Gefressenwerdens wird als *Endkonsument* bezeichnet.

Nahrungsnetz. Da sich nur wenige Tiere ausschließlich von einer Pflanzen- oder Tierart ernähren und kaum ein Lebewesen nur von einer einzigen Feindart bedroht ist, verzweigen sich die Nahrungsketten im Ökosystem zum *Nahrungsnetz.*

Das vollständige Nahrungsnetz eines Ökosystems berücksichtigt auch Destruenten (→ S. 356) sowie parasitische und symbiontische Beziehungen in der Biozönose. Es ist bislang nur für kleine, gut abgegrenzte Ökosysteme wie kleine Seen, Bachabschnitte oder Feldgehölze erstellt worden.

Quantitative Beziehungen. Wo es gelungen ist, die Nahrungsflüsse in einem Ökosystem mengenmäßig zu erfassen, zeigen sich wichtige Gesetzmäßigkeiten:

- Konsumenten bevorzugen meist bestimmte Nahrung, besonders wenn diese in ihrem Ökosystem häufig vorkommt. Daher verläuft der größte Teil des Nahrungsflusses oft über wenige „Schlüsselarten“. So stammen mehr als zwei Drittel der Nahrung des Uhus von nur 5 Wirbeltierarten.
- Die Biomasse der Pflanzen, auch als *Phytomasse* bezeichnet, ist in einem Ökosystem viel größer als die der Tiere, die *Zoomasse*: Je m^2 Mischwald findet man beispielsweise 30 000 g Phytomasse und 80 g Zoomasse. Entsprechend hoch ist die Primärproduktion im Vergleich zur *Sekundärproduktion,* dem Zuwachs der Zoomasse. In den Ozeanen beträgt das Verhältnis 6 : 1 auf dem Festland 125 : 1.
- Fasst man in einem Ökosystem alle Arten mit gleicher Stellung in der Nahrungskette zu einer *Trophiestufe* zusammen, also Produzenten, Primärkonsumenten, Sekundärkonsumenten usw., dann ergibt sich eine *ökologische Pyramide.* Von einer Trophiestufe zur nächsten nehmen Produktivität, Biomasse und Individuenzahl ab, während die Körpergröße der Konsumenten im Mittel zunimmt. Diese Gliederung gelingt nicht widerspruchsfrei, da viele Tiere ihre Nahrung nicht nur aus einer Stufe beziehen.
- Die Primärproduktion als Nahrungsbasis begrenzt die Zahl der Trophiestufen. In Land-Ökosystemen finden sich meist 3 bis 5 Trophiestufen, in Gewässer-Ökosystemen bis zu 7.

1 Stellen Sie je eine Nahrungskette für die Ökosysteme Wald, See und Bach auf.

2 Welche Schwierigkeit zeigt sich, wenn Sie versuchen Buntspecht oder Wanderratte einer Trophiestufe zuzuordnen?

3 Warum sind Produktivität und Biomasse in einer Trophiestufe stets geringer als in der vorhergehenden?

1 Beim heimischen Uhu hat man über 100 Wirbeltierarten als Beute nachgewiesen.

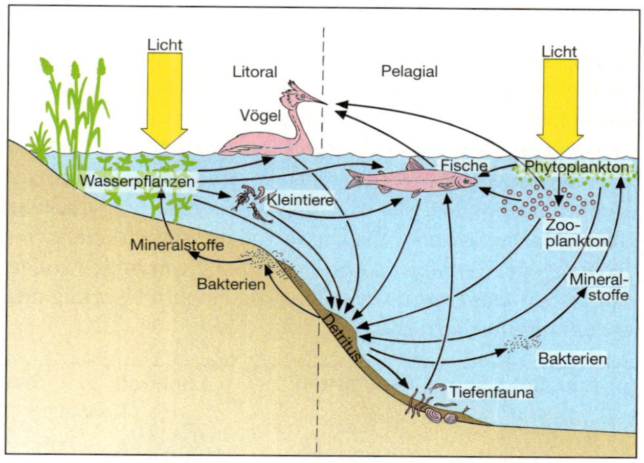

2 Ausschnitt aus dem Nahrungsnetz eines Sees. Nur die Hauptnahrungsflüsse sind dargestellt.

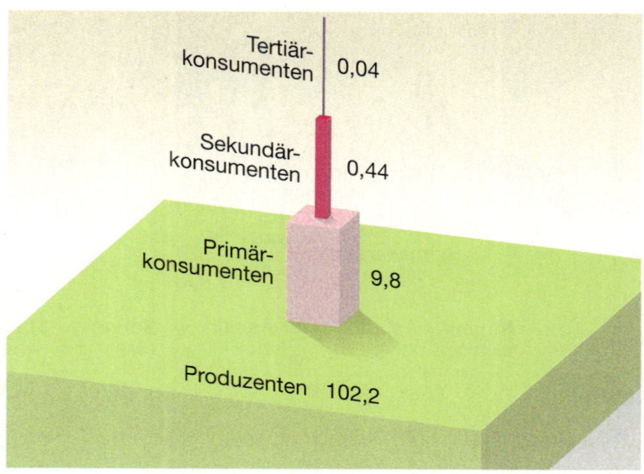

3 Produktionspyramide für einen See. Die Zahlenwerte für die Nettoproduktion eines Jahres sind in g/m^2 angegeben.

Abbau und Kreislauf der Stoffe

Destruenten. Auf allen Trophiestufen eines Ökosystems entstehen als *Detritus* bezeichnete organische Reste: Abfälle wie Knospenschuppen, verwehter Blütenstaub, abgestorbene Samen und Blätter, Haare und Schuppen, Ausscheidungen wie Harn und Kot sowie Tierleichen und tote Pflanzen. Von den meist noch hochwertigen Stoffen der toten Materie leben Aas, Kot oder Abfall fressende Tiere, die *Saprophagen*.

Die letzte Stufe der Detritusverwertung übernehmen *Bakterien* und *Pilze*. Sie überführen totes organisches Material in anorganische Verbindungen, unter anderem in Mineralstoffe. Man spricht daher von *Mineralisierern*.

- Produzenten bauen organische Stoffe aus anorganischen auf, Konsumenten bauen fremde organische Stoffe in körpereigene organische Stoffe um, Mineralisierer bauen organische Stoffe vollständig zu anorganischen ab.
- Bei diesem stufenweisen Abbau energiereicher organischer Stoffe durch Mineralisierer wird Sauerstoff verbraucht. Es entstehen energiearme anorganische Verbindungen wie Kohlenstoffdioxid, Wasser und Mineralstoffe, vor allem Ammonium, Sulfat und Phosphat.
- Kein natürlicher organischer Stoff widersteht der Zersetzung. Zur vollständigen Mineralisierung sind jedoch stets mehrere Arten als Stoffwechselspezialisten nötig.

Saprophagen und Mineralisierer werden zusammen als *Destruenten* oder *Zersetzer* bezeichnet und den Produzenten und Konsumenten gegenübergestellt. Sind sie in Nahrungsketten eingebunden, die von abgestorbener statt lebender Pflanzenmasse ihren Ausgang nehmen, spricht man von *Detritus*- oder *Zersetzer-Nahrungsketten.* Destruenten lassen sich keiner Trophiestufe zuordnen, da sie ihre Nahrung aus jeder der Stufen beziehen.

Zersetzung in verschiedenen Ökosystemen. Im Pelagial von Meer und Seen wird der größte Teil der Biomasse vom Plankton gebildet. Dort geht der Abbau sehr schnell vor sich und wird im Wesentlichen durch Einzeller und Bakterien bewirkt. Zum Beispiel ist abgestorbenes Plankton in Seen bereits nach 10 Tagen zu 75 % mineralisiert. Dadurch sind Mineralstoffe, vor allem Nitrat und Phosphat, sofort wieder für die Primärproduktion verfügbar. Reste von großen Pflanzen und Tieren, die auf den Gewässergrund absinken, werden nur langsam zersetzt, da es im Profundal meist an Sauerstoff fehlt, der von den Mineralisierern zum vollständigen aeroben Abbau gebraucht wird.

In Land-Ökosystemen beeinflussen neben Sauerstoff vor allem Feuchtigkeit und Temperatur die Abbaugeschwindigkeit. Während sich organische Reste im tropischen Regenwald in wenigen Monaten zersetzen, benötigt Falllaub in unseren Wäldern 3 bis 6 Jahre, in nordischen Wäldern sogar 50 Jahre zur völligen Mineralisierung. Experimente zeigen, dass dazu Fraß- und Ausscheidungsvorgänge von wirbellosen Tieren und Zersetzungsprozesse durch Mikroorganismen ineinander greifen müssen. Sie vollziehen sich alle im Boden.

Boden und Bodenlebewesen. Der Boden ist Bestandteil aller Land-Ökosysteme. Er kann als ihre unterste belebte Schicht aufgefasst werden, aber auch als eigenes Ökosystem. In ihm findet keine nennenswerte fotosynthetische Produktion statt, dagegen die Masse der Abbauprozesse. Daran ist eine unvorstellbar große Zahl von Bodenlebewesen beteiligt: Mikroorganismen, Kleinst- und Kleintiere. 80 % der Boden-Biomasse – ohne Pflanzenwurzeln – stellen die Mineralisierer. Neben Pilzen und Bakterien gehören dazu auch *Actinomyceten.* Das sind mycelartig wachsende besondere Bakterien.

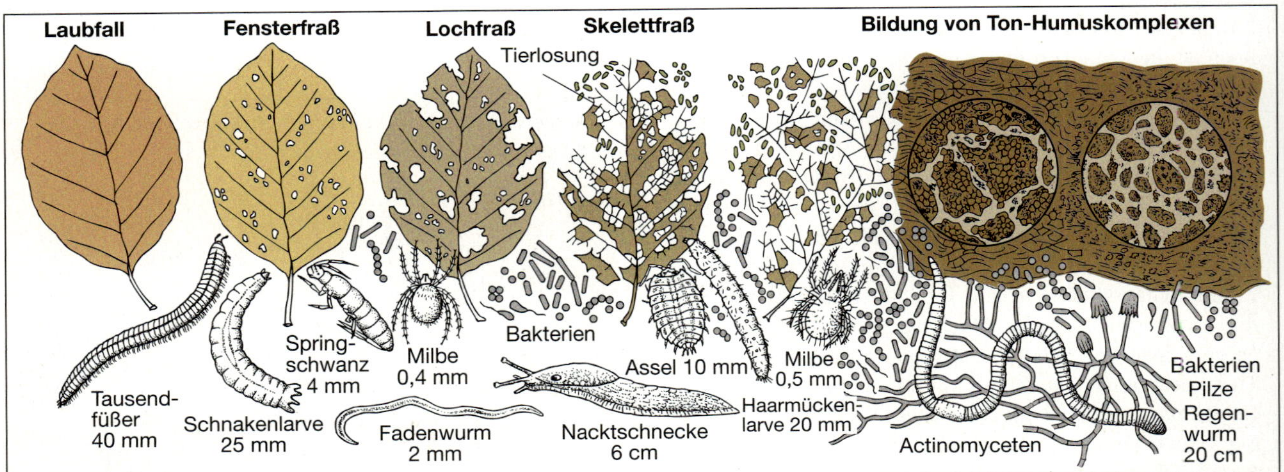

	Regenwürmer	Vielfüßer	Asseln	Schnecken	Springschwänze	Milben	Fadenwürmer	Pilze	Actinomyceten	Bakterien
Anzahl	80	300	50	50	50 000	10^5	10^6	10^9	10^{10}	10^{12}
Gewicht (g)	40	4,45	0,5	1	0,6	1	1	100	50	50

1 Abbau der Laubstreu und Bildung von Humus durch Saprophagen und Mineralisierer. Anzahl und Gewicht der hauptsächlich daran beteiligten Organismen beziehen sich auf die obersten 30 cm von einem Quadratmeter Boden.

Stoffkreisläufe. Die Bedeutung der Destruenten liegt in der Mineralisierung der im Ökosystem anfallenden organischen Stoffe. Sie bringen damit die für das Leben unverzichtbaren *Bioelemente,* vor allem Kohlenstoff, Stickstoff, Schwefel und Phosphor, in eine Form, die von den Produzenten wiederverwertet werden kann. Damit ermöglichen sie *Stoffkreisläufe,* ein fundamentales Merkmal der Ökosysteme.

Die Kreisläufe in natürlichen Ökosystemen sind in der Regel so eingespielt, dass die Stoffmengen über sehr große Zeiträume hinweg nahezu im Gleichgewicht sind und kaum schwanken. Die Ursache dafür ist die Verknüpfung biologischer und geologischer Vorgänge zu *biogeochemischen Kreisläufen,* in denen die Elemente in anorganischen Molekülen das Gestein, den Boden, das Wasser oder die Luft durchlaufen und in organischen Molekülen die Lebewesen. Die Atmosphäre – wie bei Kohlenstoff, Stickstoff und Sauerstoff – und die Erdrinde – wie bei Phosphor und Schwefel – stellen dabei große Stoffspeicher dar. Eine besondere Bedeutung kommt auch dem geophysikalischen Wasserkreislauf zu, in den die Biosphäre eingebunden ist.

Kohlenstoffkreislauf. Im Zentrum des biologischen Kohlenstoffkreislaufs stehen Assimilation und Dissimilation als gegenläufige, mit dem Sauerstoffkreislauf gekoppelte Prozesse. Durch Fotosynthese wird in der Biosphäre jährlich rund ein Siebtel des atmosphärischen Kohlenstoffdioxids (entsprechend etwa 100 Gigatonnen Kohlenstoff) gebunden und dieselbe Menge durch Dissimilation wieder freigesetzt.

Nur wenn Biomasse unter Luftabschluss unvollständig mineralisiert wird, so wie es bei der Entstehung von Torf und der fossilen Brennstoffe Kohle, Erdöl und Erdgas geschehen ist, wird Kohlenstoff dem Kreislauf entzogen. Durch ihre Verbrennung hat der Mensch ungefähr seit 1760, dem Beginn des Industriezeitalters, den seit 3 bis 5 Millionen Jahren weitgehend konstanten Kohlenstoffdioxid-Gehalt der Atmosphäre von etwa 280 auf 360 ppm (parts per million), also um etwa ein Drittel erhöht. Dadurch verstärkt sich der *Treibhauseffekt* der Atmosphäre ganz erheblich mit der Folge weltweiter Klimaveränderungen (→ S. 385).

Stickstoffkreislauf. Obwohl die Atmosphäre zu 78% aus Stickstoff (N_2) besteht, begrenzt dieses vor allem zum Aufbau der Proteine und Nukleinsäuren notwendige Bioelement in vielen Ökosystemen die biologische Produktion. Stickstoff kann von Pflanzen nur in Form von *Ammonium* (NH_4^+) oder *Nitrat* (NO_3^-) und von Tieren nur organisch gebunden aufgenommen werden. Anorganische Stickstoffverbindungen entstehen in der Natur vorwiegend durch die Tätigkeit der Destruenten in Verbindung mit spezialisierten Bakterien. Von den Destruenten werden stickstoffhaltige organische Verbindungen zu Ammonium aufgeschlossen. Dieses wird anschließend unter Verbrauch von Sauerstoff durch nitrifizierende Bakterien über *Nitrit* (NO_2^-) zu Nitrat oxidiert.

Manche im Boden frei lebenden oder symbiontischen Blaualgen und Bakterien können Luftstickstoff binden und in den Stickstoffkreislauf einschleusen. Knöllchenbakterien (→ S. 325) fixieren etwa 200 kg Stickstoff pro Hektar – im Vergleich dazu beträgt der jährliche Verbrauch von Stickstoffdünger in Deutschland etwa 100 kg/ha.

1 In Bächen, Höhlen und im Profundal von Seen bestehen die meisten Nahrungsketten nur aus Konsumenten und Destruenten. Erklären Sie die Ursache und suchen Sie Beispiele dafür.

2 Die Biomasse der Regenwürmer je Flächeneinheit im Wald übertrifft die der Hirsche um das 10fache, die der Füchse um das 300fache. Welche Erklärung haben Sie dafür?

3 Zeichnen Sie ein Schema vom Kreislauf des Sauerstoffs. Orientieren Sie sich dabei an Bild 1.

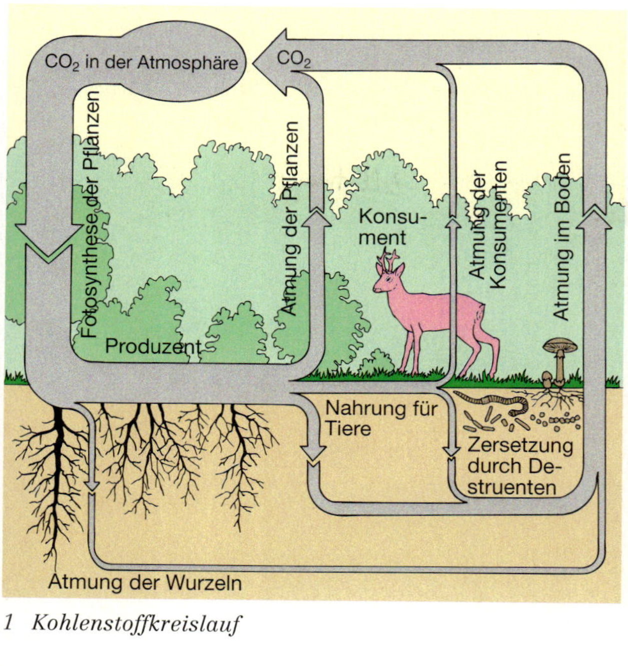

1 *Kohlenstoffkreislauf*

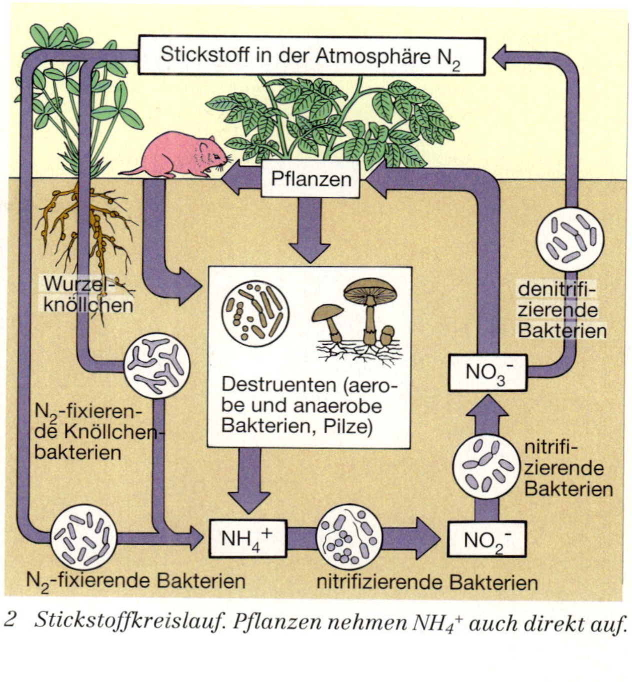

2 *Stickstoffkreislauf. Pflanzen nehmen NH_4^+ auch direkt auf.*

Energiefluss

1 bis 3 Stockente. Ein Teil der mit der Nahrung aufgenommenen Energie wird in Wachstum und Fortpflanzung investiert.

Leben ist nur möglich, wenn ihm ständig Energie zufließt. Dies ist ein elementares Merkmal aller lebenden Systeme, von der Zelle bis zum Ökosystem. Nur durch Verbrauch von Energie können sie ihre typischen, hochgeordneten Strukturen wie Zellmembranen, Organellen, Gewebe und Organe aufbauen und erhalten. Nach ihrem Tod bleibt die Energiezufuhr aus und diese geordneten Strukturen zerfallen.

Energie – Energieumwandlung – Wärme. Mit dem Begriff Energie beschreibt man die Fähigkeit eines Systems aus sich heraus *Arbeit* zu leisten. Energie kann dabei weder erzeugt noch vernichtet, sondern nur von einer Energieform in eine andere umgewandelt werden. Lebewesen können zum Beispiel Strahlungsenergie in chemische Energie umsetzen, chemische Energie in mechanische Energie, mechanische Energie in Bewegungsenergie. Bei jeder Umwandlung wird allerdings ein erheblicher Teil der Energie auch zu Wärme. Dieser Teil der Energie ist für Lebewesen verloren, da sie Wärme nicht wieder in andere Energieformen umwandeln können. Daher kann sich in Ökosystemen auch kein Kreislauf, sondern nur ein *gerichteter Fluss* der Energie ausbilden: Dem Kreislauf der Bioelemente steht eine „Einbahnstraße" der Energie gegenüber.

Sonnenenergiebetriebene Ökosysteme. Der Energiestrom der Sonnenstrahlung hält das Leben der gesamten Biosphäre in Gang. Jeden m^2 der Erdoberfläche erreichen im Mittel 650 J/s an Strahlungsenergie. Bestenfalls 5 % davon können die Pflanzen für die Primärproduktion nutzen. Der mittleren Nettoproduktion der Biosphäre von 1 g Trockenmasse je m^2 und Tag entspricht sogar nur eine Nutzung von 0,1 % der Strahlungsenergie. Diese geringe Ausbeute hat viele Gründe: Ein Teil der Strahlung wird von der Vegetation reflektiert, nur ein Viertel der Strahlung liegt im nutzbaren Absorptionsbereich der Blattpigmente und selten sind die übrigen Ökofaktoren für die Fotosynthese optimal.

Letztlich bestimmt die pflanzliche Produktion die gesamte Energie, die dem Ökosystem mit allen seinen Konsumenten und Destruenten zur Verfügung steht.

Verwertung der Energie. Ob es sich um Individuum, Population oder eine ganze Trophiestufe im Ökosystem handelt, immer wird die aufgenommene Energie *(Konsumtion)* nach demselben Schema verwertet und auf verschiedene Teilflüsse verteilt:

- Der nutzbare Anteil wird assimiliert, also in körpereigener Substanz gebunden *(Assimilation)*.

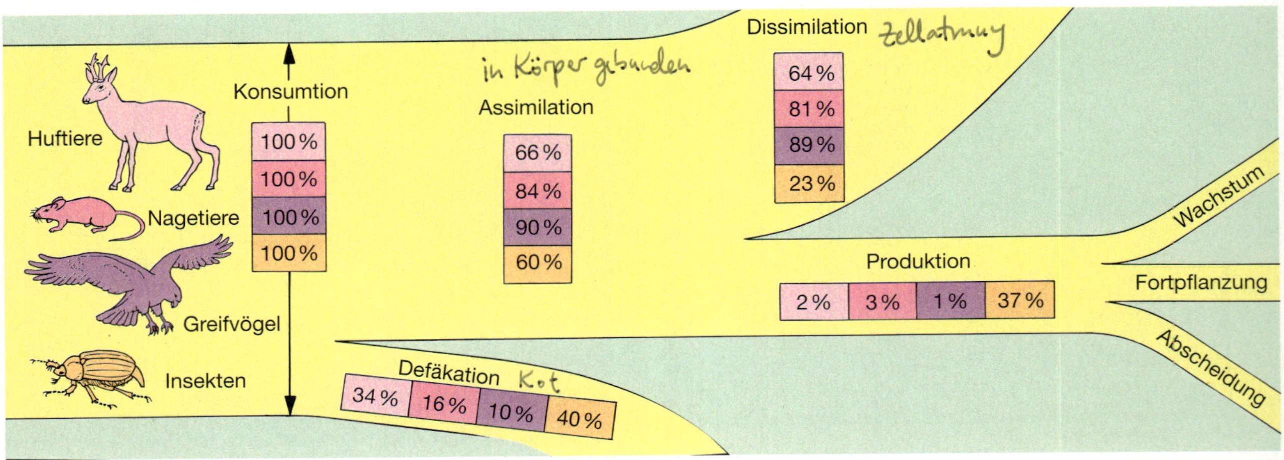

4 Schema der Energieverwertung bei verschiedenen Konsumentengruppen im Ökosystem Wald

- Nicht nutzbare Energie geht mit Kot oder Gewöllen verloren *(Defäkation)*.
- Ein erheblicher Teil der assimilierten Energie wird dazu verwendet, den Stoffwechselbetrieb der Zellen aufrechtzuerhalten. Sie wird durch *Dissimilation,* also Zellatmung oder Gärung, freigesetzt.
- Der übrigbleibende Teil der Energie fließt in die *Produktion* organischer Substanz und verteilt sich auf Vorgänge wie Wachstum, Fortpflanzung und die Bildung von Sekreten, Haut, Haaren oder Federn. Nur dieser Teil der Energie wird an die nächste Trophiestufe weitergegeben.

Der Umfang der Energie-Teilflüsse kann bei verschiedenen Lebewesen unterschiedlich groß sein. Da sich zum Beispiel Nahrung verschieden gut aufschließen lässt, ist das Verhältnis von assimilierter zu aufgenommener Energie für Samenfresser günstiger als für Grasfresser, für Fleischfresser meist besser als für Pflanzenfresser, für Mäusefresser vorteilhafter als für Insektenfresser. Lauf- und Flugjäger müssen erheblich höhere Energiemengen für die Dissimilation aufwenden als Fallensteller. Wechselwarme produzieren bei gleicher Nahrungsenergie etwa 10-mal mehr Masse als Gleichwarme, da deren Betriebsstoffwechsel für die Homoiothermie sehr viel Energie verschlingt.

Energiepyramide. Summiert man die Energie der Produktion jeder Trophiestufe des gesamten Ökosystems, ergibt sich eine *Energiepyramide.* In dieser Pyramide verringert sich der Energiegehalt von Stufe zu Stufe durchschnittlich um den Faktor 10. Man spricht auch davon, dass der *ökologische Wirkungsgrad,* also das Verhältnis weitergegebener zu aufgenommener Energie, auf jeder Trophiestufe 10 % beträgt. Wie die Analyse des Energieflusses in verschiedenen Ökosystemen zeigt, ist diese „10 %-Regel" allerdings nur ein grober Anhaltspunkt. So beträgt der durchschnittliche ökologische Wirkungsgrad in den Weltmeeren 25 %, in den tropischen Wäldern nur 5 %. Unabhängig davon fließt auf jeder Trophiestufe der Löwenanteil der Produktion – oft mehr als zwei Drittel – in die Detritus-Nahrungsketten, letztlich also den Destruenten zu.

Durch die Energiepyramide der Ökosysteme finden auch die ökologischen Pyramiden für Produktivität und Biomasse ihre Erklärung, da Stoff- und Energiefluss bis zum endgültigen Abbau der organischen Stoffe gekoppelt sind.

1 Nennen Sie Beispiele für Energieumwandlungen in Lebewesen.

2 Berechnen Sie mit den Angaben auf Seite 358 und von Bild 2 auf Seite 354 den maximalen Nutzungsgrad der Lichtstrahlung durch die Pflanzen in einem Wald unserer Breiten. (Energiegehalt von 1 g pflanzlicher Trockenmasse etwa 18 kJ)

3 Warum beträgt in einem Ökosystem die gesamte tierische Produktion kaum mehr als ein Zehntel der pflanzlichen? Wie wirken sich dabei die Fleischfresser aus?

4 Begründen Sie, weshalb sich Schadstoffe, zum Beispiel synthetische Gifte und radioaktive Stoffe, von einer Trophiestufe zur nächsten anreichern.

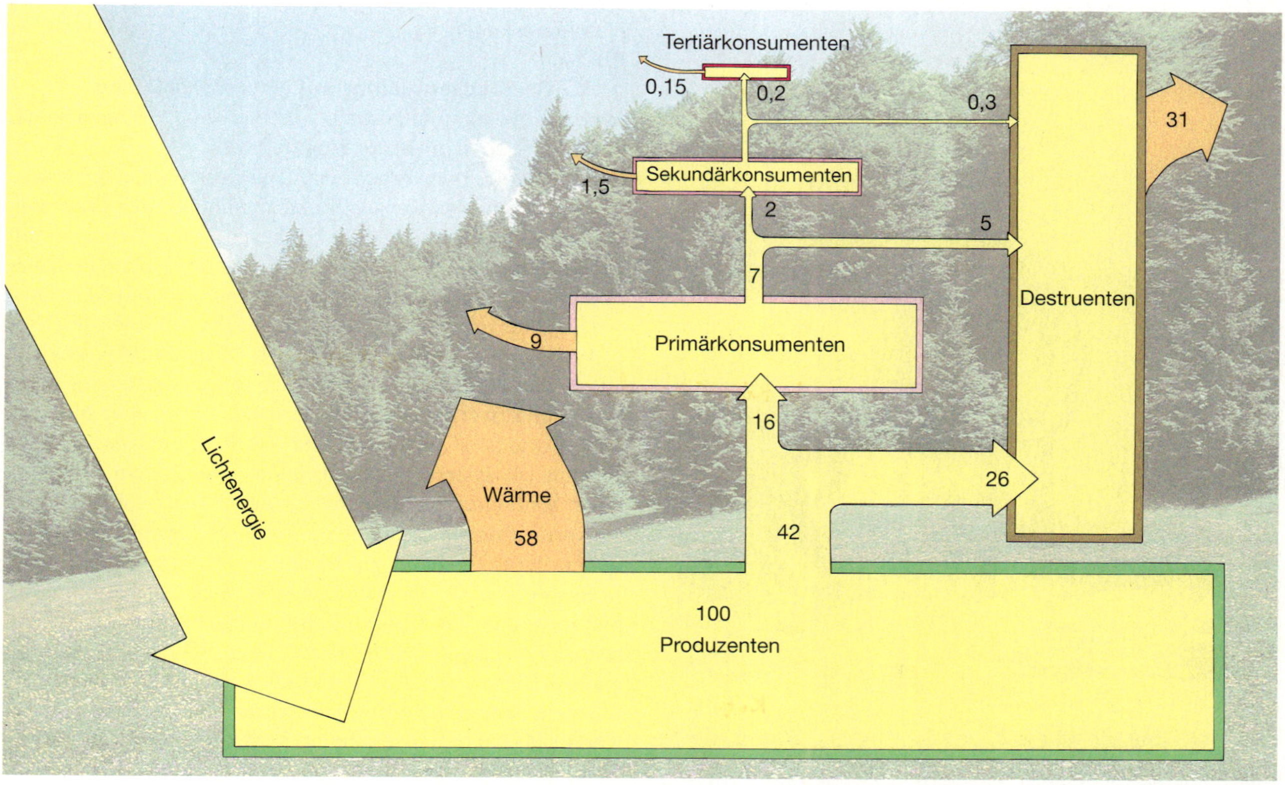

1 Schema einer Energiepyramide. Die Zahlen sind Relativwerte und entsprechen den Mittelwerten verschiedener Ökosysteme.

Material – Methode – Praxis: **Untersuchung von Ökosystemen**

Die Untersuchung eines Ökosystems gehört zu den umfangreichsten und schwierigsten Aufgaben in der Biologie. Sie muss:
- die Faktoren der unbelebten Umwelt im Ökosystem wie Strahlung, Temperatur, Niederschlag und Verdunstung möglichst vollständig und über einen langen Zeitraum erfassen,
- alle oder zumindest die wichtigsten Lebewesen als Glieder des Ökosystems feststellen und ihre Populationsdynamik erforschen,
- die maßgeblichen Beziehungen der Organismen zueinander herausfinden und ihren Umfang analysieren,
- die Mechanismen der Selbstregulation des Systems ergründen.

Besonders schwierig wird die Systemanalyse durch die *Vielzahl der veränderlichen Faktoren* und die *langen Zeiträume,* in denen sich manche Vorgänge abspielen und Veränderungen auswirken. Durch die *Offenheit des Systems,* das zum Beispiel Sonnenenergie von außen erhält und mit den angrenzenden Ökosystemen in Wechselwirkung steht, beeinflussen zudem externe Faktoren das System. Aus diesen Gründen lassen sich auch nur schwer Voraussagen treffen, wie sich eine Veränderung im Gefüge der vielseitigen Beziehungen auf das Ökosystem insgesamt auswirken wird.

In der Regel ist es nicht möglich, das gesamte Ökosystem zu untersuchen. Daher versucht man, mithilfe von *Stichproben* repräsentative Daten zu ermitteln, aus denen man auf das System hochrechnet. Je geschickter die Stichproben gewählt und je verlässlicher die Daten gewonnen werden, umso genauer ist die Analyse.

Abschätzung der Primärproduktion im Gewässer

Material: zwei Messflaschen (Winkler-Flaschen) – eine davon mit schwarzem Anstrich („Hell-Dunkel-Flaschen") – notfalls Wasserflaschen mit Verschluss und Aluminiumfolie zum Abdunkeln, Bindfaden und Befestigungspflock, Reagenziensatz zur Bestimmung des Sauerstoffgehalts im Wasser nach der Winkler-Methode

Durchführung: Bestimmen Sie zunächst den Sauerstoffgehalt des Wassers aus einem See, Teich oder Tümpel-Aquarium. So erhalten Sie den *Anfangswert.* Arbeiten Sie dabei nach der Anleitung, die dem Reagenziensatz beiliegt.

Füllen Sie dann die beiden Flaschen luftblasenfrei mit Wasser. Verschließen Sie die Flaschen und versenken Sie sie für 8 bis 12 Stunden in der gleichen Wassertiefe. Wenn Sie Wasser aus einem Tümpel-Aquarium untersuchen, müssen Sie die Messflaschen den gleichen Bedingungen wie das Tümpel-Aquarium aussetzen.

Bestimmen Sie anschließend erneut den Sauerstoffgehalt des Wassers in beiden Flaschen. Die Differenz zwischen dem in der Hell-Flasche gemessenen Sauerstoffgehalt und dem Anfangswert entspricht der *Nettoprimärproduktion* der Planktonalgen. Die Differenz zwischen Anfangswert und dem Sauerstoffgehalt in der Dunkel-Flasche entspricht der *Atmung (Respiration).* Die *Bruttoproduktion* errechnet sich aus Nettoproduktion plus Respiration.

Rechnen Sie nach der Fotosynthesegleichung den Sauerstoff in assimilierten Kohlenstoff um. Beziehen Sie den Wert auf die Zeit, in der die Flaschen versenkt waren, und auf das Flaschenvolumen.

Bestandsaufnahme auf einer Probefläche

Material: Bestimmungsbuch, Sammel- und Sortierschalen, Pinzetten, Lupen, mehrere 2-m-Maßstäbe

Durchführung: Der Bestand von Lebewesen auf einer Probefläche soll ermittelt werden. Dabei können je nach Fragestellung die Individuen aller oder nur ausgewählter Arten gezählt werden. Die Größe der Probefläche richtet sich nach dem Arten- und Individuenreichtum des Ökosystems: Je einförmiger dessen Struktur ist, umso größer sollte die Probefläche sein.

Wählen Sie die Probefläche nach einem Zufallsverfahren aus, indem Sie zum Beispiel den zum Quadrat gefalteten Maßstab „blind" werfen. Mehrere derartige Stichproben und ihre Mittelwerte sind Grundlage für Hochrechnungen auf das gesamte Ökosystem. Seine Ausdehnung kann man mit geeigneten Methoden ermitteln: bei kleineren Ökosystemen durch die Vermessung im Gelände, bei größeren Flächen durch Entnahme der Begrenzung aus Karten.

Bestimmen Sie die gefundenen Arten möglichst unmittelbar im Gelände. Unbekannten Lebewesen können Sie zunächst dem Augenschein nach einen erfundenen provisorischen Hilfsnamen zuordnen und ihren Bestand ermitteln. Einzelne Exemplare dieser Lebewesen werden dann konserviert in das Labor mitgenommen. Dort können Sie mithilfe von Bestimmungsbüchern und optischen Geräten ihre tatsächliche Artzugehörigkeit ermitteln.

Ökosystemforschung: Das Solling-Projekt
Im Solling (→ Bild oben), einem Waldgebiet im Weserbergland, untersuchen Wissenschaftler der Universität Göttingen seit 1966 in einem umfangreichen Forschungsprogramm ein Wald-Ökosystem. Ein großer Teil unserer Kenntnisse über die Vorgänge in mitteleuropäischen Wald-Ökosystemen wurde im Rahmen dieses Solling-Projekts gewonnen. Besonders wichtig sind die Daten bei der Ursachenanalyse der Waldschäden, wie sie etwa seit 1970 verstärkt auftreten. Inzwischen sind die Versuchsflächen im Solling in ein europaweites Umweltbeobachtungsnetz einbezogen, das vor allem die langfristigen Wirkungen von Stoff-Einträgen in Wälder erforschen soll.

1 Als Fehlerquellen des Hell-Dunkel-Flaschen-Experiments werden genannt: Bakterienatmung, Absetzen der Planktonalgen, Versuchsdauer über Nacht. Erklären Sie.

2 Wie könnte man die Primärproduktion in einem Land-Ökosystem mit einfachen Mitteln abschätzen?

3 Welche Untersuchungsmethoden, wie sie auf Probeflächen des Solling-Projekts angewandt werden, lassen sich auf dem Bild oben feststellen?

4 Ein luft- und wasserdichtes Glashaus in der Wüste Arizonas, genannt „Biosphere 2" (→ Bild links), sollte von 1990 an mehrere Menschen und „3800 sorgfältig nach ihrem ökologischen Nutzen ausgewählte Tier- und Pflanzenarten" aufnehmen um ein „geschlossenes, sich selbst erhaltendes Ökosystem" als verkleinerte Nachbildung unserer Biosphäre zu schaffen (Zitate aus einem Teilnehmer-Bericht in Kosmos 4/1990).

Welche Funktionsprinzipien natürlicher Ökosysteme sind wohl am schwersten nachzubilden? Vergleichen Sie dazu auch Seite 347.

Informieren Sie sich, wie das Projekt „Biosphere 2" verlief und was heute daraus geworden ist.

5 Versuchen Sie ein „Mini-Biosphere" in Form eines mit einer Glasscheibe abgedeckten und mit Klebeband versiegelten Aquariums einzurichten. Beobachten, protokollieren und dokumentieren Sie seine Entwicklung über längere Zeit hinweg. Besetzen Sie dazu das Aquarium mit Pflanzen, wenigen Kleintieren und Plankton aus einem Teich.

☞ Stichworte zu weiteren Informationen
Ökosystemforschung, Systemtheorie, Quellsee Silver Springs, Plußsee, Biozönometer, Erntemethode

Entwicklung von Ökosystemen

Wenn sich nach einem verheerenden Waldbrand die Vegetation neu einstellt, eine jüngst entstandene Vulkaninsel Schritt für Schritt besiedelt wird oder ein Teich zusehends verlandet, erkennen wir auch während eines kurzen Menschenlebens, dass Ökosysteme sich von Natur aus mit der Zeit verändern können. Dagegen ist uns kaum bewusst, dass Ökosysteme grundsätzlich eine als *Sukzession* bezeichnete allmähliche Entwicklung durchlaufen. Sie führt – in Jahrzehnten bis Jahrtausenden – von einem *Jugendstadium* über verschiedene *Folgestadien* zu einem stabilen *Reifestadium,* das man *Klimax* nennt.

In manchen Fällen entstehen während der Sukzession ökologische Zonen, wie zum Beispiel die Pflanzengürtel eines Sees. Sie spiegeln im räumlichen Nebeneinander das zeitliche Nacheinander der Entwicklung wider (→ Bilder 2 und 3). Dagegen ist die Folge jahreszeitlich wiederkehrender Veränderungen im Erscheinungsbild eines Ökosystems, zum Beispiel durch Laubfall, Blüte oder Tierwanderungen, keine Sukzession.

Formen und Ursachen von Sukzession. Von *Primärsukzession* spricht man, wenn sie ihren Ausgang von der Erstbesiedlung unbelebter Lebensräume wie Dünen, Lavafeldern oder Gletschermoränen nimmt. *Sekundärsukzession* geht dagegen auf Störungen bestehender Ökosysteme zurück: Brand, Windwurf, Überschwemmung, Lawinen, Kahlschlag. In beiden Sukzessionsformen sind vor allem Änderungen der unbelebten Umwelt ausschlaggebend, aber immer bestimmen auch biotische Einflüsse den Ablauf der Sukzession mit: durch Pflanzenreste häufen sich Nährstoffe an, Zersetzungsprozesse verändern den pH-Wert oder den Sauerstoffgehalt eines Gewässers, hochwachsende Vegetation verringert die Sonneneinstrahlung.

Entwicklungstendenzen. Auch wenn jede Sukzession durch ihre Vorgeschichte, die Einflüsse der angrenzenden Ökosysteme und durch Zufälle ihre eigene Dynamik entwickelt, lassen sich eine Reihe von Tendenzen verallgemeinern:

- Die Biomasse nimmt zu, die Produktivität ab.
- Übersteigt die Produktion anfangs die Respiration, gleicht sich das Verhältnis schließlich aus.

1 *Primärsukzession auf Lava*

- Die Artenvielfalt nimmt zu, durchläuft ein Maximum und geht dann auf einen konstanten Wert zurück.
- Nahrungsketten verzweigen sich zunehmend.
- Anfangs dominieren so genannte Pionierarten mit r-Strategie der Fortpflanzung, später Arten mit K-Strategie (→ S. 337).

Klimaxstadium. Besonders für großflächige Ökosysteme kennen wir weder die Dauer bis zum Erreichen der Klimax noch deren endgültigen Zustand. So hat sich beispielsweise die Zusammensetzung der Wälder der nördlichen gemäßigten Zone seit dem Ende der letzten Eiszeit vor 10 000 Jahren ständig verändert. Auch heute hält diese Entwicklung an. In Mitteleuropa stört jedoch der Mensch seit etwa 6000 Jahren die natürlichen Sukzessionen nachhaltig. Daher spricht man in der Regel dann vom Klimaxstadium eines Ökosystems, wenn es sich durch minimale Nettoproduktivität und hohe biozönotische Stabilität auszeichnet (→ S. 364).

1 „Naturschützer müssen viel von Sukzession verstehen!" Erklären Sie diese Aussage.

2 „Ein neues Habitat wird geschaffen, wenn ein Elefant den Darm entleert" (M. BEGON). Welche Form der Sukzession liegt in diesem Fall vor?

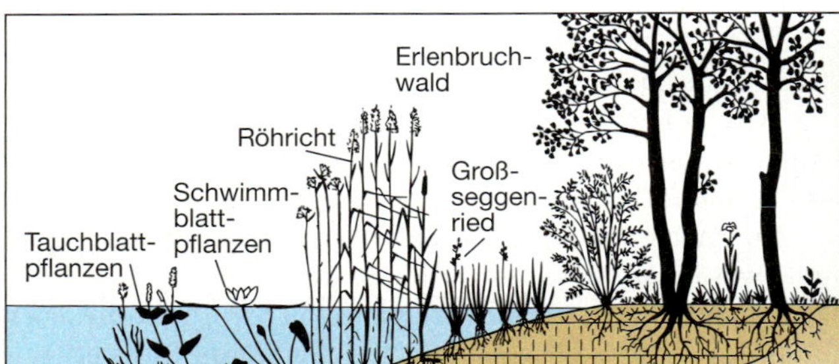

2 und 3 *Die Sukzessionsstadien eines Sees lassen sich in der Zonierung der Pflanzen erkennen. Da die Wassertiefe durch ständige Ablagerung abnimmt, rücken die Pflanzengesellschaften des Ufers gegen die Gewässermitte vor. Rechts: Bruchwald.*

Material – Methode – Praxis: **Sukzession**

Die einfachste Methode, die langfristige Entwicklung von Ökosystemen zu verfolgen, ist ihre Beobachtung über Jahrzehnte hinweg. Dieses *Monitoring* erfordert allerdings lange Zeit und eine überlegte Datenerfassung. Im kleineren Umfang lassen sich Sukzessionen auch experimentell auslösen. In Form von *Mikrokosmosmodellen* führen sie relativ schnell zu Ergebnissen. Dies gilt besonders für die so genannten *Verbrauchssukzessionen,* also für die sukzessive Besiedlung toter organischer Substanz wie Laub, Holz, Kot oder Tierleichen. Sie stellen allerdings einen Sonderfall dar, da ausschließlich Konsumenten beteiligt sind und kein dauerhafter Bestand an Organismen erreicht wird, wie er für Ökosysteme typisch ist.

Eine bewährte Methode zur Untersuchung von Sukzessionen sind Probeflächen aus *künstlichen Substraten,* deren Besiedlung sich über längere Zeit hinweg qualitativ und quantitativ verfolgen lässt.

Sukzessionsmodell Heuaufguss

Material: Bechergläser, Heu, Waage, Mikroskop und Zubehör, Pipetten, Bestimmungsbücher für Mikroorganismen im Wasser
Durchführung: Setzen Sie mehrere Heuaufgüsse parallel an, indem Sie jeweils etwa 2 g Heu in 1 l Wasser einige Minuten kochen, 1 bis 2 Tage stehen lassen und dann einige ml Teichwasser zufügen. Mikroskopieren Sie die verschiedenen Ansätze etwa 1 bis 2 Monate lang, anfangs zweimal in der Woche, später wöchentlich. Stellen Sie einen Teil der Ansätze hell, einen anderen Teil dunkel.

Identifizieren Sie die im Laufe der Zeit auftretenden Mikroorganismen und protokollieren Sie ihre Anzahl grob quantitativ (vereinzelt, zahlreich, massenhaft). Zeigen sich Unterschiede in den verschiedenen Ansätzen?

Besiedlung künstlicher Substrate in Gewässern

Material: Dachziegel, Ziegelsteine, Keramikplatten, Objektträger, Pflöcke oder Pfähle, Plastikfolien, Kunststoffschnüre, Korken; Bestimmungsbücher, Lupe, Mikroskop und Zubehör, Pinsel
Durchführung: Bringen Sie in einem Fließgewässer oder See mehrere gleichartige künstliche Substrate aus. Auf der Sohle eines Fließgewässers kann man dazu an gut zugänglicher und im Uferbereich genau markierter Stelle Ziegelsteine, Keramikplatten, Objektträger oder um einen Stein gewickelte und mit Kunststoffschnur befestigte Plastikfolien versenken. Für den Uferbereich von Seen und Teichen eignet sich ein mit Plastikfolie umwickelter, im Grund verankerter Pfahl oder ein Objektträger-Floß aus Schnur und Korken (→ Bild rechts).

Entnehmen Sie die künstlichen Substrate im Abstand von einigen Tagen oder Wochen und ermitteln Sie auf diese Weise ihre Besiedlungsfolge. Bei Objektträgern wird eine Seite sauber gewischt. Nach dem Trocknen dieser Seite und Auflegen eines Deckglases können Sie den Objektträger direkt mikroskopieren. Steine und Platten prüfen Sie nach Augenschein und mit der Lupe auf Besiedlung durch größere Arten. Den Mikro-Aufwuchs wischen Sie mit dem Pinsel in ein Probengläschen mit wenig Wasser und mikroskopieren diese Probe.

1 Wie muss man prinzipiell vorgehen um Primär- und Sekundärsukzessionen experimentell zu untersuchen?

2 Betrachtet man einen Wald allein nach seiner Holzproduktion, sollte man ihn in einem ganz bestimmten Sukzessionsstadium schlagen. In welchem Stadium? Wie lässt es sich feststellen?

3 „Sukzession ist Ausdruck der Selbstregulation von Ökosystemen." Diskutieren Sie diese Aussage im Zusammenhang mit der im Foto oben gezeigten Pflege von Biotopen, hier im Naturschutzgebiet Wollmatinger Ried am Bodensee. Welche Ziele verfolgt der Eingriff durch den Menschen?

4 Ein Stadium der Dreifelderwirtschaft des Mittelalters war die Brache. Welche ökologischen Folgen resultierten daraus?

Stichworte zu weiteren Informationen
Pollenanalyse, Forsteinrichtung, Vulkaninsel Surtsey

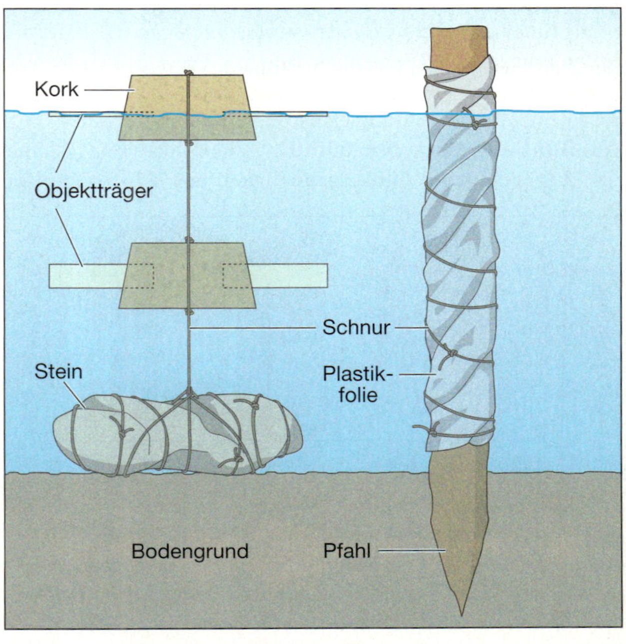

Vielfalt – Stabilität – Gleichgewicht

1 *Ein artenreiches Ökosystem: Korallenriff*

2 *Ein artenarmes Ökosystem: arktische Tundra*

Die Vielfalt des Lebens in einem tropischen Regenwald oder einem Korallenriff fasziniert uns. Andererseits kann auch die Einheitlichkeit einer Steppe oder Tundra tief beeindrucken. Wie es kommt, dass manche Ökosysteme artenreich, andere artenarm sind, ist ein Problem, das in der Ökologie große Bedeutung hat. Mit ihm sind Fragen der Komplexität, der Stabilität und des Gleichgewichts in Ökosystemen verknüpft und damit auch viele Aspekte menschlichen Einflusses auf die Natur.

Biozönotische Grundprinzipien. Tropische Wälder, Riffe, Küstenzonen und nährstoffreiche Seen bieten *vielseitige Lebensbedingungen.* Dies ermöglicht eine *hohe Artendichte,* zugleich aber nur *kleine Populationen* der Arten. *Einseitige oder extreme Bedingungen,* wie man sie in Höhlen, Salzseen, Polargebieten und Grasland vorfindet, erlauben nur *wenigen, besonders spezialisierten Arten* eine Existenz, ihnen jedoch oft in *großer Individuenzahl.* Diese *biozönotischen Grundprinzipien* wurden 1920 erstmals von AUGUST THIENEMANN formuliert. Die Vielseitigkeit der Ökofaktoren schafft die Voraussetzung für die Bildung vieler ökologischer Nischen.

Stabilität durch Artenvielfalt? Artenreiche Ökosysteme zeichnen sich durch hohe Beständigkeit aus, da sie sich von Natur aus über lange Zeiträume, zum Teil viele Jahrmillionen, kaum veränderten. Im Gegensatz dazu weisen artenarme Biozönosen, zu denen auch Forst- und Agrar-Ökosysteme gehören, häufige und starke Populationsschwankungen auf. Daher lag die Vermutung nahe, dass die Stabilität von Ökosystemen durch ihre Artenvielfalt bedingt wird.

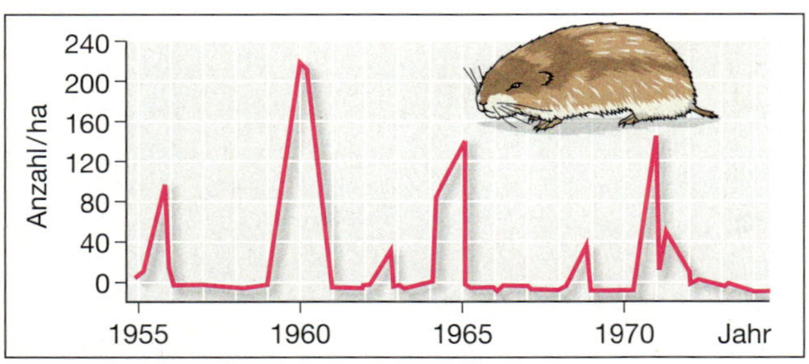

3 *Selbstregulation. Bei den Lemmingen führen die Erschöpfung der Nahrung und Stress durch die hohe Bevölkerungsdichte alle 3 bis 4 Jahre zu einer Massenauswanderung und einem Zusammenbruch der Population. Danach erholt sich die Vegetation, die Zahl der Lemminge steigt wieder an.*

Inzwischen hat man erkannt, dass die Zusammenhänge erheblich komplizierter sind, vor allem wenn ein Ökosystem Störungen und Belastungen ausgesetzt ist. Dazu gehören zum Beispiel extreme Witterung, Hinzukommen neuer Arten und alle vom Menschen ausgehenden Einwirkungen wie Nutzung, Entwässerung, Eingriffe in den Stoffhaushalt, Verwendung von Bioziden. Gerade die artenreichen, von Natur aus konstanten Systeme reagieren auf Störungen von außen empfindlich, während artenarme, ohnehin zur Unbeständigkeit neigende natürliche Ökosysteme Störungen oft elastisch abfedern und bald wieder zum ursprünglichen Zustand zurückkehren. Außerdem scheint Artenvielfalt nur ein – wenngleich wichtiger – Stabilitätsfaktor eines Ökosystems zu sein. Daneben sind die Vielfalt der biozönotischen Beziehungen, die Intensität ihrer Wechselwirkungen, die Vielgestaltigkeit des Standorts und der Reichtum an Ressourcen von Bedeutung. Sie machen zusammengenommen die *Komplexität* eines Ökosystems aus. Wie Komplexität und Stabilität im Einzelnen zusammenhängen und welche Bedeutung verschiedene stabilisierende Faktoren haben, ist bislang allerdings nicht klar.

Selbstregulation. Auch wenn offensichtlich nicht alle Ökosysteme im gleichen Ausmaß und mit derselben Geschwindigkeit fähig sind Veränderungen auszugleichen, ist *Selbstregulation* ein prinzipielles Merkmal natürlicher Ökosysteme. Entwickeln sich beispielsweise einzelne Populationen im Übermaß, gewinnen wachstumsbegrenzende Faktoren innerhalb der Populationen an Einfluss (→ S. 336). Außerdem wird der Druck von Konkurrenten, Feinden und Parasiten größer. Werden Ressourcen unverhältnismäßig beansprucht, verstärkt sich der Zwang sie optimal zu nutzen.

Störungen der unbelebten Umwelt steht das Anpassungspotenzial der Biozönose gegenüber, das vor allem im genetisch bedingten Varianten-Reservoir ihrer Mitglieder besteht (→ S. 334). Fallen einzelne Glieder der Biozönose aus, können ihre ökologischen Nischen – zumindest teilweise und auf längere Sicht – durch andere neu gebildet werden.

Gleichgewicht oder Ungleichgewicht? Solche Beobachtungen der Regulationsfähigkeit führten zu der Vorstellung von einem dynamischen Gleichgewichtszustand einer Biozönose, eines Ökosystems, womöglich der gesamten Biosphäre. Seine Kennzeichen sind:

- ein *Fließgleichgewicht für Energie und Stoffe,* das sich in einem quasistationären Zustand befindet, also nur scheinbar stillsteht;
- eine *stabile Biozönose,* in der die Ökofaktoren und damit das Artenspektrum sehr beständig sind und Populationen längerfristig nur um einen Mittelwert schwanken;
- ein *ausgewogenes Verhältnis seiner Produzenten, Konsumenten und Destruenten;*
- eine *hohe Elastizität,* die, sofern sie nicht überfordert wird, nach Störungen relativ schnell wieder den Ausgangszustand herbeiführt.

Inzwischen gibt es allerdings auch Befunde, die dafür sprechen, dass Ökosysteme sich relativ fern von diesem Gleichgewicht befinden. Selbst im Klimaxstadium, das den Gleichgewichtszustand besonders ausgeprägt repräsentieren sollte, gleicht ein Ökosystem offenbar mehr einem zufälligen *Mosaik von Teilsystemen* in unterschiedlichem Sukzessions- und Gleichgewichtszustand als einem gesetzmäßigen, homogenen Ganzen (→ Bild 1).

Wo zum Beispiel in einem Klimaxwald alte Bäume zusammenbrechen, im Wattenmeer Eisgang den Boden rasiert oder an einem Stück Felsküste ein räuberischer Seestern (→ Bild 2) Weidegänger und Filtrierer dezimiert, entstehen „Ungleichgewichtsinseln“. Ihre Wiederbesiedlung und Sukzession in einem *Mosaik-Zyklus* stabilisiert das Gleichgewicht des Gesamtsystems offenbar entscheidend. Möglicherweise ist die Frage nach dem Gleichgewicht oder Ungleichgewicht in einem Ökosystem demnach vor allem eine Frage des Betrachtungsmaßstabs.

1 Im tropischen Regenwald sind weniger als die Hälfte der Mineralstoffe des Stoffkreislaufs im Boden verfügbar, in unseren Wäldern über 90 %. Welche Folgen hat dies für die Regeneration der beiden Waldtypen?

2 140 Millionen Jahre alte Korallenriffe der Jurazeit ähneln den heutigen verblüffend in Struktur und Biozönose. Was lässt sich daraus schließen?

3 Begründen Sie, ob und gegebenenfalls wie sich in einem Aquarium ein biologisches Gleichgewicht einstellen kann.

4 Auf 10 ha Regenwald in Borneo findet man 700 Baumarten. Vergleichen Sie mit Zahlen für Europa und Nordamerika (Lexikon).

5 Hat das Mosaik-Zyklus-Konzept des ökologischen Gleichgewichts Konsequenzen für den Naturschutz?

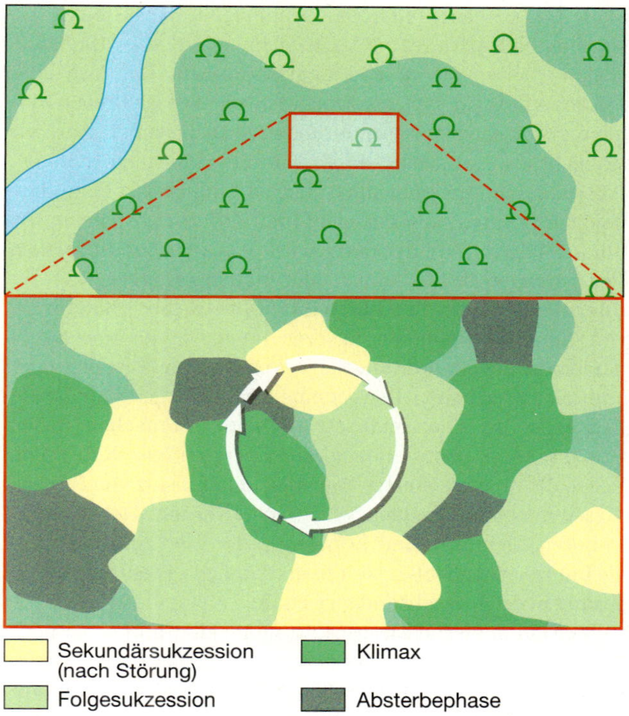

1 *In einem Klimaxwald kommen verschiedene Sukzessionsphasen wie in einem Mosaik nebeneinander vor.*

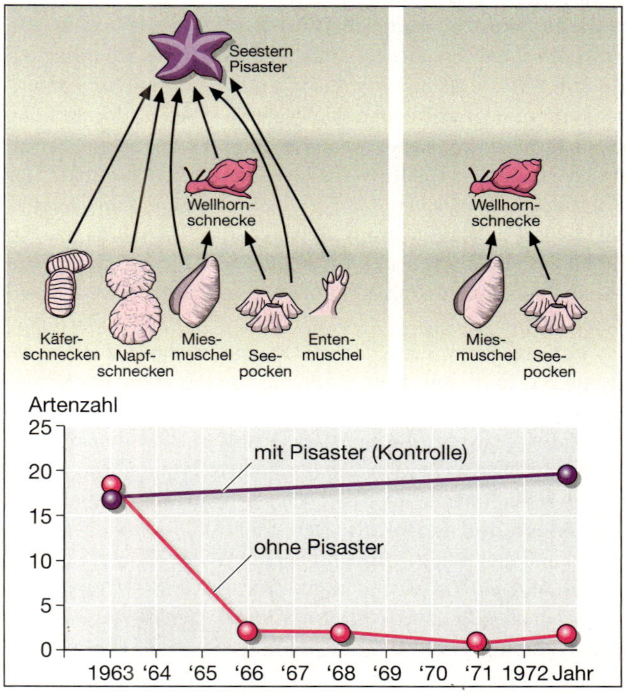

2 *Solange der räuberische Seestern Pisaster im Biotop anwesend ist, herrscht Artenvielfalt. Wird er entfernt, vermehren sich die Miesmuscheln – seine bevorzugte Beute – übermäßig und verdrängen andere Wirbellose und die meisten Algen.*

Ökosysteme aus Menschenhand

Sind Äcker, Städte oder gar Müllhalden Ökosysteme? Da sie einen Lebensraum mit kennzeichnenden Lebewesen darstellen, passen sie in den Begriffsrahmen. Dennoch sind solche *anthropogenen,* also vom Menschen geschaffenen Systeme durch so viele Besonderheiten ausgezeichnet, dass wir sie nicht als „natürlich" empfinden und „künstlich" nennen. Will man den unterschiedlich starken Einfluss des Menschen deutlich machen, unterscheidet man *Kultur-Ökosysteme* wie Forste, Wiesen, Weiden und Äcker von *urban-industriellen Ökosystemen* wie Siedlungen oder Industrieanlagen.

Energiefluss und Produktivität. Obwohl die Produktivität von Agrar-Ökosystemen unserer Intensivlandwirtschaft in derselben Größenordnung liegt wie die von Wäldern oder anderen naturnahen Ökosystemen gleicher geographischer Breite, ist ihr Energieumsatz bis zum Zehnfachen höher. Großen Anteil daran haben die Energieträger Kohle und Erdöl, die für Herstellung, Transport und Einsatz von Dünger, Maschinen und Bioziden verbraucht werden. Neben wirksameren Techniken und Erfolgen in der Tier- und Pflanzenzüchtung ermöglichten sie die erstaunliche Produktionssteigerung in der Intensivlandwirtschaft.

Werden moderne Agrar-Ökosysteme aber immerhin noch zum Teil durch Sonnenenergie betrieben, stammt der gigantische Energiebedarf der urbanen Systeme fast vollständig aus fossilen Brennstoffen. Auf die gleiche Fläche bezogen liegt ihr Energiebedarf um mindestens zwei Zehnerpotenzen über dem von Kultur-Ökosystemen und 1000fach über dem von natürlichen Ökosystemen.

Nahrungsketten und Stoffkreislauf. Mit der Ernte von Mais, Reis, Weizen oder Kartoffeln kann der Mensch zwischen 30 und 80 % der Primärproduktion nutzen. Keine Konsumentenstufe eines natürlichen Ökosystems erreicht derart hohe ökologische Wirkungsgrade. Allerdings wird dieser Gewinn rasch wieder verspielt, wenn die pflanzlichen Produkte zur Schweinemast oder zur Erzeugung von Hühnereiern verfüttert werden: Könnte zum Beispiel eine Anbaufläche von 500 m^2 einen Menschen mit Maismehlprodukten ausreichend ernähren, wären 20 000 m^2 nötig um ihn allein mit Eierspeisen zu sättigen.

Stoffkreisläufe, ein Kennzeichen natürlicher Ökosysteme, existieren in den anthropogenen Systemen allenfalls bruchstückhaft. Zwar strebt sie der alternative Landbau verstärkt an, dafür erzwingt die Spezialisierung in der Intensivlandwirtschaft ihre weitere Reduktion. In urban-industriellen Systemen schließlich ist Recycling eher Schlagwort als Realität.

Biozönose und Stabilität. Der Preis für die hohe Produktivität und den unnatürlich günstigen ökologischen Wirkungsgrad der Agrar-Ökosysteme ist der Verlust an Stabilität. Ursache dieses *Produktivitäts-Stabilitäts-Dilemmas* sind die Empfindlichkeit der als Monokultur angelegten Äcker und ihr frühes Sukzessionsstadium. Beides ist in Wiesen und Forsten weniger extrem, woraus sich deren größere Stabilität im Vergleich zu Äckern erklärt.

In allen anthropogenen Ökosystemen vollzieht sich ein radikaler Wandel der ursprünglichen Biozönosen. Die Veränderung der mitteleuropäischen Vegetation – einschließlich des Artenrückgangs in den letzten 200 Jahren – ist im Wesentlichen eine Folge der Agrarwirtschaft, die in der Jungsteinzeit ihren Anfang nahm. Aber auch wenn die Entwicklung einer Urbanlandschaft vielen ursprünglich ansässigen Arten die Existenz kostet, bildet sich eine neue, den veränderten Lebensbedingungen angepasste Biozönose aus.

1 Anthropogenes Ökosystem: intensiv bewirtschaftetes Weizenfeld

1 Begründen Sie, warum man im Forst auf Düngung und Bodenbearbeitung weitgehend verzichten kann, nicht aber auf dem Acker.

2 Im Mittel erreicht Lichtenergie von 0,65 kJ je m^2 und Sekunde die Erdoberfläche. Welchen Anteil davon nutzen natürliche Ökosysteme? Welchen Anteil müssten urbane Ökosysteme nutzen um allein mit Sonnenenergie auszukommen? Verwenden Sie zur Berechnung Bild 2.

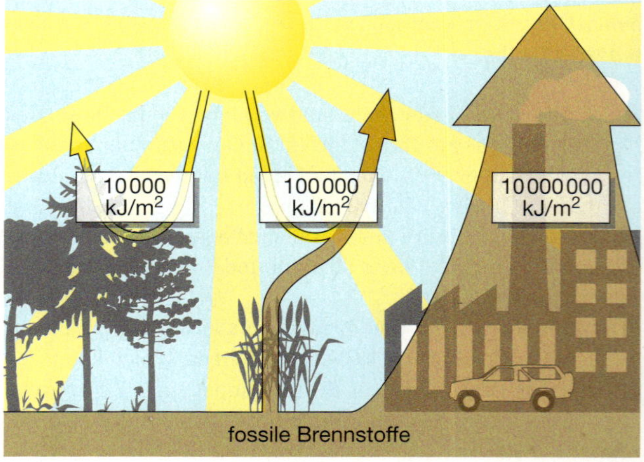

2 Jährlicher Energiebedarf natürlicher und anthropogener Ökosysteme

Überblick

■ Ökosysteme bilden die Struktur- und Funktionseinheiten der Biosphäre. Sie umfassen in verschiedenen Größenordnungen stets einen Lebensraum oder Biotop und eine Lebensgemeinschaft oder Biozönose. → S. 346, 347

■ Der Biotop – mit der Gesamtheit der abiotischen Ökofaktoren – weist in vielen Ökosystemen eine deutliche Gliederung auf. → S. 346–353

■ Die Biozönose wird durch typische Lebensformen gebildet, die der abiotischen Umwelt wie auch dem eigenen biotischen Faktorengefüge angepasst sind. → S. 347–353

■ Kennzeichnende Ökosysteme Mitteleuropas sind Wälder, Seen und Fließgewässer. → S. 348–353

■ Gerichteter Energiefluss, Stoffkreisläufe und Selbstregulation sind die wichtigsten Funktionsprinzipien eines Ökosystems. → S. 347

■ Von der Produktion organischer Stoffe durch autotrophe Organismen hängen alle stofflichen Vorgänge in den Ökosystemen ab. Die Produktivität ist von Ökosystem zu Ökosystem verschieden. → S. 354

■ Ein Nahrungsnetz aus miteinander verknüpften Nahrungsketten ist das Grundgerüst jeder Biozönose. Nach ihrer Stellung in den Nahrungsketten grenzt man Produzenten und mehrere Stufen von Konsumenten gegeneinander ab. Die verschiedenen Trophiestufen unterscheiden sich in Produktivität und Biomasse derart, dass sie als ökologische Pyramide dargestellt werden können. → S. 355

■ Durch die Tätigkeit der Destruenten im Ökosystem bilden sich Stoffkreisläufe aus, die bei allen Bio-Elementen mit geochemischen Kreisläufen verbunden sind. → S. 356, 357

■ Ökosysteme sind wie jedes lebende System auf ständige Energiezufuhr angewiesen, fast ausnahmslos auf die Strahlungsenergie der Sonne. Beim Energiefluss von einer Trophiestufe zur nächsten geht der größte Teil der Energie verloren. → S. 358, 359

■ Ökosysteme sind zeitabhängig. Sie durchlaufen eine als Sukzession bezeichnete Entwicklung, die wohl meist in ein stabiles Endstadium (Klimax) mündet. → S. 362, 363

Dieser Zustand kommt einem ökologischen Gleichgewicht nahe. → S. 364, 365

■ Vom Menschen geschaffene Ökosysteme weichen von natürlichen erheblich ab: Sie sind fremdreguliert, instabil und werden höchstens teilweise durch die Strahlungsenergie der Sonne betrieben. Stoffkreisläufe existieren nur bruchstückhaft. → S. 366

Aufgaben und Anregungen

1 Erklären Sie die im Bild unten aufgezeigten Beziehungspfeile und Begriffe.

2 Eine Schätzung der jährlichen Nettoprimärproduktion eines Fischteichs ergibt 200 g Trockensubstanz je m². In welcher Höhe darf man den Karpfenertrag erwarten, wenn der Teich 100 m² Fläche hat und der Wassergehalt von Karpfen 80 % beträgt?

3 Viele Ökosystemanalysen „neigen dazu, den Tieren eine wesentliche Bedeutung im Ökosystem abzusprechen. Nichts kann falscher sein als diese Auffassung.“ (H. REMMERT). Erklären Sie, warum man zu der eingangs zitierten Bewertung kommen kann und belegen Sie mit Beispielen, dass sie falsch ist.

4 Warum gibt es keinen Energiekreislauf in Ökosystemen?

5 Schildern Sie das „Schicksal“ eines Kohlenstoffdioxidmoleküls in Ökosystem und Biosphäre. Bleiben Kohlenstoff und Sauerstoff im Molekül auf ewig verbunden?

6 Wo und unter welchen Bedingungen bilden sich bei der biologischen Zersetzung Methan und Schwefelwasserstoff anstelle von Kohlenstoffdioxid und Sulfat?

7 Würde man die Natur als Vorbild für unsere urbanen Ökosysteme nehmen, dann müssten wir für die Abwasserreinigung und Müllbeseitigung mehr bezahlen als für die Nahrung. Begründen Sie.

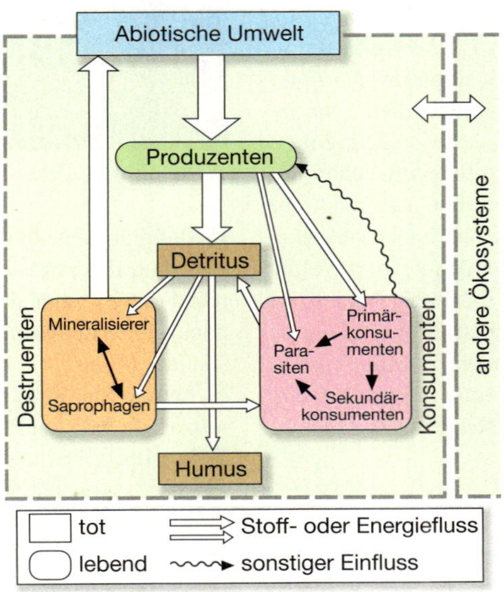

8 Formulieren Sie die biozönotischen Grundprinzipien THIENEMANNS und nennen Sie jeweils ein Beispiel.

9 Wenden Sie die biozönotischen Grundprinzipien auf das Jugend- und Reifestadium einer Sukzession an.

10 Erklären Sie das Produktivitäts-Stabilitäts-Dilemma von Kultur-Ökosystemen.

11 Stellen Sie am Beispiel eines Ihnen bekannten Ökosystems wie See oder Wald die Kennzeichen eines biologischen Gleichgewichts dar.

12 „The framework of successional theory needs to be examined as a basis for resolving man's present environmental crisis.“ (E. P. ODUM)

Welche Grundlagen zur Lösung der gegenwärtigen Umweltkrise des Menschen lassen sich aus den Kenntnissen über Sukzession gewinnen?

13 Im Unterschied zu den natürlichen selbstregulativen Ökosystemen sind urbane und Agrar-Systeme fremdgesteuert. Welche Konsequenzen folgen daraus?

14 „Stoffkreisläufe bewirken die Nachhaltigkeit der Natur.“ Erklären Sie, was damit gemeint ist.

Der Stadtparkteich – Lebensraum und Freizeitrevier

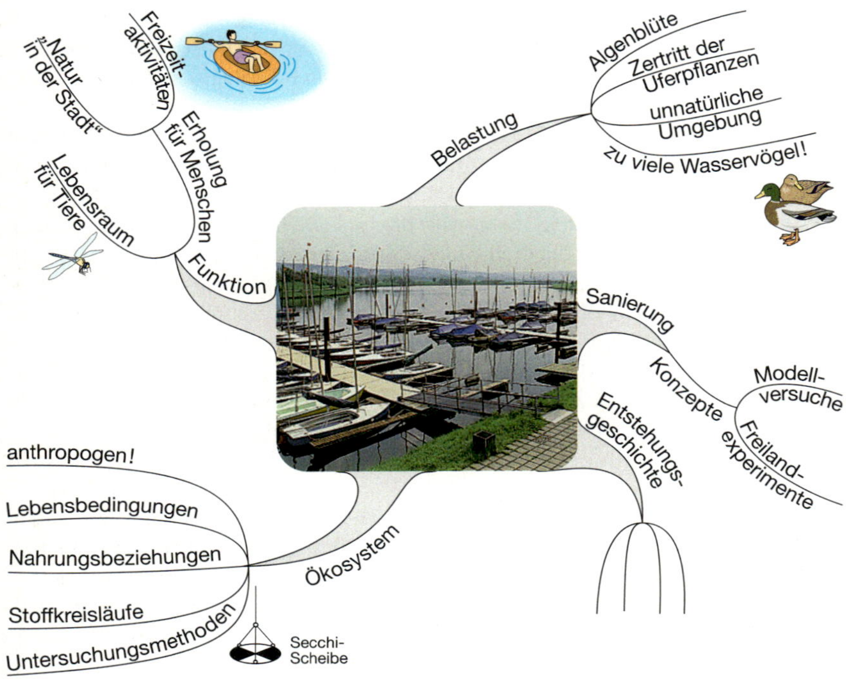

Der Ruhrstausee unterhalb der Ruhruniversität Bochum wurde in den 1970er-Jahren angelegt. Auslöser war der Wunsch nach einer Ruderstrecke für die Sportstudenten. Es entstand ein 125 ha großer „See" mit einer maximalen Tiefe von 3 m. Seitdem hat er sich zu einem Freizeit-Eldorado mit Segel- und Surfzentrum entwickelt. Nach Feierabend trifft man sich hier, um den „See" joggend, auf dem Fahrrad, mit Hund oder Kinderwagen zu umrunden.

Stadtgewässer können die verschiedensten Ursprünge haben: Nicht selten dienten sie früher als Mühl- oder Schlossteich, Burggraben, Feuerlöschteich oder Regenrückhaltebecken. Gemeinsam ist ihnen allen, dass sie künstlich angelegt oder zumindest ihrer Funktion entsprechend umgestaltet wurden. Das gilt selbst für den natürlichst wirkenden Parkteich.

Der Stadtparkteich ist – wie der Park insgesamt – ein *anthropogenes Ökosystem*. Er wurde fast immer künstlich angelegt und hat in erster Linie *Erholungsfunktion* für die Stadtbewohner. Dazu wurde das Teichumfeld entsprechend gestaltet. Rasenflächen und Gehölze, Spielplätze, Grillplätze und ausgebaute Wege mit Sitzgelegenheiten tragen den unterschiedlichen Vorstellungen von Freizeitgestaltung Rechnung.

Viele Spaziergänger erleben den Stadtparkteich aber auch als ein Stück *Natur* inmitten der Großstadt. Ohne weite Anfahrtswege auf sich nehmen zu müssen, können sie im „Grünen" sein, sehen Seerosen blühen und Enten ihre Jungen führen. Dabei fällt oft nicht auf, wie stark die Einflüsse des Menschen auf das Ökosystem sind und welche Störungen im Vergleich zu einem naturnahen *See* oder *Weiher* auftreten:

An den Fütterungsstellen bilden sich unnatürliche *Massenansammlungen* von Stockenten und Blässrallen. Der *soziale Stress*, dem die Vögel darin ausgesetzt sind, kann zu Verhaltensauswüchsen führen, wie sie unter natürlichen Bedingungen nur in Ausnahmefällen vorkommen. Am Teichufer wird die Vegetation von den vielen Wasservögeln vertreten und verbissen, aber auch Boote, Hunde, Angler und Naturfreunde tragen erheblich zum Rückgang des Röhrichts bei. Im Sommer wird das Wasser oft zur „grünen Suppe". Das als *Algenblüte* bezeichnete Phänomen ist auf die enorme Produktivität des *Phytoplanktons* als Folge einer *Eutrophierung* zurückzuführen und zudem mit Geruchsbelästigung verbunden. Auch Fischsterben können auftreten.

☞ Basisinformationen

anthropogene Ökosysteme (→ S. 366), Ökosystem See (→ S. 350), Eutrophierung (→ S. 388)

1 *Ein Stück „Natur" in der Stadt?*

1 Definieren Sie die Begriffe Teich, Weiher, See, Tümpel.

2 Erkundigen Sie sich beim Amt für Umwelt, Grünflächen und Forsten (oder der entsprechenden Behörde Ihrer Stadt) nach der Entstehungsgeschichte des Teichs, den Sie untersuchen wollen.

3 Achten Sie im Park auf die Aktivitäten der Besucher. Wie nutzen sie Park und Parkteich?

4 Ermitteln Sie durch eine Befragung die Freizeitgewohnheiten der Parkbesucher. Welche Rolle spielt eine intakte Umwelt für ihre Erholung?

5 Welche Ursache vermuten Sie für die Eutrophierung vieler Parkteiche mit ihren unschönen Folgen?

See und Stadtparkteich – Vergleich der Lebensbedingungen

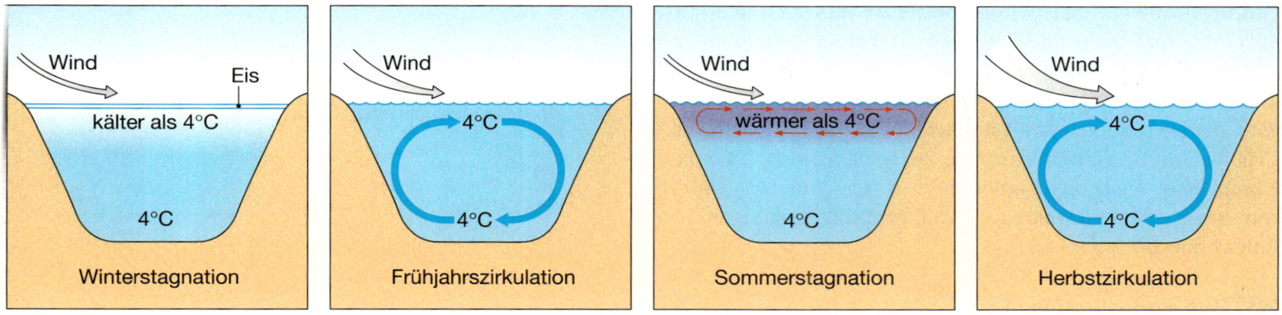

1–4 Seen zeigen während der meisten Zeit des Jahres eine stabile Schichtung des Wasserkörpers („Stagnation").

Tiefe *Seen* weisen eine *Schichtung* des Wasserkörpers auf. Sie zeigt im Verlauf eines Jahres typische Veränderungen, die in den besonderen physikalischen Eigenschaften des Wassers begründet sind (→ Bilder 1–4). Das wirkt sich auf den Stoffhaushalt des Sees entscheidend aus.

Parkteiche haben aus Sicherheitsgründen oft nur eine geringe Tiefe mit minimalen Temperaturunterschieden zwischen Oberfläche und Grund. Große Schwankungen lassen sich dagegen im *Tagesgang der Temperatur* feststellen. Das Wasser wird häufig durchmischt, was zur Folge hat, dass die Mineralstoffe im Bodenschlamm aufgewirbelt werden und dem Phytoplankton wieder zur Verfügung stehen. Sie werden so schnell verbraucht, dass sie sich im Wasser kaum nachweisen lassen. Tageszeitliche Schwankungen treten ebenso beim Sauerstoffgehalt (→ Bilder 5 und 6) und Kohlenstoffdioxidgehalt auf. Das beeinflusst den pH-Wert, der an sonnigen Nachmittagen Werte von 10 bis 11 erreichen kann.

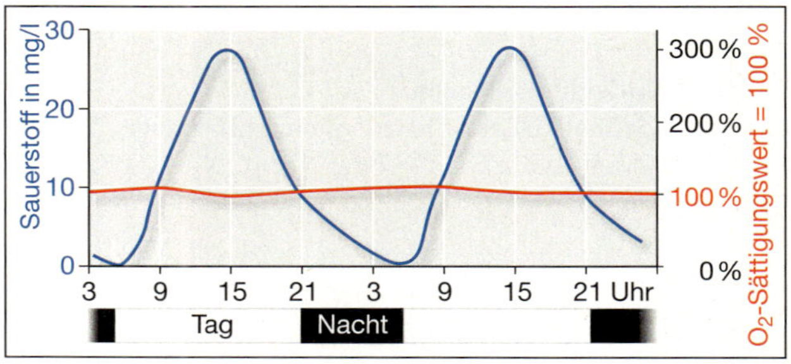

5 Tagesgang des Sauerstoffs in einem Teich mit Algenblüte

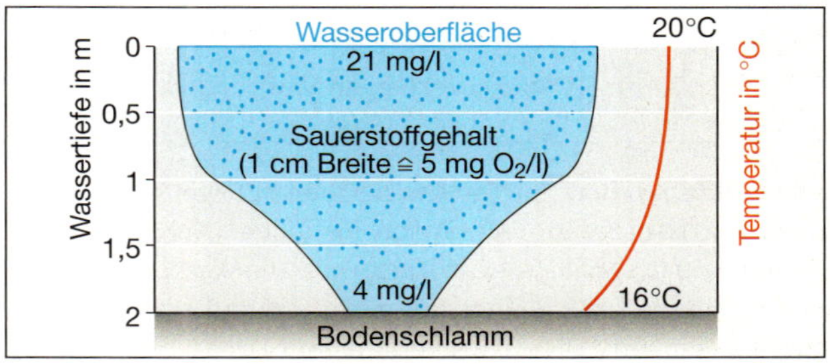

6 Sauerstoffgehalt in einem Stadtparkteich

☞ Basisinformationen
Eigenschaften des Wassers (→ S. 308), Ökosystem See (→ S. 350), Stickstoffkreislauf (→ S. 357)

1 Erklären Sie die beim Parkteich festzustellenden Schwankungen im Tagesgang der Werte aufgrund von Produktion und Atmungsprozessen.

2 Einen Eingriff in den Stoffkreislauf des Parkteichs stellt das regelmäßige Füttern der Wasservögel durch „Vogelfreunde" dar. Bild 7 zeigt die Auswirkungen auf den Stickstoffkreislauf. Erklären Sie, wie die Fütterung mit kohlenhydratreichem Brot zu einem Überangebot an Stickstoff führt.

3 Simulieren Sie die Sommerstagnation und die Vollzirkulation eines Sees mit den folgenden Versuchen:

Einem Aquarium mit gleichmäßig kaltem Wasser wird eine Messerspitze Kaliumpermanganat ($KMnO_4$) zugesetzt. Blasen Sie dann mit einem Föhn seitlich schräg über die Oberfläche.

Füllen Sie ein zweites Aquarium zu zwei Dritteln mit kaltem Wasser. Schichten Sie mithilfe einer Plastikfolie vorsichtig heißes Wasser darüber. Geben Sie wieder eine Spatelspitze $KMnO_4$ dazu und wiederholen Sie den Versuch mit dem Föhn.

Vergleichen Sie das Ergebnis in beiden Aquarien. Erläutern Sie den Modellcharakter des Versuchs im Hinblick auf einen See und einen Parkteich.

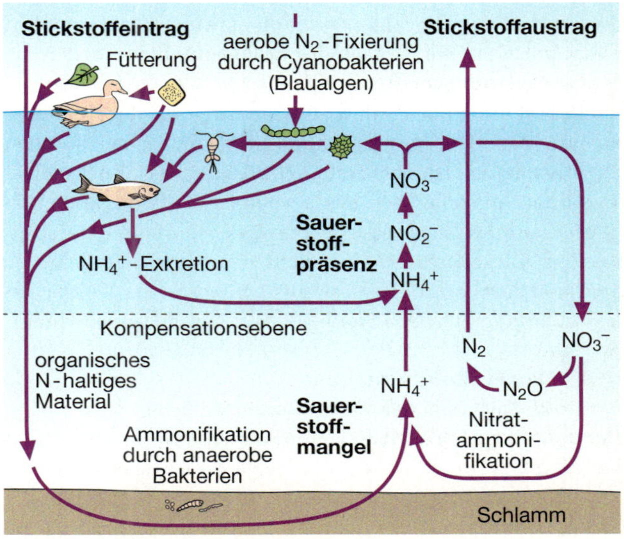

7 Stickstoffkreislauf in einem Stadtparkteich

Untersuchung eines Parkteichs

Parkteiche in der Stadt können sehr unterschiedlich sein, was die Größe und mehr oder weniger naturnahe Gestaltung betrifft. Nicht alle Untersuchungen werden überall gleichermaßen ergiebig sein. Bei der Auswahl des Untersuchungsgewässers können die städtischen Ämter für Umwelt, Grünflächen und Forsten zurate gezogen werden. Hier bekommt man auch Informationen zu Naturschutzverordnungen sowie etwa notwendige Ausnahmegenehmigungen zur Entnahme von Organismen.

☞ Basisinformationen

Plankton (→ S. 350), Pflanzengürtel (→ S. 350), Belastung der Gewässer durch den Menschen (→ S. 388), Methoden der Gewässeruntersuchung (→ S. 390)

Abiotische Faktoren

Material: Schöpfflasche, Thermometer, pH-Papier, Testkits für verschiedene Inhaltsstoffe (wie Nitrat, Nitrit, Phosphat, Gesamthärte, pH-Wert), Secchi-Scheibe (oder weiße Porzellanscheibe)

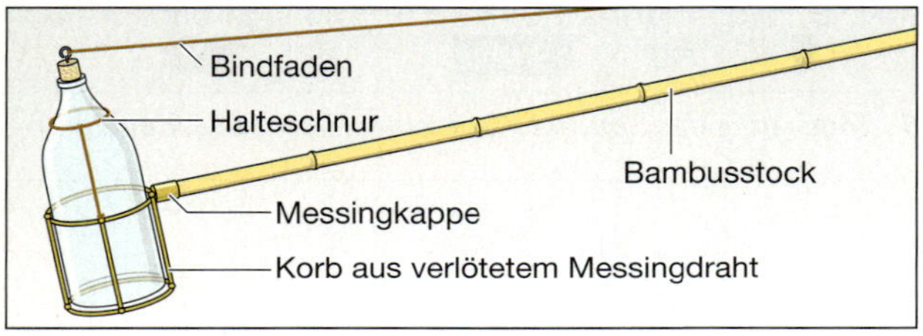

Durchführung: Bereiten Sie einen Protokollbogen vor (→ Bild rechts), in dem Sie Ihre Messwerte festhalten. Nehmen Sie die Messungen in verschiedenen Tiefen vor. Die Wasserentnahme aus größerer Tiefe gelingt mit einer Schöpfflasche (→ Bild oben). Dazu wird eine Flasche in einem Drahtkorb befestigt und mit einer langen Stange (z. B. Bambus) verbunden. Der Verschluss mit einem Stopfen darf nicht zu fest sein, damit sich dieser nach dem Herablassen in die gewünschte Tiefe leicht entfernen lässt. Sofort nach der Probeentnahme werden die Messungen durchgeführt.

Beim Einsatz der Testkits sind die Hinweise der Hersteller zu beachten. Die Messverfahren beruhen auf spezifischen Farbreaktionen. Die Intensität der Färbung lässt Rückschlüsse auf die Konzentration des jeweiligen Stoffs zu. Zum Vergleich kann Leitungs- oder Regenwasser parallel untersucht werden. Die Secchi-Scheibe dient dazu, die Sichttiefe des Teichs abzuschätzen. Dazu wird sie langsam ins Wasser gelassen, bis der Schwarz-Weiß-Kontrast gerade verschwindet.

Vegetationsaufnahme

Material: Zeichenmaterial, Bestimmungsbücher

Durchführung: Fertigen Sie eine Skizze des Teichs an. Tragen Sie auffällige Kennzeichen wie Stege ein. Erfassen Sie die Pflanzen der Uferzone und tragen Sie sie als Symbole in die Skizze ein. Vergleichen Sie die Ergebnisse mit einem möglichst naturnahen Weiher oder See. Ziehen Sie auch Seite 350 heran.

Protokollbogen zur Gewässeranalytik

Gewässername: ....

Datum: .... Wetter: ....

Uhrzeit: .... Lufttemperatur: ....

Probenstelle: ....

Tiefe der Wasserentnahme: ....

Sichttiefe	
Wassertemperatur	
Sauerstoffgehalt	
pH-Wert	
Gesamthärte	
Ammonium	
Nitrat	
Phosphat	
weitere Messungen	

Plankton

Material: Planktonnetz, Thermosgefäß, Mikroskop und Zubehör, Bestimmungsliteratur

Durchführung: Ziehen Sie das Planktonnetz mehrmals kräftig durchs Wasser. Zum Transport dient ein Thermosgefäß. Beobachten Sie die Planktonorganismen unter dem Mikroskop. Zeichnen und bestimmen Sie typische Vertreter. Ordnen Sie diese nach Größenklassen. Achten Sie auf besondere Anpassungen (Fraßschutz, Schwebefähigkeit).

Fauna

Material: Fernglas, Kescher, Beobachtungsgefäße, Bestimmungsbücher

Durchführung: Beobachten und bestimmen Sie die Wasservögel unter Zuhilfenahme des Fernglases. Sind nicht einheimische Arten darunter? Zählen oder schätzen Sie die Anzahl der Individuen jeder Art. Vergleichen Sie nach Möglichkeit mit einem naturnahen Gewässer ähnlicher Größe.

Der Fischbestand lässt sich meist nur durch Befragung Angelberechtigter ermitteln. Kleintiere werden mit dem Kescher gefangen und in ein Beobachtungsglas gesetzt. Bestimmen Sie vor Ort und lassen Sie sie direkt wieder frei. Entnehmen Sie auch Schlammproben mit dem Kescher und untersuchen Sie diese ebenso. Informieren Sie sich über die vorgefundenen Organismen. Lassen sich die biozönotischen Grundprinzipien (→ S. 364) an dem von Ihnen untersuchten Teich bestätigen?

Hilfe für das Ökosystem Parkteich

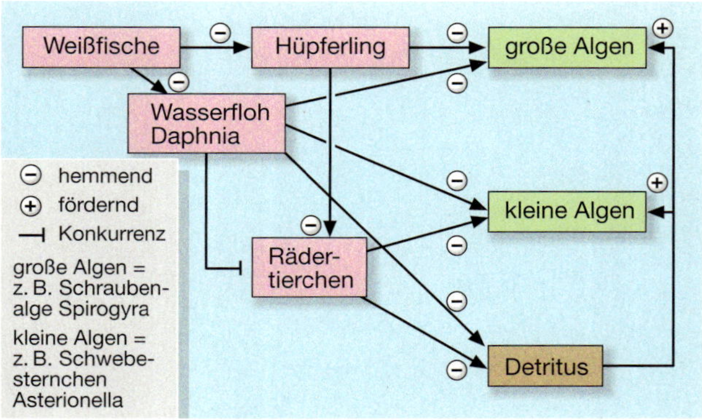

1 Nahrungsbeziehungen im Teich

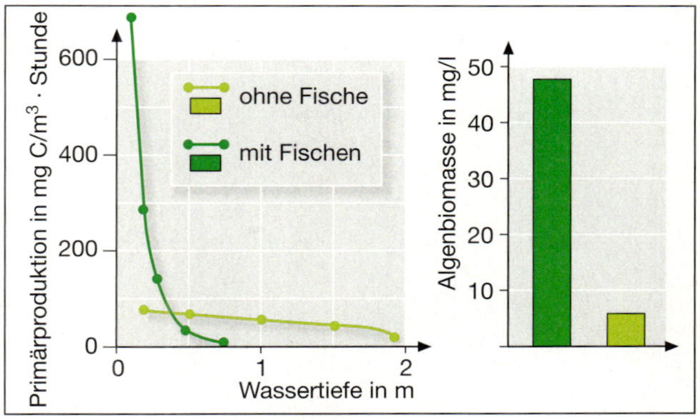

2 Einfluss von Fischen auf die Algenblüte

Zwischen den Wünschen der Parkbesucher nach einer intakten Umwelt und dem ökologischen Zustand des Parkteichs bestehen meist Diskrepanzen, sodass eine Regeneration notwendig erscheint. Das vorrangige Ziel einer *Teichsanierung* muss sein, die Algenblüte zu verhindern und so das Wasser wieder klar zu bekommen. Die Entwicklung eines Sanierungskonzepts setzt die Analyse der Beziehungen zwischen den Ökofaktoren voraus. Das geschieht mithilfe von Modellversuchen und durch gezielte Eingriffe in die biotischen Beziehungen von Gewässern, die so genannte *Biomanipulation*.

☞ Basisinformationen

Nahrungsnetz (→ S. 355), Abbau und Kreislauf der Stoffe (→ S. 356), Produktion in Ökosystemen (→ S. 354)

Modellversuch zur Nährstoffeliminierung durch Röhrichtpflanzen

Material: 3 20-l-Aquarien, Aquarienleuchte, 4 Goldfische, Zypergras

Durchführung: Füllen Sie die Aquarien mit Wasser und impfen Sie sie zusätzlich mit je 1 l Teichwasser. Während des Versuchs werden sie in gleicher Weise belichtet (Dauerlicht). Setzen Sie in zwei der Aquarien je 2 Goldfische ein. In eines dieser Becken wird zudem Zypergras als Modellart für eine Röhrichtpflanze hineingestellt. Die Fische werden nach Bedarf gefüttert. Geben Sie die gleiche Menge Fischfutter auch in das Kontrollbecken ohne Fische! Beobachten Sie die Entwicklung der Wasserblüte innerhalb von 10 bis 14 Tagen.

Welchen Einfluss haben Fische auf die Entwicklung des Phytoplanktons?

Als Basis für Eingriffe in ein Ökosystem wie den Parkteich reichen Modellversuche in der Regel nicht aus. Dazu sind experimentelle Freilanduntersuchungen notwendig, bei denen sich aber das Problem einer exakten Kontrolle stellt.

Bei Untersuchungen an einem schwedischen See löste man das Problem so: Um den Einfluss von Fischen auf das Phytoplankton zu erforschen, wurden identische Ausschnitte des Sees geschaffen, indem man große Plastiksäcke mit der natürlichen Lebensgemeinschaft gefüllt und in das Wasser eingehängt hat. Verwendet wurden unten offene Säcke, die bis in das Seesediment in 2,20 m Tiefe reichten und einen Durchmesser von 3,00 m hatten. Ein Sack enthielt Zooplankton fressende Weißfische, der andere blieb ohne Fische.

Die Ergebnisse der vergleichenden Untersuchung zeigt Bild 2.

1 Fassen Sie die Ergebnisse Ihres Modellversuchs und der schwedischen Untersuchung zusammen. Welche Auswirkungen hat der Fischbesatz in beiden Versuchsreihen?

2 Erklären Sie die Wirkung des Zypergrases auf das Wachstum des Phytoplanktons.

3 Welchen Vorteil hat der „Plastiksack-Versuch" gegenüber einer Untersuchung, bei der ein zweiter See als Kontrolle dient?

4 Zur Klärung des Zusammenhangs zwischen dem Vorkommen von Fischen und der Algenbiomasse müssen die Nahrungsbeziehungen im Teich betrachtet werden (→ Bild 1). Machen Sie sich die Beziehungen klar. Berücksichtigen Sie dabei die Lebensweise der Organismen. (Fische fressen in erster Linie gut sichtbare Beute. Daphnien sind relativ große, doch langsame Zooplankter, Hüpferlinge führen schnelle Fluchtsprünge aus.) Welche Veränderungen finden in der Biozönose statt, wenn man die Zooplankton fressenden Fische entfernt?

5 Die Biomanipulation könnte erste Schritte auf dem Weg zu einer Sanierung des Parkteichs aufzeigen. Entwerfen Sie einen Sanierungsplan, der möglichst vielen Ansprüchen gerecht wird.

Mensch und Umwelt

1 *Der Hambacher Tagebau – eine Mondlandschaft im rheinischen Braunkohlenrevier*

Mitten im rheinischen Braunkohlenrevier liegt der „Hambacher Tagebau". Hier werden auf einer Fläche von 85 km^2 im Tagebau oberflächennahe Braunkohlenvorkommen abgebaut – fossile Überreste der Sumpfwälder, die vor 15 Mio. Jahren hier wuchsen. Ein Großteil der Kohle wird verstromt, was zur Freisetzung riesiger CO_2-Mengen führt und so den globalen Treibhauseffekt fördert. Darüber hinaus fordert der Tagebau großflächige Umsiedlungsaktionen und die Zerstörung von Wäldern und Äckern um an die Kohle zu gelangen. Die notwendige Absenkung des Grundwasserspiegels betrifft auch das Umland. Der Mensch beeinflusst und verändert seine Umwelt tief greifender als jede andere Tierart.

Im Blickpunkt:

- Menschen als Gestalter und Verunstalter ihrer Umwelt
- Bevölkerungswachstum: Ursache für übermäßigen Energiekonsum und Intensivlandwirtschaft
- Belastung von Böden, Gewässern und Naturraum
- Ozonloch und Treibhauseffekt als Kennzeichen für die anthropogene Belastung der Luft
- Methoden zur Messung und Überwachung der Belastungen von Gewässern und Luft
- Zerstörung von Lebensräumen einerseits, Natur- und Artenschutz andererseits

Das Hauptproblem der Menschen besteht seit jeher darin, sich ausreichend mit *Energie* zu versorgen: Energie in Form von Nahrung, in Form von Brennstoffen für das heimische „Herd- und Schmiedefeuer" und für Industrie und Dienstleistung der Moderne. Solange nur eine kleine Anzahl von Menschen lebte, wurden die jeweiligen Ressourcen der Umgebung nicht übernutzt, da die Natur Überschüsse produzierte.

Einsetzen von Ackerbau und Viehzucht. Mit der Ausbreitung des Menschen wurde sein Bedarf an Nahrungsmitteln und Brennstoffen größer und die Entnahme von Überschüssen reichte nicht mehr aus. Die Umwelt wurde umgestaltet: Gärten, Äcker und Tierzuchten wurden angelegt, Wildarten zu Nutztieren und -pflanzen herangezüchtet und dadurch genetisch verändert. Die Übernutzung von Böden verursachte wachsenden Flächenbedarf. Im Mittelalter wurden bei uns die Wälder großflächig gerodet.

Fossile Brennstoffe. Noch drastischer vollzog und vollzieht sich der Rückgriff auf die fossilen Brennstoffe Kohle und Erdöl. Sie wurden zum wichtigsten Energieträger und Motor für die Industrialisierung. So werden also in immer kürzeren Zeiträumen immer ältere und knappere Energieressourcen verbraucht und im Gegenzug Verbrennungsabfälle wie CO_2 ausgestoßen, die die natürlichen Stoffkreisläufe zu überlasten drohen.

Mensch und Umwelt

1–3 Beispiele für durch den Menschen veränderte Lebensräume

Die Stellung des Menschen in der Biosphäre. Die bedeutendste ökologische Eigenschaft des Menschen besteht sicherlich darin, dass er mithilfe seiner technischen Errungenschaften weitestgehend unabhängig von abiotischen Faktoren wurde und so in nahezu alle Ökosysteme vordringen konnte. Er entnimmt Nahrung und Energieträger auch aus solchen Ökosystemen, die er selbst als Habitat nicht nutzen kann, beispielsweise aus den Weltmeeren. Um den Energiebedarf zu decken, werden unwirtliche Gebiete erschlossen, wie die Ölfelder Sibiriens und Saudi-Arabiens. Menschen beeinflussen jeden Bereich der Biosphäre. Böden, Wälder und Meere werden für menschliche Zwecke funktionalisiert, Pflanzen und Tiere einzig nach ihrer Nützlichkeit für den Menschen bewertet und entsprechend gehegt und gepflegt oder verdrängt und ausgerottet. Auch wenn Tiere und Pflanzen die Ökosysteme Wiese, Feld, Acker und Forst maßgeblich bestimmen, so sind dies doch Kultur-Ökosysteme, in denen der Mensch stark in die Stoffkreisläufe eingreift.

Konflikt zwischen Nutzen und Schützen der Umwelt. Entwicklungsmodelle in der Wirtschaft basieren auf ständigem Wachstum, wobei natürliche Ressourcen als nahezu unbegrenzt erneuerbar angesehen wurden. In den 70er-Jahren wurden erstmals ernsthaft „die Grenzen des Wachstums" in der berühmten „Meadows-Studie" aufgezeigt. Da aber Wissenschaft und Technik vorausgesagte Energie- und Versorgungsengpässe bisher hinauszögern konnten, entwickelte sich ein Gefühl von Macht über die Natur. Dem steht eine gewisse Ohnmacht angesichts unkontrollierbarer Naturereignisse gegenüber. Aus ihr leitet sich auch ein Gefühl der Bewunderung für die Schöpfung ab. Sie findet ihren Ausdruck im Schutzgedanken für die Natur und ihre Geschöpfe.

Urban-industrielle Ökosysteme. Natürliche Lebensräume werden rar. Fast alle Ökosysteme sind heute vom Menschen geschaffen oder durch seine Tätigkeiten beeinflusst. Dies hat einen tief greifenden Wandel der Tier- und Pflanzengemeinschaften zur Folge. Einige Arten bringen offenbar „geeignete" Verhaltensweisen oder Merkmale mit, die es ihnen ermöglichen, den Lebensraum mit dem Menschen zu teilen.

Die Stadtlandschaft. Manche Arten ziehen als *Kulturfolger* in die Städte ein und erweitern damit ihren ursprünglichen Lebensraum beträchtlich. Vornehmlich wärmeliebende Tiere und Pflanzen profitieren von den in Städten höheren Durchschnittstemperaturen. Ist die Bindung an menschliche Behausungen besonders eng, wie beispielsweise bei Hausmaus, Mehlschwalbe, Mauersegler, Haussperling, Stubenfliege, Hausstaubmilbe und Kompostwurm, spricht man von *Synanthropie*. Amseln, Steinmarder, Wanderratte, selbst Füchse gelten als *fakultativ synanthrope* Arten. Sie haben ihr Optimum im Siedlungsraum des Menschen, können aber auch außerhalb davon gut existieren.

Mauern, Wände, Gebäude. Mauern und Wände sind manchmal besondere Trockenbiotope. In Ritzen und Fugen verstecken sich Eidechsen und viele Insekten. In manchen alten Gebäuden finden Fledermäuse Unterschlupf. Einige Arten entwickeln sich – in Ermangelung natürlicher Schlafplätze – bereits zu Synanthropen.

Schutt, Gleise, Straßenränder. Diese uns unwirtlich erscheinenden Biotope bieten ein hohes Nährstoffangebot. Wegen der intensiven Sonneneinstrahlung wachsen hier besonders trocken- und hitzetolerante, oft auch sehr robuste und trittfeste Pflanzen. Sogar Züge fahren über sie hinweg.

Müllhalden. Wenn vornehmlich organische Abfälle auf den Deponien ausgebracht werden, herrschen in etwa 20 cm Tiefe der Müllberge Temperaturen um die 40 °C bis 50 °C: ein Eldorado für wärmeliebende Arten wie Hausgrille und Ohrwurm, Schaben, Käfer und Fliegen. Masseneinfall von Krähenschwärmen und oft auch von Lach- oder Silbermöwen sind eine Folge des üppigen Nahrungsangebots, von dem auch Ratten angezogen werden.

1 „Der Mensch nutzt und benutzt die Biosphäre; er verhält sich dabei nicht so, als wäre er ein Teil von ihr." Nehmen Sie dazu Stellung.

2 In städtischen Ökosystemen überwiegen die Konsumenten (menschliche und tierische). Sie sind extrem abhängig von Energie- und Warenströmen aus dem Umland. Welche Auswirkungen hat vor diesem Hintergrund die zunehmende Verstädterung?

3 Welche Lebensräume bietet die Stadtlandschaft? Erkunden Sie bei einem Spaziergang die dortigen Lebensbedingungen für Tiere und Pflanzen.

Bevölkerungswachstum und Geburtenkontrolle

Im ersten Buch Mose heißt es: „Und Gott segnete sie (die Menschen) und sprach zu ihnen: Seid fruchtbar und mehret euch und füllet die Erde und macht sie euch untertan und herrschet über die Fische im Meer und die Vögel unter dem Himmel und über das Vieh und alles Getier, das auf Erden kriecht."

Zur Zeit des Mose lebten auf der Erde schätzungsweise 200–250 Millionen Menschen. 1998 sind es etwa 6 Milliarden Erdbewohner. Täglich werden es 230 000 Menschen mehr. Bis zum Jahr 2025 rechnet man mit 8,5 Milliarden. Das exponentielle Wachstum der Erdbevölkerung bewirkt, dass sich die Einwohnerzahl in immer kürzeren Zeitabständen verdoppelt.

Für wie viele Menschen reichen der Platz zum Leben, die Nahrungsmittelproduktion, die Energie- und Wasservorräte? Wann sind die Grenzen der Belastung der Meere, Böden, Wälder, der Atmosphäre erreicht, wann die Ressourcen auf der gesamten Erde und in den einzelnen Regionen erschöpft?

Regionale Überbevölkerung gibt es längst, und zwar in den Steppen und Savannen, in den Wüsten und den kargen Kälteregionen der Erde. Obwohl dort oft nur 10–20 Menschen pro Quadratkilometer leben, gelten diese Regionen als übervölkert, da die Kapazität für Nahrungsmittelerzeugung und Trinkwasserversorgung bereits ausgeschöpft ist. Kenia ist mit seinen 49 Einwohnern pro Quadratkilometer eindeutig übervölkert, während in den Niederlanden bei knapp 400 Menschen zwar von Enge, nicht aber von Überbevölkerung gesprochen wird. In Bangladesh leben über 800 Menschen auf einem Quadratkilometer Land. Zwei Drittel aller Kinder leiden dort an Unter- oder Mangelernährung. Überbevölkerung ist also keine absolute Größe, sondern sie zeigt die *Überlastung der Kapazität* einer bestimmten Region an.

Regionale Wachstumsraten. Das *Bevölkerungswachstum* ist in den einzelnen Erdteilen *höchst unterschiedlich.* Die rascheste Zunahme findet derzeit auf dem afrikanischen Kontinent statt. In Nigeria wächst die Zahl der Einwohner jährlich um 3 %. In nur 24 Jahren würde sich damit die derzeitige nigerianische Bevölkerung verdoppeln. In Asien wächst die Bevölkerung mit durchschnittlich 1,8 % zwar langsamer als in Afrika, dort leben jedoch insgesamt die meisten Menschen. Die Verdopplungszeit beträgt hier etwa 40 Jahre. In Europa liegt der durchschnittliche Bevölkerungszuwachs nur noch bei 0,27 %; es gibt sogar Länder mit einem Minuswachstum. Dort sterben also mehr Menschen als geboren werden. Verallgemeinernd kann man sagen, dass in den Industrieländern eine deutliche Verlangsamung des Wachstums, mancherorts eine Stagnation eingetreten ist, in den Entwicklungsländern dagegen ein exponentielles Wachstum stattfindet.

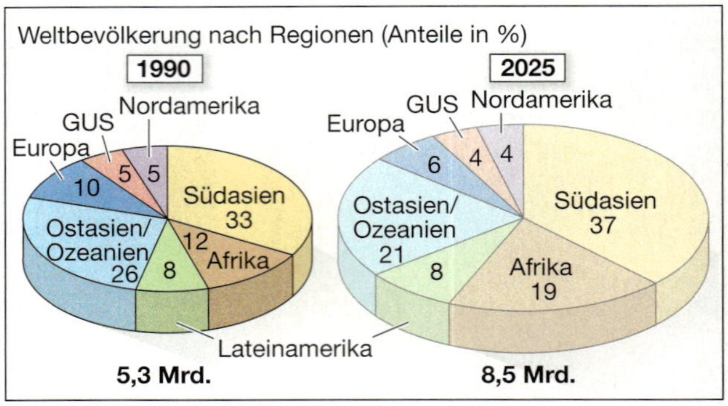

1 *Bevölkerungsentwicklung nach Regionen getrennt*

Ursachen des Wachstums. Wenn die Geburtenrate die Sterberate übersteigt, ergibt sich aus der Differenz die Wachstumsrate (→ S. 335). In Mitteleuropa fand seit dem Dreißigjährigen Krieg eine rasante Bevölkerungsexplosion statt, die darauf zurückging, dass die Sterberate sank. Ursachen waren vor allem *Innovationen im Agrarbereich.* Bodenreformen, verbesserte Anbautechniken wie die Dreifelderwirtschaft, gezieltere Auswahl von Saatgut, Kreuzungsexperimente, Ent- und Bewässerungstechniken konnten die Ernährungssituation der Bevölkerung nachhaltig verbessern. Der Bau von Eisenbahnen milderte Verteilungsprobleme. Bessere *Hygiene* verhalf zu einer deutlich geminderten Seuchengefahr. Außerdem ließ der Ausbau der medizinischen Grundversorgung und Geburtshygiene mehr Kinder als zuvor überleben.

Demographischer Übergang. Seit den Anfängen der Industrialisierung Europas dauerte es etwa 80 Jahre oder 3–4 Generationen, bis sich in der Bevölkerung der Glaube an bessere Überlebenschancen der Neugeborenen durchsetzte und weniger Kinder geboren wurden. Bei einer gleichzeitigen Verlängerung der Lebenserwartung dauerte die Phase des schnellen Bevölkerungswachstums noch bis in die 1950er-Jahre an; erst danach pendelten sich Geburten- und Sterberaten auf einem nahezu konstanten, niedrigen Niveau ein. Man nennt diesen Verlauf der Bevölkerungsentwicklung den *demographischen Übergang.* Die meisten Entwicklungsländer befinden sich in der frühen Übergangsphase: Aufgrund schnellen medizinischen Fortschritts sinkt die Sterberate, aber eine noch konstant hohe Geburtenrate führt zum rasanten Bevölkerungswachstum. Erst wenn die soziale Absicherung gerechter, die Ernährungs- und Ausbildungssituation der Mütter und Kinder in diesen Ländern besser würden, wäre wohl mit weniger Geburten zu rechnen.

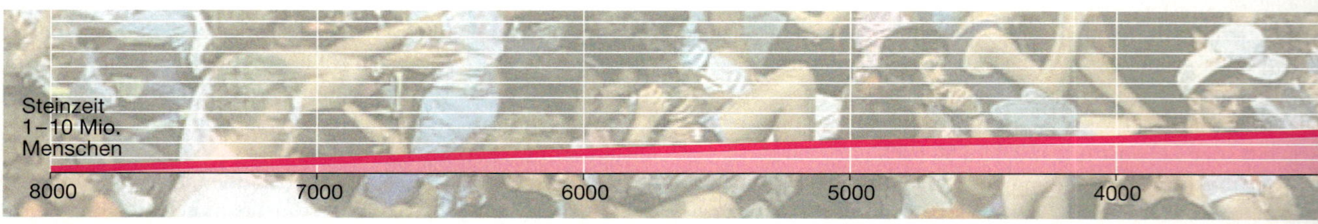

2 *Entwicklung der Weltbevölkerung in den letzten 10 000 Jahren*

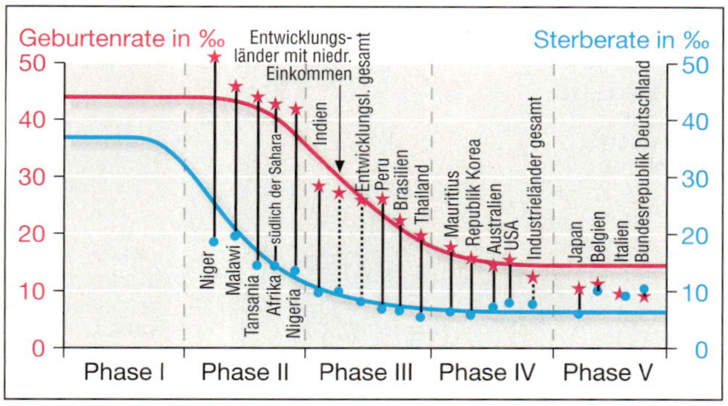

1 Stand des demographischen Übergangs in verschiedenen Ländern 1992

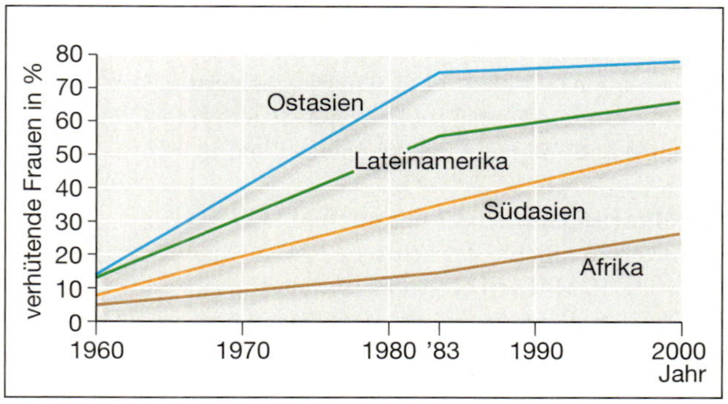

2 Verwendung von Verhütungsmitteln in verschiedenen Regionen seit 1960

Geburtenkontrolle. In China beispielsweise versucht der Staat mit sehr rigorosen Mitteln dem Bevölkerungswachstum Schranken zu setzen: Er belohnt Einzelkinder mit Fördermaßnahmen zu ihrer Erziehung und Ausbildung. Möchte eine Familie aber mehr als ein Kind aufziehen, muss sie dies von lokalen Behörden genehmigen lassen oder deutliche Kürzungen der staatlichen Unterstützung in Kauf nehmen. Eine solche Einmischung in private Entscheidungen ist menschlich höchst problematisch. Seitdem auch in vielen Entwicklungsländern eine vorgeburtliche Ultraschalluntersuchung üblich ist, werden weibliche Föten häufig nicht mehr ausgetragen, sondern abgetrieben: Kann die Familie nur eine begrenzte Kinderzahl ernähren, wird oft nur dem männlichen Fötus eine Chance gegeben. In Indien hat diese Praxis bereits zur Verschiebung des Geschlechterverhältnisses geführt.

Grundlage einer bewussten *Familienplanung* ist selbstverständlich der Zugang zu modernen *Verhütungsmethoden*. Wo aber das gesellschaftliche Ansehen von Frauen durch Mutterschaft bestimmt ist, wird die Möglichkeit zur Schwangerschaftsverhütung nur in geringem Maß angenommen. Dasselbe gilt, wenn eine möglichst hohe Kinderzahl für das Überleben und die soziale Absicherung der Familie notwendig ist oder Familienplanung aus religiösen Gründen abgelehnt wird. Entscheidend für die Zahl der Geburten ist der soziale Entwicklungsstand und das generative Verhalten der Bevölkerung des Landes: Je besser beispielsweise die Ausbildung der Mädchen ist, desto später werden sie heiraten, desto weniger Kinder werden sie gebären und desto besser sind die Überlebenschancen ihrer Neugeborenen. Diese Zusammenhänge werden weltweit beobachtet und waren auch für Europa zutreffend.

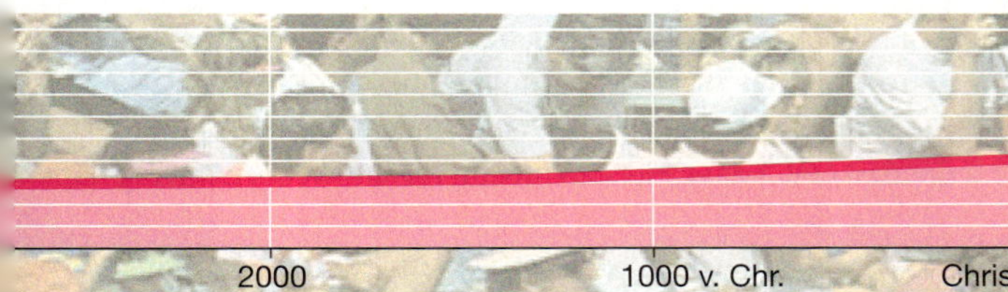

Material – Methode – Praxis: Bevölkerungswachstum und Nahrungsproduktion

Die Zahl der Menschen auf der Erde steigt exponentiell. Die zur Ernährung des Menschen nutzbaren Flächen sind und bleiben aber begrenzt. Produktivitätssteigerungen im Agrarbereich können dieses Problem nicht grundsätzlich lösen. Verteilungskonflikte scheinen unausweichlich zu sein.

Bevölkerungsentwicklung nach MALTHUS

1798 veröffentlichte der britische Nationalökonom und Philosoph TH. R. MALTHUS „An Essay on the Principle of Population" (→ Zitat unten). Selbst Angehöriger einer wohlhabenden Familie, war er besorgt über den Geburtenzuwachs in der armen britischen Bevölkerung. MALTHUS kritisierte die damaligen Sozialgesetze, die eine finanzielle Unterstützung der Armen vorschrieben: So würden diese verführt, viele Kinder zu haben, die sie nicht ernähren könnten. Die Armengesetze produzierten also gerade die Armut, die sie zu bekämpfen suchten. MALTHUS wertete Bevölkerungs- und Agrarstatistiken streng methodisch aus. Seine Hauptaussagen:

- Die Bevölkerung wächst in geometrischer Progression, also exponentiell 1, 2, 4, 8 ...
- Bei ungebremstem Wachstum würde sich die Menschheit etwa alle 25 Jahre verdoppeln.
- Die Nahrungsmittelproduktion kann nicht mithalten, denn sie wächst in arithmetischer Progression, also linear 1, 2, 3, 4 ... Gründe: Ackerland ist begrenzt; pflanzliches Wachstum kann nicht beliebig gesteigert werden.

Als Folge würden Hungerepidemien bei den Armen für ihre „natürliche Dezimierung" sorgen, so MALTHUS. Obwohl in England die vorhergesagte Katastrophe ausblieb, sind die malthusschen Thesen über einen Teufelskreis aus Bevölkerungswachstum und Verelendung heute in den Ländern der Dritten Welt zur Wirklichkeit geworden.

Essay on the Principle of Population

„Diese natürliche Ungleichheit zwischen den beiden Kräften des Bevölkerungswachstums und der Produktion ... macht die große Schwierigkeit aus, die mir auf dem Weg zur Vervollkommnung der Gesellschaft unüberwindlich scheint."

THOMAS R. MALTHUS, 1798

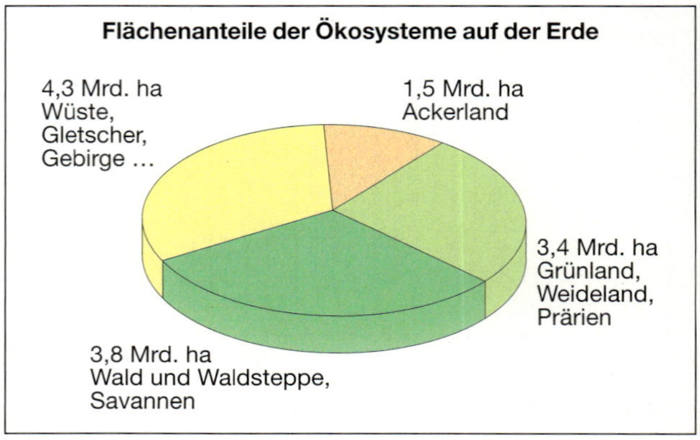

Die Verfügbarkeit von Ackerland ist begrenzt

Schon heute werden weite Teile landwirtschaftlicher Nutzfläche nur dadurch ertragreich, weil man mit aufwendigen Verfahren bewässert, weil man zu feuchte Böden trockenlegt, weil man Magerböden düngt, weil man Pflanzen- oder Tierarten züchtet, die genügsamer sind und mit extremer Trockenheit auskommen, salztolerant sind oder in einer extrem kurzen Vegetationsperiode zur Reife heranwachsen.

Diese Maßnahmen haben in den Industrienationen zu erheblichen Produktivitätssteigerungen geführt: Während ein Landwirt um 1900 außer sich selbst nur 3 weitere Personen ernährte, waren es 1995 bereits 80 Personen, die zusätzlich ernährt werden konnten.

Dennoch nimmt die Zahl der landwirtschaftlich nutzbaren Flächen eher ab. Siedlungen für die wachsende Bevölkerung bedecken zum Teil urbares Land. Außerdem werden sich weltweit Wüsten und Trockensteppen infolge des Treibhauseffekts vermutlich noch ausweiten.

1 Welche Umstände haben die von MALTHUS vorhergesagten Hungerkatastrophen in Großbritannien verhindert? Suchen Sie auch unter den hier abgebildeten Materialien nach Antworten.

2 Berechnen Sie mit dem Bild oben die potenziell landwirtschaftlich nutzbare Fläche für Ackerbau und Viehzucht in Hektar.

3 Ermitteln Sie, ausgehend von einer derzeitigen Erdbevölkerung von 6 Mrd. Menschen, wie viel Hektar Land einer Person zu ihrer Ernährung zur Verfügung steht. Wie viel Hektar werden es im Jahr 2050 bei 8,5 Mrd. Menschen sein?

4 Gegenwärtig hält man einen Flächenbedarf von 0,4 ha zur Ernährung einer Person für ausreichend. Wie viele Menschen könnten unter dieser Voraussetzung maximal ernährt werden? Vergleichen Sie dazu auch mit Seite 366.

5 Diskutieren Sie unter Zuhilfenahme Ihres Wissens über Energieumwandlung in der Nahrungskette, welche Konsequenzen ein hoher Fleischkonsum für die Welternährung hat.

☞ **Stichworte zu weiteren Informationen**

Populationsdynamik, ökologische Pyramiden, Energiefluss

Intensivlandwirtschaft

In Europa herrschte während des Zweiten Weltkriegs und danach *Nahrungsmittelknappheit*. Daher hat man seit den Fünfzigerjahren gewaltige Anstrengungen unternommen, um diesen Mangel auszugleichen und die Einkünfte der Landwirte zu sichern, die in der Industrie mehr verdienen konnten. Auch weltweit galt es, für eine ständig wachsende Bevölkerung in ausreichender Menge bezahlbare Lebensmittel zu produzieren. Da immer weniger Menschen als Landwirte arbeiteten und zusätzlich Agrarflächen für Verkehrswege, Bebauung und Industrie verloren gingen, wurde eine deutliche Steigerung der landwirtschaftlichen Produktivität notwendig. Dazu führte eine Vielzahl von Maßnahmen:

- *Flurbereinigung*, mit dem Ziel Ackerflächen zu rentablen, von Maschinen befahrbaren Flächen zusammenzulegen,
- *Vergrößerung der Betriebe* durch Zukauf oder Pacht,
- *Bodenbearbeitung, Bodenverbesserung*,
- Einsatz von *Pflanzenschutz- und Schädlingsbekämpfungsmitteln* sowie *Mineraldünger*,
- Einführung von *Hochertragssorten*,
- innerbetriebliche *Umgestaltung von Produktionsabläufen*,
- enormer *Kapitaleinsatz für Maschinen, Fuhrparks und Energie*,
- *Spezialisierung* auf wenige Produkte, häufig Trennung von Ackerbau und Viehzucht,
- *Massentierhaltung*.

Folgen der Intensivlandwirtschaft. Das vorrangige Ziel der Intensivierung, ausreichend Nahrungsmittel zu produzieren, wurde schnell erreicht. In Europa und den USA werden bereits seit Jahren gigantische *Überschüsse* produziert, deren Transport, Lagerung, Kühlung – und oft genug gezielte Vernichtung – große Energie- und Geldsummen verschlingt, während in vielen Ländern der Dritten Welt Hunger und Mangel herrschen. Jedoch wäre eine einfache Umverteilung der Überschüsse in Mangelgebiete auf Dauer gesehen schädlich, da an die heimische Produktion dieser Güter Arbeitsplätze gekoppelt sind, die durch „Kaloriengeschenke" aus den Überschussregionen zerstört würden.

Die *ökologischen Folgen* der Intensivlandwirtschaft sind nur schwer zu beziffern. Extremer „Hege" der Hochertragssorten stehen Gefährdung und Ausrottung von Wildkräutern und Wildtieren gegenüber. Der Mehraufwand an Energie steht in einem Missverhältnis zum Mehrertrag. Der Eintrag von Pestiziden und Nitraten in Böden und Grundwasser führt langfristig zu gesundheitlichen Belastungen. Die Monokulturen sind sehr anfällig für Massenvermehrungen von Schädlingen.

Produktivitätssteigerung bei ausgewählten landwirtschaftlichen Erzeugnissen

		1950	1970	1990
Getreide	(dt/ha)	23	33	58
Zuckerrüben	(dt/ha)	362	440	586
Kartoffeln	(dt/ha)	250	277	349
Körnermais	(dt/ha)	26	51	68
Milch	(kg/Kuh)	2498	3800	4895
Eier	(Stück/Henne)	120	216	260

1 und 2 In ihrem Bestand bedrohte Ackerwildkräuter: Sommeradonisröschen (links) und Frauenspiegel (rechts)

Massentierhaltung. Schweine, Rinder und Legehennen werden zunehmend in sehr großen Tierbeständen gehalten. Stallungen mit 10000 Tieren sind bei Schweinen nicht selten. In 4% aller Betriebe mit Legehennenhaltung sind 90% aller deutschen Legehennen konzentriert. Die Tierhaltung auf engstem Raum in künstlicher Atmosphäre, unter dauerndem Stress durch Artgenossen und bei fehlenden Ausweichmöglichkeiten ist *nicht tiergerecht*. Einer Legehenne steht als Lebensraum etwa die Fläche von zwei Dritteln eines DIN-A4-Blattes zur Verfügung. Die *Fäkalien* der Großbetriebe belasten die Umwelt erheblich; ganze Landstriche, vor allem in Norddeutschland, Bayern und Baden-Württemberg werden nur noch dazu verwendet, die Gülle zu entsorgen und darauf Mais als Futterpflanze anzubauen. Etwa 80% des Getreides, darunter auch Weizen, werden an das Vieh verfüttert.

Zucht und Gentechnik. Schweinezüchtungen mit „zusätzlichen" Rippen decken bereits seit Jahren die Nachfrage nach Koteletts. Bei Rindern entdeckten Gentechniker das „Schwarzenegger-Gen". Es steuert den Muskelzuwachs und führt bei gleichem Futterverbrauch zu einem Fünftel mehr Fleischansatz, weil der Stoffwechsel „optimiert" wird. Noch ist diese *transgene* Rinderrasse nicht zugelassen. Neuzüchtungen von Tomaten, Soja und Mais wurden dahingehend genetisch verändert, dass sie langsamer faulen, mehr Eiweiß enthalten oder pestizidresistent sind – Pflanzen und Tiere, auf ökonomische Bedürfnisse maßgeschneidert.

1 Informieren Sie sich bei Verbraucherzentralen über das veränderte Nahrungskonsumverhalten in den vergangenen 10 Jahren (Fleischkonsum, Fettverbrauch, Gemüse).

Energieverwertung bei der Verwendung von Getreide zur Nahrungsmittelerzeugung

Brot	1 : 1*
Schweinefleisch	3 : 1
Eier	4 : 1
Milch	5 : 1
Rindfleisch	10 : 1
Hühnerfleisch	12 : 1

* 1 Joule des Getreides entspricht 1 Joule des weiterverarbeiteten Produkts

Bevölkerungswachstum und Energieverbrauch

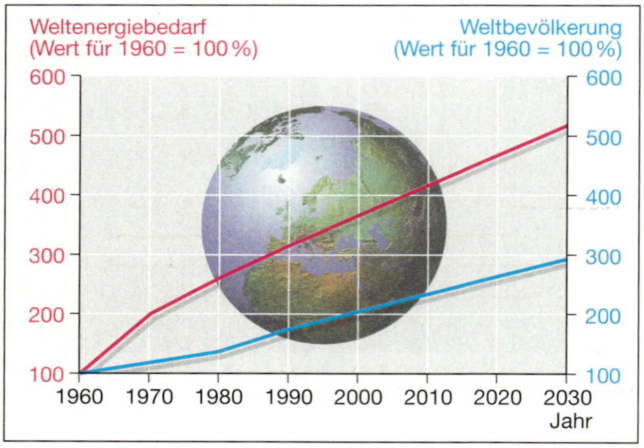

1 Entwicklung der Weltbevölkerung und des Weltenergiebedarfs, umgerechnet als Veränderung gegenüber 1960

Je mehr Menschen auf der Erde leben, desto größer wird der *Energiebedarf*. Energie wird für die Erzeugung von Nahrungsmitteln, für Licht, Wärme, Kühlung, Industrie und Verkehr benötigt. Eine standardisierte Maßeinheit für Energie ist die *Steinkohleneinheit (SKE)*. Sie entspricht der Energiemenge, die beim Verbrennen von 1 kg Steinkohle frei wird: rund 29 300 kJ. Andere Energieträger lassen sich in SKE umrechnen. So entsprechen 1 kg Brennholz 0,5 kg SKE, 1 kg Heizöl 1,46 kg SKE und 1 kg Natururan 15–20 t SKE.

Die *Industrieländer* sind weltweit die *größten Energieverbraucher*, allen voran die USA mit einem Pro-Kopf-Bedarf von 11 t SKE im Jahr 1990 und prognostizierten 17 t SKE im Jahr 2010. In den europäischen Industrieländern sehen die Verhältnisse günstiger aus: Der Verbrauch betrug 1990 4,5 t SKE/Kopf, für 2010 sind 6,5 t SKE/Kopf prognostiziert.

Die *größte relative Zunahme* des Verbrauchs wird *in den Entwicklungsländern* stattfinden. Hier ist zum einen das Bevölkerungswachstum am größten, zum anderen ist der Entwicklungsbedarf enorm hoch. Gegenwärtig steht dort nicht einmal die minimal benötigte Energiemenge zur Befriedigung der Grundbedürfnisse zur Verfügung. Nach Angaben der Vereinten Nationen liegt dieser Grundbedarf bei etwa 1,4 t SKE pro Kopf und Jahr. Das Missverhältnis zwischen dem Energieverbrauch der Industrienationen und dem der Entwicklungsländer wird deutlich, wenn man sich klarmacht, dass in den ersten Minuten eines normalen Tages in einem deutschen Mutter-Kind-Haushalt dieselbe Energie (beispielsweise für Kaffeemaschine, Milchfläschchenwärmen, elektrische Zahnbürste und Beleuchtung) verbraucht wird, die in Indien einer Mutter mit Kind für den ganzen Tag zur Verfügung steht.

Energieeinsparung ist notwendig. Die *fossilen Energiereserven* Erdöl, Erdgas und Kohle sind begrenzt. Ihr Anteil am Weltenergieaufkommen beträgt zusammen etwa drei Viertel. Wie lange sie reichen werden, hängt von der technologischen Entwicklung und vom Verbrauch ab. Bei der Umwandlung fossiler Energieträger in Nutzenergie werden in hohem Maße *Treibhausgase*, vor allem *Kohlenstoffdioxid*, freigesetzt. Die bereits jetzt messbare Erwärmung der Erdatmosphäre wird durch weitere CO_2-Emissionen also noch zunehmen. Bei der Umwandlung von Verbrennungswärme in *Strom* werden über drei Viertel der Energie in Form von nicht genutzter Wärme frei. Gelangt diese *Abwärme* mit dem Kühlwasser in Gewässer, kann sie dort den Sauerstoffhaushalt empfindlich stören. Die Bereitstellung von Energie wird zunehmend teurer und schmälert den Wohlstand der Nationen, besonders dann, wenn auch die *Umweltfolgekosten* nach dem Verursacherprinzip (Energiesteuer, CO_2-Abgabe o. Ä.) erhoben werden.

Regenerative Energien. Das sind erneuerbare Energien. Sie gehen im Grunde nie zur Neige, da sie auf primäre Energiequellen zurückgreifen: auf die Erdwärme *(geothermische Energie)*, Erdgravitation *(Gezeitenkraft)* und die Sonne *(Solarenergie, Photovoltaik, nachwachsende Rohstoffe, Biogas)*. Auch Wind- und Wasserkraft gehen letztlich auf die Sonne zurück: Durch Temperatur- und Druckunterschiede sowie Verdunstung ist sie der Motor für Wind- und Wasserbewegungen. Mittelfristig wird es nicht möglich sein, den gesamten Energiebedarf aus diesen regenerativen Energiequellen zu decken. Ihr Einsatz wird oft durch die natürlichen Verhältnisse eingeschränkt. Zum Beispiel ist der lohnende Betrieb von Gezeitenkraftwerken auf wenige Küstenabschnitte begrenzt und die Sonneneinstrahlung ist vielerorts zu schwach um Kraftwerke damit zu betreiben.

Nachwachsende Rohstoffe. Grüne Pflanzen fixieren Strahlungsenergie der Sonne als chemische Energie und wachsen immer wieder nach. Wenn sie verrotten, entsteht nutzbares *Biogas*. Getrocknet und brikettiert dienen sie als Brennstoff. Pflanzliche Stärke lässt sich auch zu Alkohol vergären und als *Treibstoff* für Motoren verwenden. Aus Pflanzenöl kann *Biodiesel* gewonnen werden. Biodiesel aus Rapsöl ist biologisch besser abbaubar und setzt bei seiner Verbrennung weniger Schadstoffe frei als herkömmlicher Diesel. Allerdings werden vermehrt Stickoxide an die Umwelt abgegeben, da die schnell wachsenden Pflanzen viel Stickstoffdünger benötigen. Im Hinblick auf CO_2 ist die Verwertung nachwachsender Rohstoffe unbedenklich, da nur so viel CO_2 freigesetzt wird, wie die Pflanzen ursprünglich gebunden haben.

1 Schlagen Sie im Atlas nach, welche Standorte in Deutschland für regenerative Energiequellen geeignet erscheinen.

2 Nachwachsende Rohstoffe sind keine neuzeitliche Errungenschaft. Überlegen Sie, welche Gebrauchsgüter traditionell aus nachwachsenden Rohstoffen hergestellt werden.

Heizwert verschiedener Brennstoffe

Brennstoff	Heizwert (MJ/kg)
Stroh, Schilf, Getreide	14–15
Holz	15–16
Braunkohle	20
Biogas	22
Steinkohle	29–30
Heizöl	42

Material – Methode – Praxis: **Ökobilanzen**

In der Wirtschaft ist es üblich, das unternehmerische Risiko vor einer Investition mithilfe von *Kosten-Nutzen-Analysen* abzuschätzen. Man kann solche Bilanzierungen auch auf gesamtgesellschaftlichem Niveau durchführen. Berücksichtigt man auch den Rohstoff- und Energieverbrauch sowie eventuelle Umweltschäden, erhält man eine *Ökobilanz.* Ökobilanzen ermöglichen es Unternehmen und Behörden, bereits bei der Wahl der Produktionsmittel deren ökologische Folgen abzuschätzen. Das hilft Umweltschäden zu vermeiden.

Ökobilanz eines Autolebens

Ein Auto braucht Kraftstoff und Öl und gibt, wenn es gefahren wird, Schadstoffe an die Umwelt ab. Wie viel Energie wird aber insgesamt benötigt, um Rohstoffe für den Bau eines Autos zu gewinnen und zu transportieren und um daraus ein Auto zu bauen? Auch der Energieaufwand, der zur Verschrottung des ausgedienten Autos nötig ist, muss berücksichtigt werden. In einer Ökobilanz wird also die *Umweltverträglichkeit der gesamten Prozesskette* untersucht. Bei den Werten in der Tabelle unten wird von einem Mittelklassewagen ausgegangen, der im Jahr rund 13 000 km gefahren wird, 1100 kg wiegt und einen durchschnittlichen Benzinverbrauch von 10 l auf 100 km hat.

Wenn Privatleute ein Auto fahren, sind für sie nur die *Betriebskosten* von Bedeutung. Für die gesamte Gesellschaft fallen aber weitere Kosten an, die vom Staat, also letztlich über Steuergelder beglichen werden müssen. Rechnet man zum Beispiel die *Waldschäden* auf die Verursacher um, ergeben sich 30 erkrankte und 3 abgestorbene Bäume für jeden PKW. *Unfälle* wiegen noch schwerer: Pro PKW werden 820 Stunden Lebenszeit durch Unfalltod vernichtet; 2800 Stunden Lebenszeit mit Behinderung werden verursacht. Dabei fährt ein PKW bei 10-jähriger Nutzungsdauer nur etwa 2400 Stunden!

Energiebedarf und Schadstoffemission eines Autos in der Prozesskette

Primärenergie	22,9 t SKE/PKW
CO_2	59,7 t/PKW
NO_x	89,5 t/PKW
Fahrbahnabrieb	17500 g/PKW
Reifenabrieb	750 g/PKW
Bremsabrieb	150 g/PKW
Blei	85,5 g/PKW
Kupfer, Chrom und Zink	5,3 g/PKW
Diese Mengen an Abfällen entstehen:	
Abraum (Rohstoffgewinnung)	23,4 t/PKW
Schlacke	1,6 t/PKW
Sonstige Abfälle	1,5 t/PKW
Abfälle insgesamt (auch PCB)	26,7 t/PKW
Mit dem Abwasser gelangen diese Rückstände in Grundwasser oder Boden:	
Rohöl in die Weltmeere	13,0 l/PKW
Mineralöl in der BRD	1,1 l/PKW
Blei	14,1 g/PKW
Kupfer	6,6 g/PKW
Chrom und Zink	25,3 g/PKW

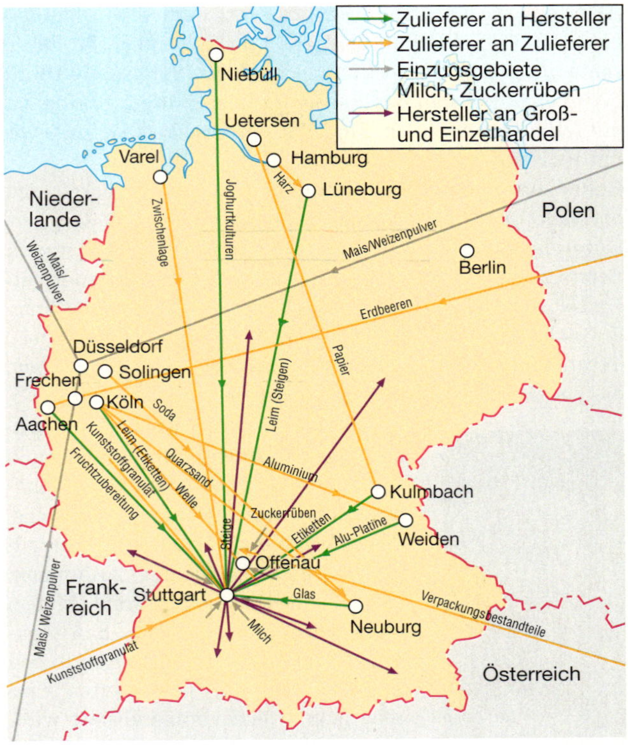

Fahrtstreckenbilanz eines Joghurts

Oft ist die Herstellung eines Produkts weit weniger energieaufwenig als der Transport der Rohstoffe und der fertigen Ware. Am Beispiel eines Joghurts aus dem Stuttgarter Raum kann demonstriert werden, dass zwar die Milch aus der näheren Umgebung stammt, aber nahezu alle anderen Rohstoffe über viele Kilometer transportiert werden.

Ungefähre Transportkilometer für Joghurt und Zutaten

Alu und Aludeckel	864 km
Quarzsand und fertiges Joghurtglas	806 km
Etikettenpapier, Etikettendruck	1587 km
Grundzutaten für Etikettenleim und Leim	640 km
Fruchtmischung (Erdbeeren aus Polen)	1246 km
Joghurtkulturen (aus Niebüll)	917 km
Zucker und Milch aus der Nähe	146 km
Papp-Paletten, Kunststoffgranulat für Folie	2884 km

1 Bilanzieren Sie die insgesamt gefahrenen LKW-Kilometer, die der Joghurt zurücklegt, bis er zur Auslieferung beim Stuttgarter Hersteller bereitsteht.

2 Welche Transportwege könnten gespart werden, wenn die Verpackung anders gestaltet oder die Zusammensetzung des Joghurts verändert würde?

☞ **Stichworte zu weiteren Informationen**

Umweltökonomie, Kosten-Nutzen-Analyse, Prozesskette, Umweltverträglichkeitsprüfung

Belastung und Schutz der Böden

„Der Boden ist die Quelle aller Güter", erkannte schon der Chemiker JUSTUS VON LIEBIG (1803–1873). Etwa 150 Jahre später urteilte der frühere bayrische Umweltminister A. DICK: „Wir behandeln den Boden wie den letzten Dreck, treten ihn mit schmutzigen Füßen. Eigentlich ist er so kostbar, dass wir ihn auf Händen tragen müssten."

Boden und Bodenentstehung. Der Boden entwickelt sich oberhalb des Grundgesteins aus dessen *mineralischen Verwitterungsprodukten*. *Organische Anteile* gelangen durch *Zersetzungsprozesse* aus der Vegetation hinzu. Ein Boden entwickelt sich ständig weiter. Er wird zum Beispiel durch Klima, Bewuchs, Bearbeitung, Düngung und Erosion verändert. Besonders bedeutsam ist die Tätigkeit der *Bodenorganismen*, die man in ihrer Gesamtheit das *Edaphon* nennt (→ S. 356, 357).

1 Profil einer Braunerde

Regenwürmer durchmischen mineralische und organische Bestandteile und sorgen mit ihren Gängen für die Belüftung und Durchfeuchtung des Bodens. Pilzgeflechte und Pflanzenwurzeln halten die Bodenkrümelung zusammen. Asseln, Springschwänze und Milben zerkleinern und zersetzen das organische Material und arbeiten es in den Boden ein, wo es von Bakterien, Einzellern und Pilzen mineralisiert wird. Symbiontische Rhizobien führen den Pflanzenwurzeln Ammonium zu. Der Zustand eines Bodens und seine Fruchtbarkeit gehen also maßgeblich auf die vielfältigen Wechselbeziehungen zwischen den Bodenorganismen untereinander sowie zwischen den Bodenorganismen und ihrem Lebensraum zurück.

Bodenhorizonte. Ein bei uns häufig vorkommender Bodentyp ist die *Braunerde*. Sie ist in drei *Horizonte* gegliedert, die sich in Aussehen, Zusammensetzung und ihren chemisch-physikalischen Eigenschaften unterscheiden (→ Bild 1). Der *A-Horizont* besteht vornehmlich aus organischen Anteilen. Ausdauernde Pflanzen wurzeln in der Regel im tiefer gelegenen *B-Horizont*. Er ist mineralhaltiger und enthält organische Partikel, die aus dem A-Horizont mit dem Niederschlag eingewaschen werden. Im *C-Horizont* verwittert das Ausgangsgestein. Ob ein Boden eher kalkreich oder sauer ist, hängt deshalb auch davon ab, ob er auf Kalkgestein oder Granit steht.

Erosion und Bodenverdichtung. Für die Landwirtschaft ist der Boden der *bedeutendste Produktionsfaktor*. Zunächst wird der Oberboden gelockert, damit das Saatgut keimen und wurzeln kann. Die Auflockerung belüftet den Boden und erleichtert das Eindringen von Niederschlägen. Dies fördert das Wachstum von Bodenorganismen. Wenn später Aussaat, Düngung, Schädlingsbekämpfung und Ernte in jeweils getrennten Arbeitsgängen vorgenommen werden, kommt es durch das häufige Befahren zur Ausbildung von tiefen *Erosionsrinnen*. Nach starken Regenfällen kann der Abtrag der lockeren Humusdecke beträchtlich sein. In der Tiefe führt das Befahren langfristig zu einer starken *Verdichtung* der kleinen Lufträume und Poren in den Bodenkrümeln (→ Bilder 2 und 3). Sauerstoffgehalt und Feuchte nehmen darin ab und beeinträchtigen die Tätigkeit des Edaphons. Für die Kulturpflanzen wird es schwieriger, den Boden zu durchwurzeln. Moderne Maschinen mit Breitreifen erledigen bis zu drei Arbeitsgänge auf einmal und reduzieren damit die Bodenverdichtung auf ein Minimum.

Bodenauslaugung und künstliche Düngung. Auch fruchtbare Böden wie Löss, Schwarz- und Braunerde laugen aus, wenn sie Jahr für Jahr mit denselben Sorten bebaut werden, da jede Pflanzenart und -sorte ihre speziellen Ansprüche an die Mineralstoffversorgung stellt. In der Intensivlandwirtschaft könnten längst nicht mehr Spitzenerträge von 60 bis 80 dt Weizen/ha erzielt werden ohne den massiven Einsatz von *Kunstdüngern*. Davon wird nur ein Teil von den Pflanzen wirklich aufgenommen. Bis zu zwei Drittel werden in tiefere Bodenschichten eingespült und stören dort das Bodenleben empfindlich. Langfristig reichern sich die Stoffe in Boden und Grundwasser an.

Das gilt auch für einen Teil der *Herbizide* und *Pestizide*. Da das Oberflächenwasser zum Teil Jahre braucht, bis es bestimmte Grundwasserreservoirs erreicht, tickt unter unseren Füßen eine gesundheitliche Zeitbombe.

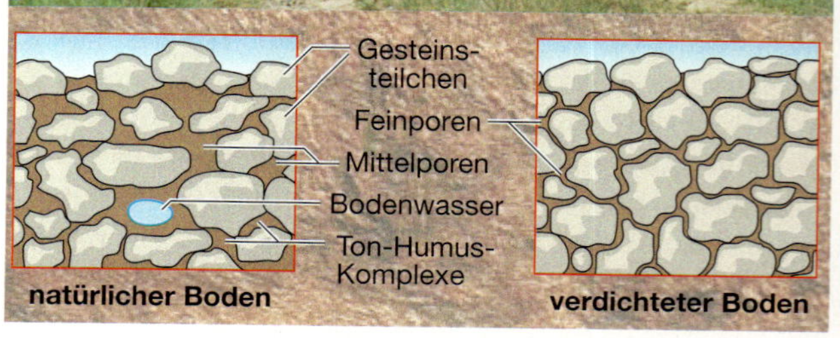

2 und 3 Maschinen und Traktoren mit möglichst breiten Reifen vermindern die Gefahr der Bodenverdichtung.

Gründüngung und Zwischenfrucht. Es ist sinnvoll, den Boden im Fruchtwechsel zu bebauen, weil dann seine Mineralstoffe nicht einseitig ausgelaugt werden. Durch den Anbau von schnell wachsenden *Zwischenfrüchten*, beispielsweise Klee, Lupinen oder Erbsen, lässt sich vermeiden, dass die Nutzflächen längere Zeit brachliegen und der noch vorhandene Dünger in tiefere Bodenschichten ausgewaschen wird. Auch Erosion wird so verhindert. Zudem sind die genannten Schmetterlingsblütengewächse mit den Luftstickstoff fixierenden Rhizobien vergesellschaftet (→ S. 325). Werden sie zur *Gründüngung* untergepflügt, gelangen auf diese Weise 50 bis 120 kg Stickstoff pro Hektar nach und nach in den Boden. Auch Senfsaat und Phacelia, die ohne Knöllchenbakterien wachsen, werden zur Bodenverbesserung eingesetzt.

Problem Bodenversauerung. Die Hauptursache der *Bodenversauerung* ist der *saure Regen*. Er entsteht vornehmlich aus SO_2- und NO_x-*Emissionen*, die sich in Niederschlägen aller Art lösen und dann als Säure niedergehen. In extremen Fällen liegt der pH-Wert dieser Niederschläge zwischen 2 und 3, was dem Säuregrad von Batteriesäure oder Zitronensaft entspricht. Mancherorts sinkt dadurch der pH-Wert der Böden deutlich unter 4 ab. Das pH-Optimum der meisten Bodenorganismen liegt jedoch zwischen 6 und 7. Eine pH-Wert-Senkung bedeutet daher für sie eine massive Beeinträchtigung. Fällt die Stoffwechselleistung der Mineralisierer ab, kann das Pflanzenwachstum ebenfalls beeinträchtigt werden. Die Bodenfruchtbarkeit sinkt. Landwirte wirken deshalb der Bodenversauerung auf ihren Äckern oft durch eine *Kalkung* entgegen.

Durch die zusätzlichen Wasserstoffionen aus dem sauren Regen werden außerdem Calcium-, Magnesium- und Kaliumionen *ausgewaschen*: Der Boden verarmt, die Pflanzen verhungern. Auch *Aluminiumionen* und *Schwermetalle* gehen verstärkt *in Lösung*. Sie werden von den Pflanzen in toxischen Konzentrationen über die Wurzeln aufgenommen und schädigen die Wurzelhaare. Stirbt schließlich auch die Hauptwurzel ab, geht die Pflanze ein.

Problem Bodenverbrauch und Bodenversiegelung. Städte und ihr Umland, die zunehmende Industrialisierung und Verkehrserschließung beanspruchen immer größere Flächen. Zum Teil sind es Brachefluren aus der Landwirtschaft, zum Teil wird Wald gerodet oder Ödland neu erschlossen. So nimmt die *Versiegelung* des Bodens zu. Als Folge davon sickert weniger Niederschlagswasser ein und die *Neubildung des Grundwassers* wird *verringert*. Außerdem entfällt die Filtrationswirkung des Bodens. Das Wasser fließt oberflächlich ab und sorgt nach heftigen Regengüssen für *Überschwemmungen*.

Bevorzugte pH-Bereiche im Boden für ausgewählte Pflanzen

Birke	5,0–6,0	Wintergerste	6,0–7,5
Buche	6,0–8,0	Kartoffeln	5,0–6,5
Esche	6,0–7,5	Zuckerrüben	6,5–7,5
Kiefer	4,5–6,0	Futterrüben	5,5–7,0
Linde	6,0–8,0	Winterraps	6,5–7,5
Tanne	5,0–6,0	Erbsen, Möhren	6,0–7,0

1 Gründüngung, hier mit Phacelia. Die Pflanze ist zugleich eine gute Bienenweide.

Bodenschutz. Im *Bundesbodenschutzgesetz* von 1988 wird die Schutzbedürftigkeit des Bodens formuliert. Maßnahmen zur Vorsorge sehen vor, dass nicht der beste Ackerboden der Verbauung zum Opfer fallen soll. Die Gewinnung von Bodenschätzen, die Abfallentsorgung, die Industrie und der Häuserbau sollen sich auf die weniger wertvollen Flächen konzentrieren. Verseuchte Areale und Altlasten der Industrie müssen saniert werden und dürfen anschließend nicht uneingeschränkt genutzt werden. Bestimmte Gebiete werden als *Landschafts-* und *Wasserschutzgebiete* besonderen Regelungen unterstellt. An die Landwirte wurden Empfehlungen zur *bodenschonenden Bewirtschaftung* ausgegeben. Eine landesweite Erfassung der Bodengüte bietet ihnen Entscheidungshilfe hinsichtlich Wert und Nutzung ihres Ackerlands. Die Ermittlung der Mineralstoff- und Schadstoffgehalte der Böden sind zu wichtigen Kriterien für den Dünger- und Bearbeitungsaufwand geworden.

Ökologischer Anbau. Die Methoden des *ökologischen Landbaus* tragen aktiv zum Bodenschutz bei. Man nutzt die Vorteile von Gründüngung und Zwischensaaten. Der Einsatz von Dünger und Pflanzenschutzmitteln wird auf ein Minimum reduziert. Es werden bodenschonende Bearbeitungsweisen praktiziert. Zwar sind die Erträge der Biobauern bei gleichzeitig höherem Arbeitsaufwand geringer. Dafür sind die Lebensmittel weniger belastet, Boden und Grundwasser werden langfristig geschont.

1 Füllen Sie einen gläsernen Standzylinder von unten nach oben mit Schichten von Kieselsteinchen, Lehm und Blumenerde. Gießen Sie langsam Wasser darauf. Beobachten Sie, wie schnell das Wasser jeweils durchsickert, wie viel Feuchte in den Schichten verbleibt, wie sich das Volumen der Luftporen verändert.

2 Welche Maßnahmen sind zur Eindämmung der Bodenerosion geeignet? Begründen Sie.

Belastung der Luft durch den Menschen

Je mehr Menschen auf der Erde leben, desto höher ist der Energieverbrauch, desto mehr Schadstoffe gelangen in die Luft. Diese einfache Kausalkette gilt nach wie vor, obwohl der Energieverbrauch pro Kopf sinkt und die Luftreinhaltetechnik gute Fortschritte macht.

Emissionen. Die beim Betrieb von Anlagen oder aus Produktionsabläufen an die Umgebung abgegebenen Gase, Stäube, Flüssigkeiten, Strahlen, Geräusche und die Wärme bezeichnet man als *Emissionen*, ihre Verursacher als *Emittenten*. Die größten Emittenten in Deutschland sind der *Verkehr* und die *Industrie*. Sie sind für ca. 40 % aller Kohlenstoffdioxid-, 75 % aller Stickoxid- und 27 % aller Schwefeldioxid-Emissionen verantwortlich. Aber auch Landwirtschaft und Haushalte tragen beträchtlich zur Luftverschmutzung bei.

Immissionen. Wenn Emissionen auf Lebewesen und Gegenstände schädlich einwirken, spricht man von *Immissionen*. Zwischen dem Herkunftsort von Emissionen und ihrem Wirkungsort als Immissionen können oft beträchtliche Entfernungen liegen: Je höher die Schornsteine, desto weiter werden die daraus entweichenden Schadstoffe in der Regel verfrachtet. So sorgen Emissionen aus skandinavischen Schornsteinen als saurer Regen mit für das Waldsterben in Harz, Erzgebirge und Bayrischer Wald. Und Schadstoffe aus Mitteldeutschland sind verantwortlich für die Gespensterwälder in Böhmen. Wegen des Ferntransports der Schadstoffe ist es notwendig, dass *Luftreinhaltepolitik* verstärkt als *internationale Aufgabe* begriffen wird.

Sekundäre Luftschadstoffe und fotochemischer Smog. *Smog* ist ein Kunstwort aus den englischen Wörtern *smoke* für Rauch und *fog* für Nebel. In den Wirtschaftswunderjahren benutzte man den Begriff vor allem für die dicken Rauchschwaden über den Zentren der Schwerindustrie sowie den europäischen Ballungsräumen wie London, Athen, Rom, Berlin und den Städten des Ruhrgebiets. Während seither der Anteil von Ruß-, Staub- und Schwefeldioxid-Emissionen der Industrie durch den Einbau von Filteranlagen deutlich zurückging, stieg der Anteil der Verkehrsemissionen immer weiter an. Der Smog heute ist daher kein grauer Rußschleier mehr, sondern eher eine gelblich diesige Sichttrübung.

Viele der an die Umwelt abgegebenen primären Schadstoffe werden durch Reaktionen untereinander und mit den natürlichen Bestandteilen der Luft chemisch verändert. Man nennt sie dann *sekundäre Luftschadstoffe* oder – da die Energie zu den Reaktionen meist von der UV-Strahlung der Sonne stammt – *fotochemische Oxidantien*. Eine zentrale Rolle spielt dabei das *Ozon*. Es wird vor allem an heißen Sommertagen gebildet, wenn von den *Stickoxid-Emissionen aus Autoabgasen* durch die Wirkung von UV-Strahlung *atomarer Sauerstoff* abgespalten wird, der mit Luftsauerstoff zu Ozon reagiert (→ Bild 2). Besonders hohe Ozonwerte werden in Städten und Ballungszentren in den frühen Nachmittagsstunden gemessen, wenn sich die Stickoxide in der Atmosphäre angereichert haben. Doch wird hier das Ozon nachts wieder weitgehend abgebaut, indem es mit NO und CO reagiert. Dagegen kann sich Ozon in industrie- und verkehrsfernen Gebieten, wohin es während des Tages transportiert wird, paradoxerweise anreichern, denn hier gibt es die Luftschadstoffe kaum, die zum nächtlichen Abbau beitragen könnten.

Aus den Kohlenwasserstoffabgasen der Fahrzeuge entsteht das *Peroxyacetylnitrat*, kurz *PAN*. Es hat ähnliche oxidierende und damit schädigende Wirkungen wie das Ozon.

1 Erläutern Sie das Reaktionsschema in Bild 2. Beginnen Sie dabei mit der Einwirkung der UV-Strahlung auf das Stickstoffdioxid.

2 Überlegen Sie, welchen Einfluss starke Bewölkung auf die Ozonbildung hat.

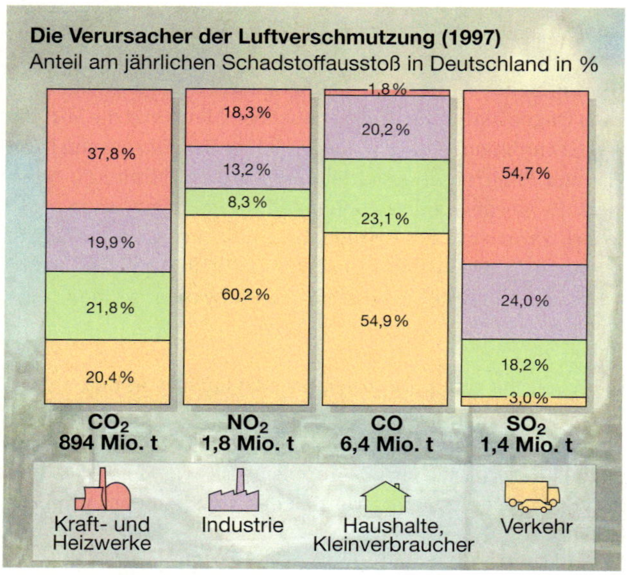

1 *Hauptemittenten der wichtigsten Luftschadstoffe*

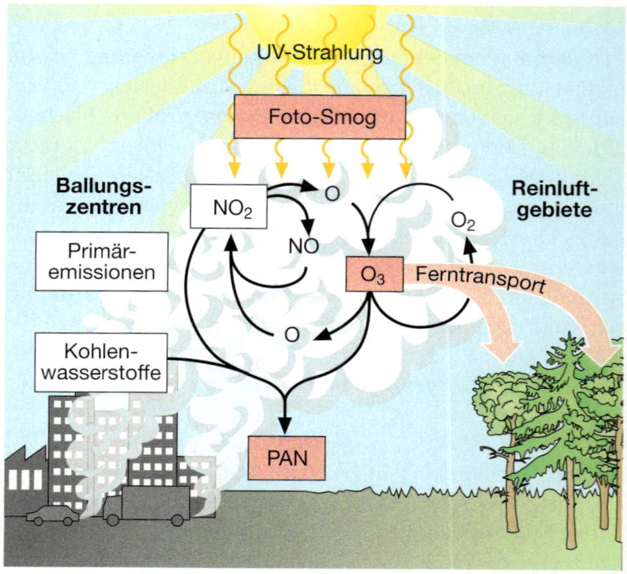

2 *Bildung der sekundären Luftschadstoffe Ozon und PAN*

Material – Methode – Praxis: **Ozonsmog und Überwachung der Luftqualität**

Seit das Problem der Luftverschmutzung ein wichtiges Thema in der öffentlichen Diskussion geworden ist, werden regelmäßig Messungen der Luftschadstoffe vorgenommen. In den Sommermonaten ist *Ozon* hierbei von zentraler Bedeutung.

Gesundheitsschäden durch Ozon – Ozongrenzwerte

Ozon kann als starkes Oxidationsmittel in höheren Konzentrationen die Schleimhäute der Atemwege und die Bindehaut der Augen reizen. Rötungen, Hustenreiz und Tränenfluss sind die – eher harmlosen – unmittelbaren Folgen. Als häufigste Reaktion auf Ozon werden Kopfschmerzen und Schwindelgefühl genannt. Chronisch Kranke und geschwächte Menschen können erheblich stärker in Mitleidenschaft gezogen werden: Asthmaanfälle, eine Schwächung des Immunsystems oder Allergien können ausgelöst werden.

1995 wurde daher das *Ozongesetz* verabschiedet. Es legt fest, dass bei Überschreiten des Stundenmittels von 180 µg/m³ an mindestens drei weiträumig entfernten Messorten die Bevölkerung per Rundfunk über drohende Gesundheitsschäden informiert wird. Bei Überschreiten des *Grenzwerts von 240 µg/m³* drohen Verbote für den Straßenverkehr als Hauptverursacher des Ozonsmogs.

Schädigungen in der Landwirtschaft durch Ozon

In Los Angeles kennt man das Ozonproblem schon seit 1944. In den 1950er-Jahren begann man mit der systematischen Erfassung der Ozonschäden in der südkalifornischen Landwirtschaft, da sich Ernteverluste abzeichneten und die Farmer Ausgleichszahlungen vom Staat verlangten. Daher war auch die Regierung an einer Erforschung der Ursachen wie an einer Quantifizierung der Schäden interessiert.

Forscher an der Universität in Riverside entwickelten so genannte fumigation chambers (→ Foto oben), in denen sie die häufigsten Kulturpflanzen einer exakten Ozondosis aussetzten und dann den Verlust an Blattsubstanz, Wachstum, Fruchtgewicht usw. quantifizierten. Die so ermittelten Dosis-Wirkungs-Kurven in Zusammenhang mit den Daten lokaler Luftmessstationen, die die tatsächliche Luftbelastung feststellten, führten zur Bilanzierung riesiger Verlustsummen durch Ozoneinwirkung. Das war in Kalifornien Anlass, die Ozongrenzwerte deutlich zu verschärfen. Andere Staaten der USA zogen nach. Heute liegt der Grenzwert der nationalen Umweltbehörde EPA für Ozon bei 120 µg/m³.

1 Schildern Sie anhand der Materialien auf dieser Seite, wie Ozon auf Pflanzen wirkt.

2 Vergleichen Sie Tagesverlauf und Höchstwerte der Ozonkonzentrationen zwischen Stuttgart Mitte und der Reinluftstation Welzheimer Wald.

3 Informieren Sie sich im Internet bei der Landesanstalt für Umweltschutz oder auf den Videotext-Tafeln von Südwest 3 über aktuelle Ozonwerte und Schutzmaßnahmen.

☞ **Stichworte zu weiteren Informationen**

Ozonalarm, Expositionsverfahren, Flechtentafel, Blattnekrosen

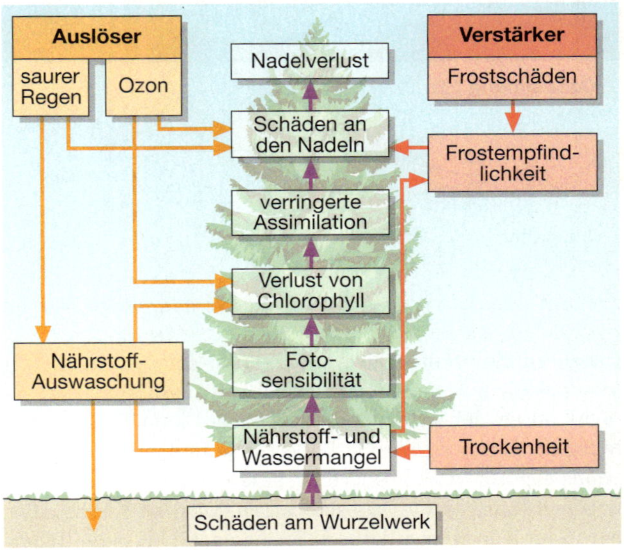

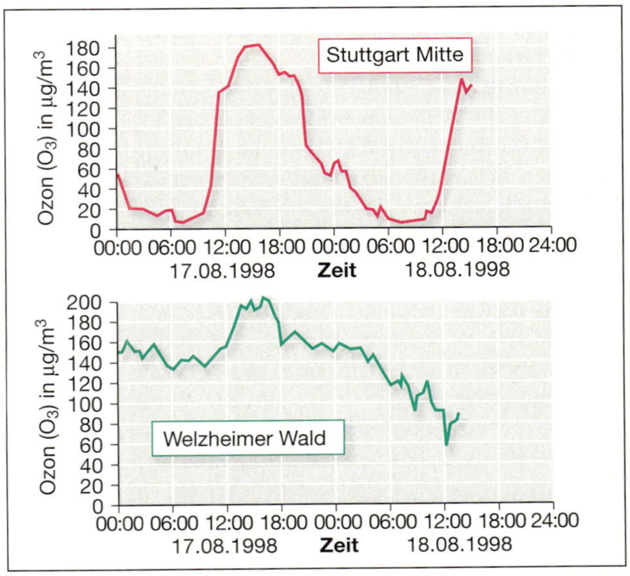

Zerstörung der Ozonschicht

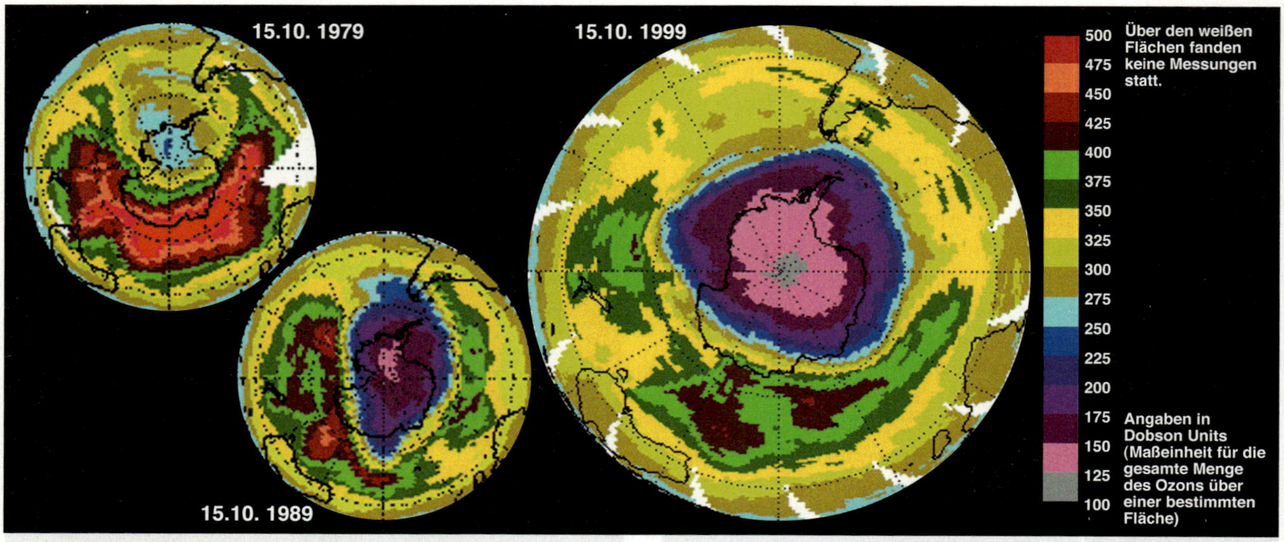

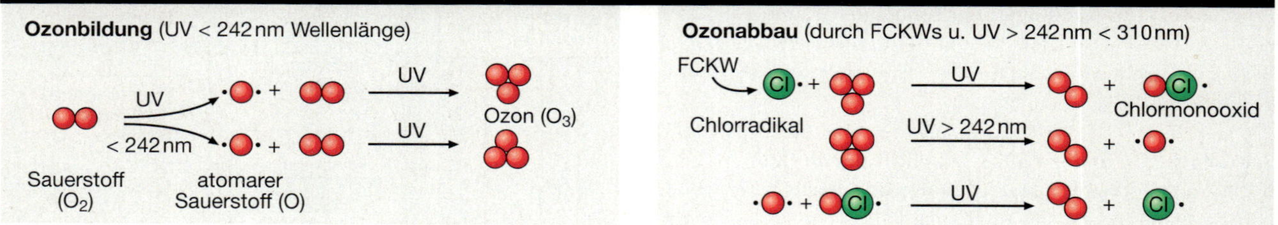

1 und 2 Ozonloch über der Antarktis (Satellitenbilder) und Abbau von Ozon durch Fluorchlorkohlenwasserstoffe (FCKWs)

Unten zu viel – oben zu wenig. Dieser saloppe Ausspruch fasst das Ozonproblem in einem Kernsatz zusammen. Verursacht durch die steigenden Emissionen, zum Beispiel des Individualverkehrs, wird in Bodennähe, in der *Troposphäre*, *Ozonsmog* produziert. Oberhalb 12 km Höhe, in der *Stratosphäre*, absorbiert die Ozonschicht schädliches UV-Licht. Hier bewirken jedoch bestimmte Luftschadstoffe, dass die Ozonschicht immer dünner wird. Man spricht vom *Ozonloch*. Gefährliche UV-Strahlung erreicht nun verstärkt die Erdoberfläche.

Ozonkiller FCKWs. Die wichtigste Ursache für den Abbau des Ozons sind die *Fluorchlorkohlenwasserstoffe* (*FCKWs*). Obwohl FCKWs weltweit geächtet wurden, gelangen sie aus Restbeständen, beispielsweise aus alten Spraydosen, Kühlschränken und Klimaanlagen, immer noch in die Atmosphäre. Die FCKWs dienten wegen ihrer hohen chemischen und thermischen Stabilität als Treibgase, Aufschäumer für Kunststoffprodukte, als Kühl-, Reinigungs- und Lösemittel. Ihre Stabilität ist der Grund dafür, dass noch in Jahrzehnten FCKWs zum Abbau von Ozon beitragen werden. Denn erst nach 10–30 Jahren erreichen diese Gase die Ozonschicht in 20–30 km Höhe. Hier bewirkt die starke UV-Strahlung, dass FCKWs gespalten werden. Atomares Chlor entsteht (→ Bild 2), das den Abbau von Ozon katalysiert: Ein Chloratom bewirkt den Abbau von ca. 100 000 Ozonmolekülen. Die Mächtigkeit der Ozonschicht schrumpft zwischen 0,3 % und 1,6 % jährlich. Die geringste Dicke hat sie über der Antarktis im dortigen Winterhalbjahr. Im arktischen Sommer regeneriert sich die Ozonschicht wieder geringfügig. Das hängt mit meteorologischen Faktoren wie Sonneneinstrahlung und Winden zusammen.

UV-Index und Schutzempfehlungen vor zu starker UV-Belastung

Als Folge der Ozonzerstörung nimmt der Anteil der schädlichen UV-B-Strahlung auf der Erdoberfläche zu. Erhöhte Sonnenbrandgefahr und die vermehrte Häufigkeit von Hautkrebs sind die Risiken. Mittels des weltweit genormten UV-Index (UVI) wird angegeben, wie hoch das Bestrahlungsrisiko zur Zeit des täglich höchsten Sonnenstands ist. Die Skala reicht von 0 bis 15. In Deutschland liegen die höchsten Mittelwerte im Sommer bei 8, im Winter bei 1. *Schutzempfehlungen:*

- UVI 0–2: keine Maßnahmen erforderlich. Besonders empfindliche Personen sollten einen Sonnenhut tragen.
- UVI 3–4: Kopfbedeckung sinnvoll, Cremes mit Sonnenschutzfaktor bis 15
- UVI 5–6: wie UVI 3–4, Aufenthalt im Freien beschränken: "Between eleven and three, slip under a tree!"
- UVI 7–9: erhöhtes Risiko; Aufenthalt in der Sonne auch mit Lichtschutzcremes auf maximal 1 Stunde beschränken
- UVI >10: Aufenthalt nur noch in Gebäuden

Treibhauseffekt

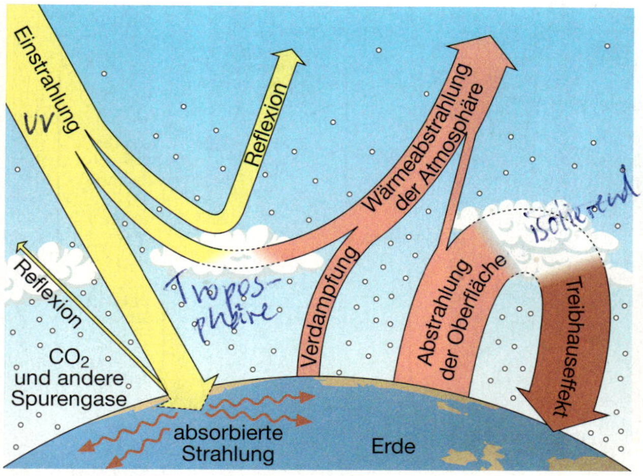

1 Schematische Darstellung des Treibhauseffekts in der Atmosphäre

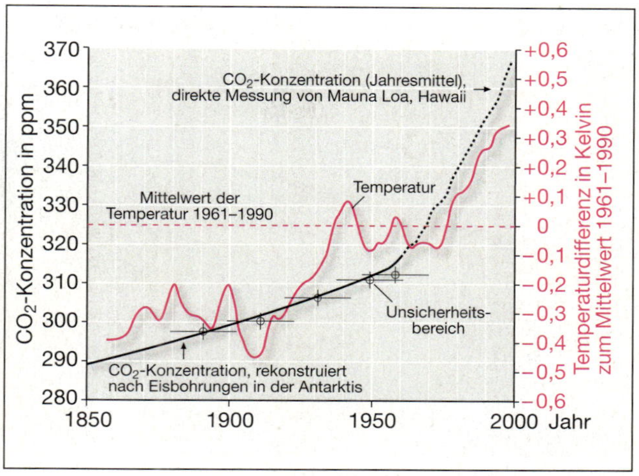

2 CO_2-Konzentration in der Atmosphäre und globale Erwärmung

Natürlicher Treibhauseffekt. In Treibhäusern ist es schwülwarm. Sonnenlicht durchdringt die Glaswände, die Wärmerückstrahlung wird unter dem Glasdach gestaut. Diese Verhältnisse lassen sich auf die Erde mit den sie umgebenden Luftschichten übertragen. Energiereiches UV-Licht durchdringt die Troposphäre fast ungehindert (→ Bild 1). Es wird von der Erdoberfläche zum Teil absorbiert und als Wärmestrahlung wieder zurückgeworfen. Diese Infrarotstrahlung ist langwelliger und energieärmer. Sie wird erneut absorbiert. Wasserdampfwolken übernehmen hier die Rolle der isolierenden Glasscheiben. Weitere Spurengase, besonders CO_2, verstärken den Wärmeeffekt (→ Tabelle unten).

Die globale Durchschnittstemperatur liegt aufgrund des natürlichen Treibhauseffekts bei 15 °C und damit 33 Grad höher als die frostigen –18 °C, die sich aus der Sonneneinstrahlung und der Erdwärme allein ergäben.

Wärmeinseln. Aus Städten ist uns der Wärmeinseleffekt bekannt: Asphalt und Beton absorbieren große Anteile der Sonneneinstrahlung und geben sie schneller an die Umgebung ab als Freiflächen. Eine Siedlung oder Straße heizt sich also wesentlich schneller auf als eine Grünanlage. Hinzu kommt, dass unter den Abgaswolken der Städte der Wärmestau erhöht ist. Je mehr Einwohner eine Stadt hat und je geringer die Luftzufuhr aus dem Umland ist, desto spürbarer ist die Temperaturerhöhung; sie kann bis zu 10 Grad betragen.

Anthropogener Treibhauseffekt. In den letzten 100 Jahren scheint sich ein Zusammenhang zwischen globaler Erwärmung und den Treibhausgas-Emissionen zu ergeben. Den deutlichsten Zusammenhang finden wir zwischen dem mittleren Temperaturanstieg und den CO_2-Emissionen (→ Bild 2). Mit Klimamodellrechnungen versucht man den künftigen Anstieg der CO_2-Konzentration zu prognostizieren. Selbst wenn die CO_2-Emissionen den heutigen Wert nie mehr überschritten, käme es in den nächsten 20–30 Jahren zu einem weiteren Temperaturanstieg, sodass dann die globale Durchschnittstemperatur etwa 4 Grad über der von 1850 läge.

Der Hauptgrund für den anthropogenen Treibhauseffekt ist die Nutzung der fossilen Energieträger, die Milliarden Tonnen CO_2 freisetzt, das zuvor den globalen Stoffkreisläufen entzogen war. Andere Treibhausgase tragen sogar stärker zum Treibhauseffekt bei (→ Tabelle unten), ihr Anteil an den Emissionen ist aber geringer. Die Folgen der globalen Erwärmung sind schwer abzuschätzen. Die Experten sind sich aber einig, dass es zu einer weiträumigen Verschiebung der Klimazonen sowie zum Steigen des Meeresspiegels durch Abtauen der Polkappen und des Inlandeises kommen wird.

1 Welche Auswirkungen auf die Temperatur hätte eine nahezu wasserdampffreie Atmosphäre? Berücksichtigen Sie die Wüstenklimate der Erde.

Erwärmungseffekt der Spurengase in Kelvin

Wasserdampf (H_2O)	20,6
Kohlenstoffdioxid (CO_2)	7,2
bodennahes Ozon (O_3)	2,4
Distickstoffoxid (N_2O)	1,4
Methan (CH_4)	0,8
übrige Spurengase	0,6
Summe	33,0

Menge und Wirksamkeit einiger Treibhausgase

Treibhausgas	Konz. 1994 in ppm	derzeitige Zunahme pro Jahr	Anteil am Treibhauseffekt	Wirksamkeit pro Molekül
CO_2	357	0,5 %	50 %	1
CH_4	1,77	0,75–1 %	9–13 %	58
NO_2	0,31	0,3 %	5 %	206
O_3 (Boden)	0,04	0,5–1,0 %	7 %	1 800
FCKWs	0,001	4–5 %	22 %	14 000
FCKW-Ersatz	0,0029	4 %	5 %	3 970

Ressource Wasser

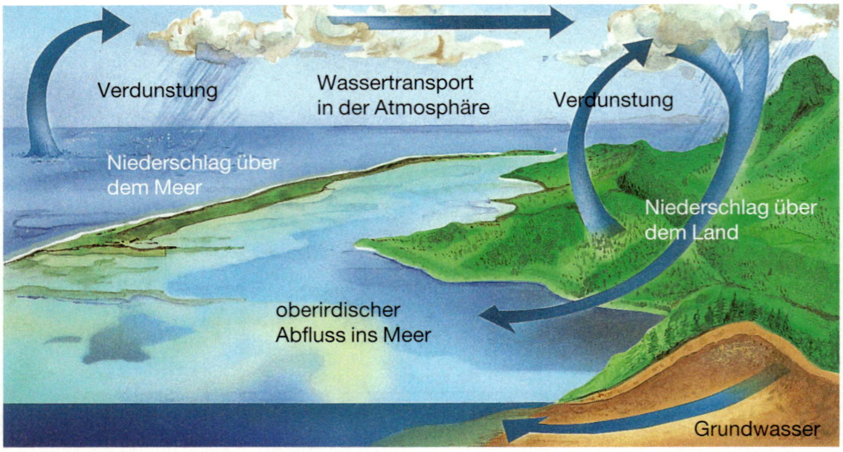

1 *Der globale Wasserkreislauf*

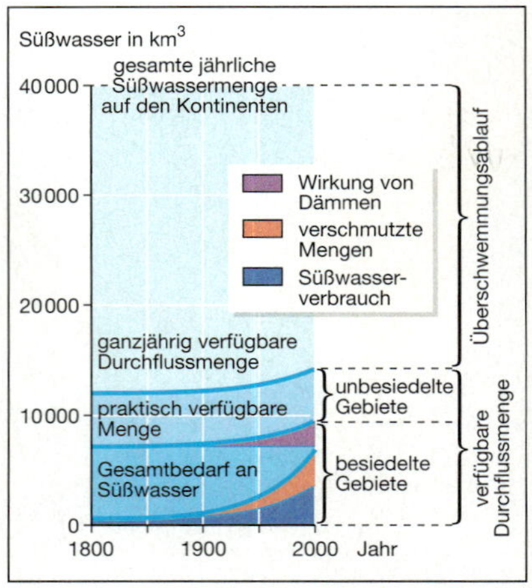

2 *Frischwasservorräte der Erde*

Rund 71 % der Erdoberfläche sind von Ozeanen bedeckt, etwa 0,5 % von Seen und Flüssen. Alle Gewässer stehen über einen gemeinsamen Kreislauf miteinander in Verbindung. Er wird durch die von der Sonne gelieferte Energie in Gang gehalten: Über den Landflächen und Meeren verdunstet Wasser, kondensiert dann beim Abkühlen in der Höhe und fällt als Niederschlag wieder zur Erde. Die Wassermengen, die sich in diesem Kreislauf befinden, bilden den so genannten *Durchfluss* (→ Bild 1).

Knappe Ressource Süßwasser. Nur etwa 2,5 % des irdischen Wassers ist Süßwasser und davon ist wiederum der größte Anteil im Eis von Polkappen und Inlandgletschern gebunden. Den gesamten jährlichen Süßwasserdurchfluss auf den Kontinenten beziffert man mit 40 000 km³. Nur etwa 12 000 km³ stehen davon als regelmäßig greifbare Ressource in Grundwasser und Oberflächengewässern zur Verfügung. Der größte Teil strömt nach Starkniederschlägen und Hochwasserwellen direkt in die Meere. Der gesamte jährliche Süßwasserverbrauch von Haushalten und Industrie beträgt zur Zeit etwa 3500 km³. Natürlich fällt hierbei eine gleich große Menge an ungenießbarem Abwasser an.

Auch um die Trinkwasserversorgung zu sichern, verpflichten sich immer mehr Nationen zum Schutz von Binnengewässern. Zum überwiegenden Teil geschieht dies über Umweltauflagen und Gesetze für die Gewässernutzung, zum Teil werden einzelne Gewässer unter völligen Schutz gestellt.

Wasserschutzgebiete in Deutschland. Um Gewässer, die der Entnahme und Aufbereitung von Trinkwasser dienen, vor Verunreinigungen zu bewahren, werden *Wasserschutzgebiete* festgesetzt. Man unterscheidet drei Schutzzonen: Der eigentliche „Wasserfassungsbereich", die Zone I, ist besonders streng geschützt und sollte Eigentum des Wasserwerks sein. Zone II reicht bis zu der Entfernung, die das Wasser braucht, um in 50 Tagen – meist unterirdisch – bis zum Wasserkörper zu strömen. Hier sind die Beschränkungen für bestimmte Nutzungen noch hoch. In Zone III sind die Auflagen gelockert. Allein in Baden-Württemberg sind rund 410 000 ha des Landes Wasserschutzgebiete, weitere 300 000 ha sind geplant.

Trinkwasserverschwendung. Grund- und Mineralwasser sind die wichtigsten Quellen für unser Trinkwasser – ein wertvolles Lebensmittel. Für viele Zwecke in Haushalt, Garten und Industrie ist reines Trinkwasser nicht notwendig. In diesen Bereichen wären der Wiedereinsatz von Brauchwasser sowie die Nutzung von Regenwasser möglich und sinnvoll.

1 Drehen Sie den Wasserhahn von Dusche, Spüle usw. eine halbe Minute auf. Fangen Sie das Wasser auf um die Menge zu messen. Stoppen Sie die Zeit, in der das Wasser beim Duschen, Zähneputzen usw. läuft. Ermitteln Sie den Wasserverbrauch.

2 Listen Sie Ihren sonstigen Wasserbedarf auf und ermitteln Sie Ihren persönlichen Tagesverbrauch.

Wasserverbrauch in Deutschland pro Person und Tag sowie Einsparungsmöglichkeiten

Körperpflege	50 l	duschen statt baden
Toilettenspülung	46 l	Spartaste einbauen
Wäsche waschen	18 l	Waschmaschine ganz füllen
Haushalt, Autowäsche	10 l	Auto selten waschen
Trinken und Kochen	3 l	tropfende Hähne reparieren
Gartenbewässerung	3 l	Regenwasser sammeln

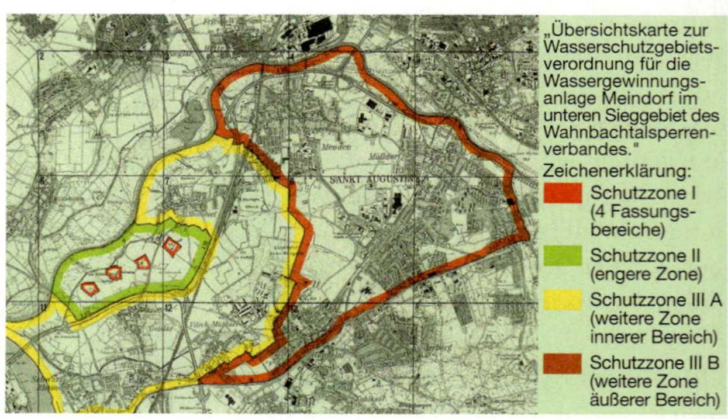

3 *Kartenausschnitt mit Wasserschutzzonen*

Trinkwasseraufbereitung und Abwasserklärung

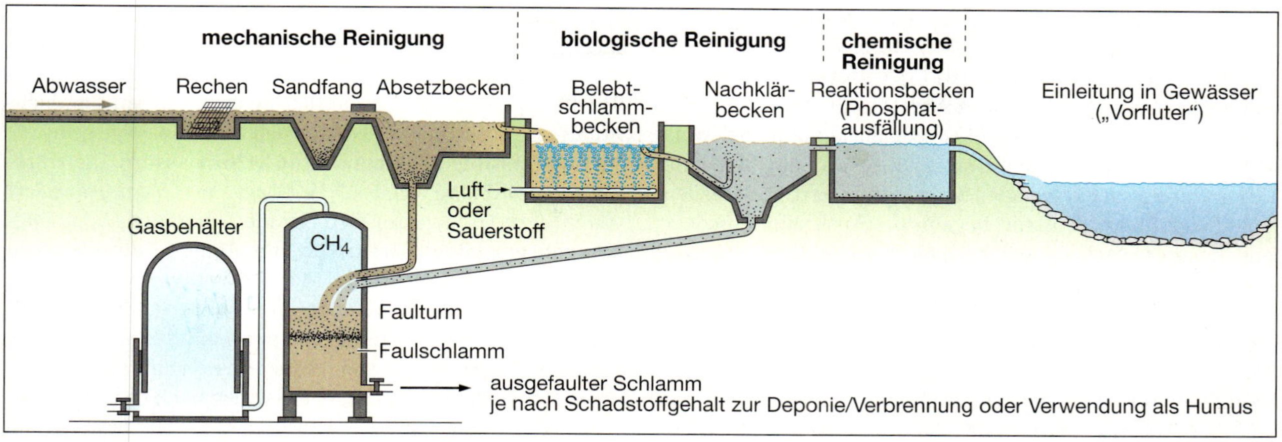

1 *Schema einer dreistufigen Kläranlage*

Trinkwasseraufbereitung. Unser *Trinkwasser* unterliegt strengen Qualitätsanforderungen. Es wird überwiegend aus Grundwasser, aber auch aus echten Quellen (beispielsweise Mineralquellen), aus geeigneten Flüssen und, wo dies wegen des Untergrundes möglich ist, aus Karstgrundwasser gewonnen. Die größten Vorkommen natürlicher Mineralquellen gibt es in Budapest und in Bad Cannstatt bei Stuttgart. Das Cannstatter Mineralwasser stammt aus der Umgebung und benötigt 15–20 Jahre für seinen Weg zu den Quellen.

Meist muss das Rohwasser erst aufbereitet werden. In einer *Trinkwasseraufbereitungsanlage* folgen diese Verfahrensschritte aufeinander: Durch Zugabe von Eisenchlorid oder Eisen(III)-sulfat werden Salze ausgeflockt *(Flockung)*. Dann wird das Wasser mit Ozon begast. Organische Stoffe werden dadurch oxidiert, Geruch und Geschmack verbessern sich *(Ozonierung)*. Anschließend filtert man das Wasser durch Quarzsand und in modernen Anlagen auch noch durch einen Aktivkohlefilter *(Filtration)*. Spätestens hier lagern sich die an die Eisenflocken gebundenen Schmutzpartikel und die Ozonreste ab. Das Wasser erreicht Trinkwasserqualität.

Aus Trinkwasser wird Abwasser. Jeder der gut 130 Liter Trinkwasser, die die Deutschen im Schnitt täglich nutzen, wird nach dem Gebrauch zu *Abwasser*. Dieser Begriff bezeichnet jedes Wasser, das durch den Einfluss des Menschen in irgendeiner Weise verschmutzt wurde. Daher zählen auch Regenwasser, das in den Städten in die Kanalisation gelangt, und Wasser, das von Industrie, Gewerbe und Kraftwerken genutzt wurde, zum Abwasser. Rechnet man diese Wassermengen ebenfalls auf die Einwohnerzahl um, erzeugt jeder von uns täglich über 3000 l Abwasser. Im Mittel sind 60 g gelöster Sauerstoff notwendig um die Nährstoffe in diesem Abwasser wieder abzubauen. Damit wären die Gewässer hoffnungslos überfrachtet. Daher sind *Kläranlagen* für die Abwasserbeseitigung unbedingt notwendig.

Moderne Kläranlagen bestehen aus drei Stufen:

Mechanische Abwasserreinigung. Durch die erste, die mechanische, Stufe der Abwasserklärung wird mithilfe von *Rechen, Sieben* und *Sandfang* grobes Material wie Karton, Papier, Steine, Zweige und Sand beseitigt. Im *Vorklärbecken* reduziert man die Fließgeschwindigkeit so weit, dass sich langsam auch feine Schwebstoffe absetzen. In einigen ländlichen Gegenden kommt es heute noch vor, dass sich hieran keine weitere Klärstufe mehr anschließt.

Biologische Reinigungsstufe. In der zweiten Reinigungsstufe wird der Vorgang der Gewässer-Selbstreinigung nachgeahmt. Das wichtigste Element bildet hier das *Belebtschlammbecken*, in dem Bakterien sowie Einzeller die organischen Schadstoffe abbauen. Für den Abbau von Stickstoffverbindungen benötigen die Bakterien viel Sauerstoff, den man ihnen durch große Quirle oder die direkte Einleitung von Luft zuführt. *Nitrifizierer* oxidieren Ammonium- und Nitritverbindungen zu Nitrat. Im anaeroben Milieu reduzieren *Denitrifizierer* die entstandenen Nitratverbindungen und setzen vor allem molekularen Stickstoff (N_2) frei. *Schwermetalle* aus der Industrie können nicht biologisch abgebaut werden. Sie werden zum Teil von den Mikroorganismen aufgenommen, wodurch der ehemalige Belebtschlamm nach und nach zu Sondermüll wird, der deponiert oder verbrannt werden muss. Frischer Klärschlamm, der nicht mit Giften belastet ist, kann als Dünger verwendet werden. In Baden-Württemberg zum Beispiel sind noch 90 % aller Klärwerke zweistufig.

Chemische Reinigungsstufe. Hier werden Phosphatreste eliminiert, indem man Eisen- und Aluminiumsalze hinzufügt. So entstehen schwer lösliche Salze, die zu Boden sinken.

Abwasser, das diese drei Stufen durchlaufen hat, verlässt die Anlagen mit einer *Abbaustufe* von 2 oder besser und wird in die Gewässer eingeleitet. Die Wasserwirtschaft unterscheidet verschiedene Abbaustufen: von 1 (sehr geringe Restverschmutzung) bis 5 (noch große Restverschmutzung). In Baden-Württemberg erreicht geklärtes Abwasser im Schnitt eine Abbaustufe von 1,7.

1 Bei unzureichender Sauerstoffzufuhr gelingt die Abwasserreinigung nicht. Begründen Sie.

2 Undichte Mülldeponien entpuppen sich als Gefahr für unser Trinkwasser. Erklären Sie den Zusammenhang.

Belastung der Gewässer durch den Menschen

Schon in vorindustriellen Zeiten wurden mit Wasserkraft Mühlräder bewegt, wurde Wasser in Gerbereien, Färbereien, Brauereien und Manufakturen als Prozesswasser, Lösemittel und Transportmedium genutzt und durch Abwässer verschmutzt. Aber erst mit dem Einsetzen der Industrialisierung begann die Belastung der Gewässer in großem Maßstab. Flüsse wurden zu bevorzugten Standortfaktoren. Entlang den großen schiffbaren Flüssen begann die Ausbreitung bedeutender Industrieachsen, wie beispielsweise an Rhein, Neckar und Fils oder an Weser, Saale, Elbe und Oder. Städtewachstum und Bevölkerungszunahme sowie die Intensivlandwirtschaft sind weitere Einflussgrößen für die steigende Gewässerbelastung.

Kanalisierung. Die meisten größeren Flüsse wurden zur Schiffbarmachung *kanalisiert*. Man begradigte Mäander, zwängte Flüsse in Betonbetten, schnitt Nebenarme ab, versiegelte ehemalige Überschwemmungsbereiche mit Industrie-, Hafen-, Wohnanlagen und Straßen. Dadurch erhöhte sich die Fließgeschwindigkeit und Transportkraft der Flüsse. Als negative Folge mehren sich die so genannten „Jahrhunderthochwasser" an der Oder (→ Bild 1), an Rhein, Mosel und Weser und immer häufiger auch an kleineren Flüssen. Nach starken Niederschlägen strömen die Wassermassen aus den kanalisierten Nebenflüssen mit so großer Geschwindigkeit in die Hauptströme, dass diese über die Ufer treten. Abhilfe könnten „Puffergebiete" schaffen: *Polder* und *naturnahe Auenbereiche*, die überflutet werden dürfen und zugleich den Tier- und Pflanzenarten der Feuchtgebiete wieder Lebensräume bieten.

Eutrophierung. Einleitungen aus den Kläranlagen mit Resten von phosphathaltigen Waschlaugen der Haushalte und die aus den Äckern ausgewaschenen Stickstoffüberschüsse aus der Mineral- und Gülledüngung sind in erster Linie für das *übernormale Nährstoffangebot* in Gewässern verantwortlich. Sie sorgen besonders in stehenden Gewässern während der bei uns etwa halbjährigen Vegetationsperiode für ein verstärktes Algenwachstum, die so genannte „Algenblüte". Wenn die Algen absterben, sinken große Mengen organischer Substanz zu Boden, deren Abbau den Destruenten nur unvollständig gelingt. Häufig gewinnen infolge Sauerstoffmangels Anaerobier die Oberhand: Dann herrschen am Gewässergrund *Fäulnisprozesse* vor. Die Faulgase, beispielsweise Schwefelwasserstoff, verschärfen noch die Lebensfeindlichkeit des Gewässers. Ein Fischsterben kann die Folge sein.

Nitratbelastung des Grund- und Trinkwassers. Die *Trinkwasserverordnung* vom 5.12.1990 legt einen *Nitratgrenzwert* von 50 mg/l Trinkwasser fest. Für die Zubereitung von Säuglingsnahrung gilt ein Grenzwert von 10 mg/l. Nitrat wird im Stoffwechsel von Mensch und Tier in Nitrit umgewandelt, aus dem sich Krebs erregende *Nitrosamine* bilden können; besonders bei Babys und Kleinkindern muss mit gesundheitlichen Schäden gerechnet werden. Eine Auswertung von Trinkwasseruntersuchungen ergab, dass auch nach der Trinkwasseraufbereitung in einigen Fällen der Nitratgrenzwert von 50 mg/l überschritten wird.

Hauptverursacher der Nitratbelastung ist die Landwirtschaft. Stickstoffverbindungen aus Mineraldüngern und Gülle werden bei starken Regenfällen besonders aus leichten und wasserdurchlässigen Böden ausgewaschen. Mehr als die Hälfte der aufgebrachten Gülle bleibt für ein bis drei Wochen in den oberen 30 cm des Bodens und ist damit der direkten Abspülung durch Niederschläge ausgeliefert. Vom Rest wird ein Teil von Bodenbakterien zu Nitrat umgewandelt und kann in dieser Form von den Wurzelhaaren der Pflanzen aufgenommen werden. Der andere Teil sickert tiefer und gelangt somit irgendwann ins Trinkwasser. Vor allem in Gebieten mit Massentierhaltung und anspruchsvollen Sonderkulturen stehen Zufuhr und Abfuhr von Stickstoffverbindungen in einem umweltgefährdenden Missverhältnis.

1 Als Folge der Eutrophierung kann ein Gewässer „umkippen". Was ist damit gemeint?

2 Informieren Sie sich hier im Buch über die an der Umwandlung von Stickstoff und Ammonium beteiligten Mikroorganismen und deren Tätigkeit.

3 Erfragen Sie bei Ihren Stadtwerken die Nitratwerte und weitere Messwerte des örtlichen Trinkwassers.

1 Überschwemmung an der Oder nach Deichbruch

2 Vorfluter Gewässer: Abwassereinleitung einer Kläranlage

Gewässerversauerung. Der saure Regen wirkt sich auch auf die Gewässer aus und führt zu ihrer *Versauerung*. Besonders beeinträchtigt sind oft Bäche und Seen auf der Luvseite von Gebirgen, weil dort Stauniederschläge und die darin mitgeführten Abgase der Ballungsräume als Säuren niedergehen. Auch bei der Schneeschmelze werden große Mengen Säure in die Gewässer verfrachtet. Da die Schadstoffe aus der Luft kommen, hat man diese Probleme auch in Wasserschutzgebieten. Es gibt Gewässer im Schwarzwald, im Odenwald und in Oberschwaben, in denen pH-Werte um 3 inzwischen nicht selten sind. Die zarten Kiemen von Kaulquappen, Molchen und Jungfischen werden bereits bei pH-Werten von 4 verätzt, auch der Laich stirbt ab.

Industriegifte und Schwermetallbelastung. Selbst mit vorgeklärten Abwässern gelangen giftige Industriechemikalien über die Flüsse ins Meer und sogar bis in die Tiefsee. Im Speck von Pottwalen und in Tiefseebewohnern haben holländische Meeresbiologen Anreicherungen längst verbotener Flammhemmstoffe (polybromierte Biphenyle und polybromierte Diphenylether) gefunden. Die Schwermetalle Cadmium, Nickel und Zink können, da sie häufig im Wasser gelöst vorliegen, sehr weit verfrachtet werden. Blei und Chromverbindungen bleiben eher in der Nähe der Einleitungen zurück, da sie sich, an Schwebstoffe gebunden, meistens im Sediment ablagern. In der Nahrungskette werden jedoch auch diese Stoffe von Trophiestufe zu Trophiestufe angereichert und in Fett, Leber und Knochen der Konsumenten abgelagert. Bei hohen Konzentrationen stellen sich Lähmungen oder Krämpfe als akute Vergiftungserscheinungen ein. Spätfolgen wie Missbildungen, Unfruchtbarkeit und Organschäden sind ebenfalls bekannt.

Erwärmung. Die Gewässertemperatur unterliegt einem Jahresrhythmus, der von der Sonneneinstrahlung und von der Lufttemperatur abhängt. Diese Größen verändern sich in der Regel langsam und kontinuierlich, während die Temperatur durch das Einleiten von *Kühlwasser* aus Kraftwerken stark und kurzfristig ansteigen kann. So tragen beispielsweise die acht an einem etwa 200 km langen Neckarabschnitt zwischen Deizisau und Mannheim betriebenen Wärmekraftwerke zu einer Temperaturerhöhung um bis zu 3,8 Grad im Jahresmittel bei. Das führt – nach der RGT-Regel – zu einer gesteigerten biologischen Aktivität der Wasserorganismen. Da die Sauerstofflöslichkeit im Wasser jedoch bei steigender Temperatur abnimmt, können die aerob lebenden Wasserorganismen unter Sauerstoffmangel geraten. Damit sinkt die biologische *Selbstreinigungskraft* des Flusses und anaerobe Fäulnisprozesse gewinnen die Überhand.

1 Fertigen Sie eine „Mind-Map" zum Thema „Belastungen der Gewässer" an oder versuchen Sie in einem Schema Zusammenhänge aufzuzeigen, die zwischen den verschiedenen Formen der Gewässerbelastung bestehen. Beispiel: Erwärmung → O_2-Defizit → verringerter Schadstoffabbau → erhöhte Nitratbelastung …

2 Wie ließe sich die biologische Selbstreinigungskraft von Gewässern künstlich in akuten Situationen steigern?

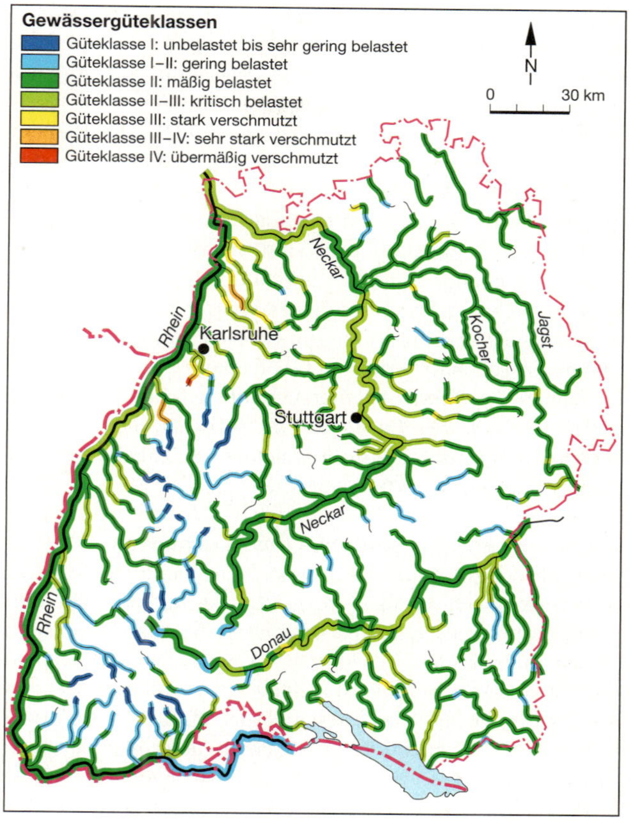

1 Gewässergütekarte von Baden-Württemberg, Stand 1998. Nur die größeren Gewässer sind berücksichtigt. Die Gewässergüte hat sich durch den Bau von Kläranlagen in den letzten Jahrzehnten verbessert. Belastungen durch Industriegifte und Schwermetalle bleiben dagegen weiterhin ein Problem.

2 Geschwüre bei einer Scholle. Solche Missbildungen findet man bei Meeresfischen in den letzten Jahren aufgrund von Schadstoffbelastungen häufiger.

Material – Methode – Praxis: **Biomonitoring und Methoden der Gewässeruntersuchung**

Um die Wasserqualität eines Gewässers zu analysieren, gibt es eine Reihe von chemischen Verfahren. Noch wertvollere Aussagen gewinnt man mit biologischen Methoden, die das Artenspektrum eines Gewässers ermitteln: Tier- und Pflanzenarten, die an einen sehr engen Bereich der Sauerstoff- oder Ionenkonzentrationen im Wasser angepasst sind, lassen sich als *Zeigerarten* für eine bestimmte Wasserqualität heranziehen. Da die Organismen gewissermaßen als Dauermesssysteme im Gewässer leben, sind sie für die langfristige Überwachung der Gewässergüte besonders geeignet. Das gebräuchlichste System zur Beurteilung der Wasserqualität unterscheidet vier Gewässergüteklassen nach chemischen und biologischen Kriterien (→ Tabelle unten).

Neben der Gewässeruntersuchung mithilfe von Zeigerarten, dem *passiven Biomonitoring*, setzt man beim *aktiven Biomonitoring* spezielle Testorganismen ein, zum Beispiel zur Trinkwasserüberwachung.

Chemische und biochemische Untersuchungen

Mit Testsets zur Gewässeruntersuchung werden die wichtigsten chemisch-physikalischen Daten ermittelt: Sauerstoffgehalt (O_2), chemischer Sauerstoffbedarf (CSB), Konzentration von Ammonium (NH_4^+), Nitrit (NO_2^-), Nitrat (NO_3^-), Phosphat (PO_4^{3-}), pH-Wert, Temperatur, elektrische Leitfähigkeit.

Organische Stoffe im Wasser werden durch die Stoffwechselleistung aerober Bakterien abgebaut. Je größer die organische Belastung ist, desto mehr Sauerstoff benötigen die Bakterien um die Stoffe zu oxidieren. Die Menge des veratmeten Sauerstoffs (in mg/l O_2) ist demnach ein indirektes Maß für den Verschmutzungsgrad des Wassers. Da der mikrobielle Abbau durchschnittlich 5 Tage dauert, spricht man vom biochemischen Sauerstoffbedarf „5", dem BSB_5.

Bestimmung des BSB_5

Material: große Flasche, zwei luftblasenfrei verschließbare Glasflaschen, Sauerstoff-Testset

Durchführung: Entnehmen Sie dem Prüfgewässer mit der größeren Flasche eine Wasserprobe und schütteln Sie diese gründlich zur Anreicherung mit Luft. Verteilen Sie dann den Inhalt auf die zwei verschließbaren Flaschen. In der einen Probe ermitteln Sie mithilfe des Sauerstoff-Testsets den O_2-Gehalt sofort, in der zweiten Probe, nachdem diese 5 Tage im Dunkeln unter Luftabschluss bei 20 °C aufbewahrt wurde.

Die Differenz im Sauerstoffgehalt beider Proben entspricht dem BSB_5. Ordnen Sie Ihren Messwert mithilfe der Tabelle unten einer Gewässergüteklasse zu.

Nervöse Wasserflöhe

Die Arbeitsgemeinschaft zur Reinerhaltung der Weser, eine Kooperation der fünf Anrainerbundesländer, unterhält 15 Messstationen zur Beobachtung der Wassergüte. Kurios ist daran, mit welchen Methoden ermittelt wird: Als lebendige Sensoren dienen Wasserflöhe der Art Daphnia magna. Sie schlagen sofort Alarm, wenn das Flusswasser belastet ist, schwimmen nervös in ihren in die Weser eingesetzten Containern umher oder sterben gar. Ein Infrarotsensor meldet den Biologen der Umweltämter das veränderte Bewegungsmuster. Mithilfe einer Standard-Analytik wird dort sofort nach potenziellen Verunreinigern gefahndet und beispielsweise der chemische Sauerstoffbedarf (CSB) ermittelt, ein Kriterium zur Identifizierung der Schadstoffe.

Der „dynamische Daphnientest" ist so sensibel und effizient, dass Maßnahmen zum Gewässerschutz rechtzeitig eingeleitet werden können und starke Belastungen gar nicht mehr auftreten. Folge: Die Weser wird sauberer und die Wasserflöhe vermehren sich prächtig. So sehr, dass sie nach einer Woche gegen frischen „Nachschub" ausgetauscht werden müssen.

verändert nach: Die Zeit, 5.1.1996

Abwasserabgabengesetz

Das Abwasserabgabengesetz wurde zuletzt 1990 geändert und sieht vor, dass die Einleiter schädlichen Abwassers (Gemeinden, Industrie) Abgaben zahlen müssen, die zur Erhaltung oder Verbesserung der Gewässergüte verwendet werden. Die Höhe der Abgabe richtet sich nach der Schädlichkeit des eingeleiteten Abwassers.

Für die Bestimmung der Schädlichkeit werden
- die Abwassermenge,
- die oxidierbaren Stoffe (ausgedrückt als chemischer Sauerstoffbedarf, CSB),
- eine Anzahl von Schwermetallen,
- die organischen Halogenverbindungen sowie
- die Fischgiftigkeit des Abwassers

zugrunde gelegt. Die Schädlichkeit wird als „Schadeinheit" (SE) ausgedrückt. Eine SE entspricht etwa der Schädlichkeit der ungereinigten Abwässer eines Einwohners pro Jahr.

Gewässergüteklassen nach dem Saprobienindex und chemischen Verfahren

Güteklasse	I	II	III	IV
Saprobienindex	1,0 – < 1,8	1,8 – < 2,7	2,7 – < 3,5	3,5–4,0
BSB_5 (mg/l O_2)	1	2–6	7–20	> 20
O_2-Minimum (mg/l O_2)	> 8	> 6	> 2	< 2
NH_4^+ (mg/l)	≤ 0,1	0,1–1	> 2	10
NO_3^- (mg/l)	1,2–1,7	3–3,9	4–7	> 7
Gesamtphosphat (mg/l)	0,06–0,08	0,2–0,3	1–1,7	≥ 2,5

Saprobienindex

Der *Saprobienindex* ist eine biologische DIN-Norm für die Beurteilung der Gewässergüte mit Zeigerarten. Mikroskopisch kleine Saprophagen (→ S. 356) nennt man *Saprobien*. Mit dem Saprobienindex meint man – vergröbernd gesagt – den Fäulniszustand des Gewässers.

Als Zeigerarten dienen Pflanzen oder Tiere, deren ökologische Ansprüche an die Sauberkeit und den Sauerstoffgehalt des Gewässers weitestgehend bekannt sind. Jedem dieser Organismen ist eine Maßzahl für die Gewässergüte, der Saprobienwert s, zugeordnet. Die Abundanz h der Zeigerart (von 1 = Einzelfund bis 7 = massenhaft) ist von Bedeutung für die Wichtung und Stichhaltigkeit der Einzelprobe:

$$s \times h = \text{Einzelsumme einer Zeigerart.}$$

Um aussagekräftig zu sein, muss die Stichprobe statistisch abgesichert sein. Deshalb werden noch die Häufigkeiten aller erfassten Zeigerarten zur Gesamthäufigkeit h_{ges} und alle Einzelsummen zur Gesamtsumme Σ_{ges} bilanziert und gewichtet:

$$\frac{\Sigma_{ges}}{h_{ges}} = \textit{Saprobienindex}$$

So wird bundesweit die Gewässergüte ermittelt. Ein Beispiel zeigt die Tabelle:

Zeigerart	Saprobienwert s	Häufigkeit h	s × h
Alpenstrudelwurm	1,0		
Steinfliegenlarven	1,0		
Hakenkäfer, -larven	1,5		
flache Eintagsfliegenlarven	1,5		
Bachstrudelwurm	1,5		
Köcherfliegenlarven (mit Köcher)	1,5	1	1,5
runde Eintagsfliegenlarven (m. Kiemenbüscheln)	1,5	3	4,5
Köcherfliegenlarven (ohne Köcher)	2,0	1	2,0
runde Eintagsfliegenlarven (m. Kiemenblättchen)	2,0	2	4,0
Mützenschnecke	2,0	2	4,0
Bachflohkrebs	2,0		
Köcherfliegenlarven (m. 3 Rückenschildern)	2,0		
weiße Strudelwürmer	2,5		
Schneckenegel	2,5	1	2,5
Plattegel	2,5		
Kriebelmückenlarven, -puppen	2,5		
Wasserassel	3,0	1	3,0
Rollegel	3,0		
Rote Zuckmückenlarven	3,6		
Schlammröhrenwürmer	3,8		
		$h_{ges} = 11$	$\Sigma_{ges} = 21{,}5$
	Saprobienindex = $\frac{\Sigma_{ges}}{h_{ges}}$	$= \frac{21{,}5}{11} \approx 2$	

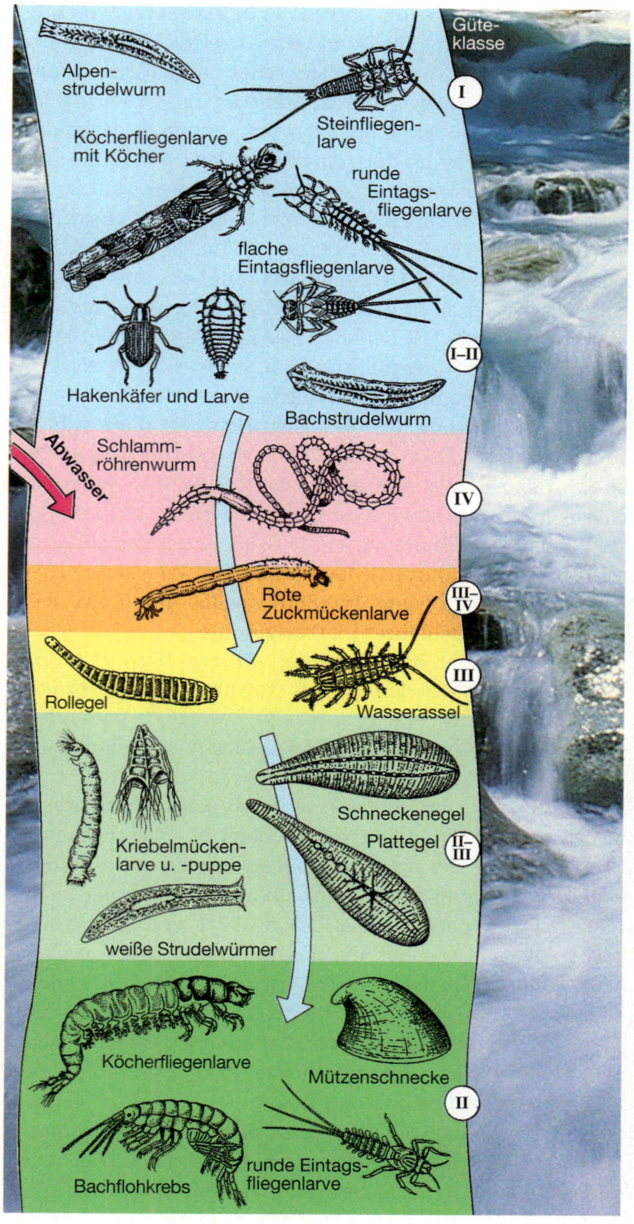

Bioindex nach „Woodiwiss“

Dieses vereinfachte Verfahren beschränkt sich auf die Erfassung von nur sechs Leitorganismengruppen und deren Häufigkeit. Für die Leitorganismen gilt eine Rangfolge:

1. Steinfliegenlarven,
2. Eintagsfliegenlarven,
3. Köcherfliegenlarven,
4. Flohkrebse,
5. Wasserasseln,
6. Schlammröhrenwürmer/Zuckmückenlarven.

Von den gefundenen Zeigerarten bestimmt diejenige, die in der Rangfolge am weitesten oben steht, zusammen mit der erfassten Gesamtformenzahl die Gewässergüte.

BioNet

Im Internet gibt es das „BioNet“. Hier kann man Gewässergütedaten abrufen und eigene Werte eingeben, wenn sie nach den Standards des Saprobienindex oder des Bioindex ermittelt wurden.

1 Ermitteln Sie die Güteklasse eines nahe gelegenen Gewässers nach den aufgeführten biologischen und chemischen Verfahren.

☞ **Stichworte zu weiteren Informationen**

Gewässergütekarten, stenöke Arten, Wasserwirtschaftsamt, DIN 38410, Einwohnergleichwert, LAWA

Ausrottung durch Zerstörung von Lebensräumen

Weltweite Ausrottung durch Lebensraumzerstörung. Seit dem 17. Jahrhundert sind weltweit etwa 150 Säugetier- und 120 Vogelarten durch den Menschen ausgelöscht worden. Die häufigste Ursache der Ausrottung ist die *Zerstörung der Lebensräume* von Tieren und Pflanzen. Gerade die vielfältigsten aller Lebensräume, die *tropischen Regenwälder* mit einem geschätzten Artenbestand von 10–50 Millionen, sind besonders bedroht: Allein in Amazonien nahm die entwaldete Fläche zwischen 1988 und 1996 von 377 auf 517 km^2 zu. Täglich werden zwischen 10 und 20 bisher unbekannte Tierarten entdeckt, vornehmlich Insekten der tropischen Regenwälder. Täglich verschwindet aber auch – statistisch betrachtet – mindestens eine Art unwiederbringlich, bevor sie von der Wissenschaft überhaupt entdeckt wurde.

Direkte Ausrottung. Die wenigsten Tierarten wurden *direkt* vom Menschen *ausgerottet*, doch auch hierfür gibt es Beispiele: Der *Ur* oder *Auerochse*, die Urform des Hausrinds, wurde im 17. Jahrhundert als Fleischlieferant zu Tode bejagt. Das *Quagga*, eine Zebraart, wurde 1880 letztmals in Südafrika erlegt. Die flugunfähigen Großvögel *Dodo* auf Mauritius († 1680) und *Riesenalk* auf Island († 1880) wurden durch das übermäßige Einsammeln ihrer Eier ausgerottet.

Heute bedroht besonders der *illegale Tierhandel* exotische Tierarten aus den Tropen. Vor allem die *K-Strategen* sind gefährdet: Sie erzeugen eine zu geringe Nachkommenschaft um eine drastische Dezimierung ihrer Populationen auszugleichen.

Artenrückgang in Deutschland und seine Ursachen. In unserem Land sind allein von 273 hier ehemals bekannten Brutvogelarten 166 verschwunden oder in ihrem Bestand bedroht. 70 % aller bedrohten Arten mussten der modernen Intensivlandwirtschaft weichen. „Nur" 12 % sind direkt durch Jagd, Fallenstellerei und Abschuss bedroht.

In *Roten Listen* der bedrohten Arten – seit rund 20 Jahren ständig aktualisiert – werden etwa 50 % aller Pflanzen- und Tierarten Deutschlands geführt. Man unterscheidet potenziell gefährdete Arten, gefährdete Arten, stark gefährdete Arten und vom Aussterben bedrohte Arten.

Die *Zerschneidung ehemals zusammenhängender Biotope* schränkt heute den Lebensraum vieler Tierarten bedrohlich ein, weil die „Inseln" zu klein oder zu einförmig strukturiert sind. Ein Feldhase zum Beispiel hat einen Aktionsradius von 5–50 ha, zu dem Acker, Waldrand und Gebüsch gehören. Früher war das kein Problem: Die Felder waren durch Hecken und Baumschutzstreifen miteinander vernetzt. Im Zuge der *Flurbereinigung* sind die Hecken jedoch weitgehend verschwunden. Erdkröten streifen im Sommer nicht weiter als 75 m um ihr Versteck. Nur wenn sie auf diesem engen Raum passende Bedingungen wie Feuchtigkeit, Wasserstellen, Moos und hohes Gras finden, können sie existieren.

Neben der veränderten landwirtschaftlichen Nutzung sind *Flussbegradigung* und *Entwässerung von Feuchtgebieten* verantwortlich für den Rückgang vieler Arten, darunter Storch, Bekassine, Brachvogel und andere Vogelarten, Froschlurche, Wasserinsekten, Weichtierarten, Hygro- und Hydrophyten.

1 *Abbrennen des tropischen Regenwalds*

2 *Riesenmuntjak, eine erst 1994 im Regenwald von Vietnam entdeckte Hirschart*

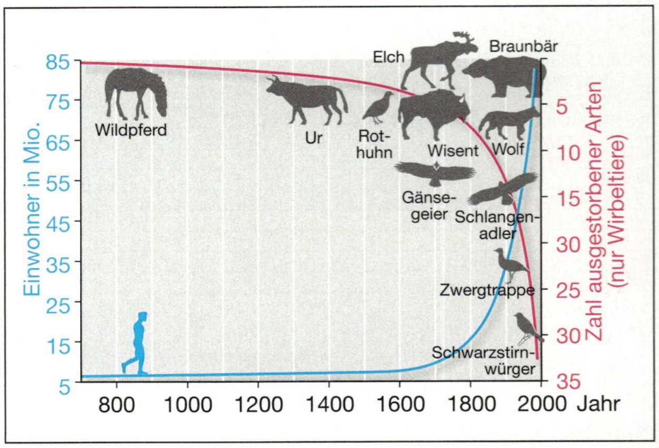

3 *Artensterben und Bevölkerungswachstum in Deutschland*

1 „Warum Tierarten hinterhertrauern, die keiner je gekannt hat?" Welche Antwort könnten Sie auf diese Frage geben?

2 Ist es fair, nur die Wilderer und kleinen Händler zu bestrafen, wenn sie die Konsumwünsche unserer Gesellschaft nach Fellen, Leder, Souvenirs und exotischen Haustieren bedienen?

3 Informieren Sie sich bei Naturschutzverbänden oder im Internet über die Ziele internationaler Naturschutzvereinbarungen: Washingtoner Artenschutzabkommen, Ramsar-Konvention zum Schutz von Feuchtgebieten, Vogelschutzrichtlinie der EU.

Naturschutz

Die *Bewahrung der Natur und ihrer Artenvielfalt* ist für uns Menschen nicht nur ethische Pflicht, sondern überlebensnotwendig: Auch wenn technische Entwicklungen das leicht vergessen lassen, sind wir noch immer *Teil von Ökosystemen.* Ein wichtiger Faktor für deren dauerhafte Stabilität – und damit für unsere natürlichen Lebensgrundlagen – ist die Artenvielfalt. Sie zu erhalten lohnt sich aber auch aus anderen Gründen, zum Beispiel ist sie unsere einzige *Ressource für zukünftige Nutzpflanzen und -tiere sowie für natürliche Arznei- und Wirkstoffe.* Naturschutz schließt so gesehen den Schutz der menschlichen Umwelt ein. Er lässt sich nicht vom Umweltschutz trennen, der oft nur auf den Menschen bezogen wird.

Internationaler Naturschutz. Ökosysteme enden nicht an Ländergrenzen. Naturschutz muss daher zur *globalen Aufgabe* werden, die ausdrücklich auch die Entwicklungsländer einschließt: Hier, wo etwa 90 % aller Tier- und Pflanzenarten vorkommen, dürfen Naturschutz und Entwicklungsprojekte nicht in Konflikt geraten und gegeneinander ausgespielt werden.

Seit 1980 strebt die UNESCO mit dem Programm „Man and the Biosphere“ ein weltumspannendes Netz von Schutzgebieten an, das alle Ökosystem-Typen als *Biosphärenreservate* umfassen soll. Bei uns gehören vor allem großräumige Kulturlandschaften mit einem reichen Natur- und Kulturerbe dazu. Sie dienen als Beispiele für eine naturverträgliche Landnutzung.

Nach dem Vorbild anderer Länder sind in Deutschland in den letzten 25 Jahren auch *Nationalparks* entstanden: Das sind großflächige Gebiete mit mindestens 10 000 ha, die ähnlich den Naturschutzgebieten unter strengem gesetzlichen Schutz stehen. Zumindest in ihrer Kernzone darf keine wirtschaftliche Nutzung erfolgen.

Naturschutz in Deutschland. Die gesetzliche Grundlage dafür bildet das *Bundesnaturschutzgesetz.* Landesgesetze konkretisieren seinen Rahmen. Es enthält neben Zielen und Grundsätzen des Naturschutzes konkrete Vorschriften für den Einzelnen, zum Beispiel für das Verhalten in Schutzgebieten.

Naturschutzgebiete sind die nach dem Gesetz am strengsten geschützten Flächen. Diese aus wissenschaftlichen, ökologischen oder kulturellen Gründen geschützten Gebiete dürfen nur auf den ausgewiesenen Wegen betreten und nicht verändert werden. Ihre Größe ist oft gering. In Baden-Württemberg umfassen alle Naturschutzgebiete zusammen rund 60 000 ha – das entspricht 1,6 % der Landesfläche. Seit 1991 sind weitere 6 % der Landesfläche durch ein *Biotopschutzgesetz* geschützt. Es verbietet die nachhaltige Beeinträchtigung bestimmter Biotoptypen wie Moore, Auwälder, Wacholderheiden, Hohlwege, Höhlen und Trockenmauern. Nach Expertenmeinung wären allerdings mindestens 15 % der Landesfläche für einen effektiven Naturschutz nötig.

Der Schutzgrad von *Landschaftsschutzgebieten* ist viel geringer. Es handelt sich um größere, zusammenhängende Kulturlandschaften, die unter Auflagen land- und forstwirtschaftlich genutzt werden. *Naturparks* werden eingerichtet um naturnahe Erholungsräume zu erhalten. Meist sind es waldreiche Gebiete wie der Neckar-Odenwald.

1 *Im Nationalpark Bayrischer Wald*

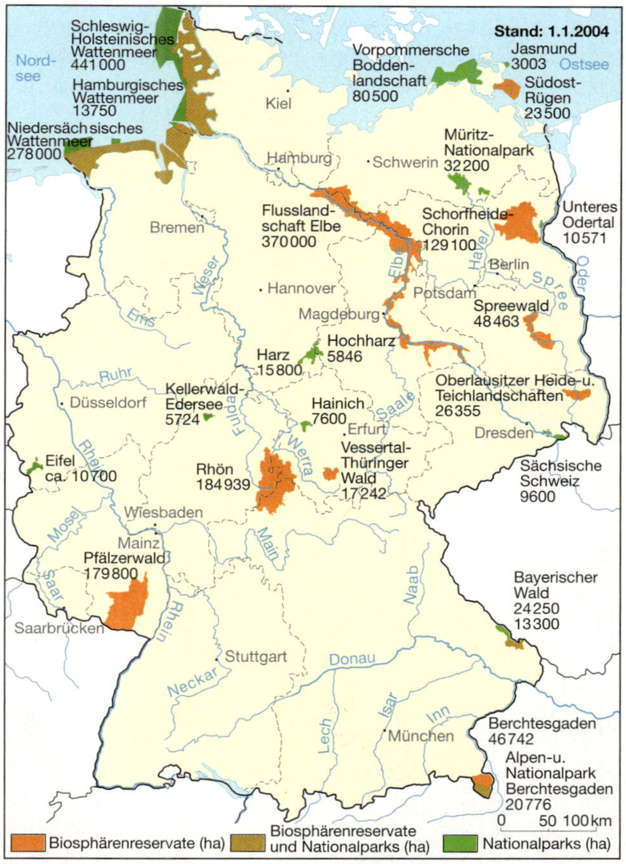

2 *Nationalparks und Biosphärenreservate in Deutschland*

1 Schlagen Sie im Atlas unter „Naturschutz“ oder „Nationalparks“ in Europa, in Deutschland, in Ihrem Bundesland nach.

2 Fordern Sie bei einer Nationalparkverwaltung Informationsmaterial über die Vorschriften, Informationsangebote, Besonderheiten und das „Park-Management“ an. Einige Parks haben Homepages im Internet.

3 Erkundigen Sie sich bei Ihrer Sparkasse, bei großen Banken, Versicherungen oder ähnlichen Einrichtungen nach Umwelt-Stiftungen, deren Förderzielen und Förderrichtlinien.

Nachhaltige Entwicklung

Leitbild Nachhaltigkeit. Im 18. Jahrhundert erkannten – nach langen Zeiten des Raubbaus – weitsichtige Forstleute, dass Wälder *nachhaltig* bewirtschaftet werden müssen: Man darf nur so viel Holz einschlagen, wie nachwächst, wenn man die Wälder dauerhaft erhalten will. Inzwischen ist klar geworden, dass das Prinzip der Nachhaltigkeit für die gesamte Biosphäre gelten muss.

Der Begriff *nachhaltige Entwicklung (sustainable development)* wurde 1987 von der *Weltkommission für Umwelt und Entwicklung* geprägt. Er bezeichnet eine Entwicklung, die die *heutigen Bedürfnisse* nach intakter Umwelt, sozialer Gerechtigkeit und wirtschaftlichem Wohlstand *zu decken vermag ohne* dabei die *Möglichkeiten zukünftiger Generationen zu beschränken*. Sie stellt die Antwort dar auf eine seit etwa 1970 gewachsene Erkenntnis: In einer Welt mit großer Ressourcenverschwendung, Umweltverschmutzung und Armut kann bei rasch wachsender Bevölkerung Lebensqualität für alle Menschen nicht dauerhaft gesichert werden.

Der Erhalt der natürlichen Lebensgrundlagen ist Voraussetzung für ein gut funktionierendes Wirtschaftssystem und soziale Gerechtigkeit. Es gilt also, die drei „Säulen" der Nachhaltigkeit – *Ökologie, Ökonomie, soziale Gerechtigkeit* – in allen Lebensbereichen in Einklang zu bringen, national wie international.

Die UN-Konferenz von Rio. Diese Herausforderung kann nur durch weltweite Partnerschaft und Zusammenarbeit bewältigt werden. Deshalb fand 1992 in Rio de Janeiro der bis dahin größte Erdgipfel aller Zeiten statt, die *UN-Konferenz für Umwelt und Entwicklung*. Hier wurde eine *nachhaltige Entwicklung international verbindlich* als politisches Leitmotiv vereinbart. Neben Regierungsmitgliedern und Delegierten von UN-Organisationen nahmen auch zahlreiche Vertreter von Nicht-Regierungs-Organisationen aus vielen Ländern teil um gemeinsam an Lösungsmöglichkeiten für die globalen Probleme zu arbeiten. Dieses demokratische Vorgehen, alle Teile der Gesellschaft in Beratungsprozesse und Entscheidungsfindungen einzubeziehen, war bis dahin einzigartig und wird als ein wichtiger Erfolg des Erdgipfels gewertet.

Im internationalen Vergleich zeigte sich, wie weit die Verantwortlichkeiten der Länder für die großen grenzüberschreitenden Umweltprobleme auseinander liegen:

- Die *Industrieländer* sind mit ihren hohen Produktions- und Verbrauchsmengen *Hauptverursacher der globalen Umweltbelastungen*. Sie stehen in der Pflicht den größeren Anteil an Umweltschutzmaßnahmen zu übernehmen. Da den Entwicklungsländern die gleiche Chance auf wirtschaftliche Entwicklung zusteht, die umweltzerstörenden Wirtschaftsweisen der Industrieländer aber vermieden werden müssen, ist es nötig, dass die Industrieländer den Entwicklungsländern durch ein gerechtes Handelssystem, finanzielle Unterstützung und Informationsaustausch eine Entwicklung nach dem Prinzip der Nachhaltigkeit ermöglichen.
- Für die Entwicklungsländer steht die Bekämpfung der Armut im Vordergrund, da die Sicherung der Lebensbedürfnisse Voraussetzung ist für einen schonenden Umgang mit der Natur.

Die Ergebnisse von Rio. Mit der *Agenda 21*, dem globalen Aktionsprogramm für das 21. Jahrhundert, haben die 179 Unterzeichnerstaaten in Rio das Abschlussdokument der UN-Konferenz verabschiedet. In ihm sind die dringlichsten Probleme der Menschheit und Lösungsmöglichkeiten für eine nachhaltige Entwicklung angesprochen und Wege zur Umsetzung vorgeschlagen: internationale Zusammenarbeit und Armutsbekämpfung, Änderung des Konsumverhaltens, Eindämmung des Bevölkerungswachstums, Schutz der menschlichen Gesundheit, nachhaltige Siedlungsformen, nachhaltige Bewirtschaftung von Bodenressourcen, nachhaltige Landwirtschaft und Entwicklung des ländlichen Raums, Schutz vor Wüstenbildung, Schutz und Nutzung der Ozeane und Süßgewässer, umweltgerechter Umgang mit Biotechnologien, sicherer Umgang mit giftigen Chemikalien und gefährlichen Abfällen.

1 *UN-Konferenz von Rio 1992. Ihr Generalsekretär besucht das „globale Forum" der Nicht-Regierungs-Organisationen.*

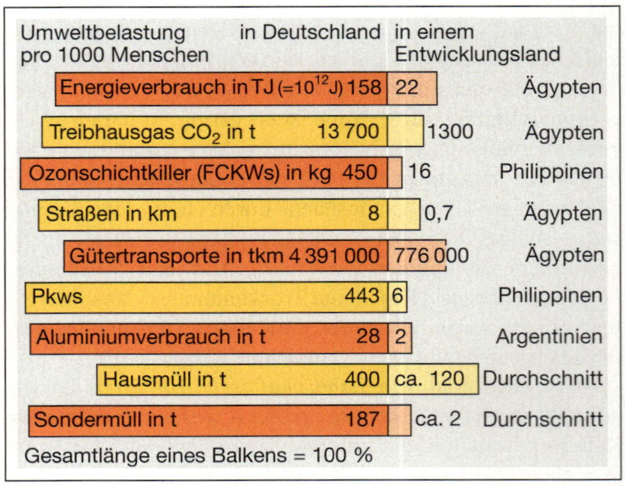

2 *Umweltbelastung durch den Menschen in Deutschland und in einem Entwicklungsland*

Neben der Agenda 21 wurden weitere Vereinbarungen erzielt:
- Zum Schutz der Wälder wurden Rahmenprinzipien für den *Erhalt und die nachhaltige Bewirtschaftung* dieser Ökosysteme festgelegt.
- Die *Klima-Rahmenkonvention* will die Treibhausgase in der Atmosphäre (→ S. 385) auf einem Niveau stabilisieren, das keine Gefahr für das Klimasystem der Erde darstellt. Dazu müssen die Emissionen dieser Gase wie zum Beispiel Kohlenstoffdioxid drastisch reduziert werden.
- Die *Konvention über die biologische Vielfalt* verlangt, die Vielfalt der Lebensformen (→ S. 239) zu erhalten und die Vorteile aus der Nutzung der biologischen Vielfalt gerecht untereinander aufzuteilen.

Die Vereinbarungen und die Agenda 21 sind Grundlage für weitere internationale Verhandlungen, die seither fortlaufend geführt werden. Dass dabei auch Rückschläge eintreten, zeigen die Klimaverhandlungen im November 2000. Sie scheiterten daran, dass einige führende Industrieländer ihren Verpflichtungen nicht nachkommen wollten.

Lokale Agenden in Deutschland. Viele der in der Agenda 21 angesprochenen Aufgaben müssen auf kommunaler Ebene bewältigt werden. „Global denken – lokal handeln": Unter diesem Motto wurde seit der Konferenz von Rio in vielen Städten und Gemeinden versucht den Gedanken einer nachhaltigen Entwicklung auf lokaler Ebene umzusetzen. Gefordert ist, dass jede Kommunalverwaltung in einen Dialog mit ihren Bürgern, örtlichen Organisationen und der Privatwirtschaft eintritt. Durch gegenseitige Konsultation und Herstellung eines Konsenses können sich Kommunen und Bürger austauschen und voneinander lernen. Information und Bildung schärfen das Bewusstsein der Öffentlichkeit und der einzelnen Haushalte für Fragen der nachhaltigen Entwicklung und fördern umweltgerechtes Konsumverhalten und zukunftsfähige Lebensweisen.

Strategien und Ausblick. Dem viel diskutierten Leitbild nachhaltige Entwicklung folgt nun die Umsetzungsphase. Die Regierungen sind seit der Konferenz von Rio aufgefordert nationale Nachhaltigkeitsstrategien zu erarbeiten. Diese sollen 2002 – 10 Jahre nach dem Erdgipfel – auf einer Folgekonferenz in Südafrika vorgelegt werden. Hier treffen sich Entwicklungsländer und Industrieländer wieder, um auszuwerten, was sich seit 1992 geändert hat und wie in Zukunft weiter fortzufahren ist.

In Deutschland sind mittlerweile zahlreiche Studien zum Thema Nachhaltigkeit erschienen und Indikatoren zur wissenschaftlichen Messbarkeit entwickelt worden. Das Leitbild nachhaltige Entwicklung wurde 1998 als Regierungsziel festgeschrieben und die Aufgabe, eine nationale Nachhaltigkeitsstrategie unter Beteiligung von Nicht-Regierungs-Organisationen und einer breiten Öffentlichkeit zu formulieren, in Auftrag gegeben. Diese Strategie soll konkrete Umweltqualitätsziele und Handlungsfelder aufzeigen. Zu den weiteren Vorgaben gehört, Umweltbelange in alle Politikbereiche zu integrieren und nicht isoliert zu sehen. Nur eine sparsame und umweltverträgliche Lebens- und Wirtschaftsweise ist langfristig effizient und damit zukunftsfähig. Alle diese politischen Maßnahmen können jedoch nur dann Wirkung zeigen, wenn die Gesellschaft – und damit jeder Einzelne – Notwendigkeit und Dringlichkeit einer nachhaltigen Entwicklung zum Wohl der Menschheit anerkennt und *zu eigenen Verhaltensänderungen* bereit ist.

1 Finden Sie heraus, welche Projekte Ihre Gemeinde/Ihre Stadt in Sachen lokale Agenda initiiert hat. Handelt es sich nur um Einzelprojekte oder gibt es ein Gesamtkonzept?

2 Wie können Sie Ihr Konsumverhalten ändern um zu einer nachhaltigen Lebensweise beizutragen? Diskutieren Sie mit Ihren Mitschülern/Mitschülerinnen, warum man oft wider besseres Wissen nicht nachhaltig handelt.

3 Informieren Sie sich über Unternehmen, die sich einer nachhaltigen Entwicklung verschrieben haben. Sie können Umweltberichte anfordern oder im Internet recherchieren.

1 Schüler überreichen dem Bundesumweltminister ihre Vorstellungen zur Umsetzung der Agenda 21.

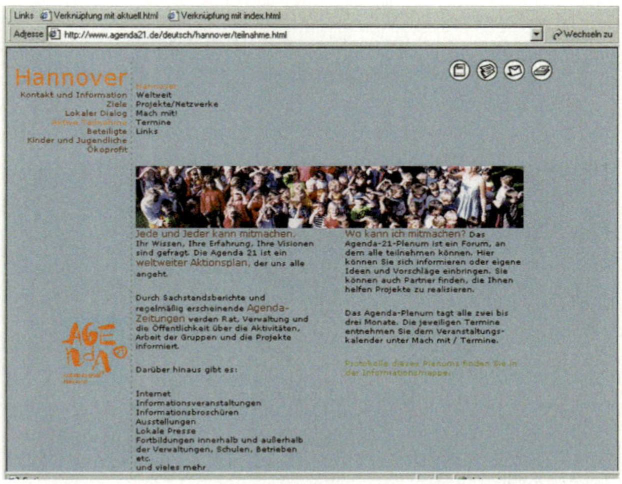

2 Viele Städte und Gemeinden stellen bereits ihre Agenda-21-Aktivitäten im Internet vor.

Was können wir tun?

Eigentlich sollte es jedem von uns unmöglich sein, die Zusammenhänge zwischen menschlichem Verhalten und Umweltbelastungen zwar zu begreifen, daraus aber keine persönlichen Konsequenzen zu ziehen. Wenn wir angesichts drohender Umweltkatastrophen nur betroffen reagieren, aber nicht handeln, liegt das oft daran, dass wir die „Schuld" bei den Anderen vermuten oder dass wir uns allein machtlos fühlen. „Was kann eine/einer allein schon ausrichten?" Weder mit Schuldzuweisungen noch mit Sympathiebekundungen für die Umwelt wird jedoch etwas bewegt: Es geht nur darum, dass wir uns selbst als Teil eines Ökosystems begreifen, von dessen Stabilität auch unser Überleben abhängt.

Einsicht als Motiv für Naturschutz und Umweltarbeit. Oft äußert sich die Betroffenheit über Umweltschäden in einmaligen Aktionen. Wer schon mal bei einer Umweltaktion an der Schule mitgemacht hat, kennt das: So eine Aktion bekommt den Charakter der „guten Tat" – man engagiert sich, erzielt vielleicht Teilerfolge und fühlt sich beruhigt. Aber stehen Aufwand und Erreichtes in einem sinnvollen Verhältnis? Auf lange Sicht wichtiger ist es, umweltschädigendes Verhalten einzuschränken oder ganz abzustellen. Die Einsicht in die globalen und lokalen Stoffkreisläufe müsste uns zu solchen Verhaltensänderungen zwingen: Dass wir in Stoffkreisläufe eingreifen, lässt sich nicht vermeiden. Der Verbrauch an Ressourcen muss aber so schonend und ökonomisch wie möglich geschehen. Entnahme aus und Rückgabe an ein Ökosystem sollten im Gleichgewicht stehen. Da die Grenzen der Belastbarkeit für viele Ökosysteme erreicht, zum Teil schon überschritten sind, könnte man es eine „egoistische Einsicht" nennen, wenn wir unsere individuellen Spielräume beschränken.

Selbst Entscheidungsträger/-in werden und zur Bewusstseinsbildung beitragen. Wenn Schüler sich als ohnmächtige Rädchen im Getriebe der Erwachsenenwelt fühlen, beruht das auf einer Fehleinschätzung. Gerade die Leser/-innen dieses Buches können aufgrund ihrer Schulbildung später Entscheidungsträger/-innen in Wirtschaft und Politik werden. Die Vorzüge einer Demokratie bestehen darin, dass jede/jeder das Recht hat, die eigene Meinung einzubringen und Veränderungen anzuregen. Oft geschieht ein gesellschaftlicher Bewusstseinswandel sehr langsam. Das liegt aber auch daran, dass die Einzelpersonen ihre demokratische „Wirksamkeit" unterschätzen, weil sie denken, dass Politik ausschließlich die Aufgabe der Politiker sei. Wie jede/jeder sich umweltpolitisch engagieren kann, zeigen die Beispiele unten.

Aktivitäten in der Schule

Die SMV ist ein Gremium mit Entscheidungskompetenz. Sie hat Mitspracherecht in der Schulkonferenz. Daher ist die SMV die richtige Ebene für langfristige Umweltprojekte wie:
- Einführung der Mülltrennung in allen Klassen in Kombination mit einer Info-Aktion zur Müllvermeidung
- Beantragung einer Solaranlage beim Land zur Unterstützung der schulischen Energieversorgung; Betreuung durch Physik-AG oder SMV
- Gründung einer Umwelt-AG oder eines Umwelt-Ausschusses, der mit eigenem Finanzbudget regelmäßige Informationsveranstaltungen mit Fachleuten organisiert und die Schulgemeinde dazu einlädt
- Teilnahme an Umweltwettbewerben oder „Jugend forscht"
- Beantragung und Betreuung eines Schulgartens, der nicht herkömmlich, sondern ökologisch bewirtschaftet wird und ein Klassenzimmer im Freien sein kann
- Anlage und Pflege eines Feuchtbiotops

Aktivitäten im Privatbereich

Auch im außerschulischen Bereich kann man für die Umwelt aktiv werden, zum Beispiel indem man:
- Mitglied eines Naturschutzverbands wird (Mitgliedsbeiträge für Schüler/-innen sind meist niedrig);
- Eltern beim Haushaltscheck berät; Anleitungen dafür gibt es bei Greenpeace oder den Naturschutzverbänden: umweltgefährdende Stoffe (Putzmittel, Lacke, Baumaterialien …) langsam und bewusst ersetzen, den „Müll" sachgerecht trennen und entsorgen;
- bewusst einkauft und auch andere dazu anhält;
- die Energie- und Wasserkostenaufstellung der Wohnung überprüft und nach Einsparungsmöglichkeiten sucht;
- in der Gruppenarbeit (Jugendtreff, Kirchen …) Umweltthemen wie Individualverkehr oder eigenes Konsumverhalten aufgreift;
- demokratische Rechte wahrnimmt und das eigene Wahlverhalten auf seine „Umweltverträglichkeit" hin untersucht.

Überblick

- Anders als alle Tierarten hat es der Mensch verstanden, sich durch technische Hilfsmittel weitgehend unabhängig von abiotischen Umweltfaktoren zu machen. → S. 372, 373
- Seit der Entwicklung von Ackerbau und Viehzucht greift der Mensch in immer zunehmendem Maß in die natürlichen Stoffkreisläufe ein und verschiebt damit bestehende Gleichgewichte. → S. 372, 377, 380, 382, 385, 388
- Die wachsende Erdbevölkerung ist die Hauptursache für den zunehmenden Druck auf die Umwelt und ihre Ressourcen. Besonders die Wachstumsraten der Bevölkerung in den Entwicklungsländern geben Anlass zur Besorgnis. → S. 374–376
- Besondere Engpässe verursacht das ungebremste Bevölkerungswachstum bei der Nahrungsmittelproduktion und bei der Energieversorgung. → S. 377, 378
- Der wachsende Bedarf an Nahrungsmitteln bei gleich bleibenden Anbauflächen machte eine Intensivierung der Landwirtschaft notwendig, die aber die Böden belastet. → S. 380, 381
- Zur Bereitstellung von Energie wird hauptsächlich auf fossile Energieträger zurückgegriffen, deren Erschöpfung absehbar ist und deren Verbrennung enorme Mengen des Treibhausgases CO_2 freisetzt. Die Belastung der Atmosphäre durch den Menschen nimmt globale Dimensionen an. → S. 382–385
- Die Trinkwasserressourcen verknappen infolge von Verschmutzung und Verschwendung zusehends. → S. 386
- Trinkwasseraufbereitung wird immer teurer und schwieriger, vor allem weil der Mensch die Selbstreinigungskraft der Gewässer (bei steigendem Trinkwasserbedarf) durch Flächenversiegelung, Verschmutzung und andere Einflüsse verringert. → S. 387–392
- Durch den weitreichenden Eingriff des Menschen in alle Ökosysteme der Erde, die Weltmeere eingeschlossen, wurde eine Vielzahl von Lebensräumen anderer Arten vernichtet. Das hat ein Artensterben von bisher ungekanntem Ausmaß zur Folge. → S. 392
- Dem Artensterben stehen Bemühungen zum Arten- und Biotopschutz gegenüber, die bisher aber nur zu Teilerfolgen geführt haben. → S. 393
- Der Mensch ist und bleibt ein Teil der Biosphäre. Er ist davon abhängig, dass die Ökosysteme, deren Teil er ist, funktionstüchtig bleiben. Diese Einsicht sollte Motivation für jeden sein, die eigenen Verhaltensweisen zu überdenken und zu ändern. → S. 394–396

Aufgaben und Anregungen

1 „Wenn Menschen und Tiere Fotosynthese betreiben könnten, wären alle Energieprobleme auf der Erde gelöst!" Überlegen Sie, ob diese Aussage zutrifft. Welche neuen Engpässe könnten auftauchen?

2 Weshalb ist der Einsatz fossiler Energieträger so besonders problematisch in Bezug auf die Zusammensetzung der Atmosphäre? Schon seit Zehntausenden von Jahren benutzen doch Menschen Holz als primäre Energiequelle und setzen dadurch CO_2 frei. Worin liegt der Unterschied zur Nutzung von Erdöl und Kohle? Erläutern Sie die Konsequenzen, indem Sie auf den globalen Kohlenstoffkreislauf eingehen.

3 Erkennen Sie einen Zusammenhang zwischen Bildung, sozialer Absicherung und Bevölkerungswachstum? Erläutern Sie mithilfe dieser Schlagworte, welche Entwicklungshilfemaßnahmen Sie für geeignet halten würden. Wie stehen Sie zu Lebensmittellieferungen vonseiten der Industrienationen?

4 Wissenschaftler, die sich mit der Populationsdynamik von Tieren beschäftigt haben, erkannten, dass keine Population auf begrenztem Raum über längere Zeit exponentiell wachsen kann. Es werden dichtebegrenzende Faktoren wie erhöhte Aggression, Unfruchtbarkeit der Weibchen, Infektionskrankheiten und Stress wirksam, die ein weiteres Wachstum verhindern. Können Sie sich spezifische Faktoren vorstellen, die das Bevölkerungswachstum des Kulturwesens Mensch begrenzen werden, wenn eine planvolle Kontrolle des Wachstums nicht rechtzeitig gelingt? Entwerfen Sie verschiedene Szenarien.

5 „An den Umweltsünden von heute werden die Menschen noch in 30 Jahren leiden." Schildern Sie Umweltbelastungen aus den Bereichen Wasser, Boden und Luft, die so verzögert wirken, dass sie die oben genannte Aussage belegen.

6 Das BMZ (Bundesministerium für wirtschaftliche Zusammenarbeit und Entwicklung) hat gemeinsam mit dem WWF (World Wide Fund for Nature) Konzepte zum Naturschutz entwickelt. Ein Beispiel ist das Schutzgebietmanagement im Tai-Nationalpark, Elfenbeinküste. Stellen Sie Argumente zusammen, die eine Zusammenarbeit zwischen Naturschutz und Entwicklungshilfe sinnvoll erscheinen lassen.

7 Wie die meisten Menschen in den Industrienationen essen die Deutschen gern und viel Fleisch. Infolgedessen gibt es bei uns große Mastbetriebe (→ Bild links). Das Futter für so viele Tiere kann nicht im eigenen Land erzeugt werden. Die Züchter sind auf Futtermittelimporte aus Ländern der Dritten Welt angewiesen. Die anfallende Gülle wird jedoch auf den umliegenden Flächen entsorgt.

Schildern Sie die Konsequenzen für die Welternährung, den globalen Stickstoffkreislauf und die Trinkwasserqualität in Deutschland.

8 „Artenschutz kann ohne Biotopschutz nicht funktionieren." Erläutern Sie den Sachverhalt.

Erregungsbildung – Erregungsleitung

1 *Eine Ringelnatter fixiert die potenzielle Beute. Noch ist offen, wessen Reaktion schneller sein wird.*

Eine Situation, wie sie alltäglich in der Natur vorkommt: Ein Räuber nimmt die Beute ins Visier. Der Angriff steht unmittelbar bevor. Sowohl für den Räuber als auch für das potenzielle Beutetier ist es jetzt von entscheidender Bedeutung, über ein System zur Informationsverarbeitung zu verfügen, das ein schnelles Erfassen der Situation und eine präzis gesteuerte Reaktion ermöglicht.

Nervenzellen sind im Verlauf der Evolution schon früh entstanden. Sie können Informationen mit hoher Geschwindigkeit über längere Strecken weiterleiten. Der Selektionsdruck in Richtung auf eine schnelle Informationsverarbeitung ist enorm: Schließlich geht es beim Wettstreit zwischen Räuber und Beute um nichts weniger als das Leben …

Im Blickpunkt:
- das Neuron – Grundelement der Informationsverarbeitung im Nervensystem
- elektrische Eigenschaften von Zellen
- die Ionentheorie von Ruhepotenzial und Aktionspotenzial
- alles oder nichts – das Aktionspotenzial als aktives Signal von Nervenzellen
- das Neuron, ein Kabel? – Erregungsleitung innerhalb der Nervenzelle
- Erregungsübertragung zwischen Nervenzellen: Synapsen

Über die Leistung des *Nervensystems* kann man nur staunen. In Sekundenbruchteilen verarbeitet es große Mengen an Informationen. Wie lässt sich etwas so Komplexes verstehen? Tatsächlich herrscht über die Funktionsweise zum Beispiel des menschlichen Gehirns noch große Unklarheit. Doch über Bau und Funktion der Zellen, aus denen es sich zusammensetzt, ist bereits eine Menge bekannt.

Zellen des Nervensystems. Zwei Haupttypen von Zellen bauen das Nervensystem auf: *Gliazellen* und *Nervenzellen.*

Gliazellen sind Bindegewebszellen, die für die hoch spezialisierten und nicht mehr teilungsfähigen Nervenzellen unter anderem Stützfunktion übernehmen und sie teilweise mit ernähren.

Die Nervenzellen selbst, auch *Neurone* genannt, sind heute besser erforscht als irgendein anderer Zelltyp. Alle Neurone haben denselben Grundbauplan und arbeiten nach gemeinsamen Prinzipien – gleich, ob sie Sinnesreize aufnehmen, im Gehirn Gedächtnisfunktion haben oder Muskelzellen zur Kontraktion veranlassen: Sie transportieren Informationen in Form von *elektrischer Erregung*. Welche Funktion eine Nervenzelle übernimmt, wird nur durch ihre Lage im Nervensystem und ihre *Verschaltung* mit anderen Neuronen bestimmt. Ein Einblick in ihre Struktur und Funktion erleichtert daher das Verständnis so verschiedener Vorgänge wie Sehen, Denken, Fühlen und die Steuerung von Bewegungen.

Das Neuron als Grundelement des Nervensystems

Bau und Funktion von Nervenzellen. Die Funktion einer Zelle und ihr Bau stehen in engem Zusammenhang. Daher verraten auch die Baumerkmale von Nervenzellen bereits einiges über deren Funktion: Deutlich erkennt man verschiedene Strukturen, die auf die Aufnahme, Weiterleitung und Übertragung von Signalen spezialisiert sind.

Neurone sind in der Regel extrem lang gestreckte Zellen. Einige werden über einen Meter lang, wobei der Durchmesser des Zellkörpers meist geringer als 0,1 mm ist. Hier drängt sich ein Vergleich mit der Technik auf: Nervenzellen erinnern an Kabel. Dies gilt umso mehr, wenn man weiß, dass auch Neurone elektrisch aktiv sind. Einige sind sogar ähnlich wie Kabel elektrisch isoliert. Bei den meisten Nervenzellen lassen sich drei Abschnitte gut voneinander abgrenzen:

- Der *Zellkörper* ist das biosynthetische Zentrum der Zelle. Er enthält den Zellkern und alle Zellorganellen, die für die Proteinbiosynthese notwendig sind: Ribosomen, endoplasmatisches Reticulum und Golgi-Apparat. Vom Zellkörper geht also das Wachstum der Nervenzelle aus.
- Die *Dendriten* (von griech. *dendron:* Baum) sind weit verzweigte Zellfortsätze, die sich wie Antennen im Raum ausbreiten. Die Dendriten stellen eine große Oberfläche für den Empfang von Signalen anderer Nervenzellen bereit. Bei einer typischen Nervenzelle gibt es an den Dendriten mehrere Tausend Verbindungen mit anderen Nervenzellen – so genannte *Synapsen*. Der elektronenmikroskopische Bildausschnitt (→ Bild 1) lässt ihre große Zahl erahnen.
- Das *Axon*, auch *Nervenfaser* genannt, ist ein einzelner Zellfortsatz, der länger als die Dendriten ist. Über das Axon werden die von den Dendriten aufgenommenen Signale weitergeleitet. Elektronenmikroskopische Bilder zeigen, dass im Axon Mitochondrien liegen. Das lässt darauf schließen, dass die Weiterleitung der elektrischen Signale im Axon ein aktiver, Energie benötigender Prozess ist. Axone von Wirbeltiernervenzellen sind oft von einer *Myelinscheide* umgeben (→ Bild 3). Sie wird nicht von Neuronen, sondern von besonderen Gliazellen gebildet, den *schwannschen Zellen*. Die Myelinscheide isoliert das Axon elektrisch und hat eine wichtige Funktion bei der Erregungsleitung (→ S. 407).
- Nahe seinem Ende verzweigt sich das Axon wieder und teilt sich in viele verdickte Strukturen auf. Das sind die *präsynaptischen Endigungen* der Nervenzelle. Sie bilden mit den Dendriten anderer Neurone oder mit Muskelzellen Synapsen. Hier werden die von der Nervenzelle transportierten Signale übertragen. Das elektronenmikroskopische Bild von präsynaptischen Endigungen (→ Bild 4) lässt zwei Rückschlüsse über die Art der Informationsübertragung zu: Die Gegenwart von Mitochondrien deutet auf einen Vorgang hin, der Energie benötigt, und die mit Sekret gefüllten Vesikel zeigen, dass chemische Substanzen eine Rolle spielen.

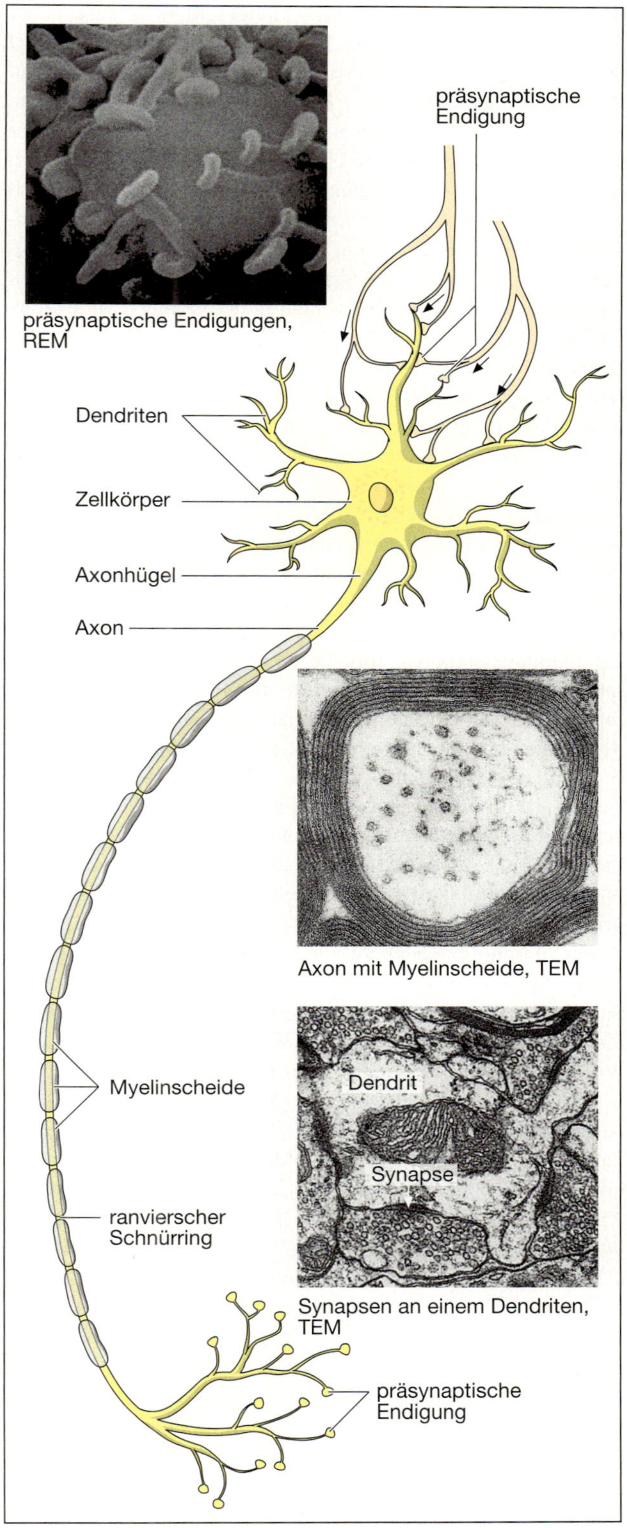

1–4 Schema eines typisch gebauten Wirbeltierneurons. Die elektronenmikroskopischen Bildausschnitte stammen nicht alle von derselben Zelle.

1 Vergleichen Sie eine Nervenzelle mit einem Antennenkabel. Wo gibt es Gemeinsamkeiten? Wo sehen Sie Unterschiede?

Grundlagen der Bioelektrizität

Hört man das Wort „Elektrizität“, denkt man zuerst an Physik und Technik, aber nicht an Lebewesen. Höchstens erinnert man sich an die Existenz exotischer Fische mit elektrischen Organen wie den Zitteraal (→ Bild 1). Dabei spielen elektrische Phänomene für alle Tiere eine bedeutende Rolle: Jede tierische Zelle – ob es sich um Einzeller, Darmzelle oder Neuron handelt – ist gegenüber dem Umgebungsmedium elektrisch geladen. Sinnes-, Muskel- und Nervenzellen sind sogar besonders darauf spezialisiert, auf elektrische Erregung zu reagieren oder selbst elektrische Signale zu erzeugen. In Lebewesen wird Elektrizität allerdings völlig anders erzeugt und weitergeleitet, als man das aus der Technik kennt.

Ionenströme. Lebewesen bestehen zu etwa 80% aus Wasser. Daher fließen die Ströme hier in einer wässrigen Lösung. Anders als in einem Leiter aus Metall, durch den Elektronen fließen, wird der Strom in wässrigen Lösungen durch *Ionen* getragen. Reines Wasser enthält kaum Ionen und leitet den elektrischen Strom schlecht. Löst man aber Salze im Wasser, dann erhöhen die gelösten Ionen die *elektrische Leitfähigkeit* der Lösung. Die positiv geladenen *Kationen* wandern zur negativen Elektrode (der *Kathode*), die negativ geladenen *Anionen* zur positiven Elektrode (der *Anode*). Auch die mit Flüssigkeit gefüllten Räume in Lebewesen enthalten gelöste Salze.

Ladungstrennung durch Membranen. In einem Becherglas mit Salzwasser befinden sich unzählig viele elektrisch geladene Ionen. Dennoch fließt in diesem Becherglas kein Strom, denn die positiven und negativen Ladungen sind gleichmäßig verteilt. Damit überhaupt Strom fließen kann, müssen elektrische Ladungen getrennt werden. Nur durch *Ladungstrennung* baut sich eine *Potenzialdifferenz* auf, eine Spannung zwischen positivem und negativem Pol. In Zellen bewirkt die Zellmembran eine Ladungstrennung:

Die Lipiddoppelschicht der Zellmembran ist nahezu undurchlässig für Ionen. Sie stellt eine *elektrisch isolierende* Schicht dar. Eine Ungleichverteilung von Ladungen kann sich also nicht sofort wieder ausgleichen. Es entsteht eine als *Membranpotenzial* bezeichnete Potenzialdifferenz.

Die Lipiddoppelschicht der Membran ist sehr dünn (< 10 nm). Eine Potenzialdifferenz über der Membran erzeugt daher ein starkes elektrisches Feld, denn das elektrische Feld ist als Quotient aus Spannung (also der Potenzialdifferenz) und Abstand der Ladungen definiert ($E = U/d$). Dieses Verhalten gegenüber einer Potenzialdifferenz macht die Lipiddoppelschicht einem Kondensator vergleichbar.

Zwar ist die Lipiddoppelschicht für Ionen unpassierbar, aber in der Zellmembran befinden sich *Tunnelproteine* (→ S. 48), die die Membran ganz durchdringen. Durch sie können Ionen hindurchtreten. Solche *Ionenkanäle* sind ausgesprochen *selektiv*: Meist lässt jeder Ionenkanal nur eine Sorte Ionen passieren. Fließen Ionen durch Kanäle über die Membran, misst man einen elektrischen Stromfluss, denn Strom ist nichts anderes als eine Nettobewegung von elektrisch geladenen Teilchen. Die Ionenkanäle *begrenzen* den Stromfluss über die Zellmembran. Es hängt von der Zahl der offenen Kanäle ab, wie viele Ionen die Membran durchqueren können. In dieser Hinsicht ähneln Ionenkanäle elektrischen Widerständen.

1 Zitteraale erzeugen Spannungen bis zu 800 Volt.

Ionenkonzentrationen in Zellen. Als Folge der selektiven Ionenpermeabilität von Biomembranen ergibt sich bei allen tierischen Zellen im Zellinnern eine andere Ionenkonzentration als in der Flüssigkeit außerhalb der Zelle. Das Zellinnere ist arm an Natrium- und Chloridionen, dafür aber reich an Kaliumionen (und organischen Anionen An^-), während auf der Außenseite der Zelle genau das Gegenteil zutrifft (→ Bild 2). Diese Ungleichverteilung von Ionen ist der Grund dafür, dass sich eine Potenzialdifferenz über der Zellmembran ausbildet. Das geschieht automatisch allein aufgrund der unterschiedlichen Ionenkonzentrationen auf beiden Seiten der Membran.

Gleichgewichtspotenzial. Im Experiment lässt sich das Entstehen einer Potenzialdifferenz mit einem einfachen Modell simulieren. Hierfür wird in einem mit Kaliumchloridlösung

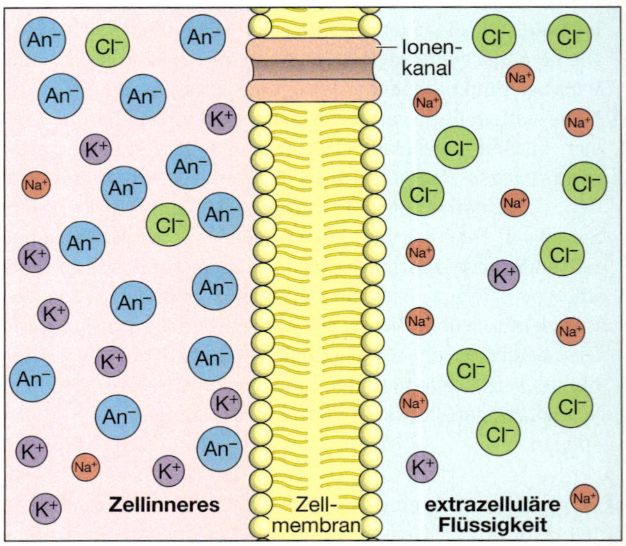

2 Ionenverteilung im Zellinnern und auf der Außenseite

Ionenkonzentrationen und Gleichgewichtspotenziale

	intrazelluläre Konz. in mM*	extrazelluläre Konz. in mM	Gleichgewichtspotenzial in mV
Riesenaxon des Tintenfischs Loligo			
Na^+	50	440	+55
K^+	400	20	−76
Cl^-	40	560	−66
Säugetierneuron			
Na^+	18	145	+56
K^+	135	3	−102
Cl^-	7	120	−76

* mM = Millimol/Liter

gefüllten Becken eine Membran, die nur für Kaliumionen durchlässig ist, so aufgespannt, dass zwei getrennte Kammern entstehen (→ Bild 1).

Erhöht man in Kammer I die Kaliumchloridkonzentration, entsteht zwischen den Kammern ein *Konzentrationsgefälle*. Für die Chloridionen ist dies unerheblich, da sie die Membran nicht passieren können. Aber die Kaliumionen diffundieren nun entlang des Konzentrationsgefälles von Kammer I nach Kammer II, denn wenn zum Beispiel die Konzentration in Kammer I zehnfach erhöht wird, steigt die Wahrscheinlichkeit, dass ein Kaliumion von Kammer I nach Kammer II diffundiert, ebenfalls um das Zehnfache. Die Wahrscheinlichkeit für die Diffusion in die Gegenrichtung bleibt gleich.

Wenn es zu einer Nettodiffusion von K^+-Ionen kommt, während die Cl^--Ionen die Membran nicht passieren können, dann sind die beiden Kammern nach einer Weile nicht mehr elektrisch neutral: Je mehr K^+-Ionen nach Kammer II diffundieren, desto negativer wird Kammer I gegenüber Kammer II. Mit einem Voltmeter kann man messen, dass sich eine Potenzialdifferenz über der die Kammern trennenden Membran aufbaut. Diese Potenzialdifferenz übt eine elektromotorische Kraft (EMK) auf die K^+-Ionen aus: Die positiv geladenen Ionen werden vom negativen Ladungsüberschuss in Kammer I zurückgehalten. Dadurch wird es für K^+-Ionen immer schwerer, die Membran in Richtung Kammer II zu passieren.

Schließlich ist ein Zustand erreicht, in dem keine Nettodiffusion von K^+-Ionen mehr erfolgt, obwohl die Kaliumkonzentration in beiden Kammern ungleich ist: Ein dynamisches Gleichgewicht stellt sich ein, wenn die Kraft, die das Konzentrationsgefälle auf die K^+-Ionen ausübt, genauso groß ist wie die elektromotorische Kraft, die die Ionen zurückhält. Es kommt zu keiner Konzentrationsveränderung mehr, weil auf jedes K^+-Ion zwei gleich große, aber entgegengesetzte Kräfte wirken. Die Spannung, die man in diesem Gleichgewichtszustand über der Membran messen kann, nennt man *Gleichgewichtspotenzial*. Es wird in mV gemessen; dabei wird das Potenzial der Zellaußenseite willkürlich auf null gesetzt. Die Potenzialdifferenz – obwohl eigentlich ein Betrag – wird also negativ, wenn das Zellinnere mehr negative Ladungen aufweist als die Zellaußenseite. Kennt man die Konzentrationen im Zellinnern und auf der Zellaußenseite, kann man für jedes Ion das Gleichgewichtspotenzial berechnen (→ Tabelle). Es zeigt sich, dass das Gleichgewichtspotenzial eines Ions vom Konzentrationsverhältnis zwischen innen und außen, von der Temperatur und von der Ladung des Ions abhängt.

1 Erklären Sie, warum es beim hier beschriebenen Modell nicht zum Konzentrationsausgleich zwischen den beiden Kammern kommen kann. Was würde passieren, wenn statt Kaliumchlorid eine ungeladene Substanz verwendet würde?

2 In der Tabelle sind die intra- und extrazellulären Konzentrationen für einige Ionen sowie die jeweiligen Gleichgewichtspotenziale aufgelistet. Erklären Sie, weshalb das Gleichgewichtspotenzial für K^+ negative (d. h. das Zellinnere ist negativ) und für Na^+ positive Werte annimmt.

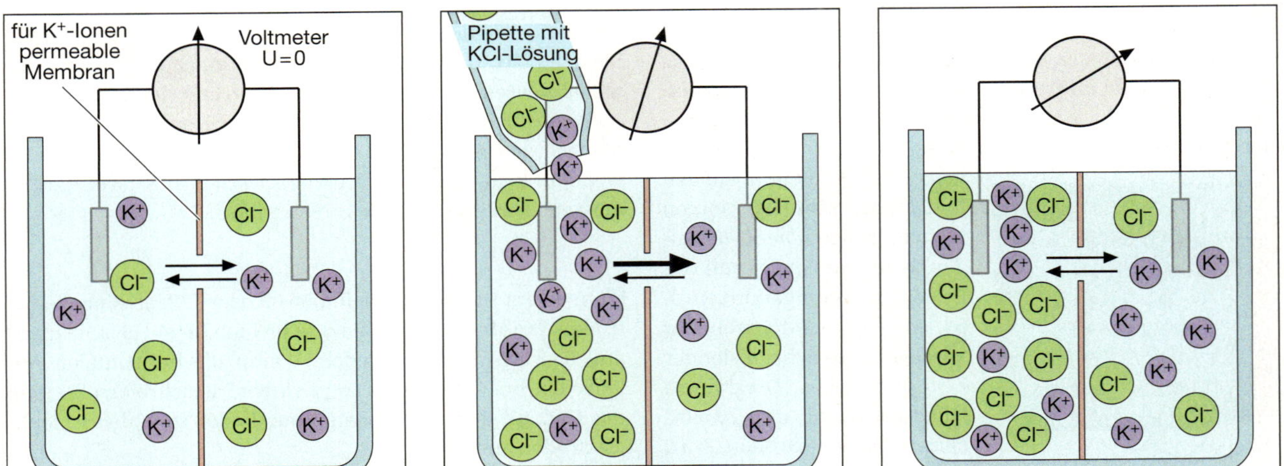

1 Das Gleichgewichtspotenzial entsteht automatisch als Folge der selektiven Durchlässigkeit der Membran (Modellversuch).

Material – Methode – Praxis: **Elektrophysiologische Untersuchungen**

Ein Techniker untersucht einen elektronischen Schaltkreis, indem er die Elektroden eines Messgeräts in den Schaltkreis einfügt und dann Spannungen und Ströme misst. Die elektrischen Eigenschaften von Zellen werden im Prinzip genauso untersucht: Da bei Zellen Spannungen zwischen dem Zellinnern und der Zellaußenseite auftreten, sticht man eine Elektrode – die *Ableitelektrode* – in die Zelle ein und misst die Potenzialdifferenz gegenüber einer zweiten Elektrode außerhalb der Zelle – der *Referenzelektrode* (→ Bild rechts).

Kleine Elektroden ...

Selbstverständlich kann man nicht die Elektroden eines handelsüblichen Digitalmultimeters in eine winzige Nervenzelle einstechen. Deshalb konnten so lange keine direkten Ableitungen aus Nervenzellen gelingen, bis Ende der 1940er-Jahre Glaskapillar-Mikroelektroden entwickelt wurden, deren Spitzendurchmesser nur 0,5–1 µm beträgt. Mit diesen Elektroden kann man in Nervenfasern einstechen ohne sie ernsthaft zu beschädigen. Die Elektroden sind mit einer elektrisch leitenden Flüssigkeit (meist Kaliumchloridlösung) gefüllt, in die ein Silberdraht hineinragt.

... und Riesenzellen

Bevor die Mikrotechnik perfektioniert wurde, suchte man nach Zellen, die für die Messung mit Drahtelektroden groß genug waren. Man fand sie in den so genannten Stellarganglien des Tintenfischs *Loligo* (→ Bild rechts). Hier gibt es Nervenzellen, deren Axone über 0,5 mm dick werden können – man hielt sie wegen ihrer Größe zuerst für Blutgefäße. In diese Riesenaxone konnten Drahtelektroden für Ableitungen sogar in Längsrichtung des Axons eingeführt werden.

Verstärken und Aufzeichnen von Signalen

Da elektrische Signale von Nervenzellen nur winzige Ströme (im Bereich von µA = millionstel Ampere) und Spannungen (mV = tausendstel Volt) liefern, müssen leistungsfähige Verstärker eingesetzt werden. Das *Oszilloskop* ist ein solcher Verstärker, der zusätzlich auch die gemessenen Signale sichtbar macht. Es besteht im Wesentlichen aus einer *Kathodenstrahlröhre*, die einen Elektronenstrahl erzeugt, und einem fluoreszierenden Bildschirm (→ Bild unten). Während der Elektronenstrahl einen Punkt auf den Bildschirm schreibt, sorgen plattenförmige *Ablenkelektroden* dafür, dass der Strahl von links nach rechts geführt wird. Es entsteht ein horizontaler Strich auf dem Schirm, der der Zeitachse eines Diagramms entspricht. Auf ein zweites Paar Ablenkelektroden wird das elektrische Signal einer Zelle gelegt. Die Spannungsänderungen, die von der Ableitelektrode gemessen werden, zeigen sich als vertikale Ablenkung des Elektronenstrahls.

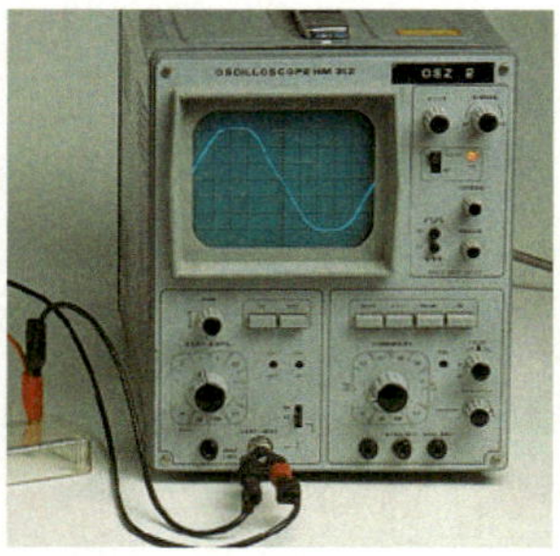

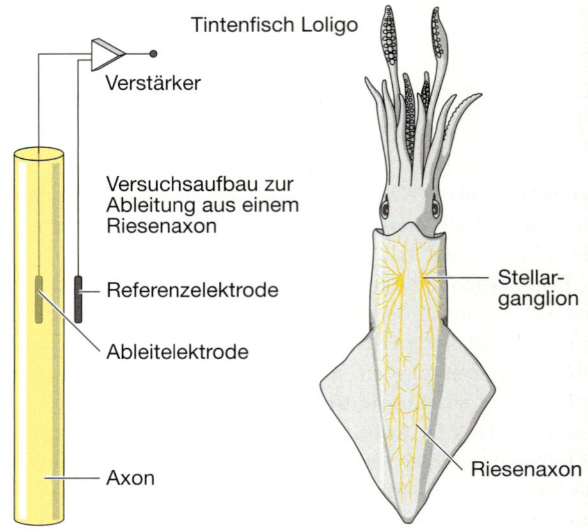

Modellversuch zum Gleichgewichtspotenzial

Material: Plastikwanne, durch eine kationenpermeable Membran in 2 Kammern getrennt, empfindliches Voltmeter, 2 Silberblechelektroden, Kabel, KCl-Lösung (10 %), Pipette
Durchführung: Füllen Sie die Kammern mit demineralisiertem Wasser und bringen Sie in jeder Kammer eine Elektrode an, die über ein Kabel mit einem Eingang des Voltmeters verbunden wird. Stellen Sie das Voltmeter falls erforderlich auf null. Geben Sie in eine der Kammern wenig KCl und protokollieren Sie den Zeitverlauf der Spannungsänderung, die Sie am Voltmeter ablesen. Wird ein konstanter Wert erreicht?

Wiederholen Sie den Versuch mit größeren und kleineren Mengen zugegebener KCl. Wenn Sie ein Digitalmultimeter verwenden, können Sie auch den Zeitverlauf des Stromflusses messen. Interpretieren Sie Ihre Ergebnisse.

1 In einem Oszilloskop befinden sich zwei Paar Ablenkelektroden. Die Messwerte vom untersuchten Objekt gelangen nur auf die vertikalen Elektroden. Wären die horizontalen Ablenkelektroden dann nicht verzichtbar? Beschreiben Sie, wie das Bild auf dem Bildschirm ohne die horizontalen Ablenkelektroden aussähe.

☞ Stichworte zu weiteren Informationen

Elektrotechnik, A. L. HODGKIN und A. F. HUXLEY, Mikroelektroden

Ruhepotenzial

Sticht man mit Mikroelektroden in eine beliebige Körperzelle ein, misst man immer eine Potenzialdifferenz gegenüber dem Umgebungsmedium. Fast immer ist das Zellinnere gegenüber der Außenseite negativ geladen. Bei dieser Potenzialdifferenz, die allen tierischen Zellen eigen ist, spricht man vom *Ruhepotenzial*.

K^+ und Na^+ bestimmen das Ruhepotenzial. Das Gleichgewichtspotenzial (→ S. 401) stellt sich nur im hypothetischen Modell ein, bei dem die trennende Membran nur für eine Ionenart permeabel ist. Die Zellmembran der Zelle ist aber für verschiedene Ionen durchlässig. Alle vorkommenden Ionen zusammen bestimmen das Ruhepotenzial der Zelle.

Jedes Membranpotenzial kommt durch Ionen zustande, die Ladungen von der einen Seite der Membran auf die andere transportieren. Es ist daher leicht einzusehen, dass diejenigen Ionen keinen Beitrag zum Membranpotenzial leisten können, für die die Membran nicht permeabel ist. Man kann weiter folgern, dass der Beitrag einer Ionenart zum Membranpotenzial umso kleiner sein wird, je geringer die Permeabilität für diese Ionenart ist. Daher wird die Ionenart, die am leichtesten die Membran durchdringt, den größten Beitrag zum Ruhepotenzial leisten.

Das Ruhepotenzial eines Säugetierneurons liegt typischerweise zwischen –40 und –75 mV. Dieser Wert ist positiver als das Gleichgewichtspotenzial von K^+, aber weit negativer als das Gleichgewichtspotenzial von Na^+ (→ Tabelle S. 401). Das hat seinen Grund darin, dass die Zellmembran in Ruhe wesentlich besser für K^+ als für Na^+ permeabel ist. Das Ruhepotenzial von Neuronen wird demnach hauptsächlich durch K^+ bestimmt. Weil aber immer etwas Na^+ in die Zelle einsickert, leistet auch dieses Ion seinen Beitrag.

Gespeicherte Energie im Ruhepotenzial. Auch wenn Na^+-Ionen im Ruhezustand wenig zum Membranpotenzial einer Nervenzelle beitragen, lohnt es sich zu fragen, was passieren würde, wenn die Membran für Na^+-Ionen permeabel wäre: Für Na^+-Ionen ist das Konzentrationsgefälle ins Zellinnere gerichtet. Gleichzeitig werden diese Ionen vom elektrisch negativen Zellinnern angezogen (→ Bild 1). Es besteht also eine sehr starke Tendenz für Na^+-Ionen, ins Zellinnere einzudringen – vergleichbar Wassermassen, die sich hinter einem Staudamm stauen. Das Ruhepotenzial stellt also eine Form von gespeicherter *elektrochemischer Energie* dar. Diese Energie kann sich in einen Stromfluss verwandeln, sobald die Membran für Natriumionen durchlässig wird.

Aufrechterhaltung des Ruhepotenzials. Da im Ruhezustand ständig einige Natriumionen in die Zelle einsickern, müsste das Ruhepotenzial eigentlich immer kleiner werden und allmählich verschwinden. Das ist nicht der Fall. Ein Transportprotein in der Zellmembran entfernt ständig die eindringenden Na^+-Ionen. Diese so genannte *Natrium/Kalium-Pumpe* nimmt auf der Zellinnenseite Natriumionen auf und transportiert sie auf die Zellaußenseite. Im Gegenzug befördert dieser Carrier (→ S. 48) Kaliumionen ins Zellinnere. Dabei wird ATP verbraucht.

In Nervenzellen werden 50–70% des gesamten Energieumsatzes für die Na^+/K^+-Pumpe aufgewendet. Die elektrochemische Energie, die das Ruhepotenzial darstellt, dient hier zur Erzeugung von elektrischen Signalen, den *Aktionspotenzialen* (→ S. 404). Da Aktionspotenziale mit einem Einstrom von Na^+ in die Zelle verbunden sind, muss die Na^+/K^+-Pumpe verstärkt aktiv werden um immer wieder das Ruhepotenzial zu regenerieren. Elektrisch inaktive Zellen, die kein Aktionspotenzial erzeugen können, wenden dagegen nur 30% ihres Energieumsatzes für die Na^+/K^+-Pumpe auf.

1 Im Zellinnern spielen negativ geladene organische Substanzen, wie Proteine und Aminosäuren, eine große Rolle. Diese Substanzen tragen aber nichts zum Ruhepotenzial bei. Begründung?

2 Beschreiben Sie, in welcher Hinsicht das Ruhepotenzial gespeicherter elektrochemischer Energie entspricht.

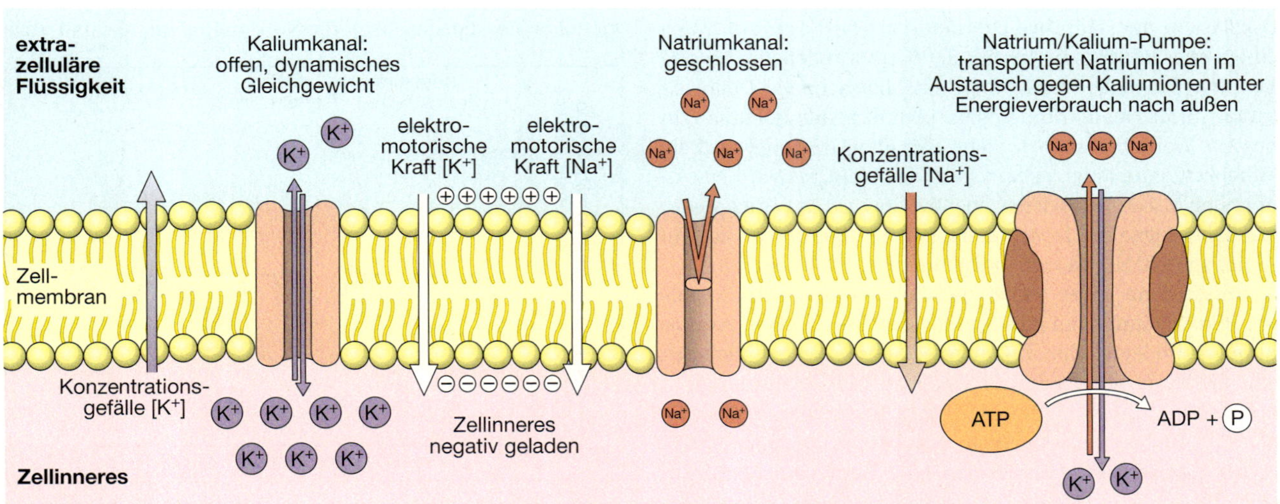

1 *Zusammenfassung der wesentlichen Vorgänge, die zur Entstehung und Erhaltung des Ruhepotenzials beitragen*

Aktionspotenzial

Wird die Zellmembran eines Neurons im Versuch mit einem kurzen Strompuls gereizt, lassen sich zwei grundsätzlich verschiedene Reaktionen beobachten (→ Bild 1):

- Das Membranpotenzial kann *passiv* dem Reizstrom folgen und dann langsam zum Ruhepotenzial zurückkehren. Passiv nennt man die Reaktion deshalb, weil die Membran hier einfach wie ein Kondensator elektrische Ladung aufnimmt und dann ableitet. Diese Reaktion tritt auf, wenn der Strompuls eine *Hyperpolarisation* der Membran bewirkt, das Membranpotenzial also zunimmt (negativer wird), oder bei einer *schwachen Depolarisation*, wenn das Membranpotenzial etwas abnimmt (positiver wird).
- Wird die Membran des Neurons dagegen bis zu einem bestimmten *Schwellenwert* depolarisiert, erfolgt nicht die erwartete passive Antwort (→Bild 1, gestrichelte rote Linie), sondern es wird aktiv ein elektrisches Signal erzeugt (→ Bild 1, durchgezogene rote Linie), das *Aktionspotenzial*, auch *Nervenimpuls* genannt. Dass es sich beim Aktionspotenzial um ein von der Zelle aktiv und unter Energieverbrauch erzeugtes Signal handelt, erkennt man daran, dass der Strom, der während des Impulses fließt, stärker ist als der Reizstrom. Das Ausgangssignal wird also verstärkt.

Eigenschaften des Aktionspotenzials. Zu den Eigenschaften von Aktionspotenzialen gehört es, dass sie nach dem *Alles-oder-nichts-Prinzip* ausgelöst werden: Die Höhe des Aktionspotenzials hängt nicht mit der Stärke des Reizstroms zusammen. Entweder wird das Schwellenpotenzial erreicht, dann entsteht ein voll ausgebildetes Aktionspotenzial, oder das Aktionspotenzial kommt gar nicht zustande. Die Situation ist vergleichbar mit dem Betätigen eines Lichtschalters: Wenn der Druck stark genug ist, den Schalter umzulegen, geht das Licht an, sonst bleibt es aus. Es ist nicht so, dass der Druck, mit dem der Lichtschalter betätigt wird, die Helligkeit der Lampe beeinflusst. Genauso hängt die Höhe des Aktionspotenzials, seine *Amplitude*, nicht vom Reizstrom, sondern von den Eigenschaften der Nervenzelle ab.

Stellt man Ableitungen von Aktionspotenzialen auf einem Oszilloskop dar, fällt ihre charakteristische Form auf. Nach einem eher langsamen Anstieg der Membrandepolarisierung bis zum Schwellenwert erfolgt eine blitzschnelle Depolarisation, die das Membranpotenzial über den Nullwert hinaus in positive Werte hinein verschiebt. Fast ebenso schnell wird die Membran dann aber *repolarisiert*, das heißt, sie wird gegenüber der Außenseite wieder negativ. Oft wird das Ruhepotenzial dabei sogar kurzzeitig unterschritten (Hyperpolarisation). Aktionspotenziale dauern meist nur 1 bis 2 Millisekunden.

Entsteht an einer Stelle der Zellmembran ein Impuls (→ Bild 2), dann kann dort für eine gewisse Zeit kein zweiter Impuls gebildet werden. Offenbar ist die Membran direkt nach einem Aktionspotenzial nicht erregbar. Diese Zeitspanne, in der kein Impuls erzeugt werden kann, nennt man *Refraktärzeit*. Aus Bild 2 wird ersichtlich, dass es eine *absolute Refraktärzeit* gibt, in der die Erregbarkeit der Membran auf null absinkt. Ihr schließt sich eine *relative Refraktärzeit* an, in der die Membranerregbarkeit vermindert ist. Das Schwellenpotenzial

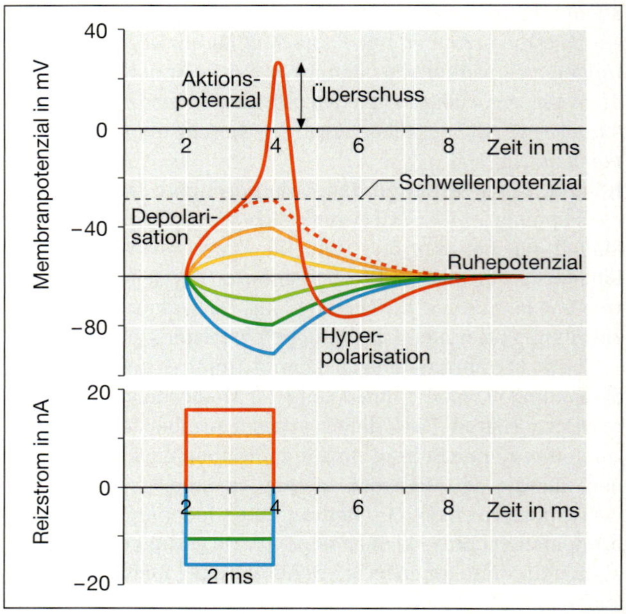

1 Die Membran eines Neurons kann passiv auf Reizströme reagieren oder mit einem Aktionspotenzial.

ist dann höher als normal, die Amplitude der Impulse kleiner. Das Vorhandensein einer Refraktärzeit hat zwei Konsequenzen: Aktionspotenziale können nicht zu einer Art Dauererregung verschmelzen und es gibt eine *maximale Impulsfrequenz* für jede Nervenzelle, die von der Länge der Refraktärzeit abhängt.

Entstehung des Aktionspotenzials. Wie Sie bereits wissen, ist im Ruhezustand das Zellinnere des Neurons gegenüber der Außenseite negativ geladen. Na^+-Ionen haben daher – und weil sie auf der Zellaußenseite etwa 10fach höher konzentriert sind – eine starke Tendenz, ins Zellinnere einzudringen (→ S. 403), doch ist die Zellmembran des Neurons für Na^+-Ionen fast undurchlässig. In der Membran gibt es zwar Ionenkanäle, die spezifisch für Na^+-Ionen sind, sie sind aber

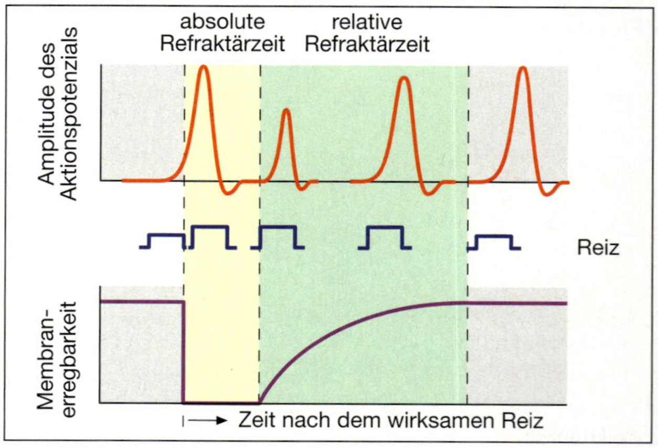

2 Direkt nach einem Aktionspotenzial ist die Membran eine Zeit lang nicht oder nur vermindert erregbar.

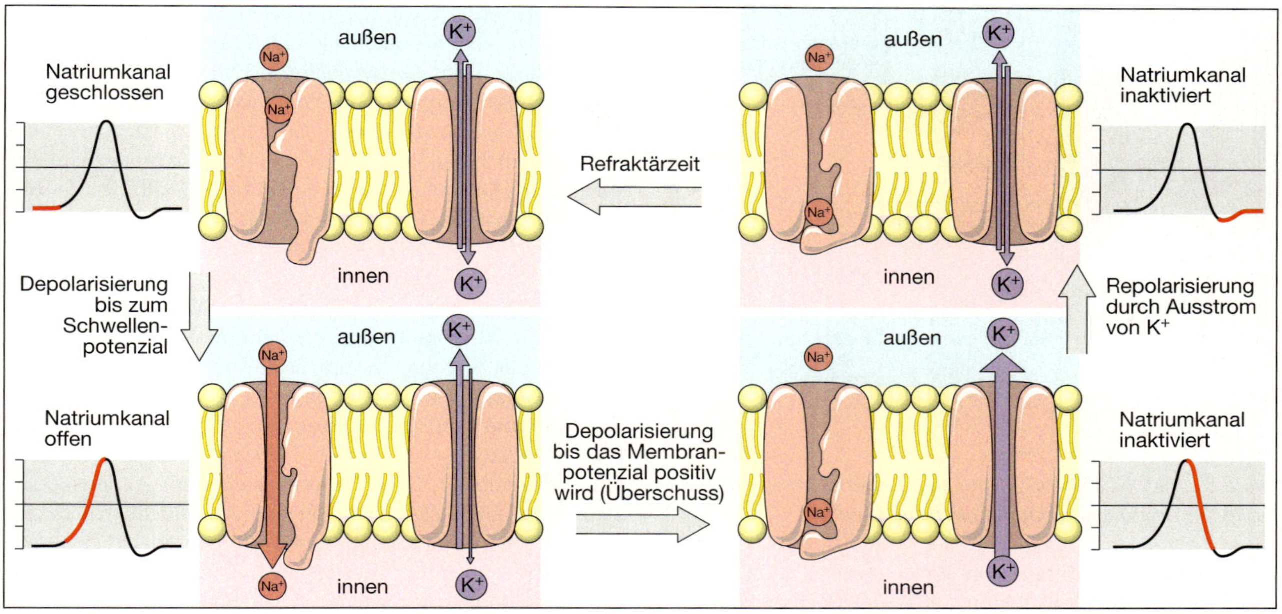

1 Vorgänge in der Zellmembran während eines Aktionspotenzials. Spannungsabhängige Natriumkanäle ermöglichen die Depolarisation. Die vier Teilbilder zeigen den Zustand der Ionenkanäle in den rot markierten Phasen des Aktionspotenzials.

normalerweise verschlossen (→ Bild 1). Die herausragende Besonderheit dieser Natriumkanäle liegt in ihrer *Spannungsabhängigkeit*: Als Antwort auf eine Membrandepolarisation können sich die Natriumkanäle öffnen. Somit kommt ein Aktionspotenzial folgendermaßen zustande:

Wird die Zellmembran des Neurons bis zum Schwellenwert depolarisiert, beginnen sich einige Natriumkanäle zu öffnen (→ Bild 1 links). Nun können Na^+-Ionen in die Zelle eindringen. Dadurch wird das Membranpotenzial positiver.

Je positiver das Membranpotenzial wird, desto mehr Natriumkanäle öffnen sich. Folglich dringen auch mehr Na^+-Ionen in die Zelle ein und umso schneller verschiebt sich das Membranpotenzial zum Positiven. Dieses Verhalten der Natriumkanäle ist eines der wenigen Beispiele für einen durch *positive Rückkopplung* gesteuerten Vorgang in der Biologie. Es erklärt, warum die Depolarisation so „explosionsartig“ erfolgt.

Wenn sich das Membranpotenzial dem Natrium-Gleichgewichtspotenzial von etwa +50 mV nähert (→ Tabelle S. 401), schließen sich die Natriumkanäle wieder (→ Bild 1 rechts). Der Natriumeinstrom versiegt. Jetzt ist das Zellinnere gegenüber der Außenseite positiv geladen.

Das hat Auswirkungen auf die K^+-Ionen: Für diese Ionen zeigt das Konzentrationsgefälle von innen nach außen. Zusätzlich ist im Zellinnern durch den Natriumeinstrom ein positiver Ladungsüberschuss entstanden. Daher werden nun K^+-Ionen mit großer Kraft aus der Zelle getrieben. Die K^+-Ionen transportieren positive Ladungen aus der Zelle hinaus. Dadurch wird das Zellinnere wieder negativer, es wird *repolarisiert*. Das Ruhepotenzial stellt sich wieder ein. Durch die Repolarisierung regenerieren sich die Natriumkanäle langsam wieder. Eine Konformationsänderung bringt sie in ihren ursprünglichen Zustand zurück. Erst dann sind die Natriumkanäle wieder durch eine Membrandepolarisierung erregbar. Die Zeit, die vergeht, bis alle Natriumkanäle wieder regeneriert sind, entspricht der Refraktärzeit.

Impuls und Information. Das Entstehen von Aktionspotenzialen ist der zentrale Vorgang der *Erregungsbildung*. Solche Nervenimpulse sind die Voraussetzung für das Funktionieren von Nervensystemen. Denn nur bei Aktionspotenzialen wird das Ausgangssignal verstärkt. So lassen sich Signale verlustfrei über weite Strecken im Nervensystem fortleiten (→ S. 406).

Die Amplitude eines Impulses ist etwa 5-mal höher als das Schwellenpotenzial. Das stellt eine Absicherung gegenüber Informationsverlust dar. Gleichzeitig bewirkt die Signalverstärkung auch eine Empfindlichkeitssteigerung, zum Beispiel von Sinnesorganen.

Die Fähigkeit, Aktionspotenziale zu bilden, war Voraussetzung dafür, dass sich in der Evolution Neurone entwickeln konnten, deren Axone viele Zentimeter lang sind. Tatsächlich sind Neurone, die keine Aktionspotenziale bilden, immer sehr klein. Das gilt zum Beispiel für die Horizontalzellen in der Netzhaut (→ S. 418).

1 Finden Sie weitere Beispiele für Vorgänge, die nach dem Alles-oder-nichts-Prinzip ausgelöst werden.

2 Verdeutlichen Sie die Bedeutung der Kaliumionen für das Zustandekommen eines Aktionspotenzials.

3 Erklären Sie, weshalb ein Aktionspotenzial in einem Neuron keine positiveren Werte annehmen kann als das Gleichgewichtspotenzial von Natrium.

Erregungsleitung im Axon

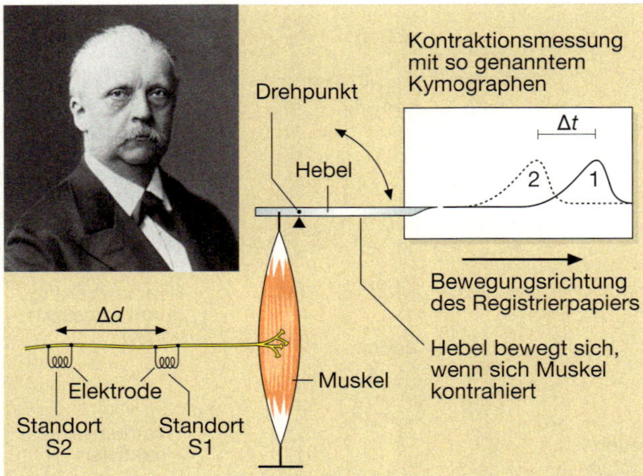

1 und 2 VON HELMHOLTZ und sein Experiment zur Bestimmung der Leitungsgeschwindigkeit im Axon

Leitungsgeschwindigkeit im Axon. Anfang des 19. Jahrhunderts herrschte die Meinung, dass elektrische Signale mit derselben Geschwindigkeit durch einen Nerv laufen wie elektrischer Strom durch ein Kabel – also fast mit Lichtgeschwindigkeit. H. v. HELMHOLTZ bewies mit einem einfachen Experiment das Gegenteil: Er präparierte einen Froschmuskel mit dem dazugehörigen Nerv und spannte den Muskel in eine Apparatur zur Kontraktionsmessung (→ Bild 2). Nun reizte er den zuleitenden Nerv mit einer Elektrode (S1) und bestimmte die Zeit bis zur Muskelzuckung. Dann platzierte er die Reizelektrode 3 cm weiter entfernt vom Muskel auf dem Nerv (S2). Wieder wurde die Zeit bis zur Muskelzuckung gemessen. Der Abstand der Reizelektroden geteilt durch den Zeitunterschied bis zur Muskelzuckung ergaben dann die Leitungsgeschwindigkeit im Nerv, in diesem Fall 3 m/s. Inzwischen sind die Leitungsgeschwindigkeiten für eine Vielzahl von Nervenzellen gemessen worden. Je nach Zelltyp liegen sie zwischen 40 cm/s und 120 m/s.

Fortleitung von Aktionspotenzialen. Wenn bei einem Aktionspotenzial die Na^+-Ionen ins Neuroninnere einströmen, entsteht ein ins Axon gerichteter elektrischer Strom und das Zellinnere wird an dieser Stelle vorübergehend positiv geladen. Da in den benachbarten Bereichen die Innenseite der Membran immer noch negativ geladen ist, kommt es jetzt innerhalb des Axons zu einem seitlichen Stromfluss (→ Bild 3), sodass nun auch Membranbereiche vor und hinter dem Aktionspotenzial *depolarisiert* werden. Ist diese Depolarisierung stark genug, dass durch sie das *Schwellenpotenzial* der Membran erreicht wird, öffnen sich auch an dieser Stelle der Membran Natriumkanäle. Ein neues Aktionspotenzial wird ausgelöst. So bewegt sich der Impuls wie eine Welle über das Axon: Der Natriumeinstrom während eines Aktionspotenzials verursacht einen elektrischen Strom, der sich entlang des Axons ausbreitet. Dadurch werden *vor* dem Aktionspotenzial liegende Bereiche der Membran depolarisiert, sodass dort ein neues Aktionspotenzial entsteht. Diese so genannte *Strömchentheorie* erklärt, wie Impulse über das Axon weitergeleitet werden. Die Aktionspotenziale entstehen meist in der Nähe des Zellkörpers am *Axonhügel* (→ S. 399) und laufen von dort bis zu den *präsynaptischen Endigungen*. Man kann sich fragen, warum die Impulse diesen Weg nicht auch wieder zurücklaufen, denn schließlich breitet sich der durch einen Impuls verursachte Strom in *beide* Richtungen aus (→ Bild 3). Der Natriumeinstrom eines Impulses depolarisiert zwar auch Membranbereiche, die entgegen der Ausbreitungsrichtung liegen. Dadurch werden aber keine Impulse ausgelöst, weil die Natriumkanäle in dieser Membranregion noch in der *Refraktärphase* sind. Neurone können Nervenimpulse deshalb immer nur in einer Richtung – vom Zellkörper zu den präsynaptischen Endigungen – weiterleiten.

Schnelle und langsame Axone. Das Prinzip der Erregungsleitung im Axon ist für alle Nervenzellen gleich. Trotzdem leiten Axone verschiedener Nervenzelltypen die Aktionspotenziale unterschiedlich schnell. Bei manchen von ihnen bedeutet eine schnelle Impulsleitung einen großen Selektionsvorteil. Das trifft vor allem für Neurone zu, die an der Steuerung von Fluchtreaktionen oder Schutzreflexen beteiligt sind.

Man kann messen, dass ein Axon Impulse umso schneller leitet, je größer sein Durchmesser ist. Der Grund hierfür liegt in den passiven elektrischen Eigenschaften des Axons: Je größer der Durchmesser eines Axons ist, desto kleiner wird sein *Innenwiderstand* im Vergleich zum *Membranwiderstand*. Ein Strom, der – wie beim Aktionspotenzial – ins Axon eindringt, fließt also nicht so leicht über die Membran zurück, sondern breitet sich im Innern des Axons weiter aus (→ Bild 3). Ein Aktionspotenzial kann also bei einem dicken Axon weiter vorn liegende Membranbereiche überschwellig depolarisieren als bei einem dünnen Axon. Damit steigt die Leitungsgeschwindigkeit. Die Axone von Nervenzellen, die schnelle Bewegungen steuern, sind daher bei vielen wirbellosen Tieren sehr dick. Ein berühmtes Beispiel sind die Riesenaxone des Tintenfischs *Loligo* (→ S. 402).

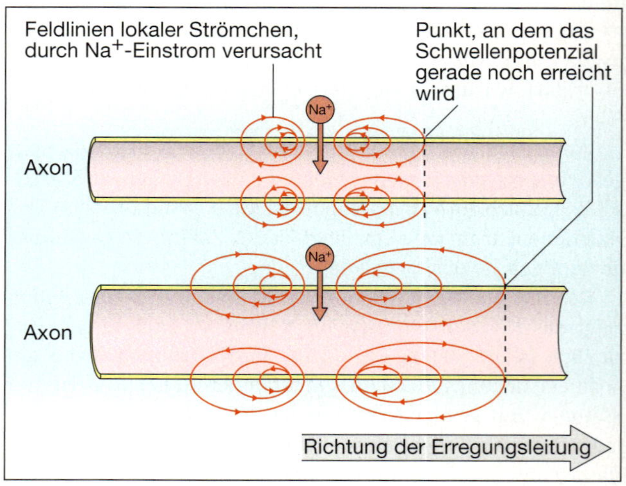

3 Je dicker ein Axon ist, desto weiter werden von einem Impuls verursachte lokale Strömchen vorausgeschickt.

Saltatorische Erregungsleitung. Bei Wirbeltieren hat die Evolution einen anderen Weg beschritten. Da die Leitungsgeschwindigkeit im Axon immer dann steigt, wenn mehr Strom im Innern des Axons fließt als über die Membran, kann dieser Effekt auch durch Erhöhung des Membranwiderstands erzielt werden. Ist der Stromfluss über die Membran erschwert, muss ebenfalls mehr Strom im Innern des Axons fließen. Aus diesem Grund sind bei Wirbeltieren zum Beispiel Neurone, die Willkürbewegungen steuern, mit einer *Myelinscheide* umgeben. Sie wird von einem bestimmten Typ von Gliazellen gebildet, den *schwannschen Zellen*. Das sind extrem abgeflachte Zellen, die sich in vielen Schichten um das Axon herumwickeln. Im Querschnitt erkennt man deshalb viele Anschnitte der Zellmembran. Dadurch wird das myelinisierte Axon elektrisch isoliert wie ein mit Kunststoff umhülltes Stromkabel. Nur an den regelmäßig auftretenden *ranvierschen Schnürringen* entlang des Axons fehlt die Myelinscheide.

Entsteht an einem dieser Schnürringe ein Aktionspotenzial, fließt ein von Na^+-Ionen getragener elektrischer Strom ins Axon. Dieser Strom kann frühestens am nächsten Schnürring wieder aus der Zelle austreten (→ Bild 1). Hier wird die Zellmembran depolarisiert und ein neues Aktionspotenzial ausgelöst. Die Impulse in Axonen mit Myelinscheide entstehen also nur noch an den Schnürringen. Die myelinisierten Bereiche werden sozusagen übersprungen. Durch diese *saltatorische Erregungsleitung* (von lat. *saltare:* springen, tanzen) wird die Leitungsgeschwindigkeit auch in dünnen Axonen enorm gesteigert (→ Tabelle). Außerdem ist die saltatorische Erregungsleitung energetisch günstiger, da die Na^+/K^+-Pumpe nur im Membranbereich der Schnürringe arbeitet.

Passive Erregungsleitung. Aktionspotenziale können nur entlang des Axons einer Nervenzelle gebildet werden. Einige Zellen des Nervensystems sind aber sehr klein und besitzen kein Axon. Ein Beispiel hierfür sind bestimmte Zelltypen in der Netzhaut (→ S. 418). Diese Zellen treten nur mit unmittelbar benachbarten Neuronen in Kontakt. Auf elektrische Erregung

Leitungsgeschwindigkeiten verschiedener Neurone

Tierart, Fasertyp	Durchmesser in µm	Geschwindigkeit in m/s
Qualle	6–12	0,5
Schabe, Bauchmark	50	7
Loligo, Riesenfaser	650	25
Frosch,		
myelinisierte Faser	15	30
Katze,		
myelinisierte Faser	13–17	70–100
nicht myelinisierte Faser	0,5–1,0	0,6–2

reagieren sie mit einer Änderung des Membranpotenzials, die sich rein passiv – also ohne dass sich die Durchlässigkeit von Ionenkanälen ändert – über eine gewisse Distanz entlang des Zellkörpers ausbreitet. Dabei schwächt sich das elektrische Signal mit zunehmender Entfernung ab. Aus diesem Grund kann sich eine solche Membranpotenzialänderung nur dann über größere Strecken hinweg ausbreiten, wenn sie relativ groß ist.

Passive Erregungsleitung ist jedoch nicht auf besondere Neurontypen beschränkt. Man findet sie auch bei Neuronen, die Aktionspotenziale ausbilden können: Die Erregungsleitung von den Dendriten bis zum Axonhügel erfolgt immer passiv.

1 Beschreiben Sie die Vorgänge bei der saltatorischen Erregungsleitung im myelinisierten Axon. Weshalb wurde der Begriff „saltatorisch“ gewählt?

2 Die Geschwindigkeit der Erregungsleitung kann auf verschiedene Weise gesteigert werden. Welche Vorteile sehen Sie in der Myelinisierung im Vergleich zur Steigerung des Axondurchmessers? Bedenken Sie bei Ihrer Antwort, dass das Zentralnervensystem des Menschen mehrere Milliarden Neurone enthält.

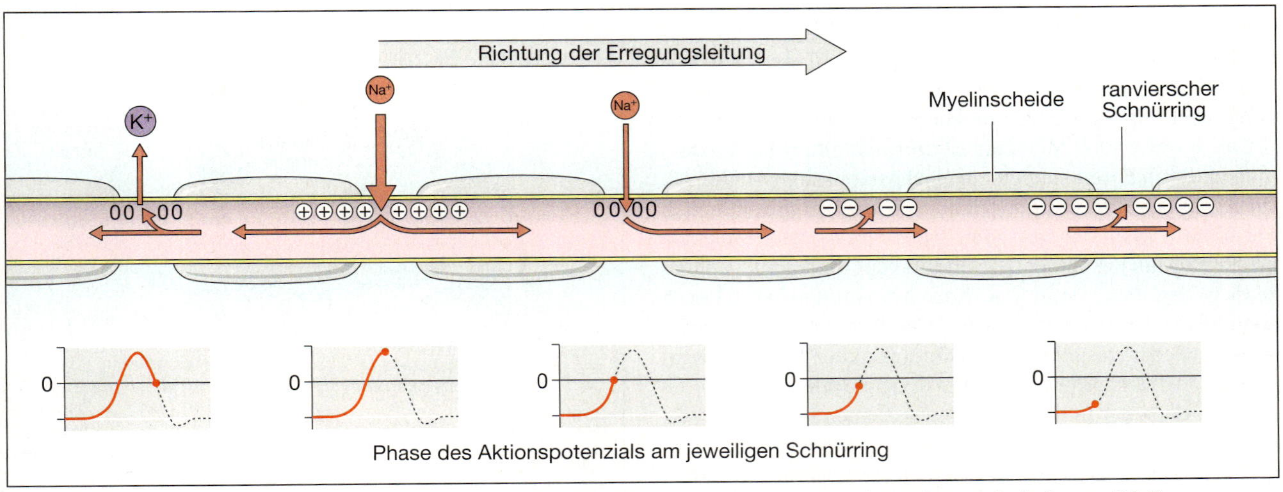

1 Saltatorische Erregungsleitung. Die elektrischen Ströme an den verschiedenen Schnürringen sind als rote Pfeile dargestellt. Der ungefähre Wert des Membranpotenzials am jeweiligen Schnürring wird durch +, – oder 0 angedeutet.

Erregungsübertragung an Synapsen

Die Erregungsleitung innerhalb eines Neurons erfolgt durch elektrische Signale. Man könnte daher annehmen, dass auch zwischen den Nervenzellen elektrische Signale direkt ausgetauscht werden. Diesen Fall gibt es tatsächlich, nämlich wenn die betreffenden Zellen über *Kommunikationskontakte*, auch *gap junctions* genannt, miteinander in Verbindung stehen (→ S. 45). Man spricht dann von *elektrischer Synapse*. Meist erfolgt die Kommunikation zwischen zwei Nervenzellen jedoch auf stofflichem Weg. Die Struktur, an der sich eine solche Signalübertragung vollzieht, nennt man *chemische Synapse*.

Bau chemischer Synapsen. An der Synapse lassen sich drei verschiedene Bereiche unterscheiden:

- die präsynaptische Endigung des Neurons, das die Informationen überträgt, der präsynaptischen Zelle; jede präsynaptische Endigung enthält mehrere hundert synaptische Vesikel mit den als *Neurotransmitter* bezeichneten Überträgersubstanzen;
- der etwa 20–40 nm breite synaptische Spalt zwischen den beiden Neuronen; er ist mit Mucopolysacchariden gefüllt, die die präsynaptische Endigung am nachgeschalteten Neuron befestigen;
- die Zellmembran des nachgeschalteten Neurons, der postsynaptischen Zelle. Sie weist meist keine deutlich erkennbaren Ultrastrukturmerkmale auf. Es finden sich hier aber andere Ionenkanäle als im Axon.

Informationsübertragung an der Synapse. Damit ein Impuls über eine chemische Synapse von der präsynaptischen zur postsynaptischen Zelle übertragen wird, sind eine Reihe von aufeinander folgenden Ereignissen notwendig (→ Bild 1):

Wenn ein Aktionspotenzial in einer präsynaptischen Endigung eintrifft, wird die Zellmembran depolarisiert. Dadurch öffnen sich in der Membran *spannungsabhängige Calciumkanäle*: Die Konzentration von Calciumionen in der präsynaptischen Endigung steigt an, und zwar umso stärker, je größer die Impulsfrequenz ist.

Der Anstieg der intrazellulären Calciumkonzentration wirkt als ein Signal, das dazu führt, dass einige synaptische Vesikel mit der Zellmembran verschmelzen *(Exocytose)*. Wie viele Vesikel ihren Inhalt in den synaptischen Spalt ergießen, hängt vom Anstieg der Calciumkonzentration ab.

Die je etwa 4000 Moleküle Neurotransmitter des Vesikelinhalts diffundieren schnell zur postsynaptischen Membran. Diese enthält *Transmitter gesteuerte Ionenkanäle,* die sich nur öffnen, wenn der passende Transmitter – zwei Moleküle pro Kanal – an sie bindet. Die Öffnung der Ionenkanäle bleibt zeitlich begrenzt, denn der Neurotransmitter wird durch ebenfalls in der postsynaptischen Membran liegende *Enzyme* schnell wieder gespalten. Die Öffnungsdauer ist der ausgeschütteten Transmittermenge direkt proportional.

Das Öffnen der Ionenkanäle bewirkt einen Ioneneinstrom, der so lange dauert, wie Transmitter im synaptischen Spalt vorhanden ist. Durch den Ioneneinstrom verändert sich das Membranpotenzial der postsynaptischen Membran. Die Amplitude der Potenzialänderung ist variabel, sie hängt von der Zahl der geöffneten Ionenkanäle ab. Dieses so genannte *postsynaptische Potenzial (PSP)* ist also der ausgeschütteten Transmittermenge proportional.

Kann das PSP die postsynaptische Membran überschwellig depolarisieren, entsteht am Axonhügel dieses Neurons ein neues Aktionspotenzial. Da die Amplitude des PSP von der ausgeschütteten Transmittermenge und damit letztlich von der Erregung des präsynaptischen Neurons abhängt, ist gewährleistet, dass die Erregungsübertragung an der chemischen Synapse ohne Informationsverlust abläuft.

Neurotransmitter werden recycelt. Durch die enzymatische Spaltung des Transmitters an der postsynaptischen Membran wird sichergestellt, dass ein einzelnes Aktionspotenzial der präsynaptischen Zelle keine Dauererregung in der postsynaptischen Zelle hervorrufen kann. In der präsynaptischen Endigung muss deshalb jedoch Transmitter immer wieder neu synthetisiert werden. Dieser Nachteil wird dadurch gemildert, dass die Abbauprodukte des Transmitters *recycelt* werden. Im Fall des weit verbreiteten Transmitters *Acetylcholin*, der in Cholin und Essigsäure aufgespalten wird, diffundiert Cholin zur präsynaptischen Endigung zurück und wird dort aktiv aufgenommen. Hier wird ein Essigsäurerest auf das Cholin übertragen, sodass Acteylcholin entsteht. Der neu synthetisierte Transmitter wird dann wieder in synaptische Vesikel transportiert und steht für einen neuen Zyklus zur Verfügung (→ Bild 1).

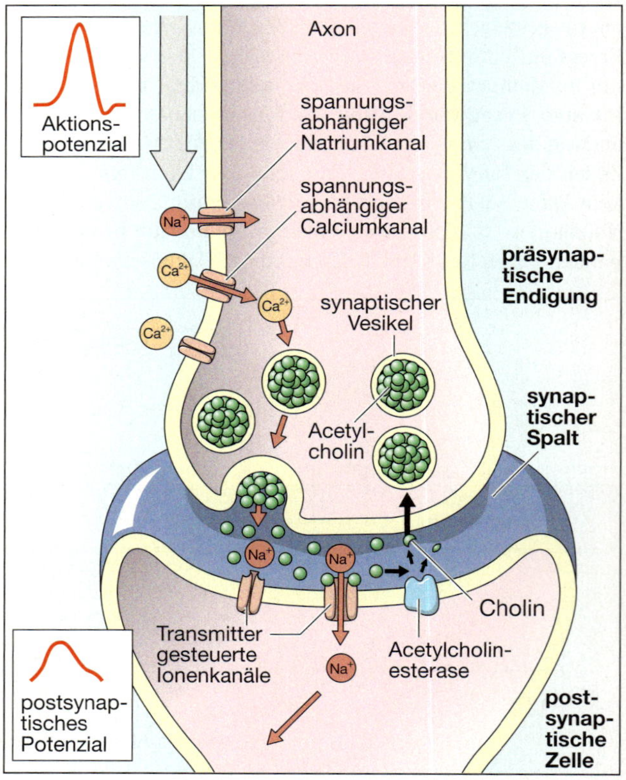

1 *Signalübertragung an einer chemischen Synapse. Als Beispiel für einen Transmitter wurde Acetylcholin gewählt.*

Codierung von Information im Nervensystem. Prinzipiell kommt es bei jeder Art von Informationsübermittlung darauf an, die Information so zu verschlüsseln, dass sie später wieder rekonstruiert werden kann. In Neuronen werden Informationen in Veränderungen des Membranpotenzials „übersetzt". Der Inhalt der Information bezieht sich immer auf die *Dauer* und die *Intensität* der Erregung beziehungsweise des Reizes. An verschiedenen Stellen des Neurons wird diese Botschaft aber auf unterschiedliche Weise verschlüsselt (codiert):

Die Dendriten und der Zellkörper des Neurons können keine Aktionspotenziale erzeugen. Auf eine Erregung (die Information) reagieren sie mit einer passiven Veränderung des Membranpotenzials (→ Bild 1). Auch ein PSP ist eine solche passive Potenzialverschiebung. Hierbei wird die Information über den Reiz *analog* codiert: Je länger der Reiz dauert, desto länger bleibt die Potenzialverschiebung erhalten, und je stärker der Reiz ist, desto größer ist die *Amplitude* der Potenzialverschiebung. Analoge Codierung bedeutet also, dass das Signal die Form des Reizes nachbildet.

Im Axon werden Informationen in Form von Nervenimpulsen weitergeleitet. Hier ist die Information *digital* codiert: Die Dauer der Erregung ist nicht in der Dauer des einzelnen Impulses codiert, denn jeder Impuls dauert gleich lang. Stattdessen werden so lange Impulse gebildet, wie die Erregung anhält. Die Stärke der Erregung beeinflusst nicht die Amplitude des Einzelimpulses, sondern die *Frequenz* der Impulsfolge.

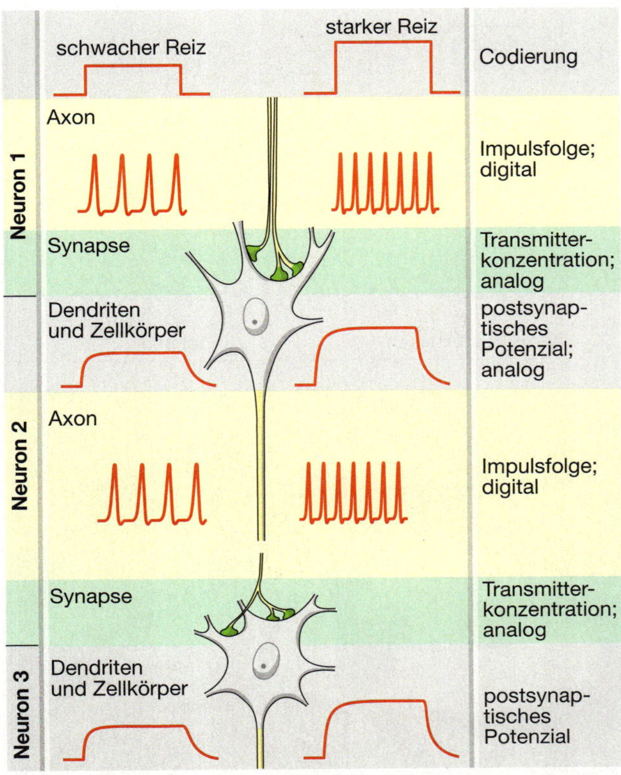

1 Bei der Erregungsleitung von einem Neuron zum nächsten wird die Information über die Erregung mehrfach umcodiert.

Schwache Erregungen erzeugen wenige Impulse pro Zeiteinheit, starke Erregungen viele Impulse.

Bei der Erregungsübertragung von einem Neuron zum nächsten wird die Information mehrfach umcodiert: Es erfolgt ein ständiger Wechsel zwischen der digitalen Information der Impulse im Axon und der analogen Information bei der Erregungsübertragung an der Synapse.

Synaptische Integration. Nervenzellen empfangen über ihre Dendriten Informationen von bis zu 8000 anderen Neuronen. Da nicht alle Zellen denselben Transmitter ausschütten – es sind heute etwa 30 verschiedene Transmittersubstanzen bekannt –, lässt sich die Herkunft bestimmter Signale anhand der ausgeschütteten Substanz erkennen.

Die verschiedenen Transmitter haben zum Teil entgegengesetzte Wirkungen auf die postsynaptische Zelle. Die meisten Transmitter, zum Beispiel *Acetylcholin*, *Serotonin* und *Dopamin*, öffnen Ionenkanäle, die eine *Depolarisierung* der Dendritenmembran bewirken. Man spricht hier von einem *erregenden postsynaptischen Potenzial*, EPSP. Einige Transmitter, zum Beispiel *γ-Aminobuttersäure*, bewirken dagegen eine *Hyperpolarisierung*, das PSP wird negativer. Ein solches PSP hat eine *hemmende* Wirkung, es macht die Entstehung eines Aktionspotenzials unwahrscheinlicher. Man bezeichnet es als *inhibitorisches postsynaptisches Potenzial,* IPSP.

Sind an den Dendriten eines Neurons verschiedene Synapsen gleichzeitig aktiv, beeinflussen sich deren postsynaptische Potenziale gegenseitig. Beispielsweise könnte ein Neuron Aktionspotenziale bilden, wenn es von fünf anderen Neuronen schwache erregende Signale erhält, von denen keines für sich allein eine Aktivierung zu bewirken vermag. Die an den fünf Synapsen entstehenden EPSPs summieren sich, sodass die Amplitude der Membrandepolarisierung größer wird als die jedes einzelnen EPSP. Dagegen werden keine Impulse gebildet, wenn gleichzeitig noch eine hemmende Synapse aktiv ist, denn die durch das IPSP verursachte Hyperpolarisierung der Dendritenmembran schwächt die Depolarisierung durch die EPSPs ab.

Die Erregung eines Neurons entspricht also der *Summe* der Signale, die diese Zelle über ihre Synapsen empfängt. Die Summation verschiedener synaptischer Inputs, die man *Verrechnung* oder *synaptische Integration* nennt, ist die zelluläre Grundlage der *Informationsverarbeitung* im Nervensystem. Jede Nervenzelle „überprüft" dabei anhand der Stärke der Erregung, ob eine Information wichtig genug ist um weitergeleitet zu werden. Gleichzeitig werden eventuelle hemmende Einflüsse berücksichtigt.

1 Verfolgen Sie Schritt für Schritt die Informationsübertragung an einer chemischen Synapse beginnend mit der Impulsfolge im präsynaptischen Axon. Wie wird bei jedem Einzelschritt Dauer und Stärke der Erregung codiert?

2 Erläutern Sie den Begriff „synaptische Integration" genauer: Was wird integriert? Worin besteht die Bedeutung dieses Vorgangs? Welche Mechanismen liegen der synaptischen Integration zugrunde?

Material – Methode – Praxis: **Erforschung von Ionenkanälen**

Viele Eigenschaften der Neurone hängen von Ionenkanälen in der Zellmembran ab. Die Untersuchung dieser Tunnelproteine war seit langem ein Ziel vieler Wissenschaftler. Doch die elektrischen Eigenschaften einzelner Ionenkanäle zu untersuchen ist mit enormen technischen Problemen verbunden. Daher sind die Forscher, die diese Schwierigkeiten erstmals überwinden konnten, 1991 mit dem Nobelpreis belohnt worden:

Die Patch-Clamp-Methode

Die elektrische Ableitung aus Zellen mit Mikroelektroden ist seit den 1950er-Jahren möglich. E. NEHER und B. SAKMANN haben in den 1970er-Jahren diese Technik raffiniert verfeinert. Es gelang ihnen, eine Glaspipette mit so dünner Spitze herzustellen, dass sie nur einen oder wenige Ionenkanäle abgrenzt, wenn sie auf die Zellmembran aufgesetzt wird. Durch leichtes Ansaugen dieses Membranflecks entsteht eine elektrische Isolierung gegenüber dem Rest der Zelle (→ Bild rechts, A). So lässt sich das elektrische Verhalten eines einzelnen Kanals erkunden. Der Membranfleck kann auch aus der Zelle herausgerissen werden (→ Bild rechts, B). Dadurch lassen sich Ionenkanäle in Lösungen mit anderer Zusammensetzung als das Cytoplasma überführen. Mit etwas Glück kann durch Ansaugen der Flüssigkeit in der Glaskapillare ein Loch in die Zelle eingebracht werden, ohne dass die Kapillare sich ablöst. So wird die elektrische Ableitung einer ganzen Zelle möglich (→ Bild rechts, C).

Mit dieser *Patch-Clamp* genannten Methode (übersetzt ungefähr: Membranfleck-Klemme) gelangen erstaunliche Messungen: Im Bild rechts sieht man eine Aufzeichnung von Strömen, die durch die Öffnung eines Ionenkanals entstehen, wenn er durch Acetylcholin geöffnet wird. Der gemessene Strom beträgt nur 2,5 Picoampere (1 pA = 10^{-12} A).

Pharmakologische Studien

Bevor die Patch-Clamp-Methode Ionenkanäle einer direkten Untersuchung zugänglich machte, konnten diese Proteine nur mit indirekten Methoden erforscht werden. Eine zentrale Rolle spielten dabei Gifte, die mit Ionenkanälen in Wechselwirkung treten, zum Beispiel das Gift des Kugelfischs (→ Bild rechts), das *Tetrodotoxin* (TTX). Diese Substanz blockiert die Natriumkanäle im Axon und verhindert so den Na^+-Einstrom. Durch ein gezieltes Blockieren der Kanäle kann deren Rolle bei der Entstehung von Aktionspotenzialen studiert werden. Andere Substanzen, wie das Pfeilgift *Curare*, blockieren gezielt Bestandteile chemischer Synapsen. Curare ist ein kompetitiver Hemmstoff für den Acetylcholin gesteuerten Ionenkanal in der postsynaptischen Membran.

1 Erklären Sie, mit welcher Variante der Patch-Clamp-Methode auch ganze Zellen untersucht werden können.

2 Worin besteht für Forscher der Nutzen eines Gifts, das mit einem bestimmten Ionenkanal in Wechselwirkung tritt?

☞ Stichworte zu weiteren Informationen

Toxikologie, Voltage-Clamp-Methode, Enzymhemmung

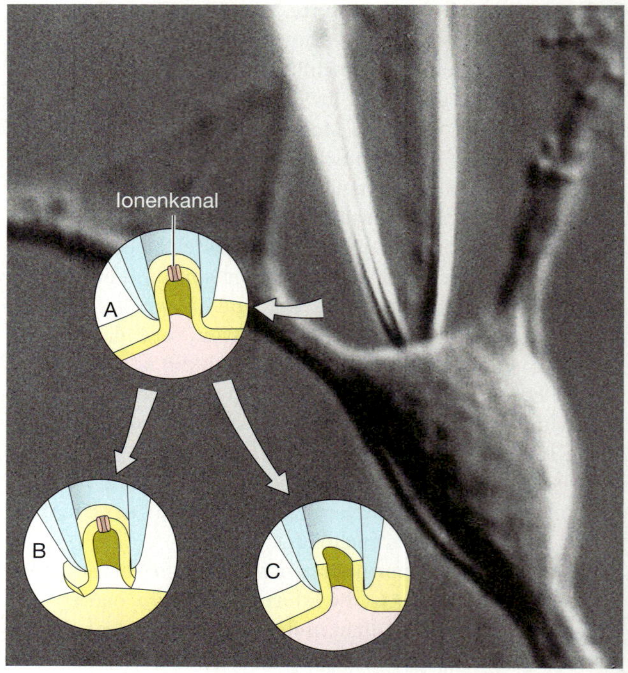

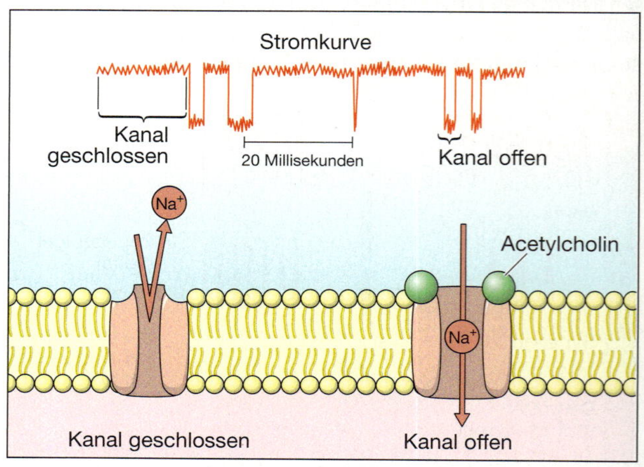

Überblick

■ Gliazellen und Nervenzellen (Neurone) bauen das Nervensystem auf. Alle Neurone arbeiten nach gemeinsamen Prinzipien. → S. 398

■ Die Struktur von Nervenzellen spiegelt ihre Funktion wider: Es handelt sich um Zellen, die auf die Aufnahme, Weiterleitung und Übertragung von Informationen spezialisiert sind. → S. 399

■ In Nervenzellen wird Information in Form von elektrischer Erregung weitergeleitet. Wenn Ströme fließen, werden sie nicht wie in einem Kabel durch Elektronen, sondern durch Ionen getragen. → S. 400

■ Biomembranen trennen Ladungen und sind für manche Ionenarten permeabel. Das ist die Grundlage für die Informationsübertragung durch Nervenzellen. → S. 400, 401

■ Alle Zellen besitzen ein Ruhepotenzial. Die meisten sind gegenüber dem Außenmedium negativ geladen. Verursacht wird das Ruhepotenzial durch die Konzentrationsunterschiede einiger Ionen zusammen mit den Permeabilitätseigenschaften der Zellmembran. → S. 403

■ Im Ruhepotenzial ist Energie gespeichert, denn Natriumionen haben hier die Tendenz in die Zelle einzuströmen. In den Nervenzellen wird diese gespeicherte Energie beim Aktionspotenzial genutzt. → S. 403

■ Aktionspotenziale sind aktive, unter Energieverbrauch erzeugte Signale. Sie ermöglichen eine verlustfreie Erregungsleitung über viele Neurone hinweg. → S. 404, 405

■ Verschiedene Formen der Erregungsleitung sind innerhalb eines Neurons realisiert. → S. 406, 407

■ Die saltatorische Erregungsleitung in vielen Wirbeltierneuronen sorgt für einen schnellen und Energie sparenden Informationstransfer im Axon. → S. 407

■ Chemische Synapsen sind Orte der Erregungsübertragung vom Neuron auf eine nachgeschaltete Zelle. Die Erregung, die im Axon als Aktionspotenzial transportiert wurde, wird hier in ein chemisches Signal umcodiert. → S. 408, 409

■ Es gibt verschiedene Typen chemischer Synapsen mit unterschiedlichen Transmittersubstanzen. Einige wirken erregend, andere hemmend. Die momentane Erregung der nachgeschalteten Zelle ist das Ergebnis einer Integration von erregenden und hemmenden Eingängen. → S. 409

■ Die Originalinformation wird bei der Erregungsleitung oft umcodiert, bleibt aber immer rekonstruierbar. → S. 409

Aufgaben und Anregungen

1 Erläutern Sie, wie Neurone in ihrem Bau auf die Aufnahme, die Weiterleitung und die Übertragung von Erregung spezialisiert sind.

2 Grenzen Sie die Begriffe Gleichgewichts-, Ruhe- und Aktionspotenzial gegeneinander ab.

3 In Neuronen wird die Erregung immer nur in eine Richtung – von den Dendriten zur präsynaptischen Endigung – fortgeleitet. Dafür sorgen zwei Mechanismen beziehungsweise Strukturen. Worum handelt es sich? Erklären Sie den jeweiligen Effekt auf die Richtung der Erregungsleitung.

4 Kann man im Experiment ein Axon so reizen, dass Aktionspotenziale nach beiden Seiten vom Reizort weg laufen? Wo müsste der Reizort liegen?

5 Erklären Sie, was man unter passiver Erregungsleitung versteht. Wo spielt sie eine Rolle?

6 Bei der Weiterleitung von Erregung durch Nervenzellen wird die Information mehrfach umcodiert. An welchen Orten im Neuron erfolgt die Umcodierung? Erläutern Sie die Vorgänge. Wie kann man jeweils an den Signalen Stärke und Dauer der Erregung ablesen?

7 In der Schemazeichnung eines Neurons (→ Bild rechts) deuten die roten Punkte die Dichte der spannungsabhängigen Natriumkanäle an. Gleichzeitig finden Sie in der Grafik Angaben über die Amplitude eines PSP in Abhängigkeit von der Entfernung zur Synapse. Erklären Sie, warum Impulse immer am Axonhügel entstehen, obwohl das PSP im Dendriten und im Zellkörper wesentlich höher ist.

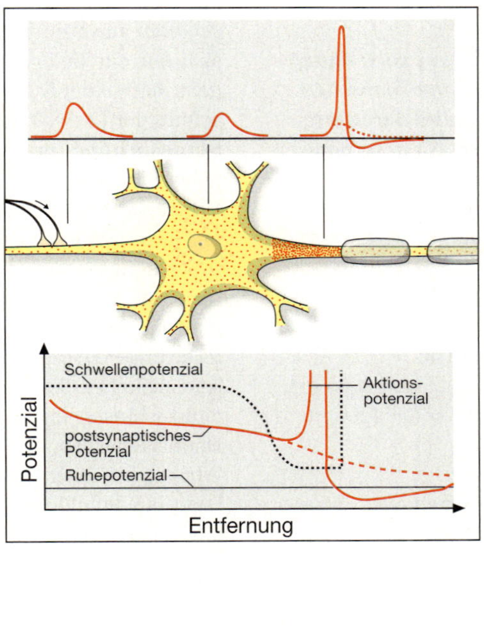

8 Im Zentralnervensystem kann man graue Substanz, in der sich die Zellkörper befinden, und weiße Substanz, die ausschließlich Axone enthält, unterscheiden. Die gelblich weiße Farbe der weißen Substanz deutet auf einen hohen Fettgehalt hin. Welche Strukturen machen Sie hierfür verantwortlich? Begründen Sie Ihre Vermutung.

9 Tetrodotoxin, das Gift des Kugelfischs, blockiert die Na^+-Kanäle im Axon von Nervenzellen. Beschreiben Sie, in welcher Weise das Gift wirkt. Welche Folgen für den Körper insgesamt erwarten Sie? Informieren Sie sich über die tatsächlich auftretenden Symptome.

10 Fassen Sie zusammen, welche Methoden zur Untersuchung elektrischer Signale von Nervenzellen Sie kennen gelernt haben. Welche Geräte werden jeweils benötigt?

11 An der Synapse eines Neurons im Muskel eines Froschs führte ein Aktionspotenzial zur Ausschüttung von 500 Vesikeln mit je 4000 Molekülen Acetylcholin. Berechnen Sie, wie viele transmitterabhängige Ionenkanäle in der postsynaptischen Membran maximal geöffnet werden.

Sinnesorgane – Sinnesfunktionen

1 *Der zur Familie der Nilhechte gehörende Elefantenfisch kann elektrische Felder wahrnehmen.*

Elefantenfische leben in oft sehr trüben Süßgewässern Afrikas. Sie bauen mithilfe von elektrischen Organen an der Schwanzwurzel ein elektrisches Feld um sich herum auf. Jedes Objekt, das eine andere Leitfähigkeit als Wasser hat, verzerrt das elektrische Feld und kann von den Fischen mit besonderen Sinnesorganen geortet werden. Dabei ist es unerheblich, ob sich das Objekt vor, hinter, neben oder über ihnen befindet.

Die Sinneswelt der Elefantenfische ist uns vollständig verschlossen. Welche Informationen Tiere und Menschen über die Welt um sich herum empfangen, wird durch ihre Ausstattung mit Sinnesorganen festgelegt. Sinnesorgane sind die Fenster zur Umwelt …

Im Blickpunkt:
- Rezeptoren: spezialisierte Zellen, die Umweltreize in elektrische Signale umwandeln
- Bau und Funktion von Lichtsinnesorganen
- molekulare Grundlagen des Sehens
- Verarbeitung optischer Informationen – erste Instanz Netzhaut
- wie Sinnesorgane Reizintensitäten codieren
- Mechanorezeptoren als Grundlage verschiedener Sinne
- andere Tiere, andere Sinneswelten

Sinnesorgane sind die einzigen Informationskanäle zwischen der Umwelt und dem Zentralnervensystem (ZNS). Alles, was wir über unsere Umwelt wissen, gelangt über die Sinne in unser Bewusstsein. Diese Feststellung ist weniger trivial, als es zunächst scheint, denn sie bedeutet, dass die Informationen, die wir über die Umwelt erhalten, nicht nur auf deren Eigenschaften zurückzuführen sind, sondern auch auf die Eigenschaften unserer Sinnesorgane. Unseren Sinnen erschließt sich nur ein kleiner Ausschnitt der Umwelt und von den Eigenschaften der Sinnesorgane hängt jeweils ab, welcher Ausschnitt der Umwelt im Einzelnen erfasst werden kann.

Sinnesorgane und Sinneszellen. Wichtigster Bestandteil jedes Sinnesorgans sind die *Sinneszellen* oder *Rezeptoren*. Diese hoch spezialisierten Zellen reagieren auf ganz bestimmte Umweltreize mit elektrischen Signalen.

Viele Sinnesorgane enthalten darüber hinaus *Hilfsstrukturen*, die eine genaue Analyse der Umweltreize erst möglich machen. Beispielsweise ermöglichen paarig angelegte, trichterförmige Ohrmuscheln eine genaue Ortung der Schallquelle. Und während die nur aus Sinneszellen bestehenden Augen einiger Muschelarten allein die Unterscheidung von Hell und Dunkel zulassen, sind die Linsenaugen von Tintenfischen und Wirbeltieren aufgrund von Hilfsstrukturen wie der Linse in der Lage, ein detailliertes Bild der Welt zu erzeugen. Oft bedingen die Hilfsstrukturen den komplizierten Bau der Sinnesorgane.

Sinneszellen als Reizwandler

Die Neurone im Gehirn reagieren auf keinerlei Umweltreize. Man kann sie mit Licht bestrahlen, berühren oder mit noch so lauten Geräuschen beschallen: Auf solche Reizungen sprechen sie nicht an. Gehirnzellen sind allein für elektrische Erregung in Form von Membranpotenzialänderungen empfänglich. Informationen über Vorgänge in der Umwelt oder im eigenen Körper können daher nur ins Bewusstsein gelangen, wenn sie zuvor in elektrische Erregung umgewandelt wurden. *Reizaufnahme* und *Reizumwandlung* sind Aufgabe der *Sinneszellen* oder *Rezeptoren* in den Sinnesorganen.

Rezeptortypen. Üblicherweise unterscheidet man fünf Sinne: *Sehen*, *Hören*, *Riechen*, *Schmecken* und *Tasten*. Diese Einteilung ist aber keineswegs vollständig; sie zeigt nur, dass uns bestimmte Sinne in ihrer Funktion besonders bewusst werden, andere ebenfalls wichtige Sinne dagegen nicht. Zum Beispiel können wir mit geschlossenen Augen aufrecht stehen, haben also einen *Gleichgewichtssinn*. Außerdem verfügen viele Tiere über besondere Sinne, die nicht in das Einteilungsschema passen. Deshalb ordnet man Sinneszellen besser nach der Reizart, für die sie besonders empfindlich sind:

- *Chemorezeptoren* sind Sinneszellen, die auf bestimmte chemische Substanzen ansprechen. Sie sind Grundlage für den Geruchs- und Geschmackssinn.
- *Fotorezeptoren* sind lichtempfindliche Sinneszellen, die das Sehen ermöglichen.
- *Thermorezeptoren* sind Sinneszellen, die auf Temperaturunterschiede reagieren. Sie bilden zum Beispiel die Grundlage für das Wärme- und Kälteempfinden der Haut.
- *Mechanorezeptoren* senden elektrische Signale aus, wenn sie verformt werden. Diese Sinneszellen sind in einer Vielzahl von Sinnesorganen enthalten. Sie ermöglichen unter anderem das Hören, den Gleichgewichtssinn, den Tastsinn und die Wahrnehmung der Körperstellung.
- *Elektrorezeptoren* reagieren sehr empfindlich auf Veränderungen im elektrischen Feld. Sie kommen beim Menschen nicht vor, aber zum Beispiel beim Elefantenfisch und einigen anderen Fischgruppen, darunter auch solchen ohne elektrische Organe.

Gemeinsamkeiten von Rezeptoren. Auch wenn die verschiedenen Rezeptortypen auf unterschiedliche Reize ansprechen, lassen sich viele gemeinsame Funktionsprinzipien erkennen:

Alle Rezeptoren sind *hoch selektiv*. Jeder Rezeptortyp ist nur für eine Reizart besonders empfindlich. Fotorezeptoren zum Beispiel sprechen nur auf Licht an, für Schall sind sie dagegen völlig unempfindlich. Die Reizart – auch *Modalität* genannt –, für die ein Rezeptor besonders empfindlich ist, nennt man seinen *adäquaten Reiz*.

Rezeptoren wandeln Reize in *elektrische Erregung* um. Auf einen adäquaten Reiz reagieren sie stets mit einer Veränderung des Membranpotenzials. Nur bei Elektrorezeptoren erübrigt sich die Reizumwandlung, da schon das Eingangssignal elektrisch ist. Das Ausgangssignal aller Rezeptoren ist damit gleich (→ Bild 1).

Rezeptoren sind leistungsfähige *Verstärker*. Selbst sehr schwache Reize können in deutliche elektrische Signale umgewandelt werden: Ein einzelnes rotes Lichtquant hat eine Strahlungsenergie von $3 \cdot 10^{-19}$ J. In einem Fotorezeptor kann dieses Lichtquant zu einer Potenzialänderung führen, die einer elektrischen Energie von $5 \cdot 10^{-14}$ J entspricht. Das Eingangssignal wurde also 170 000fach verstärkt.

Informationsübertragung ans Gehirn. Sinneszellen sind über Synapsen mit Nervenzellen verbunden, die die Information über die Erregung der Sinneszellen ans Gehirn weiterleiten. Solche zum Zentralnervensystem führenden Nervenzellen nennt man *sensorische* oder *afferente* Neurone. Selbstverständlich übermitteln alle afferenten Neurone ihre Informationen in Form von *Impulsfolgen* (→ S. 409). Da alle Aktionspotenziale gleich sind, gelingt die Zuordnung zur dazugehörigen Reizmodalität nur dadurch, dass die Sinnesorgane mit jeweils unterschiedlichen Hirnregionen verknüpft sind (→ S. 429). Daher ist Empfindung und Wahrnehmung eines Umweltreizes erst im Gehirn möglich.

1 Suchen Sie Beispiele für verschiedene Sinnesorgane. Bestimmen Sie jeweils den dazugehörigen Rezeptortyp.

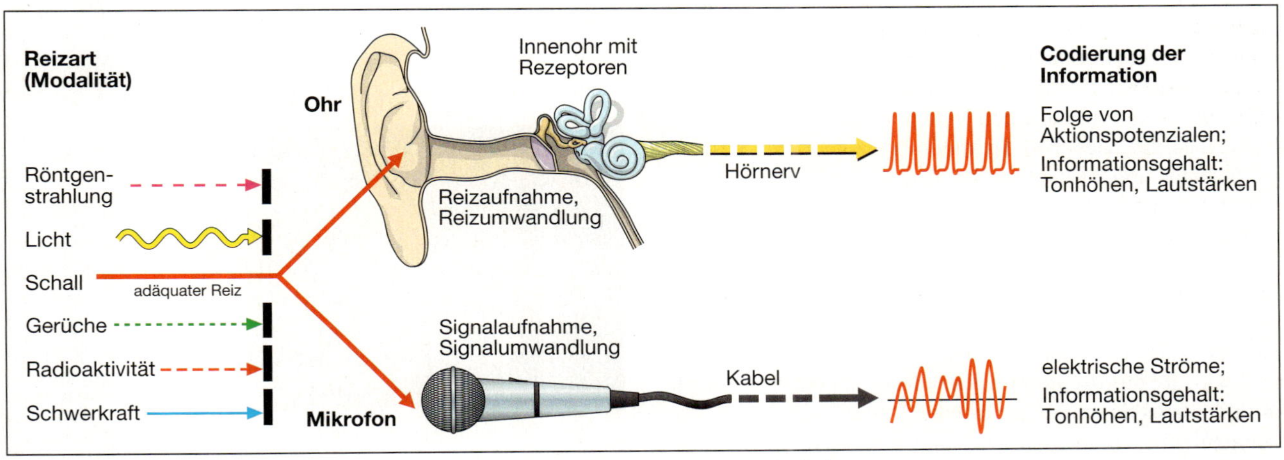

1 *Sinneszelle und technisches Gerät im Vergleich. Die Funktionsweise ist ähnlich.*

Lichtsinnesorgan Auge

Die Fähigkeit zur Wahrnehmung von Licht ist im Tierreich weit verbreitet. Licht ist offenbar eine wertvolle Informationsquelle. Sogar Tiere ohne Augen wie Regenwürmer und Seeigel können auf Licht reagieren. Bei ihnen liegen *einzelne Fotorezeptoren* mit lichtempfindlichen *Sehpigmenten* frei in der Haut. *Augen* aus einem bis sehr vielen Fotorezeptoren und Hilfsstrukturen sind im Lauf der Evolution bei den verschiedensten Tiergruppen entstanden. Je nach Bau unterscheiden sie sich in ihrer Leistungsfähigkeit.

Einfach gebaute Augen. Einen vergleichsweise einfachen Bau haben *Grubenaugen*, wie man sie zum Beispiel bei manchen Schnecken findet (→ Bild 1). Die Fotorezeptoren bilden hier ein flächiges *Epithel*, das eine Grube auskleidet. Seitlich einfallendes Licht erregt nicht alle Sinneszellen, weil die Grube einen Schatten wirft. Dadurch wird neben der Unterscheidung von Hell und Dunkel auch ein *Richtungssehen* möglich. Je kleiner die Grubenöffnung ist, desto genauer kann die Position der Lichtquelle bestimmt werden.

Stellt man sich ein Grubenauge vor, bei dem sich die Öffnung verengt, die Grube selbst aber zu einer Blase erweitert hat, erhält man ein *Blasenauge*. Es funktioniert wie eine Lochkamera und entwirft ein scharfes, aber lichtschwaches Bild. Weitet sich die Öffnung des Blasenauges, wird es lichtempfindlicher, das Bild aber auch schnell unscharf. Dieser Augentyp kommt bei einigen Hohltieren, Schnecken und beim Tintenfisch *Nautilus* (→ Bild 1) vor.

Linsenaugen. Beim *Linsenauge* ist das Problem der Lichtempfindlichkeit elegant gelöst: Die Öffnung ist groß und das einfallende Licht wird durch eine *Sammellinse* so gebrochen, dass wie bei einer Kamera ein seitenverkehrtes, auf dem Kopf stehendes Bild entsteht. Die *Brechkraft* der Linse ist so eingestellt, dass das erzeugte Bild auf der hinter der Linse liegenden *Netzhaut* scharf abgebildet wird. Die auch *Retina* genannte Netzhaut enthält die Fotorezeptoren. Da diese sehr klein sind, erfassen sie jeweils nur einen kleinen Ausschnitt des Gesichtsfelds. Folglich ist das *räumliche Auflösungsvermögen* von Linsenaugen hoch: Linsenaugen erzeugen also recht scharfe Bilder. Die Bildqualität wird umso besser, je mehr Sinneszellen in der Retina enthalten sind. Nicht nur Wirbeltiere und daher auch der Mensch, sondern auch einige Schnecken und Tintenfische besitzen Linsenaugen (→ Bild 1).

Komplexaugen. Die Linsenaugen der Wirbeltiere stellen in ihrer Entwicklungslinie einen Höhepunkt dar. Ebenfalls sehr leistungsfähige, jedoch völlig anders gebaute Augen besitzen die Insekten und die Krebse. Ihre Augen setzen sich aus Hunderten bis Tausenden von Einzelaugen, den *Ommatidien*, zusammen. Man nennt sie daher *Komplexaugen*. Jedes Ommatidium besitzt einen Licht brechenden Apparat aus einer *Linse*, die ein Teil der Hornhaut ist, und dem *Kristallkegel*, der aus vier durchsichtigen Zellen besteht und das einfallende Licht zu den Fotorezeptoren lenkt (→ Bild 2). Pro Ommatidium sind 6 bis 9 Fotorezeptoren vorhanden. Sie registrieren Licht mithilfe eines Saums fingerförmiger Ausstülpungen, der die Sehpigmente enthält und *Rhabdomer* genannt wird. Durch Pigmentzellen sind die Ommatidien voneinander abgegrenzt.

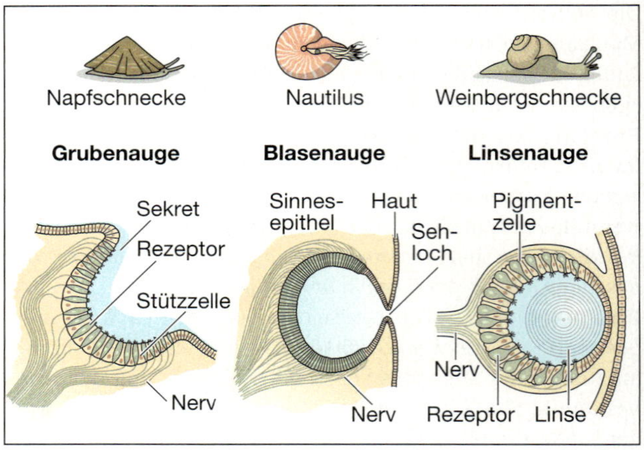

1 Verschiedene Augentypen im Vergleich

Der Sehvorgang im Komplexauge beginnt mit einer Rasterung des Bilds: Der Ausschnitt des Gesichtsfelds, der von einem Ommatidium erfasst wird, erzeugt einen einzigen mehr oder weniger hellen Bildpunkt. Insekten nehmen ein *Mosaikbild* wahr, bei dem die Zahl der Bildpunkte mit der Zahl der Einzelaugen übereinstimmt. Selbst bei Käfern und Libellen, deren Komplexaugen bis zu 30 000 Ommatidien aufweisen, entsteht nur ein grob gerastertes Bild. Das *räumliche Auflösungsvermögen* von Komplexaugen ist also gering. Dafür ist das *zeitliche Auflösungsvermögen* enorm: Während wir höchstens 60 Bilder pro Sekunde voneinander getrennt wahrnehmen können, verarbeiten Insekten bis zu 300 Bilder pro Sekunde. Einen Fernsehfilm würden Insekten also als schnelle Folge von Einzelbildern registrieren.

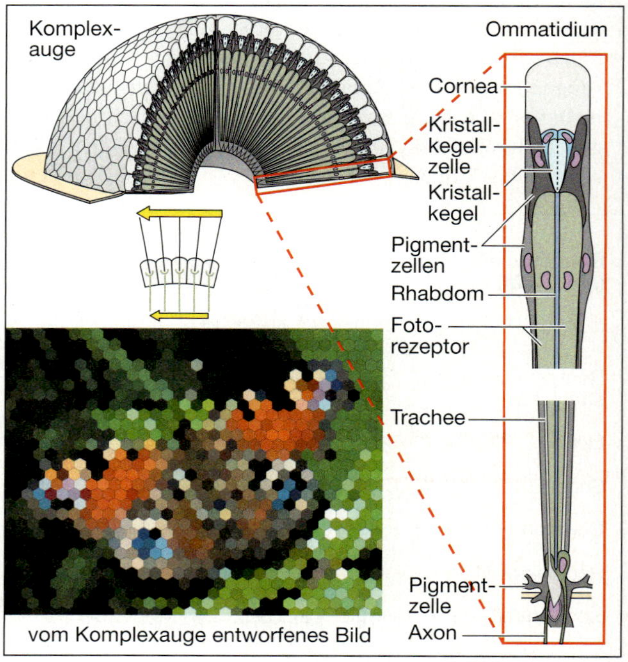

2 Bau und Leistung von Komplexaugen

Das menschliche Auge als Beispiel für ein Wirbeltierauge

Akkommodation. Die besondere Leistungsfähigkeit der Wirbeltier-Linsenaugen beruht zu einem großen Teil auf ihrer Fähigkeit zur *Akkommodation*. Darunter versteht man die Anpassung des Auges an unterschiedliche Objektabstände. Nur so ist sichergestellt, dass das von der Linse erzeugte Bild immer genau auf die Netzhaut fällt. Weil in unserem Auge der gallertige Glaskörper (→ Bild 1) den Abstand zwischen Linse und Netzhaut festlegt, *verändert sich die Brechkraft der Linse,* um nahe und entfernte Objekte gleichermaßen scharf abbilden zu können: Fällt der Blick auf ein weit entferntes Objekt (Abstand >5 m), wird die Linse durch die *Zonulafasern*, an denen sie aufgehängt ist, flach gezogen. In diesem Zustand ist die Brechkraft der Linse gering. Ist der Abstand des Objekts zum Auge kleiner, kontrahiert sich der *Ziliarmuskel,* ein die Linse umgebender Ringmuskel, an dem die Zonulafasern ansetzen. Die Zonulafasern erschlaffen. Damit wird Zugkraft von der Linse genommen und sie rundet sich durch ihre *Eigenelastizität* ab. Die Brechkraft der Linse steigt.

Bau der Netzhaut. An der Rückseite des Glaskörpers liegt die nur 0,2 mm dicke Retina. Sie enthält zwei Typen von Fotorezeptoren: die lang gestreckten *Stäbchen*, die besonders lichtempfindlich sind und daher auch in der Dämmerung noch arbeiten, und die kurzen *Zapfen*, die der Farbwahrnehmung dienen (→ Bilder 2 und 3). Die Netzhaut des Menschen enthält etwa 120 Mio. Stäbchen und 6 Mio. Zapfen. Das Zentrum des von der Linse erzeugten Bilds fällt auf eine kleine, gelb erscheinende Fläche: In diesem Bereich, dem *gelben Fleck*, befinden sich nur Zapfen. Hier ist die Zone des schärfsten Sehens, denn die Sinneszellen stehen hier am dichtesten. Stäbchen und Zapfen sind über verschiedene zwischengeschaltete Neurone (→ S. 418) mit den *Ganglienzellen* verbunden. Deren Axone bilden den *Sehnerv*, der die Information über optische Eindrücke zum Gehirn leitet. An der Stelle, wo der Sehnerv die Netzhaut verlässt, liegt der *blinde Fleck*.

Fotorezeptoren. Die Umwandlung von Lichtreizen in elektrische Erregung erfolgt in den Stäbchen und Zapfen. An beiden Fotorezeptortypen kann man jeweils ein *Innensegment* und ein *Außensegment* unterscheiden, die durch eine kurze *Cilie* miteinander verbunden sind (→ Bild 3).

Das Innensegment enthält den Zellkern und alle Organellen, die für die Aufrechterhaltung des Zellstoffwechsels notwendig sind. Es verfügt zudem über eine präsynaptische Endigung, über die nachgeschaltete Zellen aktiviert werden.

Das Außensegment ist beim Stäbchen ein röhrenförmiger Fortsatz, in dem etwa 2000 hohle Scheiben aus Zellmembran, so genannte *Disks*, gestapelt sind. Die Disks entstehen am ciliennahen Bereich durch Einstülpung der Zellmembran, von der sie sich später ablösen. In die Membranen der Disks sind pro Stäbchen etwa 100 Mio. lichtempfindliche Pigmentmoleküle eingebettet. Das *Rhodopsin* oder *Sehpurpur* genannte Pigment besteht aus dem Protein *Opsin* und einem Cofaktor, dem *Retinal* (→ Bild 4, rot). Während Opsin vom Körper selbst synthetisiert werden kann, muss zur Synthese von Retinal seine Vorstufe, das Vitamin A_1, mit der Nahrung aufgenommen werden.

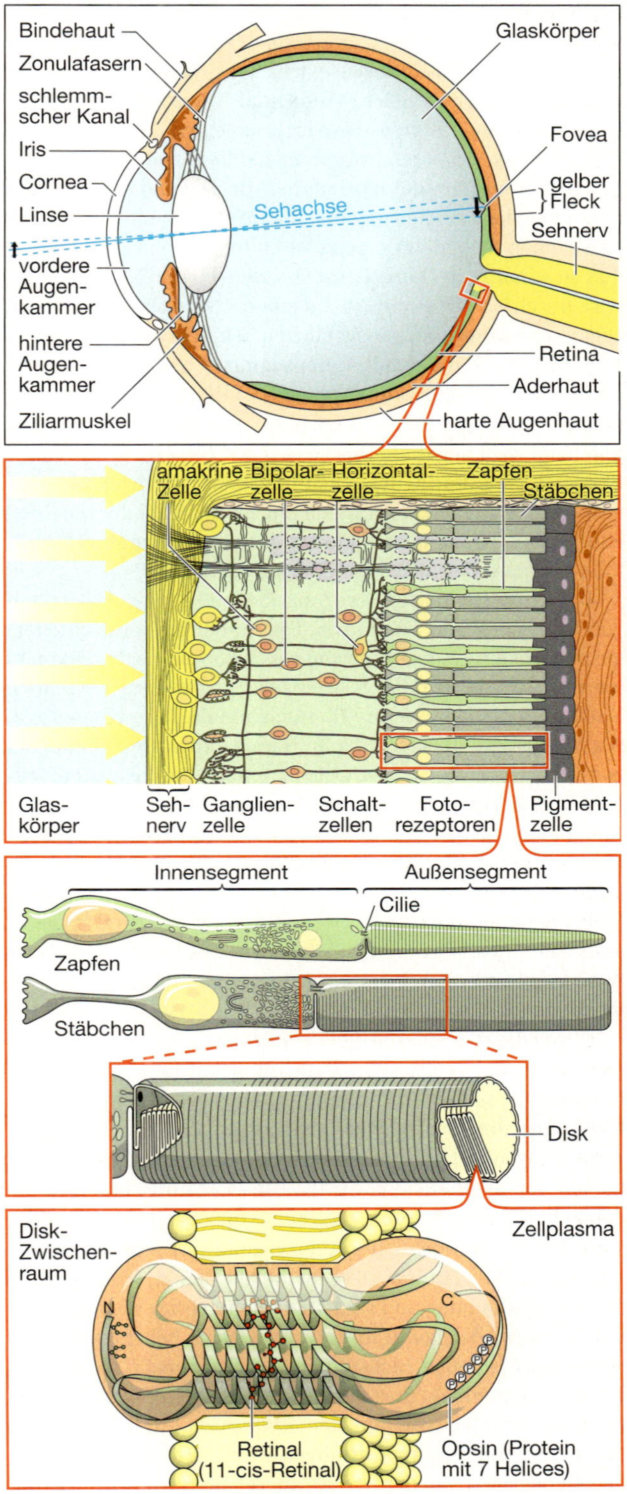

1–4 Struktur des menschlichen Auges. Von oben nach unten: Übersichtsbild, Bau der Netzhaut mit Fotorezeptoren und Nervenzellen, Bau der Rezeptoren und Struktur der Diskmembran

Fotorezeption

Elektrische Aktivität der Stäbchen. Fotorezeption erfolgt durch die Umwandlung von Lichtenergie in elektrische Erregung der Sinneszelle. Diese elektrischen Signale sind bei Fotorezeptoren ungewöhnlich: Anders als Neurone sind Lichtsinneszellen *im Dunkeln* – also im unerregten Zustand – *leicht depolarisiert*. Das Membranpotenzial liegt bei etwa –40 mV. Der Grund hierfür sind besondere *Natriumkanäle* in der Zellmembran des Außensegments, die im Dunkeln geöffnet sind. Es strömen also ständig positive Ladungen ein. Das erzeugt den so genannten *Dunkelstrom* (→ Bild 1). Der Na^+-Einstrom wird durch Na^+/K^+-Pumpen und einen K^+-Ausstrom im Innensegment des Rezeptors ausgeglichen. *Bei Belichtung* schließen sich die Na^+-Kanäle im Außensegment und infolgedessen *vermindert* sich der Dunkelstrom (→ Bild 1), da nun weniger positive Ladungen ins Stäbchen eindringen. Das Membranpotenzial wird negativer (bis zu –80 mV, *Hyperpolarisation*).

Erregungskaskade. Bei Belichtung eines Fotorezeptors wird eine *molekulare Kettenreaktion* angestoßen, bei der die Reizenergie des Lichts über mehrere Teilschritte verstärkt wird. Man spricht daher von einer *Erregungskaskade*.

Der erste Schritt der Erregungskaskade ist die Absorption von Licht durch das *Rhodopsin*. Die Aufnahme von Lichtenergie bewirkt eine *Isomerisierung von Retinal*: Aus der geknickten *11-cis-Form* wird die gestreckte *all-trans-Form* (→ Bild 2). Dadurch geht das gesamte Rhodopsinmolekül in einen angeregten Zustand über (→ Bild 3). Derart aktiviertes Rhodopsin zerfällt schnell. Zuvor löst es jedoch noch den nächsten Teilschritt der Erregungskaskade aus: Pro Molekül angeregtes Rhodopsin werden hunderte Moleküle des Enzyms *Transducin* aktiviert. Dadurch wird das Signal der Lichteinwirkung hundertfach verstärkt. Transducin aktiviert seinerseits die *Phosphodiesterase (PDE)*. Dieses Enzym spaltet – solange es aktiv ist – Tausende der Moleküle, durch die die Na^+-Kanäle im Außensegment offen gehalten werden: *cyclisches Guanosinmonophosphat (cGMP)*.

Durch diese lawinenartige Verstärkung der Erregung kann ein einziges aktiviertes Rhodopsinmolekül hunderttausende Ionenkanäle schließen (→ Bild 3).

Regeneration. Durch Lichteinwirkung aktiviertes Rhodopsin zerfällt rasch in Opsin und Retinal. Anschließend muss Rhodopsin neu synthetisiert werden. Das hat Konsequenzen für den Sehvorgang: In Fotorezeptoren, auf die starkes Licht fällt, kann Rhodopsin nicht so schnell regeneriert werden, wie es zerfällt. Blickt man auf ein sehr helles Objekt, zum Beispiel eine Kerzenflamme, und wendet dann den Blick ab, sieht man ein *negatives Nachbild*: In den zuvor stark belichteten Fotorezeptoren ist noch nicht genügend Rhodopsin regeneriert worden. Daher sinkt dort die Lichtempfindlichkeit. Das ist ein wesentlicher Mechanismus der *Adaptation* (→ S. 417). Auch das zeitliche Auflösungsvermögen wird durch die Geschwindigkeit begrenzt, mit der Rhodopsin regeneriert werden kann.

1 Legen Sie dar, an welchen Stellen der Erregungskaskade es zu einer Verstärkung des ursprünglichen Reizes kommt.

2 Warum gilt Vitamin A als „Augenvitamin"?

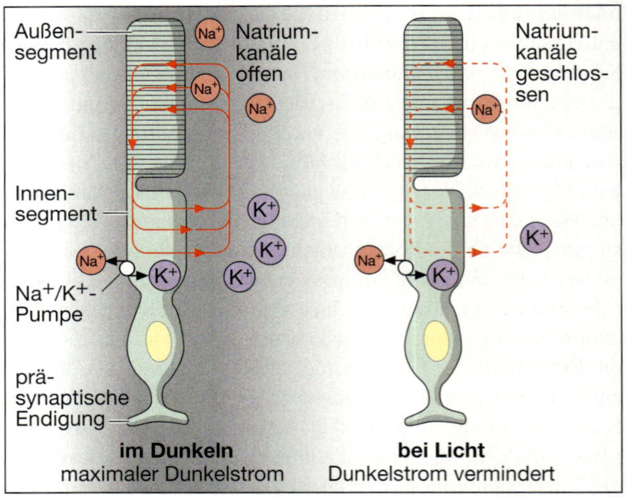

1 Elektrische Aktivität eines Stäbchens im Dunkeln und im Licht

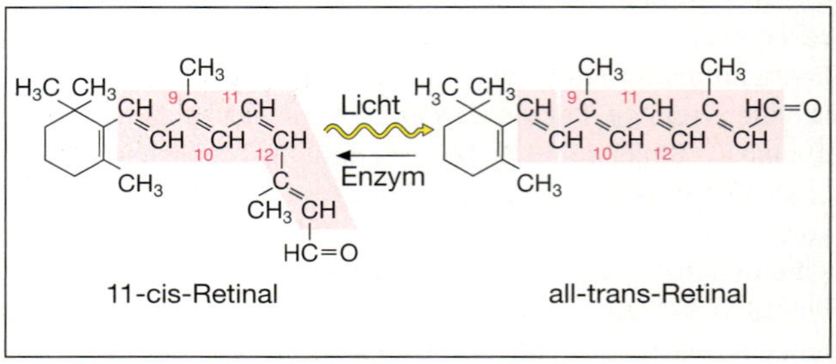

2 Isomerisierung des Retinals durch Licht

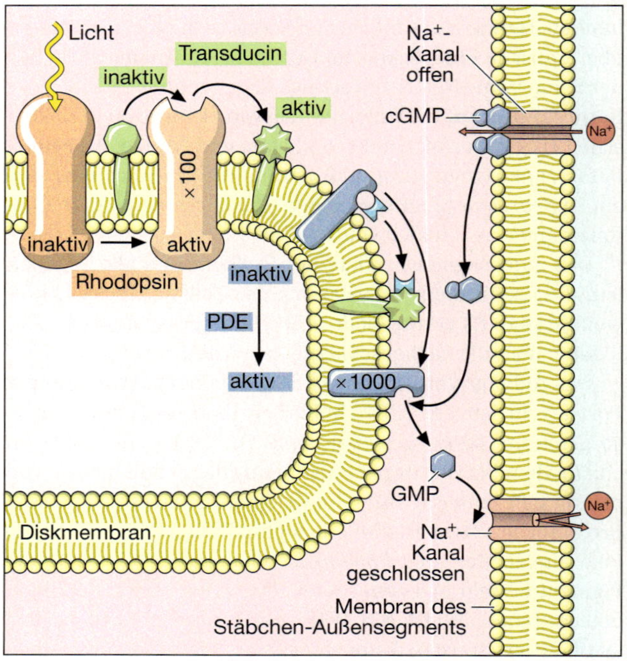

3 Erregungskaskade. Über mehrere Zwischenschritte beeinflusst die Umwandlung von Rhodopsin die Na^+-Kanäle.

Intensitätscodierung

Dass wir sowohl bei hellem Sonnenlicht als auch bei Mondlicht sehen können, ist eigentlich höchst erstaunlich. Sonnenlicht ist eine Milliarde mal heller! Wie gelingt die Codierung so unterschiedlicher Reizintensitäten?

Dynamischer Bereich. Stäbchen und Zapfen sind in der Lage, über einen weiten Bereich von Reizintensitäten auf eine Zunahme der Lichtenergie mit einer entsprechenden Zunahme ihres Antwortsignals zu reagieren. Dieser Reizintensitätsbereich wird ihr *Arbeitsbereich* oder *dynamischer Bereich* genannt. Die Untergrenze des dynamischen Bereichs ist die *Reizschwelle*, also der Reiz, der gerade groß genug ist um überhaupt eine Antwort des Fotorezeptors auszulösen. Bei Stäbchen kann dies ein einziges Photon sein! Die Obergrenze des dynamischen Bereichs ist erreicht, wenn die *maximale Impulsfrequenz im nachgeschalteten Neuron* erzeugt wird.

Innerhalb des dynamischen Bereichs ist die elektrische Antwort der Fotorezeptoren dem *Logarithmus der Reizintensität proportional*. Bei schwachen Reizen reagieren sie also sehr empfindlich auf Änderungen der Reizintensität. Bei starken Reizen ist ihr Antwortbereich dagegen „zusammengestaucht". Hier können nur noch sehr große Reizunterschiede erkannt werden. So erscheint die gleiche Kerzenflamme an einem trüben Adventsnachmittag recht hell, während sie mittags bei Sonnenschein fast unsichtbar ist.

Ähnliches gilt grundsätzlich für alle Rezeptortypen: Der kleinste Reizunterschied, der gerade noch festgestellt werden kann, hängt von der Größe des Ausgangsreizes ab (→ Bild 1). Die Psychologen WEBER und FECHNER haben diesen Zusammenhang als Erste aufgedeckt. Seine mathematische Beschreibung wird *Weber-Gesetz* genannt:

$\Delta I : I =$ konstant.

Dabei steht I für die Intensität des Reizes und ΔI für den kleinsten wahrnehmbaren Reizunterschied.

Das Auge als Ganzes hat einen wesentlich größeren dynamischen Bereich als ein einzelner Fotorezeptor: Die Stäbchen in der Netzhaut sind viel lichtempfindlicher als die Zapfen. Im Gehirn wird erkannt, dass wenig Licht vorhanden ist, wenn nur Stäbchen erregt sind. Ist es so hell, dass alle Stäbchen maximal erregt sind, können über die weniger empfindlichen Zapfen noch immer Helligkeitsunterschiede wahrgenommen werden. Auch bei anderen Sinnesorganen findet man eine solche Aufteilung des Antwortbereichs verschiedener Rezeptoren (→ Bild 1).

Adaptation. Noch eine zweite Möglichkeit gibt es, den dynamischen Bereich eines Sinnesorgans zu erweitern: die *Veränderung der Empfindlichkeit* gegenüber dem Reiz. Kommt man zum Beispiel nach einem Kinobesuch am Nachmittag ins Freie, ist man zunächst geblendet. Wenig später empfindet man das Licht als angenehm. Die Anpassung der Empfindlichkeit des Sinnesorgans an die Reizstärke nennt man *Adaptation*. Beim Auge findet Adaptation auf mehreren Ebenen statt:

- *In den Fotorezeptoren* zerfällt bei starker Belichtung mehr Sehpigment als regeneriert werden kann, sodass die Lichtempfindlichkeit sinkt.
- Die *Pupille als Hilfsstruktur des Auges* verengt sich bei starker Belichtung und lässt weniger Licht auf die Netzhaut fallen (→ Bilder 2 und 3).
- *Im Gehirn* können gleich bleibende Dauerreize ignoriert werden.

Adaptation tritt bei den verschiedensten Rezeptortypen auf, geschieht jedoch unterschiedlich schnell. Langsam adaptierende Rezeptoren – auch *tonische Rezeptoren* genannt – vermitteln Informationen über Dauerreize. Die sensorischen Fasern in den Muskelspindeln (→ S. 444) sind dafür ein Beispiel. Schnell adaptierende *phasische Rezeptoren* sind auf die Vermittlung von Reizänderungen spezialisiert. Die Haarzellen in den Gleichgewichtsorganen des Innenohrs (→ S. 422) zählen hierzu. Die Fotorezeptoren im Auge nehmen eine Stellung zwischen beiden Extremen ein und werden daher als *phasisch-tonisch* bezeichnet.

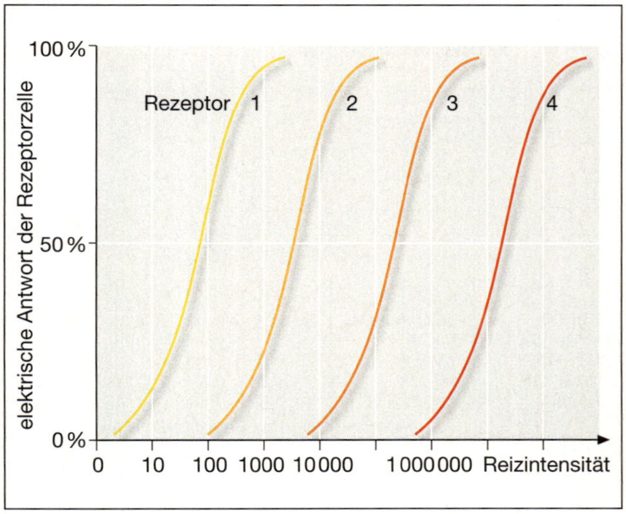

1 Intensitätscodierung. Mehrere Rezeptortypen vergrößern den Arbeitsbereich eines Sinnesorgans.

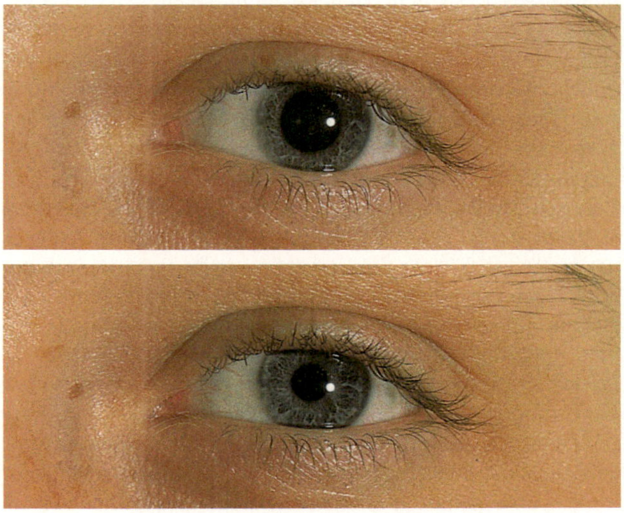

2 und 3 Pupillenreaktion. Oben dunkeladaptiertes Auge, unten helladaptiertes Auge

Bildverarbeitung in der Netzhaut

Anders als andere Gewebe, die Sinneszellen enthalten, ist die *Netzhaut* eigentlich ein *Teil des Gehirns*. Sie entsteht während der Embryonalentwicklung zusammen mit dem Sehnerv als Ausstülpung des *Zwischenhirns*. Das erklärt einige ihrer Besonderheiten, die zunächst merkwürdig erscheinen:

Die aus mehreren Schichten bestehende Netzhaut ist *invers* aufgebaut, das heißt, die Stäbchen und Zapfen liegen ausgerechnet in der vom Glaskörper am weitesten abgewandten Schicht. Das Licht muss so erst die anderen Zellschichten durchdringen, bis es die Fotorezeptoren erreicht (→ Bild 1). Das beeinträchtigt den Sehvorgang allerdings kaum, da die Netzhaut sehr dünn ist.

Bereits in der Netzhaut erfolgen sehr komplexe Schritte der *Bildverarbeitung*. Die Informationen, die über den Sehnerv zum Gehirn geleitet werden, sind bereits *gefiltert*. Besonders bedeutsame Informationen werden verstärkt, unwichtige vernachlässigt. Die Informationen werden also nach ihrer Bedeutung für uns *gewichtet*. Dabei sind zum einen *Kontraste* sehr wichtig, denn sie erleichtern die *Formwahrnehmung*. So wird zum Beispiel die Form der Buchstaben auf dieser Seite durch Schwarz-Weiß-Kontraste definiert. Zum anderen ist für jedes Tier *Bewegung* von großer Bedeutung. Ein bewegter Gegenstand kann auf ein Beutetier, einen Artgenossen oder eine herannahende Gefahr hindeuten. Daher wird in der Netzhaut die *Bewegungswahrnehmung* verstärkt.

Informationsfluss in der Netzhaut. Nur die *Ganglienzellen* (→ Bild 1) sind in der Lage Aktionspotenziale zu bilden. Das bedeutet, dass nur die Information über deren Erregung ans Gehirn weitergeleitet wird. Wie die Erregung der Fotorezeptoren auf die Ganglienzellen übertragen wird, dafür gibt es verschiedene Wege.

Auf *direktem Weg* wird die Erregung der Fotorezeptoren auf *Bipolarzellen* übertragen und diese vermitteln die Erregung unmittelbar an die Ganglienzellen.

Zusätzlich existieren zwei *indirekte Wege* des Informationsflusses: *Horizontalzellen* können Informationen über die Erregung von Fotorezeptoren an deren Nachbarn weiterleiten und diese dadurch beeinflussen. Außerdem können *amakrine Zellen* zwischen Bipolarzellen und Ganglienzellen geschaltet sein. Diese indirekten Wege ermöglichen einen *seitlichen (lateralen) Informationsfluss,* der für die Informationsverarbeitung in der Netzhaut unverzichtbar ist.

Laterale Hemmung. Die *Kontrastverstärkung* durch *laterale Hemmung* ist ein Beispiel für Informationsverarbeitung in der Netzhaut, bei der die Erregung von benachbarten Fotorezeptoren verrechnet wird. Dadurch werden die Grenzlinien zwischen hellen und dunklen Flächen betont (→ Bild 2). Ein einfaches Modell erklärt, wie die laterale Hemmung zustande kommt: Jeder Fotorezeptor wird so stark erregt, wie es seiner Belichtung entspricht. Diese Erregung wird auf die nachgeschalteten Bipolarzellen übertragen. Gleichzeitig hemmt aber jeder Fotorezeptor die Bipolarzellen der benachbarten Rezeptoren. Dabei ist die hemmende Wirkung umso größer, je stärker ein Fotorezeptor selbst erregt ist. Im Beispiel (→ Bild 2) wurde ein hemmender Effekt von 20% angenommen. Die laterale Hemmung wird durch *Horizontalzellen* vermittelt, die benachbarte Rezeptoren über hemmende Synapsen verknüpfen.

Rezeptive Felder. Wie codieren die Ganglienzellen Informationen über Lichtreize? Die Reaktion der Ganglienzellen lässt sich am besten mithilfe ihres *rezeptiven Felds* beschreiben. Das ist die Fläche auf der Netzhaut, innerhalb derer ein Lichtreiz zu einer elektrischen Antwort der betreffenden Ganglien-

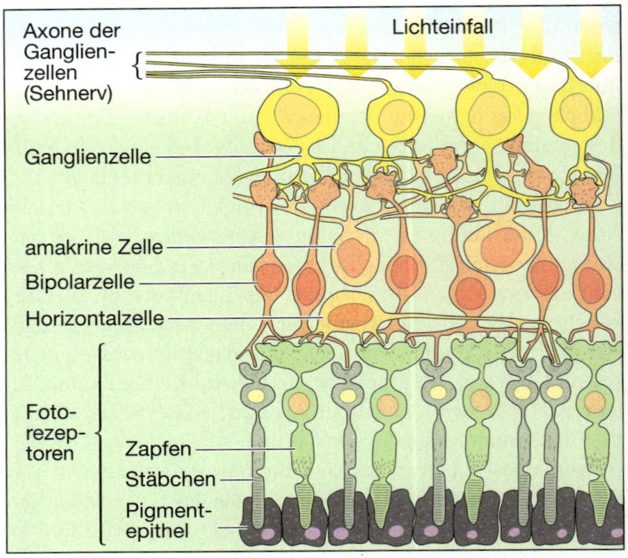

1 Mehrschichtiger Aufbau der Netzhaut mit den fünf wesentlichen Zelltypen

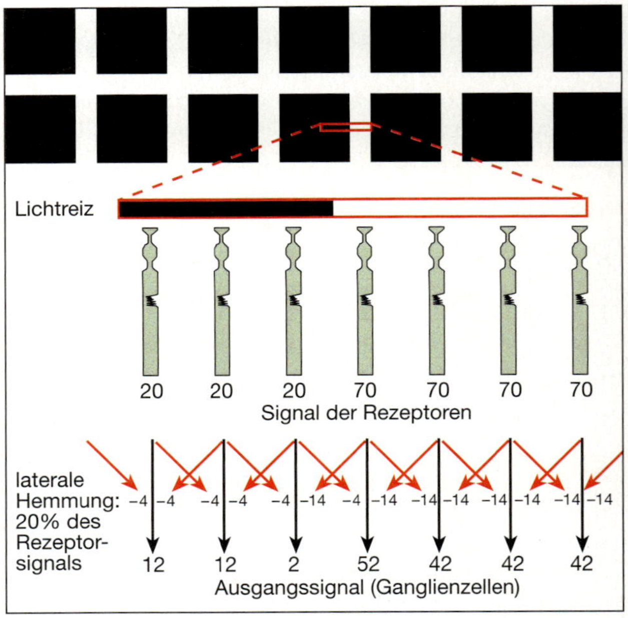

2 Gittertäuschung. Betrachten Sie das Gittermuster oben. Achten Sie auf die Kreuzungspunkte der weißen Linien. Die beobachtete Gittertäuschung kommt durch laterale Hemmung der Rezeptoren zustande (unten). Weitere Erklärung im Text.

zelle führt. Es sind immer mehrere bis viele Fotorezeptoren zu einem rezeptiven Feld zusammengefasst, senden also ihre Signale an eine gemeinsame Ganglienzelle. Das bezeichnet man als *konvergente Verschaltung*: Die Erregung von knapp 130 Mio. Fotorezeptoren in der Netzhaut läuft bei etwa 1 Mio. Ganglienzellen zusammen. Die Größe rezeptiver Felder hängt sehr von ihrer Lage in der Netzhaut ab. Im gelben Fleck, auf dem das Zentrum des Gesichtsfelds abgebildet wird, besteht ein rezeptives Feld aus nur wenigen Zapfen. Derart kleine Felder ermöglichen eine hohe Bildauflösung. Ihr Nachteil ist jedoch die geringe Lichtempfindlichkeit. Am seitlichen Rand der Netzhaut bilden dagegen mehrere 1000 Stäbchen das rezeptive Feld einer Ganglienzelle. Ein solches rezeptives Feld, das einen Durchmesser von 2 mm erreichen kann, ist extrem lichtempfindlich, erlaubt aber nur sehr unscharfes Sehen.

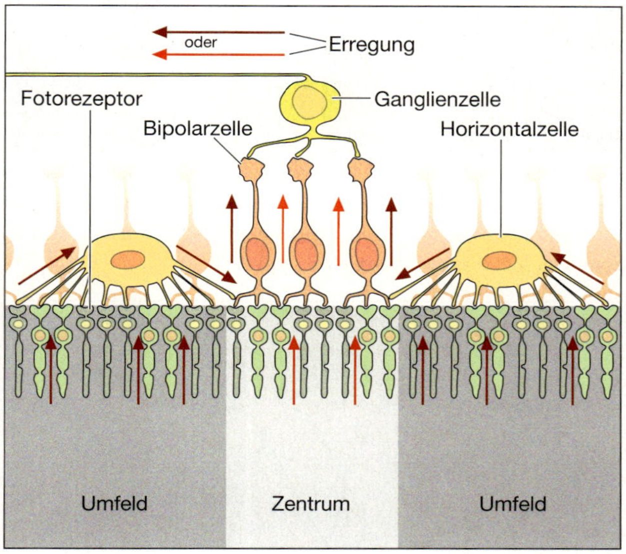

1 Struktur des rezeptiven Felds einer Ganglienzelle und Informationsfluss im rezeptiven Feld

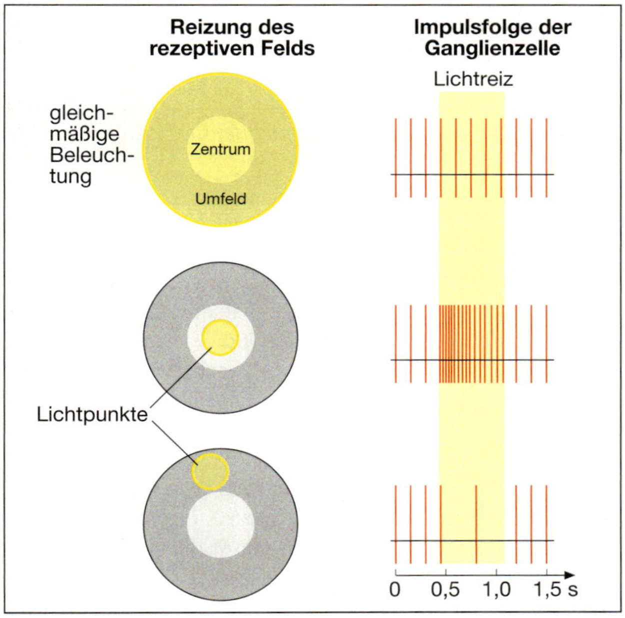

2 Reiz-Reaktions-Schema einer Ganglienzelle, die durch Belichtung im Zentrum des rezeptiven Felds erregt wird, durch Belichtung im Umfeld dagegen gehemmt. Es gibt daneben noch andere Typen von Ganglienzellen in der Netzhaut.

Zentrum und Umfeld. Die meisten rezeptiven Felder sind in ein *Zentrum* und ein *Umfeld* gegliedert. Fällt ein Lichtreiz ins Zentrum des rezeptiven Felds, wird die Erregung der Fotorezeptoren direkt über die Bipolarzellen an die Ganglienzelle weitergegeben (→ Bild 1). Informationen über Lichtreize aus dem Umfeld gelangen über den Umweg der Horizontalzellen oder der amakrinen Zellen zur Ganglienzelle. Dieser Unterschied in der neuronalen Verschaltung macht sich in der elektrischen Antwort der Ganglienzelle bemerkbar. Da Ganglienzellen im Dunkeln eine konstante Impulsfolge abgeben, können sie sowohl Erregung (die Impulsfrequenz steigt) als auch Hemmung (die Impulsfrequenz nimmt ab) signalisieren (→ Bild 2). Ein Lichtpunkt, der die Ganglienzelle erregt, wenn er ins Zentrum des rezeptiven Felds fällt, löst im Umfeld des rezeptiven Felds eine Hemmung derselben Ganglienzelle aus. Rezeptive Felder, bei denen so Zentrum und Umfeld als Gegenspieler wirken, dienen der Kontrastverstärkung. Die zugehörigen Ganglienzellen reagieren am stärksten auf helle Flecken vor dunklem Hintergrund. Das Bild einer gleichmäßig hellen Fläche auf der Netzhaut löst eine viel schwächere Erregung aus.

Parallele Bildverarbeitung. Es gibt verschiedene Typen von Ganglienzellen, die sich anhand ihrer rezeptiven Felder unterscheiden lassen. Rezeptive Felder für *Helligkeitskontraste* wurden schon vorgestellt. Inzwischen hat man auch Ganglienzellen entdeckt, die richtungsspezifisch auf *Bewegungen* reagieren. Bei Affen sind zwei Typen von Ganglienzellen besonders gut untersucht, die man *P-Zellen* und *M-Zellen* nennt. P-Zellen haben kleine rezeptive Felder, sind für *Farbunterschiede* empfindlich und reagieren kaum auf Helligkeitskontraste. M-Zellen dagegen haben große rezeptive Felder, sind für Farben unempfindlich und reagieren selbst auf kleinste Helligkeitsunterschiede.

Das bedeutet aber letztlich, dass Informationen über ein und dasselbe Objekt schon in der Netzhaut auf unterschiedlichen Wegen verarbeitet werden. Sehen wir zum Beispiel ein Auto an uns vorbeifahren, werden die Informationen über die Farbe des Wagens von anderen Ganglienzellen verarbeitet als die Informationen über die Form oder die Bewegungsrichtung. Die Bildinformationen werden also in *Einzelaspekte* aufgetrennt, parallel verarbeitet und getrennt weitergeleitet.

1 Erklären Sie, warum man schwach leuchtende Sterne dann am besten sieht, wenn man sie nicht fixiert, sondern seitlich an ihnen vorbeischaut. Auf welchen Bereich der Netzhaut fällt das Bild des Sterns jeweils? Benutzen Sie bei Ihrer Erklärung den Begriff des rezeptiven Felds.

Farbensehen

Farben werden im Tierreich häufig zur inner- und zwischenartlichen Kommunikation genutzt: Bunte „Hochzeitskleider" zeigen Paarungsbereitschaft an und Warnfarben schrecken Fressfeinde ab. Pflanzen haben mit ihren Blüten farbige Schauapparate entwickelt, die Bestäuber schon von weitem anlocken. Solche „Botschaften in Farbe" wirken natürlich nur auf Tiere, die Farben unterscheiden können. Viele Tierarten sind dazu in der Lage, wie sich zum Beispiel mit Dressurexperimenten überprüfen lässt.

Licht und Farbe. Eigentlich ist „Licht" keine vom Menschen unabhängige physikalische Erscheinung. Schließlich nennt man nur solche elektromagnetischen Wellen Licht, die für das menschliche Auge sichtbar sind. Sichtbar sind aber nur Wellen, die vom Sehpigment absorbiert werden. Das trifft lediglich für Wellenlängen zwischen 400 und 760 nm zu (→ S. 123).

Auch was als Farbe wahrgenommen wird, hängt von den Eigenschaften der Fotorezeptoren ab. Die Fähigkeit zur Farbwahrnehmung hat ein Tier dann, wenn es zwischen Licht gleicher Helligkeit (gleichen Grauwerts), aber unterschiedlicher Wellenlänge unterscheiden kann. Bei der Farbwahrnehmung gibt es artspezifische Unterschiede: Ein bekanntes Beispiel sind Bienen und andere Insekten, die UV-Licht bis 350 nm als Farbe sehen, dafür aber unempfindlich für rotes Licht sind. Daher sind von Bienen bestäubte Blüten fast nie rot, zeigen dagegen oft Muster, die nur im UV-Bereich sichtbar sind (→ Bild 2).

Drei Zapfentypen. Wie stark ein Fotorezeptor durch Licht einer bestimmten Wellenlänge erregt wird, hängt davon ab, wie gut sein Sehpigment Licht dieser Wellenlänge absorbiert. Während *alle Stäbchen* in der Netzhaut dasselbe Pigment – *Rhodopsin* – enthalten, hat man bei vielen Wirbeltieren *drei Klassen von Zapfen mit unterschiedlichen Sehpigmenten* gefunden. Die Pigmente enthalten alle *Retinal*, unterscheiden sich jedoch im Proteinanteil. Die drei Zapfentypen sprechen auf unterschiedliche Wellenlängen maximal an. Beim Menschen liegen ihre Empfindlichkeitsmaxima bei 419 nm, 531 nm und 559 nm (→ Bild 3). Entsprechend diesen Maxima im kurzen, mittleren und langen Wellenlängenbereich werden die Zapfentypen mit *K*, *M*, und *L* bezeichnet. Trotz der Unterschiede in der maximalen Empfindlichkeit überlappen die Absorptionsspektren der drei Zapfentypen stark. Ein Farbeindruck kann also nicht dadurch zustande kommen, dass bei Licht einer Wellenlänge nur ein bestimmter Zapfentyp aktiv ist und bei Licht einer anderen Wellenlänge ein anderer. Dann könnten ja auch nur drei Farben erkannt werden.

Farbensehen. Experimente haben ergeben, dass Menschen mit ihren nur drei Zapfentypen etwa 7 Millionen Farbnuancen unterscheiden können. Das ist möglich, weil bei der Entstehung des Farbeindrucks alle drei Zapfentypen zusammenwirken. Um die Farbe eines Lichtreizes zu ermitteln, wird nicht die Erregung eines einzelnen Zapfentyps, sondern das *Verhältnis der Erregung* aller drei Zapfentypen herangezogen: Licht, das K-Zapfen stark, M-Zapfen wenig und L-Zapfen gar nicht erregt, erzeugt den Farbeindruck blau. Wenn K-Zapfen kaum erregt sind und M-Zapfen stärker ansprechen als

1 und 2 Blüte der Sumpfdotterblume. Links normales Foto, rechts eine Aufnahme, bei der durch Einsatz von Filtern nur UV-Licht den Film belichtete. Man erkennt die Saftmale, an denen sich Insekten orientieren.

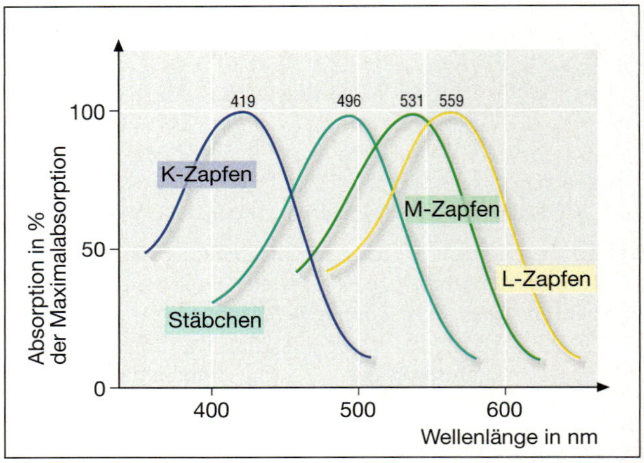

3 Lichtabsorption der Stäbchen und der drei Zapfenklassen des Menschen

L-Zapfen, kann es sich nur um grünes Licht handeln usw. (→ Bild 3). Bereits in der Netzhaut findet ein erster Vergleich der Erregung der verschiedenen Zapfentypen durch die Ganglienzellen statt, deren rezeptive Felder im Zentrum einen anderen Zapfentyp haben als im Umfeld.

Das Farbensehen mithilfe von drei verschiedenen Zapfentypen – auch *trichromatisches Farbensehen* genannt – erklärt eine Eigenheit unserer Farbwahrnehmung, die sonst rätselhaft bliebe:

Wenn Licht mit einer Wellenlänge von etwa 600 nm auf die Netzhaut fällt, entsteht der Farbeindruck orange. Aber auch bei einem Lichtstrahl, der sich aus den Wellenlängen 570 nm (gelb) und 630 nm (rot) zusammensetzt, sieht man orangefarbiges Licht, denn das Verhältnis der Erregung der drei Zapfentypen ist identisch. Daher lässt sich aus Licht in den drei Grundfarben Rot, Grün und Blau jede für uns wahrnehmbare Farbe mischen. Auf diesem Prinzip der *additiven Farbmischung* beruht zum Beispiel das Farbfernsehen

(→ Bild 1). Die Farbpigmente der Malerfarben wirken dagegen wie Filter: Fällt weißes Licht auf sie, werden bestimmte Wellenlängen reflektiert und alle anderen absorbiert. Tritt Licht zum Beispiel durch eine gelbe und eine blaue Farbfolie, erreicht nur noch grünes Licht das Auge. Hier spricht man von *subtraktiver Farbmischung*.

Ganz anders arbeitet beispielsweise der Hörsinn. Hier sind Sinnesreize nicht in gleicher Weise mischbar: Erklingt gleichzeitig ein hoher und ein tiefer Ton, nehmen wir zwei getrennte Töne wahr und nicht etwa einen einzigen mittelhohen Ton.

Evolution der Sehpigmente. Die für uns und viele Tagtiere wichtige Fähigkeit zur Farbwahrnehmung beruht darauf, dass es drei verschiedene Sehpigmente mit unterschiedlichen Absorptionseigenschaften in den Zapfen gibt. Wie sind sie entstanden? Als wahrscheinlich gilt heute, dass alle Sehpigmente aus einer gemeinsamen „Stammform" hervorgegangen sind (→ Bild 2). Die Gene für den Opsinanteil der Sehpigmente wurden vermutlich durch Mutation dupliziert. Die daraus hervorgegangenen Duplikate haben sich dann auseinander entwickelt. *Sequenzanalysen* dieser Gene weisen darauf hin, dass zuerst Rhodopsin und ein Zapfenpigment mit Absorptionsmaximum im kurzwelligen Bereich (K) entstanden sind. Aus diesem ersten Zapfenpigment entstand bald ein zweites mit Absorptionsmaximum im langwelligen Bereich (L). Auch heute lebende Neuweltaffen haben nur zwei Zapfenpigmente (K und L). Erst vor weniger als 30 Mio. Jahren entstand das Pigment M, das im mittleren Wellenlängenbereich maximal empfindlich ist.

Sehen bei Tag und Nacht. Nur mithilfe der Zapfen ist Farbensehen möglich, doch Zapfen und ihre Sehpigmente sind nicht sehr lichtempfindlich: Sie arbeiten nur tagsüber und in der Dämmerung. Bei sehr geringer Beleuchtung sind nur noch die Stäbchen funktionstüchtig, deren Sehpigment Rhodopsin bei 496 nm (blaugrün) sein Absorptionsmaximum hat. Unter diesen Bedingungen entsteht zwar kein Farbeindruck („Nachts sind alle Katzen grau"), aber auch Stäbchen sind für Licht verschiedener Wellenlängen unterschiedlich empfindlich. Daher erscheinen blaue Flächen nachts relativ heller, rote Flächen dagegen fast schwarz.

Störungen des Farbensehens. Mehr als 8 % der Westeuropäer haben Schwierigkeiten bestimmte Farben zu unterscheiden. Dies liegt daran, dass bei ihnen ein oder mehrere Gene für die Sehpigmente in den Zapfen von einer Mutation betroffen sind. Je nach Art der Mutation treten unterschiedliche Farbwahrnehmungsstörungen auf:

Am häufigsten sind Störungen des Rot-Grün-Unterscheidungsvermögens (→ Bild 3). Die Betroffenen verwechseln Rot, Gelb, Orange und Grün miteinander, Violett empfinden sie als Blau und Dunkelrot als Schwarz. *Rot-Grün-Blindheit* tritt auf, wenn das Gen für das Sehpigment L oder M fehlt. Häufiger sind aber *Rot-Grün-Schwächen*. Dabei wird statt der Pigmente L und M ein Sehpigment gebildet, das in seinen Eigenschaften zwischen beiden liegt. Von solchen Störungen des Rot-Grün-Unterscheidungsvermögens sind nur 0,4 % der Frauen, aber 8 % der Männer betroffen. Das hängt damit zusammen, dass die Farbanomalie X-chromosomal rezessiv vererbt wird (→ S. 179). Frauen zeigen die Farbwahrnehmungsstörung also nur, wenn beide X-Chromosomen mutierte Gene tragen.

Sehr viel seltener ist ein Ausfall des Gelb-Blau-Unterscheidungsvermögens, bei dem Wellenlängen zwischen 565 und 575 nm als unbunt empfunden werden.

1 Beschreiben Sie, welches Erregungsmuster der K-, M- und L-Zapfen vorliegt, wenn weißes Licht auf die Netzhaut fällt.

2 Vergleichen Sie additive und subtraktive Farbmischung. Wie ist jeweils die spektrale Zusammensetzung des Lichts vor und nach erfolgter Mischung?

3 Begründen Sie, weshalb bei Rot-Grün-Blindheit Violett als Blau empfunden wird.

1 Farbbildschirm. In jedem Bildpunkt findet eine additive Farbmischung statt.

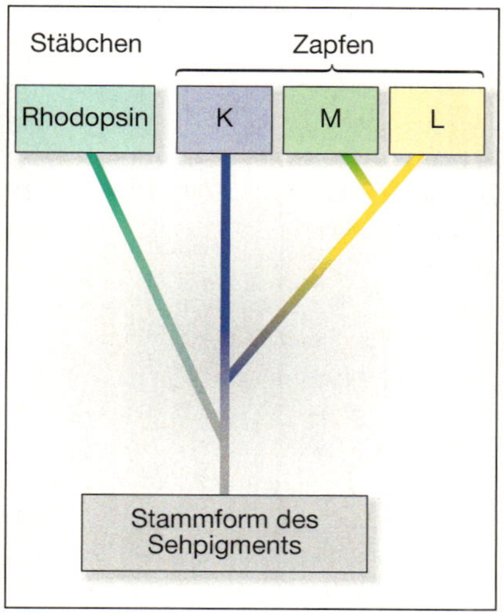

2 Wahrscheinlicher Stammbaum unserer Sehpigmente

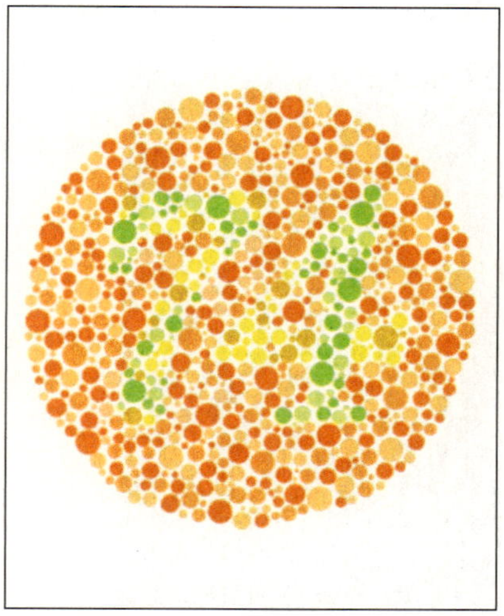

3 Testbild: Normalsichtige erkennen die Zahl 74.

Die vielseitigen Mechanorezeptoren

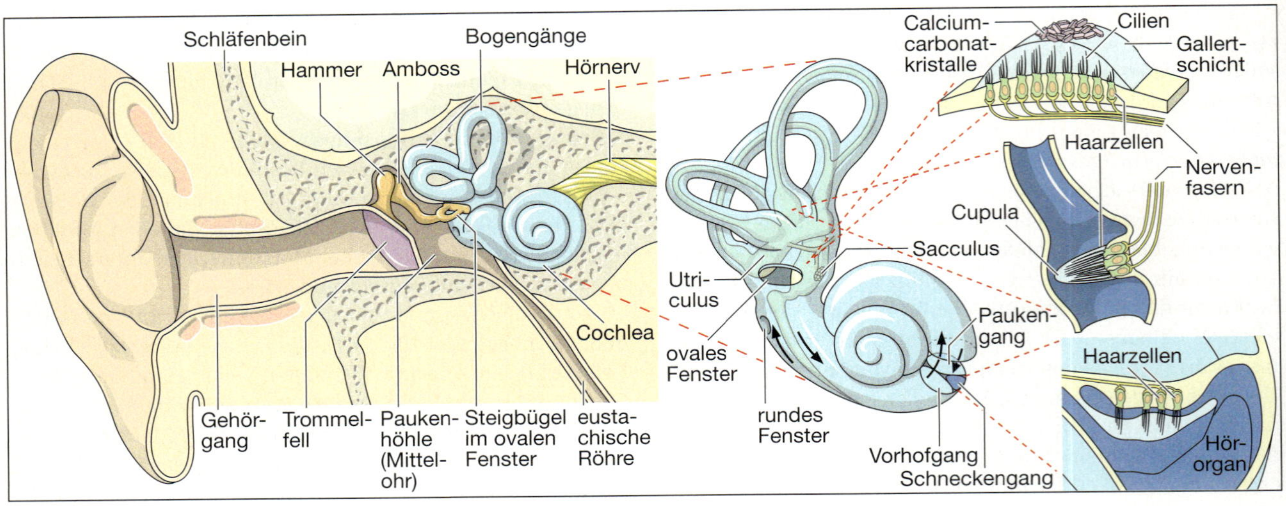

1 Übersicht über den Bau des Ohrs und Innenohr mit Gehör- und Gleichgewichtsorganen

Gehör, *Lagesinn* und *Beschleunigungssinn* scheinen auf den ersten Blick nichts gemeinsam zu haben. Die zugehörigen Sinnesorgane sitzen jedoch alle im Innenohr (→ Bild 1) und sind mit demselben Rezeptortyp ausgestattet, nämlich mit *Haarzellen*. Dabei handelt es sich um hoch sensible *Mechanorezeptoren*, die auf Verformung ansprechen. Im Lauf der Evolution sind offenbar aus einem Rezeptortyp verschiedenste Sinnesorgane hervorgegangen. Unterschiedliche Hilfsstrukturen „übersetzen" darin den ursprünglichen Reiz (Schall, Beschleunigung) in mechanische Verformungen der Haarzellen.

Besonderheiten der Haarzellen. Die zylindrischen Haarzellen haben ihren Namen von den 30 bis 150 haarförmigen Zellfortsätzen, die am oberen Ende aus der Zelle herausragen (→ Bilder 2 und 3). Man bezeichnet sie als *Cilien*, obwohl sie – anders als die Cilien von Einzellern (→ S. 31) – unbeweglich sind und einen anderen Feinbau aufweisen. Am unteren Ende bildet jede Haarzelle eine Synapse mit einem sensorischen Neuron. Da sie schon im Ruhezustand Neurotransmitter ausschüttet, entstehen im sensorischen Neuron mit einer konstanten Frequenz Impulse. Werden die Cilien in Richtung auf das längste Cilium – das *Kinocilium* – ausgelenkt, reagiert die Haarzelle mit vermehrter Transmitterausschüttung. Die Impulsfrequenz des Neurons steigt. Bei einer Auslenkung vom Kinocilium weg wird die Transmitterausschüttung vermindert. Die Impulsfrequenz des Neurons sinkt. Haarzellen reagieren also nicht nur sehr empfindlich auf Verformungen der Cilien, ihre Antwort ist auch *richtungsspezifisch*.

Lage- und Beschleunigungssinn. Gibt man Götterspeise aus der Sturzform auf den Teller, verformt sie sich sehr leicht in die Richtung, in die der Teller gekippt wird. Der Effekt kann noch verstärkt werden, wenn man Kieselsteine oben auf die Götterspeise legt. Nach diesem Prinzip sind unsere *Gleichgewichtsorgane* aufgebaut: In zwei flüssigkeitsgefüllten Kammern des Innenohrs, *Utriculus* und *Sacculus* genannt, befinden sich Felder von Haarzellen. Ihre Cilien ragen in eine gallertige Masse, in die viele kleine Calciumcarbonatkristalle eingelagert

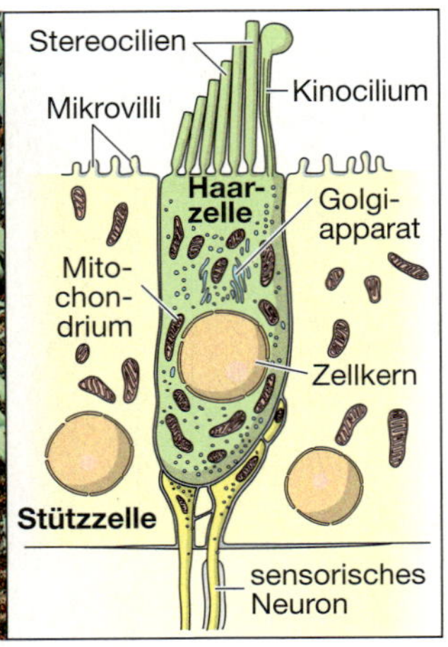

2 und 3 Haarzellen. Links REM-Bild der Cilien, rechts schematische Darstellung einer Haarzelle

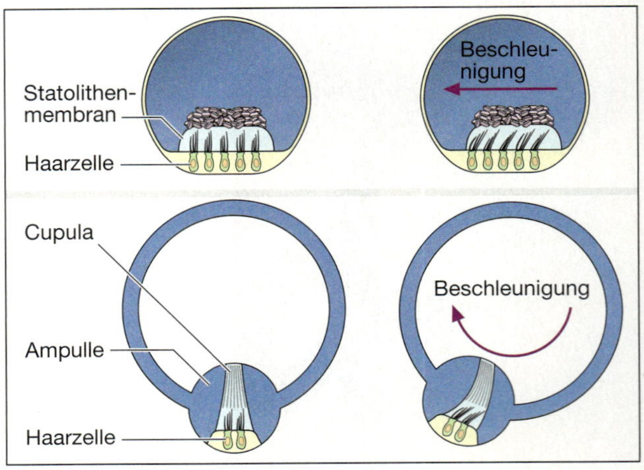

4 Funktionsprinzip von Utriculus und Sacculus (oben) und den Bogengängen (unten)

sind, die *Statolithenmembran*. Die Kristalle beschweren die Membran so, dass sie leicht in die eine oder andere Richtung ausschert, wenn der Kopf geneigt wird (→ Bild 4, S. 422). Die Auslenkung der Membran wird auf die Cilien der Haarzellen übertragen und löst hier eine richtungsspezifische elektrische Antwort aus. Daher können die Haarzellen in Utriculus und Sacculus Informationen über die Lage des Kopfes im Schwerefeld der Erde und über Beschleunigungen codieren.

Die drei *Bogengänge* ermöglichen es, Drehbeschleunigungen wahrzunehmen. Sie sind ebenfalls flüssigkeitsgefüllt und stehen in den drei Raumrichtungen jeweils rechtwinklig zueinander. In Ausbuchtungen der Bogengänge, den *Ampullen*, befinden sich Haarzellen, die in eine gallertige Substanz, die *Cupula*, eingebettet sind. Wird der Kopf – oder der ganze Körper – gedreht, bewegt sich die Flüssigkeit in den Bogengängen aufgrund der Trägheitskraft zunächst nicht mit. Es kommt zu einer Auslenkung der Cupula, wodurch die Haarzellen gereizt werden (→ Bild 4, S. 422). Durch die räumliche Anordnung der Bogengänge werden Drehbewegungen in allen Raumrichtungen erfasst.

Hörsinn. Bei der Wahrnehmung von Schallwellen kann das menschliche Ohr zwei Qualitäten unterscheiden: die *Lautstärke*, die durch die *Amplitude* der Luftschwingungen bestimmt ist, und die *Tonhöhe*, die sich mit der *Frequenz* der Luftschwingungen ändert. Besonders um mithilfe der Haarzellen Tonhöhenunterschiede wahrnehmen zu können, sind komplizierte Hilfsstrukturen notwendig.

Haarzellen können nur im wässrigen Milieu arbeiten – Schallwellen sind jedoch Luftschwingungen. Daher müssen die Schallwellen vorher auf eine Flüssigkeit übertragen werden. Sie werden von der *Ohrmuschel* aufgenommen, durchlaufen den *äußeren Gehörgang* und setzen das *Trommelfell* in Bewegung. Die Schwingungen des Trommelfells werden über die Gehörknöchelchen *Hammer, Amboss* und *Steigbügel* auf das *ovale Fenster* der Schnecke im Innenohr übertragen. Die Schnecke oder *Cochlea* ist das eigentliche Hörorgan. Sie besteht aus einem flüssigkeitsgefüllten Schlauch, der wie ein Schneckengehäuse aufgerollt und durch Membranen in drei Kompartimente aufgeteilt ist. Von diesen Kompartimenten stehen der *Vorhofgang* und der *Paukengang* am Ende der Cochlea miteinander in Verbindung. Dazwischen befindet sich der *Schneckengang*, dessen untere Begrenzung die *Basilarmembran* bildet. Auf ihr liegt das *cortische Organ*, das die Haarzellen enthält (→ Bild 1).

Treffen Schallwellen auf das Ohr, versetzen die Bewegungen des ovalen Fensters die dahinter liegende Flüssigkeit im Vorhofgang, die *Perilymphe*, in Schwingungen. Es entsteht eine *Wanderwelle*, die die gesamte Cochlea bis zum *runden Fenster* im Paukengang durchläuft. Sie verformt die Basilarmembran und das cortische Organ. Die dabei auftretenden Scherkräfte (→ Bild 1) bewirken eine Reizung der Haarzellen.

Tonhöhenwahrnehmung. Die Basilarmembran ist auf der dem ovalen Fenster zugewandten Seite schmal und unelastisch und wird in ihrem weiteren Verlauf immer elastischer und breiter. Das hat zur Folge, dass die in der Cochlea entstehenden Wanderwellen eine bestimmte Form annehmen (→ Bild 1). Es entsteht an einer Stelle eine maximale Amplitude. Entsprechend werden dort die Haarzellen am stärksten gereizt. Der Ort der maximalen Amplitude hängt dabei von der Frequenz der Wanderwelle ab, also letztlich von der Tonhöhe. Im Gehirn wird ausgewertet, wie stark die Haarzellen in der Cochlea gereizt wurden und an welcher Stelle die maximale Reizung lag. Daraus rekonstruiert das Gehirn Lautstärke und Tonhöhe des ursprünglichen Schallreizes.

Junge Menschen können Tonhöhen zwischen 20 und 20 000 Hertz wahrnehmen. Im Alter nimmt die Elastizität der Basilarmembran ab, damit sinkt zunächst die obere Hörschwelle, das heißt, hohe Töne werden schlechter wahrgenommen. Später sind auch tiefere Töne betroffen.

1 Lässt sich aus dem Ausgangssignal einzelner Haarzellen in der Cochlea auf die Tonhöhe des Schalls zurückschließen? Begründen Sie Ihre Antwort.

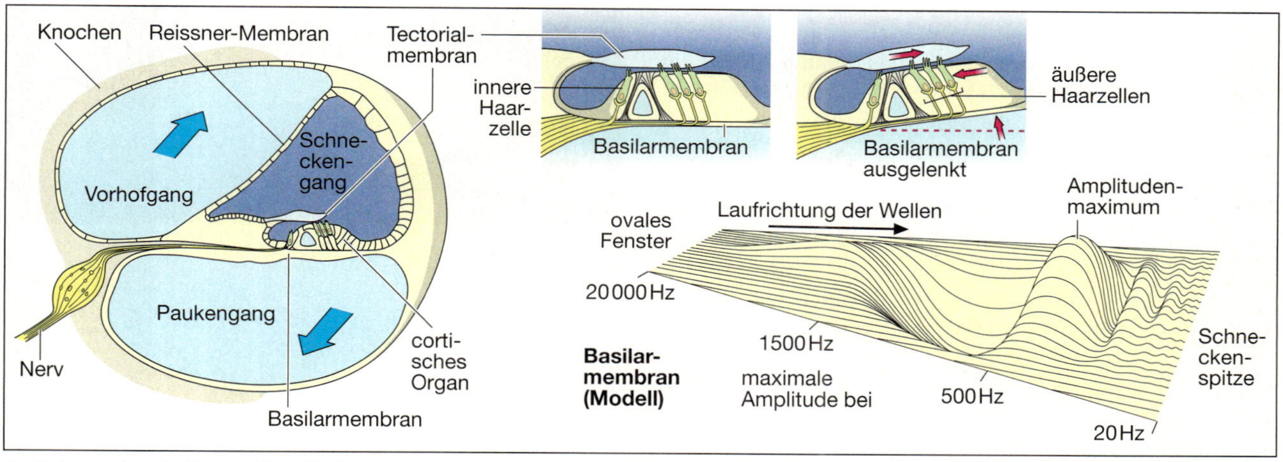

1 Schnitt durch die Cochlea (links), Verformung des cortischen Organs durch Schallwellen (Mitte) und dreidimensionales Modell einer Wanderwelle, die über die Basilarmembran läuft (rechts)

Fremde Sinneswelten

Die Leistungsfähigkeit unserer Sinnesorgane bestimmt unsere Vorstellung von der Welt: Was die Sinnesorgane nicht erfassen können, existiert für uns nicht. Erst ein Vergleich mit dem Tierreich zeigt, wie viel unserer Wahrnehmung entgeht.

Thermorezeption. *Klapperschlangen* sind selbst in dunkelster Nacht in der Lage, ihre Beute – kleine Säugetiere wie Mäuse und Ratten – aufzuspüren und zielsicher auf sie zuzustoßen. Dabei helfen ihnen nicht die Augen, sondern ihre *Grubenorgane*. Sie liegen in einer Einsenkung zwischen Nasenöffnung und Auge und enthalten äußerst empfindliche *Thermorezeptoren* (→ Bild 1). Die Klapperschlangen können mit den Grubenorganen noch eine Temperaturerhöhung um 0,002 °C wahrnehmen; das reicht, um eine Maus, die 10 °C wärmer als ihre Umgebung ist, in 40 cm Entfernung zu erkennen. Da die beiden Grubenorgane seitlich am Kopf liegen, kann die Schlange mit ihnen die Richtung der Wärmequelle genau lokalisieren (→ Bild 2).

Vibration und Druckwellen im Wasser. Unter Schall verstehen wir Luftschwingungen, die mit dem menschlichen Ohr hörbar sind. Aus diesem Grund hielt man Schlangen für taub, denn die Ohren der Schlangen sprechen auf Luftschwingungen nicht sehr gut an. Schlangen können aber Vibrationen, die durch den Boden laufen, extrem sensibel wahrnehmen. Sie haben buchstäblich „immer ein Ohr am Boden“.

Auch Druckwellen im Wasser würde man nicht als Schall bezeichnen. Fische nehmen solche Druckwellen mit ihrem *Seitenlinienorgan* wahr. Fischschwärme können sich daher auch in trübem Wasser so koordiniert bewegen, dass sie fast wie ein einziges Lebewesen erscheinen (→ Bilder 3 und 4). Über die *Mechanorezeptoren* im Seitenlinienorgan – *Haarzellen* wie im menschlichen Innenohr – wird jeder Fisch schnell und zuverlässig über Richtung und Geschwindigkeit seiner Schwarmnachbarn informiert.

Chemische Sinne. Für wasserlebende Tiere sind gelöste Aminosäuren meist ein deutlicher Hinweis auf eine Nahrungsquelle. Viele von ihnen haben deshalb *Chemorezeptoren*, die besonders empfindlich auf Aminosäuren ansprechen. Von einem Katzenwels zum Beispiel könnten 23 mg Alanin – weniger als ein hundertstel Teelöffel voll – selbst dann noch wahrgenommen werden, wenn man das Alanin in einem 50-m-Schwimmbecken mit 2600 m^3 Wasservolumen auflöst!

Die Chemorezeptoren der Fische liegen nicht wie beim Menschen in der Nasenschleimhaut oder auf der Zunge, sondern über den ganzen Körper verteilt, besonders dicht aber vorn am Kopf und – bei Welsen – auf den Barteln (→ Bilder 5 und 6). Auch bei Gliedertieren befinden sich die Chemorezeptoren meist an für uns ungewohnten Orten: Nicht nur die Mundwerkzeuge, sondern auch die Antennen und in aller Regel auch die Füße sind mit Chemorezeptoren ausgestattet.

1 Die Sinnesleistungen jeder Tierart sind als Anpassungen an die jeweilige Lebensweise zu verstehen. Zeigen Sie das an den Beispielen im Text auf.

2 Informieren Sie sich über die Chemorezeptoren des Menschen. Stellen Sie deren Bau und Leistung vergleichend dar.

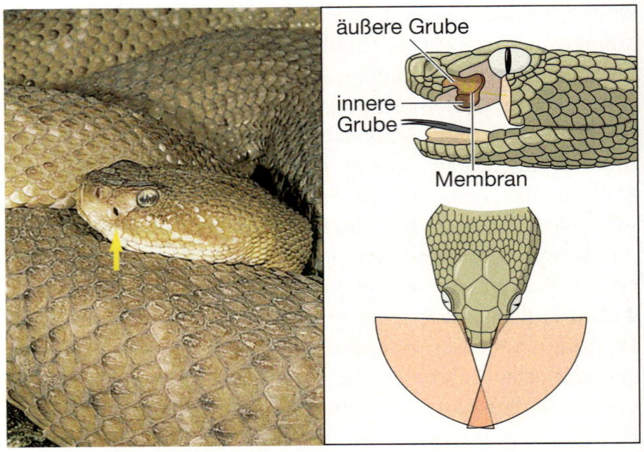

1 und 2 Grubenorgane der Klapperschlangen. Rechts unten sind die Bereiche dargestellt, aus denen jeweils Wärmestrahlung in das rechte oder linke Grubenorgan gelangt.

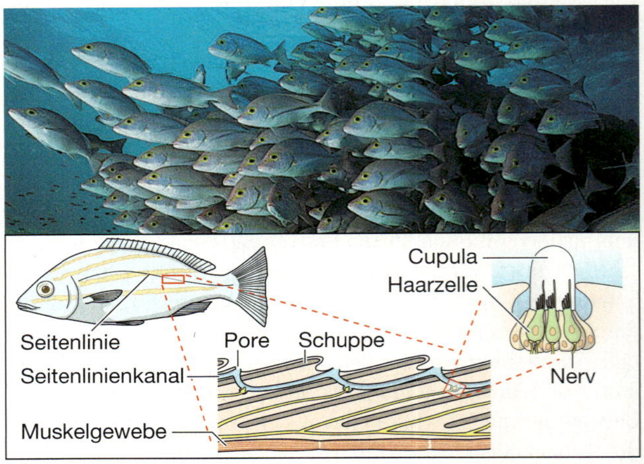

3 und 4 Seitenlinienorgan der Fische. Die Druckwellen treten von außen durch Poren ein und lenken die Haarzellen im Kanal aus. Oben: Schnapperschwarm

5 und 6 Dichte der Chemorezeptoren (Punkte) auf dem Fischkörper. Oben: Katzenwels

Überblick

■ Kernstück jedes Sinnesorgans sind Sinneszellen oder Rezeptoren. Nur diese spezialisierten Zellen können Umweltreize in elektrische Erregung umwandeln. → S. 413
■ Rezeptoren sind für ihren adäquaten Reiz besonders empfindlich. Je nach adäquatem Reiz werden fünf Typen von Rezeptoren unterschieden. → S. 413
■ Sinnesorgane sind mehr als nur Ansammlungen von Rezeptoren. Mitunter kompliziert gebaute Hilfsstrukturen sorgen dafür, dass Sinnesorgane detaillierte Informationen über Umweltreize erfassen können. → S. 414
■ Verschiedene Bautypen von Augen entwerfen unterschiedliche Bilder der Umwelt; dabei hat jeder Typ bestimmte Stärken und Schwächen. Zu den besonders leistungsfähigen Augentypen zählt das Linsenauge der Wirbeltiere. → S. 414, 415
■ An der Umwandlung von Lichtenergie in elektrische Erregung ist eine molekulare Kettenreaktion in den Fotorezeptoren beteiligt, die die Reizenergie erheblich verstärkt. → S. 416
■ Viele Rezeptoren arbeiten in einem sehr weiten Intensitätsbereich. Dabei ist ihre elektrische Antwort dem Logarithmus der Reizintensität proportional. Außerdem können Sinnesorgane ihre Empfindlichkeit entsprechend der Reizgröße regulieren. Durch diese Adaptation erweitern sie ihren dynamischen Bereich. → S. 417
■ In der Netzhaut finden bereits erste Schritte der Bildverarbeitung statt. Besonders Kontraste werden verstärkt. → S. 418, 419
■ Viele Tierarten nutzen Farben zur Kommunikation. Das ist nur möglich, weil sie Farben unterscheiden können. → S. 420
■ Die zelluläre Grundlage des Farbensehens sind verschiedene Typen von Fotorezeptoren (Zapfen), deren Sehpigmente jeweils für eine andere Wellenlänge maximal empfindlich sind. → S. 420, 421
■ Im Innenohr wird sowohl für das Gehör als auch für den Lage- und Beschleunigungssinn derselbe Rezeptortyp eingesetzt. Es handelt sich um Haarzellen, das sind hoch spezialisierte Mechanorezeptoren. → S. 422, 423
■ Das kompliziert gebaute Membransystem der Cochlea erlaubt auch die Wahrnehmung der Tonhöhe. → S. 423
■ Viele Tierarten verfügen über andere oder empfindlichere Sinnesorgane als wir. Die Ausstattung mit Sinnesorganen ist als Anpassung an die jeweiligen Lebensbedingungen zu sehen. → S. 424

Aufgaben und Anregungen

1 Die Rezeptoren aller Sinnesorgane wandeln die aufgenommene Reizenergie in elektrische Erregung um. Letztlich werden die Informationen über die Reize in Form von Aktionspotenzialen ans Gehirn übermittelt. Überlegen Sie, auf welche Weise das Gehirn in der Lage ist, auf den ursprünglichen Reiz zurückzuschließen.

2 „Von der uns umgebenden Umwelt kennen wir nur den Ausschnitt, den uns unsere Sinnesorgane erschließen. Daher wird unser Weltbild durch die Eigenschaften unserer Sinnesorgane mitbestimmt.“ – Belegen Sie die Gültigkeit dieser Aussage mit Beispielen aus diesem Kapitel. Welche Bedeutung haben unter diesem Aspekt die Begriffe „Wirklichkeit“ und „Wahrheit“? Diskutieren Sie.

3 Vergleichen Sie Bau und Leistung von Komplexaugen, zum Beispiel der Insekten, und den Linsenaugen der Wirbeltiere. Gehen Sie dabei auch auf die Rasterung des Gesichtsfelds in einzelne Bildpunkte ein. Wo geschieht das jeweils?

4 Tritt man aus dem Dunkeln ins Helle, ist man zuerst geblendet, empfindet aber das Licht nach einigen Minuten als angenehm. Erläutern Sie, durch welche Vorgänge diese Adaptation zustande kommt.

5 Definieren Sie die Begriffe Adaptation und Akkommodation.

6 Erklären Sie, inwiefern die Informationen, die über den Sehnerv ins Gehirn gelangen, bereits überarbeitet sind. Welche Abweichungen zur Erregung der Stäbchen und Zapfen sind festzustellen?

7 Das Foto unten zeigt eine Qualle. Der Rand ihres Schirms ist mit verschiedenen Sinnesorganen besetzt. Darunter sind auch Statocysten. In der Grafik erkennt man, wie sie gebaut sind. Überlegen Sie, welcher Rezeptortyp wohl Kernstück der Statocyste ist. Welche Sinneswahrnehmung vermittelt er vermutlich der Qualle? Vergleichen Sie mit einem nach Bau und Funktion ähnlichen Sinnesorgan des Menschen.

8 Nennen Sie die verschiedenen Rezeptortypen. Welche davon kommen in Sinnesorganen des Menschen vor? Geben Sie für die verschiedenen Rezeptortypen, soweit möglich, mehrere Beispiele. Ziehen Sie gegebenenfalls weitere Informationsquellen heran.

9 Das Innenohr der Wirbeltiere ist Sitz verschiedener Sinnesorgane. Um welche Sinnesorgane handelt es sich? Erläutern Sie deren Bau und Funktionsweise.

10 Für den Menschen und viele andere „Augentiere“ spielt Farbensehen eine große Rolle. Geben Sie dafür Beispiele. Erklären Sie, wie das Farbensehen zustande kommt.

Gehirn – Wahrnehmung – Speicherung

1 *Nur ein kleiner Teil unserer Milchstraße ist auf dieser Aufnahme zu erkennen ...*

Betrachtet man die Milchstraße mit dem Fernrohr, löst sie sich in Sternwolken mit reicher Struktur auf und die Komplexität des Milchstraßensystems mit seinen etwa 200 bis 300 Milliarden Sonnen lässt sich erahnen.

Die komplexeste bekannte Struktur in diesem Universum liegt uns allerdings wesentlich näher: Es ist unser eigenes Gehirn. Es besteht aus etwa 10^{11} Nervenzellen – das ist dieselbe Größenordnung wie die Zahl der Sterne in der Milchstraße! Durch Synapsen verbinden sich die Nervenzellen zu präzisen und außerordentlich komplexen Netzwerken. Letztlich sind es diese neuronalen Netzwerke, die uns zu allen intellektuellen Leistungen befähigen – unser Staunen über die unvorstellbaren Weiten des Weltraums inbegriffen.

Im Blickpunkt:

- das Gehirn – zentrale Steuerungseinheit des Menschen
- Bau und Funktion einzelner Hirnteile
- Methoden der Hirnforschung
- Wahrnehmung als aktiver Vorgang im Gehirn
- Grundlagen von Lernen und Gedächtnis
- das Organ, das den Menschen ausmacht: Hirnfunktionen, Bewusstsein und Persönlichkeitsmerkmale
- Gehirn und Drogen: Drogenwirkung und -abhängigkeit

Bei einem Vergleich der Nervensysteme ursprünglicher und hoch entwickelter Tiergruppen fällt ein *Trend zur Gehirnbildung* auf: Während einfach organisierte Vielzeller wie Quallen ein diffus über den ganzen Körper verteiltes *Nervennetz* besitzen, konzentrieren sich bei den meisten übrigen Tiergruppen Zellkörper und Dendriten in *Ganglien* und – zusammen mit Axonen – *Marksträngen*. Dabei verschmelzen die Ganglien am Vorderende der Tiere häufig und bilden bei den am höchsten entwickelten Formen ein *Gehirn*.

Das besonders leistungsfähige Nervensystem der Wirbeltiere gliedert sich in *Zentralnervensystem (ZNS)*, das aus *Gehirn* und *Rückenmark* besteht, und *peripheres Nervensystem*. Wesentliche Aufgaben des Zentralnervensystems sind:

- *Wahrnehmung.* Erst im Gehirn werden die Informationen der Sinnesreize erkannt und bewertet.
- *Informationsverarbeitung* und *-speicherung.* Neuronale Netzwerke erlauben verschiedene Schritte der Informationsverarbeitung. Neues kann gelernt, Gelerntes im Gedächtnis abgespeichert werden.
- *Steuerung.* Das ZNS als übergeordnete Steuerinstanz kontrolliert die meisten Körperfunktionen und das Verhalten.

Erst in neuerer Zeit beginnt man zu verstehen, wie die Vorgänge im Detail ablaufen. Beim Menschen bleibt jedoch eine ganz besondere wissenschaftliche Herausforderung: Das kognitive System „Gehirn" muss sich selbst erforschen.

Informationsverarbeitung im Zentralnervensystem

Wer sich näher mit Bau und Funktion des Gehirns befassen möchte, kann leicht von der Komplexität und der Vielzahl der Funktionen dieses Organs verwirrt werden. Das Verständnis fällt leichter, wenn man nach einem allen Vorgängen im ZNS gemeinsamen Prinzip sucht, das als Orientierungshilfe dienen kann.

Das EVA-Prinzip. Unabhängig von der Komplexität des einzelnen Vorgangs folgt jede Informationsverarbeitung im ZNS grundsätzlich demselben Prinzip:

- Sinneszellen nehmen Reize aus der Umwelt oder aus dem Körper selbst auf und leiten die darin enthaltenen Informationen über *sensorische Nerven* in Form von Aktionspotenzialen ins ZNS. Das entspricht einer *Informationseingabe*.
- Im ZNS werden die eingehenden Informationen erkannt, bewertet, manchmal auch mit gespeicherten Informationen verglichen; die Informationen werden also *verarbeitet*.
- Als Ergebnis der Informationsverarbeitung erfolgt oft eine sichtbare oder messbare Reaktion. Handelt es sich dabei um eine Bewegung oder Bewegungsfolge, werden vom ZNS *motorische Nerven* aktiviert, deren Aktionspotenziale von den Muskeln in Kontraktionen umgesetzt werden. Die Reaktion ist also das Ergebnis einer *Informationsausgabe* des ZNS.

Man kann so jeden Prozess, an dem das ZNS beteiligt ist, in *E*ingabe, *V*erarbeitung und *A*usgabe aufschlüsseln. Nach den Anfangsbuchstaben der Teilschritte wird diese Form der Informationsverarbeitung *EVA-Prinzip* genannt.

Informationsverarbeitung nach dem EVA-Prinzip ist in verschiedenen Komplexitätsstufen realisiert:

Im einfachsten Fall ist ein sensorisches Neuron zugleich Rezeptor und direkt mit einem motorischen Neuron gekoppelt (→ Bild 1). Ein derart einfaches System ist in seiner Reaktion völlig unflexibel: Wird das sensorische Neuron durch einen Reiz erregt, gibt es seine Erregung direkt an das motorische Neuron weiter. Das heißt, dass unabhängig von sonstigen Bedingungen auf jeden Reiz unmittelbar die immer gleiche Reaktion folgt. Bestimmte Reflexe (→ S. 444) sind Beispiele dafür. Solche einfachen neuronalen Verschaltungen findet man bei allen Tieren mit Nervensystem, bei Quallen ebenso wie beim Menschen.

Wenn zwischen sensorische und motorische Neurone so genannte *Interneurone* geschaltet sind, entstehen zum Teil sehr komplexe *neuronale Schaltkreise*: Mit jedem eingefügten Interneuron steigt die Zahl der Synapsen zwischen Informationseingabe und Informationsausgabe. An jeder Synapse können erregende und hemmende Einflüsse (→ S. 409) aus anderen Bereichen des ZNS einbezogen werden.

Erblickt beispielsweise ein Leopard in der Steppe eine Gazelle, wird er vielleicht versuchen die Beute zu schlagen. Das geschieht aber nicht immer und schon gar nicht immer auf dieselbe Weise: Die Entscheidung, ob und wie ein Angriff erfolgt, hängt von der *Motivation* des Tiers ab – wenn der Leopard satt ist, wird er nicht jagen –, aber auch von einer Reihe äußerer Einflüsse wie Windrichtung, zur Verfügung stehende Deckung, Nähe anderer Raubtiere ... Auch *Gedächtnisinhalte* in Form von *Erfahrungen* können die Entscheidung beeinflussen. Auf diese Weise können zwischen Informationseingabe und Informationsausgabe viele Verarbeitungsschritte liegen (→ Bild 1). Solche komplexen neuronalen Schaltkreise ermöglichen ein *situationsangepasstes Verhalten*.

Allgemein gilt: Je komplexer und flexibler ein vom ZNS gesteuerter Vorgang ist, desto mehr Interneurone sind zwischen Informationseingabe und -ausgabe geschaltet. Doch unabhängig davon wird die Information meist nach dem EVA-Prinzip behandelt.

1 Das Konzept des EVA-Prinzips ist der Informatik entliehen. Ordnen Sie bei einer Computeranlage Eingabe- und Ausgabegeräte zu. Wo findet im Computer die Informationsverarbeitung statt?

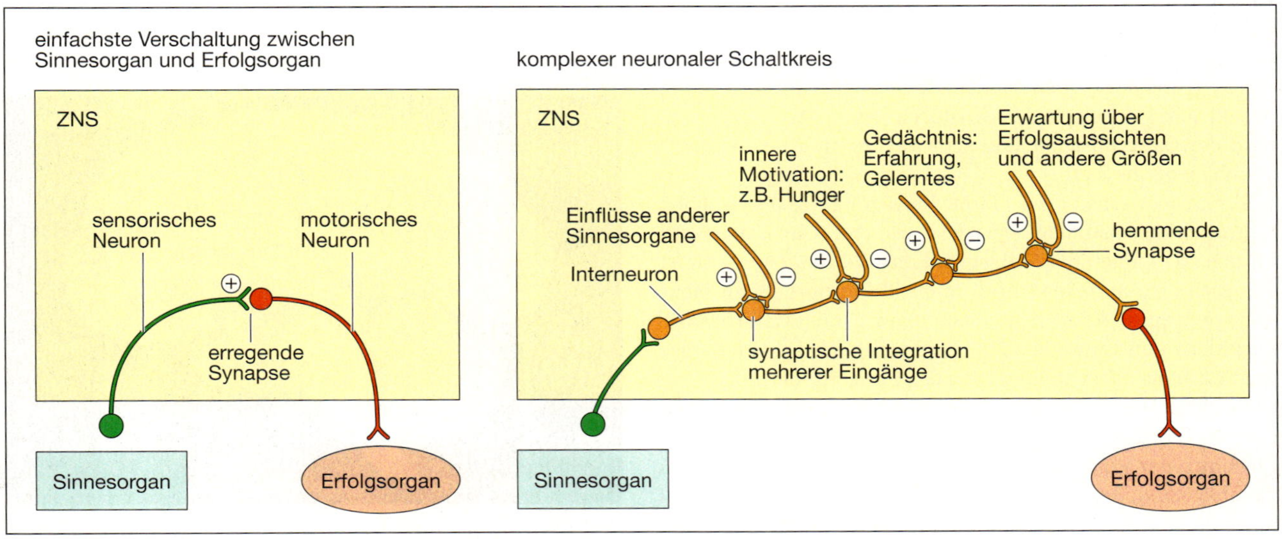

1 *Einfaches und komplexes Beispiel für die Informationsverarbeitung nach dem EVA-Prinzip*

Bau des Gehirns und Funktion der Hirnteile

Das Gehirn aller Wirbeltiere ist sehr ähnlich gebaut und nach Zahl und Anordnung der Hirnteile bei allen Wirbeltierklassen homolog (→ S. 258). Unterschiede bestehen hauptsächlich in der relativen Größe und in der Funktion einzelner Hirnabschnitte (→ Bild 1).

Hirnstamm. Den Übergang vom Rückenmark zum Gehirn bilden das *verlängerte Mark* und die *Brücke*, die man als *Nachhirn* zusammenfasst. Das Nachhirn und das darauf folgende *Mittelhirn* werden oft auch als *Hirnstamm* bezeichnet. Der Hirnstamm ist vor allem eine Durchgangsstation für Nervenbahnen, die vom Rückenmark ins Gehirn und in umgekehrter Richtung laufen. Mit Ausnahme von Riech- und Sehnerv ist der Hirnstamm Ursprungs- bzw. Zielgebiet aller *Hirnnerven*: Augenmuskel-, Gesichts-, Zungen-, Kehlkopf-, Ohr- und Vagusnerv. Über sie werden – von *Funktions- oder Reflexzentren* des Hirnstamms aus – wichtige Körperfunktionen gesteuert und kontrolliert: Atmung und Herzschlag, Speichelfluss, Schlucken, Husten, Pupillen- und Augenbewegung.

Zwischenhirn. Ans Mittelhirn schließt sich das *Zwischenhirn* an, das im Wesentlichen aus Thalamus und Hypothalamus besteht. Der *Thalamus* ist die Hauptumschaltstelle zwischen den sensorischen Nerven von Auge, Innenohr sowie Haut und den Nervenbahnen, die ins Großhirn ziehen. Damit ist er zugleich die zentrale Sammelstelle für alle Sinnesinformationen.

Im relativ kleinen, aber sehr wichtigen *Hypothalamus* liegen die Steuer- und Regelzentren für eine große Zahl von Körperfunktionen wie Körpertemperatur, Wasserhaushalt, Blutzuckerkonzentration und Blutdruck. Der Hypothalamus ist eng mit dem Hormonsystem verknüpft und ist dessen übergeordnetes Steuerzentrum (→ S. 455), da hier spezialisierte Neurone, so genannte *neurosekretorische Zellen*, Hormone erzeugen, die die Tätigkeit der eng benachbarten Hypophyse und anderer Hormondrüsen steuern. Auf diesem Weg steuert und synchronisiert er auch Keimzellenreifung, Sexualverhalten und Schlaf-Wach-Rhythmus.

Kleinhirn. Anders als der Name vermuten lässt, ist das *Kleinhirn* der zweitgrößte Teil des menschlichen Gehirns. Seine Aufgabe liegt vor allem in der Koordination von Bewegungsabläufen und der Orientierung im Raum. Wird diese Funktion beeinträchtigt, beispielsweise durch einen Alkoholrausch, wird der Gang unsicher und schwankend und Bewegungen verfehlen oft ihr Ziel.

Bei allen Wirbeltieren, deren Bewegung besonders hohe Koordinationsleistungen erfordert, wie das Schwimmen der Fische, das Laufen der Säuger und das Fliegen der Vögel, ist das Kleinhirn auffallend groß und differenziert. Beim Menschen beträgt sein Anteil am Gesamtgewicht des Gehirns kurz nach der Geburt nur etwa 5 %, verdoppelt diesen Anteil aber in nur 2 Jahren fast auf den Wert des Erwachsenen.

Großhirn. Das *Großhirn* ist der entwicklungsgeschichtlich jüngste Teil unseres Gehirns. Ursprünglich war es nur das Riechhirn der Wirbeltiere, hat sich aber bei den Säugetieren zum höchsten, den anderen Abschnitten übergeordneten Gehirnteil entwickelt. Vor allem bei Primaten – allen voran den Menschen – ist es zu besonderer Größe herangewachsen.

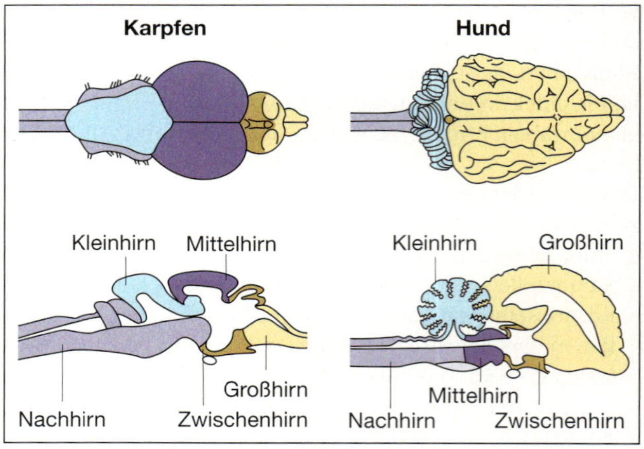

1 Gehirn von Knochenfisch und Säugetier im Vergleich. Oben Aufsicht, unten Längsschnitt

Eine Längsfurche teilt es in zwei Hälften oder *Hemisphären*, die durch den *Balken* – eine Struktur aus über 200 Millionen Axonen – verbunden sind. Drei tiefe Furchen unterteilen jede Hirnhälfte in *Stirn-*, *Scheitel-*, *Hinterhaupts-* und *Schläfenlappen*. Weitere Furchen und Windungen vergrößern die Oberfläche beim Menschen auf 1000 cm^2. Dies ist insofern bedeutsam, als die Informationsverarbeitung in der nur 2 mm dicken *Großhirnrinde*, dem *Cortex*, abläuft. Er enthält als *graue Substanz* vollständige Neurone; dagegen besteht die *weiße Substanz* des Gehirninnern nur aus Axonen.

In der Großhirnrinde findet sich etwa ein Drittel der etwa 150 Milliarden Neurone, aus denen das gesamte Nervensystem besteht. Jedes Neuron im Cortex bildet im Durchschnitt 8000 Synapsen aus. Insgesamt gibt es also etwa $4 \cdot 10^{14}$ Synapsen im Großhirn. Über wenige Interneurone ist hier praktisch jedes Neuron mit jedem anderen verbunden. Daraus ergibt sich eine unvorstellbare Zahl an Kombinationsmöglichkeiten neuronaler Zusammenarbeit. Sie ist die Grundlage aller unserer kognitiven Fähigkeiten wie Lernen, Gedächtnis, Intelligenz, Sprache und Bewusstsein.

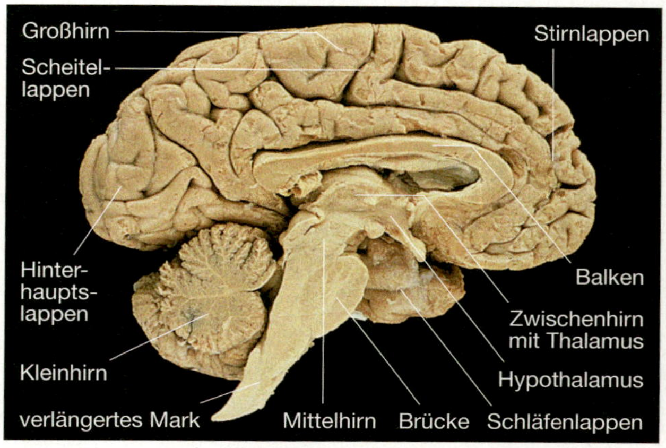

2 Menschliches Gehirn im Längsschnitt. Charakteristisch ist die stark gefurchte Großhirnrinde.

Die Felder der Großhirnrinde

Verschiedene Bereiche der Großhirnrinde erfüllen so unterschiedliche Funktionen wie die Bewegungssteuerung des kleinen Fingers, die Wahrnehmung von Tonhöhen oder das Speichern von Vokabeln. Ein erster Überblick über die verwirrende Vielfalt dieser Funktionen wird möglich, wenn man Areale der Gehirnrinde, die man als *Rindenfelder* bezeichnet, danach unterscheidet, ob sie Informationen von Sinnesorganen aufnehmen, Steuerbefehle an Muskeln ausgeben oder keines von beidem tun (→ Bild 1):

- In *sensorischen Rindenfeldern* laufen Informationen von den Sinnesorganen ein.
- *Motorische Rindenfelder* steuern willkürlich ausgeführte Bewegungen.
- Die *assoziativen Rindenfelder* haben keine dieser Funktionen. Ihre Neurone verarbeiten Informationen, indem sie beispielsweise Sinneseindrücke mit Gedächtnisinhalten vergleichen, selbst Gedächtnisfunktion haben oder verschiedene Stimmungen gegeneinander abwägen.

Mithilfe der assoziativen Felder können wir Handlungen im Geiste durchspielen und auf ihre Erfolgsaussichten untersuchen. Diese Rindenfelder ermöglichen also planvolles *Denken.* Im Großhirn der meisten Wirbeltiere findet man fast ausschließlich motorische und sensorische Felder. Daher können Pferde oder Vögel nur begrenzt einsichtig handeln, während Primaten durch den Besitz assoziativer Rindenfelder in der Lage sind, komplexe Probleme zu lösen (→ S. 482).

Lokalisation von Hirnfunktionen. Vor 150 Jahren war man davon überzeugt, dass geistige Fähigkeiten nicht an bestimmte Hirnstrukturen gebunden sind, sondern vom Gehirn als Ganzem erbracht werden. Durch verschiedene Untersuchungsmethoden (→ S. 430) konnte diese Vorstellung inzwischen widerlegt werden: Bestimmten Großhirnarealen lassen sich ganz bestimmte Funktionen zuordnen (→ Bild 1). So werden beispielsweise optische Sinneseindrücke im Hinterhauptslappen verarbeitet, akustische dagegen im Schläfenlappen. Vor und hinter der Zentralfurche liegen zwei Felder, in denen jeweils der gesamte Körper repräsentiert ist: Im Stirnlappen liegt das *primäre motorische Feld,* von dem aus alle bewusst ausgeführten Bewegungen gesteuert werden. Dahinter im Scheitellappen liegt die *Körperfühlsphäre*, auch *somatosensorisches Rindenfeld* genannt (→ Bild 3). Hier laufen alle Informationen von den Sinnesorganen der Haut (Tastsinn, Temperatursinn, Schmerz) zusammen. In beiden Hirnarealen sind benachbarte Körperbereiche ebenfalls benachbart. Die „Abbildung“ des Körpers ist aber nicht maßstabsgetreu. Gesicht und Hände sind zum Beispiel deutlich überrepräsentiert.

Die Lokalisation von Hirnfunktionen in der Großhirnrinde hat allerdings Grenzen, denn die Zuordnung bestimmter Hirnareale zu bestimmten Funktionen ist keineswegs völlig starr. So kann unter Umständen nach Schädigung eines Hirnbereichs ein anderer die Funktion des ausgefallenen Bereichs teilweise oder vollständig übernehmen. Auch ist inzwischen erwiesen, dass die Größe eines bestimmten Areals durch Gebrauch oder Vernachlässigung von Organen veränderbar ist (→ S. 433).

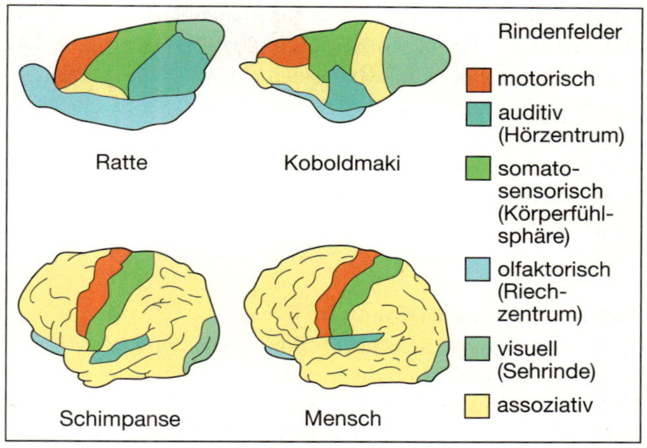

2 Anteil von assoziativen Feldern an der Großhirnrinde bei verschiedenen Säugetieren

1 Erklären Sie, warum verschiedene Körperteile in den Feldern der Großhirnrinde unterschiedlich repräsentiert sind.

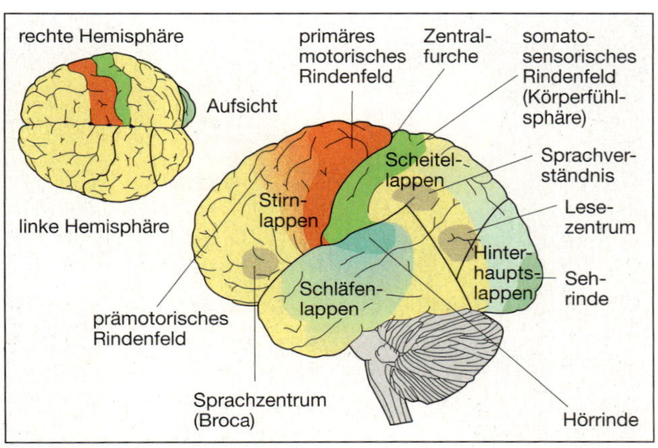

1 Bau des menschlichen Großhirns und Funktion der Rindenfelder

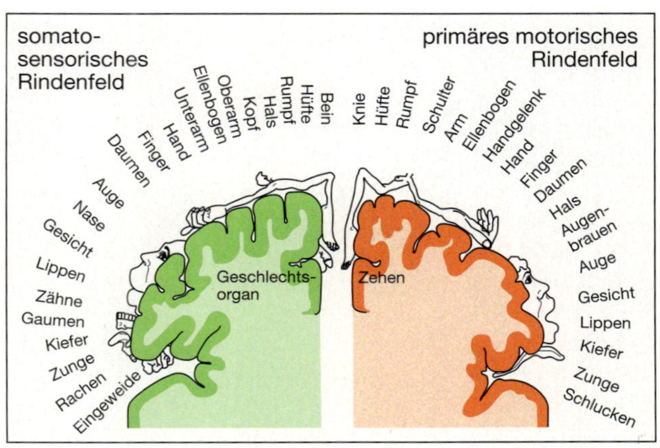

3 Körperfühlsphäre (links) und primäres motorisches Rindenfeld mit den dort repräsentierten Körperteilen

Material – Methode – Praxis: **Erforschung der Hirnfunktionen**

Im 18. Jahrhundert begründete der Arzt und Anatom *FRANZ JOSEPH GALL* eine Theorie, derzufolge Charaktermerkmale an der Schädelform ablesbar seien. In seiner so genannten *Phrenologie* ging GALL davon aus, dass stark ausgeprägte Charakterzüge auf eine Vergrößerung bestimmter Gehirnteile zurückzuführen seien. Diese starke Ausformung des Hirns sei dann auch am Schädel ablesbar. Die Phrenologie hat sich längst als Irrlehre erwiesen. Die Frage aber, wo im Gehirn bestimmte Vorgänge gesteuert werden, bleibt bis heute aktuell.

Erforschung von Läsionen

Im 19. Jahrhundert untersuchte der französische Arzt *PIERRE PAUL BROCA* Patienten, die infolge einer Hirnverletzung nur noch stockend und fehlerhaft sprechen konnten. Nach deren Tod fand BROCA, dass alle Betroffenen eine Gehirnschädigung – eine *Läsion* – in einem eng begrenzten Bereich im *linken Stirnlappen* aufwiesen. Offenbar ist dieses Hirnareal für die Sprachsteuerung unentbehrlich. Noch heute wird das von BROCA entdeckte *motorische Sprachzentrum* auch Broca-Zentrum genannt. Inzwischen haben Untersuchungen von Funktionsausfällen nach Gehirnläsionen zu einer detaillierten Karte der Gehirnfunktionen geführt. Problematisch bei dieser Vorgehensweise ist aber, dass man erst dann etwas über bestimmte Hirnbereiche erfährt, wenn sie ausfallen. Die Läsionsforschung eignet sich also nicht zum Studium der normalen Gehirnfunktion.

Röntgentomographie

In den 1970er-Jahren wurde ein Verfahren entwickelt, mit dem lebende Gewebe sichtbar gemacht werden können. Bei der so genannten *Röntgentomographie* durchstrahlt ein eng fokussierter Röntgenstrahl den Körper. Je nachdem, welche Gewebe er dabei passiert, wird er mehr oder weniger stark abgeschwächt. Wird der Körper nach und nach aus vielen Richtungen in einer Ebene durchleuchtet, erhält man genügend Informationen um ein relativ hoch aufgelöstes Schnittbild, ein *Computertomogramm*, dieser Körperebene zu rekonstruieren (→ Bild unten).

PET

Die *Positronen-Emissions-Tomographie (PET)* baut auf der Röntgentomographie auf. Mit dem Verfahren wird allerdings nicht die *Struktur* untersucht, sondern die Stoffwechselaktivität, also die *Funktion*, einer Hirnschicht. Dazu muss man die Hirnbereiche mit erhöhter Stoffwechselrate markieren. Wie schon lange bekannt, sind solche Bereiche stark durchblutet und hier tritt vermehrt Wasser aus den Blutgefäßen ins Hirngewebe über. Bringt man radioaktiv markiertes Wasser in die Blutbahn, hat man damit einen Marker, der im Gehirn Bereiche erhöhter Stoffwechselaktivität anzeigt. Dazu wird Wasser mit dem Sauerstoffisotop ^{15}O verwendet, das Positronen (positiv geladene Antiteilchen der Elektronen) emittiert.

Um herauszufinden, welche Hirnbereiche bei einer bestimmten Tätigkeit besonders aktiv sind, wird der Versuchsperson zunächst unter Ruhebedingungen (Kontrolle) radioaktiv markiertes Wasser in die Armvene injiziert und kurz darauf mit dem Tomographen die Verteilung der Radioaktivität im Gehirn gemessen. In einem zweiten Versuch hat die Versuchsperson unter sonst gleichen Bedingungen eine Aufgabe zu erfüllen, zum Beispiel Sprechen. Zur Auswertung wird per Computer das Tomogramm unter Ruhebedingungen von dem unter Aufgabenbedingungen abgezogen. Übrig bleibt ein Bild von der durch die Aufgabenstellung verursachten Gehirndurchblutung (→ Bild unten).

1 Erläutern Sie, welche Vor- und Nachteile mit der Erforschung von Hirnfunktionen über Läsionen verbunden sind.

2 „Mithilfe der Röntgentomographie lässt sich Läsionsforschung am lebenden Patienten betreiben.“ Stimmt diese Aussage? Begründen Sie.

3 Erklären Sie, weshalb bei der Hirnforschung mittels PET zunächst ein Bild des Ruhezustands des Gehirns aufgenommen werden muss. Welche Fehlerquellen ergeben sich hierdurch? Wie können diese Fehler vermieden werden?

☞ **Stichworte zu weiteren Informationen**

Autoradiographie, Radioaktivität, Röntgendiagnostik

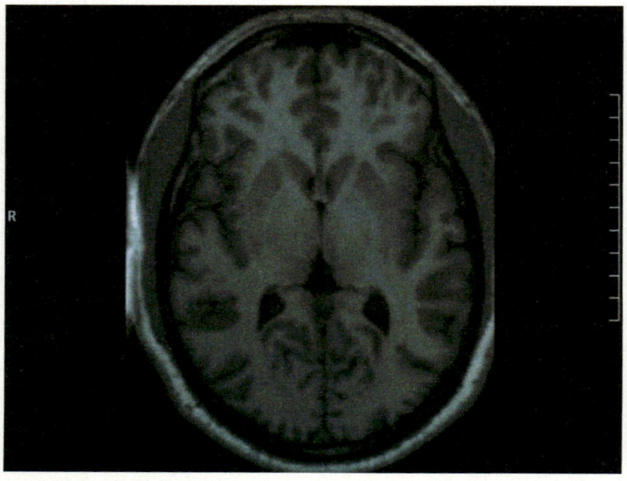

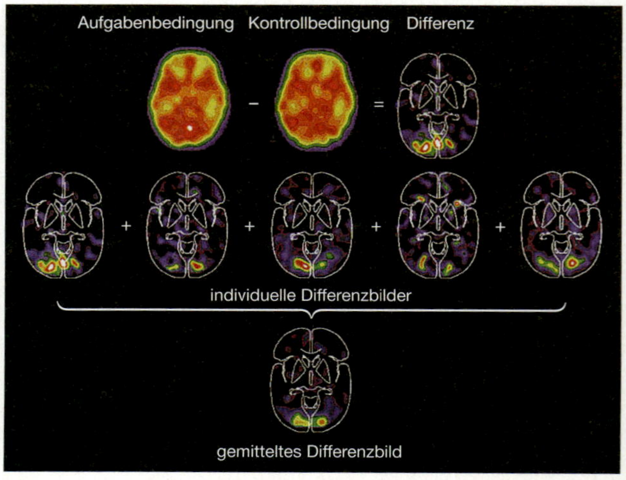

Wahrnehmung am Beispiel Sehen

Sehen ist mehr als unsere Augen aufnehmen: Kommt jemand auf uns zu, haben wir nicht den Eindruck, die Person würde wachsen, obwohl ihr Bild auf der Netzhaut immer größer wird. Winkt die Person, ändert sich das Bild der Hand auf der Netzhaut ständig; trotzdem wird es immer als Hand wahrgenommen. Die optischen Informationen der Netzhaut werden im Gehirn offenbar nicht nur passiv aufgenommen, sondern aktiv bearbeitet, verknüpft und interpretiert. Mit diesem als *Wahrnehmung* bezeichneten Prozess rekonstruieren wir aus Sinnesdaten ein stimmiges Bild unserer Umwelt. Ihm entspricht das Aktivitätsmuster von Neuronen im Gehirn.

Sehbahn. Die Axone der Ganglienzellen in der Netzhaut bilden den Sehnerv (→ S. 418). Die Axone der inneren, nasenseitigen Netzhauthälften überkreuzen sich (→ Bild 1). So gelangen die Informationen der linken Hälfte der Gesichtsfelder von

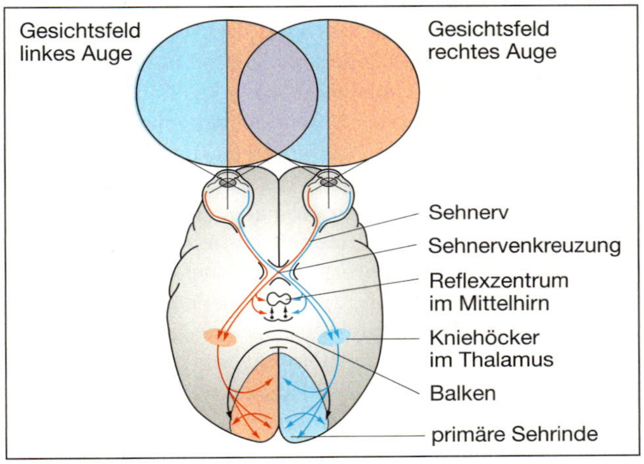

1 Übersicht über die Sehbahn

beiden Augen in die rechte Hirnhälfte, die der rechten Hälfte der Gesichtsfelder in die linke Hirnhälfte. Auf diese Weise wird räumliches Sehen möglich: Jede Hirnhälfte erhält Informationen von beiden Augen und kann sie – verbunden über den Balken – miteinander vergleichen.

Der Sehnerv führt zum seitlichen Kniehöcker im *Thalamus*. Ein Teil der Fasern zweigt allerdings schon vorher zu den *Zentren des Pupillen- und Akkommodationsreflexes* im Hirnstamm ab. Die Sehbahn selbst verläuft zur *primären Sehrinde* im Hinterhauptslappen des Großhirns (→ Bild 1). Die Synapsen im Thalamus sind so ausgebildet, dass sowohl im seitlichen Kniehöcker als auch in der primären Sehrinde eine *neuronale Karte* der Netzhaut entsteht: Benachbarte Neurone der Hirnbereiche empfangen ihre Signale von ebenfalls benachbarten rezeptiven Feldern der Netzhaut. Das auf die Netzhaut fallende Bild erfährt damit im Gehirn eine räumliche Rekonstruktion.

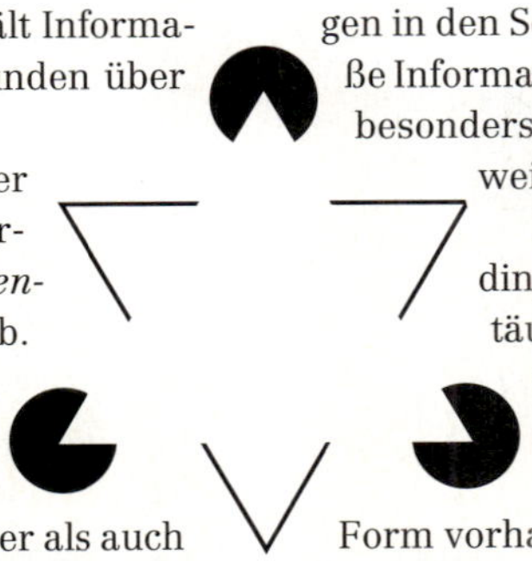

Parallele Bildverarbeitung in der Sehrinde. Frühere Vorstellungen gingen davon aus, dass die Informationen aus der Netzhaut unverändert an die primäre Sehrinde weitergeleitet würden. Nach einem Vergleich der Erregungsmuster mit Ge-

2 Unterschiedliche Aspekte eines Objekts werden in verschiedenen Regionen der Hirnrinde getrennt verarbeitet.

dächtnisinhalten würden bekannte Muster dann als Gegenstände identifiziert.

Inzwischen hat man erkannt, dass das Bild bereits interpretiert wird, bevor wir es bewusst wahrnehmen. Die interpretierende Bildbearbeitung beginnt schon in der Netzhaut, wo zum Beispiel durch Kontrastverstärkung Konturen hervorgehoben werden (→ S. 418). Die Verarbeitung der Bildinformation wird im Thalamus fortgeführt und ist auch in der primären Sehrinde noch nicht abgeschlossen. Ihr sind höhere Sehrindenfelder in verschiedenen Hirnregionen nachgeschaltet, die auf die Verarbeitung einzelner Aspekte des Netzhautbilds spezialisiert sind: Farbe, Kontrast, Umrisse, Bewegung (→ Bild 2). Ein Feld ist beispielsweise für die Verarbeitung der dynamischen Form zuständig, wodurch wir ein bewegtes Objekt trotz seiner Bewegung als formkonstant wahrnehmen.

Die parallele Bildverarbeitung – von den ersten Verarbeitungsprozessen in der Netzhaut (→ S. 419) bis zu den Vorgängen in den Sehrindenfeldern – hat den Vorteil, dass sich große Informationsmengen gleichzeitig verarbeiten lassen und besonders wichtige Aspekte des Netzhautbilds, beispielsweise bewegte Formen, sofort „ins Auge fallen“.

Die interpretierende Wahrnehmung kann allerdings auch zu Fehlleistungen führen, wie an Sinnestäuschungen deutlich wird. So werden beispielsweise Konturen von Formen so sehr verstärkt, dass es manchmal sogar dann zur Formwahrnehmung kommt, wenn objektiv gar keine Form vorhanden ist (→ Bild links). Dass wir die Täuschung durchschauen, verhindert sie erstaunlicherweise nicht.

1 Betrachten Sie bei ausgestreckter Hand Ihren Daumen abwechselnd mit dem rechten und dem linken Auge. Deuten Sie Ihre Beobachtung.

2 Geben Sie Beispiele für optische Täuschungen und versuchen Sie zu erklären, wie diese zustande kommen.

3 Die sehr kontrastreiche Fellfärbung von Tiger und Zebra hat dennoch Tarnwirkung. Versuchen Sie eine Erklärung.

Lernen und Gedächtnis

Von den riesigen Informationsmengen, die in jeder Sekunde über die Sinnesorgane auf uns einströmen, wird uns das allermeiste überhaupt nicht bewusst. Doch auch von dem, was man tagsüber bewusst erlebt hat, kann man abends nur noch bruchstückhaft berichten. Einige wenige Informationen aber werden zu neuem Wissen. Den Erwerb neuen Wissens oder Verhaltens nennt man *Lernen*. Unter *Gedächtnis* versteht man die Fähigkeit, dieses Wissen abrufbar zu speichern.

Verschiedene Lernformen. Es gibt eine ganze Reihe verschiedener Lernformen, die sich in Ablauf und Komplexität unterscheiden (→ S. 477–482). Immerhin ist es ein Unterschied, ob man Radfahren lernt, ob man das Geräusch einer Sirene mit Gefahr verbindet oder ob man ein Theaterstück einstudiert. Auch aus neurobiologischer Sicht lassen sich zwei grundsätzlich verschiedene Lernformen unterscheiden.

Als kognitives oder *explizites Lernen* wird das bezeichnet, was man auch im allgemeinen Sprachgebrauch unter Lernen versteht. Hierunter fällt alles Lernen, das eine bewusste Anteilnahme erfordert. Charakteristisch für diese Lernform ist unter anderem das *gleichzeitige Abrufen* von zwei Begriffen oder Ereignissen. So müssen bei *logischen Verknüpfungen*, zum Beispiel mit „und", „oder", „in", beide Begriffe gleichzeitig im Bewusstsein präsent sein.

Beim *nichtkognitiven* oder *impliziten Lernen* ist eine bewusste Anteilnahme nicht erforderlich. Es handelt sich mehr um ein Einüben. Bestimmte Handgriffe beherrscht man besser, wenn man sie oft genug wiederholt hat. Typisch für implizites Lernen ist, dass hier eine *Abfolge von Ereignissen* erlernt wird. Beim Binden einer Schleife zum Beispiel kommt es auf die Abfolge der Handbewegungen an.

Die Vorgänge, die sich auf der Ebene der Neurone abspielen, wenn wir lernen, folgen beim expliziten und impliziten Lernen offenbar demselben Prinzip: Beide Lernformen beruhen darauf, dass sich die *Wirksamkeit* von *Synapsen* zwischen zwei Neuronen *erhöht*, also bei gleicher Erregung mehr Transmitter ausgeschüttet wird.

Implizites Lernen durch Bahnung. Viele Menschen zucken unbewusst zusammen, sobald sie das Geräusch eines Zahnarztbohrers hören. Wer oft genug die Erfahrung gemacht hat, dass auf das an sich harmlose Geräusch ein Schmerzreiz folgt, reagiert bereits auf das Geräusch allein. Bei dem in diesem Beispiel beschriebenen Lernvorgang handelt es sich um eine *klassische Konditionierung*. Hierbei wird ein neutraler Reiz zu einem reaktionsauslösenden (konditionierten) Reiz. Sie kann als Beispiel für implizites Lernen dienen.

Bei einem neutralen Reiz führt die Erregung im sensorischen Nerv nur zur Ausschüttung von wenig Transmitter an der Synapse zum Motoneuron. Das postsynaptische Potenzial ist daher nicht groß genug um im Motoneuron Aktionspotenziale entstehen zu lassen. Ist die Synapse aber noch aktiv, während gleichzeitig ein weiterer Reiz – zum Beispiel ein Schmerzreiz – über eine andere Synapse zu Aktionspotenzialen im Motoneuron führt, verstärkt sich die Wirksamkeit der ersten Synapse: Nach einigen Wiederholungen schüttet sie bei gleicher Erregung mehr Transmitter aus (→ Bild 2). Vermutlich reichern sich dabei für kurze Zeit Calciumionen in der präsynaptischen Endigung an. Da die Verstärkung der Synapsenwirksamkeit nur eintritt, wenn sie gerade aktiv war, spricht man von *aktivitätsabhängiger Bahnung*.

Explizites Lernen durch Langzeitpotenzierung. Für explizites Lernen sind wohl mehrere Mechanismen von Bedeutung, darunter die *Langzeitpotenzierung*. Dabei bewirkt eine Serie rasch aufeinander folgender Aktionspotenziale in der präsynaptischen Zelle, dass die Membran der postsynaptischen Zelle stark und anhaltend depolarisiert wird. Über Stunden oder Tage hat dann auch ein einzelnes Aktionspotenzial einen viel stärkeren Effekt als zuvor. Dieser Zustand wird durch ein Signal der postsynaptischen Zelle – vermutlich *Stickstoffmonooxid* – an die präsynaptische Zelle aufrechterhalten.

Für die dauerhafte Speicherung von Gedächtnisinhalten vermutet man, dass in den Synapsen bestimmter Neurone verstärkt Kanalproteine synthetisiert werden.

1 *Implizites Lernen. Die Bewegungsabfolge beim Schleifenbinden wird eingeübt.*

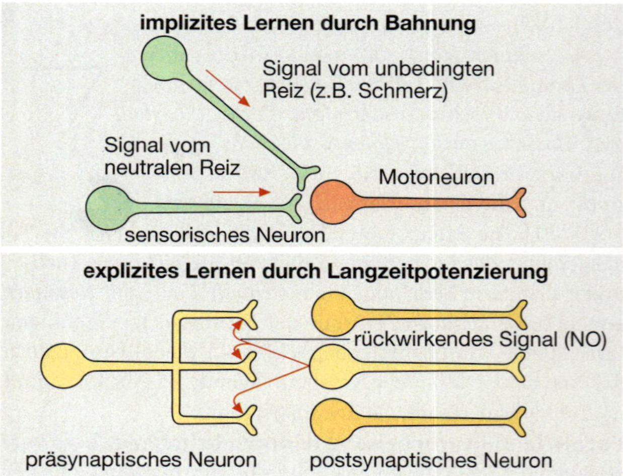

2 *Neuronale Verschaltungen, die explizitem und implizitem Lernen zugrunde liegen (Schema)*

Gedächtnisebenen. Eine Telefonnummer, die man zugerufen bekommt, kann man sich gerade so lange merken, bis man sie ins Telefon eingetippt hat. Vokabeln, die man geübt hat, merkt man sich vielleicht bis zur nächsten Klassenarbeit, aber nach den Ferien muss man sie erneut lernen. Seine Muttersprache oder bestimmte Kindheitserinnerungen vergisst man dagegen ein Leben lang nicht. Diese Beispiele zeigen, dass unser Gedächtnis unterschiedliche Speicher für explizit gelernte Inhalte besitzt. Man unterscheidet *Kurzzeit-* und *Langzeitgedächtnis* mit weiter untergliederten *Gedächtnisebenen* (→ Bild 1):

- Das *sensorische Gedächtnis* speichert Informationen der Sinnesorgane nicht länger als eine Sekunde. In der Dauer eines Augenblicks werden die wichtigsten Informationen für die weitere Speicherung ausgewählt und codiert.
- Das *primäre Gedächtnis* beschränkt sich auf bewusst gewordene, verbal codierte Informationen, von denen es gleichzeitig nur etwa 7 Einheiten für Sekunden oder Minuten behält. Sie werden ständig durch neue überdeckt, erhalten aber durch wiederholtes Einspeisen in den Speicher eine größere Chance, ins Langzeitgedächtnis überführt zu werden. Darauf beruht die Wirkung aufmerksamen Übens.
- Im *Langzeitgedächtnis* können Informationen aus dem primären Gedächtnis zu dauerhaft verankerten Gedächtnisinhalten oder *Engrammen* werden. Wie groß die Kapazität des Langzeitgedächtnisses ist, lässt sich bisher nur wenig verlässlich abschätzen: Im Lauf eines Lebens könnte die dauerhaft gespeicherte Information 10^{10} bis 10^{14} bit umfassen, was dem Inhalt von 3000 bis 30 Millionen Büchern vom Umfang dieses Buchs entspräche.

Ort der Speicherung. Die Überführung von Informationen in das Langzeitgedächtnis geschieht im *Mandelkern* und im *Hippocampus,* die beide zum limbischen System (→ S. 435) gehören. Ihre Schädigung führt zur Störung oder zum Ausfall dieser *Konsolidierung* genannten Fähigkeit. Welchen Rindenregionen sich das Langzeitgedächtnis selbst zuordnen lässt, ist unklar. Wahrscheinlich ist es über viele Areale verteilt.

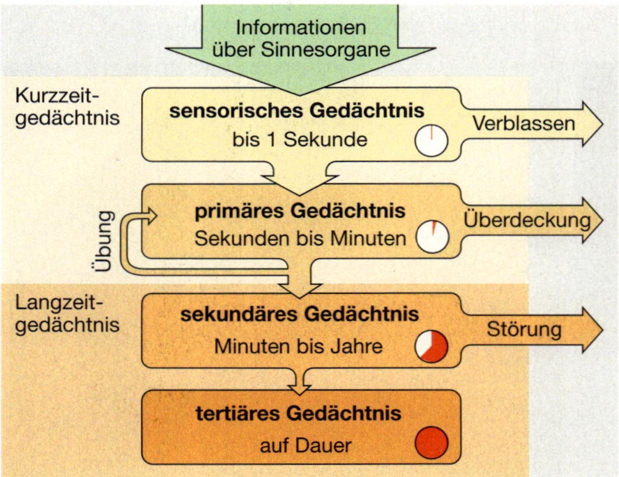

1 Gedächtnisinhalte bleiben in den verschiedenen Gedächtnisebenen unterschiedlich lange erhalten.

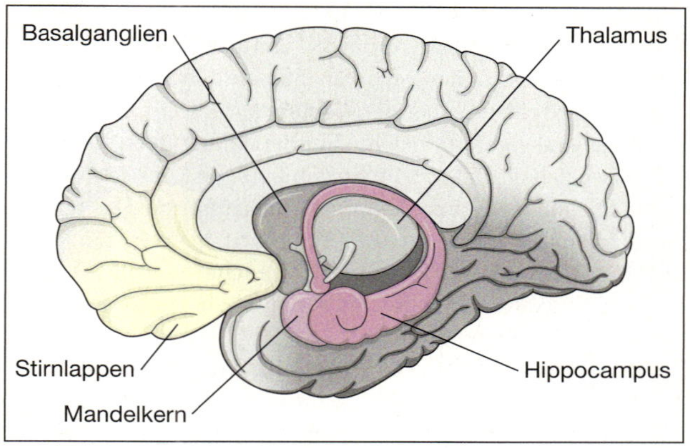

2 Hirnregionen, deren Schädigung Gedächtnisstörungen zur Folge hat

Übung macht den Meister. Am impliziten Lernen sind weder primäres Gedächtnis noch Hippocampus beteiligt, dafür oft Basalganglien und Kleinhirn. Es ließ sich zeigen, dass auch strukturelle Veränderungen im Gehirn bewirkt werden. So fand man in Untersuchungen an Nachtaffen, dass sich die somatosensorischen Rindenfelder (→ S. 429) häufig gebrauchter Körperteile vergrößern. Die Tiere waren darauf trainiert worden, mit Mittel- und Zeigefinger eine Scheibe zu drehen. Das Ergebnis des dreimonatigen Trainings zeigt Bild 3.

Erinnern. Heute beginnt man zu verstehen, was im Gehirn abläuft, wenn wir Engramme reaktivieren, also uns an etwas erinnern. Bei der Erinnerung handelt es sich wohl um eine Art *Protokoll* eines *neuronalen Aktivitätsmusters,* schätzungsweise von 10^7 bis 10^8 Neuronen. Wenn wir uns zum Beispiel an einen Apfel erinnern, werden dieselben Nervenzellen im Gehirn aktiv, die auch beim Anblick des Apfels erregt waren. Dabei steht das Aktivitätsmuster der Neuronen – nicht die Nervenzellen selbst – für den Begriff. So kann ein Neuron an der Repräsentation verschiedener Begriffe beteiligt sein.

3 Durch Training bestimmter Finger vergrößerten sich bei Nachtaffen die zugehörigen somatosensorischen Felder.

Denken – Sprechen – Fühlen

Verglichen mit Tieren, sind wir Menschen seltsame Wesen: Nur wir können sprechen, haben Kulturen hervorgebracht, tragen Schmuck, bauen Musikinstrumente, fürchten uns vor dem Tod und rätseln über den Ursprung der Welt.

Alle Eigenschaften, die eine Sonderstellung des Menschen im Tierreich begründen können, sind auf die Komplexität und Leistungsfähigkeit seines Gehirns zurückzuführen: Das typisch Menschliche am Menschen ist sein Gehirn, in erster Linie sein Großhirn. Tatsächlich lassen sich manche typisch menschlichen Fähigkeiten wie das Sprechen an bestimmten Großhirnarealen festmachen.

Sprache. Wesentlich für die Sprachfähigkeit des Menschen ist das *Denken in Begriffen*: Sinneseindrücke werden erfasst und geordnet; Gegenstände werden als solche erkannt und klassifiziert. Zwar können auch einige hoch entwickelte Säugetiere und Vögel Begriffe bilden, aber diese *vorsprachlichen* oder *averbalen Begriffe* beschränken sich auf Dinge und Lebewesen, die direkt mit den Sinnen erfahrbar sind. Dagegen kann sich das Denken beim Menschen davon völlig lösen: *Abstrakte Begriffe* wie „Demokratie" oder „Primzahl" sind *Symbole* für komplizierte Zusammenhänge, die sich nur mithilfe von Sprache erklären lassen. Die *Symbolsprache* befähigt den Menschen, sich über nicht Gegenwärtiges und nicht mit den Sinnen Erfahrbares zu verständigen. Ihre Entwicklung war ein entscheidender Motor der kulturellen Evolution (→ S. 275).

Denken in Begriffen ist eine Leistung von assoziativen Feldern der gesamten Großhirnrinde. Ein weiteres System im Gehirn repräsentiert Laute und enthält auch die Regeln für die Kombination von Lauten, sodass sich Wörter und Sätze ergeben. Eine dritte Instanz im Großhirn ist notwendig um zwischen den ersten beiden zu vermitteln: Bestimmte Lautkombinationen werden Begriffen so zugeordnet, dass zum Beispiel das Wort „rot" den dazugehörigen Farbeindruck repräsentiert.

Die Läsionsforschung sowie PET-Scans (→ S. 430) haben gezeigt, dass die beiden letztgenannten Systeme nicht diffus im Gehirn verteilt, sondern in eng umgrenzten Bereichen des Stirn- und Scheitellappens lokalisiert sind (→ Bild 1). Besonders auffällig ist dabei, dass diese *Sprachzentren* immer nur in einer Hirnhälfte, meist in der linken, zu finden sind. Obwohl das Gehirn des Menschen symmetrisch gebaut ist, beschränkt sich demnach die Sprachfähigkeit auf eine Gehirnhälfte. Man spricht hier von *funktioneller Asymmetrie* und vermutet ihre Ursache in Koordinationsschwierigkeiten, die dann entstehen könnten, wenn die Sprache von zwei gleichberechtigten Zentren gesteuert würde.

Das Rätsel Bewusstsein. Neben der Sprache und der Fähigkeit zum abstrakten Denken gilt das Bewusstsein als typisch menschliches Merkmal: Wir erfahren unser *„Selbst" im Denken und Wahrnehmen* als eine von der Umwelt getrennte Einheit. Unter allen Tieren sind sich wahrscheinlich nur noch Menschenaffen ihrer selbst bewusst: Beim Spiegeltest (→ Bild 2) untersuchen sie meist das eigene Gesicht, während andere Tiere das Spiegelbild untersuchen oder den vermeintlichen Fremdling zu verjagen suchen.

Die Erforschung des Bewusstseins stellt die Wissenschaft vor große *methodische Probleme*, da es zwar subjektiv erfahrbar, aber mit naturwissenschaftlich objektiven Verfahren schwer zu untersuchen ist. Einige kennzeichnende Merkmale lassen sich beschreiben:

- Bewusstsein kann nur vom Gehirn als Ganzem, jedoch von keinem seiner Teile entwickelt werden. Es ist damit ein Beispiel für *Emergenz*, wie sie jede Organisationsebene des Lebendigen kennzeichnet (→ S. 11): Das Ganze ist mehr als die Summe seiner Teile und führt zu völlig neuen Eigenschaften.
- Die Kapazität des Bewusstseins ist sehr begrenzt: Nur etwa 7 Einzelinformationen pro Sekunde können bewusst erlebt werden. Dies entspricht nur einem winzigen Bruchteil der Datenmenge, die das ganze Gehirn verarbeitet.
- Bewusstsein hat die Aktivität bestimmter *assoziativer Felder* in der Rinde des Stirnlappens zur Voraussetzung. Begriffe, Eindrücke und Erinnerungen, die von diesen Feldern aktiviert werden, erfahren wir bewusst. Im Schlaf ruhen diese Zentren der Aufmerksamkeitssteuerung. Sinnesinformationen und Erinnerungen können sich dann zu mehr oder weniger wirren Träumen verbinden.

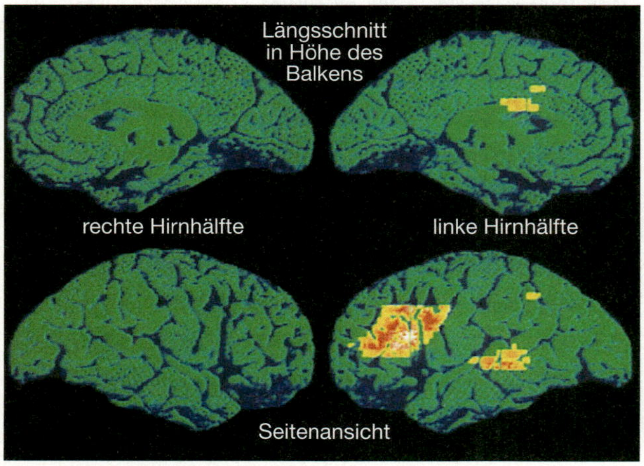

1 PET-Scan einer Testperson beim Wortebilden

2 Schimpanse beim Spiegeltest

Sitz der Gefühle. Auch Gefühle wie Glück, Ärger oder Verliebtheit stehen mit bestimmten Gehirnstrukturen in Zusammenhang. Manche Gefühle wie Angst kann man sich andererseits nicht vorstellen ohne gleichzeitig auch an *körperliche Reaktionen* wie Herzrasen, kalten Schweiß und flachen Atem zu denken. Daher ist es nicht verwunderlich, dass es im Gehirn eine Struktur gibt, die Nervenverbindungen sowohl zu den assoziativen Feldern der Großhirnrinde als auch zum Hypothalamus (→ S. 428) hat, der über das Hormonsystem körperliche Reaktionen steuert. Bei diesem „Gefühlshirn" handelt es sich um das *limbische System* (→ Bild 1).

Gefühle – kein Luxus. Von einigen Philosophen ist die Ansicht vertreten worden, dass Gefühle nichts als „niedere Instinkte" sind, der Vernunft des Menschen weit unterlegen. Solche Ansichten sind heute zumindest fragwürdig geworden. Gefühle liefern Anreize dafür, bestimmte Dinge zu tun und andere zu lassen: Wer würde mühevoll arbeiten, wenn damit nicht die Aussicht auf Wohlstand oder gesellschaftliche Anerkennung verbunden wäre? Wie viele Menschen würden in Abgründe stürzen, wenn niemand Angst vor großen Höhen hätte? Wer „vernünftige Entscheidungen" trifft, spielt zunächst verschiedene Handlungsmöglichkeiten in Gedanken durch. Die Erwartung positiver oder negativer Gefühle wird dann – oft unbewusst – als Entscheidungshilfe eingesetzt um zwischen mehreren Handlungsalternativen zu wählen. Hierbei spielen die Assoziationsfelder im Stirnlappen und das limbische System eine bedeutende Rolle.

Motivation und Neurotransmitter. Auf die Frage, welche Vorgänge im Gehirn mit positiven und daher motivierenden Gefühlen verbunden sind, wurden bereits Teilantworten gefunden. Bestimmte Neurone im limbischen System schütten immer dann den Transmitter *Dopamin* aus, wenn eine Handlung erfolgreich war, wenn sich also ein Gefühl der Befriedigung einstellt. Die Dopaminausschüttung im limbischen System ist gleichsam eine Belohnung für eine erfolgreiche Aktion. Andere Neuronengruppen reagieren auf *Endorphine* und *Enkephaline*. Ihre Freisetzung hat eine schmerzlindernde Wirkung und löst Glücksgefühle aus bis hin zur Euphorie.

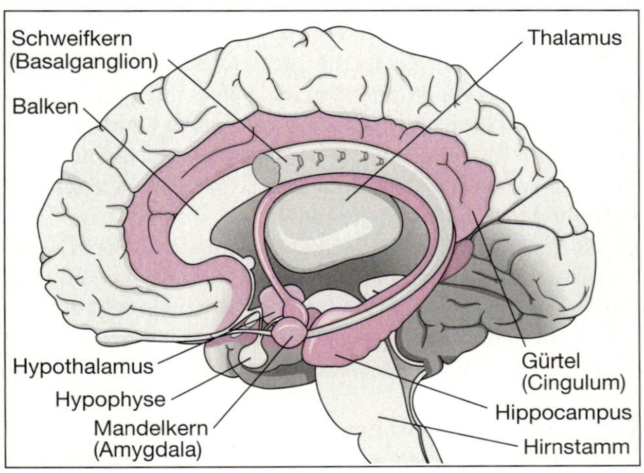

1 Das limbische System umgibt den Balken wie ein Saum.

Drogenwirkung. Manche Menschen unterliegen der Versuchung, starke Glücksgefühle gleichsam auf Knopfdruck auszulösen. Die dazu eingesetzten *Drogen* oder *Rauschmittel* beeinflussen die Wirkungweise von Transmittern im Gehirn:

– *Aufputschmittel* wie Amphetamin, Cocain und Ecstasy verstärken die Wirkung von Dopamin. Wer sich damit berauscht, fühlt sich stark angeregt, verspürt kaum Hunger oder Müdigkeit.
– *Opiate* wie Heroin ähneln in ihrer Struktur den Endorphinen und Enkephalinen. Daher löst der Konsum stark euphorisierende Rauschzustände aus.
– *Alkohol* verstärkt die Wirkung von hemmenden Neuronen, deren Transmitter *γ-Aminobuttersäure (GABA)* ist (→ Bild 2). Diese kontrollieren in bestimmten Bereichen des limbischen Systems Zellen, die Angstgefühle erzeugen. Alkoholkonsumenten verlieren daher Ängste und Hemmungen.

Alle diese Rauschmittel schädigen den Körper als *Gifte* auf verschiedenste Weise und können außerdem zu *Abhängigkeit* führen. Wie Abhängigkeit entsteht, ist ein komplizierter und vielschichtiger Prozess, der noch nicht völlig verstanden ist. Oft wird die künstliche Verstärkung der Transmitterwirkung vom Gehirn kompensiert, indem die Transmitter immer mehr an Wirkung einbüßen. Zum Beispiel nimmt bei dauerndem Heroinkonsum die Zahl der Endorphinrezeptoren im Gehirn ab. Daher ist die Rauschdroge bald schon notwendig, um einen normalen Gefühlszustand aufrechtzuerhalten. Ohne sie stellen sich *Entzugserscheinungen* ein. Der Konsument ist *süchtig* geworden. Neben einer *seelischen Abhängigkeit*, also dem Verlangen nach dem nächsten „Trip", entwickelt sich eine *körperliche Abhängigkeit*. Da ein Rausch dann nur noch mit immer steigenden Dosen erreichbar ist, zerstört der Süchtige nicht selten sein Leben durch die Giftwirkung der Droge. Die chemische „Belohnung" durch Drogen setzt die Vernunft außer Kraft und verkehrt den biologischen Sinn der Gefühle als Ratgeber für geeignetes Verhalten in sein Gegenteil.

1 Endorphine und Enkephaline werden auch als „endogene Opiate" bezeichnet. Erklären Sie diese Bezeichnung.

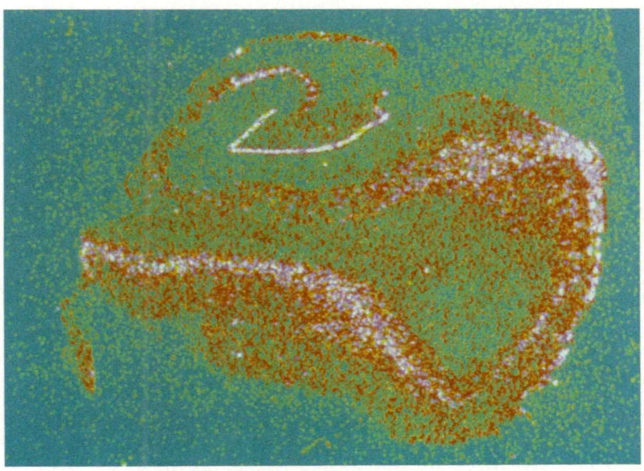

2 Zellen mit GABA-Rezeptoren (weiß) im Hippocampus

Material – Methode – Praxis: **Medikament oder Rauschdroge?**

Neue Medikamente dürfen heute nur auf den Markt gebracht werden, wenn sichergestellt ist, dass sie keine gravierenden Nebenwirkungen haben. Zu solchen möglichen Nebenwirkungen zählt das *Suchtpotenzial* mancher Stoffe. Beispielsweise wurde Ende des 19. Jahrhunderts Heroin als Medikament eingesetzt, bis man erkannte, dass es abhängig macht.

Untersuchung des Suchtpotenzials im Tierversuch

Bevor ein neuer Wirkstoff klinisch – das bedeutet an Menschen – getestet wird, muss seine Unschädlichkeit erst durch *Tierversuche* erwiesen werden. Ob ein Wirkstoff süchtig machen kann, zeigt sich in Tests mit Säugetieren, meist Ratten. Der Versuchsaufbau ist dabei einfach: Einer Ratte wird in eine Vene ein Katheter eingeführt, der mit einer Pumpe in Verbindung steht (→ Bild rechts). Die Lösung mit der zu testenden Substanz wird in die Pumpe gefüllt. Diese kann von der Ratte selbst in Gang gesetzt werden, wenn sie lernt, einen Hebel zu bedienen, der mit einem Steuergerät in Verbindung steht. Die Ratte bedient den Hebel nur, wenn sie dafür belohnt wird. Wenn die Injektion der zu testenden Substanz als Belohnung empfunden wird – das ist zum Beispiel bei Cocain der Fall –, weist das darauf hin, dass die Substanz ein gewisses Suchtpotenzial hat.

Wo im Hirn wirkt die Substanz?

Meist wird durch ein Rauschmittel die Wirkungsweise eines bestimmten Neurotransmitters verändert. Für viele Transmitter sind inzwischen kompetitive Hemmstoffe (→ S. 72) gefunden worden, die mit dem Transmitter um die jeweiligen Rezeptoren konkurrieren. Mischt man im oben beschriebenen Tierversuch das Rauschmittel mit steigenden Dosen des Hemmstoffs, ergeben sich Werte, wie sie im Diagramm unten dargestellt sind: Je mehr Hemmstoff die Testlösung enthält, desto mehr Lösung injizieren sich die Ratten selbst, wohl um den gleichen Rauscheffekt zu erzielen. Bei sehr hohen Hemmstoffkonzentrationen spritzen sich die Ratten keine Testlösung – offenbar unterbleibt der belohnende Effekt.

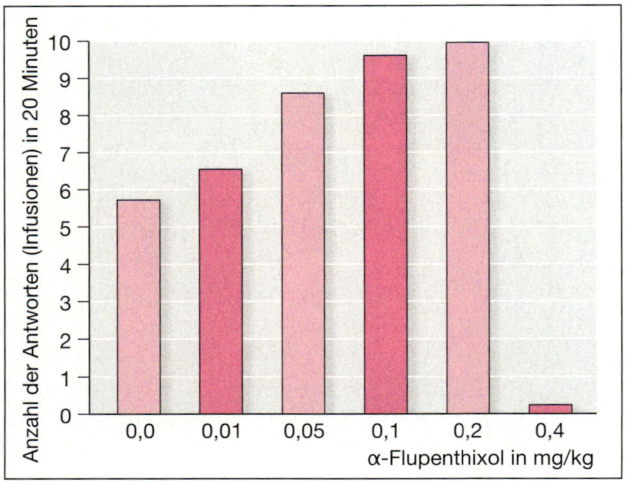

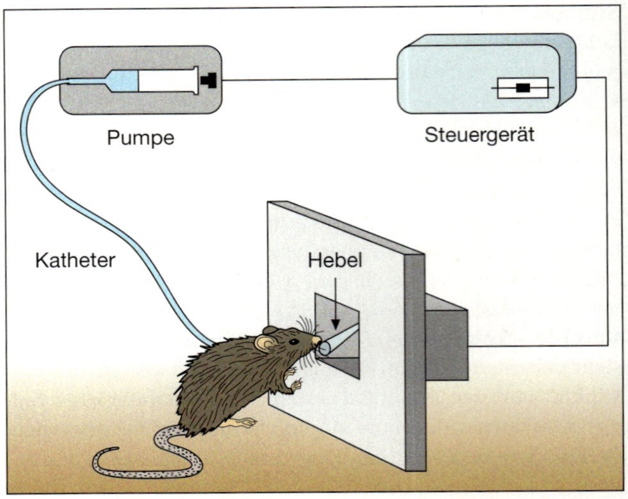

Klinische Tests und Verschreibungspflicht

Wenn eine Substanz sich im Tierversuch als unbedenklich erwiesen hat, untersucht man in klinischen Tests ihre Wirkung auf den Menschen. Bei der Auswertung der Tests wird nicht nur die heilende Wirkung überprüft, sondern auch gezielt nach Nebenwirkungen geforscht. Dabei wird unter anderem untersucht, ob Testpersonen, die die Substanz eingenommen hatten, Anzeichen von körperlicher oder seelischer Abhängigkeit zeigen. Wird ein neues Medikament zugelassen, ist es zunächst automatisch für fünf Jahre verschreibungspflichtig. Nach Ablauf dieser Zeit wird überprüft, ob den Ärzten, die das Medikament verschrieben haben, Nebenwirkungen aufgefallen sind. Von diesen letzten Tests hängt es ab, ob die Verschreibungspflicht für ein Medikament aufgehoben wird.

1 Der im Text beschriebene Tierversuch wird als Indiz dafür angesehen, dass die getestete Substanz süchtig macht. Weshalb ist dieser Schluss gerechtfertigt?

2 Erklären Sie, warum bei diesem Versuch hohe Dosen des Dopamin-Hemmstoffs die Drogeneinnahme bei der Ratte verhindern, während kleine und mittlere Dosen zu einer Erhöhung des Konsums führen.

3 Vor allem bei der Zulassung von Schmerzmitteln und Psychopharmaka (also Wirkstoffen zur Behandlung von psychischen Erkrankungen) fordert der Gesetzgeber eine besonders gründliche Untersuchung des möglichen Suchtpotenzials. Weshalb gelten diese Medikamente als besonders gefährlich in Hinblick auf ihr Suchtpotenzial?

4 Die Verschreibung von Medikamenten, deren Suchtpotenzial erwiesenermaßen hoch ist, wird durch das Betäubungsmittelgesetz geregelt. Erkundigen Sie sich, welche Maßnahmen in diesem Gesetz vorgeschrieben sind, um einem möglichen Missbrauch der Medikamente vorzubeugen.

☞ Stichworte zu weiteren Informationen

Betäubungsmittelgesetz, operante Konditionierung, klinische Tests, Neurotransmitter

Überblick

- Das Gehirn, die komplexeste Struktur des uns bekannten Universums, ist die zentrale Instanz der Informationsverarbeitung im Körper. → S. 426, 427
- Das Gehirn aller Wirbeltiere ist nach demselben Grundbauplan aufgebaut. → S. 428
- Das Besondere am menschlichen Gehirn ist das Großhirn, das durch seine relative Größe und die starke Furchung der Rinde auffällt. → S. 428
- Viele Funktionen, die das Großhirn steuert, lassen sich so gut in bestimmten Bereichen lokalisieren, dass detaillierte Gehirnkarten erstellt werden konnten. → S. 429
- Die Großhirnareale werden grob in sensorische, motorische und assoziative Rindenfelder unterteilt. → S. 429
- Wahrnehmung ist ein aktiver Prozess, bei dem die Interpretation der Sinneseindrücke eine große Rolle spielt. → S. 431
- Beim Sehen wird das Bild – von der Netzhaut angefangen bis zur Sehrinde im Gehirn – interpretiert und in Teilaspekte zerlegt, die getrennt verarbeitet werden. → S. 431
- Bestimmte Teilaspekte von Sinneseindrücken werden im Gehirn verstärkt. Das kann manchmal zu Sinnestäuschungen führen. → S. 431
- Lernen beruht darauf, dass sich die Wirksamkeit einzelner Synapsen erhöht. → S. 432
- Verschiedene neuronale Mechanismen ermöglichen implizites und explizites Lernen. → S. 432
- Es existieren vier Gedächtnisebenen, in denen Lerninhalte unterschiedlich lange gespeichert werden. → S. 433
- Bevor eine Information im Langzeitgedächtnis abgelegt wird, durchläuft sie Hippocampus umd Mandelkern im limbischen System. → S. 433
- Eigenschaften, die eine Sonderstellung des Menschen im Tierreich begründen können, lassen sich auf die Leistungsfähigkeit seines Großhirns zurückführen. → S. 434
- Sprechen setzt die Fähigkeit zum Denken in abstrakten Begriffen voraus. → S. 434
- Bewusstsein ist eine Leistung des menschlichen Gehirns, die erst ansatzweise verstanden wird. → S. 434
- Gefühle scheinen die Voraussetzung für rationale Entscheidungen zu sein. → S. 435
- Drogen greifen in das „Selbstbelohnungssystem" des Gehirns ein, indem sie die Wirkungsweise bestimmter Neurotransmitter im Gehirn beeinflussen. → S. 435

Aufgaben und Anregungen

1 Skizzieren und beschreiben Sie den Aufbau des menschlichen Gehirns. Gehen Sie dabei auf das Großhirn vertiefend ein.

2 Das Großhirn ist der entwicklungsgeschichtlich jüngste Teil des Wirbeltiergehirns. Welche Funktionen hat es? Welche Aufgaben fallen den entwicklungsgeschichtlich älteren Teilen des Wirbeltiergehirns zu? Ziehen Sie daraus Schlüsse in Bezug auf die Leistungen und Fähigkeiten von Tieren mit schwach entwickeltem Großhirn.

3 Versuchen Sie zu erklären, weshalb man Großhirnareale, die weder sensorische noch motorische Funktionen erfüllen, assoziative Felder genannt hat. Legen Sie dar, welche Bedeutung ihnen beim Menschen zukommt.

4 Betrachtet man das Vexierbild rechts, „springt" es nach einiger Zeit „um": Man sieht entweder eine alte oder eine junge Frau. Erklären Sie, inwiefern solche Vexierbilder ein Beleg dafür sind, dass wir unsere Welt nicht so wahrnehmen, wie sie ist, sondern dass unsere Wahrnehmungen von unseren Erwartungen und Erfahrungen mit geprägt werden.

5 In den letzten Jahrzehnten wurden viele neue Erkenntnisse über Gehirnfunktionen gewonnen. Nennen und erläutern Sie wichtige Arbeitsmethoden der Gehirnforschung.

6 Ein Patient mit einer Hirnläsion im Hippocampus wurde aufgefordert, die Form eines Sterns nachzuzeichnen, die er nur im Spiegelbild, aber nicht direkt sehen konnte. Als man den Patienten nach einiger Zeit des Trainings darauf ansprach, dass er diese Aufgabe nun gut gelernt hatte, gab er zur Antwort: „Was wollen Sie? Ich habe das noch nie vorher gemacht!"

Welcher Lernform lässt sich die beschriebene Aufgabe zuordnen? Haben Sie eine Erklärung dafür, dass der Patient zwar in der Lage war, die Aufgabe zu lernen, sich aber nicht daran erinnern konnte, je dafür geübt zu haben?

7 In welcher Form werden Gedächtnisinhalte vermutlich repräsentiert? Erklären Sie, weshalb Informationen aus dem Kurzzeitgedächtnis schnell wieder abfließen, während die Erinnerungen im Langzeitgedächtnis oft jahrzehntelang erhalten bleiben.

8 Manchmal hört man jemanden sagen, er habe eine Entscheidung „aus dem Bauch heraus" getroffen. Was ist eigentlich gemeint? Schätzen Sie die Richtigkeit dieser Aussage aufgrund Ihrer neurobiologischen Kenntnisse ein.

9 Die besondere Gefährlichkeit von Rauschmitteln besteht darin, dass sie abhängig machen können. Erläutern Sie, auf welchen neuronalen Mechanismen körperliche Abhängigkeit wahrscheinlich beruht.

Pharmaka – Nutzen und Risiken

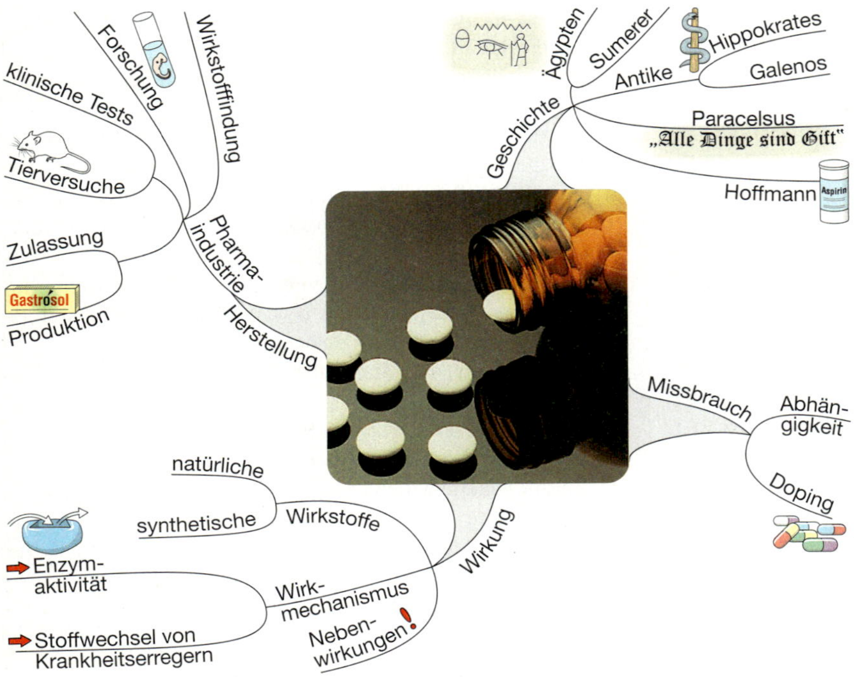

„Alle Dinge sind Gift und nichts ohn Gift. Allein die Dosis macht, dass ein Ding kein Gift ist." Dieses Zitat wird PHILIPPUS AUREOLUS THEOPHRASTUS von HOHENHEIM genannt PARACELSUS (1493–1541) zugeschrieben. Danach gibt es keine giftigen und ungiftigen Stoffe, die Wirkung hängt immer von der Menge ab.

Dass Heil- und Giftwirkung oft nah beieinander liegen, darauf weist schon das Wort Pharmakon hin. Es wird meist mit „Arzneimittel" gleichgesetzt, bedeutete im Griechischen aber ursprünglich Zaubermittel – Gift sowohl wie Heilmittel. Tatsächlich wirken zum Beispiel Inhaltsstoffe des Fingerhuts Digitalis bei einer Tagesdosis von 0,2 mg als herzstärkendes Heilmittel, während eine Tagesdosis von 1 mg bereits schwerste Schäden verursacht. Selbst Kochsalz und Vitamin A werden bei Überdosierung zum Gift.

Versuche, Krankheiten und Verletzungen zu behandeln, sind wohl so alt wie die Menschheit. Schon früh machten dabei Menschen die Erfahrung, dass manche Pflanzen giftig oder bei Krankheit und Verletzung heilsam sind. Die ältesten schriftlichen Aufzeichnungen mit pharmazeutischen Angaben kennt man von sumerischen Keilschrifttafeln aus dem 3. Jahrtausend v. Chr. Ein altägyptischer Papyrus verzeichnet bereits 700 Arzneistoffe und 800 Rezepte, darunter auch eines zur Behandlung von entzündeten Wunden mithilfe von Weidenblättern. Der darin enthaltene Wirkstoff *Salicin* ist verwandt mit *Acetylsalicylsäure*, dem Inhaltsstoff des Aspirins.

Ursprünglich war die Zubereitung der Arzneimittel priesterlichen Ärzten vorbehalten und erfolgte unter besonderen Zeremonien. Durch die griechische Ärzteschule auf Kos, deren Repräsentant HIPPOKRATES (460–377 v. Chr.) war, wurde eine Heilkunde begründet, die sich von magischen und religiösen Vorstellungen löste. Durch genaue Beobachtung und Beschreibung von Krankheiten wurde sie zu einer *empirischen Wissenschaft*. Die Zubereitung von Arzneimitteln, wie sie GALENOS von Pergamon im 2. Jahrhundert n. Chr. beschrieb, hatte Bestand bis in die Neuzeit. Der Einfluss von PARACELSUS führte zur Vereinfachung von Rezeptformeln und Verwendung neuer Arzneistoffe. Er betrachtete den Körper als chemisches Laboratorium, in dem die sich abspielenden Prozesse durch chemische Mittel beeinflusst werden können.

Heute kennt man verschiedene solcher *Wirkmechanismen*. Arzneistoffe beeinflussen die *Funktion von Rezeptoren*, die *Enzymaktivität*, *Membranprozesse* oder den *Stoffwechsel von Krankheitserregern*. Fortschritte bei der Erforschung dieser Vorgänge sind daher entscheidend für die Entwicklung und den Einsatz von Pharmaka.

1 *HIPPOKRATES und GALENOS, die berühmtesten Ärzte der Antike, auf einem Wandgemälde aus dem 13. Jahrhundert*

Basisinformationen
Bau der Biomembran (→ S. 44), Synapsen (→ S. 408), Ionenkanäle (→ S. 48, S. 400 ff.), Enzymhemmung (→ S. 72, 74)

1 Suchen Sie Beispiele für Wirkstoffe aus Pflanzen, Tieren und Mikroorganismen.

2 Alternative Heilmethoden wollen das Problem unerwünschter Nebenwirkungen umgehen. Informieren Sie sich über Homöopathie, Akupunktur und weitere Methoden.

Arzneimittelwirkung am Beispiel der Betarezeptorenblocker (β-Blocker)

Seit 1963 werden zur Behandlung von Herzkrankheiten wie Angina pectoris und von Bluthochdruck *β-Rezeptorenblocker (β-Blocker)* eingesetzt. Diese Arzneimittel vermindern den Einfluss des sympathischen Nervensystems auf das Herz und die Blutgefäße, indem sie die Erregungsübertragung an den Synapsen blockieren.

Normalerweise werden durch die Aktivierung des Sympathicus bei Aufregung, Ärger oder körperlicher Anstrengung der Herzschlag beschleunigt und der Blutdruck erhöht. Dazu schütten die Synapsen der sympathischen Nervenenden *Noradrenalin* in den synaptischen Spalt aus. Der Transmitter bindet an β-Rezeptoren der postsynaptischen Membran. Diese Rezeptoren sind Transmembran-Proteine, die durch Signalübertragung Reaktionskaskaden auslösen, wodurch in jedem Gewebe spezifische Effekte hervorgerufen werden. Während am Herzen die Schlagfrequenz und Herzkraft erhöht werden, kommt es an der glatten Muskulatur der Bronchien und Blutgefäße zur Erschlaffung und damit zur Erweiterung (→ Bild 1).

Die β-Rezeptoren lassen sich aufgrund unterschiedlicher Empfindlichkeit gegenüber bestimmten Pharmaka in *β_1-* und *β_2-Rezeptoren* einteilen. Am Herzen finden sich überwiegend β_1-Rezeptoren, in der Lunge und an den Gefäßen β_2-Rezeptoren. β-Blocker, die spezifisch mit β_1-Rezeptoren reagieren, wirken daher vor allem am Herzen, unspezifische wie Propranolol heben an beiden Rezeptortypen die Wirkung der Transmitter auf, indem sie diese *kompetitiv hemmen.*

β-Blocker sind für viele Menschen mit Herzkrankheiten oder Bluthochdruck segensreiche Medikamente, ihre Anwendung birgt aber – wie immer bei Arzneimitteln – das Risiko von *Nebenwirkungen.* Zum Beispiel reagiert der Körper auf ihre Einnahme mit Erhöhung der β-Rezeptoren-Dichte („upregulation"). Wird der β-Blocker plötzlich abgesetzt, können Angina-pectoris-Anfälle die Folge sein mit der Gefahr eines Herzinfarkts. Probleme treten auch bei Patienten auf, die an Asthma leiden, denn das Medikament blockiert die Bronchien erweiternde Wirkung von Noradrenalin bei der Einatmung. Da manche β-Blocker aufgrund ihrer guten Lipidlöslichkeit ins ZNS eindringen, können sie Schwindel, Halluzinationen und Alpträume auslösen. Selektiv wirksame und hydrophile Blocker haben weniger dieser Nebenwirkungen.

Da β-Blocker die Ruhefrequenz des Herzens senken, wurden sie auch von Sportschützen, Bobfahrern und Skispringern eingenommen, die sich dann ruhiger und leistungsfähiger fühlten. Inzwischen gelten β-Blocker als *Dopingmittel.*

☞ Basisinformationen

Synapsen, Transmitter (→ S. 408/409), vegetatives Nervensystem (→ S. 454), Herz (→ S. 82–85), kompetitive Enzymhemmung (→ S. 72, 74), Muskeltypen (→ S. 110)

1 Erläutern Sie die Vorgänge an den Noradrenalin ausschüttenden, adrenergen Synapsen in Bild 1.

2 Beschreiben Sie die Aussage von Bild 2. Erklären Sie die Wirkung von Propranolol mithilfe von Bild 1.

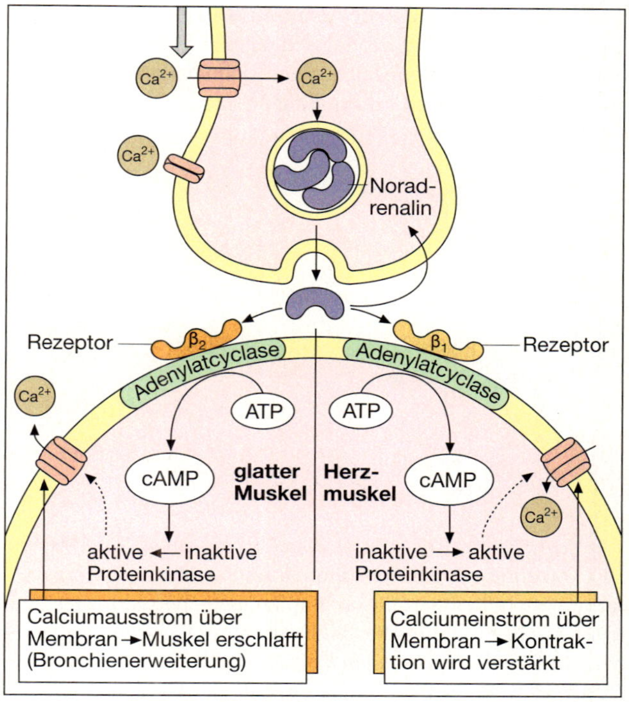

1 Wirkung des Transmitters Noradrenalin auf die postsynaptische Zelle: links glatter Muskel (Bronchien), rechts Herzmuskel

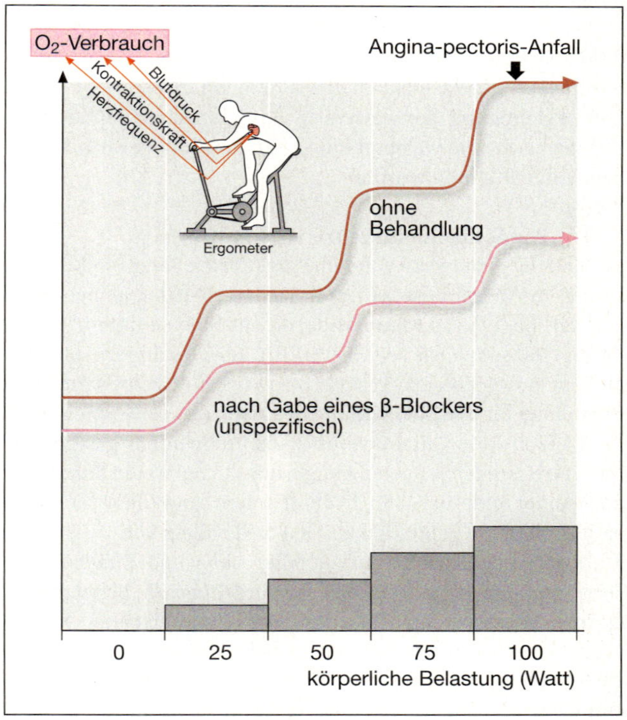

2 β-Blocker im Test. Gemessen wurde jeweils der O_2-Verbrauch von Versuchspersonen bei körperlicher Belastung – einmal unbehandelt, einmal nach Einnahme des β-Blockers.

Versuche zu Pharmaka

Modellversuch zur Arzneimittelresorption

Lipophile Arzneimittel werden schneller resorbiert als hydrophile, da lipophile Stoffe leichter die Zellmembran durchdringen. Anhand des Modells Butanol/Wasser soll der Durchtritt von Stoffen durch die Zellmembran imitiert werden.

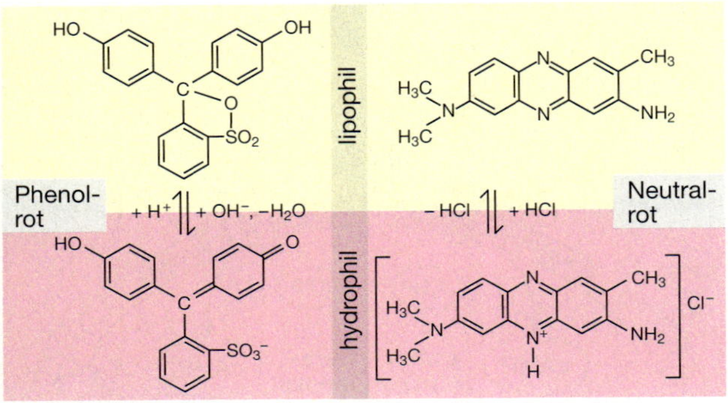

Material: Neutralrot (0,1 g/100 ml), Phenolrot (0,1 g/100 ml), HCl verdünnt, NaOH verdünnt, Butanol, Messzylinder, Pasteurpipetten, Reagenzgläser, Stopfen, Scheidetrichter zur Abtrennung des Butanols für die Entsorgung *(Vorsicht, Neutralrot und Butanol sind schwach giftig, HCl und NaOH reizend!)*
Durchführung: Je 50 ml der Neutralrot- und Phenolrot-Lösung werden durch Zusatz von NaOH basisch gemacht bzw. durch Zugabe von HCl angesäuert. 4 Reagenzgläser werden mit 2 ml der jeweiligen Lösung gefüllt und mit 1 ml Butanol überschichtet, mit einem Stopfen verschlossen und geschüttelt.

Beschreiben Sie nach der Phasentrennung die Verteilung der Farbstoffe auf die wässrige bzw. organische Phase. Leiten Sie daraus die Löslichkeit der Stoffe ab. Stellen Sie unter Berücksichtigung der pH-Werte des menschlichen Verdauungstrakts fest, in welchen Bereichen die Stoffe jeweils bevorzugt aufgenommen würden.

Weidenrinde und ihre Wirkstoffe

„2 Teelöffel gepulverte Weidenrinde (Cortex Salicis) mit 1 Tasse kaltem Wasser ansetzen, zum Sieden erhitzen, jedoch nicht kochen, nach 5–10 Minuten durch ein Sieb schütten." Nach diesem Rezept wurde seit HIPPOKRATES ein schmerz- und fiebersenkendes Mittel hergestellt. Sein Wirkstoff Salicylsäure war Grundlage für die Entwicklung des Aspirins. Gewonnen wird die Weidenrinde („Fieberrinde") aus im Frühjahr gesammelten, getrockneten jungen Zweigen der Purpurweide *Salix purpurea* oder anderer Arten. In der frischen Rinde liegt der Wirkstoff an Glucose gebunden als Glykosid Salicin vor.
Material: Weidenrindenpulver, Mikroskop und Zubehör, frische Weidenrinde, konz. Schwefelsäure *(ätzend!)*, Schutzbrille
Durchführung: Untersuchen Sie das Pulver unter dem Mikroskop auf seine Bestandteile: lange, dickwandige Bastfasern, begleitet von Kristallzellreihen, Rindenparenchymzellen mit Calciumoxalat-Kristallen, bräunlicher Kork, Steinzellen, Gefäße.

Schälen Sie frische Weidenzweige, prüfen Sie Geruch und Geschmack der Rinde. Betupfen Sie die Rindeninnenseite mit Schwefelsäure (Glasstab!). Rotfärbung zeigt Salicin an.

Chromatographie von Schmerzmitteln

Viele Schmerzmittel enthalten dieselben Wirkstoffe. Das lässt sich mit Dünnschicht-Chromatographie (DC) nachweisen.
Material: verschiedene Schmerztabletten, Salicylsäure, Acetylsalicylsäure, Paracetamol, Ethanol, DC-Platten mit Kieselgel R, Cyclohexan, Essigsäureethylester, Eisessig, Eisen(III)-chlorid-Hexahydrat (3 %), Kaliumhexacyanoferrat (3 %), Schutzbrille, Trennkammer, Föhn, Auftragskapillaren, Filter, Mörser, Pipetten (2, 5 und 10 ml), Reagenzgläser, UV-Lampe *(Vorsicht, Salicylsäure, Acetylsalicylsäure und Eisen(III)-chlorid-Hexahydrat sind schwach giftig, Eisessig ätzt, Ethanol, Cyclohexan und Essigsäureethylester sind leicht entzündlich! Schutzbrille verwenden! Keine offene Flamme! Augen und Haut vor UV-Licht mit Sonnenbrille bzw. Schutzcreme schützen!)*
Durchführung: Zermörsern Sie jeweils die Schmerztabletten und lösen Sie je eine Spatelspitze in 2 ml Ethanol (evtl. filtrieren). Lösen Sie 0,2 g der Reinsubstanzen ebenfalls in je 2 ml Ethanol. Tragen Sie von jeder Lösung 5 µl mit einer Kapillare auf die DC-Platte auf. Mischen Sie in der Trennkammer Cyclohexan, Ethanol, Eisessig, Essigsäureethylester im Verhältnis 10 : 1 : 1 : 5 als Fließmittel. Stellen Sie die DC-Platte für etwa 15 Minuten in die Trennkammer. Markieren Sie mit Bleistift die nach dem Trocknen im UV-Licht (254 nm) erkennbaren Substanzflecken. Das Chromatogramm wird dann 5 Minuten im Wärmeschrank auf 110 °C erwärmt und anschließend dünn mit einem Sprühreagenz aus gleichen Teilen Eisen(III)-chlorid- und Kaliumhexacyanoferrat-Lösung besprüht. Salicylsäure und Acetylsalicylsäure erscheinen als violetter, Paracetamol und andere Wirkstoffe als blauer Fleck (→ Bild unten).

Berechnen Sie die Rf-Werte. Bestimmen Sie die Inhaltsstoffe der verschiedenen Schmerzmittel. Informieren Sie sich über deren Wirkungen und Nebenwirkungen.

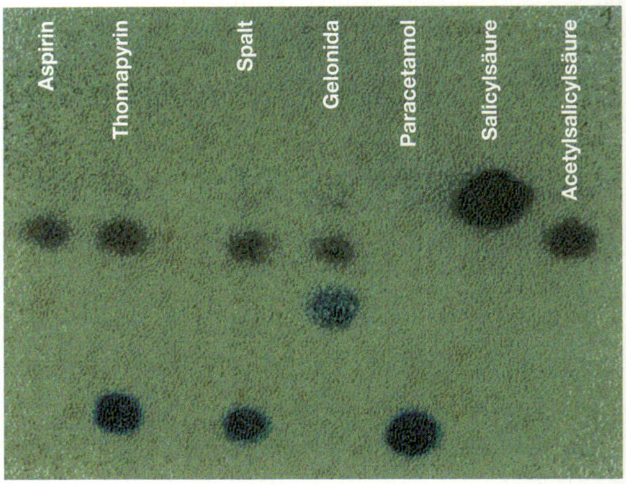

1 Informieren Sie sich über Salicin, Saligenin, Salicylsäure und die Entwicklung von Aspirin.

2 Glykoside wie das Salicin sind Naturstoffe aus Zucker und einem weiteren Molekül, unter denen viele als Arznei-, aber auch als Giftstoffe bekannt sind. Suchen Sie Beispiele.

Vom Wirkstoff zum Arzneimittel

Mit der Isolierung reiner Inhaltsstoffe zu Beginn des 19. Jahrhunderts begann die gezielte Entwicklung von Arzneimitteln. Ein Beispiel dafür ist das seit über 100 Jahren verwendete Aspirin und sein Wirkstoff *Acetylsalicylsäure*.

Auf der Suche nach einem Ersatz für das fiebersenkende Chinin isolierte BUCHNER 1828 erstmals aus dem Rindensaft von Weiden *Salicin*, 1859 gelang KOLBE die chemische Synthese seines Wirkstoffs *Salicylsäure* und 1897 konnte HOFFMANN dessen Verträglichkeit durch die Umwandlung zu Acetylsalicylsäure entscheidend verbessern. Es war das erste Medikament, das vor seiner Verwendung *klinisch geprüft* wurde. 1974 entdeckte VANE die irreversible Blockierung des Enzyms Cyclooxigenase als *Wirkmechanismus*. Täglich erscheinen rund 10 Publikationen, die sich mit diesem Arzneimittel befassen.

Die Entwicklung eines neuen Arzneimittels in der *pharmazeutischen Industrie* dauert heute – von der Wirkstoffsuche bis zum fertigen Präparat – durchschnittlich 12 Jahre und kostet etwa 150 Millionen Euro. Der Gewinnung des Wirkstoffs schließen sich die *vorklinische* und die *klinische Prüfung* an:

Zunächst wird die Wirksamkeit im so genannten *Screening* getestet. Das geschieht durch Modellversuche mit Zellkulturen, Erregerkulturen, isolierten Organen oder im Tierversuch. Von 1000 geprüften Stoffen bleiben danach oft nur zwei oder drei übrig.

Anschließend wird die Wirkung des Stoffs auf den Organismus untersucht. Dabei wird geklärt, in welche physiologischen Funktionen er eingreift *(Pharmakodynamik)* und wie er vom Organismus aufgenommen, verteilt, abgebaut und ausgeschieden wird *(Pharmakokinetik)*.

Von besonderer Bedeutung sind die Prüfungen auf Giftigkeit, Krebs erregende Wirkung und Erzeugung von Missbildungen beim Ungeborenen.

Erst in der folgenden klinischen Phase werden die Substanzen am Menschen erprobt. Zunächst werden an gesunden Versuchspersonen die Verträglichkeit, Dosierung und Kinetik getestet sowie subjektive Wirkungen erfasst.

Verlaufen die Tests im Sinne der *Nutzen-Risiko-Bewertung* positiv, erfolgt die Erprobung an ausgesuchten Patienten. Dabei muss geklärt werden, ob eine beobachtete Besserung tatsächlich auf die Wirkung des Medikaments zurückzuführen ist oder andere Gründe hat.

Therapeutische Großversuche in mehreren Prüfzentren schließen sich an. Parallel dazu laufen weiterhin vorklinische Tests, zum Beispiel zur Prüfung der *chronischen Toxizität*.

Trotz dieser umfangreichen Prüfungen lassen sich unerwartete Nebenwirkungen, vor allem wegen individueller Unterschiede der Menschen, niemals völlig ausschließen. Sind alle Untersuchungen abgeschlossen, kann die *Zulassung* des Medikaments beim *Bundesgesundheitsamt* beantragt werden.

☞ Basisinformationen

Stofftransport an Biomembranen (→ S. 46, 48), Stress und Stresshormone (→ S. 460), Embryonalentwicklung des Menschen (→ S. 214 ff.), Krebs (→ S. 162, S. 236)

1 Prüfung der Wirksamkeit am isolierten Organ

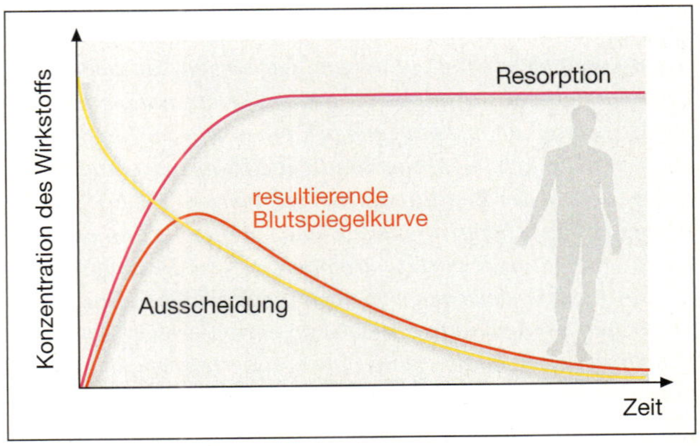

2 Prüfung der Pharmakokinetik

1 Die Pharmaindustrie ist bemüht die Zahl der Tierversuche zu verringern. Informieren Sie sich über deren Häufigkeit in den vergangenen Jahren. Diskutieren Sie die Notwendigkeit solcher Versuche.

2 Die Resorption und die Verteilung der Arzneistoffe sind abhängig vom Transport durch Membranen. Welche Transportmechanismen stehen zur Verfügung?

3 Das Problem der Nutzen-Risiko-Abwägung wird deutlich beim Einsatz von Glucocorticoidpräparaten wie Cortison (→ S. 461). Stellen Sie die erwünschten und unerwünschten Wirkungen bei längerer Behandlungsdauer gegenüber.

Bewegungskontrolle

1 *Auf zwei Beinen gehende Roboter – „Standardausstattung" von Science-Fiction-Filmen – sind sie schon bald Realität?*

Wer kennt sie nicht aus Film und Fernsehen, die zweibeinigen Roboter, die mit ihrem Stahl-Skelett mindestens ebenso schnell und wendig gehen können wie wir Menschen? Doch der Versuch, menschenähnliche Roboter zu entwickeln, erwies sich in der Realität als viel schwieriger als gedacht. Besonders das Gehen auf zwei Beinen stellte Techniker und Ingenieure vor unerwartete Probleme. Selbst die neuesten Robotermodelle bewegen sich noch recht unsicher. Dass Menschen mit dem aufrechten Gang normalerweise keine Schwierigkeiten haben, stellt eine Meisterleistung der Bewegungskoordination dar: Ständig informieren sensorische Nerven über den Bewegungszustand und die Stellung der Gliedmaßen. Auf diesen Daten basierend wird der Bewegungsablauf den realen Bedingungen angepasst. Eine solche Feinabstimmung der Bewegung ist schwer nachzubauen.

Im Blickpunkt:

- vom Aktionspotenzial zur Muskelkontraktion
- Reflexe – die Grundelemente des Bewegungsprogramms
- Steuerung von Bewegungen durch das Gehirn
- Entlastung des Bewusstseins – autonome Bewegungsprogramme
- kybernetische Modelle der Bewegungssteuerung
- Bewegung und Bewegungsabfolgen als Grundlage von Verhalten

Bewegung ist ein so auffallendes Merkmal von Lebewesen – zumindest bei Tieren –, dass die Fähigkeit zur Bewegung oft als wichtiges Kennzeichen des Lebendigen angesehen wird. Bei vielzelligen Tieren müssen zwei Elemente zusammenwirken um eine Bewegung auszuführen: *Muskelzellen*, die sich unter Energieverbrauch kontrahieren, führen die eigentliche Bewegung aus. Als Auslöser für die Kontraktion sind Aktionspotenziale von *motorischen Nervenzellen* oder kurz *Motoneuronen* notwendig, die diese Muskeln ansteuern.

Eine koordinierte, also zielgerichtete Bewegung kommt dadurch zustande, dass im ZNS Motoneurone im richtigen Ausmaß und in der richtigen Reihenfolge aktiviert werden, sodass Muskeln und Muskelgruppen bei der Bewegung eines Körperteils koordiniert zusammenarbeiten.

Bewegungen können nur dann ihr Ziel erreichen, wenn eine *Erfolgskontrolle* durch Sinnesorgane erfolgt. Besonders wichtig sind hierbei nicht nur die Augen und der Lagesinn, sondern vor allem auch die Sinnesorgane, die in den Muskeln und Gelenken selbst sitzen und hier Informationen über Muskelspannung und Gelenkstellung erfassen. Durch diese Sinnesorgane erhält das ZNS Rückmeldungen über die Lage und Stellung der einzelnen Körperteile. Bewegungskontrolle umfasst also nicht nur die Steuerbefehle vom ZNS an die Muskeln, sondern auch die *sensorische Rückmeldung* über deren Erfolg an das ZNS.

Vom Aktionspotenzial zur Muskelkontraktion

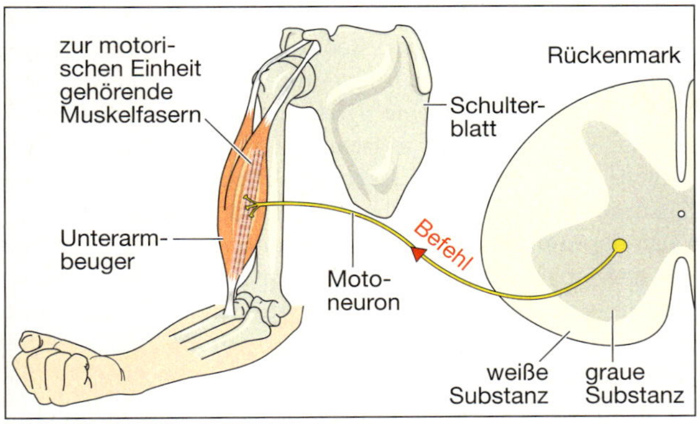

1 *α-Motoneuron und zugehörige motorische Einheit*

Die Hände des Menschen sind vielseitig einsetzbare Werkzeuge: Sie eignen sich zum festen Zupacken mit großem Kraftaufwand – etwa beim Holzhacken – genauso gut wie für ausgesprochene Feinarbeit, wie sie etwa ein Juwelier oder Chirurg ausführt. Solche gezielten Bewegungen sind aber nur dann erfolgreich, wenn sich jeder beteiligte Muskel zu einem bestimmten Zeitpunkt mit einer bestimmten Kraft kontrahiert. Diese *Bewegungskoordination* geht vom ZNS aus.

Innervierung der Skelettmuskeln. Damit ein Muskel auf Steuerbefehle vom ZNS ansprechen kann, muss er mit Nervenzellen verbunden sein. Die Zellkörper der Neurone, die mit den Muskeln verbunden sind, liegen im bauchwärts gelegenen Teil des Rückenmarks (→ Bild 1). Von dort ziehen ihre Axone bis zu den zugehörigen Muskeln. Jede dieser Nervenzellen, die *α-Motoneurone* genannt werden, zweigt sich im Muskel in viele präsynaptische Endigungen auf und bildet mit ungefähr 100 Muskelfasern (→ S. 110) Synapsen. Das Motoneuron und die mit ihm verbundenen Muskelfasern bilden eine *motorische Einheit*. Da Muskeln oft viele tausend Muskelfasern enthalten, werden sie über Hunderte von motorischen Einheiten angesteuert. Je nachdem, wie viele dieser motorischen Einheiten aktiv sind, kontrahiert sich der Muskel mit geringer oder großer Kraft.

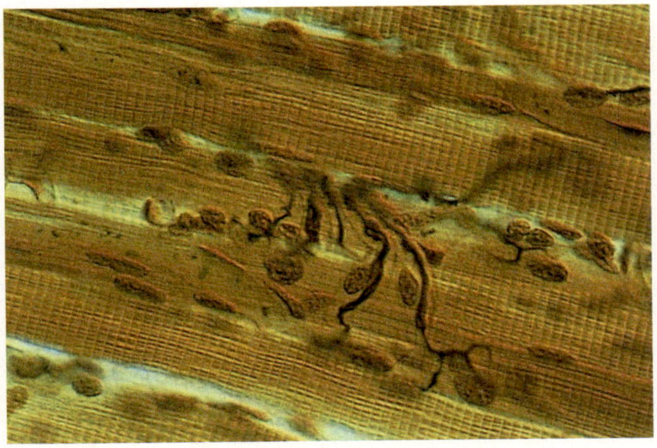

2 *Synapsen zwischen Motoneuron und Muskel im Lichtmikroskop, Vergrößerung 20fach*

Informationsübertragung vom Nerv zum Muskel. Die elektrischen Signale, also die Aktionspotenziale, die durch das Motoneuron zum Muskel laufen, müssen mehrfach umgewandelt werden, bis die Muskelkontraktion erfolgt:

Zunächst laufen die Aktionspotenziale in den präsynaptischen Endigungen der Motoneurone ein. Hier bewirken sie die Ausschüttung von Transmitter. Bei Synapsen mit der Skelettmuskulatur (→ Bild 2) handelt es sich dabei immer um *Acetylcholin*.

Ähnlich wie bei Synapsen zwischen Nervenzellen (→ S. 408) hat die Transmitterausschüttung eine Depolarisierung der postsynaptischen Membran zur Folge, hier also der Membran der Muskelfaser. Skelettmuskeln sind in der Lage, bei genügend großer Depolarisation *Aktionspotenziale* zu erzeugen. Diese Impulse laufen über die gesamte Oberflächenmembran der Muskelfaser.

Jeweils in Höhe der Z-Scheiben der Sarkomere (→ S. 110) führen fingerförmige Einstülpungen der Membran, die *T-Tubuli,* bis tief ins Innere der Muskelfaser (→ Bild 3). Auch dort

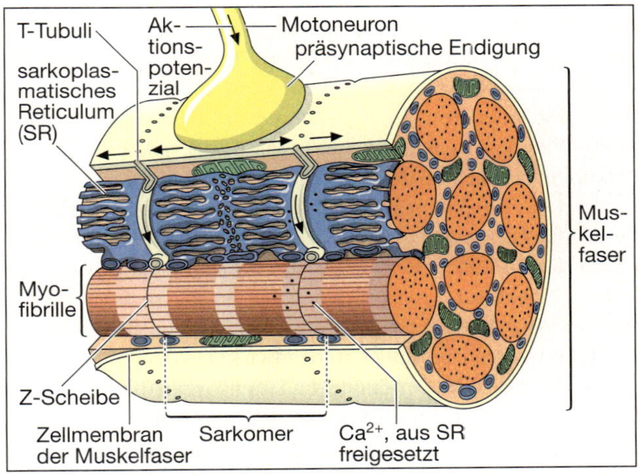

3 *System der T-Tubuli und des SR in einer Muskelfaser*

hinein laufen die Aktionspotenziale. Hier haben die T-Tubuli engen Kontakt mit einer speziellen Form des endoplasmatischen Reticulums, das im Muskel *sarkoplasmatisches Reticulum* (SR) genannt wird.

Im Ruhezustand nimmt das sarkoplasmatische Reticulum ständig aktiv Ca^{2+}-Ionen aus dem Cytoplasma auf. Dadurch ist die Ca^{2+}-Konzentration im Cytoplasma sehr gering und der Muskel kann sich nicht spontan kontrahieren, denn Ca^{2+} ist für die Kontraktion unabdingbar (→ S. 111). Wird das sarkoplasmatische Reticulum aber durch Aktionspotenziale depolarisiert, die durch die T-Tubuli laufen, schüttet es das gespeicherte Ca^{2+} aus. Die Ca^{2+}-Konzentration im Cytoplasma steigt und der Muskel kontrahiert sich.

1 EDTA ist eine Substanz, die sehr effektiv Calcium an sich bindet. Welches Ergebnis erwarten Sie, wenn man einem freipräparierten Muskel EDTA zusetzt und anschließend sein zugehöriges Motoneuron elektrisch reizt? Begründen Sie.

Reflexe als Grundelemente der Bewegungskoordination

Wer beim Gehen mit dem Fuß umknickt, reagiert fast immer blitzartig mit ausgleichenden Bewegungen und verhindert so den Sturz. Bis man sich voll bewusst ist, dass man stolpert, ist die Gefahr schon wieder vorbei. Wie in diesem Beispiel sorgen meist *Reflexe* dafür, dass rasch auf unvorhergesehene Störungen im Bewegungsablauf reagiert werden kann.

Eigenreflexe. Ein Reflex ist eine stereotype, stets gleich ablaufende Reaktion auf einen bestimmten Reiz. Reflexe werden meist vom Rückenmark oder Nachhirn gesteuert. Das Großhirn wird nicht eingeschaltet. Die einfachsten Reflexe sind *Eigenreflexe*. Hier liegen die Sinnesorgane, die den Reiz aufnehmen, in demselben Organ, das auch die Reaktion ausführt, nämlich in einem Muskel. Bei den Sinnesorganen handelt es sich um *Muskelspindeln* (→ Bild 2), die ständig die Länge des Muskels messen, in dem sie liegen.

Muskelspindeln sind Muskelfaserbündel mit spezialisiertem Bau: Nur an den Enden der Spindeln befinden sich Sarkomere; die mittleren Bereiche der Spindel bestehen aus *elastischem Bindegewebe*. In diesem mittleren Bereich findet sich ein besonderer Typ von Mechanorezeptoren: *Dehnungsrezeptoren*. Es sind die Endigungen so genannter *1a-afferenter Fasern*. Die Axone führen direkt ins Rückenmark. Wie alle sensorischen Nerven treten sie in seinem hinteren, rückenwärts gelegenen Teil ein, dem *Hinterhorn*. Die Zellkörper der afferenten Fasern liegen in *Spinalganglien* genannten Verdickungen außerhalb des Rückenmarks.

Wird ein Muskel passiv gedehnt, werden die Muskelspindeln in die Länge gezogen. Dadurch erhöht sich die Impulsfrequenz der 1a-afferenten Fasern. Im Rückenmark werden die Fasern direkt auf die *α-Motoneurone* dieses Muskels umgeschaltet: Der Muskel reagiert mit einer kurzen Kontraktion, die der passiven Dehnung entgegenwirkt (→ Bild 2).

Die neuronale Verbindung vom Sinnesorgan (hier der Muskelspindel) zum Rückenmark und von dort aus zum Erfolgsorgan (hier einem Muskel) nennt man *Reflexbogen*. Beim Eigenreflex beinhaltet der Reflexbogen nur eine einzige Synapse. Daher nennt man Eigenreflexe auch *monosynaptische Reflexe*. Weil nur eine Synapse zwischengeschaltet ist, sind sie – mit 20–50 ms zwischen Reiz und Reaktion – sehr schnelle, aber auch völlig starre Reaktionen. Meist schützen Eigenreflexe vor passiver Überdehnung der Muskeln.

Muskelspindeln und Muskelspannung. Selbst wer nur im Bett liegt, spannt einige seiner Muskeln an. Die meisten Muskeln sind auch im Ruhezustand leicht kontrahiert. Man nennt diese Grundspannung der Muskulatur den *Ruhetonus*. Ohne ihn könnte keine Körperhaltung beibehalten werden. Für die Kontrolle des Ruhetonus sind die Muskelspindeln unentbehrlich: Beginnt die Haltemuskulatur zu erschlaffen, dehnt sich der Muskel passiv. Dadurch werden auch die Muskelspindeln gedehnt, was zur Folge hat, dass die Impulsfrequenz der 1a-afferenten Fasern steigt. Die erhöhte Impulsfolge bewirkt eine verstärkte Aktivierung der α-Motoneurone. Jetzt kontrahiert sich der Muskel so lange, bis die Dehnung der Muskelspindeln nachlässt. Wenn sich umgekehrt der Muskel zu stark kontrahiert, lässt die Dehnung der Muskelspindeln nach und die Impulsfrequenz der 1a-afferenten Fasern sinkt. Infolgedessen werden die α-Motoneurone deaktiviert, bis der Ruhetonus wieder erreicht ist. Muskelspindeln und Muskel wirken also wie in einem *Regelkreis* (→ S. 453) zusammen, durch den die Muskelspannung über *negative Rückkopplung* auf einem bestimmten *Sollwert* gehalten wird.

Was geschieht aber, wenn die Muskelspannung bewusst verändert werden soll, wenn man zum Beispiel sein Buch näher vor die Augen führen will? Zum Zweck der Sollwertveränderung gibt es so genannte *γ-Motoneurone*, die die Sarkomere an den Enden der Muskelspindelfasern innervieren (→ Bild 2). Wenn diese γ-Motoneurone aktiviert werden, bewirken sie, dass die elastischen Fasern in der Muskelspindel

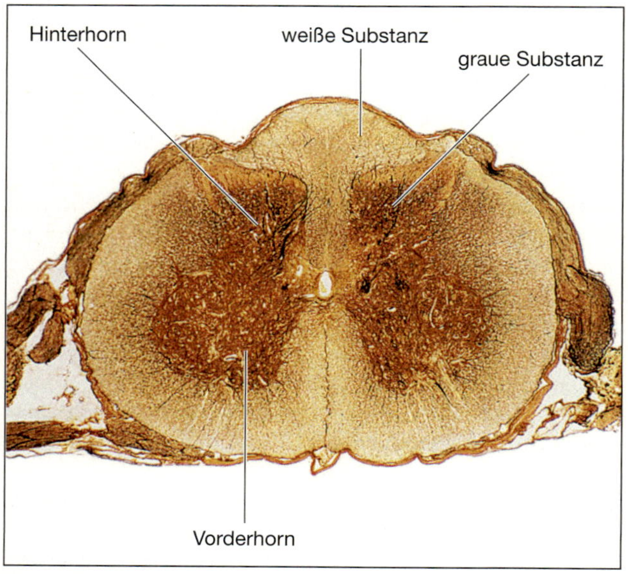

1 *Querschnitt durch das Rückenmark*

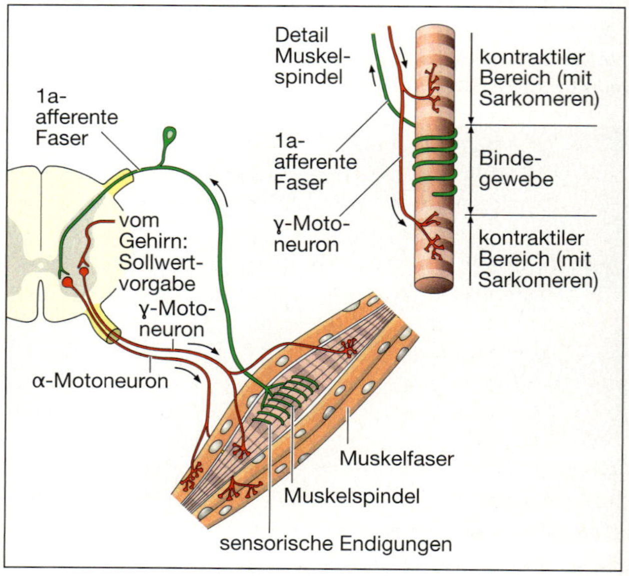

2 *Monosynaptischer Reflexbogen und Muskelspindel*

in die Länge gezogen werden. Dadurch steigt die Impulsfrequenz der 1a-afferenten Fasern, die dann ihrerseits die α-Motoneurone zu einer höheren Impulsfrequenz veranlassen. Der Muskel verkürzt sich, bis der neue Sollwert erreicht ist.

Ganz allgemein dient das System der Muskelspindeln zur *Feinregulierung der Haltemuskulatur*, die zum Beispiel beim Stehen oder Sitzen gebraucht wird. Welche wichtige Rolle die Muskelspindelreflexe für die Bewegungskontrolle haben, merkt man am deutlichsten dort, wo sie ausgefallen sind: Bei einem Tabes dorsalis genannten Krankheitssyndrom sind die Spinalganglien zerstört, wodurch alle afferenten Fasern ausfallen. Patienten mit diesem Syndrom gehen sehr unsicher und ihre Bewegungen schießen oft über das Ziel hinaus. Vor allem sind solche Patienten nicht in der Lage mit geschlossenen Augen zu stehen: Sie beginnen zu schwanken und fallen schließlich um.

Fremdreflexe. Jeder hat sich schon einmal verbrüht und weiß, dass die Reaktion auf diesen Schmerzreiz extrem schnell und unwillkürlich erfolgt. Durch einen *Rückziehreflex* wird das gefährdete Körperteil schnell aus der Gefahrenzone entfernt. Anders als beim Eigenreflex liegt hier das Sinnesorgan – Schmerzrezeptoren in der Haut – weit vom Erfolgsorgan entfernt. Deshalb spricht man von einem *Fremdreflex*. Der Reflexbogen von Fremdreflexen enthält immer *Interneurone*, es sind also mehrere Synapsen vorhanden. Daher werden Fremdreflexe auch als *polysynaptische Reflexe* bezeichnet.

Ein Rückziehreflex kann nur dann eine koordinierte Bewegung bewirken, wenn mehr als ein einziger Muskel angesteuert wird. Ein Beispiel: Jemand tritt auf einen spitzen Gegenstand und zieht reflektorisch das Bein an. Hierfür muss sich der Beuger im Oberschenkel kontrahieren. Dadurch wird aber der Strecker im Oberschenkel dieses Beins passiv gedehnt. Damit sich der Strecker nun nicht seinerseits reflexartig kontrahiert, müssen seine α-Motoneurone gehemmt werden (→ Bild 1). Das wird durch die Aktivierung eines *hemmenden Interneurons* erreicht.

Wenn man blitzartig ein Bein anzieht, hat das andere Bein plötzlich das ganze Körpergewicht zu tragen. Damit es unter der Last nicht einknickt, muss sich auf dieser Seite die Streckmuskulatur kontrahieren. Gleichzeitig muss dann die Beugemuskulatur gehemmt werden (→ Bild 1). Selbst ein einfacher Rückziehreflex stellt also in Wirklichkeit eine komplexe Koordinationsaufgabe dar.

Bedeutung der Reflexe. Reflexbewegungen werden allein durch Neurone des Rückenmarks gesteuert. Es zeigt sich, dass das Rückenmark mehr als nur Durchgangsstation für Nerven ist, die vom Körper zum Gehirn und umgekehrt laufen. Reflektorische Bewegungen der Skelettmuskulatur stabilisieren die Körperhaltung oder dienen als Schutzreflexe. Auch Schlucken, Husten, die Lichtadaptation der Pupille (→ S. 417) oder bestimmte Kreislaufreaktionen sind Reflexe. Neben Muskeln können auch Drüsen die Erfolgsorgane von Reflexen sein: Ein solcher *Sekretionsreflex* ereignet sich zum Beispiel, wenn uns das Wasser im Mund zusammenläuft. Fremdreflexe sind die Grundlage einfacher Lernformen (→ S. 480).

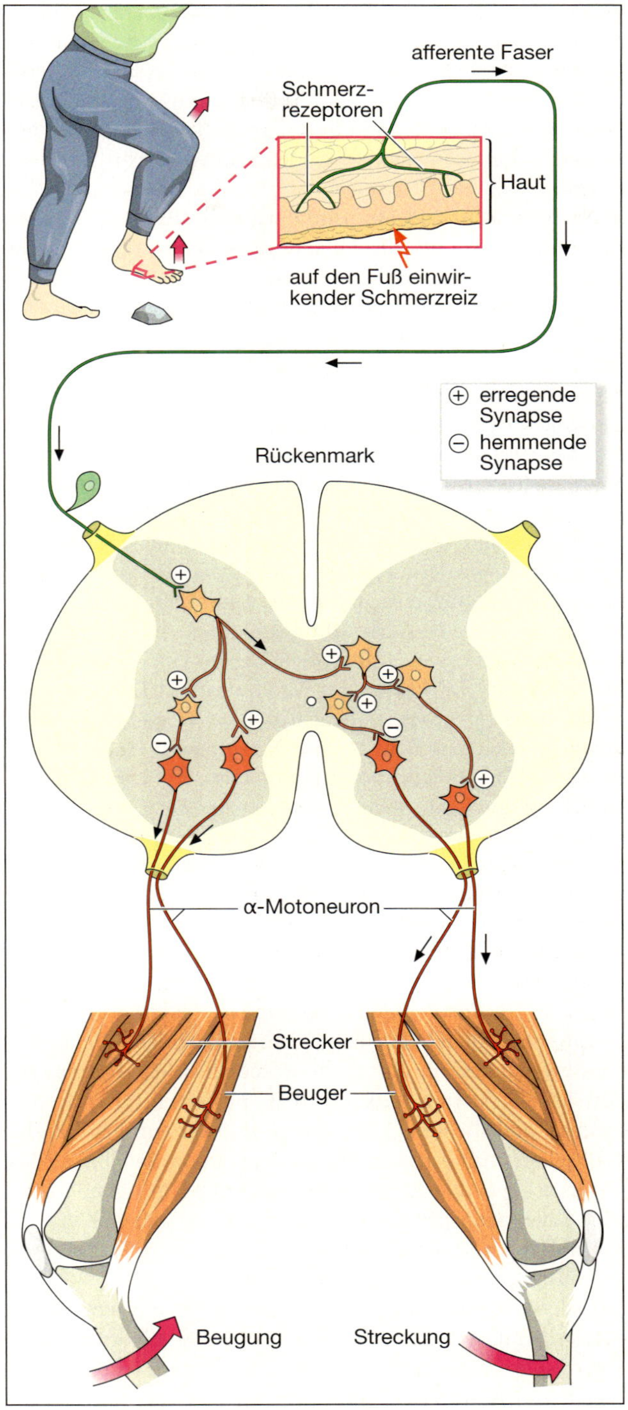

1 Beim Rückziehreflex des Fußes müssen verschiedene Muskeln koordiniert zusammenarbeiten.

1 Fremdreflexe dauern etwa viermal länger als Eigenreflexe. Versuchen Sie eine Erklärung.

2 Erklären Sie, warum sich Fremdreflexe durch Lernvorgänge beeinflussen lassen, nicht aber Eigenreflexe.

Bewegungskontrolle durch das Gehirn

Während Reflexe meist ohne Mitwirkung des Gehirns ablaufen, ist für das Ausführen von *Willkürbewegungen* das Gehirn von zentraler Bedeutung. Dabei spielen aber nicht nur wenige, eng begrenzte Areale der Großhirnrinde eine Rolle: Die Planung, Ausführung und Kontrolle von Bewegungsabläufen ist eine komplexe Aufgabe, zu der zahlreiche Hirnteile beitragen.

Motorische Rindenfelder und Pyramidenbahn. Jeder quer gestreifte Muskel im Körper, also jeder Skelettmuskel, kann willkürlich bewegt werden. Das ist nur möglich, weil in der Großhirnrinde motorische Felder (→ S. 428) liegen, die für die Steuerung dieser Muskeln zuständig sind. Besonders hervorzuheben ist eine Hirnwindung, die direkt vor der Zentralfurche im Stirnlappen liegt und *primäres motorisches Rindenfeld* genannt wird. Hier liegen Neurone, die je ein bestimmtes Gebiet des Körpers ansteuern, sodass jeder Körperteil wie auf einer Karte im Gehirn repräsentiert ist (→ S. 429). Viele Willkürbewegungen werden direkt von hier gesteuert. Für komplexe Koordinationsaufgaben, wie Sprechen oder Schreiben, gibt es aber spezialisierte Rindenfelder, die die notwendigen Bewegungsprogramme „errechnen" (→ S. 434).

Von den motorischen Rindenfeldern aus ziehen die Nervenbahnen ohne Unterbrechung bis in verschiedene Abschnitte des Rückenmarks, wo eine Umschaltung auf die α-Motoneurone erfolgt. Diese *Pyramidenbahn* genannte Verbindung zwischen Gehirn und Rückenmark läuft auf der Bauchseite des Hirnstamms entlang und sieht hier im Querschnitt pyramidenförmig aus. Von besonderer Bedeutung ist dabei, dass sich im Hirnstamm die von der rechten und linken Großhirnhälfte kommenden Nervenstränge überkreuzen. Das erklärt, weshalb die rechte Hirnhälfte die linke Körperseite steuert und umgekehrt.

Basalganglien. Mitten im Gehirn, wo Großhirn und Zwischenhirn sich berühren, liegen Ansammlungen von Nervenzellen, die als *Basalganglien* zusammengefasst werden. Einige dieser Ganglien haben ebenfalls eine wichtige Aufgabe bei der Bewegungskontrolle. Sie bewirken eine Feinabstimmung des jeweils gerade ablaufenden Bewegungsprogramms. Ausmaß und Richtung jeder Bewegung werden hier ständig kontrolliert und korrigiert. Das geschieht ohne Beteiligung des Bewusstseins. Aber ohne das Wirken der Basalganglien wären auch bewusst ausgeführte Bewegungen sehr unbeholfen.

Kleinhirn. Im Kleinhirn wird auf verschiedenen Ebenen eine Feinabstimmung von Willkürbewegungen erreicht:

- Noch bevor überhaupt eine bewusste Bewegung einsetzt, ist das Kleinhirn an der Entwicklung eines detaillierten *Bewegungsplans* beteiligt. Wenn wir zum Beispiel Treppen steigen, tun wir dies zwar aus freiem Willen, aber wir müssen uns nicht darauf konzentrieren, wann welcher Muskel sich wie stark zu kontrahieren hat. An dieser Aufgabe wirkt das Kleinhirn mit.
- Bei jeder gerade ablaufenden Bewegung wird im Kleinhirn kontrolliert, ob die von Sinnesorganen in den Muskeln und Gelenken registrierten Bewegungen mit dem Bewegungsplan übereinstimmen. Abweichungen werden korrigiert.
- Wenn ein Bewegungsablauf mit der Verlagerung des Körperschwerpunkts verbunden ist, sorgt das Kleinhirn, das sensorische Informationen aus den Lagesinnesorganen (→ S. 422) erhält, dafür, dass man das Gleichgewicht nicht verliert. Zu diesem Zweck werden bestimmte Muskelgruppen für Ausgleichsbewegungen aktiviert; gleichzeitig erfolgt eine Koordination der Augenbewegungen.

Hirnstamm. Auch im Hirnstamm liegen Gruppen von Neuronen, die ohne Beteiligung des Bewusstseins bestimmte Details von Bewegungsabläufen koordinieren. Wie im Kleinhirn wird hier die Körperhaltung ständig so korrigiert, dass man das Gleichgewicht nicht verliert. Das geschieht im Hirnstamm aber vorwiegend durch die Kontrolle der Halte- und Stützmuskulatur des Körpers. Im Hirnstamm werden also die Sollwerte festgelegt, die über die γ-Motoneurone der Muskelspindeln (→ S. 444) die Muskelspannung regulieren. Daher greifen die motorischen Neurone des Hirnstamms immer dann korrigierend ins laufende Bewegungsprogramm ein, wenn die Körperhaltung verändert wird. Auch das dient der Erhaltung des Gleichgewichts.

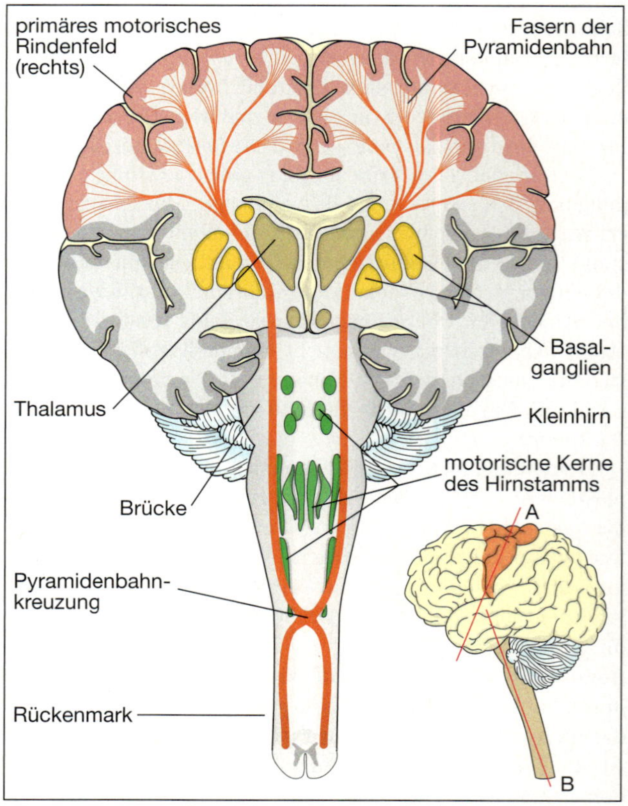

1 Hirnareale im Dienst der Bewegungskoordination. In der Grafik sind verschiedene Schnittebenen kombiniert.

1 Eine Bewegung wird durch α-Motoneurone ausgelöst, die erregende Synapsen mit Muskeln ausbilden. Die Bewegungskoordination durch das Kleinhirn erfolgt aber über hemmende Synapsen. Schlagen Sie einen Mechanismus hierfür vor.

Von der Absicht zur Bewegung

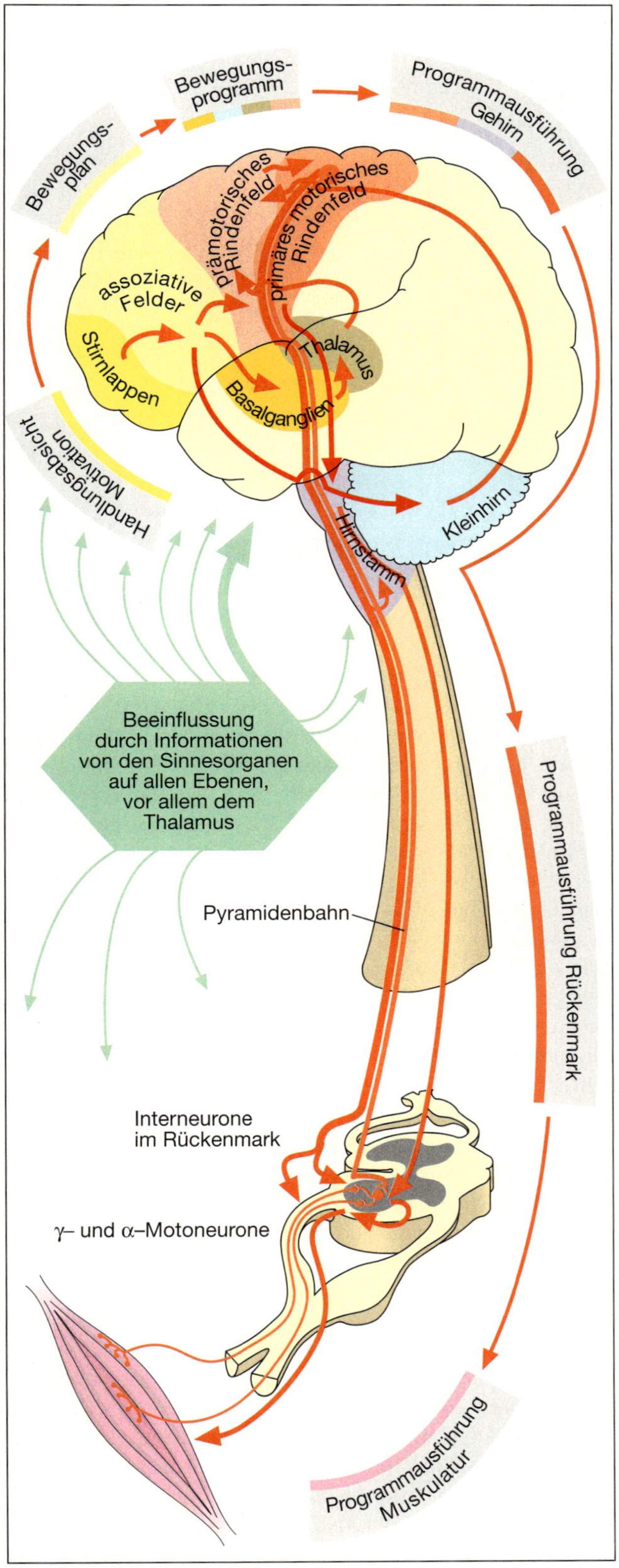

1 *Ablauf einer Willkürbewegung*

Wer Klavier spielt, kann mit Recht behaupten, dass es sich hierbei um eine vom Bewusstsein gesteuerte Bewegungsabfolge handelt. Aber wer könnte schon genau beschreiben, welche seiner Muskeln sich in welcher Reihenfolge kontrahieren um ein bestimmtes Lied zu spielen? Man kann im Gegenteil sogar annehmen, dass man sich viel häufiger verspielt, wenn man sich zu sehr auf seine Finger konzentriert. Offensichtlich wird das Bewusstsein auch bei Willkürbewegungen von vielen Detailaufgaben entlastet.

Motivation und Bewegungsplan. Willkürbewegungen setzen eine Absicht voraus. Mit einer Bewegungsabfolge soll ein bestimmtes *Ziel* erreicht werden. Insofern entstehen Willkürbewegungen zunächst im *limbischen System* (→ S. 435) und im *Stirnlappen des Großhirns*, zwei Bereichen, die eng mit der *Willensbildung* zusammenhängen. Wie das Beispiel oben zeigt, hat man meist keine konkrete Vorstellung von der Bewegungsabfolge selbst, sondern nur von dem Ziel, das durch die Bewegung erreicht werden soll (→ Bild 1).

Wie die Bewegung aussehen muss um das beabsichtigte Ziel zu erreichen, wird in den *assoziativen Feldern* der Großhirnrinde errechnet. Es entsteht ein *Bewegungsplan*, sozusagen ein Ablaufschema für die Bewegung.

Bewegungsprogramm. Informationen über den Bewegungsplan gelangen nun an die Basalganglien, den Hirnstamm und das Kleinhirn. Hier wird überprüft, ob die geplanten Bewegungen mit Veränderungen der Körperhaltung oder einer Verlagerung des Körperschwerpunkts verbunden sind. Wenn das der Fall ist, wird der Bewegungsplan um geeignete Ausgleichsbewegungen ergänzt. Es entsteht ein detailliertes *Bewegungsprogramm*, das alle notwendigen Teilschritte und deren zeitliche Abfolge enthält. Dieses Bewegungsprogramm wird zu den primären motorischen Rindenfeldern geleitet. Dort beginnt die Ausführung der Bewegung.

Programmablauf. Das Bewegungsprogramm wird Schritt für Schritt abgearbeitet, indem Steuerbefehle von den primären motorischen Rindenfeldern über die Pyramidenbahn ins Rückenmark gelangen. Hier werden α- und γ-Motoneurone aktiviert, die die Muskeln zu Kontraktionen veranlassen.

Gleichzeitig laufen auf jeder der genannten Ebenen sensorische Informationen über den Erfolg der Bewegungsabfolge ein (→ Bild 1). So halten zum Beispiel die Eigenreflexe der Muskeln die angestrebte Muskelspannung aufrecht, die Lagesinnesorgane informieren ständig über die Körperhaltung und mit den Augen wird erfasst, ob die Bewegungsabfolge zum Ziel führt. Ständig werden kleine Abweichungen vom Bewegungsprogramm gemeldet und entsprechend korrigiert.

1 Führen Sie eine Bewegung oder Bewegungsabfolge möglichst bewusst aus. Beschreiben Sie detailliert alle Einzelkomponenten dieser Bewegung. Welche Erfahrung machen Sie dabei? Erklären Sie diese Erfahrung mithilfe des Textes.

2 Bewegungsabfolgen, die man schon oft eingeübt hat, erfordern nur noch wenig Aufmerksamkeit. Worin besteht hier wohl der Lernerfolg?

Autonome Bewegungsprogramme

Entlastung des Bewusstseins. Obwohl die Atemmuskulatur willkürlich beweglich ist, muss man nicht ständig darauf achten, dass man das Atmen nicht vergisst. Die Koordination bestimmter Bewegungsabfolgen kann ohne Beteiligung des Bewusstseins ablaufen. Das ist auch notwendig: Müsste jede Körperfunktion bewusst gesteuert werden, könnten wir auf Sinneseindrücke aus der Umwelt gar nicht mehr reagieren, denn nur etwa sieben Einzelinformationen pro Sekunde werden bewusst verarbeitet. *Autonome Bewegungsprogramme* entlasten das Bewusstsein von Routineaufgaben der Bewegungskontrolle. So werden auch die Atembewegungen meist unbewusst gesteuert und nur in bestimmten Situationen, etwa um den Duft einer Blume einzuatmen, wird Luftholen zu einer bewusst erlebten Bewegung.

Autonome Bewegungsprogramme. Genau wie bei Willkürbewegungen (→ S. 447) enthält ein autonomes Bewegungsprogramm genaue Anweisungen über das Ausmaß und die zeitliche Abfolge der Muskelkontraktionen, aus denen sich die Gesamtbewegung zusammensetzt. Der Zusatz autonom weist darauf hin, dass das Bewusstsein nicht beteiligt ist.

Typischerweise sind es *Bewegungszyklen*, die durch autonome Bewegungsprogramme gesteuert werden: Es besteht ein ständiger Wechsel zwischen der Kontraktion einer Muskelgruppe und der Kontraktion von deren Gegenspielern. Solche Bewegungsmuster treten nicht nur bei Atembewegungen, sondern auch beim Gehen, Schwimmen oder Fliegen auf. Autonome Bewegungsprogramme sind bei Tieren mit einfachem Nervensystem besonders gut untersucht. Beispielsweise folgen die Flügelbewegungen der Wanderheuschrecke einem im ZNS des Tiers erzeugten Muster. Auch ohne „Erfolgskontrolle" durch sensorische Nerven kommt es zu regelmäßigen Auf- und Abbewegungen der Flügel (→ Bild 2).

Sensorische Programmüberwachung. Wenn das ZNS von sich aus in der Lage ist, ein fehlerfreies Bewegungsprogramm

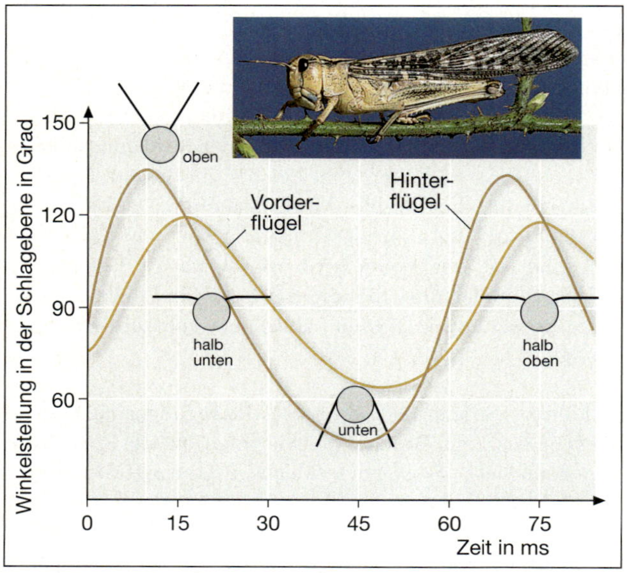

1 und 2 Wanderheuschrecke und Muster ihrer Flügelbewegung

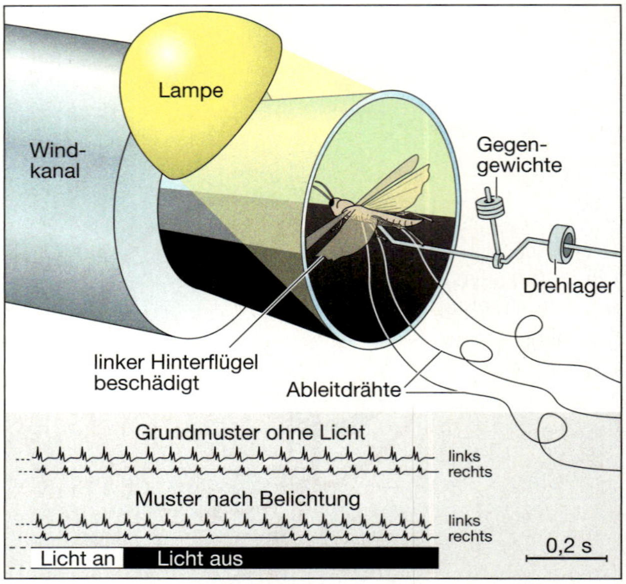

3 Versuchsaufbau und Ableitung der Flugmuskelaktivität auf der linken und rechten Körperseite

zu erzeugen, warum erhält es dann überhaupt über sensorische Nerven Rückmeldungen von den Erfolgsorganen? Auch diese Frage konnte am Modell des Heuschreckenflugs experimentell geklärt werden. Dazu wurde eine Heuschrecke auf einem drehbaren Drahtgestell im Windkanal befestigt (→ Bild 3). Mit Elektroden wurden auf jeder Körperseite die zur Flugmuskulatur laufenden Impulse abgeleitet. Sobald das Tier einem Luftstrom ausgesetzt wird, beginnt es mit den Flügeln zu schlagen. Muss die Heuschrecke bei völliger Dunkelheit fliegen, kann sie ihre Lage relativ zum Horizont nicht beurteilen. Dann läuft das autonome Bewegungsprogramm „Fliegen" ohne sensorische Rückmeldung ab. In diesem Fall sind die Befehlsfolgen des ZNS für beide Körperseiten immer symmetrisch. Wird einer der Flügel gestutzt, führt die Heuschrecke starke Rollbewegungen um ihre Längsachse aus, denn eigentlich müsste nun der intakte Flügel zum Ausgleich schwächer schlagen. Bei Licht gelangen dann aber Informationen über die Körperlage von den Augen ins ZNS. Nun wird das Bewegungsprogramm so angeglichen, dass ein störungsfreier Horizontalflug möglich wird (→ Bild 3).

Sensorische Rückmeldungen sind also notwendig um unvorhergesehene Störungen des Bewegungsablaufs korrigieren zu können. Bei den Atembewegungen haben die sensorischen Informationen an das Gehirn eine zweite Funktion: Die Atembewegungen stehen ja im Dienst der Sauerstoffversorgung des Körpers. Wenn sich der Sauerstoffbedarf ändert, müssen die Atembewegungen entsprechend angeglichen werden. Daher erhalten die Atemzentren im Hirnstamm nicht nur sensorische Informationen über den Dehnungszustand des Brustkorbs, die über den Ablauf der Atembewegungen informieren. Sie werden zusätzlich auch mit Meldungen über den Sauerstoff- und CO_2-Gehalt des Bluts versorgt (→ S. 97).

Material – Methode – Praxis: **Elektronische Küchenschaben**

Letztlich steuert das Nervensystem das gesamte *Verhalten* eines Tiers, denn jede Bewegung wird durch Aktionspotenziale in Motoneuronen ausgelöst. Daher hat es Wissenschaftler schon immer gereizt, komplexe Verhaltensweisen von Tieren auf der Ebene des Nervensystems zu erklären. Aber ist das überhaupt möglich? Manche Wissenschaftler halten diese Aufgabe für viel zu kompliziert um in absehbarer Zeit lösbar zu sein. Andere wenden dagegen ein, dass komplizierte Bewegungsmuster nicht unbedingt durch ebenso komplexe Steuernetzwerke erzeugt werden müssen. Um diesen Standpunkt zu untermauern, haben sie Vehikel gebaut, die trotz ihrer einfachen Machart ein differenziertes „Verhalten" an den Tag legen.

Fototaxis

Wer einmal Erfahrungen mit Küchenschaben gemacht hat, weiß, dass die Tiere blitzschnell in finsteren Ecken verschwinden, wenn man nachts das Licht anschaltet. Dieses vom Licht weg gerichtete Fluchtverhalten nennt man *negative Fototaxis*. Ein kleines Fahrzeug, das ebenfalls „negative Fototaxis" zeigt, lässt sich sehr leicht bauen (→ Bild oben): Die beiden Hinterräder des Fahrzeugs werden durch separate Motoren angetrieben. Von den Motoren laufen Drähte zum Vorderende des Vehikels, an dem Fotosensoren angebracht sind. Je nach Stärke des Signals, das die Fotozellen abgeben, läuft der damit verbundene Motor langsam oder schnell.

Trifft das Licht einer Lampe auf die rechte Seite eines solchen Fahrzeugs, erhält die rechte Fotozelle ein stärkeres Signal. Folglich wird der Motor am rechten Hinterrad stärker angetrieben als am linken. Das Fahrzeug führt also eine Linkskurve aus und wendet sich vom Licht ab. Wenn keine der Fotozellen mehr Licht aufnimmt, bleibt das Fahrzeug stehen.

Varianten

Mit kleinen Veränderungen in der Verschaltung zwischen Rezeptoren und Motoren (→ Bild rechts) lassen sich viele andere Reaktionsmuster erzeugen. Natürlich kann man auch andere Rezeptoren verwenden, sodass die Fahrzeuge nicht auf Licht, sondern auf Schall-, Wärme- oder Strahlungsquellen reagieren. Besonders interessant ist es, elektronische Steuereinheiten in die Verschaltung zu integrieren. Diese Steuereinheiten geben Strompulse nur dann ab, wenn sie selbst eine festlegbare Mindestzahl von Strompulsen von einem Rezeptor oder einer anderen Steuereinheit erhalten haben. Mit diesen Bauteilen lassen sich Nervenzellen simulieren, zumal man mit ihnen auch hemmende Verschaltungen realisieren kann.

Schlussfolgerungen

Die dargestellten Modelle sind keine reine Spielerei. Sie zeigen, dass man einige Verhaltenselemente von Tieren auf sehr einfache Art reproduzieren kann. Wenn die meisten Tierarten über Zentralnervensysteme verfügen, die viel komplizierter sind, liegt das vielleicht daran, dass ihr Verhalten nicht starr, sondern flexibel ist. Fast alle Tierarten zeigen zumindest Ansätze von Lernfähigkeit.

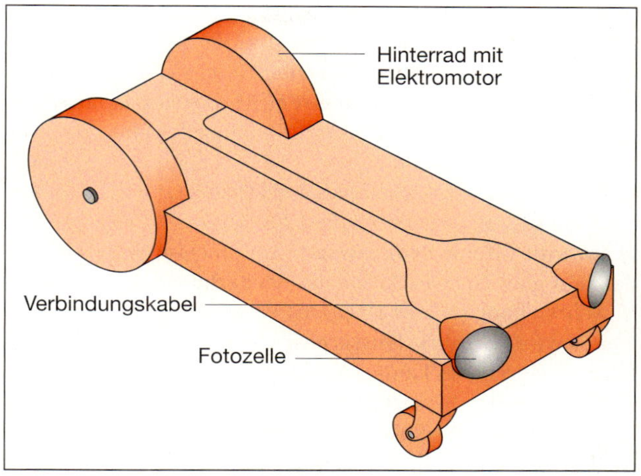

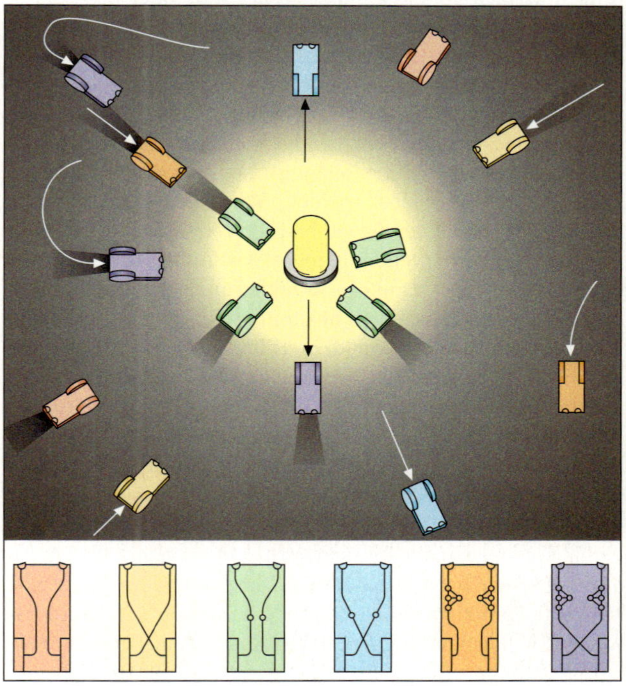

1 Wie wird das hier beschriebene Fahrzeug reagieren, wenn die Leitungen zwischen Fotozellen und Hinterrädern überkreuzt werden?

2 Analysieren Sie die Input-Output-Beziehungen der hier beschriebenen Fahrzeuge nach dem EVA-Prinzip. Erklären Sie, ob und wie die eingegebene Information bei diesen Fahrzeugen verarbeitet wird.

3 Mithilfe von Technikbaukästen – sofern diese Sensoren enthalten – lassen sich Modelle, wie sie hier beschrieben wurden, nachbauen. Stellen Sie eigene Untersuchungen an.

☞ Stichworte zu weiteren Informationen

Bionik, künstliche neuronale Netzwerke, Kybernetik, Verhaltensforschung

Neurobiologie und Verhalten

Ob es sich nun um das Schwanzwedeln eines Hundes, das Grinsen eines Schimpansen oder um das Nestbauverhalten eines Laubenvogels handelt: Letztlich lässt sich fast jede Verhaltensweise eines Tiers als eine Folge von Muskelkontraktionen beschreiben. Hinter diesen Bewegungsfolgen stehen Bewegungsprogramme, die vom ZNS erzeugt und gesteuert werden. Tierisches Verhalten hat also seine Grundlage in der Bewegungssteuerung durch das ZNS.

Feste und offene Programme. Auf einen entsprechenden Reiz hin geht ein Flusskrebs mit hocherhobenen Scheren in Abwehrstellung (→ Bild 1). Dieses Verhalten ist völlig stereotyp, es wird von allen Flusskrebsen in gleicher Weise ausgeführt. Andererseits kann man zum Beispiel Raubkatzen die verschiedensten Bewegungsfolgen antrainieren, wenn man sie dafür belohnt, selbst solche, die sie sonst nie ausführen (→ Bild 2). Offensichtlich lassen sich verschiedene Verhaltensweisen danach einteilen, ob sie völlig starr oder flexibel ablaufen. Und diese Unterschiede müssten auch in der neuronalen Steuerung ihre Entsprechung finden. Das ist der Fall:

Stereotyp ablaufenden Verhaltensweisen liegen feste, unveränderliche neuronale Verschaltungen oder Bewegungsprogramme zugrunde. So kann die Abwehrstellung des Flusskrebses durch elektrische Reizung eines einzigen Neurons im ZNS des Tiers ausgelöst werden. Wird dieses so genannte *Befehlsinterneuron* genügend stark gereizt, aktiviert es über weit verzweigte Nervenendigungen bestimmte Motoneurone, während gleichzeitig andere Motoneurone gehemmt werden. Dadurch kontrahieren sich bestimmte Muskeln in den Scheren, den Laufbeinen und dem Hinterkörper, während die zugehörigen Gegenspieler erschlaffen. Es kommt zu einer koordinierten Bewegung, die den ganzen Körper einbezieht. Auch in der Meeresnacktschnecke Tritonia fand man ein Befehlsinterneuron, das bei Aktivierung verschiedene Motoneurone in Gang setzt, die dann ihrerseits Schwimmbewegungen auslösen (→ Bild 3).

Flexiblen Verhaltensweisen, also zum Beispiel solchen, die durch Lernen beeinflussbar sind, liegen andere neuronale Mechanismen zugrunde. Meist beinhalten diese Verhaltensweisen Willkürbewegungen, deren Ausführung von der *Motivationslage* des Tiers beeinflusst wird. Die zugrunde liegenden Bewegungsprogramme sind also nicht „fest verdrahtet", sondern offen, plastisch und durch Erfahrungen beeinflussbar. Eine solche offene Programmierung von Verhaltensweisen ist nur dann möglich, wenn viele Interneurone zwischen sensorischen und motorischen Nerven liegen. Ein Eigenreflex (→ S. 444) wäre beispielsweise niemals durch Lernen modifizierbar, da der zugehörige Reflexbogen überhaupt kein Interneuron enthält. Flexible Verhaltensweisen beruhen also darauf, dass sich durch Lernen neue neuronale Schaltkreise bilden, indem die Synapsen zwischen bestimmten Interneuronen in ihrer Wirkung verstärkt werden (→ S. 432).

1 Suchen Sie weitere Beispiele für flexible Verhaltensweisen und für solche, die starr und stereotyp ablaufen.

1 Ein Flusskrebs hebt die geöffneten Scheren in Abwehrstellung.

2 Bei einer Zirkusdressur zeigen Raubkatzen neu gelernte Verhaltensweisen.

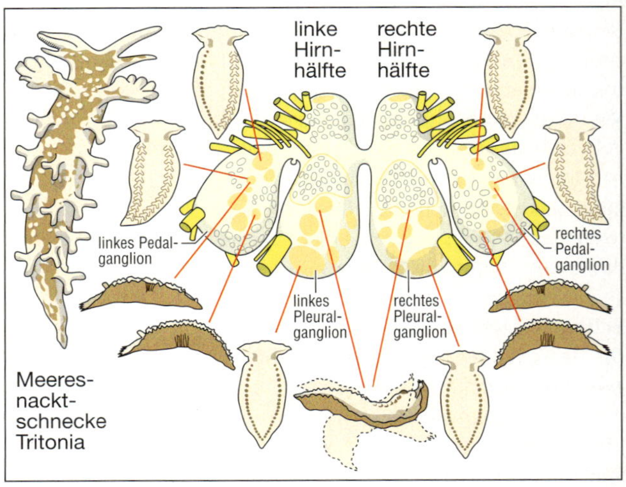

3 Die Reizung einzelner Nervenzellen im ZNS von Tritonia führt zu den gezeigten Körperstellungen und Bewegungen.

Überblick

- Fast alle Tiere sind zu koordinierten Bewegungen fähig. → S. 442
- Grundeinheit der Bewegungssteuerung sind motorische Einheiten, die aus Motoneuronen und den von ihnen versorgten Muskelfasern bestehen. → S. 443
- Die Informationsübertragung zwischen Neuron und Muskelfaser erfolgt über chemischen Synapsen; der Transmitter ist Acetylcholin. → S. 443
- Muskelfasern können Aktionspotenziale bilden. Die Umsetzung von elektrischer Erregung in eine Muskelkontraktion erfolgt über ein Calcium-Signal. → S. 443
- Bewegungen laufen nur dann koordiniert und zielgerichtet ab, wenn eine Erfolgskontrolle durch sensorische Nerven möglich ist. → S. 444–447
- Die einfachste Reaktion auf einen Reiz ist ein Eigenreflex. → S. 444
- Über Sinnesorgane in den Muskeln, so genannte Muskelspindeln, wird in den Skelettmuskeln der Wirbeltiere immer eine gewisse Grundspannung, ein Ruhetonus, aufrechterhalten. → S. 444
- Fremdreflexe sind teilweise flexible Reaktionen auf Reize. Sie umfassen oft mehrere Muskelgruppen. Häufig handelt es sich um Schutzreaktionen. Fremdreflexe steuern aber auch physiologische Grundfunktionen des Körpers. → S. 445
- An bewusst ausgeführten Bewegungen ist immer die Großhirnrinde beteiligt. → S. 446
- Die Details einer Willkürbewegung werden ohne Beteiligung des Bewusstseins von verschiedenen Hirnteilen wie Kleinhirn und Hirnstamm festgelegt. So wird das Bewusstsein entlastet. → S. 447
- Besonders bei einfach organisierten Tieren können autonome Bewegungsprogramme bestimmte Bewegungsfolgen eigenständig steuern. → S. 448
- Die meisten Verhaltensweisen von Tieren sind prinzipiell als Folge von Muskelkontraktionen beschreibbar. Einfache Verhaltensweisen lassen sich bereits auf der Ebene von Motoneuronen und deren Steuerbefehlen verstehen. → S. 450
- Die neuronale Steuerung von stereotyp ablaufenden Verhaltensweisen unterscheidet sich von der, die flexiblen, durch Lernen beeinflussbaren Verhaltensweisen zugrunde liegt. → S. 450

Aufgaben und Anregungen

1 Rekapitulieren Sie den Weg eines Steuerbefehls aus dem ZNS bis zum Muskel. Gehen Sie dabei besonders auf die so genannte neuromuskuläre Kopplung ein: Erklären Sie, wie die Erregung – in Form von Aktionspotenzialen – in die Kontraktion von Muskelfasern umgesetzt wird. Wie werden dabei Kraft und Dauer der Kontraktion beeinflusst?

2 Sowohl das Wort „Reflex“ als auch das Wort „reflektieren“ gehen auf denselben Wortstamm (lat. *reflectere*: zurückbiegen, zurückwenden) zurück. Vergleichen Sie Reflexbewegungen mit der Reflexion von Licht in einem Spiegel. Wo sehen Sie Gemeinsamkeiten, wo Unterschiede? Fällt Ihre Antwort für die verschiedenen Reflexarten unterschiedlich aus?

3 Bei einer Ohnmacht werden die Muskeln des Betroffenen völlig schlaff und weich, sodass der Ohnmächtige sofort zu Boden sinkt. Was genau passiert hierbei mit seinen Muskeln? Stellen Sie Vermutungen über die physiologische Bedeutung der Ohnmacht an.

4 Führen Sie den rechts abgebildeten Versuch selbst durch: Geben Sie einer Versuchsperson ein Buch auf die ausgestreckte Hand. Der Arm soll immer in derselben Position gehalten werden, zum Beispiel Unterarm im rechten Winkel zum Oberarm. Legen Sie nun ein zweites Buch auf die Hand der Versuchsperson. Beobachten und beschreiben Sie deren Reaktion genau. Erklären Sie, durch welche Vorgänge in den Muskelspindeln des Oberarmbeugers (→ Bild) die beobachtete Reaktion zustande kommt.

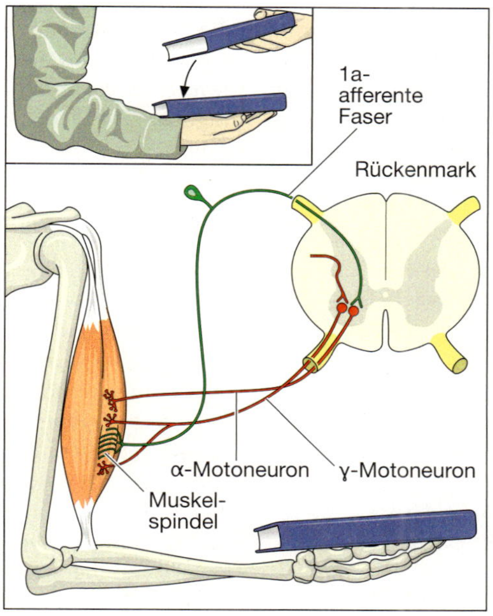

5 Für die Ausführung einer einfachen Bewegung muss mindestens ein Muskel aktiviert und fast immer mindestens ein Muskel gehemmt werden. Grund?

6 Welche Schwierigkeiten müssen überwunden werden, wenn man einen Roboter bauen möchte, der auf zwei Beinen gehen kann? Stellen Sie im Vergleich dazu dar, wie die Bewegungskoordination beim aufrechten Gang des Menschen abläuft. Warum geraten wir nicht so leicht ins Stolpern?

7 Kann jemand willentlich die Luft so lange anhalten, bis er erstickt? Begründen Sie Ihre Entscheidung, indem Sie auf die Mechanismen eingehen, mit denen die Atembewegungen gesteuert werden.

8 Beschreiben Sie die Rolle des Kleinhirns bei der Bewegungskontrolle. Wie deuten Sie in diesem Zusammenhang die Tatsache, dass Vögel, die sich beim Fliegen dreidimensional im Raum bewegen, ein vergleichsweise großes Kleinhirn haben?

Regelung und Integration der Körperfunktionen

1 Ein Kampfadler hat ein junges Warzenschwein geschlagen und verteidigt seine Beute nun gegen die aufgebrachte Mutter.

Eine Kampfsituation – nervenzerreißend für beide Kontrahenten. Wie effektiv die Höchstleistungen der Sinne, die blitzartige Verarbeitung ihrer Informationen und die Kontraktion der richtigen Muskeln miteinander verknüpft und aufeinander abgestimmt werden, entscheidet über beider Erfolg. Sinne, Nerven, Gehirn, Herz, Lunge, Kreislaufsystem und Bewegungsapparat müssen dabei durch Nervenimpulse und Hormone koordiniert werden. Aber selbst wenn die Situation – von wem auch immer – erfolgreich überstanden ist: Die anschließenden Erholungs- und Ruhephasen bedürfen ebenfalls der Regulation.

Im Blickpunkt:

- Homöostase: die Erhaltung eines stabilen inneren Milieus
- präzise Kontrolle: die doppelte Innervierung der Eingeweide durch das vegetative Nervensystem
- Hormone: Nachrichtenüberträger im Körper
- Schildrüsenhormone regeln den Energiestoffwechsel
- Gegenspieler: Insulin und Glucagon regulieren den Blutzuckerspiegel
- Keimdrüsenhormone beeinflussen den weiblichen Zyklus
- Stressreaktionen: eine Kooperation von Stresshormonen und vegetativem Nervensystem
- Wirkungsmechanismen der Hormone in den Zielzellen

Doppelte Sicherung. Alle Wirbeltiere und die meisten Wirbellosen besitzen zwei getrennte Kommunikationssysteme. Das eine besteht aus den Zentralorganen und Bahnen des *Nervensystems*. Seine Signale werden in direkter „Verdrahtung" zwischen Nerv und Effektor durch Aktionspotenziale und Neurotransmitter gezielt übermittelt.

Das zweite System ist das *Hormonsystem* aus Hormondrüsen, Hormonen und dem Blut als Übertragungskanal. Seine Signale sind ausschließlich chemischer Natur. Die Informationsübermittlung erfolgt flächig, wobei nur mit spezifischen Rezeptoren ausgestattete Zellen die Hormonbotschaft empfangen können.

Über die *„Schnittstelle" Hypothalamus* im Zentralnervensystem sind beide Informationssysteme miteinander verknüpft. Von hier aus gehen die Befehle getrennte Wege, um sich zeitlich und räumlich in ihren Wirkungen zu ergänzen oder um sich gegenseitig zu modulieren. Fast immer wird ein bestimmter Vorgang im Körper wie Herztätigkeit, Verdauung oder Ausscheidung durch beide Systeme geregelt und damit doppelt gesichert. Besonders eng ist die Kooperation zwischen dem die Eingeweide innervierenden vegetativen Nervensystem und dem Hormonsystem. Die zeitliche und räumliche Abstimmung der ineinander greifenden Vorgänge unterliegt dem Zentralnervensystem. Die Verknüpfung aller beteiligten Systeme erfolgt über die Hormone.

Homöostase durch Steuerung und Regelung

Ein Lebewesen muss sich so auf die Bedingungen einer wandelbaren Umwelt einstellen können, dass sein von den Genen bestimmter physiologischer Reaktionsrahmen, in dem seine Zellen arbeiten können, nicht überschritten wird. So wird beispielsweise die Körpertemperatur der Homoiothermen unabhängig von den äußeren Bedingungen konstant bei 37 °C oder 38 °C gehalten. Dies geschieht durch „Aufheizen“ mit Muskelzittern und Verengung der Kapillaren oder „Abkühlen“ mit Schwitzen und Weitung der Gefäße (→ S. 302). Vergleichbare Mechanismen sorgen für die Konstanz des pH-Wertes, der Salz- oder Gaskonzentrationen in Körperflüssigkeit und Zellen (→ S. 314).

Die Gesamtheit der Vorgänge, die durch Steuerung und Regelung in Zellen, Geweben, Organen und dem ganzen Körper ein stabiles, funktionssicherndes inneres Milieu aufrechterhalten, nennt man *Homöostase*.

Steuerung. Dieser Begriff bezeichnet eine *quantitative Beeinflussung der Intensität oder Richtung* von Größen oder Vorgängen. So hängt zum Beispiel die Kontraktionsstärke eines Muskels von der Acetylcholinkonzentration an der motorischen Endplatte ab. Die Glucoseaufnahme von Muskelzellen wird dagegen von der Insulinkonzentration im Blut beeinflusst. Tropine wiederum, die Steuerungshormone der Hypophyse, wirken dosisabhängig auf die Aktivität der nachgeordneten Hormondrüsen ein (→ S. 455). Steuerungsvorgänge können zu Wirkungsketten verknüpft oder Bestandteil von Regelkreisen sein.

Regelung. Im Unterschied zur Steuerung wird durch Regelung eine Größe oder ein Vorgang so beeinflusst, dass die Veränderung auf die verändernde Ursache zurückwirkt. Diese Rückwirkung bezeichnet man in der Sprache der Regeltechnik als *Rückkopplung* oder *Feed-back*. Positive Rückkopplung führt zu Selbstverstärkung einer Größe, negative Rückkopplung zu ihrer Abschwächung. Regelungsvorgänge in Organismen sind fast immer negativ rückgekoppelt: Sie wirken Veränderungen entgegen um Abweichungen von einem Gleichgewichtszustand zu kompensieren. Jeder Regelung einer Größe liegt demnach ein Kreisprozess mit Rückkopplung zugrunde, der als *Regelkreis* dargestellt wird (→ Bild 1).

Beispiel Blutdruckregelung. Im Zustand körperlicher Ruhe liegt der menschliche Blutdruck *(Regelgröße)* während der Systole bei 125 mmHg, während der Diastole bei 80 mmHg. Blutverlust oder körperliche Anstrengung können als *Störgrößen* den Blutdruck verändern. Diesen Abweichungen wirkt die Regelung entgegen (→ Bild 2). In einer Verdickung der Halsschlagader, dem Carotissinus, messen Sinneszellen *(Fühler)* die Wandspannung *(Istwert)* der Halsschlagadern. Diese Information wird über den Sinusnerv an das verlängerte Rückenmark *(Regler)* übermittelt *(Signalübertragung)* und hier mit dem von der Großhirnrinde *(Sollwertgeber)* als Führungsgröße übertragenen *Sollwert* verglichen. Je nach Abweichung des Istwerts vom Sollwert erteilt der Regler entsprechende Befehle *(Stellgröße)* an die Wandmuskulatur sämtlicher Blutgefäße *(Stellglieder)*. Ihre Verengung oder Erweiterung korrigiert daraufhin die Blutdruckabweichung.

1 Erklären Sie die Begriffe Homöostase, Steuerung und Regelung. Schlagen Sie auch in Lexika nach.

2 Regelkreise gibt es auch in der Technik. Einfache Beispiele sind die Kühlschrankkühlung oder Wasserstandsregelung im Toilettenspülkasten. Entwerfen Sie entsprechende Schemata.

3 Vergleichen Sie den hier abgebildeten Regelkreis mit weiteren Schemata auf den Seiten 456 und 457.

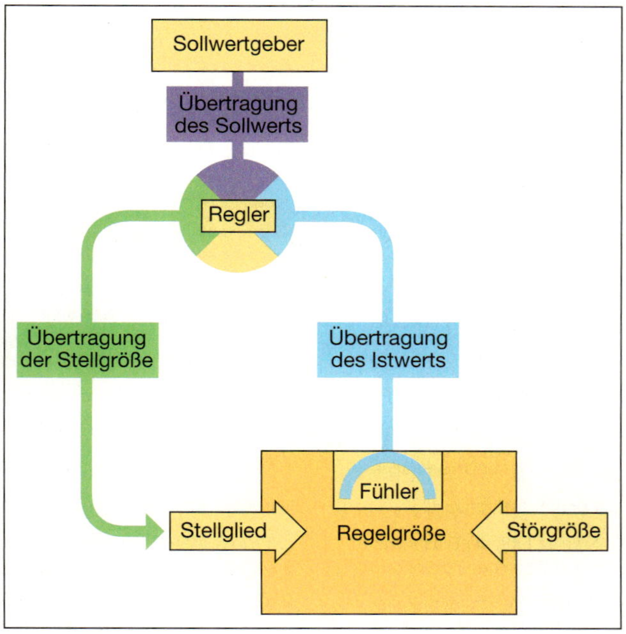

1 *Allgemeines Regelkreisschema*

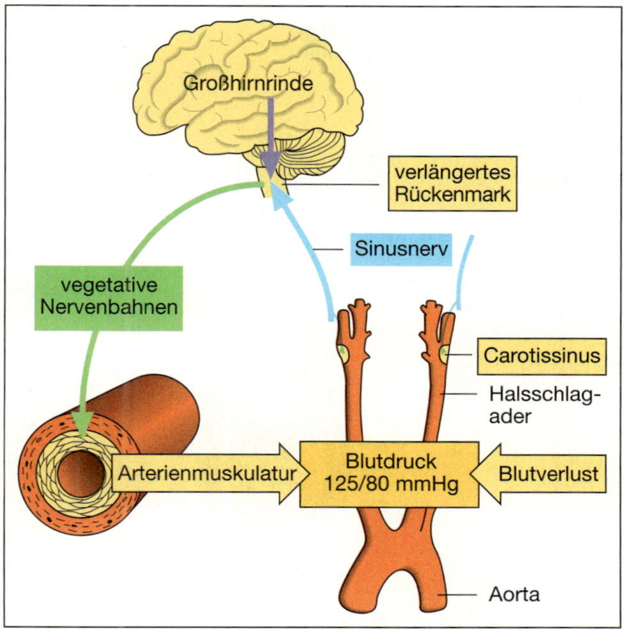

2 *Regelkreisschema zur Einstellung des Blutdrucks*

Vegetatives Nervensystem

Autonome Regulation. Bei Wirbeltieren und dem Menschen steht die Regulation der lebenserhaltenden Stoffwechselvorgänge wie Atmung, Verdauung und Ausscheidung sowie die Tätigkeit der entsprechenden Organe unter Kontrolle des *Eingeweide-* oder *vegetativen Nervensystems*. Seine sensiblen Neurone übermitteln beispielsweise Informationen über Blutdruck (→ S. 453), Füllung von Magen, Darm und Harnblase oder den Dehnungsgrad der Lungen. Seine effektorischen Neurone leiten Befehle an die inneren Organe. Da diese Vorgänge in der Regel willentlich kaum beeinflussbar sind, spricht man auch vom *autonomen Nervensystem*.

Hypothalamus und Hypophyse bilden eine Art Schnittstelle von Zentralnervensystem und vegetativem Nervensystem. Daher können im Zentralnervensystem verarbeitete, bewusst gewordene Reize aus der Umwelt auch vegetative Reaktionen auslösen. Beispiele sind schweißfeuchte Hände oder ein roter Kopf bei großer Aufregung. Sie treten auf, wenn als physiologische Vorbereitung einer vom Zentralnervensystem geplanten Flucht besonders beanspruchten Muskelgruppen vermehrt Glucose und Sauerstoff zugeführt werden.

Gliederung. Die peripheren Teile des vegetativen Nervensytems bestehen aus den beiden Teilsystemen *Sympathicus* und *Parasympathicus* (→ Bild 1).

Sympathicusnerven verlassen das Rückenmark zwischen den Wirbelkörpern und münden in zwei beiderseits der Wirbelsäule liegende Ganglienketten, die *sympathischen Grenzstränge*. Die hier gebündelten Zellkörper der nachgeschalteten zweiten Neurone des Sympathicus sind über efferente und afferente Fasern mit allen inneren Organen verbunden.

Der Parasympathicus ist weitläufiger verzweigt, dafür liegen seine Ganglien näher an den Zielgeweben. Sein stärkster Nerv ist der im verlängerten Mark entspringende *Nervus vagus*, der sich in Äste zu Lunge, Herz und Darm verzweigt.

Da an allen Synapsen des Parasympathicus Acetylcholin als Neurotransmitter dient, wird er auch als *cholinerges System* bezeichnet. Der Sympathicus verwendet diesen Transmitter dagegen nur an seinen ersten, präganglionären Synapsen. Postganglionär arbeitet der Sympathicus mit Noradrenalin und wird daher auch *adrenerges System* genannt.

Antagonismus. Bis auf das ausschließlich adrenerg beeinflusste Nebennierenmark sind alle inneren Organe von beiden Teilen des vegetativen Nervensystems versorgt, also *doppelt innerviert*. Sympathicus und Parasympathicus entfalten hier, basierend auf den unterschiedlichen Neurotransmittern, jeweils gegensätzliche Wirkungen. Sie arbeiten also als Gegenspieler oder Antagonisten. Vereinfachend gilt, dass

- der Sympathicus die körperliche Leistung steigert, Energiereserven mobilisiert, den Körper in Alarm- und Fluchtbereitschaft versetzt,
- der Parasympathicus eher Erholungsvorgänge, Entspannung, Schlaf und Regeneration sowie den Aufbau von Energiereserven fördert.

Das koordinierte Wechselspiel beider Anteile ermöglicht eine besonders feine, schnelle und präzise Einstellung körperlicher Funktionen und damit den Erhalt der Homöostase.

1 Welche Bedeutung hat die doppelte Innervierung der inneren Organe für deren Funktion?

2 Atropin, das Gift der Tollkirsche, hemmt die Acetylcholinrezeptoren des vegetativen Nervensystems. Welche Wirkungen hat Atropin auf die glatte Darmmuskulatur, den Herzmuskel und die Irismuskulatur?

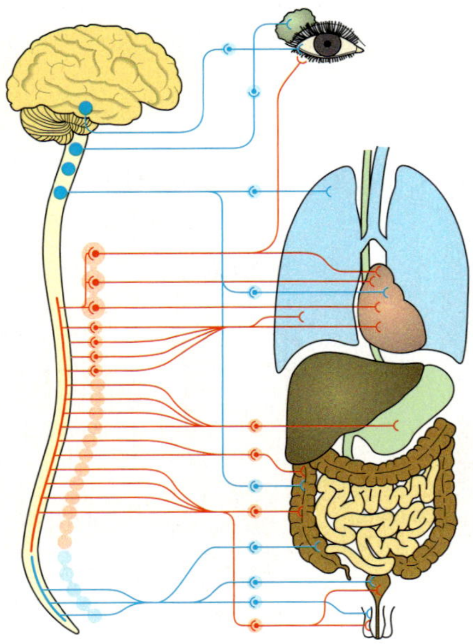

1 Innervierung durch Sympathicus (rot) und Parasympathicus (blau)

Wirkungen von Sympathicus und Parasympathicus

Organ/Zielgewebe	Sympathicus	Parasympathicus
Tränendrüse, Pupille, Ciliarmuskel	Weitung der Pupille, Fernakkommodation	Bildung von Tränenflüssigkeit, Verengung der Pupille, Nahakkommodation
Speicheldrüsen	Sekretion zähflüssigen Speichels	Sekretion wässrigen Speichels
Schweißdrüsen	zähflüssiger Schweiß	dünnflüssiger Kühlungsschweiß
Herz und Gefäße	Erhöhung von Herzschlagfrequenz und Schlagvolumen	Verlangsamung von Herzschlagfrequenz und Schlagvolumen
Bronchien und Lunge	Weitung, verstärkte Respiration	Verengung, Schleimsekretion, Verlangsamung der Respiration
Magen und Darm	Hemmung der Peristaltik, Kontraktion des Schließmuskels	Anregung der Peristaltik, Erschlaffung des Schließmuskels
Leber	Glykogenabbau, Fettabbau	Glykogenbildung, Fettsynthese
Pankreas	Hemmung der Drüsentätigkeit	Anregung der Drüsentätigkeit
Nebennierenmark	Adrenalinsekretion	keine Innervierung
Blase	Erschlaffung der Blasenwand, Kontraktion des Schließmuskels	Kontraktion der Blasenwand, Erschlaffung des Schließmuskels
Geschlechtsorgane	Ejakulation, Kontraktion der Gebärmutter- und Scheidenmuskulatur	Erektion, verstärkte Durchblutung der Schleimhäute, Sekretion

Hormonsystem

Hormone sind Botenstoffe, die in spezialisierten Zellen *endokriner Drüsen* hergestellt und von diesen direkt in die Blut- und Lymphbahn abgegeben werden. Sie wirken an bestimmten Zielzellen, die mit *hormonspezifischen Rezeptorproteinen* ausgerüstet sind. Ihr Informationsgehalt ist dabei rein qualitativ: eine Art Kommando zur Ingangsetzung, Aufrechterhaltung oder zum Abbruch intrazellulärer Reaktionen. Beispiele sind die Absenkung des Blutzuckerspiegels (Insulin), Erhöhung des Grundumsatzes (Schilddrüsenhormone), Steigerung der Zellteilungsrate (Somatotropin) und Proliferation von Keimzellen (Geschlechtshormone). Gewebe, die nicht über passende Hormonrezeptoren verfügen, sind für das Kommando unempfindlich.

Andererseits kann dasselbe Hormon unterschiedliche Wirkungen entfalten, wenn es wie zum Beispiel Adrenalin an zweierlei Rezeptortypen binden kann.

Wirkmenge und Wirkdauer. Bereits ein einziges Hormonmolekül reicht für die Auslösung eines Wirkmechanismus aus. Voraussetzung ist, dass dieses an der Membran oder im Cytoplasma der Zielzelle einen *Hormon-Rezeptor-Komplex* eingeht. Die Wirkung ist umso stärker, je mehr Rezeptoren von Hormonmolekülen besetzt sind *(Konzentrationscode)*.

Das Hormon wirkt, bis es abgebaut wird oder der Komplex zerfällt. Die dafür benötigte Zeit ist sehr unterschiedlich. Adrenalinwirkungen ebben in Sekundenschnelle ab. Schilddrüsenhormone oder Östrogen sind über Stunden hinweg wirksam.

Endokrine Drüsen. Da Hormondrüsen (→ Bild 1) ihre Stoffe nicht wie Schweiß- oder Talgdrüsen als Sekrete nach außen, sondern als Inkrete an das Blut abgeben, werden sie als endokrine Drüsen bezeichnet. Den Körperdrüsen übergeordnet ist die *Hypophyse* oder Hirnanhangsdrüse. Sie wird vom obersten Steuerzentrum des Hormonsystems, dem *Hypothalamus*, kontrolliert. Dieser wiederum untersteht der Großhirnrinde.

Die Hypophyse ist etwa erbsengroß und besteht aus dem *Hypophysenvorderlappen* (HVL, Adenohypophyse) und dem *Hypophysenhinterlappen* (HHL, Neurohypophyse). Ersterer enthält als echte Hormondrüse spezialisierte Zellen, die Steuerungshormone oder Tropine mit Wirkung auf weitere Hormondrüsen abgeben. Im Gegensatz dazu besteht der HHL aus Axonen hormonproduzierender Neurone des Hypothalamus.

Der Hypothalamus gibt einerseits über den HHL Neurohormone direkt an die Blutbahn ab. Er wirkt aber andererseits auch hemmend oder fördernd über Steuerhormone auf die Hormonsekretion des HVL ein.

Stoffklassen der Hormone. Die für Wirbeltiere bedeutsamsten Hormone gehören zu drei Stoffklassen. *Peptidhormone* aus Ketten von etwa 8 bis 100 Aminosäuren sind Insulin, Glucagon, Parathormon und Calcitonin sowie die Hormone von Hypophyse und Hypothalamus. Sie sind lipidunlöslich und binden daher an Rezeptoren der Zellmembran (→ S. 462). Dasselbe gilt, mit Ausnahme des Thyroxins, für die *Aminosäurederivate* Adrenalin, Noradrenalin und Melatonin. *Steroidhormone* sind Abkömmlinge des Cholesterins. Zu ihnen zählen die Sexualhormone der Keimdrüsen und die Corticoide der Nebennierenrinde. Sie gelangen durch erleichterte Diffusion (→ S. 47) ins Cytoplasma, wo sie an cytoplasmatische Rezeptoren binden.

Andere Botenstoffe. Neben den Hormonen im engeren Sinn gibt es zahlreiche andere Botenstoffe, die innerhalb und außerhalb des Organismus Informationen übermitteln. Die Grenzen zwischen ihnen sind fließend. *Neurotransmitter* – chemisch zum Teil mit Drüsenhormonen identisch – übertragen Informationen an den Synapsen. *Gewebshormone* gelangen nicht in die Blutbahn und wirken nur lokal im umgebenden Gewebe. *Pheromone* sind nach außen abgegebene, an Artgenossen gerichtete Signalstoffe für Anlockung, Abwehr, Alarmierung oder andere soziale Kommunikation.

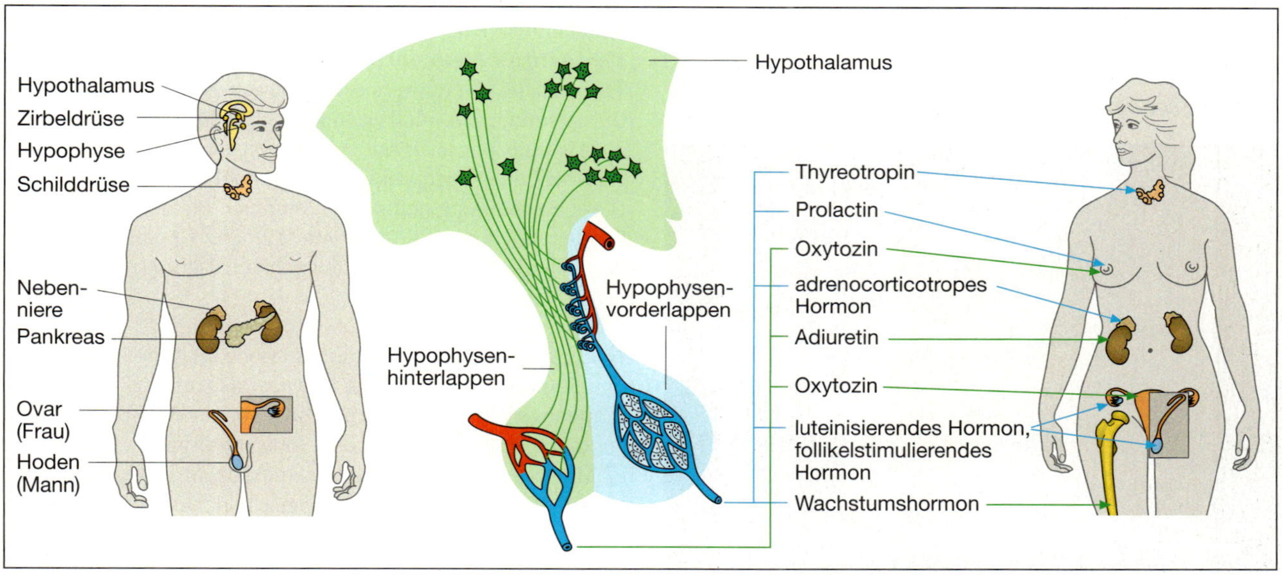

1 *Hormondrüsen beim erwachsenen Menschen (links), Steuerungshormone von Hypothalamus und Hypophyse (rechts)*

Schilddrüse und Energieumsatz

Alle lebenden Zellen eines vielzelligen Lebewesens tragen zur Energiegewinnung des Organismus bei, indem sie die chemische Energie der Nährstoffe in Arbeit und Wärme umwandeln. Diesen Energieumsatz fast aller Zellen steuern die Hormone der Schilddrüse.

Schilddrüsenhormone und ihre Wirkung. Die vor dem Schildknorpel des Kehlkopfs gelegene Schilddrüse oder Thyreoidea produziert zwei iodhaltige Hormone, das *Tetraiodthyronin* (T_4 = *Thyroxin*) und das biologisch wirksame *Triiodthyronin* (T_3). Letzteres aktiviert die aeroben Abbauvorgänge der Zellatmung (→ S. 100), insbesondere die der Kohlenhydrate. Somit fördert T_3 indirekt Wachstum, Entwicklung, Fruchtbarkeit und die Aktivität des Zentralnervensystems.

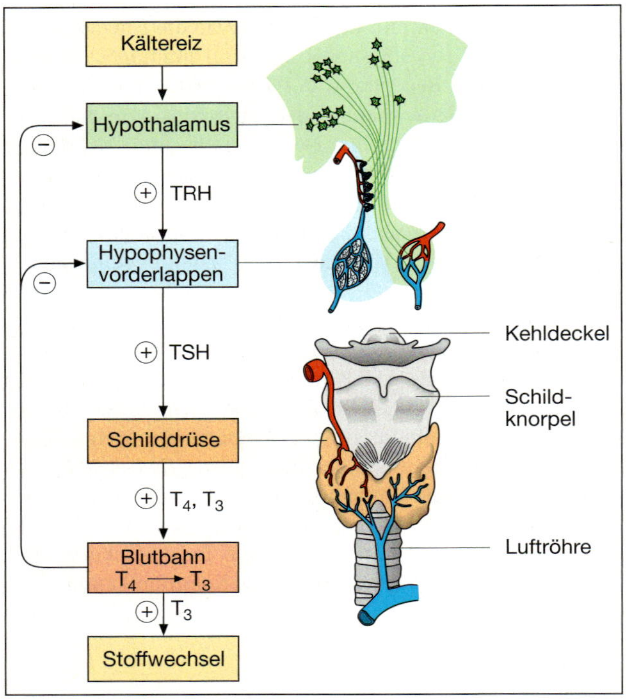

1 *Regulation der Schilddrüsenhormone*

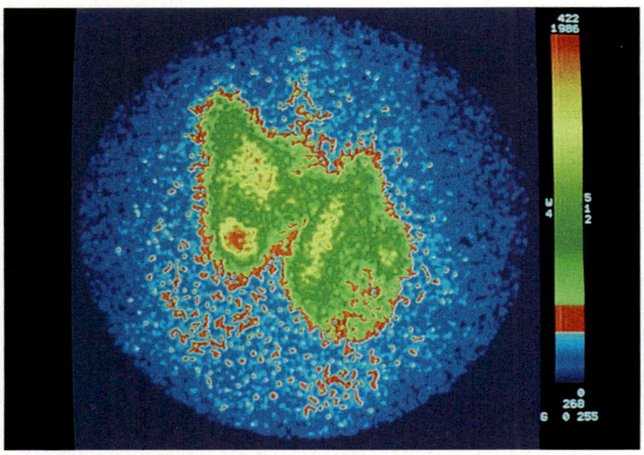

2 *Schilddrüsen-Szintigramm; rot: Funktionsstörungen*

Regelung der Schilddrüsenfunktion. Die Schilddrüsenaktivität wird unter Berücksichtigung des Energiebedarfs des Körpers, so etwa bei Kälte, Schlaf, Wachstum oder gemäß des Entwicklungszustands, durch den Hypothalamus vorgegeben. Der Sollwert wird durch das *Thyreotropin-Releasing-Hormon* (TRH = Thyreoliberin) an die Hypophyse weitergeleitet und von hier mit dem *Thyreoidea-stimulierenden Hormon* (TSH = Thyreotropin) als Stellgröße der Schilddrüse übermittelt. Die von ihr folglich ausgeschütteten Hormone wirken durch negative Rückkopplung auf Hypophyse und Hypothalamus zurück.

Schilddrüsenunterfunktion. Anhaltender Iodmangel, angeborene Iodverwertungsstörungen oder TSH-Mangel können zur Unterfunktion der Schilddrüse führen. Betroffene leiden unter Trägheit, Unlust, niedrigem Blutdruck und Konzentrationsschwäche. Häufig vergrößert sich dabei die Schilddrüse und ein *Kropf* bildet sich aus. Fällt das Krankheitsbild stärker aus und ist von Apathie, Fettansatz und Ödemen begleitet, spricht man vom *Myxödem*.

Mangel an Iod in der Nahrung, wie er besonders in den Gebirgen des Binnenlandes häufig ist, lässt sich durch zusätzliche Iodgaben, beispielsweise durch iodiertes Speisesalz, ausgleichen. Angeborene Funktionsstörungen der Schilddrüse müssen durch Thyroxingaben behandelt werden. Andernfalls führen sie zu Störungen der körperlichen und geistigen Entwicklung (→ S. 152).

Schilddrüsenüberfunktion. Sie führt zu einer Erhöhung des Energieumsatzes durch Zellatmung: Körpertemperatur, Herz- und Atemfrequenz sind erhöht, die Erregbarkeit ist gesteigert. Trotz reichlichen Essens magern die Betroffenen ab, sind nervös, rastlos, schlaflos. Häufig treten die Augen durch eine Gewebezunahme im Augenhintergrund nach vorne. Auch hier wird ein *Kropf* ausgebildet. Ursachen sind tumorartig vermehrtes Schilddrüsengewebe oder eine als *basedowsche Krankheit* bezeichnete Autoimmunreaktion (→ S. 235), bei der Immunglobuline die TSH-Rezeptoren der Schilddrüse anhaltend aktivieren.

Thyroxin als Metamorphosehormon. Bei Amphibien regelt Thyroxin die Metamorphose der Larven. Beim mexikanischen Querzahnmolch Axolotl verhindert erblicher Thyroxinmangel die Metamorphose. Diese Molche werden zwar geschlechtsreif, bleiben jedoch zeitlebens larvenähnliche Wassertiere. Diese Erscheinung nennt man *Neotenie*. Bei den verwandten Grottenolmen geht die Neotenie auf eine Unempfindlichkeit der Zielgewebe gegenüber dem Schilddrüsenhormon zurück.

1 Eine Tagesration Iod für Erwachsene im Alter zwischen 15 und 50 Jahren liegt bei rund 200 µg. Das entspricht einer Iodsalzmenge von 10 g. Die Aufnahme von zu viel Salz ist ungesund. Informieren Sie sich über alternative Iodquellen.

2 Man bezeichnet das Thyroxin auch als „anaboles Hormon". Welche Bedeutung hat diese Benennung?

3 Hormone sind nicht artspezifisch, jedoch wirkungsspezifisch. Erläutern Sie diese Aussage am Beispiel der Amphibienmetamorphose.

Pankreas und Blutzuckerregelung

Die Bauchspeicheldrüse oder der Pankreas produziert als Verdauungsdrüse der Wirbeltiere Verdauungsenzyme (→ S. 88), die über einen Ausführgang in den Zwölffingerdarm sekretiert werden. Außerdem erzeugt der Pankreas in speziellen Gewebebereichen, den *Langerhans-Inseln*, die Hormone Insulin und Glucagon, die direkt an das Blut abgegeben werden und die Zuckerkonzentration des Blutes regeln (→ Bild 2, S. 466).

Obwohl Glucose nur mit etwa 0,1 % im Blut gelöst ist, ist dieser Zucker als Grundstoff für Synthesen und die Energiegewinnung von zentraler Bedeutung für alle Zellen. Seine Konzentration im Blut, der so genannte Blutzuckerspiegel, wird daher durch Regelung möglichst konstant gehalten. Im Normalfall liegt der Wert zwischen 0,8 und 1 g/l (das entspricht 80–100 mg/100 ml). Zuckerwerte unter 0,5 g/l stellen eine lebensgefährliche „Unterzuckerung" dar. Störgrößen des Blutzuckerspiegels sind vor allem Nahrungsaufnahme und Muskelarbeit (→ Bild 1).

Regelung bei erhöhtem Blutzuckerspiegel. Steigt der Blutzuckerwert durch Aufnahme von Nahrung, besonders wenn diese reich an Kohlenhydraten ist, wird aus den *β-Zellen der Langerhans-Inseln* das Peptidhormon *Insulin* ausgeschüttet. Insulin bindet an extrazelluläre Rezeptorproteine und aktiviert verschiedene Prozesse, die den Blutzuckerspiegel senken:

- Im Cytoplasma von Muskel- und Fettzellen werden Transportproteine (→ S. 48) für Glucose mobilisiert, die als Carrier die Glucoseaufnahme in die Zellen steigern.
- Die Protein- und Fettsynthese aus Glucose wird stimuliert.
- Über mehrere enzymatische Schritte wird in Leber und Muskulatur der Aufbau von Glykogen aus Glucose bewirkt.
- Der Abbau von Glucose durch Zellatmung wird gesteigert.

Regelung bei erniedrigtem Blutzuckerspiegel. Fällt der Blutzuckerspiegel durch den Zuckerverbrauch bei der Zellatmung ab, wird aus den *α-Zellen der Langerhans-Inseln* das Peptidhormon *Glucagon* ausgeschüttet. Glucagon bewirkt als

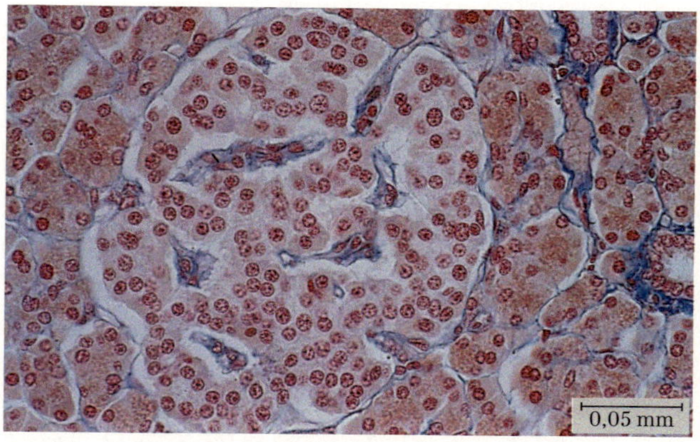

2 Mikroschnitt durch eine Langerhans-Insel mit α- und β-Zellen

Gegenspieler des Insulins den Abbau der Glykogenreserven in der Leber und die Neubildung von Glucose aus Aminosäuren. Die Glucagon-Wirkungen werden noch durch eine Aktivierung des Sympathicus und die damit verbundene Ausschüttung von Adrenalin aus dem Nebennierenmark unterstützt. Zugleich hemmt der Sympathicus die Freisetzung von Insulin.

Besonderheiten der Blutzuckerregelung. An der Regelung des Blutzuckerspiegels sind das vegetative Nervensystem und das Hormonsystem beteiligt und mehrere Regelkreise sind miteinander verknüpft. Glucagon, Adrenalin und Glucocorticoide wirken erhöhend auf den Blutzuckerspiegel, während Insulin bei der Blutzuckersenkung allein steht (→ Bild 1). Störungen des Insulinsystems, beispielsweise Diabetes (→ S. 464), haben daher drastische Folgen. Offenbar hatte die mehrfache Sicherung vor gefährlicher Unterzuckerung in der Evolution einen besonders hohen Selektionswert.

1 Entwerfen Sie einen Regelkreis für den Fall einer Unterzuckerung.

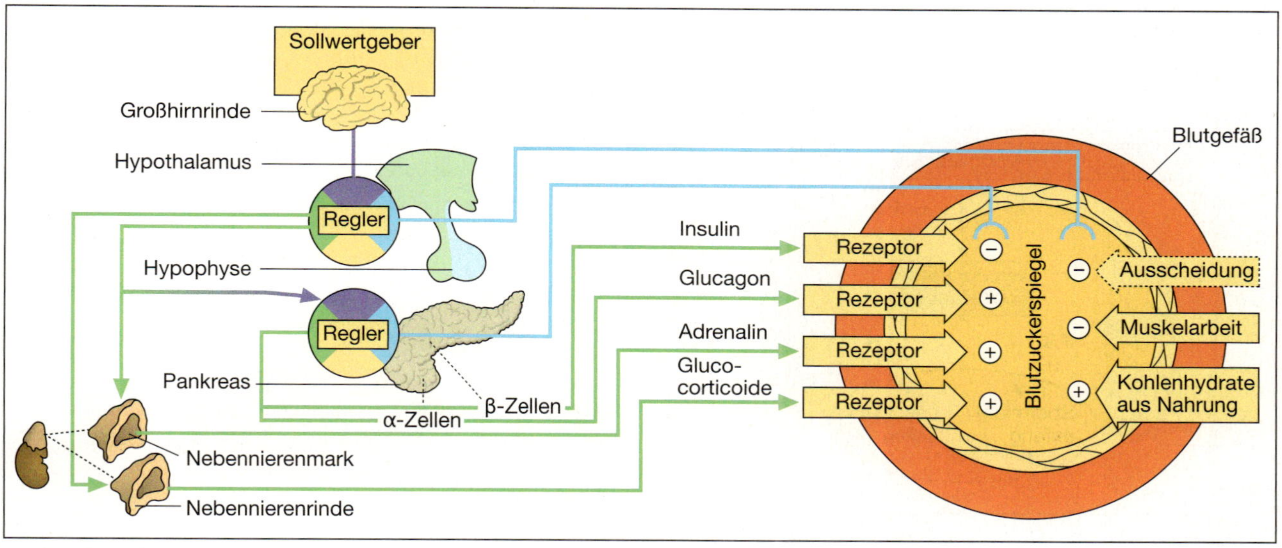

1 Regelung des Blutzuckerspiegels

Hormone und Keimdrüsenfunktionen

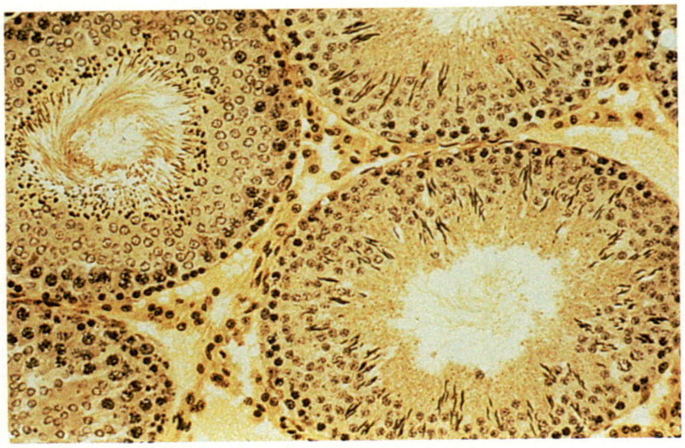

1 *Querschnitt mehrerer Hodenkanälchen*

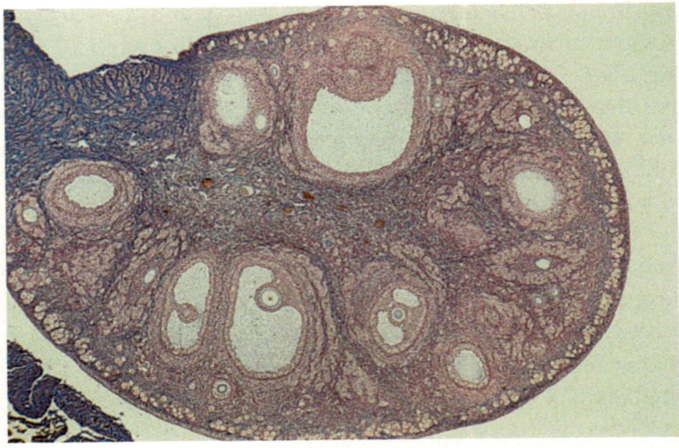

2 *Eierstockquerschnitt mit verschiedenen Follikelstadien*

Chromosomales und hormonales Geschlecht. Ob ein Mensch männlich oder weiblich ist, wird bereits bei der Befruchtung durch die Geschlechtschromosomen entschieden: In der Zygote einer künftigen Frau liegen neben den 44 Autosomen zwei X-Chromosomen, bei einem künftigen Mann je ein X- und ein kleineres Y-Chromosom vor (→ S. 173). Die Geschlechtschromosomen initiieren die Entwicklung der zunächst einheitlichen Urgonaden. Ist kein Y-Chromosom vorhanden, steuern X-chromosomale Gene im dritten Embryonalmonat die Verweiblichung der Urgonaden. Eierstöcke entstehen und deren Hormone, die *Östrogene* und *Gestagene*, bewirken die weitere Reifung der weiblichen Organe. Ist dagegen ein Y-Chromosom vorhanden, bilden sich Hoden. Dafür ist die Aktivierung des nur auf dem Y-Chromosom liegenden SRY-Gens *(sex determinating region of Y)* verantwortlich, nach dessen Bauanweisung ein Regulatorprotein synthetisiert wird, das „weibliche" Gene auf dem X-Chromosom abschaltet. Nach Ausbildung der Hoden produzieren deren Leydig-Zellen die als *Androgene* bezeichneten männlichen Geschlechtshormone, und zwar vor allem *Testosteron*. Besitzt das Gewebe Androgen-Rezeptoren, beginnt eine Weiterentwicklung zum Jungen und später zum Mann. Fehlen diese Rezeptoren, wird ein chromosomaler Junge mit männlich fortentwickelten Urgonaden äußerlich zum Mädchen, das allerdings keine Menstruation erleben und unfruchtbar bleiben wird.

Männliche und weibliche Geschlechtshormone. Die Hormone werden größtenteils geschlechtsspezifisch in bestimmten Zellen von Hoden und Eierstöcken gebildet, die daher auch als *Keimdrüsen* bezeichnet werden. Jedoch produziert auch die Nebennierenrinde geschlechtsunabhängig *Androgene, Östrogene und Gestagene*. Chemisch gehören sie zu den Steroidhormonen und sind im Bau dem Cholesterin sehr ähnlich. Sie steuern und regeln die Funktion der primären Geschlechtsorgane und die Ausbildung sekundärer Geschlechtsmerkmale.

Regelung der Keimdrüsenfunktion. Die hormonelle Regelung der Fortpflanzungsfunktionen geschieht auf drei Ebenen: Hypothalamus, Hypophyse und Keimdrüse. Das *Gonadotropin Releasing Hormon* (GnRH) des Hypothalamus wirkt auf die Hypophyse ein. Diese schüttet zwei gonadotrope Hormone aus: *follikelstimulierendes Hormon* (FSH) und *luteinisierendes Hormon* (LH) (→ Bild 3). Beide Hormone wirken auf die Keimdrüsen: FSH fördert bei Männern die Spermienbildung in den Hodenkanälchen, bei Frauen die Reifung eines Eifollikels und die Bildung von *Östrogen* in den Thekazellen des Eier-

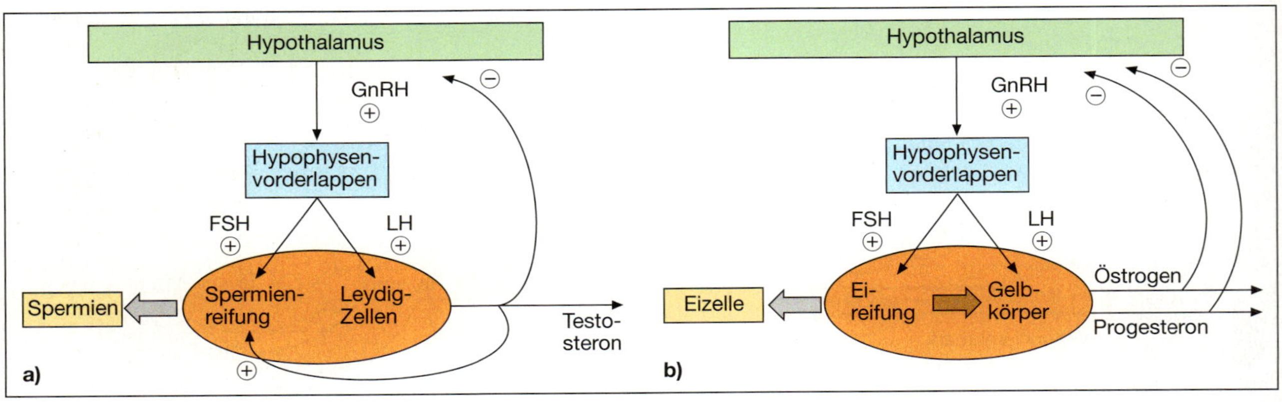

3 *Hormonelle Steuerung der männlichen (a) und weiblichen (b) Keimdrüsenfunktionen (+ stimulierende, – hemmende Wirkung auf die nachfolgenden Gewebe/Organe)*

stocks. LH führt beim Mann dazu, dass die Leydig-Zwischenzellen im Hodengewebe Testosteron freigeben, das die Vitalität der Spermien steigert. Bei Frauen beeinflusst LH nach der Ovulation, also dem Eisprung, die Umbildung des Follikels zum Gelbkörper, der seinerseits *Progesteron* oder Gelbkörperhormon abgibt. Sowohl Testosteron als auch Östrogen und Progesteron wirken negativ rückkoppelnd auf den Hypothalamus. Während der Testosteronspiegel der Männer nahezu konstant bleibt und erst mit zunehmendem Alter kontinuierlich sinkt, sind Östrogen- und Progesteronbildung bei Frauen zyklischen monatlichen Schwankungen unterworfen und unterbleiben nach der Menopause ganz.

Zyklische Menstruation. Die Menstruationsblutung erfolgt bei Frauen im fortpflanzungsfähigen Alter etwa alle 28 Tage (→ Bild 1). Stärke und Dauer der Blutung variieren individuell und abhängig von körperlichen und seelischen Faktoren. Während der durchschnittlich drei bis fünf Tage dauernden *Menstruationsphase* wird die 6–8 mm dicke Gebärmutterschleimhaut, die in den vorausgegangenen drei Wochen aufgebaut wurde, zusammen mit einer unbefruchteten Eizelle abgestoßen. Die Abstoßung durch Kontraktionen der Gebärmuttermuskulatur wird teilweise gar nicht, häufig aber schmerzhaft von den Frauen wahrgenommen. Nach dem Abklingen der Blutung wird unter dem Einfluss von *Östradiol*, dem wichtigsten Östrogen, eine neue Schleimhaut aufgebaut. Sie wächst, von Blutgefäßen durchsetzt, durch Zellteilungen *(Proliferationsphase)*. Ein bis zwei Tage nach der Ovulation, etwa zur Zyklusmitte, beginnt unter der Wirkung des Progesterons die Einlagerung von Nährstoffen als Vorbereitung auf die mögliche Einnistung einer Zygote *(Sekretionsphase)*.

Zyklische Ovulation. Die Ovulation, die etwa in der Zyklusmitte erfolgt, wird durch einen kurzfristig starken Anstieg der LH-Konzentration ausgelöst. In den rund 14 Tagen zuvor ist der Follikel durch die FSH-Stimulation herangereift und hat selbst steigende Mengen von Östradiol produziert. Dadurch hemmt der reifende Follikel eine weitere FSH-Ausschüttung, was den FSH-Spiegel sinken lässt, und stimuliert zugleich die Hypophyse zur LH-Ausschüttung. Dadurch kommt es zur Ovulation. Der Follikelrest entwickelt sich zum Gelbkörper oder *Corpus luteum*. Sein Hormon Progesteron hemmt wiederum die Ausschüttung von LH. Da auch der Gelbkörper noch Östradiol bildet, kommt es zu einem zweiten kleineren Konzentrationsanstieg dieses Hormons und seiner hemmenden Wirkung auf LH- und FSH-Bildung.

Schwangerschaftshormone. Wenn eine Eizelle befruchtet wird, übernimmt die Gebärmutter die hormonelle Steuerung. Ab dem siebten Tag kann das von ihr gebildete Hormon HCG *(Human Chorionic Gonadotropin)* nachgewiesen werden. Es erhält den Gelbkörper so lange, bis die Placenta selbst die Synthese des Progesterons leistet. Wegen seiner Hemmwirkung auf die FSH-Bildung der Hypophyse reift kein weiterer Follikel, unterbleibt eine Blutung und die Schwangerschaft bleibt bestehen. Unter dem Einfluss des Hormons *Prolactin* aus der Hypophyse und dem HPL *(Human Placental Lactogen)* der Placenta wachsen und verändern sich die Milchdrüsen.

Auch an der Auslösung des Geburtsvorgangs sind Hormone beteiligt: Das Neurohypophysenhormon *Oxytozin* ist Wehen auslösend und stimuliert die Abgabe von *Prostaglandinen*, die die Kontraktionen der Gebärmutter verstärken.

1 Informieren Sie sich über „gonosomale Aberrationen“ und deren Folgen auf die Entwicklung.

2 Zur Vermeidung von Frühgeburten behandelt man Schwangere manchmal mit künstlichen Gestagenen zur Schwangerschaftserhaltung. Sie können „androgene“ Nebenwirkungen haben. Welche Konsequenzen für den Fetus sind denkbar?

3 In der Hähnchen- und Schweinemast wurden früher dem Futter Östrogene beigemischt, damit die Tiere schneller Fleisch ansetzten. Es kam zum Verbot, da der Verzehr dieses Fleisches Auswirkungen auf den menschlichen Körper hatte. Welche sind denkbar?

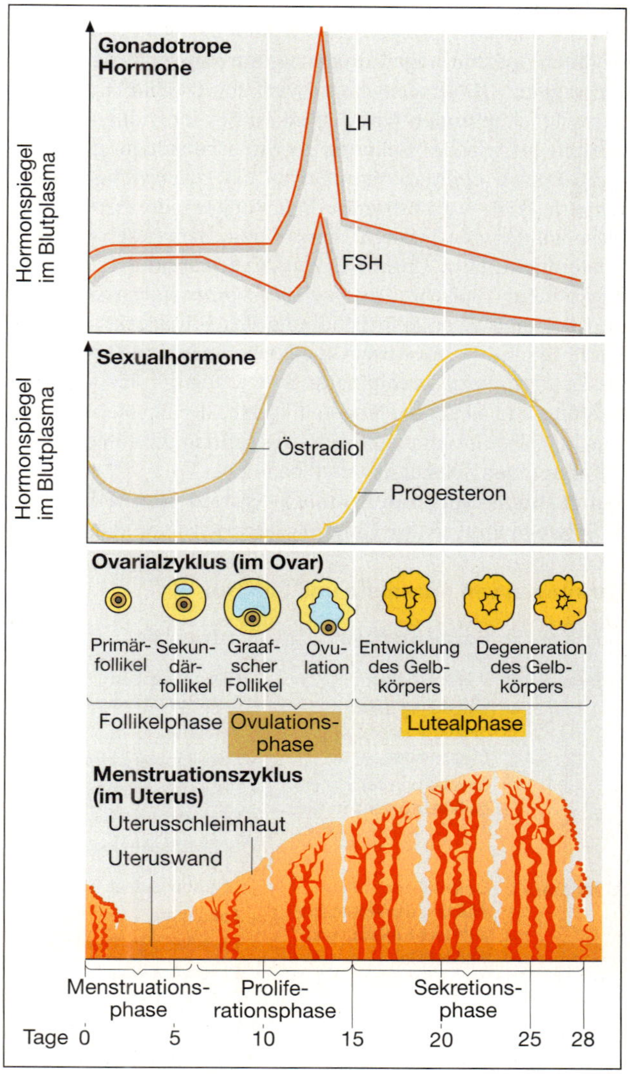

1 *Weiblicher Zyklus*

Stress und Stresshormone

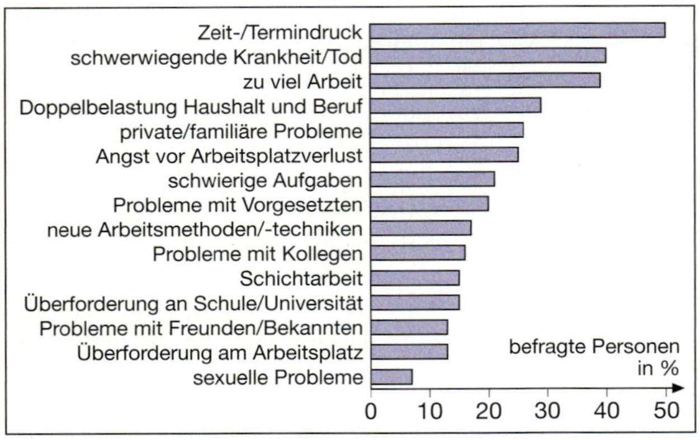

1 Stress auslösende Faktoren. Ergebnis einer Umfrage von 1000 Personen, Mehrfachnennungen waren möglich (nach DAK, 1997)

2 In einer akuten Gefahrensituation muss blitzschnell reagiert werden. Hier hilft nur die „Flucht" vor dem herannahenden Fahrzeug.

Stress. Im Alltag steht *Stress* für eine subjektiv wahrgenommene Beeinträchtigung des Wohlbefindens, wenn jemand mit erhöhten Anforderungen kaum oder nur schwer fertig zu werden scheint. Die Ursachen sind vielfältig (→ Bild 1). Was als „stressig" empfunden wird, ist allerdings individuell ebenso verschieden wie die Methoden der Stressbewältigung.

Biologisch definiert man Stress als *körperliche Anpassungsreaktion* auf bestimmte Belastungen oder Stressoren. Diese können der äußeren Umwelt oder dem inneren Milieu entstammen, etwa Durst bei Wasserverlust oder Fieber bei Infektionen. Typische *unspezifische Anpassungsreaktionen* sind beispielsweise eine Erhöhung des Blutdrucks und der Herzfrequenz. Damit wird eine allgemeine von den jeweiligen Auslösern nahezu unabhängige Steigerung der körperlichen Leistung und Reaktionsfähigkeit erzielt, die für Mensch und Tier in vielen Situationen diffuser Belastung oder Bedrohung offenbar einen Selektionsvorteil bedeutet.

Sympathicus-Nebennierenmark-System und FFS. Eine kurzfristige Einwirkung von Stressoren wird vor allem durch das schnell reagierende Kurzzeit-Stresssystem Sympathicus-Nebennierenmark beantwortet. Über das Zentralnervensystem wird der Stressor wahrgenommen und der Hypothalamus aktiviert den Sympathicus des vegetativen Nervensystems. Dessen anregende Wirkung auf das Nebennierenmark führt zur Ausschüttung der Stresshormone *Adrenalin* und *Noradrenalin* (→ S. 461, Bild 1). Dabei ist die Wirkung des Sympathicus-Neurotransmitters *Noradrenalin* mit der Wirkung der Hormone Adrenalin und Noradrenalin synergistisch. Sie lösen die Symptome des *Fight-or-Flight-Syndroms (FFS)* aus. Darunter versteht man alle physiologischen Reaktionen, die den Organismus in die Lage versetzen blitzschnell zu reagieren, um sich aus einer Gefahrensituation zu befreien. Dies kann durch Angriff (Fight) oder durch Flucht (Flight) geschehen. In beiden Fällen muss das Herz-Kreislauf-System schneller und effizienter arbeiten, um den gesteigerten Sauerstoff- und Glucosebedarf zu decken. Gehirn und Skelettmuskeln müssen besser durchblutet werden. Glykogenreserven aus Leber und Muskulatur werden mobilisiert, alle im Augenblick

Wirkungen von Adrenalin und Cortisol

	Herz – Kreislauf	Stoffwechsel	Immunsystem	Verdauung	Hypophyse
Adrenalin	+ Herztätigkeit Verengung der Blutgefäße in Haut und Eingeweiden Erweiterung der Blutgefäße in Skelettmuskeln	+ Glykogenabbau (Leber und Muskeln) + Fettabbau + Eiweißabbau (Leber) – Insulinfreisetzung + Körpertemperatur + Schweißsekretion	kurzfristige Aktivierung der Abwehrreaktionen	Hemmung der Darmbewegungen und Verdauungssaftsekretion	Steigerung der ACTH-Freisetzung
Cortisol	Unterstützung der Wirkung des Adrenalins auf Herz-Kreislauf und Blutgefäße	+ Glykogenaufbau (Leber) + Fettabbau + Eiweißabbau (Muskeln) – Eiweißsynthese – Glucoseaufnahme – Glucoseabbau – Glucoseneubildung aus Aminosäuren (Leber)	Hemmung der Abwehrreaktionen Hemmung der Antikörperbildung	Steigerung der Magensaftsekretion	Hemmung der ACTH-Freisetzung (negative Rückkopplung)

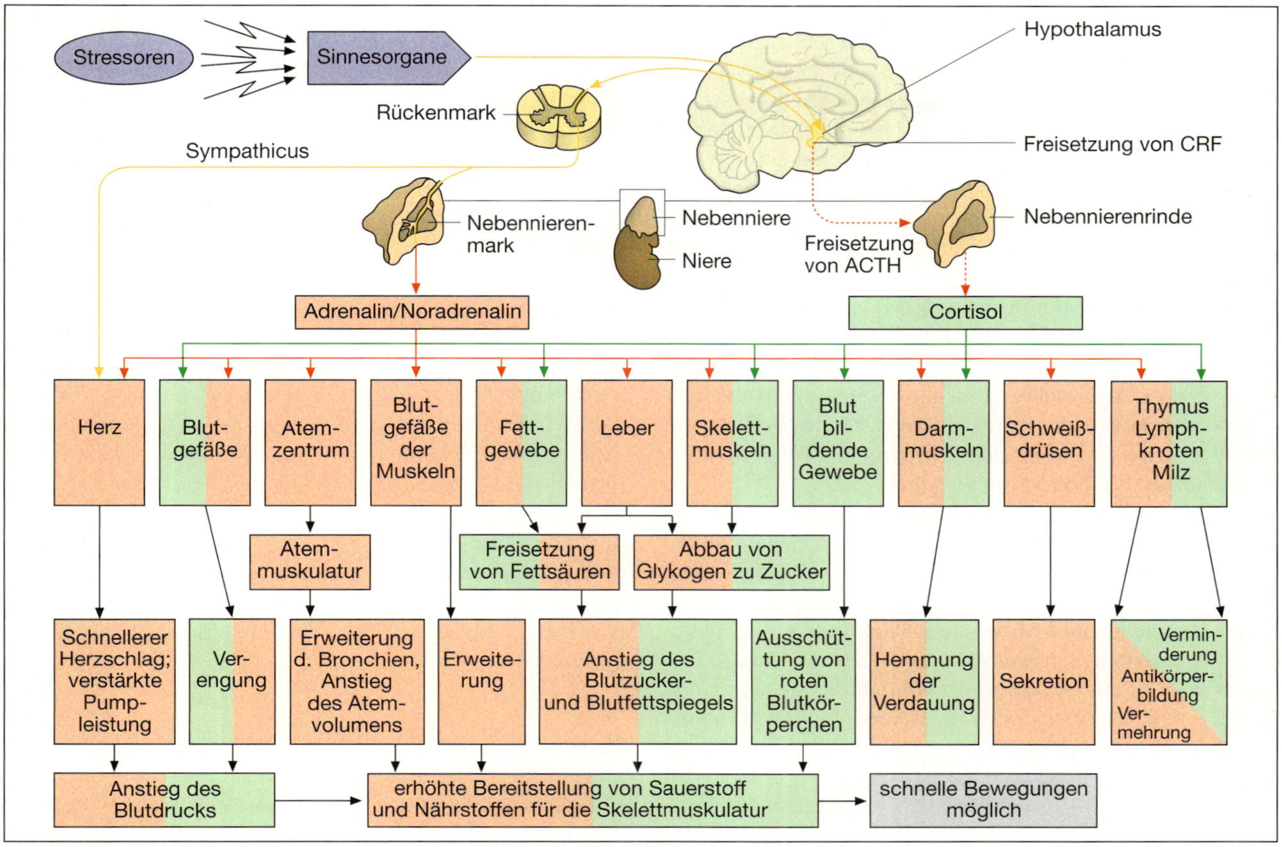

1 *Schematische Darstellung einer Stresssituation*

unwichtigen Körperfunktionen wie Verdauung oder Sexualfunktionen reduziert. Ist die Gefahr überstanden, regeneriert sich der Körper in einer durch den Parasympathicus vermittelten Erholungsphase.

Hypophysen-Nebennierenrinden-System und AAS. Lebensumstände, die uns längerfristig beeinträchtigen, wie beispielsweise Examina, Trennung, Arbeitslosigkeit, chronische Erkrankungen oder Unterernährung, setzen im Körper ein Langzeit-Stresssystem in Gang, das Hypophysen-Nebennierenrinden-System (→ Bild 1). Wiederum unter der Führung des Hypothalamus erfolgt durch eine Neurosekretion von *CRF (Corticotropin releasing Factor)* eine Stimulation der Hypophyse. Diese antwortet mit vermehrter Bildung des Hormons ACTH *(adrenocorticotropes Hormon)*, das die Ausschüttung von *Glucocorticoiden* bewirkt. Diese Stresshormone der Nebennierenrinde, beim Menschen vornehmlich *Cortisol*, bei Tieren *Corticosteron*, haben vielfältige Effekte: Sie unterstützen die Wirkung von Adrenalin auf Herz und Kreislauf, steigern wie diese den Fettsäuregehalt im Blut und mobilisieren durch den Abbau von Muskelproteinen zur Energiegewinnung letzte Reserven. Indem sie die Proteinsynthese abschwächen, unterdrücken sie Entzündungsprozesse und Abwehrreaktionen (→ Tabelle S. 460). Diese Wirkung macht man sich auch bei einer Therapie mit dem Corticoid-Medikament Cortison zunutze, zum Beispiel gegen Rheuma oder nach einer Organtransplantation (→ S. 230).

Zu den Folgen dauerhaft erhöhter Corticoidspiegel gehören eine Vergrößerung der Nebennieren, Bluthochdruck, in dessen Folge wiederum Arteriosklerose auftreten kann, sowie die Entstehung von Magengeschwüren. Diese körperlichen Veränderungen sind Erscheinungen des *allgemeinen Anpassungssyndroms*, kurz *AAS*. Seine Bedeutung liegt ursprünglich darin, den Organismus möglichst lange in einer Art „Stand-by-Position" zu halten, in der das Herz-Kreislaufsystem in erhöhter Bereitschaft, der übrige Stoffwechsel jedoch gedrosselt ist.

Interaktionen. Zwischen dem Kurzzeit- und Langzeit-Stress-System bestehen Querbeziehungen. So steigert die Adrenalinausschüttung auch die Tätigkeit der neurosekretorischen Zellen im Hypothalamus und somit die Corticoidproduktion. Die Corticoide fördern wiederum eine Neubildung von Adrenalin aus Aminosäuren des Eiweißabbaus und hemmen die ACTH-Freisetzung über eine negative Rückkopplung. Dadurch drosseln sie wiederum die Adrenalinwirkung auf die Hypophyse.

1 Chronischer Stress führt zu einer drastischen Abnahme der Lymphocytenkonzentration im Blut. Erklären Sie.

Zelluläre Hormonwirkungen

Hormone werden auch als Botenstoffe bezeichnet. Die Beschreibung als Stoffboten wäre allerdings wesentlich genauer: Hormone sind Nachrichtenüberbringer und keineswegs die Nachricht selbst. In jedem Fall muss die Zielzelle passende Hormonrezeptoren aufweisen, sonst bleibt das Hormon wirkungslos. Beispiele dafür sind die Thyroxinresistenz des Grottenolms oder die Wirkungslosigkeit des Prolactins beim Mann.

Je nach Stoffklasse und Molekülgröße entfaltet sich die Hormonbotschaft *intrazellulär* und *direkt* oder sie wird *indirekt* vermittelt, wenn das Hormon *extrazellulär* gebunden wird, weil es die Zellmembran nicht passieren kann (→ Bild 1).

Direkte Hormonwirkungen. Das Schilddrüsenhormon Thyroxin kann zunächst ungehindert die Zellmembran passieren. Dann wird es im Cytoplasma an ein Rezeptorprotein gebunden, mit dem es gemeinsam in den Zellkern transportiert wird. Dort aktiviert es als „Genschalter" bestimmte DNA-Abschnitte und induziert die Bildung von Enzymen.

Auch die Steroide aus Nebennierenrinde (Glucocorticoide) und Keimdrüsen wirken auf die Genaktivität, nachdem sie von einem Transportprotein an der Zellmembran angeliefert und intrazellulär von einem Rezeptor übernommen wurden.

Indirekte und Second-Messenger-Wirkungen. Alle Peptidhormone entfalten indirekte Wirkungen. Sie beeinflussen beispielsweise die *Membranpermeabilität* ihrer Zielzellen und sorgen somit für einen Einstrom bestimmter Ionen (häufig Ca^{2+}) oder Moleküle. Dazu gehört auch die durch Insulin verstärkte Wirkung der Glucosecarrier (→ S. 457). Immer wird ein extrazellulärer Hormon-Rezeptor-Komplex ausgebildet. Im Fall des Insulins wird der Rezeptor durch die Bindung aktiviert und selbst als *Proteinkinase* wirksam. Diese aktiviert weitere cytoplasmatische Proteine und führt letztlich zum Aufbau von Glykogen in der Leber.

Die meisten Peptidhormone aber, zum Beispiel FSH, LH, ADH, Glucagon, und die Aminosäurederivate Adrenalin und Noradrenalin vermitteln ihre Information über so genannte *„second messengers"*, also „zweite Botenstoffe", in das Zellinnere. Der bekannteste Second Messenger ist das *cyclische Adenosinmonophosphat (cAMP)*. Das cAMP entsteht, wenn durch den Hormon-Rezeptor-Komplex das membranständige Enzym *Adenylatcyclase* aktiviert wird. Über das cAMP kann nun eine weitere Signalkette – oft als Kaskade mit Verstärkungseffekten – in Gang gesetzt, die Membranpermeabilität für Ionen verändert oder Gene aktiviert werden. Auf ähnliche Weise sind auch hemmende Zellantworten vorstellbar. So kann eine Konformationsänderung des membranständigen Rezeptors beispielsweise die Bildung von cAMP und die darauf folgenden Enzymkaskaden verhindern.

Signalbeendigung. Das Hormonmolekül wird schließlich durch den Rezeptor selbst oder durch Enzyme gespalten bzw. modifiziert. Damit verliert es seine spezifische Wirkung. Nur auf diese Weise bewahrt die Zelle ihre Reaktionsfähigkeit gegenüber einer weiteren Nachrichtenübermittlung durch das jeweilige Hormon.

1 Fassen Sie mithilfe von Bild 1 die Möglichkeiten direkter und indirekter Hormonwirkungen zusammen.

2 Coffein verzögert den Abbau von cAMP. Welche Hormonwirkungen könnten dadurch beeinflusst werden? Vergleichen Sie mit den Ihnen bekannten Folgen des Coffeinkonsums.

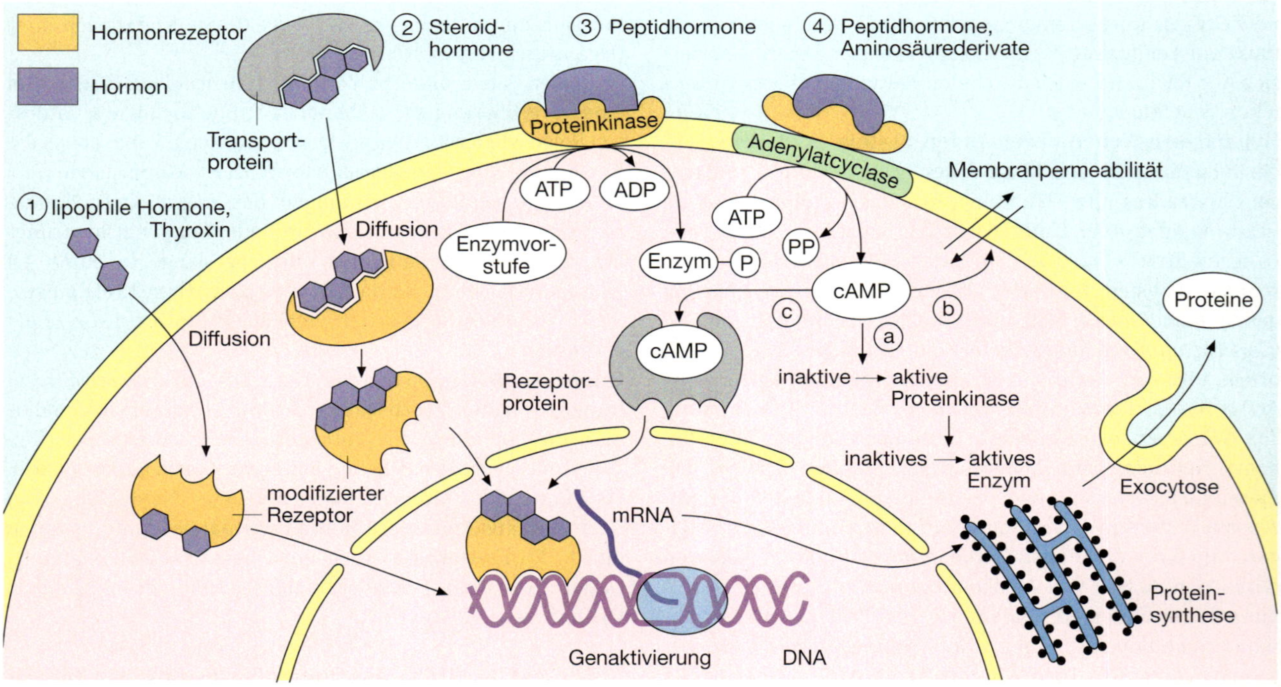

1 Zelluläre Wirkungsweisen von Hormonen

Überblick

■ Die Funktion und das Zusammenspiel aller Organe wird vom Zentralnervensystem koordiniert, das seine Befehle über Nerven- und Hormonsystem zu den Erfolgsorganen leitet. Dabei stellt der Hypothalamus die bedeutendste „Schnittstelle" für beide Informationssysteme dar. → S. 452

■ Die Hypophyse ist ein übergeordneter Regler für die quantitative Steuerung von physiologischen Anpassungen. Biologische Regelkreise mit negativer Rückkopplung dienen der Aufrechterhaltung der Homöostase. → S. 453

■ Das vegetative Nervensystem reguliert die lebenserhaltenden Funktionen der inneren Organe und des Herzkreislaufsystems. Der Sympathicus stimuliert die Herz- und Kreislauftätigkeit und den Bewegungsapparat. Zudem stellt er Energiereserven für körperliche Aktivität bereit. Der meist antagonistisch arbeitende Parasympathicus fördert die Regeneration des Körpers und den Aufbau von Energiereserven. → S. 454

■ Hormone werden in endokrinen Drüsen synthetisiert und in die Blutbahn abgegeben. Sie wirken nur an Zellen mit spezifischen Hormonrezeptoren. Die Regulation der Tätigkeit der Hormondrüsen erfolgt vor allem durch Hypophyse und vegetatives Nervensystem. → S. 455

■ Die Schilddrüsenhormone Tri- und Tetraiodthyronin (Thyroxin) beeinflussen den Grundumsatz in den Zellen und entfalten anabole Wirkungen. Bei Amphibien steuert Thyroxin die Metamorphose. → S. 456

■ Die im Pankreas produzierten Peptidhormone Insulin und Glucagon dienen der Regulation des Blutzuckerspiegels. Während Insulin die Aufnahme von Glucose in die Zellen fördert, erhöht Glucagon den Blutzuckerspiegel durch Glucoseneubildung. → S. 457

■ Keimdrüsenhormone (Östrogene, Gestagene, Androgene) beeinflussen die Entwicklung und Reifung der Geschlechtsorgane und das geschlechtstypische Erscheinungsbild. Unter der Führung des Gonadotropin Releasing Hormons des Hypothalamus und Gonadotropinen der Hypophyse werden der Eireifezyklus und die Spermienbildung reguliert. → S. 458, 459

■ Die in den Nebennieren produzierten Hormone Adrenalin, Noradrenalin und Cortisol ermöglichen körperliche Anpassungsreaktionen an Stressoren. Kurzzeitig einwirkende Belastungen werden durch das System aus Sympathicus und Nebennierenmark beantwortet. Langfristigem Stress wird besonders durch das System aus Hypophyse und Nebennierenrinde begegnet. → S. 460, 461

■ Lipidlösliche Hormone diffundieren durch die Zellmembran und binden an intrazelluläre Hormonrezeptoren. Die Hormon-Rezeptor-Komplexe beeinflussen die Genaktivität. Lipidunlösliche Hormone binden an extrazelluläre Rezeptoren. Einige Hormon-Rezeptor-Komplexe wirken selbst als Enzym. Andere übermitteln die Botschaft mithilfe von Second Messengers, beispielsweise cyclisches Adenosinmonophosphat (cAMP), ins Zellinnere. → S. 462

Aufgaben und Anregungen

1 Worauf könnte bei Betrachtung evolutiver Aspekte die Tatsache hindeuten, dass die neuroendokrinen Zellen des Hypothalamus befähigt sind Hormone zu produzieren?

2 Wie interpretieren Sie in diesem Kontext die Doppelbedeutung des Adrenalins als Transmitter und Hormon. Worin liegen die (Selektions-)Vorteile dieser Zweigleisigkeit?

3 Melatonin, ein Hormon der Epiphyse, beeinflusst beim Menschen den Schlaf-Wach-Rhythmus, bei Vögeln jahreszeitenabhängige Verhaltensweisen wie Balz und Zugunruhe. Wie ist es möglich, dass Melatonin in seinen Zielzellen derartig unterschiedliche Anpassungen hervorruft?

4 Wenn die Kohlenhydratzufuhr aus der Nahrung über längere Zeit versiegt, bestehen Möglichkeiten der Glucoseneubildung. Welche Regulationssysteme sind beteiligt? Welche Quellen werden erschlossen?

5 Dopingkontrollen überführen immer wieder Sportler/-innen des Anabolikamissbrauchs. Häufig enthalten diese Präparate männliche Sexualsteroide und Erythropoetin (EPO). Letzteres erhöht die Zahl der roten Blutkörperchen. Begründen Sie unter Einbindung von Bild 3 auf Seite 458, welche Nebenwirkungen der Missbrauch haben kann.

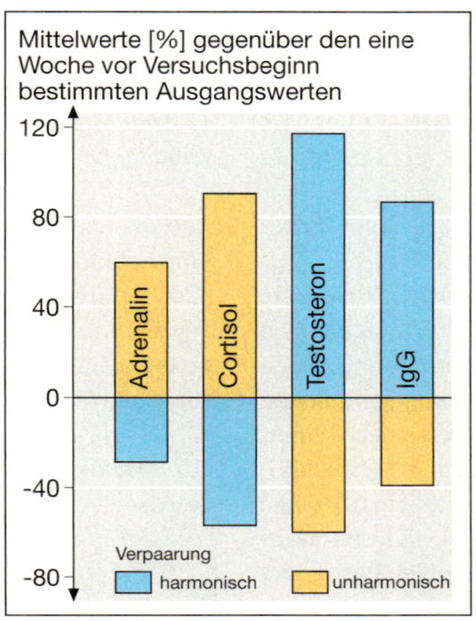

6 Wieso kommt es häufig während der ersten Ruhephase nach langer Stressbelastung zum Ausbruch einer Krankheit, beispielsweise einer Angina?

7 Die adrenerge Auslösung des FFS hatte in der Evolution der Menschen eine überlebensfördende Bedeutung. Unter den Bedingungen des modernen Alltags wird häufig „blinder FFS-Alarm" ausgelöst.

Nennen Sie Beispiele für diese beiden Behauptungen.

8 Bei den sozial lebenden Tupajas Südostasiens führt eine plötzliche Feindkonfrontation, eine unharmonische Verpaarung oder eine in Gefangenschaft herbeigeführte Überbevölkerung zu „sozialem Stress".

Werten Sie die Abbildung aus und erläutern Sie Ursache-Wirkungs-Zusammenhänge. Welche Krankheitsbilder oder Beeinträchtigungen sind für die gestressten Tupajas zu erwarten?

Diabetes mellitus – eine Krankheit wird beherrschbar

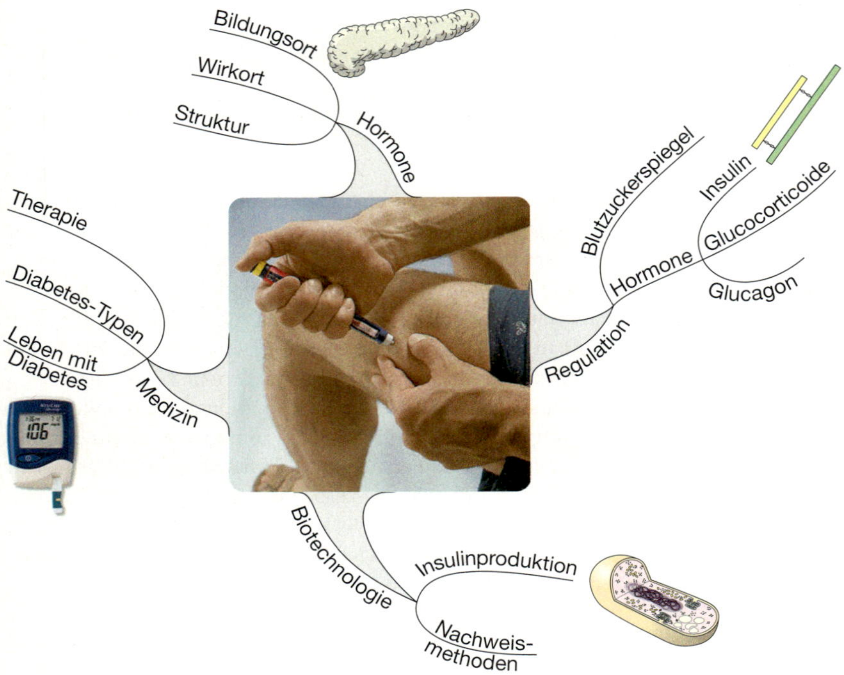

In einem 3500 Jahre alten ägyptischen Papyrus aus einem Grab in Theben werden bereits die Symptome der Zuckerkrankheit beschrieben. Die Bezeichnung Diabetes (von griech. dia: durch; baino: gehen, fließen) geht auf das 2. Jh. n. Chr. zurück: „Diabetes ist eine sonderbare Erkrankung, die bewirkt, dass Fleisch und Knochen im Urin zusammenlaufen." Indische Ärzte erkannten im 6. Jh. n. Chr., dass der Urin von Erkrankten süß schmeckt. Zwölf Jahrhunderte später wurde die Glucose als süßer Bestandteil identifiziert. Seitdem fügt man dem Namen der Krankheit das Wort „mellitus" (honigsüß) hinzu, um sie von anderen Erkrankungen wie Diabetes insipidus zu unterscheiden, bei denen ebenfalls übermäßig viel Harn ausgeschieden wird, aber ohne Zucker darin. Intensive Forschung seit über 100 Jahren macht die Zuckerkrankheit zunehmend beherrschbar.

Bereits 1889 erkannten MINKOWSKI und VON MEHRING, dass die Zellen der Langerhans-Inseln in der Bauchspeicheldrüse *(Pankreas)* eine Substanz abgeben, die den Glucosestoffwechsel regelt. 1921 gelang BANTING und BEST die Isolierung dieses als Insulin bezeichneten Wirkstoffs, indem sie mit eiskaltem, sauren Alkohol seinen Abbau durch Enzyme der Bauchspeicheldrüse während der Extraktion verhinderten. Sie injizierten das so gewonnene Insulin einem Hund, dem zuvor die Bauchspeicheldrüse entfernt worden war, und konnten damit den erhöhten Blutzuckerspiegel des diabetischen Hundes erfolgreich senken.

Nach Definition der WHO (World Health Organization) liegt ein Diabetes mellitus vor, wenn bei einem nüchternen Menschen der Wert von 120 mg Glucose/100 ml Blut überschritten wird. Allein in Deutschland sind etwa 2,5 Millionen Menschen von dieser häufigsten Stoffwechselkrankheit betroffen. Starben vor Entdeckung des Insulins noch 60 % der Erkrankten im diabetischen Koma, können Diabetiker heute ein aktives Leben führen.

Diabetes mellitus beruht auf Insulinmangel. Beim Typ-I-Diabetes ist dieser Mangel absolut, beim Typ II relativ:

- Bei Typ I sterben die β-Zellen der Bauchspeicheldrüse ab, wodurch die Insulinproduktion erlischt. Vermutlich liegt eine Autoimmunerkrankung mit Antikörperbildung gegen die β-Zellen zugrunde. Da dieser Typ meist im jugendlichen Alter auftritt, wird er auch als Jugend-Diabetes bezeichnet.
- Der Typ II beruht vor allem auf einer Störung der Insulinwirkung im Zielgewebe, beispielsweise durch einen Mangel an Insulinrezeptoren. Er tritt vor allem bei älteren Menschen auf (Erwachsenen- oder Alters-Diabetes), besonders häufig, wenn sie Übergewicht haben.

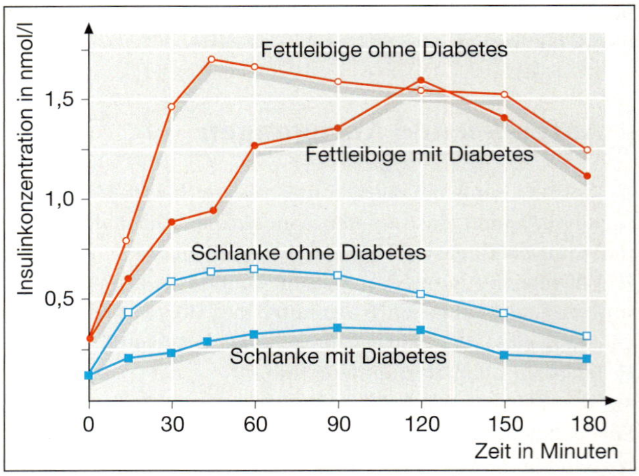

1 Änderung der Insulinkonzentration im Blutplasma verschiedener Testpersonen nach Aufnahme von 100 g Glucose

Aus den unterschiedlichen Krankheitsbildern ergeben sich Konsequenzen für die Behandlung. Während der Typ-I-Diabetiker mit Insulin behandelt werden muss, erreicht man beim Typ-II-Diabetiker durch Diät und Gewichtsreduktion oft eine verbesserte Insulinempfindlichkeit oder kann durch oral verabreichte Medikamente die Insulinbildung steigern.

☞ Basisinformationen

Glucose (→ S. 90), Autoimmunkrankheit (→ S. 235), Pankreas (→ S. 457), Zielgewebe (→ S. 454)

1 Erläutern Sie das Ergebnis des Versuchs in Bild 1.

Diabetes und seine Folgen

Im Körper eines gesunden Menschen stellt ein fein abgestimmter Regelmechanismus sicher, dass die Glucosekonzentration im Blut konstant gehalten wird und alle Zellen kontinuierlich mit Glucose versorgt werden. Abweichungen vom Normwert, beispielsweise durch körperliche Arbeit oder Nahrungsaufnahme, führen zu einer entsprechenden Gegenregelung durch die Hormone Glucagon und Insulin (→ S. 457, Bild 1).

Bei Diabetikern führt der Ausfall der Insulinproduktion bzw. die mangelnde Reaktionsfähigkeit der Zielgewebe zu einem Anstieg der Glucosekonzentration im Blut. Da die Zellen keine Glucose aufnehmen können, kommt es durch den Anstieg der Osmolarität des Blutes zu einer Wasserverschiebung aus dem intrazellulären in den extrazellulären Raum.

Übersteigt die Glucosekonzentration den Wert von 180 mg/100 ml, schafft es die Niere nicht mehr, den Zucker vollständig zu resorbieren. Man spricht daher von der „Nierenschwelle", bei deren Überschreiten Glucose mit dem Harn ausgeschieden wird. Aus osmotischen Gründen muss zusätzlich vermehrt Wasser abgegeben werden. Da Glucose in den Zellen nicht mehr für die Energiegewinnung zur Verfügung steht, kommt es außerdem zu einem verstärkten Abbau von Fetten, was zu einer Übersäuerung des Blutes durch Fettsäuren führt. Beim Abbau der Fettsäuren entstehen so genannte „Ketonkörper" (z.B. Aceton). Schließlich findet auch ein verstärkter Abbau von Proteinen statt, vor allem in den Muskelzellen (→ Bild 2).

Werden die Warnsignale einer Überzuckerung nicht beachtet, kann sich ein lebensbedrohliches so genanntes *diabetisches Koma* entwickeln.

Fällt der Blutzuckerspiegel dagegen unter 60 mg/100 ml, etwa durch Überdosierung von Insulin, so bekommt der Betroffene Heißhunger und beginnt zu zittern. Schnell kann er in ein *hypoglykämisches Koma* verfallen. Er hat Bewusstseinsstörungen und mitunter Lähmungserscheinungen.

Langfristig verursacht Diabetes mellitus vor allem Gefäßschäden. Am häufigsten sind davon Nieren, Netzhaut, Herz und Gehirn betroffen, Nierenversagen, Erblindung, Herzinfarkt oder Gehirnschlag die Folgen.

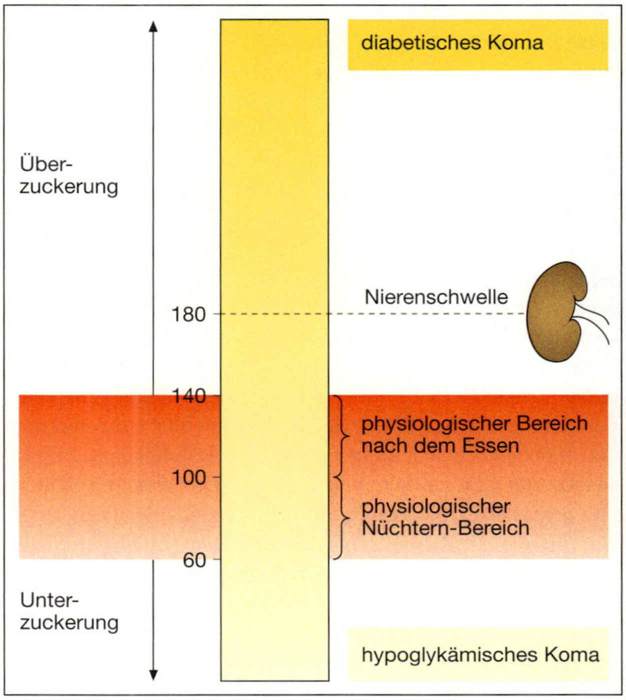

1 Normalwert der Blutzuckerkonzentration, seine Abweichungen und deren Folgen; Werte in mg pro 100 ml

☞ Basisinformationen
Regelkreis (→ S. 453), Regulation des Blutzuckerwertes (→ S. 457), Osmolarität (→ S. 118)

1 Nicht behandelte Diabetiker klagen häufig über ein ständiges Durstgefühl. Außerdem verlieren sie oft an Gewicht, obwohl sie viel essen. Sie fühlen sich gleichzeitig matt und kraftlos. Erklären Sie diese Symptome mithilfe des Lehrbuchtextes.

2 Warum sollten mit Insulin behandelte Diabetiker immer einige Zuckerstücke bei sich haben?

3 Beschreiben Sie die Stoffwechselvorgänge bei schwerem Diabetes mellitus mithilfe des unteren Bildes.

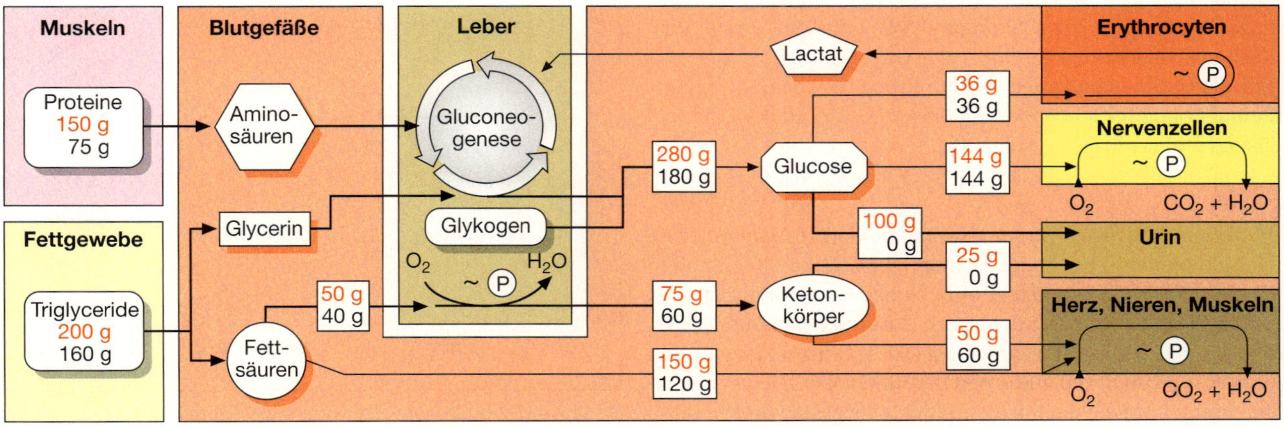

2 Tagesumsatz verschiedener Stoffe bei schwer erkrankten Diabetikern (rote Zahlen) und Gesunden (schwarze Zahlen)

Untersuchung von Pankreasgewebe – Testmethoden für Zucker

Die Bauchspeicheldrüse *(Pankreas)*, die sich bei allen Wirbeltieren findet, ist ein Drüsenorgan mit einem *exokrinen* Drüsenteil, der Verdauungssäfte produziert, und einem *endokrinen* Drüsenteil, der Hormone bildet. Beim Menschen entfallen lediglich etwa 2 % des Organs auf die nach ihrem Entdecker PAUL LANGERHANS (1847–1888) benannten Langerhans-Inseln, die für die Regelung des Blutzuckerspiegels von entscheidender Bedeutung sind (→ Bild 1).

Bei Diabetikern ist die regelmäßige Bestimmung der Glucosekonzentration im Blut für die Einstellung des Blutzuckerwertes erforderlich. Ihnen stehen verschiedene Nachweismethoden zur Verfügung. Teststäbchen ermöglichen beispielsweise das Ablesen der Glucosekonzentration anhand einer Farbskala. Da bei diesem Verfahren, vor allem im Grenzbereich zur Hypoglykämie, leicht Ablesefehler auftreten können, werden immer häufiger Messgeräte (Reflektometer) eingesetzt, die die Untersuchung der Blutzuckerwerte erleichtern und präzisieren. Sie funktionieren nach dem gleichen Prinzip wie die Teststreifen. Die chemischen Reaktionen führen jedoch nicht zur Bildung eines Farbkomplexes, sondern werden direkt in elektrische Signale umgesetzt (→ S. 75).

Mikroskopische Untersuchung der Langerhans-Inseln

Material: Fertigpräparate der Bauchspeicheldrüse von Mensch, Rind oder Schwein, Mikroskop

Durchführung: Vergleichen Sie die im mikroskopischen Präparat erkennbaren Strukturen mit den in Bild 1 dargestellten Schemazeichnungen.

Testmethoden für Zucker

Material: verschiedene Zucker (z.B. Fructose, Galaktose, Glucose, Saccharose, Lactose), Fehling I und Fehling II *(Achtung: ätzend!)*, destilliertes Wasser, Teststäbchen zum Glucosenachweis im Urin aus der Apotheke, Reagenzgläser, Holzklammer, Bunsenbrenner, Schutzbrille

Durchführung: Geben Sie jeweils eine Spatelspitze des zu untersuchenden Zuckers in zwei beschriftete Reagenzgläser. Lösen Sie den Zucker jeweils in 3 ml destilliertem Wasser.

Tauchen Sie die Reaktionszone eines Teststäbchens kurz in die erste Probe und prüfen Sie nach etwa 10 Sekunden, ob ein Farbumschlag erfolgt ist.

Für die Untersuchung der zweiten Probe mischen Sie je 5 ml Fehling I und II. Geben Sie 1 ml dieser Lösung zu der Zuckerlösung und erhitzen Sie vorsichtig.

1 Vergleichen Sie die Ergebnisse der beiden Testmethoden.

2 Eine Methode zur Diagnose von Diabetes mellitus ist der Glucose-Toleranztest. Dabei wird zunächst der Blutzuckergehalt bei Patienten im nüchternen Zustand bestimmt. Nachdem sie eine Traubenzuckerlösung (100 g Glucose) getrunken haben, wird im Stundenabstand der Blutzuckerspiegel erneut bestimmt. Vergleichen Sie die in Bild 3 dargestellten Kurvenverläufe bei gesunden Testpersonen und Diabetikern.

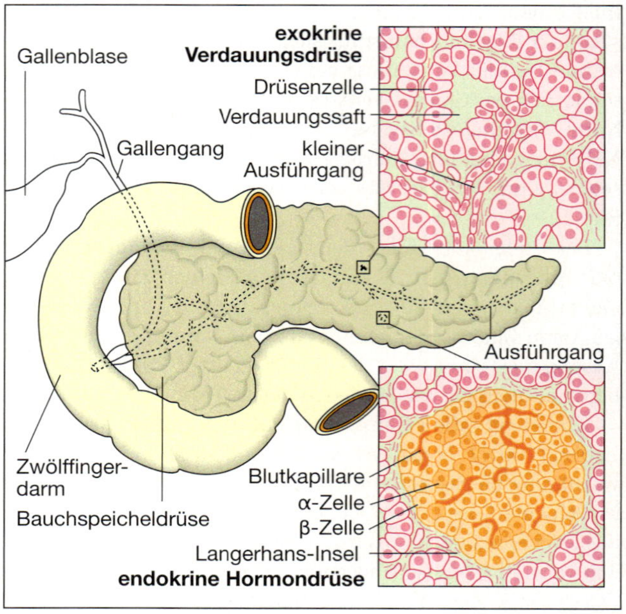

1 Schematische Darstellung der Bauchspeicheldrüse

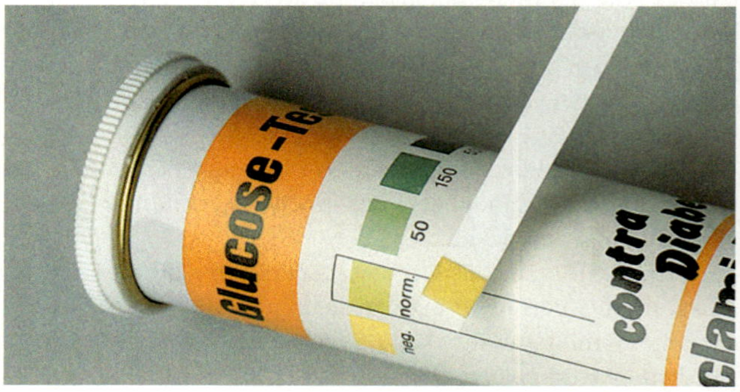

2 Glucose-Teststreifen zur Untersuchung des Urins

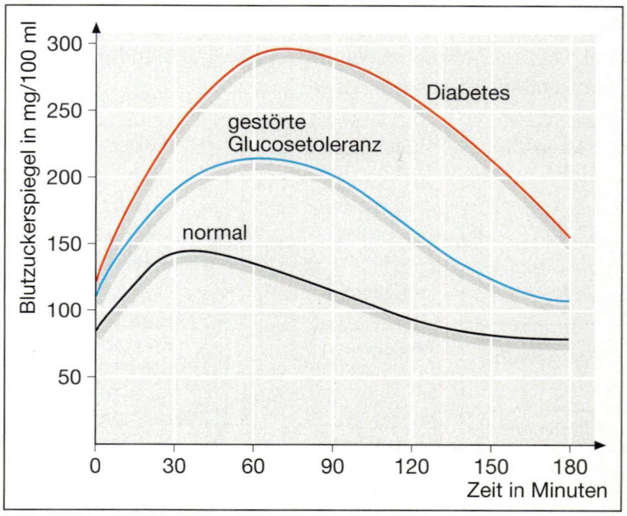

3 Verlauf des Glucose-Toleranztests bei gesunden Testpersonen und Diabetikern

Insulin

1953 gelang der Arbeitsgruppe um FREDERICK SANGER beim Insulin die erste Entschlüsselung der vollständigen Primärstruktur eines Proteins. Dabei setzte er Protein verdauende Enzyme ein, die Aminosäureketten an spezifischen Stellen spalten. Trypsin katalysiert beispielsweise die Hydrolyse hinter Lysin- und Argininresten, Chymotrypsin hinter Phenylalanin, Tryptophan- und Tyrosinresten. Die entstehenden Fragmente wurden chromatografisch aufgetrennt. Durch chemische Methoden analysierte er die Sequenzen der kleinen Bruchstücke. Bei dem Vergleich der Stücke konnte er Überlappungen feststellen, aus denen sich die vollständige Sequenz ermitteln ließ. Beispiel: Ser-His-Leu-Val-Glu
Leu-Val-Glu-Ala-Leu-Tyr
ergibt die Sequenz Ser-His-Leu-Val-Glu-Ala-Leu-Tyr.
Die Analyse ergab, dass Insulin aus zwei Peptidketten besteht, der A-Kette mit 21 und der B-Kette mit 30 Aminosäuren, die über zwei Schwefelbrücken verbunden sind. Seine Biosynthese verläuft in den β-Zellen des Pankreas über die Vorstufe *Proinsulin*, das im Golgi-Apparat in das funktionsfähige Hormon umgewandelt wird (→ Bild 1).

Der Vergleich mit dem Insulin anderer Säuger zeigt, dass sich das Rinderinsulin lediglich in drei, das Schweineinsulin nur in der letzten Aminosäure der B-Kette vom menschlichen Insulin unterscheidet (→ Bild 2). Hinsichtlich der Funktion gibt es keine Unterschiede. Deshalb kann man mit Insulin, das nach der von BANTING und BEST entdeckten Methode aus Bauchspeicheldrüsen von Schlachttieren gewonnen wird, Diabetes beim Menschen behandeln.

Aus einem Kilogramm Bauchspeicheldrüsengewebe können etwa 0,1 Gramm Insulin gewonnen werden. Nimmt man für einen insulinabhängigen Diabetiker einen Tagesbedarf von etwa zwei Milligramm Insulin an, so müssten pro Jahr an die 140 Schweine- oder 30 Rinder-Bauchspeicheldrüsen aufgearbeitet werden. Legt man in Deutschland einen jährlichen Verbrauch von 300 Kilogramm Insulin zugrunde, so müsste man drei Millionen Kilogramm dieses Organs aufarbeiten. Weltweit schätzt die WHO die Zahl der Diabetesfälle auf ungefähr 120 Millionen. Aufgrund des Bevölkerungswachstums und veränderter Lebensweise wird zudem mit einem weiteren Anstieg gerechnet.

Durch Fortschritte in der Gentechnik ist eine befürchtete Insulinverknappung dennoch ausgeblieben: Humaninsulin kann von Mikroorganismen hergestellt werden, in die das Insulingen mitsamt den entsprechenden Regulationssequenzen eingeschleust wurde (→ S. 160). Seit 1983 steht ein solches gentechnisches Produkt als Medikament zur Verfügung. Mit ihm hat sich auch die Gefahr allergischer Reaktionen gegen Insulin für Diabetiker deutlich verringert. Sie waren bei der Diabetestherapie mit Säugetierinsulin auch dann nicht völlig zu vermeiden, wenn die von der Primärstruktur des menschlichen Insulins abweichenden Abschnitte ersetzt wurden. Verantwortlich dafür waren in erster Linie Proinsulin-Moleküle, die als Verunreinigungen in den Präparaten enthalten waren.

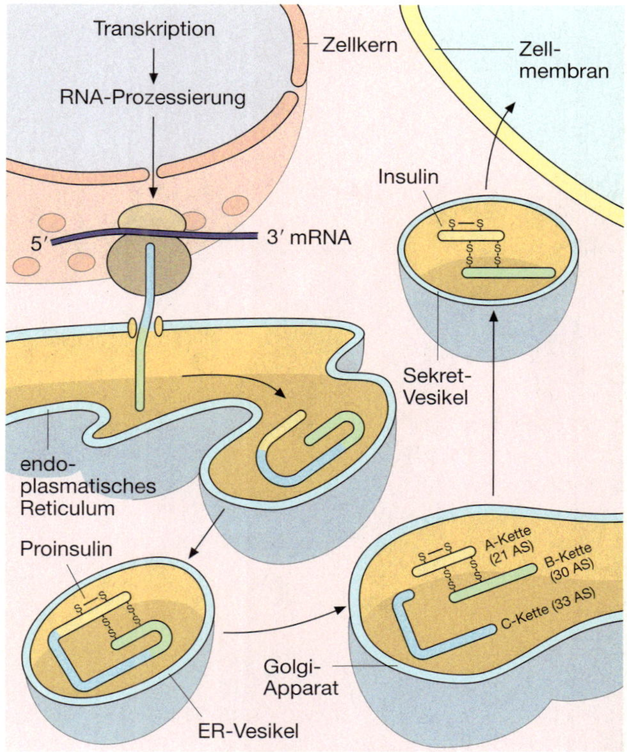

1 Insulinsynthese in den β-Zellen der Langerhans-Inseln der Bauchspeicheldrüse

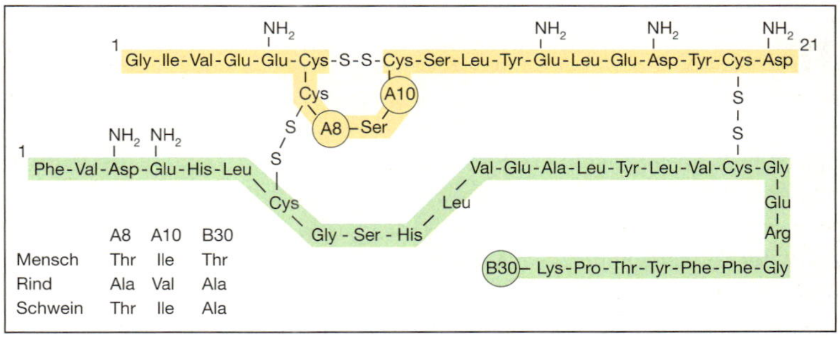

2 Primärstruktur von Human-, Schweine- und Rinderinsulin

☞ Basisinformationen

Bau der Proteine (→ S. 41), Methoden der Gentechnik (→ S. 190 f.), Gentherapie (→ S. 205)

1 Informieren Sie sich über den Einfluss des Diabetes auf die Lebensführung der Erkrankten.

2 Eine kontinuierliche Blutzuckerbestimmung ohne Blutentnahme und eine präzise auf die jeweiligen Stoffwechselbedingungen abgestimmte Insulingabe würden eine Verbesserung der Diabetestherapie bedeuten. Informieren Sie sich über den Stand der Forschung und technischen Entwicklung.

3 Die Gentherapie von Körperzellen wird als Möglichkeit angesehen den Diabetes zu heilen. Beschreiben Sie theoretisch denkbare Ansätze.

Verhalten

1 *Brutkolonie der Kaiserpinguine mit „Kindergarten"*

Mit Einbruch des antarktischen Winters beginnt die Fortpflanzungszeit der Kaiserpinguine. Sie verlassen das Meer und bilden auf dem Eisrand der Festlandküste riesige Kolonien. Die Tiere zeigen ein erstaunliches Brutverhalten. Das Weibchen legt ein Ei, übergibt es dem Partner und kehrt ins Meer zurück. Das Männchen hält das etwa 500 g schwere Ei während der zweimonatigen Brutzeit auf seinen Schwimmfüßen und hüllt es mit der Bauchtasche ein. Zum Zeitpunkt des Schlüpfens kommt das Weibchen zurück und übernimmt das Jungtier. In den nächsten Wochen wechseln sich die Eltern in der Betreuung ab. Mit etwa sechs Wochen schließen sich die Jungtiere in „Kindergärten" zusammen. Bei Stürmen werden sie von einigen alten und den noch nicht brutfähigen Vögeln geschützt, indem diese sie in ihre Mitte nehmen. Die Eltern erkennen ihr Junges an seinen Rufen und füttern es bis zum Anbruch des antarktischen Sommers, den die Tiere wieder im Meer verbringen.

Im Blickpunkt:

- Methoden der Verhaltensbiologie
- Erbinformationen und Umwelteinflüsse bedingen das Verhalten von Tier und Mensch
- proximate und ultimate Ursachen der Verhaltensweisen
- Arten des Lernens
- Formen des Sozialverhaltens

Zum Verhalten von Tier und Mensch zählt man deren Aktivitäten und wie sie diese zeigen. Die beobachtbaren Verhaltensweisen sind äußerst vielfältig und zeigen immer wieder, dass die Tiere in hohem Maße an die jeweiligen Lebensbedingungen angepasst sind beziehungsweise sich auf diese einstellen können. Dabei verhält sich ein Tier selbst unter gleichen Bedingungen durchaus nicht immer gleich.

Die *Verhaltensforschung* versucht Gesetzmäßigkeiten bei Verhaltenserscheinungen und deren Ursachen zu ermitteln. Die dabei gestellten Fragen sowie die zu deren Beantwortung angewandten Methoden sind genauso zahlreich wie die Verhaltensweisen selbst. Immer erfordert das Verstehen eines Verhaltens eine *ganzheitliche Betrachtung* des Lebewesens. Man muss also neuro- und sinnesphysiologische oder genetische Aspekte ebenso beachten wie die individuelle Entwicklung eines Lebewesens und seine vielfältigen Wechselwirkungen mit der Umwelt.

Das Wissen über das Verhalten der Tiere war für den früheren Menschen zum Beispiel im Zusammenhang mit seinem Nahrungserwerb oft lebenswichtig. Auch heute können wir von entsprechenden Kenntnissen in der Tierhaltung, der Schädlingsregulation, Hygiene oder beim Artenschutz profitieren. Darüber hinaus leistet die Verhaltensbiologie einen wesentlichen Beitrag zum Selbstverständnis des Menschen.

Methoden der Verhaltensbiologie: Beobachten und Beschreiben

Im Regenwald am Amazonas leben farbenprächtige Pfeilgiftfrösche (→ Bild 1). Treffen zwei Männchen aufeinander, umklammern sie sich mit den Vorderbeinen und ringen miteinander unter lautem Schreien. Im Südosten der Vereinigten Staaten finden sich zu Beginn der kalten Jahreszeit viele Kolibris ein, die in Südamerika überwintern werden. Sie machen sich auf den langen Weg und fliegen zunächst nach Osten – aufs offene Meer hinaus. An dem auch in unseren Regionen vorkommenden Sommerflieder sieht man während der Sommermonate viele Schmetterlinge, die ihre langen Rüssel in die Blüten stecken (→ Bild 2).

Dem Betrachter stellen sich zahlreiche Fragen zum Verhalten der Tiere: Was machen die Tiere und welchen Grund gibt es dafür? Oft stehen solche Fragen am Anfang der Erforschung eines Verhaltens, dessen Gesetzmäßigkeiten und Ursachen formuliert werden sollen. Eine Einschätzung der aus Beobachtungen oder Versuchen abgeleiteten Aussagen ist nur möglich, wenn die zugrunde liegende Methodik bekannt ist und hinterfragt werden kann.

Beobachten. In einem ersten Schritt ist es wichtig, das Verhalten eines Tieres umfassend zu beobachten. Da möglichst das an die natürlichen Lebensbedingungen angepasste Verhalten erfasst werden soll, werden im Idealfall Freilandbeobachtungen durchgeführt. Dabei gilt es, Daten zu sammeln und Verhaltensweisen exakt zu dokumentieren. Früher hat man versucht von einem Tier möglichst einen kompletten Verhaltenskatalog, ein so genanntes *Ethogramm*, zu erstellen. Dies ist aber oft nicht möglich und auch nicht immer erforderlich. Liegt eine konkrete Fragestellung als Arbeitshypothese vor, können Art und Umfang der Datenerfassung gezielt eingegrenzt werden.

Zur Beobachtung werden vielfältige Hilfsmittel eingesetzt. Videoaufzeichnungen ermöglichen die Dokumentation ganzer Verhaltenssequenzen in Echtzeit. Lautäußerungen werden per Tonträger registriert und stehen damit für vielfältige, oft vollautomatische Analysemethoden zur Verfügung. Kleinste Sender erlauben ein Aufspüren und Verfolgen eines Tieres auch ohne Sichtkontakt, teilweise sogar über weite Entfernungen (→ Bild 3). So wird die Begrenztheit der Sinnesfunktionen des Beobachters durch geeignete Techniken überwunden. Trotzdem kann aber immer nur ein Teil der Umwelt eines Lebewesens und der „Vorgeschichte" eines Verhaltens erfasst werden. Die Kenntnis darüber ist aber unter Umständen für die Interpretation einer Beobachtung wichtig. Manche Parameter können wir trotz technischer Hilfsmittel kaum erfassen. Wollen wir zum Beispiel einen Blütenduft beschreiben, dann fließen sehr schnell subjektive Wahrnehmungen in die Umschreibungen mit ein, es sei denn, die entsprechenden Moleküle sind bekannt.

Beschreiben. Schwierig ist die wertneutrale Beschreibung und Benennung des Verhaltens. Oft sind in der Literatur die entsprechenden Verhaltensweisen oder -sequenzen bereits geschildert und mit prägnanten, beschreibenden Begriffen definiert. Solche Begriffe sollten übernommen werden. In den gewählten Formulierungen steckt jedoch unter Umständen schon eine Analyse des Datenmaterials. Bezeichnet man den Flug eines Schmetterlings zur Blüte als Futterflug, beinhaltet dies bereits eine Interpretation zur Funktion des Verhaltens. Übernimmt man diesen Begriff, muss man sich vergewissern, dass das Tier nicht etwa einen Balzflug durchführt. Verwendet man beschreibende Begriffe wie Schwirrflug, Gleitflug oder Horizontalflug, riskiert man keine vorzeitige Interpretation.

1 Begegnung zweier Azur-Baumsteiger (Pfeilgiftfrösche)

2 Distel- und Gamma-Falter an Blüten des Sommerflieders

3 Ortung von mit Sendern versehenen Wanderratten

1 Was versteht man unter „wertneutralen Begriffen"?

2 Nennen Sie Vor- und Nachteile von Studien im Freiland, Zoo und Labor.

Methoden der Verhaltensbiologie: Messen, Auswerten und Analysieren

Ist eine Fragestellung zu einem bestimmten Verhalten überprüfbar formuliert, kann man gezielt beobachten und messen. Zur Analyse der Ursachen ist es oftmals erforderlich, einzelne Umweltfaktoren zu ändern, um dann die Reaktionen des Tieres beobachten zu können. Solche Experimente unter kontrollierten Bedingungen sind teilweise im Freien durchführbar, erfordern eventuell aber auch Untersuchungen im Labor. Dabei ist zu beachten, dass sich die Tiere in einer künstlichen Umwelt in der Regel anders verhalten als im Freiland.

Messen. In Afrika kann man an vielen Blüten Vögel beobachten, die nach Nektar suchen. Bei der Nahrungssuche bestäuben sie gleichzeitig die Blüten. Es liegt also eine Symbiose (→ S. 321, 324) vor. Für die Pflanzen ist es deshalb wichtig, dass die Nektarvögel möglichst viele Blüten aufsuchen. Als Frage könnte formuliert werden: Beeinflusst die Beschaffenheit des Nektars, beispielsweise dessen Zuckerkonzentration, die Häufigkeit der Besuche durch die Vögel? Entsprechende Versuche wurden im Labor mit Gelbbauchnektarvögeln an einer künstlichen Blüte (→ Bild 1) durchgeführt. In dieser wurden nacheinander Saccharoselösungen unterschiedlicher Konzentration angeboten und registriert, wie oft das jeweilige Versuchstier während der festgelegten Versuchsdauer von einer Stunde an die künstliche Futterquelle kam. Um zu einer fundierten Erklärung des Verhaltens zu kommen, muss man unter gleichen Bedingungen eine größere Zahl an Messungen vornehmen.

Auswerten. Die gesammelten Daten werden in der Regel statistisch bearbeitet. Man errechnet beispielsweise einen Mittelwert für die Anzahl der Blütenbesuche, die jedes Versuchstier bei Angebot der einzelnen Konzentrationen an Zuckerlösung pro Stunde getätigt hat. Die ermittelten Werte kann man dann grafisch darstellen (→ Bild 2).

Analysieren. In einem ersten interpretatorischen Ansatz behandelt man das Versuchstier wie eine *Blackbox* (→ Bild 3). Man beobachtet das Verhalten des Tieres, also den Output der Blackbox, bei verschiedenen Umweltbedingungen, also bei unterschiedlichem Input. Die Vorgänge im Organismus werden dabei zunächst ausgeklammert. Beobachtet man unter gleichen Bedingungen gleiches Verhalten, kann man als Hypothese eine Wenn-dann-Regel formulieren. In unserem Beispiel also etwa: Bietet man in der künstlichen Blüte eine hoch konzentrierte Saccharoselösung an, dann besuchen die Nektarvögel diese seltener als bei Vorhandensein einer niedrig konzentrierten Zuckerlösung. Solche Hypothesen gilt es in weiteren Versuchen zu bestätigen, zu modifizieren oder gegebenenfalls auch zu falsifizieren.

1 Welche Parameter könnte man an einer künstlichen Futterquelle ändern, um das Verhalten des Nektarvogels in Abhängigkeit von der „Qualität" einer Blüte zu messen?

2 Die in Bild 2 dargestellten Werte wurden während des Vormittags erfasst. Warum wird nicht für den ganzen Tag ein einziger Wert ermittelt?

3 Den in Volieren gehaltenen Nektarvögeln werden als Nahrung Fliegen und eine Zuckerlösung angeboten. Erklären Sie.

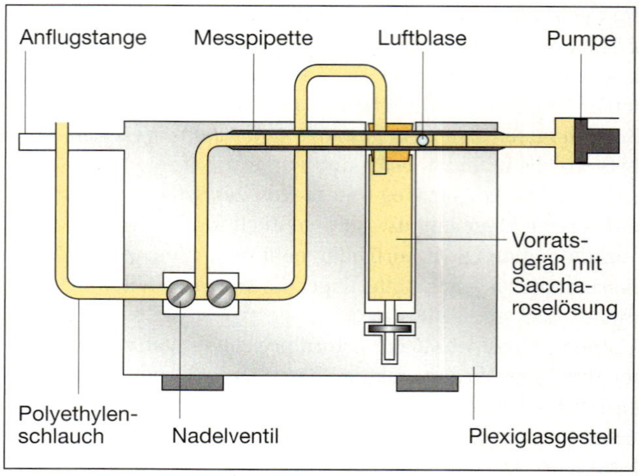

1 Künstliche Blüte

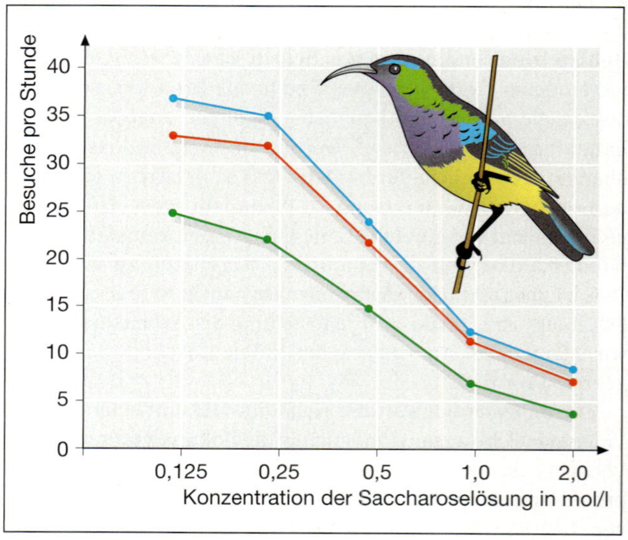

2 „Blütenbesuche" dreier Nektarvögel

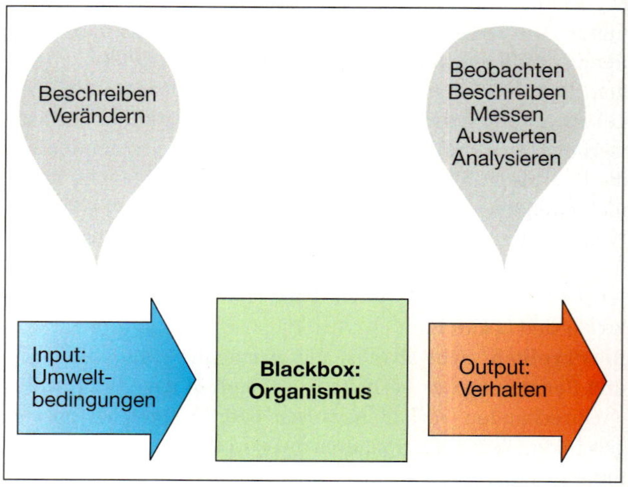

3 Blackbox-Modell

Betrachtungsebenen des Verhaltens

Das Verhalten eines Tieres und somit auch des Menschen besteht aus abgrenzbaren Verhaltensweisen. Wie diese Abgrenzung im Rahmen von wissenschaftlichen Untersuchungen erfolgt, hängt vor allem von der Fragestellung des Betrachters ab. Interessiert zum Beispiel im Verhalten der Nektarvögel nur, ob diese eine Blüte besuchen oder nicht, so stellt der Besuch selbst eine definierbare Verhaltensweise dar. Ist aber das Verhalten während des Blütenbesuchs Gegenstand der Betrachtung, dann muss diese Verhaltensweise weiter unterteilt werden: Landung, Nektar trinken, Abflug.

Alle Verhaltensweisen schlüssig und widerspruchsfrei zu ordnen ist sehr schwierig. Verschiedene Betrachtungsebenen und Ordnungskriterien können zu unterschiedlichen Ergebnissen führen.

Funktionskreise. Ordnet man den Verhaltensweisen ihre unmittelbaren biologischen Funktionen zu, erhält man eine einfache Klassifizierung nach Funktionskreisen: Verhalten der Ernährung, Körperpflege, Fortpflanzung, Brutpflege oder Feindabwehr. Es entspricht weitgehend einer Bestandsaufnahme: *Was geschieht?* Damit lassen sich Verhaltensweisen verschiedener Arten gut vergleichen, andererseits ist die Zuordnung zu einem bestimmten Funktionskreis nicht immer eindeutig.

Angeboren oder erlernt? Wie alle biologischen Strukturen wird auch das Verhalten von Tier und Mensch durch Erbinformationen und Umwelteinflüsse bedingt. Je nach deren Anteil am Zustandekommen einer Verhaltensweise und ihrer Ausprägungsform definiert man beispielsweise Reflexe (→ S. 472), Instinkthandlungen (→ S. 474) und Lernverhalten wie Prägung (→ S. 478), Konditionierung (→ S. 480), Nachahmung (→ S. 481) oder Kognition (→ S. 482): *Wie sind diese Verhaltensformen entstanden?*

Lange Zeit war die Erforschung des Verhaltens von Tier und Mensch auf die Frage nach der Bedeutung der ererbten gegenüber den erworbenen Anteilen fixiert. Diese Anlage-Umwelt- oder „nature versus nurture"-Kontroverse, die weit über die Biologie hinausreichte, gilt heute als überwunden. Inzwischen steht viel mehr das Zusammenwirken von Erbanlagen und Umweltbedingungen im Mittelpunkt des Interesses.

Proximate Ursachen. Verhalten äußert sich beispielsweise in Bewegungen, Farbwechsel oder Lautäußerungen. Allen diesen Aktionen liegen innere und äußere Ursachen zugrunde: physiologische Prozesse in Sinnes-, Nerven- und Muskelzellen oder Hormondrüsen und die verschiedensten Reize aus der Umwelt des Lebewesens (→ Bild 1). Sind diese unmittelbaren, proximaten Mechanismen analysiert, lässt sich ein bestimmtes Verhalten als Resultat von auslösenden Reizen und innerem Zustand des Individuums erklären: *Warum tritt ein bestimmtes Verhalten auf?*

Auch bei Verhalten, das uns vergleichsweise einfach erscheint, sind allerdings die proximaten Mechanismen oft derart komplex, dass es bisher erst für wenige Verhaltensweisen gelingt, sie zu einem stimmigen Erklärungsmodell zusammenzufügen.

Ultimate Ursachen. Man muss den Anpassungswert eines Verhaltens erklären, um dieses möglichst umfassend zu verstehen: *Wozu ist es nützlich?* Diese ultimate Erklärung zielt darauf ab, den Beitrag des Verhaltens zur biologischen Fitness (→ S. 244) eines Tieres aufzuzeigen; wodurch es also die Fortpflanzungschancen des Individuums verbessert und das Überleben der Population sichert. Wie für die körperlichen Merkmale der heute existierenden Arten gilt auch für ihre Verhaltensweisen, dass sie nur deshalb vorhanden sind, weil sie sich in der Reihe ihrer Vorfahren bewährt haben. Verhalten besser zu verstehen, indem man seinen evolutionsbiologisch begründeten Nutzen erklärt, ist das Ziel der Soziobiologie (→ S. 483).

1 Interpretieren Sie den Begriff „Anpassungswert eines Verhaltens".

2 Versuchen Sie Funktionskreise für die Verhaltensweisen beim Menschen aufzustellen.

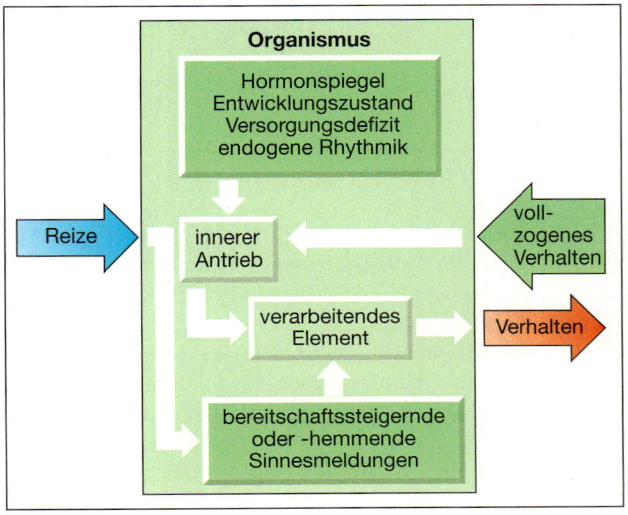

1 *Funktionsschema zur Wirkung proximater Ursachen*

2 *Ein Flussregenpfeifer lockt einen Feind vom Nest weg.*

Reflexe

Berührt man mit dem Finger die Handinnenfläche eines Säuglings im ersten Lebenshalbjahr, so greift dieser danach (→ Bild 1). Fällt plötzlich grelles Licht in unser Auge, verengt sich sehr schnell die Pupille. Sowohl das Greifen der Hand des Neugeborenen als auch die Änderung der Pupillenweite sind Reaktionen des Organismus, die meist in gleicher Weise ablaufen und nur von einem bestimmten *Reiz* ausgelöst werden können. Solche Reaktionen bezeichnet man als *Reflexe* (→ S. 444).

Voraussetzung für das Auftreten solcher Verhaltensweisen ist die Fähigkeit eines Organismus, Reize aufnehmen, diese verarbeiten und schließlich durch eine Reaktion beantworten zu können. Bei einzelligen Lebewesen erfolgt dieser Prozess in einer Zelle, bei vielzelligen Organismen in der Regel im Zusammenspiel von Sinnesorganen, Nerven und Muskeln.

Die Reflexe treten als kaum veränderliche Bewegungsabläufe direkt auf bestimmte Reize auf, zeigen also eine relativ starre Reiz-Reaktions-Kopplung. Auch beim Menschen sind eine Vielzahl solcher Reflexe bekannt, die unter anderem als *Schutzreflexe*, wie der Nies-, Husten- oder Pupillenreflex, den Körper vor Schaden bewahren sollen oder als *Halte- und Stellreflexe* für den Bewegungsablauf wichtig sind.

Unbedingter Reflex. Aufgrund ihrer Bedeutung für den Organismus, ihres formkonstanten Ablaufs, der einfachen neuronalen Verschaltung und der damit verbundenen kurzen Reaktionszeit ging man davon aus, dass Reflexe *angeborenermaßen* vorhanden sind. Trifft dies zu, spricht man auch von einem *unbedingten Reflex*. Er wird durch den zugehörigen *unbedingten Reiz* ausgelöst.

Neuere Beobachtungen belegen aber, dass manche Reflexe durchaus beeinflussbar sind. Feten schlucken beispielsweise Fruchtwasser und trainieren so das Zusammenspiel der beim Schluckvorgang beteiligten Nerven und Muskeln. Man kann also davon ausgehen, dass der Schluckreflex zumindest teilweise nicht angeborene Komponenten aufweist. Der Ablauf mancher Reflexe hängt auch vom momentanen Zustand des Lebewesens ab und kann modifiziert werden.

Bedingter Reflex. In vielen Versuchen konnte gezeigt werden, dass einige unbedingte Reflexe auch durch Außenreize ausgelöst werden können, die normalerweise nicht in der Lage sind, die betreffende Reaktion hervorzurufen.

Normalerweise schließt sich das Augenlid, wenn es einen Luftzug verspürt. Wird es aber jedes Mal von einem Lichtstrahl getroffen, kurz bevor der Luftstrom das Auge trifft, dann genügt schon nach mehreren Versuchen der Lichtstrahl allein, um den Lidschluss auszulösen. Das Licht wirkt dann als Reiz für den Lidschluss.

Wird also ein *neutraler Reiz* zeitlich eng mit einem unbedingten Reiz kombiniert, kann er nach mehrmaligem Auftreten alleine die gleiche Reaktion wie ein unbedingter Reiz auslösen. Der neutrale Reiz ist zu einem *bedingten Reiz* geworden, der eine bedingte Reaktion, den so genannten *bedingten Reflex*, auslöst (→ Bild 2). Bedingte Reflexe gehen rasch wieder verloren, wenn sie durch den bedingten Reiz allein ausgelöst werden.

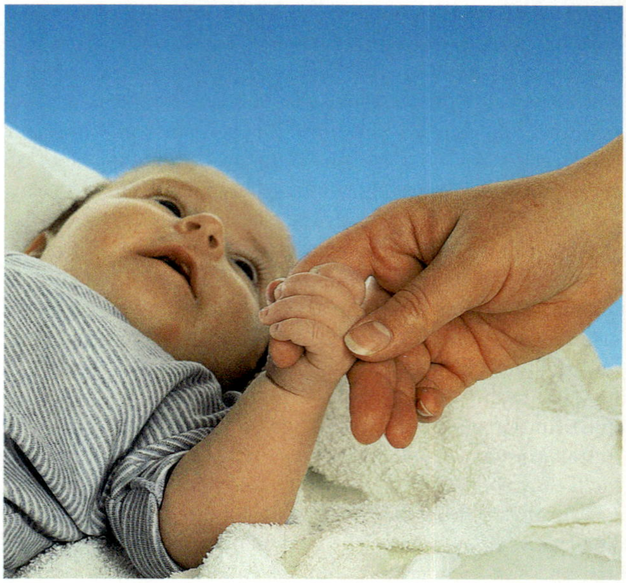

1 *Greifreflex beim Säugling*

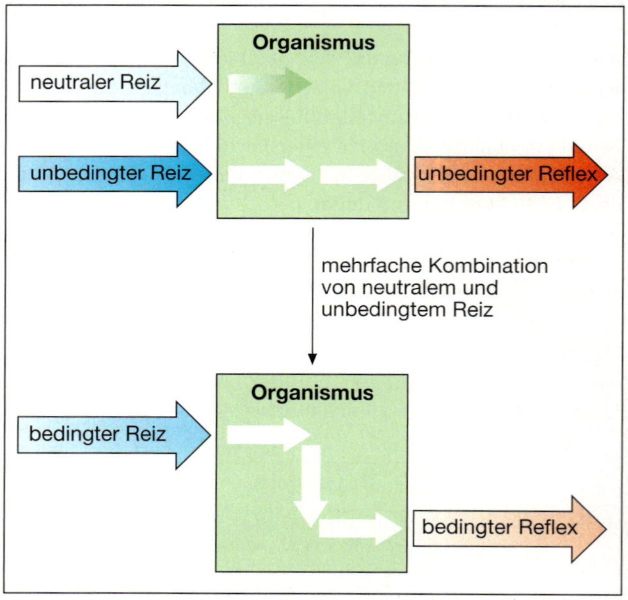

2 *Schema zur Entstehung eines bedingten Reflexes*

1 Die Larven des Mehlkäfers suchen immer dunkle Stellen auf. Wie könnte man dieses Verhalten bezeichnen und experimentell überprüfen?

2 Hat eine Erdkröte Beute geschluckt, kann man beobachten, dass sich das Tier mit einem Bein das Maul „abwischt". Wie kann man überprüfen, ob es sich dabei um einen Reflex handelt?

3 Diskutieren Sie, warum der „Aufbau", aber auch das „Verschwinden" bedingter Reflexe in der Regel biologisch sinnvoll sind.

Material – Methode – Praxis: **Reflexe**

Vom Einzeller bis zum hoch entwickelten Säugetier zeigen Tiere reflektorische Verhaltensweisen. Diese basieren auf einfachen neuronalen Verschaltungen und erlauben ein schnelles Reagieren auf Außenreize, was mitunter lebenswichtig ist. Manche Reflexe sind Bestandteil komplexer Verhaltensmuster. Sieht man Reflexe als angeborene Verhaltensweisen an, erfordert ihr Nachweis einen Ausschluss von Vorerfahrungen, die im Rahmen eines Lernprozesses zur Aneignung entsprechender Verhaltensweisen führen könnten.

Reflexe in der medizinischen Diagnostik
Durch Überprüfung von Reflexen wird bei ärztlichen Untersuchungen der Entwicklungsstand des Zentralnervensystems oder die Funktionsfähigkeit des sensomotorischen Systems kontrolliert. Ein Hinweis auf eine zerebrale Störung bei Säuglingen ist das Fehlen oder verlängerte Bestehenbleiben der frühkindlichen Reflexe. Dazu gehören Reflexe der Nahrungsaufnahme (Suchreflex, Saugreflex), des Lage- und Bewegungssinns (Umklammerungsreflex) sowie Stell- und Greifreflexe (→ Tabelle).

Beugereflex beim Hund
Bei Reflexen und anderen Verhaltensweisen tritt eine *Latenzzeit* auf, eine Verzögerung zwischen dem Reiz und dem Sichtbarwerden der entsprechenden Reaktion. So zieht beispielsweise ein Hund bei schmerzhaften Hautreizen am Bein dieses zurück. Die Latenzzeit bei diesem Beugereflex beträgt 60 bis 200 ms. Das Ausmaß und die Dauer der Beugung sowie die Latenzzeit wurden bei unterschiedlicher Reizstärke gemessen (→ Bild unten).

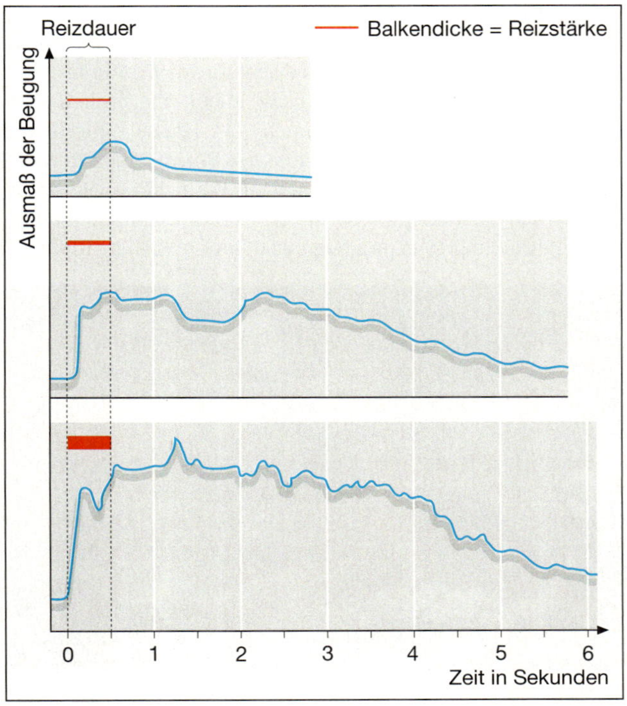

Beispiele frühkindlicher Reflexe	Auslösung	Verhalten des Säuglings
Suchreflex verschwindet ca. im 3. Lebensmonat	Berührung der Wange	Drehen des Kopfes in Richtung des Reizes; Verziehen des Mundes
Saugreflex verschwindet ca. im 3. Lebensmonat	Berührung der Lippen	Saugbewegungen
Umklammerungsreflex verschwindet ca. im 3.– 6. Lebensmonat	laute Geräusche, abruptes Zurückfallenlassen des Kopfes	Spreizen der Finger und Ausbreitung der Arme; diese werden danach wieder langsam über der Brust zusammengeführt

Lidschlussreflex beim Menschen
Material: kleiner Blasebalg mit Gummischlauch, feine Düse aus Papier oder Kunststoff, Stativmaterial
Durchführung: Befestigen Sie in Augenhöhe an einem Stativ einen Gummischlauch mit Düse. Diese sollte im Abstand von einigen Zentimetern seitlich des Auges einer Versuchsperson angebracht sein. Betätigen Sie vorsichtig den Blasebalg, sodass ein Luftstrom auf das Auge trifft. Beobachten Sie das Auge und wiederholen Sie den Versuch mehrmals.

Rückziehreflex beim Regenwurm
Material: 20 cm langes Glasrohr mit einem Durchmesser von 1 cm, lichtundurchlässige Papierhülle, Pinsel, Taschenlampe, Regenwürmer
Durchführung: Befeuchten Sie die Innenseite des Glasrohrs, stülpen Sie außen die Papierhülle über und lassen Sie einen Regenwurm in das Glasrohr kriechen. Verschieben Sie die Papierhülle, bis das Vorderende des Regenwurms sichtbar wird. Strahlen Sie dies mit einer Taschenlampe an und beobachten Sie das Verhalten des Regenwurms. Als Zusatzversuch kann das Experiment bei verschiedenen Helligkeiten durchgeführt werden oder man verwendet eine Hülle aus roter Folie.

1 Beim Berühren eines heißen Gegenstandes mit der Hand zieht man diese sofort zurück. Erstellen Sie für diese Reaktion ein vereinfachtes Funktionsschaltbild unter Verwendung der entsprechenden Fachbegriffe.
2 Erklären Sie, warum die Latenzzeit beim Auslösen von Reflexen oft deutlich kürzer ist als diejenige von komplexen Verhaltensweisen.
3 Interpretieren Sie die in der Grafik zum Beugereflex des Hundes dargestellten Ergebnisse.
4 Reflexe haben eine relativ stabile und niedrige Reizschwelle. Diskutieren Sie.

☞ **Stichworte zu weiteren Informationen**
Reflexbogen, Eigenreflex, Fremdreflex

Instinkthandlungen

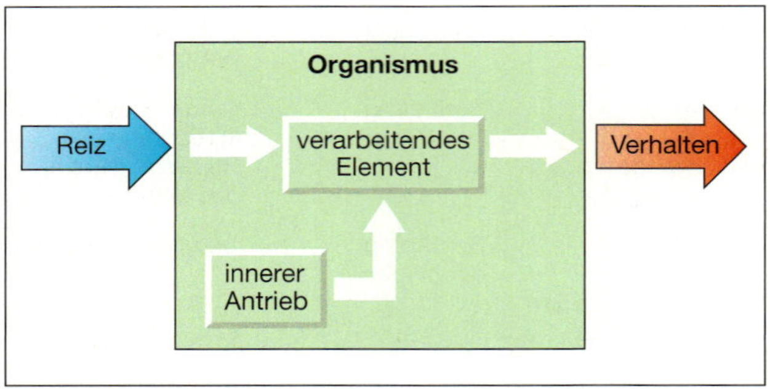

1 Außenreiz und innerer Antrieb wirken zusammen.

Innerer Antrieb. Reflexe werden in der Regel durch die ihnen entsprechenden Reize ausgelöst. Daneben gibt es eine Vielzahl von Verhaltensweisen, die selbst bei Anwesenheit der zugehörigen auslösenden Reize nicht immer auftreten. So wird ein Tier, das ausreichend gefressen hat, angebotene Nahrung nicht beachten. Es muss also neben dem auslösenden Reiz einen weiteren Parameter geben, der für das Auftreten des Verhaltens relevant ist. Der *innere Antrieb*, auch als innere Bereitschaft, Motivation, Reaktionsbereitschaft oder Handlungsbereitschaft bezeichnet, muss vorhanden sein (→ Bild 1). Die Stärke dieser Bereitschaft wird durch mehrere Faktoren bedingt, wie Außen- und Innenreize oder auch durch das vorausgegangene Verhalten. Sie lässt sich nicht direkt messen, kann aber indirekt über das beobachtbare Verhalten und vorausgegangene Reize erschlossen werden.

Schlüsselreiz. Setzt man ein Hühnerküken unter eine schalldichte Glasglocke, so kommt ihm die Glucke nicht zu Hilfe, obwohl sie das Junge sehen kann. Andererseits reagiert sie sofort auch ohne Blickkontakt, wenn sie den speziellen Angstruf des Kükens hört (→ Bild 2). Hühner erkennen angeborenermaßen ihre Küken nur an deren Lautäußerungen und reagieren mit einem zugeordneten Verhalten.

Hängt man im Revier eines Rotkehlchenmännchens ein Büschel rostroter Federn auf, so werden diese vom Revierinhaber genau so attackiert wie ein lebender Artgenosse. Färbt man aber den roten Brustfleck eines naturgetreuen Präparates dunkel, so wird dieses überhaupt nicht beachtet. Nur der rote Fleck löst das aggressive Verhalten aus. Spezifische Außenreize, die ein bestimmtes Verhalten auslösen, nennt man *Schlüsselreize*. Handelt es sich um einen innerartlich wirkenden Reiz, wird er auch als *Auslöser* bezeichnet.

Schlüsselreize bestehen häufig aus Merkmalskombinationen. Um sie zu finden, arbeitet man nicht mit lebenden Objekten, sondern mit *Attrappen*. Dies sind Nachbildungen des Originals, die in Größe, Farbe oder anderen Eigenschaften variieren.

Auslösemechanismus. Da Tiere nur auf ganz bestimmte Reizkonstellationen reagieren, folgert man, dass das Nervensystem die Vielzahl der von den Sinneszellen aufgenommenen Meldungen entsprechend auswertet und nur das betreffende Reizmuster zur Wirkung kommen lässt. Man hat die Vorstellung, dass es in den Sinnesorganen und dem Zentralnervensystem ein analysierendes System gibt, das als *Auslösemechanismus (AM)* bezeichnet wird. Dabei handelt es sich um einen neurosensorischen Filter, der angeboren oder erworben sein kann. Man spricht dann von einem *angeborenen Auslösemechanismus (AAM)* oder einem *erlernten Auslösemechanismus (EAM)*.

Ein Verhalten wird also dann ausgelöst, wenn neben den äußeren Reizen die inneren Bedingungen sowie die entsprechenden zentralnervösen Verarbeitungsmechanismen zueinander passen.

Auch beim Menschen gibt es bestimmte Reizmuster, auf die wir mit einem vorhersagbaren Verhalten reagieren. Das Aussehen kleiner Kinder löst bei Erwachsenen Zuwendungsverhalten aus. Das „Kindchenschema" ist unter anderem gekennzeichnet durch einen im Verhältnis zum Rumpf großen Kopf, große Augen, Pausbacken, rundliche Körperformen sowie kurze und dicke Extremitäten.

Erbkoordination. Eine Erdkröte zeigt beim Nahrungserwerb immer die gleichen Verhaltensweisen. Sie sitzt mitunter längere Zeit regungslos an einem Platz, sucht gelegentlich eine andere Stelle auf und verharrt auch dort. Hat sie eine Beute, wie beispielsweise eine Fliege oder einen Wurm, erspäht, wendet sie den Körper so, dass ihr Kopf zur Beute hin gerichtet ist und sie diese beidäugig fixieren kann. Dann klappt sie blitzschnell ihre Zunge aus und fängt das Tier (→ S. 475, Bild 1).

2 Hühner erkennen ihre Küken an Lautäußerungen.

3 Rotkehlchen

Das Beutefangverhalten der Erdkröte lässt sich in drei Abschnitte gliedern. Ist die entsprechende Bereitschaft vorhanden, sucht das Tier in der ersten Phase scheinbar ziellos in der Umgebung nach Nahrung. Diesem ungerichteten Suchen nach bestimmten Schlüsselreizen oder *Appetenzverhalten* folgt nach Wahrnehmung einer Beute eine Orientierungsreaktion, die *Einstellbewegung*. Die dritte Komponente ist die biologisch wichtige *Endhandlung*, die zum Absinken der zugrunde liegenden Handlungsbereitschaft führt.

Dieses Verhaltensprogramm wird als *Instinkthandlung* bezeichnet. Instinkthandlungen sind teilweise vollständig ererbt, zum Teil aber auch modifizierbar. Ist die Bewegungsfolge ausschließlich erblich festgelegt, verwendet man auch den Begriff *Erbkoordination*. Auch bei anderen Tieren sind viele Verhaltensweisen ähnlich strukturiert.

Handlungskette. Die einzelnen Phasen eines komplexen Verhaltensablaufs müssen koordiniert ablaufen. Eine sinnvolle Abfolge von Verhaltensweisen zu einer Handlungs- oder Reaktionskette kann entstehen, wenn eine Aktion den Schlüsselreiz für die nächste Handlung darstellt.

Ein klassisches Beispiel ist das Brutpflegeverhalten der Weibchen bei der Sandwespenart *Ammophila pubescens* (→ Bild 2). In der ersten Phase des Verhaltenskomplexes gräbt das Weibchen eine Höhle in den Sandboden, bringt eine erbeutete Schmetterlingsraupe hinein, legt auf diese ein Ei und verschließt das Nest. Während der zweiten Phase wird die junge Larve im Verlauf mehrerer Tage mit weiteren Raupen versorgt. Die dritte Phase umfasst die Versorgung der älteren Larve. Diese erhält an einem „Vielraupentag" kurz hintereinander drei bis fünf Proviantierbesuche mit je einer Raupe. Danach wird das Nest endgültig verschlossen. Die Larve spinnt sich ein. Während der beiden letzten Abschnitte kommt das Weibchen einige Male zum Nest, trägt aber keine Raupe hinein. Das Aufsuchen oder Graben eines anderen Nestes erfolgt ausschließlich zwischen den Phasen.

Stört man den geschilderten Ablauf, kann man herausfinden, durch welche Reize das Verhalten der Sandwespe gesteuert wird. Wird vor einem raupenlosen Besuch die Larve entfernt oder durch ein Ei ersetzt, macht die Wespe keine Proviantierbesuche mehr. Setzt man anstelle der Raupe mit Ei

1 *Verhalten einer Erdkröte beim Fangen von Beute*

2 *Brutpflegeverhalten der Sandwespe im zeitlichen Ablauf*

eine Larve, bringt die Wespe bis zu fünf Raupen. Ersetzt man eine ältere Larve, die noch mit vielen Raupen hätte versorgt werden müssen, durch eine sich einspinnende Larve, so verschließt die Wespe das Nest endgültig. Diese Beobachtungen zeigen, dass die Wespe beim raupenlosen Besuch den Zustand des Nestes inspiziert und das nachfolgende Verhalten entsprechend bestimmt wird. Nimmt man Veränderungen aber vor einem Proviantierbesuch vor, beeinflusst dies das folgende Verhalten nicht. Das Brutpflegeverhalten der Sandwespe ist also auf den Entwicklungsstand der Larve abgestimmt und läuft nicht in allen Teilen nach einem starren Muster ab.

1 Erläutern Sie, warum in der Werbebranche oft das Kindchenschema verwendet wird.

2 Bestimmte Rufe mancher Vogelarten, die beim Anblick eines Feindes geäußert werden, werden als Warnrufe gedeutet. Denken Sie sich Attrappenversuche aus, mit denen man diese Hypothese überprüfen kann.

3 Präsentiert man einer Pute das Stopfpräparat eines Marders, der über einen eingebauten Lautsprecher Kükenpiepen ausstrahlt, versucht sie diesen ins Nest zu ziehen und ihn unter ihre Flügel zu nehmen. Erklären Sie dieses Verhalten.

4 Stellen Sie die Abfolge der einzelnen Verhaltensweisen der Sandwespe mit den zugehörigen Schlüsselreizen tabellarisch zusammen. Überlegen Sie sich weitere Störversuche, mit denen man den Verhaltenskomplex der Wespe auf starr ablaufende Komponenten hin untersuchen könnte.

Material – Methode – Praxis: **Schlüsselreize**

Nur mithilfe von Experimenten kann man herausfinden, von welcher Beschaffenheit Außenreize sein müssen, damit sie als Schlüsselreize wirken können. Für viele Versuche ist es entscheidend, dass sich die Tiere in einem geeigneten „inneren Zustand" befinden. So können beispielsweise Experimente zum Fortpflanzungsverhalten nur während der entsprechenden Jahreszeit durchgeführt werden. Dies macht solche Untersuchungen langwierig und schwierig.

Optische Reizmuster für Stabheuschrecken

Material: Stabheuschrecken, helle Platte, schwarzer und weißer Karton, Glühbirne

Durchführung: Man befestigt einen weißen Karton halbkreisförmig auf einer hellen Platte. Entsprechend dem unteren Bild bringt man jeweils zwei Musterscheiben an dem Karton an, leuchtet die Apparatur gleichmäßig aus und lässt die Tiere einzeln ab dem Startpunkt laufen. Das Wahlverhalten der Tiere bei diesem *Simultanverfahren* wird notiert. Bei weiteren Versuchen muss man darauf achten, die einzelnen Muster nicht immer auf der gleichen Seite anzubieten.

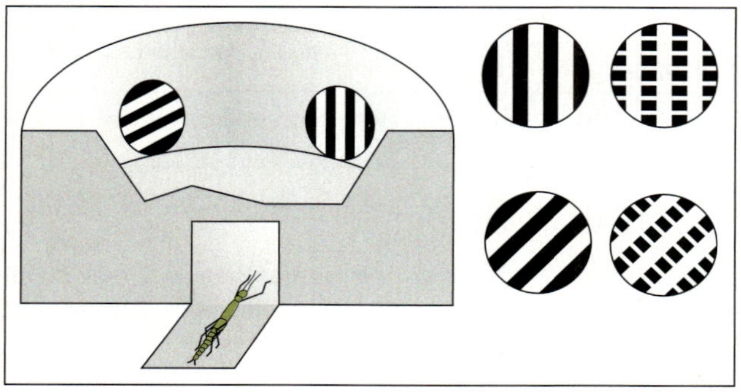

Attrappenversuche mit Erdkröten

Bei der Nahrungssuche (→ S. 475) wenden sich die Tiere einem in der Nähe befindlichen, sich bewegenden Objekt zu. Durch eine geeignete Versuchsanordnung kann man herausfinden, welche Merkmale, beispielsweise Größe, dieses Objekt haben muss, um die entsprechende Reaktion der Kröte auszulösen. Als Maß für die Wirksamkeit der eingesetzten Attrappen verwendet man die Zuwendungsreaktion des Tieres. Da die Attrappen bei den Versuchen nacheinander angeboten werden, spricht man von einem *Sukzessivverfahren*.

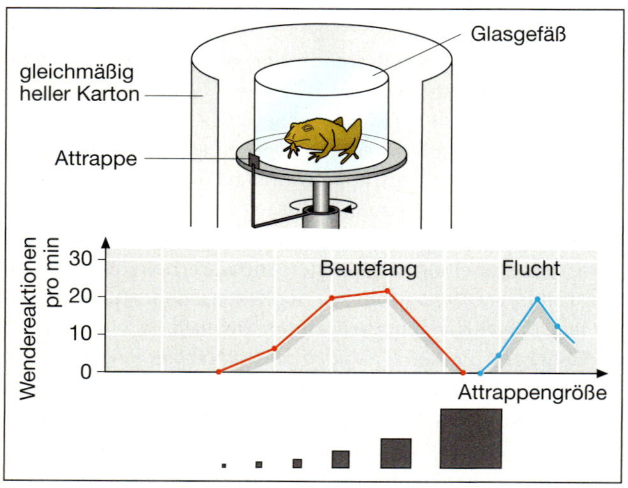

Reize beim Kopulationsverhalten des Rotkehlchens

Faktoren, die das Kopulationsverhalten beim männlichen Rotkehlchen auslösen, werden mithilfe von Attrappenversuchen analysiert. Man bietet in getrennten Volieren gehaltenen männlichen Rotkehlchen jeweils ein Stopfpräparat eines weiblichen Tieres an und registriert die Anzahl der Begattungsversuche bei den verschiedenen Reizsituationen. Unter Berücksichtigung von Beobachtungen an frei lebenden Tieren wird die Bedeutung folgender Parameter bei der Kopulationsaufforderung durch das Weibchen untersucht: dessen Körperhaltung, das heißt der Grad der Drehung der Körperlängsachse, sowie dessen Äußern von Gesang oder speziellen Kurzlauten. Die einzelnen Parameter bietet man entweder einzeln oder in verschiedener Kombination an.

Die Versuche zeigen, dass akustische Reize für die Auslösung des männlichen Kopulationsverhaltens nicht ausreichen. Die alleinige Präsentation von optischen Reizen genügt jedoch durchaus. Letztere sind in Verbindung mit akustischen Reizen noch wirksamer: Die Männchen begatten die weibliche Attrappe ohne Lautäußerungen in 58% der Versuche, die Attrappe kombiniert mit weiblichem Gesang oder mit Kurzlauten in 87% bzw. 96% der Versuche.

1 Warum ist die „Reizwirksamkeit" verschiedener Muster am besten durch Simultanwahlversuche zu untersuchen?

2 Was lässt sich aus dem Diagramm über das Verhalten der Erdkröte beim Beutefang ablesen?

3 Nennen Sie Ursachen für das in der Grafik dargestellte unterschiedliche Kopulationsverhalten der Rotkehlchen.

Stichworte zu weiteren Informationen

Auslöser, Sender-Empfänger-Problematik, Signaltäuschung

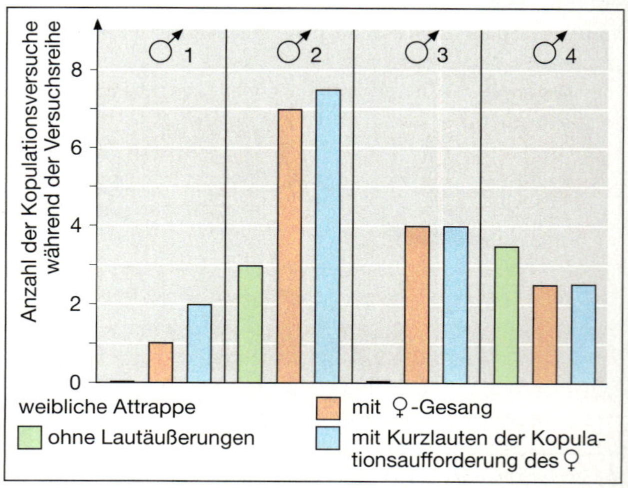

Angeborenes Verhalten – Reifung – Lernen

Während der Ontogenese vieler Verhaltensweisen greifen angeborene Prozesse und durch Lernen erworbene Elemente ineinander. Deshalb ist es oft nicht möglich zu klären, ob ein Verhalten genetisch bedingt oder erlernt ist.

Hinweise über genetisch determinierte Anteile liefern beispielsweise *Kaspar-Hauser-Versuche*. Dabei versucht man isolierte Individuen reizarm aufzuziehen. Verhalten sich die Tiere dann trotzdem arttypisch, müssen bezüglich der untersuchten Verhaltensweise angeborene Komponenten vorliegen. Auf diese Weise gehaltene Tiere zeigen aber oft Fehlentwicklungen im Verhalten.

Auch ein starres, bei Tieren einer Art immer wieder zu beobachtendes Verhalten deutet auf eine genetisch festgelegte *Reaktionsnorm* hin (→ S. 169).

Reifung. Ein weiterer Hinweis auf ein angeborenes Verhaltensmuster liegt vor, wenn Tiere bereits zum Zeitpunkt der Geburt Verhaltensweisen zeigen wie ältere Individuen. Andererseits bedeuten fehlende Verhaltensweisen bei der Geburt nicht, dass diese erst noch erworben werden müssten. Sie sind zwar genetisch determiniert, bedürfen auch keiner Übung, doch müssen die entsprechenden Strukturen erst ausgebildet werden. In diesen Fällen spricht man von *Reifung*.

Reifungsprozesse kann man nachweisen, wenn man Jungtiere während der Zeit der Vervollkommnung einer Handlung an deren Ausführung hindert und das Verhalten dieser Tiere später mit dem normal aufgewachsener Artgenossen vergleicht. Frisch geschlüpfte Haushuhnküken picken nach allen körnerartigen Gegenständen, doch zielen sie im Gegensatz zu vier Tage alten Jungtieren oft daneben. Innerhalb weniger Tage wird die Zielgenauigkeit also verbessert (→ Bild 1). Um zu überprüfen, ob dies nicht auf Lernprozessen beruht, wurden den Küken nach dem Schlüpfen im Dunkeln gehalten. Sie konnten also keine optischen Erfahrungen sammeln. Anschließend wurden ihnen Hauben mit Prismenbrillen übergestülpt, wodurch sie alle Objekte der Umwelt seitlich versetzt sahen. Auch bei diesen Tieren stellte sich unabhängig von Erfolg oder Misserfolg eine verbesserte Zielgenauigkeit ein. Die Versuche belegen, dass die Pickreaktion der Küken angeboren ist, der „Zielmechanismus" aber heranreift.

Lerndisposition. Auch Lernprozesse basieren mitunter auf angeborenen Komponenten. Honigbienen beispielsweise orientieren sich bei der Futtersuche an der Sonne, charakteristischen Landmarken und optischen Merkmalen in der Nähe der Futterstelle. Dressiert man Bienen der Carnica- bzw. der Ligustica-Rasse auf eine künstliche Futterquelle, in deren Umgebung keine besonderen Orientierungspunkte vorhanden sind, so lernen beide Rassen ungefähr gleich gut deren Lage. Nach einigen Besuchen fliegt die Hälfte der Tiere zur richtigen Stelle. Trotz weiterer Besuche zeigt sich kein höherer „Lernerfolg". Die Bienen besitzen eine begrenzte, genetisch fixierte *Lerndisposition*. Befinden sich aber nahe der Futterquelle zusätzliche optische Orientierungshilfen, zeigt sich zwischen beiden Rassen ein deutlicher Unterschied (→ Bild 2): Individuen der Carnica-Rasse lernen schneller und besser. Die Lerndisposition ist bei beiden Rassen unterschiedlich.

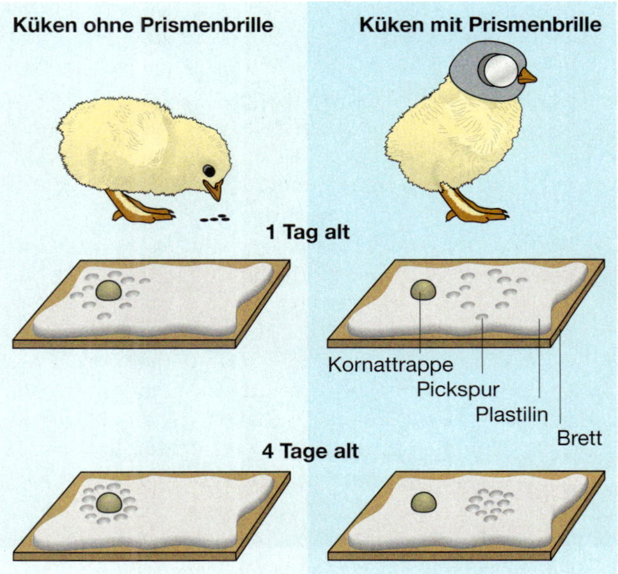

1 *Verbesserung der Pickgenauigkeit bei Haushuhnküken*

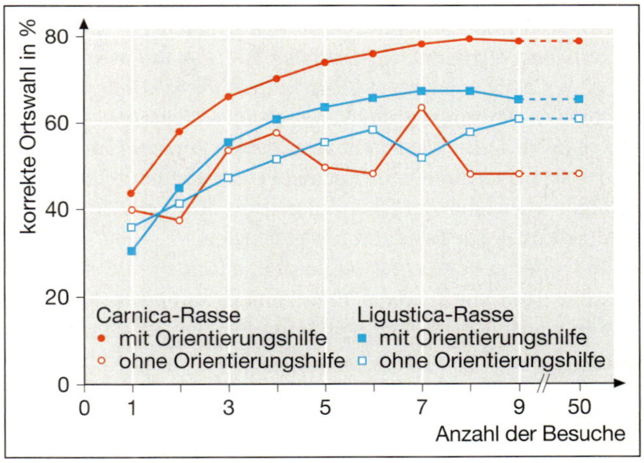

2 *Lerndisposition bei Bienen*

Lernprozesse führen zu individuellen Verhaltensanpassungen an die Umweltbedingungen. Die gewonnenen Erfahrungen werden gespeichert und sind abrufbar.

1 Nach dem Schlüpfen unter Dauernarkose gehaltene Kaulquappen können nach Beendigung der Narkose ebenso gut schwimmen wie nicht betäubte Tiere. Erläutern Sie.

2 Erfahrungslos aufgezogene Marder verfolgen, packen und schütteln ein sich bewegendes Beutetier, doch sie beherrschen erst nach einigen Versuchen den erfolgreichen Nackenbiss zum Töten. Diskutieren Sie dies.

3 Bietet man einer jungen Erdkröte als Nahrung eine Wespe an, so wird sie nach dem Insekt schnappen. Beim erneuten Anbieten wird sie dieses verschmähen. Erklären Sie.

Prägung

1 *LORENZ mit auf ihn geprägten Nonnengans-Küken*

2 *Prägungskarussell*

Nachfolgeprägung. KONRAD LORENZ entdeckte an einem im Brutschrank ausgebrüteten Grauganskücken ein ungewöhnliches Verhalten. Er hatte das Tier nach dem Schlüpfen für einige Zeit beobachtet und es dann unter das Gefieder einer brütenden Hausgans gesteckt. Das Junge flüchtete aber sofort aus dem Nest und watschelte fortan dem Forscher auf Schritt und Tritt hinterher. Unter normalen Umständen folgen Gänseküken kurz nach dem Schlüpfen ihrer Mutter. LORENZ war für das Küken zur Ersatzmutter geworden.

In weiteren Versuchen zeigte sich, dass man die Jungtiere dazu bringen kann, einem Ersatzobjekt zu folgen (→ Bild 2): Küken werden nach dem Schlüpfen bis zum Beginn des Experiments im Dunkeln gehalten und dann in ein Prägungskarussell gesetzt. Die in dieser Apparatur eingebaute Attrappe kann optisch variiert und im Kreis bewegt werden. Über einen eingebauten Lautsprecher lassen sich verschiedenartige Laute vorspielen. Bei den Versuchen wird das Verhalten der Tiere beobachtet.

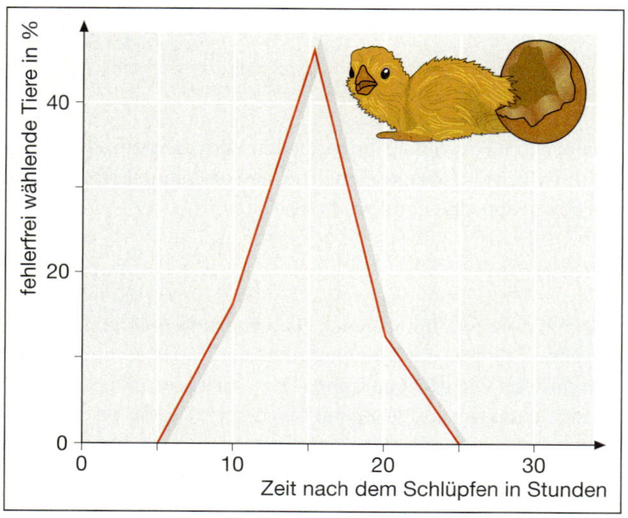

3 *Verlauf der sensiblen Phase bei Hühnerküken. Überprüft wurde, wie viele Tiere nach dem Prägungsvorgang in einem Test die entsprechende Attrappe erkannten.*

Ein konkretes Mutterbild ist den Gänseküken nicht angeboren. Wenige Stunden nach dem Schlüpfen nähern sie sich Objekten in ihrer Umgebung, die sich bewegen und Laute äußern. Deren äußere Gestalt spielt kaum eine Rolle. Beim ersten Nachfolgen speichern die Jungen irreversibel die Merkmale des präsentierten Objektes. Nur dieses kann danach das Nachfolgeverhalten der Jungen auslösen und selbst ihre biologische Mutter kann sie nicht mehr davon fortlocken. LORENZ bezeichnete den zugrunde liegenden Vorgang als *Prägung.* Lernen durch Prägung erfolgt nur während der genetisch festgelegten *sensiblen Phase* (→ Bild 3). Diese zeigt bei Hühnerküken 13 bis 16 Stunden nach dem Schlüpfen ein Maximum. Die Merkmale des Prägungsobjekts werden dauerhaft gespeichert.

Die Nachfolgeprägung ist nicht nur von Vögeln, sondern auch von Säugetieren bekannt. Junge Haus- und Feldspitzmäuse werden bei Störungen von ihrer Mutter zu einem anderen Ort geführt. Dabei beißen sich die Jungen am Schwanz des Elterntieres oder an einem Geschwister fest und bilden eine Karawane. Wie Experimente zeigen, werden junge Spitzmäuse zwischen 5 und 14 Tagen nach der Geburt auf den Geruch des Individuums geprägt, das sie säugt. Nur dieses Tier, in der Regel die Mutter, kann die Karawanenbildung auslösen. Bringt man aber fünf Tage alte Spitzmäuse zum Beispiel zu einer Hausmaus als Ersatzmutter, werden sie auf diese geprägt. Nach Ablauf der Prägungsphase folgen sie weder ihrer leiblichen Mutter noch einem Geschwister, wohl aber einem mit dem Geruch der Pflegemutter imprägnierten Stück Stoff. Die Prägung erfolgt hier auf einen chemischen Sinnesreiz hin.

1 *Karawanenbildung bei der Feldspitzmaus*

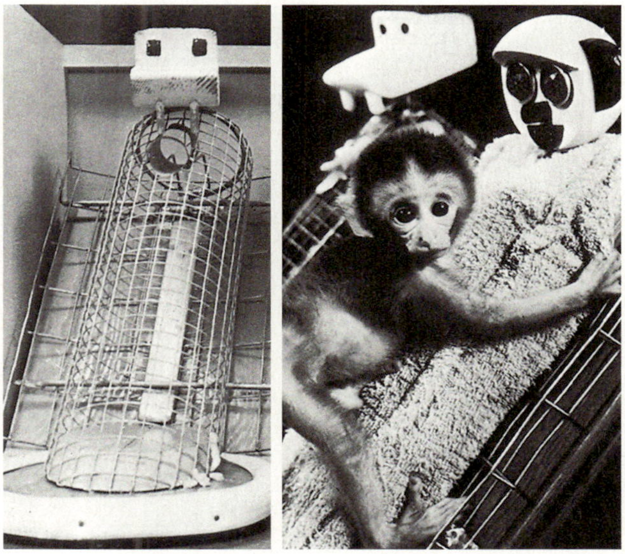

2 *Junger Rhesusaffe und die ihm angebotenen „Ersatzmütter"*

Sexuelle Prägung. Viele Vogelarten erfahren neben der Nachfolgeprägung während einer weiteren sensiblen Phase auch eine Prägung auf das Elternbild. Dessen Merkmale sind nicht oder nur teilweise angeboren und müssen erworben werden, damit später die Geschlechtspartner zusammenfinden. Lässt man zum Beispiel Zebrafinken von einer verwandten Finkenart aufziehen, balzen sie als erwachsene Männchen Weibchen der Art ihrer Pflegeeltern an, auch bei Anwesenheit eines arteigenen Weibchens. Diese Präferenz behalten die fehlgeprägten Individuen über einen langen Zeitraum, zum Teil lebenslang bei. Sowohl die Nachfolgeprägung als auch die sexuelle Prägung sind so genannte *Objektprägungen*. Die Tiere prägen sich meistens in früher Jugend Merkmale der Objekte ein, auf die das entsprechende Verhalten gerichtet ist. Der Ablauf des Verhaltens, wie Nachlaufen oder Balz, ist wahrscheinlich angeboren. Die Prägungsprozesse sind völlig unabhängig voneinander. So kann eine Gans in ihrem Nachfolgeverhalten auf Schwäne und sexuell auf den Menschen geprägt sein, da die zugehörigen sensiblen Phasen nicht zeitgleich sind. Auch ihre Reihenfolge ist von Art zu Art verschieden. Von Gänsen ist bekannt, dass sie zuerst auf ein Nachfolgeobjekt, dann sexuell geprägt werden, während es bei Dohlen genau umgekehrt ist.

Prägungsartige Vorgänge. Manche Lernformen von Tieren weisen ähnliche Kennzeichen wie die genannten Prägungserscheinungen auf. Lachse wandern als Jungtiere ins Meer und kehren Jahre später zum Ablaichen wieder in ihre Heimatgewässer zurück, wobei sie sich geruchlich orientieren. Auch Zugvögel zeigen bei ihren Wanderungen solche *Ortsprägungen*. Manche Insekten sind auf eine bestimmte Nahrung spezialisiert. Ihre *Nahrungsprägung* erfolgt bei der ersten Nahrungsaufnahme.

Im menschlichen Verhalten spielen prägungsähnliche Prozesse bzw. Prägungsvorgänge wahrscheinlich eine große Rolle. Diese experimentell nachzuweisen ist praktisch nicht möglich. Hinweise zum Verständnis liefern hauptsächlich Tier-Mensch-Vergleiche. Attrappenversuche mit Rhesusaffen belegen, dass junge Tiere ein großes Kontaktbedürfnis haben. Sie bevorzugen weiche Stoffattrappen gegenüber Drahtattrappen, obwohl sie ausschließlich bei den „Drahtmüttern" Nahrung bekommen (→ Bild 2). Isoliert aufgezogene Individuen zeigen später deutliche Entwicklungsschäden wie stereotype Bewegungsabläufe oder hohe Aggressionsbereitschaft sowie Störungen im Spielverhalten und beim Lernvermögen. Insbesondere die Mutter-Kind-Beziehung scheint wichtig für den Sozialisierungsprozess zu sein. Fehlt diese, treten in vielen Verhaltensbereichen Störungen auf.

3 *Rhesusaffe mit Jungtier*

1 Inwiefern kann man bei der Prägung von einem „vorprogrammierten Lernen" sprechen?

2 Amphibien kehren aufgrund prägungsartiger Vorgänge meist zum Ablaichen in das Gewässer zurück, in dem ihre frühe Entwicklung stattfand. Deshalb ist eine Umsiedlung des Laiches meist wirkungsvoller als Schutzmaßnahmen bei der Krötenwanderung. Erläutern Sie.

Konditionierung

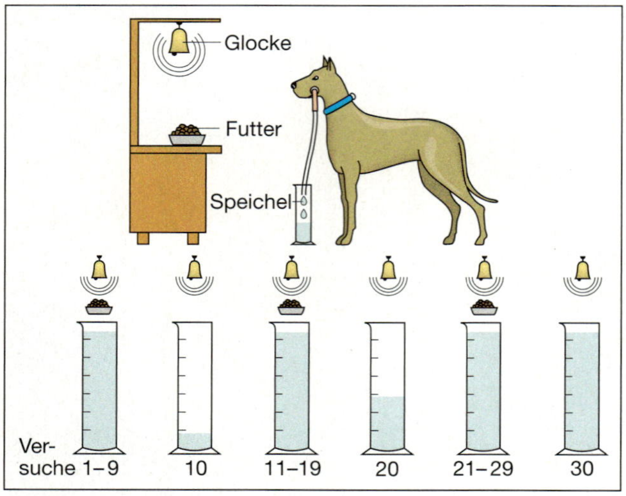

1 *Versuchsanordnung von PAWLOW*

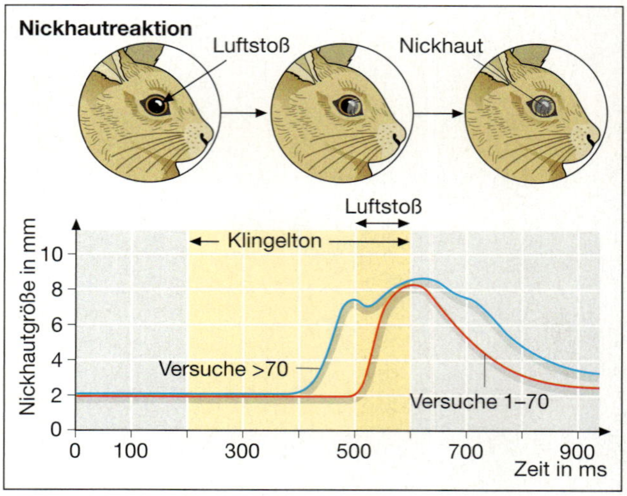

2 *Klassische Konditionierung beim Kaninchen*

Klassische Konditionierung. Der russische Physiologe PAWLOW bot einem Hund beim Füttern regelmäßig einen bestimmten Schallreiz. Nach einiger Zeit beobachtete er, dass bei dem Hund Speichelfluss einsetzte, wenn dieser den Schall wahrnahm. Das passierte auch dann, wenn kein Futter angeboten wurde (→ Bild 1). Der Hund hat ein bestimmtes Geräusch mit dem Futterangebot assoziiert. Der Speichelfluss ist normalerweise eine unbedingte Reaktion auf den unbedingten Reiz, das Futter, und erfolgt nicht auf ein akustisches Zeichen. Dieser neutrale Reiz wird durch die Erfahrung zu einem bedingten Reiz, der eine bedingte Reaktion auslöst, den bedingten Reflex (→ S. 472). Diese Form des Lernens bezeichnet man als *klassische Konditionierung*.

Für den Lernprozess ist es wichtig, dass der unbedingte Reiz zeitlich eng mit dem neutralen Reiz gekoppelt wird. Eine Lernleistung gelingt besonders gut, wenn der neutrale Reiz kurz vor dem unbedingten Reiz erfolgt (→ Bild 2). Durch vielfaches Wiederholen stabilisiert sich das Lernergebnis. Dies ist ein Hinweis darauf, dass im Zentralnervensystem physiologische Prozesse ablaufen. Bei Kaninchen hat man nach einer klassischen Konditionierung den Bereich des Vorderhirns untersucht, in dem Informationen aus den beteiligten Sinnesorganen zusammentreffen. In den untersuchten Neuronen konnte eine bleibende Veränderung festgestellt werden: Der Kalium-Ionenstrom durch die Membrankanäle war reduziert. Diese Zellen sind dadurch leichter erregbar.

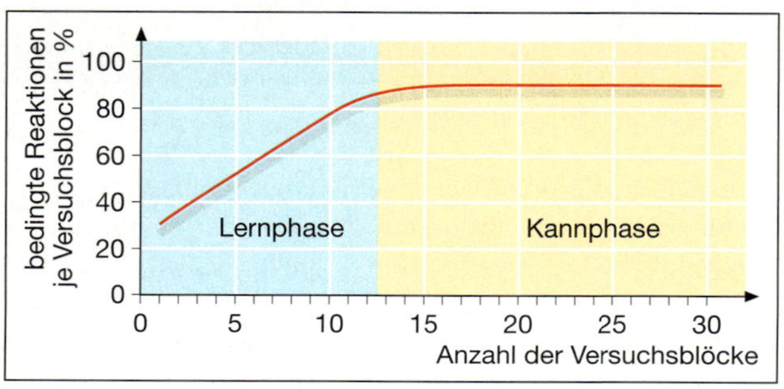

3 *Lernkurve bei Konditionierung, idealisierter Verlauf*

Operante Konditionierung. Schließt man hungrige Ratten in einen Käfig ein, versuchen sie an das außerhalb stehende Futter zu kommen. Drücken die Tiere einen Knopf, öffnet sich die Tür des Käfigs. Sie probieren zunächst alle möglichen Verhaltensweisen um zur Nahrung zu gelangen. Haben sie Erfolg, kann man das kurz zuvor gezeigte Verhalten immer häufiger beobachten und die Tiere handeln schließlich zielgerichtet, sobald sie in den Käfig gesetzt werden. Sie haben über Versuch und Irrtum am Erfolg gelernt. Die Nahrung stellt eine Belohnung für das richtige Handeln dar. Auch durch Bestrafung ist Konditionierung möglich. Bei dieser Form des Lernens spricht man von *operanter Konditionierung*.

SKINNER legte bei seinen Versuchen zur operanten Konditionierung ein besonderes Augenmerk auf die Verstärkungsmethode, also auf die Art und Weise, wie die Belohnung angeboten wird. Geschieht dies zum Beispiel unregelmäßig, ist der Lernerfolg größer als bei einer Futterbelohnung nach jeder richtigen Verhaltensweise. An so genannten Lernkurven sind Lernfortschritte grafisch gut erkennbar (→ Bild 3).

Konditionierungen sind im Tierreich weit verbreitet, wobei die zugrunde liegenden Gesetzmäßigkeiten ähnlich sind. Auch der Mensch bildet bedingte Reaktionen aus: So läuft uns das Wasser im Mund zusammen, wenn wir im Restaurant das Auftragen der Speisen am Nachbartisch beobachten.

1 Arbeiten Sie die Unterschiede zwischen der klassischen und der operanten Konditionierung heraus.

2 Bei der operanten Konditionierung wird die Belohnung immer direkt nach der gewünschten Handlung geboten. Erläutern Sie, warum eine Verzögerung zu diesem Zeitpunkt den Lernerfolg nachhaltig beeinflussen kann.

3 PAWLOW hat in seinen Vorversuchen den Speichelfluss bei Angebot von Futter beziehungsweise bei alleiniger Gabe des Schallreizes gemessen. Erläutern Sie .

Nachahmung und Tradition

1 *Werkzeuggebrauch eines Schimpansen beim Termitenfang*

2 *Ein Rotgesichtsmakake wäscht Süßkartoffeln.*

Lernen durch Beobachtung. In Westafrika kann man Schimpansen beobachten, die hartschalige Nüsse mithilfe von zwei Steinen öffnen. Diese Form des Werkzeuggebrauchs lernen junge Schimpansen, indem sie ihren Müttern zuschauen. Später versuchen sie selbst Nüsse auf diese Weise zu öffnen. Durch *Versuch und Irrtum* werden ihre Bemühungen effektiver und schließlich können sie die Nüsse perfekt knacken. Auch die Fähigkeit der Schimpansen, Termiten mittels eines Stöckchens aus deren Bau herauszuangeln (→ Bild 1), beruht auf der Nachahmung eines bei anderen Individuen beobachteten Verhaltens. Dabei wählen die Tiere das Stöckchen sorgfältig aus und modifizieren es teilweise sogar, indem sie die Rinde entfernen oder ein umgebogenes Ende abbeißen. Junge Schimpansen spielen zwar auch mit Halmen und Ästchen, sie benutzen diese jedoch nicht zum Nahrungserwerb. Erst im Alter von einigen Jahren sind sie geschickt genug, um mit einem Zweig die Insekten erbeuten zu können. Die zum Erlangen der Nahrung eingesetzten Gegenstände werden als regelrechte Werkzeuge benutzt. Die Fähigkeit zur Anwendung von Werkzeug resultiert wahrscheinlich aus einer Mischung von Nachahmung und speziellen Lernvorgängen bei angeborener Lerndisposition. Bei diesem „Lernen durch Beobachtung" werden Erfahrungen auf indirektem Weg gesammelt.

Tradiertes Verhalten. Erlernte Verhaltensmuster können bei sozial lebenden Tieren auf nicht genetischem Weg von einer Generation zur nächsten weitergegeben werden. Es bildet sich eine Verhaltenstradition aus. Japanische Forscher fütterten Rotgesichtmakaken mit Süßkartoffeln (→ Bild 2) um die Tiere besser beobachten zu können. Ein Affe wurde beobachtet, wie er eine Kartoffel wusch und danach verzehrte. Dieses Verhalten wurde von diesem Tier immer wieder gezeigt und innerhalb von zehn Jahren von den meisten Tieren innerhalb der Gruppe übernommen. Nicht beobachtet wurde es zu diesem Zeitpunkt allerdings bei ganz jungen und über zwölf Jahre alten Tieren. Heute ist diese „Kartoffelwaschkultur" bei den Nachfahren im Verhaltensrepertoire fest etabliert.

Das *Lernen durch Nachahmung* hat für ein Individuum große Vorteile. So können die lernenden Tiere einerseits eigene risikoreiche Erfahrungen vermeiden, andererseits von positiven Erfahrungen profitieren. Bei Tieren beruht das Nachahmungslernen oft auf dem Erwerb und der Verfeinerung motorischer Fähigkeiten und ist objektgebunden. Auch der Mensch lernt am Objekt durch Nachahmung. Er kann aber auch durch verbale Informationsweitergabe, das heißt ohne Objekt, nachahmen und dadurch lernen.

3 *Diese Kohlmeise hat eine Milchflasche geöffnet.*

1 Nennen Sie Beispiele für das Lernen durch Nachahmung beim Menschen.

2 1940 hat man in England vereinzelt Blaumeisen beobachtet, die Löcher in den Aluminiumverschluss einer Milchflasche pickten, um an den Inhalt zu gelangen. Dieses Verhalten hat sich mittlerweile weiter ausgebreitet (→ Bild 3). Erklären Sie das Zustandekommen dieses Phänomens.

Kognitives Lernen

Einsichtiges Verhalten. Angehörige vieler Tierarten sind in der Lage, im Kontext einer unbekannten Situation zu lernen. Findet dieser Prozess losgelöst von der Lernsituation, also sozusagen „in der Vorstellung“ statt, spricht man auch von *kognitivem Lernen*. Es bedingt das *einsichtige Verhalten*. Besonders bei Primaten ist ein solches Verhalten, das ein gedankliches Erfassen des Problems und eine Vorplanung des Lösungsweges voraussetzt, vielfach beschrieben worden. Dies erfordert geistige Fähigkeiten, die besondere Leistungen von Gehirn und Gedächtnis zur Voraussetzung haben. Die Lernprozesse und Lernleistungen werden von Erwartungen und Wertungen beeinflusst. Der Organismus ist in der Lage, die Verhältnisse zwischen Reiz und Reaktion „vorherzusagen“.

Wichtige Voraussetzung beim experimentellen Nachweis ist, dass die Tiere nicht im Vorfeld etwa durch Konditionierung oder Ausprobieren bereits die Lösung kennen gelernt haben.

Eine einfache Form einsichtigen Verhaltens kann im *Umwegversuch* nachgewiesen werden. Dabei kann das Tier nicht den direkten Weg zum Ziel nehmen, es muss vielmehr einen Umweg ausführen. Solche Leistungen sind vor allem von Säugetieren, aber beispielsweise auch vom Chamäleon bekannt (→ Bild 1).

Der Psychologe WOLFGANG KÖHLER machte von 1913 bis 1917 in seiner Beobachtungsstation auf Teneriffa Versuche mit Schimpansen. Er bot ihnen sichtbar Futter an, das die Tiere aber nur dann erreichen konnten, wenn sie Hilfsmittel verwendeten. Er stellte den Affen verschiedene Gegenstände wie Kisten oder ineinander schiebbare Stöcke zur Verfügung. Vom experimentellen Ansatz her hatten die Tiere die Möglichkeit, nicht nur über Versuch und Irrtum an die Nahrung zu gelangen. Einige von ihnen waren in der Lage, die Aufgaben zu lösen, indem sie verschiedene Verhaltensformen neu kombinierten (→ Bild 2). Die Lösung eines Problems wurde dann als erfolgreich beurteilt, wenn die Tiere unter mehreren Möglichkeiten auf Anhieb die richtige auswählten.

Abstraktionsvermögen. Schimpansen sind offensichtlich in der Lage, abstrakte Formen als Symbole für reale Gegenstände anzusehen (→ Bild 3). Das lässt eine Art von „Wissen, dass“ bei den Tieren vermuten. So lernte die Schimpansin Sarah 120 Plastiksymbole sinngemäß anzuwenden. Durch Kombination mehrerer Symbole konnte sie sogar einfache Fragen beantworten. Schimpansen können auch Aufgaben zur so genannten transitiven Interferenz lösen. Das heißt, wenn die Relationen F > E, E > D, D > C bekannt sind, wird analog erschlossen, dass F > C ist.

1 Warum kann man bei höheren Lernleistungen nicht mehr davon reden, dass die Versuchstiere reine „Reiz-Reaktions-Wesen“ sind?

2 Entwickeln Sie einen Versuchsablauf, mit dem man die Fähigkeit zur transitiven Interferenz nachweisen kann.

3 Diskutieren Sie, bei welchen Tierarten kognitive Fähigkeiten wahrscheinlich nicht beobachtet werden können.

1 Das Chamäleon wählt gezielt den Ast, von dem es die Beute mit der Zunge erreichen kann.

2 Ein Orang-Utan gelangt durch die Kombination mehrerer Stangen an die Futterdose.

3 Ein Schimpanse äußert sich mithilfe grafischer Symbole auf einer Computertastatur.

Sozialverhalten als Anpassung: Konzepte der Soziobiologie

Die *Soziobiologie* ist ein Zweig der Verhaltensbiologie, der unser Verständnis für eine Vielzahl von Verhaltensweisen gefördert hat, besonders im Bereich des Sozialverhaltens von Tier und Mensch. Ausgehend von der Voraussetzung, dass jedem natürlichen Verhalten eine biologisch sinnvolle Funktion zukommt, werden zur Erklärung des Verhaltens vor allem *ultimate Faktoren* herangezogen, also der Anpassungswert oder evolutionsbiologische Nutzen.

Fitness. Geht man von der Annahme aus, dass zwischen einem erfolgreichen Verhalten und der Anzahl der fortpflanzungsfähigen Nachkommen über die Generationen hinweg eine positive Korrelation besteht, so wird die Vermehrungsrate zu einem entscheidenden Maß für die Qualität des jeweiligen Verhaltens. In der Konkurrenz mit Artgenossen und im Grad der Angepasstheit an die Lebensbedingungen erweisen sich die einzelnen Individuen als unterschiedlich erfolgreich. Die Größe des Erfolges bezüglich der Überlebensfähigkeit und der Fortpflanzungsrate eines Individuums sowie seiner Nachkommen bezeichnet man als *Fitness* (→ S. 244). Die natürliche Auslese oder Selektion bestimmt, durch welche Eigenschaften ein Tier größere Fitness gewinnt.

Dabei setzt die Selektion zwar am Individuum an, aus evolutionsbiologischer Sicht ist jedoch sein genetisches Programm, das es an seine Nachkommen weitergibt, die relevante Bezugsgröße. Erhöht ein Gen den Fortpflanzungserfolg eines Individuums, wird es selbst mit größerer Wahrscheinlichkeit in der nächsten Generation im Genpool der Population vertreten sein, seinen Anteil daran also erhöhen. Durch solche Überlegungen kann die Soziobiologie auch scheinbar widersinnige Verhaltensweisen wie Brutpflegedienste bei Verwandten oder Tötung von Nachkommen in der eigenen Population erklären, wenn sie die Fitness erhöhen.

Kosten-Nutzen-Analyse. Bei der Analyse von Verhaltensstrategien verwendet man in der Soziobiologie die Begriffe Kosten und Nutzen, die der modernen Wirtschaftslehre entlehnt wurden. Alles, was dazu beiträgt, das Überleben eines Lebewesens und seine Vermehrungschance zu steigern, gehört zum *Nutzen* eines Verhaltens, und alles, was diese Parameter erniedrigt, zu den *Kosten*. Kosten-Nutzen-Analysen erlauben Aussagen darüber, in welchem Maß das Verhalten eines Tieres an seine Umwelt angepasst ist. Ein Maximum an Nettoenergiegewinn erreichen etwa die Krähen an der Küste Westkanadas durch ihr Verhalten beim Nahrungserwerb, wobei sie durch Abwerfen von Wellhornschnecken deren Gehäuse aufbrechen (→ Bild 1). Im Kontext von Kosten und Nutzen entwickelte quantitative Modelle ermöglichen es, Vorhersagen des Verhaltens zu prüfen.

So ist die Verteidigung eines Reviers dann ökonomisch, wenn der Nutzen größer ist, als es die Kosten sind (→ Bild 2). Das daraus abgeleitete Konzept der ökonomischen Verteidigung besagt: Mit der Reviergröße steigen die Kosten, wie beispielsweise der Energiebedarf, weil mehr Auseinandersetzungen zur Verteidigung des Reviers stattfinden. Aber auch der Nutzen, also die im Territorium zur Verfügung stehende Nahrungsmenge oder die Wahrscheinlichkeit einer Verpaarung, wird größer. Ab einer bestimmten Reviergröße bringt das reichlichere Nahrungsangebot jedoch keinen zusätzlichen Gewinn mehr. Dagegen kann die Zahl der Eindringlinge so groß werden, dass die Kosten für eine Revierverteidigung nicht mehr aufzubringen sind. Ist die Qualität des Territoriums sehr spärlich, bringt der Ausschluss von Konkurrenten im Vergleich zur verteidigten Nahrungsmenge ebenfalls keinen Gewinn. Das Tier wird sich entsprechend den jeweiligen Bedingungen entweder territorial verhalten oder auf ein eigenes Territorium verzichten.

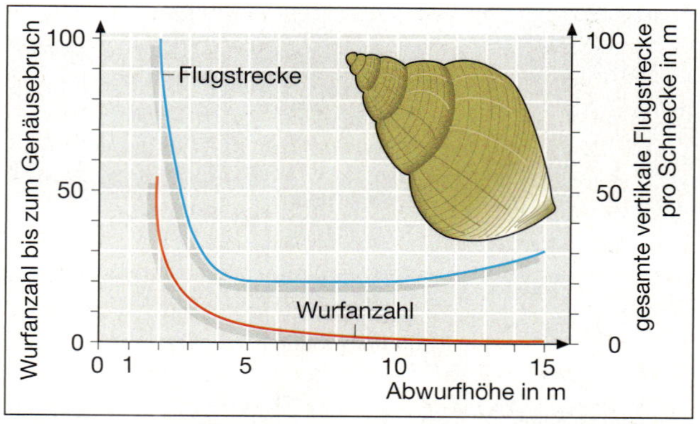

1 Ergebnisse von Experiment (rot) und Freilandbeobachtungen (blau) zum Nahrungserwerb kanadischer Krähen

Die Konkurrenz um begrenzte Ressourcen wie Nahrung, Revier oder Geschlechtspartner scheint der entscheidende Selektionsfaktor zu sein. Bei vielen Tieren ist zu beobachten, dass sich ein Anpassungstyp an die Gesamtheit der Umweltbedingungen einer Art herausbildet. Dieser ist durch spezielle Lebens- und auch Fortpflanzungsstrategien (r- und K-Strategie, → S. 337) charakterisiert.

1 Warum und wie kann man die beiden marktwirtschaftlichen Begriffe Kosten und Nutzen auf biologische Systeme übertragen?

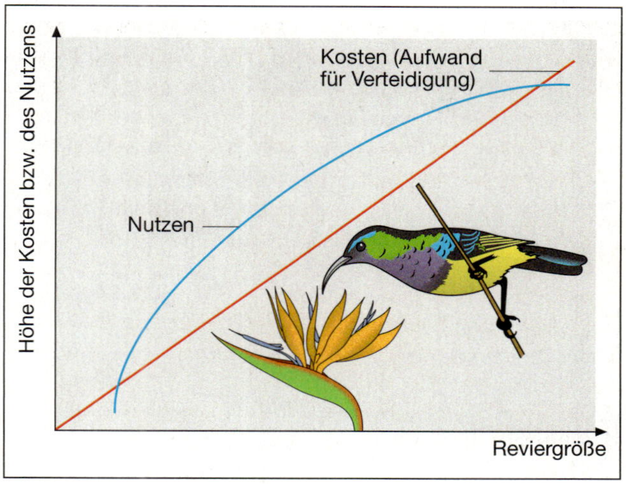

2 Reviergröße und Kosten-Nutzen-Bilanz

Kooperation und Konflikte in Gruppen

1 Rote Waldameisen schaffen eine Raupe zum Nest (oben). Eine Rote Waldameise übergibt der anderen Nahrung (unten).

2 Jagderfolg des Habichts

3 Wolfsrudel auf der Jagd

Bei vielen Tierarten schließen sich Artgenossen über die Paarbildung hinaus zu Gruppen zusammen. Neben dem eher zufälligen, vorübergehenden Treffen von Individuen an bestimmten Orten, wie der Tränke, sind vielfältige Ausprägungsformen einer dauerhaften Gruppenbildung bekannt: Fisch- und Vogelschwärme, Staaten bildende Insekten, Rudel bei hundeartigen Raubtieren oder Familien bei Menschenaffen. Kennen sich die Mitglieder eines Zusammenschlusses von Tieren einer Art, spricht man von einem *individualisierten Verband*. Dieses ist beispielsweise bei Wölfen und Löwen der Fall. Bienen und Ameisen bilden dagegen *geschlossene anonyme Verbände*, deren Mitglieder sich am spezifischen Gruppenduft, aber nicht individuell erkennen (→ Bild 1). Artgenossen einer anderen Gruppe gegenüber verhalten sich Mitglieder dieser beiden Kategorien von Verbänden feindlich. In *offenen anonymen Verbänden*, wie den riesigen Heuschreckenschwärmen, kennen sich die Tiere untereinander nicht. Artgenossen werden in diese Verbände aufgenommen.

Schutz gegen Räuber. Ringel- und Haustaube machen fast die Hälfte der Gesamtbeute des Habichts aus. Sie bewohnen abwechslungsreiches Gelände mit Lichtungen und Büschen, die ihnen reichlich Deckung bieten. Für den Jagderfolg des Greifvogels ist das Überraschungsmoment entscheidend. Er ist oft erfolgreich, wenn er eine einzelne Taube erspäht hat. Treten die Tiere in Schwärmen auf, sinkt die Erfolgsrate mit der Größe der Taubenschar (→ Bild 2). Dafür gibt es mehrere Gründe:

- Viele Individuen und damit eine große Anzahl an Sicherungsblicken erhöhen die Wahrscheinlichkeit den Fressfeind rechtzeitig zu entdecken. Experimente mit einem gezähmten Habicht zeigen: Je mehr Tauben sich in einem Schwarm befinden, auf desto größere Entfernung wird der Fressfeind entdeckt. Fliegt dann ein Tier auf, folgen die anderen sofort. Trotz dieser erhöhten Wachsamkeit verbringt die einzelne Taube in der Gruppe weniger Zeit mit Umherspähen, als wenn sie allein ist. Das Individuum im Schwarm hat also durch das Zusammenleben mehr Zeit zum Fressen bei gleichzeitig erhöhter Sicherheit vor Feinden.
- Einem Räuber fällt es schwer, aus einer großen Zahl untereinander ähnlicher Beutetiere ein Individuum auszuwählen. Dieser *Verwirrungseffekt* führt dazu, dass ein gezielter Angriff später beginnt und die Erfolgsaussicht sinkt.
- Das Leben in der Gruppe erbringt über den *Verdünnungseffekt* einen weiteren Vorteil. Der Habicht erbeutet bei einem erfolgreichen Angriff nur ein Tier. Für die einzelne Taube verringert sich also die Gefährdung bei einer Attacke des Fressfeindes, wenn die Gruppe recht groß ist.

Vorteile beim Nahrungserwerb. Wölfe sind Beutegreifer und können mit Elch, Hirsch oder Wildschaf Tiere erbeuten, deren Körpergewicht mehr als das Zehnfache ihres Eigengewichts beträgt. Nur das gemeinschaftliche Jagen im Rudel (→ Bild 3) ermöglicht es den Wölfen, derart große Tiere aufzuspüren und zu erbeuten.

Von Schimpansen ist bekannt, dass sie sich zu einer kooperativen Gruppenjagd auf Stummelaffen zusammenschließen.

Während die Erfolgsquote eines einzelnen Schimpansen nur etwa 16% beträgt, sind Gruppen von mehr als sechs Tieren bei rund 80% aller Beutezüge erfolgreich.

Gemeinsame Verteidigung. Beutetiere können sich als Gruppe durchaus gegen Räuber wehren. So kann man beispielsweise beobachten, dass in Lachmöwenkolonien viele Tiere gemeinsam räuberische Krähen attackieren, die sich den Nestern nähern. Dadurch reduziert sich die Erfolgsaussicht der Krähen, Möweneier zu erbeuten.

Erhöhtes Infektionsrisiko. Parasiten (→ S. 323) stellen einen Selektionsdruck gegen die Entstehung großer Sozialverbände dar. In einer Rauchschwalbenkolonie hat man in den Nestern Blut saugende Milben gefunden. Diese befallen die Nestlinge und schwächen sie. In stark befallenen Nestern sterben sogar viele Jungtiere. Diese durch den Milbenbefall bestehenden Risiken bei der Jungenaufzucht hängen von der Größe der Brutkolonie ab (→ Bild 2).

Konkurrenz um Ressourcen. Mit der sozialen Lebensweise entstehen für das Individuum auch Kosten durch einen erhöhten Konkurrenzdruck. So ist dieser umso höher, je mehr Individuen um ein bestimmtes Nahrungsangebot konkurrieren.

Bei Javaneraffen auf Sumatra wurde für unterschiedlich große Gruppen der Aufwand für die Nahrungssuche erfasst (→ Bild 3). Da die bevorzugte Nahrung nicht gleichmäßig verteilt in ihrem Aufenthaltsgebiet vorkommt, benötigen die Mitglieder einer großen Gruppe viel Zeit für die Nahrungssuche. Sie haben deshalb auch vergleichsweise wenig Zeit für Ruhepausen.

Außerdem werden häufiger aggressive Verhaltensweisen beobachtet und das gegenseitige Lausen, dem eine aggressionsmindernde Funktion zukommt, tritt seltener auf. Die an das Gruppenleben gekoppelten individuellen Nachteile sind am Fortpflanzungserfolg erkennbar. So ist die Geburtenrate in kleinen Gemeinschaften von Javaneraffen höher als in großen Gruppen.

1 Eine Rauchschwalbe versorgt die Jungvögel im Nest.

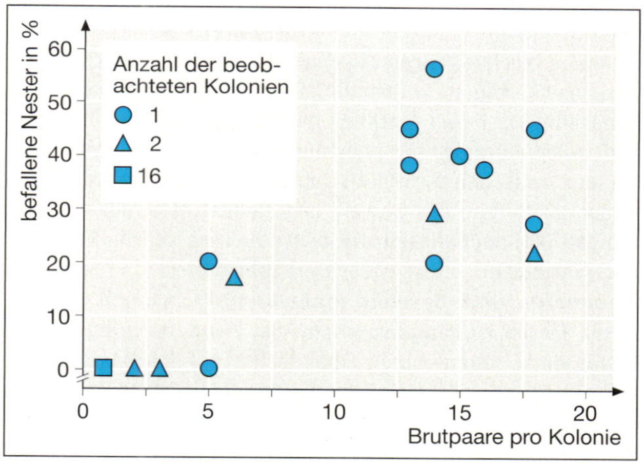

2 Milbenbefall in verschieden großen Schwalbenkolonien

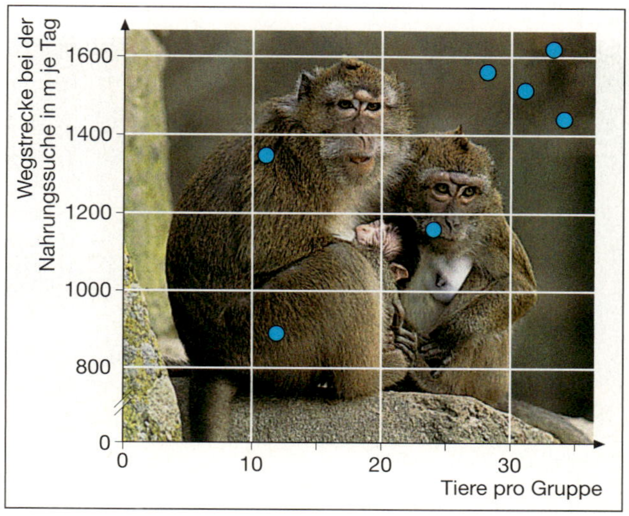

3 Wegstrecken der Nahrungssuche bei Javaneraffen-Gruppen

1 Informieren Sie sich über die Anpassungen in der Fressfeind-Beute-Beziehung von Wanderfalke und Taube (→ S. 322). Recherchieren Sie auch in der Fachliteratur.

2 Das Rebhuhn wird vom Habicht vorwiegend während der Balzzeit geschlagen. Im Herbst und Winter, wenn sich die Hühner zu Völkern zusammenschließen, erbeutet der Habicht nur noch selten ein Rebhuhn. Deuten Sie diesen Befund.

3 Stellen Sie für die geschilderten Fälle Kosten-Nutzen-Abschätzungen auf und diskutieren Sie die Ergebnisse unter dem Gesichtspunkt der Fitness.

4 Auch das Zusammenleben vieler Menschen in Städten war und ist durch ein erhöhtes Gesundheitsrisiko, etwa wegen Parasitenbefalls, Auftretens von Seuchen, zunehmender Verkehrsdichte und Luftverschmutzung, gekennzeichnet. Vergleichen Sie mit den im Text genannten Nachteilen des Gruppenlebens im Tierreich. Hat das urbane Leben des Menschen auch soziale Vorteile?

Kampfverhalten

Männliche Kaffernbüffel zeigen bei Auseinandersetzungen folgendes Verhalten: Die Kontrahenten gehen im Stechschritt mit erhobenem Kopf aufeinander zu, schütteln die Köpfe und stampfen mit den Hufen. In einigen Metern Entfernung voneinander bleiben sie stehen. Dann wendet sich entweder eines der Tiere ab und trottet davon, oder beide senken die Hörner und stürmen aufeinander los. Die Tiere rammen die Stirnwülste krachend aneinander, nehmen immer wieder Anlauf und schieben sich gegenseitig hin und her (→ Bild 1). Schließlich macht einer kehrt und räumt das Feld.

Stehen Tieren nur knappe Ressourcen wie Nahrung, Brutplätze oder Geschlechtspartner zur Verfügung, sind solche *innerartlichen Konfliktsituationen* zu beobachten. Bei den aggressiven Auseinandersetzungen kommt es aber nicht immer zu einem physischen Kampf.

Droh- und Imponierverhalten. In der Regel zeigen die Kontrahenten zunächst Imponierverhalten. Dieses tritt je nach Tierart in unterschiedlicher Ausprägungsform auf. Bei den Brunftkämpfen des Rothirsches findet zunächst ein *akustischer Wettstreit* statt. Nähert sich ein Herausforderer dem Platzhirsch, fordert er diesen durch Röhren heraus. Es kommt zu einem Wechselröhren zwischen den Rivalen. Zieht sich keiner zurück, zeigen Eindringling und Rudelinhaber das Parallelparadieren. Dabei schreiten beide einige Minuten lang parallel nebeneinander her und mustern sich aus der Nähe. Bei diesem optischen Kräfteabschätzen werden besonders die Körpergröße und das Geweih begutachtet. Bei vielen Begegnungen tritt nach diesem Drohverhalten ein Rivale kampflos den Rückzug an, oft ist es der Herausforderer.

Komment- und Beschädigungskämpfe. Kommt es zwischen Tieren zu kämpferischen Auseinandersetzungen, verlaufen diese oftmals nach einer festen Abfolge. Man spricht dann von einem Turnier- oder Kommentkampf. Dabei verletzen die Kontrahenten einander nicht. So werden die gefährlichen Hornspitzen der Kaffernbüffel bei innerartlichem aggressivem Verhalten nicht wirksam. Bei dem Kräftemessen handelt sich um eine relativ risikoarme Verdrängung des Konkurrenten. Auch das Kampfverhalten der Rothirsche ist darauf abgestimmt, dass beim Aufeinanderprallen der Geweihe kein Spross durch das Geweih des Gegners dringt und diesen verletzt (→ Bild 2). Trotzdem erleiden etwa 25% der Tiere eine nachhaltige Verletzung.

1 Kämpfe zwischen Kaffernbüffelbullen führen in der Regel nicht zu Verletzungen.

Bei einigen Tierarten sind Beschädigungskämpfe dagegen häufig zu beobachten. So verletzen sich beispielsweise Ratten gegenseitig durch Bisse, und aggressive Auseinandersetzungen zwischen Wölfen können tödlich enden.

Kämpferische Auseinandersetzungen werden durch Flucht eines Kontrahenten, bei manchen Arten auch durch eine Beschwichtigungsgebärde beendet, bei der eine besonders empfindliche Körperstelle dem Gegner zugekehrt wird. Dies trägt zur Vermeidung negativer Auswirkungen innerartlicher Aggression bei.

Die „Kampforgane" werden nicht nur bei innerartlichen Auseinandersetzungen benutzt. Nashörner und Elefanten beispielsweise setzen ihre Hörner beziehungsweise Stoßzähne auch gegen artfremde Konkurrenten und Feinde ein (→ Bild 3).

2 Kämpfende Rothirsche

3 Elefantenbulle und Breitmaulnashorn in Kampfsituation

1 Dominanzverhalten eines Alpha-Wolfes gegenüber einem rangniederen Tier

2 Relative Paarungshäufigkeit von See-Elefantenbullen in Abhängigkeit von der Rangposition (Zahl) in der Gruppe

Rangordnung. Markiert man Haushühner, die einander nicht kennen, mit unterschiedlichen Farbtupfern auf dem Rücken und gibt sie in ein Gehege, kann man das individuelle Verhalten in der Gruppe beobachten. Jedes Tier versucht die anderen von der Nahrung wegzujagen, wobei die Hühner auch mit den Schnäbeln aufeinander einhacken. Spätestens nach einigen Tagen tritt Kampfverhalten praktisch nicht mehr auf. Es hat sich eine *Hackordnung* ausgebildet. Aus historischen Gründen bezeichnet man das ranghöchste Tier nach dem griechischen Alphabet als Alpha-Huhn (α-Huhn). Geht dieses zum Futternapf, weichen alle anderen aus. Das Tier steht an der Spitze der Gruppe und kontrolliert das Verhalten aller anderen Gruppenmitglieder. Das β-Huhn unterjocht alle anderen bis auf das α-Huhn. Diese Rangordnung reicht bis zum rangniedrigsten ω-Tier, das vor allen anderen Gruppenmitgliedern ausweicht.

Innerhalb individualisierter Verbände findet man oft eine solche Hierarchie (→ Bild 1). In dem geschilderten Beispiel der Hühnerschar liegt eine lineare Dominanzbeziehung vor. Daneben gibt es im Tierreich auch Dreiecksbeziehungen, bei denen etwa β über γ, γ über δ, aber δ wieder über β steht. Beide Beziehungsformen setzen voraus, dass sich die Tiere gegenseitig kennen.

Liegen stabile Hierarchien vor, sind kostspielige Kämpfe mehr oder weniger überflüssig, da das Ergebnis einer aggressiven Auseinandersetzung zwischen zwei Tieren mit einem hohen Grad an Wahrscheinlichkeit vorauszusehen ist. Für ein dominantes Individuum reicht häufig Drohverhalten um respektiert zu werden. Ranghohe Tiere genießen in der Regel gewisse Vorrechte, wie etwa beim Paarungsverhalten (→ Bild 2), an der Futterstelle oder bei der Nutzung bevorzugter Ruheplätze. Daneben übernehmen sie aber als Anführer oder Wächter auch bestimmte Aufgaben.

Unter den Wölfen eines Rudels bestehen zwei getrenntgeschlechtliche Rangordnungen. Die α-Wölfin kontrolliert das Paarungsverhalten der anderen Weibchen. Ist reichlich Nahrung vorhanden, paart sie sich und gestattet dies auch anderen Wölfinnen. Bei Nahrungsknappheit lässt sie weniger oder keine Paarungen anderer Weibchen zu und sichert so ihren eigenen Jungen eine größere Überlebenschance.

Rangordnungen zeigen trotz ihrer Stabilität eine gewisse Dynamik. Immer wieder kann es zumindest zwischen den Rangnachbarn zu Verschiebungen kommen. Die einzelnen Tiere können so im Rang auf- oder absteigen.

1 Vergleichen Sie das Imponierverhalten mit dem Beschädigungskampf unter Kosten-Nutzen-Gesichtspunkten.

2 Welche Merkmale könnten zum individuellen Status eines in einer Gruppe lebenden Tieres beitragen?

3 Wie kann sich der Rang eines Jungtieres in einer Gorillagruppe mit der Zeit ändern? Erläutern Sie mithilfe von Bild 3 den Begriff „gleitende Rangordnung“.

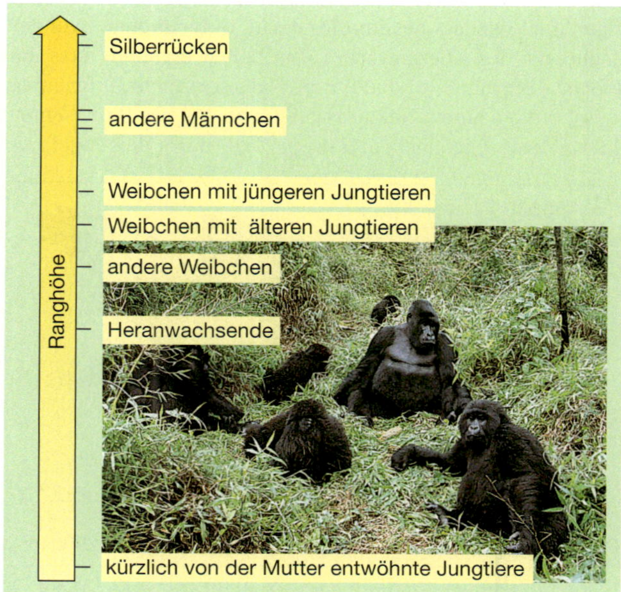

3 Rangordnung in einer Gorillagruppe

Territorialität

Ein *Revier* oder *Territorium* ist ein Gebiet, das von Tieren markiert und mittels Droh- und Kampfverhalten meist gegen Artgenossen verteidigt wird. Davon zu unterscheiden ist das *Streifgebiet*, in dem sich Tiere durchaus regelmäßig aufhalten, aus dem Artgenossen aber nicht vertrieben werden. Oft ist dies ein neutraler Raum zwischen Territorien oder ein Gebiet, das eine nur selten vorkommende natürliche Ressource wie eine Wasserstelle enthält und dessen Verteidigung nicht möglich oder zu aufwändig wäre. Territorialität oder Revierverhalten kommt bei Wirbeltieren aller Klassen, bei Insekten und vereinzelt auch bei Spinnen und Krebsen vor.

Bedeutung des Reviers. Der Besitz eines Reviers spielt beim Nahrungserwerb, der Paarung und Jungenaufzucht oder einer Kombination dieser Aktivitäten eine wichtige Rolle. Es sichert seinem Inhaber, also einem Individuum, einem Paar oder einer Gruppe, exklusive Nutzungsmöglichkeiten, ohne dass Artgenossen dauernd stören. Insgesamt gesehen wird die Zahl der kämpferischen Auseinandersetzungen, selbst die Häufigkeit des Drohverhaltens zeitlich eingeschränkt und Aggressionsschäden können vermieden werden. Auch der Fortpflanzungserfolg des Besitzers wird erhöht. Obwohl diesen Vorteilen auch Nachteile wie zum Beispiel ein erhöhter Energieaufwand für Verteidigung gegenüberstehen, ist die Kosten-Nutzen-Bilanz für den Revierinhaber in der Regel positiv.

Quantitativ konnte dies am Sichelnektarvogel nachgewiesen werden. Der in Afrika vorkommende Blütenbesucher eignet sich gut für derartige Betrachtungen, weil sich der Energiegehalt seiner Nahrung sowie sein Energieumsatz bei verschiedenen Tätigkeiten gut ermitteln lässt. So verbrauchen diese Vögel für die Nektarsuche ca. 4200 J/h, für die Revierverteidigung ca. 12600 J/h und beim Sitzen ca. 1680 J/h. Die Tiere sind nicht territorial, wenn die Nektarproduktion in den Blüten überall gleich ist. Ist diese auch nur innerhalb eines Tages an verschiedenen Stellen unterschiedlich hoch, verteidigen die Vögel ein bestimmtes Areal. Berechnungen auf der Grundlage des Energieverbrauchs haben ergeben, dass ein Tier pro Tag acht Stunden für die Nahrungssuche aufwenden muss, um bei einem Nektarangebot von 1 µl pro Blüte seinen Energiebedarf zu decken. Sind es 3 µl, muss der Vogel nur noch 2,7 Stunden aufwenden. Verteidigt der Sichelnektarvogel die Blüten, so steht ihm dadurch ein größeres Nektarvolumen pro Blüte zur Verfügung, da diese nicht von anderen Vögeln ausgebeutet werden. Selbst bei einem Zeitaufwand von über einer Stunde pro Tag für die Revierverteidigung resultiert trotz der erhöhten Kosten ein Energiegewinn.

Nahrungs- und Fortpflanzungsreviere sind die häufigsten Territoriumstypen. Beide können räumlich identisch, aber auch getrennt sein. In den gemäßigten Breiten sind viele Tierarten nur während einer Jahreszeit territorial. *Dauerreviere* sind hier nur von wenigen Arten wie von Fuchs und Dachs bekannt, kommen in den Tropen aber oft vor.

Reviergröße. Normalerweise sind Territorien ortsfest. Ihre Größe ist bis zu einem gewissen Grad artspezifisch, kann jedoch auch individuell schwanken. So ändern Kornweihen die Reviergröße in Abhängigkeit von der Nahrungsverfügbarkeit (→ Bild 1). Die Körpergröße und das Ernährungsverhalten des betreffenden Inhabers beeinflussen die Territoriumsgröße ebenfalls. Reine Brut- oder Balzreviere sind kleiner als Nahrungsreviere.

Reviermarkierung. Damit ein Revier seine spezifischen Funktionen erfüllen kann, muss es als solches kenntlich gemacht werden. Das kann auf unterschiedliche Weise und über mehrere Sinnesmodalitäten geschehen. Die *akustische Revierkennzeichnung* ist bei Vögeln weit verbreitet, bei Säugetieren eher selten. Zu den wenigen Beispielen gehören das Röhren der Rothirsche, die Rufe der Gibbons oder das Heulen der Wölfe. Säugetiere grenzen ihr Territorium häufig mithilfe von Duftstoffen ab. Für diese *olfaktorische Markierung* verwenden sie entweder vom Körper abgeschiedene Stoffe, wie den Kot bei Flusspferden oder den Harn bei hunde- und katzenartigen Raubtieren, oder in speziellen Duftdrüsen produzierte Substanzen (→ Bild 2). Da die chemische Zusammensetzung solcher Sekrete individuell variiert, können sich die Tiere einer Gruppe sogar untereinander erkennen. Von manchen Fischarten ist *elektrische Reviermarkierung* bekannt. Einige Tierarten patrouillieren häufig entlang der Reviergrenzen oder zeigen sich wie die Prachtlibellen an exponierter Stelle. Sie demonstrieren *optisch* ihre Territoriumsgrenzen.

1 Reviergröße in Abhängigkeit vom Nahrungsangebot bei Kornweihen

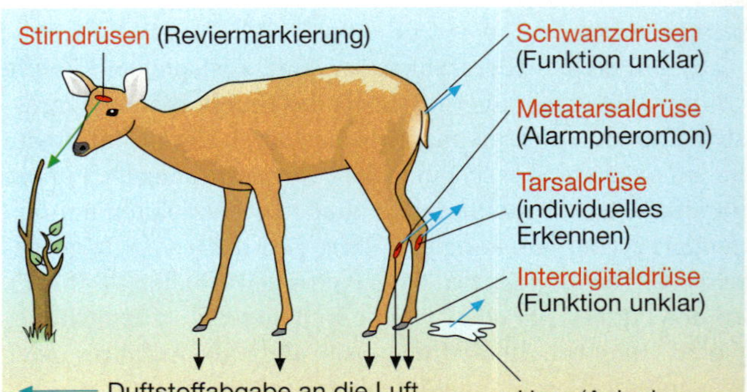

2 Weibliche Großohrhirsche geben über verschiedene Drüsen Duftstoffe an Luft, Boden und Pflanzenteile ab.

Uneigennütziges Verhalten

1 Sichernde Zwergmanguste

Altruismus. Bei Zwergmangusten (→ Bild 1) ist ein erstaunliches Verhalten zu beobachten: In einer Gruppe hält ein einzelnes Tier Wache und stößt beim Erblicken eines Feindes Warnrufe aus. Danach erst bringt es sich in Sicherheit, gelegentlich greift es sogar selbst den Fressfeind an. Während sich dieses Tier in große Gefahr begibt, haben die Artgenossen Zeit zur Flucht. Ein solches uneigennütziges Verhalten, das zu einem Vorteil für ein anderes Individuum, unter Umständen aber zum Nachteil des auf diese Weise handelnden Tieres führt, nennt man *Altruismus*. Entsprechende Beobachtungen liegen auch für andere Tierarten wie Murmeltiere oder in Gruppen lebende Primaten und Vögel vor. Geht man von der Grundannahme aus, dass jedes Individuum darauf programmiert ist, seine eigenen Gene weiterzugeben, ist ein solches Verhalten zunächst nicht verständlich.

Helfer. Exakte Beobachtungen am in Florida lebenden Blaubuschhäher lieferten Hinweise für das Verständnis altruistischen Verhaltens. Man findet die Vögel konzentriert nur an bestimmten Stellen. Außerhalb dieser Areale ist die Gegend für sie unbewohnbar. In den ganzjährig bestehenden Revieren lebt nicht nur ein Paar, sondern bis zu sechs weitere Vögel helfen diesem bei der Nestverteidigung und dem Füttern der Jungen. Das Brutpaar profitiert von der Anwesenheit dieser so genannten Helfer und kann mehr Jungen großziehen als andere Paare ohne oder mit weniger Helfern. Diese sind zum Großteil frühere Nachkommen des Brutpaares und damit Geschwister der durch sie mitversorgten Jungen.

Aus genetischer Sicht bedeutet dies, dass Brutpaar und Helfer viele gleiche Allele besitzen. Die Helfer sorgen durch ihre Helferdienste auch dafür, dass Kopien ihrer eigenen Allele an die nächste Generation weitergegeben werden. Das gilt allerdings nur, wenn die unterstützten und die unterstützenden Individuen nahe miteinander verwandt sind.

Eigentlich würde ein Blaubuschhäher einen größeren genetischen Gewinn erzielen, wenn er ein eigenes Revier errichten und selbst brüten würde. Durch den begrenzten Lebensraum und die große Zahl der Vögel stehen aber keine weiteren Territorien zur Verfügung. Die größte Chance, ein eigenes Revier zu bekommen, besteht für ein junges Männchen überdies darin, den Eltern dabei zu helfen, ihr Revier zu vergrößern. Dann kann es selbst einen Teil davon für sich bekommen oder später in das elterliche Revier nachrücken. In den meisten daraufhin untersuchten Fällen bedeutet dies, dass auch die zusammenarbeitenden Individuen letztendlich ihren eigenen Vorteil suchen, also aus „genetischem Egoismus" handeln.

Reziproker Altruismus. Im Tierreich sind auch altruistische Verhaltensweisen zwischen Nicht-Verwandten bekannt. Attackiert beispielsweise eine Dohle einen Fuchs, der ihren Partner angegriffen hat, so begibt sie sich in Gefahr. Wird ihr in umgekehrtem Fall aber ebenfalls geholfen, so hat das Tier statistisch gesehen einen Vorteil von seinem Verhalten. Bei solchen Leistungen auf Gegenseitigkeit spricht man von *reziprokem Altruismus*.

1 Die im Text genannten Zwergmangusten sind untereinander verwandt. Erklären Sie das Verhalten der Tiere aus soziobiologischer Sicht.

2 Reziproker Altruismus wird umso wahrscheinlicher entstehen, je häufiger vertraute Paare miteinander agieren bzw. je seltener Migrationen zu einer Veränderung in der Gruppenzusammensetzung führen. Begründen Sie.

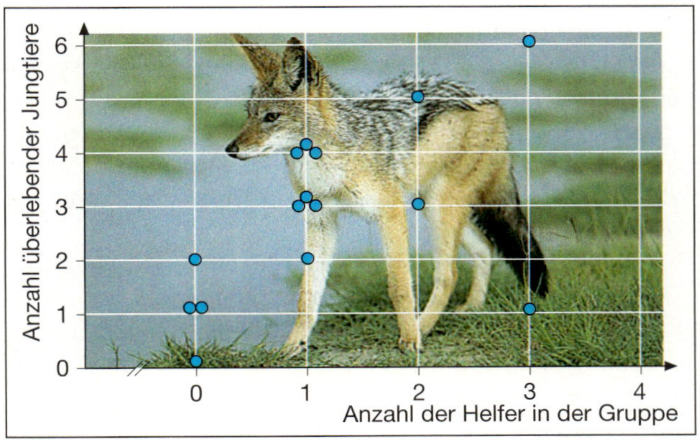

2 Zahl der Helfer und Fortpflanzungserfolg beim Schabrackenschakal

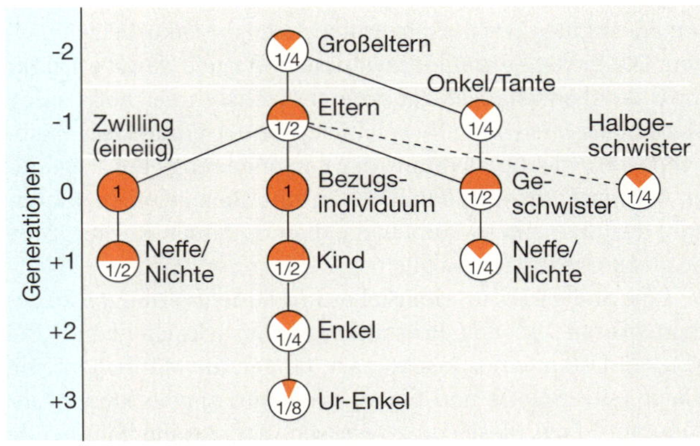

3 Verwandtschaftsgrad bei Familienangehörigen (Begriffe der menschlichen Verwandtschaft verwendet)

Geschlechterbeziehungen

Bei der geschlechtlichen Fortpflanzung sind nicht nur die Fitnessinteressen eines Individuums berührt, sondern auch die des Geschlechtspartners. Obwohl prinzipiell jeder Artgenosse ein Konkurrent ist, müssen Angehörige verschiedener Geschlechter bei der Fortpflanzung miteinander kooperieren. Die verschiedenen Aspekte des Fortpflanzungsverhaltens sind soziobiologisch von besonderem Interesse, da die Fitness eines Individuums sich in der Zahl der Nachkommen ausdrückt.

Zusammenführung der Geschlechter. Leben die Geschlechter einer Art nicht paarweise zusammen, müssen sie zur Paarung zusammenfinden. Dabei lockt mit Ausnahme vieler Insektenarten in der Regel das Männchen die Partnerin an. Verschiedene Sinnesmodalitäten werden eingesetzt:

Besonders häufig ist die *optische Anlockung* wie zum Beispiel durch das farbige Gefieder bei Vögeln oder die Lichtsignale bei Glühwürmchen. Der Vogelgesang, die Rufe der Froschlurche oder das Zirpen der Grillen und Zikaden dienen unter anderem der *akustischen Anlockung* eines Geschlechtspartners. Bei vielen Insekten- und manchen Säugetierarten spielt auch die Anlockung *mithilfe von Duftstoffen* eine Rolle.

Im Rahmen des Balzverhaltens ist oft eine Sequenz von Erbkoordinationen als komplexes, artspezifisches Balzritual zu beobachten. Dieses gewährleistet den Partnern nicht nur, dass das andere Tier der gleichen Art und dem anderen Geschlecht angehört, sondern auch im richtigen physiologischen Zustand für eine Paarung ist.

Konkurrenz und Partnerwahl. Männliche Ochsenfrösche konkurrieren durch Rufe und Ringkämpfe um die besten Reviere in Tümpeln und kleinen Seen. Qualitätsmerkmale eines Territoriums sind beispielsweise die Wassertemperatur und die Vegetationsdichte. Beide Faktoren sind für die Entwicklung der Embryonen relevant. Im warmen Wasser entwickeln sich die Eier schnell und sind so der Gefährdung durch Egel nur kurze Zeit ausgesetzt. Bei schwachem Pflanzenbewuchs ist der Laich kugelförmig angeordnet, ansonsten in Form einer dünnen Schicht. Im ersten Fall wird er von Egeln nicht so leicht befallen. Die größten und stärksten Männchen erobern die besten Plätze und werden auch von den Weibchen bevorzugt ausgewählt (→ Bild 2).

Um sich fortpflanzen zu können, müssen die Männchen ein qualitativ gutes Territorium erobern und dies akustisch anzeigen. Die Kosten, die ein Individuum dafür und damit auch für die Überlebenschancen der eigenen Nachkommen aufwendet, werden als *Investment* bezeichnet. Für die Fitness der Weibchen ist es wichtig, im Sinne der Fortpflanzung eine sorgfältige Partnerwahl zu treffen. Dies ist zum Beispiel über die Anzahl der Rufe eines Männchens, die mit dessen Körpergröße positiv korreliert ist, möglich.

Eine andere Form, väterliches Investmentvermögen zu demonstrieren, ist das Präsentieren von „Geschenken". Bei Mückenhaften, einer Insektenart, fangen die Männchen eine Fliege oder Spinne und bieten sie einem angelockten Weibchen an. Fängt dieses an zu fressen, beginnt das Männchen mit der Kopulation. Ist die Beute groß genug, dauert die Paarung im Mittel 23 Minuten, ansonsten wird sie vom Weibchen innerhalb von fünf Minuten abgebrochen. Da die Zahl der übertragenen Samenzellen von der Kopulationsdauer abhängt (→ S. 491, Bild 1), haben die Männchen, die eine große Beute anbieten, einen Fitnessvorteil.

1 *Männliche Fregattvögel blasen ihren roten Kehlsack während der Balz ballonartig auf.*

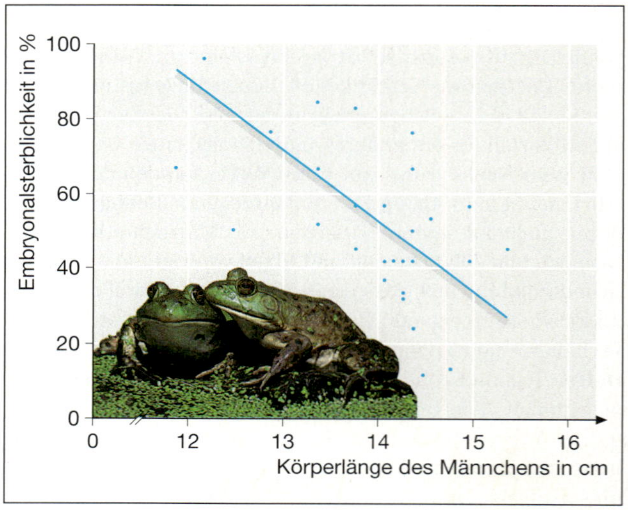

2 *Weibchen bevorzugen große Männchen, in deren Territorium geringe Embryonensterblichkeit herrscht.*

Sexuelle Selektion. Die Fähigkeiten der Männchen, ein Weibchen für sich zu gewinnen, unterliegen einem starken Selektionsdruck. Diese sexuelle Selektion kann auf zweierlei Weise wirksam werden:

- als intrasexuelle Selektion, wenn die Männchen zum Beispiel in Kämpfen direkt miteinander konkurrieren;
- als intersexuelle Selektion, wenn die Weibchen anhand bestimmter Merkmale unter den Männchen auswählen.

In der Regel wirken beide Selektionstypen zusammen. So dienen etwa die Rufe der Ochsenfrösche sowohl zur Revierverteidigung gegenüber anderen Männchen, als auch zur Anlockung eines Weibchens.

Die Stärke der sexuellen Selektion kann ganz verschieden sein. Sie ist bei einem ausgeglichenen Geschlechterverhältnis reduziert. Können sich aber wegen zeitversetzter Fortpflanzungsperioden der Weibchen nur wenige Männchen paaren, ist die Paarungskonkurrenz sehr hoch und die Selektion wirkt intensiv. Neben dem Geschlechterverhältnis spielt auch der Umfang der elterlichen Leistungen bei der Jungenaufzucht für die Stärke der sexuellen Selektion eine Rolle.

Paarungssysteme. Art und Dauer des Zusammenschlusses von Männchen und Weibchen sind sehr unterschiedlich (→ Bild 2). Man spricht von *Monogamie*, wenn ein Männchen und ein Weibchen dauerhaft – zumindest für eine Fortpflanzungsperiode – sexuelle Beziehungen miteinander haben. Daneben sind verschiedene *polygame Formen* bekannt. Bei der *Polygynie* hat ein Männchen, bei der *Polyandrie* ein Weibchen jeweils zu mehreren Individuen des anderen Geschlechts dauerhafte Beziehungen. Haben sowohl Männchen als auch Weibchen sexuelle Kontakte mit mehreren Partnern, spricht man von *Polygynandrie* oder *Promiskuität*.

Ein wichtiger ultimater Faktor für die Evolution der Paarungssysteme sind die Bedürfnisse der Jungen. Vögel, die ihre Jungen nach dem Schlüpfen versorgen, sind oft monogam. In diesem Fall sind beide Elternteile an der Jungenaufzucht beteiligt, wodurch sich die Überlebenschancen der Jungen erhöhen. Bei Säugetieren ist Muttermilch zeitweise die einzige Nahrung der Jungen und die Männchen sind an der Jungenaufzucht häufig kaum beteiligt. Oft schart dann ein Männchen einen Harem von Weibchen um sich und paart sich mit vielen von ihnen. Zusammenhänge zwischen Paarungssystemen, Lebensbedingungen und Lebensweisen sind zwar bekannt, bedürfen aber für eine Verallgemeinerung noch weitere Forschung.

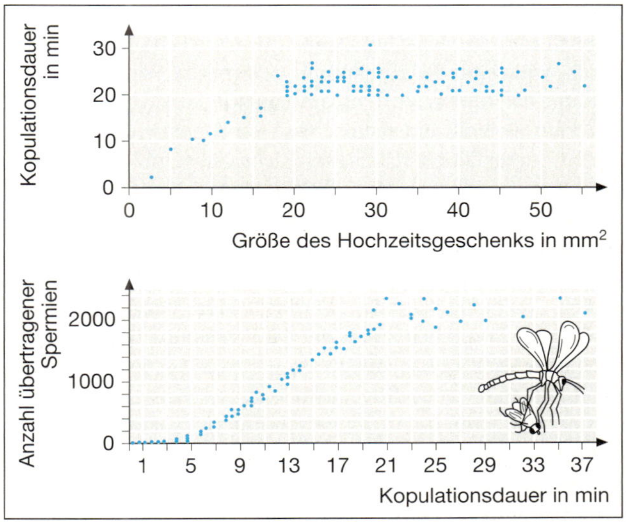

1 Die Größe des Hochzeitsgeschenks beim Mückenhaft beeinflusst die Kopulationsdauer und damit die Anzahl übertragener Spermien.

1 Überlegen Sie, inwiefern die Investition in die Nachkommen bei Weibchen oft deutlich größer ist als bei Männchen.

2 Ein Investieren in Balzverhalten und Konkurrenzstreitigkeiten ist mit Kosten und eventuell auch mit Nutzen verbunden. Erläutern Sie dies an einigen Beispielen.

3 Ein weiterer Faktor, der die Art des Paarungssystems und die elterliche Fürsorge beeinflusst, ist die Gewissheit über die Vaterschaft. Diskutieren Sie diese Hypothese unter soziobiologischen Gesichtspunkten.

2 Paarungssysteme bei Gibbons, Schimpansen und Orang-Utans

Verhaltensweisen des Menschen aus soziobiologischer Sicht

Die für Tiere formulierten Gesetzmäßigkeiten sollten prinzipiell auch für den Menschen gelten, dessen Verhalten ebenfalls durch während der Evolution entwickelte Verhaltensprogramme beeinflusst wird. Entsprechende Aussagen sind unter anderem deshalb umstritten, weil der Mensch durch Größe und Leistungsfähigkeit seines Gehirns selbst im Vergleich mit den nahe verwandten Menschenaffen zu sehr viel komplexerem Verhalten in der Lage ist. Neben angeborenen gibt es gerade beim Menschen eine Vielzahl erlernter Verhaltensweisen. Oft handelt es sich dabei um reflektiertes Handeln, das andere Verhaltensanteile überdeckt und deren Nachweis erschwert. Zusätzlich spielt der Mechanismus der Tradition auch über Verwandtschaftsgrenzen hinaus bei der kulturellen Evolution eine viel wichtigere Rolle als bei Tieren (→ S. 275).

Dennoch kann man inzwischen mithilfe soziobiologischer Interpretationsansätze immer mehr Verhaltensweisen des Menschen verstehen. Wie am folgenden Beispiel zur Partnerwahl verdeutlicht werden soll, liefern beispielsweise Überlegungen zur Fitnesssteigerung sinnvolle Erklärungen.

Beispiel Partnerwahl. Männer und Frauen zeigen bei der Partnersuche und -wahl hinsichtlich des bevorzugten Alters in den unterschiedlichsten Ländern weltweit Übereinstimmungen. So belegt eine in über 30 Ländern aller Erdteile durchgeführte Studie unter anderem Folgendes: Männer bevorzugen in der Regel Ehefrauen, die jünger als sie sind, während sich Frauen durchweg Ehemänner wünschen, die älter als sie selbst sind (→ Bild 1 und 2).

Aus Sicht der Männer spielt die Fruchtbarkeit der Frau eine wichtige Rolle. Diese nimmt mit zunehmendem Alter der Frau ab. Deshalb sollten Männer aus soziobiologischer Sicht jüngere Frauen bevorzugen, die ihnen noch viele Kinder gebären können. Aus Sicht der Frauen ist das väterliche Investment für das Überleben der Nachkommen von Bedeutung. Sie achten deshalb besonders auf hohen Sozialstatus bei den Männern. Dieser kann unterschiedlich begründet sein. Bei Eingeborenen in Paraguay erreichen die Kinder guter Jäger häufiger das fortpflanzungsfähige Alter als diejenigen, deren Väter weniger Wild erbeuten. Bei Eingeborenenstämmen in Kenia ist die Überlebensrate der Kinder einer Frau positiv korreliert mit dem Landbesitz des Mannes.

Ein solcher Zusammenhang zwischen Reichtum und Fortpflanzungserfolg findet sich in vielen Gesellschaftsformen. Auch die in den verschiedenen menschlichen Kulturen herrschenden Eheformen sind auf der Grundlage solcher Zusammenhänge im Sinne einer Fitnessmaximierung verständlich. In den meisten ist Polygynie erlaubt, das heißt ein Mann hat dauerhaft Bindungen zu mehreren Frauen. Der umgekehrte Fall, also Polyandrie, dagegen ist äußerst selten.

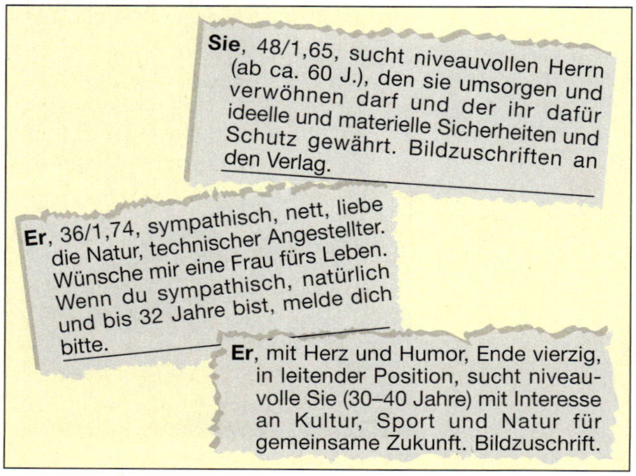
Sie, 48/1,65, sucht niveauvollen Herrn (ab ca. 60 J.), den sie umsorgen und verwöhnen darf und der ihr dafür ideelle und materielle Sicherheiten und Schutz gewährt. Bildzuschriften an den Verlag.

Er, 36/1,74, sympathisch, nett, liebe die Natur, technischer Angestellter. Wünsche mir eine Frau fürs Leben. Wenn du sympathisch, natürlich und bis 32 Jahre bist, melde dich bitte.

Er, mit Herz und Humor, Ende vierzig, in leitender Position, sucht niveauvolle Sie (30–40 Jahre) mit Interesse an Kultur, Sport und Natur für gemeinsame Zukunft. Bildzuschrift.

1 Inserate aus einer deutschen Tageszeitung

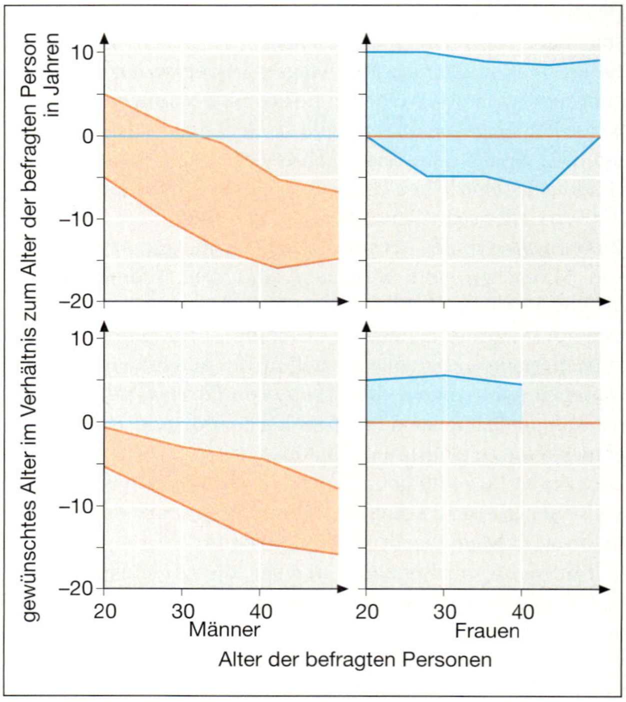

2 Bevorzugtes Alter eines Partners bei Männern und Frauen (oben: Arizona; unten: Indien)

1 Soziobiologische Untersuchungen werden oft an Eingeborenenstämmen vorgenommen. Geben Sie dafür Gründe an.

2 Diskutieren Sie, warum Polyandrie in allen Kulturkreisen recht selten zu beobachten ist.

3 Eine soziobiologische Studie an Familien auf Trinidad ergab, dass Eltern mit ihren eigenen Kindern seltener Auseinandersetzungen haben als mit Stiefkindern. Letztere verließen auch häufiger das Elternhaus und zogen zu Verwandten. Versuchen Sie eine soziobiologische Interpretation.

4 In vielen Gesellschaften sorgen Männer für die Kinder ihrer Schwestern. Diskutieren Sie.

5 Aus soziobiologischer Sicht würde man erwarten, dass Männer mit hohem Einkommen viele Nachkommen zeugen. Dies trifft gerade in modernen Industriegesellschaften nicht zu. Diskutieren Sie.

Überblick

- Verhalten ist all das, was Tiere und somit auch der Mensch tun. Die Verhaltensbiologen beobachten, beschreiben und messen diese Verhaltensweisen im Freiland, im Zoo oder im Labor. Je nach Fragestellung werden proximate bzw. ultimate Ursachen analysiert. → S. 468–471
- Vom einfachen Einzeller bis zum höchst entwickelten Vielzeller sind Reflexe als schnelle Antwort des Organismus auf Umweltreize bekannt. → S. 472, 473
- Verhaltensweisen bestehen oft aus mehreren Verhaltenssequenzen, die in einer bestimmten Reihenfolge, einer Handlungskette ablaufen. → S. 475
- Bestimmte Reizmuster aus der Umwelt können spezifische Verhaltensweisen auslösen. Man spricht dann von Schlüsselreizen. Daneben bedarf es eines inneren Antriebs, damit es auch zu einem Verhalten kommt. → S. 474, 475
- Bei Attrappenversuchen modifiziert man die von einem Objekt ausgehenden Reize, um deren Wirksamkeit hinsichtlich der Auslösung bestimmter Verhaltensweisen erforschen zu können. → S. 474, 476
- Lernprozesse wie Prägung, Konditionierung, Nachahmung und Kognition sind von vielen Tierarten und vom Menschen bekannt. Dabei können auch angeborene Komponenten wie die Lerndisposition oder die Reifung eine Rolle spielen. → S. 477–479
- Durch Nachahmung lernen Tiere auf indirekte Art, während sie bei der Konditionierung durch Lernen am Erfolg mit der Beschäftigung am Objekt selbst Erfahrungen sammeln. Hoch entwickelte Lebewesen können auch durch Überlegung Lösungen von Problemen finden. → S. 480–482
- Mithilfe von Kosten-Nutzen-Analysen und der Ermittlung des Fortpflanzungserfolgs lässt sich Verhalten auch hinsichtlich seiner ultimaten Ursachen erklären. → S. 483
- Soziale Beziehungen zwischen Individuen einer Art äußern sich je nach Kontext in unterschiedlichem Verhalten. Territorialität, Rangordnung, Kampf, Balz oder Altruismus sind Beispiele für Verhaltenskategorien. → S. 484–489
- Verhaltensweisen unterliegen der Selektion. Relevante ökologischen Faktoren sind die Qualität sowie die zeitliche und räumliche Verteilung von Ressourcen und die Konkurrenz um diese. → S. 490–492
- Manche menschlichen Verhaltensweisen lassen sich mithilfe soziobiologischer Ansätze interpretieren. → S. 492

Aufgaben und Anregungen

1 Erläutern Sie, warum gerade für Nestflüchter der Vorgang der Nachfolgeprägung von großer Bedeutung ist.

2 Überlegen Sie, unter welchen Voraussetzungen Verhaltensweisen tradiert werden können.

3 Primäre Helfer sind männliche Nachkommen eines Brutpaares, sekundäre Helfer sind männliche Tiere, die mit dem Brutpaar nicht verwandt sind. Diskutieren Sie, welche Vorteile die beiden Helfertypen von ihrem Verhalten haben könnten.

4 Imker transportieren die Bienenstöcke nur nachts, wenn alle Bienen im Stock sind. Welche Aussagen hinsichtlich angeborener bzw. erlernter Komponenten beim Sammelflug der Biene können Sie aus dieser Handlungsweise der Imker ziehen?

5 Im Zirkus kann man oft erstaunliche Leistungen von Tieren bewundern. Wie erreicht beispielsweise ein Dompteur, dass ein Pferd scheinbar zählen oder ein Bär Fahrrad fahren kann?

6 Tiere mit einer geringen Zahl an Nachkommen betreiben oft Brutpflege. Deuten Sie diese Beobachtung.

7 Bodenbrütende Vögel rollen ein aus dem Nest gefallenes Ei mithilfe ihres Schnabels wieder ins Nest zurück. Nimmt man dem Tier während des Eirollvorgangs das Ei weg, so führt der Vogel dieses Verhalten trotzdem bis zum Nestrand fort. Erklären Sie diese Beobachtung.

8 Erläutern Sie, warum nicht nur ökonomische Verhaltensweisen evolutionsstabil sind.

9 Im Verhalten der Vögel spielen optische Signale in der Regel eine größere Rolle als bei Säugetieren. Erklären Sie dies.

10 Die nebenstehende Abbildung zeigt zwei Rotfüchse. Versuchen Sie deren Verhalten zu interpretieren.

11 Rangordnungen haben sich zwar aufgrund ihrer Vorteile für das Individuum evoluiert, sie haben aber auch auf der Populationsebene wichtige Auswirkungen. Erläutern Sie, warum solche hierarchischen Strukturen auf die Populationsdichte stabilisierend wirken.

12 Erläutern Sie die praktische Bedeutung der Ortsprägung für die Wiederbesiedlung von Gewässern mit entsprechenden Tierarten.

13 Das Sozialleben der Tiere und damit auch des Menschen beruht vor allem auf der Möglichkeit zur Kommunikation. Erläutern Sie diese Behauptung.

Glossar wichtiger Fachbegriffe

abiotisch: die unbelebte Umwelt betreffend. Ggs.: → biotisch.
Absorption: Abschwächung von Strahlung und Umwandlung in eine andere Energieform beim Durchgang durch Materie.
Abwehrzellen: im Knochenmark gebildete, kernhaltige Blutzellen (Leukocyten) mit Abwehrfunktion gegen Krankheitserreger; unterteilt in → Lympho-, Granulo-, Monocyten.
Adaptation: 1) Empfindlichkeitseinstellung eines Rezeptors oder Sinnesorgans auf die Reizintensität. 2) → Anpassung.
adaptive Radiation: Aufspaltung einer Stammart in zahlreiche neue Arten durch → Einnischung und → Anpassung innerhalb eines evolutiv kurzen Zeitraums.
Adenosintriphosphat: → ATP.
aerob: in Anwesenheit von Sauerstoff verlaufende Stoffwechselvorgänge. Ggs.: → anaerob.
afferent: von → Rezeptoren zum → ZNS führend.
Agglutination: Verklumpung von Einzelzellen (Blutzellen, Bakterien) durch → Antikörper.
Aggression: Auseinandersetzung zwischen Menschen oder Tieren im Konflikt.
Akkommodation: Scharfstellung des Auges auf unterschiedlich weit entfernte Objekte.
Aktionspotenzial (Nervenimpuls, Impuls): kurze Änderung (Depolarisation und Repolarisation) des → Ruhepotenzials einer erregbaren Zelle (Neuron, Muskelzelle), ausgelöst durch das Öffnen und Schließen spannungsabhängiger Natrium- und Kaliumkanäle in der Zellmembran.
aktiver Transport: Stofftransport gegen ein Konzentrationsgefälle unter Energieeinsatz (→ Resorption, → Sekretion). Ggs.: → passiver Transport.
Aktivierungsenergie: zur Überführung von Stoffen in einen reaktionsbereiten Zustand erforderliche → Energie.
Allel: Variante oder Zustandsform eines → Gens; ihre unterschiedliche → Information entsteht durch → Genmutation.
Allelfrequenz: Häufigkeit eines → Allels im → Genpool einer → Population.
Allergie: krankhaft übersteigerte → Immunantwort auf eigentlich harmlose Fremdstoffe.
altruistisch: uneigennützig, zum Vorteil anderer Individuen.
Amnion: innere Embryonalhülle (Schafhaut) der Amniota (Reptilien, Vögel, Säuger).
Amplitude: Schwingungsweite, Differenz von Minimal- und Maximalwert einer zeitlich veränderten Größe.
anaerob: unter Mangel oder Ausschluss von Sauerstoff verlaufende Stoffwechselvorgänge. Ggs.: → aerob.
Anagenese (Höherentwicklung): zunehmende Komplexität der Organismen im Verlauf der → Stammesgeschichte.
Analogie: Ähnlichkeit biologischer Strukturen durch ähnliche Funktion, meist mit → Konvergenz verbunden.
Anpassung: lebenserhaltend-zweckmäßige Übereinstimmung eines Lebewesens mit seiner Umwelt in Bau, Entwicklung, Leistung und Verhalten. Anpassungen entstehen durch → Selektion über viele Generationen und Anhäufung entsprechender genetischer Information im → Genpool.
Anpassungswert: → Fitness.
antagonistisch: entgegengesetzt wirkend (Muskel, Hormon).
Antibiose: Hemmwirkung von Mikroorganismen auf andere Arten durch Abgabe von Stoffen (Antibiotika).
Antigen: Stoff, der eine → Immunantwort auslöst.
Antikörper: von B-Lymphocyten gebildete, spezifisch an → Antigene bindende → Proteine (Immunglobuline).
apomorph: abgeleitet, neu entwickelt. Ggs.: → plesiomorph.
Archaeen (Archaebakterien): urtümliche, bakterienähnliche → Prokaryoten, in einigen Merkmalen von den → Bakterien abweichend; oft in extremen Lebensräumen.
Art: Gruppe von → Populationen, die sich tatsächlich oder potenziell kreuzen und von anderen solchen Gruppen durch → Isolationsmechanismen in der Fortpflanzung isoliert sind (Biospezies-Definition) und deren Individuen daher in allen wesentlichen Merkmalen übereinstimmen (Morphospezies).
Artaufspaltung: Evolutionsvorgang, bei dem neue Arten durch Unterbrechung des Genaustauschs zwischen → Populationen einer → Art und nachfolgender → Isolation entstehen.
Artefakt: durch Menschen bearbeitetes oder gefertigtes Objekt, Werkzeug oder Kunstwerk.
Artenschutz: Schutzmaßnahmen für vom Aussterben bedrohte Arten (→ Naturschutz).
Artumwandlung: Genom- und Merkmalswandel einer Art durch gerichtete → Selektion.
Assimilation: → Baustoffwechsel.
Atmung: Austausch der Atemgase O_2 und CO_2 (äußere Atmung); Aufnahme und Verarbeitung von Sauerstoff in den Zellen zur → aeroben Energiegewinnung in → Mitochondrien (innere Atmung, → Zellatmung).
Atmungskette: Kette von → Redoxreaktionen zur Oxidation von Wasserstoff durch Sauerstoff bei der → Zellatmung und zur Gewinnung von ATP (Atmungsketten- → Phosphorylierung); Grundlage sind hintereinander geschaltete Redoxsysteme (Multienzymkomplexe) der inneren → Mitochondrien-Membran.
ATP (Adenosintriphosphat): wichtigster → Energieträger im Zellstoffwechsel aller Lebewesen; überträgt durch Abspaltung einer → Phosphatgruppe und Bildung von Adenosindiphosphat (ADP) 29 kJ/mol chemische Energie auf die verschiedensten Substrate bei → endergonischen Reaktionen.
Attrappe: Nachbildung von Verhalten auslösenden Reizen.
Auflösungsvermögen: Fähigkeit, Objekte geringen Abstands getrennt voneinander abzubilden (räumliches A.), begrenzt die Leistung eines optischen Systems (Auge, Mikroskop).
aufrechter Gang (Bipedie): spezifisch menschliches (→ Hominiden-) Merkmal innerhalb der → Primaten; in seiner Folge konnten sich weitere menschliche Merkmale entwickeln.
autonom: nicht → willkürlich gesteuert.
Autoradiographie: fotografischer Nachweis radioaktiv markierter Stoffe aufgrund ihrer Strahlung, oft kombiniert mit biochemischen Trennverfahren wie → Chromatographie.
Autosomen: → Chromosomen eines → Chromosomensatzes mit Ausnahme der → Gonosomen.
autotroph: „sich selbst ernährend"; Stoffwechsel, der nur anorganische Ausgangsstoffe benötigt, z. B. → Fotosynthese und → Chemosynthese. Ggs.: → heterotroph.

Axon (Neurit): der Erregung in Form von → Aktionspotenzialen leitende Fortsatz eines → Neurons.

Bahn (Nervenbahn): Bündel parallel verlaufender → Nervenfasern im → ZNS.

Bakterien (Eubakterien): Gruppe der Prokaryoten, den → Cyanobakterien und → Archaeen gegenübergestellt.

Bakteriophagen (Phagen): → Viren, die Bakterienzellen infizieren und sich in ihnen vermehren.

Balz: Verhaltensweisen zur Steigerung der Paarungsbereitschaft bei Tieren.

Base: Stoff, der bei Reaktion → Protonen aufnimmt. Ggs.: Säure; stickstoffhaltige organische Basen (Purine, Pyrimidine) sind Bausteine der → Nucleinsäuren → DNA und → RNA.

Basenpaarung: spezifische Reaktion der → Basen in doppelsträngiger → DNA und → RNA.

Basensequenz: Reihenfolge der Basen in Nucleinsäuren, → codiert die → Erbinformation in → DNA.

Bastard: → Hybride.

Baustoffwechsel: Aufbau eigener Substanz aus aufgenommenen Stoffen (Assimilation). Ggs.: → Betriebsstoffwechsel.

Betriebsstoffwechsel: abbauender Stoffwechsel zur Energiegewinnung (Dissimilation). Ggs.: → Baustoffwechsel.

Bewusstsein: Fähigkeit zur inneren Repräsentation der Außenwelt und seiner selbst im Denken und Wahrnehmen, vermutlich auf den Menschen und (ansatzweise) die Menschenaffen beschränkt.

binäre Nomenklatur: von LINNÉ eingeführte wissenschaftliche Benennung von Lebewesen mit Gattungs- und Artnamen.

Biodiversität: Vielfalt des Lebens auf der Ebene der Gene, Arten und Ökosysteme und ihre Wechselwirkungen.

Bioelemente: am Aufbau von Lebewesen beteiligte Elemente; v. a. C, O, H, N, S, P, K, Ca, Mg.

biogenetische Grundregel: von HAECKEL aufgestellte Regel, nach der die Keimesentwicklung (Ontogenese) wie eine schnelle, unvollständige Wiederholung der Stammesgeschichte (Phylogenese) verläuft.

Bioindikator: → Zeigerart.

Biokatalysator: → Enzym.

Biomasse: Substanz einzelner Organismen oder aller Lebewesen je Flächen- oder Volumeneinheit eines Lebensraums.

Biomembran: → Membran.

Biosphäre: von Lebewesen besiedelter Bereich der Erde.

Biotechnologie: Verfahren zur industriellen Produktion von Gütern auf der Grundlage (mikro)biologischer Vorgänge.

biotisch: die belebte Umwelt betreffend. Ggs.: → abiotisch.

Biotop: Lebensraum für Lebewesen eines → Ökosystems, umfasst die Summe der → abiotischen → Ökofaktoren.

Biozönose: Lebensgemeinschaft aller Arten eines → Ökosystems mit einer Vielzahl → biotischer Beziehungen und kennzeichnenden → Lebensformen.

Blackbox: Modell eines → Systems, von dem nur Eingangssignale (input) und Reaktion (output), nicht aber Struktur und Funktionsweise bekannt sind.

blotting: positionsgenaues Übertragen von DNA-Fragmenten oder Proteinen aus einem Trenngel auf eine Trägerfolie.

Blutgruppen: als → Antigene wirksame Membraneigenschaften der Erythrocyten.

Brennwert: Energiegehalt eines Stoffs bei Verbrennung im → Kalorimeter (physikalischer B.) oder beim Abbau im Körper (physiologischer B.).

Calvinzyklus: zyklische Reaktionsfolge der → Sekundärreaktionen der Fotosynthese, bei der aus CO_2 Glucose entsteht.

C_3-Pflanzen: Pflanzen mit Fotosyntheseweg, dessen erstes Produkt Phosphoglycerinsäure (mit 3 C-Atomen) ist.

C_4-Pflanzen: Pflanzen mit speziellem Fotosyntheseweg; binden CO_2 in Form von Dicarbonsäuren (mit 4 C-Atomen).

CAM-Pflanzen: Sukkulenten mit nächtlicher Bindung von CO_2 an Dicarbonsäuren zur Wasser sparenden Fotosynthese.

Carrier: Transportproteine der → Membranen zum kontrollierten → passiven oder → aktiven Stofftransport in Zellen.

chemische Evolution: abiogene Entstehung und Umbildung biologisch wichtiger Stoffe auf der Urerde.

Chemosynthese (Chemolithotrophie): Stoffwechsel mancher Bakterien, die aus der Oxidation anorganischer Stoffe chemische Energie in Form von → ATP gewinnen.

Chlorophyll: wichtigstes Blattpigment zur → Absorption von Licht bei der → Fotosynthese.

Chloroplasten: Organellen der Fotosynthese; → Plastiden.

Chorion: äußere Embryonalhülle (Zottenhaut) der Amniota (Reptilien, Vögel, Säuger).

Chromatiden: Spalthälften eines → Chromosoms vor dessen Teilung bei der → Mitose; die beiden Chromatiden eines Chromosoms enthalten je ein identisches → DNA-Molekül.

Chromatin: mit basischen Farbstoffen färbbares Material entspiralisierter → Chromosomen im Arbeitskern.

Chromatographie: Trennmethode für Stoffgemische aufgrund ihrer unterschiedlich starken Adsorption an eine stationäre und Löslichkeit in einer mobilen Phase.

Chromosom: während der → Mitose (nach Färbung) im Mikroskop sichtbare, fadenförmige Struktur charakteristischer Gestalt; Träger der Erbinformation; besteht je nach Phase im → Zellzyklus aus einem oder zwei identischen → Chromatiden.

Chromosomenmutation: → Mutation.

Chromosomensatz: Gesamtheit unterschiedlicher Chromosomen einer Zelle.

Cilien: kurze Zellfortsätze (Wimpern, Flimmerhärchen) der Eucyte, gebildet aus → Mikrotubuli; dienen meist zur Fortbewegung oder Erzeugung von Wasserströmungen.

Citratzyklus (Citronensäure-, Tricarbonsäurezyklus): zentraler, zyklisch verlaufender Abschnitt der → Zellatmung, vor allem zur Gewinnung von → NADH in den → Mitochondrien.

Code: Zeichenvorrat für Speicherung und Übertragung von → Information (→ genetischer C., Impuls-C. der → Erregung).

Codierung: Verschlüsselung, Formulierung einer → Information in einem → Code.

Codon: → RNA-Codewort aus 3 → Nucleotiden für eine bestimmte Aminosäure bei der → Proteinbiosynthese.

Coenzym: organischer, nicht proteinartiger Bestandteil eines → Enzyms; manche Coenzyme wie → NAD^+ werden parallel zum Substrat umgesetzt und daher Cosubstrate genannt.

Crossing-over: Austausch von Chromatidenabschnitten während der → Meiose; dadurch kommt es zur → Rekombination gekoppelter → Allele.
Cuticula: Schutzüberzug auf der Epidermis.
Cyanobakterien: zur Fotosynthese fähige Prokaryoten („Blaualgen") mit chlorophyllhaltigen → Thylakoiden.
Cytoplasma (Zellplasma): die → Organellen umgebender, von der Zellmembran umschlossener Zellinhalt.
Darwinismus: oft als Ideologie missverstandene, abkürzende Bezeichnung für die Evolutionstheorie DARWINS.
Decarboxylierung: Abspaltung von CO_2 aus Verbindungen.
Denaturierung: Veränderung der → Konformation von → Nucleinsäuren und → Proteinen, z. B. durch Hitze oder hohe Ionenkonzentration, unter Verlust der biologischen Aktivität.
Depolarisierung (Depolarisation): Verringerung einer → Potenzialdifferenz.
Destruenten: Lebewesen, die organische Stoffe zu anorganischen abbauen und so dem → Stoffkreislauf wieder zuführen.
Detritus: Reste lebender und toter Pflanzen und Tiere.
Deuterostomier (Neumünder): Tiere, deren definitiver Mund sich neu bildet und nicht aus dem Urmund entsteht. Ggs: → Protostomier.
Dictyosom: Stapel flacher Membranzisternen im → Cytoplasma, in denen Syntheseprodukte des → endoplasmatischen Reticulums verarbeitet und in → Vesikel verpackt werden. Die Gesamtheit der Dictyosomen einer Zelle wird als Golgi-Apparat bezeichnet.
Differenzierung: Vorgang, durch den Zellen eine für ihre Funktion spezifische Ausgestaltung erfahren.
Diffusion: selbstständige Durchmischung der Teilchen gasförmiger, flüssiger oder gelöster Stoffe bis zum Konzentrationsausgleich aufgrund ihrer ungerichteten Wärmebewegung.
diploid: mit zwei → homologen → Chromosomensätzen ausgestattet. Ggs.: → haploid.
Diplonten: Lebewesen, deren Zellen mit Ausnahme der → Gameten → diploid sind. Ggs.: Haplonten.
Dissimilation: → Betriebsstoffwechsel.
DNA (Desoxyribonukleinsäure): „Erbsubstanz"; Makromolekül aus einem Doppelstrang von → Nucleotid- → Monomeren, die ihrerseits aus je einem Molekül Desoxyribose, Phosphat und einer von vier verschiedenen organischen → Basen bestehen. Die durch → Wasserstoffbrücken verbundenen Nucleotidstränge ermöglichen eine identische Verdopplung (→ Replikation) des Moleküls. Die → Basensequenz entspricht der Erbinformation.
Domestikation: Umwandlung von wild lebenden Pflanzen und Tieren in → Kulturformen durch → Züchtung.
dominant: Allel, das sich gegen → rezessive → Allele bei der → Expression eines Merkmals durchsetzt.
Droge: Stoff, der Abhängigkeit erzeugen kann.
Dunkelreaktionen: → Sekundärreaktionen.
efferent: vom ZNS zu Erfolgsorganen führend; → motorisch.
Einnischung: Bildung neuer → ökologischer Nischen im Zusammenhang mit → Artaufspaltung oder → Artumwandlung.
Einzeller: → Eukaryoten, die nur aus einer Zelle bestehen; die meisten Arten → sind heterotroph, unter den Geißelträgern gibt es auch → autotrophe Arten. Ggs.: → Vielzeller.
Ektoderm: äußeres der → Keimblätter.
Emissionen: in die Umwelt gelangende Stoffe und Wirkungen technischer Prozesse.
Empfindung: subjektiver Sinneseindruck auf → Reize.
Endemiten: Arten mit eng umgrenzter Verbreitung.
endergonisch: energiebedürftig. Ggs.: → exergonisch.
Endocytose: Aufnahme von Stoffen in eine Zelle durch Einschluss in → Vesikel. Ggs.: → Exocytose. Endocytose fester Teilchen heißt Phagocytose, die von Flüssigkeit Pinocytose.
endoplasmatisches Reticulum (ER): inneres Membransystem der → Eucyte für Synthese, Verarbeitung und Transport von Stoffen; im Muskel sarkoplasmatisches Reticulum genannt.
Energie: Fähigkeit eines → Systems, Arbeit zu leisten.
Energiefluss: Weitergabe von Energie in → Ökosystemen.
Energieträger: Stoff, durch dessen Umsetzung Energie gewonnen, also nutzbar gemacht werden kann.
Energieumsatz: Umwandlung aufgenommener Energie in Arbeit und Wärme bei → Betriebs- und → Baustoffwechsel.
Entoderm: inneres der → Keimblätter.
Entropie: Zustandsgröße der Materie; Maß für den Ordnungszustand eines → Systems.
Entwicklung: zeitlich gerichtete Veränderung von Individuen (Individual-E., Ontogenese) oder Arten (Stammes-E., Stammesgeschichte, Phylogenese).
Enzyme: als → Biokatalysatoren wirksame → Proteine (selten RNA); beschleunigen biochemische Reaktionen spezifischer Stoffe (Substrate) nach deren vorübergehender Bindung (Enzym-Substrat-Komplex); Benennung mit Endung -ase.
Epithel: Deck- und Abschlussgewebe.
Erdzeitalter: geologisch-paläontologisch abgegrenzte große Abschnitte der Erdgeschichte, weiter unterteilt in Perioden.
Erfolgsorgan: Zielorgan von Nervenimpulsen oder Hormon.
Erosion: Bodenabtrag durch Wind oder Wasser.
Erregung: Zustand von → Neuronen, Drüsen- und Muskelzellen, wenn sie Information durch Änderung ihres → Membranpotenzials codieren und weiterleiten.
Erregungsleitung: Fortleitung von → Aktionspotenzialen als Impuls-Code entlang einer Membran.
Ethogramm: Verzeichnis aller Verhaltensweisen einer Art.
Eucyte: Zelle der → Eukaryoten mit Zellkern und weiteren z. T. membranumhüllten → Organellen. Ggs.: → Protocyte.
Eukaryoten: ein- und vielzellige Lebewesen aus → Eucyten; Zellen meist differenziert. Ggs.: → Prokaryoten.
eurypotent: Lebewesen mit breiter → ökologischer Potenz für → Ökofaktoren. Ggs.: → stenopotent.
Eutrophierung: Zufuhr von Nährstoffen, v. a. Nitrat und Phosphat, in Gewässer mit der Folge übermäßiger Produktion und unvollständiger Zersetzung durch O_2-Mangel.
Evolution: Gesamtheit aller auf biologischer Information und ihrer Weitergabe beruhender Prozesse der Entstehung, Umwandlung und Weiterentwicklung des Lebens auf der Erde, durch die es zu seiner heutigen Form und Vielfalt gelangt ist.

Evolutionstheorie: → Theorie von der gemeinsamen Abstammung der Organismen und ihrer Ursache.
exergonisch: Energie freisetzend. Ggs.: → endergonisch.
Exocytose: Ausschleusung von Stoffen aus einer Zelle nach Einschluss in → Vesikel. Ggs.: → Endocytose.
Expression: → Genexpression.
Familienforschung: Untersuchung des Abstammungszusammenhangs menschlicher Merkmale.
Farbe: durch Licht bestimmter Wellenlänge erzeugte → Empfindung.
Farbensehen: Fähigkeit zur Unterscheidung von Licht unterschiedlicher Wellenlänge, auch bei gleicher Helligkeit.
Fitness (Selektionswert): Beitrag eines Individuums – und evtl. auch seiner nahen Verwandten (Gesamt-F.) – zum → Genpool seiner → Population, gemessen als Fortpflanzungserfolg.
Fixierung: konservierende Behandlung biologischer Objekte zur Herstellung haltbarer Präparate; Ziel ist v. a. die → Denaturierung der → Proteine unter Erhalt der Struktur.
Fließgleichgewicht: Gleichgewichtszustand in offenen → Systemen mit ständigem Durchfluss von Stoffen und Energie.
Fluoreszenz: Abstrahlung von Licht gleicher oder größerer Wellenlänge nach Belichtung.
Fossilien: durch Fossilisation in Gestein oder anderem Material erhaltene Reste und Spuren vorzeitlicher Lebewesen.
Fotosynthese: Summe aller Vorgänge durch die fototroph genannte Lebewesen die Strahlungsenergie des Sonnenlichts in chemisch gebundene → Energie überführen.
Fotosysteme: Molekülkomplexe der → Chloroplasten zur Umwandlung von Lichtenergie in chemische → Energie.
fototroph: → Fotosynthese.
Frequenz: Häufigkeit, z. B. → Allelfrequenz im Genpool oder → Aktionspotenziale je Zeiteinheit.
Gameten: Keimzellen, Fortpflanzungszellen.
Gametophyt: → Gameten bildende → haploide Generation im pflanzlichen → Generationswechsel.
Ganglion (Mz. Ganglien): Ansammlung von Zellkörpern funktionell verknüpfter → Neurone im → Nervensystem.
Gärung: → anaerobe Form der Energiegewinnung mit verschiedenen, relativ energiereichen Endprodukten.
Gedächtnis: Fähigkeit, wieder abrufbare → Information im → ZNS zu speichern.
Gedächtniszelle: langlebiger, durch → Immunreaktion gebildeter → Lymphocyt, der bei erneutem Kontakt mit demselben → Antigen aktiviert wird.
Gehirn: übergeordnetes Schalt- und Koordinationszentrum im → ZNS.
Gelelektrophorese: Methode zur Trennung von Proteinen oder Nucleinsäuren nach Molekülmasse und Ladung.
Gen: Abschnitt der → DNA, der die → Information zur Synthese eines bestimmten Proteins → codiert und damit Struktur oder Funktion erblicher Merkmale bestimmt.
Gendiagnose: Verfahren zur Feststellung bestimmter → Gene und Gendefekte bei einem Individuum.
Gendrift: vollkommen zufällige, nicht durch → Selektion bewirkte Veränderung des → Genpools.
Generationswechsel: unterschiedliche Fortpflanzung aufeinander folgender Generationen derselben Art.
genetische Information: die in der → DNA → codierte → Information von Lebewesen.
genetischer Code: Zuordnung von → Codons zu bestimmten Aminosäuren bei der → Proteinbiosynthese.
genetischer Fingerabdruck: individuelles Muster verschieden großer DNA-Fragmente nach → Restriktion (→ RFLP).
Genexpression: Verwirklichung der → genetischen Information durch Biosynthese bestimmter Proteine zur Ausprägung von Merkmalen.
Genkartierung: experimentelle Ermittlung der Lage und Reihenfolge von → Genen auf einem → Chromosom.
Genkopplung: eingeschränkte → Rekombination von → Genen durch Lage auf dem gleichen → Chromosom.
Genmutation: → Mutation.
Genom: Gesamtheit der → Erbinformation (→ Gene und nicht codierende → DNA-Abschnitte) eines Organismus.
Genommutation: → Mutation.
Genotyp: Gesamtheit der Gene eines Individuums, Genkombination.
Genpool: Gesamtheit der → Gene einer → Population.
Gensonde: radioaktiv markierter, einsträngiger Nucleinsäure-Abschnitt, der mit komplementärer Nucleinsäure → hybridisiert und diese dadurch auffindbar macht.
Gentechnik: Verfahren zur Isolierung bestimmter → DNA-Abschnitte, deren Analyse, → Rekombination und Einschleusung in Wirtszellen mit dem Ziel ihrer → Replikation und → Expression.
Gentherapie: Heilung von Erbkrankheiten durch → Gentransfer.
Gentransfer (Genübertragung): Übertragung von DNA in → eukaryotische (Transfektion) oder → prokaryotische Zellen (Transformation) auf direktem Weg oder mit → Vektoren.
Gewebe: Verband gleichartig → differenzierter Zellen.
Gewebeverträglichkeitsmoleküle: → MHC-Proteine.
Glykolyse: Abbauweg der → Kohlenhydrate zur Gewinnung von → ATP; → anaerob als (Milchsäure- oder alkoholische) → Gärung abgeschlossen, → aerob in → Citratzyklus und → Atmungskette mündend.
Gonosomen (Geschlechtschromosomen): Chromosomen, in denen sich die Geschlechter unterscheiden und die mit der Geschlechtsbestimmung zusammenhängen. Ggs.: → Autosomen.
Gründerprinzip: Gründung einer Population durch wenige Individuen; bei deren zufälliger Auswahl liegt → Gendrift vor.
haploid: mit nur einem → Chromosomensatz ausgestattet.
Hemizygotie: Vorhandensein von Allelen in Einzahl bei Diplonten.
heterotroph: auf organische Stoffe als Energie- und Kohlenstoffquelle angewiesener Stoffwechsel. Ggs.: → autotroph.
Heterozygotie (Mischerbigkeit): Vorhandensein unterschiedlicher → Allele eines Gens. Ggs.: → Homozygotie.
Hominiden: → Taxon (Familie) der → Primaten, zu dem der Mensch zählt; Schwestergruppe der Pongiden.

homologe Chromosomen: nach Struktur und Genorten einander entsprechende Chromosomen väterlicher und mütterlicher Herkunft, bilden → diploiden Chromosomenbestand.
Homologie: Ähnlichkeit biologischer Strukturen verschiedener Arten aufgrund übereinstimmender Erbinformation durch gemeinsame Abstammung.
Homöostase: konstantes „inneres Milieu" biologischer → Systeme (Zellen, Organismen) durch → Regulation.
homöotische Gene: Gene zur Steuerung der Körpergliederung in der → Ontogenese; enthalten einen bei vielen Arten gleichen Genabschnitt (Homöobox), der ein genregulatorisches Protein (Homöodomäne) codiert.
Homozygotie (Reinerbigkeit): Vorhandensein gleicher → Allele eines Gens. Ggs.: → Heterozygotie.
Hormon: im Organismus gebildeter Botenstoff, löst in Zellen mit spezifischen → Rezeptoren eine bestimmte Wirkung aus.
Hybride: Mischling, Nachkomme erbverschiedener Eltern.
Hybridisierung: 1) Entstehung von Mischlingen unter Individuen oder Zellen (Zell-H.); 2) Verbindung komplementärer Nucleinsäure-Einzelstränge durch → Wasserstoffbrücken.
Hydrolyse: Spaltung einer chemischen Bindung unter Umsetzung von H_2O und Einbau von dessen H- und OH-Gruppe.
hydrophil: „Wasser liebend". Ggs.: hydrophob. → polar.
Hypothese: wissenschaftlich begründete Vermutung hoher Wahrscheinlichkeit.
Immissionen: belastende Einflüsse der Umwelt auf Lebewesen, besonders in urban-industriellen → Ökosystemen.
Immunabwehr: hochspezifische, individuell entwickelte Abwehr von Fremdstoffen und Zellen durch Bildung von → Antikörpern und → Gedächtniszellen. Ggs.: → Resistenz.
Immunantwort: Vorgänge der → Immunabwehr bei erstmaligem (primäre I.) oder wiederholtem (sekundäre I.) Kontakt mit einem → Antigen.
Immunisierung: künstliches Herbeiführen einer → Immunität durch kontrollierten → Antigenkontakt (aktive I., Impfung) oder Zufuhr von fremden → Antikörpern (passive I.).
Immunität: Fähigkeit zur erfolgreichen Abwehr von → Antigenen bei wiederholtem Kontakt durch antigenspezifische → Gedächtniszellen (aktive I., Ergebnis einer → Immunantwort) oder durch übertragene fremde Antikörper (passive I.).
Immunreaktion: → Immunantwort.
Immunschwäche: Funktionsmangel des → Immunsystems.
Immunsystem: Gesamtheit aller an der → Immunabwehr beteiligten Zellen und Organe.
Impfung: → Immunisierung.
Impuls: → Aktionspotenzial.
Infektion: Eindringen von Krankheitserregern (Bakterien, Viren, Pilze, Parasiten) in den Organismus.
Information: Nachricht, wird durch Zeichen → codiert und hat eine bestimmte Bedeutung für Sender und Empfänger.
inhibitorisch: mit hemmender Wirkung.
Innervierung: Versorgung von Organen mit → Nerven.
Instinkthandlung: angeborene Verhaltensweise, die bei Vorhandensein einer spezifischen Bereitschaft durch ganz bestimmte Reize (Schlüsselreize) ausgelöst wird.
Intensivlandwirtschaft: Landwirtschaft v. a. der Industrieländer mit starker Technisierung und hohem Mineraldünger- und → Pestizideinsatz zur Erzielung hoher Erträge.
intermediär: Merkmalsausprägung bei → Heterozygotie zu einem mittleren, zwischen den → Phänotypen der Homozygoten liegenden Phänotyp. Ggs.: dominant, rezessiv, ko-dominant.
in vitro: „im Glas", außerhalb des Organismus. Ggs.: → in vivo.
in vivo: im lebenden System. Ggs.: → in vitro.
Inzucht: Fortpflanzung unter nahe verwandten Individuen.
Ion: Materieteilchen mit ein bis drei positiven (Kation) oder negativen (Anion) Elementarladungen.
Ionenkanal: durch Proteine in der Membran von erregbaren Zellen gebildeter Kanal, steuert die Permeabilität der Membran für Ionen spannungsabhängig oder durch → Transmitter.
Isolation: Verhinderung des Genaustauschs zwischen Individuen oder Populationen durch → Isolationsmechanismen.
Isolationsmechanismen: Faktoren, die Angehörige verschiedener Arten daran hindern, gemeinsame Nachkommen hervorzubringen (Bastardierungssperren).
Kalorimeter: Messgerät zur Bestimmung des Energiegehalts (→ Brennwert) von Stoffen durch Verbrennung.
Kältestarre: kältebedingte Einschränkung der Lebensfunktionen bei wechselwarmen Tieren (und Pflanzen).
Kardinalpunkte: Minimum, Optimum und Maximum als kennzeichnende Werte der Wirkung eines → Ökofaktors.
Karyogramm: → Karyotyp in geordneter Darstellung.
Karyotyp: Gesamtheit der → Chromosomen einer Zelle.
Katalysator: Stoff, der die Geschwindigkeit chemischer Reaktionen erhöht, indem er die → Aktivierungsenergie erniedrigt.
Kausalität: gesetzmäßiger Wirkungszusammenhang zwischen Ereignissen.
Keimblätter: 1) bei Pflanzen die ersten embryonalen Blätter; 2) bei Tieren embryonale Zellschichten (Ekto-, Ento-, Mesoderm), aus denen verschiedene Organe hervorgehen.
Kernphasenwechsel: Wechsel zwischen → haploider und → diploider Phase in der Entwicklung eines Lebewesens.
Klimaregeln: Zusammenhänge zwischen dem Klima und der Variation bestimmter Merkmale bei Lebewesen.
Klimax: Endzustand der → Sukzession eines → Ökosystems mit hoher → Stabilität der → Biozönose.
Klon: erbgleiche Nachkommen eines Individuums oder einer Zelle.
Klonierung: 1) Erzeugung eines → Klons; 2) in der Gentechnik (Genklonierung) die Vervielfachung von DNA-Fragmenten nach Einschleusung in Wirtszellen.
ko-dominant: volle Ausprägung unterschiedlicher → Allele bei → Heterozygotie.
Ko-Evolution: → Evolution verschiedener Arten und ihrer Merkmale unter wechselseitiger → Anpassung aneinander.
Kohlenhydrate: wichtige biologische Bau-, Gerüst- und Reservestoffe; Grundstoffe des Energiestoffwechsels, meist nach der Summenformel $C_n(H_2O)_n$ zusammengesetzt.
Kommentkampf: innerartliche → ritualisierte → Aggression.
Kompartiment: durch eine Membran umschlossener, als Reaktionsraum abgegrenzter Teil von Zellen oder → Organellen.

Konditionierung: → Lernen durch Verknüpfung oder Verstärkung eines → Reizes mit einer Reaktion.
Konformation: räumliche Gestalt eines Moleküls.
Konjugation: 1) natürliche Übertragung von DNA zwischen Bakterien über eine Plasmabrücke; 2) besondere sexuelle Fortpflanzung bei Wimpertieren.
Konkurrenz: Einschränkung einer → Ressource für ein Lebewesen durch ein anderes, das dieselbe Ressource nutzt.
Konkurrenzausschlussprinzip: Prinzip, demzufolge Arten mit übereinstimmenden Bedürfnissen im gleichen Lebensraum nicht dauerhaft koexistieren können.
Konsumenten: Organismen, die direkt (Primärk.) oder indirekt die organischen Stoffe der Produzenten verbrauchen.
Kontinentaldrift: Verschiebung der Kontinente und Meere durch Kräfte des Erdmantels.
Kontrastbetonung: Verstärkung von Merkmalsunterschieden bei sehr ähnlichen Arten durch → Konkurrenz.
Konvergenz: Anpassungsähnlichkeit, unabhängig von Verwandtschaft unter ähnlichen Umweltbedingungen entwickelt.
Konzentration: Gehalt einer Lösung an einem gelösten Stoff; Anteil eines Gases an einem Gasgemisch. Konzentrationsunterschiede werden auch als Konzentrationsgefälle bezeichnet.
Krebs: bösartige Geschwülste (Tumoren) durch unkontrollierte Zellvermehrung und Bildung von Tochtergeschwülsten.
Kreuzung: sexuelle Vereinigung verschiedener Individuen.
Kultur: 1) Gesamtheit erlernter Verhaltensweisen und Fähigkeiten einer Gruppe, die von Generation zu Generation weitergegeben werden; 2) Bestand gezüchteter Lebewesen.
kulturelle Evolution: auf erworbener → Information und ihrer Weitergabe durch → Tradition beruhende Prozesse, die die Weiterentwicklung der Menschheit bestimmen.
Kulturformen: durch → Domestikation aus Wildformen gezüchtete Kulturpflanzen und Haustiere.
Lamarckismus: (heute widerlegte) → Theorie LAMARCKS über die Vererbung erworbener Eigenschaften und einen Vervollkommnungswillen als Ursachen der Evolution.
lebendes Fossil: → rezenter Organismus mit urtümlichen Merkmalen ausgestorbener Vorfahren, meist reliktartig verbreitet und im natürlichen → System isoliert.
Lebensform: durch ähnliche Merkmale (→ Konvergenz) ausgezeichnete Gruppe artverschiedener Lebewesen.
Lerndisposition: erbliche Grundlage für Lernvorgänge.
Lernen: erfahrungsbedingte individuelle Veränderung des Verhaltens oder Wissens.
Leukocyten: → Abwehrzellen.
Lichtkompensationspunkt: Beleuchtungsstärke, bei der die O_2-Produktion durch Fotosynthese den O_2-Verbrauch durch Atmung gerade kompensiert.
Lichtreaktionen: → Primärreaktionen.
limbisches System: Emotionen steuernder Großhirnbereich, auch an → Lernen und → Gedächtnis beteiligt.
Lipide: heterogene Stoffgruppe mit schlechter Wasserlöslichkeit; dazu zählen u.a. Fette, Phospholipide und Wachse.
lipophil: in unpolaren organischen Stoffen, v. a. Kohlenwasserstoffen oder → Lipiden, löslich. Ggs.: → hydrophil, → polar.
lymphatische Organe: Organe, in denen sich Abwehrzellen bilden oder reifen (Knochenmark, Thymus, Lymphknoten).
Lymphocyten: → Abwehrzellen, die eine besondere Reifung (Immunkompetenz) in → lymphatischen Organen erwerben.
Lymphsystem: Lymphgefäße und → lymphatische Organe.
Lysosomen: vesikelartige Organellen (→ Eucyte) mit Enzymen zum Abbau zelleigener und fremder Stoffe.
Markergen: in der Gentechnik verwendetes Gen für ein bestimmtes Stoffwechselprodukt, das das Auffinden (Selektion) gentechnisch veränderter Zellen ermöglicht.
Meiose: Zellteilungen zur Bildung → haploider → Gameten.
Membran (Biomembran): grundlegendes Bauelement aller Zellen zur Abgrenzung von der Umgebung und von Reaktionsräumen, Träger von Enzymen und Rezeptormolekülen, sorgt für kontrollierten Stoffaustausch; Baugerüst aller Membranen ist eine Lipiddoppelschicht mit integrierten, funktionsabhängig verschiedenen Proteinen und Kohlenhydraten.
Membranpotenzial: → Potenzialdifferenz zwischen den beiden Seiten einer selektiv permeablen Membran, an der sich ein Diffusionsgleichgewicht von Ionen als Ladungsträgern einstellt (Diffusions-, Gleichgewichtspotenzial).
Meristem: teilungsfähiges Bildungsgewebe bei Pflanzen.
Metamorphose: Umwandlung einer Larve zum fortpflanzungsfähigen Tier.
MHC (major histocompatibility complex)-Proteine: für jedes Individuum spezifische Proteine der Zellmembranen zur Selbst-fremd-Unterscheidung durch das → Immunsystem.
Mikrotom: Gerät zur Herstellung mikroskopischer Schnitte.
Mikrotubuli: röhrenförmige Protein-Strukturen, an der Bildung von Cytoskelett, Cilien und Mitosespindel beteiligt.
Mimikry: täuschende Nachahmung der Signale einer anderen, meist giftigen oder wehrhaften Art.
Minimumfaktor: Ökofaktor im Minimum- oder Maximumbereich der → ökologischen Potenz, dadurch mit limitierender Wirkung für Lebewesen.
Mitochondrien: von Doppelmembran umhüllte Organellen der → Zellatmung, mit Enzymen von → Citratzyklus und → Atmungskette ausgestattet; in allen → Eucyten vorhanden.
Mitose: Kernteilung, bei der die beiden → Chromatiden jedes → Chromosoms auf die entstehenden Zellen verteilt werden; geht der Teilung des Cytoplasmas (Cytokinese) voraus.
Modell: stark vereinfachende, abstrahierende Darstellung von Strukturen oder Vorgängen, oft in anderer Dimension.
Modifikation: umweltbedingte, nicht erbliche → Variabilität im → Phänotyp; ihr Ausmaß (Variationsbreite) ist durch Reaktionsnorm auf Innen- und Außenfaktoren erblich festgelegt.
Mol: Einheit der Stoffmenge; ein Mol entspricht 6×10^{23} Teilchen und der relativen Atom- bzw. Molekülmasse in g.
Monogenie: Ausbildung eines Merkmals aufgrund eines einzelnen Gens. Ggs.: → Polygenie.
Monokultur: land- oder forstwirtschaftliche Kultur aus einer einzigen Pflanzenart.
Monomere: → Polymer.
Mosaikevolution: unterschiedlich schnelle Evolution einzelner Merkmale; besonders ausgeprägt bei → Übergangsformen.

motorisch: vom → ZNS zu Muskeln und Drüsen führend.
Mutation: sprunghafte, nicht durch Vererbung bedingte Veränderung der Erbinformation; sie kann auf der Ebene der → DNA (Gen-M.), der Chromosomenstruktur (Chromosomen-M.) oder der Chromosomenzahl (Genom-M.) erfolgen.
Mykorrhiza: → Symbiose zwischen Pilzen und Wurzeln von Samenpflanzen.
Nachhaltigkeit (sustainable development): Entwicklung, die soziale Gerechtigkeit und Wohlergehen aller Menschen anstrebt ohne die natürlichen Lebensgrundlagen zu gefährden.
NAD^+, $NADP^+$ (Nicotinamidadenindinucleotid, -phosphat): wichtiges Wasserstoff (→ Protonen) und Elektronen übertragendes → Coenzym (Cosubstrat) bei Redoxreaktionen (→ Reduktionsäquivalent, → Redoxsystem); reduzierte Form: NADH, NADPH.
Natrium/Kalium-Pumpe: spezielles Transportprotein in der Membran tierischer Zellen zum → aktiven Transport von Ionen; in Neuronen entscheidend für die Aufrechterhaltung der Erregbarkeit.
natürliches System: → System.
Naturschutz: Maßnahmen zum Erhalt der wild lebenden Arten und ihrer Lebensräume.
Nerv: durch Hüllen abgegrenzte Bündel von → Nervenfasern.
Nervenfaser: → Axon mit Hüllen.
Neuron (Nervenzelle): auf die Bildung und Weiterleitung von → Erregung spezialisierte tierische Zelle, Bau- und Funktionseinheit des Nervensystems.
Neurotransmitter (Transmitter): Stoff zur Übertragung von → Erregung an den → Synapsen.
Nucleinsäuren: Makromoleküle (→ DNA, → RNA), dienen vor allem zur Speicherung und Übertragung von Erbinformation.
Nucleotid: → Monomere der Nucleinsäuren → DNA und → RNA, aus Zucker, Phosphat und organischer → Base bestehend.
Ökobilanz: Summe aller Aufwendungen an Stoffen, an → Energie und der ökologischen Wirkungen für ein Produkt.
Ökofaktor: Lebensbedingung, Umweltfaktor. Physikalisch-chemischer oder biologischer Einfluss auf Lebewesen.
Ökologie: Teilgebiet der Biologie, das sich mit den Beziehungen der Lebewesen zu ihrer → Umwelt befasst.
ökologische Nische: Gesamtheit der Beziehungen zwischen einer → Art und ihrer → Umwelt.
ökologische Potenz: Existenzbereich einer Art hinsichtlich eines Ökofaktors, gekennzeichnet durch → Kardinalpunkte.
ökologische Pyramide: regelhafte Veränderung biologischer Größen, z. B. Biomasse, in der Abfolge der → Trophiestufen.
ökologisches Gleichgewicht: Zustand ökologischer Systeme mit der Fähigkeit zur → Selbstregulation.
Ökosystem: Struktur- und Funktionseinheit der → Biosphäre, bestehend aus → Biotop und → Biozönose.
Ontogenese (Keimesentwicklung): → Entwicklung.
Operon: Funktionseinheit zur Regulation der Genaktivität, bestehend aus → Promotor, Operator und Strukturgen (Protein codierendes Gen).
Organ: nach Bau und Funktion abgrenzbarer Teil vielzelliger Lebewesen aus mehreren → Geweben.
Organellen: nach Bau und Funktion abgrenzbare Bestandteile eukaryotischer Zellen (→ Eucyte).
Osmoregulation: → Regulation des Wasser- und Ionengehalts.
Osmose: → Diffusion durch Membranen. Durch ungleiche Diffusion von Wasser und gelösten Stoffen an selektiv permeablen Membranen entsteht ein osmotischer Druck.
Oxidation: Abgabe von Elektronen. Ggs.: → Reduktion.
Panmixie: gleiche Paarungswahrscheinlichkeit für jedes Mitglied einer Population mit jedem anderen verschiedenen Geschlechts.
Parasitismus: Beziehung zwischen verschiedenen Arten, bei der eine Art (Parasit) der anderen (Wirt) Nahrung entzieht und sie schädigt ohne sie zu töten.
Parasympathicus: Teilsystem des → vegetativen Nervensystems.
Parenchym: Grundgewebe aus wenig spezialisierten Zellen.
Partialdruck: von einem Gas ausgeübter Druck in einem Gasgemisch, entspricht seiner Konzentration oder Teilchenzahl.
passiver Transport: Transport von Stoffen in Richtung eines Konzentrationsgefälles. Ggs.: → aktiver Transport.
PCR: → Polymerasekettenreaktion.
Pestizide: chemische Schädlingsbekämpfungsmittel.
Phagen: → Bakteriophagen.
Phagocytose: → Endocytose
Phän: erkennbares Merkmal eines Lebewesens.
Phänotyp: Erscheinungsbild eines Lebewesens, Gesamtheit der erkennbaren Merkmale.
Pheromon: Signalstoff zur → sozialen Kommunikation.
Phosphat (Phosphatgruppe): Säurerest bzw. Anion der Phosphorsäure; an organische Moleküle (z. B. Adenosin, Guanosin, Kreatin) gebunden, wichtigste Energieträger (energiereiche Phosphate: → ATP) im Stoffwechsel.
Phosphorylierung: Übertragung von Phosphatgruppen unter Energieaufwand; Bildung von → ATP in der → Atmungskette (Atmungsketten-Ph.) oder → Fotosynthese (Foto-Ph.).
pH-Wert: Maßzahl für die → Protonen-Konzentration in Lösungen; bei $pH < 7$ ist eine Lösung sauer, bei $pH > 7$ basisch.
Phylogenese (Stammesgeschichte): → Entwicklung.
physiologisch: die Lebensvorgänge betreffend.
Plasmid: doppelsträngiger DNA-Ring mit wenigen Genen im Zellplasma von Bakterien; Plasmide sind wichtige → Vektoren.
Plastiden: pflanzliche Organellen zur Fotosynthese (Chloroplasten), Farbstoff- (Chromoplasten) oder Stärkespeicherung (Amyloplasten).
plesiomorph: ursprünglich. Ggs.: → apomorph.
Pluripotenz: Fähigkeit embryonaler Zellen (Stammzellen), sich zu unterschiedlichem Gewebe zu differenzieren.
polar: Stoffe, deren Moleküle (Teil-)Ladungen tragen, daher mit Wassermolekülen → Wasserstoffbrücken bilden und somit → hydrophil, d. h. in Wasser gut löslich, sind. Im Unterschied dazu sind unpolare (apolare) Stoffe hydrophob, d. h. Wasser abweisend, und → lipophil, d. h. in Fetten löslich oder sie bindend.
Polygenie: Beteiligung mehrerer Gene an der Ausbildung eines Merkmals. Ggs.: → Monogenie.

Polymer: Makromolekül, aus vielen gleichen oder ähnlichen Grundbausteinen, den Monomeren, aufgebaut.
Polymerasekettenreaktion (PCR): Vervielfältigung von → DNA-Abschnitten → in vitro durch wiederholtes Trennen und Polymerisieren der Molekülstränge.
Polymorphismus: Unterschiedlichkeit von Merkmalen und den sie bedingenden Genen bei Individuen einer Population.
Polyphänie: Mitwirkung eines Gens an der Ausprägung mehrerer Merkmale.
polyploid: mehr als zwei Chromosomensätze besitzend.
Population: Gruppe artgleicher Individuen, die zur gleichen Zeit im gleichen Gebiet leben und sich ohne Einschränkungen untereinander fortpflanzen, also Gene austauschen können.
Populationsgenetik: Vererbungsvorgänge in einer → Population und deren → Genpool.
postsynaptisch: Membran oder Zelle nach einer → Synapse. Ggs.: → präsynaptisch.
Potenzialdifferenz: elektrische Spannung; Differenz der potenziellen Energie einer Ladung im elektrischen Feld, abkürzend meist nur Potenzial genannt.
Prädisposition (Präadaptation): Merkmal, das später zur Voraussetzung für einen Evolutionsschritt wird, indem es dann einen besonderen Selektionswert erlangt.
Prägung: nicht löschbarer Lernvorgang mit ausgeprägter sensibler Phase.
präsynaptisch: Membran oder Zelle vor einer → Synapse. Ggs. → postsynaptisch.
Primärproduktion: natürliche Produktion organischer Stoffe, meist durch Fotosynthese, selten durch → Chemosynthese.
Primärreaktionen: erster Fotosynthese-Abschnitt, in dem sich → ATP und → NADPH bilden. → Sekundärreaktionen.
Primaten (Herrentiere): Ordnung der Säugetiere, zu der Affen und Menschen gehören.
Programm: festgelegte Folge von Anweisungen.
Prokaryoten: einzellige, → protocytische Lebewesen (Bakterien, Cyanobakterien und Archaeen). Ggs.: → Eukaryoten.
Promotor: Startsignal auf der DNA für die → Transkription.
Proteinbiosynthese: Bildung von Proteinen nach der in der DNA codierten Information; im Abschnitt Transkription wird die DNA-Basensequenz in mRNA umgeschrieben; im Abschnitt Translation wird an den Ribosomen mithilfe von tRNA die Basensequenz der mRNA in die Aminosäuresequenz des Proteins übersetzt; 3 Nucleotide (Codons) codieren dabei jeweils eine bestimmte Aminosäure (→ genetischer Code).
Proteine (Eiweißstoffe): an fast allen Strukturen und Prozessen des Lebens beteiligte große Makromoleküle (Polypeptide) aus Aminosäure- → Monomeren, die durch Peptidbindung (C-N-Bindung) verbunden sind; die genetisch festgelegte, spezifische Aminosäuresequenz jedes Proteins bestimmt seine v. a. durch → Wasserstoffbrücken stabilisierte → Konformation und damit seine biologischen Eigenschaften.
Protobiont: einfachste hypothetische Lebensform mit Fähigkeit zur Selbstvermehrung.
Protocyte: Zelle der → Prokaryoten; ohne Zellkern, andere membranumhüllte Organellen und Cytoskelett. Ggs.: → Eucyte.
Proton: Wasserstoffion H^+, liegt in Wasser stets als H_3O^+ (Oxonium-Ion) vor.
Protonengradient (elektrochemischer P.): Konzentrations- und Potenzialdifferenz von Protonen an einer Membran; Grundlage der Energiegewinnung durch → Phosphorylierung.
Protostomier (Urmünder): Tiere, deren Urmund sich zur definitiven Mundöffnung entwickelt. Ggs.: → Deuterostomier.
proximat: unmittelbar ursächlich. Ggs.: → ultimat.
Rangordnung: hierarchische Struktur in Sozialverbänden.
Rasse (Unterart): → Populationen einer → Art, die sich in ihrem Genbestand deutlich von anderen Populationen derselben Art unterscheiden.
Reaktionsnorm: → Modifikation.
Redoxpotenzial: Fähigkeit eines Stoffs, bei → Redoxreaktionen Elektronen abzugeben oder aufzunehmen; als Maß für die bei der Reaktion frei werdende Energie verwendbar.
Redoxreaktion: Reaktion, bei der ein Reaktionspartner reduziert, der andere gleichzeitig oxidiert wird.
Redoxsystem: Stoff (oft → Enzym), der reversibel vom oxidierten in den reduzierten Zustand übergehen kann; bewirkt → Redoxreaktionen im Stoffwechsel.
Reduktion: Aufnahme von Elektronen. Ggs.: → Oxidation.
Reduktionsäquivalent: 1 mol Elektronen, die bei → Redoxreaktionen übertragen werden, entweder direkt oder in Form von Wasserstoff, z. B. von → NADH.
Reflex: weitgehend angeborene Reaktion, die auf bestimmte Reize hin auf festgelegter Nervenbahn (Reflexbogen) in meist gleicher Weise abläuft.
refraktär: nicht erregbar.
Regelkreis: Funktionssystem einer → Regelung aus Fühler, Signalübertragung, Regler und Stellglied.
Regelung: Wirkungsprinzip zur Aufrechterhaltung eines bestehenden Zustands (→ Fließgleichgewicht); wirkt Änderungen einer Größe durch negative → Rückkopplung entgegen. Die an einer Regelung beteiligten Strukturen bilden einen → Regelkreis.
Regulation: Gesamtheit von Vorgängen der → Steuerung und → Regelung.
Reifung: individuelle → Entwicklung eines Organs oder Verhaltens (ohne → Lernen) zur vollen Funktion.
Reiz: auf einen Organismus von außen oder innen wirkende Zustandsänderung; bei Tier und Mensch durch spezialisierte → Rezeptoren als adäquater Reiz aufgenommene Information bestimmter Modalität (z. B. Licht, Schall).
rekombinante DNA: → in vitro neu kombinierte DNA.
Rekombination: Um- und Neukombination genetischer Information bei der → Meiose, der Fortpflanzung oder durch → Gentechnik.
Replikation: identische Verdopplung von DNA.
Resistenz: angeborene Widerstandsfähigkeit gegen schädigende Einflüsse (→ abiotische Faktoren, Gifte, Erreger) durch verschiedene Mechanismen; gegen Erreger weniger spezifisch als → Immunabwehr.
Resorption: Stoffaufnahme in Zellen oder den Körper durch → aktiven Transport oder → Osmose.

Ressource: lebenswichtiger, begrenzt vorhandener → Ökofaktor, von Lebewesen der Umwelt entnommen und dadurch in der Verfügbarkeit für andere Lebewesen eingeschränkt.
Restriktion: sequenzspezifisches Schneiden von DNA durch bakterielle Enzyme (Restriktionsenzyme) in der Gentechnik.
Revier (Territorium): gegen Artgenossen abgegrenztes und aggressiv verteidigtes Gebiet.
rezent: in der geologischen Gegenwart lebend. Ggs.: fossil.
Rezeptor: Molekül, Organell oder Zelle zur Aufnahme spezifischer Signale aus der Umwelt oder Innenwelt des Organismus.
rezessiv: Allel, das sich im Phänotyp nur ausprägt, wenn kein dominantes Allel desselben Gens im Genotyp vorhanden ist. Ggs.: → dominant.
RFLP (*R*estriktions*f*ragment-*L*ängen*p*olymorphismus): → genetischer Fingerabdruck.
RGT-(Reaktionsgeschwindigkeit-Temperatur)-Regel: eine um 10 °C höhere Temperatur steigert die Geschwindigkeit einer chemischen Reaktion um das 2- bis 3fache.
Ribosomen: elektronenmikroskopisch erkennbare Organellen der Proteinbiosynthese, aufgebaut aus RNA und Proteinen.
Rindenfeld: Bereich der Großhirnrinde mit bestimmter → sensorischer, → motorischer oder assoziativer Funktion.
Ritualisierung: Funktionswechsel von Verhalten, der dessen Signalwirkung auf den Sozialpartner verbessert.
RNA (Ribonucleinsäure): Bau ähnlich → DNA, jedoch mit Ribose anstelle von Desoxyribose; dient als einsträngige mRNA (messenger-RNA) und tRNA (transfer-RNA) zur Übertragung der Erbinformation bei der → Proteinbiosynthese.
Rote Liste: Verzeichnis gefährdeter Arten.
Rückkopplung (Feedback): Veränderung einer Größe, die auf die verändernde Ursache zurückwirkt. → Regelung.
Rudiment: funktionsloser Rest einer bei Vorfahren funktionstüchtigen Struktur; liefert Hinweise auf Abstammung.
Ruhepotenzial: → Membranpotenzial erregbarer Zellen im Ruhezustand.
Samen: junger → Sporophyt aus Embryo, Nährgewebe und Schale zur Erhaltung und Verbreitung von Samenpflanzen.
Second Messenger: (auf ein Signal von außen hin) innerhalb einer Zelle wirksamer sekundärer Botenstoff.
Sedimentgestein: durch Ablagerung und Verfestigung von Sediment (Geröll, Sand, Ton) entstandenes Schichtgestein.
Sehbahn: → Bahn für die Leitung visueller Informationen im Gehirn.
Sehpigmente: Licht → absorbierende, → Erregung erzeugende Farbstoffe der Fotorezeptoren.
Sekretion: Abscheidung ausgewählter oder in Drüsenzellen produzierter Stoffe (Sekrete) durch → aktiven Transport.
Sekundärreaktionen: abschließende, Glucose erzeugende Reaktionsfolge (→ Calvinzyklus) der Fotosynthese; Ausgangsstoffe sind die Produkte der → Primärreaktionen.
Selbstregulation: Fähigkeit eines → Ökosystems, Störungen durch gegenläufige Prozesse auszugleichen.
Selektion (natürliche Auslese): unterschiedlicher Fortpflanzungserfolg von Individuen verschiedenen → Phänotyps in einer → Population; als künstliche Selektion (Auslese, Zuchtwahl) durch den Menschen in vergleichbarer Weise bei der → Züchtung angewandt.
Selektionsfaktor: Umwelteinfluss, der → Selektion bewirkt.
Selektionswert: → Fitness.
sensorisch (sensibel, afferent): von → Rezeptoren zum → ZNS führend (Neuron, Nerv, Nervenbahn) oder mit Auswertung von Sinnesdaten befasst (Rindenfeld). Ggs.: → motorisch.
Separation: räumliche Trennung von Populationen mit Behinderung des Genflusses; oft Ursache für → Artaufspaltung.
Sequenzanalyse: Bestimmung der → Basensequenz in → DNA oder der Aminosäuresequenz in → Proteinen.
Sexualdimorphismus: deutliche Verschiedenheit der Geschlechter einer Art.
Sinneszellen: Zellen mit der Funktion von → Rezeptoren; auf adäquate → Reize spezialisiert, die sie in → Erregung umwandeln; nach Reizqualität unterscheidet man z. B. Foto-, Mechano-, Chemo-, Thermorezeptoren.
sozial: auf Artgenossen gerichtet, Artgenossen betreffend.
Spaltöffnungen: von Schließzellen gebildete Blattporen zur Regulierung von Gasaustausch und Wasserdampfabgabe.
spezifische Abwehr: → Immunabwehr.
Sporophyt: Sporen bildende diploide Generation im pflanzlichen → Generationswechsel.
Stabilität: durch → Selbstregulation bedingte Beständigkeit von → Ökosystemen gegenüber sich ändernden Bedingungen.
Stammbaum: Darstellung eines Abstammungszusammenhangs, phylogenetisches Verwandtschaftsdiagramm (Dendrogramm, Kladogramm).
Stammesgeschichte: → Phylogenese.
Stammzelle: undifferenzierte Zelle mit der Fähigkeit zu unterschiedlicher → Differenzierung (→ Pluripotenz).
Stellenäquivalenz: Bildung weitgehend übereinstimmender → ökologischer Nischen durch verschiedene, meist nicht verwandte Lebewesen in unterschiedlichen → Ökosystemen.
stenopotent: Lebewesen mit enger → ökologischer Potenz für → Ökofaktoren. Ggs.: → eurypotent.
Steuerung: quantitative Beeinflussung der Richtung oder Intensität von Größen oder Vorgängen.
Stoffkreislauf: wiederkehrendes Auftreten und erneute Verwendung von → Bioelementen und deren Verbindungen im Stoffhaushalt von → Ökosystemen.
Stoffwechsel: Gesamtheit der chemischen Reaktionen in einer Zelle oder einem Organismus.
Stress: körperliche Anpassungsreaktion auf bestimmte der äußeren Umwelt oder dem inneren Milieu entstammende Belastungen (Stressoren).
Sukzession: regelhafte zeitliche Entwicklung von → Ökosystemen.
Symbiose: gesetzmäßige Vergesellschaftung artverschiedener Lebewesen (Symbionten) mit wechselseitigem Nutzen.
Sympathicus: Teilsystem des → vegetativen Nervensystems.
Synapse: besondere Struktur zur Kommunikation zwischen → Neuron und nachgeschalteter Zelle (Neuron, Drüsenzelle, Muskelzelle). Bei chemischen Synapsen wird hier die → Erregung über → Neurotransmitter weitergeleitet.

Syndrom: Komplex typischer Krankheitsmerkmale.
synthetische Theorie: um moderne biologische Erkenntnisse, insbesondere der → Populationsgenetik, erweiterte → Evolutionstheorie DARWINS.
System: 1) geordnetes Ganzes voneinander abhängiger Teile; 2) biologisches Ordnungssystem der Lebewesen (natürliches System) auf Grundlage phylogenetischer → Verwandtschaft.
Systematik (Taxonomie): Teilgebiet der Biologie, befasst sich mit der Beschreibung, Abgrenzung und Ordnung (Klassifikation) von Organismen.
Taxon (Mz. Taxa): Ordnungseinheit, Rangstufe des biologischen Ordnungssystems (Art, Gattung usw.).
Teleonomie: arterhaltende Zweckmäßigkeit durch Evolution.
Territorium: → Revier.
Theorie: umfassende, widerspruchsfreie Modellvorstellung zur Erklärung der Wirklichkeit.
Thylakoide: Chlorophyll tragendes Membransystem.
Totipotenz (Omnipotenz): Fähigkeit einer Zelle oder eines Zellkerns zur Bildung eines ganzen vielzelligen Organismus.
Tradition: generationsübergreifende Weitergabe von Erfahrung und Wissen im Sozialverband, besonders des Menschen.
Transduktion: natürlicher oder experimenteller → Gentransfer mithilfe von → Viren als → Vektoren.
Transformation: direkter → Gentransfer von → DNA in → Prokaryoten.
transgener Organismus: Lebewesen mit einem durch Gentechnik übertragenen fremden Gen (Transgen) im Genom.
Transkription: → Proteinbiosynthese.
Translation: → Proteinbiosynthese.
Transmitter: → Neurotransmitter.
Transpiration: geregelte Wasserdampfabgabe von Pflanzen.
Transplantation: Übertragung von (meist individuen- oder artfremden) Organen, Geweben, Zellen oder Zellbestandteilen.
Treibhauseffekt: temperaturerhöhende Wirkung von Gasen der Atmosphäre aufgrund ihrer Infrarot- → Absorption.
Trophiestufe: Organismen mit gleicher Stellung in den Nahrungsketten eines Ökosystems: Produzenten, Primär-, Sekundär-, Tertiärkonsumenten usw.
Tumor: → Krebs.
Übergangsform: fossile Art mit Mosaik (→ Mosaikevolution) von Merkmalen verschiedener systematischer Großgruppen, zwischen denen sie als „connecting link“ vermittelt.
ultimat: letztlich (z. B. evolutionsbedingt) ursächlich. Ggs.: → proximat.
Ultrastruktur: biologische Struktur unterhalb der Auflösungsgrenze (→ Auflösungsvermögen) des Lichtmikroskops.
Umwelt: Gesamtheit der für ein Lebewesen direkt und indirekt bedeutsamen Faktoren.
Umweltschutz: Maßnahmen zum Erhalt der natürlichen Lebensgrundlagen; häufig nur auf den Menschen bezogen.
Vakuolen: flüssigkeitsgefüllte Räume in Zellen (Zellsaft-, Nahrungs-, pulsierende Vakuole) aus fusionierten → Vesikeln.
Variabilität: Verschiedenheit im → Phänotyp.
Variation: Verschiedenheit eines bestimmten Merkmals.
Variationsbreite: → Modifikation.
vegetativ: 1) die inneren Organe betreffend (vegetatives Nervensystem); 2) ungeschlechtlich (vegetative Fortpflanzung bei Pflanzen).
Vektor: Hilfsmittel zum → Gentransfer, v. a. → Plasmide und → Viren.
Verdauung: Abbau großer Nährstoffmoleküle mithilfe von → Enzymen in resorbierbare (→ Resorption) Bruchstücke.
Vererbung: Weitergabe → genetischer Information von Generation zu Generation.
Verhalten: Gesamtheit der Bewegungen, Lautäußerungen, Farb- und Formänderungen von Tier und Mensch.
Verwandtschaft: durch Abstammung miteinander verbundene Personen oder → Taxa (phylogenetische V.).
Vesikel: membranumhüllte Bläschen im Cytoplasma für Aufnahme (→ Endocytose), Abgabe und Transport von Stoffen.
Vielzeller: Tiere und Pflanzen mit vielzelligem Organismus aus differenzierten Zellen oder Geweben. Ggs.: → Einzeller.
Viren: Gebilde aus Nucleinsäure und Proteinhülle ohne Stoffwechsel, von Wirtszellen nach deren Infizierung vermehrt.
Wahrnehmung: aus Sinnesdaten und deren Bearbeitung, Verbindung und Interpretation rekonstruiertes inneres Abbild der Welt im menschlichen Gehirn; bei Tieren wohl in der Regel auf Reizaufnahme und Verarbeitung beschränkt.
Wasserstoffbrücken(-bindung): schwache elektrostatische Bindungskräfte zwischen gebundenen Wasserstoffatomen und freien Elektronenpaaren benachbarter O- und N-Atome.
willkürlich: absichtlich, dem Willen unterworfen.
Wirkungsgrad: Verhältnis von nutzbarer zu aufgewendeter → Energie bei Energieumwandlungen.
Zeigerart: → stenopotente Art, deren Vorkommen an eine bestimmte Ausprägung von → Ökofaktoren gebunden ist.
Zellatmung: → aerobe Energiegewinnung in den Zellen.
Zelle: kleinste selbstständig lebens- und vermehrungsfähige biologische Bau- und Funktionseinheit.
Zellkern: Organell, das die Erbinformation enthält; steuert die Funktion der → Eucyte.
Zellkolonie: Verband gleichartiger, undifferenzierter Zellen, die weitgehend eigenständig und vermehrungsfähig sind.
Zellplasma: → Cytoplasma.
Zellteilung (Cytokinese): die auf die Kernteilung (→ Mitose) folgende Teilung des Cytoplasmas.
Zellzyklus: regelmäßige Folge von Wachstum und Teilung einer Zelle.
ZNS (Zentralnervensystem): Teil des Nervensystems zur Verarbeitung von Sinnesinformationen, Koordination von → Erfolgsorganen und Speicherung von Gedächtnisinhalten.
Züchtung: gezielte Entwicklung und Erhaltung von Lebewesen mit erwünschten Eigenschaften.
Zuchtwahl: → Selektion.
Zwillingsmethode: Ähnlichkeitsanalyse von Zwillingen zur Ermittlung des Erb- und Umweltanteils an der Ausprägung von Merkmalen beim Menschen.
Zygote: durch Vereinigung von Keimzellen entstandene Zelle; befruchtete Eizelle.

Register

Bildverzeichnis

Fotos:

action press, Hamburg: 201.1 (P. Moos); Agenda 21-Büro, Hannover (www.agenda21.de): 395.2; Agro Concept: 381.1; AKG Images, Berlin: 106.1, 118.2, 170.3, 240.1–4, 274.1, 376 u. l., 406.1, 438.1; Angermayer, Holzkirchen: 8.1, 212/213.1 (1–3+8 oben, Pfletschinger), 301.1 (Pfletschinger), 308.1 (Reinhard), 320.1, 322.1 (Reinhard), 333.2, 337.3, 349.2 (Pfletschinger), 351.4+6 (Pfletschinger), 424.5 (Reinhard), 484.1.1+2 (Pfletschinger); Astrofoto, Leichlingen: 426.1; Bartscherer, München: 62.1; Bavaria, Gauting: 8.2+3 (VCL), 68.1 (Sauer), 116.1 (Nevron), 153.3 (VCP), 393.1 (Saller); Bayer AG, Leverkusen: 76.2, 339 o. r. (Archiv), 441.1; Bellmann H., Lonsee: 64, 353.1–3+7; Bevilacque/Cedri: 214.3; Bildart Photos (V. Döring), Hohen Neuendorf: 189.1; Bio-Info: 349.3 (Kratz); Bischoff P., Worpswede: 93; BIUM, Paris: 186 o. l. (Einklinker); Boesch C., MPI Leipzig: 284 r.; Bongarts, Hamburg: 115.1 (F. Peters); Bosch S.: 340 o. r., 363 o.; bpk, Berlin: 74 l., 78.1 (Liepe); Bräuer G., Inst. f. Humanbiologie, Hamburg: 280.1.1; Bruce Colemann Collection, Uxbridge: 238.1 (G. Ziesler); Buff W., Biberach: 10.3, 19.1+2, 20.1, 47.1–3, 124.3+7, 126.1; Bulls Press, Frankfurt: 168.1; Danegger M., Owingen-Haigerloch: 349.4; Das Fotoarchiv, Essen: 164 o. l. (Einklinker) (J. Tack), 202.2 (Ted Spiegel); Delius H., DKFZ Heidelberg: 144.1; Dietz Th.: 380.1; Dinand: 345 r. (aus: Taschenbuch der Heilpflanzen, 33. Auflage); Eck H., Ammerbuch: 76.1; Ehrhardt: 327 o. r. (aus: W. J. Kloft, Ökologie der Tiere); Eisner T., Ithaca N.Y., Cornell University: 420.1+2; Erni Stiftung, Luzern: 140.1 (Gemälde „Laokoon 77“ von Hans Erni); Esders S., Fellbach: 383 o. (2 Fotos); eye of science, Reutlingen: 219.1+2 (O. Meckes); Focus, Hamburg: 10.2 (SPL), 56.1 (SPL), 57.1+3 (SPL), 70 r. (G. Braasch/Wheeler Pictures), 83.1 (SPL), 86.1 (P. Tenzer/Wheeler Pictures), 88.3 (SPL), 159.2, 196.1 (J. C. Revy), 207.1 (SPL), 222.1 (SPL), 224.1 (SPL), 229.3 (SPL), 262.1 (SPL), 280.1.2 (SPL), 342.1 (Meckes/Ottawa, EOS), 361 u. (Menzel), 422.2 (SPL), 482.3 (Enrico Ferorelli); Forschungszentrum Waldökosysteme, Uni Göttingen: 361 o.; Freeman & Co., New York: 166 r. (E. C. Friedberg); Götting K.-J., Zoologie Gießen: 402 o. r.; Gräbe G., Sprockhövel: 84 o., 167.3, 440 r.; Greenpeace, Hamburg: 389.2 (Rathje); Greven H.: 317.3+4; Hauck A., Pfalzgrafenweiler: 27.1.1+2; Hausmann K., Berlin: 35, 37.1.1+2, 39.2, 52.1, 53.1, 55 u. l., 100.1 (Einklinker); Hecker, Panten-Hammer: 31.1 (F. Sauer), 257.2.1 (F. Sauer), 308.6 (F. Sauer), 315.1 (F. Sauer), 351.1+2 (F. Sauer), 353.6 (F. Sauer), 450.1 (F. Sauer), 469.3; Heinrich D.: 350.1; Hermann H.: 301.4; Hoechst: 190.1 (Sondermann); Hollatz J., Heidelberg: 73.3, 325.3, 466.2; HONDA MOTOR Co., LTD: 442.1; Hoyer E., Galenbeck: 306.4; IFA, Ottobrunn: 11.4 (Köhler), 92.1 (Alexandre), 450.2 (K. Thiele), 485.3 (Hintergrund) (Köpfle); Immelmann K., Bielefeld (aus: „Verhalten“, 1980): 478.2; Institut f. Humangenetik u. Anthropologie, Erlangen: 27.3; Institut f. Obstzüchtung, Dresden: 176.2 o. + u. r.; Institut f. Plastination, Heidelberg: 82 o. l.; Institut f. wissenschaftliche Fotografie Kage, Lauterstein: 20.2, 21.3, 38 o. r., 61 u., 87.1+2+4, 108.1 (Einklinker), 162.1; Institut für Pflanzengentechnik- und Kulturpflanzenforschung (IPK) Gatersleben, Genbank Außenstelle Groß Lüsewitz: 191 u. (Schüler); Ishihara's Test for Colour-Blindness. Kenehara Shuppon Co. LTD, Tokyo 1972: 421.3; Juniors, Ruhpolding: 479.3 (H. Weiss), 493 (Walz); Kalas S., Pöndorf/Austria: 13.2, 478.1; Karly F., München: 47.4–6 (Wanner), 56.2 (Wanner), 70 l. (Wanner), 129.2+3 (Wanner), 177 u. l., 313 u. r. (Wanner), 344 u. r., 430 l.; Kleesattel W., Schwäbisch Gmünd: 246.2+6, 250.2, 262.2+3, 265 o. (3 Fotos), 276.1+3–6, 295.3, 297, 396 l., 491.2 u. l., 491.2 u. r.; Kleinig H., Freiburg: 39.3 (Speth), 50.1 (Speth), 50.2+3 (Falk), 51.3+4 (Falk), 52.2 (Falk), 52.3 (Schliewa), 55 r. (Falk), 126.3 (Falk); Kollmann, Kiel: 51.1; Kropp U.: 15 r. (Hintergrund, Korkzellen); Lade, Frankfurt: 472.1 (TPH); Leica Microsysteme GmbH, Wien/Austria: 18, 38 l.; LEO Elektronenmikroskopie GmbH, Oberkochen: 37.2+3; Lethmate J., Ibbenbüren: 434.2, 482.2.1+2; Lieder, Ludwigsburg: 19.3, 22.1, 25.1–9, 28.2–4, 29.1–3, 33 M., 145 Einklinker u. r., 172.1 l., 174.1, 221 o., 458.2; Limbrunner A., Dachau: 256.1, 302.1, 308.4, 333.4; Lobo Press Int.: 392.2 (Wulff); Lupus, Moos: 486.2 (M. Rügner); Mauritius, Berlin/Mittenwald: 9.1 (Sun Star), 60 o. l. (Kuchlbauer), 150.1 (Foto-Take, N.Y.), 178.1 (Oechslein), 214.1+2 (Phototake), 316.1 (Viedler), 319 (Schrempp), 337.1 (Keyphotos Intern.), 432.1 (age fotostock); Medworld AG, Berlin: 187.1+2; MEMOREC Stoffel GmbH, Köln: 202.1; Museum für Naturkunde (Paläontologie), Berlin: 270.1; NAJU: 396 r.; NASA: 384.1; Naturwissenschaftliche Rundschau 53, S. 512 (2000): 187.3 (Stephen Davies); Navalon, Waldshut-Tiengen: 98.3; Neher E., Göttingen: 410 o.; Nilsson L., Stockholm: 153.1 (Hintergrund), 214.4+5; Okapia, Berlin/Frankfurt: 9.3 (Wanecek), 24.1 (De Meyr/CNRJ), 30.1 (Birke), 32 M. (Parks/OSF), 36 (Biophoto Ass./Science Source), 53.2 (Biophoto Ass.), 78 o. l. (Kage), 85.2 (P. Koch/Science Source), 87.3 (E. Reschke/P. Arnold, Inc.), 88.5 (Biophoto Ass./Science Source), 90.1, 98.2 (Denhez Bios), 118 o. l. (Dan McCoy/Rainbow), 119.4 (E. Reschke/P. Arnold, Inc.), 119.5 (Kage), 175.2 (NAS/D. M. Philips), 176.2 o. l. (H. Lange), 211.1 (Ca. Biological/Phototake), 214.6 (N. Bromhall/OSF), 224.2 (Kage), 242.1 (E. Pott), 244.1 (NAS/M. Tweedie), 246.5 (H. Arndt), 295.2 (NAS d. Faulkner), 316.2 (A. Hartl), 316.3 (A. Doug/OSF), 322.2 (H. & J. Beste), 323.1 (Reinhard), 324.1 (A. Wellmann/Natur im Bild), 328.1 (M. & C. Denis-Huot), 342 o. l. (Einklinker) (Reinhard), 351.3 (A. Hartl), 353.5 (Hartl), 362.1 (W. Lummer), 364.2 (Wisniewski), 373.1 (O. Eckstein), 377.1 (Reinhard), 388.1 (A. Doug/OSF), 397 (A. Doug/OSF), 399 o. (Kage), 410 u. (P. A. Sutherland), 428.2 (LSF/OSF), 431.2 (Hintergrund) (G. Ziesler/P. Arnold, Inc.), 433.3 (Einklinker) (J. Sauvanet/BIOS), 438 o. l. (Einklinker) (W. Weinhaupl), 443.2 (NAS/Biophoto Associates), 444.1 (E. Reschke/P. Arnold, Inc.), 456.2 (V. Steger/P. Arnold, Inc.), 457.2 (Kage), 458.1 (NAS/Biophoto Associates), 468.1 (Reinhard), 469.1 (I. Arndt), 474.3 (R. Bender), 481.1.1+2 (Stan Osolinski/OSF), 482.1 (A. Visage/P. Arnold, Inc.), 484.2 (Einklinker) (E. Thielscher), 485.1 (H. Schweiger), 487.2 (Einklinker) (NAS/T. McHugh), 490.1 (NAS/Sidney Bahrt), 490.2 (Hintergrund) (J. McDonald); Paul A., Bovenden: 481.2; Perry D.: 346.1; Pette D, Konstanz: 115.3; Pforr M., Langenpreising: 358.1–3, 471.2; Philips GmbH Bildröhrenfabrik Aachen: 421.1; plus 49 GmbH, Hamburg: 164.2 (Saba/Andre Lambertson), 204.1 (T. Pflaum); Pöche H., FU Berlin: 209 (Einklinker); Poeck K., Aachen: 434.1; Prisma: 417.2+3 (Schröder); Project-Photos, Augsburg: Vorderer + Hinterer Vorsatz, 11.5, 81 l., 305 u. (Hintergrund), 352.1, 359.1 (Hintergrund), 374.2 (Hintergrund), 391 r. (Hintergrund); Raichle M. E., Universität Washington: 430 r.; Redeker T., Gütersloh: 362.3; Regional Primate

Res. Center, Wisconsin: 479.2.1+2; Reinbacher L., Kempten: 109 r.; Reinhard, Heiligkreuzsteinach: 11.6, 74 r., 102.1, 122.1, 136.2+3, 176.2 u. l., 212/213.1 (8 unten), 321.2, 326 u. l., 329.2+4, 343.2, 348.1, 349.5+6, 353.4, 366.1, 368.1, 377.2, 380.2, 400.1, 412.1; Reise K.: 340 u. l., 360; Reisigl H.: 298.1; Renault/HP: 460.2; Robinson, Heidelberg: 49.2.1–3; Roche, Mannheim: 75 o. r.; ROCHE-Magazin, August 1992: 435.2; Schattauer, Stuttgart, New York (2001): 225.1 (Thomas C., aus: Allgemeine Pathologie, 2. Auflage. S. 133); Schwebler H.: 325.2; Science Museum/Science & Society Picture Library, London: 15.1+2; Science Source/Photo Researchers Inc., New York: 143.1; Senckenberg Museum, Nürnberg: 9.2; Silvestris, Kastl: 212/213.1 (1 unten), 246.1 (F. Skibbe), 246.3 (Lenz), 246.4 (Willner), 257.2.2 (N. Pelka), 270 o. l (Einklinker), 276.2 (R. Höfels), 278.2 (W. Wisniewski), 286.1 (Fleetham), 306.2 (Albinger), 307.4 (Wendler), 308.3 (A.N.T.), 308.5 (Höfels), 323.2, 324.4 (Riepl), 325.1 (NHPA), 330.2+4, 333.1 (Danegger), 333.3 (Hanneforth), 334.1 (Walz), 337.5 (Lacz), 344. o. r. (H. R. Hepper), 351. 5 (Höfels), 351.7 (Weinzierl), 351.8+9 (Hecker), 353.8 (Willner), 353.9 Hecker), 355.1 (Danegger), 364.1 (NHPA), 368 o. l. (Einklinker), 388.2 (Bühler), 390 (Rohdich), 392.1 (Heine), 398.1 (Rohdich), 424.1 (Kehrer), 424.4 (K. Aitken), 425 (R. Cramm), 448.1 (W. Willner), 475.2 (Einklinker) (R. Günter), 481.3 (Lane), 489.2 (Hintergrund) (W. Layer); Speicher M., LMU München: 177 o. (2 Fotos), 185; Spektrum Akademischer Verlag, Heidelberg/Berlin (aus: Kleinig, „Zellbiologie“, 1999, S. 372): 399 M. (A. Peters), 399 u. (Campos-Ortega); Springer Verlag (Jan Fridén), aus: Cell and Tissue Research (1984) 236, S. 370: 112.1; Steinbach P., Uniklinik Ulm, Humangenetik/DNA-Diagnostik: 188 (Einklinker); Stoffkontor Kranz AG, Lüchow/Wendland: 345.1; Storopack GmbH & Co., Metzingen: 63.3; Stüber K., MPI f. Züchtungsforschung, Köln: 12.1; Syngenta: 208.1; Thermograph Wärmebildtechnik P. Münker: 302.3; Ullstein, Berlin: 13.1; Universitätsbibliothek, Heidelberg: 15 o. l.; Verlagsarchiv: 203.1 (Einklinker), 402 l.; Walz U., Wohltorf: 452.1; Weber U., Süßen: 80 u. r., 124.1–2+5–6, 133, 199 u., 304 o., 306.1+3, 313 l., 315.3, 318.1, 339 M. l., 349.1; Wellnhofer P., Fürstenfeldbruck: 272.1; Wildlife, Hamburg: 210.1 (N. Wu), 469.2 (K. Bogon), 484.3 (D. J. Cox), 486.1 (A. Shah), 486.3 (K. Ammann), 487.1 (D. J. Cox), 487.3 (Einklinker) (M. Harvey), 491.2 o. l. (M. Harvey); Wort & Bild Verlg, München (Apotheken Umschau): 464 (Einklinker); ZB/dpa, Berlin: 208.2, 372, 373.2+3, 394.1, 395.1; Zeiss Jena GmbH, Jena: 14.1, 15.3, 17.1–6; Zentgraf H., DKFZ Heidelberg: 144.2; Ziesler G., Füssen: 489.1; Zippelius Hanna-Maria: 479.1 (aus: „Die Karawanenbildung bei Feld- u. Hausspitzmaus“, in Zeitschrift für Tierpsychologie 30, 1972, S. 306 ff); aus Darwin: A Naturalist's Voyage on the Beagle“: 12.2; aus: Berichte der Deutschen Botanischen Gesellschaft, Band 24 (1906): 125 nach Schweingruber (et. al.) aus: W. Larcher, Ökophysiologie der Pflanzen: 305 u. (Foto 1–3). In einigen Fällen war es uns nicht möglich, die Rechteinhaber zu ermitteln. Selbstverständlich werden wir berechtigte Ansprüche im üblichen Rahmen vergüten.

Grafiken:

Birker St., Viernheim: 83.3; Bundesamt für Naturschutz, Bonn: 393.2; Gattung A. R., Edingen-Neckarhausen: 260.2; Haydin H., Bensheim: 272.2; Krischke K., Marbach: 21.1+2, 26, 28/29, 30.2, 31.2+3, 32 u. l. + o. r., 34, 61.1, 79 o.r., 80 o. r., 83.2, 84 M., 88.1+2+4+6, 94.1, 110, 111, 116.2, 119, 126, 134, 135.1–2+4, 138, 257.1, 259.1, 301.2, 302.2, 309–312, 317.1, 322.3, 323.3, 324.2–3+5–6, 326 o. r, 327 o. r. (Einklinker), 338, 348.2, 350.2, 354, 355.2, 356, 357, 358.4, 359, 362.2, 391 r.; Mackensen U., Berlin: 191 o., 192, 193.2, 211.2, 433.2, 435.1, 446, 447; Mair J., Herrsching: 16, 20.3, 22.2, 23, 24.2, 25, 27.2, 32 u. r., 33 u. l. + o. r., 38 u. r., 39.1, 40–46, 48, 49.1, 50.4, 51.2, 52, 53, 54 r., 57.2+4, 58, 59, 60, 61.2, 63.1+2, 65, 66.3, 67, 68.2, 69.1–3, 71, 72, 73.2, 75, 77, 78 o. l., 79.1+2, 82 o. l, 82.1, 83.4, 84 u., 85.1, 90.2, 91, 94.2, 95–97, 98.1, 99, 100.1, 101, 102.2+3, 103–105, 107, 108.1, 109 l., 113, 114, 115.2, 117, 118, 120, 121, 123, 127, 128/129, 130–132, 133, 135.3, 136.1, 137, 139, 141, 144.3, 145, 150.2, 151, 152, 156/157, 159, 160, 161, 162.2, 163, 164, 165.2, 166 l., 167.1+2, 169, 170, 171, 172.1 r., 173, 174.2+3, 175, 180.2, 184, 186 o. l., 186.1, 193.1, 198, 200, 201.2, 205, 206, 212/213, 215, 217, 218, 220 o. r., 221 u., 239.1, 241, 242.2, 243, 244.2, 245, 247–249, 250.1, 251–255, 258, 259.2+3, 260.1, 261.2, 262.4, 263–269, 270 o. l., 271, 272.3, 273, 275, 277, 278.1, 279, 280/281 u., 281.1, 282, 283, 284 l., 285, 287–294, 295.1, 296, 299, 300, 301.3, 302.4, 303, 304 u., 305 o., 307.1–3, 313 o. r. + M. r., 314, 315.2+4, 317.2, 318.2–4, 321.1, 325.4, 327 u. r., 328.2+3, 329.1+3, 330.1+3, 331, 332, 334.2+3, 335, 336, 337.2, 339 u. (nach: „Problemlösungen für den Ackerbau 1999“, Bayer Vital GmbH & Co. KG, Köln), 341, 342 o. l., 343.1, 347, 352.2, 355.3, 363 u., 364.3, 365, 366.2, 367, 368, 369–371, 374, 375, 376 l., 378, 379, 380.3, 382, 383, 384.2, 385, 386.2, 387, 389.1 (nach: „Gütezustand der Fließgewässer in Baden-Württemberg“, Landesanstalt f. Umweltschutz BW), 391 l., 392.3, 399, 400.2, 401, 402 r., 403–405, 406.2+3, 407–409, 410 o. (Einklinker), 410 M., 411, 413–416, 417.1, 418, 419, 420.3, 421.2, 422.1+3+4, 423, 424.2+3+6, 427, 436 l., 438, 439.2, 440 l., 441.2, 443.1+3, 444.2, 445, 448.2+3, 450.3, 451; Mall K., Berlin: 54 l., 62, 85.3, 106.2, 142, 143.2+3, 146–149, 153.1+2, 154, 155, 158, 165.1+3+4, 176.1, 179, 180.1+3, 181–183, 186.2, 188, 189.2, 194, 195, 196.2, 197, 199, 203.1, 209, 216, 219.3, 220 u. l., 223, 224.3, 225.2, 226–228, 229.1+2, 230, 231–237, 394.2, 428.1, 429, 431.1, 431.2, 432.2, 433.1+3, 436 r., 437, 439.1, 449, 453–455, 456.1, 457.1, 458.3, 459, 460.1, 461–463, 464 o., 464.1, 465, 466.1+3, 467, 470, 471.1, 472.2, 473, 474.1+2, 475.1, 475.2, 476, 477, 478.2, 480, 483, 484.2, 485.2+3, 487.2+3, 488, 489.2+3, 490.2, 491.1+2, 492; Schnellbächer L. H., Schlüchtern: 81.1; Schrörs M., Bad Dürkheim: 386.1.